U0169027

火电机组作业过程
风险数据样本

上 册

国家电投集团科学技术研究院有限公司
江苏常熟发电有限公司　编

中国电力出版社
CHINA ELECTRIC POWER PRESS

内 容 提 要

根据国家电投《作业过程危害辨识与风险评估技术标准》的要求，国家电投集团科学技术研究院有限公司、江苏常熟发电有限公司联合编写了《火电机组作业过程风险数据样本》。

本书以江苏常熟发电有限公司的 1000MW 机组为例，编制了基于火力发电企业运行和检修作业任务的危险源辨识和风险评估，并制订了相应的防护措施。本书分为运行篇和检修篇两部分，内容范围涵盖汽轮机运行、锅炉运行、电气运行、化学运行、脱硫运行、除灰运行、燃料运行、热工检修、电气检修、化学检修、汽轮机检修、脱硫检修、锅炉检修、燃料与除灰检修等主要专业，共计 500 余项作业任务。

本书对火力发电企业现场作业过程控制管理具有很强的实用性，也可为其他行业现场作业过程控制管理提供借鉴作用。

图书在版编目（CIP）数据

火电机组作业过程风险数据样本/国家电投集团科学技术研究院有限公司，江苏常熟发电有限公司编 . —北京：中国电力出版社，2022.7
ISBN 978-7-5198-6617-4

Ⅰ．①火… Ⅱ．①国… Ⅲ．①火力发电－发电机组－安全管理－手册 Ⅳ．①TM621.3-62

中国版本图书馆 CIP 数据核字（2022）第 045395 号

出版发行：中国电力出版社
地　　址：北京市东城区北京站西街 19 号（邮政编码 100005）
网　　址：http://www.cepp.sgcc.com.cn
责任编辑：赵鸣志（010-63412385）
责任校对：黄　蓓　常燕昆
装帧设计：王红柳
责任印制：吴　迪

印　　刷：三河市百盛印装有限公司
版　　次：2022 年 7 月第一版
印　　次：2022 年 7 月北京第一次印刷
开　　本：880 毫米×1230 毫米　16 开本
印　　张：71.5
字　　数：2381 千字
印　　数：0001—2500 册
定　　价：380.00 元（上、下册）

编　委　会

序

2014 年 8 月 31 日，《全国人民代表大会常务委员会关于修改〈中华人民共和国安全生产法〉的决定》（中华人民共和国主席令第十三号）提出安全生产工作应当以人为本，坚持安全发展，建立完善安全生产方针和工作机制，进一步明确生产经营单位的安全生产主体责任，同时要求建立预防安全生产事故的制度，不断提高安全生产管理水平，加大对安全生产违法行为责任追究力度。

2016 年 10 月 9 日，国务院安委会办公室印发了《实施遏制重特大事故工作指南构建双重预防机制的意见》，意见要求各地区、各有关部门要紧紧围绕遏制重特大事故，突出重点地区、重点企业、重点环节和重要岗位，抓住辨识管控重大风险、排查治理重大隐患两个关键，不断完善工作机制，深化安全专项整治，推动各项标准、制度和措施落实到位。

2019 年，国务院颁布《生产安全事故应急条例》《生产安全事故应急预案管理办法》，这是《中华人民共和国安全生产法》和《中华人民共和国突发事件应对法》的配套行政法规，旨在提高生产安全事故应急工作的科学化、规范化和法治化水平，对生产安全事故应急工作体制、应急准备、应急救援等作出的相关规定。

2019 年 8 月 12 日，中华人民共和国应急管理部批准发布 19 项安全生产行业标准，进一步推动安全生产主体责任、建立安全生产长效机制及创新安全生产监管机制的全面落实。

2020 年 5 月，国家电力投资集团有限公司（以下简称"集团公司"）依据《全国安全生产专项整治三年行动计划》并结合公司实际情况，发布了《国家电投安全生产三年行动专项实施方案》，进一步推动集团公司安全生产从严格监督向自主管理跨越，为实现杜绝事故、保障健康、追求幸福的安全管理国际一流企业目标奠定坚实基础。

2021 年 12 月，集团公司发布了《作业过程危害辨识与风险评估技术标准》《设备危害辨识与风险评估技术标准》《职业健康危害辨识与风险评估技术标准》和《环境危害辨识与风险评估技术标准》，规范了危害辨识与风险评估方法及应用要求。在此基础上，国家电投集团电站运营技术（北京）有限公司与江苏常熟发电有限公司借鉴国内火电安全管理良好实践，以江苏常熟发电有限公司百万机组为例，编写了《火电机组作业过程风险数据样本》。

《火电机组作业过程风险数据样本》涵盖了运行和检修两大类作业，具有针对性强、实用价值高的特点，全面地规范了火电现场作业过程管控，也为非火电行业现场作业管控提供了有益的借鉴。

2022 年 5 月 18 日

前　　言

　　国家电力投资集团有限公司（以下简称"集团公司"）主要业务板块覆盖火电，水电，核电，新能源（风电、太阳能），煤炭（露天矿、井工矿），铝业，化工和非煤矿山（露天矿、井工矿）等。随着各业务板块的蓬勃发展，集团公司积极贯彻落实国家安全生产政策、法律、法规要求，集团公司党组多次强调要把思想和行动统一到党中央、国务院重大决策部署上来，要站在讲政治的高度，以强烈的责任心和事业心抓好安全工作。

　　集团公司制定了"2035 一流战略"，将"零死亡"列为奋斗目标，提出要以"零死亡"坚守"一条红线"，以"零死亡"落实"安全第一"，以"零死亡"引领其他一切工作。在此背景下，集团公司发布了《作业过程危害辨识与风险评估技术标准》《设备危害辨识与风险评估技术标准》《职业健康危害辨识与风险评估技术标准》和《环境危害辨识与风险评估技术标准》，旨在规范和指导集团、各级单位及各业务板块的安全风险管理工作，降低突发安全事件风险，促进集团公司持续、健康、稳步发展。

　　根据《作业过程危害辨识与风险评估技术标准》内容要求，国家电投集团电站运营技术（北京）有限公司、江苏常熟发电有限公司联合编写了《火电机组作业过程风险数据样本》。

　　本书以江苏常熟发电有限公司百万机组为例，编制了基于火力发电企业运行和检修作业任务的危害辨识与风险评估，并制定了防护措施。本书分为运行篇和检修篇两部分，内容包括汽轮机运行、锅炉运行、电气运行、化学运行、脱硫运行、除灰运行、燃料运行、热工检修、电气检修、化学检修、汽轮机检修、脱硫检修、锅炉检修、燃料与除灰检修等主要专业，共计 500 余项作业任务。

　　本书对火力发电企业现场作业过程控制管理具有很强的实用性，也可为其他行业现场作业过程控制管理提供借鉴作用。由于编写人员水平有限，难免存在不当之处，恳请广大读者批评指正。

编　者

2022 年 5 月 18 日

目　录

序

前言

上　册

运　行　篇

检 修 篇

下　册

运行篇

1 汽轮机运行

1.1 启动汽动给水泵

作业步骤	危害辨识	危害描述	产生后果	风险等级	防 范 措 施
1. 作业环境评估	转动的电动机、泵	安全标识缺损	机械伤害	较小	工作前核对设备名称及编号
		肢体部位或饰品、衣物、用具（包括防护用品）、工具接触转动部位	机械伤害	中等	（1）正确佩戴安全帽，衣服和袖口应扣好，不得戴围巾、领带，长发必须盘在安全帽内； （2）不准将用具、工器具接触设备的转动部位； （3）不准在转动设备附近长时间停留； （4）不准在靠背轮上、安全罩上或运行中设备的轴承上行走和坐立
	润滑油	泄漏	滑跌	较小	注意地面溢油，防止滑跌
	孔洞、沟道	孔洞、沟道无盖板	坠落	中等	行走时注意脚下孔洞、沟道盖板完好
	高温高压汽水	管道、阀门破裂，设备密封不严	烫伤	中等	（1）不要靠近高温设备、管道； （2）确定逃生路线
	噪声	进入噪声区域时未正确使用防护用品	听力受损	较小	进入噪声区域时正确佩戴合格的耳塞
2. 执行作业任务	高温高压汽水	开关阀门时人员站立位置不正确	烫伤	中等	操作阀门时，应站在阀门的一侧，尤其是操作高温高压阀门时，严禁将身体正对着阀门操作，以防阀门盘根汽水泄漏烫伤或射伤工作人员
		放水门或排空门未关即启动设备	烫伤	中等	就地操作人员与监盘人员随时保持可靠的联系，禁止放水门或排空门未关闭即启动设备
	润滑油、抗燃油	泄漏	火灾、滑跌	较大	（1）大量泄漏：迅速撤离至安全区，严格限制人员出入，隔离火源、热源，切断泄漏源；应急处理人员应佩戴自给正压式呼吸器，穿消防防护服。 （2）少量泄漏：切断泄漏源，用砂土或其他惰性材料吸收并及时清理干净
		抗燃油皮肤接触	化学伤害	中等	立即脱去被污染的衣着，用肥皂水和清水彻底冲洗皮肤，及时就医
		眼睛接触	视力受损	中等	立即提起眼睑，用大量流动清水或生理盐水彻底冲洗至少15min，及时就医
	阀门扳手	用力过猛，滑脱	物体打击	较小	（1）扳手与门轮卡牢，防止脱开； （2）操作人应两脚分开且脚底站稳，两腿合理支撑； （3）操作人应两手握紧手柄，并且合理、均匀用力，防止用猛力或暴力； （4）扳手的手柄应与门轮在同一水平面，使得扳手的力合理地作用在门轮上，防止用力过大
	转动的电动机、泵	防护罩缺损	机械伤害	中等	防护罩缺损禁止启动
		启动时人员站在转动机械径向位置	机械伤害	中等	设备启动时所有人员应先远离，站在转动机械的轴向位置，并有一人站在事故按钮位置
		未按正确步序启动前置泵	机械伤害	中等	启泵前，监盘人员通知就地操作人员并核实具备启动条件

1.2 启动循环水泵

作业步骤	危害辨识	危害描述	产生后果	风险等级	防 范 措 施
1. 作业环境评估	转动的电动机、泵	安全标识缺损	机械伤害	较小	工作前核对设备名称及编号
		肢体部位或饰品、衣物、用具（包括防护用品）、工具接触转动部位	机械伤害	中等	（1）正确佩戴安全帽，衣服和袖口应扣好，不得戴围巾、领带，长发必须盘在安全帽内； （2）不准将用具、工器具接触设备的转动部位； （3）不准在转动设备附近长时间停留； （4）不准在靠背轮上、安全罩上或运行中设备的轴承上行走和坐立
	孔洞、沟道	孔洞、沟道无盖板及平台防护栏杆不全	高处坠落	重大	行走时注意脚下孔洞、沟道盖板完好，不准擅自进入隔离区域
	循环水泵入口前池	栏杆、盖板、防护网等防护装置缺损	淹溺	较大	作业时注意入口前池栏杆、盖板、防护网完好，不准擅自进入隔离区域；发现盖板缺失或损坏应及时联系填补或修复
2. 执行作业任务	循环水泵入口前池	坐靠在水池等防护栏杆上	淹溺	较大	人员不准翻越或坐靠在循环水泵入口前池临水侧的防护栏杆
	阀门扳手	用力过猛，滑脱	物体打击	较小	（1）扳手与门轮卡牢，防止脱开； （2）操作人应两脚分开且脚底站稳，两腿合理支撑； （3）操作人应两手握紧手柄，并且合理、均匀用力，防止用猛力或暴力； （4）扳手的手柄应与门轮在同一水平面，使得扳手的力合理地作用在门轮上，防止用力过大
	转动的电动机、泵	启动时人员站在转动机械附近	机械伤害	中等	设备启动时所有人员应先远离，并有一人站在事故按钮位置
		未按正确步序启动前置泵	机械伤害	中等	启泵前，监盘人员通知就地操作人员并核实具备启动条件

1.3 凝结水系统投用

作业步骤	危害辨识	危害描述	产生后果	风险等级	防 范 措 施
1. 作业环境评估	转动的电动机、泵	安全标识缺损	机械伤害	较小	工作前核对设备名称及编号
		肢体部位或饰品、衣物、用具（包括防护用品）、工具接触转动部位	机械伤害	中等	（1）正确佩戴安全帽，衣服和袖口应扣好，不得戴围巾、领带，长发必须盘在安全帽内； （2）不准将用具、工器具接触设备的转动部位； （3）不准在转动设备附近长时间停留； （4）不准在靠背轮上、安全罩上或运行中设备的轴承上行走和坐立
	孔洞、沟道	孔洞、沟道无盖板及平台防护栏杆不全	高处坠落	重大	行走时注意脚下孔洞、沟道盖板完好，不准擅自进入隔离区域
	高温高压汽水	管道、阀门破裂，设备密封不严	烫伤	中等	不要靠近高温设备、管道
	噪声	进入噪声区域时未正确使用防护用品	听力受损	较小	进入噪声区域时正确佩戴合格的耳塞

作业步骤	危害辨识	危害描述	产生后果	风险等级	防 范 措 施
2.执行作业任务	阀门扳手	用力过猛，滑脱	物体打击	较小	（1）扳手与门轮卡牢，防止脱开； （2）操作人应两脚分开且脚底站稳，两腿合理支撑； （3）操作人应两手握紧手柄，并且合理、均匀用力，防止用猛力或暴力； （4）扳手的手柄应与门轮在同一水平面，使得扳手的力合理地作用在门轮上，防止用力过大
	转动的电动机、泵	启动时人员站在转动机械附近	机械伤害	中等	设备启动时所有人员应先远离，并有一人站在事故按钮位置

1.4 密封油系统投用

作业步骤	危害辨识	危害描述	产生后果	风险等级	防 范 措 施
1.作业环境评估	转动的电动机、泵	安全标识缺损	机械伤害	较小	工作前核对设备名称及编号
		肢体部位或饰品、衣物、用具（包括防护用品）、工具接触转动部位	机械伤害	中等	（1）正确佩戴安全帽，衣服和袖口应扣好，不得戴围巾、领带，长发必须盘在安全帽内； （2）不准将用具、工器具接触设备的转动部位； （3）不准在转动设备附近长时间停留； （4）不准在靠背轮上、安全罩上或运行中设备的轴承上行走和坐立
	润滑油	泄漏	滑跌	较小	注意地面溢油，防止滑跌
	孔洞、沟道	孔洞、沟道无盖板	高处坠落	重大	行走时注意脚下孔洞、沟道盖板完好
	噪声	进入噪声区域时未正确使用防护用品	听力受损	较小	进入噪声区域时正确佩戴合格的耳塞
2.执行作业任务	润滑油	泄漏	火灾、滑跌	较大	（1）大量泄漏：迅速撤离至安全区，严格限制人员出入，隔离火源、热源，切断泄漏源；应急处理人员应戴自给正压式呼吸器，穿消防防护服。 （2）少量泄漏：切断泄漏源，用砂土或其他惰性材料吸收并及时清理干净
		未使用防爆扳手	火灾	较大	应使用铜质工具，如必须使用钢制工具应涂黄油
		眼睛接触	视力受损	中等	立即提起眼睑，用大量流动清水或生理盐水彻底冲洗至少15min，及时就医
	阀门扳手	用力过猛，滑脱	物体打击	较小	（1）扳手与门轮卡牢，防止脱开； （2）操作人应两脚分开且脚底站稳，两腿合理支撑； （3）操作人应两手握紧手柄，并且合理、均匀用力，防止用猛力或暴力； （4）扳手的手柄应与门轮在同一水平面，使得扳手的力合理地作用在门轮上，防止用力过大
	转动的电动机、泵	防护罩缺损	机械伤害	中等	防护罩缺损禁止启动
		启动时人员站在转动机械径向位置	机械伤害	中等	设备启动时所有人员应先远离，站在转动机械的轴向位置，并有一人站在事故按钮位置
		未按正确步序启动密封油泵	机械伤害	中等	启泵前，监盘人员通知就地操作人员并核实具备启动条件

1.5 轴封系统投运

作业步骤	危害辨识	危害描述	产生后果	风险等级	防 范 措 施
1. 作业环境评估	转动的电动机、泵	安全标识缺损	机械伤害	较小	工作前核对设备名称及编号
		肢体部位或饰品、衣物、用具（包括防护用品）、工具接触转动部位	机械伤害	中等	（1）正确佩戴安全帽，衣服和袖口应扣好，不得戴围巾、领带，长发必须盘在安全帽内； （2）不准将用具、工器具接触设备的转动部位； （3）不准在转动设备附近长时间停留； （4）不准在靠背轮上、安全罩上或运行中设备的轴承上行走和坐立
	孔洞、沟道	孔洞、沟道无盖板	高处坠落	重大	行走时注意脚下孔洞、沟道盖板完好
	高温高压汽水	管道、阀门破裂，设备密封不严	烫伤	中等	不要靠近高温设备、管道
	噪声	进入噪声区域时未正确使用防护用品	听力受损	较小	进入噪声区域时正确佩戴合格的耳塞
2. 执行作业任务	高温高压汽水	开关阀门时人员站立位置不正确	烫伤	中等	操作阀门时，应站在阀门的一侧，尤其是操作高温高压阀门时，严禁将身体正对着阀门操作，以防阀门盘根汽水泄漏烫伤或射伤工作人员
	阀门扳手	用力过猛，滑脱	物体打击	较小	（1）扳手与门轮卡牢，防止脱开； （2）操作人应两脚分开且脚底站稳，两腿合理支撑； （3）操作人应两手握紧手柄，并且合理、均匀用力，防止用猛力或暴力； （4）扳手的手柄应与门轮在同一水平面，使得扳手的力合理地作用在门轮上，防止用力过大

1.6 投运主机盘车

作业步骤	危害辨识	危害描述	产生后果	风险等级	防 范 措 施
1. 作业环境评估	转动的电动机、泵	安全标识缺损	机械伤害	较小	工作前核对设备名称及编号
		肢体部位或饰品、衣物、用具（包括防护用品）、工具接触转动部位	机械伤害	中等	（1）正确佩戴安全帽，衣服和袖口应扣好，不得戴围巾、领带，长发必须盘在安全帽内； （2）不准将用具、工器具接触设备的转动部位； （3）不准在转动设备附近长时间停留； （4）不准在靠背轮上、安全罩上或运行中设备的轴承上行走和坐立
	润滑油	泄漏	滑跌	较小	注意地面溢油，防止滑跌
	孔洞、沟道	孔洞、沟道无盖板	高处坠落	重大	行走时注意脚下孔洞、沟道盖板完好
	高温高压汽水	管道、阀门破裂，设备密封不严	烫伤	中等	不要靠近高温设备、管道
	噪声	进入噪声区域时未正确使用防护用品	听力受损	较小	进入噪声区域时正确佩戴合格的耳塞
2. 执行作业任务	转动的电动机	防护罩缺损	机械伤害	中等	防护罩缺损禁止启动
		启动时人员站在转机径向位置	机械伤害	中等	设备启动时所有人员应先远离，站在转动机械的轴向位置，并有一人站在事故按钮位置
		未按正确步序启动主机盘车	机械伤害	中等	启动盘车前，监盘人员通知就地操作人员并核实具备启动条件

1.7 定子冷却水泵切换

作业步骤	危害辨识	危害描述	产生后果	风险等级	防 范 措 施
1. 作业环境评估	转动的电动机、泵	安全标识缺损	机械伤害	较小	工作前核对设备名称及编号
		肢体部位或饰品、衣物、用具（包括防护用品）、工具接触转动部位	机械伤害	中等	（1）正确佩戴安全帽，衣服和袖口应扣好，不得戴围巾、领带，长发必须盘在安全帽内；（2）不准将用具、工器具接触设备的转动部位；（3）不准在转动设备附近长时间停留；（4）不准在靠背轮上、安全罩上或运行中设备的轴承上行走和坐立
	孔洞、沟道	孔洞、沟道无盖板及平台防护栏杆不全	高处坠落	重大	行走时注意脚下孔洞、沟道盖板完好，不准擅自进入隔离区域
	噪声	进入噪声区域时未正确使用防护用品	听力受损	较小	进入噪声区域时正确佩戴合格的耳塞
2. 执行作业任务	阀门扳手	用力过猛，滑脱	物体打击	较小	（1）扳手与门轮卡牢，防止脱开；（2）操作人应两脚分开且脚底站稳，两腿合理支撑；（3）操作人应两手握紧手柄，并且合理、均匀用力，防止用力猛或暴力；（4）扳手的手柄应与门轮在同一水平面，使得扳手的力合理地作用在门轮上，防止用力过大
	转动的电动机、泵	防护罩缺损	机械伤害	较小	防护罩缺损禁止启动
		启动时人员站在转机径向位置	机械伤害	中等	设备启动时所有人员应先远离，站在转动机械的轴向位置，并有一人站在事故按钮位置
		未按正确步序启动定子冷却水泵	机械伤害	中等	启泵前，监盘人员通知就地操作人员并核实具备启动条件

1.8 主机冷油器切换

作业步骤	危害辨识	危害描述	产生后果	风险等级	防 范 措 施
1. 作业环境评估	转动的电动机、泵	安全标识缺损	机械伤害	较小	工作前核对设备名称及编号
		肢体部位或饰品、衣物、用具（包括防护用品）、工具接触转动部位	机械伤害	中等	（1）正确佩戴安全帽，衣服和袖口应扣好，不得戴围巾、领带，长发必须盘在安全帽内；（2）不准将用具、工器具接触设备的转动部位；（3）不准在转动设备附近长时间停留；（4）不准在靠背轮上、安全罩上或运行中设备的轴承上行走和坐立
	润滑油	泄漏	滑跌	较小	注意地面溢油，防止滑跌
	孔洞、沟道	孔洞、沟道无盖板及平台防护栏杆不全	高处坠落	重大	行走时注意脚下孔洞、沟道盖板完好，不准擅自进入隔离区域
	高温高压汽水	管道、阀门破裂；设备密封不严	烫伤	中等	不要靠近高温设备、管道
	噪声	进入噪声区域时未正确使用防护用品	听力受损	较小	进入噪声区域时正确佩戴合格的耳塞

作业步骤	危害辨识	危害描述	产生后果	风险等级	防 范 措 施
2. 执行作业任务	润滑油	泄漏	火灾、滑跌	较大	（1）大量泄漏：迅速撤离至安全区，严格限制人员出入，隔离火源、热源，切断泄漏源；应急处理人员应佩戴自给正压式呼吸器，穿消防防护服。 （2）少量泄漏：切断泄漏源，用砂土或其他惰性材料吸收并及时清理干净
		眼睛接触	视力受损	中等	立即提起眼睑，用大量流动清水或生理盐水彻底冲洗至少 15min，及时就医
	阀门扳手	用力过猛，滑脱	物体打击	较小	（1）扳手与门轮卡牢，防止脱开； （2）操作人应两脚分开且脚底站稳，两腿合理支撑； （3）操作人应两手握紧手柄，并且合理、均匀用力，防止用猛力或暴力； （4）扳手的手柄应与门轮在同一水平面，使得扳手的力合理地作用在门轮上，防止用力过大

1.9 高压加热器系统检修隔离

作业步骤	危害辨识	危害描述	产生后果	风险等级	防 范 措 施
1. 作业环境评估	高温高压汽水	管道、阀门破裂；设备密封不严	烫伤	中等	不要靠近高温设备、管道
		高压加热器水位计等外露高温设备防护装置不全	烫伤	中等	（1）检查防护装置、警示标识完好； （2）不要靠近高温设备、管道
	噪声	进入噪声区域时未正确使用防护用品	听力受损	较小	进入噪声区域时正确佩戴合格的耳塞
2. 执行作业任务	高温高压汽水	开关阀门时人员站立位置不正确	烫伤	中等	操作阀门时，应站在阀门的一侧，尤其是操作高温高压阀门时，严禁将身体正对着阀门操作，以防阀门盘根汽水泄漏烫伤或射伤工作人员
		检修的系统隔离不彻底	烫伤	中等	（1）按照已审核批准的操作票步序执行工作任务，严禁漏项、越项； （2）系统阀门开、关到位； （3）工作票许可前，工作负责人必须会同值班人员共同检查，被隔离的系统压力到零，温度在40℃以下
	阀门扳手	用力过猛，滑脱	物体打击	较小	（1）扳手与门轮卡牢，防止脱开； （2）操作人应两脚分开且脚底站稳，两腿合理支撑； （3）操作人应两手握紧手柄，并且合理、均匀用力，防止用猛力或暴力； （4）扳手的手柄应与门轮在同一水平面，使得扳手的力合理地作用在门轮上，防止用力过大

1.10 半侧凝汽器停运

作业步骤	危害辨识	危害描述	产生后果	风险等级	防 范 措 施
1. 作业环境评估	转动的电动机、泵	安全标识缺损	机械伤害	较小	工作前核对设备名称及编号
		肢体部位或饰品、衣物、用具（包括防护用品）、工具接触转动部位	机械伤害	中等	（1）正确佩戴安全帽，衣服和袖口应扣好，不得戴围巾、领带，长发必须盘在安全帽内； （2）不准用用具、工器具接触设备的转动部位； （3）不准在转动设备附近长时间停留； （4）不准在靠背轮上、安全罩上或运行中设备的轴承上行走和坐立

作业步骤	危害辨识	危害描述	产生后果	风险等级	防 范 措 施
1. 作业环境评估	凝汽器排水坑	排水坑无盖板及防护栏杆不全	高处坠落	重大	行走时注意脚下沟道盖板完好，不准擅自进入隔离区域
2. 执行作业任务	阀门扳手	用力过猛，滑脱	物体打击	较小	（1）扳手与门轮卡牢，防止脱开； （2）操作人应两脚分开且脚底站稳，两腿合理支撑； （3）操作人应两手握紧手柄，并且合理、均匀用力，防止用猛力或暴力； （4）扳手的手柄应与门轮在同一水平面，使得扳手的力合理地作用在门轮上，防止用力过大
	凝汽器排水坑爬梯	上下爬梯未采取安全措施	高处坠落	重大	上下凝汽器排水坑爬梯时，要抓好爬梯，防止滑跌、坠落
	凝汽器排水坑	未及时排除凝汽器排水坑积水	淹溺	中等	定期检查凝汽器排水坑水位，发现水位过高及时处理

1.11 水环真空泵启动

作业步骤	危害辨识	危害描述	产生后果	风险等级	防 范 措 施
1. 作业环境评估	转动的电动机、泵	安全标识缺损	机械伤害	较小	工作前核对设备名称及编号
		肢体部位或饰品、衣物、用具（包括防护用品）、工具接触转动部位	机械伤害	中等	（1）正确佩戴安全帽，衣服和袖口应扣好，不得戴围巾、领带，长发必须盘在安全帽内； （2）不准将用具、工器具接触设备的转动部位； （3）不准在转动设备附近长时间停留； （4）不准在靠背轮上、安全罩上或运行中设备的轴承上行走和坐立
	孔洞、沟道	孔洞、沟道无盖板及平台防护栏杆不全	高处坠落	重大	行走时注意脚下孔洞、沟道盖板完好，不准擅自进入隔离区域
	噪声	进入噪声区域时未正确使用防护用品	听力受损	较小	进入噪声区域时正确佩戴合格的耳塞
2. 执行作业任务	阀门扳手	用力过猛，滑脱	物体打击	较小	（1）扳手与门轮卡牢，防止脱开； （2）操作人应两脚分开且脚底站稳，两腿合理支撑； （3）操作人应两手握紧手柄，并且合理、均匀用力，防止用猛力或暴力； （4）扳手的手柄应与门轮在同一水平面，使得扳手的力合理地作用在门轮上，防止用力过大
	转动的电动机、泵	防护罩缺损	机械伤害	中等	防护罩缺损禁止启动
		启动时人员站在转机径向位置	机械伤害	中等	设备启动时所有人员应先远离，站在转动机械的轴向位置，并有一人站在事故按钮位置
		未按正确步序启动真空泵	机械伤害	中等	启泵前，监盘人员通知就地操作人员并核实具备启动条件

1.12　真空严密性试验

作业步骤	危害辨识	危害描述	产生后果	风险等级	防 范 措 施
1. 作业环境评估	转动的电动机、泵	安全标识缺损	机械伤害	较小	工作前核对设备名称及编号
		肢体部位或饰品、衣物、用具（包括防护用品）、工具接触转动部位	机械伤害	中等	（1）正确佩戴安全帽，衣服和袖口应扣好，不得戴围巾、领带，长发必须盘在安全帽内；（2）不准将用具、工器具接触设备的转动部位；（3）不准在转动设备附近长时间停留；（4）不准在靠背轮上、安全罩上或运行中设备的轴承上行走和坐立
	孔洞、沟道	孔洞、沟道无盖板及平台防护栏杆不全	高处坠落	重大	行走时注意脚下孔洞、沟道盖板完好，不准擅自进入隔离区域
	噪声	进入噪声区域时未正确使用防护用品	听力受损	较小	进入噪声区域时正确佩戴合格的耳塞
2. 执行作业任务	转动的电动机、泵	防护罩缺损	机械伤害	中等	防护罩缺损禁止启动
		启动时人员站在转机径向位置	机械伤害	中等	设备启动时所有人员应先远离，站在转动机械的轴向位置，并有一人站在事故按钮位置
		未按正确步序启动真空泵	机械伤害	中等	启泵前，监盘人员通知就地操作人员并核实具备启动条件

1.13　抗燃油泵切换

作业步骤	危害辨识	危害描述	产生后果	风险等级	防 范 措 施
1. 作业环境评估	转动的设备	安全标识缺损	机械伤害	较小	工作前核对设备名称及编号
		肢体部位或饰品、衣物、用具（包括防护用品）、工具接触转动部位	机械伤害	中等	（1）正确佩戴安全帽，衣服和袖口应扣好，不得戴围巾、领带，长发必须盘在安全帽内；（2）不准将用具、工器具接触设备的转动部位；（3）不准在转动设备附近长时间停留；（4）不准在靠背轮上、安全罩上或运行中设备的轴承上行走和坐立
	孔洞、沟道	孔洞、沟道无盖板	高处坠落	重大	行走时注意脚下孔洞、沟道盖板完好
	噪声	进入噪声区域时未正确使用防护用品	听力受损	较小	进入噪声区域时正确佩戴合格的耳塞
2. 执行作业任务	抗燃油	泄漏	火灾、中毒	较大	（1）大量泄漏：迅速撤离至安全区，严格限制人员出入，隔离火源、热源，切断泄漏源；应急处理人员应佩戴自给正压式呼吸器，穿消防防护服。（2）少量泄漏：切断泄漏源，用砂土或其他惰性材料吸收并及时清理干净
		操作中发生跑、冒、滴、漏及溢油	滑跌	较小	操作中发生跑、冒、滴、漏及溢油时要及时清除处理
		皮肤接触	化学伤害	中等	立即脱去被污染的衣着，用肥皂水和清水彻底冲洗皮肤，及时就医
		眼睛接触	视力受损	中等	立即提起眼睑，用大量流动清水或生理盐水彻底冲洗至少 15min，及时就医
	转动的电动机、泵	防护罩缺损	机械伤害	中等	防护罩缺损禁止启动
		启动时人员站在转机径向位置	机械伤害	中等	设备启动时所有人员应先远离，站在转动机械的轴向位置，并有一人站在事故按钮位置
		未按正确步序启动抗燃油泵	机械伤害	中等	启泵前，监盘人员通知就地操作人员并核实具备启动条件

1.14 汽轮机抽汽止回阀活动试验

作业步骤	危害辨识	危害描述	产生后果	风险等级	防 范 措 施
1. 作业环境评估	转动的设备	安全标识缺损	机械伤害	较小	工作前核对设备名称及编号
		肢体部位或饰品、衣物、用具（包括防护用品）、工具接触转动部位	机械伤害	中等	（1）正确佩戴安全帽，衣服和袖口应扣好，不得戴围巾、领带，长发必须盘在安全帽内； （2）不准将用具、工器具接触设备的转动部位； （3）不准在转动设备附近长时间停留； （4）不准在靠背轮上、安全罩上或运行中设备的轴承上行走和坐立
	孔洞、沟道	孔洞、沟道无盖板	高处坠落	重大	行走时注意脚下孔洞、沟道盖板完好
	噪声	进入噪声区域时未正确使用防护用品	听力受损	较小	进入噪声区域时正确佩戴合格的耳塞
2. 执行作业任务	高温高压汽水	管道、阀门破裂，设备密封不严	烫伤	中等	（1）不要靠近高温设备、管道； （2）确定逃生路线

1.15 低压加热器投运

作业步骤	危害辨识	危害描述	产生后果	风险等级	防 范 措 施
1. 作业环境评估	转动的电动机、泵	安全标识缺损	机械伤害	较小	工作前核对设备名称及编号
		肢体部位或饰品、衣物、用具（包括防护用品）、工具接触转动部位	机械伤害	中等	（1）正确佩戴安全帽，衣服和袖口应扣好，不得戴围巾、领带，长发必须盘在安全帽内； （2）不准将用具、工器具接触设备的转动部位； （3）不准在转动设备附近长时间停留； （4）不准在靠背轮上、安全罩上或运行中设备的轴承上行走和坐立
	孔洞、沟道	孔洞、沟道无盖板	高处坠落	重大	行走时注意脚下孔洞、沟道盖板完好
	高温高压汽水	管道、阀门破裂；设备密封不严	烫伤	中等	不要靠近高温设备、管道
	噪声	进入噪声区域时未正确使用防护用品	听力受损	较小	进入噪声区域时正确佩戴合格的耳塞
2. 执行作业任务	高温高压汽水	开关阀门时人员站立位置不正确	烫伤	中等	操作阀门时，应站在阀门的一侧，尤其是操作高温高压阀门时，严禁将身体正对着阀门操作，以防阀门盘根汽水泄漏烫伤或射伤工作人员
	阀门扳手	用力过猛，滑脱	物体打击	较小	（1）扳手与门轮卡牢，防止脱开； （2）操作人应两脚分开且脚底站稳，两腿合理支撑； （3）操作人应两手握紧手柄，并且合理、均匀用力，防止用猛力或暴力； （4）扳手的手柄应与门轮在同一水平面，使得扳手的力合理地作用在门轮上，防止用力过大

1.16 汽轮机快冷装置投运

作业步骤	危害辨识	危害描述	产生后果	风险等级	防 范 措 施
1. 作业环境评估	转动的设备	安全标识缺损	机械伤害	较小	工作前核对设备名称及编号
		肢体部位或饰品、衣物、用具（包括防护用品）、工具接触转动部位	机械伤害	中等	（1）正确佩戴安全帽，衣服和袖口应扣好，不得戴围巾、领带，长发必须盘在安全帽内； （2）不准将用具、工器具接触设备的转动部位； （3）不准在转动设备附近长时间停留； （4）不准在靠背轮上、安全罩上或运行中设备的轴承上行走和坐立
	孔洞、沟道	孔洞、沟道无盖板	高处坠落	重大	行走时注意脚下孔洞、沟道盖板完好
	高温高压汽水	管道、阀门破裂，设备密封不严	烫伤	较小	不要靠近高温设备、管道
	噪声	进入噪声区域时未正确使用防护用品	听力受损	较小	进入噪声区域时正确佩戴合格的耳塞
2. 执行作业任务	高温高压汽水	开关阀门时人员站立位置不正确	烫伤	较小	操作阀门时，应站在阀门的一侧，尤其是操作高温高压阀门时，严禁将身体正对着阀门操作，以防阀门盘根汽水泄漏烫伤或射伤工作人员
	阀门扳手	用力过猛，滑脱	物体打击	较小	（1）扳手与门轮卡牢，防止脱开； （2）操作人应两脚分开且脚底站稳，两腿合理支撑； （3）操作人应两手握紧手柄，并且合理、均匀用力，防止用猛力或暴力； （4）扳手的手柄应与门轮在同一水平面，使得扳手的力合理地作用在门轮上，防止用力过大

1.17 发电机空气置换成氢气

作业步骤	危害辨识	危害描述	产生后果	风险等级	防 范 措 施
1. 作业环境评估	转动的电动机	安全标识缺损	机械伤害	较小	工作前核对设备名称及编号
		肢体部位或饰品、衣物、用具（包括防护用品）、工具接触转动部位	机械伤害	较小	（1）正确佩戴安全帽，衣服和袖口应扣好，不得戴围巾、领带，长发必须盘在安全帽内； （2）不准将用具、工器具接触设备的转动部位； （3）不准在转动设备附近长时间停留； （4）不准在靠背轮上、安全罩上或运行中设备的轴承上行走和坐立
	孔洞、沟道	孔洞、沟道无盖板	高处坠落	重大	行走时注意脚下孔洞、沟道盖板完好
	噪声	进入噪声区域时未正确使用防护用品	听力受损	较小	进入噪声区域时正确佩戴合格的耳塞
2. 执行作业任务	氢气	未使用防爆工具	火灾爆炸	较大	应使用铜质工具，如必须使用钢制工具应涂黄油
		供氢的管道、阀门或其他设备发生冻结时用火烤	火灾爆炸	较大	供氢的管道、阀门或其他设备发生冻结时，应用蒸汽或热水解冻，不准用火烤
		氢气瓶放置不正确	火灾爆炸	较大	氢气气瓶应直立地固定在支架上，不应受热，应避免直接受日光照射
		气体置换不彻底	爆炸	中等	（1）按照已审核批准的操作票步序执行作业任务，严禁漏项、越项； （2）双人进行置换； （3）氢气浓度检测合格

作业步骤	危害辨识	危害描述	产生后果	风险等级	防 范 措 施
2. 执行作业任务	氢气	作业时未正确使用防护用品	火灾爆炸	较大	（1）穿合格的工作服； （2）操作人员不准穿带铁钉的鞋； （3）操作人员手和衣服不应沾有油脂
	二氧化碳	作业时未正确使用防护用品	冻伤	较大	作业时戴保暖手套
		吸入	窒息	较大	迅速脱离现场至空气新鲜处，保持呼吸道通畅；如呼吸困难，给予输氧；如呼吸停止，立即进行人工呼吸，及时就医
	阀门扳手	用力过猛，滑脱	物体打击	较小	（1）扳手与门轮卡牢，防止脱开； （2）操作人应两脚分开且脚底站稳，两腿合理支撑； （3）操作人应两手握紧手柄，并且合理、均匀用力，防止用猛力或暴力； （4）扳手的手柄应与门轮在同一水平面，使得扳手的力合理地作用在门轮上，防止用力过大

1.18 供热系统投运

作业步骤	危害辨识	危害描述	产生后果	风险等级	防 范 措 施
1. 作业环境评估	转动的设备	安全标识缺损	机械伤害	较小	工作前核对设备名称及编号
		肢体部位或饰品、衣物、用具（包括防护用品）、工具接触转动部位	机械伤害	较小	（1）正确佩戴安全帽，衣服和袖口应扣好，不得戴围巾、领带，长发必须盘在安全帽内； （2）不准将用具、工器具接触设备的转动部位； （3）不准在转动设备附近长时间停留； （4）不准在靠背轮上、安全罩上或运行中设备的轴承上行走和坐立
	孔洞、沟道	孔洞、沟道无盖板及平台防护栏杆不全	高处坠落	重大	行走时注意脚下孔洞、沟道盖板完好，不准擅自进入隔离区域
	高温高压汽水	管道、阀门破裂，设备密封不严	烫伤	中等	不要靠近高温设备、管道
	噪声	进入噪声区域时未正确使用防护用品	听力受损	较小	进入噪声区域时正确佩戴合格的耳塞
2. 执行作业任务	高温高压汽水	开关阀门时人员站立位置不正确	烫伤	中等	操作阀门时，应站在阀门的一侧，尤其是操作高温高压阀门时，严禁将身体正对着阀门操作，以防阀门盘根汽水泄漏烫伤或射伤工作人员
	供热管道爬梯	上下爬梯未采取安全措施	高处坠落	重大	上下供热管道爬梯时，要抓好爬梯，防止滑跌、坠落
	阀门扳手	用力过猛，滑脱	物体打击	较小	（1）扳手与门轮卡牢，防止脱开； （2）操作人应两脚分开且脚底站稳，两腿合理支撑； （3）操作人应两手握紧手柄，并且合理、均匀用力，防止用猛力或暴力； （4）扳手的手柄应与门轮在同一水平面，使得扳手的力合理地作用在门轮上，防止用力过大

2 锅炉运行

2.1 锅炉水压试验

作业步骤	危害辨识	危害描述	产生后果	风险等级	防 范 措 施
1. 作业环境评估	转动的电动机、泵	安全标识缺损	机械伤害	较小	工作前核对设备名称及编号
		肢体部位或饰品、衣物、用具（包括防护用品）、工具接触转动部位	机械伤害	中等	（1）正确佩戴安全帽，衣服和袖口应扣好，不得戴围巾、领带，长发必须盘在安全帽内； （2）不准将用具、工器具接触设备的转动部位； （3）不准在转动设备附近长时间停留； （4）不准在靠背轮上、安全罩上或运行中设备的轴承上行走和坐立
	孔洞、沟道	孔洞、沟道无盖板及平台防护栏杆不全	高处坠落	重大	行走时注意脚下孔洞、沟道盖板完好，不准擅自进入隔离区域
2. 执行作业任务	高压水	开关阀门时人员站立位置不正确	冲击伤人	较小	操作阀门时，应站在阀门的一侧，尤其是操作高压阀门时，严禁将身体正对着阀门操作，以防阀门盘根高压水泄漏射伤工作人员
		管道、阀门破裂，设备密封不严	冲击伤人	中等	（1）锅炉升压过程中，所有人员必须撤离； （2）严禁在升压过程中，检查受热面； （3）不准在高压设备附近长时间停留； （4）确定逃生路线
		高压水溢出	冲击伤人	较小	空气门应有专人监视，及时关闭
	阀门扳手	用力过猛，滑脱	物体打击	较小	（1）扳手与门轮卡牢，防止脱开； （2）操作人应两脚分开且脚底站稳，两腿合理支撑； （3）操作人应两手握紧手柄，并且合理、均匀用力，防止用力猛或暴力； （4）扳手的手柄应与门轮在同一水平面，使得扳手的力合理地作用在门轮上，防止用力过大
	转动的电动机、泵	防护罩缺损	机械伤害	中等	防护罩缺损禁止启动

2.2 锅炉辅机启动

作业步骤	危害辨识	危害描述	产生后果	风险等级	防 范 措 施
1. 作业环境评估	转动的电动机、风机、泵	安全标识缺损	机械伤害	较小	工作前核对设备名称及编号
		肢体部位或饰品、衣物、用具（包括防护用品）、工具接触转动部位	机械伤害	中等	（1）正确佩戴安全帽，衣服和袖口应扣好，不得戴围巾、领带，长发必须盘在安全帽内； （2）不准将用具、工器具接触设备的转动部位； （3）不准在转动设备附近长时间停留； （4）不准在靠背轮上、安全罩上或运行中设备的轴承上行走和坐立
	润滑油	泄漏	滑跌	较小	注意地面溢油，防止滑跌
	孔洞、沟道	孔洞、沟道无盖板及平台防护栏杆不全	高处坠落	重大	行走时注意脚下孔洞、沟道盖板完好，不准擅自进入隔离区域

作业步骤	危害辨识	危害描述	产生后果	风险等级	防 范 措 施
2. 执行作业任务	润滑油	泄漏	火灾	中等	（1）大量泄漏：迅速撤离至安全区，严格限制人员出入，隔离火源、热源，切断泄漏源；应急处理人员应佩戴自给正压式呼吸器，穿消防防护服。 （2）少量泄漏：切断泄漏源，用砂土或其他惰性材料吸收并及时清理干净
		操作中发生的跑、冒、滴、漏及溢油	滑跌	较小	操作中发生跑、冒、滴、漏及溢油时要及时清除处理

2.3　SCR 脱硝系统投运

作业步骤	危害辨识	危害描述	产生后果	风险等级	防 范 措 施
1. 作业环境评估	转动的电动机、泵	安全标识缺损	机械伤害	较小	工作前核对设备名称及编号
		肢体部位或饰品、衣物、用具（包括防护用品）、工具接触转动部位	机械伤害	中等	（1）正确佩戴安全帽，衣服和袖口应扣好，不得戴围巾、领带，长发必须盘在安全帽内； （2）不准将用具、工器具接触设备的转动部位； （3）不准在转动设备附近长时间停留； （4）不准在靠背轮上、安全罩上或运行中设备的轴承上行走和坐立
	液氨、氨气	泄漏	中毒窒息	较大	进入氨区必须释放静电，确定氨区无泄漏报警
	高温高压汽水	管道、阀门破裂；设备密封不严	烫伤	较大	不要靠近高温设备、管道
	孔洞、沟道	孔洞、沟道无盖板及平台防护栏杆不全	高处坠落	重大	行走时注意脚下孔洞、沟道盖板完好，不准擅自进入隔离区域
2. 执行作业任务	液氨、氨气	操作中发生泄漏	中毒窒息	较大	根据风向，迅速撤离泄漏污染区人员至安全区，并进行隔离，严格限制出入；应急处理人员戴自给正压式呼吸器，穿专用的防化工作服，不要直接接触泄漏物，尽可能切断泄漏源，防止进入下水道、排洪沟等限制性空间
		未使用防爆扳手	火灾爆炸	较大	应使用铜质工具，如必须使用钢制工具应涂黄油
		皮肤接触	中毒、烫伤	较大	立即脱去被污染的衣着，用大量流动清水冲洗，至少 15min，及时就医
		眼睛接触	视力受损	中等	立即提起眼睑，用大量流动清水或生理盐水彻底冲洗至少 15min，及时就医
		吸入	中毒	较大	迅速脱离现场至空气新鲜处，保持呼吸道通畅，如呼吸困难，给予输氧，如呼吸停止，立即进行人工呼吸，及时就医
	高温高压汽水	开关阀门时人员站立位置不正确	冻伤	较大	操作阀门时，应站在阀门的一侧，尤其是操作高温高压阀门时，严禁将身体正对着阀门操作，以防阀门盘根汽水泄漏烫伤或射伤工作人员

2.4　热炉放水

作业步骤	危害辨识	危害描述	产生后果	风险等级	防 范 措 施
1. 作业环境评估	孔洞、沟道	孔洞、沟道无盖板及平台防护栏杆不全	坠落	中等	行走时注意脚下孔洞、沟道盖板完好，不准擅自进入隔离区域
	高温高压汽水	管道、阀门破裂，设备密封不严	烫伤	中等	不要靠近高温设备、管道

作业步骤	危害辨识	危害描述	产生后果	风险等级	防　范　措　施
2. 执行作业任务	高温高压汽水	开关阀门时人员站立位置不正确	烫伤	中等	操作阀门时，应站在阀门的一侧，尤其是操作高温高压阀门时，严禁将身体正对着阀门操作，以防阀门盘根汽水泄漏烫伤或射伤工作人员
	阀门扳手	用力过猛，滑脱	物体打击	较小	（1）扳手与门轮卡牢，防止脱开； （2）操作人应两脚分开且脚底站稳，两腿合理支撑； （3）操作人应两手握紧手柄，并且合理、均匀用力，防止用力或暴力； （4）扳手的手柄应与门轮在同一水平面，使得扳手的力合理地作用在门轮上，防止用力过大

2.5　锅炉吹灰

作业步骤	危害辨识	危害描述	产生后果	风险等级	防　范　措　施
1. 作业环境评估	孔洞、沟道	孔洞、沟道无盖板及平台防护栏杆不全	高处坠落	重大	行走时注意脚下孔洞、沟道盖板完好，不准擅自进入隔离区域
	高温高压汽水	管道、阀门破裂，设备密封不严	烫伤	中等	不要靠近高温设备、管道
2. 执行作业任务	高温高压汽水	开关阀门时人员站立位置不正确	烫伤	中等	操作阀门时，应站在阀门的一侧，尤其是操作高温高压阀门时，严禁将身体正对着阀门操作，以防阀门盘根汽水泄漏烫伤或射伤工作人员
	阀门扳手	用力过猛，滑脱	物体打击	较小	（1）扳手与门轮卡牢，防止脱开； （2）操作人应两脚分开且脚底站稳，两腿合理支撑； （3）操作人应两手握紧手柄，并且合理、均匀用力，防止用力或暴力； （4）扳手的手柄应与门轮在同一水平面，使得扳手的力合理地作用在门轮上，防止用力过大

3 电气运行

3.1 6kV 电动机测绝缘

作业步骤	危害辨识	危害描述	产生后果	风险等级	防 范 措 施
1. 作业环境评估	6kV交流电	安全距离不足 0.7m	触电	较大	(1) 与带电设备保持至少 0.7m 安全距离; (2) 不得触碰电气设备或开关裸露部分
2. 执行作业任务	6kV交流电	工作票未终结或检修现场仍有检修人员作业	触电	较大	(1) 检查检修工作票已押回或者终结; (2) 操作前检查设备检修工作结束,所有人员已全部撤离
		走错间隔	触电	较大	工作前核对设备名称及编号
		运行人员单人操作	触电	较大	必须由两人进行工作,其中一人对设备较为熟悉者做监护
		带负荷拉开小车开关	灼伤	较大	将开关小车拉出前检查开关指示确在"分闸"状态
		未正确穿戴合格的防护用品	触电	较大	测绝缘时穿好绝缘鞋,戴好绝缘手套
		使用不合格或不按规定使用验电器	触电	较大	(1) 使用 6kV 验电器; (2) 使用前检查验电器合格证在有效期,验电器声光报警良好; (3) 先在带电体上进行测试,确认良好后方能在停电设备上验电;或验电器试验良好
	试验电压	使用不合格或不按规定使用绝缘电阻表	低压触电	较小	(1) 被测设备未放电之前,严禁用手触及; (2) 拆线时,严禁触及引线的金属部分; (3) 测量结束后,对大电容设备要进行充分放电

3.2 6kV 母线由运行转检修

作业步骤	危害辨识	危害描述	产生后果	风险等级	防 范 措 施
1. 作业环境评估	6kV交流电	安全距离不足 0.7m	触电	较大	(1) 与带电设备保持至少 0.7m 安全距离; (2) 不得触碰电气设备或开关裸露部分
2. 执行作业任务	6kV交流电	运行人员单人操作	触电	较大	必须由两人进行工作,其中一人对设备较为熟悉者做监护
		未正确穿戴合格的防护用品	触电	较大	操作时穿好绝缘鞋,戴好绝缘手套
		走错间隔	触电	较大	工作前核对设备名称及编号
		带负荷拉开小车开关	灼伤	较大	将开关小车拉出前检查开关指示确在"分闸"状态
		使用不合格或不按规定使用验电器	触电	较大	(1) 使用 6kV 验电器; (2) 使用前检查验电器合格证在有效期,验电器声光报警良好; (3) 先在带电体上进行测试,确认良好后方能在停电设备上验电;或验电器试验良好
		装设接地线前或合入接地刀闸前未验电	触电	较大	装设接地线前或合入接地刀闸前,应使用 6kV 验电器验明无电压
		未按规定顺序装设接地线	触电	较大	装设接地线必须先接接地端,后接导体端,且必须接触良好

3.3 6kV 负荷开关停电

作业步骤	危害辨识	危害描述	产生后果	风险等级	防 范 措 施
1. 作业环境评估	6kV交流电	安全距离不足 0.7m	触电	较大	（1）与带电设备保持至少 0.7m 安全距离； （2）不得触碰电气设备或开关裸露部分
2. 执行作业任务	6kV交流电	走错间隔	触电	较大	工作前核对设备名称及编号
		运行人员单人操作	触电	较大	必须由两人进行工作,其中一人对设备较为熟悉者做监护
		带负荷拉开小车开关	灼伤	较大	将开关小车拉出前检查开关指示确在"分闸"状态
		未正确穿戴合格的防护用品	触电	较大	操作时穿好绝缘鞋,戴好绝缘手套

3.4 厂用低压变压器由检修转运行

作业步骤	危害辨识	危害描述	产生后果	风险等级	防 范 措 施
1. 作业环境评估	6kV/400V交流电	安全距离不足 0.7m	触电	较大	与带电设备保持至少 0.7m 安全距离；
2. 执行作业任务	6kV/400V交流电	走错间隔	触电	较大	工作前核对设备名称及编号
		运行人员单人操作	触电	较大	必须由两人进行工作,其中一人对设备较为熟悉者做监护
		送电前未拆除接地线	触电灼伤	较大	送电前拆除相应接地线,或检查相应接地线已拆除
		未按规定顺序拆除接地线	触电灼伤	较大	拆除接地线必须拆除导体端,再拆除接地端
		未正确穿戴合格的防护用品	触电	较大	操作时穿好绝缘鞋,戴好绝缘手套

3.5 发变组由冷备用转热备用

作业步骤	危害辨识	危害描述	产生后果	风险等级	防 范 措 施
1. 作业环境评估	孔洞、沟道	孔洞、沟道无盖板及平台防护栏杆不全	高处坠落	重大	注意脚下孔洞、沟道盖板完好,不准擅自进入隔离区域
	高温高压汽水	管道、阀门破裂,设备密封不严	烫伤	中等	不要靠近高温设备、管道
	噪声	进入噪声区域时未正确使用防护用品	听力受损	较小	进入噪声区域时正确佩戴合格的耳塞
2. 执行作业任务	219kV交流电	安全距离不足	触电	较大	（1）与带电设备保持至少 3m 安全距离； （2）不得触碰电气设备或开关裸露部分
		雷雨天气操作	触电	较大	雷雨天气不得在升压站进行倒闸操作,不得移开或越过遮拦
	6kV、400V、220V交流电	安全距离不足	触电	较大	（1）与带电设备保持至少 0.7m 安全距离； （2）不得触碰电气设备或开关裸露部分

作业步骤	危害辨识	危害描述	产生后果	风险等级	防 范 措 施
2. 执行作业任务	220V、110V 直流电	安全距离不足	触电	较大	（1）与带电设备保持至少 0.7m 安全距离； （2）不得触碰电气设备或开关裸露部分
	SF6	在 SF₆ 设备防爆膜附近停留	爆炸	较大	人员不准在 SF₆ 设备防爆膜附近停留
		吸入	中毒	较大	迅速脱离现场至空气新鲜处，保持呼吸道通畅，如呼吸困难，给予输氧；如呼吸停止，立即进行人工呼吸、及时就医

3.6 发变组并网

作业步骤	危害辨识	危害描述	产生后果	风险等级	防 范 措 施
1. 作业环境评估	220kV 交流电	安全距离不足 3m	触电	较大	（1）与带电设备保持至少 3m 安全距离； （2）不得触碰电气设备或开关裸露部分
	20kV 交流电	安全距离不足 1m	触电	较大	（1）与带电设备保持至少 1m 安全距离； （2）不得触碰电气设备或开关裸露部分
2. 执行作业任务	220kV、20kV 交流电	走错间隔	触电	较大	工作前核对设备名称及编号
		运行人员单人操作	触电	较大	必须由两人进行工作，其中一人对设备较为熟悉者做监护
		带接地线（接地开关）合断路器	触电、灼伤	较大	合断路器前，必须检查接地线已拆除，接地开关确已在断开位置，禁止未经批准强行解除"五防闭锁装置"合断路器
	中性点三相不平衡电压	未正确佩戴合格的防护用品拉合主变压器中性点刀闸	触电	较大	（1）拉合主变压器中性点刀闸时，佩戴的绝缘手套贴有有效合格证且外观检查合格； （2）使用绝缘手套要双手戴好，不能包裹使用； （3）雷雨天气室外操作时必须穿绝缘靴、穿雨衣，不准打伞

3.7 400V 电动机测绝缘

作业步骤	危害辨识	危害描述	产生后果	风险等级	防 范 措 施
1. 作业环境评估	400V 交流电	安全距离不足 0.7m	触电	较大	（1）与带电设备保持至少 0.7m 安全距离； （2）不得触碰电气设备或开关裸露部分
2. 执行作业任务	400V 交流电	工作票未终结或检修现场仍有检修人员作业	触电	较大	（1）检查检修工作票已押回或者终结； （2）操作前检查设备检修工作结束，所有人员已全部撤离
		走错间隔	触电	较大	工作前核对设备名称及编号
		运行人员单人操作	触电	较大	必须由两人进行工作，其中一人对设备较为熟悉者做监护
		带负荷拉开小车开关	灼伤	较大	将开关小车拉出前检查开关指示确在"分闸"状态
		未正确佩戴合格的防护用品	触电	较大	测绝缘时穿好绝缘鞋，戴好绝缘手套

作业步骤	危害辨识	危害描述	产生后果	风险等级	防 范 措 施
2. 执行作业任务	400V交流电	使用不合格或不按规定使用验电器	触电	较大	(1) 使用400V验电器; (2) 使用前,检查验电器合格证在有效期,验电器声光报警良好; (3) 先在带电体上进行测试,确认良好后方能在停电设备上验电
	试验电压	使用不合格或不按规定使用绝缘电阻表	低压触电	较小	(1) 被测设备未放电之前,严禁用手触及; (2) 拆线时,严禁触及引线的金属部分; (3) 测量结束后,对大电容设备要进行充分放电

3.8 400V 负荷开关停电

作业步骤	危害辨识	危害描述	产生后果	风险等级	防 范 措 施
1. 作业环境评估	400V交流电	安全距离不足0.7m	触电	较大	(1) 与带电设备保持至少0.7m安全距离; (2) 不得触碰电气设备或开关裸露部分
2. 执行作业任务	400V交流电	走错间隔	触电	较大	工作前核对设备名称及编号
		运行人员单人操作	触电	较大	必须由两人进行工作,其中一人对设备较为熟悉者做监护
		带负荷拉开小车开关	灼伤	较大	将开关小车拉出前检查开关指示确在"分闸"状态,且控制方式切至"就地"位置
		带负荷拉开小车开关	灼伤	较大	
		未正确佩戴合格的防护用品	触电	较大	操作时穿好绝缘鞋,戴好绝缘手套

3.9 400V 母线送电

作业步骤	危害辨识	危害描述	产生后果	风险等级	防 范 措 施
1. 作业环境评估	400V交流电	安全距离不足0.7m	触电	较大	(1) 与带电设备保持至少0.7m安全距离; (2) 不得触碰电气设备或开关裸露部分
2. 执行作业任务	400V负荷开关停电	走错间隔	触电	较大	工作前核对设备名称及编号
		运行人员单人操作	触电	较大	必须由两人进行工作,其中一人对设备较为熟悉者做监护
		送电前未拆除接地线	触电、灼伤	中等	送电前拆除相应接地线,或检查相应接地线已拆除
		未按规定顺序拆除接地线	触电、灼伤	中等	拆除接地线必须拆除导体端,再拆除接地端
		未正确佩戴合格的防护用品	触电	较大	操作时穿好绝缘鞋,戴好绝缘手套
	试验电压	使用不合格或不按规定使用绝缘电阻表	低压触电	较小	(1) 被测设备未放电之前,严禁用手触及; (2) 拆线时,严禁触及引线的金属部分; (3) 测量结束后,对大电容设备要进行充分放电

3.10 柴油发电机空载启动试验

作业步骤	危害辨识	危害描述	产生后果	风险等级	防 范 措 施
1. 作业环境评估	400V交流电	安全距离不足0.7m	触电	较大	（1）与带电设备保持至少0.7m安全距离； （2）不得触碰电气设备或开关裸露部分
	柴油	泄漏	火灾	较大	（1）禁止将火种带入柴油发电机区域。 （2）大量泄漏：迅速撤离至安全区，严格限制人员出入，隔离火源、热源，切断泄漏源；应急处理人员应佩戴自给正压式呼吸器，穿消防防护服。 （3）少量泄漏：切断泄漏源，用砂土或其他惰性材料吸收及时清理干净
		泄漏	滑跌	较小	注意地面溢油，防止滑跌
	噪声	进入噪声区域时未正确使用防护用品	听力受损	较小	进入噪声区域时正确佩戴合格的耳塞
	孔洞、沟道	孔洞、沟道无盖板	高处坠落	重大	行走时注意脚下孔洞、沟道盖板完好
2. 执行作业任务	400V交流电	走错间隔	触电	较大	工作前核对设备名称及编号
		运行人员单人操作	触电	较大	必须由两人进行工作，其中一人对设备较为熟悉者做监护
		未正确佩戴合格的防护用品	触电	较大	现场操作时穿好绝缘鞋，戴好绝缘手套
	转动的电动机	启动时人员站在转动机械径向位置	机械伤害	较小	设备启动时所有人员应先远离，站在转动机械的轴向位置，并有一人站在事故按钮位置

3.11 直流母线由运行转检修

作业步骤	危害辨识	危害描述	产生后果	风险等级	防 范 措 施
1. 作业环境评估	400V交流电	安全距离不足0.7m	触电	较大	（1）与带电设备保持至少0.7m安全距离； （2）不得触碰电气设备或开关裸露部分
2. 执行作业任务	400V交流电、220V直流电	走错间隔	触电	较大	工作前核对设备名称及编号
		运行人员单人操作	触电	较大	必须由两人进行工作，其中一人对设备较为熟悉者做监护
		带负荷拉开小车开关	灼伤	较大	将开关小车拉出前检查开关指示确在"分闸"状态
		装设接地线前或合入接地刀闸前未验电	灼伤	较大	装设接地线前或合入接地刀闸前，应使用400V、220V的专用验电器验电
		未按规定顺序装设接地线	触电	较大	装设接地线必须先接地端，后接导体端，且必须接触良好
		未正确佩戴合格的防护用品	触电	较大	操作时穿好绝缘鞋，戴好绝缘手套
	试验电压	使用不合格或不按规定使用绝缘电阻表	低压触电	较小	（1）被测设备未放电之前，严禁用手触及； （2）拆线时，严禁触及引线的金属部分； （3）测量结束后，对大电容设备要进行充分放电

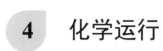

4 化学运行

4.1 液氨贮罐卸氨操作

作业步骤	危害辨识	危害描述	产生后果	风险等级	防 范 措 施
1. 作业环境评估	液氨、氨气	泄漏	中毒窒息	较大	（1）进入氨区必须释放静电； （2）确定氨区无泄漏报警
		雷雨天气进行卸氨操作	火灾爆炸	较大	雷雨天气，附近有明火、易燃介质泄漏及其他不安全因素时，不准进行卸氨作业
	孔洞、沟道	孔洞、沟道盖板缺损及楼梯、平台防护栏杆不全	高处坠落	重大	行走时注意脚下孔洞、沟道盖板完好，楼梯、平台防护栏完好，不准擅自进入隔离区域
2. 执行作业任务	液氨、氨气	氨罐车静电未释放	火灾爆炸	较大	氨罐车卸氨时，应按指定位置停车，发动机熄火，并采取有效制动措施，接好接地线，卸氨过程中不准启动车辆
		操作中发生泄漏	中毒窒息	较大	（1）卸氨应使用万向充装系统，禁止使用软管接卸液氨； （2）根据风向，迅速撤离泄漏污染区人员至安全区，并进行隔离，严格限制出入；应急处理人员佩戴正压式呼吸器，穿专用的防化工作服，不要直接接触泄漏物，尽可能切断泄漏源，防止进入雨水系统
		未使用防爆扳手	火灾爆炸	较大	应使用铜质工具，如必须使用钢制工具应涂黄油
		作业时未正确使用防护用品	中毒窒息	较大	（1）禁止穿着尼龙、化纤或者全棉、化纤混纺的衣物； （2）进入氨区的人员不准穿带铁钉的鞋
		皮肤接触	化学伤害	较大	立即脱去被污染的衣着，用2%医用硼酸溶液或大量流动清水彻底冲洗，及时就医
		眼睛接触	化学伤害	中等	立即提起眼睑，用大量流动清水或生理盐水彻底冲洗至少15min，及时就医
		吸入	中毒	较大	迅速脱离现场至空气新鲜处，保持呼吸道通畅，如呼吸困难，给予输氧；如呼吸停止，立即进行人工呼吸，及时就医
	阀门扳手	用力过猛，滑脱	物体打击	较小	（1）扳手与门轮卡牢，防止脱开； （2）操作人应两脚分开且脚底站稳，两腿合理支撑； （3）操作人应两手握紧手柄，并且合理、均匀用力，防止用猛力或暴力； （4）扳手的手柄应与门轮在同一水平面，使得扳手的力合理地作用在门轮上，防止用力过大

4.2 机组供氢操作

作业步骤	危害辨识	危害描述	产生后果	风险等级	防 范 措 施
1. 作业环境评估	氢气	泄漏	火灾爆炸	较大	（1）进入供氢站必须释放静电； （2）确定供氢站无泄漏报警
	孔洞、沟道	孔洞、沟道盖板缺损	高处坠落	重大	行走时注意脚下孔洞、沟道盖板完好，不准擅自进入隔离区域

作业步骤	危害辨识	危害描述	产生后果	风险等级	防 范 措 施
2. 执行作业任务	氢气	进入供氢室前未启动通风机	火灾爆炸	较大	进入供氢室前先启动通风机
		操作中发生泄漏	爆炸	较大	（1）使用氢气检漏仪监测氢气浓度； （2）发现氢气泄漏时，停止供氢，关闭氢瓶出口阀，隔离漏点，使用氮气进行吹扫置换； （3）由于漏氢而着火时，应用二氧化碳灭火并用石棉布密封漏氢处不使氢气逸出，或采用其他方法断绝气源
		未使用防爆扳手	爆炸	较大	应使用铜质工具，如必须使用钢制工具应涂黄油
		作业时未正确使用防护用品	爆炸	较大	（1）禁止穿着尼龙、化纤或者棉、化纤混纺的衣物； （2）进入供氢站的人员不准穿带铁钉的鞋

4.3 酸储存罐卸酸操作

作业步骤	危害辨识	危害描述	产生后果	风险等级	防 范 措 施
1. 作业环境评估	酸雾	酸雾吸收器内中和液失效，酸雾泄漏	化学伤害	较大	检查更换、补充酸雾吸收器内中和液
	孔洞、沟道	孔洞、沟道盖板缺损	高处坠落	重大	行走时注意脚下孔洞、沟道盖板完好，不准擅自进入隔离区域
2. 执行作业任务	酸	操作中发生泄漏	化学伤害	中等	（1）酸车到达现场后，必须服从监护人员的指挥，押运员负责管道的连接操作； （2）卸料导管应支撑固定，卸料导管与阀门的连接要牢固，阀门应逐渐开启
		作业时未正确使用防护用品	化学伤害	中等	（1）从事酸作业人员必须穿专用防酸服和戴耐酸手套，并根据工作需要戴口罩及防护眼镜，穿橡胶围裙及长筒胶靴（裤脚应放在靴外）； （2）进入酸雾较大的场所进行操作时，应佩戴套头式防毒面具
		皮肤接触	化学伤害	中等	立即脱去被污染的衣着，用大量流动清水冲洗，再用0.5%的碳酸氢钠溶液清洗，及时就医
		眼睛接触	视力受损	中等	立即提起眼睑，用大量流动清水彻底冲洗，及时就医
	阀门扳手	用力过猛，滑脱	物体打击	较小	（1）扳手与门轮卡牢，防止脱开； （2）操作人应两脚分开且脚底站稳，两腿合理支撑； （3）操作人应两手握紧手柄，并且合理、均匀用力，防止用力猛或暴力； （4）扳手的手柄应与门轮在同一水平面，使得扳手的力合理地作用在门轮上，防止用力过大

4.4 碱储存罐卸碱操作

作业步骤	危害辨识	危害描述	产生后果	风险等级	防 范 措 施
1. 作业环境评估	孔洞、沟道	孔洞、沟道盖板缺损	高处坠落	重大	行走时注意脚下孔洞、沟道盖板完好，不准擅自进入隔离区域

4 化 学 运 行

续表

作业步骤	危害辨识	危害描述	产生后果	风险等级	防 范 措 施
2. 执行作业任务	碱	操作中发生泄漏	化学伤害	中等	（1）碱车到达现场后，必须服从监护人员的指挥，押运员负责管道的连接操作； （2）卸料导管应支撑固定，卸料导管与阀门的连接要牢固，阀门应逐渐开启
		作业时未正确使用防护用品	化学伤害	中等	从事碱作业人员必须穿专用防护服和戴耐酸碱手套，并根据工作需要戴口罩及防护眼镜，穿橡胶围裙及长筒胶靴（裤脚应放在靴外）
		皮肤接触	化学伤害	中等	立即脱去被污染的衣着，用大量流动清水冲洗，再用1%的醋酸溶液清洗，及时就医
		眼睛接触	视力受损	中等	立即提起眼睑，用大量流动清水彻底冲洗，再用2%的稀硼酸溶液清洗，及时就医
	阀门扳手	用力过猛，滑脱	物体打击	较小	（1）扳手与门轮卡牢，防止脱开； （2）操作人应两脚分开且脚底站稳，两腿合理支撑； （3）操作人应两手握紧手柄，并且合理、均匀用力，防止用猛力或暴力； （4）扳手的手柄应与门轮在同一水平面，使得扳手的力合理地作用在门轮上，防止用力过大

4.5 尿素水解器投运操作

作业步骤	危害辨识	危害描述	产生后果	风险等级	防 范 措 施
1. 作业环境评估	氨气	泄漏	中毒窒息	较大	确定尿素站氨气管道无泄漏报警
	高温蒸汽	管道、阀门破裂，设备密封不严	烫伤	较小	不要靠近高温设备、管道
	孔洞、沟道	孔洞、沟道盖板缺损及楼梯、平台防护栏杆不全	高处坠落	重大	行走时注意脚下孔洞、沟道盖板完好，楼梯、平台防护栏完好，不准擅自进入隔离区域
2. 执行作业任务	氨气	操作中发生泄漏	中毒窒息	较大	（1）尿素水解器运行参数符合规定，禁止超压、超温运行； （2）根据风向，迅速撤离泄漏污染区人员至安全区，并进行隔离，严格限制出入；应急处理人员佩戴正压式呼吸器，穿专用的防化工作服，不要直接接触泄漏物，尽可能切断泄漏源
		吸入	中毒	较大	迅速脱离现场至空气新鲜处，保持呼吸道通畅，如呼吸困难，给予输氧，及时就医
		皮肤接触	化学伤害	中等	立即脱去被污染的衣着，用2%医用硼酸溶液或大量流动清水彻底冲洗，及时就医
		眼睛接触	视力受损	中等	立即提起眼睑，用大量流动清水或生理盐水彻底冲洗至少15min，及时就医
	高温蒸汽	开关阀门时人员站立位置不正确	烫伤	较小	操作阀门时，应站在阀门的一侧，尤其是操作高温高压阀门时，严禁将身体正对着阀门操作，以防阀门盘根汽水泄漏烫伤或射伤工作人员
	阀门扳手	用力过猛，滑脱	物体打击	较小	（1）扳手与门轮卡牢，防止脱开； （2）操作人应两脚分开且脚底站稳，两腿合理支撑； （3）操作人应两手握紧手柄，并且合理、均匀用力，防止用猛力或暴力； （4）扳手的手柄应与门轮在同一水平面，使得扳手的力合理地作用在门轮上，防止用力过大

5 脱硫运行

5.1 FGD 启动

作业步骤	危害辨识	危害描述	产生后果	风险等级	防 范 措 施
1. 作业环境评估	转动的电动机、泵、风机	安全标识缺损	机械伤害	较小	工作前核对设备名称及编号
		肢体部位或饰品、衣物、用具（包括防护用品）、工具接触转动部位	机械伤害	中等	（1）正确佩戴安全帽，衣服和袖口应扣好，不得戴围巾、领带，长发必须盘在安全帽内； （2）不准将用具、工器具接触设备的转动部位； （3）不准在转动设备附近长时间停留； （4）不准在靠背轮上、安全罩上或运行中设备的 轴承上行走和坐立
	孔洞、沟道	孔洞、沟道无盖板及平台防护栏杆不全	高处坠落	重大	行走时注意脚下孔洞、沟道盖板完好，不准擅自进入隔离区域
2. 执行作业任务	阀门扳手	用力过猛，滑脱	物体打击	较小	（1）扳手与门轮卡牢，防止脱开； （2）操作人应两脚分开且脚底站稳，两腿合理支撑； （3）操作人应两手握紧手柄，并且合理、均匀用力，防止用猛力或暴力； （4）扳手的手柄应与门轮在同一水平面，使得扳手的力合理地作用在门轮上，防止用力过大
	转动的电动机、泵	防护罩缺损	机械伤害	中等	防护罩缺损禁止启动

5.2 石灰石料仓堵塞处理操作

作业步骤	危害辨识	危害描述	产生后果	风险等级	防 范 措 施
1. 作业环境评估	转动的电动机	安全标识缺损	机械伤害	较小	工作前核对设备名称及编号
		肢体部位或饰品、衣物、用具（包括防护用品）、工具接触转动部位	机械伤害	中等	（1）正确佩戴安全帽，衣服和袖口应扣好，不得戴围巾、领带，长发必须盘在安全帽内； （2）不准将用具、工器具接触设备的转动部位； （3）不准在转动设备附近长时间停留； （4）不准在靠背轮上、安全罩上或运行中设备的轴承上行走和坐立
	孔洞、沟道	孔洞、沟道无盖板及平台防护栏杆不全	高处坠落	重大	行走时注意脚下孔洞、沟道盖板完好，不准擅自进入隔离区域
2. 执行作业任务	阀门扳手	用力过猛，滑脱	物体打击	较小	（1）扳手与门轮卡牢，防止脱开； （2）操作人应两脚分开且脚底站稳，两腿合理支撑； （3）操作人应两手握紧手柄，并且合理、均匀用力，防止用猛力或暴力； （4）扳手的手柄应与门轮在同一水平面，使得扳手的力合理地作用在门轮上，防止用力过大
	转动的电动机	防护罩缺损	机械伤害	中等	防护罩缺损禁止启动
	石灰石落下	高处落物	物体打击	中等	正确佩戴好安全帽

5.3 湿磨机启停操作

作业步骤	危害辨识	危害描述	产生后果	风险等级	防 范 措 施
1. 作业环境评估	转动的电动机、泵	安全标识缺损	机械伤害	较小	工作前核对设备名称及编号
		肢体部位或饰品、衣物、用具（包括防护用品）、工具接触转动部位	机械伤害	中等	（1）正确佩戴安全帽，衣服和袖口应扣好，不得戴围巾、领带，长发必须盘在安全帽内；（2）不准将用具、工器具接触设备的转动部位；（3）不准在转动设备附近长时间停留；（4）不准在靠背轮上、安全罩上或运行中设备的轴承上行走和坐立
	润滑油	泄漏	滑跌	较小	注意地面溢油，防止滑跌
	孔洞、沟道	孔洞、沟道无盖板及平台防护栏杆不全	高处坠落	重大	行走时注意脚下孔洞、沟道盖板完好，不准擅自进入隔离区域
2. 执行作业任务	润滑油	泄漏	火灾	较大	（1）大量泄漏：迅速撤离至安全区，严格限制人员出入，隔离火源、热源，切断泄漏源；应急处理人员应戴自给正压式呼吸器，穿消防防护服。（2）少量泄漏：切断泄漏源，用砂土或其他惰性材料吸收并及时清理干净
		操作中发生的跑、冒、滴、漏及溢油	滑跌	较小	操作中发生跑、冒、滴、漏及溢油时要及时清除处理
		眼睛接触	视力受损	较小	立即提起眼睑，用大量流动清水或生理盐水彻底冲洗至少15min，及时就医
	泄漏的浆液	皮肤接触	化学伤害	较小	（1）加强监护；（2）操作前做好防护措施；（3）操作前，派人检查现场
	阀门扳手	用力过猛，滑脱	物体打击	较小	（1）扳手与门轮卡牢，防止脱开；（2）操作人应两脚分开且脚底站稳，两腿合理支撑；（3）操作人应两手握紧手柄，并且合理、均匀用力，防止用猛力或暴力；（4）扳手的手柄应与门轮在同一水平面，使得扳手的力合理地作用在门轮上，防止用力过大
	转动的电动机、风机	防护罩缺损	机械伤害	中等	防护罩缺损禁止启动
		启动时人员站在转机径向位置	机械伤害	中等	设备启动时所有人员应先远离，站在转动机械的轴向位置，并有一人站在事故按钮位置
		未按正确步序启动风机	机械伤害	较小	启风机前，监盘人员通知就地操作人员并核实具备启动条件

5.4 石膏脱水系统启停操作

作业步骤	危害辨识	危害描述	产生后果	风险等级	防 范 措 施
1. 作业环境评估	转动的电动机、泵	安全标识缺损	机械伤害	较小	工作前核对设备名称及编号
		肢体部位或饰品、衣物、用具（包括防护用品）、工具接触转动部位	机械伤害	中等	（1）正确佩戴安全帽，衣服和袖口应扣好，不得戴围巾、领带，长发必须盘在安全帽内；（2）不准将用具、工器具接触设备的转动部位；（3）不准在转动设备附近长时间停留；（4）不准在靠背轮上、安全罩上或运行中设备的轴承上行走和坐立
	润滑油	泄漏	滑跌	较小	注意地面溢油，防止滑跌
	孔洞、沟道	孔洞、沟道无盖板及平台防护栏杆不全	高处坠落	重大	行走时注意脚下孔洞、沟道盖板完好，不准擅自进入隔离区域

作业步骤	危害辨识	危害描述	产生后果	风险等级	防　范　措　施
2.执行作业任务	润滑油	泄漏	火灾	较大	（1）大量泄漏：迅速撤离至安全区，严格限制人员出入，隔离火源、热源，切断泄漏源；应急处理人员应戴自给正压式呼吸器，穿消防防护服。 （2）少量泄漏：切断泄漏源，用砂土或其他惰性材料吸收并及时清理干净
		操作中发生的跑、冒、滴、漏及溢油	滑跌	较小	操作中发生跑、冒、滴、漏及溢油时要及时清除处理
		眼睛接触	视力受损	中等	立即提起眼睑，用大量流动清水或生理盐水彻底冲洗至少15min，及时就医
	泄漏的浆液	皮肤接触	化学伤害	较小	（1）加强监护； （2）操作前做好防护措施； （3）操作前，派人检查现场
	阀门扳手	用力过猛，滑脱	物体打击	较小	（1）扳手与门轮卡牢，防止脱开； （2）操作人应两脚分开且脚底站稳，两腿合理支撑； （3）操作人应两手握紧手柄，并且合理、均匀用力，防止用猛力或暴力； （4）扳手的手柄应与门轮在同一水平面，使得扳手的力合理地作用在门轮上，防止用力过大
	转动的电动机、泵	防护罩缺损	机械伤害	中等	防护罩缺损禁止启动
		启动时人员站在转机径向位置	机械伤害	中等	设备启动时所有人员应先远离，站在转动机械的轴向位置，并有一人站在事故按钮位置

5.5　向酸储存罐卸酸

作业步骤	危害辨识	危害描述	产生后果	风险等级	防　范　措　施
1.作业环境评估	酸雾	酸罐储存间内未进行通风	中毒窒息	较大	打开室内风机进行通风置换直至满足工作要求
	孔洞、沟道	孔洞、沟道无盖板及防护栏杆不全	高处坠落	重大	行走时注意脚下孔洞、沟道盖板完好，不准擅自进入隔离区域
2.执行作业任务	酸	操作中发生泄漏	化学伤害	中等	（1）运送酸液的汽车到达现场后，必须服从站台卸车人员的指挥，汽车押运员不准操作卸车站台的设备、阀门和其他部件，罐区卸车人员负责管道的连接和阀门的开关操作； （2）卸料导管应支撑固定，卸料导管与阀门的连接要牢固，阀门应逐渐开启
		作业时未正确使用防护用品	化学伤害	中等	（1）从事酸作业人员必须穿专用防酸服和戴耐酸手套，并根据工作需要戴口罩及防护眼镜，穿橡胶围裙及长筒胶靴（裤脚应放在靴外）； （2）进入酸气较大的场所进行操作时，应佩戴套头式防毒面具
		皮肤接触	化学伤害	中等	即脱去被污染的衣着，用大量流动清水冲洗，至少15min，及时就医
		眼睛接触	视力受损	中等	立即提起眼睑，用大量流动清水或生理盐水彻底冲洗至少15min，及时就医

作业步骤	危害辨识	危害描述	产生后果	风险等级	防 范 措 施
2. 执行作业任务	阀门扳手	用力过猛，滑脱	物体打击	较小	（1）扳手与门轮卡牢，防止脱开； （2）操作人应两脚分开且脚底站稳，两腿合理支撑； （3）操作人应两手握紧手柄，并且合理、均匀用力，防止用猛力或暴力； （4）扳手的手柄应与门轮在同一水平面，使得扳手的力合理地作用在门轮上，防止用力过大

续表

6 除灰运行

6.1 静电除尘器投运

作业步骤	危害辨识	危害描述	产生后果	风险等级	防 范 措 施
1. 作业环境评估	转动的电动机	肢体部位或饰品、衣物、用具（包括防护用品）、工具接触转动部位	机械伤害	中等	（1）衣服和袖口应扣好，不得戴围巾、领带，长发必须盘在安全帽内； （2）不准将用具、工器具接触设备的转动部位； （3）不准在转动设备附近长时间停留； （4）不准在靠背轮上、安全罩上或运行中设备的轴承上行走和坐立
	照明	现场照明不充足	滑跌	较小	照明不足区域操作人员必须携带手电筒
	噪声	进入噪声区域、使用高噪声工具时未正确使用防护用品	听力受损	较小	进入噪声区域、使用高噪声工具时正确佩戴合格的耳塞
2. 执行作业任务	380V交流电	未按操作票正确步序对电气设备送电	触电	较大	按照操作票步序执行作业任务，严禁漏项、越项
		走错间隔	触电	较大	工作前核对设备名称及编号
	灰斗加热器	高温灰渣泄漏	灼烫	较小	（1）除尘器投入前按照要求启动灰斗加热器； （2）就地检查管线，发现漏灰及时处理，漏灰严重时，用警戒绳隔离，防止烫伤； （3）检查各气动阀门是否开关灵活
	F形扳手	用力过猛，滑脱	碰伤	较小	（1）扳手与门轮卡牢，防止脱开； （2）操作人应两脚分开且脚底站稳，两腿合理支撑； （3）操作人应两手握紧手柄，并且合理、均匀用力，防止用猛力或暴力； （4）扳手的手柄应与门轮在同一水平面，使得扳手的力合理地作用在门轮上，防止用力过大
	静止的电动机	启动时人员站在转动机械径向位置	机械伤害	中等	设备启动时所有人员应先远离，站在转动机械的轴向位置，并有一人站在事故按钮位置

6.2 灰斗堵塞高料位处理操作

作业步骤	危害辨识	危害描述	产生后果	风险等级	防 范 措 施
1. 作业环境评估	陡梯	楼梯较陡，上下时容易滑跌	跌落	中等	（1）上下楼梯双手需抓住扶手； （2）携带工具需统一放置入工具袋中； （3）楼梯台阶需采用镂空或防滑花纹钢板
	照明	现场照明不充足	滑跌	较小	照明不足区域操作人员必须携带手电筒
	噪声	进入噪声区域、使用高噪声工具时未正确使用防护用品	听力受损	较小	进入噪声区域、使用高噪声工具时，正确佩戴合格的耳塞
	转动的设备	肢体部位或饰品、衣物、用具（包括防护用品）、工具接触转动部位	机械危害	中等	（1）加强监护； （2）疏通前停用卸灰机并且切断电源； （3）清理前做好防护措施

作业步骤	危害辨识	危害描述	产生后果	风险等级	防 范 措 施
2．执行作业任务	F形扳手	用力过猛，滑脱	碰伤	较小	（1）扳手与门轮卡牢，防止脱开； （2）操作人应两脚分开且脚底站稳，两腿合理支撑； （3）操作人应两手握紧手柄，并且合理、均匀用力，防止用猛力或暴力； （4）扳手的手柄应与门轮在同一水平面，使得扳手的力合理地作用在门轮上，防止用力过大

6.3 灰渣系统启动

作业步骤	危害辨识	危害描述	产生后果	风险等级	防 范 措 施
1．作业环境评估	转动的电动机	肢体部位或饰品、衣物、用具（包括防护用品）、工具接触转动部位	机械伤害	中等	（1）衣服和袖口应扣好，不得戴围巾、领带，长发必须盘在安全帽内； （2）不准将用具、工器具接触设备的转动部位； （3）不准在转动设备附近长时间停留； （4）不准在靠背轮上、安全罩上或运行中设备的轴承上行走和坐立
2．执行作业任务	灰	未正确佩戴合格的防护用品	尘肺	较大	（1）加强监护； （2）启动前做好防护措施，戴好口罩
	F形扳手	用力过猛，滑脱	碰伤	较小	（1）扳手与门轮卡牢，防止脱开； （2）操作人应两脚分开且脚底站稳，两腿合理支撑； （3）操作人应两手握紧手柄，并且合理、均匀用力，防止用猛力或暴力； （4）扳手的手柄应与门轮在同一水平面，使得扳手的力合理地作用在门轮上，防止用力过大

6.4 干灰输灰管道堵塞处理操作

作业步骤	危害辨识	危害描述	产生后果	风险等级	防 范 措 施
1．作业环境评估	照明	现场照明不充足	滑跌	较小	照明不足区域操作人员必须携带手电筒
	噪声	进入噪声区域时、使用高噪声工具时未正确使用防护用品	听力受损	较小	进入噪声区域、使用高噪声工具时，正确佩戴合格的耳塞
2．执行作业任务	陡梯	楼梯较陡，上下时容易滑跌	跌落	中等	（1）上下楼梯双手需抓住扶手； （2）携带工具需统一放置入工具袋中 （3）楼梯台阶需采用镂空或防滑花纹钢板
	灰	高温的灰	烫伤	中等	（1）加强监护； （2）工作前停输灰系统； （3）工作前戴好口罩
	F形扳手	用力过猛，滑脱	碰伤	较小	（1）扳手与门轮卡牢，防止脱开； （2）操作人应两脚分开且脚底站稳，两腿合理支撑； （3）操作人应两手握紧手柄，并且合理、均匀用力，防止用猛力或暴力； （4）扳手的手柄应与门轮在同一水平面，使得扳手的力合理地作用在门轮上，防止用力过大

6.5 干灰系统投、停

作业步骤	危害辨识	危害描述	产生后果	风险等级	防 范 措 施
1. 作业环境评估	照明	现场照明不充足	滑跌	较小	照明不足区域操作人员必须携带手电筒
	噪声	进入噪声区域时、使用高噪声工具时未正确使用防护用品	听力受损	较小	进入噪声区域、使用高噪声工具时，正确佩戴合格的耳塞
2. 执行作业任务	楼梯	较陡的楼梯	滑跌	较小	(1) 做好事故预想，谨慎操作； (2) 做好防护措施
	F形扳手	用力过猛，滑脱	碰伤	较小	(1) 扳手与门轮卡牢，防止脱开； (2) 操作人应两脚分开且脚底站稳，两腿合理支撑； (3) 操作人应两手握紧手柄，并且合理、均匀用力，防止用猛力或暴力； (4) 扳手的手柄应与门轮在同一水平面，使得扳手的力合理地作用在门轮上，防止用力过大
	灰	未正确佩戴合格的防护用品	尘肺	较大	(1) 加强监护； (2) 启动前戴好口罩

6.6 压缩空气系统启、停操作

作业步骤	危害辨识	危害描述	产生后果	风险等级	防 范 措 施
1. 作业环境评估	转动的电动机	肢体部位或饰品、衣物、用具（包括防护用品）、工具接触转动部位	机械伤害	中等	(1) 衣服和袖口应扣好，不得戴围巾、领带，长发必须盘在安全帽内； (2) 不准将用具、工器具接触设备的转动部位； (3) 不准在转动设备附近长时间停留； (4) 不准在靠背轮上、安全罩上或运行中设备的轴承上行走和坐立
	照明	现场照明不充足	滑跌	较小	照明不足区域操作人员必须携带手电筒
	噪声	进入噪声区域时、使用高噪声工具时未正确使用防护用品	听力受损	较小	进入噪声区域、使用高噪声工具时，正确佩戴合格的耳塞
2. 执行作业任务	F形扳手	用力过猛，滑脱	碰伤	较小	(1) 扳手与门轮卡牢，防止脱开； (2) 操作人应两脚分开且脚底站稳，两腿合理支撑； (3) 操作人应两手握紧手柄，并且合理、均匀用力，防止用猛力或暴力； (4) 扳手的手柄应与门轮在同一水平面，使得扳手的力合理地作用在门轮上，防止用力过大
	压缩空气	泄漏	窒息	较小	注意操作时的站位，避免直面泄漏点

7 燃料运行

7.1 清舱作业

作业步骤	危害辨识	危害描述	产生后果	风险等级	防范措施
1. 作业环境评估	煤尘	空气中有煤尘，人员吸入体内	尘肺病	较小	作业人员佩戴防尘口罩
	高温	推耙机空调故障制冷效果差，清扫工作人员中暑	中暑	较小	（1）更换空调完好的推耙机进行作业； （2）避开高温时段进行清舱作业； （3）备有足量饮用水
	楼梯平台	上下舱爬梯平台损坏，防护栏杆、扶手锈蚀或不全，钢直梯梯阶锈蚀缺损	高处坠落	重大	（1）严格执行清舱作业规定，人员上下船舱必须使用安全带与防坠器，使用前应检查其是否安全可靠； （2）下舱前应仔细观察检查爬梯是否牢固、可靠、完整，发现缺陷及时联系船方进行整改； （3）现场指挥手必须在现场做好安全提醒和安全监护工作，认真落实安全互保工作； （4）夜间作业时下舱梯口必须备有充足的照明
	恶劣天气	6级以上大风、暴雨、暴雪、浓雾、雷电等	滑跌、坠落等人身伤害	中等	严格执行运行规程，恶劣天气时禁止作业
	临水	上下海轮跳板捆绑不牢固、安全网系扎不规范及舷梯扶手栏杆不牢靠	淹溺	中等	（1）上下海轮时人员应先检查跳板、安全网、舷梯扶手的可靠性； （2）人员上下海轮时必须规范穿好救生衣； （3）夜间海轮舷梯边船方应备有充足的照明
	行走通道	通道及海轮甲板上有积水、油污	跌倒	较小	穿专用的防滑鞋、工作鞋及雨鞋，人员在甲板上行走时应走专用通道
2. 执行工作任务	安全工器具	作业前未检查安全工器具是否在有效期内，是否可靠无破损	高处坠落	重大	作业人员的安全帽、安全带、防坠器等应在有效期内，使用前应检查确保可靠完整
	通信工具	作业现场通信不畅	人身意外伤害	较小	（1）作业前检查对讲机电量充足能正常使用； （2）现场频道应一致
	防护用品	使用过期不合格救生衣，未穿高可视反光警示工作服，未戴手套及防尘口罩	淹溺、人身伤害、尘肺病	较小	（1）应检查、使用在有效期内的合格救生衣； （2）工作时应正确使用劳动防护用品
	卸船机运行	（1）抓斗破损变形或操作不规范，出现闭斗不严造成落物伤人； （2）不按规定程序作业，卸船机抓斗与推耙机未保持足够的安全距离； （3）不按规定程序作业，卸船机抓斗与清舱作业人员未与保持足够的安全距离	高处落物、物体打击、机械伤害	中等	（1）作业前进行试车检查，发现缺陷及时登缺处理，杜绝带病作业； （2）卸船机司机必须持证上岗，严格执行卸船机操作规程，规范谨慎操作，禁止野蛮作业； （3）严格执行清仓作业规定，严禁混合交叉作业； （4）现场指挥手做好违章督查，发现违章及时制止； （5）推耙机司机及清舱作业人员认真落实互保工作，发现卸船机司机违章作业时必须立即停止本方作业，并制止及汇报

作业步骤	危害辨识	危害描述	产生后果	风险等级	防 范 措 施
2. 执行工作任务	推耙机运行	（1）推耙机制动失灵造成人身伤害； （2）推扒机在上下坡时停车，在超高坡度的煤堆上作业，造成设备倾覆人身伤害； （3）推扒机作业中未与清舱工作人员保持足够的安全距离，造成人身伤害	机械伤害	中等	（1）作业前检查试车，发现制动不足严禁使用，杜绝带病作业； （2）推耙机司机规范操作，严禁违章操作； （3）严格执行清仓作业规定，严禁混合交叉作业； （4）现场指挥手做好违章督查，发现违章及时制止； （5）卸船机司机认真落实互保工作，发现推耙机司机违章作业时必须立即停止本方作业，并制止及汇报
	作业人员	（1）作业现场指挥人员不到位或缺失； （2）不按规定程序作业，卸船、推耙机作业时，清舱人员在舱内随意走动，或在卸船机抓斗运行区域下方逗留、通行	人身伤害	中等	（1）严格执行清舱作业规定，指挥人员应始终在作业现场，认真落实互保工作，做好安全提醒及安全监护工作，做好现场的反违章工作； （2）作业人员严禁在卸船机抓斗运行区域下方逗留或通行

7.2 推耙机吊装作业

作业步骤	危害辨识	危害描述	产生后果	风险等级	防 范 措 施
1. 作业环境评估	煤尘	空气中有煤尘，人员吸入体内	尘肺病	较小	作业人员佩戴防尘口罩
	楼梯平台	上下舱爬梯平台损坏，防护栏杆、扶手锈蚀或不全，钢直梯梯阶锈蚀缺损	高处坠落	重大	（1）严格执行清舱作业规定，人员上下船舱必须使用安全带与防坠器，使用前应检查其是否安全可靠； （2）下舱前应进行仔细观察检查爬梯是否牢固、可靠、完整，发现缺陷及时联系船方进行整改； （3）现场指挥手必须在现场做好安全提醒和安全监护工作，认真落实安全互保工作； （4）夜间作业时下舱梯口必须备有充足的照明
	恶劣天气	6级以上大风、暴雨、暴雪、浓雾、雷电等	滑跌、高处坠落等人身伤害	重大	严格执行运行规程，恶劣天气时禁止作业
	临水	上下海轮跳板捆绑不牢固、安全网系扎不规范及舷梯扶手栏杆不牢靠	淹溺	中等	（1）上下海轮时人员应先检查跳板、安全网、舷梯扶手的可靠性； （2）人员上下海轮时必须规范穿好救生衣； （3）夜间海轮舷梯边船方应备有充足的照明
	行走通道	通道及海轮甲板上有积水有油污	跌倒	较小	穿专用的防滑鞋、工作鞋及雨鞋，人员在甲板上行走时应走专用通道
2. 执行工作任务	安全工器具	作业前未检查安全工器具是否在有效期内，是否可靠无破损	高处坠落	重大	作业人员的安全帽、安全带、防坠器等应在有效期内，使用前应检查确保可靠完整
	防护用品	使用过期不合格救生衣，未穿高可视反光警示工作服，未戴手套及防尘口罩	淹溺、人身伤害、尘肺病	较小	（1）检查应、使用在有效期内的合格救生衣； （2）工作时应正确使用劳动防护用品
	通信工具	作业现场通信不畅	人身意外伤害	中等	（1）作业前检查对讲机电量充足能正常使用； （2）现场频道应一致

续表

作业步骤	危害辨识	危害描述	产生后果	风险等级	防 范 措 施
2. 执行工作任务	安装/拆除吊具	违规安装/拆除推耙机吊具造成作业人员人身伤害	机械伤害	中等	（1）严格执行卸船机吊推耙机操作规程，规范安装吊具； （2）现场指挥手做好现场指挥，做好违章督查，发现违章及时制止
	起吊作业	（1）违规安装/拆除推耙机造成作业人员人身伤害； （2）专用吊具、钢丝绳破损等造成现场作业人员人身伤害； （3）卸船机司机违章操作造成作业人员人身伤害； （4）未严格执行相关规定，起吊过程中推耙机中载人造成人身伤害	机械伤害	较大	（1）严格执行吊推耙机作业规定，规范安装/拆除推耙机； （2）严格执行卸船机吊推耙机操作规程，起吊作业中必须将卸船机运行模式转换为推耙机模式，严禁违章作业； （3）认真做好设备点巡检，发现吊具、钢丝绳等破断及时更换，严禁带病作业； （4）严格执行吊推耙机操作规定，指挥人员应始终在作业现场做好现场指挥，认真落实互保工作，做好安全提醒及安全监护工作，做好现场的反违章工作； （5）卸船机/推耙机司机认真落实互保工作，发现违章作业时必须立即停止本方作业，并制止及汇报

7.3 卸船机调试作业

作业步骤	危害辨识	危害描述	产生后果	风险等级	防 范 措 施
1. 作业环境评估	煤尘	空气中有煤尘，人员吸入体内	尘肺病	较小	作业人员佩戴防尘口罩
	噪声	进入噪声区域时未正确使用防护用品	听力伤害	较小	正确佩戴合格耳塞
	楼梯平台	上下楼梯平台损坏，防护栏杆、扶手锈蚀或不全	高处坠落	重大	（1）栏杆扶手有锈蚀或破损时及时联系检修进行整改； （2）上下楼梯前应仔细观察检查楼梯是否牢固、可靠、完整
	恶劣天气	6级以上大风、暴雨、暴雪、浓雾、雷电等	滑跌、高处坠落等人身伤害	重大	禁止调试作业
	电梯	大风暴雨等恶劣天气	高处坠落	重大	禁止使用
	照明	视线不清	其他伤害	中等	现场保持充足照明
	行走通道	通道上有积水或有油污	跌倒	较小	（1）人员通道上行走时应双手交替抓紧护栏； （2）清理积水油污，铺设防滑垫、草包等
2. 执行作业任务	通信工具	作业现场通信不畅	人身意外伤害	中等	（1）作业前检查对讲机电量充足能正常使用； （2）现场频道应一致
	防护用品	未穿高可视反光警示工作服，未戴工作手套	人身伤害	较小	正确规范使用劳动防护用品
	现场布置	作业现场指挥人员不到位或缺失	人身伤害	中等	指挥人员应始终在作业现场，认真落实互保工作，做好安全提醒及安全监护工作，做好现场的反违章工作
	人员操作	作业人员发生误操作	触电高处坠落	重大	严格执行操作规程，现场保持通信畅通，服从现场指挥人员的指挥，注意力集中

7.4 卸船机巡检作业

作业步骤	危害辨识	危害描述	产生后果	风险等级	防 范 措 施
1. 巡检环境评估	煤尘	空气中有煤尘，人员吸入体内	尘肺病	较小	作业人员佩戴防尘口罩
	高温	天气炎热，温度高，人员有虚脱的可能	中暑	较小	（1）要认真执行燃运部防暑降温措施及预案； （2）发现身体不适时及时汇报，禁止巡检
	楼梯平台	卸船机上下梯平台损坏，防护栏杆、扶手锈蚀或不全，踏板格栅缺失或损坏、变形	高处坠落	重大	（1）检查楼梯、平台、防护栏杆、踏板格栅完好无破损，发现有损坏、变形缺失等隐患时，及时汇报并联系检修进行处理； （2）严禁翻越至安全护栏外进行检查； （3）人员上下楼梯行走时双手要抓住栏杆扶手； （4）人员禁止依靠在防护栏上
	恶劣天气	6级以上大风、暴雨、暴雪、浓雾、雷电等	滑跌、高处坠落等人身伤害	中等	禁止巡检作业
	行走通道	通道上有积水、冰雪、油污等	跌倒、高处坠落	重大	（1）穿合格的防滑工作鞋及雨鞋； （2）清理积水、油污、冰雪； （3）采取铺设草包、防滑垫等防滑措施； （4）上下楼梯时双手要抓好扶手
	照明	照明不足	人身伤害	较小	（1）卸船机各照明灯应完好，发现损坏时要及时汇报，联系检修处理； （2）巡检时要携带手电筒
2. 执行作业任务	防护用品	未穿戴安全帽、防护鞋，未穿高可视反光警示工作服，未戴防护手套及防尘口罩	机械伤害、尘肺病	较小	应正确规范使用劳动防护用品
	通信工具	作业现场通信不畅	人身意外伤害	中等	（1）作业前检查对讲机电量充足能正常使用； （2）现场作业频道应一致
	移动、转动设备	防护罩破损或缺失	机械伤害	中等	（1）发现联轴器、机内皮带改向滚筒等转动设备的防护罩破损或缺失时要及时汇报并联系检修处理； （2）人员要与转动设备保持足够的安全距离，禁止触碰运行中的转动设备； （3）严禁在抓斗作业区域内通行逗留； （4）卸船机钢丝绳完好应符合标准要求，发现磨损超标、断丝等应及时汇报联系检修处理
	带电设备	触碰裸露电缆或带电设备的带电部分	触电	中等	（1）禁止触碰裸露的电缆； （2）发现裸露的电缆要及时汇报，并联系检修处理； （3）严禁触碰带电设备的带电部分，与带电设备保持安全距离； （4）不准擅自进入高压室

7.5 卸船机限位校验作业

作业步骤	危害辨识	危害描述	产生后果	风险等级	防 范 措 施
1. 巡检环境评估	煤尘	空气中有煤尘，人员吸入体内	尘肺病	较小	人员佩戴防尘口罩
	高温	天气炎热，温度高，人员有虚脱现象	中暑	较小	（1）避免高温时段校验作业； （2）发现身体不适时及时汇报，禁止校验； （3）补充足量水分

续表

作业步骤	危害辨识	危害描述	产生后果	风险等级	防 范 措 施
1．巡检环境评估	楼梯平台	卸船机上下梯平台损坏，防护栏杆、扶手锈蚀或不全，踏板格栅缺失或损坏、变形	高处坠落	重大	（1）要认真检查楼梯、平台、防护栏杆、踏板格栅工况，发现有损坏、变形缺失等隐患时及时汇报并联系检修进行处理； （2）严禁翻越至安全护栏外进行校验； （3）人员上下楼梯时双手抓住栏杆扶手； （4）人员禁止依靠在防护栏上
	恶劣天气	6级以上大风、暴雨、暴雪、浓雾、雷电等	滑跌、高处坠落等人身伤害	重大	禁止校验
	行走通道	通道上有积水、油污、冰雪等	跌倒、高处坠落	重大	（1）穿合格的防滑工作鞋及雨鞋； （2）清理积水、油污、冰雪； （3）采取铺设草包、防滑垫等防滑措施； （4）上下楼梯时双手要抓好扶手
2．执行作业任务	安全工器具	使用安全带前，未检查安全工器具是否在有效期内，是否可靠无破损	高处坠落	重大	使用前应检查确认安全带、防坠器等应在有效期内，完好可靠
	防护用品	未戴安全帽，未穿高可视反光警示工作服，未戴防护手套及防尘口罩	机械伤害、尘肺病	较小	应正确规范穿戴好工作服、安全帽、防护鞋、防护手套、口罩等劳动防护用品
	卸船机	人员误操作，设备突然运行	机械伤害	中等	（1）校验前，要确认卸船机无检修工作票； （2）与转动、移动设备保持安全距离，不准触碰转动部位； （3）安全防护罩及安全护栏不准擅自拆除； （4）严格执行保护校验管理制度和设备操作规程，严禁违章操作
	通信工具	作业现场通信不畅	其他伤害	中等	（1）检查对讲机电量充足能正常使用； （2）现场作业频道应一致
	监护人员	作业监护人员不到位或缺失	人身伤害	中等	监护人员应始终在作业现场，认真落实互保工作，做好安全提醒及安全监护工作，做好现场的反违章工作
	带电设备	触碰裸露电缆、带电设备的带电部分	触电	中等	（1）禁止触碰裸露的电缆； （2）发现裸露的电缆要及时汇报，并联系检修处理； （3）严禁触碰带电设备的带电部分，与带电设备保持安全距离； （4）不准擅自进入高压室

7.6 舱内楼梯平台积煤清理

作业步骤	危害辨识	危害描述	产生后果	风险等级	防 范 措 施
1．作业环境评估	煤尘	空气中有煤尘，人员吸入体内	尘肺病	较小	作业人员佩戴防尘口罩
	高温	舱内空气流动差、温度高，人员有虚脱现象	中暑	较小	（1）避开高温时段进行积煤清理作业； （2）作业人员备有充足饮用水

作业步骤	危害辨识	危害描述	产生后果	风险等级	防 范 措 施
1. 作业环境评估	楼梯平台	上下舱爬梯平台损坏，防护栏杆、扶手锈蚀或不全，钢直梯梯阶锈蚀缺损	高处坠落	重大	(1) 联系船方进行整改； (2) 下舱前应仔细检查爬梯、平台及栏杆，应牢固、可靠、完整； (3) 现场指挥人员必须在现场做好安全提醒和安全监护工作，认真落实安全互保工作； (4) 夜间作业时下舱梯口必须备有充足的照明； (5) 人员爬钢直梯时严禁双手抓在同一梯阶； (6) 攀爬无护笼钢直梯必须佩戴安全带和使用防坠器
	临水	上下海轮跳板捆绑不牢固、安全网系扎不规范及舷梯扶手栏杆不牢靠	淹溺	中等	(1) 上下海轮时人员应先检查跳板、安全网、舷梯扶手的可靠性； (2) 人员上下海轮时必须规范穿好救生衣； (3) 夜间海轮舷梯边船方应备有充足的照明
	行走通道	通道及海轮甲板上有积水、油污	跌倒	较小	(1) 穿防滑工作鞋或雨鞋； (2) 人员甲板上行走时应走专用通道
	恶劣天气	6级以上大风、暴雨、暴雪、浓雾、雷电等	滑跌、高处坠落等人身伤害	重大	禁止积煤清理作业
2. 执行作业任务	安全工器具	作业前未检查安全工器具是否在有效期内，是否可靠无破损	高处坠落	重大	作业人员的救生衣、安全帽、安全带、防坠器等应在有效期内，使用前应检查确保可靠完整
	防护用品	未穿高可视反光警示工作服、未戴安全带、未戴手套及防尘口罩	人身伤害、尘肺病	较小	工作时应正确使用劳动防护用品
	通信工具	作业现场通信不畅	人身意外伤害	中等	(1) 作业前检查对讲机电量充足能正常使用； (2) 现场作业频道应一致
	作业人员	作业现场指挥人员不到位或缺失	人身伤害	中等	(1) 指挥人员应始终在作业现场，认真落实互保工作，做好安全提醒及安全监护工作，做好现场的反违章工作； (2) 应有二人作业，做好安全互保

7.7 甲板清理作业

作业步骤	危害辨识	危害描述	产生后果	风险等级	防 范 措 施
1. 作业环境评估	煤尘	空气中有煤尘，人员吸入体内	尘肺病	较小	作业人员佩戴防尘口罩
	高温	炎热天气甲班上温度高，人员有虚脱现象	中暑	较小	(1) 避开高温时段作业； (2) 作业前备有足量的饮用水
	临水	上下海轮跳板捆绑不牢固、安全网系扎不规范及舷梯扶手栏杆不牢靠	淹溺	中等	(1) 上下海轮时人员应先检查跳板、安全网、舷梯扶手的可靠性； (2) 人员上下海轮时必须规范穿好救生衣； (3) 夜间海轮舷梯边船方应备有充足的照明
	恶劣天气	6级以上大风、暴雨、暴雪、浓雾、雷电等	滑跌、高处坠落等人身伤害	重大	严格执行安全规程，禁止作业
	行走通道	通道上有积水或有油污	跌倒	较小	(1) 穿防滑工作鞋或雨鞋，人员甲板上行走时应走专用通道； (2) 铺设草包及防滑垫； (3) 清理积水及油污

续表

作业步骤	危害辨识	危害描述	产生后果	风险等级	防 范 措 施
2. 执行工作任务	通信工具	作业现场通信不畅	人身意外伤害	中等	（1）作业前检查对讲机电量充足能正常使用； （2）现场频道应一致
	防护用品	使用过期不合格救生衣、未穿高可视反光警示工作服、未戴手套、安全帽不合格	淹溺、高处落物伤害、尘肺病	较小	（1）检查所使用的防护用品在有效期内； （2）应正确规范使用劳动防护用品
	卸船机运行	作业人员在卸船机抓斗关路上清理甲班	高处落物伤害	较小	严格执行作业规程，严禁在卸船机抓斗关路上作业
	作业人员	作业现场指挥人员不到位或缺失	人身伤害	中等	指挥人员应始终在作业现场，认真落实互保工作，做好安全提醒及安全监护工作，做好现场的反违章工作

7.8 卸船机料斗格栅清理

作业步骤	危害辨识	危害描述	产生后果	风险等级	防 范 措 施
1. 作业环境评估	煤尘	空气中有煤尘，人员吸入体内	尘肺病	较小	作业人员佩戴防尘口罩
	高温	工作强度大，人员有脱水现象	中暑	较小	（1）工作现场配备足量饮用水； （2）避开高温时段进行清理作业
	楼梯平台	上下平台损坏，防护栏杆、扶手锈蚀或不全，进入料斗扶手、踏板锈蚀缺损	高处坠落	重大	（1）联系检修进行整改； （2）进料斗前应仔细观察检查踏步、扶手是否牢固、可靠、完整； （3）人员爬梯时严禁双手抓在同一梯阶
	恶劣天气	6级以上大风、暴雨、暴雪、浓雾、雷电等	滑跌、高处坠落等人身伤害	重大	禁止清理作业
	跳板	料斗格栅上未铺设跳板	其他伤害	中等	（1）清理时料斗格栅上应铺设跳板； （2）跳板要固定牢靠
	行走通道	通道有积水有油污	跌倒	较小	（1）穿防滑工作鞋； （2）清理积水油污； （3）铺设草包或防滑垫
2. 执行作业任务	安全工器具	作业前未检查安全工器具是否在有效期内，是否可靠无破损	高处坠落	重大	进入料斗格栅人员必须系好安全带，安全带应在有效期内，使用前应检查确保可靠完整
	防护用品	未穿高可视反光警示工作服，未戴手套及防尘口罩	跌倒、人身伤害、尘肺病	较小	工作时应正确使用劳动防护用品
	运行设备	（1）卸船机抓斗未完全移出料斗； （2）卸船机操作控制电源未切断	机械伤害	中等	（1）清理作业前抓斗应完全移出料斗； （2）切断卸船机操作控制电源； （3）大车制动装置完好
	通信工具	作业现场通信不畅	人身意外伤害	中等	（1）作业前检查对讲机电量充足能正常使用； （2）现场作业频道应一致
	作业工具	（1）用力过猛； （2）使用不合格工具	物体打击	较小	（1）用力适当，谨慎作业； （2）使用合格工具
	作业人员	作业现场监护人员不到位或缺失	人身伤害	中等	（1）监护人员应始终在作业现场，认真落实互保工作，做好安全提醒及安全监护工作，做好现场的反违章工作； （2）现场至少应有二人作业

7.9 卸船机振动给料器出料口清理

作业步骤	危害辨识	危害描述	产生后果	风险等级	防 范 措 施
1. 作业环境评估	煤尘	空气中有煤尘，人员吸入体内	尘肺病	较小	作业人员佩戴防尘口罩
	高温	工作强度大，人员有脱水现象	中暑	较小	（1）工作现场配备足量饮用水； （2）避开高温时段进行清理作业
	照明	视线不清	其他伤害	中等	带好手电筒或使用临时照明
	恶劣天气	6级以上大风、暴雨、暴雪、浓雾、雷电等	滑跌、坠落等人身伤害	中等	禁止清理作业
	跳板	振动给料器溜煤板上未铺设跳板	滑跌、高处坠落等人身伤害	重大	（1）振动给料器溜煤板上应铺设跳板； （2）跳板要固定牢靠
2. 执行作业任务	安全工器具	作业前未检查安全工器具是否在有效期内，是否可靠无破损	物体打击	中等	（1）人员进入簸箕口必须系好安全带； （2）安全带应在有效期内，使用前应检查确保可靠完整
	防护用品	未穿高可视反光警示工作服，未戴手套及防尘口罩	跌倒、人身伤害、尘肺病	较小	应正确规范使用劳动防护用品
	运行设备	卸船机振动给料器突然启动；港机大车突然行走；机内、地面皮带突然启动	机械伤害	中等	（1）切断卸船机司机室操作控制电源，切断振动给料器电源； （2）确认皮带在停用状态； （3）卸船机大车行走制动装置完好； （4）卸船机料余煤放清，料斗格栅上积煤必须清理干净彻底； （5）卸船机料斗闸板门打开并切断相关电源
	通信工具	作业现场通信不畅	人身意外伤害	中等	（1）作业前检查对讲机电量充足能正常使用； （2）现场作业频道应一致
	作业人员	（1）作业现场监护人员不到位或缺失； （2）单人作业	人身伤害	中等	（1）监护人员应始终在作业现场，认真落实互保工作，做好安全提醒及安全监护工作，做好现场的反违章工作； （2）现场至少有二人作业，一人作业，另一人监护并配合
	作业工具	（1）用力过猛，被清理工具打伤； （2）使用不合格工具； （3）水冲洗压力过大，水管甩出	物体打击	中等	（1）用力适当，不蛮干； （2）使用合格的工具； （3）调整水冲洗压力

7.10 解系缆绳作业

作业步骤	危害辨识	危害描述	产生后果	风险等级	防 范 措 施
1. 作业环境评估	煤尘	空气中有煤尘，人员吸入体内	尘肺病	较小	作业人员佩戴防尘口罩
	照明	夜间起吊时视线不清	人身伤害	较小	（1）作业现场应保持照明充足，发现照明灯不亮应及时更换处理； （2）作业人员应携带手电筒
	恶劣天气	6级以上大风、暴雨、暴雪、浓雾、雷电等	滑跌、高处坠落等人身伤害	重大	禁止靠离泊作业
	临水	人员有坠江风险	淹溺	较小	现场作业人员应规范穿着合格的救生衣

续表

作业步骤	危害辨识	危害描述	产生后果	风险等级	防 范 措 施
2. 执行工作任务	安全工器具	作业前未检查安全工器具是否在有效期内，是否可靠无破损	物体打击	中等	作业人员的安全帽应在有效期内，使用前应检查确保可靠完整
	防护用品	使用过期不合格救生衣，未穿高可视反光警示工作服，未戴手套及防尘口罩	淹溺、人身伤害、尘肺病	较小	（1）应检查使用在有效期内的合格救生衣； （2）工作时应正确使用劳动防护用品
	作业人员	作业现场指挥人员不到位或缺失，作业人员精神不振	人身伤害	中等	指挥人员应始终在作业现场，认真落实互保工作，做好安全提醒及安全监护工作，做好现场的反违章工作
	撒缆上岸	作业人员未与撒缆锤头保持安全距离	物体打击	较小	（1）投掷撒缆时船岸双方要进行提醒沟通； （2）作业现场有专人指挥并进行安全监护； （3）作业人员应与撒缆锤头保持安全距离
	缆绳上桩	（1）作业人员违反操作规程，挂缆前将手臂伸入缆圈内； （2）缆绳勾挂在靠耙、铁护舷上导致不能顺利上岸； （3）撒缆或引缆绳在护轮坎上磨损断裂	跌倒、其他伤害	中等	（1）规范操作，挂缆前作业人员不得将手臂伸入缆圈内； （2）作业人员应听从现场指挥人员的指挥，正确选定缆桩，确定缆绳起岸位置及拖缆跑位方向； （3）合理选择缆绳上岸点，避免在没有圆弧形包边的护轮坎处上岸，防止缆绳或引缆绳被磨断而造成作业人员摔跌； （4）拖拉缆绳动作规范，用力均匀，禁止双脚跨站于缆绳上
	缆绳离桩	（1）作业人员站在与缆绳对直位置； （2）作业人员站在易被引缆绳抽到缠住的位置； （3）作业人员脚跨缆绳或将手臂伸入缆圈内拖拽缆绳	物体打击、坠江淹溺	中等	（1）解缆时操作人员应一同站在缆桩外侧； （2）将引绳移到作业人员的正前方，以防解缆后引绳伤人或缠到脚脖； （3）当缆绳脱离缆桩，作业人员应步调一致一起松手将缆绳抛入江中，在此期间禁止操作人员脚跨缆绳或将手臂伸入缆圈内拖拽缆绳

7.11 集水池积煤清理

作业步骤	危害辨识	危害描述	产生后果	风险等级	防 范 措 施
1. 作业环境评估	煤尘	空气中有煤尘，人员吸入体内	尘肺病	较小	作业人员佩戴防尘口罩
	高温	集水池内温度高，人员虚脱	中暑	较小	（1）避开高温时段作业； （2）作业前人员应补充足量的水分； （3）加强通风降温
	氧气、有毒气体	进入集水池前未检测气体	缺氧窒息、中毒	较小	严格执行有限空间准入许可制度
	爬梯	爬梯锈蚀或梯阶不全，移动梯子使用不规范	高处坠落	重大	（1）上下爬梯前应仔细观察检查是否牢固、可靠、完整； （2）双手严禁抓同一梯阶； （3）移动梯子顶端应绑扎固定，底端应有防滑垫
	恶劣天气	6级以上大风、暴雨、暴雪、浓雾、雷电等	滑跌、高处坠落等人身伤害	重大	禁止作业

续表

作业步骤	危害辨识	危害描述	产生后果	风险等级	防 范 措 施
1.作业环境评估	煤泥、水	四周较高的煤泥未处理造成塌方，进水口未隔绝	淹没窒息	中等	（1）均衡处理积煤不挖坑，留有少部分积煤再进入作业； （2）先清理积水，关闭进水阀，隔绝进水口
	照明	视线不清	其他伤害	中等	佩戴手电筒或增加临时照明
2.执行作业任务	安全工器具	使用不合格安全绳、安全带	人身伤害	较小	安全绳、安全带使用前应检查完好牢固，在使用期内
	防护用品	未穿高可视反光警示工作服，未戴安全帽及手套，未穿防滑雨鞋	碰撞、滑跌	较小	正确规范使用劳动防护用品
	安全警示	现场未布置安全警示	其他伤害	较小	作业现场应挂警示牌，布置安全围栏或拉好警示带
	转动的电动机	人员误操作，未切断排污泵电源	触电、机械伤害	中等	切断排污泵电源
	安全监护	作业现场监护人员不到位或缺失	人身伤害	中等	监护人员应始终在作业现场，认真落实互保工作，做好安全提醒及安全监护工作，做好现场的反违章工作
	人员操作	使用工具用力过猛	滑跌	较小	严格执行作业规程，严禁盲目蛮干

7.12 碎煤机清理

作业步骤	危害辨识	危害描述	产生后果	风险等级	防 范 措 施
1.作业环境评估	煤尘	空气中有煤尘，人员吸入体内	尘肺病	较小	作业人员佩戴防尘口罩
	高温	炎热天气，温度高，人员有虚脱现象	中暑	较小	（1）工作现场配备足量饮用水； （2）避开高温时段进行清理作业； （3）加强通风
	照明	现场视线不清	人身伤害	较小	（1）作业现场应保持照明充足，发现照明灯不亮应及时更换处理； （2）视线不足区域作业人员应携带手电筒或接临时照明
	噪声	进入噪声区域时未正确使用防护用品	噪声聋	较小	正确佩戴合格耳塞
	孔洞、沟道、栏杆	孔洞、沟道无盖板或缺损及平台栏杆不全、锈蚀	高处坠落	重大	行走时应注意孔洞、沟道盖板齐全完好，栏杆牢固完整
	行走通道	现场通道有积水、油污	滑跌、坠落	较小	（1）穿合格的防滑工作鞋； （2）及时清理积水、油污； （3）0℃以下严禁水冲洗； （4）在易滑部位包上麻袋或铺上草包
2.执行作业任务	通信工具	作业现场通信不畅	人身意外伤害	中等	（1）作业前检查对讲机电量充足能正常使用； （2）现场作业频道应一致
	防护用品	使用过期不合格安全帽，未穿高可视反光警示工作服，未戴手套及防尘口罩	人身伤害	较小	应正确规范使用劳动防护用品
	安全工器具	作业前未检查安全工器具是否在有效期内，是否可靠无破损	高处坠落	重大	安全绳、安全带等应在有效期内，使用前应检查确保可靠完整

续表

作业步骤	危害辨识	危害描述	产生后果	风险等级	防 范 措 施
2. 执行作业任务	作业工具	（1）使用不合格的工器具； （2）用力过猛	物体打击	中等	（1）使用合格的工具； （2）用力适当，谨慎作业
	人员布置	现场只安排单人作业	人身伤害	中等	（1）监护人员应始终在作业现场，认真落实互保工作，做好安全提醒及安全监护工作，做好现场的反违章工作； （2）现场至少应有二人作业
	运行转动设备	人员误操作，设备突然启动	机械伤害	中等	（1）切断碎煤机及其前后级皮带机电源； （2）作业人员应与临近的转动设备保持安全距离

7.13 斗轮机与推煤机近距离作业

作业步骤	危害辨识	危害描述	产生后果	风险等级	防 范 措 施
1. 作业环境评估	煤尘	空气中有煤尘，人员吸入体内	尘肺病	较小	作业人员佩戴防尘口罩
	照明	现场视线不清	人身伤害	较小	作业现场应保持照明充足
	高温	推煤机空调故障制冷效果差	中暑	较小	（1）更换空调完好的推耙机进行作业； （2）避开高温时段作业
	恶劣天气	6级以上大风、暴雨、暴雪、浓雾、雷电等	人身伤害	中等	严格执行安全工作规程，禁止作业
	噪声	进入噪声区域时未正确使用防护用品	噪声聋	较小	正确佩戴合格耳塞
2. 执行作业任务	防护用品	未穿高可视反光警示工作服，未戴手套及防尘口罩	人身伤害	较小	应正确规范使用劳动防护用品
	通信工具	作业现场通信不畅	人身意外伤害	中等	（1）作业前检查对讲机电量充足能正常使用； （2）现场频道应一致
	作业布置	现场指挥人员不到位或缺失	人身伤害	中等	指挥人员应始终在作业现场，认真落实互保工作，做好安全提醒及安全监护工作，做好现场的反违章工作
	运行设备	斗轮机斗子与推煤机未保持安全距离	机械伤害	中等	（1）推煤机驾驶操作过程中小心谨慎，观察斗轮机取煤位置，与斗轮机距离至少保证3m安全距离； （2）斗轮机与地面监护人保持通信畅通，及时联系； （3）斗轮机取煤时用慢速回转档取煤； （4）推煤机慢档进退，保证不出差错

7.14 皮带机滚筒下方清理作业

作业步骤	危害辨识	危害描述	产生后果	风险等级	防 范 措 施
1. 作业环境评估	煤尘	空气中有煤尘，人员吸入体内	尘肺病	较小	作业人员佩戴防尘口罩
	噪声	进入噪声区域时未正确使用防护用品	噪声聋	较小	正确佩戴合格耳塞

作业步骤	危害辨识	危害描述	产生后果	风险等级	防 范 措 施
1. 作业环境评估	楼梯平台	上下楼梯平台损坏，防护栏杆、扶手锈蚀或不全	高处坠落	重大	（1）栏杆扶手有锈蚀或破损时及时联系检修进行整改； （2）上下楼梯前应仔细观察检查楼梯是否牢固、可靠、完整
	高温	天气炎热，温度高，人员有虚脱现象	中暑	中等	（1）避开高温时段作业； （2）现场备有足量的饮用水； （3）加强通风
	照明	视线不清	其他伤害	中等	带好手电筒或使用临时照明
2. 执行作业任务	通信工具	作业现场通信不畅	人身意外伤害	中等	（1）作业前检查对讲机电量充足能正常使用； （2）现场保持通信畅通
	安全工器具	作业前未检查安全工器具是否在有效期内，是否可靠无破损	高处坠落	重大	作业人员的安全帽、安全带等应在有效期内，使用前应检查确保可靠完整
	防护用品	未穿高可视反光警示工作服，未戴工作手套等	人身伤害	较小	正确规范使用劳动防护用品
	人员布置	现场监护人不到位或缺失	人身伤害	中等	（1）现场至少有二人员作业； （2）监护人员应始终在作业现场，认真落实互保工作，做好安全提醒及安全监护工作，做好现场的反违章工作
	转动的电动机	作业人员发生误操作，设备突然启动	机械伤害	中等	（1）严格执行安全规程及操作规程； （2）清理前切断皮带机电源； （3）正确使用安全带
	工具	（1）使用不合格工具； （2）用力过猛，工具脱落	物体打击	较小	（1）使用合格的工具； （2）作业时用力适当，谨慎作业
	防护罩	积煤处理结束后转动部分防护罩未及时安装	机械伤害	较小	作业结束后应及时安装好防护罩，确保完好

7.15 缓冲滚筒积煤清理作业

作业步骤	危害辨识	危害描述	产生后果	风险等级	防 范 措 施
1. 作业环境评估	煤尘	空气中有煤尘，人员吸入体内	尘肺病	较小	作业人员佩戴防尘口罩
	噪声	进入噪声区域时未正确使用防护用品	噪声聋	较小	正确佩戴合格耳塞
	楼梯平台	上下楼梯平台损坏，防护栏杆、扶手锈蚀或不全	高处坠落	重大	（1）栏杆扶手有锈蚀或破损时及时联系检修进行整改； （2）上下楼梯前应仔细观察检查楼梯是否牢固、可靠、完整
	高温	天气炎热，温度高，人员有虚脱现象	中暑	中等	（1）避开高温时段作业； （2）现场备有足量的饮用水； （3）加强通风
	照明	视线不清	其他伤害	中等	带好手电筒或使用临时照明

作业步骤	危害辨识	危害描述	产生后果	风险等级	防 范 措 施
2. 执行作业任务	通信工具	作业现场通信不畅	人身意外伤害	中等	（1）作业前检查对讲机电量充足能正常使用； （2）现场保持通信畅通
	防护用品	未穿高可视反光警示工作服，未戴工作手套等	人身伤害	较小	正确规范使用劳动防护用品
	人员布置	现场监护人不到位或缺失	人身伤害	中等	（1）现场至少有二人员作业； （2）监护人员应始终在作业现场，认真落实互保工作，做好安全提醒及安全监护工作，做好现场的反违章工作
	转动的电动机、皮带	作业人员发生误操作，皮带突然启动	机械伤害	中等	（1）严格执行安全规程； （2）清理前停缓冲滚筒及其前后级皮带机电源； （3）清理前做好防护措施
	工具	（1）使用不合格工具； （2）用力过猛，工具脱落； （3）冲洗水压过高，水管甩出	物体打击	较小	（1）使用合格的工具； （2）作业时用力适当，谨慎作业； （3）冲洗水压力要适当，握紧水管
	防护罩	积煤处理结束后转动部分防护罩未及时安装	机械伤害	较小	作业结束后应及时安装好防护罩，确保完好

7.16 皮带机落煤管清理作业

作业步骤	危害辨识	危害描述	产生后果	风险等级	防 范 措 施
1. 作业环境评估	煤尘	空气中有煤尘，人员吸入体内	尘肺病	较小	作业人员佩戴防尘口罩
	楼梯平台	楼梯平台较陡，人员上下楼梯易摔落；栏杆锈蚀，不齐全，不牢靠	跌倒	较小	（1）加强安全教育，提高安全意识，双手扶栏杆上下； （2）栏杆、踏步应牢固可靠无缺损
	高温	炎热天气，温度高，人员有虚脱现象	中暑	较小	（1）避开高温时段进行作业； （2）加强通风； （3）现场备有足量的饮用水
	照明	视线不清	其他伤害	中等	带好手电筒或使用临时照明
2. 执行工作任务	防护用品	未穿高可视反光警示工作服，未戴工作手套等	人身伤害	较小	正确规范使用劳动防护用品
	作业工具	（1）用力过猛，被清理工具打伤； （2）使用不合格捅煤工具	物体打击	中等	（1）用力适当，不蛮干； （2）使用合格的捅煤工具
	通信工具	作业现场通信不畅	人身意外伤害	中等	（1）作业前检查对讲机电量充足能正常使用； （2）现场保持通信畅通
	转动的电动机、皮带	未采取防止皮带启动的安全措施，皮带突然启动	机械伤害	中等	（1）严禁在皮带运行中清理落煤管； （2）切断落煤管前、后皮带电源； （3）采取程控设定检修状态和投用皮带保护装置等措施，防止误操作
	人员布置	现场监护人不到位或缺失	人身伤害	中等	（1）现场至少有二人员作业； （2）监护人员应始终在作业现场负责照明，并认真落实互保工作，做好安全提醒及安全监护工作，制止违章作业； （3）落煤管内大量积煤时必须由上往下清理，禁止人员从底部进入清理

7.17 皮带机巡检

作业步骤	危害辨识	危害描述	产生后果	风险等级	防 范 措 施
1. 作业环境评估	煤尘	空气中有煤尘,人员吸入体内	尘肺病	较小	作业人员佩戴防尘口罩
	高温	炎热天气,温度高,人员有虚脱现象	中暑	较小	(1)避开高温时段作业; (2)加强通风; (3)备有足量的饮用水; (4)值班室空调制冷效果完好
	照明	现场照明不充足,人员发生碰撞或滑跌	碰伤或滑跌	较小	(1)检查现场照明,确认完好; (2)人员携带手电筒
	噪声	进入噪声区域,未使用防护用品	噪声聋	较小	进入噪声区域戴好合格耳塞
2. 执行工作任务	防护用品	佩带不合格安全帽	落物伤害	中等	(1)正确佩戴合格的安全帽; (2)禁止在起重设备下方通行逗留
	转动设备	人员肢体部位或饰品、衣物、用具(包括防护用品)、工具接触转动部位	机械伤害	中等	(1)衣服穿着规范,袖口应扣好,不得戴围巾、领带,长发必须盘到安全帽内; (2)不准将用具、工器具接触设备的转动部位; (3)不准在转动设备附近长时间停留; (4)不准在靠背轮上、安全罩上或运行中设备的轴承上行走或坐立; (5)严禁在运行或停止的皮带上越过、爬过; (6)与转动设备保持安全距离
	路面通道	地面有积水、油污、结冰等未处理	滑跌	较小	(1)及时清理积水积雪; (2)冬季时在易滑部位包上麻袋或铺上草包; (3)对常年易积水部位进行土建整改
	楼梯平台栏杆	楼梯平台较陡,人员上下楼梯易摔落;平台栏杆锈蚀、缺损不牢靠	跌倒、高处坠落	重大	(1)加强安全教育,提高安全意识,双手扶栏杆上下; (2)检查现场栏杆应完好牢固无缺损
	孔洞、沟道	孔洞、沟道无盖板或缺损	高处坠落	重大	行走时注意脚下孔洞、沟道盖板完好,不准擅自进入隔离区域
	电气设备	触碰带电的电气设备	触电	中等	严格执行安全规程,不准触碰带电设备和裸露的电缆

7.18 推煤机作业

作业步骤	危害辨识	危害描述	产生后果	风险等级	防 范 措 施
1. 作业环境评估	煤尘	空气中有煤尘,人员吸入体内	尘肺病	较小	作业人员佩戴防尘口罩
	高温	推煤机空调故障制冷效果差	中暑	较小	(1)更换空调完好的推煤机进行作业; (2)避开高温时段进行清舱作业; (3)通风设备完好; (4)备有足量的饮用水
	照明	现场视线不清	人身伤害	较小	(1)作业现场应保持照明充足,发现照明灯不亮应及时更换处理; (2)视线不足区域作业人员应接临时照明; (3)推煤机照明应完好
	噪声	进入噪声区域时未正确使用防护用品	噪声聋	较小	正确佩戴合格耳塞

作业步骤	危害辨识	危害描述	产生后果	风险等级	防 范 措 施
2. 执行作业任务	防护用品	使用过期不合格安全帽，未穿高可视反光警示工作服，工作服着装不规范	人身伤害	较小	（1）应使用在有效期内的合格安全帽； （2）应正确规范使用劳动防护用品
	通信工具	作业现场通信不畅	人身意外伤害	中等	（1）作业前检查对讲机电量充足能正常使用； （2）现场频道应一致
	作业布置	现场只安排单人作业	人身伤害	中等	作业现场应有专人指挥并监护
	推煤机运行	（1）推煤机制动失灵造成人身伤害； （2）推煤机在上下坡时停车，在超高坡度的煤堆上作业，造成设备倾覆人身伤害； （3）推煤机快档行驶作业	机械伤害	中等	（1）作业前检查试车，发现制动不足严禁使用，杜绝带病作业； （2）推煤机司机规范操作，严禁违章操作，严禁快档行驶作业； （3）现场指挥人员做好违章督查，发现违章及时制止
	煤场自燃处理	有毒气体导致人员中毒	中毒	较小	（1）正确佩戴防护口罩； （2）时刻保持联系； （3）现场做好安全监护与降温工作

7.19 装载车作业

作业步骤	危害辨识	危害描述	产生后果	风险等级	防 范 措 施
1. 作业环境评估	煤尘	空气中有煤尘，人员吸入体内	尘肺病	较小	作业人员佩戴防尘口罩
	照明	现场视线不清	人身伤害	较小	（1）作业现场应保持照明充足，发现照明灯不亮应及时更换处理； （2）视线不足区域作业人员应携带手电筒； （3）装载车照明完好
	噪声	进入噪声区域时未正确使用防护用品	听力伤害	较小	正确佩戴合格耳塞
	高温	装载车空调故障制冷效果差	中暑	较小	（1）更换空调完好的装载车进行作业； （2）避开高温时段进行清舱作业； （3）通风设备完好； （4）备有足量的饮用水
2. 执行作业任务	防护用品	使用过期不合格安全帽，未穿高可视反光警示工作服，未戴手套及防尘口罩	人身伤害	较小	（1）应使用在有效期内的合格安全帽； （2）应正确使用劳动防护用品
	作业人员	现场指挥人员不到位或缺失	人身伤害	中等	现场应有专人指挥及安全监护
	运行转动设备	作业人员未与装载车保持安全距离，工具触碰设备转动部分	机械伤害	中等	（1）作业时，装载车与作业人员保持安全距离； （2）不准将工器具接触装载车转动部分； （3）防护罩应完整可靠无缺损； （4）装载车作业前应鸣笛警示； （5）作业时装载车应慢速操作，司机应注意观察周围情况，确认安全后再慢速转向； （6）装载车司机应严格遵守操作规程，严禁野蛮作业； （7）马路上行驶时应严格执行规定，严禁超速； （8）指挥人员现场做好安全监护及安全提醒工作，制止任何违章

7.20 入厂（炉）煤采样系统堵塞处理

作业步骤	危害辨识	危害描述	产生后果	风险等级	防 范 措 施
1. 作业环境评估	煤尘	空气中有煤尘，人员吸入体内	尘肺病	较小	作业人员佩戴防尘口罩
	噪声	进入噪声区域时未正确使用防护用品	噪声聋	较小	正确佩戴合格耳塞
	楼梯平台	上下楼梯平台损坏，防护栏杆、扶手锈蚀或不全	高处坠落	重大	（1）栏杆扶手有锈蚀或破损时及时联系检修进行整改； （2）上下楼梯前应仔细观察检查楼梯是否牢固、可靠、完整
	高温	天气炎热，温度高，人员有虚脱现象	中暑	中等	（1）避开高温时段作业； （2）现场备有足量的饮用水； （3）加强通风
	照明	视线不清	其他伤害	中等	带好手电筒或使用临时照明
2. 执行作业任务	通信工具	作业现场通信不畅	人身意外伤害	中等	（1）作业前检查对讲机电量充足能正常使用； （2）现场保持通信畅通
	防护用品	未穿高可视反光警示工作服，未戴工作手套等	人身伤害	较小	正确规范使用劳动防护用品
	安全带	超过基准面 2m 以上作业未系安全带	高处坠落	重大	（1）严格执行安全工作规程； （2）安全带应在有效期内，使用前应检查确保可靠完整
	人员布置	现场监护人不到位或缺失	人身伤害	中等	（1）现场至少有二人作业； （2）监护人员应始终在作业现场，认真落实互保工作，做好安全提醒及安全监护工作，做好现场的反违章工作
	转动的电机	作业人员发生误操作	触电、高处坠落、机械伤害	重大	严格执行操作规程，切断采样机、提升机电源
	提升机皮带	皮带受外力影响自由转动	机械伤害	中等	固定提升机驱动滚筒
	工具	（1）使用不合格捅煤工具； （2）用力过猛，工具脱落	物体打击	较小	（1）使用合格捅煤工具； （2）作业时用力适当，谨慎作业

7.21 斗轮斗子与落煤管积煤清理作业

作业步骤	危害辨识	危害描述	产生后果	风险等级	防 范 措 施
1. 作业环境评估	煤尘	空气中有煤尘，人员吸入体内	尘肺病	较小	作业人员佩戴防尘口罩
	楼梯平台	楼梯平台较陡，人员上下楼梯易摔落；栏杆锈蚀，不齐全，不牢靠	跌倒	较小	（1）加强安全教育，提高安全意识，双手扶栏杆上下； （2）栏杆、踏步应牢固可靠无缺损
	高温	炎热天气，温度高，人员有虚脱现象	中暑	较小	（1）避开高温时段进行作业； （2）加强通风； （3）现场备有足量的饮用水
	照明	视线不清	其他伤害	中等	带好手电筒或使用临时照明

续表

作业步骤	危害辨识	危害描述	产生后果	风险等级	防 范 措 施
2. 执行工作任务	防护用品	未穿高可视反光警示工作服，未戴工作手套等	人身伤害	较小	正确规范使用劳动防护用品
	作业工具	（1）用力过猛，被清理工具打伤； （2）使用不合格捅煤工具	物体打击	中等	（1）用力适当，不蛮干； （2）使用合格的捅煤工具
	通信工具	作业现场通信不畅	人身意外伤害	中等	（1）作业前检查对讲机电量充足能正常使用； （2）现场保持通信畅通
	转动的电动机、皮带	（1）未采取防止皮带启动的安全措施，皮带突然启动； （2）未采取斗轮机防止斗子启动的安全措施	机械伤害	中等	（1）严禁在斗轮机运行中清理落煤管； （2）切断斗轮机电源； （3）将斗子置于底部
	人员布置	现场监护人不到位或缺失	人身伤害	中等	（1）现场至少有二人作业； （2）监护人员应始终在作业现场，做好安全提醒及安全监护工作，并认真落实互保工作，制止违章作业

7.22 保洁作业

作业步骤	危害辨识	危害描述	产生后果	风险等级	防 范 措 施
1. 作业环境评估	煤尘	空气中有煤尘，人员吸入体内	尘肺病	较小	作业人员佩戴防尘口罩
	照明	现场视线不清	人身伤害	较小	（1）作业现场应保持照明充足，发现照明灯不亮应及时更换处理； （2）视线不足区域作业人员应携带手电筒或接临时照明
	高温	天气炎热，温度高	中暑	较小	（1）避开高温时段进行清舱作业； （2）及时补充足量水分
	恶劣天气	6级以上大风、暴雨、暴雪、浓雾、雷电等	人身伤害	中等	严格执行安全工作规程，禁止保洁作业
	临水	人员有坠江风险	淹溺	较小	现场作业人员应规范穿着合格的救生衣
	噪声	进入噪声区域时未正确使用防护用品	听力伤害	较小	正确佩戴合格耳塞
	孔洞、沟道、栏杆	孔洞、沟道无盖板或缺损，平台栏杆不全锈蚀	高处坠落	重大	行走时应注意孔洞、沟道盖板齐全完好，栏杆牢固完整
	行走通道	现场通道有积水、油污	滑跌、高处坠落	重大	（1）穿合格的防滑鞋； （2）及时清理积水、油污； （3）3.0℃以下严禁水冲洗； （4）在易滑部位包上麻袋或铺上草包
2. 执行作业任务	安全工器具	作业前未检查安全工器具是否在有效期内，是否可靠无破损	高处坠落	重大	安全绳、安全带、防坠器等应在有效期内，使用前应检查确保可靠完整
	防护用品	使用过期不合格救生衣及不合格安全帽，未穿高可视反光警示工作服，未戴手套及防尘口罩	人身伤害	较小	（1）应使用在有效期内的合格救生衣及安全帽； （2）应正确使用劳动防护用品

作业步骤	危害辨识	危害描述	产生后果	风险等级	防 范 措 施
2. 执行作业任务	工具	使用不合格的保洁工器具	物体打击	中等	使用合格的保洁工具
	作业布置	现场只安排单人作业	人身伤害	中等	现场至少有两人作业，做好安全互保
	运行转动设备	作业人员未与转动设备保持安全距离；工具触碰设备转动部分；着装有转动机械绞住的部分	机械伤害	中等	（1）不准将工具、工器具接触转动设备；现场转动设备的防护罩应完整可靠无缺损； （2）作业人员应与转动设备保持安全距离； （3）不准在转动设备附近长时间逗留； （4）不准在靠背轮上、安全罩上或运行中设备的轴承上行走和坐、立； （5）禁止在运行及停运的皮带及其他有关设备上站立、越过、爬过或传递各种用具； （6）工作人员应规范着装
	电气设备	（1）用水直接冲洗电气设备； （2）湿手触摸电气设备，靠近或接触有电设备的带电部分	触电	中等	（1）严格执行安全工作规程，严禁违章作业； （2）与带电设备保持足够的安全距离

7.23 6kV 电动机测绝缘

作业步骤	危害辨识	危害描述	产生后果	风险等级	防 范 措 施
1. 作业环境评估	6kV交流电	安全距离不足 0.7m	触电	较大	（1）与带电设备保持至少 0.7m 安全距离； （2）不得触碰电气设备或开关裸露部分
2. 执行作业任务	6kV交流电	工作票未终结或检修现场仍有检修人员作业	触电	较大	（1）检查检修工作票已押回或者终结； （2）操作前检查设备检修工作结束，所有人员已全部撤离
		运行人员单人操作	触电、误操作、走错间隔	较大	必须由两人进行工作，其中一人对设备较为熟悉者做监护
		走错间隔	触电、误操作	较大	工作前核对设备名称、编号及位置
		使用不合格或不按规定使用验电器	触电	较大	（1）使用 6kV 验电器； （2）使用前检查验电器合格证在有效期，验电器声光报警良好； （3）先在带电体上进行测试，确认良好后方能在停电设备上验电
		未正确佩戴合格的防护用品	触电、人身伤害	中等	操作时穿好绝缘鞋，戴好绝缘手套
	试验电压	使用不合格绝缘电阻表或不按规定使用绝缘电阻表	触电	中等	（1）被测设备未放电之前，严禁用手触及； （2）拆线时，严禁触及引线的金属部分； （3）测量结束后，对大电容设备要进行充分放电

7.24 6kV 负载停送电操作

作业步骤	危害辨识	危害描述	产生后果	风险等级	防 范 措 施
1. 作业环境评估	6kV交流电	安全距离不足 0.7m	触电	较大	（1）与带电设备保持至少 0.7m 安全距离； （2）不得触碰电气设备或开关裸露部分

作业步骤	危害辨识	危害描述	产生后果	风险等级	防 范 措 施
2. 执行作业任务	6kV 交流电	走错间隔	触电、误操作	较大	工作前核对设备名称、编号及位置
		运行人员单人操作	触电、误操作、走错间隔	较大	必须由两人进行工作，其中一人对设备较为熟悉者做监护
		带负荷拉开小车开关	灼伤	较大	（1）严格执行操作票； （2）将开关小车拉出前检查开关指示确在"分闸"状态，且控制方式切至"就地"位置
		误拉或误合开关，误触带电体	触电、误操作	较大	（1）严格执行操作票； （2）严格执行操作监护制度，持续开展五防系统的维护检查，确保运行状况良好； （3）加强人员对类似事故的警示安全教育培训
		未正确佩戴合格的防护用品	触电、人身伤害	中等	操作时穿好绝缘鞋，规范戴好合格绝缘手套

7.25 厂用低压变压器由检修转运行

作业步骤	危害辨识	危害描述	产生后果	风险等级	防 范 措 施
1. 作业环境评估	6kV 交流电	安全距离不足 0.7m	触电	较大	（1）与带电设备保持至少 0.7m 安全距离； （2）不得触碰电气设备或开关裸露部分
2. 执行作业任务	6kV 交流电	走错间隔	触电、误操作	较大	工作前核对设备名称、编号及位置
		运行人员单人操作	触电、误操作、走错间隔	较大	必须由两人进行工作，其中一人对设备较为熟悉者做监护
		送电前未拆除接地线	触电灼伤	较大	（1）严格执行操作票； （2）送电前拆除相应接地线，或检查相应接地线已拆除，并测绝缘合格
		未按规定顺序拆除接地线	触电	较大	拆除接地线必须拆除导体端，再拆除接地端
		未正确佩戴合格的防护用品	触电、人身伤害	中等	操作时穿好绝缘鞋，戴好绝缘手套
	试验电压	使用不合格或不按规定使用绝缘电阻表	低压触电	较大	（1）被测设备未放电之前，严禁用手触及； （2）拆线时，严禁触及引线的金属部分； （3）测量结束后，对大电容设备要进行充分放电

7.26 6kV 母线由运行转检修

作业步骤	危害辨识	危害描述	产生后果	风险等级	防 范 措 施
1. 作业环境评估	6kV 交流电	安全距离不足 0.7m	触电	较大	（1）与带电设备保持至少 0.7m 安全距离； （2）不得触碰电气设备或开关裸露部分

作业步骤	危害辨识	危害描述	产生后果	风险等级	防 范 措 施
2. 执行作业任务	6kV交流电	走错间隔	触电、误操作	较大	工作前核对设备名称及编号及位置
		运行人员单人操作	触电、误操作、走错间隔	较大	必须由两人进行工作,其中一人对设备较为熟悉者做监护
		带负荷拉开小车开关	触电灼伤	较大	(1) 严格执行操作票; (2) 将开关小车拉出前检查开关指示确在"分闸"状态,且控制方式切至"就地"位置
		使用不合格或不按规定使用验电器	触电	较大	(1) 使用 6kV 验电器; (2) 使用前检查验电器合格证在有效期,验电器声光报警良好; (3) 先在带电体上进行测试,确认良好后方能在停电设备上验电
		未正确佩戴合格的防护用品	触电、人身伤害	中等	操作时穿好绝缘鞋,戴好绝缘手套
		使用不合格或不按规定使用绝缘电阻表	低压触电	较大	(1) 被测设备未放电之前,严禁用手触及; (2) 拆线时,严禁触及引线的金属部分; (3) 测量结束后,对大电容设备要进行充分放电
		装设接地线前或合入接地刀闸前未验电	触电	较大	装设接地线前或合入接地刀闸前,应使用 6kV 验电器验明无电压

7.27　400V 负载开关停送电

作业步骤	危害辨识	危害描述	产生后果	风险等级	防 范 措 施
1. 作业环境评估	400交流电	安全距离不足	触电	较大	(1) 与带电设备保持安全距离; (2) 不得触碰电气设备或开关裸露部分
2. 执行作业任务	400V交流电	走错间隔	触电、误操作	较大	工作前核对设备名称及编号及位置
		运行人员单人操作	触电、误操作、走错间隔	较大	必须由两人进行工作,其中一人对设备较为熟悉者做监护
		带负荷拉开关及带负荷拉熔丝	触电、灼伤	较大	(1) 严格执行操作票; (2) 检查开关指示确在"分闸"状态,且控制方式切至"就地"位置; (3) 检查接触器在断开位置,不带接触器的刀熔供电回路必须用钳形电流表测量回路已无电流
		误拉或误合开关,误触带电体	触电、误操作	较大	(1) 严格执行操作票; (2) 严格执行操作监护制度,持续开展五防系统的维护检查,确保运行状况良好; (3) 加强人员对类似事故的警示安全教育培训
		未正确佩戴合格的防护用品	触电、人身伤害	中等	操作时穿好绝缘鞋,戴好绝缘手套

7.28 质检采样作业

作业步骤	危害辨识	危害描述	产生后果	风险等级	防 范 措 施
1. 作业环境评估	煤尘	空气中有煤尘,人员吸入体内	尘肺病	较小	作业人员佩戴防尘口罩,保持制样室通风
	噪声	进入噪声区域时未正确使用防护用品	噪声聋	较小	正确佩戴合格耳塞
	气体	现场空气中有刺激有毒气体	中毒窒息	较小	正确规范佩戴劳动防护用品
	高温	炎热天气,温度高,人员有虚脱现象	中暑	较小	(1) 避开高温时段进行采样作业; (2) 采样室空调完好; (3) 人员补充足量的水分; (4) 加强通风
	照明	视线不清	其他伤害	中等	(1) 避免走陌生道路; (2) 携带手电筒
	恶劣天气	6级以上大风、暴雨、暴雪、浓雾等	其他伤害	中等	禁止恶劣天气时采样
	临水	采样地点靠近江边	淹溺	中等	(1) 穿好合格救生衣,在规定通道行走; (2) 海轮舷梯、跳板、安全网、栏杆平台等应完好可靠
	行走通道	通道有杂物堆积、积水、结冰等	滑跌	较小	(1) 穿防滑工作鞋或雨鞋; (2) 清理杂物、积水; (3) 铺设防滑垫及草包
2. 执行作业任务	安全工器具	作业前未检查安全工器具是否在有效期内,是否可靠无破损	高处坠落	重大	(1) 海轮舱内进行人工采样,无护笼的直梯必须使用安全带和防坠器; (2) 作业人员的安全帽、安全带、防坠器等应在有效期内,使用前应检查确保可靠完整
	防护用品	未穿高可视反光警示工作服,未戴手套,上下海轮未穿救生衣	人身伤害、尘肺病	较小	应正确规范使用劳动防护用品
	交通工具	车况不正常、超速行驶	交通事故	中等	(1) 定期保养车辆; (2) 遵守规定低速行驶; (3) 恶劣天气严禁开车
	采样设备	设备未停电,人员误操作	人身伤害、触电	较大	(1) 切断采样设备电源; (2) 禁止湿手接触带电设备; (3) 禁止通电时强行手动转动采样桶
	运行设备	煤场或码头采样时,采样人员在卸船机下方逗留或通行,在卸船机、斗轮机轨道上行走等	机械伤害、落物伤害	较大	(1) 严禁在卸船机下逗留或行走; (2) 严禁在卸船机、斗轮机轨道上行走
	通信工具	作业现场通信不畅	其他伤害	较小	作业前检查通信工具电量充足能正常使用
	作业人员	作业不规范或配合不到位,采样作业用力过猛	人身伤害	中等	(1) 作业人员按照作业指导书进行作业,认真落实互保工作,做好安全提醒及安全监护工作,做好现场的反违章工作; (2) 监护配合到位,作业前做好防护措施
	卸船机运行	人员与卸船机抓斗未保持安全距离	物体打击	中等	采样时严禁卸船机在同一舱口作业
	斗轮机运行	旋臂旋转	机械伤害	中等	待旋臂停止后或远离斗轮机旋臂的地方采样

7.29 质检化验作业

作业步骤	危害辨识	危害描述	产生后果	风险等级	防范措施
1. 作业环境评估	煤尘	空气中有煤尘,人员吸入体内	尘肺病	较小	作业人员佩戴防尘口罩,保持制样室通风
	高温	实验室闷热	中暑	较小	确保空调正常使用
	空气	试验生成有害气体	中毒、窒息	中等	(1) 将在氧弹内煤粉燃烧产生的废气通过导管排到房间外; (2) 不要长时间待在有害气体产生的实验室内
2. 执行作业任务	安全工器具	作业前未检查安全工器具是否在有效期内,是否可靠无破损	灼伤	中等	(1) 使用合格手套; (2) 使用合格的专用工具
	防护用品	未戴手套及防尘口罩	尘肺病、灼伤	较小	工作时应正确使用劳动防护用品
	化验设备	化验设备漏电、温度异常等	灼伤、触电	中等	(1) 禁止湿手接触带电设备; (2) 禁止接触带电裸线、地线、漏电设备等; (3) 绝缘工具、绝缘服装严禁超期使用,在使用前应认真检查; (4) 严禁肉眼无防护地直视或身体任何部位接触正在工作的高温炉、马弗炉等高温设备; (5) 规范戴好合格手套,规范使用防护用品; (6) 使用合格专用工具取器皿
	作业人员	作业不规范或配合不到位	人身伤害	中等	(1) 作业人员按照作业指导书进行作业,认真落实互保工作,做好安全提醒及安全监护工作,做好现场的反违章工作; (2) 做到一人操作一人监护
	马弗炉燃烧室高温	触碰马弗炉燃烧室	灼伤	中等	(1) 禁止直视及触碰工作的马弗炉燃烧室; (2) 禁止用手直接接触刚从马弗炉取出的化验器具
	测硫仪	触碰的测硫仪燃烧管等化验器具	伤眼或灼伤人身	中等	禁止直视及触碰工作的测硫仪燃烧管,禁止用手直接接触刚从测硫仪取出的化验器具
	干燥箱	未带专用防护手套	灼伤人身	中等	从干燥箱取出煤样时,戴好专用防护手套
	热量计、氧弹	氧弹脱落,酸液飞溅	物体打击、腐蚀	中等	(1) 移动氧弹过程中使用氧弹勾手,且用手托扶; (2) 点火时身体任何部位不要处于热量计上方; (3) 清洗氧弹时控制水流,不宜过大,避免酸液飞溅,清洗液计重处理

7.30 质检水尺作业

作业步骤	危害辨识	危害描述	产生后果	风险等级	防范措施
1. 作业环境评估	煤尘	空气中有煤尘,人员吸入体内	尘肺病	较小	作业人员佩戴防尘口罩,保持制样室通风
	噪声	进入噪声区域时未正确使用防护用品	噪声聋	较小	正确佩戴合格耳塞
	高温	炎热天气	中暑	较小	(1) 避开高温时段作业; (2) 采样室空调完好; (3) 人员补充足量的水分
	照明	视线不清	其他伤害	中等	携带手电筒

作业步骤	危害辨识	危害描述	产生后果	风险等级	防 范 措 施
1. 作业环境评估	恶劣天气	6级以上大风、暴雨、暴雪、浓雾等	其他伤害	中等	不准恶劣天气时水尺作业
	临水	在临水区域作业未穿救生衣	淹溺	中等	（1）穿合格的救生衣，在规定通道行走； （2）人员上下海轮时，检查舷梯、跳板、安全网、栏杆平台等应完好可靠
	行走通道	通道有杂物堆积、积水、结冰等	滑跌、坠江淹溺	较小	（1）穿防滑工作鞋或雨鞋； （2）清理杂物、积水； （3）铺设防滑垫及草包
2. 执行作业任务	防护用品	未穿高可视反光警示工作服，未戴防尘口罩	尘肺病、淹溺	较小	应正确规范使用劳动防护用品
	交通工具	车况不正常、超速行驶	交通事故	中等	（1）定期保养车辆； （2）遵守规定低速行驶； （3）恶劣天气严禁开车
	卸船机运行	（1）作业人员在卸船机下方逗留或通行时，有煤块掉落； （2）运行中的卸船机未保持安全距离	落物伤害、机械伤害	较大	（1）严禁在卸船机下逗留或行走，走规定通道； （2）与运行的卸船机保持安全距离； （3）严禁在卸船机大车轨道上行走
	作业人员	作业不规范或配合不到位	人身伤害	中等	（1）作业人员按照作业指导书进行作业，认真落实互保工作，做好安全提醒及安全监护工作，做好现场的反违章工作； （2）应有二人作业，相互配合

7.31 质检制样作业

作业步骤	危害辨识	危害描述	产生后果	风险等级	防 范 措 施
1. 作业环境评估	煤尘	空气中有煤尘，人员吸入体内	尘肺病	较小	作业人员佩戴防尘口罩，保持制样室通风
	噪声	进入噪声区域时未正确使用防护用品	噪声聋	较小	正确佩戴合格耳塞
	高温	天气炎热	中暑	较小	制样室空调正常完好
2. 执行作业任务	防护用品	工作服穿着不规范，未戴手套及防尘口罩	尘肺病机械伤害	较小	工作时应正确规范使用劳动防护用品
	交通工具	车况不正常、超速行驶	交通事故	中等	（1）定期保养车辆； （2）遵守规定低速行驶； （3）恶劣天气严禁开车
	制样设备	破碎机、制样机、干燥箱漏电，设备放置不规范	触电、其他伤害	较大	（1）禁止湿手接触带电设备； （2）定期检查各型号破碎机、联合制样机、干燥箱电源线完整情况，确保绝缘保护未失效； （3）禁止接触带电裸线、地线、漏电设备等； （4）绝缘工具、绝缘服装严禁超期使用，在使用前应认真检查； （5）对机械设备的清扫、维护、维修等工作必须在停机断电状态下进行； （6）各工器具在使用过程中应有指定堆放位置，严禁乱拿乱放； （7）定期对制样工器具进行安全质量检查，避免使用过程中出现断裂、螺栓滑脱等情况； （8）对料斗、石碾等较重设备在使用过程中应轻拿轻放

作业步骤	危害辨识	危害描述	产生后果	风险等级	防 范 措 施
2. 执行作业任务	作业人员	作业不规范或配合不到位,采样作业用力过猛	人身伤害	中等	(1) 作业人员按照作业指导书进行作业,认真落实互保工作,做好安全提醒及安全监护工作,做好现场的反违章工作; (2) 监护配合到位,作业前做好防护措施
	制样机	(1) 人员误操作; (2) 未断电清扫; (3) 转动部分为停止转动即清扫	触电、机械伤害	较大	(1) 对制样机的清扫、维护、维修等工作必须切断电源; (2) 在制样设备停止转动前禁止打开腔体; (3) 在制样设备启动前,必须确保各部件结合紧密,且无人员与设备存在接触情况; (4) 严禁带病作业
	破碎机	(1) 人员误操作; (2) 未断电清扫; (3) 转动部分未停止转动即清扫; (4) 制粉机磨粉槽脱落	触电、机械伤害、物体打击	较大	(1) 在制样设备停止转动前禁止打开腔体; (2) 对破碎机的清扫、维护、维修等工作必须切断电源; (3) 在制样设备启动前,必须确保各部件结合紧密,且无人员与设备存在接触情况; (4) 移动磨粉槽时双手托扶; (5) 严禁带病作业

检修篇

8 热工检修

8.1 pH 表检修

作业步骤	危害辨识	危害描述	产生后果	风险等级	防范措施
1. 作业环境评估	噪声	进入噪声区域时，未正确使用防护用品	听力受损	较小	进入噪声区域、使用高噪声区域时正确佩戴耳塞
	粉尘	未正确佩戴防护口罩	尘肺病	较小	作业人员工作时戴防尘口罩
	高处设备设施	人员交叉作业，高处落物	机械伤害	中等	检查上方是否有人员作业，存在高处落物风险，否则暂停工作
2. 确认安全措施正确执行	验电工具	验电工具不合格	触电	中等	验电工具使用前必须经过检验，严禁使用不合格验电工具
3. 准备工作及现场布置	工器具	使用不合格的工具	机械伤害	较小	必须正确使用经检验合格的工器具
	照明	照度不足	其他伤害	较小	增加临时照明，保证检修区域照明充足
4. 仪表附件解体与检查	螺丝刀、钢丝钳	手柄等缺损	机械伤害	较小	锉刀、手锯、螺丝刀、钢丝钳等手柄应安装牢固，没有手柄的不准使用
	活动扳手	拆接头时突然松动	机械伤害	较小	使用合适大小的活动扳手，戴好手套
5. 电极检查修理	盐酸	眼睛或皮肤接触盐酸	化学灼伤	较小	正确佩戴使用防护手套、防护眼镜
6. 仪表表头解体与检查	220V电源	拆线时防护措施不正确	触电	较小	（1）拆线前验电，确认无电；（2）拆线时应逐根拆除，每一根用绝缘胶布包好
7. pH 表整机示值误差检验	220V电源	接线不正确	触电	较小	接好电源线，并检查接线正确，送电后验电
	化学药品	皮肤接触	化学灼伤	较小	正确佩戴使用防护手套、防护眼镜
8. 检修工作结束	施工废料	施工废料未清理	环境污染	较小	废料及时清理，做到工完、料尽、场地清

8.2 电导率表检修

作业步骤	危害辨识	危害描述	产生后果	风险等级	防范措施
1. 作业环境评估	噪声	进入噪声区域时，未正确使用防护用品	听力受损	较小	进入噪声区域、使用高噪声区域时正确佩戴耳塞
	粉尘	未正确佩戴防护口罩	尘肺病	较小	作业人员工作时戴防尘口罩
	高处设备设施	人员交叉作业，高处落物	机械伤害	中等	检查上方是否有人员作业，存在高处落物风险，否则暂停工作
2. 确认安全措施正确执行	验电工具	验电工具不合格	触电	中等	验电工具使用前必须经过检验，严禁使用不合格验电工具
3. 准备工作及现场布置	工器具	使用不合格的工具	机械伤害	较小	必须正确使用经检验合格的工器具
	照明	照度不足	其他伤害	较小	增加临时照明，保证检修区域照明充足

作业步骤	危害辨识	危害描述	产生后果	风险等级	防 范 措 施
4. 仪表附件解体与检查	螺丝刀、钢丝钳	手柄等缺损	机械伤害	较小	锉刀、手锯、螺丝刀、钢丝钳等手柄应安装牢固，没有手柄的不准使用
	活动扳手	拆接头时突然松动	机械伤害	较小	使用合适大小的活动扳手，戴好手套
5. 交换柱及电极检查修理	盐酸	盐酸接触皮肤或眼睛	化学灼伤	中等	正确佩戴使用防护手套、防护眼镜
6. 仪表表头解体与检查	220V电源	拆线时防护措施不正确	触电	较小	（1）拆线前验电，确认无电；（2）拆线时应逐根拆除，每一根用绝缘胶布包好
7. 整机基本误差检验	220V电源	接线不正确	触电	较小	接好电源线，并检查接线正确，送电后验电
8. 检修工作结束	施工废料	施工废料未清理	环境污染	较小	废料及时清理，做到工完、料尽、场地清

8.3 氧表检修

作业步骤	危害辨识	危害描述	产生后果	风险等级	防 范 措 施
1. 作业环境评估	噪声	进入噪声区域时，未正确使用防护用品	听力受损	较小	进入噪声区域、使用高噪声区域时正确佩戴耳塞
	粉尘	未正确佩戴防护口罩	尘肺病	较小	作业人员工作时戴防尘口罩
2. 确认安全措施正确执行	验电工具	验电工具不合格	触电	中等	验电工具使用前必须经过检验，严禁使用不合格验电工具
3. 准备工作及现场布置	工器具	使用不合格的工具	机械伤害	较小	必须正确使用经检验合格的工器具
	照明	照度不足	其他伤害	较小	增加临时照明，保证检修区域照明充足
4. 仪表附件解体与检查	螺丝刀、钢丝钳	手柄等缺损	机械伤害	较小	锉刀、手锯、螺丝刀、钢丝钳等手柄应安装牢固，没有手柄的不准使用
	活动扳手	拆接头时突然松动	机械伤害	较小	使用合适大小的活动扳手，戴好手套
5. 电极检查修理	碱性电解液	眼睛或皮肤接触氢氧化钾	化学灼伤	较小	正确佩戴使用防护手套、防护眼镜
6. 仪表表头解体与检查	220V电源	拆线时防护措施不正确	触电	较小	（1）拆线前验电，确认无电；（2）拆线时应逐根拆除，每一根用绝缘胶布包好
7. 溶氧表整机检验	220V电源	接线不正确	触电	较小	接好电源线，并检查接线正确，送电后验电
	化学药品	眼睛或皮肤接触亚硫酸钠	化学灼伤	较小	正确佩戴使用防护手套、防护眼镜
	活动扳手	装拆氮气瓶接头时突然松动	机械伤害	较小	使用合适大小的活动扳手，戴好手套
8. 检修工作结束	施工废料	施工废料未清理	环境污染	较小	废料及时清理，做到工完、料尽、场地清

8.4 硅表检修

作业步骤	危害辨识	危害描述	产生后果	风险等级	防 范 措 施
1. 作业环境评估	噪声	进入噪声区域时，未正确使用防护用品	听力受损	较小	进入噪声区域、使用高噪声区域时正确佩戴耳塞
	粉尘	未正确佩戴防护口罩	尘肺病	较小	作业人员工作时戴防尘口罩
2. 确认安全措施正确执行	验电工具	验电工具不合格	触电	中等	验电工具使用前必须经过检验，严禁使用不合格验电工具
3. 准备工作及现场布置	工器具	使用不合格的工具	机械伤害	较小	必须正确使用经检验合格的工器具
	照明	照度不足	其他伤害	较小	增加临时照明，保证检修区域照明充足
4. 仪表附件解体与检查	螺丝刀、钢丝钳	手柄等缺损	机械伤害	较小	锉刀、手锯、螺丝刀、钢丝钳等手柄应安装牢固，没有手柄的不准使用
	活动扳手	拆接头时突然松动	机械伤害	较小	使用合适大小的活动扳手，戴好手套
5. 直观检查	化学药品	眼睛或皮肤接触硫酸或氢氧化钠	化学灼伤	较小	正确佩戴使用防护手套、防护眼镜
6. 更换年度维护包	220V电源	拆线时防护措施不正确	触电	较小	(1) 拆线前验电，确认无电；(2) 拆线时应逐根拆除，每一根用绝缘胶布包好
	化学药品	眼睛或皮肤接触硫酸或氢氧化钠	化学灼伤	较小	正确佩戴使用防护手套、防护眼镜
7. 检修工作结束	施工废料	施工废料未清理	环境污染	较小	废料及时清理，做到工完、料尽、场地清

8.5 钠表检修

作业步骤	危害辨识	危害描述	产生后果	风险等级	防 范 措 施
1. 作业环境评估	噪声	进入噪声区域时，未正确使用防护用品	听力受损	较小	进入噪声区域、使用高噪声区域时正确佩戴耳塞
	粉尘	未正确佩戴防护口罩	尘肺病	较小	作业人员工作时戴防尘口罩
	高处设备设施	人员交叉作业，高处落物	机械伤害	较小	检查上方是否有人员作业，存在高处落物风险，否则暂停工作
2. 确认安全措施正确执行	验电工具	验电工具不合格	触电	中等	验电工具使用前必须经过检验，严禁使用不合格验电工具
3. 准备工作及现场布置	工器具	使用不合格的工具	机械伤害	较小	必须正确使用经检验合格的工器具
	照明	照度不足	其他伤害	较小	增加临时照明，保证检修区域照明充足
4. 仪表附件解体与检查	螺丝刀、钢丝钳	手柄等缺损	机械伤害	较小	锉刀、手锯、螺丝刀、钢丝钳等手柄应安装牢固，没有手柄的不准使用
	活动扳手	拆接头时突然松动	机械伤害	较小	使用合适大小的活动扳手，戴好手套
5. 电极检查修理	化学药品	眼睛或皮肤接触溴化铯溶液、5%盐酸清洗液、二异丙胺	化学灼伤，吸入性损伤	中等	正确佩戴使用防护手套、防护眼镜、活性炭过滤呼吸面罩

作业步骤	危害辨识	危害描述	产生后果	风险等级	防 范 措 施
6. 钠表整机示值误差检验	化学药品	眼睛或皮肤接触 HF 酸活化液	HF 酸化学灼伤	中等	正确佩戴使用防护手套、防护眼镜
7. 检修工作结束	施工废料	施工废料未清理	环境污染	较小	废料及时清理，做到工完、料尽、场地清

8.6 余氯仪检修

作业步骤	危害辨识	危害描述	产生后果	风险等级	防 范 措 施
1. 作业环境评估	噪声	进入噪声区域时，未正确使用防护用品	听力受损	较小	进入噪声区域、使用高噪声区域时正确佩戴耳塞
	粉尘	未正确佩戴防护口罩	尘肺病	较小	作业人员工作时戴防尘口罩
	高处设备设施	人员交叉作业，高处落物	机械伤害	较小	检查上方是否有人员作业，存在高处落物风险，否则暂停工作
2. 确认安全措施正确执行	验电工具	验电工具不合格	触电	中等	验电工具使用前必须经过检验，严禁使用不合格验电工具
3. 准备工作及现场布置	工器具	使用不合格的工具	机械伤害	较小	必须正确使用经检验合格的工器具
	照明	照度不足	其他伤害	较小	增加临时照明，保证检修区域照明充足
4. 仪表附件解体与检查	螺丝刀、钢丝钳	手柄等缺损	机械伤害	较小	锉刀、手锯、螺丝刀、钢丝钳等手柄应安装牢固，没有手柄的不准使用
	活动扳手	拆接头时突然松动	机械伤害	较小	使用合适大小的活动扳手，戴好手套
5. 替换泵管道	化学药品	眼睛或皮肤接触 DPD 指示剂、缓冲试剂	化学灼伤	较小	正确佩戴使用防护手套、防护眼镜
6. 替换分析仪管道	化学药品	眼睛或皮肤接触管道中残留药剂	化学灼伤	较小	正确佩戴使用防护手套、防护眼镜
7. 清洗色度计	化学药品	眼睛或皮肤接触 19N 的硫酸清洗液	化学灼伤	中等	正确佩戴使用防护手套、防护眼镜
8. 余氯表整机误差检验	化学药品	眼睛或皮肤接触硫酸亚铁铵溶液	化学灼伤	较小	正确佩戴使用防护手套、防护眼镜
9. 检修工作结束	施工废料	施工废料未清理	环境污染	较小	废料及时清理，做到工完、料尽、场地清

8.7 浊度仪检修

作业步骤	危害辨识	危害描述	产生后果	风险等级	防 范 措 施
1. 作业环境评估	噪声	进入噪声区域时，未正确使用防护用品	听力受损	较小	进入噪声区域、使用高噪声区域时正确佩戴耳塞
	粉尘	未正确佩戴防护口罩	尘肺病	较小	作业人员工作时戴防尘口罩
	高处设备设施	人员交叉作业，高处落物	机械伤害	中等	检查上方是否有人员作业，存在高处落物风险，否则暂停工作
2. 确认安全措施正确执行	验电工具	验电工具不合格	触电	中等	验电工具使用前必须经过检验，严禁使用不合格验电工具

续表

作业步骤	危害辨识	危害描述	产生后果	风险等级	防 范 措 施
3. 准备工作及现场布置	工器具	使用不合格的工具	机械伤害	较小	必须正确使用经检验合格的工器具
	照明	照度不足	其他伤害	较小	增加临时照明，保证检修区域照明充足
4. 仪表附件解体与检查	螺丝刀、钢丝钳	手柄等缺损	机械伤害	较小	锉刀、手锯、螺丝刀、钢丝钳等手柄应安装牢固，没有手柄的不准使用
	活动扳手	拆接头时突然松动	机械伤害	较小	使用合适大小的活动扳手，戴好手套
5. 仪表表头解体与检查	220V电源	拆线时防护措施不正确	触电	较小	（1）拆线前验电，确认无电；（2）拆线时应逐根拆除，每一根用绝缘胶布包好
6. 清洗传感器流动室	介质水源	介质排放不净	冲击	较小	清洗传感器流动室工作开始前，检查设备内介质确已排放干净后方可开始工作
7. 整机基本误差检验	220V电源	接线不正确	触电	较小	接好电源线，并检查接线正确，送电后验电
	formazin悬浮液	formazin 悬浮液泄漏	环境污染	较小	用干净的水检查传感器的三通阀门及漏斗连接管道接口无泄漏
8. 检修工作结束	施工废料	施工废料未清理	环境污染	较小	废料及时清理，做到工完、料尽、场地清

8.8 ORP 表检修

作业步骤	危害辨识	危害描述	产生后果	风险等级	防 范 措 施
1. 作业环境评估	噪声	进入噪声区域时，未正确使用防护用品	听力受损	较小	进入噪声区域、使用高噪声区域时正确佩戴耳塞
	粉尘	未正确佩戴防护口罩	尘肺病	较小	作业人员工作时戴防尘口罩
	高处设备设施	人员交叉作业，高处落物	机械伤害	中等	检查上方是否有人员作业，存在高处落物风险，否则暂停工作
2. 确认安全措施正确执行	验电工具	验电工具不合格	触电	中等	验电工具使用前必须经过检验，严禁使用不合格验电工具
3. 准备工作及现场布置	工器具	使用不合格的工具	机械伤害	较小	必须正确使用经检验合格的工器具
	照明	照度不足	其他伤害	较小	增加临时照明，保证检修区域照明充足
4. 仪表附件解体与检查	螺丝刀、钢丝钳	手柄等缺损	机械伤害	较小	锉刀、手锯、螺丝刀、钢丝钳等手柄应安装牢固，没有手柄的不准使用
	活动扳手	拆接头时突然松动	机械伤害	较小	使用合适大小的活动扳手，戴好手套
5. 电极检查修理	盐酸	眼睛或皮肤接触盐酸	化学灼伤	较小	正确佩戴使用防护手套、防护眼镜
6. 仪表表头解体与检查	220V电源	拆线时防护措施不正确	触电	较小	（1）拆线前验电，确认无电；（2）拆线时应逐根拆除，每一根用绝缘胶布包好
7. ORP表整机误差检验	220V电源	接线不正确	触电	较小	接好电源线，并检查接线正确，送电后验电
	化学药品	皮肤接触	化学毒性	较小	正确佩戴使用防护手套
8. 检修工作结束	施工废料	施工废料未清理	环境污染	较小	废料及时清理，做到工完、料尽、场地清

8.9 COD 表检修

作业步骤	危害辨识	危害描述	产生后果	风险等级	防 范 措 施
1. 作业环境评估	噪声	进入噪声区域时，未正确使用防护用品	听力受损	较小	进入噪声区域、使用高噪声区域时正确佩戴耳塞
	粉尘	未正确佩戴防护口罩	尘肺病	较小	作业人员工作时戴防尘口罩
	高处设备设施	人员交叉作业，高处落物	机械伤害	中等	检查上方是否有人员作业，存在高处落物风险，否则暂停工作
2. 确认安全措施正确执行	验电工具	验电工具不合格	触电	中等	验电工具使用前必须经过检验，严禁使用不合格验电工具
3. 准备工作及现场布置	工器具	使用不合格的工具	机械伤害	较小	必须正确使用经检验合格的工器具
	照明	照度不足	其他伤害	较小	增加临时照明，保证检修区域照明充足
4. 仪器的停运	化学药品	皮肤接触	化学毒性	中等	正确佩戴使用防护手套、防护眼镜、防护服
	浓硫酸	皮肤接触	化学灼伤	中等	正确佩戴使用防护手套、防护眼镜、防护服
	化学药品	泄漏	污染环境	较小	双人操作，逐个旋开试剂瓶上的螺旋帽，试剂管线放入有蒸馏水的大玻璃烧杯，保证过程中不滴漏
	220V电源	拆线时防护措施不正确	触电	较小	（1）拆线前验电，确认无电；（2）拆线时应逐根拆除，每一根用绝缘胶布包好
5. 样品导管的更换	化学药品	皮肤接触	化学毒性	较小	正确佩戴使用防护手套
6. 活塞的更换	化学药品	皮肤接触	化学毒性	较小	正确佩戴使用防护手套
7. 更换计量试管环形密封圈	化学药品	皮肤接触	化学毒性	较小	正确佩戴使用防护手套
8. 安装试剂	化学药品	皮肤接触	化学毒性	中等	正确佩戴使用防护手套、防护眼镜、防护服
	浓硫酸	皮肤接触	化学灼伤	中等	正确佩戴使用防护手套、防护眼镜、防护服
9. 整机校验	220V电源	接线不正确	触电	较小	接好电源线，并检查接线正确，送电后验电
	浓硫酸	皮肤接触	化学灼伤	中等	安装好安全面板，正确佩戴使用防护手套、防护眼镜、防护服
10. 检修工作结束	施工废料	施工废料未清理	环境污染	较小	废料及时清理，做到工完、料尽、场地清

8.10 氨氮表检修

作业步骤	危害辨识	危害描述	产生后果	风险等级	防 范 措 施
1. 作业环境评估	噪声	进入噪声区域时，未正确使用防护用品	听力受损	较小	进入噪声区域、使用高噪声区域时正确佩戴耳塞
	粉尘	未正确佩戴防护口罩	尘肺病	较小	作业人员工作时戴防尘口罩
	高处设备设施	人员交叉作业，高处落物	机械伤害	中等	检查上方是否有人员作业，存在高处落物风险，否则暂停工作

作业步骤	危害辨识	危害描述	产生后果	风险等级	防 范 措 施
2. 确认安全措施正确执行	验电工具	验电工具不合格	触电	中等	验电工具使用前必须经过检验,严禁使用不合格验电工具
3. 准备工作及现场布置	工器具	使用不合格的工具	机械伤害	较小	必须正确使用经检验合格的工器具
	照明	照度不足	其他伤害	较小	增加临时照明,保证检修区域照明充足
4. 仪表停运及冲洗	化学药品	皮肤接触	化学毒性	中等	正确佩戴使用防护手套、防护眼镜
	220V电源	拆线时防护措施不正确	触电	较小	(1)拆线前验电,确认无电; (2)拆线时应逐根拆除,每一根用绝缘胶布包好
5. 更换泵管	化学药品	皮肤接触	化学毒性	较小	正确佩戴使用防护手套
6. 更换试剂	化学药品	皮肤接触	化学毒性	较小	正确佩戴使用防护手套
7. 整机校准	220V电源	接线不正确	触电	较小	接好电源线,并检查接线正确,送电后验电
8. 检修工作结束	施工废料	施工废料未清理	环境污染	较小	废料及时清理,做到工完、料尽、场地清

8.11 DEH 控制系统（SIEMENS）检修

作业步骤	危害辨识	危害描述	产生后果	风险等级	防 范 措 施
1. 作业环境评估	220V电源	安全隔离措施未正确执行	触电	较小	检修工作开始前工作许可人会同工作负责人共同到作业现场检查确认工作票所列安全措施完善和正确执行
	现场设备	未观察周围环境	撞伤	较小	仔细观察周围环境,不挡视线、注意力集中
	灰尘	清扫机柜灰尘飞扬	尘肺病	较小	作业时正确佩戴合格的防尘口罩
2. 确认安全措施正确执行	220V电源	工作前所采取的安全措施不完善	触电	较小	检查确认安全隔离措施已正确执行
3. 准备工作及现场布置	现场标识	DEH控制系统（SIEMENS）设备标识缺失	触电伤害	较小	(1)工作前核对设备名称及编号; (2)完善补齐缺损的设备标识
	工器具	使用不合格的工具	机械伤害	较小	必须正确使用经检验合格的工器具
	绝缘橡胶垫	绝缘橡胶垫较重	砸伤	较小	搬运橡胶垫配合默契、沟通,注意周围环境
		绝缘橡胶垫损坏、铺设不平	绊倒	较小	橡胶垫铺设平整
	绊脚物	现场工器具等未定置摆放	摔伤	较小	现场工器具、零部件、备品备件应定置摆放
	梯子	梯子缺损	高处坠落	重大	(1)使用梯子前应先检查梯子坚实、无缺损,止滑脚完好,不得使用有故障的梯子; (2)人字梯应具有坚固的铰链和限制开度的拉链,梯子支设夹角以35°~45°为宜
		梯子无检验合格证	高处坠落	重大	梯子应半年检验一次,并贴有检验合格证标签;无检验合格证或检验合格证过期的梯子不准使用

续表

作业步骤	危害辨识	危害描述	产生后果	风险等级	防 范 措 施
3. 准备工作及现场布置	临时电源及电源线	电源线、插头、插座破损	触电	较小	（1）检查电源线外绝缘良好，无破损； （2）检查电源盘合格证在有效期内； （3）检查电源插头插座，确保完好； （4）不准将电源线缠绕在护栏、管道和脚手架上
		电源线悬挂高度不够	触电	较小	临时电源线架设高度室内不低于 2.5m
		未安装漏电保护器	触电	较小	（1）检查电源盘合格证在有效期内； （2）分级配置漏电保护器，工作前试用漏电保护器，确保正确动作
		检修电源箱外壳未接地	触电	较小	（1）检查电源盘合格证在有效期内； （2）检查电源箱外壳接地良好
	电动工具	使用不合格电动工具	触电	较小	检查合格证在有效期内、使用合格电动工具
	照明	照度不足	其他伤害	较小	增加临时照明，保证检修区域照明充足
4. DEH系统停电前检查	验电工具	验电工具不合格	触电	中等	验电工具使用前必须经过检验，严禁使用不合格验电工具
		验电方法错误	触电	中等	正确验电，真实反映设备带电情况
	220V电源	误碰电源端子	触电	较小	（1）核对端子； （2）做好隔离措施或保持适当距离
5. DEH系统检修	系统	检修时系统隔离措施不彻底	其他伤害	较小	检修工作开工前工作负责人与工作票许可人共同确认所检修系统已进行隔离
	验电工具	验电工具不合格	触电	中等	验电工具使用前必须经过检验，严禁使用不合格验电工具
		验电方法错误	触电	中等	正确验电，真实反映设备带电情况
	220V电源	停电走错间隔	触电	较小	停电时，有专人监护
		误碰电源端子	触电	较小	（1）核对端子； （2）做好隔离措施或保持适当距离
		更换电源模块时防护措施不到位	触电	中等	（1）拆、接线前验电，确认无电； （2）拆、接线时应逐根拆、接，每一根用绝缘胶布包好
	梯子	梯子斜角度未在60°左右	高处坠落	重大	（1）使用梯子时，梯子与地面成60°角； （2）作业人员必须蹲在距梯顶不少于 1m 的梯蹬上工作
		梯子无人员扶持	高处坠落	重大	（1）梯子的止滑脚必须安全可靠，使用梯子时必须有人扶持，梯子不得放在通道口、通道拐弯口和门前使用，如需放置时应设专人看守； （2）作业人员不许面向梯子上下
		在水泥或光滑坚硬的地面上使用梯子未采取防护措施	高处坠落	重大	在水泥或光滑坚硬的地面上使用梯子时，其下端应安置橡胶套或橡胶布，同时应用绳索将梯子下端与固定物缚住
		梯子上作业不规范	高处坠落	重大	（1）不准梯子垫高或接长使用； （2）上下梯子时，不准手持物件攀登； （3）梯子上作业人员应将安全带挂在牢固的构件上，不准将安全带挂在梯子上； （4）不准2人同登一梯； （5）人在梯子上作业时，不准移动梯子

续表

作业步骤	危害辨识	危害描述	产生后果	风险等级	防 范 措 施
5. DEH系统检修	吸尘器、电吹风机	手提吸尘器、电吹风机的导线	触电	较小	不准手提吸尘器、电吹风机的导线
		吸尘器、电吹风机的电源线、电源插头破损	触电	较小	（1）检查吸尘器、电吹风机的电源线、电源插头完好无破损； （2）检查吸尘器、电吹风机的合格证在有效期内
	灰尘	吸入灰尘	尘肺病	较小	作业时正确佩戴合格防尘口罩
	螺丝刀、尖嘴钳	用力过猛	刺伤	较小	使用工具时均匀用力
	手动扳手	使用手动扳手用力过猛	磕碰伤	较小	（1）戴好防护手套； （2）使用工具均匀用力
6. 系统恢复	系统	检修时系统隔离措施不彻底	其他伤害	较小	检修工作开工前工作负责人与工作票许可人共同确认所检修系统已进行隔离
	验电工具	验电工具不合格	触电	中等	验电工具使用前必须经过检验，严禁使用不合格验电工具
		验电方法错误	触电	中等	正确验电，真实反映设备带电情况
	220V电源	送电走错间隔	触电	较小	送电时，有专人监护
		误碰电源端子	触电	较小	（1）核对端子； （2）做好隔离措施或保持适当距离
7. 系统性能测试	220V电源	误碰电源端子	触电	较小	（1）核对端子； （2）做好隔离措施或保持适当距离
8. 检修工作结束	施工废料	施工废料未清理	环境污染	较小	废料及时清理，做到工完、料尽、场地清

8.12 DEH 控制系统检修调试

作业步骤	危害辨识	危害描述	产生后果	风险等级	防 范 措 施
1. 作业环境评估	润滑油、EH油	地上有积油	滑倒	较小	观察地上有无积油
	噪声	进入噪声区域时，未正确使用防护用品	噪声聋	较小	进入噪声区域、高噪声区域时正确佩戴耳塞
	高温部件	身体误碰高温部件	灼烫伤	中等	工作人员穿戴防高温烫伤隔热服及防护手套
	工器具零部件	交叉作业	物体打击机械伤害	中等	（1）在工作场所观察周围有无人员作业，有无隔离栏，有危险时停工； （2）在工作场所观察有无吊装作业
	岩棉、化纤	作业区灰尘飞扬	尘肺病	较小	作业时正确佩戴合格防尘口罩
	高处设备设施	防护栏缺损	高处坠落	重大	检查防护栏完好无损，如因工作需要拆除的栏杆，要做好临时护栏及悬挂警示标识
	现场设备	未观察周围环境	撞伤	较小	仔细观察周围环境，不挡视线、注意力集中
	高温环境	环境温度超过40℃	中暑	较小	（1）不准在工作环境温度超过40℃进行露天作业； （2）在高温场所工作时，应为工作人员提供足够的饮水、清凉饮料及防暑药品；对温度较高的作业场所必须增加通风设备

作业步骤	危害辨识	危害描述	产生后果	风险等级	防 范 措 施
1. 作业环境评估	高温高压蒸汽	高温设备及附属系统内动、静密封点密封失效，或者系统内设备、管道破损	灼烫伤	较小	（1）作业人员必须穿戴好隔热工作服、防护鞋、防护手套等防护用具； （2）专人监护，遇有不适立即撤出高温检修区域； （3）高温区域内不得长时间逗留
	孔、洞	盖板缺损	摔伤、高处坠落	重大	（1）工作场所的孔、洞必须覆以与地面齐平的坚固盖板； （2）发现洞口盖板缺失、损坏或未盖好时，必须立即填补、修复盖板并及时盖好
2. 确认安全措施正确执行	220V电源	工作前未断电	触电伤害	较小	（1）工作前核对设备名称及编号； （2）检修工作开工前工作负责人与工作票许可人共同确认所检修设备已断电
	高温高压蒸汽	工作前所采取的安全措施不完善	灼烫伤	较小	（1）开工前确认现场安全措施、隔离措施正确完备； （2）待管道内介质放尽，压力为零，温度适可后方可开始工作； （3）人员不能正面对法兰及焊口工作，防止漏点介质体伤人
3. 准备工作及现场布置	现场标识	DEH控制系统设备标识缺失	（1）触电伤害；（2）机械伤害	较小	（1）工作前核对设备名称及编号； （2）完善补齐缺损的设备标识
	脚手架搭（拆）设	脚手架搭设后未验收	高处坠落、物体打击	重大	（1）搭设结束后，必须履行脚手架验收手续，填写脚手架验收单，并在脚手架验收单上分级签字； （2）验收合格后应在脚手架上悬挂合格证，方可使用
	工器具	使用不合格的工具	机械伤害	较小	必须正确使用经检验合格的工器具
	绊脚物	现场工器具等未定置摆放	摔伤	较小	现场工器具、零部件、备品备件应定置摆放
	工器具零部件	现场作业没有铺垫	高处坠落、物体打击	重大	在现场作业做好铺垫
	高温环境	气温超过40℃	中暑	较小	保证足够的饮水及防暑药品，人员轮换工作
	照明	照度不足	其他伤害	较小	增加临时照明，保证检修区域照明充足
4. DEH系统就地一次元件的拆除	高处的工器具、零部件	未使用工具包，作业区域未隔离	物体打击	较小	（1）高处作业工器具必须使用工具包； （2）工器具和零部件不准随便乱放； （3）工器具和零部件不准上下抛掷； （4）作业区必须设有明显的围栏，防止无关人员入内，悬挂"当心落物"的标识，并设置专人监护
	高处作业人员	未佩戴使用合格的安全带	高处坠落	重大	（1）安全带使用前进行外观检查合格，检验合格证应在有效期内； （2）在没有脚手架或没有栏杆的脚手架上工作，高度超过1.5m时必须使用安全带； （3）安全带的挂钩应挂在结实、牢固的构件上，或专挂安全带的钢丝绳上，不准低挂高用

作业步骤	危害辨识	危害描述	产生后果	风险等级	防 范 措 施
4. DEH系统就地一次元件的拆除	高处作业人员	脚手架上作业不规范	高处坠落	重大	（1）上下脚手架应走人行通道或梯子，不准攀登架体； （2）不准站在脚手架的探头上作业； （3）同一架体上的作业人数一般为2人，必须超过2人的情况下不得超过9人； （4）不准在脚手架上蹲在木桶、木箱、砖及其他建筑材料等作业； （5）不准在架子上退着行走或跨坐在防护横杆上休息； （6）架子上应保持清洁，随时清理冰雪、杂物等，不准乱堆乱放物料； （7）不得在防护栏杆上拴挂任何重物； （8）作业中需要拆除防护栏杆时，必须采取可靠的临边防护措施
	验电工具	验电工具不合格	触电	中等	验电工具使用前必须经过检验，严禁使用不合格验电工具
		验电方法错误	触电	中等	正确验电，真实反映设备带电情况
	220V电源	误碰电源端子	触电	较小	（1）核对端子； （2）做好隔离措施或保持适当距离
		拆线时防护措施不正确	触电	较小	（1）拆线前必须验电； （2）拆线时应逐根拆、接，每一根用绝缘胶布包好
	绝缘电阻表	接触导电部分造成电击	触电	较小	（1）使用绝缘电阻表时人员禁止触碰导线的金属部分； （2）绝缘电阻表未停止工作之前或被测设备未放电前，严禁用手触及，拆线时也不要触及导线的金属部分
	电缆套管	套管损坏有缺口	割伤	较小	工作人员戴好防护手套
	高温部件	手或身体触碰炉墙	灼烫伤	较小	佩戴防护手套工作并保持适当距离
	转动的汽轮机	盘车未停运，转动设备未进行有效隔离	机械伤害	较小	与机务及时沟通，盘车状态停止转速探头拆除工作
	螺丝刀、尖嘴钳	用力过猛	刺伤	较小	使用工具时均匀用力
	梅花扳手、开口呆板	用力过猛、操作不当	磕碰伤	较小	（1）戴好防护手套、均匀用力； （2）禁止使用带有裂纹和内孔已严重磨损的梅花扳手、开口呆板； （3）在使用梅花扳手、开口呆板时，左手推住梅花扳手、开口呆板与螺栓连接处，保持梅花扳手、开口呆板与螺栓完全配合，防止滑脱，右手握住梅花扳手、开口呆板另一端并加力
5. DEH系统就地一次元件的安装	高处的工器具、零部件	未使用工具包，作业区域未隔离	物体打击	较小	（1）高处作业工器具必须使用工具包； （2）工器具和零部件不准随便乱放； （3）工器具和零部件不准上下抛掷； （4）作业区必须设有明显的围栏，防止无关人员入内，悬挂"当心落物"的标识，并设置专人监护
	高处作业人员	未佩戴使用合格的安全带	高处坠落	重大	（1）安全带使用前进行外观检查合格，检验合格证应在有效期内； （2）在没有脚手架或没有栏杆的脚手架上工作，高度超过1.5m时必须使用安全带； （3）安全带的挂钩应挂在结实、牢固的构件上，或专挂安全带的钢丝绳上，不准低挂高用

作业步骤	危害辨识	危害描述	产生后果	风险等级	防 范 措 施
5. DEH系统就地一次元件的安装	高处作业人员	脚手架上作业不规范	高处坠落	重大	（1）上下脚手架应走人行通道或梯子，不准攀登架体； （2）不准站在脚手架的探头上作业； （3）同一架体上的作业人数一般为 2 人，必须超过 2 人的情况下不得超过 9 人； （4）不准在脚手架上蹬在木桶、木箱、砖及其他建筑材料等作业； （5）不准在架子上退着行走或跨坐在防护横杆上休息； （6）架子上应保持清洁，随时清理冰雪、杂物等，不准乱堆乱放物料； （7）不得在防护栏杆上拴挂任何重物； （8）作业中需要拆除防护栏杆时，必须采取可靠的临边防护措施
	验电工具	验电工具不合格	触电	中等	验电工具使用前必须经过检验，严禁使用不合格验电工具
		验电方法错误	触电	中等	正确验电，真实反映设备带电情况
	220V电源	误碰电源端子	触电	较小	（1）核对端子； （2）做好隔离措施或保持适当距离
		接线时防护措施不正确	触电	较小	（1）接线前验电，确认无电； （2）接线时应逐根拆除胶布
	螺丝刀、尖嘴钳	用力过猛	刺伤	较小	使用工具时均匀用力
	电缆套管	套管损坏有缺口	割伤	较小	工作人员戴好防护手套
	转动的汽轮机	盘车未停运，转动设备未进行有效隔离	机械伤害	较小	与机务及时沟通，盘车状态停止转速探头安装工作
	梅花扳手、开口呆板	用力过猛、操作不当	磕碰伤	较小	（1）戴好防护手套、均匀用力； （2）禁止使用带有裂纹和内孔已严重磨损的梅花扳手、开口呆板； （3）在使用梅花扳手、开口呆板时，左手推住梅花扳手、开口呆板与螺栓连接处，保持梅花扳手、开口呆板与螺栓完全配合，防止滑脱，右手握住梅花扳手、开口呆板另一端并加力
6. DEH机柜检查	验电工具	验电工具不合格	触电	中等	验电工具使用前必须经过检验，严禁使用不合格验电工具
		验电方法错误	触电	中等	正确验电，真实反映设备带电情况
	220V电源	误碰电源端子	触电	较小	（1）核对端子； （2）做好隔离措施或保持适当距离
7. 静态调试	220V电源	未恢复工作前安全措施	触电	较小	检查确认安全措施已恢复
	转动的门杆	阀门行程调整	机械伤害	较小	调整阀门执行机构行程的同时不得用手触摸阀杆和手轮，避免挤伤手指
8. 检修工作结束	施工废料	施工废料未清理	环境污染	较小	废料及时清理，做到工完、料尽、场地清

8.13 FAD 飞灰含碳仪检修

作业步骤	危害辨识	危害描述	产生后果	风险等级	防 范 措 施
1. 作业环境评估	大风	在大于 5 级及以上的大风以及暴雨、雷电、大雾等恶劣的天气露天作业	高处坠落、物体打击	重大	在 5 级及以上的大风以及暴雨、雷电、大雾等恶劣天气，应停止露天高处作业
	噪声	进入噪声区域时，未正确使用防护用品	噪声聋	较小	进入噪声区域、使用高噪声区域时正确佩戴耳塞
	粉尘	未正确佩戴防护口罩	尘肺病	较小	作业人员工作时戴防尘口罩
	孔洞	盖板，栏杆等防护装置缺损	高处坠落	重大	（1）检查栏杆应完好无损； （2）飞灰含碳装置区域孔洞必须覆以坚固盖板，确保人员可以站立检修
2. 确认安全措施正确执行	高温组件	检修时碰触飞灰高温组件造成人员烫伤	灼烫伤	中等	将飞灰测碳装置电炉及加热装置电源停电
	转动的飞灰机械组件	检修前飞灰机械转动组件仍然工作	机械伤害	中等	（1）将飞灰测碳装置总电源停电； （2）关闭飞灰测碳装置总气源
3. 准备工作及现场布置	工器具	使用不合格的工具	机械伤害	较小	必须正确使用经检验合格的工器具
	现场标识	飞灰含碳装置标识缺失	其他伤害	较小	（1）工作前核对装置名称及编号； （2）完善补齐缺损的装置标识
	高处的工器具、零部件	未使用工具包，作业区域未铺设工作垫	高处落物	重大	（1）高处作业工器具必须使用工具包； （2）工器具和零部件不准随便乱放； （3）工器具和零部件不准上下抛掷； （4）作业区必须设有明显的围栏，防止无关人员入内，悬挂"当心落物"的标识，并设置专人监护
4. 飞灰测碳仪取样管的拆卸	高处的工器具、零部件	未使用工具包，作业区域未隔离	高处落物	重大	（1）高处作业工器具必须使用工具包； （2）工器具和零部件不准随便乱放； （3）工器具和零部件不准上下抛掷； （4）作业区必须设有明显的围栏，防止无关人员入内，悬挂"当心落物"的标识，并设置专人监护
	尖锐物	检修时未正确使用防护用品	磕碰伤	中等	拆卸取样管时，个人戴好防护手套
	绊脚物	现场工器具等未定置摆放	摔伤	较小	现场工器具、装置备品备件应定置摆放
	现场电源标识	电源标识不清晰造成走错间隔	其他伤害	较小	（1）拉电前核对飞灰含碳装置电源空气开关名称及编号； （2）拉电前，有专人监护
	验电工具	验电工具不合格	触电	中等	验电工具使用前必须经过检验，严禁使用不合格验电工具
		验电方法错误	触电	中等	正确验电，真实反映设备带电情况
	手动扳手	拆除飞灰含碳装置取样枪时使用手动扳手用力过猛	磕碰伤	较小	使用扳手时均匀用力
	结焦灰尘	拆卸取样管时取样管黏附结焦灰尘	眼部伤害	较小	拆卸取样管时佩戴合格防护眼罩
			尘肺病		拆卸取样管时佩戴合格防护口罩

续表

作业步骤	危害辨识	危害描述	产生后果	风险等级	防 范 措 施
5. 一般性检查清理	转动的飞灰机械组件	肢体部位或工具接触转动部位	机械伤害	较小	（1）飞灰机械组件转动前必须检查无缠绕可能；（2）衣服和袖口应扣好，不得戴围巾领带，长发必须盘在安全帽内；（3）不准将用具、工器具接触设备的转动部位
	高处的工器具、零部件	工器具未系防坠绳及飞灰装置零部件未固定	物体打击	较小	（1）工器具必须使用防坠绳；（2）工器具和零部件应用绳拴在牢固的构件上，不准随便乱放
	结焦灰尘	取样管和弯管黏附结焦灰尘	眼部伤害	较小	清理取样管和弯管时佩戴合格防护眼罩
			肺尘病		清理取样管和弯管时佩戴合格防护口罩
	尖锐物	检修时未正确使用防护用品	磕碰伤	中等	清理飞灰组件时，个人戴好防护手套
6. 安装与调试	螺丝刀、尖嘴钳	用力过猛	刺伤	较小	使用工具时均匀用力
	手动扳手	安装飞灰含碳装置取样枪时使用手动扳手用力过猛	磕碰伤	较小	使用扳手时均匀用力
	220V电源	接飞灰含碳装置电源线时防护措施不到位	触电	中等	（1）接线前验电，确认无电；（2）接线时应逐根接入
	220V电源	送电姿势不正确	触电	中等	（1）送电时，有专人监护（2）纠正送电姿势
	现场电源标识	电源标识不清晰造成走错间隔	其他伤害	较小	（1）送电前核对飞灰含碳装置电源空气开关名称及编号；（2）送电前，有专人监护
	高温灰渣	飞灰含碳装置取样管螺母未拧紧	灼烫伤	中等	拧紧飞灰含碳装置取样管螺母，系统投运时应避免正对介质释放点
	220V电源	飞灰含碳装置调试时误碰带电部分	触电	中等	飞灰含碳调试时，有专人监护
	转动机械	飞灰含碳装置送电调试时误碰内部飞灰机械组件转动部分	机械伤害	中等	（1）飞灰含碳调试时，有专人监护；（2）飞灰含碳调试时，戴好个人防护手套
	高温坩埚	飞灰含碳装置送电调试时误触高温坩埚	灼烫伤	中等	（1）飞灰含碳调试时，戴好个人防护手套；（2）使用专用坩埚钳
		手拿高温坩埚造成烫伤			
7. 检修工作结束	施工废料	施工废料未清理	环境污染	较小	废料及时清理，做到工完、料尽、场地清

8.14 MEH 控制系统（汽动引风机）检修调试

作业步骤	危害辨识	危害描述	产生后果	风险等级	防 范 措 施
1. 作业环境评估	润滑油	地上有积油	滑倒	较小	观察地上有无积油
	噪声	进入噪声区域时，未正确使用防护用品	噪声聋	较小	进入噪声区域、使用高噪声区域时正确佩戴耳塞
	高温部件	身体误碰高温部件	灼烫伤	中等	工作人员穿戴防高温烫伤隔热服及防护手套
	工器具零部件	交叉作业	高处坠落、物体打击	重大	（1）在工作场所观察上下有无人员作业，有无隔离栏，有危险停工；（2）在工作场所观察有无吊装作业

作业步骤	危害辨识	危害描述	产生后果	风险等级	防 范 措 施
1. 作业环境评估	岩棉、化纤	作业区保温飞扬	尘肺病	较小	作业时正确佩戴合格防尘口罩
	高处设备设施	防护栏缺损	高处坠落	重大	检查防护栏完好无损,如因工作需要拆除的栏杆,要做好临时护栏及悬挂警示标识
	现场设备	未观察周围环境	撞伤	较小	仔细观察周围环境,不挡视线、注意力集中
	高温环境	环境温度超过40℃	中暑	较小	(1)不准在工作环境温度超过40℃时进行露天作业。 (2)在高温场所工作时,应为工作人员提供足够的饮水、清凉饮料及防暑药品;对温度较高的作业场所必须增加通风设备
	孔、洞	盖板缺损	高处坠落	重大	(1)工作场所的孔、洞必须覆以与地面齐平的坚固盖板; (2)发现洞口盖板缺失、损坏或未盖好时,必须立即填补、修复盖板并及时盖好
2. 确认安全措施正确执行	220V电源	工作前未断电	触电伤害	较小	(1)工作前核对设备名称及编号; (2)检修工作开工前工作负责人与工作票许可人共同确认所检修设备已断电
	高温高压蒸汽	工作前所采取的安全措施不完善	灼烫伤	较小	(1)开工前确认现场安全措施、隔离措施正确完备; (2)待管道内介质放尽,压力为零,温度适可后方可开始工作; (3)人员不能正面对法兰及焊口工作,防止漏点介质体伤人
3. 准备工作及现场布置	现场标识	MEH控制系统(汽动引风机)设备标识缺失	(1)触电伤害; (2)机械伤害	较小	(1)工作前核对设备名称及编号; (2)完善补齐缺损的设备标识
	脚手架搭(拆)设	脚手架搭设后未验收	高处坠落、物体打击	重大	(1)搭设结束后,必须履行脚手架验收手续,填写脚手架验收单,并在脚手架验收单上分级签字; (2)验收合格后应在脚手架上悬挂合格证,方可使用
	工器具	使用不合格的工具	机械伤害	较小	必须正确使用经检验合格的工器具
	绊脚物	现场工器具等未定置摆放	摔伤	较小	现场工器具、零部件、备品备件应定置摆放
	工器具零部件	现场作业没有铺垫	高处坠落、物体打击	重大	在现场作业做好铺垫
	高温环境	气温超过40℃	中暑	较小	保证足够的饮水及防暑药品,人员轮换工作
	照明	照度不足	其他伤害	较小	增加临时照明,保证检修区域照明充足
4. MEH系统就地一次元件的拆除	高处的工器具、零部件	未使用工具包,作业区域未隔离	物体打击	较小	(1)高处作业工器具必须使用工具包; (2)工器具和零部件不准随便乱放; (3)工器具和零部件不准上下抛掷; (4)作业区必须设有明显的围栏,防止无关人员入内,悬挂"当心落物"的标识,并设置专人监护
	高处作业人员	未佩戴使用合格的安全带	高处坠落	重大	(1)安全带使用前进行外观检查合格,检验合格证应在有效期内; (2)在没有脚手架或没有栏杆的脚手架上工作,高度超过1.5m时必须使用安全带; (3)安全带的挂钩应挂在结实、牢固的构件上,或专挂安全带的钢丝绳上,不准低挂高用

作业步骤	危害辨识	危害描述	产生后果	风险等级	防 范 措 施
4. MEH系统就地一次元件的拆除	高处作业人员	脚手架上作业不规范	高处坠落	重大	（1）上下脚手架应走人行通道或梯子，不准攀登架体； （2）不准站在脚手架的探头上作业； （3）同一架体上的作业人数一般为 2 人，必须超过 2 人的情况下不得超过 9 人； （4）不准在脚手架上蹲在木桶、木箱、砖及其他建筑材料等作业； （5）不准在架子上退着行走或跨坐在防护横杆上休息； （6）架子上应保持清洁，随时清理冰雪、杂物等，不准乱堆乱放物料； （7）不得在防护栏杆上拴挂任何重物； （8）作业中需要拆除防护栏杆时，必须采取可靠的临边防护措施
	验电工具	验电工具不合格	触电	中等	验电工具使用前必须经过检验，严禁使用不合格验电工具
		验电方法错误	触电	中等	正确验电，真实反映设备带电情况
	220V电源	误碰电源端子	误碰电源端子触电		（1）核对端子； （2）做好隔离措施或保持适当距离
		拆线时防护措施不正确	触电	较小	（1）拆线前必须验电； （2）拆、接线时应逐根拆、接，每一根用绝缘胶布包好
	绝缘电阻表	接触导电部分造成电击	触电	较小	（1）使用绝缘电阻表时人员禁止触碰导线的金属部分； （2）绝缘电阻表未停止工作之前或被测设备未放电前，严禁用手触及，拆线时也不要触及导线的金属部分
	螺丝刀、尖嘴钳	用力过猛	刺伤	较小	使用工具时均匀用力
	电缆套管	套管损坏有缺口	割伤	较小	工作人员戴好防护手套
	高温部件	手或身体触碰炉墙	灼烫伤	较小	佩戴防护手套工作并保持适当距离
	转动的汽轮机	盘车未停运，转动设备未进行有效隔离	机械伤害	较小	与机务及时沟通，盘车状态停止转速探头拆除工作
	梅花扳手、开口呆板	用力过猛、操作不当	磕碰伤	较小	（1）戴好防护手套、均匀用力； （2）禁止使用带有裂纹和内孔已严重磨损的梅花扳手、开口呆板； （3）在使用梅花扳手、开口呆板时，左手推住梅花扳手、开口呆板与螺栓连接处，保持梅花扳手、开口呆板与螺栓完全配合，防止滑脱，右手握住梅花扳手、开口呆板另一端并加力
5. MEH系统就地一次元件的安装	高处的工器具、零部件	未使用工具包，作业区域未隔离	物体打击	较小	（1）高处作业工器具必须使用工具包； （2）工器具和零部件不准随便乱放； （3）工器具和零部件不准上下抛掷； （4）作业区必须设有明显的围栏，防止无关人员入内，悬挂"当心落物"的标识，并设置专人监护
	高处作业人员	未佩戴使用合格的安全带	高处坠落	重大	（1）安全带使用前进行外观检查合格，检验合格证应在有效期内； （2）在没有脚手架或没有栏杆的脚手架上工作，高度超过1.5m时必须使用安全带； （3）安全带的挂钩应挂在结实、牢固的构件上，或专挂安全带的钢丝绳上，不准低挂高用

作业步骤	危害辨识	危害描述	产生后果	风险等级	防 范 措 施
5. MEH系统就地一次元件的安装	高处作业人员	脚手架上作业不规范	高处坠落	重大	（1）上下脚手架应走人行通道或梯子，不准攀登架体； （2）不准站在脚手架的探头上作业； （3）同一架体上的作业人数一般为2人，必须超过2人的情况下不得超过9人； （4）不准在脚手架上蹲在木桶、木箱、砖及其他建筑材料等作业； （5）不准在架子上退着行走或跨坐在防护横杆上休息； （6）架子上应保持清洁，随时清理冰雪、杂物等，不准乱堆乱放物料； （7）不得在防护栏杆上拴挂任何重物； （8）作业中需要拆除防护栏杆时，必须采取可靠的临边防护措施
	验电工具	验电工具不合格	触电	中等	验电工具使用前必须经过检验，严禁使用不合格验电工具
		验电方法错误	触电	中等	正确验电，真实反映设备带电情况
	220V电源	误碰电源端子	触电	较小	（1）核对端子； （2）做好隔离措施或保持适当距离
		接线时防护措施不正确	触电	较小	（1）接线前验电，确认无电； （2）接线时应逐根拆除胶布
	螺丝刀、尖嘴钳	用力过猛	刺伤	较小	使用工具时均匀用力
	电缆套管	套管损坏有缺口	割伤	较小	工作人员戴好防护手套
	转动的汽轮机	盘车未停运，转动设备未进行有效隔离	机械伤害	较小	与机务及时沟通，盘车状态停止转速探头安装工作
	梅花扳手、开口呆板	用力过猛、操作不当	磕碰伤	较小	（1）戴好防护手套、均匀用力； （2）禁止使用带有裂纹和内孔已严重磨损的梅花扳手、开口呆板； （3）在使用梅花扳手、开口呆板时，左手推住梅花扳手、开口呆板与螺栓连接处，保持梅花扳手、开口呆板与螺栓完全配合，防止滑脱，右手握住梅花扳手、开口呆板另一端并加力
6. 调试准备工作	高处的工器具、零部件	未使用工具包，作业区域未隔离	物体打击	较小	（1）高处作业工器具必须使用工具包； （2）工器具和零部件不准随便乱放； （3）工器具和零部件不准上下抛掷； （4）作业区必须设有明显的围栏，防止无关人员入内，悬挂"当心落物"的标识，并设置专人监护
	高处作业人员	未佩戴使用合格的安全带	高处坠落	重大	（1）安全带使用前进行外观检查合格，检验合格证应在有效期内； （2）在没有脚手架或没有栏杆的脚手架上工作，高度超过1.5m时必须使用安全带； （3）安全带的挂钩应挂在结实、牢固的构件上，或专挂安全带的钢丝绳上，不准低挂高用

作业步骤	危害辨识	危害描述	产生后果	风险等级	防 范 措 施
6. 调试准备工作	高处作业人员	脚手架上作业不规范	高处坠落	重大	（1）上下脚手架应走人行通道或梯子，不准攀登架体； （2）不准站在脚手架的探头上作业； （3）同一架体上的作业人数一般为 2 人，必须超过 2 人的情况下不得超过 9 人； （4）不准在脚手架上蹬在木桶、木箱、砖及其他建筑材料等作业； （5）不准在架子上退着行走或跨坐在防护横杆上休息； （6）架子上应保持清洁，随时清理冰雪、杂物等，不准乱堆乱放物料； （7）不得在防护栏杆上拴挂任何重物； （8）作业中需要拆除防护栏杆时，必须采取可靠的临边防护措施
	验电工具	验电工具不合格	触电	中等	验电工具使用前必须经过检验，严禁使用不合格验电工具
		验电方法错误	触电	中等	正确验电，真实反映设备带电情况
	220V电源	误碰电源端子	触电	较小	（1）核对端子； （2）做好隔离措施或保持适当距离
	转动的门杆	阀门行程开关、油动机行程检查调整	机械伤害	较小	调整阀门行程开关、油动机行程的同时不得用手触摸阀杆，避免挤伤手指
	螺丝刀、尖嘴钳	用力过猛	刺伤	较小	使用工具时均匀用力
	手动扳手	使用手动扳手用力过猛	磕碰伤	较小	（1）戴好防护手套； （2）使用工具均匀用力
7. 静态调试	220V电源	未恢复工作前安全措施	触电	较小	检查确认安全措施已恢复
	转动的门杆	阀门行程调整	机械伤害	较小	调整阀门执行机构行程的同时不得用手触摸阀杆和手轮，避免挤伤手指
8. 检修工作结束	施工废料	施工废料未清理	环境污染	较小	废料及时清理，做到工完、料尽、场地清

8.15 MEH 控制系统检修调试

作业步骤	危害辨识	危害描述	产生后果	风险等级	防 范 措 施
1. 作业环境评估	润滑油	地上有积油	滑倒	较小	观察地上有无积油
	噪声	进入噪声区域时，未正确使用防护用品	噪声聋	较小	进入噪声区域、使用高噪声区域时正确佩戴耳塞
	高温部件	身体误碰高温部件	灼烫伤	中等	工作人员穿戴防高温烫伤隔热服及防护手套
	工器具零部件	交叉作业	高处坠落、物体打击	重大	（1）在工作场所观察上下有无人员作业，有无隔离栏，有危险停工； （2）在工作场所观察有无吊装作业
	岩棉、化纤	作业区保温飞扬	尘肺病	较小	作业时正确佩戴合格防尘口罩
	高处设备设施	防护栏缺损	高处坠落	重大	检查防护栏完好无损，如因工作需要拆除的栏杆，要做好临时护栏及悬挂警示标识

续表

作业步骤	危害辨识	危害描述	产生后果	风险等级	防 范 措 施
1. 作业环境评估	现场设备	未观察周围环境	撞伤	较小	仔细观察周围环境,不挡视线、注意力集中
	高温环境	环境温度超过40℃	中暑	较小	(1) 不准在工作环境温度超过40℃时进行露天作业。 (2) 在高温场所工作时,应为工作人员提供足够的饮水、清凉饮料及防暑药品;对温度较高的作业场所必须增加通风设备
	孔、洞	盖板缺损	高处坠落	重大	(1) 工作场所的孔、洞必须覆以与地面齐平的坚固盖板; (2) 发现洞口盖板缺失、损坏或未盖好时,必须立即填补、修复盖板并及时盖好
2. 确认安全措施正确执行	220V电源	工作前未断电	触电伤害	较小	(1) 工作前核对设备名称及编号; (2) 检修工作开工前工作负责人与工作票许可人共同确认所检修设备已断电
	高温高压蒸汽	工作前所采取的安全措施不完善	灼烫伤	较小	(1) 开工前确认现场安全措施、隔离措施正确完备; (2) 待管道内介质放尽,压力为零,温度适可后方可开始工作; (3) 人员不能正面对法兰及焊口工作,防止漏点介质体伤人
3. 准备工作及现场布置	现场标识	MEH控制系统设备标识缺失	(1) 触电伤害; (2) 机械伤害	较小	(1) 工作前核对设备名称及编号; (2) 完善补齐缺损的设备标识
	脚手架搭(拆)设	脚手架搭设后未验收	高处坠落物体打击	重大	(1) 搭设结束后,必须履行脚手架验收手续,填写脚手架验收单,并在脚手架验收单上分级签字; (2) 验收合格后应在脚手架上悬挂合格证,方可使用
	工器具	使用不合格的工具	机械伤害	较小	必须正确使用经检验合格的工器具
	绊脚物	现场工器具等未定置摆放	摔伤	较小	现场工器具、零部件、备品备件应定置摆放
	工器具零部件	现场作业没有铺垫	高处坠落、物体打击	重大	在现场作业做好铺垫
	高温环境	气温超过40℃	中暑	较小	保证足够的饮水及防暑药品,人员轮换工作
	照明	照度不足	其他伤害	较小	增加临时照明,保证检修区域照明充足
4. MEH系统就地一次元件的拆除	高空的工器具、零部件	未使用工具包,作业区域未隔离	物体打击	较小	(1) 高处作业工器具必须使用工具包; (2) 工器具和零部件不准随便乱放; (3) 工器具和零部件不准上下抛掷; (4) 作业区必须设有明显的围栏,防止无关人员入内,悬挂"当心落物"的标识,并设置专人监护
	高处作业人员	未佩戴使用合格的安全带	高处坠落	重大	(1) 安全带使用前进行外观检查合格,检验合格证应在有效期内; (2) 在没有脚手架或没有栏杆的脚手架上工作,高度超过1.5m时必须使用安全带; (3) 安全带的挂钩应挂在结实、牢固的构件上,或专挂安全带的钢丝绳上,不准低挂高用

续表

作业步骤	危害辨识	危害描述	产生后果	风险等级	防 范 措 施
4. MEH系统就地一次元件的拆除	高处作业人员	脚手架上作业不规范	高处坠落	重大	（1）上下脚手架应走人行通道或梯子，不准攀登架体； （2）不准站在脚手架的探头上作业； （3）同一架体上的作业人数一般为2人，必须超过2人的情况下不得超过9人； （4）不准在脚手架上蹲在木桶、木箱、砖及其他建筑材料等作业； （5）不准在架子上退着行走或跨坐在防护横杆上休息； （6）架子上应保持清洁，随时清理冰雪、杂物等，不准乱堆乱放物料； （7）不得在防护栏杆上拴挂任何重物； （8）作业中需要拆除防护栏杆时，必须采取可靠的临边防护措施
	验电工具	验电工具不合格	触电	中等	验电工具使用前必须经过检验，严禁使用不合格验电工具
		验电方法错误	触电	中等	正确验电，真实反映设备带电情况
	220V电源	误碰电源端子	触电	较小	（1）核对端子； （2）做好隔离措施或保持适当距离
		拆线时防护措施不正确	触电	较小	（1）拆线前必须验电； （2）拆、接线时应逐根拆、接，每一根用绝缘胶布包好
	绝缘电阻表	接触导电部分造成电击	触电	较小	（1）使用绝缘电阻表时人员禁止触碰导线的金属部分； （2）绝缘电阻表未停止工作之前或被测设备未放电前，严禁用手触及，拆线时也不要触及导线的金属部分
	电缆套管	套管损坏有缺口	割伤	较小	工作人员戴好防护手套
	螺丝刀、尖嘴钳	用力过猛	刺伤	较小	使用工具时均匀用力
	高温部件	手或身体触碰炉墙	灼烫伤	较小	佩戴防护手套工作并保持适当距离
	转动的汽轮机	盘车未停运，转动设备未进行有效隔离	机械伤害	较小	与机务及时沟通,盘车状态停止转速探头拆除工作停工
	梅花扳手、开口呆板	用力过猛、操作不当	磕碰伤	较小	（1）戴好防护手套、均匀用力； （2）禁止使用带有裂纹和内孔已严重磨损的梅花扳手、开口呆板； （3）在使用梅花扳手、开口呆板时，左手推住梅花扳手、开口呆板与螺栓连接处，保持梅花扳手、开口呆板与螺栓完全配合，防止滑脱，右手握住梅花扳手、开口呆板另一端并加力
5. MEH系统就地一次元件的安装	高处的工器具、零部件	未使用工具包，作业区域未隔离	物体打击	较小	（1）高处作业工器具必须使用工具包； （2）工器具和零部件不准随便乱放； （3）工器具和零部件不准上下抛掷； （4）作业区必须设有明显的围栏，防止无关人员入内，悬挂"当心落物"的标识，并设置专人监护
	高处作业人员	未佩戴使用合格的安全带	高处坠落	重大	（1）安全带使用前进行外观检查合格，检验合格证应在有效期内； （2）在没有脚手架或没有栏杆的脚手架上工作，高度超过1.5m时必须使用安全带； （3）安全带的挂钩应挂在结实、牢固的构件上，或专挂安全带的钢丝绳上，不准低挂高用

续表

作业步骤	危害辨识	危害描述	产生后果	风险等级	防 范 措 施
5. MEH系统就地一次元件的安装	高处作业人员	脚手架上作业不规范	高处坠落	重大	（1）上下脚手架应走人行通道或梯子，不准攀登架体； （2）不准站在脚手架的探头上作业； （3）同一架体上的作业人数一般为2人，必须超过2人的情况下不得超过9人； （4）不准在脚手架上蹲在木桶、木箱、砖及其他建筑材料等作业； （5）不准在架子上退着行走或跨坐在防护横杆上休息； （6）架子上应保持清洁，随时清理冰雪、杂物等，不准乱堆乱放物料； （7）不得在防护栏杆上拴挂任何重物； （8）作业中需要拆除防护栏杆时，必须采取可靠的临边防护措施
	验电工具	验电工具不合格	触电	中等	验电工具使用前必须经过检验，严禁使用不合格验电工具
		验电方法错误	触电	中等	正确验电，真实反映设备带电情况
	220V电源	误碰电源端子	触电	较小	（1）核对端子； （2）做好隔离措施或保持适当距离
		接线时防护措施不正确	触电	较小	（1）接线前验电，确认无电； （2）接线时应逐根拆除胶布
	螺丝刀、尖嘴钳	用力过猛	刺伤	较小	使用工具时均匀用力
	电缆套管	套管损坏有缺口	割伤	较小	工作人员戴好防护手套
	转动的汽轮机	盘车未停运，转动设备未进行有效隔离	机械伤害	较小	与机务及时沟通，盘车状态停止转速探头安装工作
	梅花扳手、开口呆板	用力过猛、操作不当	磕碰伤	较小	（1）戴好防护手套、均匀用力； （2）禁止使用带有裂纹和内孔已严重磨损的梅花扳手、开口呆板； （3）在使用梅花扳手、开口呆板时，左手推住梅花扳手、开口呆板与螺栓连接处，保持梅花扳手、开口呆板与螺栓完全配合，防止滑脱，右手握住梅花扳手、开口呆板另一端并加力
6. 调试准备工作	高处的工器具、零部件	未使用工具包，作业区域未隔离	物体打击	较小	（1）高处作业工器具必须使用工具包； （2）工器具和零部件不准随便乱放； （3）工器具和零部件不准上下抛掷； （4）作业区必须设有明显的围栏，防止无关人员入内，悬挂"当心落物"的标识，并设置专人监护
	高处作业人员	未佩戴使用合格的安全带	高处坠落	重大	（1）安全带使用前进行外观检查合格，检验合格证应在有效期内； （2）在没有脚手架或没有栏杆的脚手架上工作，高度超过1.5m时必须使用安全带； （3）安全带的挂钩应挂在结实、牢固的构件上，或专挂安全带的钢丝绳上，不准低挂高用

作业步骤	危害辨识	危害描述	产生后果	风险等级	防 范 措 施
6. 调试准备工作	高处作业人员	脚手架上作业不规范	高处坠落	重大	（1）上下脚手架应走人行通道或梯子，不准攀登架体； （2）不准站在脚手架的探头上作业； （3）同一架体上的作业人数一般为2人，必须超过2人的情况下不得超过9人； （4）不准在脚手架上蹬在木桶、木箱、砖及其他建筑材料等作业； （5）不准在架子上退着行走或跨坐在防护横杆上休息； （6）架子上应保持清洁，随时清理冰雪、杂物等，不准乱堆乱放物料； （7）不得在防护栏杆上拴挂任何重物； （8）作业中需要拆除防护栏杆时，必须采取可靠的临边防护措施
	验电工具	验电工具不合格	触电	中等	验电工具使用前必须经过检验，严禁使用不合格验电工具
		验电方法错误	触电	中等	正确验电，真实反映设备带电情况
	220V电源	误碰电源端子	触电	较小	（1）核对端子； （2）做好隔离措施或保持适当距离
	转动的门杆	阀门行程开关、油动机行程检查调整	机械伤害	较小	调整阀门行程开关、油动机行程的同时不得用手触摸阀杆，避免挤伤手指
	螺丝刀、尖嘴钳	用力过猛	刺伤	较小	使用工具时均匀用力
	手动扳手	使用手动扳手用力过猛	磕碰伤	较小	（1）戴好防护手套； （2）使用工具均匀用力
7. 静态调试	220V电源	未恢复工作前安全措施	触电	较小	检查确认安全措施已恢复
	转动的门杆	阀门行程调整	机械伤害	较小	调整阀门执行机构行程的同时不得用手触摸阀杆和手轮，避免挤伤手指
8. 检修工作结束	施工废料	施工废料未清理	环境污染	较小	废料及时清理，做到工完、料尽、场地清

8.16 MTSI 系统设备（汽动风机）检修

作业步骤	危害辨识	危害描述	产生后果	风险等级	防 范 措 施
1. 作业环境评估	润滑油	地上有积油	滑倒	较小	观察地上有无积油
	噪声	进入噪声区域时，未正确使用防护用品	噪声聋	较小	进入噪声区域、使用高噪声区域时正确佩戴耳塞
	高温部件	身体误碰高温部件	灼烫伤	中等	工作人员穿戴防高温烫伤隔热服及防护手套
	工器具零部件	交叉作业	物体打击、机械伤害	中等	（1）在工作场所观察周围有无人员作业、有无隔离栏，有危险停工； （2）在工作场所观察有无吊装作业
	岩棉、化纤	作业区保温飞扬	尘肺病	较小	作业时正确佩戴合格防尘口罩
	高处设备设施	防护栏缺损	高处坠落	重大	检查防护栏完好无损，如因工作需要拆除的栏杆，要做好临时护栏及悬挂警示标识
	现场设备	未观察周围环境	撞伤	较小	仔细观察周围环境，不挡视线、注意力集中

作业步骤	危害辨识	危害描述	产生后果	风险等级	防 范 措 施
1. 作业环境评估	高温环境	环境温度超过40℃	中暑	较小	（1）不准在工作环境温度超过40℃时进行露天作业； （2）在高温场所工作时，应为工作人员提供足够的饮水、清凉饮料及防暑药品；对温度较高的作业场所必须增加通风设备
	高温高压蒸汽	高温设备及附属系统内动、静密封点密封失效，或者系统内设备、管道破损	灼烫伤	较小	（1）作业人员必须穿戴好隔热工作服、防护鞋、防护手套等防护用具； （2）专人监护，遇有不适立即撤出高温检修区域； （3）高温区域内不得长时间逗留
	孔、洞	盖板缺损	摔伤、高处坠落	重大	（1）工作场所的孔、洞必须覆以与地面齐平的坚固盖板； （2）发现洞口盖板缺失、损坏或未盖好时，必须立即填补、修复盖板并及时盖好
2. 确认安全措施正确执行	220V电源	工作前未断电	触电伤害	较小	（1）工作前核对设备名称及编号； （2）检修工作开工前工作负责人与工作票许可人共同确认所检修设备已断电
	高温高压蒸汽	工作前所采取的安全措施不完善	灼烫伤	较小	（1）开工前确认现场安全措施、隔离措施正确完备； （2）待管道内介质放尽，压力为零，温度适可后方可开始工作； （3）人员不能正面对法兰及焊口工作，防止漏点介质体伤人
3. 准备工作及现场布置	现场标识	MTSI系统设备（汽动风机）设备标识缺失	（1）触电伤害；（2）机械伤害	较小	（1）工作前核对设备名称及编号； （2）完善补齐缺损的设备标识
	脚手架搭（拆）设	脚手架搭设后未验收	高处坠落物体打击	重大	（1）搭设结束后，必须履行脚手架验收手续，填写脚手架验收单，并在脚手架验收单上分级签字； （2）验收合格后应在脚手架上悬挂合格证，方可使用
	工器具	使用不合格的工具	机械伤害	较小	必须正确使用经检验合格的工器具
	绊脚物	现场工器具等未定置摆放	摔伤	较小	现场工器具、零部件、备品备件应定置摆放
	工器具零部件	现场作业没有铺垫	高处坠落、物体打击	重大	在现场作业做好铺垫
	梯子	梯子缺损	高处坠落	重大	（1）使用梯子前应先检查梯子坚实、无缺损，止滑脚完好，不得使用有故障的梯子； （2）人字梯应具有坚固的铰链和限制开度的拉链，梯子支设夹角以35°～45°为宜
		梯子无检验合格证	高处坠落	重大	梯子应半年检验一次，并贴有检验合格证标签，无检验合格证或检验合格证过期的梯子不准使用
	高温环境	气温超过40℃	中暑	较小	保证足够的饮水及防暑药品，人员轮换工作
	临时电源及电源线	电源线、插头、插座破损	触电	较小	（1）检查电源线外绝缘良好，无破损； （2）检查电源盘合格证在有效期内； （3）检查电源插头插座，确保完好； （4）不准将电源线缠绕在护栏、管道和脚手架上
		电源线悬挂高度不够	触电	较小	临时电源线架设高度室内不低于2.5m

作业步骤	危害辨识	危害描述	产生后果	风险等级	防 范 措 施
3. 准备工作及现场布置	临时电源及电源线	未安装漏电保护器	触电	较小	（1）检查电源盘合格证在有效期内； （2）分级配置漏电保护器，工作前试用漏电保护器，确保正确动作
		检修电源箱外壳未接地	触电	较小	（1）检查电源盘合格证在有效期内； （2）检查电源箱外壳接地良好
	电动工具	使用不合格电动工具	触电	较小	检查合格证在有效期内、使用合格电动工具
	照明	照度不足	其他伤害	较小	增加临时照明，保证检修区域照明充足
4. MTSI控制柜电源及卡件的清扫、接线紧固	验电工具	验电工具不合格	触电	中等	验电工具使用前必须经过检验，严禁使用不合格验电工具
		验电方法错误	触电	中等	正确验电，真实反映设备带电情况
	220V电源	误碰电源端子	触电	较小	核对端子
		拆线时防护措施不正确	触电	较小	（1）拆线前必须验电； （2）拆线时应逐根拆除绝缘胶布
	梯子	梯子斜角度未在60°左右	高处坠落	重大	（1）使用梯子时，梯子与地面成60°角； （2）作业人员必须蹲在距梯顶不少于1m的梯蹬上工作
		梯子无人员扶持	高处坠落	重大	（1）梯子的止滑脚必须安全可靠，使用梯子时必须有人扶持，梯子不得放在通道口、通道拐弯口和门前使用，如需放置时应设专人看守； （2）作业人员不许面向梯子上下
		在水泥或光滑坚硬的地面上使用梯子未采取防护措施	高处坠落	重大	在水泥或光滑坚硬的地面上使用梯子时，其下端应安置橡胶套或橡胶布，同时应用绳索将梯子下端与固定物缚住
		梯子上作业不规范	高处坠落	重大	（1）不准梯子垫高或接长使用； （2）上下梯子时，不准手持物件攀登； （3）梯子上作业人员应将安全带挂在牢固的构件上，不准将安全带挂在梯子上； （4）不准2人同登一梯； （5）人在梯子上作业时，不准移动梯子
	吸尘器	手提吸尘器的导线	触电	较小	不准手提吸尘器的导线
		吸尘器电源线、电源插头破损	触电	较小	（1）检查吸尘器电源线、电源插头完好无破损； （2）检查合格证在有效期内
	灰尘	吸入灰尘	尘肺病	较小	作业时正确佩戴合格防尘口罩
	螺丝刀、尖嘴钳	用力过猛	刺伤	较小	使用工具时均匀用力
	手动扳手	使用手动扳手用力过猛	磕碰伤	较小	（1）戴好防护手套； （2）使用工具均匀用力
5. MTSI机柜送电	验电工具	验电工具不合格	触电	中等	验电工具使用前必须经过检验，严禁使用不合格验电工具
		验电方法错误	触电	中等	正确验电，真实反映设备带电情况
	220V电源	误碰电源端子	触电	较小	（1）核对端子； （2）做好隔离措施或保持适当距离
		拆、接线时防护措施不正确	触电	较小	（1）拆线前验电，确认无电； （2）拆线时应逐根拆除，每一根用绝缘胶布包好

作业步骤	危害辨识	危害描述	产生后果	风险等级	防 范 措 施
5. MTSI机柜送电	绝缘电阻表	接触导电部分造成电击	触电	较小	（1）使用绝缘电阻表时人员禁止触碰导线的金属部分； （2）绝缘电阻表未停止工作之前或被测设备未放电前，严禁用手触及，拆线时也不要触及导线的金属部分
6. 就地测量探头拆除、送检	转动的汽轮机	盘车未停运，转动设备未进行有效隔离	机械伤害	较小	与机务及时沟通，盘车状态停止探头拆除工作
	螺丝刀、尖嘴钳	用力过猛	刺伤	较小	使用工具时均匀用力
	电缆套管	套管损坏有缺口	割伤	较小	工作人员戴好防护手套
	梅花扳手、开口呆板	用力过猛、操作不当	磕碰伤	较小	（1）戴好防护手套、均匀用力； （2）禁止使用带有裂纹和内孔已严重磨损的梅花扳手、开口呆板； （3）在使用梅花扳手、开口呆板时，左手推住梅花扳手、开口呆板与螺栓连接处，保持梅花扳手、开口呆板与螺栓完全配合，防止滑脱，右手握住梅花扳手、开口呆板另一端并加力
7. 就地测量元件的回装调试	转动的汽轮机	盘车未停运，转动设备未进行有效隔离	机械伤害	较小	与机务及时沟通，盘车状态停止探头安装工作
	螺丝刀、尖嘴钳	用力过猛	刺伤	较小	使用工具时均匀用力
	电缆套管	套管损坏有缺口	割伤	较小	工作人员戴好防护手套
	梅花扳手、开口呆板	用力过猛、操作不当	磕碰伤	较小	（1）戴好防护手套、均匀用力； （2）禁止使用带有裂纹和内孔已严重磨损的梅花扳手、开口呆板； （3）在使用梅花扳手、开口呆板时，左手推住梅花扳手、开口呆板与螺栓连接处，保持梅花扳手、开口呆板与螺栓完全配合，防止滑脱，右手握住梅花扳手、开口呆板另一端并加力
8. 检修工作结束	施工废料	施工废料未清理	环境污染	较小	废料及时清理，做到工完、料尽、场地清

8.17 MTSI 系统设备（小机）检修

作业步骤	危害辨识	危害描述	产生后果	风险等级	防 范 措 施
1. 作业环境评估	润滑油	地上有积油	滑倒	较小	观察地上有无积油
	噪声	进入噪声区域时，未正确使用防护用品	噪声聋	较小	进入噪声区域、使用高噪声区域时正确佩戴耳塞
	高温部件	身体误碰高温部件	灼烫伤	中等	工作人员穿戴防高温烫伤隔热服及防护手套
	工器具零部件	交叉作业	物体打击、机械伤害	中等	（1）在工作场所观察周围有无人员作业、有无隔离栏，有危险停工； （2）在工作场所观察有无吊装作业
	岩棉、化纤	作业区保温飞扬	尘肺病	较小	作业时正确佩戴合格防尘口罩
	高处设备设施	防护栏缺损	高处坠落	重大	检查防护栏完好无损，如因工作需要拆除的栏杆，要做好临时护栏及悬挂警示标识

作业步骤	危害辨识	危害描述	产生后果	风险等级	防 范 措 施
1. 作业环境评估	现场设备	未观察周围环境	撞伤	较小	仔细观察周围环境，不挡视线、注意力集中
	高温环境	环境温度超过40℃	中暑	较小	（1）不准在工作环境温度超过40℃时进行露天作业； （2）在高温场所工作时，应为工作人员提供足够的饮水、清凉饮料及防暑药品；对温度较高的作业场所必须增加通风设备
	高温高压蒸汽	高温设备及附属系统内动、静密封点密封失效，或者系统内设备、管道破损	灼烫伤	较小	（1）作业人员必须穿戴好隔热工作服、防护鞋、防护手套等防护用具； （2）专人监护，遇有不适立即撤出高温检修区域； （3）高温区域内不得长时间逗留
	孔、洞	盖板缺损	摔伤、高处坠落	重大	（1）工作场所的孔、洞必须覆以与地面齐平的坚固盖板； （2）发现洞口盖板缺失、损坏或未盖好时，必须立即填补、修复盖板并及时盖好
2. 确认安全措施正确执行	220V电源	工作前未断电	触电伤害	较小	（1）工作前核对设备名称及编号； （2）检修工作开工前工作负责人与工作票许可人共同确认所检修设备已断电
	高温高压蒸汽	工作前所采取的安全措施不完善	灼烫伤	较小	（1）开工前确认现场安全措施、隔离措施正确完备； （2）待管道内介质放尽，压力为零，温度适可后方可开始工作； （3）人员不能正面对法兰及焊口工作，防止漏点介质体伤人
3. 准备工作及现场布置	现场标识	MTSI系统设备（小机）设备标识缺失	（1）触电伤害； （2）机械伤害	较小	（1）工作前核对设备名称及编号； （2）完善补齐缺损的设备标识
	脚手架搭（拆）设	脚手架搭设后未验收	高处坠落、物体打击	重大	（1）搭设结束后，必须履行脚手架验收手续，填写脚手架验收单，并在脚手架验收单上分级签字； （2）验收合格后应在脚手架上悬挂合格证，方可使用
	工器具	使用不合格的工具	机械伤害	较小	必须正确使用经检验合格的工器具
	绊脚物	现场工器具等未定置摆放	摔伤	较小	现场工器具、零部件、备品备件应定置摆放
	工器具零部件	现场作业没有铺垫	高处坠落、物体打击	重大	在现场作业做好铺垫
	梯子	梯子缺损	高处坠落	重大	（1）使用梯子前应先检查梯子坚实、无缺损，止滑脚完好，不得使用有故障的梯子； （2）人字梯应具有坚固的铰链和限制开度的拉链，梯子支设夹角以35°～45°为宜
		梯子无检验合格证	高处坠落	重大	梯子应半年检验一次，并贴有检验合格证标签，无检验合格证或检验合格证过期的梯子不准使用
	高温环境	气温超过40℃	中暑	较小	保证足够的饮水及防暑药品，人员轮换工作
	临时电源及电源线	电源线、插头、插座破损	触电	较小	（1）检查电源线外绝缘良好，无破损； （2）检查电源盘合格证在有效期内； （3）检查电源插头插座，确保完好； （4）不准将电源线缠绕在护栏、管道和脚手架上

作业步骤	危害辨识	危害描述	产生后果	风险等级	防 范 措 施
3.准备工作及现场布置	临时电源及电源线	电源线悬挂高度不够	触电	较小	临时电源线架设高度室内不低于2.5m
		未安装漏电保护器	触电	较小	(1)检查电源盘合格证在有效期内; (2)分级配置漏电保护器,工作前试用漏电保护器,确保正确动作
		检修电源箱外壳未接地	触电	较小	(1)检查电源盘合格证在有效期内; (2)检查电源箱外壳接地良好
	电动工具	使用不合格电动工具	触电	较小	检查合格证在有效期内、使用合格电动工具
	照明	照度不足	其他伤害	较小	增加临时照明,保证检修区域照明充足
4.MTSI控制柜电源及卡件的清扫、接线紧固	验电工具	验电工具不合格	触电	中等	验电工具使用前必须经过检验,严禁使用不合格验电工具
		验电方法错误	触电	中等	正确验电,真实反映设备带电情况
	220V电源	误碰电源端子	触电	较小	核对端子
		拆线时防护措施不正确	触电	较小	(1)拆线前必须验电; (2)拆线时应逐根拆除绝缘胶布
	梯子	梯子斜角度未在60°左右	高处坠落	重大	(1)使用梯子时,梯子与地面成60°角; (2)作业人员必须蹲在距梯顶不少于1m的梯蹬上工作
		梯子无人员扶持	高处坠落	重大	(1)梯子的止滑脚必须安全可靠,使用梯子时必须有人扶持,梯子不得放在通道口、通道拐弯口和门前使用,如需放置时应设专人看守; (2)作业人员不许面向梯子上下
		在水泥或光滑坚硬的地面上使用梯子未采取防护措施	高处坠落	重大	在水泥或光滑坚硬的地面上使用梯子时,其下端应安置橡胶套或橡胶布,同时应用绳索将梯子下端与固定物缚住
		梯子上作业不规范	高处坠落	重大	(1)不准梯子垫高或接长使用; (2)上下梯子时,不准手持物件攀登; (3)梯子上作业人员应将安全带挂在牢固的构件上,不准将安全带挂在梯子上; (4)不准2人同登一梯; (5)人在梯子上作业时,不准移动梯子
	吸尘器电吹风机	手提吸尘器、电吹风机的导线	触电	较小	不准手提吸尘器、电吹风机的导线
		吸尘器、电吹风机的电源线、电源插头破损	触电	较小	(1)检查吸尘器、电吹风机的电源线、电源插头完好无破损; (2)检查吸尘器、电吹风机的合格证在有效期内
	灰尘	吸入灰尘	尘肺病	较小	作业时正确佩戴合格防尘口罩
	螺丝刀、尖嘴钳	用力过猛	刺伤	较小	使用工具时均匀用力
	手动扳手	使用手动扳手用力过猛	磕碰伤	较小	(1)戴好防护手套; (2)使用工具均匀用力

作业步骤	危害辨识	危害描述	产生后果	风险等级	防 范 措 施
5. MTSI 机柜送电	验电工具	验电工具不合格	触电	中等	验电工具使用前必须经过检验,严禁使用不合格验电工具
		验电方法错误	触电	中等	正确验电,真实反映设备带电情况
	220V 电源	误碰电源端子	触电	较小	(1)核对端子; (2)做好隔离措施或保持适当距离
		拆、接线时防护措施不正确	触电	较小	(1)拆线前验电,确认无电; (2)拆线时应逐根拆除,每一根用绝缘胶布包好
	绝缘电阻表	接触导电部分造成电击	触电	较小	(1)使用绝缘电阻表时人员禁止触碰导线的金属部分; (2)绝缘电阻表未停止工作之前或被测设备未放电前,严禁用手触及,拆线时也不要触及导线的金属部分
6. 就地测量探头拆除、送检	转动的汽轮机	盘车未停运,转动设备未进行有效隔离	机械伤害	较小	与机务及时沟通,盘车状态停止探头拆除工作
	螺丝刀、尖嘴钳	用力过猛	刺伤	较小	使用工具时均匀用力
	电缆套管	套管损坏有缺口	割伤	较小	工作人员戴好防护手套
	梅花扳手、开口呆板	用力过猛、操作不当	磕碰伤	较小	(1)戴好防护手套、均匀用力; (2)禁止使用带有裂纹和内孔已严重磨损的梅花扳手、开口呆板; (3)在使用梅花扳手、开口呆板时,左手推住梅花扳手、开口呆板与螺栓连接处,保持梅花扳手、开口呆板与螺栓完全配合,防止滑脱,右手握住梅花扳手、开口呆板另一端并加力
7. 就地测量元件的回装调试	转动的汽轮机	盘车未停运,转动设备未进行有效隔离	机械伤害	较小	与机务及时沟通,盘车状态停止探头安装工作
	螺丝刀、尖嘴钳	用力过猛	刺伤	较小	使用工具时均匀用力
	电缆套管	套管损坏有缺口	割伤	较小	工作人员戴好防护手套
	梅花扳手、开口呆板	用力过猛、操作不当	磕碰伤	较小	(1)戴好防护手套、均匀用力; (2)禁止使用带有裂纹和内孔已严重磨损的梅花扳手、开口呆板; (3)在使用梅花扳手、开口呆板时,左手推住梅花扳手、开口呆板与螺栓连接处,保持梅花扳手、开口呆板与螺栓完全配合,防止滑脱,右手握住梅花扳手、开口呆板另一端并加力
8. 检修工作结束	施工废料	施工废料未清理	环境污染	较小	废料及时清理,做到工完、料尽、场地清

8.18 OVATION 控制系统检修

作业步骤	危害辨识	危害描述	产生后果	风险等级	防 范 措 施
1. 作业环境评估	220V 电源	安全隔离措施未正确执行	触电	较小	检修工作开始前工作许可人会同工作负责人共同到作业现场检查确认工作票所列安全措施完善和正确执行
	现场设备	未观察周围环境	撞伤	较小	仔细观察周围环境,不挡视线、注意力集中
	灰尘	清扫机柜灰尘飞扬	尘肺病	较小	作业时正确佩戴合格的防尘口罩

续表

作业步骤	危害辨识	危害描述	产生后果	风险等级	防 范 措 施
2. 确认安全措施正确执行	220V电源	工作前所采取的安全措施不完善	触电	较小	检查确认安全措施已正确执行
3. 准备工作及现场布置	现场标识	OVATION 控制系统设备标识缺失	触电伤害	较小	（1）工作前核对设备名称及编号； （2）完善补齐缺损的设备标识
	工器具	使用不合格的工具	机械伤害	较小	必须正确使用经检验合格的工器具
	绝缘橡胶垫	绝缘橡胶垫较重	砸伤	较小	搬运橡胶垫配合默契、沟通，注意周围环境
		绝缘橡胶垫损坏、铺设不平	绊倒	较小	橡胶垫铺设平整
	绊脚物	现场工器具等未定置摆放	摔伤	较小	现场工器具、零部件、备品备件应定置摆放
	梯子	梯子缺损	高处坠落	重大	（1）使用梯子前应先检查梯子坚实、无缺损，止滑脚完好，不得使用有故障的梯子； （2）人字梯应具有坚固的铰链和限制开度的拉链，梯子支设夹角以35°～45°为宜
		梯子无检验合格证	高处坠落	重大	梯子应半年检验一次，并贴有检验合格证标签，无检验合格证或检验合格证过期的梯子不准使用
	临时电源及电源线	电源线、插头、插座破损	触电	较小	（1）检查电源线外绝缘良好，无破损； （2）检查电源盘合格证在有效期内； （3）检查电源插头插座，确保完好； （4）不准将电源线缠绕在护栏、管道和脚手架上
		电源线悬挂高度不够	触电	较小	临时电源线架设高度室内不低于 2.5m
		未安装漏电保护器	触电	较小	（1）检查电源盘合格证在有效期内； （2）分级配置漏电保护器，工作前试用漏电保护器，确保正确动作
		检修电源箱外壳未接地	触电	较小	（1）检查电源盘合格证在有效期内； （2）检查电源箱外壳接地良好
	电动工具	使用不合格电动工具	触电	较小	检查合格证在有效期内、使用合格电动工具
	照明	照度不足	其他伤害	较小	增加临时照明，保证检修区域照明充足
4. 停运前的检查	验电工具	验电工具不合格	触电	中等	验电工具使用前必须经过检验，严禁使用不合格验电工具
		验电方法错误	触电	中等	正确验电，真实反映设备带电情况
	220V电源	误碰电源端子	触电	较小	核对端子
5. 停运后的检修	系统	检修时系统隔离措施不彻底	其他伤害	较小	检修工作开工前工作负责人与工作票许可人共同确认所检修系统已进行隔离
	验电工具	验电工具不合格	触电	中等	验电工具使用前必须经过检验，严禁使用不合格验电工具
		验电方法错误	触电	中等	正确验电，真实反映设备带电情况
	220V电源	误碰电源端子	触电	较小	核对端子

作业步骤	危害辨识	危害描述	产生后果	风险等级	防 范 措 施
5. 停运后的检修	梯子	梯子斜角度未在60°左右	高处坠落	重大	（1）使用梯子时，梯子与地面成60°角； （2）作业人员必须蹲在距梯顶不少于1m的梯蹬上工作
		梯子无人员扶持	高处坠落	重大	（1）梯子的止滑脚必须安全可靠，使用梯子时必须有人扶持，梯子不得放在通道口、通道拐弯口和门前使用，如需放置时应设专人看守； （2）作业人员不许面向梯子上下
		在水泥或光滑坚硬的地面上使用梯子未采取防护措施	高处坠落	重大	在水泥或光滑坚硬的地面上使用梯子时，其下端应安置橡胶套或橡胶布，同时应用绳索将梯子下端与固定物缚住
		梯子上作业不规范	高处坠落	重大	（1）不准梯子垫高或接长使用； （2）上下梯子时，不准手持物件攀登； （3）梯子上作业人员应将安全带挂在牢固的构件上，不准将安全带挂在梯子上； （4）不准2人同登一梯； （5）人在梯子上作业时，不准移动梯子
	吸尘器	手提吸尘器的导线	触电	较小	不准手提吸尘器的导线
		吸尘器电源线、电源插头破损	触电	较小	（1）检查吸尘器电源线、电源插头完好无破损； （2）检查合格证在有效期内
	灰尘	吸入灰尘	尘肺病	较小	作业时正确佩戴合格防尘口罩
	手动扳手	使用手动扳手用力过猛	磕碰伤	较小	（1）戴好防护手套 （2）使用工具均匀用力
6. 系统恢复	系统	检修时系统隔离措施不彻底	其他伤害	较小	检修工作开工前工作负责人与工作票许可人共同确认所检修系统已进行隔离
	验电工具	验电工具不合格	触电	中等	验电工具使用前必须经过检验，严禁使用不合格验电工具
		验电方法错误	触电	中等	正确验电，真实反映设备带电情况
	220V电源	误碰电源端子	触电	较小	核对端子
7. 系统性能测试	220V电源	未恢复工作前安全措施	触电	较小	检查确认安全措施已恢复
8. 检修工作结束	施工废料	施工废料未清理	环境污染	较小	废料及时清理，做到工完、料尽、场地清

8.19 PLC 控制系统（AB）检修

作业步骤	危害辨识	危害描述	产生后果	风险等级	防 范 措 施
1. 作业环境评估	220V电源	安全隔离措施未正确执行	触电	较小	检修工作开始前工作许可人会同工作负责人共同到作业现场检查确认工作票所列安全措施完善和正确执行
	现场设备	未观察周围环境	撞伤	较小	仔细观察周围环境，不挡视线、注意力集中
	灰尘	清扫机柜灰尘飞扬	尘肺病	较小	作业时正确佩戴合格的防尘口罩
2. 确认安全措施正确执行	220V电源	工作前所采取的安全措施不完善	触电	较小	检查确认安全隔离措施正确执行

续表

作业步骤	危害辨识	危害描述	产生后果	风险等级	防 范 措 施
3. 准备工作及现场布置	现场标识	PLC 控制系统（AB）设备标识缺失	触电伤害	较小	（1）工作前核对设备名称及编号； （2）完善补齐缺损的设备标识
	工器具	使用不合格的工具	机械伤害	较小	必须正确使用经检验合格的工器具
	绝缘橡胶垫	绝缘橡胶垫较重	砸伤	较小	搬运橡胶垫配合默契、沟通，注意周围环境
		绝缘橡胶垫损坏、铺设不平	绊倒	较小	橡胶垫铺设平整
	绊脚物	现场工器具等未定置摆放	摔伤	较小	现场工器具、零部件、备品备件应定置摆放
	梯子	梯子缺损	高处坠落	重大	（1）使用梯子前应先检查梯子坚实、无缺损，止滑脚完好，不得使用有故障的梯子； （2）人字梯应具有坚固的铰链和限制开度的拉链，梯子支设夹角以 35°～45°为宜
		梯子无检验合格证	高处坠落	重大	梯子应半年检验一次，并贴有检验合格证标签，无检验合格证或检验合格证过期的梯子不准使用
	临时电源及电源线	电源线、插头、插座破损	触电	较小	（1）检查电源线外绝缘良好，无破损； （2）检查电源盘合格证在有效期内； （3）检查电源插头插座，确保完好； （4）不准将电源线缠绕在护栏、管道和脚手架上
		电源线悬挂高度不够	触电	较小	临时电源线架设高度室内不低于 2.5m
		未安装漏电保护器	触电	较小	（1）检查电源盘合格证在有效期内； （2）分级配置漏电保护器，工作前试用漏电保护器，确保正确动作
		检修电源箱外壳未接地	触电	较小	（1）检查电源盘合格证在有效期内； （2）检查电源箱外壳接地良好
	电动工具	使用不合格电动工具	触电	较小	检查合格证在有效期内、使用合格电动工具
	照明	照度不足	其他伤害	较小	增加临时照明，保证检修区域照明充足
4. 停电前的检查	验电工具	验电工具不合格	触电	中等	验电工具使用前必须经过检验，严禁使用不合格验电工具
		验电方法错误	触电	中等	正确验电，真实反映设备带电情况
	220V 电源	误碰电源端子	触电	较小	（1）核对端子； （2）做好隔离措施或保持适当距离
5. 系统备份及停电机柜内部工作	系统	检修时系统隔离措施不彻底	其他伤害	较小	检修工作开工前工作负责人与工作票许可人共同确认所检修系统已进行隔离
	验电工具	验电工具不合格	触电	中等	验电工具使用前必须经过检验，严禁使用不合格验电工具
		验电方法错误	触电	中等	正确验电，真实反映设备带电情况
	220V 电源	停电走错间隔	触电	较小	停电时，有专人监护
		误碰电源端子	触电	较小	（1）核对端子； （2）做好隔离措施或保持适当距离
		更换电源模块时防护措施不到位	触电	中等	（1）拆、接线前验电，确认无电； （2）拆、接线时应逐根拆、接，每一根用绝缘胶布包好

续表

作业步骤	危害辨识	危害描述	产生后果	风险等级	防 范 措 施
5. 系统备份及停电机柜内部工作	梯子	梯子斜角度未在60°左右	高处坠落	重大	(1) 使用梯子时，梯子与地面成60°角； (2) 作业人员必须蹬在距梯顶不少于1m的梯蹬上工作
		梯子无人员扶持	高处坠落	重大	(1) 梯子的止滑脚必须安全可靠，使用梯子时必须有人扶持，梯子不得放在通道口、通道拐弯口和门前使用，如需放置时应设专人看守； (2) 作业人员不许面向梯子上下
		在水泥或光滑坚硬的地面上使用梯子未采取防护措施	高处坠落	重大	在水泥或光滑坚硬的地面上使用梯子时，其下端应安置橡胶套或橡胶布，同时应用绳索将梯子下端与固定物缚住
		梯子上作业不规范	高处坠落	重大	(1) 不准梯子垫高或接长使用； (2) 上下梯子时，不准手持物件攀登； (3) 梯子上作业人员应将安全带挂在牢固的构件上，不准将安全带挂在梯子上； (4) 不准2人同登一梯； (5) 人在梯子上作业时，不准移动梯子
	吸尘器电吹风机	手提吸尘器、电吹风机的导线	触电	较小	不准手提吸尘器、电吹风机的导线
		吸尘、电吹风机的电源线、电源插头破损	触电	较小	(1) 检查吸尘器、电吹风机的电源线、电源插头完好无破损； (2) 检查吸尘器、电吹风机的合格证在有效期内
	灰尘	吸入灰尘	尘肺病	较小	作业时正确佩戴合格防尘口罩
	螺丝刀、尖嘴钳	用力过猛	刺伤	较小	使用工具时均匀用力
	手动扳手	使用手动扳手用力过猛	磕碰伤	较小	(1) 戴好防护手套； (2) 使用工具均匀用力
6. 通信检查	验电工具	验电工具不合格	触电	中等	验电工具使用前必须经过检验，严禁使用不合格验电工具
		验电方法错误	触电	中等	正确验电，真实反映设备带电情况
	220V电源	误碰电源端子	触电	较小	(1) 核对端子； (2) 做好隔离措施或保持适当距离
7. 系统上电	系统	检修时系统隔离措施不彻底	其他伤害	较小	检修工作开工前工作负责人与工作票许可人共同确认所检修系统已进行隔离
	验电工具	验电工具不合格	触电	中等	验电工具使用前必须经过检验，严禁使用不合格验电工具
		验电方法错误	触电	中等	正确验电，真实反映设备带电情况
	220V电源	送电走错间隔	触电	较小	送电时，有专人监护
		误碰电源端子	触电	较小	(1) 核对端子； (2) 做好隔离措施或保持适当距离
8. 冗余切换试验	220V电源	切换试验时走错间隔	触电	较小	切换试验时，有专人监护
		冗余切换试验误碰带电设备	触电	较小	做好隔离措施或保持适当距离
9. 检修工作结束	施工废料	施工废料未清理	环境污染	较小	废料及时清理，做到工完、料尽、场地清

8.20 PLC 控制系统（欧姆龙）检修

作业步骤	危害辨识	危害描述	产生后果	风险等级	防 范 措 施
1. 作业环境评估	220V电源	安全隔离措施未正确执行	触电	较小	检修工作开始前工作许可人会同工作负责人共同到作业现场检查确认工作票所列安全措施完善和正确执行
	现场设备	未观察周围环境	撞伤	较小	仔细观察周围环境，不挡视线、注意力集中
	灰尘	清扫机柜灰尘飞扬	尘肺病	较小	作业时正确佩戴合格的防尘口罩
2. 确认安全措施正确执行	220V电源	工作前所采取的安全措施不完善	触电	较小	检查确认安全隔离措施正确执行
3. 准备工作及现场布置	现场标识	PLC控制系统（欧姆龙）设备标识缺失	触电伤害	较小	（1）工作前核对设备名称及编号；（2）完善补齐缺损的设备标识
	工器具	使用不合格的工具	机械伤害	较小	必须正确使用经检验合格的工器具
	绝缘橡胶垫	绝缘橡胶垫较重	砸伤	较小	搬运橡胶垫配合默契、沟通，注意周围环境
		绝缘橡胶垫损坏、铺设不平	绊倒	较小	橡胶垫铺设平整
	绊脚物	现场工器具等未定置摆放	摔伤	较小	现场工器具、零部件、备品备件应定置摆放
	梯子	梯子缺损	高处坠落	重大	（1）使用梯子前应先检查梯子坚实、无缺损，止滑脚完好，不得使用有故障的梯子；（2）人字梯应具有坚固的铰链和限制开度的拉链，梯子支设夹角以35°～45°为宜
		梯子无检验合格证	高处坠落	重大	梯子应半年检验一次，并贴有检验合格证标签，无检验合格证或检验合格证过期的梯子不准使用
	临时电源及电源线	电源线、插头、插座破损	触电	较小	（1）检查电源线外绝缘良好，无破损；（2）检查电源盘合格证在有效期内；（3）检查电源插头插座，确保完好；（4）不准将电源线缠绕在护栏、管道和脚手架上
		电源线悬挂高度不够	触电	较小	临时电源线架设高度室内不低于2.5m
		未安装漏电保护器	触电	较小	（1）检查电源盘合格证在有效期内；（2）分级配置漏电保护器，工作前试用漏电保护器，确保正确动作
		检修电源箱外壳未接地	触电	较小	（1）检查电源盘合格证在有效期内；（2）检查电源箱外壳接地良好
	电动工具	使用不合格电动工具	触电	较小	检查合格证在有效期内、使用合格电动工具
	照明	照度不足	其他伤害	较小	增加临时照明，保证检修区域照明充足
4. 系统停电前检查	验电工具	验电工具不合格	触电	中等	验电工具使用前必须经过检验，严禁使用不合格验电工具
		验电方法错误	触电	中等	正确验电，真实反映设备带电情况
	220V电源	误碰电源端子	触电	较小	（1）核对端子；（2）做好隔离措施或保持适当距离

续表

作业步骤	危害辨识	危害描述	产生后果	风险等级	防 范 措 施
5. 系统备份及停电程控柜硬件检修	系统	检修时系统隔离措施不彻底	其他伤害	较小	检修工作开工前工作负责人与工作票许可人共同确认所检修系统已进行隔离
	验电工具	验电工具不合格	触电	中等	验电工具使用前必须经过检验,严禁使用不合格验电工具
		验电方法错误	触电	中等	正确验电,真实反映设备带电情况
	220V 电源	停电走错间隔	触电	较小	停电时,有专人监护
		误碰电源端子	触电	较小	(1) 核对端子; (2) 做好隔离措施或保持适当距离
		更换电源模块时防护措施不到位	触电	中等	(1) 拆、接线前验电,确认无电; (2) 拆、接线时应逐根拆、接,每一根用绝缘胶布包好
	梯子	梯子斜角度未在60°左右	高处坠落	重大	(1) 使用梯子时,梯子与地面成60°角; (2) 作业人员必须蹲在距梯顶不少于1m 的梯蹬上工作
		梯子无人员扶持	高处坠落	重大	(1) 梯子的止滑脚必须安全可靠,使用梯子时必须有人扶持,梯子不得放在通道口、通道拐弯口和门前使用,如需放置时应设专人看守; (2) 作业人员不许面向梯子上下
		在水泥或光滑坚硬的地面上使用梯子未采取防护措施	高处坠落	重大	在水泥或光滑坚硬的地面上使用梯子时,其下端应安置橡胶套或橡胶布,同时应用绳索将梯子下端与固定物缚住
		梯子上作业不规范	高处坠落	重大	(1) 不准梯子垫高或接长使用; (2) 上下梯子时,不准手持物件攀登; (3) 梯子上作业人员应将安全带挂在牢固的构件上,不准将安全带挂在梯子上; (4) 不准2人同登一梯; (5) 人在梯子上作业时,不准移动梯子
	吸尘器电吹风机	手提吸尘器、电吹风机的导线	触电	较小	不准手提吸尘器、电吹风机的导线
		吸尘器、电吹风机的电源线、电源插头破损	触电	较小	(1) 检查吸尘器、电吹风机的电源线、电源插头完好无破损; (2) 检查吸尘器、电吹风机的合格证在有效期内
	灰尘	吸入灰尘	尘肺病	较小	作业时正确佩戴合格防尘口罩
	螺丝刀、尖嘴钳	用力过猛	刺伤	较小	使用工具时均匀用力
	手动扳手	使用手动扳手用力过猛	磕碰伤	较小	(1) 戴好防护手套; (2) 使用工具均匀用力
6. 系统上电	系统	检修时系统隔离措施不彻底	其他伤害	较小	检修工作开工前工作负责人与工作票许可人共同确认所检修系统已进行隔离
	验电工具	验电工具不合格	触电	中等	验电工具使用前必须经过检验,严禁使用不合格验电工具
		验电方法错误	触电	中等	正确验电,真实反映设备带电情况
	220V 电源	送电走错间隔	触电	较小	送电时,有专人监护
		误碰电源端子	触电	较小	(1) 核对端子; (2) 做好隔离措施或保持适当距离

作业步骤	危害辨识	危害描述	产生后果	风险等级	防 范 措 施
7. 通信检查	验电工具	验电工具不合格	触电	中等	验电工具使用前必须经过检验,严禁使用不合格验电工具
		验电方法错误	触电	中等	正确验电,真实反映设备带电情况
	220V电源	误碰电源端子	触电	较小	(1)核对端子; (2)做好隔离措施或保持适当距离
8. 检修工作结束	施工废料	施工废料未清理	环境污染	较小	废料及时清理,做到工完、料尽、场地清

8.21 PLC 控制系统（施耐德）检修

作业步骤	危害辨识	危害描述	产生后果	风险等级	防 范 措 施
1. 作业环境评估	220V电源	安全隔离措施未正确执行	触电	较小	检修工作开始前工作许可人会同工作负责人共同到作业现场检查确认工作票所列安全措施完善和正确执行
	现场设备	未观察周围环境	撞伤	较小	仔细观察周围环境,不挡视线、注意力集中
	灰尘	清扫机柜灰尘飞扬	尘肺病	较小	作业时正确佩戴合格的防尘口罩
2. 确认安全措施正确执行	220V电源	工作前所采取的安全措施不完善	触电	较小	检查确认安全隔离措施已正确执行
3. 准备工作及现场布置	现场标识	PLC控制系统（施耐德）设备标识缺失	触电伤害	较小	(1)工作前核对设备名称及编号; (2)完善补齐缺损的设备标识
	工器具	使用不合格的工具	机械伤害	较小	必须正确使用经检验合格的工器具
	绝缘橡胶垫	绝缘橡胶垫较重	砸伤	较小	搬运橡胶垫配合默契、沟通,注意周围环境
		绝缘橡胶垫损坏、铺设不平	绊倒	较小	橡胶垫铺设平整
	绊脚物	现场工器具等未定置摆放	摔伤	较小	现场工器具、零部件、备品备件应定置摆放
	梯子	梯子缺损	高处坠落	重大	(1)使用梯子前应先检查梯子坚实、无缺损,止滑脚完好,不得使用有故障的梯子; (2)人字梯应具有坚固的铰链和限制开度的拉链,梯子支设夹角以35°～45°为宜
		梯子无检验合格证	高处坠落	重大	梯子应半年检验一次,并贴有检验合格证标签,无检验合格证或检验合格证过期的梯子不准使用
	临时电源及电源线	电源线、插头、插座破损	触电	较小	(1)检查电源线外绝缘良好,无破损; (2)检查电源盘合格证在有效期内; (3)检查电源插头插座,确保完好; (4)不准将电源线缠绕在护栏、管道和脚手架上
		电源线悬挂高度不够	触电	较小	临时电源线架设高度室内不低于2.5m
		未安装漏电保护器	触电	较小	(1)检查电源盘合格证在有效期内; (2)分级配置漏电保护器,工作前试用漏电保护器,确保正确动作
		检修电源箱外壳未接地	触电	较小	(1)检查电源盘合格证在有效期内; (2)检查电源箱外壳接地良好
	电动工具	使用不合格电动工具	触电	较小	检查合格证在有效期内、使用合格电动工具
	照明	照度不足	其他伤害	较小	增加临时照明,保证检修区域照明充足

作业步骤	危害辨识	危害描述	产生后果	风险等级	防 范 措 施
4. 系统停电前检查	验电工具	验电工具不合格	触电	中等	验电工具使用前必须经过检验，严禁使用不合格验电工具
		验电方法错误	触电	中等	正确验电，真实反映设备带电情况
	220V电源	误碰电源端子	触电	较小	（1）核对端子； （2）做好隔离措施或保持适当距离
5. 系统备份及停电程控柜硬件检修	系统	检修时系统隔离措施不彻底	其他伤害	较小	检修工作开工前工作负责人与工作票许可人共同确认所检修系统已进行隔离
	验电工具	验电工具不合格	触电	中等	验电工具使用前必须经过检验，严禁使用不合格验电工具
		验电方法错误	触电	中等	正确验电，真实反映设备带电情况
	220V电源	停电走错间隔	触电	较小	停电时，有专人监护
		误碰电源端子	触电	较小	（1）核对端子； （2）做好隔离措施或保持适当距离
		更换电源模块时防护措施不到位	触电	中等	（1）拆、接线前验电，确认无电； （2）拆、接线时应逐根拆、接，每一根用绝缘胶布包好
	梯子	梯子斜角度未在60°左右	高处坠落	重大	（1）使用梯子时，梯子与地面成60°角； （2）作业人员必须蹲在距梯顶不少于 1m 的梯蹬上工作
		梯子无人员扶持	高处坠落	重大	（1）梯子的止滑脚必须安全可靠，使用梯子时必须有人扶持，梯子不得放在通道口、通道拐弯口和门前使用，如需放置时应设专人看守； （2）作业人员不许面向梯子上下
		在水泥或光滑坚硬的地面上使用梯子未采取防护措施	高处坠落	重大	在水泥或光滑坚硬的地面上使用梯子时，其下端应安置橡胶套或橡胶布，同时应用绳索将梯子下端与固定物缚住
		梯子上作业不规范	高处坠落	重大	（1）不准梯子垫高或接长使用； （2）上下梯子时，不准手持物件攀登； （3）梯子上作业人员应将安全带挂在牢固的构件上，不准将安全带挂在梯子上； （4）不准2人同登一梯； （5）人在梯子上作业时，不准移动梯子
	吸尘器电吹风机	手提吸尘器、电吹风机的导线	触电	较小	不准手提吸尘器、电吹风机的导线
		吸尘器、电吹风机的电源线、电源插头破损	触电	较小	（1）检查吸尘器、电吹风机的电源线、电源插头完好无破损； （2）检查吸尘器、电吹风机的合格证在有效期内
	灰尘	吸入灰尘	尘肺病	较小	作业时正确佩戴合格防尘口罩
	螺丝刀、尖嘴钳	用力过猛	刺伤	较小	使用工具时均匀用力
	手动扳手	使用手动扳手用力过猛	磕碰伤	较小	（1）戴好防护手套； （2）使用工具均匀用力

作业步骤	危害辨识	危害描述	产生后果	风险等级	防 范 措 施
6. 系统上电	系统	检修时系统隔离措施不彻底	其他伤害	较小	检修工作开工前工作负责人与工作票许可人共同确认所检修系统已进行隔离
	验电工具	验电工具不合格	触电	中等	验电工具使用前必须经过检验,严禁使用不合格验电工具
		验电方法错误	触电	中等	正确验电,真实反映设备带电情况
	220V电源	送电走错间隔	触电	较小	送电时,有专人监护
		误碰电源端子	触电	较小	(1)核对端子; (2)做好隔离措施或保持适当距离
7. 通信检查	验电工具	验电工具不合格	触电	中等	验电工具使用前必须经过检验,严禁使用不合格验电工具
		验电方法错误	触电	中等	正确验电,真实反映设备带电情况
	220V电源	误碰电源端子	触电	较小	(1)核对端子; (2)做好隔离措施或保持适当距离
8. 检修工作结束	施工废料	施工废料未清理	环境污染	较小	废料及时清理,做到工完、料尽、场地清

8.22 PLC 控制系统(西门子 S7-200)检修

作业步骤	危害辨识	危害描述	产生后果	风险等级	防 范 措 施
1. 作业环境评估	220V电源	安全隔离措施未正确执行	触电	较小	检修工作开始前工作许可人会同工作负责人共同到作业现场检查确认工作票所列安全措施完善和正确执行
	现场设备	未观察周围环境	撞伤	较小	仔细观察周围环境,不挡视线、注意力集中
	灰尘	清扫机柜灰尘飞扬	尘肺病	较小	作业时正确佩戴合格的防尘口罩
2. 确认安全措施正确执行	220V电源	工作前所采取的安全措施不完善	触电	较小	检查确认安全隔离措施已正确执行
3. 准备工作及现场布置	现场标识	PLC 控制系统(西门子S7-200)设备标识缺失	触电伤害	较小	(1)工作前核对设备名称及编号; (2)完善补齐缺损的设备标识
	工器具	使用不合格的工具	机械伤害	较小	必须正确使用经检验合格的工器具
	绝缘橡胶垫	绝缘橡胶垫较重	砸伤	较小	搬运橡胶垫配合默契、沟通,注意周围环境
		绝缘橡胶垫损坏、铺设不平	绊倒	较小	橡胶垫铺设平整
	绊脚物	现场工器具等未定置摆放	摔伤	较小	现场工器具、零部件、备品备件应定置摆放
	梯子	梯子缺损	高处坠落	重大	(1)使用梯子前应先检查梯子坚实、无缺损,止滑脚完好,不得使用有故障的梯子; (2)人字梯应具有坚固的铰链和限制开度的拉链,梯子支设夹角以35°~45°为宜
		梯子无检验合格证	高处坠落	重大	梯子应半年检验一次,并贴有检验合格证标签,无检验合格证或检验合格证过期的梯子不准使用
	临时电源及电源线	电源线、插头、插座破损	触电	较小	(1)检查电源线外绝缘良好,无破损; (2)检查电源盘合格证在有效期内; (3)检查电源插头插座,确保完好; (4)不准将电源线缠绕在护栏、管道和脚手架上

作业步骤	危害辨识	危害描述	产生后果	风险等级	防 范 措 施
3. 准备工作及现场布置	临时电源及电源线	电源线悬挂高度不够	触电	较小	临时电源线架设高度室内不低于 2.5m
		未安装漏电保护器	触电	较小	（1）检查电源盘合格证在有效期内； （2）分级配置漏电保护器，工作前试用漏电保护器，确保正确动作
		检修电源箱外壳未接地	触电	较小	（1）检查电源盘合格证在有效期内； （2）检查电源箱外壳接地良好
	电动工具	使用不合格电动工具	触电	较小	检查合格证在有效期内、使用合格电动工具
	照明	照度不足	其他伤害	较小	增加临时照明，保证检修区域照明充足
4. 停电前的检查	验电工具	验电工具不合格	触电	中等	验电工具使用前必须经过检验，严禁使用不合格验电工具
		验电方法错误	触电	中等	正确验电，真实反映设备带电情况
	220V电源	误碰电源端子	触电	较小	（1）核对端子； （2）做好隔离措施或保持适当距离
5. 系统备份及停电机柜内部工作	系统	检修时系统隔离措施不彻底	其他伤害	较小	检修工作开工前工作负责人与工作票许可人共同确认所检修系统已进行隔离
	验电工具	验电工具不合格	触电	中等	验电工具使用前必须经过检验，严禁使用不合格验电工具
		验电方法错误	触电	中等	正确验电，真实反映设备带电情况
	220V电源	停电走错间隔	触电	较小	停电时，有专人监护
		误碰电源端子	触电	较小	（1）核对端子； （2）做好隔离措施或保持适当距离
		更换电源模块时防护措施不到位	触电	中等	（1）拆、接线前验电，确认无电； （2）拆、接线时应逐根拆、接，每一根用绝缘胶布包好
	梯子	梯子斜角度未在 60°左右	高处坠落	重大	（1）使用梯子时，梯子与地面成60°角； （2）作业人员必须蹲在距梯顶不少于 1m 的梯蹬上工作
		梯子无人员扶持	高处坠落	重大	（1）梯子的止滑脚必须安全可靠，使用梯子时必须有人扶持，梯子不得放在通道口、通道拐弯口和门前使用，如需放置时应设专人看守； （2）作业人员不许面向梯子上下
		在水泥或光滑坚硬的地面上使用梯子未采取防护措施	高处坠落	重大	在水泥或光滑坚硬的地面上使用梯子时，其下端应安置橡胶套或橡胶布，同时应用绳索将梯子下端与固定物缚住
		梯子上作业不规范	高处坠落	重大	（1）不准梯子垫高或接长使用； （2）上下梯子时，不准手持物件攀登； （3）梯子上作业人员应将安全带挂在牢固的构件上，不准将安全带挂在梯子上； （4）不准 2 人同登一梯； （5）人在梯子上作业时，不准移动梯子
	吸尘器电吹风机	手提吸尘器、电吹风机的导线	触电	较小	不准手提吸尘器、电吹风机的导线
		吸尘器、电吹风机的电源线、电源插头破损	触电	较小	（1）检查吸尘器、电吹风机的电源线、电源插头完好无破损； （2）检查吸尘器、电吹风机的合格证在有效期内

作业步骤	危害辨识	危害描述	产生后果	风险等级	防 范 措 施
5. 系统备份及停电机柜内部工作	灰尘	吸入灰尘	尘肺病	较小	作业时正确佩戴合格防尘口罩
	螺丝刀、尖嘴钳	用力过猛	刺伤	较小	使用工具时均匀用力
	手动扳手	使用手动扳手用力过猛	磕碰伤	较小	(1) 戴好防护手套； (2) 使用工具均匀用力
6. 系统上电	系统	检修时系统隔离措施不彻底	其他伤害	较小	检修工作开工前工作负责人与工作票许可人共同确认所检修系统已进行隔离
	验电工具	验电工具不合格	触电	中等	验电工具使用前必须经过检验，严禁使用不合格验电工具
		验电方法错误	触电	中等	正确验电，真实反映设备带电情况
	220V电源	送电走错间隔	触电	较小	送电时，有专人监护
		误碰电源端子	触电	较小	(1) 核对端子； (2) 做好隔离措施或保持适当距离
7. 通信检查	验电工具	验电工具不合格	触电	中等	验电工具使用前必须经过检验，严禁使用不合格验电工具
		验电方法错误	触电	中等	正确验电，真实反映设备带电情况
	220V电源	误碰电源端子	触电	较小	(1) 核对端子； (2) 做好隔离措施或保持适当距离
8. 检修工作结束	施工废料	施工废料未清理	环境污染	较小	废料及时清理，做到工完、料尽、场地清

8.23 TSI 系统设备检修调试

作业步骤	危害辨识	危害描述	产生后果	风险等级	防 范 措 施
1. 作业环境评估	润滑油、EH油	地上有积油	滑倒	较小	观察地上有无积油
	噪声	进入噪声区域时，未正确使用防护用品	噪声聋	较小	进入噪声区域、使用高噪声区域时正确佩戴耳塞
	高温部件	身体误碰高温部件	灼烫伤	中等	工作人员穿戴防高温烫伤隔热服及防护手套
	工器具零部件	交叉作业	物体打击机械伤害	中等	(1) 在工作场所观察周围有无人员作业、有无隔离栏，有危险停工； (2) 在工作场所观察有无吊装作业
	岩棉、化纤	作业区保温飞扬	尘肺病	较小	作业时正确佩戴合格防尘口罩
	高处设备设施	防护栏缺损	高处坠落	重大	检查防护栏完好无损，如因工作需要拆除的栏杆，要做好临时护栏及悬挂警示标识
	现场设备	未观察周围环境	撞伤	较小	仔细观察周围环境，不挡视线、注意力集中
	高温环境	环境温度超过 40℃	中暑	较小	(1) 不准在工作环境温度超过 40℃时进行露天作业； (2) 在高温场所工作时，应为工作人员提供足够的饮水、清凉饮料及防暑药品；对温度较高的作业场所必须增加通风设备

作业步骤	危害辨识	危害描述	产生后果	风险等级	防 范 措 施
1. 作业环境评估	高温高压蒸汽	高温设备及附属系统内动、静密封点密封失效，或者系统内设备、管道破损	灼烫伤	较小	（1）作业人员必须穿戴好隔热工作服、防护鞋、防护手套等防护用具； （2）专人监护，遇有不适立即撤出高温检修区域； （3）高温区域内不得长时间逗留
	孔、洞	盖板缺损	摔伤、高处坠落	重大	（1）工作场所的孔、洞必须覆以与地面齐平的坚固盖板； （2）发现洞口盖板缺失、损坏或未盖好时，必须立即填补、修复盖板并及时盖好
2. 确认安全措施正确执行	220V电源	工作前未断电	触电伤害	较小	（1）工作前核对设备名称及编号； （2）检修工作开工前工作负责人与工作票许可人共同确认所检修设备已断电
	高温高压蒸汽	工作前所采取的安全措施不完善	灼烫伤	较小	（1）开工前确认现场安全措施、隔离措施正确完备； （2）待管道内介质放尽，压力为零，温度适可后方可开始工作； （3）人员不能正面对法兰及焊口工作，防止漏点介质体伤人
3. 准备工作及现场布置	现场标识	TSI系统设备标识缺失	（1）触电伤害；（2）机械伤害	较小	（1）工作前核对设备名称及编号； （2）完善补齐缺损的设备标识
	脚手架搭（拆）设	脚手架搭设后未验收	高处坠落、物体打击	重大	（1）搭设结束后，必须履行脚手架验收手续，填写脚手架验收单，并在脚手架验收单上分级签字； （2）验收合格后应在脚手架上悬挂合格证，方可使用
	工器具	使用不合格的工具	机械伤害	较小	必须正确使用经检验合格的工器具
	绊脚物	现场工器具等未定置摆放	摔伤	较小	现场工器具、零部件、备品备件应定置摆放
	工器具零部件	现场作业没有铺垫	高处坠落、物体打击	重大	在现场作业做好铺垫
	梯子	梯子缺损	高处坠落	重大	（1）使用梯子前应先检查梯子坚实、无缺损，止滑脚完好，不得使用有故障的梯子； （2）人字梯应具有坚固的铰链和限制开度的拉链，梯子支设夹角以35°~45°为宜
		梯子无检验合格证	高处坠落	重大	梯子应半年检验一次，并贴有检验合格证标签，无检验合格证或检验合格证过期的梯子不准使用
	高温环境	气温超过40℃	中暑	较小	保证足够的饮水及防暑药品，人员轮换工作
	临时电源及电源线	电源线、插头、插座破损	触电	较小	（1）检查电源线外绝缘良好，无破损； （2）检查电源盘合格证在有效期内； （3）检查电源插头插座，确保完好； （4）不准将电源线缠绕在护栏、管道和脚手架上
		电源线悬挂高度不够	触电	较小	临时电源线架设高度室内不低于2.5m
		未安装漏电保护器	触电	较小	（1）检查电源盘合格证在有效期内； （2）分级配置漏电保护器，工作前试用漏电保护器，确保正确动作

作业步骤	危害辨识	危害描述	产生后果	风险等级	防 范 措 施
3. 准备工作及现场布置	临时电源及电源线	检修电源箱外壳未接地	触电	较小	(1) 检查电源盘合格证在有效期内; (2) 检查电源箱外壳接地良好
	电动工具	使用不合格电动工具	触电	较小	检查合格证在有效期内、使用合格电动工具
	照明	照度不足	其他伤害	较小	增加临时照明,保证检修区域照明充足
4. TSI控制柜电源及卡件的清扫、接线紧固	验电工具	验电工具不合格	触电	中等	验电工具使用前必须经过检验,严禁使用不合格验电工具
		验电方法错误	触电	中等	正确验电,真实反映设备带电情况
	220V电源	误碰电源端子	触电	较小	核对端子
		拆线时防护措施不正确	触电	较小	(1) 拆线前必须验电; (2) 拆线时应逐根拆除绝缘胶布
	梯子	梯子斜角度未在60°左右	高处坠落	重大	(1) 使用梯子时,梯子与地面成60°角; (2) 作业人员必须蹲在距梯顶不少于1m的梯蹬上工作
		梯子无人员扶持	高处坠落	重大	(1) 梯子的止滑脚必须安全可靠,使用梯子时必须有人扶持,梯子不得放在通道口、通道拐弯口和门前使用,如需放置时应设专人看守; (2) 作业人员不许面向梯子上下
		在水泥或光滑坚硬的地面上使用梯子未采取防护措施	高处坠落	重大	在水泥或光滑坚硬的地面上使用梯子时,其下端应安置橡胶套或橡胶布,同时应用绳索将梯子下端与固定物缚住
		梯子上作业不规范	高处坠落	重大	(1) 不准梯子垫高或接长使用; (2) 上下梯子时,不准手持物件攀登; (3) 梯子上作业人员应将安全带挂在牢固的构件上,不准将安全带挂在梯子上; (4) 不准2人同登一梯; (5) 人在梯子上作业时,不准移动梯子
	吸尘器电吹风机	手提吸尘器、电吹风机的导线	触电	较小	不准手提吸尘器、电吹风机的导线
		吸尘、电吹风机的电源线、电源插头破损	触电	较小	(1) 检查吸尘器、电吹风机的电源线、电源插头完好无破损; (2) 检查吸尘器、电吹风机的合格证在有效期内
	灰尘	吸入灰尘	尘肺病	较小	作业时正确佩戴合格防尘口罩
	螺丝刀、尖嘴钳	用力过猛	刺伤	较小	使用工具时均匀用力
	手动扳手	使用手动扳手用力过猛	磕碰伤	较小	(1) 戴好防护手套; (2) 使用工具均匀用力
5. TSI机柜送电	验电工具	验电工具不合格	触电	中等	验电工具使用前必须经过检验,严禁使用不合格验电工具
		验电方法错误	触电	中等	正确验电,真实反映设备带电情况
	220V电源	误碰电源端子	触电	较小	(1) 核对端子; (2) 做好隔离措施或保持适当距离
		拆、接线时防护措施不正确	触电	较小	(1) 拆线前验电,确认无电; (2) 拆线时应逐根拆除,每一根用绝缘胶布包好

作业步骤	危害辨识	危害描述	产生后果	风险等级	防 范 措 施
5. TSI 机柜送电	绝缘电阻表	接触导电部分造成电击	触电	较小	（1）使用绝缘电阻表时人员禁止触碰导线的金属部分； （2）绝缘电阻表未停止工作之前或被测设备未放电前，严禁用手触及，拆线时也不要触及导线的金属部分
6. 就地测量探头拆除、送检	转动的汽轮机	盘车未停运，转动设备未进行有效隔离	机械伤害	较小	与机务及时沟通，盘车状态停止探头拆除工作
	螺丝刀、尖嘴钳	用力过猛	刺伤	较小	使用工具时均匀用力
	电缆套管	套管损坏有缺口	割伤	较小	工作人员戴好防护手套
	梅花扳手、开口呆板	用力过猛、操作不当	磕碰伤	较小	（1）戴好防护手套、均匀用力； （2）禁止使用带有裂纹和内孔已严重磨损的梅花扳手、开口呆板； （3）在使用梅花扳手、开口呆板时，左手推住梅花扳手、开口呆板与螺栓连接处，保持梅花扳手、开口呆板与螺栓完全配合，防止滑脱，右手握住梅花扳手、开口呆板另一端并加力
7. 就地测量元件的回装调试	转动的汽轮机	盘车未停运，转动设备未进行有效隔离	机械伤害	较小	与机务及时沟通，盘车状态停止探头安装工作
	螺丝刀、尖嘴钳	用力过猛	刺伤	较小	使用工具时均匀用力
	电缆套管	套管损坏有缺口	割伤	较小	工作人员戴好防护手套
	梅花扳手、开口呆板	用力过猛、操作不当	磕碰伤	较小	（1）戴好防护手套、均匀用力； （2）禁止使用带有裂纹和内孔已严重磨损的梅花扳手、开口呆板； （3）在使用梅花扳手、开口呆板时，左手推住梅花扳手、开口呆板与螺栓连接处，保持梅花扳手、开口呆板与螺栓完全配合，防止滑脱，右手握住梅花扳手、开口呆板另一端并加力
8. 检修工作结束	施工废料	施工废料未清理	环境污染	较小	废料及时清理，做到工完、料尽、场地清

8.24 超声波液位计检修

作业步骤	危害辨识	危害描述	产生后果	风险等级	防 范 措 施
1. 作业环境评估	噪声	入噪声区域时，未正确使用防护用品	噪声聋	较小	进入噪声区域、使用高噪声区域时正确佩戴耳塞
	粉尘	未正确佩戴防护口罩	进尘肺病	较小	作业人员工作时戴防尘口罩
	高处设备设施	防护栏缺损	高处坠落	重大	检查防护栏完好无损，如因工作需要拆除的栏杆，要做好临时护栏及悬挂警示标识
2. 确认安全措施正确执行	现场标识	液位计标识缺失	灼伤	中等	（1）工作前核对设备名称及编号、完善补齐缺损的设备标识； （2）检修工作开工前工作负责人与工作票许可人共同确认所检修设备已隔离
3. 准备工作及现场布置	绊脚物	现场工器具等未定置摆放	摔伤	较小	现场工器具、设备备品备件应定置摆放
	工器具	使用不合格的工具	机械伤害	较小	必须正确使用经检验合格的工器具
	照明	照度不足	其他伤害	较小	增加临时照明，保证液位计构检修区域照明充足

续表

作业步骤	危害辨识	危害描述	产生后果	风险等级	防 范 措 施
4. 液位计外观及回路检查	高处的工器具、零部件	未使用工具包，作业区域未隔离	物体打击	较小	（1）高处作业工器具必须使用工具包； （2）工器具和零部件不准随便乱放； （3）工器具和零部件不准上下抛掷； （4）作业区必须设有明显的围栏，防止无关人员入内，悬挂"当心落物"的标识，并设置专人监护
	高处临边作业人员	未佩戴使用合格的安全带	高处坠落	重大	（1）安全带使用前进行外观检查合格，检验合格证应在有效期内； （2）在没有脚手架或没有栏杆的脚手架上工作，高度超过 1.5m 时必须使用安全带； （3）安全带的挂钩应挂在结实、牢固的构件上，或专挂安全带的钢丝绳上，不准低挂高用
	绝缘电阻表	接触导电部分造成电击	触电	较小	（1）使用绝缘电阻表时人员禁止触碰导线的金属部分； （2）绝缘电阻表未停止工作之前或被测设备未放电前，严禁用手触及，拆线时也不要触及导线的金属部分
5. 液位计参数检查与调试	工器具	使用不合格的工具	机械伤害	较小	必须正确使用经检验合格的工器具
	高处临边	未佩戴使用合格的安全带	高处坠落	重大	（1）安全带使用前进行外观检查合格，检验合格证应在有效期内； （2）在没有脚手架或没有栏杆的脚手架上工作，高度超过 1.5m 时必须使用安全带； （3）安全带的挂钩应挂在结实、牢固的构件上，或专挂安全带的钢丝绳上，不准低挂高用
	高处临边	身体误碰高温部件	灼烫伤	中等	工作人员穿戴防高温烫伤隔热服及防护手套
6. 设备试运行	液位计	标识不全	机械伤害	较小	（1）工作前核对设备名称及编号； （2）完善补齐缺损的设备标识和警告牌
		液位计固定螺丝脱落	机械伤害	较小	固定好螺丝防止水位计脱落
7. 检修工作结束	施工废料	施工废料未清理	环境污染	较小	废料及时清理，做到工完、料尽、场地清

8.25 吹灰系统设备检修

作业步骤	危害辨识	危害描述	产生后果	风险等级	防 范 措 施
1. 作业环境评估	大风	在大于 5 级及以上的大风以及暴雨、雷电、大雾等恶劣的天气露天作业	高处坠落、物体打击	重大	在 5 级及以上的大风以及暴雨、雷电、大雾等恶劣天气，应停止露天高处作业
	高温环境	环境温度超过 40℃	中暑	较小	（1）不准在工作环境温度超过 40℃时进行露天作业； （2）在高温场所工作时，应为工作人员提供足够的饮水、清凉饮料及防暑药品；对温度较高的作业场所必须增加通风设备
	噪声	进入噪声区域时，未正确使用防护用品	噪声聋	较小	进入噪声区域、使用高噪声区域时正确佩戴耳塞
	高温设备	身体误碰高温部件	灼烫伤	中等	工作人员穿戴防高温烫伤隔热服及防护手套
	工器具零部件	交叉作业	高处坠落、物体打击	重大	在工作场所观察上下有无人员作业、有无隔离栏，有危险停工
	粉尘岩棉	未正确佩戴防护口罩	尘肺病	较小	作业人员工作时戴防尘口罩

续表

作业步骤	危害辨识	危害描述	产生后果	风险等级	防 范 措 施
1. 作业环境评估	现场设备	未观察周围环境	撞伤	较小	仔细观察周围环境,不挡视线、注意力集中
	高处设备设施	防护栏缺损	高处坠落	重大	检查防护栏完好无损,如因工作需要拆除的栏杆,要做好临时护栏及悬挂警示标识
2. 确认安全措施正确执行	转动的电机	工作前未核实设备运转状态和标识	机械伤害	较小	(1) 工作前核对设备名称及编号; (2) 检修工作开工前工作负责人与工作票许可人共同确认所检修设备已断电
	380V电源	工作前未断电	触电伤害	较小	(1) 工作前核对设备名称及编号; (2) 检修工作开工前工作负责人与工作票许可人共同确认所检修设备已断电
3. 准备工作及现场布置	现场标识	吹灰系统设备标识缺失	(1) 触电伤害; (2) 机械伤害	较小	(1) 工作前核对设备名称及编号; (2) 完善补齐缺损的设备标识
	脚手架搭(拆)设	脚手架搭设后未验收	高处坠落、物体打击	重大	(1) 搭设结束后,必须履行脚手架验收手续,填写脚手架验收单,并在脚手架验收单上分级签字; (2) 验收合格后应在脚手架上悬挂合格证,方可使用
	高温环境	气温超过40℃	中暑	较小	保证足够的饮水及防暑药品,人员轮换工作
	工器具	使用不合格的工具	机械伤害	较小	必须正确使用经检验合格的工器具
	绊脚物	现场工器具等未定置摆放	摔伤	较小	现场工器具、零部件、备品备件应定置摆放
	工器具零部件	现场没有铺垫	高处坠落、物体打击	重大	在现场作业做好铺垫
	梯子	梯子缺损	高处坠落	重大	(1) 使用梯子前应先检查梯子坚实、无缺损,止滑脚完好,不得使用有故障的梯子; (2) 人字梯应具有坚固的铰链和限制开度的拉链,梯子支设夹角以35°~45°为宜
		梯子无检验合格证	高处坠落	重大	梯子应半年检验一次,并贴有检验合格证标签,无检验合格证或检验合格证过期的梯子不准使用
	临时电源及电源线	电源线、插头、插座破损	触电	较小	(1) 检查电源线外绝缘良好,无破损; (2) 检查电源盘合格证在有效期内; (3) 检查电源插头插座,确保完好; (4) 不准将电源线缠绕在护栏、管道和脚手架上
		电源线悬挂高度不够	触电	较小	临时电源线架设高度室内不低于2.5m
		未安装漏电保护器	触电	较小	(1) 检查电源盘合格证在有效期内; (2) 分级配置漏电保护器,工作前试用漏电保护器,确保正确动作
		检修电源箱外壳未接地	触电	较小	(1) 检查电源盘合格证在有效期内; (2) 检查电源箱外壳接地良好
	电动工具	使用不合格电动工具	触电	较小	检查合格证在有效期内、使用合格电动工具
	照明	照度不足	其他伤害	较小	增加临时照明,保证检修区域照明充足

续表

作业步骤	危害辨识	危害描述	产生后果	风险等级	防 范 措 施
4. 动力装置柜检修	验电工具	验电工具不合格	触电	中等	验电工具使用前必须经过检验,严禁使用不合格验电工具
		验电方法错误	触电	中等	正确验电,真实反映设备带电情况
	螺丝刀、尖嘴钳	用力过猛	刺伤	较小	使用工具时均匀用力
	380/220V电源	误碰电源端子	触电	较小	(1) 核对端子; (2) 做好隔离措施或保持适当距离
		拆、接线时防护措施不正确	触电	较小	(1) 拆线前验电,确认无电; (2) 拆线时应逐根拆除,每一根用绝缘胶布包好
	梯子	梯子斜角度未在60°左右	高处坠落	重大	(1) 使用梯子时,梯子与地面成60°角; (2) 作业人员必须蹬在距梯顶不少于1m的梯蹬上工作
		梯子无人员扶持	高处坠落	重大	(1) 梯子的止滑脚必须安全可靠,使用梯子时必须有人扶持,梯子不得放在通道口、通道拐弯口和门前使用,如需放置时应设专人看守; (2) 作业人员不许面向梯子上下
		在水泥或光滑坚硬的地面上使用梯子未采取防护措施	高处坠落	重大	在水泥或光滑坚硬的地面上使用梯子时,其下端应安置橡胶套或橡胶布,同时应用绳索将梯子下端与固定物缚住
		梯子上作业不规范	高处坠落	重大	(1) 不准梯子垫高或接长使用; (2) 上下梯子时,不准手持物件攀登; (3) 梯子上作业人员应将安全带挂在牢固的构件上,不准将安全带挂在梯子上; (4) 不准2人同登一梯; (5) 人在梯子上作业时,不准移动梯子
	吸尘器电吹风机	手提吸尘器、电吹风机的导线	触电	较小	不准手提吸尘器、电吹风机的导线
		吸尘器、电吹风机的电源线、电源插头破损	触电	较小	(1) 检查吸尘器、电吹风机的电源线、电源插头完好无破损; (2) 检查吸尘器、电吹风机的合格证在有效期内
	灰尘	吸入灰尘	尘肺病	较小	作业时正确佩戴合格防尘口罩
5. 吹灰系统就地设备检修	高处的工器具、零部件	未使用工具包,作业区域未隔离	物体打击	较小	(1) 高处作业工器具必须使用工具包; (2) 工器具和零部件不准随便乱放; (3) 工器具和零部件不准上下抛掷; (4) 作业区必须设有明显的围栏,防止无关人员入内,悬挂"当心落物"的标识,并设置专人监护
	高处作业人员	未佩戴使用合格的安全带	高处坠落	重大	(1) 安全带使用前进行外观检查合格,检验合格证应在有效期内; (2) 在没有脚手架或没有栏杆的脚手架上工作,高度超过1.5m时必须使用安全带; (3) 安全带的挂钩应挂在结实、牢固的构件上,或专挂安全带的钢丝绳上,不准低挂高用

作业步骤	危害辨识	危害描述	产生后果	风险等级	防 范 措 施
5. 吹灰系统就地设备检修	高处作业人员	脚手架上作业不规范	高处坠落	重大	（1）上下脚手架应走人行通道或梯子，不准攀登架体； （2）不准站在脚手架的探头上作业； （3）同一架体上的作业人数一般为 2 人，必须超过 2 人的情况下不得超过 9 人； （4）不准在脚手架上蹲在木桶、木箱、砖及其他建筑材料等作业； （5）不准在架子上退着行走或跨坐在防护横杆上休息； （6）架子上应保持清洁，随时清理冰雪、杂物等，不准乱堆乱放物料； （7）不得在防护栏杆上拴挂任何重物； （8）作业中需要拆除防护栏杆时，必须采取可靠的临边防护措施
	验电工具	验电工具不合格	触电	中等	验电工具使用前必须经过检验，严禁使用不合格验电工具
		验电方法错误	触电	中等	正确验电，真实反映设备带电情况
	380/220V电源	误碰电源端子	触电	较小	核对端子
		拆、接线时防护措施不正确	触电	较小	（1）拆线前验电，确认无电； （2）拆线时应逐根拆除，每一根用绝缘胶布包好
	绝缘电阻表	接触导电部分造成电击	触电	较小	（1）使用绝缘电阻表时人员禁止触碰导线的金属部分； （2）绝缘电阻表未停止工作之前或被测设备未放电前，严禁用手触及，拆线时也不要触及导线的金属部分
	电缆套管	套管损坏有缺口	割伤	较小	工作人员戴好防护手套
	螺丝刀、尖嘴钳	用力过猛	刺伤	较小	使用工具时均匀用力
	手动扳手	使用手动扳手用力过猛	磕碰伤	较小	（1）戴好防护手套； （2）使用工具均匀用力
	灰尘	吸入灰尘	尘肺病	较小	作业时正确佩戴合格防尘口罩
6. 设备试运行	吹灰系统设备	标识不全	机械伤害	较小	（1）工作前核对设备名称及编号； （2）完善补齐缺损的设备标识和警告牌
		检修人员单独进行试运行操作	机械伤害	较小	转动机械试运行操作应由运行值班人员根据检修工作负责人的要求进行，检修人员不准自己进行试运行的操作
7. 检修工作结束	施工废料	施工废料未清理	环境污染	较小	废料及时清理，做到工完、料尽、场地清

8.26 低压旁路系统热控设备检修

作业步骤	危害辨识	危害描述	产生后果	风险等级	防 范 措 施
1. 作业环境评估	噪声	进入噪声区域时，未正确使用防护用品	噪声聋	较小	进入噪声区域、使用高噪声区域时正确佩戴耳塞
	粉尘	未正确佩戴防护口罩	尘肺病	较小	作业人员工作时戴防尘口罩
	高处设备设施	防护栏缺损	高处坠落	重大	检查防护栏完好无损，如因工作需要拆除的栏杆，要做好临时护栏及悬挂警示标识

作业步骤	危害辨识	危害描述	产生后果	风险等级	防 范 措 施
2. 确认安全措施正确执行	（1）热控气源未隔绝、电磁阀未断电；（2）低旁油站未停运	（1）工作前未核实设备带电状态和标识；（2）工作前未核实低旁油站停运，PLC 未打到"停止"位置后拉电	机械伤害、触电伤害	较小	（1）工作前核对设备名称及编号；（2）检修工作开工前工作负责人与工作票许可人共同确认所检修设备已停运、断电、断气
3. 准备工作及现场布置	脚手架搭（拆）设	脚手架搭设后未验收	高处坠落、物体打击	重大	（1）搭设结束后，必须履行脚手架验收手续，填写脚手架验收单，并在脚手架验收单上分级签字；（2）验收合格后应在脚手架上悬挂合格证，方可使用
	工器具	使用不合格的工具	机械伤害	较小	必须正确使用经检验合格的工器具
	照明	照度不足	其他伤害	较小	增加临时照明，保证电动执行机构检修区域照明充足
4. 执行机构检查	高处的工器具、零部件	未使用工具包，作业区域未隔离	物体打击	较小	（1）高处作业工器具必须使用工具包；（2）工器具和零部件不准随便乱放；（3）工器具和零部件不准上下抛掷；（4）作业区必须设有明显的围栏，防止无关人员入内，悬挂"当心落物"的标识，并设置专人监护
	高处作业人员	未佩戴使用合格的安全带	高处坠落	重大	（1）安全带使用前进行外观检查合格，检验合格证应在有效期内；（2）在没有脚手架或没有栏杆的脚手架上工作，高度超过 1.5m 时必须使用安全带；（3）安全带的挂钩应挂在结实、牢固的构件上，或专挂安全带的钢丝绳上，不准低挂高用
		脚手架上作业不规范	高处坠落	重大	（1）上下脚手架应走人行通道或梯子，不准攀登架体；（2）不准站在脚手架的探头上作业；（3）同一架体上的作业人数一般为 2 人，必须超过 2 人的情况下不得超过 9 人；（4）不准在脚手架上蹬在木桶、木箱、砖及其他建筑材料等作业；（5）不准在架子上退着行走或跨坐在防护横杆上休息；（6）架子上应保持清洁，随时清理冰雪、杂物等，不准乱堆乱放物料；（7）不得在防护栏杆上拴挂任何重物；（8）作业中需要拆除防护栏杆时，必须采取可靠的临边防护措施
	绝缘电阻表	接触导电部分造成电击	触电	较小	（1）使用绝缘电阻表时人员禁止触碰导线的金属部分；（2）绝缘电阻表未停止工作之前或被测设备未放电前，严禁用手触及，拆线时也不要触及导线的金属部分
5. 执行机构行程调整	送电的电磁阀	接线不规范或外壳破损	触电	中等	（1）送电前检查电磁阀接线完好，外壳是否破损；（2）送电后使用可靠验电工具验电

续表

作业步骤	危害辨识	危害描述	产生后果	风险等级	防 范 措 施
5. 执行机构行程调整	验电工具	验电工具不合格	触电	中等	验电工具使用前必须经过检验,严禁使用不合格验电工具
		验电方法错误	触电	中等	正确验电,真实反映设备带电情况
	转动的执行机构	肢体部位或饰品、衣物、用具(包括防护用品)、工具接触转动部位	机械伤害	较小	(1)执行机构转动前必须检查无缠绕可能; (2)衣服和袖口应扣好,不得戴围巾领带,长发必须盘在安全帽内; (3)不准将用具、工器具接触设备的转动部位
	执行机构连接的阀门	未停止阀门所属热力系统相关设备工作	机械伤害	中等	执行机构行程调整过程中禁止相关设备开展工作
	执行机构连接阀门所属热力系统介质	检修隔离措施不到位	烧烫伤	中等	对现场检修区域进行有效的隔离,有人监护
		运行隔离措施不到位	烧烫伤	中等	检修前工作负责人、工作许可人现场共同确认隔离措施安全可靠执行
6. 气动执行机构的恢复	高处的工器具、零部件	未使用工具包,作业区域未隔离	物体打击	较小	(1)高处作业工器具必须使用工具包; (2)工器具和零部件不准随便乱放; (3)工器具和零部件不准上下抛掷; (4)作业区必须设有明显的围栏,防止无关人员入内,悬挂"当心落物"的标识,并设置专人监护
	高处作业人员	未佩戴使用合格的安全带	高处坠落	重大	(1)安全带使用前进行外观检查合格,检验合格证应在有效期内; (2)在没有脚手架或没有栏杆的脚手架上工作,高度超过 1.5m 时必须使用安全带; (3)安全带的挂钩应挂在结实、牢固的构件上,或专挂安全带的钢丝绳上,不准低挂高用
		脚手架上作业不规范	高处坠落	重大	(1)上下脚手架应走人行通道或梯子,不准攀登架体; (2)不准站在脚手架的探头上作业; (3)同一架体上的作业人数一般为 2 人,必须超过 2 人的情况下不得超过 9 人; (4)不准在脚手架上蹬在木桶、木箱、砖及其他建筑材料等作业; (5)不准在架子上退着行走或跨坐在防护横杆上休息; (6)架子上应保持清洁,随时清理冰雪、杂物等,不准乱堆乱放物料; (7)不得在防护栏杆上拴挂任何重物; (8)作业中需要拆除防护栏杆时,必须采取可靠的临边防护措施
7. 设备试运行	气动执行机构及阀门	标识不全	机械伤害	较小	(1)工作前核对设备名称及编号; (2)完善补齐缺损的设备标识和警告牌
		检修人员单独进行试运行操作	机械伤害	较小	转动机械试运行操作应由运行值班人员根据检修工作负责人的要求进行,检修人员不准自己进行试运行的操作
8. 检修工作结束	施工废料	施工废料未清理	环境污染	较小	废料及时清理,做到工完、料尽、场地清

8.27 电动执行机构（EMG 开关型）检修

作业步骤	危害辨识	危害描述	产生后果	风险等级	防 范 措 施
1.作业环境评估	大风	在大于5级及以上的大风以及暴雨、打雷、大雾等恶劣的天气露天作业	高处坠落、物体打击	重大	在5级及以上的大风以及暴雨、打雷、大雾等恶劣天气，应停止露天高处作业
	噪声	进入噪声区域时，未正确使用防护用品	噪声聋	较小	进入噪声区域、使用高噪声区域时正确佩戴耳塞
	粉尘	未正确佩戴防护口罩	尘肺病	较小	作业人员工作时戴防尘口罩
	高处设备设施	防护栏缺损	高处坠落	重大	检查防护栏完好无损，如因工作需要拆除的栏杆，要做好临时护栏及悬挂警示标识
2.确认安全措施正确执行	转动的电机	工作前未核实设备运转状态和标识	机械伤害	较小	（1）工作前核对设备名称及编号；（2）检修工作开工前工作负责人与工作票许可人共同确认所检修设备已断电
3.准备工作及现场布置	脚手架搭（拆）设	脚手架搭设后未验收	高处坠落、物体打击	重大	（1）搭设结束后，必须履行脚手架验收手续，填写脚手架验收单，并在脚手架验收单上分级签字；（2）验收合格后应在脚手架上悬挂合格证，方可使用
	工器具	使用不合格的工具	机械伤害	较小	必须正确使用经检验合格的工器具
	照明	照度不足	其他伤害	较小	增加临时照明，保证电动执行机构检修区域照明充足
4.执行机构检查	高处的工器具、零部件	未使用工具包，作业区域未隔离	物体打击	较小	（1）高处作业工器具必须使用工具包；（2）工器具和零部件不准随便乱放；（3）工器具和零部件不准上下抛掷；（4）作业区必须设有明显的围栏，防止无关人员入内，悬挂"当心落物"的标识，并设置专人监护
	高处作业人员	未佩戴使用合格的安全带	高处坠落	重大	（1）安全带使用前进行外观检查合格，检验合格证应在有效期内；（2）在没有脚手架或没有栏杆的脚手架上工作，高度超过1.5m时必须使用安全带；（3）安全带的挂钩应挂在结实、牢固的构件上，或专挂安全带的钢丝绳上，不准低挂高用
		脚手架上作业不规范	高处坠落	重大	（1）上下脚手架应走人行通道或梯子，不准攀登架体；（2）不准站在脚手架的探头上作业；（3）同一架体上的作业人数一般为2人，必须超2人的情况下不得超过9人；（4）不准在脚手架上蹬在木桶、木箱、砖及其他建筑材料等作业；（5）不准在架子上退着行走或跨坐在防护横杆上休息；（6）架子上应保持清洁，随时清理冰雪、杂物等，不准乱堆乱放物料；（7）不得在防护栏杆上拴挂任何重物；（8）作业中需要拆除防护栏杆时，必须采取可靠的临边防护措施

续表

作业步骤	危害辨识	危害描述	产生后果	风险等级	防 范 措 施
4. 执行机构检查	绝缘电阻表	接触导电部分造成电击	触电	较小	（1）使用绝缘电阻表时人员禁止触碰导线的金属部分； （2）绝缘电阻表未停止工作之前或被测设备未放电前，严禁用手触及，拆线时也不要触及导线的金属部分
5. 执行机构行程调整	送电的执行机构	执行机构接线不规范	触电	中等	（1）送电前检查执行机构接线完好； （2）送电后使用可靠验电工具验电
	验电工具	验电工具不合格	触电	中等	验电工具使用前必须经过检验，严禁使用不合格验电工具
		验电方法错误	触电	中等	正确验电，真实反映设备带电情况
	转动的执行机构	肢体部位或饰品、衣物、用具（包括防护用品）、工具接触转动部位	机械伤害	较小	（1）执行机构转动前必须检查无缠绕可能； （2）衣服和袖口应扣好，不得戴围巾领带，长发必须盘在安全帽内； （3）不准将用具、工器具接触设备的转动部位
	执行机构连接的阀门	未停止阀门所属热力系统相关设备工作	机械伤害	中等	执行机构行程调整过程中禁止相关设备开展工作
	执行机构连接阀门所属热力系统介质	检修隔离措施不到位	烧烫伤	中等	对现场检修区域进行有效的隔离，有人监护
		运行隔离措施不到位	烧烫伤	中等	检修前工作负责人、工作许可人现场共同确认隔离措施安全可靠执行
6. 电动执行机构的恢复	高处的工器具、零部件	未使用工具包，作业区域未隔离	物体打击	较小	（1）高处作业工器具必须使用工具包； （2）工器具和零部件不准随便乱放； （3）工器具和零部件不准上下抛掷； （4）作业区必须设有明显的围栏，防止无关人员入内，悬挂"当心落物"的标识，并设置专人监护
	高处作业人员	未佩戴使用合格的安全带	高处坠落	重大	（1）安全带使用前进行外观检查合格，检验合格证应在有效期内； （2）在没有脚手架或没有栏杆的脚手架上工作，高度超过1.5m时必须使用安全带； （3）安全带的挂钩应挂在结实、牢固的构件上，或专挂安全带的钢丝绳上，不准低挂高用
		脚手架上作业不规范	高处坠落	重大	（1）上下脚手架应走人行通道或梯子，不准攀登架体； （2）不准站在脚手架的探头上作业； （3）同一架体上的作业人数一般为2人，必须超过2人的情况下不得超过9人； （4）不准在脚手架上蹲在木桶、木箱、砖及其他建筑材料等作业； （5）不准在架子上退着行走或跨坐在防护横杆上休息； （6）架子上应保持清洁，随时清理冰雪、杂物等，不准乱堆乱放物料； （7）不得在防护栏杆上拴挂任何重物； （8）作业中需要拆除防护栏杆时，必须采取可靠的临边防护措施

作业步骤	危害辨识	危害描述	产生后果	风险等级	防 范 措 施
7. 设备试运行	电动执行机构及阀门	标识不全	机械伤害	较小	（1）工作前核对设备名称及编号； （2）完善补齐缺损的设备标识和警告牌
		检修人员单独进行试运行操作	机械伤害	较小	转动机械试运行操作应由运行值班人员根据检修工作负责人的要求进行，检修人员不准自己进行试运行的操作
8. 检修工作结束	施工废料	施工废料未清理	环境污染	较小	废料及时清理，做到工完、料尽、场地清

8.28 电动执行机构（EMG 调节型）检修

作业步骤	危害辨识	危害描述	产生后果	风险等级	防 范 措 施
1. 作业环境评估	大风	在大于 5 级及以上的大风以及暴雨、打雷、大雾等恶劣的天气露天作业	高处坠落、物体打击	重大	在 5 级及以上的大风以及暴雨、打雷、大雾等恶劣天气，应停止露天高处作业
	噪声	进入噪声区域时，未正确使用防护用品	噪声聋	较小	进入噪声区域、使用高噪声区域时正确佩戴耳塞
	粉尘	未正确佩戴防护口罩	尘肺病	较小	作业人员工作时戴防尘口罩
	高处设备设施	防护栏缺损	高处坠落	重大	检查防护栏完好无损，如因工作需要拆除的栏杆，要做好临时护栏及悬挂警示标识
2. 确认安全措施正确执行	转动的电机	工作前未核实设备运转状态和标识	机械伤害	较小	（1）工作前核对设备名称及编号； （2）检修工作开工前工作负责人与工作票许可人共同确认所检修设备已断电
3. 准备工作及现场布置	脚手架搭（拆）设	脚手架搭设后未验收	高处坠落、物体打击	重大	（1）搭设结束后，必须履行脚手架验收手续，填写脚手架验收单，并在脚手架验收单上分级签字； （2）验收合格后应在脚手架上悬挂合格证，方可使用
	工器具	使用不合格的工具	机械伤害	较小	必须正确使用经检验合格的工器具
	照明	照度不足	其他伤害	较小	增加临时照明，保证电动执行机构检修区域照明充足
4. 执行机构检查	高处的工器具、零部件	未使用工具包，作业区域未隔离	物体打击	较小	（1）高处作业工器具必须使用工具包； （2）工器具和零部件不准随便乱放； （3）工器具和零部件不准上下抛掷； （4）作业区必须设有明显的围栏，防止无关人员入内，悬挂"当心落物"的标识，并设置专人监护
	高处作业人员	未佩戴使用合格的安全带	高处坠落	重大	（1）安全带使用前进行外观检查合格，检验合格证应在有效期内； （2）在没有脚手架或没有栏杆的脚手架上工作，高度超过 1.5m 时必须使用安全带； （3）安全带的挂钩应挂在结实、牢固的构件上，或专挂安全带的钢丝绳上，不准低挂高用

作业步骤	危害辨识	危害描述	产生后果	风险等级	防 范 措 施
4. 执行机构检查	高处作业人员	脚手架上作业不规范	高处坠落	重大	（1）上下脚手架应走人行通道或梯子，不准攀登架体； （2）不准站在脚手架的探头上作业； （3）同一架体上的作业人数一般为 2 人，必须超过 2 人的情况下不得超过 9 人； （4）不准在脚手架上蹲在木桶、木箱、砖及其他建筑材料等作业； （5）不准在架子上退着行走或跨坐在防护横杆上休息； （6）架子上应保持清洁，随时清理冰雪、杂物等，不准乱堆乱放物料； （7）不得在防护栏杆上拴挂任何重物； （8）作业中需要拆除防护栏杆时，必须采取可靠的临边防护措施
	绝缘电阻表	接触导电部分造成电击	触电	较小	（1）使用绝缘电阻表时人员禁止触碰导线的金属部分； （2）绝缘电阻表未停止工作之前或被测设备未放电前，严禁用手触及，拆线时也不要触及导线的金属部分
5. 执行机构行程调整	送电的执行机构	执行机构接线不规范	触电	中等	（1）送电前检查执行机构接线完好； （2）送电后使用可靠验电工具验电
	验电工具	验电工具不合格	触电	中等	验电工具使用前必须经过检验，严禁使用不合格验电工具
		验电方法错误	触电	中等	正确验电，真实反映设备带电情况
	转动的执行机构	肢体部位或饰品、衣物、用具（包括防护用品）、工具接触转动部位	机械伤害	较小	（1）执行机构转动前必须检查无缠绕可能； （2）衣服和袖口应扣好，不得戴围巾领带，长发必须盘在安全帽内； （3）不准将用具、工器具接触设备的转动部位
	执行机构连接的阀门	未停止阀门所属热力系统相关设备工作	机械伤害	中等	执行机构行程调整过程中禁止相关设备开展工作
	执行机构连接阀门所属热力系统介质	检修隔离措施不到位	烧烫伤	中等	对现场检修区域进行有效的隔离，有人监护
		运行隔离措施不到位	烧烫伤	中等	检修前工作负责人、工作许可人现场共同确认隔离措施安全可靠执行
6. 电动执行机构的恢复	高处的工器具、零部件	未使用工具包，作业区域未隔离	物体打击	较小	（1）高处作业工器具必须使用工具包； （2）工器具和零部件不准随便乱放； （3）工器具和零部件不准上下抛掷； （4）作业区必须设有明显的围栏，防止无关人员入内，悬挂"当心落物"的标识，并设置专人监护
	高处作业人员	未佩戴使用合格的安全带	高处坠落	重大	（1）安全带使用前进行外观检查合格，检验合格证应在有效期内； （2）在没有脚手架或没有栏杆的脚手架上工作，高度超过 1.5m 时必须使用安全带； （3）安全带的挂钩应挂在结实、牢固的构件上，或专挂安全带的钢丝绳上，不准低挂高用

作业步骤	危害辨识	危害描述	产生后果	风险等级	防 范 措 施
6. 电动执行机构的恢复	高处作业人员	脚手架上作业不规范	高处坠落	重大	（1）上下脚手架应走人行通道或梯子，不准攀登架体； （2）不准站在脚手架的探头上作业； （3）同一架体上的作业人数一般为 2 人，必须超过 2 人的情况下不得超过 9 人； （4）不准在脚手架上蹬在木桶、木箱、砖及其他建筑材料等作业； （5）不准在架子上退着行走或跨坐在防护横杆上休息； （6）架子上应保持清洁，随时清理冰雪、杂物等，不准乱堆乱放物料； （7）不得在防护栏杆上拴挂任何重物； （8）作业中需要拆除防护栏杆时，必须采取可靠的临边防护措施
7. 设备试运行	电动执行机构及阀门	标识不全	机械伤害	较小	（1）工作前核对设备名称及编号； （2）完善补齐缺损的设备标识和警告牌
		检修人员单独进行试运行操作	机械伤害	较小	转动机械试运行操作应由运行值班人员根据检修工作负责人的要求进行，检修人员不准自己进行试运行的操作
8. 检修工作结束	施工废料	施工废料未清理	环境污染	较小	废料及时清理，做到工完、料尽、场地清

8.29 电动执行机构（Hitewell 调节型）检修

作业步骤	危害辨识	危害描述	产生后果	风险等级	防 范 措 施
1. 作业环境评估	大风	在大于 5 级及以上的大风以及暴雨、打雷、大雾等恶劣的天气露天作业	高处坠落、物体打击	重大	在 5 级及以上的大风以及暴雨、打雷、大雾等恶劣天气，应停止露天高处作业
	噪声	进入噪声区域时，未正确使用防护用品	噪声聋	较小	进入噪声区域、使用高噪声区域时正确佩戴耳塞
	粉尘	未正确佩戴防护口罩	尘肺病	较小	作业人员工作时戴防尘口罩
	高处设备设施	防护栏缺损	高处坠落	重大	检查防护栏完好无损，如因工作需要拆除的栏杆，要做好临时护栏及悬挂警示标识
2. 确认安全措施正确执行	转动的电机	工作前未核实设备运转状态和标识	机械伤害	较小	（1）工作前核对设备名称及编号； （2）检修工作开工前，工作负责人与工作票许可人共同确认所检修设备已断电
3. 准备工作及现场布置	脚手架搭（拆）设	脚手架搭设后未验收	高处坠落、物体打击	重大	（1）搭设结束后，必须履行脚手架验收手续，填写脚手架验收单，并在脚手架验收单上分级签字； （2）验收合格后应在脚手架上悬挂合格证，方可使用
	工器具	使用不合格的工具	机械伤害	较小	必须正确使用经检验合格的工器具
	照明	照度不足	其他伤害	较小	增加临时照明，保证电动执行机构检修区域照明充足
4. 执行机构检查	高处的工器具、零部件	未使用工具包，作业区域未隔离	物体打击	较小	（1）高处作业工器具必须使用工具包； （2）工器具和零部件不准随便乱放； （3）工器具和零部件不准上下抛掷； （4）作业区必须设有明显的围栏，防止无关人员入内，悬挂"当心落物"的标识，并设置专人监护

续表

作业步骤	危害辨识	危害描述	产生后果	风险等级	防 范 措 施
4. 执行机构检查	高处作业人员	未佩戴使用合格的安全带	高处坠落	重大	（1）安全带使用前进行外观检查合格，检验合格证应在有效期内； （2）在没有脚手架或没有栏杆的脚手架上工作，高度超过 1.5m 时必须使用安全带； （3）安全带的挂钩应挂在结实、牢固的构件上，或专挂安全带的钢丝绳上，不准低挂高用
		脚手架上作业不规范	高处坠落	重大	（1）上下脚手架应走人行通道或梯子，不准攀登架体； （2）不准站在脚手架的探头上作业； （3）同一架体上的作业人数一般为 2 人，必须超过 2 人的情况下不得超过 9 人； （4）不准在脚手架上蹬在木桶、木箱、砖及其他建筑材料等作业； （5）不准在架子上退着行走或跨坐在防护横杆上休息； （6）架子上应保持清洁，随时清理冰雪、杂物等，不准乱堆乱放物料； （7）不得在防护栏杆上拴挂任何重物； （8）作业中需要拆除防护栏杆时，必须采取可靠的临边防护措施
	绝缘电阻表	接触导电部分造成电击	触电	较小	（1）使用绝缘电阻表时人员禁止触碰导线的金属部分； （2）绝缘电阻表未停止工作之前或被测设备未放电前，严禁用手触及，拆线时也不要触及导线的金属部分
5. 执行机构行程调整	送电的执行机构	执行机构接线不规范	触电	中等	（1）送电前检查执行机构接线完好； （2）送电后使用可靠验电工具验电
	验电工具	验电工具不合格	触电	中等	验电工具使用前必须经过检验，严禁使用不合格验电工具
		验电方法错误	触电	中等	正确验电，真实反映设备带电情况
	转动的执行机构	肢体部位或饰品、衣物、用具（包括防护用品）、工具接触转动部位	机械伤害	较小	（1）执行机构转动前必须检查无缠绕可能； （2）衣服和袖口应扣好，不得戴围巾领带，长发必须盘在安全帽内； （3）不准将用具、器具接触设备的转动部位
	执行机构连接的阀门	未停止阀门所属热力系统相关设备工作	机械伤害	中等	执行机构行程调整过程中禁止相关设备开展工作
	执行机构连接阀门所属热力系统介质	检修隔离措施不到位	烧烫伤	中等	对现场检修区域进行有效的隔离，有人监护
		运行隔离措施不到位	烧烫伤	中等	检修前工作负责人、工作许可人现场共同确认隔离措施安全可靠执行
6. 电动执行机构的恢复	高处的工器具、零部件	未使用工具包，作业区域未隔离	物体打击	较小	（1）高处作业工器具必须使用工具包； （2）工器具和零部件不准随便乱放； （3）工器具和零部件不准上下抛掷； （4）作业区必须设有明显的围栏，防止无关人员入内，悬挂"当心落物"的标识，并设置专人监护
	高处作业人员	未佩戴使用合格的安全带	高处坠落	重大	（1）安全带使用前进行外观检查合格，检验合格证应在有效期内； （2）在没有脚手架或没有栏杆的脚手架上工作，高度超过 1.5m 时必须使用安全带； （3）安全带的挂钩应挂在结实、牢固的构件上，或专挂安全带的钢丝绳上，不准低挂高用

作业步骤	危害辨识	危害描述	产生后果	风险等级	防 范 措 施
6. 电动执行机构的恢复	高处作业人员	脚手架上作业不规范	高处坠落	重大	（1）上下脚手架应走人行通道或梯子，不准攀登架体； （2）不准站在脚手架的探头上作业； （3）同一架体上的作业人数一般为 2 人，必须超过 2 人的情况下不得超过 9 人； （4）不准在脚手架上蹲在木桶、木箱、砖及其他建筑材料等作业； （5）不准在架子上退着行走或跨坐在防护横杆上休息； （6）架子上应保持清洁，随时清理冰雪、杂物等，不准乱堆乱放物料； （7）不得在防护栏杆上拴挂任何重物； （8）作业中需要拆除防护栏杆时，必须采取可靠的临边防护措施
7. 设备试运行	电动执行机构及阀门	标识不全	机械伤害	较小	（1）工作前核对设备名称及编号； （2）完善补齐缺损的设备标识和警告牌
		检修人员单独进行试运行操作	机械伤害	较小	转动机械试运行操作应由运行值班人员根据检修工作负责人的要求进行，检修人员不准自己进行试运行的操作
8. 检修工作结束	施工废料	施工废料未清理	环境污染	较小	废料及时清理，做到工完、料尽、场地清

8.30　电动执行机构（ROTORK 开关型）检修

作业步骤	危害辨识	危害描述	产生后果	风险等级	防 范 措 施
1. 作业环境评估	大风	在大于 5 级及以上的大风以及暴雨、打雷、大雾等恶劣的天气露天作业	高处坠落、物体打击	重大	在 5 级及以上的大风以及暴雨、打雷、大雾等恶劣天气，应停止露天高处作业
	噪声	进入噪声区域时，未正确使用防护用品	噪声聋	较小	进入噪声区域、使用高噪声区域时正确佩戴耳塞
	粉尘	未正确佩戴防护口罩	尘肺病	较小	作业人员工作时戴防尘口罩
	高处设备设施	防护栏缺损	高处坠落	重大	检查防护栏完好无损，如因工作需要拆除的栏杆，要做好临时护栏及悬挂警示标识
2. 确认安全措施正确执行	转动的电机	工作前未核实设备运转状态和标识	机械伤害	较小	（1）工作前核对设备名称及编号； （2）检修工作开工前工作负责人与工作票许可人共同确认所检修设备已断电
3. 准备工作及现场布置	脚手架搭（拆）设	脚手架搭设后未验收	高处坠落、物体打击	重大	（1）搭设结束后，必须履行脚手架验收手续，填写脚手架验收单，并在脚手架验收单上分级签字； （2）验收合格后应在脚手架上悬挂合格证，方可使用
	工器具	使用不合格的工具	机械伤害	较小	必须正确使用经检验合格的工器具
	照明	照度不足	其他伤害	较小	增加临时照明,保证电动执行机构检修区域照明充足
4. 执行机构检查	高处的工器具、零部件	未使用工具包，作业区域未隔离	物体打击	较小	（1）高处作业工器具必须使用工具包； （2）工器具和零部件不准随便乱放； （3）工器具和零部件不准上下抛掷； （4）作业区必须设有明显的围栏，防止无关人员入内，悬挂"当心落物"的标识，并设置专人监护

作业步骤	危害辨识	危害描述	产生后果	风险等级	防 范 措 施
4. 执行机构检查	高处作业人员	未佩戴使用合格的安全带	高处坠落	重大	（1）安全带使用前进行外观检查合格，检验合格证应在有效期内； （2）在没有脚手架或没有栏杆的脚手架上工作，高度超过 1.5m 时必须使用安全带； （3）安全带的挂钩应挂在结实、牢固的构件上，或专挂安全带的钢丝绳上，不准低挂高用
		脚手架上作业不规范	高处坠落	重大	（1）上下脚手架应走人行通道或梯子，不准攀登架体； （2）不准站在脚手架的探头上作业； （3）同一架体上的作业人数一般为 2 人，必须超过 2 人的情况下不得超过 9 人； （4）不准在脚手架上蹲在木桶、木箱、砖及其他建筑材料等作业； （5）不准在架子上退着行走或跨坐在防护横杆上休息； （6）架子上应保持清洁，随时清理冰雪、杂物等，不准乱堆乱放物料； （7）不得在防护栏杆上拴挂任何重物； （8）作业中需要拆除防护栏杆时，必须采取可靠的临边防护措施
	绝缘电阻表	接触导电部分造成电击	触电	较小	（1）使用绝缘电阻表时人员禁止触碰导线的金属部分； （2）绝缘电阻表未停止工作之前或被测设备未放电前，严禁用手触及，拆线时也不要触及导线的金属部分
5. 执行机构行程调整	送电的执行机构	执行机构接线不规范	触电	中等	（1）送电前检查执行机构接线完好； （2）送电后使用可靠验电工具验电
	验电工具	验电工具不合格	触电	中等	验电工具使用前必须经过检验，严禁使用不合格验电工具
		验电方法错误	触电	中等	正确验电，真实反映设备带电情况
	转动的执行机构	肢体部位或饰品、衣物、用具（包括防护用品）、工具接触转动部位	机械伤害	较小	（1）执行机构转动前必须检查无缠绕可能； （2）衣服和袖口应扣好，不得戴围巾领带，长发必须盘在安全帽内； （3）不准将用具、器具接触设备的转动部位
	执行机构连接的阀门	未停止阀门所属热力系统相关设备工作	机械伤害	中等	执行机构行程调整过程中禁止相关设备开展工作
	执行机构连接阀门所属热力系统介质	检修隔离措施不到位	烧烫伤	中等	对现场检修区域进行有效的隔离，有人监护
		运行隔离措施不到位	烧烫伤	中等	检修前工作负责人、工作许可人现场共同确认隔离措施安全可靠执行
6. 电动执行机构的恢复	高处的工器具、零部件	未使用工具包，作业区域未隔离	物体打击	较小	（1）高处作业工器具必须使用工具包； （2）工器具和零部件不准随便乱放； （3）工器具和零部件不准上下抛掷； （4）作业区必须设有明显的围栏，防止无关人员入内，悬挂"当心落物"的标识，并设置专人监护
	高处作业人员	未佩戴使用合格的安全带	高处坠落	重大	（1）安全带使用前进行外观检查合格，检验合格证应在有效期内； （2）在没有脚手架或没有栏杆的脚手架上工作，高度超过 1.5m 时必须使用安全带； （3）安全带的挂钩应挂在结实、牢固的构件上，或专挂安全带的钢丝绳上，不准低挂高用

作业步骤	危害辨识	危害描述	产生后果	风险等级	防 范 措 施
6. 电动执行机构的恢复	高处作业人员	脚手架上作业不规范	高处坠落	重大	（1）上下脚手架应走人行通道或梯子，不准攀登架体； （2）不准站在脚手架的探头上作业； （3）同一架体上的作业人数一般为 2 人，必须超过 2 人的情况下不得超过 9 人； （4）不准在脚手架上蹲在木桶、木箱、砖及其他建筑材料等作业； （5）不准在架子上退着行走或跨坐在防护横杆上休息； （6）架子上应保持清洁，随时清理冰雪、杂物等，不准乱堆乱放物料； （7）不得在防护栏杆上拴挂任何重物； （8）作业中需要拆除防护栏杆时，必须采取可靠的临边防护措施
7. 设备试运行	电动执行机构及阀门	标识不全	机械伤害	较小	（1）工作前核对设备名称及编号； （2）完善补齐缺损的设备标识和警告牌
		检修人员单独进行试运行操作	机械伤害	较小	转动机械试运行操作应由运行值班人员根据检修工作负责人的要求进行，检修人员不准自己进行试运行的操作
8. 检修工作结束	施工废料	施工废料未清理	环境污染	较小	废料及时清理，做到工完、料尽、场地清

8.31 电动执行机构（ROTORK 调节型）检修

作业步骤	危害辨识	危害描述	产生后果	风险等级	防 范 措 施
1. 作业环境评估	大风	在大于 5 级及以上的大风以及暴雨、打雷、大雾等恶劣的天气露天作业	高处坠落、物体打击	重大	在 5 级及以上的大风以及暴雨、雷电、大雾等恶劣天气，应停止露天高处作业
	噪声	进入噪声区域时，未正确使用防护用品	噪声聋	较小	进入噪声区域、使用高噪声区域时正确佩戴耳塞
	粉尘	未正确佩戴防护口罩	尘肺病	较小	作业人员工作时戴防尘口罩
	高处设备设施	防护栏缺损	高处坠落	重大	检查防护栏完好无损，如因工作需要拆除的栏杆，要做好临时护栏及悬挂警示标识
2. 确认安全措施正确执行	转动的电机	工作前未核实设备运转状态和标识	机械伤害	较小	（1）工作前核对设备名称及编号； （2）检修工作开工前工作负责人与工作票许可人共同确认所检修设备已断电
3. 准备工作及现场布置	脚手架搭（拆）设	脚手架搭设后未验收	高处坠落、物体打击	重大	（1）搭设结束后，必须履行脚手架验收手续，填写脚手架验收单，并在脚手架验收单上分级签字； （2）验收合格后应在脚手架上悬挂合格证，方可使用
	工器具	使用不合格的工具	机械伤害	较小	必须正确使用经检验合格的工器具
	照明	照度不足	其他伤害	较小	增加临时照明，保证电动执行机构检修区域照明充足
4. 执行机构检查	高处的工器具、零部件	未使用工具包，作业区域未隔离	物体打击	较小	（1）高处作业工器具必须使用工具包； （2）工器具和零部件不准随便乱放； （3）工器具和零部件不准上下抛掷； （4）作业区必须设有明显的围栏，防止无关人员入内，悬挂"当心落物"的标识，并设置专人监护

作业步骤	危害辨识	危害描述	产生后果	风险等级	防 范 措 施
4. 执行机构检查	高处作业人员	未佩戴使用合格的安全带	高处坠落	重大	（1）安全带使用前进行外观检查合格，检验合格证应在有效期内； （2）在没有脚手架或没有栏杆的脚手架上工作，高度超过 1.5m 时必须使用安全带； （3）安全带的挂钩应挂在结实、牢固的构件上，或专挂安全带的钢丝绳上，不准低挂高用
		脚手架上作业不规范	高处坠落	重大	（1）上下脚手架应走人行通道或梯子，不准攀登架体； （2）不准站在脚手架的探头上作业； （3）同一架体上的作业人数一般为 2 人，必须超过 2 人的情况下不得超过 9 人； （4）不准在脚手架上蹲在木桶、木箱、砖及其他建筑材料等作业； （5）不准在架子上退着行走或跨坐在防护横杆上休息； （6）架子上应保持清洁，随时清理冰雪、杂物等，不准乱堆乱放物料； （7）不得在防护栏杆上拴挂任何重物； （8）作业中需要拆除防护栏杆时，必须采取可靠的临边防护措施
	绝缘电阻表	接触导电部分造成电击	触电	较小	（1）使用绝缘电阻表时人员禁止触碰导线的金属部分； （2）绝缘电阻表未停止工作之前或被测设备未放电前，严禁用手触及，拆线时也不要触及导线的金属部分
5. 执行机构行程调整	送电的执行机构	执行机构接线不规范	触电	中等	（1）送电前检查执行机构接线完好； （2）送电后使用可靠验电工具验电
	验电工具	验电工具不合格	触电	中等	验电工具使用前必须经过检验，严禁使用不合格验电工具
		验电方法错误	触电	中等	正确验电，真实反映设备带电情况
	转动的执行机构	肢体部位或饰品、衣物、用具（包括防护用品）、工具接触转动部位	机械伤害	较小	（1）执行机构转动前必须检查无缠绕可能； （2）衣服和袖口应扣好，不得戴围巾领带，长发必须盘在安全帽内； （3）不准将用具、器具接触设备的转动部位
	执行机构连接的阀门	未停止阀门所属热力系统相关设备工作	机械伤害	中等	执行机构行程调整过程中禁止相关设备开展工作
	执行机构连接阀门所属热力系统介质	检修隔离措施不到位	烧烫伤	中等	对现场检修区域进行有效的隔离，有人监护
		运行隔离措施不到位	烧烫伤	中等	检修前工作负责人、工作许可人现场共同确认隔离措施安全可靠执行
6. 电动执行机构的恢复	高处的工器具、零部件	未使用工具包，作业区域未隔离	物体打击	较小	（1）高处作业工器具必须使用工具包； （2）工器具和零部件不准随便乱放； （3）工器具和零部件不准上下抛掷； （4）作业区必须设有明显的围栏，防止无关人员入内，悬挂"当心落物"的标识，并设置专人监护
	高处作业人员	未佩戴使用合格的安全带	高处坠落	重大	（1）安全带使用前进行外观检查合格，检验合格证应在有效期内； （2）在没有脚手架或没有栏杆的脚手架上工作，高度超过 1.5m 时必须使用安全带； （3）安全带的挂钩应挂在结实、牢固的构件上，或专挂安全带的钢丝绳上，不准低挂高用

续表

作业步骤	危害辨识	危害描述	产生后果	风险等级	防 范 措 施
6. 电动执行机构的恢复	高处作业人员	脚手架上作业不规范	高处坠落	重大	（1）上下脚手架应走人行通道或梯子，不准攀登架体； （2）不准站在脚手架的探头上作业； （3）同一架体上的作业人数一般为 2 人，必须超过 2 人的情况下不得超过 9 人； （4）不准在脚手架上蹬在木桶、木箱、砖及其他建筑材料等作业； （5）不准在架子上退着行走或跨坐在防护横杆上休息； （6）架子上应保持清洁，随时清理冰雪、杂物等，不准乱堆乱放物料； （7）不得在防护栏杆上拴挂任何重物； （8）作业中需要拆除防护栏杆时，必须采取可靠的临边防护措施
7. 设备试运行	电动执行机构及阀门	标识不全	机械伤害	较小	（1）工作前核对设备名称及编号； （2）完善补齐缺损的设备标识和警告牌
		检修人员单独进行试运行操作	机械伤害	较小	转动机械试运行操作应由运行值班人员根据检修工作负责人的要求进行，检修人员不准自己进行试运行的操作
8. 检修工作结束	施工废料	施工废料未清理	环境污染	较小	废料及时清理，做到工完、料尽、场地清

8.32 二次显示控制仪表（蝶阀位置反馈）检修

作业步骤	危害辨识	危害描述	产生后果	风险等级	防 范 措 施
1. 作业环境评估	噪声	进入噪声区域时，未正确使用防护用品	噪声聋	较小	进入噪声区域、使用高噪声区域时正确佩戴耳塞
	粉尘	未正确佩戴防护口罩	尘肺病	较小	作业人员工作时戴防尘口罩
	高处设备设施	防护栏缺损	高处坠落	重大	检查防护栏完好无损，如因工作需要拆除的栏杆，要做好临时护栏及悬挂警示标识
2. 确认安全措施正确执行	带电的二次显示仪表	工作前未核实仪表状态和标识	触电	中等	（1）工作前核对设备名称及编号； （2）检修工作开工前工作负责人与工作票许可人共同确认所检修设备已断电
3. 准备工作及现场布置	脚手架搭（拆）设	脚手架搭设后未验收	高处坠落、物体打击	重大	（1）搭设结束后，必须履行脚手架验收手续，填写脚手架验收单，并在脚手架验收单上分级签字； （2）验收合格后应在脚手架上悬挂合格证，方可使用
	工器具	使用不合格的工具	机械伤害	较小	必须正确使用经检验合格的工器具
	照明	照度不足	其他伤害	较小	增加临时照明，保证电动执行机构检修区域照明充足
4. 智能数字仪表检修	智能数字仪表	未停电	触电	中等	（1）数字仪表停电； （2）使用合格的验电工具验电
	工器具	使用不合格的工具	机械伤害	较小	必须正确使用经检验合格的工器具
	绝缘电阻表	接触导电部分造成电击	触电	较小	（1）使用绝缘电阻表时人员禁止触碰导线的金属部分； （2）绝缘电阻表未停止工作之前或被测设备未放电前，严禁用手触及，拆线时也不要触及导线的金属部分

作业步骤	危害辨识	危害描述	产生后果	风险等级	防 范 措 施
5. 开度定位器检修	工器具	使用不合格的工具	机械伤害	较小	必须正确使用经检验合格的工器具
	高处的工器具、零部件	未使用工具包，作业区域未隔离	物体打击	较小	（1）高处作业工器具必须使用工具包； （2）工器具和零部件不准随便乱放； （3）工器具和零部件不准上下抛掷； （4）作业区必须设有明显的围栏，防止无关人员入内，悬挂"当心落物"的标识，并设置专人监护
6. 智能数字仪表调试	带电的二次显示仪表	工作前未核实仪表状态和标识	触电	中等	（1）工作前核对设备名称及编号； （2）工作前使用合格的验电工具验电
	高处作业人员	未佩戴使用合格的安全带	高处坠落	重大	（1）安全带使用前进行外观检查合格，检验合格证应在有效期内； （2）在没有脚手架或没有栏杆的脚手架上工作，高度超过 1.5m 时必须使用安全带； （3）安全带的挂钩应挂在结实、牢固的构件上，或专挂安全带的钢丝绳上，不准低挂高用
		脚手架上作业不规范	高处坠落	重大	（1）上下脚手架应走人行通道或梯子，不准攀登架体； （2）不准站在脚手架的探头上作业； （3）同一架体上的作业人数一般为 2 人，必须超过 2 人的情况下不得超过 9 人； （4）不准在脚手架上蹬在木桶、木箱、砖及其他建筑材料等作业； （5）不准在架子上退着行走或跨坐在防护横杆上休息； （6）架子上应保持清洁，随时清理冰雪、杂物等，不准乱堆乱放物料； （7）不得在防护栏杆上拴挂任何重物； （8）作业中需要拆除防护栏杆时，必须采取可靠的临边防护措施
7. 设备试运行	二次显示控制仪表（蝶阀位置反馈）	标识不全	机械伤害	较小	（1）工作前核对设备名称及编号； （2）完善补齐缺损的设备标识和警告牌
		检修人员单独进行试运行操作	触电	中等	（1）工作前核对设备名称及编号； （2）工作前使用合格的验电工具验电
8. 检修工作结束	施工废料	施工废料未清理	环境污染	较小	废料及时清理，做到工完、料尽、场地清

8.33 辅网料位开关检修

作业步骤	危害辨识	危害描述	产生后果	风险等级	防 范 措 施
1. 作业环境评估	大风	在大于 5 级及以上的大风以及暴雨、打雷、大雾等恶劣的天气露天作业	高处坠落、物体打击	重大	在 5 级及以上的大风以及暴雨、打雷、大雾等恶劣天气，应停止露天高处作业
	噪声	进入噪声区域时，未正确使用防护用品	噪声聋	较小	进入噪声区域、使用高噪声区域时正确佩戴耳塞
	粉尘	未正确佩戴防护口罩	尘肺病	较小	作业人员工作时戴防尘口罩
2. 确认安全措施正确执行	高温高压灰渣	检修时系统隔离措施不彻底，造成高温高压灰渣喷溅	灼烫伤	较小	（1）工作前执行仓泵或灰斗系统安全隔离措施； （2）对所检修料位开关停电

作业步骤	危害辨识	危害描述	产生后果	风险等级	防 范 措 施
3. 准备工作及现场布置	脚手架搭设	脚手架搭设后未验收	高处坠落、物体打击	重大	（1）搭设结束后，必须履行脚手架验收手续，填写脚手架验收单，并在脚手架验收单上分级签字； （2）验收合格后应在脚手架上悬挂合格证，方可使用
	工器具	使用不合格的工具	机械伤害	较小	必须正确使用经检验合格的工器具
	现场标识	料位开关标识缺失	其他伤害	较小	（1）工作前核对料位开关名称及编号； （2）完善补齐缺损的料位开关标识
	绊脚物	现场工器具等未定置摆放	摔伤	较小	现场工器具、料位开关备品备件应定置摆放
4. 停电前检查	高处的工器具、零部件	未使用工具包，作业区域未隔离	物体打击	较小	（1）高处作业工器具必须使用工具包； （2）工器具和零部件不准随便乱放； （3）工器具和零部件不准上下抛掷； （4）作业区必须设有明显的围栏，防止无关人员入内，悬挂"当心落物"的标识，并设置专人监护
	高处作业人员	未佩戴使用合格的安全带	高处坠落	重大	（1）安全带使用前进行外观检查合格，检验合格证应在有效期内； （2）在没有脚手架或没有栏杆的脚手架上工作，高度超过1.5m时必须使用安全带； （3）安全带的挂钩应挂在结实、牢固的构件上，或专挂安全带的钢丝绳上，不准低挂高用
	绊脚物	现场工器具等未定置摆放	摔伤	较小	现场工器具、料位开关备品备件应定置摆放
5. 料位开关工作电源系统拉电	现场电源标识	电源标识不清晰造成走错间隔	其他伤害	较小	（1）拉电前核对料位开关电源空气开关名称及编号； （2）拉电前，有专人监护
	验电工具	验电工具不合格	触电	中等	验电工具使用前必须经过检验，严禁使用不合格验电工具
		验电方法错误	触电	中等	正确验电，真实反映设备带电情况
	220V电源	拉电姿势不准确	触电	中等	（1）拉电时，有专人监护； （2）纠正拉电姿势
6. 料位开关拆除	220V电源	拆料位开关电源线时防护措施不到位	触电	中等	（1）拆线前验电，确认无电； （2）拆线时应逐根拆除，每一根用绝缘胶布包好
	高处的工器具、零部件	工器具未系防坠绳及料位开关零部件未固定	物体打击	较小	（1）工器具必须使用防坠绳； （2）工器具和零部件应用绳拴在牢固的构件上，不准随便乱放
	手动扳手	拆除料位开关探杆时使用手动扳手用力过猛	磕碰伤	较小	使用扳手时均匀用力
	结焦灰尘	料位开关探杆黏附结焦灰尘	眼部伤害	较小	清理探杆时佩戴合格防护眼罩
			肺尘病		清理探杆时佩戴合格防护口罩
7. 料位开关回装	螺丝刀、尖嘴钳	用力过猛	刺伤	较小	使用工具时均匀用力
	手动扳手	安装料位开关探杆时使用手动扳手用力过猛	磕碰伤	较小	使用扳手时均匀用力
	220V电源	接料位开关电源线时防护措施不到位	触电	中等	（1）接线前验电，确认无电； （2）接线时应逐根接入

作业步骤	危害辨识	危害描述	产生后果	风险等级	防 范 措 施
8. 料位开关上电	220V电源	送电姿势不准确	触电	中等	（1）送电时，有专人监护； （2）纠正送电姿势
	现场电源标识	电源标识不清晰造成走错间隔	其他伤害	较小	（1）送电前核对料位开关电源空气开关名称及编号； （2）送电前，有专人监护
	高温高压灰渣	料位开关探杆螺母未拧紧	灼烫伤	中等	拧紧料位开关探杆螺母，系统投运时应避免正对介质释放点
9. 检修工作结束	施工废料	施工废料未清理	环境污染	较小	废料及时清理，做到工完、料尽、场地清

8.34 高压旁路系统热控设备检修

作业步骤	危害辨识	危害描述	产生后果	风险等级	防 范 措 施
1. 作业环境评估	噪声	进入噪声区域时，未正确使用防护用品	噪声聋	较小	进入噪声区域、使用高噪声区域时正确佩戴耳塞
	粉尘	未正确佩戴防护口罩	尘肺病	较小	作业人员工作时戴防尘口罩
	高处设备设施	防护栏缺损	高处坠落	重大	检查防护栏完好无损，如因工作需要拆除的栏杆，要做好临时护栏及悬挂警示标识
2. 确认安全措施正确执行	（1）热控气源未隔绝、电磁阀未断电；（2）高旁油站未停运	（1）工作前未核实设备带电状态和标识；（2）工作前未核实高旁油站停运，PLC未打到"停止"位置后拉电	机械伤害、触电伤害	较小	（1）工作前核对设备名称及编号； （2）检修工作开工前工作负责人与工作票许可人共同确认所检修设备已停运、断电、断气
3. 准备工作及现场布置	脚手架搭（拆）设	脚手架搭设后未验收	高处坠落、物体打击	重大	（1）搭设结束后，必须履行脚手架验收手续，填写脚手架验收单，并在脚手架验收单上分级签字； （2）验收合格后应在脚手架上悬挂合格证，方可使用
	工器具	使用不合格的工具	机械伤害	较小	必须正确使用经检验合格的工器具
	照明	照度不足	其他伤害	较小	增加临时照明，保证电动执行机构检修区域照明充足
4. 执行机构检查	高处的工器具、零部件	未使用工具包，作业区域未隔离	物体打击	较小	（1）高处作业工器具必须使用工具包； （2）工器具和零部件不准随便乱放； （3）工器具和零部件不准上下抛掷； （4）作业区必须设有明显的围栏，防止无关人员入内，悬挂"当心落物"的标识，并设置专人监护
	高处作业人员	未佩戴使用合格的安全带	高处坠落	重大	（1）安全带使用前进行外观检查合格，检验合格证应在有效期内； （2）在没有脚手架或没有栏杆的脚手架上工作，高度超过1.5m时必须使用安全带； （3）安全带的挂钩应挂在结实、牢固的构件上，或专挂安全带的钢丝绳上，不准低挂高用

作业步骤	危害辨识	危害描述	产生后果	风险等级	防 范 措 施
4. 执行机构检查	高处作业人员	脚手架上作业不规范	高处坠落	重大	(1) 上下脚手架应走人行通道或梯子，不准攀登架体； (2) 不准站在脚手架的探头上作业； (3) 同一架体上的作业人数一般为 2 人，必须超过 2 人的情况下不得超过 9 人； (4) 不准在脚手架上蹬在木桶、木箱、砖及其他建筑材料等作业； (5) 不准在架子上退着行走或跨坐在防护横杆上休息； (6) 架子上应保持清洁，随时清理冰雪、杂物等，不准乱堆乱放物料； (7) 不得在防护栏杆上拴挂任何重物； (8) 作业中需要拆除防护栏杆时，必须采取可靠的临边防护措施
	绝缘电阻表	接触导电部分造成电击	触电	较小	(1) 使用绝缘电阻表时人员禁止触碰导线的金属部分； (2) 绝缘电阻表未停止工作之前或被测设备未放电前，严禁用手触及，拆线时也不要触及导线的金属部分
5. 执行机构行程调整	送电的电磁阀	接线不规范或外壳破损	触电	中等	(1) 送电前检查电磁阀接线完好，外壳是否破损； (2) 送电后使用可靠验电工具验电
	验电工具	验电工具不合格	触电	中等	验电工具使用前必须经过检验，严禁使用不合格验电工具
		验电方法错误	触电	中等	正确验电，真实反映设备带电情况
	转动的执行机构	肢体部位或饰品、衣物、用具（包括防护用品）、工具接触转动部位	机械伤害	较小	(1) 执行机构转动前必须检查无缠绕可能； (2) 衣服和袖口应扣好、不得戴围巾领带、长发必须盘在安全帽内； (3) 不准将用具、工器具接触设备的转动部位
	执行机构连接的阀门	未停止阀门所属热力系统相关设备工作	机械伤害	中等	执行机构行程调整过程中禁止相关设备开展工作
	执行机构连接阀门所属热力系统介质	检修隔离措施不到位	烧烫伤	中等	对现场检修区域进行有效的隔离，有人监护
		运行隔离措施不到位	烧烫伤	中等	检修前工作负责人、工作许可人现场共同确认隔离措施安全可靠执行
6. 气动执行机构的恢复	高处的工器具、零部件	未使用工具包，作业区域未隔离	物体打击	较小	(1) 高处作业工器具必须使用工具包； (2) 工器具和零部件不准随便乱放； (3) 工器具和零部件不准上下抛掷； (4) 作业区必须设有明显的围栏，防止无关人员入内，悬挂"当心落物"的标识，并设置专人监护
	高处作业人员	未佩戴使用合格的安全带	高处坠落	重大	(1) 安全带使用前进行外观检查合格，检验合格证应在有效期内； (2) 在没有脚手架或没有栏杆的脚手架上工作，高度超过 1.5m 时必须使用安全带； (3) 安全带的挂钩应挂在结实、牢固的构件上，或专挂安全带的钢丝绳上，不准低挂高用

作业步骤	危害辨识	危害描述	产生后果	风险等级	防 范 措 施
6. 气动执行机构的恢复	高处作业人员	脚手架上作业不规范	高处坠落	重大	（1）上下脚手架应走人行通道或梯子，不准攀登架体； （2）不准站在脚手架的探头上作业； （3）同一架体上的作业人数一般为 2 人，必须超过 2 人的情况下不得超过 9 人； （4）不准在脚手架上蹲在木桶、木箱、砖及其他建筑材料等作业； （5）不准在架子上退着行走或跨坐在防护横杆上休息； （6）架子上应保持清洁，随时清理冰雪、杂物等，不准乱堆乱放物料； （7）不得在防护栏杆上拴挂任何重物； （8）作业中需要拆除防护栏杆时，必须采取可靠的临边防护措施
7. 设备试运行	气动执行机构及阀门	标识不全	机械伤害	较小	（1）工作前核对设备名称及编号； （2）完善补齐缺损的设备标识和警告牌
		检修人员单独进行试运行操作	机械伤害	较小	转动机械试运行操作应由运行值班人员根据检修工作负责人的要求进行，检修人员不准自己进行试运行的操作
8. 检修工作结束	施工废料	施工废料未清理	环境污染	较小	废料及时清理，做到工完、料尽、场地清

8.35 给煤机煤量测量装置检修

作业步骤	危害辨识	危害描述	产生后果	风险等级	防 范 措 施
1. 作业环境评估	噪声	进入噪声区域时，未正确使用防护用品	噪声聋	较小	进入噪声区域、使用高噪声区域时正确佩戴耳塞
	粉尘	未正确佩戴防护口罩	尘肺病	较小	作业人员工作时戴防尘口罩
	高温部件	身体误碰高温部件	灼烫伤	中等	工作人员穿戴防高温烫伤隔热服及防护手套
2. 确认安全措施正确执行	挡板	给煤机出入口挡板未关闭	其他伤害	中等	（1）工作前核对设备名称及编号，完善补齐缺损的设备标识； （2）检修工作开工前工作负责人与工作票许可人共同确认所检修设备已隔离
3. 准备工作及现场布置	绊脚物	现场工器具等未定置摆放	摔伤	较小	现场工器具、设备备品备件应定置摆放
	工器具	使用不合格的工具	机械伤害	较小	必须正确使用经检验合格的工器具
	高温环境	气温超过 40℃	中暑	较小	保证足够的饮水及防暑药品，人员轮换工作
	触电	给煤机控制柜带电部分	触电伤害	较小	做好电源隔离措施，工作前先验电
	皮带	贴反光条时手触碰转动皮带	机械伤害	较小	手严禁触碰转动的皮带
4. 设备试运行	挡板	恢复工作前所采取安全措施错误	其他伤害	较小	检查确认安全措施已恢复
5. 检修工作结束	施工废料	施工废料未清理	环境污染	较小	废料及时清理，做到工完、料尽、场地清

8.36 横向保护、连锁回路试验

作业步骤	危害辨识	危害描述	产生后果	风险等级	防 范 措 施
1. 作业环境评估	大风	在大于5级及以上的大风以及暴雨、打雷、大雾等恶劣的天气露天作业	高处坠落、物体打击	重大	在5级及以上的大风以及暴雨、打雷、大雾等恶劣天气，应停止露天高处作业
	噪声	进入噪声区域时，未正确使用防护用品	噪声聋	较小	进入噪声区域、使用高噪声区域时正确佩戴耳塞
	粉尘	未正确佩戴防护口罩	尘肺病	较小	作业人员工作时戴防尘口罩
	高处设备设施	防护栏缺损	高处坠落	重大	检查防护栏完好无损，如因工作需要拆除的栏杆，要做好临时护栏及悬挂警示标识
2. 确认安全措施正确执行	设备停运	开工前确认安措已到位	其他伤害	较小	（1）拉、合断路器前，必须确认设备名称、编号、位置正确，并有专人监护； （2）在相邻运行设备的控制开关上，悬挂"禁止操作"标志牌
3. 准备工作及现场布置	触电	保护柜继电器	触电伤害	较小	检查保护柜内相关卡件、继电器时，防止触电
	工器具	使用不合格的工具	机械伤害	较小	必须正确使用经检验合格的工器具
	照明	照度不足	其他伤害	较小	增加临时照明，保证区域照明充足
4. 保护连锁回路试验	触电	短接、拆开接点	触电伤害	较小	工作前先验电，佩戴绝缘手套
	工器具	使用不合格的工具	机械伤害	较小	必须正确使用经检验合格的工器具
5. 设备试运行	相关设备	标识不全	机械伤害	较小	（1）工作前核对设备名称及编号； （2）完善补齐缺损的设备标识和警告牌
		检修人员单独进行试运行操作	机械伤害	较小	系统试运行操作应由运行值班人员协同检修人员共同进行，检修人员不准自己进行试运行的操作
6. 检修工作结束	施工废料	施工废料未清理	环境污染	较小	废料及时清理，做到工完、料尽、场地清

8.37 火检系统设备检修

作业步骤	危害辨识	危害描述	产生后果	风险等级	防 范 措 施
1. 作业环境评估	大风	在大于5级及以上的大风以及暴雨、打雷、大雾等恶劣的天气露天作业	高处坠落、物体打击	重大	在5级及以上的大风以及暴雨、打雷、大雾等恶劣天气，应停止露天高处作业
	噪声	进入噪声区域时，未正确使用防护用品	噪声聋	较小	进入噪声区域、使用高噪声区域时正确佩戴耳塞
	高温环境	环境温度超过40℃	中暑	较小	（1）不准在工作环境温度超过40℃时进行露天作业； （2）在高温场所工作时，应为工作人员提供足够的饮水、清凉饮料及防暑药品；对温度较高的作业场所必须增加通风设备
	工器具零部件	交叉作业	高处坠落、物体打击	重大	在工作场所观察上下有无人员作业、有无隔离栏，有危险停工
	岩棉、化纤、粉尘	作业区保温、粉尘飞扬，炉膛内粉尘浓度高	尘肺病、沙眼	较小	作业时正确佩戴合格防尘口罩、防护眼镜
	现场设备	未观察周围环境	撞伤	较小	仔细观察周围环境，不挡视线、注意力集中
	高处设备设施	防护栏缺损	高处坠落	重大	检查防护栏完好无损，如因工作需要拆除的栏杆，要做好临时护栏及悬挂警示标识

作业步骤	危害辨识	危害描述	产生后果	风险等级	防 范 措 施
2. 确认安全措施正确执行	220V电源	工作前未断电	触电伤害	较小	（1）工作前核对设备名称及编号； （2）检修工作开工前工作负责人与工作票许可人共同确认所检修设备已断电
	转动风机、油枪、吹灰枪、点火枪	运行隔离措施不到位	机械伤害	中等	检修前工作负责人、工作许可人现场共同确认隔离措施安全可靠执行，无介质串入炉内
		检修隔离措施不到	物体打击	较小	对现场检修区域设置围栏、铺设胶皮，进行有效的隔离，有人监护
3. 准备工作及现场布置	现场标识	火检系统设备标识缺失	（1）触电伤害； （2）机械伤害	较小	（1）工作前核对设备名称及编号； （2）完善补齐缺损的设备标识
	脚手架搭（拆）设	脚手架搭设后未验收	高处坠落、物体打击	重大	（1）搭设结束后，必须履行脚手架验收手续，填写脚手架验收单，并在脚手架验收单上分级签字； （2）验收合格后应在脚手架上悬挂合格证，方可使用
	高温环境	气温超过40℃	中暑	较小	保证足够的饮水及防暑药品，人员轮换工作
	工器具	使用不合格的工具	机械伤害	较小	必须正确使用经检验合格的工器具
	绊脚物	现场工器具等未定置摆放	摔伤	较小	现场工器具、零部件、备品备件应定置摆放
	工器具零部件	现场没有铺垫	高处坠落、物体打击	重大	现场作业做好铺垫
	梯子	梯子缺损	高处坠落	较小	（1）使用梯子前应先检查梯子坚实、无缺损，止滑脚完好，不得使用有故障的梯子； （2）人字梯应具有坚固的铰链和限制开度的拉链，梯子支设夹角以35°~45°为宜
		梯子无检验合格证	高处坠落	重大	梯子应半年检验一次，并贴有检验合格证标签，无检验合格证或检验合格证过期的梯子不准使用
	临时电源及电源线	电源线、插头、插座破损	触电	较小	（1）检查电源线外绝缘良好，无破损； （2）检查电源盘合格证在有效期内； （3）检查电源插头插座，确保完好； （4）不准将电源线缠绕在护栏、管道和脚手架上
		电源线悬挂高度不够	触电	较小	临时电源线架设高度室内不低于2.5m
		未安装漏电保护器	触电	较小	（1）检查电源盘合格证在有效期内； （2）分级配置漏电保护器，工作前试用漏电保护器，确保正确动作
		检修电源箱外壳未接地	触电	较小	（1）检查电源盘合格证在有效期内； （2）检查电源箱外壳接地良好
	电动工具	使用不合格电动工具	触电	较小	检查合格证在有效期内、使用合格电动工具
	照明	照度不足	其他伤害	较小	（1）增加临时照明，保证检修区域照明充足； （2）炉膛内带好手电筒

作业步骤	危害辨识	危害描述	产生后果	风险等级	防 范 措 施
4. 火检探头（光纤）抽出检查	高处的工器具、零部件	未使用工具包，作业区域未隔离	物体打击	较小	（1）高处作业工器具必须使用工具包； （2）工器具和零部件不准随便乱放； （3）工器具和零部件不准上下抛掷； （4）作业区必须设有明显的围栏，防止无关人员入内，悬挂"当心落物"的标识，并设置专人监护
	高处作业人员	未佩戴使用合格的安全带	高处坠落	重大	（1）安全带使用前进行外观检查合格，检验合格证应在有效期内； （2）在没有脚手架或没有栏杆的脚手架上工作，高度超过1.5m时必须使用安全带； （3）安全带的挂钩应挂在结实、牢固的构件上，或专挂安全带的钢丝绳上，不准低挂高用
		脚手架上作业不规范	高处坠落	重大	（1）上下脚手架应走人行通道或梯子，不准攀登架体； （2）不准站在脚手架的探头上作业； （3）同一架体上的作业人数一般为2人，必须超过2人的情况下不得超过9人； （4）不准在脚手架上蹲在木桶、木箱、砖及其他建筑材料等作业； （5）不准在架子上退着行走或跨坐在防护横杆上休息； （6）架子上应保持清洁，随时清理冰雪、杂物等，不准乱堆乱放物料； （7）不得在防护栏杆上拴挂任何重物； （8）作业中需要拆除防护栏杆时，必须采取可靠的临边防护措施
	金属软管	金属软管损坏有毛刺	割伤	较小	工作人员戴好防护手套
	炉膛升降平台	在炉膛升降平台升降过程走动、越过围栏，与平台操作员无沟通	机械伤害	中等	在炉膛升降平台升降过程不走动、不越过围栏与操作员沟通清楚
	空气	人员遗留在炉膛内	窒息	中等	核对容器进出入登记，确认无人员和工器具遗落，并喊话确认无人
	撬棍	支撑物不可靠	磕碰伤	较小	应保证支撑物可靠
		被撬物倾斜或滚落	磕碰伤	较小	撬动过程中应采取防止被撬物倾斜或滑动
	手动扳手、管子钳	使用手动扳手、管子钳用力过猛，操作不当	磕碰伤	较小	（1）戴好防护手套； （2）使用工具均匀用力
5. 火焰分析单元检查	高处的工器具、零部件	未使用工具包，作业区域未隔离	物体打击	较小	（1）高处作业工器具必须使用工具包； （2）工器具和零部件不准随便乱放； （3）工器具和零部件不准上下抛掷； （4）作业区必须设有明显的围栏，防止无关人员入内，悬挂"当心落物"的标识，并设置专人监护
	高处作业人员	未佩戴使用合格的安全带	高处坠落	重大	（1）安全带使用前进行外观检查合格，检验合格证应在有效期内； （2）在没有脚手架或没有栏杆的脚手架上工作，高度超过1.5m时必须使用安全带； （3）安全带的挂钩应挂在结实、牢固的构件上，或专挂安全带的钢丝绳上，不准低挂高用

作业步骤	危害辨识	危害描述	产生后果	风险等级	防 范 措 施
5. 火焰分析单元检查	高处作业人员	脚手架上作业不规范	高处坠落	重大	（1）上下脚手架应走人行通道或梯子，不准攀登架体； （2）不准站在脚手架的探头上作业； （3）同一架体上的作业人数一般为 2 人，必须超过 2 人的情况下不得超过 9 人； （4）不准在脚手架上蹬在木桶、木箱、砖及其他建筑材料等作业； （5）不准在架子上退着行走或跨坐在防护横杆上休息； （6）架子上应保持清洁，随时清理冰雪、杂物等，不准乱堆乱放物料； （7）不得在防护栏杆上拴挂任何重物； （8）作业中需要拆除防护栏杆时，必须采取可靠的临边防护措施
	电缆套管	套管损坏有缺口	割伤	较小	工作人员戴好防护手套
	螺丝刀、尖嘴钳	用力过猛	刺伤	较小	使用工具时均匀用力
	手动扳手	使用手动扳手用力过猛	磕碰伤	较小	（1）戴好防护手套； （2）使用工具均匀用力
6. 火检探头回装	高处的工器具、零部件	未使用工具包，作业区域未隔离	物体打击	较小	（1）高处作业工器具必须使用工具包； （2）工器具和零部件不准随便乱放； （3）工器具和零部件不准上下抛掷； （4）作业区必须设有明显的围栏，防止无关人员入内，悬挂"当心落物"的标识，并设置专人监护
	高处作业人员	未佩戴使用合格的安全带	高处坠落	重大	（1）安全带使用前进行外观检查合格，检验合格证应在有效期内； （2）在没有脚手架或没有栏杆的脚手架上工作，高度超过 1.5m 时必须使用安全带； （3）安全带的挂钩应挂在结实、牢固的构件上，或专挂安全带的钢丝绳上，不准低挂高用
		脚手架上作业不规范	高处坠落	重大	（1）上下脚手架应走人行通道或梯子，不准攀登架体； （2）不准站在脚手架的探头上作业； （3）同一架体上的作业人数一般为 2 人，必须超过 2 人的情况下不得超过 9 人； （4）不准在脚手架上蹬在木桶、木箱、砖及其他建筑材料等作业； （5）不准在架子上退着行走或跨坐在防护横杆上休息； （6）架子上应保持清洁，随时清理冰雪、杂物等，不准乱堆乱放物料； （7）不得在防护栏杆上拴挂任何重物； （8）作业中需要拆除防护栏杆时，必须采取可靠的临边防护措施
	金属软管	金属软管损坏有毛刺	割伤	较小	工作人员戴好防护手套
	炉膛升降平台	在炉膛升降平台升降过程走动、越过围栏，与平台操作员无沟通	机械伤害	中等	在炉膛升降平台升降过程不走动、不越过围栏，与操作员沟通清楚
	空气	人员遗留在炉膛内	窒息	中等	核对容器进出入登记，确认无人员和工器具遗落，并喊话确认无人

作业步骤	危害辨识	危害描述	产生后果	风险等级	防 范 措 施
6. 火检探头回装	手动扳手、管子钳	使用手动扳手、管子钳用力过猛，操作不当	磕碰伤	较小	（1）戴好防护手套； （2）使用工具均匀用力
	撬棍	支撑物不可靠	磕碰伤	较小	应保证支撑物可靠
		被撬物倾斜或滚落	磕碰伤	较小	撬动过程中应采取防止被撬物倾斜或滑动
	电缆套管	套管损坏有缺口	割伤	较小	工作人员戴好防护手套
7. 火检机柜检修	梯子	梯子斜角度未在60°左右	高处坠落	重大	（1）使用梯子时，梯子与地面成60°角； （2）作业人员必须蹲在距梯顶不少于 1m 的梯蹬上工作
		梯子无人员扶持	高处坠落	重大	（1）梯子的止滑脚必须安全可靠，使用梯子时必须有人扶持，梯子不得放在通道口、通道拐弯口和门前使用，如需放置时应设专人看守； （2）作业人员不许面向梯子上下
		在水泥或光滑坚硬的地面上使用梯子未采取防护措施	高处坠落	重大	在水泥或光滑坚硬的地面上使用梯子时，其下端应安置橡胶套或橡胶布，同时应用绳索将梯子下端与固定物缚住
		梯子上作业不规范	高处坠落	重大	（1）不准梯子垫高或接长使用； （2）上下梯子时，不准手持物件攀登； （3）梯子上作业人员应将安全带挂在牢固的构件上，不准将安全带挂在梯子上； （4）不准 2 人同登一梯； （5）人在梯子上作业时，不准移动梯子
	220V电源	误碰电源端子	触电	较小	（1）核对端子； （2）做好隔离措施或保持适当距离
8. 火焰检测系统回路模拟试验	高处的工器具、零部件	未使用工具包，作业区域未隔离	物体打击	较小	（1）高处作业工器具必须使用工具包； （2）工器具和零部件不准随便乱放； （3）工器具和零部件不准上下抛掷； （4）作业区必须设有明显的围栏，防止无关人员入内，悬挂"当心落物"的标识，并设置专人监护
	高处作业人员	未佩戴使用合格的安全带	高处坠落	重大	（1）安全带使用前进行外观检查合格，检验合格证应在有效期内； （2）在没有脚手架或没有栏杆的脚手架上工作，高度超过1.5m 时必须使用安全带； （3）安全带的挂钩应挂在结实、牢固的构件上，或专挂安全带的钢丝绳上，不准低挂高用
		脚手架上作业不规范	高处坠落	重大	（1）上下脚手架应走人行通道或梯子，不准攀登架体； （2）不准站在脚手架的探头上作业； （3）同一架体上的作业人数一般为 2 人，必须超 2 人的情况下不得超过 9 人； （4）不准在脚手架上蹲在木桶、木箱、砖及其他建筑材料等作业； （5）不准在架子上退着行走或跨坐在防护横杆上休息； （6）架子上应保持清洁，随时清理冰雪、杂物等，不准乱堆乱放物料； （7）不得在防护栏杆上拴挂任何重物； （8）作业中需要拆除防护栏杆时，必须采取可靠的临边防护措施

作业步骤	危害辨识	危害描述	产生后果	风险等级	防 范 措 施
8.火焰检测系统回路模拟试验	炉膛升降平台	在炉膛升降平台升降过程走动、越过围栏，与平台操作员无沟通	机械伤害	中等	在炉膛升降平台升降过程不走动、不越过围栏，与操作员沟通清楚
	空气	人员遗留在炉膛内	窒息	中等	核对容器进出入登记，确认无人员和工器具遗落，并喊话确认无人
9.检修工作结束	施工废料	施工废料未清理	环境污染	较小	废料及时清理，做到工完、料尽、场地清

8.38 火焰电视系统检修

作业步骤	危害辨识	危害描述	产生后果	风险等级	防 范 措 施
1.作业环境评估	大风	在大于5级及以上的大风以及暴雨、打雷、大雾等恶劣的天气露天作业	高处坠落、物体打击	重大	在5级及以上的大风以及暴雨、打雷、大雾等恶劣天气，应停止露天高处作业
	噪声	进入噪声区域时，未正确使用防护用品	噪声聋	较小	进入噪声区域、使用高噪声区域时正确佩戴耳塞
	粉尘	未正确佩戴防护口罩	尘肺病	较小	作业人员工作时戴防尘口罩
	高处设备设施	防护栏缺损	高处坠落	重大	检查防护栏完好无损，如因工作需要拆除的栏杆，要做好临时护栏及悬挂警示标识
2.确认安全措施正确执行	火焰电视机构	退出运行监视	机械伤害	较小	确认火焰电视退出运行监视
3.准备工作及现场布置	绊脚物	现场工器具等未定置摆放	摔伤	较小	现场工器具、设备备品备件应定置摆放
	电动工具	使用不合格的电动工具	触电	中等	必须正确使用经检验合格的电动工具
	临时电源线缆	破损	触电	中等	检查电源线外绝缘良好，无破损
	移动电源线缆盘	漏电保护器失灵	触电	中等	使用合格的移动电源线缆盘
4.火焰电视机构退出	高温烟气	炉壁上火焰电视机构伸入退出时人孔门未关闭	灼烫伤	较小	站在侧面关闭人孔门
	高温部件	手或身体触碰潜望筒	灼烫伤	中等	佩戴防护手套工作并保持适当距离
5.镜头清理	火焰电视机构	清理镜头时潜望筒突然伸进	挤伤	较小	（1）将就地选择开关选择在就地位置，防止远方伸入操作；（2）火焰电视机构投入运行时应将选择开关选择在远方位置
	电吹风机	手提电动工具的导线或转动部分	触电	中等	不准手提电动工具的导线或转动部分
		电吹风电源线、电源插头破损	触电	中等	（1）检查电吹风电源线、电源插头完好无破损；（2）检查合格证在有效期内
	高温部件	手动擦拭镜头时手或身体触碰潜望筒	灼烫伤	中等	佩戴防护手套工作并保持适当距离
6.设备投运	火焰电视机构	恢复工作前所采取安全措施错误	灼烫伤	中等	工作负责人确认安全措施正确恢复
7.检修工作结束	施工废料	施工废料未清理	环境污染	较小	废料及时清理，做到工完、料尽、场地清

8.39 机侧保护、连锁回路试验

作业步骤	危害辨识	危害描述	产生后果	风险等级	防 范 措 施
1. 作业环境评估	大风	在大于 5 级及以上的大风以及暴雨、打雷、大雾等恶劣的天气露天作业	高处坠落、物体打击	重大	在 5 级及以上的大风以及暴雨、打雷、大雾等恶劣天气，应停止露天高处作业
	噪声	进入噪声区域时，未正确使用防护用品	噪声聋	较小	进入噪声区域、使用高噪声区域时正确佩戴耳塞
	粉尘	未正确佩戴防护口罩	尘肺病	较小	作业人员工作时戴防尘口罩
	高处设备设施	防护栏缺损	高处坠落	重大	检查防护栏完好无损，如因工作需要拆除的栏杆，要做好临时护栏及悬挂警示标识
2. 确认安全措施正确执行	设备停运	开工前确认安全措施已到位	其他伤害	较小	（1）拉、合断路器前，必须确认设备名称、编号、位置正确，并有专人监护；（2）在相邻运行设备的控制开关上，悬挂"禁止操作"标志牌
3. 准备工作及现场布置	触电	保护柜继电器	触电伤害	较小	检查保护柜内相关卡件、继电器时，防止触电
	工器具	使用不合格的工具	机械伤害	较小	必须正确使用经检验合格的工器具
	照明	照度不足	其他伤害	较小	增加临时照明，保证区域照明充足
4. 保护连锁回路试验	触电	短接、拆开接点	触电伤害	较小	工作前先验电，佩戴绝缘手套
	工器具	使用不合格的工具	机械伤害	较小	必须正确使用经检验合格的工器具
5. 设备试运行	相关设备	标识不全	机械伤害	较小	（1）工作前核对设备名称及编号；（2）完善补齐缺损的设备标识和警告牌
		检修人员单独进行试运行操作	机械伤害	较小	系统试运行操作应由运行值班人员协同检修人员共同进行，检修人员不准自己进行试运行的操作
6. 检修工作结束	施工废料	施工废料未清理	环境污染	较小	废料及时清理，做到工完、料尽、场地清

8.40 捞渣机程控系统就地设备检修

作业步骤	危害辨识	危害描述	产生后果	风险等级	防 范 措 施
1. 作业环境评估	大风	在大于 5 级及以上的大风以及暴雨、打雷、大雾等恶劣的天气露天作业	物体打击	中等	在 5 级及以上的大风以及暴雨、打雷、大雾等恶劣天气，应停止露天作业
	噪声	进入噪声区域时，未正确使用防护用品	噪声聋	较小	进入噪声区域、使用高噪声区域时正确佩戴耳塞
	粉尘	未正确佩戴防护口罩	尘肺病	较小	作业人员工作时戴防尘口罩
2. 确认安全措施正确执行	转动的电机	工作前未核实捞渣机运转状态和标识	机械伤害	较小	（1）工作前核对设备名称及编号；（2）检修工作开工前工作负责人与工作票许可人共同确认所检修设备已断电
3. 准备工作及现场布置	脚手架搭（拆）设	脚手架搭设后未验收	高处坠落、物体打击	重大	（1）搭设结束后，必须履行脚手架验收手续，填写脚手架验收单，并在脚手架验收单上分级签字；（2）验收合格后应在脚手架上悬挂合格证，方可使用
	工器具	使用不合格的工具	机械伤害	较小	必须正确使用经检验合格的工器具
	照明	照度不足	其他伤害	较小	增加临时照明，保证捞渣机检修区域照明充足

续表

作业步骤	危害辨识	危害描述	产生后果	风险等级	防 范 措 施
4. 拉电前的检查	绊脚物	现场工器具等未定置摆放	摔伤	较小	现场工器具、备品备件应定置摆放
	高处作业人员	未佩戴使用合格的安全带	高处坠落	重大	（1）安全带使用前进行外观检查合格，检验合格证应在有效期内； （2）在没有脚手架或没有栏杆的脚手架上工作，高度超过1.5m时必须使用安全带； （3）安全带的挂钩应挂在结实、牢固的构件上，或专挂安全带的钢丝绳上，不准低挂高用
		脚手架上作业不规范	高处坠落	重大	（1）上下脚手架应走人行通道或梯子，不准攀登架体； （2）不准站在脚手架的探头上作业； （3）同一架体上的作业人数一般为2人，必须超过2人的情况下不得超过9人； （4）不准在脚手架上蹬在木桶、木箱、砖及其他建筑材料等作业； （5）不准在架子上退着行走或跨坐在防护横杆上休息； （6）架子上应保持清洁，随时清理冰雪、杂物等，不准乱堆乱放物料； （7）不得在防护栏杆上拴挂任何重物； （8）作业中需要拆除防护栏杆时，必须采取可靠的临边防护措施
	验电工具	验电工具不合格	触电	中等	验电工具使用前必须经过检验，严禁使用不合格验电工具
		验电方法错误	触电	中等	正确验电，真实反映设备带电情况
	捞渣机转动部分	肢体部位或饰品、衣物、用具（包括防护用品）、工具接触转动部位	机械伤害	较小	（1）衣服和袖口应扣好，不得戴围巾领带，长发必须盘在安全帽内； （2）不准将用具、工器具接触捞渣机的转动部位
	220V电源	捞渣机热控设备检查时误碰带电部分	触电	中等	做好220V电源的隔离措施或保持适当距离
5. 动力电系统拉电	现场电源标识	电源标识不清晰造成走错间隔	其他伤害	较小	（1）拉电前核对捞渣机程控热工设备电源空气开关名称及编号； （2）拉电前，有专人监护
	验电工具	验电工具不合格	触电	中等	验电工具使用前必须经过检验，严禁使用不合格验电工具
		验电方法错误	触电	中等	正确验电，真实反映设备带电情况
	220V、380V电源	系统设备拉电过程中误碰带电部分	触电	中等	做好220V、380V电源的隔离措施或保持适当距离
6. 就地仪表检修	高处的工器具、零部件	未使用工具包，作业区域未隔离	物体打击	较小	（1）高处作业工器具必须使用工具包； （2）工器具和零部件不准随便乱放； （3）工器具和零部件不准上下抛掷； （4）作业区必须设有明显的围栏，防止无关人员入内，悬挂“当心落物”的标识，并设置专人监护
	高处作业人员	未佩戴使用合格的安全带	高处坠落	重大	（1）安全带使用前进行外观检查合格，检验合格证应在有效期内； （2）在没有脚手架或没有栏杆的脚手架上工作，高度超过1.5m时必须使用安全带； （3）安全带的挂钩应挂在结实、牢固的构件上，或专挂安全带的钢丝绳上，不准低挂高用

作业步骤	危害辨识	危害描述	产生后果	风险等级	防 范 措 施
6. 就地仪表检修	高处作业人员	脚手架上作业不规范	高处坠落	重大	（1）上下脚手架应走人行通道或梯子，不准攀登架体； （2）不准站在脚手架的探头上作业； （3）同一架体上的作业人数一般为 2 人，必须超过 2 人的情况下不得超过 9 人； （4）不准在脚手架上蹲在木桶、木箱、砖及其他建筑材料等作业； （5）不准在架子上退着行走或跨坐在防护横杆上休息； （6）架子上应保持清洁，随时清理冰雪、杂物等，不准乱堆乱放物料； （7）不得在防护栏杆上拴挂任何重物； （8）作业中需要拆除防护栏杆时，必须采取可靠的临边防护措施
	手动扳手	使用手动扳手用力过猛	磕碰伤	较小	使用扳手时均匀用力
	螺丝刀、尖嘴钳	用力过猛	刺伤	较小	使用工具时均匀用力
	绊脚物	现场工器具等未定置摆放	摔伤	较小	现场工器具、装置备品备件应定置摆放
7. 补水就地阀门的检修	电动执行机构及阀门	标识不全	机械伤害	较小	（1）工作前核对设备名称及编号； （2）完善补齐缺损的设备标识和警告牌
	转动的执行机构	肢体部位或饰品、衣物、用具（包括防护用品）、工具接触转动部位	机械伤害	较小	（1）执行机构转动前必须检查无缠绕可能； （2）衣服和袖口应扣好，不得戴围巾、领带，长发必须盘在安全帽内； （3）不准将用具、工器具接触设备的转动部位
	手动扳手	使用手动扳手用力过猛	磕碰伤	较小	使用扳手时均匀用力
	绊脚物	现场工器具等未定置摆放	摔伤	较小	现场工器具、设备备品备件应定置摆放
	螺丝刀、尖嘴钳	用力过猛	刺伤	较小	使用工具时均匀用力
8. 三通阀的检修	电动执行机构及阀门	标识不全	机械伤害	较小	（1）工作前核对设备名称及编号； （2）完善补齐缺损的设备标识和警告牌
	转动的执行机构	肢体部位或饰品、衣物、用具（包括防护用品）、工具接触转动部位	机械伤害	较小	（1）执行机构转动前必须检查无缠绕可能； （2）衣服和袖口应扣好，不得戴围巾、领带，长发必须盘在安全帽内； （3）不准将用具、工器具接触设备的转动部位
	手动扳手	使用手动扳手用力过猛	磕碰伤	较小	使用扳手时均匀用力
	绊脚物	现场工器具等未定置摆放	摔伤	较小	现场工器具、设备备品备件应定置摆放
	螺丝刀、尖嘴钳	用力过猛	刺伤	较小	使用工具时均匀用力
9. 系统上电与调试	220V电源	接设备电源线时防护措施不到位	触电	中等	（1）接线前验电，确认无电； （2）接线时应逐根接入
	220V电源	送电姿势不准确	触电	中等	（1）送电时，有专人监护； （2）纠正送电姿势
	现场电源标识	电源标识不清晰造成走错间隔	其他伤害	较小	（1）送电前核对设备电源空气开关名称及编号； （2）送电前，有专人监护

续表

作业步骤	危害辨识	危害描述	产生后果	风险等级	防 范 措 施
9．系统上电与调试	验电	验电工具不合格	触电	中等	验电工具使用前必须经过检验，严禁使用不合格验电工具
		验电方法错误	触电	中等	正确验电，真实反映设备带电情况
	阀门转动机械	系统送电调试时误碰阀门转动部分	机械伤害	中等	（1）系统调试时，有专人监护； （2）系统调试时，远离转动部分
10．检修工作结束	施工废料	施工废料未清理	环境污染	较小	废料及时清理，做到工完、料尽、场地清

8.41 雷达料位计（E＋H）检修

作业步骤	危害辨识	危害描述	产生后果	风险等级	防 范 措 施
1．作业环境评估	大风	在大于 5 级及以上的大风以及暴雨、打雷、大雾等恶劣的天气露天作业	高处坠落、物体打击	重大	在 5 级及以上的大风以及暴雨、打雷、大雾等恶劣天气，应停止露天高处作业
	噪声	进入噪声区域时，未正确使用防护用品	噪声聋	较小	进入噪声区域、使用高噪声区域时正确佩戴耳塞
	粉尘	未正确佩戴防护口罩	尘肺病	较小	作业人员工作时戴防尘口罩
	高处设备设施	防护栏缺损	高处坠落	重大	检查防护栏完好无损，如因工作需要拆除的栏杆，要做好临时护栏及悬挂警示标识
2．确认安全措施正确执行	高温灰渣	检修时渣仓系统隔离措施不彻底，造成高温灰渣喷溅	灼烫伤	中等	（1）工作前执行渣仓系统安全隔离措施； （2）对所检修雷达料位计停电
3．准备工作及现场布置	工器具	使用不合格的工具	机械伤害	较小	必须正确使用经检验合格的工器具
	现场标识	雷达料位计标识缺失	其他伤害	较小	（1）工作前核对雷达料位计名称及编号； （2）完善补齐缺损的料位计标识
	绊脚物	现场工器具等未定置摆放	摔伤	较小	现场工器具、料位计备品备件应定置摆放
4．停电前检查	高处的工器具、零部件	未使用工具包，作业区域未隔离	物体打击	较小	（1）高处作业工器具必须使用工具包； （2）工器具和零部件不准随便乱放； （3）工器具和零部件不准上下抛掷； （4）作业区必须设有明显的围栏，防止无关人员入内，悬挂"当心落物"的标识，并设置专人监护
	高处作业人员	未佩戴使用合格的安全带	高处坠落	重大	（1）安全带使用前进行外观检查合格，检验合格证应在有效期内； （2）在没有脚手架或没有栏杆的脚手架上工作，高度超过 1.5m 时必须使用安全带； （3）安全带的挂钩应挂在结实、牢固的构件上，或专挂安全带的钢丝绳上，不准低挂高用
	绊脚物	现场工器具等未定置摆放	摔伤	较小	现场工器具、雷达料位计备品备件应定置摆放
	现场电源标识	电源标识不清晰造成走错间隔	其他伤害	较小	（1）拉电前核对料位计电源空气开关名称及编号； （2）拉电前，有专人监护
	验电工具	验电工具不合格	触电	中等	验电工具使用前必须经过检验，严禁使用不合格验电工具
		验电方法错误	触电	中等	正确验电，真实反映设备带电情况
	220V电源	拉电姿势不准确	触电	中等	（1）拉电时，有专人监护； （2）纠正拉电姿势

作业步骤	危害辨识	危害描述	产生后果	风险等级	防 范 措 施
5. 料位计拆除清理检查	220V电源	拆料位计电源线时防护措施不到位	触电	中等	(1) 拆线前验电，确认无电；(2) 拆线时应逐根拆除，每一根用绝缘胶布包好
	高处的工器具、零部件	工器具未系防坠绳及料位计零部件未固定	物体打击	较小	(1) 工器具必须使用防坠绳；(2) 工器具和零部件应用绳拴在牢固的构件上，准随便乱放
	手动扳手	拆除料位计探杆时使用手动扳手用力过猛	磕碰伤	较小	使用扳手时均匀用力
	结焦灰尘	料位计探杆黏附结焦灰尘	眼部伤害	较小	清理探杆时佩戴合格防护眼罩
			肺尘病	较小	清理探杆时佩戴合格防护口罩
6. 料位计回装	螺丝刀、尖嘴钳	用力过猛	刺伤	较小	使用工具时均匀用力
	手动扳手	安装料位计探杆时使用手动扳手用力过猛	磕碰伤	较小	使用扳手时均匀用力
	220V电源	接料位计电源线时防护措施不到位	触电	中等	(1) 接线前验电，确认无电；(2) 接线时应逐根接入
	220V电源	送电姿势不准确	触电	中等	(1) 送电时，有专人监护；(2) 纠正送电姿势
	现场电源标识	电源标识不清晰造成走错间隔	其他伤害	较小	(1) 送电前核对料位计电源空气开关名称及编号；(2) 送电前，有专人监护
	高温灰渣	料位计探杆螺母未拧紧	灼烫伤	中等	拧紧料位计探杆螺母，系统投运时应避免正对介质释放点
7. 料位计菜单检查和调试	220V电源	菜单设置和调试时误碰带电部分	触电	中等	料位计调试时，有专人监护
	转动机械	菜单设置和调试时误碰周围机械转动部分	机械伤害	中等	料位计调试时，有专人监护
8. 检修工作结束	施工废料	施工废料未清理	环境污染	较小	废料及时清理，做到工完、料尽、场地清

8.42 炉侧保护、连锁回路试验

作业步骤	危害辨识	危害描述	产生后果	风险等级	防 范 措 施
1. 作业环境评估	大风	在大于5级及以上的大风以及暴雨、打雷、大雾等恶劣的天气露天作业	高处坠落、物体打击	重大	在5级及以上的大风以及暴雨、打雷、大雾等恶劣天气，应停止露天高处作业
	噪声	进入噪声区域时，未正确使用防护用品	噪声聋	较小	进入噪声区域、使用高噪声区域时正确佩戴耳塞
	粉尘	未正确佩戴防尘口罩	尘肺病	较小	作业人员工作时戴防尘口罩
	高处设备设施	防护栏缺损	高处坠落	重大	检查防护栏完好无损，如因工作需要拆除的栏杆，要做好临时护栏及悬挂警示标识
2. 确认安全措施正确执行	设备停运	开工前确认安措已到位	其他伤害	较小	(1) 拉、合断路器前，必须确认设备名称、编号、位置正确，并有专人监护；(2) 在相邻运行设备的控制开关上，悬挂"禁止操作"标志牌

作业步骤	危害辨识	危害描述	产生后果	风险等级	防 范 措 施
3. 准备工作及现场布置	触电	保护柜继电器	触电伤害	较小	检查保护柜内相关卡件、继电器时，防止触电
	工器具	使用不合格的工具	机械伤害	较小	必须正确使用经检验合格的工器具
	照明	照度不足	其他伤害	较小	增加临时照明，保证区域照明充足
4. 保护连锁回路试验	触电	短接、拆开接点	触电伤害	较小	工作前先验电，佩戴绝缘手套
	工器具	使用不合格的工具	机械伤害	较小	必须正确使用经检验合格的工器具
5. 设备试运行	相关设备	标识不全	机械伤害	较小	（1）工作前核对设备名称及编号；（2）完善补齐缺损的设备标识和警告牌
		检修人员单独进行试运行操作	机械伤害	较小	系统试运行操作应由运行值班人员协同检修人员共同进行，检修人员不准自己进行试运行的操作
6. 检修工作结束	施工废料	施工废料未清理	环境污染	较小	废料及时清理，做到工完、料尽、场地清

8.43 炉管泄漏系统检修

作业步骤	危害辨识	危害描述	产生后果	风险等级	防 范 措 施
1. 作业环境评估	大风	在大于5级及以上的大风以及暴雨、打雷、大雾等恶劣的天气露天作业	高处坠落、物体打击	重大	在5级及以上的大风以及暴雨、打雷、大雾等恶劣天气，应停止露天高处作业
	高温环境	环境温度超过40℃	中暑	较小	（1）不准在工作环境温度超过40℃时进行露天作业；（2）在高温场所工作时，应为工作人员提供足够的饮水、清凉饮料及防暑药品；对温度较高的作业场所必须增加通风设备
	噪声	进入噪声区域时，未正确使用防护用品	噪声聋	较小	进入噪声区域、使用高噪声区域时正确佩戴耳塞
	高温设备	身体误碰高温部件	灼烫伤	中等	工作人员穿戴防高温烫伤隔热服及防护手套
	工器具零部件	交叉作业	高处坠落、物体打击	重大	在工作场所观察上下有无人员作业、有无隔离栏，有危险停工
	岩棉、化纤、粉尘	作业区保温、粉尘飞扬	尘肺病	较小	作业时正确佩戴合格防尘口罩
	现场设备	未观察周围环境	撞伤	较小	仔细观察周围环境，不挡视线、注意力集中
	高处设备设施	防护栏缺损	高处坠落	重大	检查防护栏完好无损，如因工作需要拆除的栏杆，要做好临时护栏及悬挂警示标识
2. 确认安全措施正确执行	220V电源	工作前未断电	触电伤害	较小	（1）工作前核对设备名称及编号；（2）检修工作开工前工作负责人与工作票许可人共同确认所检修设备已断电
	压缩空气	阀门未完全关闭	其他伤害	较小	检修工作开工前，工作负责人与工作票许可人共同确认所检修设备压缩空气阀门关闭
		压缩空气阀门标识缺失	其他伤害	较小	工作前核对设备名称及编号
3. 准备工作及现场布置	现场标识	炉管泄漏设备标识缺失	（1）触电伤害；（2）机械伤害	较小	（1）工作前核对设备名称及编号；（2）完善补齐缺损的设备标识

作业步骤	危害辨识	危害描述	产生后果	风险等级	防 范 措 施
3. 准备工作及现场布置	脚手架搭（拆）设	脚手架搭设后未验收	高处坠落、物体打击	重大	（1）搭设结束后，必须履行脚手架验收手续，填写脚手架验收单，并在脚手架验收单上分级签字； （2）验收合格后应在脚手架上悬挂合格证，方可使用
	高温环境	气温超过40℃	中暑	较小	保证足够的饮水及防暑药品，人员轮换工作
	工器具	使用不合格的工具	机械伤害	较小	必须正确使用经检验合格的工器具
	绊脚物	现场工器具等未定置摆放	摔伤	较小	现场工器具、零部件、备品备件应定置摆放
	工器具零部件	现场没有铺垫	高处坠落、物体打击	重大	在现场作业做好铺垫
	梯子	梯子缺损	高处坠落	重大	（1）使用梯子前应先检查梯子坚实、无缺损，止滑脚完好，不得使用有故障的梯子； （2）人字梯应具有坚固的铰链和限制开度的拉链，梯子支设夹角以35°～45°为宜
		梯子无检验合格证	高处坠落	重大	梯子应半年检验一次，并贴有检验合格证标签，无检验合格证或检验合格证过期的梯子不准使用
	临时电源及电源线	电源线、插头、插座破损	触电	较小	（1）检查电源线外绝缘良好，无破损； （2）检查电源盘合格证在有效期内； （3）检查电源插头插座，确保完好； （4）不准将电源线缠绕在护栏、管道和脚手架上
		电源线悬挂高度不够	触电	较小	临时电源线架设高度室内不低于2.5m
		未安装漏电保护器	触电	较小	（1）检查电源盘合格证在有效期内； （2）分级配置漏电保护器，工作前试用漏电保护器，确保正确动作
		检修电源箱外壳未接地	触电	较小	（1）检查电源盘合格证在有效期内； （2）检查电源箱外壳接地良好
	电动工具	使用不合格电动工具	触电	较小	检查合格证在有效期内、使用合格电动工具
	照明	照度不足	其他伤害	较小	增加临时照明，保证检修区域照明充足
4. 炉管泄漏信号采集系统检修	高处的工器具、零部件	未使用工具包，作业区域未隔离	物体打击	较小	（1）高处作业工器具必须使用工具包； （2）工器具和零部件不准随便乱放； （3）工器具和零部件不准上下抛掷； （4）作业区必须设有明显的围栏，防止无关人员入内，悬挂"当心落物"的标识，并设置专人监护
	高处作业人员	未佩戴使用合格的安全带	高处坠落	重大	（1）安全带使用前进行外观检查合格，检验合格证应在有效期内； （2）在没有脚手架或没有栏杆的脚手架上工作，高度超过1.5m时必须使用安全带； （3）安全带的挂钩应挂在结实、牢固的构件上，或专挂安全带的钢丝绳上，不准低挂高用

作业步骤	危害辨识	危害描述	产生后果	风险等级	防 范 措 施
4. 炉管泄漏信号采集系统检修	高处作业人员	脚手架上作业不规范	高处坠落	中等	（1）上下脚手架应走人行通道或梯子，不准攀登架体； （2）不准站在脚手架的探头上作业； （3）同一架体上的作业人数一般为 2 人，必须超过 2 人的情况下不得超过 9 人； （4）不准在脚手架上蹲在木桶、木箱、砖及其他建筑材料等作业； （5）不准在架子上退着行走或跨坐在防护横杆上休息； （6）架子上应保持清洁，随时清理冰雪、杂物等，不准乱堆乱放物料； （7）不得在防护栏杆上拴挂任何重物； （8）作业中需要拆除防护栏杆时，必须采取可靠的临边防护措施
	验电工具	验电工具不合格	触电	中等	验电工具使用前必须经过检验，严禁使用不合格验电工具
		验电方法错误	触电	中等	正确验电，真实反映设备带电情况
	220V电源	误碰电源端子	触电	较小	（1）核对端子； （2）做好隔离措施或保持适当距离
		拆线时防护措施不正确	触电	较小	（1）拆线前必须验电； （2）拆线时应逐根拆除绝缘胶布
	绝缘电阻表	接触导电部分造成电击	触电	较小	（1）使用绝缘电阻表时人员禁止触碰导线的金属部分； （2）绝缘电阻表未停止工作之前或被测设备未放电前，严禁用手触及，拆线时也不要触及导线的金属部分
	螺丝刀、尖嘴钳	用力过猛	刺伤	较小	使用工具时均匀用力
	电缆套管	套管损坏有缺口	割伤	较小	工作人员戴好防护手套
	金属软管	金属软管损坏有毛刺	割伤	较小	工作人员戴好防护手套
	高温烟气	炉膛正压，声波传导管开口	灼烫伤	较小	站在声波传导管侧面
	高温部件	手或身体触碰炉墙	灼烫伤	较小	佩戴防护手套工作并保持适当距离
	疏通工具	未确认炉膛是否有人，无防工具掉落措施	机械伤害	较小	（1）疏通时确认传导管口无人； （2）疏通工具防止滑落、用绳子拴住
	梅花扳手	用力过猛、操作不当	磕碰伤	较小	（1）戴好防护手套； （2）禁止使用带有裂纹和内孔已严重磨损的梅花扳手； （3）在使用梅花扳手时，左手推住梅花扳手与螺栓连接处，保持梅花扳手与螺栓完全配合，防止滑脱，右手握住梅花扳手另一端并加力
5. 声波传导管吹扫系统检修	高处的工器具、零部件	未使用工具包，作业区域未隔离	物体打击	较小	（1）高处作业工器具必须使用工具包； （2）工器具和零部件不准随便乱放； （3）工器具和零部件不准上下抛掷； （4）作业区必须设有明显的围栏，防止无关人员入内，悬挂"当心落物"的标识，并设置专人监护

作业步骤	危害辨识	危害描述	产生后果	风险等级	防 范 措 施
5. 声波传导管吹扫系统检修	高处作业人员	未佩戴使用合格的安全带	高处坠落	重大	（1）安全带使用前进行外观检查合格，检验合格证应在有效期内； （2）在没有脚手架或没有栏杆的脚手架上工作，高度超过 1.5m 时必须使用安全带； （3）安全带的挂钩应挂在结实、牢固的构件上，或专挂安全带的钢丝绳上，不准低挂高用
		脚手架上作业不规范	高处坠落	重大	（1）上下脚手架应走人行通道或梯子，不准攀登架体； （2）不准站在脚手架的探头上作业； （3）同一架体上的作业人数一般为 2 人，必须超过 2 人的情况下不得超过 9 人； （4）不准在脚手架上蹬在木桶、木箱、砖及其他建筑材料等作业； （5）不准在架上退着行走或跨坐在防护横杆上休息； （6）架子上应保持清洁，随时清理冰雪、杂物等，不准乱堆乱放物料； （7）不得在防护栏杆上拴挂任何重物； （8）作业中需要拆除防护栏杆时，必须采取可靠的临边防护措施
	验电工具	验电工具不合格	触电	中等	验电工具使用前必须经过检验，严禁使用不合格验电工具
		验电方法错误	触电	中等	正确验电，真实反映设备带电情况
	220V电源	误碰电源端子	触电	较小	核对端子
		拆、接线时防护措施不正确	触电	较小	（1）拆线前验电，确认无电； （2）拆线时应逐根拆除，每一根用绝缘胶布包好
	螺丝刀、尖嘴钳	用力过猛	刺伤	较小	使用工具时均匀用力
	绝缘电阻表	接触导电部分造成电击	触电	较小	（1）使用绝缘电阻表时人员禁止触碰导线的金属部分； （2）绝缘电阻表未停止工作之前或被测设备未放电前，严禁用手触及，拆线时也不要触及导线的金属部分
	电缆套管	套管损坏有缺口	割伤	较小	工作人员戴好防护手套
	梅花扳手	用力过猛、操作不当	磕碰伤	较小	（1）戴好防护手套； （2）禁止使用带有裂纹和内孔已严重磨损的梅花扳手； （3）在使用梅花扳手时，左手推住梅花扳手与螺栓连接处，保持梅花扳手与螺栓完全配合，防止滑脱，右手握住梅花扳手另一端并加力
6. 检测装置机柜检修	梯子	梯子斜角度未在60°左右	高处坠落	重大	（1）使用梯子时，梯子与地面成60°角； （2）作业人员必须蹬在距梯顶不小于 1m 的梯蹬上工作
		梯子无人员扶持	高处坠落	重大	（1）梯子的止滑脚必须安全可靠，使用梯子时必须有人扶持，梯子不得放在通道口、通道拐弯口和门前使用，如需放置时应设专人看守； （2）作业人员不许面向梯子上下
		在水泥或光滑坚硬的地面上使用梯子未采取防护措施	高处坠落	重大	在水泥或光滑坚硬的地面上使用梯子时，其下端应安置橡胶套或橡胶布，同时应用绳索将梯子下端与固定物缚住

作业步骤	危害辨识	危害描述	产生后果	风险等级	防 范 措 施
6. 检测装置机柜检修	梯子	梯子上作业不规范	高处坠落	重大	（1）不准梯子垫高或接长使用； （2）上下梯子时，不准手持物件攀登； （3）梯子上作业人员应将安全带挂在牢固的构件上，不准将安全带挂在梯子上； （4）不准2人同登一梯； （5）人在梯子上作业时，不准移动梯子
	吸尘器电吹风机	手提吸尘器、电吹风机的导线	触电	较小	不准手提吸尘器、电吹风机的导线
		吸尘器、电吹风机的电源线、电源插头破损	触电	较小	（1）检查吸尘器、电吹风机的电源线、电源插头完好无破损； （2）检查吸尘器、电吹风机的合格证在有效期内
	220V电源	误碰电源端子	触电	较小	（1）核对端子； （2）做好隔离措施或保持适当距离
	灰尘	吸入灰尘	尘肺病	较小	作业时正确佩戴合格防尘口罩
	手动扳手	使用手动扳手用力过猛	磕碰伤	较小	（1）戴好防护手套； （2）使用工具均匀用力
7. 炉管泄漏系统投用调试	220V电源	未恢复工作前安全措施	触电	较小	检查确认安全措施已恢复
	压缩空气	未恢复工作前安全措施	其他伤害	较小	检查确认安全措施已恢复
8. 检修工作结束	施工废料	施工废料未清理	环境污染	较小	废料及时清理，做到工完、料尽、场地清

8.44 气动执行机构（开关型）检修

作业步骤	危害辨识	危害描述	产生后果	风险等级	防 范 措 施
1. 作业环境评估	大风	在大于5级及以上的大风以及暴雨、打雷、大雾等恶劣的天气露天作业	高处坠落、物体打击	重大	在5级以上的大风以及暴雨、打雷、大雾等恶劣天气，应停止露天高处作业
	噪声	进入噪声区域时，未正确使用防护用品	噪声聋	较小	进入噪声区域、使用高噪声区域时正确佩戴耳塞
	粉尘	未正确佩戴防护口罩	尘肺病	较小	作业人员工作时戴防尘口罩
	高处设备设施	防护栏缺损	高处坠落	重大	检查防护栏完好无损，如因工作需要拆除的栏杆，要做好临时护栏及悬挂警示标识
2. 确认安全措施正确执行	热控气源未隔绝，电磁阀未断电	工作前未核实设备带电状态和标识	机械伤害、触电伤害	较小	（1）工作前核对设备名称及编号； （2）检修工作开工前工作负责人与工作票许可人共同确认所检修设备已断电、断气
3. 准备工作及现场布置	脚手架搭（拆）设	脚手架搭设后未验收	高处坠落、物体打击	重大	（1）搭设结束后，必须履行脚手架验收手续，填写脚手架验收单，并在脚手架验收单上分级签字； （2）验收合格后应在脚手架上悬挂合格证，方可使用
	工器具	使用不合格的工具	机械伤害	较小	必须正确使用经检验合格的工器具
	照明	照度不足	其他伤害	较小	增加临时照明，保证电动执行机构检修区域照明充足

作业步骤	危害辨识	危害描述	产生后果	风险等级	防 范 措 施
4. 执行机构检查	高处的工器具、零部件	未使用工具包，作业区域未隔离	物体打击	较小	（1）高处作业工器具必须使用工具包； （2）工器具和零部件不准随便乱放； （3）工器具和零部件不准上下抛掷； （4）作业区必须设有明显的围栏，防止无关人员入内，悬挂"当心落物"的标识，并设置专人监护
	高处作业人员	未佩戴使用合格的安全带	高处坠落	重大	（1）安全带使用前进行外观检查合格，检验合格证应在有效期内； （2）在没有脚手架或没有栏杆的脚手架上工作，高度超过1.5m时必须使用安全带； （3）安全带的挂钩应挂在结实、牢固的构件上，或专挂安全带的钢丝绳上，不准挂低用
		脚手架上作业不规范	高处坠落	重大	（1）上下脚手架应走人行通道或梯子，不准攀登架体； （2）不准站在脚手架的探头上作业； （3）同一架体上的作业人数一般为2人，必须超过2人的情况下不得超过9人； （4）不准在脚手架上蹬在木桶、木箱、砖及其他建筑材料等作业； （5）不准在架子上退着行走或跨坐在防护横杆上休息； （6）架子上应保持清洁，随时清理冰雪、杂物等，不准乱堆乱放物料； （7）不得在防护栏杆上拴挂任何重物； （8）作业中需要拆除防护栏杆时，必须采取可靠的临边防护措施
	绝缘电阻表	接触导电部分造成电击	触电	较小	（1）使用绝缘电阻表时人员禁止触碰导线的金属部分； （2）绝缘电阻表未停止工作之前或被测设备未放电前，严禁用手触及，拆线时也不要触及导线的金属部分
	气缸内弹簧	解体气缸时未使弹簧处于放松状态	物体打击	中等	解体气缸前先用长螺丝替代气缸原有的短螺丝，并且使弹簧逐步放松至不形变状态，再拆除气缸端盖
5. 执行机构行程调整	送电的电磁阀	接线不规范或外壳破损	触电	中等	（1）送电前检查电磁阀接线完好，外壳是否破损； （2）送电后使用可靠验电工具验电
	验电工具	验电工具不合格	触电	中等	验电工具使用前必须经过检验，严禁使用不合格验电工具
		验电方法错误	触电	中等	正确验电，真实反映设备带电情况
	转动的执行机构	肢体部位或饰品、衣物、用具（包括防护用品）、工具接触转动部位	机械伤害	较小	（1）执行机构转动前必须检查无缠绕可能； （2）衣服和袖口应扣好，不得戴围巾、领带，长发必须盘在安全帽内； （3）不准将用具、工器具接触设备的转动部位
	执行机构连接的阀门	未停止阀门所属热力系统相关设备工作	机械伤害	中等	执行机构行程调整过程中禁止相关设备开展工作
	执行机构连接阀门所属热力系统介质	检修隔离措施不到位	烧烫伤	中等	对现场检修区域进行有效的隔离，有人监护
		运行隔离措施不到位	烧烫伤	中等	检修前工作负责人、工作许可人现场共同确认隔离措施安全可靠执行

作业步骤	危害辨识	危害描述	产生后果	风险等级	防 范 措 施
6. 气动执行机构的恢复	高处的工器具、零部件	未使用工具包，作业区域未隔离	物体打击	较小	（1）高处作业工器具必须使用工具包； （2）工器具和零部件不准随便乱放； （3）工器具和零部件不准上下抛掷； （4）作业区必须设有明显的围栏，防止无关人员入内，悬挂"当心落物"的标识，并设置专人监护
	高处作业人员	未佩戴使用合格的安全带	高处坠落	重大	（1）安全带使用前进行外观检查合格，检验合格证应在有效期内； （2）在没有脚手架或没有栏杆的脚手架上工作，高度超过 1.5m 时必须使用安全带； （3）安全带的挂钩应挂在结实、牢固的构件上，或专挂安全带的钢丝绳上，不准低挂高用
		脚手架上作业不规范	高处坠落	重大	（1）上下脚手架应走人行通道或梯子，不准攀登架体； （2）不准站在脚手架的探头上作业； （3）同一架体上的作业人数一般为 2 人，必须超过 2 人的情况下不得超过 9 人； （4）不准在脚手架上蹬在木桶、木箱、砖及其他建筑材料等作业； （5）不准在架子上退着行走或跨坐在防护横杆上休息； （6）架子上应保持清洁，随时清理冰雪、杂物等，不准乱堆乱放物料； （7）不得在防护栏杆上拴挂任何重物； （8）作业中需要拆除防护栏杆时，必须采取可靠的临边防护措施
7. 设备试运行	气动执行机构及阀门	标识不全	机械伤害	较小	（1）工作前核对设备名称及编号； （2）完善补齐缺损的设备标识和警告牌
		检修人员单独进行试运行操作	机械伤害	较小	转动机械试运行操作应由运行值班人员根据检修工作负责人的要求进行，检修人员不准自己进行试运行的操作
8. 检修工作结束	施工废料	施工废料未清理	环境污染	较小	废料及时清理，做到工完、料尽、场地清

8.45 气动执行机构（调节型）检修

作业步骤	危害辨识	危害描述	产生后果	风险等级	防 范 措 施
1. 作业环境评估	大风	在大于 5 级及以上的大风以及暴雨、打雷、大雾等恶劣的天气露天作业	高处坠落、物体打击	重大	在 5 级及以上的大风以及暴雨、打雷、大雾等恶劣天气，应停止露天高处作业
	噪声	进入噪声区域时，未正确使用防护用品	噪声聋	较小	进入噪声区域、使用高噪声区域时正确佩戴耳塞
	粉尘	未正确佩戴防护口罩	尘肺病	较小	作业人员工作时戴防尘口罩
	高处设备设施	防护栏缺损	高处坠落	重大	检查防护栏完好无损，如因工作需要拆除的栏杆，要做好临时护栏及悬挂警示标识
2. 确认安全措施正确执行	热控气源未隔绝，电磁阀未断电	工作前未核实设备带电状态和标识	机械伤害、触电伤害	较小	（1）工作前核对设备名称及编号； （2）检修工作开工前工作负责人与工作票许可人共同确认所检修设备已断电、断气

作业步骤	危害辨识	危害描述	产生后果	风险等级	防 范 措 施
3. 准备工作及现场布置	脚手架搭（拆）设	脚手架搭设后未验收	高处坠落、物体打击	重大	（1）搭设结束后，必须履行脚手架验收手续，填写脚手架验收单，并在脚手架验收单上分级签字； （2）验收合格后应在脚手架上悬挂合格证，方可使用
	工器具	使用不合格的工具	机械伤害	较小	必须正确使用经检验合格的工器具
	照明	照度不足	其他伤害	较小	增加临时照明，保证电动执行机构检修区域照明充足
4. 执行机构检查	高处的工器具、零部件	未使用工具包，作业区域未隔离	物体打击	较小	（1）高处作业工器具必须使用工具包； （2）工器具和零部件不准随便乱放； （3）工器具和零部件不准上下抛掷； （4）作业区必须设有明显的围栏，防止无关人员入内，悬挂"当心落物"的标识，并设置专人监护
	高处作业人员	未佩戴使用合格的安全带	高处坠落	重大	（1）安全带使用前进行外观检查合格，检验合格证应在有效期内； （2）在没有脚手架或没有栏杆的脚手架上工作，高度超过1.5m时必须使用安全带； （3）安全带的挂钩应挂在结实、牢固的构件上，或专挂安全带的钢丝绳上，不准低挂高用
		脚手架上作业不规范	高处坠落	重大	（1）上下脚手架应走人行通道或梯子，不准攀登架体； （2）不准站在脚手架的探头上作业； （3）同一架体上的作业人数一般为2人，必须超过2人的情况下不得超过9人； （4）不准在脚手架上蹬在木桶、木箱、砖及其他建筑材料等作业； （5）不准在架子上退着行走或跨坐在防护横杆上休息； （6）架子上应保持清洁，随时清理冰雪、杂物等，不准乱堆乱放物料； （7）不得在防护栏杆上拴挂任何重物； （8）作业中需要拆除防护栏杆时，必须采取可靠的临边防护措施
	绝缘电阻表	接触导电部分造成电击	触电	较小	（1）使用绝缘电阻表时人员禁止触碰导线的金属部分； （2）绝缘电阻表未停止工作之前或被测设备未放电前，严禁用手触及，拆线时也不要触及导线的金属部分
5. 执行机构行程调整	气缸内弹簧	解体气缸时未使弹簧处于放松状态	物体打击	中等	解体气缸前先用长螺丝替代气缸原有的短螺丝，并且使弹簧逐步放松至不形变状态，再拆除气缸端盖
	送电的电磁阀	接线不规范或外壳破损	触电	中等	（1）送电前检查电磁阀接线完好，外壳是否破损； （2）送电后使用可靠验电工具验电
	验电工具	验电工具不合格	触电	中等	验电工具使用前必须经过检验，严禁使用不合格验电工具
		验电方法错误	触电	中等	正确验电，真实反映设备带电情况

作业步骤	危害辨识	危害描述	产生后果	风险等级	防 范 措 施
5. 执行机构行程调整	转动的执行机构	肢体部位或饰品、衣物、用具（包括防护用品）、工具接触转动部位	机械伤害	较小	（1）执行机构转动前必须检查无缠绕可能； （2）衣服和袖口应扣好，不得戴围巾、领带，长发必须盘在安全帽内； （3）不准将用具、工器具接触设备的转动部位
	执行机构连接的阀门	未停止阀门所属热力系统相关设备工作	机械伤害	中等	执行机构行程调整过程中禁止相关设备开展工作
	执行机构连接阀门所属热力系统介质	检修隔离措施不到位	烧烫伤	中等	对现场检修区域进行有效的隔离，有人监护
		运行隔离措施不到位	烧烫伤	中等	检修前工作负责人、工作许可人现场共同确认隔离措施安全可靠执行
6. 气动执行机构的恢复	高处的工器具、零部件	未使用工具包，作业区域未隔离	物体打击	较小	（1）高处作业工器具必须使用工具包； （2）工器具和零部件不准随便乱放； （3）工器具和零部件不准上下抛掷； （4）作业区必须设有明显的围栏，防止无关人员入内，悬挂"当心落物"的标识，并设置专人监护
	高处作业人员	未佩戴使用合格的安全带	高处坠落	重大	（1）安全带使用前进行外观检查合格，检验合格证应在有效期内； （2）在没有脚手架或没有栏杆的脚手架上工作，高度超过1.5m时必须使用安全带； （3）安全带的挂钩应挂在结实、牢固的构件上，或专挂安全带的钢丝绳上，不准低挂高用
		脚手架上作业不规范	高处坠落	重大	（1）上下脚手架应走人行通道或梯子，不准攀登架体； （2）不准站在脚手架的探头上作业； （3）同一架体上的作业人数一般为2人，必须超过2人的情况下不得超过9人； （4）不准在脚手架上蹬在木桶、木箱、砖及其他建筑材料等作业； （5）不准在架子上退着行走或跨坐在防护横杆上休息； （6）架子上应保持清洁，随时清理冰雪、杂物等，不准乱堆乱放物料； （7）不得在防护栏杆上拴挂任何重物； （8）作业中需要拆除防护栏杆时，必须采取可靠的临边防护措施
7. 设备试运行	气动执行机构及阀门	标识不全	机械伤害	较小	（1）工作前核对设备名称及编号； （2）完善补齐缺损的设备标识和警告牌
		检修人员单独进行试运行操作	机械伤害	较小	转动机械试运行操作应由运行值班人员根据检修工作负责人的要求进行，检修人员不准自己进行试运行的操作
8. 检修工作结束	施工废料	施工废料未清理	环境污染	较小	废料及时清理，做到工完、料尽、场地清

8.46 汽水取样架检修

作业步骤	危害辨识	危害描述	产生后果	风险等级	防 范 措 施
1. 作业环境评估	高温空气	气温超过40℃	中暑	较小	（1）不准在工作环境温度超过40℃时进行作业； （2）在高温场所工作时，应为工作人员提供足够的饮水、清凉饮料及防暑药品； （3）必要时对温度较高的作业场所加强通风

续表

作业步骤	危害辨识	危害描述	产生后果	风险等级	防 范 措 施
1. 作业环境评估	噪声	进入噪声区域时，未正确使用防护用品	噪声	较小	进入噪声区域、使用高噪声区域时正确佩戴耳塞
	高温部件	检修时误触高温部件	灼烫伤	较小	（1）设置警告标志； （2）检修人员做好个人防护措施
2. 确认安全措施正确执行	高温高压蒸汽	检修的系统隔离不彻底	灼烫伤	中等	（1）工作前核对阀门名称及编号； （2）检修工作开工前工作负责人与工作票许可人共同确认所检修系统已进行隔离； （3）各有关阀门已关闭，并挂警告牌
3. 准备工作及现场布置	工器具	使用不合格的工具	机械伤害	较小	必须正确使用经检验合格的工器具
	绊脚物	现场工器具等未定置摆放	摔伤	较小	现场工器具、装置备品备件应定置摆放
	照明	照度不足	其他伤害	较小	增加临时照明，保证检修区域照明充足
	锉刀、手锯、螺丝刀、钢丝钳	手柄等缺损	刺伤	较小	锉刀、手锯、螺丝刀、钢丝钳等手柄应安装牢固，没有手柄的不准使用
4. 管道阀门的检查检修	管道阀门高温部件	管道阀门检查时接触高温部件未使用防护用品	灼烫伤	较小	正确佩戴防护镜、隔热手套等防护用品
	阀门所属热力系统介质	检修隔离措施不到位	烧烫伤	中等	对现场检修区域进行有效的隔离，有人监护
		运行隔离措施不到位	烧烫伤	中等	检修前工作负责人、工作许可人现场共同确认隔离措施安全可靠执行
5. 恒温装置检修	压缩机、冷却水泵转动部分	肢体部位或饰品、衣物、用具（包括防护用品）、工具接触转动部位	机械伤害	较小	（1）衣服和袖口应扣好，不得戴围巾、领带，长发必须盘在安全帽内； （2）不准将用具、工器具接触压缩机、冷却水泵转动部位
	220V电源	恒温装置检修时误碰带电部分	触电	中等	做好220V电源的隔离措施或保持适当距离
	阀门所属热力系统介质	检修隔离措施不到位	烧烫伤	中等	对现场检修区域进行有效的隔离，有人监护
		运行隔离措施不到位	烧烫伤	中等	检修前工作负责人、工作许可人现场共同确认隔离措施安全可靠执行
6. 取样架投运	220V电源	送电姿势不准确	触电	中等	（1）送电时，有专人监护； （2）纠正送电姿势
	现场电源标识	电源标识不清晰造成走错间隔	其他伤害	较小	（1）送电前核对恒温装置电源空气开关名称及编号； （2）送电前，有专人监护
	高温高压蒸汽	汽水取样架管道阀门螺母未拧紧	灼烫伤	中等	拧紧管道阀门螺母，系统投运时应避免正对介质释放点
	高温部件	汽水取样架投运时误触高温部件	灼烫伤	中等	汽水取样架投运时，戴好个人防护手套
7. 检修工作结束	施工废料	施工废料未清理	环境污染	较小	废料及时清理，做到工完、料尽、场地清

8.47 热电偶检修

作业步骤	危害辨识	危害描述	产生后果	风险等级	防 范 措 施
1. 作业环境评估	大风	在大于 5 级及以上的大风以及暴雨、打雷、大雾等恶劣的天气露天作业	高处坠落、物体打击	重大	在 5 级以上的大风以及暴雨、打雷、大雾等恶劣天气，应停止露天高处作业
	高温环境	环境温度超过 40℃	中暑	较小	（1）不准在工作环境温度超过 40℃时进行露天作业； （2）在高温场所工作时，应为工作人员提供足够的饮水、清凉饮料及防暑药品；对温度较高的作业场所必须增加通风设备
	噪声	进入噪声区域时，未正确使用防护用品	噪声聋	较小	进入噪声区域、使用高噪声区域时正确佩戴耳塞
	高温高压蒸汽	身体误碰高温部件	灼烫伤	中等	工作人员穿戴防高温烫伤隔热服及防护手套
	工器具零部件	交叉作业	高处坠落、物体打击	重大	在工作场所观察上下有无人员作业、有无隔离栏，有危险停工
	岩棉、化纤、粉尘	作业区保温、粉尘飞扬	尘肺病	较小	作业时正确佩戴合格防尘口罩
	现场设备	未观察周围环境	撞伤	较小	仔细观察周围环境，不挡视线、注意力集中
	高处设备设施	防护栏缺损	高处坠落	重大	检查防护栏完好无损，如因工作需要拆除的栏杆，要做好临时护栏及悬挂警示标识
2. 确认安全措施正确执行	高温高压蒸汽	安全隔离措施不完善	灼烫伤	中等	确认安全措施已正确执行
3. 准备工作及现场布置	现场标识	热电偶标识缺失	灼烫伤	较小	（1）工作前核对设备名称及编号； （2）完善补齐缺损的设备标识
	脚手架搭（拆）设	脚手架搭设后未验收	高处坠落、物体打击	重大	（1）搭设结束后，必须履行脚手架验收手续，填写脚手架验收单，并在脚手架验收单上分级签字； （2）验收合格后应在脚手架上悬挂合格证，方可使用
	高温环境	气温超过 40℃	中暑	较小	保证足够的饮水及防暑药品，人员轮换工作
	工器具	使用不合格的工具	机械伤害	较小	必须正确使用经检验合格的工器具
	绊脚物	现场工器具等未定置摆放	摔伤	较小	现场工器具、零部件应定置摆放
	工器具零部件	现场没有铺垫	高处坠落、物体打击	重大	在现场作业做好铺垫
	照明	照度不足	其他伤害	较小	增加临时照明，保证检修区域照明充足
4. 热电偶元件检查、拆除	高处的工器具、零部件	未使用工具包，作业区域未隔离	物体打击	较小	（1）高处作业工器具必须使用工具包； （2）工器具和零部件不准随便乱放； （3）工器具和零部件不准上下抛掷； （4）作业区必须设有明显的围栏，防止无关人员入内，悬挂"当心落物"的标识，并设置专人监护
	高处作业人员	未佩戴使用合格的安全带	高处坠落	重大	（1）安全带使用前进行外观检查合格，检验合格证应在有效期内； （2）在没有脚手架或没有栏杆的脚手架上工作，高度超过 1.5m 时必须使用安全带； （3）安全带的挂钩应挂在结实、牢固的构件上，或专挂安全带的钢丝绳上，不准低挂高用

作业步骤	危害辨识	危害描述	产生后果	风险等级	防 范 措 施
4. 热电偶元件检查、拆除	高处作业人员	脚手架上作业不规范	高处坠落	重大	（1）上下脚手架应走人行通道或梯子，不准攀登架体； （2）不准站在脚手架的探头上作业； （3）同一架体上的作业人数一般为 2 人，必须超过 2 人的情况下不得超过 9 人； （4）不准在脚手架上蹲在木桶、木箱、砖及其他建筑材料等作业； （5）不准在架子上退着行走或跨坐在防护横杆上休息； （6）架子上应保持清洁，随时清理冰雪、杂物等，不准乱堆乱放物料； （7）不得在防护栏杆上拴挂任何重物； （8）作业中需要拆除防护栏杆时，必须采取可靠的临边防护措施
	高温部件	身体误碰高温部件	灼烫伤	较小	工作人员穿戴防高温烫伤隔热服及防护手套，与高温部件保持适当距离
	绝缘电阻表	接触导电部分造成电击	触电	较小	（1）使用绝缘电阻表时人员禁止触碰导线的金属部分； （2）绝缘电阻表未停止工作之前或被测设备未放电前，严禁用手触及，拆线时也不要触及导线的金属部分
	灰尘	吸入灰尘	尘肺病	较小	作业时正确佩戴合格防尘口罩
	螺丝刀、尖嘴钳	用力过猛	刺伤	较小	使用工具时均匀用力
	套管	套管损坏有缺口	割伤	较小	工作人员戴好防护手套
	手动扳手	使用手动扳手用力过猛	磕碰伤	较小	（1）戴好防护手套； （2）使用工具均匀用力
5. 热电偶元件校验	手动扳手	使用手动扳手用力过猛	磕碰伤	较小	（1）戴好防护手套； （2）使用工具均匀用力
	绊脚物	热电偶元件未定置摆放	摔伤	较小	热电偶元件应定置摆放
	高温校验炉	身体误碰高温部件	灼烫伤	较小	工作人员穿戴防高温烫伤隔热服及防护手套，与高温部件保持适当距离
6. 热电偶元件回装	高处的工器具、零部件	未使用工具包，作业区域未隔离	物体打击	较小	（1）高处作业工器具必须使用工具包； （2）工器具和零部件不准随便乱放； （3）工器具和零部件不准上下抛掷； （4）作业区必须设有明显的围栏，防止无关人员入内，悬挂"当心落物"的标识，并设置专人监护
	高处作业人员	未佩戴使用合格的安全带	高处坠落	重大	（1）安全带使用前进行外观检查合格，检验合格证应在有效期内； （2）在没有脚手架或没有栏杆的脚手架上工作，高度超过 1.5m 时必须使用安全带； （3）安全带的挂钩应挂在结实、牢固的构件上，或专挂安全带的钢丝绳上，不准低挂高用

作业步骤	危害辨识	危害描述	产生后果	风险等级	防 范 措 施
6. 热电偶元件回装	高处作业人员	脚手架上作业不规范	高处坠落	重大	（1）上下脚手架应走人行通道或梯子，不准攀登架体； （2）不准站在脚手架的探头上作业； （3）同一架体上的作业人数一般为 2 人，必须超过 2 人的情况下不得超过 9 人； （4）不准在脚手架上蹬在木桶、木箱、砖及其他建筑材料等作业； （5）不准在架子上退着行走或跨坐在防护横杆上休息； （6）架子上应保持清洁，随时清理冰雪、杂物等，不准乱堆乱放物料； （7）不得在防护栏杆上拴挂任何重物； （8）作业中需要拆除防护栏杆时，必须采取可靠的临边防护措施
	高温部件	身体误碰高温部件	灼烫伤	较小	工作人员穿戴防高温烫伤隔热服及防护手套，与高温部件保持适当距离
	螺丝刀、尖嘴钳	用力过猛	刺伤	较小	使用工具时均匀用力
	套管	套管损坏有缺口	割伤	较小	工作人员戴好防护手套
	手动扳手	使用手动扳手用力过猛	磕碰伤	较小	（1）戴好防护手套； （2）使用工具均匀用力
7. 热电偶元件投用	高温高压蒸汽	未恢复工作前安全措施	灼烫伤	较小	检查确认安全措施已恢复
8. 检修工作结束	施工废料	施工废料未清理	环境污染	较小	废料及时清理，做到工完、料尽、场地清

8.48 热电阻检修

作业步骤	危害辨识	危害描述	产生后果	风险等级	防 范 措 施
1. 作业环境评估	大风	在大于 5 级及以上的大风以及暴雨、打雷、大雾等恶劣的天气露天作业	高处坠落、物体打击	重大	在 5 级及以上的大风以及暴雨、打雷、大雾等恶劣天气，应停止露天高处作业
	高温环境	环境温度超过 40℃	中暑	较小	（1）不准在工作环境温度超过 40℃时进行露天作业； （2）在高温场所工作时，应为工作人员提供足够的饮水、清凉饮料及防暑药品；对温度较高的作业场所必须增加通风设备
	噪声	进入噪声区域时，未正确使用防护用品	噪声聋	较小	进入噪声区域、使用高噪声区域时正确佩戴耳塞
	高温高压蒸汽	身体误碰高温部件	灼烫伤	中等	工作人员穿戴防高温烫伤隔热服及防护手套
	工器具零部件	交叉作业	高处坠落、物体打击	重大	在工作场所观察上下有无人员作业、有无隔离栏，有危险停工
	岩棉、化纤、粉尘	作业区保温、粉尘飞扬	尘肺病	较小	作业时正确佩戴合格防尘口罩
	现场设备	未观察周围环境	撞伤	较小	仔细观察周围环境，不挡视线、注意力集中
	高处设备设施	防护栏缺损	高处坠落	重大	检查防护栏完好无损，如因工作需要拆除的栏杆，要做好临时护栏及悬挂警示标识

作业步骤	危害辨识	危害描述	产生后果	风险等级	防 范 措 施
2. 确认安全措施正确执行	高温高压蒸汽	安全隔离措施不完善	灼烫伤	中等	确认安全措施已正确执行
3. 准备工作及现场布置	现场标识	热电阻元件标识缺失	灼烫伤	较小	（1）工作前核对设备名称及编号； （2）完善补齐缺损的设备标识
	脚手架搭（拆）设	脚手架搭设后未验收	高处坠落、物体打击	重大	（1）搭设结束后，必须履行脚手架验收手续，填写脚手架验收单，并在脚手架验收单上分级签字； （2）验收合格后应在脚手架上悬挂合格证，方可使用
	高温环境	气温超过40℃	中暑	较小	保证足够的饮水及防暑药品，人员轮换工作
	工器具	使用不合格的工具	机械伤害	较小	必须正确使用经检验合格的工器具
	绊脚物	现场工器具等未定置摆放	摔伤	较小	现场工器具、零部件应定置摆放
	工器具零部件	现场没有铺垫	高处坠落、物体打击	重大	在现场作业做好铺垫
	照明	照度不足	其他伤害	较小	增加临时照明，保证检修区域照明充足
4. 热电阻元件检查、拆除	高处的工器具、零部件	未使用工具包，作业区域未隔离	物体打击	较小	（1）高处作业工器具必须使用工具包； （2）工器具和零部件不准随便乱放； （3）工器具和零部件不准上下抛掷； （4）作业区必须设有明显的围栏，防止无关人员入内，悬挂"当心落物"的标识，并设置专人监护
	高处作业人员	未佩戴使用合格的安全带	高处坠落	重大	（1）安全带使用前进行外观检查合格，检验合格证应在有效期内； （2）在没有脚手架或没有栏杆的脚手架上工作，高度超过1.5m时必须使用安全带； （3）安全带的挂钩应挂在结实、牢固的构件上，或专挂安全带的钢丝绳上，不准低挂高用
		脚手架上作业不规范	高处坠落	重大	（1）上下脚手架应走人行通道或梯子，不准攀登架体； （2）不准站在脚手架的探头上作业； （3）同一架体上的作业人数一般为2人，必须超过2人的情况下不得超过9人； （4）不准在脚手架上蹲在木桶、木箱、砖及其他建筑材料等作业； （5）不准在架子上退着行走或跨坐在防护横杆上休息； （6）架子上应保持清洁，随时清理冰雪、杂物等，不准乱堆乱放物料； （7）不得在防护栏杆上拴挂任何重物； （8）作业中需要拆除防护栏杆时，必须采取可靠的临边防护措施
	高温部件	身体误碰高温部件	灼烫伤	较小	工作人员穿戴防高温烫伤隔热服及防护手套，与高温部件保持适当距离
	套管	套管损坏有缺口	割伤	较小	工作人员戴好防护手套
	绝缘电阻表	接触导电部分造成电击	触电	较小	（1）使用绝缘电阻表时人员禁止触碰导线的金属部分； （2）绝缘电阻表未停止工作之前或被测设备未放电前，严禁用手触及，拆线时也不要触及导线的金属部分

作业步骤	危害辨识	危害描述	产生后果	风险等级	防 范 措 施
4. 热电阻元件检查、拆除	灰尘	吸入灰尘	尘肺病	较小	作业时正确佩戴合格防尘口罩
	螺丝刀、尖嘴钳	用力过猛	刺伤	较小	使用工具时均匀用力
	手动扳手	使用手动扳手用力过猛	磕碰伤	较小	（1）戴好防护手套； （2）使用工具均匀用力
5. 热电阻元件校验	手动扳手	使用手动扳手用力过猛	磕碰伤	较小	（1）戴好防护手套； （2）使用工具均匀用力
	绊脚物	热电偶元件未定置摆放	摔伤	较小	热电偶元件应定置摆放
	高温校验炉	身体误碰高温部件	灼烫伤	较小	工作人员穿戴防高温烫伤隔热服及防护手套，与高温部件保持适当距离
6. 热电阻元件回装	高处的工器具、零部件	未使用工具包，作业区域未隔离	物体打击	较小	（1）高处作业工器具必须使用工具包； （2）工器具和零部件不准随便乱放； （3）工器具和零部件不准上下抛掷； （4）作业区必须设有明显的围栏，防止无关人员入内，悬挂"当心落物"的标识，并设置专人监护
	高处作业人员	未佩戴使用合格的安全带	高处坠落	重大	（1）安全带使用前进行外观检查合格，检验合格证应在有效期内； （2）在没有脚手架或没有栏杆的脚手架上工作，高度超过 1.5m 时必须使用安全带； （3）安全带的挂钩应挂在结实、牢固的构件上，或专挂安全带的钢丝绳上，不准低挂高用
		脚手架上作业不规范	高处坠落	重大	（1）上下脚手架应走人行通道或梯子，不准攀登架体； （2）不准站在脚手架的探头上作业； （3）同一架体上的作业人数一般为 2 人，必须超过 2 人的情况下不得超过 9 人； （4）不准在脚手架上蹲在木桶、木箱、砖及其他建筑材料等作业； （5）不准在架子上退着行走或跨坐在防护横杆上休息； （6）架子上应保持清洁，随时清理冰雪、杂物等，不准乱堆乱放物料； （7）不得在防护栏杆上拴挂任何重物； （8）作业中需要拆除防护栏杆时，必须采取可靠的临边防护措施
	高温部件	身体误碰高温部件	灼烫伤	较小	工作人员穿戴防高温烫伤隔热服及防护手套，与高温部件保持适当距离
	套管	套管损坏有缺口	割伤	较小	工作人员戴好防护手套
	螺丝刀、尖嘴钳	用力过猛	刺伤	较小	使用工具时均匀用力
	手动扳手	使用手动扳手用力过猛	磕碰伤	较小	（1）戴好防护手套； （2）使用工具均匀用力
7. 热电阻元件投用	高温高压蒸汽	未恢复工作前安全措施	灼烫伤	较小	检查确认安全措施已恢复
8. 检修工作结束	施工废料	施工废料未清理	环境污染	较小	废料及时清理，做到工完、料尽、场地清

8.49 湿除 PLC 控制系统（AB）检修

作业步骤	危害辨识	危害描述	产生后果	风险等级	防 范 措 施
1. 作业环境评估	噪声	进入噪声区域时，未正确使用防护用品	噪声聋	较小	进入噪声区域、使用高噪声区域时正确佩戴耳塞
	粉尘	未正确佩戴防护口罩	尘肺病	较小	作业人员工作时戴防尘口罩
2. 确认安全措施正确执行	系统	检修时系统隔离措施不彻底	其他伤害	较小	检修工作开工前工作负责人与工作票许可人共同确认所检修系统已进行隔离
3. 准备工作及现场布置	工器具	使用不合格的工具	机械伤害	较小	必须正确使用经检验合格的工器具
	现场标识	湿除 PLC 标识缺失	其他伤害	较小	（1）工作前核对湿除 PLC 名称及编号；（2）完善补齐缺损的湿除 PLC 标识
	绊脚物	现场工器具等未定置摆放	摔伤	较小	现场工器具、PLC 卡件应定置摆放
4. 停电前检查	220V 电源	PLC 系统检查时误碰带电部分	触电	中等	做好 220V 电源的隔离措施或保持适当距离
	验电工具	验电工具不合格	触电	中等	验电工具使用前必须经过检验，严禁使用不合格验电工具
		验电方法错误	触电	中等	正确验电，真实反映设备带电情况
5. 系统备份及停电	现场电源标识	电源标识不清晰造成走错间隔	其他伤害	较小	（1）拉电前核对 PLC 系统电源空气开关名称及编号；（2）拉电前，有专人监护
	验电工具	验电工具不合格	触电	中等	验电工具使用前必须经过检验，严禁使用不合格验电工具
		验电方法错误	触电	中等	正确验电，真实反映设备带电情况
	220V 电源	拉电姿势不准确	触电	中等	（1）拉电时，有专人监护；（2）纠正拉电姿势
6. 机柜内部工作	220V 电源	拆 PLC 电源线时防护措施不到位	触电	中等	（1）拆线前验电，确认无电；（2）拆线时应逐根拆除，每一根用绝缘胶布包好
	螺丝刀、尖嘴钳	用力过猛	刺伤	较小	使用工具时均匀用力
	灰尘	作业时未正确佩戴防尘口罩	尘肺病	较小	工作人员佩戴防护口罩
	电吹风机	手提电动工具的导线或转动部分	触电	较小	不准手提电动工具的导线或转动部分
		电吹风电源线、电源插头破损	触电	较小	检查电吹风电源线、电源插头完好无破损
7. 通信检查	220V 电源	湿除 PLC 系统检查时误碰带电部分	触电	中等	做好 220V 电源的隔离措施或保持适当距离
8. 系统上电	220V 电源	送电姿势不准确	触电	中等	（1）送电时，有专人监护；（2）纠正送电姿势
	现场电源标识	电源标识不清晰造成走错间隔	其他伤害	较小	（1）送电前核对 PLC 系统电源空气开关名称及编号；（2）送电前，有专人监护
9. 冗余切换试验	220V 电源	系统冗余切换试验时误碰带电部分	触电	中等	做好 220V 电源的隔离措施或保持适当距离
10. 检修工作结束	施工废料	施工废料未清理	环境污染	较小	废料及时清理，做到工完、料尽、场地清

8.50 脱硫 CEMS 系统检修

作业步骤	危害辨识	危害描述	产生后果	风险等级	防 范 措 施
1. 作业环境评估	大风	在大于 5 级及以上的大风以及暴雨、打雷、大雾等恶劣的天气露天作业	高处坠落、物体打击	重大	在 5 级及以上的大风以及暴雨、打雷、大雾等恶劣天气，应停止露天高处作业
	噪声	进入噪声区域时，未正确使用防护用品	噪声聋	较小	进入噪声区域、使用高噪声区域时正确佩戴耳塞
	粉尘	未正确佩戴防护口罩	尘肺病	较小	作业人员工作时戴防尘口罩
	孔、洞	盖板缺损	高处坠落	重大	工作场所的孔、洞必须覆以与地面齐平的坚固盖板或做好隔离措施
	照明	照度不足	其他伤害	较小	增加临时照明
2. 确认安全措施正确执行	脱硫分析仪	脱硫 CEMS 分析仪未退出运行监视	其他伤害	较小	与运行交代确认脱硫 CEMS 分析仪已退出在线监测
3. 准备工作及现场布置	工器具	使用不合格的工具	机械伤害	较小	必须正确使用经检验合格的工器具
	现场标识	脱硫 CEMS 分析仪标识缺失	其他伤害	较小	（1）工作前核对装置名称及编号； （2）完善补齐缺损的装置标识
	高处的工器具、零部件	未使用工具包，作业区域未铺设工作垫	高处落物	较小	（1）高处作业工器具必须使用工具包； （2）工器具和零部件不准随便乱放； （3）工器具和零部件不准上下抛掷； （4）作业区必须设有明显的围栏，防止无关人员入内，悬挂"当心落物"的标识，并设置专人监护
	绊脚物	现场工器具等未定置摆放	摔伤	较小	现场工器具、设备备品备件应定置摆放
4. CEMS 系统设备检查	高处的工器具、零部件	未使用工具包，作业区域未隔离	高处落物	较小	（1）高处作业工器具必须使用工具包； （2）工器具和零部件不准随便乱放； （3）工器具和零部件不准上下抛掷； （4）作业区必须设有明显的围栏，防止无关人员入内，悬挂"当心落物"的标识，并设置专人监护
	采样管高温部件	设备检查时接触高温部件未使用防护用品	灼烫伤	较小	正确佩戴防护镜、隔热手套等防护用品
	腐蚀性化学物质	检查储液罐内冷凝水时洒贱到身体部位	腐蚀伤害	中等	必须穿戴专用防腐蚀耐酸手套
	绊脚物	现场工器具等未定置摆放	摔伤	较小	现场工器具、装置备品备件应定置摆放
	现场电源标识	电源标识不清晰造成走错间隔	其他伤害	较小	（1）拉电前核对脱硫 CEMS 装置电源空气开关名称及编号； （2）拉电前，有专人监护
	验电工具	验电工具不合格	触电	中等	验电工具使用前必须经过检验，严禁使用不合格验电工具
		验电方法错误	触电	中等	正确验电，真实反映设备带电情况
	螺丝刀、尖嘴钳	用力过猛	刺伤	较小	使用工具时均匀用力
	220V电源	系统设备检查时误碰带电部分	触电	中等	做好 220V 电源的隔离措施或保持适当距离

作业步骤	危害辨识	危害描述	产生后果	风险等级	防 范 措 施
5. CEMS装置上位机软件备份	220V电源	上位机软件备份时误碰带电部分	触电	中等	做好 220V 电源的隔离措施或保持适当距离
	绊脚物	现场工器具等未定置摆放	摔伤	较小	现场工器具、设备备品备件应定置摆放
6. 调校前清洁、疏通、吹扫	螺丝刀、尖嘴钳	用力过猛	刺伤	较小	使用工具时均匀用力
	手动扳手	拆除采样管线和探头时使用手动扳手用力过猛	磕碰伤	较小	使用扳手时均匀用力
	高处的工器具、零部件	未使用工具包,作业区域未隔离	高处落物	较小	(1) 高处作业工器具必须使用工具包; (2) 工器具和零部件不准随便乱放; (3) 工器具和零部件不准上下抛掷; (4) 作业区必须设有明显的围栏,防止无关人员入内,悬挂"当心落物"的标识,并设置专人监护
	220V电源	拉电姿势不准确	触电	中等	(1) 拉电时,有专人监护; (2) 纠正拉电姿势
	现场电源标识	电源标识不清晰造成走错间隔	其他伤害	较小	(1) 拉电前核对脱硫 CEMS 装置电源空气开关名称及编号; (2) 拉电前,有专人监护
	采样探头高温部件	清理采样探头时触碰高温部件	灼烫伤	中等	戴好个人隔热防护手套
	结焦灰渣	采样探头和管线黏附结焦灰尘	眼部伤害	较小	疏通、清理采样探头和管线时佩戴合格防护眼罩
			肺尘病		疏通、清理采样探头和管线时佩戴合格防护口罩
7. CEMS装置卫生	灰尘	作业时未正确佩戴防尘口罩	尘肺病	较小	工作人员佩戴防护口罩
	电吹风机	手提电动工具的导线或转动部分	触电	较小	不准手提电动工具的导线或转动部分
		电吹风电源线、电源插头破损	触电	较小	检查电吹风电源线、电源插头完好无破损
8. 分析仪上电调校	220V电源	送电姿势不准确	触电	中等	(1) 送电时,有专人监护; (2) 纠正送电姿势
	现场电源标识	电源标识不清晰造成走错间隔	其他伤害	较小	(1) 送电前核对分析仪电源空气开关名称及编号; (2) 送电前,有专人监护
9. 分析仪组分校准	有害气体	校准气体泄漏	环境污染	较小	(1) 检查标准气体气瓶减压阀完好,且阀门关闭严密; (2) 标气气瓶应经检验合格,并在有效期内
	手动扳手	拧紧或拆除标气气瓶减压阀时使用手动扳手用力过猛	磕碰伤	较小	使用扳手时均匀用力
	校准气瓶	校准气瓶放置不准确,未固定	爆炸	中等	使用中的校准气气瓶应垂直放置并固定牢固
10. 烟尘仪清理检查	220V电源	拉电姿势不准确	触电	中等	(1) 拉电时,有专人监护; (2) 纠正拉电姿势
	现场电源标识	电源标识不清晰造成走错间隔	其他伤害	较小	(1) 拉送电前核对烟尘仪电源空气开关名称及编号; (2) 拉送电前,有专人监护

作业步骤	危害辨识	危害描述	产生后果	风险等级	防 范 措 施
10．烟尘仪清理检查	手动扳手	拆除或拧紧烟尘仪组件固定螺母时使用手动扳手用力过猛	磕碰伤	较小	使用扳手时均匀用力
	转动的稀释风机和射流风机械组件	肢体部位或工具接触转动部位	机械伤害	较小	（1）稀释风机和射流风机械组件转动前必须检查无缠绕可能； （2）衣服和袖口应扣好，不得戴围巾、领带，长发必须盘在安全帽内； （3）不准将用具、工器具接触设备的转动部位
	高处的工器具、零部件	未使用工具包，作业区域未隔离	高处落物	较小	（1）高处作业工器具必须使用工具包； （2）工器具和零部件不准随便乱放； （3）工器具和零部件不准上下抛掷； （4）作业区必须设有明显的围栏，防止无关人员入内，悬挂"当心落物"的标识，并设置专人监护
	采样探头高温部件	设备检查时接触高温部件未使用防护用品	灼烫伤	较小	正确佩戴防护镜、隔热手套等防护用品
	220V电源	送电姿势不准确	触电	中等	（1）送电时，有专人监护； （2）纠正送电姿势
	灰尘	烟尘仪采样探头黏附结焦灰尘	眼部伤害	较小	清理烟尘仪采样探头时佩戴合格防护眼罩
			肺尘病		清理烟尘仪采样探头时佩戴合格防护口罩
11．VTV清理检查	220V电源	拉电姿势不准确	触电	中等	（1）拉电时，有专人监护； （2）纠正拉电姿势
	现场电源标识	电源标识不清晰造成走错间隔	其他伤害	较小	（1）拉电前核对VTV测量装置电源空气开关名称及编号； （2）拉电前，有专人监护
	结焦灰尘	烟尘仪采样探头黏附结焦灰尘	眼部伤害	较小	疏通、清理VTV采样探头时佩戴合格防护眼罩
			肺尘病	较小	疏通、清理VTV采样探头时佩戴合格防护口罩
	220V电源	送电姿势不准确	触电	中等	（1）送电时，有专人监护； （2）纠正送电姿势
	现场电源标识	电源标识不清晰造成走错间隔	其他伤害	较小	（1）送电前核对VTV测量装置电源空气开关名称及编号； （2）送电前，有专人监护
	高处的工器具、零部件	未使用工具包，作业区域未隔离	高处落物	较小	（1）高处作业工器具必须使用工具包； （2）工器具和零部件不准随便乱放； （3）工器具和零部件不准上下抛掷； （4）作业区必须设有明显的围栏，防止无关人员入内，悬挂"当心落物"的标识，并设置专人监护
12．检修工作结束	施工废料	施工废料未清理	环境污染	较小	废料及时清理，做到工完、料尽、场地清

8.51 脱硫系统保护、连锁回路试验

作业步骤	危害辨识	危害描述	产生后果	风险等级	防 范 措 施
1．作业环境评估	大风	在大于5级及以上的大风以及暴雨、打雷、大雾等恶劣的天气露天作业	高处坠落、物体打击	重大	在5级及以上的大风以及暴雨、打雷、大雾等恶劣天气，应停止露天高处作业

作业步骤	危害辨识	危害描述	产生后果	风险等级	防 范 措 施
1. 作业环境评估	噪声	进入噪声区域时，未正确使用防护用品	噪声聋	较小	进入噪声区域、使用高噪声区域时正确佩戴耳塞
	粉尘	未正确佩戴防护口罩	尘肺病	较小	作业人员工作时戴防尘口罩
	高处设备设施	防护栏缺损	高处坠落	重大	检查防护栏完好无损，如因工作需要拆除的栏杆，要做好临时护栏及悬挂警示标识
2. 确认安全措施正确执行	设备停运	开工前确认安措已到位	其他伤害	较小	（1）拉、合断路器前，必须确认设备名称、编号、位置正确，并有专人监护； （2）在相邻运行设备的控制开关上，悬挂"禁止操作"标志牌
3. 准备工作及现场布置	触电	保护柜继电器	触电伤害	较小	检查保护柜内相关卡件、继电器时，防止触电
	工器具	使用不合格的工具	机械伤害	较小	必须正确使用经检验合格的工器具
	照明	照度不足	其他伤害	较小	增加临时照明，保证区域照明充足
4. 保护连锁回路试验	触电	短接、拆开接点	触电伤害	较小	工作前先验电，佩戴绝缘手套
	工器具	使用不合格的工具	机械伤害	较小	必须正确使用经检验合格的工器具
5. 设备试运行	相关设备	标识不全	机械伤害	较小	（1）工作前核对设备名称及编号； （2）完善补齐缺损的设备标识和警告牌
		检修人员单独进行试运行操作	机械伤害	较小	系统试运行操作应由运行值班人员协同检修人员共同进行，检修人员不准自己进行试运行的操作
6. 检修工作结束	施工废料	施工废料未清理	环境污染	较小	废料及时清理，做到工完、料尽、场地清

8.52 脱硝 CEMS 系统检修

作业步骤	危害辨识	危害描述	产生后果	风险等级	防 范 措 施
1. 作业环境评估	大风	在大于 5 级及以上的大风以及暴雨、打雷、大雾等恶劣的天气露天作业	高处坠落、物体打击	重大	在 5 级及以上的大风以及暴雨、打雷、大雾等恶劣天气，应停止露天高处作业
	噪声	进入噪声区域时，未正确使用防护用品	噪声聋	较小	进入噪声区域、使用高噪声区域时正确佩戴耳塞
	粉尘	未正确佩戴防护口罩	尘肺病	较小	作业人员工作时戴防尘口罩
	孔、洞	盖板缺损	高处坠落	重大	工作场所的孔、洞必须覆以与地面齐平的坚固盖板或做好隔离措施
	照明	照度不足	其他伤害	较小	增加临时照明
2. 确认安全措施正确执行	脱硝分析仪	脱硝 CEMS 分析仪未退出运行监视	其他伤害	较小	与运行交代确认脱硝 CEMS 分析仪已退出在线监测
3. 准备工作及现场布置	工器具	使用不合格的工具	机械伤害	较小	必须正确使用经检验合格的工器具
	现场标识	脱硝 CEMS 分析仪标识缺失	其他伤害	较小	（1）工作前核对装置名称及编号； （2）完善补齐缺损的装置标识
	高处的工器具、零部件	未使用工具包，作业区域未铺设工作垫	高处落物	较小	（1）高处作业工器具必须使用工具包； （2）工器具和零部件不准随便乱放； （3）工器具和零部件不准上下抛掷； （4）作业区必须设有明显的围栏，防止无关人员入内，悬挂"当心落物"的标识，并设置专人监护
	绊脚物	现场工器具等未定置摆放	摔伤	较小	现场工器具、设备备品备件应定置摆放

作业步骤	危害辨识	危害描述	产生后果	风险等级	防 范 措 施
4. CEMS系统设备检查	高处的工器具、零部件	未使用工具包，作业区域未隔离	高处落物	较小	（1）高处作业工器具必须使用工具包； （2）工器具和零部件不准随便乱放； （3）工器具和零部件不准上下抛掷； （4）作业区必须设有明显的围栏，防止无关人员入内，悬挂"当心落物"的标识，并设置专人监护
	采样管高温部件	设备检查时接触高温部件未使用防护用品	灼烫伤	较小	正确佩戴防护镜、隔热手套等防护用品
	腐蚀性化学物质	检查储液罐内冷凝水时洒贱到身体部位	腐蚀伤害	中等	必须穿戴专用防腐蚀耐酸手套
	绊脚物	现场工器具等未定置摆放	摔伤	较小	现场工器具、装置备品备件应定置摆放
	现场电源标识	电源标识不清晰造成走错间隔	其他伤害	较小	（1）拉电前核对脱硝CEMS装置电源空气开关名称及编号； （2）拉电前，有专人监护
	验电工具	验电工具不合格	触电	中等	验电工具使用前必须经过检验，严禁使用不合格验电工具
		验电方法错误	触电	中等	正确验电，真实反映设备带电情况
	螺丝刀、尖嘴钳	用力过猛	刺伤	较小	使用工具时均匀用力
	220V电源	系统设备检查时误碰带电部分	触电	中等	做好220V电源的隔离措施或保持适当距离
5. CEMS装置上位机软件备份	220V电源	上位机软件备份时误碰带电部分	触电	中等	做好220V电源的隔离措施或保持适当距离
	绊脚物	现场工器具等未定置摆放	摔伤	较小	现场工器具、设备备品备件应定置摆放
6. 调校前清洁、疏通、吹扫	螺丝刀、尖嘴钳	用力过猛	刺伤	较小	使用工具时均匀用力
	手动扳手	拆除采样管线和探头时使用手动扳手用力过猛	磕碰伤	较小	使用扳手时均匀用力
	高处的工器具、零部件	未使用工具包，作业区域未隔离	高处落物	较小	（1）高处作业工器具必须使用工具包； （2）工器具和零部件不准随便乱放； （3）工器具和零部件不准上下抛掷 （4）作业区必须设有明显的围栏，防止无关人员入内，悬挂"当心落物"的标识，并设置专人监护
	220V电源	拉电姿势不准确	触电	中等	（1）拉电时，有专人监护； （2）纠正拉电姿势
	现场电源标识	电源标识不清晰造成走错间隔	其他伤害	较小	（1）拉电前核对脱硝CEMS装置电源空气开关名称及编号； （2）拉电前，有专人监护
	采样探头高温部件	清理采样探头时触碰高温部件	灼烫伤	中等	戴好个人隔热防护手套
	结焦灰渣	采样探头和管线黏附结焦灰尘	眼部伤害	较小	疏通、清理采样探头和管线时佩戴合格防护眼罩
			肺尘病		疏通、清理采样探头和管线时佩戴合格防护口罩

作业步骤	危害辨识	危害描述	产生后果	风险等级	防 范 措 施
7．CEMS装置卫生	灰尘	作业时未正确佩戴防尘口罩	尘肺病	较小	工作人员佩戴防护口罩
	电吹风机	手提电动工具的导线或转动部分	触电	较小	不准手提电动工具的导线或转动部分
		电吹风电源线、电源插头破损	触电	较小	检查电吹风电源线、电源插头完好无破损
8．分析仪上电调校	220V电源	送电姿势不准确	触电	中等	（1）送电时，有专人监护；（2）纠正送电姿势
	现场电源标识	电源标识不清晰造成走错间隔	其他伤害	较小	（1）送电前核对分析仪电源空气开关名称及编号；（2）送电前，有专人监护
9．分析仪组分校准	有害气体	校准气体泄漏	环境污染	较小	（1）检查标准气体气瓶减压阀完好，且阀门关闭严密；（2）标气气瓶应经检验合格，并在有效期内
	手动扳手	拧紧或拆除标气气瓶减压阀时使用手动扳手用力过猛	磕碰伤	较小	使用扳手时均匀用力
	校准气瓶	校准气瓶放置不准确，未固定	爆炸	中等	使用中的校准气气瓶应垂直放置并固定牢固
10．氨逃逸仪清理检查	220V电源	拉电姿势不准确	触电	中等	（1）拉电时，有专人监护；（2）纠正拉电姿势
	现场电源标识	电源标识不清晰造成走错间隔	其他伤害	较小	（1）拉送电前核对脱硝氨逃逸装置电源空气开关名称及编号；（2）拉送电前，有专人监护
	手动扳手	拆除或拧紧氨逃逸固定螺母时使用手动扳手用力过猛	磕碰伤	较小	使用扳手时均匀用力
	高处的工器具、零部件	未使用工具包，作业区域未隔离	高处落物	较小	（1）高处作业工器具必须使用工具包；（2）工器具和零部件不准随便乱放；（3）工器具和零部件不准上下抛掷；（4）作业区必须设有明显的围栏，防止无关人员入内，悬挂"当心落物"的标识，并设置专人监护
	灰尘	氨逃逸镜面黏附结焦灰尘	眼部伤害	较小	清理氨逃逸镜面时佩戴合格防护眼罩
			肺尘病		清理氨逃逸镜面时佩戴合格防护口罩
	220V电源	送电姿势不准确	触电	中等	（1）送电时，有专人监护；（2）纠正送电姿势
11．检修工作结束	施工废料	施工废料未清理	环境污染	较小	废料及时清理，做到工完、料尽、场地清

8.53 压力（差压）变送器检修

作业步骤	危害辨识	危害描述	产生后果	风险等级	防 范 措 施
1．作业环境评估	大风	在大于5级及以上的大风以及暴雨、打雷、大雾等恶劣的天气露天作业	高处坠落、物体打击	重大	在5级及以上的大风以及暴雨、打雷、大雾等恶劣天气，应停止露天高处作业

续表

作业步骤	危害辨识	危害描述	产生后果	风险等级	防 范 措 施
1. 作业环境评估	高温环境	环境温度超过 40℃	中暑	较小	（1）不准在工作环境温度超过 40℃时进行露天作业； （2）在高温场所工作时，应为工作人员提供足够的饮水、清凉饮料及防暑药品，对温度较高的作业场所必须增加通风设备
	噪声	进入噪声区域时，未正确使用防护用品	噪声聋	较小	进入噪声区域、使用高噪声区域时正确佩戴耳塞
	高温高压蒸汽	身体误碰高温部件	灼烫伤	中等	工作人员穿戴防高温烫伤隔热服及防护手套
	工器具零部件	交叉作业	高处坠落、物体打击	中等	在工作场所观察上下有无人员作业、有无隔离栏，有危险停工
	现场设备	未观察周围环境	撞伤	较小	仔细观察周围环境，不挡视线、注意力集中
	岩棉、化纤、粉尘	作业区保温、粉尘飞扬	尘肺病	较小	作业时正确佩戴合格防尘口罩
	高处设备设施	防护栏缺损	高处坠落	重大	检查防护栏完好无损，如因工作需要拆除的栏杆，要做好临时护栏及悬挂警示标识
2. 确认安全措施正确执行	高温高压蒸汽	安全隔离措施不完善	灼烫伤	中等	确认安全措施已正确执行
3. 准备工作及现场布置	现场标识	（1）压力（差压）变送器标识缺失； （2）压力（差压）变送器一次门、二次标识缺失	灼烫伤	较小	（1）工作前核对设备名称及编号； （2）完善补齐缺损的设备标识
	脚手架搭（拆）设	脚手架搭设后未验收	高处坠落、物体打击	中等	（1）搭设结束后，必须履行脚手架验收手续，填写脚手架验收单，并在脚手架验收单上分级签字； （2）验收合格后应在脚手架上悬挂合格证，方可使用
	高温环境	气温超过 40℃	中暑	较小	保证足够的饮水及防暑药品，人员轮换工作
	工器具	使用不合格的工具	机械伤害	较小	必须正确使用经检验合格的工器具
	绊脚物	现场工器具等未定置摆放	摔伤	较小	现场工器具、设备备品备件应定置摆放
	工器具、零部件	现场没有铺垫	高处坠落、物体打击	中等	在现场作业做好铺垫
	保温柜	保温柜门损坏	砸伤	中等	确认保温柜门铰链牢固
	照明	照度不足	其他伤害	较小	增加临时照明，保证检修区域照明充足
4. 压力（差压）变送器拆卸	高处的工器具、零部件	未使用工具包，作业区域未隔离	物体打击	较小	（1）高处作业工器具必须使用工具包； （2）工器具和零部件不准随便乱放； （3）工器具和零部件不准上下抛掷； （4）作业区必须设有明显的围栏，防止无关人员入内，悬挂"当心落物"的标识，并设置专人监护
	高处作业人员	未佩戴使用合格的安全带	高处坠落	重大	（1）安全带使用前进行外观检查合格，检验合格证应在有效期内； （2）在没有脚手架或没有栏杆的脚手架上工作，高度超过 1.5m 时必须使用安全带； （3）安全带的挂钩应挂在结实、牢固的构件上，或专挂安全带的钢丝绳上，不准低挂高用

作业步骤	危害辨识	危害描述	产生后果	风险等级	防 范 措 施
4. 压力（差压）变送器拆卸	高处作业人员	脚手架上作业不规范	高处坠落	重大	（1）上下脚手架应走人行通道或梯子，不准攀登架体； （2）不准站在脚手架的探头上作业； （3）同一架体上的作业人数一般为 2 人，必须超过 2 人的情况下不得超过 9 人； （4）不准在脚手架上蹬在木桶、木箱、砖及其他建筑材料等作业； （5）不准在架子上退着行走或跨坐在防护横杆上休息； （6）架子上应保持清洁，随时清理冰雪、杂物等，不准乱堆乱放物料； （7）不得在防护栏杆上拴挂任何重物； （8）作业中需要拆除防护栏杆时，必须采取可靠的临边防护措施
	高温高压蒸汽	检修中系统隔离不彻底	灼烫伤	较小	（1）检查变送器一次门、二次门已关闭； （2）松开可能积存压力介质的变送器接头时，应缓慢拆卸并避免正对介质释放点
	电伴热	身体误碰带电部分	触电伤害	较小	使用合格验电笔确认带电部分，检查电伴热是否完好，必要时停电
	高温部件	身体误碰高温部件	灼烫伤	较小	工作人员穿戴防高温烫伤隔热服及防护手套，与高温部件保持适当距离
	灰尘	吸入灰尘	尘肺病	较小	作业时正确佩戴合格防尘口罩
	螺丝刀、尖嘴钳	用力过猛	刺伤	较小	使用工具时均匀用力
	套管	套管损坏有缺口	割伤	较小	工作人员戴好防护手套
	手动扳手	使用手动扳手用力过猛	磕碰伤	较小	（1）戴好防护手套； （2）使用工具均匀用力
5. 压力（差压）变送器校验	手动扳手	使用手动扳手用力过猛	磕碰伤	较小	（1）戴好防护手套； （2）使用工具均匀用力
	螺丝刀、尖嘴钳	用力过猛	刺伤	较小	使用工具时均匀用力
	绊脚物	变送器未定置摆放	摔伤	较小	变送器应定置摆放
	高压油	泄漏	机械伤害污染环境	较小	拧紧变送器接头，投运时应避免正对介质释放点
6. 压力（差压）变送器回装	高处的工器具、零部件	未使用工具包，作业区域未隔离	物体打击	较小	（1）高处作业工器具必须使用工具包； （2）工器具和零部件不准随便乱放； （3）工器具和零部件不准上下抛掷； （4）作业区必须设有明显的围栏，防止无关人员入内，悬挂"当心落物"的标识，并设置专人监护
	高处作业人员	未佩戴使用合格的安全带	高处坠落	重大	（1）安全带使用前进行外观检查合格，检验合格证应在有效期内； （2）在没有脚手架或没有栏杆的脚手架上工作，高度超过 1.5m 时必须使用安全带； （3）安全带的挂钩应挂在结实、牢固的构件上，或专挂安全带的钢丝绳上，不准低挂高用

续表

作业步骤	危害辨识	危害描述	产生后果	风险等级	防 范 措 施
6. 压力（差压）变送器回装	高处作业人员	脚手架上作业不规范	高处坠落	重大	（1）上下脚手架应走人行通道或梯子，不准攀登架体； （2）不准站在脚手架的探头上作业； （3）同一架体上的作业人数一般为 2 人，必须超过 2 人的情况下不得超过 9 人； （4）不准在脚手架上蹲在木桶、木箱、砖及其他建筑材料等作业； （5）不准在架子上退着行走或跨坐在防护横杆上休息； （6）架子上应保持清洁，随时清理冰雪、杂物等，不准乱堆乱放物料； （7）不得在防护栏杆上拴挂任何重物； （8）作业中需要拆除防护栏杆时，必须采取可靠的临边防护措施
	高温高压蒸汽	变送器接头未拧紧	灼烫伤	中等	拧紧变送器接头，投运时应避免正对介质释放点
	高温部件	身体误碰高温部件	灼烫伤	较小	工作人员穿戴防高温烫伤隔热服及防护手套，与高温部件保持适当距离
	电伴热	身体误碰带电部分	触电伤害	较小	使用合格验电笔确认带电部分，检查电伴热是否完好，必要时停电
	螺丝刀、尖嘴钳	用力过猛	刺伤	较小	使用工具时均匀用力
	套管	套管损坏有缺口	割伤	较小	工作人员戴好防护手套
	手动扳手	使用手动扳手用力过猛	磕碰伤	较小	（1）戴好防护手套； （2）使用工具均匀用力
7. 压力（差压）开关投用	高温高压蒸汽	未恢复工作前安全措施	灼烫伤	较小	检查确认安全措施已恢复
8. 检修工作结束	施工废料	施工废料未清理	环境污染	较小	废料及时清理，做到工完、料尽、场地清

8.54 压力（差压）开关检修

作业步骤	危害辨识	危害描述	产生后果	风险等级	防 范 措 施
1. 作业环境评估	大风	在大于 5 级及以上的大风以及暴雨、打雷、大雾等恶劣的天气露天作业	高处坠落、物体打击	重大	在 5 级及以上的大风以及暴雨、打雷、大雾等恶劣天气，应停止露天高处作业
	高温环境	环境温度超过 40℃	中暑	较小	（1）不准在工作环境温度超过 40℃时进行露天作业； （2）在高温场所工作时，应为工作人员提供足够的饮水、清凉饮料及防暑药品；对温度较高的作业场所必须增加通风设备
	噪声	进入噪声区域时，未正确使用防护用品	噪声聋	较小	进入噪声区域、使用高噪声区域时正确佩戴耳塞
	高温高压蒸汽	身体误碰高温部件	灼烫伤	中等	工作人员穿戴防高温烫伤隔热服及防护手套
	工器具、零部件	交叉作业	高处坠落、物体打击	重大	在工作场所观察上下有无人员作业、有无隔离栏，有危险停工

作业步骤	危害辨识	危害描述	产生后果	风险等级	防 范 措 施
1.作业环境评估	现场设备	未观察周围环境	撞伤	较小	仔细观察周围环境,不挡视线、注意力集中
	岩棉、化纤、粉尘	作业区保温、粉尘飞扬	尘肺病	较小	作业时正确佩戴合格防尘口罩
	高处设备设施	防护栏缺损	高处坠落	中等	检查防护栏完好无损,如因工作需要拆除的栏杆,要做好临时护栏及悬挂警示标识
2.确认安全措施正确执行	高温高压蒸汽	安全隔离措施不完善	灼烫伤	中等	确认安全措施已正确执行
3.准备工作及现场布置	现场标识	(1)压力(差压)开关标识缺失;(2)压力(差压)开关一次门、二次标识缺失	灼烫伤	较小	(1)工作前核对设备名称及编号;(2)完善补齐缺损的设备标识
	脚手架搭(拆)设	脚手架搭设后未验收	高处坠落、物体打击	中等	(1)搭设结束后,必须履行脚手架验收手续,填写脚手架验收单,并在脚手架验收单上分级签字;(2)验收合格后应在脚手架上悬挂合格证,方可使用
	高温环境	气温超过40℃	中暑	较小	保证足够的饮水及防暑药品,人员轮换工作
	工器具	使用不合格的工具	机械伤害	较小	必须正确使用经检验合格的工器具
	绊脚物	现场工器具等未定置摆放	摔伤	较小	现场工器具、零部件应定置摆放
	工器具、零部件	现场没有铺垫	高处坠落、物体打击	重大	在现场作业做好铺垫
	保温柜	保温柜门损坏	砸伤	中等	确认保温柜门铰链牢固
	照明	照度不足	其他伤害	较小	增加临时照明,保证检修区域照明充足
4.压力(差压)开关拆卸	高处的工器具、零部件	未使用工具包,作业区域未隔离	物体打击	较小	(1)高处作业工器具必须使用工具包;(2)工器具和零部件不准随便乱放;(3)工器具和零部件不准上下抛掷;(4)作业区必须设有明显的围栏,防止无关人员入内,悬挂"当心落物"的标识,并设置专人监护
	高处作业人员	未佩戴使用合格的安全带	高处坠落	重大	(1)安全带使用前进行外观检查合格,检验合格证应在有效期内;(2)在没有脚手架或没有栏杆的脚手架上工作,高度超过1.5m时必须使用安全带;(3)安全带的挂钩应挂在结实、牢固的构件上,或专挂安全带的钢丝绳上,不准低挂高用
		脚手架上作业不规范	高处坠落	重大	(1)上下脚手架应走人行通道或梯子,不准攀登架体;(2)不准站在脚手架的探头上作业;(3)同一架体上的作业人数一般为2人,必须超过2人的情况下不得超过9人;(4)不准在脚手架上蹬在木桶、木箱、砖及其他建筑材料等作业;(5)不准在架子上退着行走或跨坐在防护横杆上休息;(6)架子上应保持清洁,随时清理冰雪、杂物等,不准乱堆乱放物料;(7)不得在防护栏杆上拴挂任何重物;(8)作业中需要拆除防护栏杆时,必须采取可靠的临边防护措施

续表

作业步骤	危害辨识	危害描述	产生后果	风险等级	防 范 措 施
4. 压力（差压）开关拆卸	高温高压蒸汽	检修中系统隔离不彻底	灼烫伤	较小	（1）检查压力（差压）开关一次门、二次门已关闭； （2）松开可能积存压力介质的压力（差压）开关接头时，应缓慢拆卸并避免正对介质释放点
	电伴热	身体误碰带电部分	触电伤害	较小	使用合格验电笔确认带电部分，检查电伴热是否完好，必要时停电
	高温部件	身体误碰高温部件	灼烫伤	较小	工作人员穿戴防高温烫伤隔热服及防护手套，与高温部件保持适当距离
	灰尘	吸入灰尘	尘肺病	较小	作业时正确佩戴合格防尘口罩
	螺丝刀、尖嘴钳	用力过猛	刺伤	较小	使用工具时均匀用力
	套管	套管损坏有缺口	割伤	较小	工作人员戴好防护手套
	手动扳手	使用手动扳手用力过猛	磕碰伤	较小	（1）戴好防护手套； （2）使用工具均匀用力
5. 压力（差压）开关校验	手动扳手	使用手动扳手用力过猛	磕碰伤	较小	（1）戴好防护手套； （2）使用工具均匀用力
	螺丝刀、尖嘴钳	用力过猛	刺伤	较小	使用工具时均匀用力
	绊脚物	压力（差压）开关未定置摆放	摔伤	较小	压力（差压）开关应定置摆放
	高压油	泄漏	机械伤害污染环境	较小	拧紧压力（差压）开关接头，投运时应避免正对介质释放点
6. 压力（差压）开关回装	高处的工器具、零部件	未使用工具包，作业区域未隔离	物体打击	较小	（1）高处作业工器具必须使用工具包； （2）工器具和零部件不准随便乱放； （3）工器具和零部件不准上下抛掷； （4）作业区必须设有明显的围栏，防止无关人员入内，悬挂"当心落物"的标识，并设置专人监护
	高处作业人员	未佩戴使用合格的安全带	高处坠落	中等	（1）安全带使用前进行外观检查合格，检验合格证应在有效期内； （2）在没有脚手架或没有栏杆的脚手架上工作，高度超过1.5m时必须使用安全带； （3）安全带的挂钩应挂在结实、牢固的构件上，或专挂安全带的钢丝绳上，不准低挂高用
		脚手架上作业不规范	高处坠落	中等	（1）上下脚手架应走人行通道或梯子，不准攀登架体； （2）不准站在脚手架的探头上作业； （3）同一架体上的作业人数一般为2人，必须超过2人的情况下不得超过9人； （4）不准在脚手架上蹬在木桶、木箱、砖及其他建筑材料等作业； （5）不准在架子上退着行走或跨坐在防护横杆上休息； （6）架子上应保持清洁，随时清理冰雪、杂物等，不准乱堆乱放物料； （7）不得在防护栏杆上拴挂任何重物； （8）作业中需要拆除防护栏杆时，必须采取可靠的临边防护措施
	高温高压蒸汽	变送器接头未拧紧	灼烫伤	中等	拧紧压力（差压）开关接头，投运时应避免正对介质释放点

作业步骤	危害辨识	危害描述	产生后果	风险等级	防 范 措 施
6．压力（差压）开关回装	电伴热	身体误碰带电部分	触电伤害	较小	使用合格验电笔确认带电部分,检查电伴热是否完好,必要时停电
	高温部件	身体误碰高温部件	灼烫伤	较小	工作人员穿戴防高温烫伤隔热服及防护手套,与高温部件保持适当距离
	螺丝刀、尖嘴钳	用力过猛	刺伤	较小	使用工具时均匀用力
	套管	套管损坏有快口	割伤	较小	工作人员戴好防护手套
	手动扳手	使用手动扳手用力过猛	磕碰伤	较小	（1）戴好防护手套; （2）使用工具均匀用力
7．压力（差压）开关投用	高温高压蒸汽	未恢复工作前安全措施	灼烫伤	较小	检查确认安全措施已恢复
8.检修工作结束	施工废料	施工废料未清理	环境污染	较小	废料及时清理,做到工完、料尽、场地清

8.55 压力表检修

作业步骤	危害辨识	危害描述	产生后果	风险等级	防 范 措 施
1．作业环境评估	大风	在大于5级及以上的大风以及暴雨、打雷、大雾等恶劣的天气露天作业	高处坠落、物体打击	重大	在5级以上的大风以及暴雨、打雷、大雾等恶劣天气,应停止露天高处作业
	高温环境	环境温度超过40℃	中暑	较小	（1）不准在工作环境温度超过40℃时进行露天作业; （2）在高温场所工作时,应为工作人员提供足够的饮水、清凉饮料及防暑药品;对温度较高的作业场所必须增加通风设备
	噪声	进入噪声区域时,未正确使用防护用品	噪声聋	较小	进入噪声区域、使用高噪声区域时正确佩戴耳塞
	高温高压蒸汽	身体误碰高温部件	灼烫伤	中等	工作人员穿戴防高温烫伤隔热服及防护手套
	工器具零部件	交叉作业	高处坠落、物体打击	重大	在工作场所观察上下有无人员作业、有无隔离栏,有危险停工
	岩棉、化纤、粉尘	作业区保温、粉尘飞扬	尘肺病	较小	作业时正确佩戴合格防尘口罩
	现场设备	未观察周围环境	撞伤	较小	仔细观察周围环境,不挡视线、注意力集中
	高处设备设施	防护栏缺损	高处坠落	重大	检查防护栏完好无损,如因工作需要拆除的栏杆,要做好临时护栏及悬挂警示标识
2．确认安全措施正确执行	高温高压蒸汽	安全隔离措施不完善	灼烫伤	中等	确认安全措施已正确执行
3．准备工作及现场布置	现场标识	（1）压力表标识缺失; （2）压力表一次门、二次标识缺失	灼烫伤	较小	（1）工作前核对设备名称及编号; （2）完善补齐缺损的设备标识

作业步骤	危害辨识	危害描述	产生后果	风险等级	防 范 措 施
3. 准备工作及现场布置	脚手架搭（拆）设	脚手架搭设后未验收	高处坠落、物体打击	中等	（1）搭设结束后，必须履行脚手架验收手续，填写脚手架验收单，并在脚手架验收单上分级签字； （2）验收合格后应在脚手架上悬挂合格证，方可使用
	高温环境	气温超过 40℃	中暑	较小	保证足够的饮水及防暑药品，人员轮换工作
	工器具	使用不合格的工具	机械伤害	较小	必须正确使用经检验合格的工器具
	绊脚物	现场工器具等未定置摆放	摔伤	较小	现场工器具、零部件应定置摆放
	工器具、零部件	现场没有铺垫	高处坠落、物体打击	中等	在现场作业做好铺垫
	照明	照度不足	其他伤害	较小	增加临时照明，保证检修区域照明充足
4. 压力表拆卸	高处的工器具、零部件	未使用工具包，作业区域未隔离	物体打击	较小	（1）高处作业工器具必须使用工具包； （2）工器具和零部件不准随便乱放； （3）工器具和零部件不准上下抛掷； （4）作业区必须设有明显的围栏，防止无关人员入内，悬挂"当心落物"的标识，并设置专人监护
	高处作业人员	未佩戴使用合格的安全带	高处坠落	重大	（1）安全带使用前进行外观检查合格，检验合格证应在有效期内； （2）在没有脚手架或没有栏杆的脚手架上工作，高度超过 1.5m 时必须使用安全带； （3）安全带的挂钩应挂在结实、牢固的构件上，或专挂安全带的钢丝绳上，不准低挂高用
		脚手架上作业不规范	高处坠落	重大	（1）上下脚手架应走人行通道或梯子，不准攀登架体； （2）不准站在脚手架的探头上作业； （3）同一架体上的作业人数一般为 2 人，必须超过 2 人的情况下不得超过 9 人； （4）不准在脚手架上蹬在木桶、木箱、砖及其他建筑材料等作业； （5）不准在架子上退着行走或跨坐在防护横杆上休息； （6）架子上应保持清洁，随时清理冰雪、杂物等，不准乱堆乱放物料； （7）不得在防护栏杆上拴挂任何重物； （8）作业中需要拆除防护栏杆时，必须采取可靠的临边防护措施
	高温高压蒸汽	检修中系统隔离不彻底	灼烫伤	较小	（1）检查压力表一次门、二次门已关闭； （2）松开可能积存压力介质的压力表接头时应缓慢拆卸并避免正对介质释放点
	高温部件	身体误碰高温部件	灼烫伤	较小	工作人员穿戴防高温烫伤隔热服及防护手套，与高温部件保持适当距离
	手动扳手	使用手动扳手用力过猛	磕碰伤	较小	（1）戴好防护手套； （2）使用工具均匀用力
5. 压力表校验	手动扳手	使用手动扳手用力过猛	磕碰伤	较小	（1）戴好防护手套； （2）使用工具均匀用力
	绊脚物	压力表未定置摆放	摔伤	较小	压力表应定置摆放
	高压油	泄漏	机械伤害、污染环境	较小	拧紧压力表接头，投运时应避免正对介质释放点

作业步骤	危害辨识	危害描述	产生后果	风险等级	防 范 措 施
6. 压力表回装	高处的工器具、零部件	未使用工具包，作业区域未隔离	物体打击	较小	（1）高处作业工器具必须使用工具包； （2）工器具和零部件不准随便乱放； （3）工器具和零部件不准上下抛掷； （4）作业区必须设有明显的围栏，防止无关人员入内，悬挂"当心落物"的标识，并设置专人监护
	高处作业人员	未佩戴使用合格的安全带	高处坠落	重大	（1）安全带使用前进行外观检查合格，检验合格证应在有效期内； （2）在没有脚手架或没有栏杆的脚手架上工作，高度超过 1.5m 时必须使用安全带； （3）安全带的挂钩应挂在结实、牢固的构件上，或专挂安全带的钢丝绳上，不准低挂高用
		脚手架上作业不规范	高处坠落	重大	（1）上下脚手架应走人行通道或梯子，不准攀登架体； （2）不准站在脚手架的探头上作业； （3）同一架体上的作业人数一般为 2 人，必须超过 2 人的情况下不得超过 9 人； （4）不准在脚手架上蹬在木桶、木箱、砖及其他建筑材料等作业； （5）不准在架子上退着行走或跨坐在防护横杆上休息； （6）架子上应保持清洁，随时清理冰雪、杂物等，不准乱堆乱放物料； （7）不得在防护栏杆上拴挂任何重物； （8）作业中需要拆除防护栏杆时，必须采取可靠的临边防护措施
	高温高压蒸汽	压力表接头未拧紧	灼烫伤	中等	拧紧压力表接头，投运时应避免正对介质释放点
	高温部件	身体误碰高温部件	灼烫伤	较小	工作人员穿戴防高温烫伤隔热服及防护手套，与高温部件保持适当距离
	手动扳手	使用手动扳手用力过猛	磕碰伤	较小	（1）戴好防护手套； （2）使用工具均匀用力
7. 压力表投用	高温高压蒸汽	未恢复工作前安全措施	灼烫伤	较小	检查确认安全措施已恢复
8. 检修工作结束	施工废料	施工废料未清理	环境污染	较小	废料及时清理，做到工完、料尽、场地清

8.56 氧量测量系统检修

作业步骤	危害辨识	危害描述	产生后果	风险等级	防 范 措 施
1. 作业环境评估	大风	在大于 5 级及以上的大风以及暴雨、打雷、大雾等恶劣的天气露天作业	高处坠落、物体打击	重大	在 5 级及以上的大风以及暴雨、打雷、大雾等恶劣天气，应停止露天高处作业
	噪声	进入噪声区域时，未正确使用防护用品	噪声聋	较小	进入噪声区域、使用高噪声区域时正确佩戴耳塞
	粉尘	未正确佩戴防护口罩	尘肺病	较小	作业人员工作时戴防尘口罩
	高处设备设施	防护栏缺损	高处坠落	重大	检查防护栏完好无损，如因工作需要拆除的栏杆，要做好临时护栏及悬挂警示标识

作业步骤	危害辨识	危害描述	产生后果	风险等级	防 范 措 施
2. 确认安全措施正确执行	高温部件	身体误碰高温部件	灼烫伤	中等	工作人员穿戴防高温烫伤隔热服及防护手套
3. 准备工作及现场布置	绊脚物	现场工器具等未定置摆放	摔伤	较小	现场工器具、设备备品备件应定置摆放
	工器具	使用不合格的工具	机械伤害	较小	必须正确使用经检验合格的工器具
	高温环境	气温超过40℃	中暑	较小	保证足够的饮水及防暑药品，人员轮换工作
4. 探头检查	高处的工器具、零部件	未使用工具包，作业区域未铺设工具垫	物体打击	较小	（1）高处作业工器具必须使用工具包； （2）工器具和零部件不准随便乱放； （3）必须使用合格的工器具； （4）作业区必须铺设工具垫
	高温部件	身体误碰高温部件	灼烫伤	中等	工作人员穿戴防高温烫伤隔热服及防护手套
	绝缘电阻表	接触导电部分造成电击	触电	较小	（1）使用绝缘电阻表时人员禁止触碰导线的金属部分； （2）绝缘电阻表未停止工作之前或被测设备未放电前，严禁用手触及，拆线时也不要触及导线的金属部分
5. 系统检查与标定	送电的氧量变送器柜	氧量变送器柜接线不规范	触电	中等	（1）送电前检查氧量变送器柜接线完好； （2）送电后使用可靠验电工具验电
	验电工具	验电工具不合格	触电	中等	验电工具使用前必须经过检验，严禁使用不合格验电工具
		验电方法错误	触电	中等	正确验电，真实反映设备带电情况
	加热的锆头	锆头冷却时间不够	灼烫伤	中等	工作人员穿戴防高温烫伤隔热服及防护手套
6. 设备试运行	氧量探头及氧量变送器	标识不全	机械伤害	较小	（1）工作前核对设备名称及编号； （2）完善补齐缺损的设备标识和警告牌
		检修人员单独进行试运行操作	高温烫伤	中等	工作人员穿戴防高温烫伤隔热服及防护手套
7. 检修工作结束	施工废料	施工废料未清理	环境污染	较小	废料及时清理，做到工完、料尽、场地清

8.57 液位计（干簧管）检修

作业步骤	危害辨识	危害描述	产生后果	风险等级	防 范 措 施
1. 作业环境评估	噪声	进入噪声区域时，未正确使用防护用品	噪声聋	较小	进入噪声区域、使用高噪声区域时正确佩戴耳塞
	粉尘	未正确佩戴防护口罩	尘肺病	较小	作业人员工作时戴防尘口罩
	高温部件	身体误碰高温部件	灼烫伤	中等	工作人员穿戴防高温烫伤隔热服及防护手套
2. 确认安全措施正确执行	（1）高温水；（2）现场标识	（1）液位计隔离措施不完善；（2）液位计标识缺失	灼烫伤	中等	（1）工作前核对设备名称及编号、完善补齐缺损的设备标识； （2）检修工作开工前工作负责人与工作票许可人共同确认所检修设备已隔离
3. 准备工作及现场布置	绊脚物	现场工器具等未定置摆放	摔伤	较小	现场工器具、设备备品备件应定置摆放
	工器具	使用不合格的工具	机械伤害	较小	必须正确使用经检验合格的工器具
	高温环境	气温超过40℃	中暑	较小	保证足够的饮水及防暑药品，人员轮换工作

作业步骤	危害辨识	危害描述	产生后果	风险等级	防 范 措 施
4. 液位计（干簧管）回路检查	工器具	使用不合格的工具	机械伤害	较小	必须正确使用经检验合格的工器具
	绝缘电阻表	接触导电部分造成电击	触电	较小	（1）使用绝缘电阻表时人员禁止触碰导线的金属部分；（2）绝缘电阻表未停止工作之前或被测设备未放电前，严禁用手触及，拆线时也不要触及导线的金属部分
5. 液位计（干簧管）拆除标定	工器具	使用不合格的工具	机械伤害	较小	必须正确使用经检验合格的工器具
	高温部件	身体误碰高温部件	灼烫伤	中等	工作人员穿戴防高温烫伤隔热服及防护手套
6. 液位计安装	工器具	使用不合格的工具	机械伤害	较小	必须正确使用经检验合格的工器具
	高温部件	身体误碰高温部件	灼烫伤	中等	工作人员穿戴防高温烫伤隔热服及防护手套
7. 设备试运行	液位计	标识不全	机械伤害	较小	（1）工作前核对设备名称及编号；（2）完善补齐缺损的设备标识和警告牌
		液位计固定抱箍松脱	机械伤害	较小	固定好抱箍防止水位计脱落砸人
8. 检修工作结束	施工废料	施工废料未清理	环境污染	较小	废料及时清理，做到工完、料尽、场地清

8.58 再热汽安全门系统热控设备检修

作业步骤	危害辨识	危害描述	产生后果	风险等级	防 范 措 施
1. 作业环境评估	大风	在大于5级及以上的大风以及暴雨、打雷、大雾等恶劣的天气露天作业	高处坠落、物体打击	重大	在5级及以上的大风以及暴雨、打雷、大雾等恶劣天气，应停止露天高处作业
	噪声	进入噪声区域时，未正确使用防护用品	噪声聋	较小	进入噪声区域、使用高噪声区域时正确佩戴耳塞
	粉尘	未正确佩戴防护口罩	尘肺病	较小	作业人员工作时戴防尘口罩
	高处设备设施	防护栏缺损	高处坠落	重大	检查防护栏完好无损，如因工作需要拆除的栏杆，要做好临时护栏及悬挂警示标识
2. 确认安全措施正确执行	热控气源未隔绝，再热器安全门控制柜未断电	工作前未核实设备带电状态和标识	机械伤害、触电伤害	较小	（1）工作前核对设备名称及编号；（2）检修工作开工前工作负责人与工作票许可人共同确认所检修设备已断电、断气
3. 准备工作及现场布置	脚手架搭（拆）设	脚手架搭设后未验收	高处坠落、物体打击	重大	（1）搭设结束后，必须履行脚手架验收手续，填写脚手架验收单，并在脚手架验收单上分级签字；（2）验收合格后应在脚手架上悬挂合格证，方可使用
	工器具	使用不合格的工具	机械伤害	较小	必须正确使用经检验合格的工器具
	照明	照度不足	其他伤害	较小	增加临时照明，保证再热器安全门系统检修区域照明充足
4. 控制柜检修	高处的工器具、零部件	未使用工具包，作业区域未隔离	物体打击	较小	（1）高处作业工器具必须使用工具包；（2）工器具和零部件不准随便乱放；（3）工器具和零部件不准上下抛掷；（4）作业区必须设有明显的围栏，防止无关人员入内，悬挂"当心落物"的标识，并设置专人监护

作业步骤	危害辨识	危害描述	产生后果	风险等级	防 范 措 施
4. 控制柜检修	绝缘电阻表	接触导电部分造成电击	触电	较小	(1) 使用绝缘电阻表时人员禁止触碰导线的金属部分; (2) 绝缘电阻表未停止工作之前或被测设备未放电前，严禁用手触及，拆线时也不要触及导线的金属部分
5. 安全门压力开关校验	送电的电磁阀	接线不规范或外壳破损	触电	中等	(1) 送电前检查电磁阀接线完好，外壳是否破损; (2) 送电后使用可靠验电工具验电
	验电工具	验电工具不合格	触电	中等	验电工具使用前必须经过检验，严禁使用不合格验电工具
		验电方法错误	触电	中等	正确验电，真实反映设备带电情况
	转动的执行机构	肢体部位或饰品、衣物、用具（包括防护用品）、工具接触转动部位	机械伤害	较小	(1) 执行机构转动前必须检查无缠绕可能; (2) 衣服和袖口应扣好，不得戴围巾、领带，长发必须盘在安全帽内; (3) 不准将用具、工器具接触设备的转动部位
	带压力的安全门压力开关	未停止阀门所属热力系统相关设备工作	机械伤害	中等	压力开关调整过程中禁止相关设备开展工作
	安全门压力开关所属热力系统介质	检修隔离措施不到位	烧烫伤	中等	对现场检修区域进行有效的隔离，有人监护
		运行隔离措施不到位	烧烫伤	中等	检修前工作负责人、工作许可人现场共同确认隔离措施安全可靠执行
6. 安全门行程调整	高处的工器具、零部件	未使用工具包，作业区域未隔离	物体打击	较小	(1) 高处作业工器具必须使用工具包; (2) 工器具和零部件不准随便乱放; (3) 工器具和零部件不准上下抛掷; (4) 作业区必须设有明显的围栏，防止无关人员入内，悬挂"当心落物"的标识，并设置专人监护
	高处作业人员	未佩戴使用合格的安全带	高处坠落	重大	(1) 安全带使用前进行外观检查合格，检验合格证应在有效期内; (2) 在没有脚手架或没有栏杆的脚手架上工作，高度超过 1.5m 时必须使用安全带; (3) 安全带的挂钩应挂在结实、牢固的构件上，或专挂安全带的钢丝绳上，不准低挂高用
		脚手架上作业不规范	高处坠落	重大	(1) 上下脚手架应走人行通道或梯子，不准攀登架体; (2) 不准站在脚手架的探头上作业; (3) 同一架体上的作业人数一般为 2 人，必须超过 2 人的情况下不得超过 9 人; (4) 不准在脚手架上蹬在木桶、木箱、砖及其他建筑材料等作业; (5) 不准在架子上退行行走或跨坐在防护横杆上休息; (6) 架子上应保持清洁，随时清理冰雪、杂物等，不准乱堆乱放物料; (7) 不得在防护栏杆上拴挂任何重物; (8) 作业中需要拆除防护栏杆时，必须采取可靠的临边防护措施

10

作业步骤	危害辨识	危害描述	产生后果	风险等级	防 范 措 施
7. 设备试运行	安全门控制柜及压力开关	标识不全	机械伤害	较小	（1）工作前核对设备名称及编号； （2）完善补齐缺损的设备标识和警告牌
		检修人员单独进行试运行操作	机械伤害	较小	安全门控制系统试运行操作应由运行值班人员协同检修人员共同进行，检修人员不准自己进行试运行的操作
8. 检修工作结束	施工废料	施工废料未清理	环境污染	较小	废料及时清理，做到工完、料尽、场地清

9 电气检修

9.1 发变组保护大修

作业步骤	危害辨识	危害描述	产生后果	风险等级	防 范 措 施
1. 作业环境评估	照明	现场照明不充足	其他伤害	较小	照明不足适当增加临时照明
2. 确认安全措施正确执行	高电压	未确认安全措施,现场未验电	触电	中等	开工前确认工作票所列安全措施、隔离措施正确完备,检修前使用验电笔验电
	跑错间隔	工作前未认真核对工作设备名称、编号	触电	中等	工作前核对设备名称及编号,并做好检修区域与运行区域隔离
3. 绝缘试验	绝缘电阻测试仪	误碰到绝缘电阻测试仪放电端,测绝缘后未放电	触电	较小	(1) 绝缘电阻表使用严格执行相关规定; (2) 被试设备测绝缘前后要充分对地放电
4. TA伏安特性试验	TA伏安特性仪	接试验线时操作人员误上电,未用绝缘胶布包好可能触碰的带电线头	触电	较小	(1) 设有专人监护; (2) 断开间隔内电源空气开关,解掉工作中可能触碰的带电线头并用绝缘胶布包好; (3) 试验结束或变更接线时首先断开试验电源,并将被试设备充分对地放电
5. 逆变电源检查	直流试验电源	接试验线时操作人员误上电,未用绝缘胶布包好可能触碰的带电线头	触电	较小	(1) 设有专人监护; (2) 断开间隔内电源空气开关,解掉工作中可能触碰的带电线头并用绝缘胶布包好; (3) 试验结束或变更接线时首先断开试验电源,并将被试设备充分对地放电
6. 保护装置交流采样	继电保护测试仪	接试验线时操作人员误上电,未用绝缘胶布包好可能触碰的带电线头	触电	较小	(1) 设有专人监护; (2) 断开间隔内电源空气开关,解掉工作中可能触碰的带电线头并用绝缘胶布包好; (3) 试验结束或变更接线时首先断开试验电源,并将被试设备充分对地放电
7. 定值校验	继电保护测试仪	接试验线时操作人员误上电,未用绝缘胶布包好可能触碰的带电线头	触电	较小	(1) 设有专人监护; (2) 断开间隔内电源空气开关,解掉工作中可能触碰的带电线头并用绝缘胶布包好; (3) 试验结束或变更接线时首先断开试验电源,并将被试设备充分对地放电
8. 开关量检查及继电器检验	继电保护测试仪	接试验线时操作人员误上电,未用绝缘胶布包好可能触碰的带电线头	触电	较小	(1) 设有专人监护; (2) 断开间隔内电源空气开关,解掉工作中可能触碰的带电线头并用绝缘胶布包好; (3) 试验结束或变更接线时首先断开试验电源,并将被试设备充分对地放电

9.2 磁调节器大修

作业步骤	危害辨识	危害描述	产生后果	风险等级	防 范 措 施
1. 作业环境评估	照明	现场照明不充足	其他伤害	较小	增加临时照明
2. 确认安全措施正确执行	高电压	未确认安全措施,现场未验电	触电	中等	开工前确认工作票所列安全措施、隔离措施正确完备,检修前使用验电笔验电
	跑错间隔	工作前未认真核对工作设备名称、编号	触电	中等	工作前核对设备名称及编号,并做好检修区域与运行区域隔离

续表

作业步骤	危害辨识	危害描述	产生后果	风险等级	防 范 措 施
3. 继电器校验	继电保护测试仪	接试验线时操作人员误上电，未用绝缘胶布包好可能触碰的带电线头	触电	较小	（1）设有专人监护； （2）断开间隔内电源空气开关，解掉工作中可能触碰的带电线头并用绝缘胶布包好； （3）试验结束或变更接线时首先断开试验电源，并将被试设备充分对地放电
4. 励磁调节器校验	继电保护测试仪	接试验线时操作人员误上电，未用绝缘胶布包好可能触碰的带电线头	触电	较小	（1）设有专人监护； （2）断开间隔内电源空气开关，解掉工作中可能触碰的带电线头并用绝缘胶布包好； （3）试验结束或变更接线时首先断开试验电源，并将被试设备充分对地放电

9.3 同期装置大修

作业步骤	危害辨识	危害描述	产生后果	风险等级	防 范 措 施
1. 作业环境评估	照明	现场照明不充足	其他伤害	较小	照明不足适当增加临时照明
2. 确认安全措施正确执行	高电压	未确认安全措施，现场未验电	触电	中等	开工前确认工作票所列安全措施、隔离措施正确完备，检修前使用验电笔验电
	跑错间隔	工作前未认真核对工作设备名称、编号	触电	中等	工作前核对设备名称及编号，并做好检修区域与运行区域隔离
3. 装置内部及接线检查	直流试验电源	接试验线时操作人员误上电，未用绝缘胶布包好可能触碰的带电线头	触电	较小	（1）设有专人监护； （2）断开间隔内电源空气开关，解掉工作中可能触碰的带电线头并用绝缘胶布包好； （3）试验结束或变更接线时首先断开试验电源，并将被试设备充分对地放电
4. 同期装置调试	继电保护测试仪	接试验线时操作人员误上电，未用绝缘胶布包好可能触碰的带电线头	触电	较小	（1）设有专人监护； （2）断开间隔内电源空气开关，解掉工作中可能触碰的带电线头并用绝缘胶布包好； （3）试验结束或变更接线时首先断开试验电源，并将被试设备充分对地放电
5. 继电器校验及信号传动	继电保护测试仪	接试验线时操作人员误上电，未用绝缘胶布包好可能触碰的带电线头	触电	较小	（1）设有专人监护； （2）断开间隔内电源空气开关，解掉工作中可能触碰的带电线头并用绝缘胶布包好； （3）试验结束或变更接线时首先断开试验电源，并将被试设备充分对地放电

9.4 快切装置大修

作业步骤	危害辨识	危害描述	产生后果	风险等级	防 范 措 施
1. 作业环境评估	照明	现场照明不充足	其他伤害	较小	照明不足适当增加临时照明
2. 确认安全措施正确执行	高电压	未确认安全措施，现场未验电	触电	中等	开工前确认工作票所列安全措施、隔离措施正确完备，检修前使用验电笔验电
	跑错间隔	工作前未认真核对工作设备名称、编号	触电	中等	工作前核对设备名称及编号，并做好检修区域与运行区域隔离
3. 绝缘检查	绝缘电阻测试仪	误碰到绝缘电阻测试仪放电端，测绝缘后未放电	触电	较小	（1）绝缘电阻表使用严格执行相关规定； （2）被试设备测绝缘前后要充分对地放电

作业步骤	危害辨识	危害描述	产生后果	风险等级	防 范 措 施
4. 装置采样及定值校验	继电保护测试仪	接试验线时操作人员误上电，未用绝缘胶布包好可能触碰的带电线头	触电	较小	（1）设有专人监护； （2）断开间隔内电源空气开关，解掉工作中可能触碰的带电线头并用绝缘胶布包好； （3）试验结束或变更接线时首先断开试验电源，并将被试设备充分对地放电

9.5 AVC 下位机小修

作业步骤	危害辨识	危害描述	产生后果	风险等级	防 范 措 施
1. 作业环境评估	照明	现场照明不充足	其他伤害	较小	照明不足适当增加临时照明
2. 确认安全措施正确执行	高电压	未确认安全措施，现场未验电	触电	中等	开工前确认工作票所列安全措施、隔离措施正确完备，检修前使用验电笔验电
	跑错间隔	工作前未认真核对工作设备名称、编号	触电	中等	工作前核对设备名称及编号，并做好检修区域与运行区域隔离
3. 绝缘检查	绝缘电阻测试仪	误碰到绝缘电阻测试仪放电端，测绝缘后未放电	触电	较小	（1）绝缘电阻表使用严格执行相关规定； （2）被试设备测绝缘前后要充分对地放电
4. AVC 装置检查维护	直流试验电源	接试验线时操作人员误上电，未用绝缘胶布包好可能触碰的带电线头	触电	较小	（1）设有专人监护； （2）断开间隔内电源空气开关，解掉工作中可能触碰的带电线头并用绝缘胶布包好； （3）试验结束或变更接线时首先断开试验电源，并将被试设备充分对地放电
5. 装置电压采样及信号核对	继电保护测试仪	接试验线时操作人员误上电，未用绝缘胶布包好可能触碰的带电线头	触电	较小	（1）设有专人监护； （2）断开间隔内电源空气开关，解掉工作中可能触碰的带电线头并用绝缘胶布包好； （3）试验结束或变更接线时首先断开试验电源，并将被试设备充分对地放电

9.6 PMU 下位机小修

作业步骤	危害辨识	危害描述	产生后果	风险等级	防 范 措 施
1. 作业环境评估	照明	现场照明不充足	其他伤害	较小	照明不足适当增加临时照明
2. 确认安全措施正确执行	高电压	未确认安全措施，现场未验电	触电	中等	开工前确认工作票所列安全措施、隔离措施正确完备，检修前使用验电笔验电
	跑错间隔	工作前未认真核对工作设备名称、编号	触电	中等	工作前核对设备名称及编号，并做好检修区域与运行区域隔离
3. 绝缘检查	绝缘电阻测试仪	误碰到绝缘电阻测试仪放电端，测绝缘后未放电	触电	较小	（1）绝缘电阻表使用严格执行相关规定； （2）被试设备测绝缘前后要充分对地放电
4. 电源检查	直流试验电源	接试验线时操作人员误上电，未用绝缘胶布包好可能触碰的带电线头	触电	较小	（1）设有专人监护； （2）断开间隔内电源空气开关，解掉工作中可能触碰的带电线头并用绝缘胶布包好； （3）试验结束或变更接线时首先断开试验电源，并将被试设备充分对地放电
5. 装置采样及信号核对	继电保护测试仪	接试验线时操作人员误上电，未用绝缘胶布包好可能触碰的带电线头	触电	较小	（1）设有专人监护； （2）断开间隔内电源空气开关，解掉工作中可能触碰的带电线头并用绝缘胶布包好； （3）试验结束或变更接线时首先断开试验电源，并将被试设备充分对地放电

9.7　6kV 负载保护及二次回路大修

作业步骤	危害辨识	危害描述	产生后果	风险等级	防 范 措 施
1. 作业环境评估	照明	现场照明不充足	其他伤害	较小	照明不足适当增加临时照明
2. 确认安全措施正确执行	高电压	未确认安全措施，现场未验电	触电	中等	开工前确认工作票所列安全措施、隔离措施正确完备，检修前使用验电笔验电
	跑错间隔	工作前未认真核对工作设备名称、编号	触电	中等	工作前核对设备名称及编号，并做好检修区域与运行区域隔离
3. 绝缘检查	绝缘电阻测试仪	误碰到绝缘电阻测试仪放电端，测绝缘后未放电	触电	较小	（1）绝缘电阻表使用严格执行相关规定；（2）被试设备测绝缘前后要充分对地放电
4. TA 伏安特性试验	TA 伏安特性仪	接试验线时操作人员误上电，未用绝缘胶布包好可能触碰的带电线头	触电	较小	（1）设有专人监护；（2）断开间隔内电源空气开关，解掉工作中可能触碰的带电线头并用绝缘胶布包好；（3）试验结束或变更接线时首先断开试验电源，并将被试设备充分对地放电
5. 综保装置定值校验及开关试验	继电保护测试仪	接试验线时操作人员误上电，未用绝缘胶布包好可能触碰的带电线头	触电	较小	（1）设有专人监护；（2）断开间隔内电源空气开关，解掉工作中可能触碰的带电线头并用绝缘胶布包好；（3）试验结束或变更接线时首先断开试验电源，并将被试设备充分对地放电
6. 中间继电器校验	继电保护测试仪	接试验线时操作人员误上电，未用绝缘胶布包好可能触碰的带电线头	触电	较小	（1）设有专人监护；（2）断开间隔内电源空气开关，解掉工作中可能触碰的带电线头并用绝缘胶布包好；（3）试验结束或变更接线时首先断开试验电源，并将被试设备充分对地放电

9.8　发变组变送器屏大修

作业步骤	危害辨识	危害描述	产生后果	风险等级	防 范 措 施
1. 作业环境评估	照明	现场照明不充足	其他伤害	较小	照明不足适当增加临时照明
2. 确认安全措施正确执行	高电压	未确认安全措施，现场未验电	触电	中等	开工前确认工作票所列安全措施、隔离措施正确完备，检修前使用验电笔验电
	跑错间隔	工作前未认真核对工作设备名称、编号	触电	中等	工作前核对设备名称及编号，并做好检修区域与运行区域隔离
3. 绝缘检查	绝缘电阻测试仪	误碰到绝缘电阻测试仪放电端，测绝缘后未放电	触电	较小	（1）绝缘电阻表使用严格执行相关规定；（2）被试设备测绝缘前后要充分对地放电
4. 变送器校验	三相标准电力校验源	接试验线时操作人员误上电，未用绝缘胶布包好可能触碰的带电线头	触电	较小	（1）设有专人监护；（2）断开间隔内电源空气开关，解掉工作中可能触碰的带电线头并用绝缘胶布包好；（3）试验结束或变更接线时首先断开试验电源，并将被试设备充分对地放电

9.9　机\炉\保\尘\照\检 400V TV 大修

作业步骤	危害辨识	危害描述	产生后果	风险等级	防 范 措 施
1. 作业环境评估	照明	现场照明不充足	其他伤害	较小	照明不足适当增加临时照明

作业步骤	危害辨识	危害描述	产生后果	风险等级	防 范 措 施
2. 确认安全措施正确执行	高电压	未确认安全措施,现场未验电	触电	中等	开工前确认工作票所列安全措施、隔离措施正确完备,检修前使用验电笔验电
	跑错间隔	工作前未认真核对工作设备名称、编号	触电	中等	工作前核对设备名称及编号,并做好检修区域与运行区域隔离
3. 绝缘检查	绝缘电阻测试仪	误碰到绝缘电阻测试仪放电端,测绝缘后未放电	触电	较小	(1) 绝缘电阻表使用严格执行相关规定; (2) 被试设备测绝缘前后要充分对地放电
4. 继电器校验	继电保护测试仪	接试验线时操作人员误上电,未用绝缘胶布包好可能触碰的带电线头	触电	较小	(1) 设有专人监护; (2) 断开间隔内电源空气开关,解掉工作中可能触碰的带电线头并用绝缘胶布包好; (3) 试验结束或变更接线时首先断开试验电源,并将被试设备充分对地放电

9.10 27kV TA\TV 及主变压器\升压站就地端子箱大修

作业步骤	危害辨识	危害描述	产生后果	风险等级	防 范 措 施
1. 作业环境评估	照明	现场照明不充足	其他伤害	较小	照明不足适当增加临时照明
2. 确认安全措施正确执行	高电压	未确认安全措施,现场未验电	触电	中等	开工前确认工作票所列安全措施、隔离措施正确完备,检修前使用验电笔验电
	跑错间隔	工作前未认真核对工作设备名称、编号	触电	中等	工作前核对设备名称及编号,并做好检修区域与运行区域隔离
3. 绝缘检查	绝缘电阻测试仪	误碰到绝缘电阻测试仪放电端,测绝缘后未放电	触电	较小	(1) 绝缘电阻表使用严格执行相关规定; (2) 被试设备测绝缘前后要充分对地放电
4. TA、TV特性试验	TA 伏安特性仪	接试验线时操作人员误上电,未用绝缘胶布包好可能触碰的带电线头	触电	较小	(1) 设有专人监护; (2) 断开间隔内电源空气开关,解掉工作中可能触碰的带电线头并用绝缘胶布包好; (3) 试验结束或变更接线时首先断开试验电源,并将被试设备充分对地放电

9.11 故障录波器大修

作业步骤	危害辨识	危害描述	产生后果	风险等级	防 范 措 施
1. 作业环境评估	照明	现场照明不充足	其他伤害	较小	照明不足适当增加临时照明
2. 确认安全措施正确执行	高电压	未确认安全措施,现场未验电	触电	中等	开工前确认工作票所列安全措施、隔离措施正确完备,检修前使用验电笔验电
	跑错间隔	工作前未认真核对工作设备名称、编号	触电	中等	工作前核对设备名称及编号,并做好检修区域与运行区域隔离
3. 绝缘检查	绝缘电阻测试仪	误碰到绝缘电阻测试仪放电端,测绝缘后未放电	触电	较小	(1) 绝缘电阻表使用严格执行相关规定; (2) 被试设备测绝缘前后要充分对地放电
4. 零漂检查及交流采样	继电保护测试仪	接试验线时操作人员误上电,未用绝缘胶布包好可能触碰的带电线头	触电	较小	(1) 设有专人监护; (2) 断开间隔内电源空气开关,解掉工作中可能触碰的带电线头并用绝缘胶布包好; (3) 试验结束或变更接线时首先断开试验电源,并将被试设备充分对地放电

作业步骤	危害辨识	危害描述	产生后果	风险等级	防 范 措 施
5. 装置校验	继电保护测试仪	接试验线时操作人员误上电，未用绝缘胶布包好可能触碰的带电线头	触电	较小	(1) 设有专人监护； (2) 断开间隔内电源空气开关，解掉工作中可能触碰的带电线头并用绝缘胶布包好； (3) 试验结束或变更接线时首先断开试验电源，并将被试设备充分对地放电

9.12　厂用监控 ECS 系统小修

作业步骤	危害辨识	危害描述	产生后果	风险等级	防 范 措 施
1. 作业环境评估	照明	现场照明不充足	其他伤害	较小	照明不足适当增加临时照明
2. 确认安全措施正确执行	高电压	未确认安全措施，现场未验电	触电	中等	开工前确认工作票所列安全措施、隔离措施正确完备，检修前使用验电笔验电
	跑错间隔	工作前未认真核对工作设备名称、编号	触电	中等	工作前核对设备名称及编号，并做好检修区域与运行区域隔离
3. 外观、接线检查及卫生清扫	ECS主机内部电缆线	未断开所有电源，装置内部带电	触电	较小	(1) 设有专人监护； (2) 装置内部检查时确认所有电源均断开，必要时使用万用表测量后方可工作

9.13　6kV 工作电源 661/662/663/664 开关保护及二次回路大修

作业步骤	危害辨识	危害描述	产生后果	风险等级	防 范 措 施
1. 作业环境评估	照明	现场照明不充足	其他伤害	较小	照明不足适当增加临时照明
2. 确认安全措施正确执行	高电压	未确认安全措施，现场未验电	触电	中等	开工前确认工作票所列安全措施、隔离措施正确完备，检修前使用验电笔验电
	跑错间隔	工作前未认真核对工作设备名称、编号	触电	中等	工作前核对设备名称及编号，并做好检修区域与运行区域隔离
3. 绝缘检查	绝缘电阻测试仪	误碰到绝缘电阻测试仪放电端，测绝缘后未放电	触电	较小	(1) 绝缘电阻表使用严格执行相关规定； (2) 被试设备测绝缘前后要充分对地放电
4. TA 伏安特性试验	TA 伏安特性仪	接试验线时操作人员误上电，未用绝缘胶布包好可能触碰的带电线头	触电	较小	(1) 设有专人监护； (2) 断开间隔内电源空气开关，解掉工作中可能触碰的带电线头并用绝缘胶布包好； (3) 试验结束或变更接线时首先断开试验电源，并将被试设备充分对地放电
5. 综保装置采样及开关试验	继电保护测试仪；开关特性分析仪	接试验线时操作人员误上电，未用绝缘胶布包好可能触碰的带电线头	触电	较小	(1) 设有专人监护； (2) 断开间隔内电源空气开关，解掉工作中可能触碰的带电线头并用绝缘胶布包好； (3) 试验结束或变更接线时首先断开试验电源，并将被试设备充分对地放电
6. 定值校验	继电保护测试仪	接试验线时操作人员误上电，未用绝缘胶布包好可能触碰的带电线头	触电	较小	(1) 设有专人监护； (2) 断开间隔内电源空气开关，解掉工作中可能触碰的带电线头并用绝缘胶布包好； (3) 试验结束或变更接线时首先断开试验电源，并将被试设备充分对地放电

续表

作业步骤	危害辨识	危害描述	产生后果	风险等级	防 范 措 施
7. 中间继电器校验	继电保护测试仪	接试验线时操作人员误上电,未用绝缘胶布包好可能触碰的带电线头	触电	较小	(1) 设有专人监护; (2) 断开间内电源空气开关,解掉工作中可能触碰的带电线头并用绝缘胶布包好; (3) 试验结束或变更接线时首先断开试验电源,并将被试设备充分对地放电

9.14 6kV 备用电源 6610/6620/6630/6640 开关保护及二次回路大修

作业步骤	危害辨识	危害描述	产生后果	风险等级	防 范 措 施
1. 作业环境评估	照明	现场照明不充足	其他伤害	较小	照明不足适当增加临时照明
2. 确认安全措施正确执行	高电压	未确认安全措施,现场未验电	触电	中等	开工前确认工作票所列安全措施、隔离措施正确完备,检修前使用验电笔验电
	跑错间隔	工作前未认真核对工作设备名称、编号	触电	中等	工作前核对设备名称及编号,并做好检修区域与运行区域隔离
3. 绝缘检查	绝缘电阻测试仪	误碰到绝缘电阻测试仪放电端,测绝缘后未放电	触电	较小	(1) 绝缘电阻表使用严格执行相关规定; (2) 被试设备测绝缘前后要充分对地放电
4. TA 伏安特性试验	TA 伏安特性仪	接试验线时操作人员误上电,未用绝缘胶布包好可能触碰的带电线头	触电	较小	(1) 设有专人监护; (2) 断开隔内电源空气开关,解掉工作中可能触碰的带电线头并用绝缘胶布包好; (3) 试验结束或变更接线时首先断开试验电源,并将被试设备充分对地放电
5. 综保装置采样及开关试验	继电保护测试仪,开关特性分析仪	接试验线时操作人员误上电,未用绝缘胶布包好可能触碰的带电线头	触电	较小	(1) 设有专人监护; (2) 断开间隔内电源空气开关,解掉工作中可能触碰的带电线头并用绝缘胶布包好; (3) 试验结束或变更接线时首先断开试验电源,并将被试设备充分对地放电
6. 定值校验	继电保护测试仪	接试验线时操作人员误上电,未用绝缘胶布包好可能触碰的带电线头	触电	较小	(1) 设有专人监护; (2) 断开间隔内电源空气开关,解掉工作中可能触碰的带电线头并用绝缘胶布包好; (3) 试验结束或变更接线时首先断开试验电源,并将被试设备充分对地放电
7. 中间继电器校验	继电保护测试仪	接试验线时操作人员误上电,未用绝缘胶布包好可能触碰的带电线头	触电	较小	(1) 设有专人监护; (2) 断开间隔内电源空气开关,解掉工作中可能触碰的带电线头并用绝缘胶布包好; (3) 试验结束或变更接线时首先断开试验电源,并将被试设备充分对地放电

9.15 6kV-61/62/63/64 段母线 TV 二次回路大修

作业步骤	危害辨识	危害描述	产生后果	风险等级	防 范 措 施
1. 作业环境评估	照明	现场照明不充足	其他伤害	较小	照明不足适当增加临时照明
2. 确认安全措施正确执行	高电压	未确认安全措施,现场未验电	触电	中等	开工前确认工作票所列安全措施、隔离措施正确完备,检修前使用验电笔验电
	跑错间隔	工作前未认真核对工作设备名称、编号	触电	中等	工作前核对设备名称及编号,并做好检修区域与运行区域隔离

作业步骤	危害辨识	危害描述	产生后果	风险等级	防 范 措 施
3. 绝缘检查	绝缘电阻测试仪	误碰到绝缘电阻测试仪放电端，测绝缘后未放电	触电	较小	（1）绝缘电阻表使用严格执行相关规定； （2）被试设备测绝缘前后要充分对地放电
4. 测控装置采样及定值校验	继电保护测试仪	接试验线时操作人员误上电，未用绝缘胶布包好可能触碰的带电线头	触电	较小	（1）设有专人监护； （2）断开间隔内电源空气开关，解掉工作中可能触碰的带电线头并用绝缘胶布包好； （3）试验结束或变更接线时首先断开试验电源，并将被试设备充分对地放电

9.16　Ⅰ组110V直流系统大修

作业步骤	危害辨识	危害描述	产生后果	风险等级	防 范 措 施
1. 作业环境评估	照明	现场照明不充足	其他伤害	较小	增加临时照明
2. 确认安全措施正确执行	高电压	未确认安全措施，现场未验电	触电	中等	坚持现场开工，确认好安全措施，开工前验电
	跑错间隔	工作前未认真核对工作设备名称、编号	触电	中等	开工前确认工作设备与工作票所载工作设备一致
3. 装置清扫检查	各模块连接线	拆、接线时操作人员误上电	触电	中等	拆、接线前应确认设备断电，设专人看护
	漏液的设备元件	没有仔细检查元件外观是否损坏漏液，触碰导致腐蚀皮肤	其他伤害	较小	仔细检查设备及其元件的外观是否完好，是否存在漏液等可能造成腐蚀的情况
4. 通电检查	交流电源	接试验线时操作人员误上电，未用绝缘胶布包好可能触碰的带电线头	触电	中等	（1）设有专人监护； （2）断开间隔内电源空气开关，解掉工作中可能触碰的带电线头并用绝缘胶布包好； （3）试验结束或变更接线时首先断开试验电源，并将被试设备充分对地放电

9.17　Ⅱ组110V直流系统大修

作业步骤	危害辨识	危害描述	产生后果	风险等级	防 范 措 施
1. 作业环境评估	照明	现场照明不充足	其他伤害	较小	增加临时照明
2. 确认安全措施正确执行	高电压	未确认安全措施，现场未验电	触电	中等	坚持现场开工，确认好安全措施，开工前验电
	跑错间隔	工作前未认真核对工作设备名称、编号	触电	中等	开工前确认工作设备与工作票所载工作设备一致
3. 装置清扫检查	各模块连接线	拆、接线时操作人员误上电	触电	中等	拆、接线前应确认设备断电，设专人看护
	漏液的设备元件	没有仔细检查元件外观是否损坏漏液，触碰导致腐蚀皮肤	其他伤害	较小	仔细检查设备及其元件的外观是否完好，是否存在漏液等可能造成腐蚀的情况
4. 通电检查	交流电源	接试验线时操作人员误上电，未用绝缘胶布包好可能触碰的带电线头	触电	中等	（1）设有专人监护； （2）断开间隔内电源空气开关，解掉工作中可能触碰的带电线头并用绝缘胶布包好； （3）试验结束或变更接线时首先断开试验电源，并将被试设备充分对地放电

9.18　220V 直流系统大修

作业步骤	危害辨识	危害描述	产生后果	风险等级	防范措施
1. 作业环境评估	照明	现场照明不充足	其他伤害	较小	增加临时照明
2. 确认安全措施正确执行	高电压	未确认安全措施，现场未验电	触电	中等	坚持现场开工，确认好安全措施，开工前验电
	跑错间隔	工作前未认真核对工作设备名称、编号	触电	中等	开工前确认工作设备与工作票所载工作设备一致
3. 装置清扫检查	各模块连接线	拆、接线时操作人员误上电	触电	中等	拆、接线前应确认设备断电，设专人看护
	漏液的设备元件	没有仔细检查元件外观是否损坏漏液，触碰导致腐蚀皮肤	其他伤害	较小	仔细检查设备及其元件的外观是否完好，是否存在漏液等可能造成腐蚀的情况
4. 通电检查	交流电源	接试验线时操作人员误上电，未用绝缘胶布包好可能触碰的带电线头	触电	中等	（1）设有专人监护；（2）断开间隔内电源空气开关，解掉工作中可能触碰的带电线头并用绝缘胶布包好；（3）试验结束或变更接线时首先断开试验电源，并将被试设备充分对地放电

9.19　UPS 电源设备大修

作业步骤	危害辨识	危害描述	产生后果	风险等级	防范措施
1. 作业环境评估	照明	现场照明不充足	其他伤害	较小	增加临时照明
2. 确认安全措施正确执行	高电压	未确认安全措施，现场未验电	触电	中等	坚持现场开工，确认好安全措施，开工前验电
	跑错间隔	工作前未认真核对工作设备名称、编号	触电	中等	开工前确认工作设备与工作票所载工作设备一致
3. 装置外观检查	UPS 门板	门板脱手伤人	机械伤害	较小	开关 UPS 设备门板时，注意各个模块的位置，防止门板脱手，或模块打开在半空，造成人员蹲下站起、转身时的碰撞伤害
4. 通电检查	交流电源	接试验线时操作人员误上电，未用绝缘胶布包好可能触碰的带电线头	触电	中等	（1）设有专人监护；（2）断开间隔内电源空气开关，解掉工作中可能触碰的带电线头并用绝缘胶布包好；（3）试验结束或变更接线时首先断开试验电源，并将被试设备充分对地放电

9.20　5022 开关保护大修

作业步骤	危害辨识	危害描述	产生后果	风险等级	防范措施
1. 作业环境评估	照明	现场照明不充足	其他伤害	较小	照明不足适当增加临时照明
2. 确认安全措施正确执行	高电压	未确认安全措施，现场未验电	触电	中等	开工前确认工作票所列安全措施、隔离措施正确完备，检修前使用验电笔验电
	跑错间隔	工作前未认真核对工作设备名称、编号	触电	中等	工作前核对设备名称及编号，并做好检修区域与运行区域隔离
3. 绝缘检查	绝缘电阻测试仪	误碰到绝缘电阻测试仪放电端，测绝缘后未放电	触电	较小	（1）绝缘电阻表使用严格执行相关规定；（2）被试设备测绝缘前后要充分对地放电

作业步骤	危害辨识	危害描述	产生后果	风险等级	防 范 措 施
4.TA 伏安特性试验	TA 伏安特性仪	接试验线时操作人员误上电,未用绝缘胶布包好可能触碰的带电线头	触电	较小	(1)设有专人监护; (2)断开间隔内电源空气开关,解掉工作中可能触碰的带电线头并用绝缘胶布包好; (3)试验结束或变更接线时首先断开试验电源,并将被试设备充分对地放电
5.直流逆变电源测试	直流试验电源	接试验线时操作人员误上电,未用绝缘胶布包好可能触碰的带电线头	触电	较小	(1)设有专人监护; (2)断开间隔内电源空气开关,解掉工作中可能触碰的带电线头并用绝缘胶布包好; (3)试验结束或变更接线时首先断开试验电源,并将被试设备充分对地放电
6.装置交流采样	继电保护测试仪	接试验线时操作人员误上电,未用绝缘胶布包好可能触碰的带电线头	触电	较小	(1)设有专人监护; (2)断开间隔内电源空气开关,解掉工作中可能触碰的带电线头并用绝缘胶布包好; (3)试验结束或变更接线时首先断开试验电源,并将被试设备充分对地放电
7.分相差动保护校验	继电保护测试仪	接试验线时操作人员误上电,未用绝缘胶布包好可能触碰的带电线头	触电	较小	(1)设有专人监护; (2)断开间隔内电源空气开关,解掉工作中可能触碰的带电线头并用绝缘胶布包好; (3)试验结束或变更接线时首先断开试验电源,并将被试设备充分对地放电
8.工频变化量保护	继电保护测试仪	接试验线时操作人员误上电,未用绝缘胶布包好可能触碰的带电线头	触电	较小	(1)设有专人监护; (2)断开间隔内电源空气开关,解掉工作中可能触碰的带电线头并用绝缘胶布包好; (3)试验结束或变更接线时首先断开试验电源,并将被试设备充分对地放电
9.距离保护	继电保护测试仪	接试验线时操作人员误上电,未用绝缘胶布包好可能触碰的带电线头	触电	较小	(1)设有专人监护; (2)断开间隔内电源空气开关,解掉工作中可能触碰的带电线头并用绝缘胶布包好; (3)试验结束或变更接线时首先断开试验电源,并将被试设备充分对地放电
10.零序保护	继电保护测试仪	接试验线时操作人员误上电,未用绝缘胶布包好可能触碰的带电线头	触电	较小	(1)设有专人监护; (2)断开间隔内电源空气开关,解掉工作中可能触碰的带电线头并用绝缘胶布包好; (3)试验结束或变更接线时首先断开试验电源,并将被试设备充分对地放电
11.检验TV 断线	继电保护测试仪	接试验线时操作人员误上电,未用绝缘胶布包好可能触碰的带电线头	触电	较小	(1)设有专人监护; (2)断开间隔内电源空气开关,解掉工作中可能触碰的带电线头并用绝缘胶布包好; (3)试验结束或变更接线时首先断开试验电源,并将被试设备充分对地放电
12.低有功功率	继电保护测试仪	接试验线时操作人员误上电,未用绝缘胶布包好可能触碰的带电线头	触电	较小	(1)设有专人监护; (2)断开间隔内电源空气开关,解掉工作中可能触碰的带电线头并用绝缘胶布包好; (3)试验结束或变更接线时首先断开试验电源,并将被试设备充分对地放电

9.21 6kV 工作段母线检修

作业步骤	危害辨识	危害描述	产生后果	风险等级	防 范 措 施
1.作业环境评估	噪声	未佩戴耳塞	噪声聋	较小	进入噪声区域时正确佩戴合格的耳塞
	照明	现场照明不充足	其他伤害	较小	增加临时照明

续表

作业步骤	危害辨识	危害描述	产生后果	风险等级	防 范 措 施
2. 确认安全措施正确执行	高电压	未确认安全措施，现场未验电	触电	中等	坚持现场开工，确认好安全措施，开工前验电
	跑错间隔	工作前未认真核对工作设备名称、编号	触电	中等	开工前确认工作设备与工作票所载工作设备一致
	临时电源及电源线	电源线、插头、插座破损	触电	较小	(1) 检查电源线外绝缘良好，无破损； (2) 检查电源盘合格证在有效期； (3) 检查电源插头插座，确保完好； (4) 不准将电源线缠绕在护栏、管道和脚手架上
		未安装漏电保护器	触电	较小	(1) 检查电源盘合格证在有效期； (2) 分级配置漏电保护器，工作前试漏电保护器，确保正确动作
		检修电源箱外壳未接地	触电	较小	(1) 检查电源盘合格证在有效期； (2) 检查电源箱外壳接地良好
	梯子	梯子缺损	高处坠落	重大	(1) 使用梯子前应先检查梯子坚实、无缺损，止滑脚完好，不得使用有故障的梯子； (2) 人字梯应具有坚固的铰链和限制开度的拉链，梯子以支设夹角以35°～45°为宜
		梯子无检验合格证	高处坠落	重大	梯子应半年检验一次，并贴有检验合格证标签，无检验合格证或检验合格证过期的梯子不准使用
	酒精	在工作场所过量存储	火灾爆炸	较小	领用、暂存时量不能过大，一般不超过500mL
	锉刀、手锯、螺丝刀、钢丝钳	手柄等缺损	刺伤	较小	锉刀、手锯、螺丝刀、钢丝钳等手柄应安装牢固，没有手柄的不准使用
3. 开关柜清扫检查	手车	对准手车，挤伤人员	其他伤害	较小	工作中正确对准手车，及时调整位置
	开关	搬运无统一协调	其他伤害	较小	多人共同搬运、抬或装卸开关时，必须统一指挥、相互配合、同起同落、同时行进
4. 母线室检修	高处作业	作业时未正确使用防护用品	高处坠落	重大	高处作业人员必须戴好安全帽，穿好防滑鞋，正确佩戴安全带
		人员有高处作业禁忌症	高处坠落	重大	(1) 从事高处作业的人员必须身体健康； (2) 不宜从事高处作业的人员，不得参加高处作业
	手动扳手	用力过猛	其他伤害	较小	使用合格的力矩扳手
	高电压	触电伤害	触电	中等	(1) 带电部分设置醒目标志； (2) 专人监护
	灰尘	未正确使用防尘口罩	尘肺病	较小	作业时正确使用合格的防尘口罩
5. 电压互感器检修	手动扳手	用力过猛	其他伤害	较小	使用合格的力矩扳手
	灰尘	未正确使用防尘口罩	尘肺病	较小	作业时正确使用合格的防尘口罩
6. 电缆室检查	手动扳手	用力过猛	磕碰扭伤	较小	(1) 用合适扳手，平稳用力； (2) 安全防护装置齐全有效，佩戴手套
7. 电气试验	高压电	触电伤害	触电	中等	(1) 试验工作设置围栏，通知其他工作人员撤离； (2) 严格执行试验工作规程
8. 检修工作结束	施工废料	施工废料未清理	环境污染	较小	废料及时清理，做到工完、料尽、场地清

9.22　6kV 负载断路器（接触器）、电缆

作业步骤	危害辨识	危害描述	产生后果	风险等级	防 范 措 施
1. 作业环境评估	噪声	未佩戴耳塞	噪声聋	较小	进入噪声区域时正确佩戴合格的耳塞
	照明	现场照明不充足	其他伤害	较小	增加临时照明
2. 确认安全措施正确执行	高电压	未确认安全措施，现场未验电	触电	中等	坚持现场开工，确认好安全措施，开工前验电
	跑错间隔	工作前未认真核对工作设备名称、编号	触电	中等	开工前确认工作设备与工作票所载工作设备一致
	临时电源及电源线	电源线、插头、插座破损	触电	较小	（1）检查电源线外绝缘良好，无破损； （2）检查电源盘合格证在有效期； （3）检查电源插头插座，确保完好； （4）不准将电源线缠绕在护栏、管道和脚手架上
		未安装漏电保护器	触电	较小	（1）检查电源盘合格证在有效期； （2）分级配置漏电保护器，工作前试漏电保护器，确保正确动作
		检修电源箱外壳未接地	触电	较小	（1）检查电源盘合格证在有效期； （2）检查电源箱外壳接地良好
	酒精	在工作场所过量存储	火灾爆炸	较小	领用、暂存时量不能过大，一般不超过 500mL
	锉刀、手锯、螺丝刀、钢丝钳	手柄等缺损	刺伤	较小	锉刀、手锯、螺丝刀、钢丝钳等手柄应安装牢固，没有手柄的不准使用
3. 断路器清扫检查	手车	对准手车，挤伤人员	其他伤害	较小	工作中正确对准手车，及时调整位置
	开关	搬运无统一协调	其他伤害	较小	多人共同搬运、抬运或装卸开关时，必须统一指挥、相互配合、同起同落、同时行进
4. 断路器检查、特性试验	手动扳手	用力过猛	其他伤害	较小	使用合格的力矩扳手
	灰尘	未正确使用防尘口罩	尘肺病	较小	作业时正确使用合格的防尘口罩
5. 导电部件检查	控制电源	未确认安全措施，现场未验电	触电	较小	工作前，验明无电压
6. 电缆室检查	手动扳手	用力过猛	磕碰扭伤	较小	（1）用合适扳手，平稳用力； （2）安全防护装置齐全有效，佩戴手套
7. 电气试验	高压电	触电伤害	触电	中等	（1）试验工作设置围栏，通知其他工作人员撤离； （2）严格执行试验工作规程
8. 检修工作结束	施工废料	施工废料未清理	环境污染	较小	废料及时清理，做到工完、料尽、场地清

9.23　6kV 工作进线及备用进线断路器

作业步骤	危害辨识	危害描述	产生后果	风险等级	防 范 措 施
1. 作业环境评估	噪声	未佩戴耳塞	噪声聋	较小	进入噪声区域时正确佩戴合格的耳塞
	照明	现场照明不充足	其他伤害	较小	增加临时照明

续表

作业步骤	危害辨识	危害描述	产生后果	风险等级	防 范 措 施
2. 确认安全措施正确执行	高电压	未确认安全措施，现场未验电	触电	中等	坚持现场开工，确认好安全措施，开工前验电
	跑错间隔	工作前未认真核对工作设备名称、编号	触电	中等	开工前确认工作设备与工作票所载工作设备一致
	临时电源及电源线	电源线、插头、插座破损	触电	较小	（1）检查电源线外绝缘良好，无破损；（2）检查电源盘合格证在有效期；（3）检查电源插头插座，确保完好；（4）不准将电源线缠绕在护栏、管道和脚手架上
		未安装漏电保护器	触电	较小	（1）检查电源盘合格证在有效期；（2）分级配置漏电保护器，工作前试漏电保护器，确保正确动作
		检修电源箱外壳未接地	触电	较小	（1）检查电源盘合格证在有效期；（2）检查电源箱外壳接地良好
	酒精	在工作场所过量存储	火灾爆炸	较小	领用、暂存时量不能过大，一般不超过500mL
	锉刀、手锯、螺丝刀、钢丝钳	手柄等缺损	刺伤	较小	锉刀、手锯、螺丝刀、钢丝钳等手柄应安装牢固，没有手柄的不准使用
3. 断路器清扫检查	手车	对准手车，挤伤人员	其他伤害	较小	工作中正确对准手车，及时调整位置
	开关	搬运无统一协调	其他伤害	较小	多人共同搬运、台运或装卸开关时，必须统一指挥、相互配合、同起同落、同时行进
4. 断路器检查、特性试验	手动扳手	用力过猛	其他伤害	较小	使用合格的力矩扳手
	灰尘	未正确使用防尘口罩	尘肺病	较小	作业时正确使用合格的防尘口罩
5. 导电部件检查	控制电源	未确认安全措施，现场未验电	触电	较小	工作前，验明无电压
6. 电缆室检查	手动扳手	用力过猛	磕碰扭伤	较小	（1）用合适扳手，平稳用力；（2）安全防护装置齐全有效，佩戴手套
7. 电气试验	高压电	触电伤害	触电	中等	（1）试验工作设置围栏，通知其他工作人员撤离；（2）严格执行试验工作规程
8. 检修工作结束	施工废料	施工废料未清理	环境污染	较小	废料及时清理，做到工完、料尽、场地清

9.24 6kV 共箱母线（墙内部分）

作业步骤	危害辨识	危害描述	产生后果	风险等级	防 范 措 施
1. 作业环境评估	噪声	未佩戴耳塞	噪声聋	较小	进入噪声区域时正确佩戴合格的耳塞
	照明	现场照明不充足	其他伤害	较小	增加临时照明
2. 确认安全措施正确执行	高电压	未确认安全措施，现场未验电	触电	中等	坚持现场开工，确认好安全措施，开工前验电
	跑错间隔	工作前未认真核对工作设备名称、编号	触电	中等	开工前确认工作设备与工作票所载工作设备一致

作业步骤	危害辨识	危害描述	产生后果	风险等级	防 范 措 施
2. 确认安全措施正确执行	临时电源及电源线	电源线、插头、插座破损	触电	较小	（1）检查电源线外绝缘良好，无破损； （2）检查电源盘合格证在有效期； （3）检查电源插头插座，确保完好； （4）不准将电源线缠绕在护栏、管道和脚手架上
		未安装漏电保护器	触电	较小	（1）检查电源盘合格证在有效期； （2）分级配置漏电保护器，工作前试漏电保护器，确保正确动作
		检修电源箱外壳未接地	触电	较小	（1）检查电源盘合格证在有效期； （2）检查电源箱外壳接地良好
	梯子	梯子缺损	高处坠落	重大	（1）使用梯子前应先检查梯子坚实、无缺损，止滑脚完好，不得使用有故障的梯子； （2）人字梯应具有坚固的铰链和限制开度的拉链，梯子以支设夹角以35°~45°为宜
		梯子无检验合格证	高处坠落	重大	梯子应半年检验一次，并贴有检验合格证标签，无检验合格证或检验合格证过期的梯子不准使用
	酒精	在工作场所过量存储	火灾爆炸	较小	领用、暂存时量不能过大，一般不超过500mL
	锉刀、手锯、螺丝刀、钢丝钳	手柄等缺损	刺伤	较小	锉刀、手锯、螺丝刀、钢丝钳等手柄应安装牢固，没有手柄的不准使用
3. 母线室检修	高处作业	作业时未正确使用防护用品	高处坠落	重大	高处作业人员必须戴好安全帽，穿好防滑鞋，正确佩戴安全带
		人员有高处作业禁忌症	高处坠落	重大	（1）从事高处作业的人员必须身体健康； （2）不宜从事高处作业的人员，不得参加高处作业
	手动扳手	用力过猛	其他伤害	较小	使用合格的力矩扳手
	高电压	触电伤害	触电	中等	（1）带电部分设置醒目标志； （2）专人监护
	灰尘	未正确使用防尘口罩	尘肺病	较小	作业时正确使用合格的防尘口罩
4. 母线导电部分检修	手动扳手	用力过猛	其他伤害	较小	使用合格的力矩扳手
5. 电气试验	高压电	触电伤害	触电	中等	（1）试验工作设置围栏，通知其他工作人员撤离； （2）严格执行试验工作规程
6. 检修工作结束	施工废料	施工废料未清理	环境污染	较小	废料及时清理，做到工完、料尽、场地清

9.25 6kV 输煤段母线大修

作业步骤	危害辨识	危害描述	产生后果	风险等级	防 范 措 施
1. 作业环境评估	噪声	未佩戴耳塞	噪声聋	较小	进入噪声区域时正确佩戴合格的耳塞
	照明	现场照明不充足	其他伤害	较小	增加临时照明

作业步骤	危害辨识	危害描述	产生后果	风险等级	防 范 措 施
2. 确认安全措施正确执行	高电压	未确认安全措施，现场未验电	触电	中等	坚持现场开工，确认好安全措施，开工前验电
	跑错间隔	工作前未认真核对工作设备名称、编号	触电	中等	开工前确认工作设备与工作票所载工作设备一致
	临时电源及电源线	电源线、插头、插座破损	触电	较小	(1) 检查电源线外绝缘良好，无破损； (2) 检查电源盘合格证在有效期； (3) 检查电源插头插座，确保完好； (4) 不准将电源线缠绕在护栏、管道和脚手架上
		未安装漏电保护器	触电	较小	(1) 检查电源盘合格证在有效期； (2) 分级配置漏电保护器，工作前试漏电保护器，确保正确动作
		检修电源箱外壳未接地	触电	较小	(1) 检查电源盘合格证在有效期； (2) 检查电源箱外壳接地良好
	梯子	梯子缺损	高处坠落	重大	(1) 使用梯子前应先检查梯子坚实、无缺损，止滑脚完好，不得使用有故障的梯子； (2) 人字梯应具有坚固的铰链和限制开度的拉链，梯子以支设夹角以 35°～45° 为宜
		梯子无检验合格证	高处坠落	重大	梯子应半年检验一次，并贴有检验合格证标签，无检验合格证或检验合格证过期的梯子不准使用
	酒精	在工作场所过量存储	火灾爆炸	较小	领用、暂存时量不能过大，一般不超过 500mL
	锉刀、手锯、螺丝刀、钢丝钳	手柄等缺损	刺伤	较小	锉刀、手锯、螺丝刀、钢丝钳等手柄应安装牢固，没有手柄的不准使用
3. 开关柜清扫检查	手车	对准手车，挤伤人员	其他伤害	较小	工作中正确对准手车，及时调整位置
	开关	搬运无统一协调	其他伤害	较小	多人共同搬运、台运或装卸开关时，必须统一指挥、相互配合、同起同落、同时行进
4. 母线室检修	高处作业	作业时未正确使用防护用品	高处坠落	重大	高处作业人员必须戴好安全帽，穿好防滑鞋，正确佩戴安全带
		人员有高处作业禁忌症	高处坠落	重大	(1) 从事高处作业的人员必须身体健康； (2) 不宜从事高处作业的人员，不得参加高处作业
	手动扳手	用力过猛	其他伤害	较小	使用合格的力矩扳手
	高低压	触电伤害	触电	中等	(1) 带电部分设置醒目标志； (2) 专人监护
	灰尘	未正确使用防尘口罩	尘肺病	较小	作业时正确使用合格的防尘口罩
5. 电压互感器检修	手动扳手	用力过猛	其他伤害	较小	使用合格的力矩扳手
	灰尘	未正确使用防尘口罩	尘肺病	较小	作业时正确使用合格的防尘口罩
6. 电缆室检查	手动扳手	用力过猛	磕碰扭伤	较小	(1) 用合适扳手，平稳用力； (2) 安全防护装置齐全有效，佩戴手套
7. 电气试验	高压电	触电伤害	触电	中等	(1) 试验工作设置围栏，通知其他工作人员撤离； (2) 严格执行试验工作规程
8. 检修工作结束	施工废料	施工废料未清理	环境污染	较小	废料及时清理，做到工完、料尽、场地清

9.26 400V MCC 柜

作业步骤	危害辨识	危害描述	产生后果	风险等级	防 范 措 施
1. 作业环境评估	噪声	未佩戴耳塞	噪声聋	较小	进入噪声区域时正确佩戴合格的耳塞
	照明	现场照明不充足	其他伤害	较小	增加临时照明
2. 确认安全措施正确执行	400V 电压	未确认安全措施，现场未验电	触电	中等	坚持现场开工，确认好安全措施，开工前验电
	跑错间隔	工作前未认真核对工作设备名称、编号	触电	中等	开工前确认工作设备与工作票所载工作设备一致
	临时电源及电源线	电源线、插头、插座破损	触电	较小	(1) 检查电源线外绝缘良好，无破损； (2) 检查电源盘合格证在有效期； (3) 检查电源插头插座，确保完好； (4) 不准将电源线缠绕在护栏、管道和脚手架上
		未安装漏电保护器	触电	较小	(1) 检查电源盘合格证在有效期； (2) 分级配置漏电保护器，工作前试漏电保护器，确保正确动作
		检修电源箱外壳未接地	触电	较小	(1) 检查电源盘合格证在有效期； (2) 检查电源箱外壳接地良好
	吹风机	吹风机电源线、电源插头破损	触电	较小	(1) 检查吹风机电源线、电源插头破损； (2) 检查合格证在有效期内
	锉刀、手锯、螺丝刀、钢丝钳	手柄等缺损	刺伤	较小	锉刀、手锯、螺丝刀、钢丝钳等手柄应安装牢固，没有手柄的不准使用
3. MCC柜清扫检查	吹风机	触电伤害	触电	较小	(1) 不准手提电动工具的导线或转动部分； (2) 吹风机不要连续使用太久，间间隙断续使用，以免电热元件和电动机过热而烧坏
	灰尘	未正确使用防尘口罩	尘肺病	较小	作业时正确使用合格的防尘口罩
4. 柜内负载回路检修	抽屉开关	搬运无统一协调	物体打击	较小	多人共同搬运、抬运或装卸开关时，必须统一指挥、相互配合、同起同落、同时行进
		超荷搬运	物体打击	较小	手搬物件时，不得搬运超过自己能力的物件
5. 开关及二次回路试验	控制电源	未确认安全措施，现场未验电	触电	较小	工作前，验明无电压
6. 电缆室检查	手动扳手	用力过猛	磕碰扭伤	较小	(1) 用合适扳手，平稳用力； (2) 安全防护装置齐全有效，佩戴手套
7. 电气试验	绝缘电阻表	测绝缘后未放电	电击	中等	(1) 绝缘电阻表使用严格执行相关规定； (2) 被试设备测绝缘前后要充分对地放电
8. 检修工作结束	施工废料	施工废料未清理	环境污染	较小	废料及时清理，做到工完、料尽、场地清

9.27 400V 变频控制柜

作业步骤	危害辨识	危害描述	产生后果	风险等级	防 范 措 施
1. 作业环境评估	噪声	未佩戴耳塞	噪声聋	较小	进入噪声区域时正确佩戴合格的耳塞
	照明	现场照明不充足	其他伤害	较小	增加临时照明

作业步骤	危害辨识	危害描述	产生后果	风险等级	防 范 措 施
2. 确认安全措施正确执行	400V 电压	未确认安全措施,现场未验电	触电	中等	坚持现场开工,确认好安全措施,开工前验电
	跑错间隔	工作前未认真核对工作设备名称、编号	触电	中等	开工前确认工作设备与工作票所载工作设备一致
	临时电源及电源线	电源线、插头、插座破损	触电	较小	(1) 检查电源线外绝缘良好,无破损; (2) 检查电源盘合格证在有效期; (3) 检查电源插头插座,确保完好; (4) 不准将电源线缠绕在护栏、管道和脚手架上
		未安装漏电保护器	触电	较小	(1) 检查电源盘合格证在有效期; (2) 分级配置漏电保护器,工作前试漏电保护器,确保正确动作
		检修电源箱外壳未接地	触电	较小	(1) 检查电源盘合格证在有效期; (2) 检查电源箱外壳接地良好
	酒精	在工作场所过量存储	火灾爆炸	较小	领用、暂存时量不能过大,一般不超过 500mL
	吹风机	吹风机电源线、电源插头破损	触电	较小	(1) 检查吹风机电源线、电源插头破损; (2) 检查合格证在有效期内
	锉刀、手锯、螺丝刀、钢丝钳	手柄等缺损	刺伤	较小	锉刀、手锯、螺丝刀、钢丝钳等手柄应安装牢固,没有手柄的不准使用
3. 变频柜清扫检查	吹风机	触电伤害	触电	较小	(1) 不准手提电动工具的导线或转动部分; (2) 吹风机不要连续使用太久,应间隙断续使用,以免电热元件和电动机过热而烧坏
	灰尘	未正确使用防尘口罩	尘肺病	较小	作业时正确使用合格的防尘口罩
4. 变频器检修	控制电源	未确认安全措施,现场未验电	触电	较小	工作前,验明无电压
5. 变频柜内开关接触器检修	控制电源	未确认安全措施,现场未验电	触电	较小	工作前,验明无电压
6. 电缆室检查	手动扳手	用力过猛	磕碰扭伤	较小	(1) 用合适扳手,平稳用力; (2) 安全防护装置齐全有效,佩戴手套
7. 检修工作结束	施工废料	施工废料未清理	环境污染	较小	废料及时清理,做到工完、料尽、场地清

9.28 400V 厂用母线

作业步骤	危害辨识	危害描述	产生后果	风险等级	防 范 措 施
1. 作业环境评估	噪声	未佩戴耳塞	噪声聋	较小	进入噪声区域时正确佩戴合格的耳塞
	照明	现场照明不充足	其他伤害	较小	增加临时照明
2. 确认安全措施正确执行	400V 电压	未确认安全措施,现场未验电	触电	中等	坚持现场开工,确认好安全措施,开工前验电
	跑错间隔	工作前未认真核对工作设备名称、编号	触电	中等	开工前确认工作设备与工作票所载工作设备一致

作业步骤	危害辨识	危害描述	产生后果	风险等级	防 范 措 施
2. 确认安全措施正确执行	临时电源及电源线	电源线、插头、插座破损	触电	较小	(1) 检查电源线外绝缘良好，无破损； (2) 检查电源盘合格证在有效期； (3) 检查电源插头插座，确保完好； (4) 不准将电源线缠绕在护栏、管道和脚手架上
		未安装漏电保护器	触电	较小	(1) 检查电源盘合格证在有效期； (2) 分级配置漏电保护器，工作前试漏电保护器，确保正确动作
		检修电源箱外壳未接地	触电	较小	(1) 检查电源盘合格证在有效期； (2) 检查电源箱外壳接地良好
	梯子	梯子缺损	高处坠落	重大	(1) 使用梯子前应先检查梯子坚实、无缺损，止滑脚好，不得使用有故障的梯子； (2) 人字梯应具有坚固的铰链和限制开度的拉链，梯子以支设夹角以 35°~45° 为宜
		梯子无检验合格证	高处坠落	重大	梯子应半年检验一次，并贴有检验合格证标签，无检验合格证或检验合格证过期的梯子不准使用
	酒精	在工作场所过量存储	火灾爆炸	较小	领用、暂存时量不能过大，一般不超过 500mL
	吹风机	吹风机电源线、电源插头破损	触电	较小	(1) 检查吹风机电源线、电源插头破损； (2) 检查合格证在有效期内
	锉刀、手锯、螺丝刀、钢丝钳	手柄等缺损	刺伤	较小	锉刀、手锯、螺丝刀、钢丝钳等手柄应安装牢固，没有手柄的不准使用
3. 柜顶小母线清扫	吹风机	触电伤害	触电	较小	(1) 不准手提电动工具的导线或转动部分； (2) 吹风机不要连续使用太久，应间隙断续使用，以免电热元件和电动机过热而烧坏
	灰尘	未正确使用防尘口罩	尘肺病	较小	作业时正确使用合格的防尘口罩
4. 母线清扫检查	吹风机	触电伤害	触电	较小	(1) 不准手提电动工具的导线或转动部分； (2) 吹风机不要连续使用太久，应间隙断续使用，以免电热元件和电动机过热而烧坏
	灰尘	未正确使用防尘口罩	尘肺病	较小	作业时正确使用合格的防尘口罩
5. 框架断路器检查	框架断路器	搬运无统一协调，	物体打击	较小	多人共同搬运、抬运或装卸开关时，必须统一指挥、相互配合、同起同落、同时行进
		超荷搬运	物体打击	较小	手搬物件时，不得搬运超过自己能力的物件
6. 小电流接地选线柜检修	控制电源	未确认安全措施，现场未验电	触电	较小	工作前验明无电压
7. 电缆室检查	手动扳手	用力过猛	磕碰扭伤	较小	(1) 用合适扳手，平稳用力； (2) 安全防护装置齐全有效，佩戴手套
8. 电气试验	绝缘电阻表	测绝缘后未放电	电击	中等	(1) 绝缘电阻表使用严格执行相关规定； (2) 被试设备测绝缘前后要充分对地放电
9. 检修工作结束	施工废料	施工废料未清理	环境污染	较小	废料及时清理，做到工完、料尽、场地清

9.29 400V 除灰母线

作业步骤	危害辨识	危害描述	产生后果	风险等级	防 范 措 施
1. 作业环境评估	噪声	未佩戴耳塞	噪声聋	较小	进入噪声区域时正确佩戴合格的耳塞
	照明	现场照明不充足	其他伤害	较小	增加临时照明
2. 确认安全措施正确执行	400V电压	未确认安全措施，现场未验电	触电	中等	坚持现场开工，确认好安全措施，开工前验电
	跑错间隔	工作前未认真核对工作设备名称、编号	触电	中等	开工前确认工作设备与工作票所载工作设备一致
	临时电源及电源线	电源线、插头、插座破损	触电	较小	（1）检查电源线外绝缘良好，无破损； （2）检查电源盘合格证在有效期； （3）检查电源插头插座，确保完好； （4）不准将电源线缠绕在护栏、管道和脚手架上
		未安装漏电保护器	触电	较小	（1）检查电源盘合格证在有效期； （2）分级配置漏电保护器，工作前试漏电保护器，确保正确动作
		检修电源箱外壳未接地	触电	较小	（1）检查电源盘合格证在有效期； （2）检查电源箱外壳接地良好
	梯子	梯子缺损	高处坠落	重大	（1）使用梯子前应先检查梯子坚实、无缺损，止滑脚完好，不得使用有故障的梯子； （2）人字梯应具有坚固的铰链和限制开度的拉链，梯子以支设夹角为35°~45°为宜
		梯子无检验合格证	高处坠落	重大	梯子应半年检验一次，并贴有检验合格证标签，无检验合格证或检验合格证过期的梯子不准使用
	酒精	在工作场所过量存储	火灾爆炸	较小	领用、暂存时量不能过大，一般不超过500mL
	吹风机	吹风机电源线、电源插头破损	触电	较小	（1）检查吹风机电源线、电源插头破损； （2）检查合格证在有效期内
	锉刀、手锯、螺丝刀、钢丝钳	手柄等缺损	刺伤	较小	锉刀、手锯、螺丝刀、钢丝钳等手柄应安装牢固，没有手柄的不准使用
3. 母线清扫检查	吹风机	触电伤害	触电	较小	（1）不准手提电动工具的导线或转动部分； （2）吹风机不要连续使用太久，应间隙断续使用，以免电热元件和电动机过热而烧坏
	灰尘	未正确使用防尘口罩	尘肺病	较小	作业时正确使用合格的防尘口罩
4. 框架断路器检查	框架断路器	搬运无统一协调	物体打击	较小	多人共同搬运、抬运或装卸开关时，必须统一指挥、相互配合、同起同落、同时行进
		超荷搬运	物体打击	较小	手搬物件时，不得搬运超过自己能力的物件
5. 电缆室检查	手动扳手	用力过猛	磕碰扭伤	较小	（1）用合适扳手，平稳用力； （2）安全防护装置齐全有效，佩戴手套
6. 电气试验	绝缘电阻表	测绝缘后未放电	电击	中等	（1）绝缘电阻表使用严格执行相关规定； （2）被试设备测绝缘前后要充分对地放电
7. 检修工作结束	施工废料	施工废料未清理	环境污染	较小	废料及时清理，做到工完、料尽、场地清

9.30 400V 负荷间隔及电缆

作业步骤	危害辨识	危害描述	产生后果	风险等级	防 范 措 施
1.作业环境评估	噪声	未佩戴耳塞	噪声聋	较小	进入噪声区域时正确佩戴合格的耳塞
	照明	现场照明不充足	其他伤害	较小	增加临时照明
2.确认安全措施正确执行	400V电压	未确认安全措施，现场未验电	触电	中等	坚持现场开工，确认好安全措施，开工前验电
	跑错间隔	工作前未认真核对工作设备名称、编号	触电	中等	开工前确认工作设备与工作票所载工作设备一致
	临时电源及电源线	电源线、插头、插座破损	触电	较小	（1）检查电源线外绝缘良好，无破损； （2）检查电源盘合格证在有效期； （3）检查电源插头插座，确保完好； （4）不准将电源线缠绕在护栏、管道和脚手架上
		未安装漏电保护器	触电	较小	（1）检查电源盘合格证在有效期； （2）分级配置漏电保护器，工作前试漏电保护器，确保正确动作
		检修电源箱外壳未接地	触电	较小	（1）检查电源盘合格证在有效期； （2）检查电源箱外壳接地良好
	酒精	在工作场所过量存储	火灾爆炸	较小	领用、暂存时量不能过大，一般不超过500mL
	吹风机	吹风机电源线、电源插头破损	触电	较小	（1）检查吹风机电源线、电源插头破损； （2）检查合格证在有效期内
	锉刀、手锯、螺丝刀、钢丝钳	手柄等缺损	刺伤	较小	锉刀、手锯、螺丝刀、钢丝钳等手柄应安装牢固，没有手柄的不准使用
3.开关清扫检查	吹风机	触电伤害	触电	较小	（1）不准手提电动工具的导线或转动部分； （2）吹风机不要连续使用太久，应间隙断续使用，以免电热元件和电动机过热而烧坏
	灰尘	未正确使用防尘口罩	尘肺病	较小	作业时正确使用合格的防尘口罩
4.断路器检查	断路器	搬运无统一协调	物体打击	较小	多人共同搬运、抬运或装卸开关时，必须统一指挥、相互配合、同起同落、同时行进
		超荷搬运	物体打击	较小	手搬物件时，不得搬运超过自己能力的物件
		测绝缘后未放电	电击	中等	（1）绝缘电阻表使用严格执行相关规定； （2）被试设备测绝缘前后要充分对地放电
5.二次回路检查	控制电源	未确认安全措施，现场未验电	触电	较小	工作前，验明无电压
6.电缆室检查	手动扳手	用力过猛	磕碰扭伤	较小	（1）用合适扳手，平稳用力； （2）安全防护装置齐全有效，佩戴手套
7.检修工作结束	施工废料	施工废料未清理	环境污染	较小	废料及时清理，做到工完、料尽、场地清

9.31 400V 公用母线

作业步骤	危害辨识	危害描述	产生后果	风险等级	防 范 措 施
1.作业环境评估	噪声	未佩戴耳塞	噪声聋	较小	进入噪声区域时正确佩戴合格的耳塞
	照明	现场照明不充足	其他伤害	较小	增加临时照明

续表

作业步骤	危害辨识	危害描述	产生后果	风险等级	防 范 措 施
2. 确认安全措施正确执行	400V电压	未确认安全措施，现场未验电	触电	中等	坚持现场开工，确认好安全措施，开工前验电
	跑错间隔	工作前未认真核对工作设备名称、编号	触电	中等	开工前确认工作设备与工作票所载工作设备一致
	临时电源及电源线	电源线、插头、插座破损	触电	较小	（1）检查电源线外绝缘良好，无破损； （2）检查电源盘合格证在有效期； （3）检查电源插头插座，确保完好； （4）不准将电源线缠绕在护栏、管道和脚手架上
		未安装漏电保护器	触电	较小	（1）检查电源盘合格证在有效期； （2）分级配置漏电保护器，工作前试漏电保护器，确保正确动作
		检修电源箱外壳未接地	触电	较小	（1）检查电源盘合格证在有效期； （2）检查电源箱外壳接地良好
	梯子	梯子缺损	高处坠落	重大	（1）使用梯子前应先检查梯子坚实、无缺损，止滑脚完好，不得使用有故障的梯子； （2）人字梯应具有坚固的铰链和限制开度的拉链，梯子以支设夹角以35°～45°为宜
		梯子无检验合格证	高处坠落	重大	梯子应半年检验一次，并贴有检验合格证标签，无检验合格证或检验合格证过期的梯子不准使用
	酒精	在工作场所过量存储	火灾爆炸	较小	领用、暂存时量不能过大，一般不超过500mL
	吹风机	吹风机电源线、电源插头破损	触电	较小	（1）检查吹风机电源线、电源插头破损； （2）检查合格证在有效期内
	锉刀、手锯、螺丝刀、钢丝钳	手柄等缺损	刺伤	较小	锉刀、手锯、螺丝刀、钢丝钳等手柄应安装牢固，没有手柄的不准使用
3. 母线清扫检查	吹风机	触电伤害	触电	较小	（1）不准手提电动工具的导线或转动部分； （2）吹风机不要连续使用太久，应间隙断续使用，以免电热元件和电动机过热而烧坏
	灰尘	未正确使用防尘口罩	尘肺病	较小	作业时正确使用合格的防尘口罩
4. 框架断路器检查	框架断路器	搬运无统一协调	物体打击	较小	多人共同搬运、抬运或装卸开关时，必须统一指挥、相互配合、同起同落、同时行进
		超荷搬运	物体打击	较小	手搬物件时，不得搬运超过自己能力的物件
5. 电缆室检查	手动扳手	用力过猛	磕碰扭伤	较小	（1）用合适扳手，平稳用力； （2）安全防护装置齐全有效，佩戴手套
6. 电气试验	绝缘电阻表	测绝缘后未放电	电击	中等	（1）绝缘电阻表使用严格执行相关规定； （2）被试设备测绝缘前后要充分对地放电
7. 检修工作结束	施工废料	施工废料未清理	环境污染	较小	废料及时清理，做到工完、料尽、场地清

9.32 400V进线、备用电源、联络开关

作业步骤	危害辨识	危害描述	产生后果	风险等级	防 范 措 施
1. 作业环境评估	噪声	未佩戴耳塞	噪声聋	较小	进入噪声区域时正确佩戴合格的耳塞
	照明	现场照明不充足	其他伤害	较小	增加临时照明

作业步骤	危害辨识	危害描述	产生后果	风险等级	防 范 措 施
2. 确认安全措施正确执行	400V电压	未确认安全措施,现场未验电	触电	中等	坚持现场开工,确认好安全措施,开工前验电
	跑错间隔	工作前未认真核对工作设备名称、编号	触电	中等	开工前确认工作设备与工作票所载工作设备一致
	临时电源及电源线	电源线、插头、插座破损	触电	较小	(1) 检查电源线外绝缘良好,无破损; (2) 检查电源盘合格证在有效期; (3) 检查电源插头插座,确保完好; (4) 不准将电源线缠绕在护栏、管道和脚手架上
		未安装漏电保护器	触电	较小	(1) 检查电源盘合格证在有效期; (2) 分级配置漏电保护器,工作前试漏电保护器,确保正确动作
		检修电源箱外壳未接地	触电	较小	(1) 检查电源盘合格证在有效期; (2) 检查电源箱外壳接地良好
	酒精	在工作场所过量存储	火灾爆炸	较小	领用、暂存时量不能过大,一般不超过500mL
	吹风机	吹风机电源线、电源插头破损	触电	较小	(1) 检查吹风机电源线、电源插头破损; (2) 检查合格证在有效期内
	锉刀、手锯、螺丝刀、钢丝钳	手柄等缺损	刺伤	较小	锉刀、手锯、螺丝刀、钢丝钳等手柄应安装牢固,没有手柄的不准使用
3. 开关清扫检查	吹风机	触电伤害	触电	较小	(1) 不准手提电动工具的导线或转动部分; (2) 吹风机不要连续使用太久,应间隙断续使用,以免电热元件和电动机过热而烧坏
	灰尘	未正确使用防尘口罩	尘肺病	较小	作业时正确使用合格的防尘口罩
4. 断路器检查实用	断路器	搬运无统一协调	物体打击	较小	多人共同搬运、抬运或装卸开关时,必须统一指挥、相互配合、同起同落、同时行进
		超荷搬运	物体打击	较小	手搬物件时,不得搬运超过自己能力的物件
		测绝缘后未放电	电击	中等	(1) 绝缘电阻表使用严格执行相关规定; (2) 被试设备测绝缘前后要充分对地放电
5. 二次回路检查	控制电源	未确认安全措施,现场未验电	触电	较小	工作前,验明无电压
6. 电缆室检查	手动扳手	用力过猛	磕碰扭伤	较小	(1) 用合适扳手,平稳用力; (2) 安全防护装置齐全有效,佩戴手套
7. 检修工作结束	施工废料	施工废料未清理	环境污染	较小	废料及时清理,做到工完、料尽、场地清

9.33　400V就地控制箱柜

作业步骤	危害辨识	危害描述	产生后果	风险等级	防 范 措 施
1. 作业环境评估	噪声	未佩戴耳塞	噪声聋	较小	进入噪声区域时正确佩戴合格的耳塞
	照明	现场照明不充足	其他伤害	较小	增加临时照明
2. 确认安全措施正确执行	400V电压	未确认安全措施,现场未验电	触电	中等	坚持现场开工,确认好安全措施,开工前验电
	跑错间隔	工作前未认真核对工作设备名称、编号	触电	中等	开工前确认工作设备与工作票所载工作设备一致

作业步骤	危害辨识	危害描述	产生后果	风险等级	防 范 措 施
2. 确认安全措施正确执行	临时电源及电源线	电源线、插头、插座破损	触电	较小	(1) 检查电源线外绝缘良好，无破损； (2) 检查电源盘合格证在有效期； (3) 检查电源插头插座，确保完好； (4) 不准将电源线缠绕在护栏、管道和脚手架上
		未安装漏电保护器	触电	较小	(1) 检查电源盘合格证在有效期； (2) 分级配置漏电保护器，工作前试漏电保护器，确保正确动作
		检修电源箱外壳未接地	触电	较小	(1) 检查电源盘合格证在有效期； (2) 检查电源箱外壳接地良好
	酒精	在工作场所过量存储	火灾爆炸	较小	领用、暂存时量不能过大，一般不超过 500mL
	吹风机	吹风机电源线、电源插头破损	触电	较小	(1) 检查吹风机电源线、电源插头破损； (2) 检查合格证在有效期内
	锉刀、手锯、螺丝刀、钢丝钳	手柄等缺损	刺伤	较小	锉刀、手锯、螺丝刀、钢丝钳等手柄应安装牢固，没有手柄的不准使用
3. 就地柜清扫检查	吹风机	触电伤害	触电	较小	(1) 不准手提电动工具的导线或转动部分； (2) 吹风机不要连续使用太久，应间隙断续使用，以免电热元件和电动机过热而烧坏
	灰尘	未正确使用防尘口罩	尘肺病	较小	作业时正确使用合格的防尘口罩
4. 一次连接检修	控制电源	未确认安全措施，现场未验电	触电	较小	工作前，验明无电压
5. 二次回路检查	控制电源	未确认安全措施，现场未验电	触电	较小	工作前，验明无电压
6. 电气试验	绝缘电阻表	测绝缘后未放电	电击	中等	(1) 绝缘电阻表使用严格执行相关规定； (2) 被试设备测绝缘前后要充分对地放电
7. 检修工作结束	施工废料	施工废料未清理	环境污染	较小	废料及时清理，做到工完、料尽、场地清

9.34 400V 母线联络闸刀

作业步骤	危害辨识	危害描述	产生后果	风险等级	防 范 措 施
1. 作业环境评估	噪声	未佩戴耳塞	噪声聋	较小	进入噪声区域时正确佩戴合格的耳塞
	照明	现场照明不充足	其他伤害	较小	增加临时照明
2. 确认安全措施正确执行	400V 电压	未确认安全措施，现场未验电	触电	中等	坚持现场开工，确认好安全措施，开工前验电
	跑错间隔	工作前未认真核对工作设备名称、编号	触电	中等	开工前确认工作设备与工作票所载工作设备一致
	临时电源及电源线	电源线、插头、插座破损	触电	较小	(1) 检查电源线外绝缘良好，无破损； (2) 检查电源盘合格证在有效期； (3) 检查电源插头插座，确保完好； (4) 不准将电源线缠绕在护栏、管道和脚手架上

作业步骤	危害辨识	危害描述	产生后果	风险等级	防 范 措 施
2. 确认安全措施正确执行	临时电源及电源线	未安装漏电保护器	触电	较小	(1) 检查电源盘合格证在有效期; (2) 分级配置漏电保护器,工作前试漏电保护器,确保正确动作
		检修电源箱外壳未接地	触电	较小	(1) 检查电源盘合格证在有效期; (2) 检查电源箱外壳接地良好
	酒精	在工作场所过量存储	火灾爆炸	较小	领用、暂存时量不能过大,一般不超过500mL
	吹风机	吹风机电源线、电源插头破损	触电	较小	(1) 检查吹风机电源线、电源插头破损; (2) 检查合格证在有效期内
	锉刀、手锯、螺丝刀、钢丝钳	手柄等缺损	刺伤	较小	锉刀、手锯、螺丝刀、钢丝钳等手柄应安装牢固,没有手柄的不准使用
3. 开关清扫检查	吹风机	触电伤害	触电	较小	(1) 不准手提电动工具的导线或转动部分; (2) 吹风机不要连续使用太久,应间隙断续使用,以免电热元件和电动机过热而烧坏
	灰尘	未正确使用防尘口罩	尘肺病	较小	作业时正确使用合格的防尘口罩
4. 负荷开关检查、试验	断路器	搬运无统一协调	物体打击	较小	多人共同搬运、抬运或装卸开关时,必须统一指挥、相互配合、同起同落、同时行进
		超荷搬运	物体打击	较小	手搬物件时,不得搬运超过自己能力的物件
		测绝缘后未放电	电击	中等	(1) 绝缘电阻表使用严格执行相关规定; (2) 被试设备测绝缘前后要充分对地放电
5. 二次回路检查	控制电源	未确认安全措施,现场未验电	触电	较小	工作前,验明无电压
6. 电缆室检查	手动扳手	用力过猛	磕碰扭伤	较小	(1) 用合适扳手,平稳用力; (2) 安全防护装置齐全有效,佩戴手套
7. 检修工作结束	施工废料	施工废料未清理	环境污染	较小	废料及时清理,做到工完、料尽、场地清

9.35 厂用低压变压器

作业步骤	危害辨识	危害描述	产生后果	风险等级	防 范 措 施
1. 作业环境评估	噪声	未佩戴耳塞	噪声聋	较小	进入噪声区域时正确佩戴合格的耳塞
	照明	现场照明不充足	其他伤害	较小	增加临时照明
2. 确认安全措施正确执行	高电压	未确认安全措施,现场未验电	触电	中等	坚持现场开工,确认好安全措施,开工前验电
	跑错间隔	工作前未认真核对工作设备名称、编号	触电	中等	开工前确认工作设备与工作票所载工作设备一致
	临时电源及电源线	电源线、插头、插座破损	触电	较小	(1) 检查电源线外绝缘良好,无破损; (2) 检查电源盘合格证在有效期; (3) 检查电源插头插座,确保完好; (4) 不准将电源线缠绕在护栏、管道和脚手架上

作业步骤	危害辨识	危害描述	产生后果	风险等级	防 范 措 施
2. 确认安全措施正确执行	临时电源及电源线	未安装漏电保护器	触电	较小	（1）检查电源盘合格证在有效期； （2）分级配置漏电保护器，工作前试漏电保护器，确保正确动作
		检修电源箱外壳未接地	触电	较小	（1）检查电源盘合格证在有效期； （2）检查电源箱外壳接地良好
	酒精	在工作场所过量存储	火灾爆炸	较小	领用、暂存时量不能过大，一般不超过 500mL
	锉刀、手锯、螺丝刀、钢丝钳	手柄等缺损	刺伤	较小	锉刀、手锯、螺丝刀、钢丝钳等手柄应安装牢固，没有手柄的不准使用
3. 变压器引线拆除	手动扳手	用力过猛	磕碰扭伤	较小	（1）用合适扳手，平稳用力； （2）安全防护装置齐全有效，佩戴手套
4. 变压器本体线圈、铁芯检查	手动扳手	用力过猛	其他伤害	较小	使用合格的力矩扳手
	灰尘	未正确使用防尘口罩	尘肺病	较小	作业时正确使用合格的防尘口罩
5. 温控箱及冷却系统检查	控制电源	未确认安全措施，现场未验电	触电	较小	工作前，验明无电压
6. 接地电阻箱检查	控制电源	未确认安全措施，现场未验电	触电	较小	工作前，验明无电压
7. 电气试验	高压电	触电伤害	触电	中等	（1）试验工作设置围栏，通知其他工作人员撤离； （2）严格执行试验工作规程
8. 变压器引线恢复	手动扳手	用力过猛	磕碰扭伤	较小	（1）用合适扳手，平稳用力； （2）安全防护装置齐全有效，佩戴手套
9. 检修工作结束	施工废料	施工废料未清理	环境污染	较小	废料及时清理，做到工完、料尽、场地清

9.36 凝泵变频输出真空断路器

作业步骤	危害辨识	危害描述	产生后果	风险等级	防 范 措 施
1. 作业环境评估	噪声	未佩戴耳塞	噪声聋	较小	进入噪声区域时正确佩戴合格的耳塞
	照明	现场照明不充足	其他伤害	较小	增加临时照明
2. 确认安全措施正确执行	高电压	未确认安全措施，现场未验电	触电	中等	坚持现场开工，确认好安全措施，开工前验电
	跑错间隔	工作前未认真核对工作设备名称、编号	触电	中等	开工前确认工作设备与工作票所载工作设备一致
	临时电源及电源线	电源线、插头、插座破损	触电	较小	（1）检查电源线外绝缘良好，无破损； （2）检查电源盘合格证在有效期； （3）检查电源插头插座，确保完好； （4）不准将电源线缠绕在护栏、管道和脚手架上
		未安装漏电保护器	触电	较小	（1）检查电源盘合格证在有效期； （2）分级配置漏电保护器，工作前试漏电保护器，确保正确动作
		检修电源箱外壳未接地	触电	较小	（1）检查电源盘合格证在有效期； （2）检查电源箱外壳接地良好

续表

作业步骤	危害辨识	危害描述	产生后果	风险等级	防 范 措 施
2. 确认安全措施正确执行	酒精	在工作场所过量存储	火灾爆炸	较小	领用、暂存时量不能过大，一般不超过 500mL
	锉刀、手锯、螺丝刀、钢丝钳	手柄等缺损	刺伤	较小	锉刀、手锯、螺丝刀、钢丝钳等手柄应安装牢固，没有手柄的不准使用
3. 断路器清扫检查	手车	对准手车，挤伤人员	其他伤害	较小	工作中正确对准手车，及时调整位置
	开关	搬运无统一协调	其他伤害	较小	多人共同搬运、抬运或装卸开关时，必须统一指挥、相互配合、同起同落、同时行进
4. 断路器检查、特性试验	手动扳手	用力过猛	其他伤害	较小	使用合格的力矩扳手
	灰尘	未正确使用防尘口罩	尘肺病	较小	作业时正确使用合格的防尘口罩
5. 导电部件检查	控制电源	未确认安全措施，现场未验电	触电	较小	工作前，验明无电压
6. 电缆室检查	手动扳手	用力过猛	磕碰扭伤	较小	(1) 用合适扳手，平稳用力；(2) 安全防护装置齐全有效，佩戴手套
7. 电气试验	高压电	触电伤害	触电	中等	(1) 试验工作设置围栏，通知其他工作人员撤离；(2) 严格执行试验工作规程
8. 检修工作结束	施工废料	施工废料未清理	环境污染	较小	废料及时清理，做到工完、料尽、场地清

9.37 凝泵变频装置变压器

作业步骤	危害辨识	危害描述	产生后果	风险等级	防 范 措 施
1. 作业环境评估	噪声	未佩戴耳塞	噪声聋	较小	进入噪声区域时正确佩戴合格的耳塞
	照明	现场照明不充足	其他伤害	较小	增加临时照明
2. 确认安全措施正确执行	高电压	未确认安全措施，现场未验电	触电	中等	坚持现场开工，确认好安全措施，开工前验电
	跑错间隔	工作前未认真核对工作设备名称、编号	触电	中等	开工前确认工作设备与工作票所载工作设备一致
	临时电源及电源线	电源线、插头、插座破损	触电	较小	(1) 检查电源线外绝缘良好，无破损；(2) 检查电源盘合格证在有效期；(3) 检查电源插头插座，确保完好；(4) 不准将电源线缠绕在护栏、管道和脚手架上
		未安装漏电保护器	触电	较小	(1) 检查电源盘合格证在有效期；(2) 分级配置漏电保护器，工作前试漏电保护器，确保正确动作
		检修电源箱外壳未接地	触电	较小	(1) 检查电源盘合格证在有效期；(2) 检查电源箱外壳接地良好
	酒精	在工作场所过量存储	火灾爆炸	较小	领用、暂存时量不能过大，一般不超过 500mL
	锉刀、手锯、螺丝刀、钢丝钳	手柄等缺损	刺伤	较小	锉刀、手锯、螺丝刀、钢丝钳等手柄应安装牢固，没有手柄的不准使用

作业步骤	危害辨识	危害描述	产生后果	风险等级	防 范 措 施
3. 变压器引线拆除	手动扳手	用力过猛	磕碰扭伤	较小	（1）用合适扳手，平稳用力； （2）安全防护装置齐全有效，佩戴手套
4. 变压器本体线圈、铁芯检查	手动扳手	用力过猛	磕碰扭伤	较小	（1）用合适扳手，平稳用力； （2）安全防护装置齐全有效，佩戴手套
	灰尘	未正确使用防尘口罩	尘肺病	较小	作业时正确使用合格的防尘口罩
5. 温控箱及冷却系统检查	控制电源	未确认安全措施，现场未验电	触电	较小	工作前，验明无电压
6. 接地电阻箱检查	控制电源	未确认安全措施，现场未验电	触电	较小	工作前，验明无电压
7. 电气试验	高压电	触电伤害	触电	中等	（1）试验工作设置围栏，通知其他工作人员撤离； （2）严格执行试验工作规程
8. 变压器引线恢复	手动扳手	用力过猛	磕碰扭伤	较小	（1）用合适扳手，平稳用力； （2）安全防护装置齐全有效，佩戴手套
9. 检修工作结束	施工废料	施工废料未清理	环境污染	较小	废料及时清理，做到工完、料尽、场地清

9.38 疏水泵变频装置输出闸刀

作业步骤	危害辨识	危害描述	产生后果	风险等级	防 范 措 施
1. 作业环境评估	噪声	未佩戴耳塞	噪声聋	较小	进入噪声区域时正确佩戴合格的耳塞
	照明	现场照明不充足	其他伤害	较小	增加临时照明
2. 确认安全措施正确执行	高电压	未确认安全措施，现场未验电	触电	中等	坚持现场开工，确认好安全措施，开工前验电
	跑错间隔	工作前未认真核对工作设备名称、编号	触电	中等	开工前确认工作设备与工作票所载工作设备一致
	临时电源及电源线	电源线、插头、插座破损	触电	较小	（1）检查电源线外绝缘良好，无破损； （2）检查电源盘合格证在有效期； （3）检查电源插头插座，确保完好； （4）不准将电源线缠绕在护栏、管道和脚手架上
		未安装漏电保护器	触电	较小	（1）检查电源盘合格证在有效期； （2）分级配置漏电保护器，工作前试漏电保护器，确保正确动作
		检修电源箱外壳未接地	触电	较小	（1）检查电源盘合格证在有效期； （2）检查电源箱外壳接地良好
	酒精	在工作场所过量存储	火灾爆炸	较小	领用、暂存时量不能过大，一般不超过500mL
	锉刀、手锯、螺丝刀、钢丝钳	手柄等缺损	刺伤	较小	锉刀、手锯、螺丝刀、钢丝钳等手柄应安装牢固，没有手柄的不准使用
3. 变频装置输出闸刀清扫检查	闸刀	对准闸刀，挤伤人员	其他伤害	较小	工作中正确对准闸刀，及时调整位置
	灰尘	未正确使用防尘口罩	尘肺病	较小	作业时正确使用合格的防尘口罩

续表

作业步骤	危害辨识	危害描述	产生后果	风险等级	防 范 措 施
4. 导电部件检查	手动扳手	用力过猛	其他伤害	较小	使用合格的力矩扳手
5. 电气试验	高压电	触电伤害	触电	中等	（1）试验工作设置围栏，通知其他工作人员撤离； （2）严格执行试验工作规程
6. 检修工作结束	施工废料	施工废料未清理	环境污染	较小	废料及时清理，做到工完、料尽、场地清

9.39 疏水泵变频装置变压器

作业步骤	危害辨识	危害描述	产生后果	风险等级	防 范 措 施
1. 作业环境评估	噪声	未佩戴耳塞	噪声聋	较小	进入噪声区域时正确佩戴合格的耳塞
	照明	现场照明不充足	其他伤害	较小	增加临时照明
2. 确认安全措施正确执行	高电压	未确认安全措施，现场未验电	触电	中等	坚持现场开工，确认好安全措施，开工前验电
	跑错间隔	工作前未认真核对工作设备名称、编号	触电	中等	开工前确认工作设备与工作票所载工作设备一致
	临时电源及电源线	电源线、插头、插座破损	触电	较小	（1）检查电源线外绝缘良好，无破损； （2）检查电源盘合格证在有效期； （3）检查电源插头插座，确保完好； （4）不准将电源线缠绕在护栏、管道和脚手架上
		未安装漏电保护器	触电	较小	（1）检查电源盘合格证在有效期； （2）分级配置漏电保护器，工作前试漏电保护器，确保正确动作
		检修电源箱外壳未接地	触电	较小	（1）检查电源盘合格证在有效期； （2）检查电源箱外壳接地良好
	酒精	在工作场所过量存储	火灾爆炸	较小	领用、暂存时量不能过大，一般不超过500mL
	锉刀、手锯、螺丝刀、钢丝钳	手柄等缺损	刺伤	较小	锉刀、手锯、螺丝刀、钢丝钳等手柄应安装牢固，没有手柄的不准使用
3. 变压器引线拆除	手动扳手	用力过猛	磕碰扭伤	较小	（1）用合适扳手，平稳用力； （2）安全防护装置齐全有效，佩戴手套
4. 变压器本体线圈、铁芯检查	手动扳手	用力过猛	其他伤害	较小	使用合格的力矩扳手
	灰尘	未正确使用防尘口罩	尘肺病	较小	作业时正确使用合格的防尘口罩
5. 温控箱及冷却系统检查	控制电源	未确认安全措施，现场未验电	触电	较小	工作前，验明无电压
6. 接地电阻箱检查	控制电源	未确认安全措施，现场未验电	触电	较小	工作前，验明无电压
7. 电气试验	高压电	触电伤害	触电	中等	（1）试验工作设置围栏，通知其他工作人员撤离； （2）严格执行试验工作规程
8. 变压器引线恢复	手动扳手	用力过猛	磕碰扭伤	较小	（1）用合适扳手，平稳用力； （2）安全防护装置齐全有效，佩戴手套
9. 检修工作结束	施工废料	施工废料未清理	环境污染	较小	废料及时清理，做到工完、料尽、场地清

9.40 输煤 6kV 开关大修

作业步骤	危害辨识	危害描述	产生后果	风险等级	防 范 措 施
1. 作业环境评估	噪声	未佩戴耳塞	噪声聋	较小	进入噪声区域时正确佩戴合格的耳塞
	照明	现场照明不充足	其他伤害	较小	增加临时照明
2. 确认安全措施正确执行	高电压	未确认安全措施，现场未验电	触电	中等	坚持现场开工，确认好安全措施，开工前验电
	跑错间隔	工作前未认真核对工作设备名称、编号	触电	中等	开工前确认工作设备与工作票所载工作设备一致
	临时电源及电源线	电源线、插头、插座破损	触电	较小	（1）检查电源线外绝缘良好，无破损；（2）检查电源盘合格证在有效期；（3）检查电源插头插座，确保完好；（4）不准将电源线缠绕在护栏、管道和脚手架上
		未安装漏电保护器	触电	较小	（1）检查电源盘合格证在有效期；（2）分级配置漏电保护器，工作前试漏电保护器，确保正确动作
		检修电源箱外壳未接地	触电	较小	（1）检查电源盘合格证在有效期；（2）检查电源箱外壳接地良好
	酒精	在工作场所过量存储	火灾爆炸	较小	领用、暂存时量不能过大，一般不超过 500mL
	锉刀、手锯、螺丝刀、钢丝钳	手柄等缺损	刺伤	较小	锉刀、手锯、螺丝刀、钢丝钳等手柄应安装牢固，没有手柄的不准使用
3. 断路器清扫检查	手车	对准手车，挤伤人员	其他伤害	较小	工作中正确对准手车，及时调整位置
	开关	搬运无统一协调	其他伤害	较小	多人共同搬运、抬运或装卸开关时，必须统一指挥、相互配合、同起同落、同时行进
4. 断路器检查、特性试验	手动扳手	用力过猛	其他伤害	较小	使用合格的力矩扳手
	灰尘	未正确使用防尘口罩	尘肺病	较小	作业时正确使用合格的防尘口罩
5. 导电部件检查	控制电源	未确认安全措施，现场未验电	触电	较小	工作前，验明无电压
6. 电缆室检查	手动扳手	用力过猛	磕碰扭伤	较小	（1）用合适扳手，平稳用力；（2）安全防护装置齐全有效，佩戴手套
7. 电气试验	高压电	触电伤害	触电	中等	（1）试验工作设置围栏，通知其他工作人员撤离；（2）严格执行试验工作规程
8. 检修工作结束	施工废料	施工废料未清理	环境污染	较小	废料及时清理，做到工完、料尽、场地清

9.41 输煤低压变压器

作业步骤	危害辨识	危害描述	产生后果	风险等级	防 范 措 施
1. 作业环境评估	噪声	未佩戴耳塞	噪声聋	较小	进入噪声区域时正确佩戴合格的耳塞
	照明	现场照明不充足	其他伤害	较小	增加临时照明

作业步骤	危害辨识	危害描述	产生后果	风险等级	防 范 措 施
2. 确认安全措施正确执行	高电压	未确认安全措施，现场未验电	触电	中等	坚持现场开工，确认好安全措施，开工前验电
	跑错间隔	工作前未认真核对工作设备名称、编号	触电	中等	开工前确认工作设备与工作票所载工作设备一致
	临时电源及电源线	电源线、插头、插座破损	触电	较小	(1) 检查电源线外绝缘良好，无破损； (2) 检查电源盘合格证在有效期； (3) 检查电源插头插座，确保完好； (4) 不准将电源线缠绕在护栏、管道和脚手架上
		未安装漏电保护器	触电	较小	(1) 检查电源盘合格证在有效期； (2) 分级配置漏电保护器，工作前试漏电保护器，确保正确动作
		检修电源箱外壳未接地	触电	较小	(1) 检查电源盘合格证在有效期； (2) 检查电源箱外壳接地良好
	酒精	在工作场所过量存储	火灾爆炸	较小	领用、暂存时量不能过大，一般不超过500mL
	锉刀、手锯、螺丝刀、钢丝钳	手柄等缺损	刺伤	较小	锉刀、手锯、螺丝刀、钢丝钳等手柄应安装牢固，没有手柄的不准使用
3. 变压器引线拆除	手动扳手	用力过猛	磕碰扭伤	较小	(1) 用合适扳手，平稳用力； (2) 安全防护装置齐全有效，佩戴手套
4. 变压器本体线圈、铁芯检查	手动扳手	用力过猛	其他伤害	较小	使用合格的力矩扳手
	灰尘	未正确使用防尘口罩	尘肺病	较小	作业时正确使用合格的防尘口罩
5. 温控箱及冷却系统检查	控制电源	未确认安全措施，现场未验电	触电	较小	工作前，验明无电压
6. 接地电阻箱检查	控制电源	未确认安全措施，现场未验电	触电	较小	工作前，验明无电压
7. 电气试验	高压电	触电伤害	触电	中等	(1) 试验工作设置围栏，通知其他工作人员撤离； (2) 严格执行试验工作规程
8. 变压器引线恢复	手动扳手	用力过猛	磕碰扭伤	较小	(1) 用合适扳手，平稳用力； (2) 安全防护装置齐全有效，佩戴手套
9. 检修工作结束	施工废料	施工废料未清理	环境污染	较小	废料及时清理，做到工完、料尽、场地清

9.42 输煤真空接触器大修

作业步骤	危害辨识	危害描述	产生后果	风险等级	防 范 措 施
1. 作业环境评估	噪声	未佩戴耳塞	噪声聋	较小	进入噪声区域时正确佩戴合格的耳塞
	照明	现场照明不充足	其他伤害	较小	增加临时照明
2. 确认安全措施正确执行	高电压	未确认安全措施，现场未验电	触电	中等	坚持现场开工，确认好安全措施，开工前验电
	跑错间隔	工作前未认真核对工作设备名称、编号	触电	中等	开工前确认工作设备与工作票所载工作设备一致

续表

作业步骤	危害辨识	危害描述	产生后果	风险等级	防 范 措 施
2. 确认安全措施正确执行	临时电源及电源线	电源线、插头、插座破损	触电	较小	（1）检查电源线外绝缘良好，无破损； （2）检查电源盘合格证在有效期； （3）检查电源插头插座，确保完好； （4）不准将电源线缠绕在护栏、管道和脚手架上
		未安装漏电保护器	触电	较小	（1）检查电源盘合格证在有效期； （2）分级配置漏电保护器，工作前试漏电保护器，确保正确动作
		检修电源箱外壳未接地	触电	较小	（1）检查电源盘合格证在有效期； （2）检查电源箱外壳接地良好
	酒精	在工作场所过量存储	火灾爆炸	较小	领用、暂存时量不能过大，一般不超过500mL
	锉刀、手锯、螺丝刀、钢丝钳	手柄等缺损	刺伤	较小	锉刀、手锯、螺丝刀、钢丝钳等手柄应安装牢固，没有手柄的不准使用
3. 盘柜及手车开关清扫检查	手车	对准手车，挤伤人员	其他伤害	较小	工作中正确对准手车，及时调整位置
	开关	搬运无统一协调	其他伤害	较小	多人共同搬运、抬运或装卸开关时，必须统一指挥、相互配合、同起同落、同时行进
4. 推进机构检查	拆卸螺栓	拆卸螺栓时挤伤手指	机械伤害	较小	拆卸时戴好手套
	工器具	使用不合格的工具	机械伤害	较小	必须正确使用经检验合格的工器具
5. 导电部件检查	控制电源	未确认安全措施，现场未验电	触电	较小	工作前，验明无电压
6. 电缆室检查	手动扳手	用力过猛	磕碰扭伤	较小	（1）用合适扳手，平稳用力； （2）安全防护装置齐全有效，佩戴手套
7. 电气试验	高压电	触电伤害	触电	中等	（1）试验工作设置围栏，通知其他工作人员撤离； （2）严格执行试验工作规程
8. 检修工作结束	施工废料	施工废料未清理	环境污染	较小	废料及时清理，做到工完、料尽、场地清

9.43 主变压器检修

作业步骤	危害辨识	危害描述	产生后果	风险等级	防 范 措 施
1. 作业环境评估	噪声	未佩戴耳塞	噪声聋	较小	进入噪声区域时正确佩戴合格的耳塞
	照明	现场照明不充足	其他伤害	较小	增加临时照明
2. 确认安全措施正确执行	高电压	未确认安全措施	触电	中等	坚持现场开工，确认好安全措施，开工前验电
	跑错间隔	工作前未认真核对工作设备名称、编号	触电	中等	开工前确认工作设备与工作票所载工作设备一致
	锉刀、手锯、螺丝刀、钢丝钳、三角刮刀	手柄等缺损	刺伤	较小	锉刀、手锯、螺丝刀、钢丝钳、三角刮刀等手柄应安装牢固，没有手柄的不准使用
	叉车	无证驾驶	起重伤害	中等	（1）由持证人员操作叉车； （2）检查叉车车况良好，检验合格

195

作业步骤	危害辨识	危害描述	产生后果	风险等级	防 范 措 施
3. 场地布置	登高作业	高处坠落	高处坠落	重大	高处作业须戴好检验合格的安全带，超过 5m 须带防坠器，上下传递工具需用绳子吊装
	检修脚手架	高处落物	物体打击	中等	检查脚手架搭设设否合格，临时脚手架是否安全牢固
4. 瓦斯继电器更换	渗漏油	滑跌	其他伤害	较小	确认瓦斯密封垫完好，做好铺垫防护，防止脚底打滑
5. 主变冷却风机电源切换及风机、油泵试转	物件搬运	高处坠落	物体打击	较小	上下传递做好防坠落措施
6. 变压器电气预试	高压电	触电伤害	触电	中等	（1）试验工作设置围栏，通知其他工作人员撤离；（2）严格执行试验工作规程

9.44 厂用高压变压器检修

作业步骤	危害辨识	危害描述	产生后果	风险等级	防 范 措 施
1. 作业环境评估	噪声	未佩戴耳塞	噪声聋	较小	进入噪声区域时正确佩戴合格的耳塞
	照明	现场照明不充足	其他伤害	较小	增加临时照明
2. 确认安全措施正确执行	高电压	未确认安全措施	触电	中等	坚持现场开工，确认好安全措施，开工前验电
	跑错间隔	工作前未认真核对工作设备名称、编号	触电	中等	开工前确认工作设备与工作票所载工作设备一致
	锉刀、手锯、螺丝刀、钢丝钳、三角刮刀	手柄等缺损	刺伤	较小	锉刀、手锯、螺丝刀、钢丝钳、三角刮刀等手柄应安装牢固，没有手柄的不准使用
	叉车	无证驾驶	起重伤害	中等	（1）由持证人员操作叉车；（2）检查叉车车况良好，检验合格
3. 场地布置	登高作业	高处坠落	高处坠落	重大	高处作业须戴好检验合格的安全带，超过 5m 须带防坠器，上下传递工具需用绳子吊装
	检修脚手架	高处落物	物体打击	中等	检查脚手架搭设是否合格，临时脚手架是否安全牢固
4. 瓦斯继电器更换	渗漏油	滑跌	其他伤害	较小	确认瓦斯密封垫完好，做好铺垫防护，防止脚底打滑
5. 风扇电机检修	物件搬运	高处坠落	物体打击	较小	上下传递做好防坠落措施
6. 高压试验	高压电	触电伤害	触电	中等	（1）试验工作设置围栏，通知其他工作人员撤离；（2）严格执行试验工作规程

9.45 500kV SF₆断路器检修

作业步骤	危害辨识	危害描述	产生后果	风险等级	防 范 措 施
1. 作业环境评估	噪声	未佩戴耳塞	噪声聋	较小	进入噪声区域时正确佩戴合格的耳塞
	照明	现场照明不充足	其他伤害	较小	增加临时照明
2. 确认安全措施正确执行	高电压	未确认安全措施，现场未验电	触电	中等	坚持现场开工，确认好安全措施，开工前验电
	跑错间隔	工作前未认真核对工作设备名称、编号	触电	中等	开工前确认工作设备与工作票所载工作设备一致
	锉刀、手锯、螺丝刀、钢丝钳、三角刮刀	手柄等缺损	刺伤	较小	锉刀、手锯、螺丝刀、钢丝钳、三角刮刀等手柄应安装牢固，没有手柄的不准使用
	叉车	无证驾驶	起重伤害	中等	（1）由持证人员操作叉车； （2）检查叉车车况良好，检验合格
3. 场地布置	登高作业	高处坠落	高处坠落	重大	高处作业须戴好检验合格的安全带，超过5m须带防坠器，上下传递工具需用绳子吊装
	检修脚手架	高处落物	物体打击	中等	检查脚手架搭设设否合格，临时脚手架是否安全牢固
	升降车	无证驾驶	车辆伤害	中等	（1）由持证人员操作升降车； （2）检查升降车车况良好，检验合格
4. 检查导电部位	高处作业	高处落物	高处坠落	重大	使用工器具做好防坠落措施
5. 机械连锁功能检查	机械臂起落	机械伤害	机械伤害	较小	搭好围栏，与设备保持安全距离
	渗漏油	滑跌	其他伤害	较小	确认缓冲器不漏油，做好铺垫防护，防止脚底打滑
	交直流控制电源	触电	触电	中等	工作前，验明无电压
6. 高压试验	高压电	触电伤害	触电	中等	（1）试验工作设置围栏，通知其他工作人员撤离； （2）严格执行试验工作规程

9.46 500kV 隔离开关、接地闸刀检修

作业步骤	危害辨识	危害描述	产生后果	风险等级	防 范 措 施
1. 作业环境评估	噪声	未佩戴耳塞	噪声聋	较小	进入噪声区域时正确佩戴合格的耳塞
	照明	现场照明不充足	其他伤害	较小	增加临时照明
2. 确认安全措施正确执行	高电压	未确认安全措施，现场未验电	触电	中等	坚持现场开工，确认好安全措施，开工前验电
	跑错间隔	工作前未认真核对工作设备名称、编号	触电	中等	开工前确认工作设备与工作票所载工作设备一致
	锉刀、手锯、螺丝刀、钢丝钳、三角刮刀	手柄等缺损	刺伤	较小	锉刀、手锯、螺丝刀、钢丝钳、三角刮刀等手柄应安装牢固，没有手柄的不准使用
	叉车	无证驾驶	起重伤害	中等	（1）由持证人员操作叉车； （2）检查叉车车况良好，检验合格

作业步骤	危害辨识	危害描述	产生后果	风险等级	防 范 措 施
3. 场地布置	登高作业	高处坠落	高处坠落	重大	高处作业须戴好检验合格的安全带，超过 5m 须带防坠器，上下传递工具需用绳子吊装
	检修脚手架	高处落物	物体打击	中等	检查脚手架搭设是否合格，临时脚手架是否安全牢固
	升降车	无证驾驶	车辆伤害	中等	(1) 由持证人员操作升降车； (2) 检查升降车车况良好，检验合格
4. 检查及清理导电系统，动静触头调整	高处作业	高处落物	高处坠落	重大	使用工器具做好防坠落措施
5. 接地闸刀检查	机械臂起落	机械伤害	机械伤害	较小	搭好围栏，与转动设备保持安全距离
6. 操作机构箱检查清理	交直流控制电源	未确认安全措施，现场未验电	触电	较小	工作前，验明无电压
7. 隔离开关试验	高压电	触电伤害	触电	中等	(1) 试验工作设置围栏，通知其他工作人员撤离； (2) 严格执行试验工作规程

9.47 500kV 避雷器检修

作业步骤	危害辨识	危害描述	产生后果	风险等级	防 范 措 施
1. 作业环境评估	噪声	未佩戴耳塞	噪声聋	较小	进入噪声区域时正确佩戴合格的耳塞
	照明	现场照明不充足	其他伤害	较小	增加临时照明
2. 确认安全措施正确执行	高电压	未确认安全措施，现场未验电	触电	中等	坚持现场开工，确认好安全措施，开工前验电
	跑错间隔	工作前未认真核对工作设备名称、编号	触电	中等	开工前确认工作设备与工作票所载工作设备一致
	锉刀、手锯、螺丝刀、钢丝钳、三角刮刀	手柄等缺损	刺伤	较小	锉刀、手锯、螺丝刀、钢丝钳、三角刮刀等手柄应安装牢固，没有手柄的不准使用
	叉车	无证驾驶	起重伤害	中等	(1) 由持证人员操作叉车； (2) 检查叉车车况良好，检验合格
3. 场地布置	登高作业	高处坠落	高处坠落	重大	高处作业须戴好检验合格的安全带，超过 5m 须带防坠器，上下传递工具需用绳子吊装
	检修脚手架	高处落物	物体打击	中等	检查脚手架搭设是否合格，临时脚手架是否安全牢固
	升降车	无证驾驶	车辆伤害	中等	(1) 由持证人员操作升降车； (2) 检查升降车车况良好，检验合格
4. 一次引线清扫、检查	高处作业	高处落物	高处坠落	重大	使用工器具做好防坠落措施
5. 高压试验	高压电	触电伤害	触电	中等	(1) 试验工作设置围栏，通知其他工作人员撤离； (2) 严格执行试验工作规程

9.48 500kV 电流互感器检修

作业步骤	危害辨识	危害描述	产生后果	风险等级	防 范 措 施
1. 作业环境评估	噪声	未佩戴耳塞	噪声聋	较小	进入噪声区域时正确佩戴合格的耳塞
	照明	现场照明不充足	其他伤害	较小	增加临时照明
2. 确认安全措施正确执行	高电压	未确认安全措施,现场未验电	触电	中等	坚持现场开工,确认好安全措施,开工前验电
	跑错间隔	工作前未认真核对工作设备名称、编号	触电	中等	开工前确认工作设备与工作票所载工作设备一致
	锉刀、手锯、螺丝刀、钢丝钳、三角刮刀	手柄等缺损	刺伤	较小	锉刀、手锯、螺丝刀、钢丝钳、三角刮刀等手柄应安装牢固,没有手柄的不准使用
	叉车	无证驾驶	起重伤害	中等	(1) 由持证人员操作叉车; (2) 检查叉车车况良好,检验合格
3. 场地布置	登高作业	高处坠落	高处坠落	重大	高处作业须戴好检验合格的安全带,超过 5m 须带防坠器,上下传递工具需用绳子吊装
	检修脚手架	高处落物	物体打击	中等	检查脚手架搭设是否合格,临时脚手架是否安全牢固
	升降车	无证驾驶	车辆伤害	中等	(1) 由持证人员操作升降车; (2) 检查升降车车况良好,检验合格
4. 一次引线清扫、检查	高处作业	高处落物	高处坠落	重大	使用工器具做好防坠落措施
5. 高压试验	高压电	触电伤害	触电	中等	(1) 试验工作设置围栏,通知其他工作人员撤离; (2) 严格执行试验工作规程

9.49 500kV 电压互感器检修

作业步骤	危害辨识	危害描述	产生后果	风险等级	防 范 措 施
1. 作业环境评估	噪声	未佩戴耳塞	噪声聋	较小	进入噪声区域时正确佩戴合格的耳塞
	照明	现场照明不充足	其他伤害	较小	增加临时照明
2. 确认安全措施正确执行	高电压	未确认安全措施,现场未验电	触电	中等	坚持现场开工,确认好安全措施,开工前验电
	跑错间隔	工作前未认真核对工作设备名称、编号	触电	中等	开工前确认工作设备与工作票所载工作设备一致
	锉刀、手锯、螺丝刀、钢丝钳、三角刮刀	手柄等缺损	刺伤	较小	锉刀、手锯、螺丝刀、钢丝钳、三角刮刀等手柄应安装牢固,没有手柄的不准使用
	叉车	无证驾驶	起重伤害	中等	(1) 由持证人员操作叉车; (2) 检查叉车车况良好,检验合格

作业步骤	危害辨识	危害描述	产生后果	风险等级	防 范 措 施
3. 场地布置	登高作业	高处坠落	高处坠落	重大	高处作业须戴好检验合格的安全带，超过5m须带防坠器，上下传递工具需用绳子吊装
	检修脚手架	高处落物	物体打击	中等	检查脚手架搭设是否合格，临时脚手架是否安全牢固
	升降车	无证驾驶	车辆伤害	中等	（1）由持证人员操作升降车； （2）检查升降车车况良好，检验合格
4. 检查一次引线接头、油位、膨胀器	渗漏油	滑跌	其他伤害	较小	确认设备不漏油，做好铺垫防护，防止脚底打滑
5. 拆电压互感器二次线	控制电源	未确认安全措施，现场未验电	触电	较小	工作前，验明无电压
6. 电容分压器极间绝缘电阻测量	高压电	触电伤害	触电	中等	（1）试验工作设置围栏，通知其他工作人员撤离； （2）严格执行试验工作规程
7. 分压电容器电容值及介质损耗因数（tanδ）测量	高压电	触电伤害	触电	中等	（1）试验工作设置围栏，通知其他工作人员撤离； （2）严格执行试验工作规程

9.50 电除尘低压柜检修

作业步骤	危害辨识	危害描述	产生后果	风险等级	防 范 措 施
1. 作业环境评估	噪声	未佩戴耳塞	噪声聋	较小	进入噪声区域时正确佩戴合格的耳塞
	照明	现场照明不充足	其他伤害	较小	增加临时照明
2. 确认安全措施正确执行	高电压	未确认安全措施，现场未验电	触电	中等	坚持现场开工，确认好安全措施，开工前验电
	跑错间隔	工作前未认真核对工作设备名称、编号	触电	中等	开工前确认工作设备与工作票所载工作设备一致
	锉刀、手锯、螺丝刀、钢丝钳、三角刮刀	手柄等缺损	刺伤	较小	锉刀、手锯、螺丝刀、钢丝钳、三角刮刀等手柄应安装牢固，没有手柄的不准使用
3. 场地布置	登高作业	高处坠落	高处坠落	重大	高处作业须戴好检验合格的安全带，超过5m须带防坠器，上下传递工具需用绳子吊装
	检修脚手架	高处落物	物体打击	中等	检查脚手架搭设是否合格，临时脚手架是否安全牢固
	升降车	无证驾驶	车辆伤害	中等	（1）由持证人员操作升降车； （2）检查升降车车况良好，检验合格
4. 一、二次回路检查	控制电源	触电伤害	触电	中等	（1）试验工作设置围栏，通知其他工作人员撤离； （2）严格执行试验工作规程

9.51 电除尘高压柜检修

作业步骤	危害辨识	危害描述	产生后果	风险等级	防 范 措 施
1. 作业环境评估	噪声	未佩戴耳塞	噪声聋	较小	进入噪声区域时正确佩戴合格的耳塞
	照明	现场照明不充足	其他伤害	较小	增加临时照明
2. 确认安全措施正确执行	高电压	未确认安全措施，现场未验电	触电	中等	坚持现场开工，确认好安全措施，开工前验电
	跑错间隔	工作前未认真核对工作设备名称、编号	触电	中等	开工前确认工作设备与工作票所载工作设备一致
	锉刀、手锯、螺丝刀、钢丝钳、三角刮刀	手柄等缺损	刺伤	较小	锉刀、手锯、螺丝刀、钢丝钳、三角刮刀等手柄应安装牢固，没有手柄的不准使用
3. 场地布置	登高作业	高处坠落	高处坠落	重大	高处作业须戴好检验合格的安全带，超过5m须带防坠器，上下传递工具需用绳子吊装
	检修脚手架	高处落物	物体打击	中等	检查脚手架搭设设否合格，临时脚手架是否安全牢固
	升降车	无证驾驶	车辆伤害	中等	（1）由持证人员操作升降车；（2）检查升降车车况良好，检验合格
4. 开关检修	控制电源	未确认安全措施，现场未验电	触电	较小	工作前，验明无电压
5. 一、二次回路检查	控制电源	未确认安全措施，现场未验电	触电	中等	（1）试验工作设置围栏，通知其他工作人员撤离；（2）严格执行试验工作规程

9.52 电除尘加热控制柜检修

作业步骤	危害辨识	危害描述	产生后果	风险等级	防 范 措 施
1. 作业环境评估	噪声	未佩戴耳塞	噪声聋	较小	进入噪声区域时正确佩戴合格的耳塞
	照明	现场照明不充足	其他伤害	较小	增加临时照明
2. 确认安全措施正确执行	高电压	未确认安全措施，现场未验电	触电	中等	坚持现场开工，确认好安全措施，开工前验电
	跑错间隔	工作前未认真核对工作设备名称、编号	触电	中等	开工前确认工作设备与工作票所载工作设备一致
	锉刀、手锯、螺丝刀、钢丝钳、三角刮刀	手柄等缺损	刺伤	较小	锉刀、手锯、螺丝刀、钢丝钳、三角刮刀等手柄应安装牢固，没有手柄的不准使用
3. 场地布置	登高作业	高处坠落	高处坠落	重大	高处作业须戴好检验合格的安全带，超过5m须带防坠器，上下传递工具需用绳子吊装
	检修脚手架	高处落物	物体打击	中等	检查脚手架搭设设否合格，临时脚手架是否安全牢固
	升降车	无证驾驶	车辆伤害	中等	（1）由持证人员操作升降车；（2）检查升降车车况良好，检验合格
4. 一、二次回路检查	控制电源	触电伤害	触电	中等	（1）试验工作设置围栏，通知其他工作人员撤离；（2）严格执行试验工作规程

9.53 电除尘热工电源柜检修

作业步骤	危害辨识	危害描述	产生后果	风险等级	防 范 措 施
1. 作业环境评估	噪声	未佩戴耳塞	噪声聋	较小	进入噪声区域时正确佩戴合格的耳塞
	照明	现场照明不充足	其他伤害	较小	增加临时照明
2. 确认安全措施正确执行	高电压	未确认安全措施,现场未验电	触电	中等	坚持现场开工,确认好安全措施,开工前验电
	跑错间隔	工作前未认真核对工作设备名称、编号	触电	中等	开工前确认工作设备与工作票所载工作设备一致
	锉刀、手锯、螺丝刀、钢丝钳、三角刮刀	手柄等缺损	刺伤	较小	锉刀、手锯、螺丝刀、钢丝钳、三角刮刀等手柄应安装牢固,没有手柄的不准使用
	叉车	无证驾驶	起重伤害	中等	(1)由持证人员操作叉车; (2)检查叉车车况良好,检验合格
3. 场地布置	登高作业	高处坠落	高处坠落	重大	高处作业须戴好检验合格的安全带,超过5m须带防坠器,上下传递工具需用绳子吊装
	检修脚手架	高处落物	物体打击	中等	检查脚手架搭设是否合格,临时脚手架是否安全牢固
4. 一、二次回路检查	控制电源	触电伤害	触电	中等	(1)试验工作设置围栏,通知其他工作人员撤离; (2)严格执行试验工作规程

9.54 电除尘旋转电极变频柜检修

作业步骤	危害辨识	危害描述	产生后果	风险等级	防 范 措 施
1. 作业环境评估	噪声	未佩戴耳塞	噪声聋	较小	进入噪声区域时正确佩戴合格的耳塞
	照明	现场照明不充足	其他伤害	较小	增加临时照明
2. 确认安全措施正确执行	高电压	未确认安全措施,现场未验电	触电	中等	坚持现场开工,确认好安全措施,开工前验电
	跑错间隔	工作前未认真核对工作设备名称、编号	触电	中等	开工前确认工作设备与工作票所载工作设备一致
	锉刀、手锯、螺丝刀、钢丝钳、三角刮刀	手柄等缺损	刺伤	较小	锉刀、手锯、螺丝刀、钢丝钳、三角刮刀等手柄应安装牢固,没有手柄的不准使用
	叉车	无证驾驶	起重伤害	中等	(1)由持证人员操作叉车; (2)检查叉车车况良好,检验合格
3. 场地布置	登高作业	高处坠落	高处坠落	重大	高处作业须戴好检验合格的安全带,超过5m须带防坠器,上下传递工具需用绳子吊装
	检修脚手架	高处落物	物体打击	中等	检查脚手架搭设是否合格,临时脚手架是否安全牢固
4. 变频柜检查清扫	控制电源	未确认安全措施,现场未验电	触电	较小	工作前,验明无电压
5. 变频器检查	控制电源	未确认安全措施,现场未验电	触电	较小	工作前,验明无电压

作业步骤	危害辨识	危害描述	产生后果	风险等级	防 范 措 施
6. 控制器检查	控制电源	未确认安全措施，现场未验电	触电	较小	工作前，验明无电压
7. 就地控制箱检查	控制电源	未确认安全措施，现场未验电	触电	较小	工作前，验明无电压

9.55 电除尘高频电源柜检修

作业步骤	危害辨识	危害描述	产生后果	风险等级	防 范 措 施
1. 作业环境评估	噪声	未佩戴耳塞	噪声聋	较小	进入噪声区域时正确佩戴合格的耳塞
	照明	现场照明不充足	其他伤害	较小	增加临时照明
2. 确认安全措施正确执行	高电压	未确认安全措施，现场未验电	触电	中等	坚持现场开工，确认好安全措施，开工前验电
	跑错间隔	工作前未认真核对工作设备名称、编号	触电	中等	开工前确认工作设备与工作票所载工作设备一致
	锉刀、手锯、螺丝刀、钢丝钳、三角刮刀	手柄等缺损	刺伤	较小	锉刀、手锯、螺丝刀、钢丝钳、三角刮刀等手柄应安装牢固，没有手柄的不准使用
	叉车	无证驾驶	起重伤害	中等	（1）由持证人员操作叉车；（2）检查叉车车况良好，检验合格
3. 场地布置	登高作业	高处坠落	高处坠落	重大	高处作业须戴好检验合格的安全带，超过 5m 须带防坠器，上下传递工具需用绳子吊装
	检修脚手架	高处落物	物体打击	中等	检查脚手架搭设是否合格，临时脚手架是否安全牢固
4. 整流变压器检查清扫	渗漏油	滑跌	其他伤害	较小	确认设备不漏油，做好铺垫防护，防止脚底打滑
5. 高频电源柜检查清扫	控制电源	未确认安全措施，现场未验电	触电	较小	工作前，验明无电压
6. 变压器检查	登高作业	高处坠落	高处坠落	重大	高处作业须戴好检验合格的安全带，超过 5m 须带防坠器
7. 瓷套保温箱检查	保温箱温度高	未确认保温箱温度	烫伤	较小	工作前，先测量保温箱温度，戴手套

9.56 电除尘振打电机检修

作业步骤	危害辨识	危害描述	产生后果	风险等级	防 范 措 施
1. 作业环境评估	噪声	未佩戴耳塞	噪声聋	较小	进入噪声区域时正确佩戴合格的耳塞
	照明	现场照明不充足	其他伤害	较小	增加临时照明
2. 确认安全措施正确执行	高电压	未确认安全措施，现场未验电	触电	中等	坚持现场开工，确认好安全措施，开工前验电
	跑错间隔	工作前未认真核对工作设备名称、编号	触电	中等	开工前确认工作设备与工作票所载工作设备一致

作业步骤	危害辨识	危害描述	产生后果	风险等级	防 范 措 施
2. 确认安全措施正确执行	锉刀、手锯、螺丝刀、钢丝钳、三角刮刀	手柄等缺损	刺伤	较小	锉刀、手锯、螺丝刀、钢丝钳、三角刮刀等手柄应安装牢固，没有手柄的不准使用
	叉车	无证驾驶	起重伤害	中等	（1）由持证人员操作叉车； （2）检查叉车车况良好，检验合格
3. 电机解体	联轴器	烫伤	其他伤害	较小	联轴器加热后严禁直接用手触摸，需要戴好绝热手套
	液压拉马	操作不正确	机械伤害	较小	（1）使用液压工具时，除操作人员外，其他人员尽量远离，不允许站在轴向位置，工作人员不准站在安全栓或高压软管前面； （2）严禁超压使用、超行程
	电机端盖	手脚砸伤	机械伤害	较小	（1）工作时做好防护，戴好手套； （2）端盖取下要有人扶好
	氧乙炔烘把	爆炸	其他伤害	较小	（1）氧乙炔烘把操作人员要持证上岗； （2）使用前要检查工器具合格，氧乙炔减压阀完好，乙炔防回火装置完好； （3）氧乙炔瓶身距离不少于 8m
4. 定转子检修	清洗剂	溅入眼睛	其他伤害	较小	清洗过程，戴好护目镜
5. 电机回装	联轴器	烫伤	其他伤害	较小	联轴器加热后严禁直接用手触摸，需要戴好绝热手套
	液压拉马	操作不正确	机械伤害	较小	（1）使用液压工具时，除操作人员外，其他人员尽量远离，不允许站在轴向位置，工作人员不准站在安全栓或高压软管前面； （2）严禁超压使用、超行程
	电机端盖	手脚砸伤	机械伤害	较小	（1）工作时做好防护，戴好手套； （2）端盖取下要有人扶好
	氧乙炔烘把	爆炸	其他伤害	较小	（1）氧乙炔烘把操作人员要持证上岗； （2）使用前要检查工器具合格，氧乙炔减压阀完好，乙炔防回火装置完好； （3）氧乙炔瓶身距离不少于 8m
6. 电机修后试验	绝缘电阻表	测绝缘后未放电	电击	较小	（1）绝缘电阻表使用严格执行相关规定； （2）被试设备测绝缘前后要充分对地放电
7. 电机试转	转动部分	误碰转动部分	机械伤害	较小	（1）试转设备转动部件用防护装置隔离； （2）试转人员在检测电机运行工况时与转动部分保持安全距离

9.57 湿除高频电源柜检修

作业步骤	危害辨识	危害描述	产生后果	风险等级	防 范 措 施
1. 作业环境评估	噪声	未佩戴耳塞	噪声聋	较小	进入噪声区域时正确佩戴合格的耳塞
	照明	现场照明不充足	其他伤害	较小	增加临时照明
2. 确认安全措施正确执行	高电压	未确认安全措施，现场未验电	触电	中等	坚持现场开工，确认好安全措施，开工前验电
	跑错间隔	工作前未认真核对工作设备名称、编号	触电	中等	开工前确认工作设备与工作票所载工作设备一致

续表

作业步骤	危害辨识	危害描述	产生后果	风险等级	防 范 措 施
2. 确认安全措施正确执行	锉刀、手锯、螺丝刀、钢丝钳、三角刮刀	手柄等缺损	刺伤	较小	锉刀、手锯、螺丝刀、钢丝钳、三角刮刀等手柄应安装牢固，没有手柄的不准使用
3. 场地布置	登高作业	高处坠落	高处坠落	重大	高处作业须戴好检验合格的安全带，超过 5m 须带防坠器，上下传递工具需用绳子吊装
	检修脚手架	高处落物	物体打击	中等	检查脚手架搭设是否合格，临时脚手架是否安全牢固
4. 高频电源柜检查清扫	控制电源	未确认安全措施，现场未验电	触电	较小	工作前，验明无电压
	登高作业	高处坠落	高处坠落	重大	高处作业须戴好检验合格的安全带，超过 5m 须带防坠器
5. 变压器油取样色谱分析及耐压试验	渗漏油	滑跌	其他伤害	较小	确认设备不漏油，做好铺垫防护，防止脚底打滑

10 化学检修

10.1 前置过滤器检修

作业步骤	危害辨识	危害描述	产生后果	风险等级	防范措施
1. 作业环境评估	噪声	噪声超标	噪声聋	较小	进入噪声区域时正确佩戴合格的耳塞
	孔洞	盖板缺损	高处坠落	重大	工作场所的孔、洞必须覆以与地面齐平的坚固盖板或做好隔离措施
	照明	现场照明不充分	其他伤害	较小	增加临时照明
2. 安全措施正确执行	高压水	检修中系统隔离不彻底	冲击	较小	检修工作开始前到现场检查确认工作票所列安全措施完善和正确执行
		需检修的设备、系统内高压介质排放不净	冲击	较小	检修工作开始前检查设备内高压介质确已排放干净后方可开始工作
3. 准备工作及现场布置	脚手架	脚手架未验收、检查	高处坠落	重大	(1) 脚手架搭设结束后,必须履行脚手架验收手续,委托人及搭建人双方在脚手架验收合格证上签字; (2) 每日使用脚手架前,使用人检查脚手架合格并在脚手架验收合格证背面签名后方可使用
	安全带	未正确使用安全带	高处坠落	重大	(1) 安全带检验合格证应在有效期内; (2) 使用前检查安全带部件完好无损坏; (3) 正确使用双钩安全带,移动中严禁脱钩; (4) 安全带应挂在牢固的构件上,高挂低用
	角磨机	电源线、电源插头破损防护罩破损缺失	机械伤害触电	较小	(1) 检查角磨机电源线、电源插头完好无缺损,防护罩、砂轮片完好无缺损; (2) 检查合格证在有效期内
	大锤、手锤	锤头与木柄的连接不牢固、锤头破损、木柄未使用整根硬质木料	物体打击	较小	锤头与木柄的连接应用金属楔栓固定,楔子长度不得大于安装孔深的2/3、锤头完好无损、木柄使用整根硬质木料
	临时电源及电源线	电源线悬挂高度不够	触电	较小	临时电源线架设高度室内不低于2.5m
		电源线、插头、插座破损	触电	较小	(1) 检查电源线外绝缘良好,无破损; (2) 检查电源盘合格证在有效期; (3) 检查电源插头插座,确保完好; (4) 不准将电源线缠绕在护栏、管道和脚手架上
		未安装漏电保护器	触电	较小	(1) 检查电源盘合格证在有效期; (2) 分级配置漏电保护器,工作前试漏电保护器,确保正确动作
		检修电源箱外壳未接地	触电	较小	(1) 检查电源盘合格证在有效期; (2) 检查电源箱外壳接地良好
	行灯	行灯电源线、电源插头破损	触电	较小	(1) 检查行灯电源线、电源插头完好无破损; (2) 行灯的电源线应采用橡套软电缆
		使用行灯电压等级不符	触电	较小	在前置过滤器和金属管道内使用的行灯,其电压不得超过12V
		行灯防护罩缺失	触电	较小	行灯应有保护罩

作业步骤	危害辨识	危害描述	产生后果	风险等级	防 范 措 施
4. 前置过滤器解体	人孔门	人孔未设置临时围栏、警告标志	高处坠落	重大	（1）在检修工作中人孔打开后，必须设有牢固的临时围栏，并设有明显的警告标志； （2）工作停止时应将人孔临时进行封闭
	大锤、手锤	锤把上有油污未清理	物体打击	较小	清理锤把上油污
		戴手套抡大锤	物体打击	较小	打锤人不得戴手套
	扳手	使用扳手不当或用力过猛致伤	其他伤害	较小	（1）用合适扳手，平稳用力； （2）安全防护装置齐全有效，佩戴手套
	二氧化碳	气体浓度超标	窒息	中等	有限空间作业前办理作业审批许可；工作前30min前打开人孔门进行通风直至用气体检测仪检测浓度合格，氧气浓度保持在 19.5%～21%范围内
		无人监护	窒息	中等	设专人不间断地监护
	高温空气	气温超过 40℃	中暑	较小	（1）不准在工作环境温度超过 40℃的过滤器内进行作业； （2）必须在过滤器内工作时，需通风并应为工作人员提供足够的饮水、清凉饮料及防暑药品； （3）专人监护，遇有不适立即从高温床体内撤出
	行灯	将行灯变压器带入前置过滤器内	触电	较小	禁止将行灯变压器带入前置过滤器内
	滤元	火种或电动工器具操作引燃	火灾	较小	（1）进出密闭容器工作，禁止带火种及使用； （2）进出人员、工器具严格履行登记手续
	高处的工器具及材料	工器具掉落	物体打击	较小	高处作业一律使用工具袋。较大的工具应用绳拴在牢固的构件上，不准随便乱放，以防止从高处坠落发生事故
		工器具及材料上下投掷	物体打击	较小	不准将工具及材料上下投掷，要用绳系牢后往下或往上吊送，以免打伤下方工作人员或击毁脚手架
	脚手架	脚手架未验收、检查	高处坠落	重大	（1）脚手架搭设结束后，必须履行脚手架验收手续，委托人及搭建人双方在脚手架验收合格证上签字； （2）每日使用脚手架前，使用人检查脚手架合格并在脚手架验收合格证背面签名后方可使用
	安全带	未正确使用安全带	高处坠落	重大	（1）安全带检验合格证应在有效期内； （2）使用前检查安全带部件完好无损坏； （3）正确使用双钩安全带，移动中严禁脱钩； （4）安全带应挂在牢固的构件上，高挂低用
5. 前置过滤器内部及附件检查	二氧化碳	气体浓度超标	窒息	中等	有限空间作业前办理作业审批许可；工作前30min前打开人孔门进行通风直至用气体检测仪检测浓度合格，氧气浓度保持在 19.5%～21%范围内
		无人监护	窒息	中等	设专人不间断地监护
	高温空气	气温超过 40℃	中暑	较小	（1）不准在工作环境温度超过 40℃的罐体内进行作业； （2）必须在高温床体内工作时，需通风并应为工作人员提供足够的饮水、清凉饮料及防暑药品； （3）专人监护，遇有不适立即从高温床体内撤出
	行灯	将行灯变压器带入前置过滤器内	触电	较小	禁止将行灯变压器带入前置过滤器内

作业步骤	危害辨识	危害描述	产生后果	风险等级	防 范 措 施
5. 前置过滤器内部及附件检查	角磨机	未正确使用防护罩、防护眼镜	机械伤害	较小	正确佩戴防护罩、防护眼镜
		手提电动工具的导线或转动部分	触电	较小	禁止手提电动工具的导线或转动部分
		使用砂轮片破损的角磨机	物体打击	较小	使用前检查角磨机砂轮片完好无缺损
		更换砂轮片未切断电源	机械伤害	较小	更换砂轮片前必须切断电源
	手持电动工具	未使用Ⅱ类手持式电动工具	触电	较小	（1）电源联接器和控制箱等应放在容器外面宽敞、干燥的场所； （2）使用Ⅱ类手持式电动工具，并安装漏电开关，漏电开关工作电流小于 15mA，动作时间小于等于 0.1s
	滤元	火种或电动工器具操作引燃	火灾	较小	（1）进出密闭容器工作，禁止带火种及使用； （2）进出人员、工器具严格履行登记手续
	高处的工器具及材料	工器具掉落	物体打击	较小	高处作业一律使用工具袋。较大的工具应用绳拴在牢固的构件上，不准随便乱放，以防止从高处坠落发生事故
		工器具及材料上下投掷	物体打击	较小	不准将工具及材料上下投掷，要用绳系牢后往下或往上吊送，以免打伤下方工作人员或击毁脚手架
	粉尘	未正确使用防尘口罩	尘肺病	较小	打磨时正确佩戴合格的防尘口罩
	衬胶材料	可燃物存放过多	火灾	中等	（1）过滤器内工作要求不得带入过多的防腐材料； （2）严禁防腐材料周围产生任何有火花的作业
	稀释剂	可燃气体浓度超标	火灾	中等	（1）保证过滤器内部通风畅通，使用防爆轴流风机强制通风； （2）每隔 2h 用气体检测仪检测可燃物浓度合格
		无人监护	中毒火灾	中等	设专人不间断地监护
	固化剂	固化剂添加过多衬胶材料发热自燃	火灾	中等	（1）灭火器、消防水带等消防器材配备齐全，并专人监护； （2）严格执行衬胶工艺流程要求
	电火花检测仪	碰触电火花检测仪带电体	触电	中等	（1）使用电火花检测仪必须佩带绝缘手套，接地线固定牢固； （2）罐体内部要保持干燥后，方可带入； （3）工作结束及时关闭电源，且将带电部分进行放电
	火种	衬胶工作结束后，现场有遗留火种	火灾	中等	衬胶工作结束后全面清理工作区域，做到不留任何火种
	脚手架	脚手架未验收、检查	高处坠落	重大	（1）脚手架搭设结束后，必须履行脚手架验收手续，委托人及搭建人双方在脚手架验收合格证上签字； （2）每日使用脚手架前，使用人检查脚手架合格并在脚手架验收合格证背面签名后方可使用
	安全带	未正确使用安全带	高处坠落	重大	（1）安全带检验合格证应在有效期内； （2）使用前检查安全带部件完好无损坏； （3）正确使用双钩安全带，移动中严禁脱钩； （4）安全带应挂在牢固的构件上，高挂低用

作业步骤	危害辨识	危害描述	产生后果	风险等级	防 范 措 施
6. 前置过滤器回装	大锤、手锤	锤把上有油污未清理	物体打击	较小	清理锤把上油污
		戴手套抡大锤	物体打击	较小	打锤人不得戴手套
	扳手	使用扳手不当或用力过猛致伤	其他伤害	较小	（1）用合适扳手，平稳用力； （2）安全防护装置齐全有效，佩戴手套
	二氧化碳	气体浓度超标	窒息	中等	有限空间作业前办理作业审批许可；工作前30min 前打开人孔门进行通风直至用气体检测仪检测浓度合格，氧气浓度保持在 19.5%～21%范围内
		无人监护	窒息	中等	设专人不间断地监护
	高温空气	气温超过40℃	中暑	较小	（1）不准在工作环境温度超过 40℃的罐体内进行作业； （2）必须在高温床体内工作时，需通风并应为工作人员提供足够的饮水、清凉饮料及防暑药品； （3）专人监护，遇有不适立即从高温床体内撤出
	行灯	将行灯变压器带入前置过滤器内	触电	较小	禁止将行灯变压器带入前置过滤器内
	滤元	火种或电动工器具操作引燃	火灾	较小	（1）进出密闭容器工作，禁止带火种及使用； （2）进出人员、工器具严格履行登记手续
	高处的工器具及材料	工器具掉落	物体打击	较小	高处作业一律使用工具袋。较大的工具应用绳拴在牢固的构件上，不准随便乱放，以防止从高处坠落发生事故
		工器具及材料上下投掷	物体打击	较小	不准将工具及材料上下投掷，要用绳系牢后往下或往上吊送，以免打伤下方工作人员或击毁脚手架
	脚手架	脚手架未验收、检查	高处坠落	重大	（1）脚手架搭设结束后，必须履行脚手架验收手续，委托人及搭建人双方在脚手架验收合格证上签字； （2）每日使用脚手架前，使用人检查脚手架合格并在脚手架验收合格证背面签名后方可使用
	安全带	未正确使用安全带	高处坠落	重大	（1）安全带检验合格证应在有效期内； （2）使用前检查安全带部件完好无损坏； （3）正确使用双钩安全带，移动中严禁脱钩； （4）安全带应挂在牢固的构件上，高挂低用
	二氧化碳	人员遗留在容器内	窒息	较小	（1）封闭人孔前工作负责人应认真清点工作人员； （2）核对容器进出人登记，确认无人员和工器具遗落，并喊话确认无人
7. 现场清理	施工废料	施工废料未清理	环境污染	较小	废料及时清理，做到工完、料尽、场地清

10.2 高速混床检修

作业步骤	危害辨识	危害描述	产生后果	风险等级	防 范 措 施
1. 作业环境评估	噪声	噪声超标	噪声聋	较小	进入噪声区域时正确佩戴合格的耳塞
	孔洞	盖板缺损	高处坠落	重大	工作场所的孔、洞必须覆以与地面齐平的坚固盖板或做好隔离措施
	照明	现场照明不充分	其他伤害	较小	增加临时照明

续表

作业步骤	危害辨识	危害描述	产生后果	风险等级	防 范 措 施
2. 安全措施正确执行	高压水	检修中系统隔离不彻底	冲击	较小	检修工作开始前到现场检查确认工作票所列安全措施完善和正确执行
		需检修的设备、系统内高压介质排放不净	冲击	较小	检修工作开始前检查设备内高压介质确已排放干净后方可开始工作
3. 准备工作及现场布置	脚手架	脚手架未验收、检查	高处坠落	重大	(1) 脚手架搭设结束后,必须履行脚手架验收手续,委托人及搭建人双方在脚手架验收合格证上签字; (2) 每日使用脚手架前,使用人检查脚手架合格并在脚手架验收合格证背面签名后方可使用
	安全带	未正确使用安全带	高处坠落	重大	(1) 安全带检验合格证应在有效期内; (2) 使用前检查安全带部件完好无损坏; (3) 正确使用双钩安全带,移动中严禁脱钩; (4) 安全带应挂在牢固的构件上,高挂低用
	角磨机	电源线、电源插头破损、防护罩破损缺失	机械伤害触电	较小	(1) 检查角磨机电源线、电源插头完好无缺损,防护罩、砂轮片完好无缺损; (2) 检查合格证在有效期内
	大锤、手锤	锤头与木柄的连接不牢固、锤头破损、木柄未使用整根硬质木料	物体打击	较小	锤头与木柄的连接应用金属楔栓固定,楔子长度不得大于安装孔深的2/3,锤头完好无损,木柄使用整根硬质木料
	吊具	吊索具损坏或选择不当	起重伤害	较小	(1) 作业前,应对吊索具及其配件进行检查,确认完好,方可使用; (2) 所选用的吊索具应与被吊工件的外形特点及具体要求相适应,在不具备使用条件的情况下,决不能对付使用; (3) 作业中应防止损坏吊索具及配件,必要时在棱角处应加护角防护; (4) 吊具及配件不能超过其额定起重量,起重吊具、吊索不得超过其相应吊挂状态下的最大工作载荷
	临时电源及电源线	电源线悬挂高度不够	触电	较小	临时电源线架设高度室内不低于2.5m
		电源线、插头、插座破损	触电	较小	(1) 检查电源线外绝缘良好,无破损; (2) 检查电源盘合格证在有效期; (3) 检查电源插头插座,确保完好; (4) 不准将电源线缠绕在护栏、管道和脚手架上
		未安装漏电保护器	触电	较小	(1) 检查电源盘合格证在有效期; (2) 分级配置漏电保护器,工作前试漏电保护器,确保正确动作
		检修电源箱外壳未接地	触电	较小	(1) 检查电源盘合格证在有效期; (2) 检查电源箱外壳接地良好
	行灯	行灯电源线、电源插头破损	触电	较小	(1) 检查行灯电源线、电源插头完好无破损; (2) 行灯的电源线应采用橡套软电缆
		使用行灯电压等级不符	触电	较小	在金属容器和金属管道内使用的行灯,其电压不得超过12V
		行灯防护罩缺失	触电	较小	行灯应有保护罩

作业步骤	危害辨识	危害描述	产生后果	风险等级	防 范 措 施
4. 高速混床、树脂捕捉器解体	人孔门	人孔未设置临时围栏、警告标志	高处坠落	较小	（1）在检修工作中人孔打开后，必须设有牢固的临时围栏，并设有明显的警告标志； （2）工作停止时应将人孔临时进行封闭
	大锤、手锤	锤把上有油污未清理	物体打击	较小	清理锤把上油污
		戴手套抡大锤	物体打击	较小	打锤人不得戴手套
	扳手	使用扳手不当或用力过猛致伤	其他伤害	较小	（1）用合适扳手，平稳用力； （2）安全防护装置齐全有效，佩戴手套
	二氧化碳	气体浓度超标	窒息	中等	有限空间作业前办理作业审批许可；工作前30min 前打开人孔门进行通风直至用气体检测仪检测浓度合格，氧气浓度保持在 19.5%～21%范围内
		无人监护	窒息	中等	设专人不间断地监护
	高温空气	气温超过 40℃	中暑	较小	（1）不准在工作环境温度超过 40℃的过滤器内进行作业； （2）必须在过滤器内工作时，需通风并应为工作人员提供足够的饮水、清凉饮料及防暑药品； （3）专人监护，遇有不适立即从高温床体内撤出
	行灯	将行灯变压器带入金属容器内	触电	较小	禁止将行灯变压器带入金属容器内
	水帽	火种或电动工器具操作引燃	火灾	较小	（1）进出密闭容器工作，禁止带火种及使用； （2）进出人员、工器具严格履行登记手续
	高处的工器具及材料	工器具掉落	物体打击	较小	高处作业一律使用工具袋。较大的工具应用绳拴在牢固的构件上，不准随便乱放，以防止从高处坠落发生事故
		工器具及材料上下投掷	物体打击	较小	不准将工具及材料上下投掷，要用绳系牢后往下或往上吊送，以免打伤下方工作人员或击毁脚手架
	脚手架	脚手架未验收、检查	高处坠落	重大	（1）脚手架搭设结束后，必须履行脚手架验收手续，委托人及搭建人双方在脚手架验收合格证上签字； （2）每日使用脚手架前，使用人检查脚手架合格并在脚手架验收合格证背面签名后方可使用
	安全带	未正确使用安全带	高处坠落	重大	（1）安全带检验合格证应在有效期内； （2）使用前检查安全带部件完好无损坏； （3）正确使用双钩安全带，移动中严禁脱钩； （4）安全带应挂在牢固的构件上，高挂低用
5. 高速混床、树脂捕捉器内部及附件检查	二氧化碳	气体浓度超标	窒息	中等	有限空间作业前办理作业审批许可；工作前30min 前打开人孔门进行通风直至用气体检测仪检测浓度合格，氧气浓度保持在 19.5%～21%范围内
		无人监护	窒息	中等	设专人不间断地监护
	高温空气	气温超过 40℃	中暑	较小	（1）不准在工作环境温度超过 40℃的罐体内进行作业； （2）必须在高温床体内工作时，需通风并应为工作人员提供足够的饮水、清凉饮料及防暑药品； （3）专人监护，遇有不适立即从高温床体内撤出
	行灯	将行灯变压器带入金属容器内	触电	较小	禁止将行灯变压器带入金属容器内

作业步骤	危害辨识	危害描述	产生后果	风险等级	防 范 措 施
5. 高速混床、树脂捕捉器内部及附件检查	角磨机	未正确使用防护罩、防护眼镜	机械伤害	较小	正确佩戴防护罩、防护眼镜
		手提电动工具的导线或转动部分	触电	较小	禁止手提电动工具的导线或转动部分
		使用砂轮片破损的角磨机	物体打击	较小	使用前检查角磨机砂轮片完好无缺损
		更换砂轮片未切断电源	机械伤害	较小	更换砂轮片前必须切断电源
	手持电动工具	未使用Ⅱ类手持式电动工具	触电	较小	(1) 电源联接器和控制箱等应放在容器外面宽敞、干燥的场所; (2) 使用Ⅱ类手持式电动工具,并安装漏电开关,漏电开关工作电流小于 15mA,动作时间小于等于 0.1s
	滤元	火种或电动工器具操作引燃	火灾	较小	(1) 进出密闭容器工作,禁止带火种及使用; (2) 进出人员、工器具严格履行登记手续
	高处的工器具及材料	工器具掉落	物体打击	较小	高处作业一律使用工具袋。较大的工具应用绳拴在牢固的构件上,不准随便乱放,以防止从高处坠落发生事故
		工器具及材料上下投掷	物体打击	较小	不准将工具及材料上下投掷,要用绳系牢后往下或往上吊送,以免打伤下方工作人员或击毁脚手架
	粉尘	未正确使用防尘口罩	尘肺病	较小	打磨时正确佩戴合格的防尘口罩
	衬胶材料	可燃物存放过多	火灾	中等	(1) 过滤器内工作要求不得带入过多的防腐材料; (2) 严禁防腐材料周围产生任何有火花的作业
	稀释剂	可燃气体浓度超标	火灾	中等	(1) 保证过滤器内部通风畅通,使用防爆轴流风机强制通风; (2) 每隔 2h 用气体检测仪检测可燃物浓度合格
		无人监护	中毒火灾	中等	设专人不间断地监护
	固化剂	固化剂添加过多衬胶材料发热自燃	火灾	中等	(1) 灭火器、消防水带等消防器材配备齐全,并专人监护; (2) 严格执行衬胶工艺流程要求
	电火花检测仪	碰触电火花检测仪带电体	触电	中等	(1) 使用电火花检测仪必须佩带绝缘手套,接地线固定牢固; (2) 罐体内部要保持干燥后,方可带入; (3) 工作结束及时关闭电源,且将带电部分进行放电
	火种	衬胶工作结束后,现场有遗留火种	火灾	中等	衬胶工作结束后全面清理工作区域,做到不留任何火种
	脚手架	脚手架未验收、检查	高处坠落	重大	(1) 脚手架搭设结束后,必须履行脚手架验收手续,委托人及搭建人双方在脚手架验收合格证上签字; (2) 每日使用脚手架前,使用人检查脚手架合格并在脚手架验收合格证背面签名后方可使用
	安全带	未正确使用安全带	高处坠落	重大	(1) 安全带检验合格证应在有效期内; (2) 使用前检查安全带部件完好无损坏; (3) 正确使用双钩安全带,移动中严禁脱钩; (4) 安全带应挂在牢固的构件上,高挂低用

续表

作业步骤	危害辨识	危害描述	产生后果	风险等级	防 范 措 施
6. 高速混床、树脂捕捉器回装	大锤、手锤	锤把上有油污未清理	物体打击	较小	清理锤把上油污
		戴手套抡大锤	物体打击	较小	打锤人不得戴手套
	扳手	使用扳手不当或用力过猛致伤	其他伤害	较小	（1）用合适扳手，平稳用力； （2）安全防护装置齐全有效，佩戴手套
	二氧化碳	气体浓度超标	窒息	中等	有限空间作业前办理作业审批许可；工作前30min 前打开人孔门进行通风直至用气体检测仪检测浓度合格，氧气浓度保持在 19.5%～21% 范围内
		无人监护	窒息	中等	设专人不间断地监护
	高温空气	气温超过 40℃	中暑	较小	（1）不准在工作环境温度超过 40℃ 的罐体内进行作业； （2）必须在高温床体内工作时，需通风并应为工作人员提供足够的饮水、清凉饮料及防暑药品； （3）专人监护，遇有不适立即从高温床体内撤出
	行灯	将行灯变压器带入金属容器内	触电	较小	禁止将行灯变压器带入金属容器内
	滤元	火种或电动工器具操作引燃	火灾	较小	（1）进出密闭容器工作，禁止带火种及使用； （2）进出人员、工器具严格履行登记手续
	高处的工器具及材料	工器具掉落	物体打击	较小	高处作业一律使用工具袋。较大的工具应用绳拴在牢固的构件上，不准随便乱放，以防止从高处坠落发生事故
		工器具及材料上下投掷	物体打击	较小	不准将工具及材料上下投掷，要用绳系牢后往下或往上吊送，以免打伤下方工作人员或击毁脚手架
	脚手架	脚手架未验收、检查	高处坠落	重大	（1）脚手架搭设结束后，必须履行脚手架验收手续，委托人及搭建人双方在脚手架验收合格证上签字； （2）每日使用脚手架前，使用人检查脚手架合格并在脚手架验收合格证背面签名后方可使用
	安全带	未正确使用安全带	高处坠落	重大	（1）安全带检验合格证应在有效期内； （2）使用前检查安全带部件完好无损坏； （3）正确使用双钩安全带，移动中严禁脱钩； （4）安全带应挂在牢固的构件上，高挂低用
	二氧化碳	人员遗留在容器内	窒息	较小	（1）封闭人孔前工作负责人应认真清点工作人员； （2）核对容器进出人登记，确认无人员和工器具遗落，并喊话确认无人
7. 现场清理	施工废料	施工废料未清理	环境污染	较小	废料及时清理，做到工完、料尽、场地清

10.3 凝水再循环泵检修

作业步骤	危害辨识	危害描述	产生后果	风险等级	防 范 措 施
1. 作业环境评估	噪声	噪声超标	噪声聋	较小	进入噪声区域时正确佩戴合格的耳塞
	转动的水泵	未与运行中转动设备进行有效隔离	机械伤害	较小	（1）设置安全隔离围栏并设置警告标志； （2）设置安全检修通道； （3）在运行中转动设备附近工作时应对转动设备进行可靠遮拦，并设专人监护

作业步骤	危害辨识	危害描述	产生后果	风险等级	防 范 措 施
1. 作业环境评估	孔、洞、坑	盖板缺损	高处坠落	重大	工作场所的孔、洞必须覆以与地面齐平的坚固盖板或做好隔离措施
	照明	现场照明不充足	其他伤害	较小	增加临时照明
2. 确认安全措施正确执行	高压介质水	检修中系统隔离不彻底	冲击	较小	检修工作开始前到现场检查确认工作票所列安全措施完善和正确执行
		需检修的设备、系统内高压介质排放不净	冲击	较小	检修工作开始前检查设备内高压介质确已排放干净后方可开始工作
	转动的水泵	工作前未采取防转动措施	机械伤害	较小	转动设备检修时应采取防转动措施、确认电机电源线拆除
3. 准备工作及现场布置	撬杠	撬杠强度不够	物体打击	较小	必须保证撬杠强度满足要求
	轴承加热器	电源线、电源插头破损	机械伤害触电	较小	（1）检查轴承加热器电源线、电源插头完好无缺损；（2）检查合格证在有效期内
	临时电源及电源线	电源线悬挂高度不够	触电	较小	临时电源线架设高度室内不低于2.5m
		电源线、插头、插座破损	触电	较小	（1）检查电源线外绝缘良好，无破损；（2）检查电源盘合格证在有效期；（3）检查电源插头插座，确认完好；（4）不准将电源线缠绕在护栏、管道和脚手架上
		未安装漏电保护器	触电	较小	（1）检查电源盘合格证在有效期；（2）分级配置漏电保护器，工作前试漏电保护器，确保正确动作
		检修电源箱外壳未接地	触电	较小	（1）检查电源盘合格证在有效期；（2）检查电源箱外壳接地良好
	大锤、手锤	锤头与木柄的连接不牢固、锤头破损、木柄未使用整根硬质木料	物体打击	较小	锤头与木柄的连接应用金属楔栓固定，楔子长度不得大于安装孔深的2/3，锤头完好无损，木柄使用整根硬质木料
	吊索具	吊索具损坏或选择不当	起重伤害	较小	（1）作业前，应对吊索具及其配件进行检查，确认完好，方可使用；（2）所选用的吊索具应与被吊工件的外形特点及具体要求相适应，在不具备使用条件的情况下，决不能对付使用；（3）作业中应防止损坏吊索具及配件，必要时在棱角处应加护角防护；（4）吊具及配件不能超过其额定起重量，起重吊索、吊具不得超过其相应吊挂状态下的最大工作载荷
	锉刀、手锯、螺丝刀、钢丝钳	手柄等缺损	刺伤	较小	锉刀、手锯、螺丝刀、钢丝钳等手柄应安装牢固，没有手柄的不准使用
4. 凝水再循环泵解体	润滑油	设备内润滑油泄漏	污染环境	较小	（1）发生的跑、冒、滴、漏及溢油，要及时清除处理，油液收集到废油桶中；（2）清理作业时的废油、废布不得随意处置
	撬杠	支撑物不可靠	压伤	较小	应保证支撑物可靠
		被撬物倾斜或滚落	压伤	较小	撬动过程中应采取防止被撬物倾斜或滚落
	扳手	使用扳手不当或用力过猛致伤	其他伤害	较小	（1）用合适扳手，平稳用力；（2）安全防护装置齐全有效，佩戴手套

作业步骤	危害辨识	危害描述	产生后果	风险等级	防 范 措 施
4. 凝水再循环泵解体	转动的叶轮	未采取防转动措施	机械伤害	较小	转动设备检修时应采取防转动措施
	大锤、手锤	锤把上有油污	物体打击	较小	锤把上不可有油污
		单手抡大锤	物体打击	较小	抡大锤时，周围不得有人，不得单手抡大锤
		戴手套抡大锤	物体打击	较小	打锤人不得戴手套
	手拉葫芦	滑链	起重伤害	较小	使用前应作无负荷起落试验一次
		手拉链有裂纹、链轮转动卡涩、吊钩无防脱保险装置	起重伤害	较小	（1）使用前检查手拉链是否有裂纹、链轮转动是否卡涩、吊钩是否无防脱保险装置，以确保完好，起吊后及时锁链；（2）检查合格证在有效期内
		手拉葫芦超载荷使用	起重伤害	较小	使用手拉葫芦时工作负荷不准超过铭牌规定
	吊具、起吊物	吊点不牢固、吊点位置不正确	起重伤害	较小	（1）吊钩要挂在物品的重心上，当被吊物件起吊后有可能摆动或转动时，应采用绳牵引方法，防止物件摆动伤人或碰坏设备；（2）选择牢固可靠、满足载荷的吊点
		绑扎不牢固	起重伤害	较小	（1）起重前必须将物件牢固、稳妥地绑住；（2）吊拉时两根钢丝绳之间的夹角一般不得大于90°；（3）使用单吊索起吊重物挂钩时应打"挂钩结"，使用吊环时螺栓必须拧到底
		斜拉	起重伤害	较小	禁止使用吊钩斜着拖吊重物
		吊装作业区域无专人监护	起重伤害	较小	吊装作业区周边必须设置警戒区域，并设专人监护
5. 凝水再循环泵部件检修、测量	清洁剂	在工作场所存储	火灾爆炸	较小	（1）禁止在工作场所存储易燃物品，例如汽油、酒精等；（2）领用、暂存时量不能过大，一般不超过500mL
		皮肤接触	化学性灼伤	较小	工作人员佩戴橡胶手套
	临时电源及电源线	电源线悬挂高度不够	触电	较小	临时电源线架设高度室内不低于2.5m
		电源线、插头、插座破损	触电	较小	（1）检查电源线外绝缘良好，无破损；（2）检查电源盘合格证在有效期；（3）检查电源插头插座，确保完好；（4）不准将电源线缠绕在护栏、管道和脚手架上
		未安装漏电保护器	触电	较小	（1）检查电源盘合格证在有效期；（2）分级配置漏电保护器，工作前试漏电保护器，确保正确动作
		检修电源箱外壳未接地	触电	较小	（1）检查电源盘合格证在有效期；（2）检查电源箱外壳接地良好
	角磨机	未正确使用防护罩、防护眼镜	机械伤害	较小	正确佩戴防护罩、防护眼镜
		手提电动工具的导线或转动部分	触电	较小	禁止手提电动工具的导线或转动部分
		角磨机砂轮片破损	物体打击	较小	使用前检查角磨机砂轮片完好无缺损
		更换砂轮片未切断电源	机械伤害	较小	更换砂轮片前必须切断电源

作业步骤	危害辨识	危害描述	产生后果	风险等级	防 范 措 施
5. 凝水再循环泵部件检修、测量	锉刀、手锯、螺丝刀、钢丝钳	手柄等缺损	刺伤	较小	锉刀、手锯、螺丝刀、钢丝钳等手柄应安装牢固，没有手柄的不准使用
6. 凝水再循环泵装复	手拉葫芦	滑链	起重伤害	较小	使用前应作无负荷起落试验一次
		手拉链有裂纹、链轮转动卡涩、吊钩无防脱保险装置	起重伤害	较小	（1）使用前检查手拉链是否有裂纹、链轮转动是否卡涩、吊钩是否无防脱保险装置，以确保完好，起吊后及时锁链；（2）检查合格证在有效期内
		手拉葫芦超载荷使用	起重伤害	较小	使用手拉葫芦时工作负荷不准超过铭牌规定
	撬杠	支撑物不可靠	砸伤	较小	应保证支撑物可靠
		被撬物倾斜或滚落	砸伤	较小	撬动过程中应采取防止被撬物倾斜或滚落
	大锤、手锤	锤把上有油污	物体打击	较小	锤把上不可有油污
		戴手套抡大锤	物体打击	较小	打锤人不得戴手套
	扳手	使用扳手不当或用力过猛致伤	其他伤害	较小	（1）用合适扳手，平稳用力；（2）安全防护装置齐全有效，佩戴手套
	轴承加热器	未采取防烫伤措施	灼烫伤	较小	操作人员必须使用隔热手套
	转动的叶轮	未采取防转动措施	机械伤害	较小	转动设备检修时应采取防转动措施
	吊具、起吊物	吊点不牢固、吊点位置不正确	起重伤害	较小	（1）吊钩要挂在物品的重心上，当被吊物件起吊后有可能摆动或转动时，应采用绳牵引方法，防止物件摆动伤人或碰坏设备；（2）选择牢固可靠、满足载荷的吊点
		绑扎不牢固	起重伤害	较小	（1）起重前必须将物件牢固、稳妥地绑住；（2）吊拉时两根钢丝绳之间的夹角一般不得大于90°；（3）使用单吊索起吊重物挂钩时应打"挂钩结"，使用吊环时螺栓必须拧到底
		斜拉	起重伤害	较小	禁止使用吊钩斜着拖吊重物
		吊装作业区域无专人监护	起重伤害	较小	吊装作业区周边必须设置警戒区域，并设专人监护
	泵联轴器	用手指直接检查校正联轴器销孔	机械伤害	较小	不准用手指直接检查校正联轴器销孔
	润滑油	加油过程中润滑油泄漏	工作环境污染	较小	现场准备擦拭用的棉丝及清理油污所用的沙子、桶，加油时使用检查完好的油壶油漏斗，防止洒落
7. 试运	转动的水泵	肢体部位或饰品衣物、用具接触转动部位	机械伤害	较小	（1）衣服和袖口应扣好，不得戴围巾领带，长发必须盘在安全帽内；（2）不准将用具、工器具接触设备的转动部位
		转动部件飞出	机械伤害	较小	试运行时，无关人员远离，工作人员站在轴向位置
		断裂、超速、零部件脱落	物体打击	较小	检查设备的运行状态，保持设备的振动、温度、运行电流等参数符合标准，如发现参数超标及时处理
8. 检修工作结束	施工废料	施工废料未清理	环境污染	较小	废料及时清理，做到工完、料尽、场地清

10.4 凝水反洗水泵检修

作业步骤	危害辨识	危害描述	产生后果	风险等级	防 范 措 施
1. 作业环境评估	噪声	噪声超标	噪声聋	较小	进入噪声区域时正确佩戴合格的耳塞
	转动的水泵	未与运行中转动设备进行有效隔离	机械伤害	较小	（1）设置安全隔离围栏并设置警告标志；（2）设置安全检修通道；（3）在运行中转动设备附近工作时应对转动设备进行可靠遮拦，并设专人监护
	孔、洞、坑	盖板缺损	高处坠落	重大	工作场所的孔、洞必须覆以与地面齐平的坚固盖板或做好隔离措施
	照明	现场照明不充足	其他伤害	较小	增加临时照明
2. 确认安全措施正确执行	高压介质水	检修中系统隔离不彻底	冲击	较小	检修工作开始前到现场检查确认工作票所列安全措施完善和正确执行
		需检修的设备、系统内高压介质排放不净	冲击	较小	检修工作开始前检查设备内高压介质确已排放干净后方可开始工作
	转动的水泵	工作前未采取防转动措施	机械伤害	较小	转动设备检修时应采取防转动措施、确认电机电源线拆除
3. 准备工作及现场布置	撬杠	撬杠强度不够	物体打击	较小	必须保证撬杠强度满足要求
	轴承加热器	电源线、电源插头破损	机械伤害触电	较小	（1）检查轴承加热器电源线、电源插头完好无缺损；（2）检查合格证在有效期内
	临时电源及电源线	电源线悬挂高度不够	触电	较小	临时电源线架设高度室内不低于2.5m
		电源线、插头、插座破损	触电	较小	（1）检查电源线外绝缘良好，无破损；（2）检查电源盘合格证在有效期；（3）检查电源插头插座，确保完好；（4）不准将电源线缠绕在护栏、管道和脚手架上
		未安装漏电保护器	触电	较小	（1）检查电源盘合格证在有效期；（2）分级配置漏电保护器，工作前试漏电保护器，确保正确动作
		检修电源箱外壳未接地	触电	较小	（1）检查电源盘合格证在有效期；（2）检查电源箱外壳接地良好
	大锤、手锤	锤头与木柄的连接不牢固、锤头破损、木柄未使用整根硬质木料	物体打击	较小	锤头与木柄的连接应用金属楔栓固定，楔子长度不得大于安装孔深的2/3，锤头完好无损，木柄使用整根硬质木料
	吊索具	吊索具损坏或选择不当	起重伤害	较小	（1）作业前，应对吊索具及其配件进行检查，确认完好，方可使用；（2）所选用的吊索具应与被吊工件的外形特点及具体要求相适应，在不具备使用条件的情况下，决不能对付使用；（3）作业中应防止损坏吊索具及配件，必要时在棱角处应加护角防护；（4）吊具及配件不能超过其额定起重量，起重吊索、吊具不得超过其相应吊挂状态下的最大工作载荷
	锉刀、手锯、螺丝刀、钢丝钳	手柄等缺损	刺伤	较小	锉刀、手锯、螺丝刀、钢丝钳等手柄应安装牢固，没有手柄的不准使用

续表

作业步骤	危害辨识	危害描述	产生后果	风险等级	防 范 措 施
4. 凝水反洗水泵解体	润滑油	设备内润滑油泄漏	污染环境	较小	（1）发生的跑、冒、滴、漏及溢油，要及时清除处理，油液收集到废油桶中； （2）清理作业时的废油、废布不得随意处置
	撬杠	支撑物不可靠	压伤	较小	应保证支撑物可靠
		被撬物倾斜或滚落	压伤	较小	撬动过程中应采取防止被撬物倾斜或滚落
	扳手	使用扳手不当或用力过猛致伤	其他伤害	较小	（1）用合适扳手，平稳用力； （2）安全防护装置齐全有效，佩戴手套
	大锤、手锤	锤把上有油污	物体打击	较小	锤把上不可有油污
		单手抡大锤	物体打击	较小	抡大锤时，周围不得有人，不得单手抡大锤
		戴手套抡大锤	物体打击	较小	打锤人不得戴手套
	转动的叶轮	未采取防转动措施	机械伤害	较小	转动设备检修时应采取防转动措施
	手拉葫芦	滑链	起重伤害	较小	使用前应作无负荷起落试验一次
		手拉链有裂纹、链轮转动卡涩、吊钩无防脱保险装置	起重伤害	较小	（1）使用前检查手拉链是否有裂纹、链轮转动是否卡涩、吊钩是否无防脱保险装置，以确保完好，起吊后及时锁链； （2）检查合格证在有效期内
		手拉葫芦超载荷使用	起重伤害	较小	使用手拉葫芦时工作负荷不准超过铭牌规定
	吊具、起吊物	吊点不牢固、吊点位置不正确	起重伤害	较小	（1）吊钩要挂在物品的重心上，当被吊物件起吊后有可能摆动或转动时，应采用绳牵引方法，防止物件摆动伤人或碰坏设备； （2）选择牢固可靠、满足载荷的吊点
		绑扎不牢固	起重伤害	较小	（1）起重前必须将物件牢固、稳妥地绑住； （2）吊拉时两根钢丝绳之间的夹角一般不得大于90°； （3）使用单吊索起吊重物挂钩时应打"挂钩结"，使用吊环时螺栓必须拧到底
		斜拉	起重伤害	较小	禁止使用吊钩斜着拖吊重物
		吊装作业区域无专人监护	起重伤害	较小	吊装作业区周边必须设置警戒区域，并设专人监护
5. 凝水反洗水泵部件检修、测量	清洁剂	在工作场所存储	火灾爆炸	较小	（1）禁止在工作场所存储易燃物品，例如汽油、酒精等； （2）领用、暂存时量不能过大，一般不超过500mL
		皮肤接触	化学性灼伤	较小	工作人员佩戴橡胶手套
	临时电源及电源线	电源线悬挂高度不够	触电	较小	临时电源线架设高度室内不低于2.5m
		电源线、插头、插座破损	触电	较小	（1）检查电源线外绝缘良好，无破损； （2）检查电源盘合格证在有效期； （3）检查电源插头插座，确保完好； （4）不准将电源线缠绕在护栏、管道和脚手架上
		未安装漏电保护器	触电	较小	（1）检查电源盘合格证在有效期； （2）分级配置漏电保护器，工作前试漏电保护器，确保正确动作
		检修电源箱外壳未接地	触电	较小	（1）检查电源盘合格证在有效期； （2）检查电源箱外壳接地良好

续表

作业步骤	危害辨识	危害描述	产生后果	风险等级	防 范 措 施
5. 凝水反洗水泵部件检修、测量	角磨机	未正确使用防护罩、防护眼镜	机械伤害	较小	正确佩戴防护罩、防护眼镜
		手提电动工具的导线或转动部分	触电	较小	禁止手提电动工具的导线或转动部分
		角磨机砂轮片破损	物体打击	较小	使用前检查角磨机砂轮片完好无缺损
		更换砂轮片未切断电源	机械伤害	较小	更换砂轮片前必须切断电源
	锉刀、手锯、螺丝刀、钢丝钳	手柄等缺损	刺伤	较小	锉刀、手锯、螺丝刀、钢丝钳等手柄应安装牢固，没有手柄的不准使用
6. 凝水反洗水泵装复	手拉葫芦	滑链	起重伤害	较小	使用前应作无负荷起落试验一次
		手拉链有裂纹、链轮转动卡涩、吊钩无防脱保险装置	起重伤害	较小	（1）使用前检查手拉链是否有裂纹、链轮转动是否卡涩、吊钩是否无防脱保险装置，以确保完好，起吊后及时锁链；（2）检查合格证在有效期内
		手拉葫芦超载荷使用	起重伤害	较小	使用手拉葫芦时工作负荷不准超过铭牌规定
	撬杠	支撑物不可靠	砸伤	较小	应保证支撑物可靠
		被撬物倾斜或滚落	砸伤	较小	撬动过程中应采取防止被撬物倾斜或滚落
	大锤、手锤	锤把上有油污	物体打击	较小	锤把上不可有油污
		戴手套抡大锤	物体打击	较小	打锤人不得戴手套
	扳手	使用扳手不当或用力过猛致伤	其他伤害	较小	（1）用合适扳手，平稳用力；（2）安全防护装置齐全有效，佩戴手套
	轴承加热器	未采取防烫伤措施	灼烫伤	较小	操作人员必须使用隔热手套
	转动的叶轮	未采取防转动措施	机械伤害	较小	转动设备检修时应采取防转动措施
	吊具、起吊物	吊点不牢固、吊点位置不正确	起重伤害	较小	（1）吊钩要挂在物品的重心上，当被吊物件起吊后有可能摆动或转动时，应采用绳牵引方法，防止物件摆动伤人或碰坏设备；（2）选择牢固可靠、满足载荷的吊点
		绑扎不牢固	起重伤害	较小	（1）起重前必须将物件牢固、稳妥地绑住；（2）吊拉时两根钢丝绳之间的夹角一般不得大于90°；（3）使用单吊索起吊重物挂钩时应打"挂钩结"，使用吊环时螺栓必须拧到底
		斜拉	起重伤害	较小	禁止使吊钩斜着拖吊重物
		吊装作业区域无专人监护	起重伤害	较小	吊装作业区周边必须设置警戒区域，并设专人监护
	润滑油	加油过程中润滑油泄漏	工作环境污染	较小	现场准备擦拭用的棉丝及清理油污所用的沙子、桶，加油时使用检查完好的油壶油漏斗，防止洒落

作业步骤	危害辨识	危害描述	产生后果	风险等级	防 范 措 施
7. 试运	转动的水泵	肢体部位或饰品衣物、用具接触转动部位	机械伤害	较小	（1）衣服和袖口应扣好，不得戴围巾领带，长发必须盘在安全帽内； （2）不准将用具、工器具接触设备的转动部位
		转动部件飞出	机械伤害	较小	试运行时，无关人员远离，工作人员站在轴向位置
		断裂、超速、零部件脱落	物体打击	较小	检查设备的运行状态，保持设备的振动、温度、运行电流等参数符合标准，如发现参数超标及时处理
8. 检修工作结束	施工废料	施工废料未清理	环境污染	较小	废料及时清理，做到工完、料尽、场地清

10.5 凝水回收水泵检修

作业步骤	危害辨识	危害描述	产生后果	风险等级	防 范 措 施
1. 作业环境评估	噪声	噪声超标	噪声聋	较小	进入噪声区域时正确佩戴合格的耳塞
	转动的水泵	未与运行中转动设备进行有效隔离	机械伤害	较小	（1）设置安全隔离围栏并设置警告标志； （2）设置安全检修通道； （3）在运行中转动设备附近工作时应对转动设备进行可靠遮拦，并设专人监护
	孔、洞、坑	盖板缺损	高处坠落	重大	工作场所的孔、洞必须覆以与地面齐平的坚固盖板或做好隔离措施
	照明	现场照明不充足	其他伤害	重大	增加临时照明
2. 确认安全措施正确执行	高压介质水	检修中系统隔离不彻底	冲击	较小	检修工作开始前到现场检查确认工作票所列安全措施完善和正确执行
		需检修的设备、系统内高压介质排放不净	冲击	较小	检修工作开始前检查设备内高压介质确已排放干净后方可开始工作
	转动的水泵	工作前未采取防转动措施	机械伤害	较小	转动设备检修时应采取防转动措施、确认电机电源线拆除
3. 准备工作及现场布置	撬杠	撬杠强度不够	物体打击	较小	必须保证撬杠强度满足要求
	临时电源及电源线	电源线悬挂高度不够	触电	较小	临时电源线架设高度室内不低于2.5m
		电源线、插头、插座破损	触电	较小	（1）检查电源线外绝缘良好，无破损； （2）检查电源盘合格证在有效期； （3）检查电源插头插座，确保完好； （4）不准将电源线缠绕在护栏、管道和脚手架上
		未安装漏电保护器	触电	较小	（1）检查电源盘合格证在有效期； （2）分级配置漏电保护器，工作前试漏电保护器，确保正确动作
		检修电源箱外壳未接地	触电	较小	（1）检查电源盘合格证在有效期； （2）检查电源箱外壳接地良好
	大锤、手锤	锤头与木柄的连接不牢固、锤头破损、木柄未使用整根硬质木料	物体打击	较小	锤头与木柄的连接应用金属楔栓固定，楔子长度不得大于安装孔深的2/3，锤头完好无损，木柄使用整根硬质木料

续表

作业步骤	危害辨识	危害描述	产生后果	风险等级	防 范 措 施
3. 准备工作及现场布置	吊索具	吊索具损坏或选择不当	起重伤害	较小	（1）作业前，应对吊索具及其配件进行检查，确认完好，方可使用； （2）所选用的吊索具应与被吊工件的外形特点及具体要求相适应，在不具备使用条件的情况下，决不能对付使用； （3）作业中应防止损坏吊索具及配件，必要时在棱角处应加护角防护； （4）吊具及配件不能超过其额定起重量，起重吊索、吊具不得超过其相应吊挂状态下的最大工作载荷
	锉刀、手锯、螺丝刀、钢丝钳	手柄等缺损	刺伤	较小	锉刀、手锯、螺丝刀、钢丝钳等手柄应安装牢固，没有手柄的不准使用
4. 凝水回收水泵解体	润滑油	设备内润滑油泄漏	污染环境	较小	（1）发生的跑、冒、滴、漏及溢油，要及时清除处理，油液收集到废油桶中； （2）清理作业时的废油、废布不得随意处置
	撬杠	支撑物不可靠	压伤	较小	应保证支撑物可靠
		被撬物倾斜或滚落	压伤	较小	撬动过程中应采取防止被撬物倾斜或滚落
	扳手	使用扳手不当或用力过猛致伤	其他伤害	较小	（1）用合适扳手，平稳用力； （2）安全防护装置齐全有效，佩戴手套
	转动的叶轮	未采取防转动措施	机械伤害	较小	转动设备检修时应采取防转动措施
	大锤、手锤	锤把上有油污	物体打击	较小	锤把上不可有油污
		单手抡大锤	物体打击	较小	抡大锤时，周围不得有人，不得单手抡大锤
		戴手套抡大锤	物体打击	较小	打锤人不得戴手套
	手拉葫芦	滑链	起重伤害	较小	使用前应作无负荷起落试验一次
		手拉链有裂纹、链轮转动卡涩、吊钩无防脱保险装置	起重伤害	较小	（1）使用前检查手拉链是否有裂纹、链轮转动是否卡涩、吊钩是否无防脱保险装置，以确保完好，起吊后及时锁链； （2）检查合格证在有效期内
		手拉葫芦超载荷使用	起重伤害	较小	使用手拉葫芦时工作负荷不准超过铭牌规定
	吊具、起吊物	吊点不牢固、吊点位置不正确	起重伤害	较小	（1）吊钩要挂在物品的重心上，当被吊物件起吊后有可能摆动或转动时，应采用绳牵引方法，防止物件摆动伤人或碰坏设备； （2）选择牢固可靠、满足载荷的吊点
		绑扎不牢固	起重伤害	较小	（1）起重前必须将物件牢固、稳妥地绑住； （2）吊拉时两根钢丝绳之间的夹角一般不得大于90°； （3）使用单吊索起吊重物挂钩时应打"挂钩结"，使用吊环时螺栓必须拧到底
		斜拉	起重伤害	较小	禁止使用吊钩斜着拖吊重物
		吊装作业区域无专人监护	起重伤害	较小	吊装作业区周边必须设置警戒区域，并设专人监护

作业步骤	危害辨识	危害描述	产生后果	风险等级	防 范 措 施
5. 凝水回收水泵部件检修、测量	清洁剂	在工作场所存储	火灾爆炸	较小	（1）禁止在工作场所存储易燃物品，例如汽油、酒精等； （2）领用、暂存时量不能过大，一般不超过500mL
		皮肤接触	化学性灼伤	较小	工作人员佩戴橡胶手套
	临时电源及电源线	电源线悬挂高度不够	触电	较小	临时电源线架设高度室内不低于2.5m
		电源线、插头、插座破损	触电	较小	（1）检查电源线外绝缘良好，无破损； （2）检查电源盘合格证在有效期； （3）检查电源插头插座，确保完好； （4）不准将电源线缠绕在护栏、管道和脚手架上
		未安装漏电保护器	触电	较小	（1）检查电源盘合格证在有效期； （2）分级配置漏电保护器，工作前试漏电保护器，确保正确动作
		检修电源箱外壳未接地	触电	较小	（1）检查电源盘合格证在有效期； （2）检查电源箱外壳接地良好
	角磨机	未正确使用防护罩、防护眼镜	机械伤害	较小	正确佩戴防护罩、防护眼镜
		手提电动工具的导线或转动部分	触电	较小	禁止手提电动工具的导线或转动部分
		角磨机砂轮片破损	物体打击	较小	使用前检查角磨机砂轮片完好无缺损
		更换砂轮片未切断电源	机械伤害	较小	更换砂轮片前必须切断电源
	锉刀、手锯、螺丝刀、钢丝钳	手柄等缺损	刺伤	较小	锉刀、手锯、螺丝刀、钢丝钳等手柄应安装牢固，没有手柄的不准使用
6. 凝水回收水泵装复	手拉葫芦	滑链	起重伤害	较小	使用前应作无负荷起落试验一次
		手拉链有裂纹、链轮转动卡涩、吊钩无防脱保险装置	起重伤害	较小	（1）使用前检查手拉链是否有裂纹、链轮转动是否卡涩、吊钩是否无防脱保险装置，以确保完好，起吊后及时锁链； （2）检查合格证在有效期内
		手拉葫芦超载荷使用	起重伤害	较小	使用手拉葫芦时工作负荷不准超过铭牌规定
	撬杠	支撑物不可靠	砸伤	较小	应保证支撑物可靠
		被撬物倾斜或滚落	砸伤	较小	撬动过程中应采取防止被撬物倾斜或滚落
	大锤、手锤	锤把上有油污	物体打击	较小	锤把上不可有油污
		戴手套抡大锤	物体打击	较小	打锤人不得戴手套
	扳手	使用扳手不当或用力过猛致伤	其他伤害	较小	（1）用合适扳手，平稳用力； （2）安全防护装置齐全有效，佩戴手套
	转动的叶轮	未采取防转动措施	机械伤害	较小	转动设备检修时应采取防转动措施
	吊具、起吊物	吊点不牢固、吊点位置不正确	起重伤害	较小	（1）吊钩要挂在物品的重心上，当被吊物件起吊后有可能摆动或转动时，应采用绳牵引方法，防止物件摆动伤人或碰坏设备； （2）选择牢固可靠、满足载荷的吊点

222

续表

作业步骤	危害辨识	危害描述	产生后果	风险等级	防 范 措 施
6. 凝水回收水泵装复	吊具、起吊物	绑扎不牢固	起重伤害	较小	（1）起重前必须将物件牢固、稳妥地绑住； （2）吊拉时两根钢丝绳之间的夹角一般不得大于90°； （3）使用单吊索起吊重物挂钩时应打"挂钩结"，使用吊环时螺栓必须拧到底
		斜拉	起重伤害	较小	禁止使用吊钩斜着拖吊重物
		吊装作业区域无专人监护	起重伤害	较小	吊装作业区周边必须设置警戒区域，并设专人监护
	润滑油	加油过程中润滑油泄漏	工作环境污染	较小	现场准备擦拭用的棉丝及清理油污所用的沙子、桶，加油时使用检查完好的油壶油漏斗，防止洒落
7. 试运	转动的水泵	肢体部位或饰品衣物、用具接触转动部位	机械伤害	较小	（1）衣服和袖口应扣好，不得戴围巾领带，长发必须盘在安全帽内； （2）不准将用具、工器具接触设备的转动部位
		转动部件飞出	机械伤害	较小	试运行时，无关人员远离，工作人员站在轴向位置
		断裂、超速、零部件脱落	物体打击	较小	检查设备的运行状态，保持设备的振动、温度、运行电流等参数符合标准，如发现参数超标及时处理
8. 检修工作结束	施工废料	施工废料未清理	环境污染	较小	废料及时清理，做到工完、料尽、场地清

10.6 凝水回收水池检修

作业步骤	危害辨识	危害描述	产生后果	风险等级	防 范 措 施
1. 作业环境评估	噪声	噪声超标	噪声聋	较小	进入噪声区域时正确佩戴合格的耳塞
	照明	现场照明不充足	其他伤害	较小	增加临时照明
	孔洞	盖板缺损	高处坠落	较小	工作场所的孔、洞必须覆以与地面齐平的坚固盖板或做好隔离措施
2. 安全措施正确执行	废水	检修的系统隔离不彻底	淹溺	中等	检查、确认运行人员将检修设备及相关管道可靠地与运行系统已隔断，没有相邻系统内介质流入的可能；并挂"禁止操作，有人工作"标识牌
		需检修的设备内介质未放净	淹溺	较小	水池内余水排尽
3. 准备工作及现场布置	角磨机	电源线、电源插头破损、防护罩破损缺失松动	触电、机械伤害	较小	（1）检查电源线、电源插头完好无破损、防护罩完好无破损且牢固； （2）检验合格证在有效期内； （3）使用手提切割机、角磨机时戴好防护面罩
	大锤、手锤	锤头与木柄的连接不牢固、锤头破损、木柄未使用整根硬质木料	物体打击	较小	锤头与木柄的连接应用金属楔栓固定，楔子长度不得大于安装孔深的2/3，锤头完好无损，木柄使用整根硬质木料
	临时电源及电源线	电源线悬挂高度不够	触电	较小	临时电源线架设高度室内不低于2.5m
		电源线、插头、插座破损	触电	较小	（1）检查电源线外绝缘良好，无破损； （2）检查电源盘合格证在有效期； （3）检查电源插头插座，确保完好； （4）不准将电源线缠绕在护栏、管道和脚手架上

续表

作业步骤	危害辨识	危害描述	产生后果	风险等级	防 范 措 施
3. 准备工作及现场布置	临时电源及电源线	未安装漏电保护器	触电	较小	(1) 检查电源盘合格证在有效期; (2) 分级配置漏电保护器,工作前试漏电保护器,确保正确动作
		检修电源箱外壳未接地	触电	较小	(1) 检查电源盘合格证在有效期; (2) 检查电源箱外壳接地良好
	行灯	行灯电源线、电源插头破损	触电	较小	(1) 检查行灯电源线、电源插头完好无破损; (2) 行灯的电源线应采用橡套软电缆
		使用行灯电压等级不符	触电	较小	在凝水回收水池内使用的行灯,其电压不得超过12V
		行灯防护罩缺失	触电	较小	行灯应有保护罩
	通风机	防护罩缺损	机械伤害	较小	(1) 风机转动部分必须装设防护装置,并标明旋转方向; (2) 对缺损的防护罩应及时装复或修复; (3) 通风机应为防爆型风机
4. 凝水回收水池检查	人孔门	人孔未设置临时围栏、警告标志	高处坠落	重大	(1) 在检修工作中人孔打开后,必须设有牢固的临时围栏,并设有明显的警告标志; (2) 工作停止时应将人孔临时进行封闭
	大锤、手锤	锤把上有油污未清理	物体打击	较小	清理锤把上油污
		戴手套抡大锤	物体打击	较小	打锤人不得戴手套
	扳手	使用扳手不当或用力过猛致伤	其他伤害	较小	(1) 用合适扳手,平稳用力; (2) 安全防护装置齐全有效,佩戴手套
	手提切割机	电源线、电源插头破损、防护罩破损缺失松动	触电、机械伤害	较小	(1) 检查电源线、电源插头完好无破损、防护罩完好无破损且牢固; (2) 检验合格证在有效期内; (3) 使用手提切割机时戴好防护面罩
		更换切割片未切断电源	机械伤害	较小	更换切割片前必须切断电源
	废水	冲洗液未排净	窒息	较小	充、排水结束后,检查凝水回收水池内冲洗水排放干净
5. 凝水回收水池修理	通风机	肢体部位或饰品衣物、用具接触转动部位	机械伤害	较小	(1) 衣服和袖口应扣好,不得戴围巾领带,长发必须盘在安全帽内; (2) 不准将用具、工器具接触设备的转动部位
	空气	未及时通风、检测	窒息	较小	(1) 打开所有通风口进行通风置换; (2) 保证容器内部通风畅通,必要时使用防爆轴流风机强制通风; (3) 测量氧气浓度应保持在19.5%~21%; (4) 严禁向容器内部输送氧气; (5) 设专人不间断地监护
		未设置逃生通道	窒息	较小	设置逃生通道,并保持通道畅通
	高处作业人员	使用不合格或未放置妥当的临时爬梯或直梯	高处坠落	重大	放置爬梯必须保证已接触在容器底部,爬梯上部用绳索固定在凝水回收水池体外部
	电火花检测仪	碰触电火花检测仪带电体	触电	中等	(1) 使用电火花检测仪必须佩带绝缘手套,接地线固定牢固; (2) 凝水回收水池体内部要保持干燥后,方可带入; (3) 工作结束及时关闭电源,且将带电部分进行放电

作业步骤	危害辨识	危害描述	产生后果	风险等级	防 范 措 施
5. 凝水回收水池修理	高温空气	气温超过 40℃	中暑	较小	（1）不准在工作环境温度超过 40℃的凝水回收水池内进行作业； （2）必须在凝水回收水池内工作时，需通风并应为工作人员提供足够的饮水、清凉饮料及防暑药品； （3）专人监护，遇有不适立即从凝水回收水池内撤出
	行灯	将行灯变压器带入凝水回收水池内	触电	较小	禁止将行灯变压器带入凝水回收水池内
	角磨机	未正确使用防护罩、防护眼镜	机械伤害	较小	正确佩戴防护罩、防护眼镜
		手提电动工具的导线或转动部分	触电	较小	禁止手提电动工具的导线或转动部分
		使用砂轮片破损的角磨机	物体打击	较小	使用前检查角磨机砂轮片完好无缺损
		更换砂轮片未切断电源	机械伤害	较小	更换砂轮片前必须切断电源
	手持电动工具	未使用Ⅱ类手持式电动工具	触电	较小	（1）电源联接器和控制箱等应放在容器外面宽敞、干燥的场所； （2）使用Ⅱ类手持式电动工具，并安装漏电开关，漏电开关工作电流小于 15mA，动作时间小于等于 0.1s
	高处的工器具及材料	工器具掉落	物体打击	较小	高处作业一律使用工具袋。较大的工具应用绳拴在牢固的构件上，不准随便乱放，以防止从高处坠落发生事故
		工器具及材料上下投掷	物体打击	较小	不准将工具及材料上下投掷，要用绳系牢后往下或往上吊送，以免打伤下方工作人员或击毁脚手架
	粉尘	未正确使用防尘口罩	尘肺病	较小	打磨时正确佩戴合格的防尘口罩
	防腐材料	可燃物存放过多	火灾	中等	（1）凝水回收水池内工作要求不得带入过多的防腐材料； （2）严禁防腐材料周围产生任何有火花的作业
	稀释剂	可燃气体浓度超标	火灾	中等	（1）保证凝水回收水池内部通风畅通，使用防爆轴流风机强制通风； （2）每隔 2h 用气体检测仪检测可燃物浓度合格
		无人监护	中毒火灾	中等	设专人不间断地监护
	固化剂	固化剂添加过多防腐材料发热自燃	火灾	中等	（1）灭火器、消防水带等消防器材配备齐全，并专人监护； （2）严格执行防腐工艺流程要求
	电火花检测仪	碰触电火花检测仪带电体	触电	中等	（1）使用电火花检测仪必须佩带绝缘手套，接地线固定牢固； （2）凝水回收水池体内部要保持干燥后，方可带入； （3）工作结束及时关闭电源，且将带电部分进行放电
	火种	防腐工作结束后，现场有遗留火种	火灾	中等	防腐工作结束后全面清理工作区域，做到不留任何火种

作业步骤	危害辨识	危害描述	产生后果	风险等级	防 范 措 施
5. 凝水回收水池修理	脚手架	脚手架未验收、检查	高处坠落	重大	（1）脚手架搭设结束后，必须履行脚手架验收手续，委托人及搭建人双方在脚手架验收合格证上签字； （2）每日使用脚手架前，使用人检查脚手架合格并在脚手架验收合格证背面签名后方可使用
	安全带	未正确使用安全带	高处坠落	重大	（1）安全带检验合格证应在有效期内； （2）使用前检查安全带部件完好无损坏； （3）正确使用双钩安全带，移动中严禁脱钩； （4）安全带应挂在牢固的构件上，高挂低用
6. 凝水回收水池装复	大锤、手锤	锤把上有油污未清理	物体打击	较小	清理锤把上油污
		戴手套抡大锤	物体打击	较小	打锤人不得戴手套
	扳手	使用扳手不当或用力过猛致伤	其他伤害	较小	（1）用合适扳手，平稳用力； （2）安全防护装置齐全有效，佩戴手套
	二氧化碳	气体浓度超标	窒息	较小	工作前 30min 前打开人孔门进行通风直至用气体检测仪检测浓度合格，氧气浓度保持在 19.5%～21%范围内
		无人监护	窒息	较小	设专人不间断地监护
	高温空气	气温超过 40℃	中暑	较小	（1）不准在工作环境温度超过 40℃的凝水回收水池内进行作业； （2）必须在凝水回收水池内工作时，需通风并应为工作人员提供足够的饮水、清凉饮料及防暑药品； （3）专人监护，遇有不适立即从凝水回收水池内撤出
	行灯	将行灯变压器带入金属容器内	触电	较小	禁止将行灯变压器带入凝水回收水池器内
	二氧化碳	人员遗留在容器内	窒息	较小	（1）封闭人孔前工作负责人应认真清点工作人员； （2）核对容器进出人登记，确认无人员和工器具遗落，并喊话确认无人
7. 现场清理	施工废料	施工废料未清理	环境污染	较小	废料及时清理，做到工完、料尽、场地清

10.7　凝水贮气罐检修

作业步骤	危害辨识	危害描述	产生后果	风险等级	防 范 措 施
1. 作业环境评估	噪声	噪声超标	噪声聋	较小	进入噪声区域时正确佩戴合格的耳塞
	照明	现场照明不充足	其他伤害	较小	增加临时照明
	孔洞	盖板缺损	高处坠落	重大	工作场所的孔、洞必须覆以与地面齐平的坚固盖板或做好隔离措施
2. 安全措施正确执行	压缩空气	检修的系统隔离不彻底	其他伤害	较小	开工前与运行人员共同确认检修的设备已可靠与运行中的系统隔断，检查压缩空气贮气罐进气手动门关闭已上锁，并挂"禁止操作，有人工作"标识牌
		需检修的系统内介质未放尽	其他伤害	较小	检修工作开始前检查系统内压缩空气确已放尽，压力为零，检修中应保证系统与大气可靠相通

作业步骤	危害辨识	危害描述	产生后果	风险等级	防 范 措 施
3. 准备工作及现场布置	脚手架	脚手架未验收、检查	高处坠落	重大	（1）脚手架搭设结束后，必须履行脚手架验收手续，委托人及搭建人双方在脚手架验收合格证上签字； （2）每日使用脚手架前，使用人检查脚手架合格并在脚手架验收合格证背面签名后方可使用
	安全带	未正确使用安全带	高处坠落	重大	（1）安全带检验合格证应在有效期内； （2）使用前检查安全带部件完好无损坏； （3）正确使用双钩安全带，移动中严禁脱钩； （4）安全带应挂在牢固的构件上，高挂低用
	手提切割机、角磨机	电源线、电源插头破损、防护罩破损缺失松动	触电、机械伤害	较小	（1）检查电源线、电源插头完好无破损、防护罩完好无破损且牢固； （2）检验合格证在有效期内； （3）使用手提切割机、角磨机时戴好防护面罩
	大锤、手锤	锤头与木柄的连接不牢固、锤头破损、木柄未使用整根硬质木料	物体打击	较小	锤头与木柄的连接应用金属楔栓固定，楔子长度不得大于安装孔深的2/3，锤头完好无损，木柄使用整根硬质木料
	临时电源及电源线	电源线悬挂高度不够	触电	较小	临时电源线架设高度室内不低于2.5m
		电源线、插头、插座破损	触电	较小	（1）检查电源线外绝缘良好，无破损； （2）检查电源盘合格证在有效期； （3）检查电源插头插座，确保完好； （4）不准将电源线缠绕在护栏、管道和脚手架上
		未安装漏电保护器	触电	较小	（1）检查电源盘合格证在有效期； （2）分级配置漏电保护器，工作前试漏电保护器，确保正确动作
		检修电源箱外壳未接地	触电	较小	（1）检查电源盘合格证在有效期； （2）检查电源箱外壳接地良好
	行灯	行灯电源线、电源插头破损	触电	较小	（1）检查行灯电源线、电源插头完好无破损； （2）行灯的电源线应采用橡套软电缆
		使用行灯电压等级不符	触电	较小	在凝水贮气罐内使用的行灯，其电压不得超过12V
		行灯防护罩缺失	触电	较小	行灯应有保护罩
	电焊机	电焊机电源线、电源插头、电焊钳破损	机械伤害、触电	较小	检查电焊机电源线、电源插头、电焊钳完好无破损
		电焊机外壳不接地	触电	较小	电焊机金属外壳应有明显的可靠接地
		电焊机、焊钳与电缆线连接不牢固	触电	较小	电焊机、焊钳与电缆线连接牢固，接地端头不外露
	通风机	防护罩缺损	机械伤害	较小	（1）风机转动部分必须装设防护装置，并标明旋转方向； （2）对缺损的防护罩应及时装复或修复； （3）通风机应为防爆型风机
4. 凝水贮气罐解体	人孔门	人孔未设置临时围栏、警告标志	高处坠落	重大	（1）在检修工作中人孔打开后，必须设有牢固的临时围栏，并设有明显的警告标志； （2）工作停止时应将人孔临时进行封闭
	大锤、手锤	锤把上有油污未清理	物体打击	较小	清理锤把上油污
		戴手套抡大锤	物体打击	较小	打锤人不得戴手套
	扳手	使用扳手不当或用力过猛致伤	其他伤害	较小	（1）用合适扳手，平稳用力； （2）安全防护装置齐全有效，佩戴手套

作业步骤	危害辨识	危害描述	产生后果	风险等级	防 范 措 施
4. 凝水贮气罐解体	手提切割机	电源线、电源插头破损、防护罩破损缺失松动	触电、机械伤害	较小	（1）检查电源线、电源插头完好无破损、防护罩完好无破损且牢固； （2）检验合格证在有效期内； （3）使用手提切割机时戴好防护面罩
		更换切割片未切断电源	机械伤害	较小	更换切割片前必须切断电源
	高处的工器具及材料	工器具掉落	物体打击	较小	高处作业一律使用工具袋。较大的工具应用绳拴在牢固的构件上，不准随便乱放，以防止从高处坠落发生事故
		工器具及材料上下投掷	物体打击	较小	不准将工具及材料上下投掷，要用绳系牢后往下或往上吊送，以免打伤下方工作人员或击毁脚手架
	脚手架	脚手架未验收、检查	高处坠落	重大	（1）脚手架搭设结束后，必须履行脚手架验收手续，委托人及搭建人双方在脚手架验收合格证上签字； （2）每日使用脚手架前，使用人检查脚手架合格并在脚手架验收合格证背面签名后方可使用
	安全带	未正确使用安全带	高处坠落	重大	（1）安全带检验合格证应在有效期内； （2）使用前检查安全带部件完好无损坏； （3）正确使用双钩安全带，移动中严禁脱钩； （4）安全带应挂在牢固的构件上，高挂低用
5. 凝水贮气罐各部件检修	通风机	肢体部位或饰品衣物、用具接触转动部位	机械伤害	较小	（1）衣服和袖口应扣好，不得戴围巾领带，长发必须盘在安全帽内； （2）不准将用具、工器具接触设备的转动部位
	高温空气	气温超过40℃	中暑	较小	（1）不准在工作环境温度超过40℃的凝水贮气罐内进行作业； （2）必须在凝水贮气罐内工作时，需有良好的通风条件，根据工作人员的身体情况，轮流工作与休息，并应为工作人员提供足够的饮水、清凉饮料及防暑药品； （3）专人监护，遇有不适立即从凝水贮气罐内撤出
	行灯	将行灯变压器带入凝水贮气罐内	触电	较小	禁止将行灯变压器带入凝水贮气罐内
	角磨机	未正确使用防护罩、防护眼镜	机械伤害	较小	正确佩戴防护罩、防护眼镜
		手提电动工具的导线或转动部分	触电	较小	禁止手提电动工具的导线或转动部分
		使用砂轮片破损的角磨机	物体打击	较小	使用前检查角磨机砂轮片完好无缺损
		更换砂轮片未切断电源	机械伤害	较小	更换砂轮片前必须切断电源
	手持电动工具	未使用Ⅱ类手持式电动工具	触电	较小	（1）电源联接器和控制箱等应放在容器外面宽敞、干燥的场所； （2）使用Ⅱ类手持式电动工具，并安装漏电开关，漏电开关工作电流小于15mA，动作时间小于等于0.1s
	高处的工器具及材料	工器具掉落	物体打击	较小	高处作业一律使用工具袋。较大的工具应用绳拴在牢固的构件上，不准随便乱放，以防止从高处坠落发生事故
		工器具及材料上下投掷	物体打击	较小	不准将工具及材料上下投掷，要用绳系牢后往下或往上吊送，以免打伤下方工作人员或击毁脚手架

作业步骤	危害辨识	危害描述	产生后果	风险等级	防 范 措 施
5. 凝水贮气罐各部件检修	粉尘、焊接尘	未正确使用防尘口罩	尘肺病	较小	作业现场时正确佩戴合格的防尘口罩
		通风不良	尘肺病	较小	作业现场应有良好的通风
	二氧化碳	气体浓度超标	窒息	中等	有限空间作业前办理作业审批许可；工作前30min 前打开人孔门进行通风直至用气体检测仪检测浓度合格，氧气浓度保持在 19.5%～21%范围内
		无人监护	窒息	中等	设专人不间断地监护
	电焊机	未正确使用面罩，电焊手套、白光眼镜等防护用品	灼烫伤	较小	（1）正确使用面罩； （2）戴电焊手套； （3）带白光眼镜； （4）穿电焊服
		金属容器内焊接作业未穿绝缘鞋	触电	较小	在金属容器内焊接作业穿绝缘鞋，铺设绝缘垫
	焊渣	高温焊渣飞溅	灼烫伤、火灾	中等	（1）动火区域采取防止其他人员被飞溅的焊渣烫伤的措施，现场铺设好防火布； （2）电焊人员必须穿好工作服，戴好手套和穿好带鞋盖劳保鞋等
	火种	施焊完毕后，未确认现场是否有遗留火种就离开	火灾	较小	电焊作业时须有灭火器材，施焊完毕后，要留有充分的时间观察，确认无引火点，方可离去
	脚手架	脚手架未验收、检查	高处坠落	重大	（1）脚手架搭设结束后，必须履行脚手架验收手续，委托人及搭建人双方在脚手架验收合格证上签字； （2）每日使用脚手架前，使用人检查脚手架合格并在脚手架验收合格证背面签名后方可使用
	安全带	未正确使用安全带	高处坠落	重大	（1）安全带检验合格证应在有效期内； （2）使用前检查安全带部件完好无损坏； （3）正确使用双钩安全带，移动中严禁脱钩； （4）安全带应挂在牢固的构件上，高挂低用
6. 凝水贮气罐装复	大锤、手锤	锤把上有油污未清理	物体打击	较小	清理锤把上油污
		戴手套抡大锤	物体打击	较小	打锤人不得戴手套
	扳手	使用扳手不当或用力过猛致伤	其他伤害	较小	（1）用合适扳手，平稳用力； （2）安全防护装置齐全有效，佩戴手套
	高处的工器具及材料	工器具掉落	物体打击	较小	高处作业一律使用工具袋。较大的工具应用绳拴在牢固的构件上，不准随便乱放，以防止从高处坠落发生事故
		工器具及材料上下投掷	物体打击	较小	不准将工具及材料上下投掷，要用绳系牢后往下或往上吊送，以免打伤下方工作人员或击毁脚手架
	安全带	未正确使用安全带	高处坠落	重大	（1）安全带检验合格证应在有效期内； （2）使用前检查安全带部件完好无损坏； （3）正确使用双钩安全带，移动中严禁脱钩； （4）安全带应挂在牢固的构件上，高挂低用
	二氧化碳	人员遗留在容器内	窒息	较小	（1）封闭人孔前工作负责人应认真清点工作人员； （2）核对容器进出人登记，确认无人员和工器具遗落，并喊话确认无人
7. 现场清理	施工废料	施工废料未清理	环境污染	较小	废料及时清理，做到工完、料尽、场地清

10.8 凝补水泵（大）检修

作业步骤	危害辨识	危害描述	产生后果	风险等级	防范措施
1. 作业环境评估	噪声	噪声超标	噪声聋	较小	进入噪声区域时正确佩戴合格的耳塞
	转动的水泵	未与运行中转动设备进行有效隔离	机械伤害	较小	（1）设置安全隔离围栏并设置警告标志；（2）设置安全检修通道；（3）在运行中转动设备附近工作时应对转动设备进行可靠遮拦，并设专人监护
	孔、洞、坑	盖板缺损	高处坠落	重大	工作场所的孔、洞必须覆以与地面齐平的坚固盖板或做好隔离措施
	照明	现场照明不充足	其他伤害	较小	增加临时照明
2. 确认安全措施正确执行	高压介质水	检修中系统隔离不彻底	冲击	较小	检修工作开始前到现场检查确认工作票所列安全措施完善和正确执行
		需检修的设备、系统内高压介质排放不净	冲击	较小	检修工作开始前检查设备内高压介质确已排放干净后可开始工作
	转动的水泵	工作前未采取防转动措施	机械伤害	较小	转动设备检修时应采取防转动措施、确认电机电源线拆除
3. 准备工作及现场布置	撬杠	撬杠强度不够	物体打击	较小	必须保证撬杠强度满足要求
	临时电源及电源线	电源线悬挂高度不够	触电	较小	临时电源线架设高度室内不低于2.5m
		电源线、插头、插座破损	触电	较小	（1）检查电源线外绝缘良好，无破损；（2）检查电源盘合格证在有效期；（3）检查电源插头插座，确保完好；（4）不准将电源线缠绕在护栏、管道和脚手架上
		未安装漏电保护器	触电	较小	（1）检查电源盘合格证在有效期；（2）分级配置漏电保护器，工作前试漏电保护器，确保正确动作
		检修电源箱外壳未接地	触电	较小	（1）检查电源盘合格证在有效期；（2）检查电源箱外壳接地良好
	大锤、手锤	锤头与木柄的连接不牢固、锤头破损、木柄使用整根硬质木料	物体打击	较小	锤头与木柄的连接应用金属楔栓固定，楔子长度不得大于安装孔深的2/3，锤头完好无损，木柄使用整根硬质木料
	吊索具	吊索具损坏或选择不当	起重伤害	较小	（1）作业前，应对吊索具及其配件进行检查，确认完好，方可使用；（2）所选用的吊索应与被吊工件的外形特点及具体要求相适应，在不具备使用条件的情况下，绝能对付使用；（3）作业中应防止损坏吊索具及配件，必要时在棱角处应加护角防护；（4）吊具及配件不能超过其额定起重量，起重吊索、吊具不得超过其相应吊挂状态下的最大工作载荷
	锉刀、手锯、螺丝刀、钢丝钳	手柄等缺损	刺伤	较小	锉刀、手锯、螺丝刀、钢丝钳等手柄应安装牢固，没有手柄的不准使用
4. 凝补水泵解体	扳手	使用扳手不当或用力过猛致伤	其他伤害	较小	（1）用合适扳手，平稳用力；（2）安全防护装置齐全有效，佩戴手套
	撬杠	支撑物不可靠	压伤	较小	应保证支撑物可靠
		被撬物倾斜或滚落	压伤	较小	撬动过程中应采取防止被撬物倾斜或滚落

续表

作业步骤	危害辨识	危害描述	产生后果	风险等级	防 范 措 施
4. 凝补水泵解体	转动的叶轮	未采取防转动措施	机械伤害	较小	转动设备检修时应采取防转动措施
	大锤、手锤	锤把上有油污	物体打击	较小	锤把上不可有油污
		单手抡大锤	物体打击	较小	抡大锤时，周围不得有人，不得单手抡大锤
		戴手套抡大锤	物体打击	较小	打锤人不得戴手套
	手拉葫芦	滑链	起重伤害	较小	使用前应作无负荷起落试验一次
		手拉链有裂纹、链轮转动卡涩、吊钩无防脱保险装置	起重伤害	较小	（1）使用前检查手拉链是否有裂纹、链轮转动是否卡涩、吊钩是否无防脱保险装置，以确保完好，起吊后及时锁链； （2）检查合格证在有效期内
		手拉葫芦超载荷使用	起重伤害	较小	使用手拉葫芦时工作负荷不准超过铭牌规定
	吊具、起吊物	吊点不牢固、吊点位置不正确	起重伤害	较小	（1）吊钩要挂在物品的重心上，当被吊物件起吊后有可能摆动或转动时，应采用绳牵引方法，防止物件摆动伤人或碰坏设备； （2）选择牢固可靠、满足载荷的吊点
		绑扎不牢固	起重伤害	较小	（1）起重前必须将物件牢固、稳妥地绑住； （2）吊拉时两根钢丝绳之间的夹角一般不得大于90°； （3）使用单吊索起吊重物挂钩时应打挂钩结，使用吊环时螺栓必须拧到底
		斜拉	起重伤害	较小	禁止使用吊钩斜着拖吊重物
		吊装作业区域无专人监护	起重伤害	较小	吊装作业区周边必须设置警戒区域，并设专人监护
5. 凝补水泵部件检修、测量	清洁剂	在工作场所存储	火灾爆炸	较小	（1）禁止在工作场所存储易燃物品，例如汽油、酒精等； （2）领用、暂存时量不能过大，一般不超过500mL
		皮肤接触	化学性灼伤	较小	工作人员佩戴橡胶手套
	临时电源及电源线	电源线悬挂高度不够	触电	较小	临时电源线架设高度室内不低于2.5m
		电源线、插头、插座破损	触电	较小	（1）检查电源线外绝缘良好，无破损； （2）检查电源盘合格证在有效期； （3）检查电源插头插座，确保完好； （4）不准将电源线缠绕在护栏、管道和脚手架上
		未安装漏电保护器	触电	较小	（1）检查电源盘合格证在有效期； （2）分级配置漏电保护器，工作前试漏电保护器，确保正确动作
		检修电源箱外壳未接地	触电	较小	（1）检查电源盘合格证在有效期； （2）检查电源箱外壳接地良好
	角磨机	未正确使用防护罩、防护眼镜	机械伤害	较小	正确佩戴防护罩、防护眼镜
		手提电动工具的导线或转动部分	触电	较小	禁止手提电动工具的导线或转动部分
		角磨机砂轮片破损	物体打击	较小	使用前检查角磨机砂轮片完好无缺损
		更换砂轮片未切断电源	机械伤害	较小	更换砂轮片前必须切断电源

231

作业步骤	危害辨识	危害描述	产生后果	风险等级	防 范 措 施
5. 凝补水泵部件检修、测量	锉刀、手锯、螺丝刀、钢丝钳	手柄等缺损	刺伤	较小	锉刀、手锯、螺丝刀、钢丝钳等手柄应安装牢固，没有手柄的不准使用
6. 凝补水泵装复	手拉葫芦	滑链	起重伤害	较小	使用前应作无负荷起落试验一次
		手拉链有裂纹、链轮转动卡涩、吊钩无防脱保险装置	起重伤害	较小	（1）使用前检查手拉链是否有裂纹、链轮转动是否卡涩、吊钩是否无防脱保险装置，以确保完好，起吊后及时锁链；（2）检查合格证在有效期内
		手拉葫芦超载荷使用	起重伤害	较小	使用手拉葫芦时工作负荷不准超过铭牌规定
	撬杠	支撑物不可靠	砸伤	较小	应保证支撑物可靠
		被撬物倾斜或滚落	砸伤	较小	撬动过程中应采取防止被撬物倾斜或滚落
	大锤、手锤	锤把上有油污	物体打击	较小	锤把上不可有油污
		戴手套抡大锤	物体打击	较小	打锤人不得戴手套
	扳手	使用扳手不当或用力过猛致伤	其他伤害	较小	（1）用合适扳手，平稳用力；（2）安全防护装置齐全有效，佩戴手套
	吊具、起吊物	吊点不牢固、吊点位置不正确	起重伤害	较小	（1）吊钩要挂在物品的重心上，当被吊物件起吊后有可能摆动或转动时，应采用绳牵引方法，防止物件摆动伤人或碰坏设备；（2）选择牢固可靠、满足载荷的吊点
		绑扎不牢固	起重伤害	较小	（1）起重前必须将物件牢固、稳妥地绑住；（2）吊拉时两根钢丝绳之间的夹角一般不得大于90°；（3）使用单吊索起吊重物挂钩时应打挂钩结，使用吊环时螺栓必须拧到底
		斜拉	起重伤害	较小	禁止使吊钩斜着拖吊重物
		吊装作业区域无专人监护	起重伤害	较小	吊装作业区周边必须设置警戒区域，并设专人监护
	转动的叶轮	未采取防转动措施	机械伤害	较小	转动设备检修时应采取防转动措施
7. 试运	转动的水泵	肢体部位或饰品衣物、用具接触转动部位	机械伤害	较小	（1）衣服和袖口应扣好，不得戴围巾领带，长发必须盘在安全帽内；（2）不准将用具、工器具接触设备的转动部位
		转动部件飞出	机械伤害	较小	试运行时，无关人员远离，工作人员站在轴向位置
		断裂、超速、零部件脱落	物体打击	较小	检查设备的运行状态，保持设备的振动、温度、运行电流等参数符合标准，如发现参数超标及时处理
8. 检修工作结束	施工废料	施工废料未清理	环境污染	较小	废料及时清理，做到工完、料尽、场地清

10.9 凝补水泵（小）检修

作业步骤	危害辨识	危害描述	产生后果	风险等级	防 范 措 施
1. 作业环境评估	噪声	噪声超标	噪声聋	较小	进入噪声区域时正确佩戴合格的耳塞

作业步骤	危害辨识	危害描述	产生后果	风险等级	防 范 措 施
1. 作业环境评估	转动的水泵	未与运行中转动设备进行有效隔离	机械伤害	较小	（1）设置安全隔离围栏并设置警告标志； （2）设置安全检修通道； （3）在运行中转动设备附近工作时应对转动设备进行可靠遮拦，并设专人监护
	孔、洞、坑	盖板缺损	高处坠落	重大	工作场所的孔、洞必须覆以与地面齐平的坚固盖板或做好隔离措施
	照明	现场照明不充足	其他伤害	较小	增加临时照明
2. 确认安全措施正确执行	高压介质水	检修中系统隔离不彻底	冲击	较小	检修工作开始前到现场检查确认工作票所列安全措施完善和正确执行
		需检修的设备、系统内高压介质排放不净	冲击	较小	检修工作开始前检查设备内高压介质确已排放干净后方可开始工作
	转动的水泵	工作前未采取防转动措施	机械伤害	较小	转动设备检修时应采取防转动措施、确认电机电源线拆除
3. 准备工作及现场布置	撬杠	撬杠强度不够	物体打击	较小	必须保证撬杠强度满足要求
	临时电源及电源线	电源线悬挂高度不够	触电	较小	临时电源线架设高度室内不低于2.5m
		电源线、插头、插座破损	触电	较小	（1）检查电源线外绝缘良好，无破损； （2）检查电源盘合格证在有效期； （3）检查电源插头插座，确保完好； （4）不准将电源线缠绕在护栏、管道和脚手架上
		未安装漏电保护器	触电	较小	（1）检查电源盘合格证在有效期； （2）分级配置漏电保护器，工作前试漏电保护器，确保正确动作
		检修电源箱外壳未接地	触电	较小	（1）检查电源盘合格证在有效期； （2）检查电源箱外壳接地良好
	大锤、手锤	锤头与木柄的连接不牢固、锤头破损、木柄未使用整根硬质木料	物体打击	较小	锤头与木柄的连接应用金属楔栓固定，楔子长度不得大于安装孔深的2/3，锤头完好无损，木柄使用整根硬质木料
	吊索具	吊索具损坏或选择不当	起重伤害	较小	（1）作业前，应对吊索具及其配件进行检查，确认完好，方可使用； （2）所选用的吊索具应与被吊工件的外形特点及具体要求相适应，在不具备使用条件的情况下，绝不能对付使用； （3）作业中应防止损坏吊索具及配件，必要时在棱角处应加护角防护； （4）吊具及配件不能超过其额定起重量，起重吊索、吊具不得超过其相应吊挂状态下的最大工作载荷
	锉刀、手锯、螺丝刀、钢丝钳	手柄等缺损	刺伤	较小	锉刀、手锯、螺丝刀、钢丝钳等手柄应安装牢固，没有手柄的不准使用
4. 凝补水泵解体	扳手	使用扳手不当或用力过猛致伤	其他伤害	较小	（1）用合适扳手，平稳用力； （2）安全防护装置齐全有效，佩戴手套
	撬杠	支撑物不可靠	压伤	较小	应保证支撑物可靠
		被撬物倾斜或滚落	压伤	较小	撬动过程中应采取防止被撬物倾斜或滚落
	转动的叶轮	未采取防转动措施	机械伤害	较小	转动设备检修时应采取防转动措施

续表

作业步骤	危害辨识	危害描述	产生后果	风险等级	防 范 措 施
4. 凝补水泵解体	大锤、手锤	锤把上有油污	物体打击	较小	锤把上不可有油污
		单手抡大锤	物体打击	较小	抡大锤时，周围不得有人，不得单手抡大锤
		戴手套抡大锤	物体打击	较小	打锤人不得戴手套
	手拉葫芦	滑链	起重伤害	较小	使用前应作无负荷起落试验一次
		手拉链有裂纹、链轮转动卡涩、吊钩无防脱保险装置	起重伤害	较小	（1）使用前检查手拉链是否有裂纹、链轮转动是否卡涩、吊钩是否无防脱保险装置，以确保完好，起吊后及时锁链；（2）检查合格证在有效期内
		手拉葫芦超载荷使用	起重伤害	较小	使用手拉葫芦时工作负荷不准超过铭牌规定
	吊具、起吊物	吊点不牢固、吊点位置不正确	起重伤害	较小	（1）吊钩要挂在物品的重心上，当被吊物件起吊后有可能摆动或转动时，应采用绳牵引方法，防止物件摆动伤人或碰坏设备；（2）选择牢固可靠、满足载荷的吊点
		绑扎不牢固	起重伤害	较小	（1）起重前必须将物件牢固、稳妥地绑住；（2）吊拉时两根钢丝绳之间的夹角一般不得大于90°；（3）使用单吊索起重物挂钩时应打挂钩结，使用吊环时螺栓必须拧到底
		斜拉	起重伤害	较小	禁止使吊钩斜着拖吊重物
		吊装作业区域无专人监护	起重伤害	较小	吊装作业区周边必须设置警戒区域，并设专人监护
5. 凝补水泵部件检修、测量	清洁剂	在工作场所存储	火灾爆炸	较小	（1）禁止在工作场所存储易燃物品，例如汽油、酒精等；（2）领用、暂存时量不能过大，一般不超过500mL
		皮肤接触	化学性灼伤	较小	工作人员佩戴橡胶手套
	临时电源及电源线	电源线悬挂高度不够	触电	较小	临时电源线架设高度室内不低于2.5m
		电源线、插头、插座破损	触电	较小	（1）检查电源线外绝缘良好，无破损；（2）检查电源盘合格证在有效期；（3）检查电源插头插座，确保完好；（4）不准将电源线缠绕在护栏、管道和脚手架上
		未安装漏电保护器	触电	较小	（1）检查电源盘合格证在有效期；（2）分级配置漏电保护器，工作前试漏电保护器，确保正确动作
		检修电源箱外壳未接地	触电	较小	（1）检查电源盘合格证在有效期；（2）检查电源箱外壳接地良好
	角磨机	未正确使用防护罩、防护眼镜	机械伤害	较小	正确佩戴防护罩、防护眼镜
		手提电动工具的导线或转动部分	触电	较小	禁止手提电动工具的导线或转动部分
		角磨机砂轮片破损	物体打击	较小	使用前检查角磨机砂轮片完好无缺损
		更换砂轮片未切断电源	机械伤害	较小	更换砂轮片前必须切断电源
	锉刀、手锯、螺丝刀、钢丝钳	手柄等缺损	刺伤	较小	锉刀、手锯、螺丝刀、钢丝钳等手柄应安装牢固，没有手柄的不准使用

作业步骤	危害辨识	危害描述	产生后果	风险等级	防 范 措 施
6. 凝补水泵装复	手拉葫芦	滑链	起重伤害	较小	使用前应作无负荷起落试验一次
		手拉链有裂纹、链轮转动卡涩、吊钩无防脱保险装置	起重伤害	较小	（1）使用前检查手拉链是否有裂纹、链轮转动是否卡涩、吊钩是否无防脱保险装置，以确保完好，起吊后及时锁链；（2）检查合格证在有效期内
		手拉葫芦超载荷使用	起重伤害	较小	使用手拉葫芦时工作负荷不准超过铭牌规定
	撬杠	支撑物不可靠	砸伤	较小	应保证支撑物可靠
		被撬物倾斜或滚落	砸伤	较小	撬动过程中应采取防止被撬物倾斜或滚落
	大锤、手锤	锤把上有油污	物体打击	较小	锤把上不可有油污
		戴手套抡大锤	物体打击	较小	打锤人不得戴手套
	扳手	使用扳手不当或用力过猛致伤	其他伤害	较小	（1）用合适扳手，平稳用力；（2）安全防护装置齐全有效，佩戴手套
	吊具、起吊物	吊点不牢固、吊点位置不正确	起重伤害	较小	（1）吊钩要挂在物品的重心上，当被吊物件起吊后有可能摆动或转动时，应采用绳牵引方法，防止物件摆动伤人或碰坏设备；（2）选择牢固可靠、满足载荷的吊点
		绑扎不牢固	起重伤害	较小	（1）起重前必须将物件牢固、稳妥地绑住；（2）吊拉时两根钢丝绳之间的夹角一般不得大于90°；（3）使用单吊索起吊重物挂钩时应打挂钩结，使用吊环时螺栓必须拧到底
		斜拉	起重伤害	较小	禁止使用吊钩斜着拖吊重物
		吊装作业区域无专人监护	起重伤害	较小	吊装作业区周边必须设置警戒区域，并设专人监护
	转动的叶轮	未采取防转动措施	机械伤害	较小	转动设备检修时应采取防转动措施
7. 试运	转动的水泵	肢体部位或饰品衣物、用具接触转动部位	机械伤害	较小	（1）衣服和袖口应扣好，不得戴围巾领带，长发必须盘在安全帽内；（2）不准将用具、工器具接触设备的转动部位
		转动部件飞出	机械伤害	较小	试运行时，无关人员远离，工作人员站在轴向位置
		断裂、超速、零部件脱落	物体打击	较小	检查设备的运行状态，保持设备的振动、温度、运行电流等参数符合标准，如发现参数超标及时处理
8. 检修工作结束	施工废料	施工废料未清理	环境污染	较小	废料及时清理，做到工完、料尽、场地清

10.10 凝补水箱检修

作业步骤	危害辨识	危害描述	产生后果	风险等级	防 范 措 施
1. 作业环境评估	噪声	噪声超标	噪声聋	较小	进入噪声区域时正确佩戴合格的耳塞
	照明	现场照明不充足	其他伤害	较小	增加临时照明
	孔洞	盖板缺损	高处坠落	重大	工作场所的孔、洞必须覆以与地面齐平的坚固盖板或做好隔离措施

作业步骤	危害辨识	危害描述	产生后果	风险等级	防 范 措 施
2. 安全措施正确执行	除盐水	检修的系统隔离不彻底	淹溺	中等	检查、确认运行人员将检修设备及相关管道可靠地与其他部分隔断，没有相邻系统内介质流入的可能；并挂"禁止操作，有人工作"标识牌
		需检修的系统内介质未放净	淹溺	较小	检修工作开始前检查系统内介质确已放净，检修中应保证系统与大气可靠相通
3. 准备工作及现场布置	脚手架	脚手架未验收、检查	高处坠落	重大	（1）脚手架搭设结束后，必须履行脚手架验收手续，委托人及搭建人双方在脚手架验收合格证上签字； （2）每日使用脚手架前，使用人检查脚手架合格并在脚手架验收合格证背面签名后方可使用
	安全带	未正确使用安全带	高处坠落	重大	（1）安全带检验合格证应在有效期内； （2）使用前检查安全带部件完好无损坏； （3）正确使用双钩安全带，移动中严禁脱钩； （4）安全带应挂在牢固的构件上，高挂低用
	手提切割机、角磨机	电源线、电源插头破损、防护罩破损缺失松动	触电、机械伤害	较小	（1）检查电源线、电源插头完好无破损、防护罩完好无破损且牢固； （2）检验合格证在有效期内； （3）使用手提切割机、角磨机时戴好防护面罩
	大锤、手锤	锤头与木柄的连接不牢固、锤头破损、木柄未使用整根硬质木料	物体打击	较小	锤头与木柄的连接应用金属楔栓固定，楔子长度不得大于安装孔深的2/3，锤头完好无损，木柄使用整根硬质木料
	临时电源及电源线	电源线悬挂高度不够	触电	较小	临时电源线架设高度室内不低于2.5m
		电源线、插头、插座破损	触电	较小	（1）检查电源线外绝缘良好，无破损； （2）检查电源盘合格证在有效期； （3）检查电源插头插座，确保完好； （4）不准将电源线缠绕在护栏、管道和脚手架上
		未安装漏电保护器	触电	较小	（1）检查电源盘合格证在有效期； （2）分级配置漏电保护器，工作前试漏电保护器，确保正确动作
		检修电源箱外壳未接地	触电	较小	（1）检查电源盘合格证在有效期； （2）检查电源箱外壳接地良好
	行灯	行灯电源线、电源插头破损	触电	较小	（1）检查行灯电源线、电源插头完好无破损； （2）行灯的电源线应采用橡套软电缆
		使用行灯电压等级不符	触电	较小	在凝补水箱内使用的行灯，其电压不得超过12V
		行灯防护罩缺失	触电	较小	行灯应有保护罩
	通风机	防护罩缺损	机械伤害	较小	（1）风机转动部分必须装设防护装置，并标明旋转方向； （2）对缺损的防护罩应及时复或修复； （3）通风机应为防爆型风机
4. 凝补水箱检查	人孔门	人孔未设置临时围栏、警告标志	高处坠落	重大	（1）在检修工作中人孔打开后，必须设有牢固的临时围栏，并设有明显的警告标志； （2）工作停止时应将人孔临时进行封闭
	二氧化碳	气体浓度超标	窒息	中等	有限空间作业前办理作业审批许可；工作前30min前打开人孔门进行通风直至用气体检测仪检测浓度合格，氧气浓度保持在19.5%～21%范围内
		无人监护	窒息	中等	设专人不间断地监护

作业步骤	危害辨识	危害描述	产生后果	风险等级	防 范 措 施
4. 凝补水箱检查	大锤、手锤	锤把上有油污未清理	物体打击	较小	清理锤把上油污
		戴手套抡大锤	物体打击	较小	打锤人不得戴手套
	扳手	使用扳手不当或用力过猛致伤	其他伤害	较小	(1) 用合适扳手, 平稳用力; (2) 安全防护装置齐全有效, 佩戴手套
	手提切割机	电源线、电源插头破损、防护罩破损缺失松动	触电、机械伤害	较小	(1) 检查电源线、电源插头完好无破损、防护罩完好无破损且牢固; (2) 检验合格证在有效期内; (3) 使用手提切割机时戴好防护面罩
		更换切割片未切断电源	机械伤害	较小	更换切割片前必须切断电源
	高处的工器具及材料	工器具掉落	物体打击	较小	高处作业一律使用工具袋。较大的工具应用绳拴在牢固的构件上, 不准随便乱放, 以防止从高处坠落发生事故
		工器具及材料上下投掷	物体打击	较小	不准将工具及材料上下投掷, 要用绳系牢后往下或往上吊送, 以免打伤下方工作人员或击毁脚手架
	脚手架	脚手架未验收、检查	高处坠落	重大	(1) 脚手架搭设结束后, 必须履行脚手架验收手续, 委托人及搭建人双方在脚手架验收合格证上签字; (2) 每日使用脚手架前, 使用人检查脚手架合格并在脚手架验收合格证背面签名后方可使用
	安全带	未正确使用安全带	高处坠落	重大	(1) 安全带检验合格证应在有效期内; (2) 使用前检查安全带部件完好无损坏; (3) 正确使用双钩安全带, 移动中严禁脱钩; (4) 安全带应挂在牢固的构件上, 高挂低用
5. 凝补水箱修理	二氧化碳	气体浓度超标	窒息	中等	有限空间作业前办理作业审批许可; 工作前30min 前打开人孔门进行通风直至用气体检测仪检测浓度合格, 氧气浓度保持在19.5%~21%范围内
		无人监护	窒息	中等	设专人不间断地监护
	通风机	肢体部位或饰品衣物、用具接触转动部位	机械伤害	较小	(1) 衣服和袖口应扣好, 不得戴围巾领带, 长发必须盘在安全帽内; (2) 不准将用具、工器具接触设备的转动部位
	高处作业人员	使用不合格或未放置不妥当的临时爬梯或直梯	高处坠落	重大	放置爬梯必须保证已接触在容器底部,爬梯上部用绳索固定在罐体外部
	电火花检测仪	碰触电火花检测仪带电体	触电	中等	(1) 使用电火花检测仪必须佩带绝缘手套, 接地线固定牢固; (2) 罐体内部要保持干燥后, 方可带入; (3) 工作结束及时关闭电源, 且将带电部分进行放电
	高温空气	气温超过40℃	中暑	较小	(1) 不准在工作环境温度超过 40℃的凝补水箱内进行作业; (2) 必须在凝补水箱内工作时, 需通风并应为工作人员提供足够的饮水、清凉饮料及防暑药品; (3) 专人监护, 遇有不适立即从凝补水箱内撤出
	行灯	将行灯变压器带入凝补水箱内	触电	较小	禁止将行灯变压器带入凝补水箱内

作业步骤	危害辨识	危害描述	产生后果	风险等级	防 范 措 施
5. 凝补水箱修理	角磨机	未正确使用防护罩、防护眼镜	机械伤害	较小	正确佩戴防护罩、防护眼镜
		手提电动工具的导线或转动部分	触电	较小	禁止手提电动工具的导线或转动部分
		使用砂轮片破损的角磨机	物体打击	较小	使用前检查角磨机砂轮片完好无缺损
		更换砂轮片未切断电源	机械伤害	较小	更换砂轮片前必须切断电源
	手持电动工具	未使用Ⅱ类手持式电动工具	触电	较小	(1) 电源联接器和控制箱等应放在容器外面宽敞、干燥的场所；(2) 使用Ⅱ类手持式电动工具，并安装漏电开关，漏电开关工作电流小于15mA，动作时间小于等于0.1s
	高处的工器具及材料	工器具掉落	物体打击	较小	高处作业一律使用工具袋。较大的工具应用绳拴在牢固的构件上，不准随便乱放，以防止从高处坠落发生事故
		工器具及材料上下投掷	物体打击	较小	不准将工具及材料上下投掷，要用绳系牢后往下或往上吊送，以免打伤下方工作人员或击毁脚手架
	粉尘	未正确使用防尘口罩	尘肺病	较小	打磨时正确佩戴合格的防尘口罩
	防腐材料	可燃物存放过多	火灾	中等	(1) 凝补水箱内工作要求不得带入过多的防腐材料；(2) 严禁防腐材料周围产生任何有火花的作业
	稀释剂	可燃气体浓度超标	火灾	中等	(1) 保证凝补水箱内部通风畅通，使用防爆轴流风机强制通风；(2) 每隔2h用气体检测仪检测可燃物浓度合格
		无人监护	中毒火灾	中等	设专人不间断地监护
	固化剂	固化剂添加过多防腐材料发热自燃	火灾	中等	(1) 灭火器、消防水带等消防器材配备齐全，并专人监护；(2) 严格执行防腐工艺流程要求
	电火花检测仪	碰触电火花检测仪带电体	触电	中等	(1) 使用电火花检测仪必须佩带绝缘手套，接地线固定牢固；(2) 罐体内部要保持干燥后，方可带入；(3) 工作结束及时关闭电源，且将带电部分进行放电
	火种	防腐工作结束后，现场有遗留火种	火灾	中等	防腐工作结束后全面清理工作区域，做到不留任何火种
	脚手架	脚手架未验收、检查	高处坠落	重大	(1) 脚手架搭设结束后，必须履行脚手架验收手续，委托人及搭建人双方在脚手架验收合格证上签字；(2) 每日使用脚手架前，使用人检查脚手架合格并在脚手架验收合格证背面签名后方可使用
	安全带	未正确使用安全带	高处坠落	重大	(1) 安全带检验合格证应在有效期内；(2) 使用前检查安全带部件完好无损坏；(3) 正确使用双钩安全带，移动中严禁脱钩；(4) 安全带应挂在牢固的构件上，高挂低用
6. 凝补水箱装复	大锤、手锤	锤把上有油污未清理	物体打击	较小	清理锤把上油污
		戴手套抡大锤	物体打击	较小	打锤人不得戴手套
	扳手	使用扳手不当或用力过猛致伤	其他伤害	较小	(1) 用合适扳手，平稳用力；(2) 安全防护装置齐全有效，佩戴手套

作业步骤	危害辨识	危害描述	产生后果	风险等级	防 范 措 施
6. 凝补水箱装复	二氧化碳	气体浓度超标	窒息	中等	有限空间作业前办理作业审批许可；工作前30min 前打开人孔门进行通风直至用气体检测仪检测浓度合格，氧气浓度保持在19.5%～21%范围内
		无人监护	窒息	中等	设专人不间断地监护
	高温空气	气温超过40℃	中暑	较小	（1）不准在工作环境温度超过 40℃的凝补水箱内进行作业； （2）必须在凝补水箱内工作时，需通风并应为工作人员提供足够的饮水、清凉饮料及防暑药品； （3）专人监护，遇有不适立即从凝补水箱内撤出
	行灯	将行灯变压器带入金属容器内	触电	较小	禁止将行灯变压器带入凝补水箱器内
	高处的工器具及材料	工器具掉落	物体打击	较小	高处作业一律使用工具袋。较大的工具应用绳拴在牢固的构件上，不准随便乱放，以防止从高处坠落发生事故
		工器具及材料上下投掷	物体打击	较小	不准将工具及材料上下投掷，要用绳系牢后往下或往上吊送，以免打伤下方工作人员或击毁脚手架
	安全带	未正确使用安全带	高处坠落	重大	（1）安全带检验合格证应在有效期内； （2）使用前检查安全带部件完好无损坏； （3）正确使用双钩安全带，移动中严禁脱钩； （4）安全带应挂在牢固的构件上，高挂低用
	二氧化碳	人员遗留在容器内	窒息	较小	（1）封闭人孔前工作负责人应认真清点工作人员； （2）核对容器进出人登记，确认无人员和工器具遗落，并喊话确认无人
7. 现场清理	施工废料	施工废料未清理	环境污染	较小	废料及时清理，做到工完、料尽、场地清

10.11 凝水自用水泵检修

作业步骤	危害辨识	危害描述	产生后果	风险等级	防 范 措 施
1. 作业环境评估	噪声	噪声超标	噪声聋	较小	进入噪声区域时正确佩戴合格的耳塞
	转动的水泵	未与运行中转动设备进行有效隔离	机械伤害	较小	（1）设置安全隔离围栏并设置警告标志； （2）设置安全检修通道； （3）在运行中转动设备附近工作时应对转动设备进行可靠遮拦，并设专人监护
	孔、洞、坑	盖板缺损	高处坠落	重大	工作场所的孔、洞必须覆以与地面齐平的坚固盖板或做好隔离措施
	照明	现场照明不充足	其他伤害	较小	增加临时照明
2. 确认安全措施正确执行	高压介质水	检修中系统隔离不彻底	冲击	较小	检修工作开始前到现场检查确认工作票所列安全措施完善和正确执行
		需检修的设备、系统内高压介质排放不净	冲击	较小	检修工作开始前检查设备内高压介质确已排放干净后方可开始工作
	转动的水泵	工作前未采取防转动措施	机械伤害	较小	转动设备检修时应采取防转动措施、确认电机电源线拆除

续表

作业步骤	危害辨识	危害描述	产生后果	风险等级	防 范 措 施
3. 准备工作及现场布置	撬杠	撬杠强度不够	物体打击	较小	必须保证撬杠强度满足要求
	轴承加热器	电源线、电源插头破损	机械伤害 触电	较小	（1）检查轴承加热器电源线、电源插头完好无缺损； （2）检查合格证在有效期内
	临时电源及电源线	电源线悬挂高度不够	触电	较小	临时电源线架设高度室内不低于 2.5m
		电源线、插头、插座破损	触电	较小	（1）检查电源线外绝缘良好，无破损； （2）检查电源盘合格证在有效期； （3）检查电源插头插座，确保完好； （4）不准将电源线缠绕在护栏、管道和脚手架上
		未安装漏电保护器	触电	较小	（1）检查电源盘合格证在有效期； （2）分级配置漏电保护器，工作前试漏电保护器，确保正确动作
		检修电源箱外壳未接地	触电	较小	（1）检查电源盘合格证在有效期； （2）检查电源箱外壳接地良好
	大锤、手锤	锤头与木柄的连接不牢固、锤头破损、木柄未使用整根硬质木料	物体打击	较小	锤头与木柄的连接应用金属楔栓固定，楔子长度不得大于安装孔深的 2/3，锤头完好无损，木柄使用整根硬质木料
	吊索具	吊索具损坏或选择不当	起重伤害	较小	（1）作业前，应对吊索具及其配件进行检查，确认完好，方可使用； （2）所选用的吊索具应与被吊工件的外形特点及具体要求相适应，在不具备使用条件的情况下，绝不能对付使用； （3）作业中应防止损坏吊索具及配件，必要时在棱角处应加护角防护； （4）吊具及配件不能超过其额定起重量，起重吊索、吊具不得超过其相应吊挂状态下的最大工作载荷
	锉刀、手锯、螺丝刀、钢丝钳	手柄等缺损	刺伤	较小	锉刀、手锯、螺丝刀、钢丝钳等手柄应安装牢固，没有手柄的不准使用
4. 凝水自用水泵解体	润滑油	设备内润滑油泄漏	污染环境	较小	（1）发生的跑、冒、滴、漏及溢油，要及时清除处理，油液收集至废油桶中； （2）清理作业时的废油、废布不得随意处置
	撬杠	支持物不可靠	压伤	较小	应保证支撑物可靠
		被撬物倾斜或滚落	压伤	较小	撬动过程中应采取防止被撬物倾斜或滚落
	扳手	使用扳手不当或用力过猛致伤	其他伤害	较小	（1）用合适扳手，平稳用力； （2）安全防护装置齐全有效，佩戴手套
	大锤、手锤	锤把上有油污	物体打击	较小	锤把上不可有油污
		单手抡大锤	物体打击	较小	抡大锤时，周围不得有人，不得单手抡大锤
		戴手套抡大锤	物体打击	较小	打锤人不得戴手套
	转动的叶轮	未采取防转动措施	机械伤害	较小	转动设备检修时应采取防转动措施

作业步骤	危害辨识	危害描述	产生后果	风险等级	防 范 措 施
4. 凝水自用水泵解体	手拉葫芦	滑链	起重伤害	较小	使用前应作无负荷起落试验一次
		手拉链有裂纹、链轮转动卡涩、吊钩无防脱保险装置	起重伤害	较小	（1）使用前检查手拉链是否有裂纹、链轮转动是否卡涩、吊钩是否无防脱保险装置，以确保完好，起吊后及时锁链； （2）检查合格证在有效期内
		手拉葫芦超载荷使用	起重伤害	较小	使用手拉葫芦时工作负荷不准超过铭牌规定
	吊具、起吊物	吊点不牢固、吊点位置不正确	起重伤害	较小	（1）吊钩要挂在物品的重心上，当被吊物件起吊后有可能摆动或转动时，应采用绳牵引方法，防止物件摆动伤人或碰坏设备； （2）选择牢固可靠、满足载荷的吊点
		绑扎不牢固	起重伤害	较小	（1）起重前必须将物件牢固、稳妥地绑住； （2）吊拉时两根钢丝绳之间的夹角一般不得大于90°； （3）使用单吊索起吊重物挂钩时应打挂钩结，使用吊环时螺栓必须拧到底
		斜拉	起重伤害	较小	禁止使吊钩斜着拖吊重物
		吊装作业区域无专人监护	起重伤害	较小	吊装作业区周边必须设置警戒区域，并设专人监护
5. 凝水自用水泵部件检修、测量	清洁剂	在工作场所存储	火灾爆炸	较小	（1）禁止在工作场所存储易燃物品，例如汽油、酒精等； （2）领用、暂存时量不能过大，一般不超过500mL
		皮肤接触	化学性灼伤	较小	工作人员佩戴橡胶手套
	临时电源及电源线	电源线悬挂高度不够	触电	较小	临时电源线架设高度室内不低于2.5m
		电源线、插头、插座破损	触电	较小	（1）检查电源线外绝缘良好，无破损； （2）检查电源盘合格证在有效期； （3）检查电源插头插座，确保完好； （4）不准将电源线缠绕在护栏、管道和脚手架上
		未安装漏电保护器	触电	较小	（1）检查电源盘合格证在有效期； （2）分级配置漏电保护器，工作前试漏电保护器，确保正确动作
		检修电源箱外壳未接地	触电	较小	（1）检查电源盘合格证在有效期； （2）检查电源箱外壳接地良好
	角磨机	未正确使用防护罩、防护眼镜	机械伤害	较小	正确佩戴防护罩、防护眼镜
		手提电动工具的导线或转动部分	触电	较小	禁止手提电动工具的导线或转动部分
		角磨机砂轮片破损	物体打击	较小	使用前检查角磨机砂轮片完好无缺损
		更换砂轮片未切断电源	机械伤害	较小	更换砂轮片前必须切断电源
	锉刀、手锯、螺丝刀、钢丝钳	手柄等缺损	刺伤	较小	锉刀、手锯、螺丝刀、钢丝钳等手柄应安装牢固，没有手柄的不准使用

241

作业步骤	危害辨识	危害描述	产生后果	风险等级	防 范 措 施
6. 凝水自用水泵装复	手拉葫芦	滑链	起重伤害	较小	使用前应作无负荷起落试验一次
		手拉链有裂纹、链轮转动卡涩、吊钩无防脱保险装置	起重伤害	较小	（1）使用前检查手拉链是否有裂纹、链轮转动是否卡涩、吊钩是否无防脱保险装置，以确保完好，起吊后及时锁链；（2）检查合格证在有效期内
		手拉葫芦超载荷使用	起重伤害	较小	使用手拉葫芦时工作负荷不准超过铭牌规定
	撬杠	支撑物不可靠	砸伤	较小	应保证支撑物可靠
		被撬物倾斜或滚落	砸伤	较小	撬动过程中应采取防止被撬物倾斜或滚落
	大锤、手锤	锤把上有油污	物体打击	较小	锤把上不可有油污
		戴手套抡大锤	物体打击	较小	打锤人不得戴手套
	扳手	使用扳手不当或用力过猛致伤	其他伤害	较小	（1）用合适扳手，平稳用力；（2）安全防护装置齐全有效，佩戴手套
	轴承加热器	未采取防烫伤措施	灼烫伤	较小	操作人员必须使用隔热手套
	转动的叶轮	未采取防转动措施	机械伤害	较小	转动设备检修时应采取防转动措施
	吊具、起吊物	吊点不牢固、吊点位置不正确	起重伤害	较小	（1）吊钩要挂在物品的重心上，当被吊物件起吊后有可能摆动或转动时，应采用绳牵引方法，防止物件摆动伤人或碰坏设备；（2）选择牢固可靠、满足载荷的吊点
		绑扎不牢固	起重伤害	较小	（1）起重前必须将物件牢固、稳妥地绑住；（2）吊拉时两根钢丝绳之间的夹角一般不得大于90°；（3）使用单吊索起吊重物挂钩时应打挂钩结，使用吊环时螺栓必须拧到底
		斜拉	起重伤害	较小	禁止使用吊钩斜着拖吊重物
		吊装作业区域无专人监护	起重伤害	较小	吊装作业区周边必须设置警戒区域，并设专人监护
	润滑油	加油过程中润滑油泄漏	工作环境污染	较小	现场准备擦拭用的棉丝及清理油污所用的沙子、桶，加油时使用检查完好的油壶油漏斗，防止洒落
7. 试运	转动的水泵	肢体部位或饰品衣物、用具接触转动部位	机械伤害	较小	（1）衣服和袖口应扣好，不得围围巾领带，长发必须盘在安全帽内；（2）不准将用具、工器具接触设备的转动部位
		转动部件飞出	机械伤害	较小	试运行时，无关人员远离，工作人员站在轴向位置
		断裂、超速、零部件脱落	物体打击	较小	检查设备的运行状态，保持设备的振动、温度、运行电流等参数符合标准，如发现参数超标及时处理
8. 检修工作结束	施工废料	施工废料未清理	环境污染	较小	废料及时清理，做到工完、料尽、场地清

10.12　凝水中和水泵检修

作业步骤	危害辨识	危害描述	产生后果	风险等级	防 范 措 施
1. 作业环境评估	噪声	噪声超标	噪声聋	较小	进入噪声区域时正确佩戴合格的耳塞

作业步骤	危害辨识	危害描述	产生后果	风险等级	防 范 措 施
1. 作业环境评估	转动的水泵	未与运行中转动设备进行有效隔离	机械伤害	较小	（1）设置安全隔离围栏并设置警告标志； （2）设置安全检修通道； （3）在运行中转动设备附近工作时应对转动设备进行可靠遮拦，并设专人监护
	孔、洞、坑	盖板缺损	高处坠落	重大	工作场所的孔、洞必须覆以与地面齐平的坚固盖板或做好隔离措施
	照明	现场照明不充足	其他伤害	较小	增加临时照明
2. 确认安全措施正确执行	高压介质水	检修中系统隔离不彻底	冲击	较小	检修工作开始前到现场检查确认工作票所列安全措施完善和正确执行
		需检修的设备、系统内高压介质排放不净	冲击	较小	检修工作开始前检查设备内高压介质确已排放干净后方可开始工作
	转动的水泵	工作前未采取防转动措施	机械伤害	较小	转动设备检修时应采取防转动措施、确认电机电源线拆除
3. 准备工作及现场布置	撬杠	撬杠强度不够	物体打击	较小	必须保证撬杠强度满足要求
	临时电源及电源线	电源线悬挂高度不够	触电	较小	临时电源线架设高度室内不低于2.5m
		电源线、插头、插座破损	触电	较小	（1）检查电源线外绝缘良好，无破损； （2）检查电源盘合格证在有效期； （3）检查电源插头插座，确保完好； （4）不准将电源线缠绕在护栏、管道和脚手架上
		未安装漏电保护器	触电	较小	（1）检查电源盘合格证在有效期； （2）分级配置漏电保护器，工作前试漏电保护器，确保正确动作
		检修电源箱外壳未接地	触电	较小	（1）检查电源盘合格证在有效期； （2）检查电源箱外壳接地良好
	大锤、手锤	锤头与木柄的连接不牢固、锤头破损、木柄未使用整根硬质木料	物体打击	较小	锤头与木柄的连接应用金属楔栓固定，楔子长度不得大于安装孔深的2/3，锤头完好无损，木柄使用整根硬质木料
	吊索具	吊索具损坏或选择不当	起重伤害	较小	（1）作业前，应对吊索具及其配件进行检查，确认完好，方可使用； （2）所选用的吊索具应与被吊工件的外形特点及具体要求相适应，在不具备使用条件的情况下，绝不能对付使用； （3）作业中应防止损坏吊索具及配件，必要时在棱角处应加护角防护； （4）吊具及配件不能超过其额定起重量，起重吊索、吊具不得超过其相应吊挂状态下的最大工作载荷
	锉刀、手锯、螺丝刀、钢丝钳	手柄等缺损	刺伤	较小	锉刀、手锯、螺丝刀、钢丝钳等手柄应安装牢固，没有手柄的不准使用
4. 凝水中和水泵解体	润滑油	设备内润滑油泄漏	污染环境	较小	（1）发生的跑、冒、滴、漏及溢油，要及时清除处理，油液收集到废油桶中； （2）清理作业时的废油、废布不得随意处置
	撬杠	支撑物不可靠	压伤	较小	应保证支撑物可靠
		被撬物倾斜或滚落	压伤	较小	撬动过程中应采取防止被撬物倾斜或滚落

作业步骤	危害辨识	危害描述	产生后果	风险等级	防 范 措 施
4. 凝水中和水泵解体	扳手	使用扳手不当或用力过猛致伤	其他伤害	较小	（1）用合适扳手，平稳用力； （2）安全防护装置齐全有效，佩戴手套
	转动的叶轮	未采取防转动措施	机械伤害	较小	转动设备检修时应采取防转动措施
	大锤、手锤	锤把上有油污	物体打击	较小	锤把上不可有油污
		单手抡大锤	物体打击	较小	抡大锤时，周围不得有人，不得单手抡大锤
		戴手套抡大锤	物体打击	较小	打锤人不得戴手套
	手拉葫芦	滑链	起重伤害	较小	使用前应作无负荷起落试验一次
		手拉链有裂纹、链轮转动卡涩、吊钩无防脱保险装置	起重伤害	较小	（1）使用前检查手拉链是否有裂纹、链轮转动是否卡涩、吊钩是否无防脱保险装置，以确保完好，起吊后及时锁链； （2）检查合格证在有效期内
		手拉葫芦超载荷使用	起重伤害	较小	使用手拉葫芦时工作负荷不准超过铭牌规定
	吊具、起吊物	吊点不牢固、吊点位置不正确	起重伤害	较小	（1）吊钩要挂在物品的重心上，当被吊物件起吊后有可能摆动或转动时，应采用绳牵引方法，防止物件摆动伤人或碰坏设备； （2）选择牢固可靠、满足载荷的吊点
		绑扎不牢固	起重伤害	较小	（1）起重前必须将物件牢固、稳妥地绑住； （2）吊拉时两根钢丝绳之间的夹角一般不得大于90°； （3）使用单吊索起吊重物挂钩时应打挂钩结，使用吊环时螺栓必须拧到底
		斜拉	起重伤害	较小	禁止使吊钩斜着拖吊重物
		吊装作业区域无专人监护	起重伤害	较小	吊装作业区周边必须设置警戒区域，并设专人监护
5. 凝水中和水泵部件检修、测量	清洁剂	在工作场所存储	火灾爆炸	较小	（1）禁止在工作场所存储易燃物品，例如汽油、酒精等； （2）领用、暂存时量不能过大，一般不超过500mL
		皮肤接触	化学性灼伤	较小	工作人员佩戴橡胶手套
	临时电源及电源线	电源线悬挂高度不够	触电	较小	临时电源线架设高度室内不低于2.5m
		电源线、插头、插座破损	触电	较小	（1）检查电源线外绝缘良好，无破损； （2）检查电源盘合格证在有效期； （3）检查电源插头插座，确保完好； （4）不准将电源线缠绕在护栏、管道和脚手架上
		未安装漏电保护器	触电	较小	（1）检查电源盘合格证在有效期； （2）分级配置漏电保护器，工作前试漏电保护器，确保正确动作
		检修电源箱外壳未接地	触电	较小	（1）检查电源盘合格证在有效期； （2）检查电源箱外壳接地良好
	角磨机	未正确使用防护罩、防护眼镜	机械伤害	较小	正确佩戴防护罩、防护眼镜
		手提电动工具的导线或转动部分	触电	较小	禁止手提电动工具的导线或转动部分
		角磨机砂轮片破损	物体打击	较小	使用前检查角磨机砂轮片完好无缺损
		更换砂轮片未切断电源	机械伤害	较小	更换砂轮片前必须切断电源

作业步骤	危害辨识	危害描述	产生后果	风险等级	防 范 措 施
5. 凝水中和水泵部件检修、测量	锉刀、手锯、螺丝刀、钢丝钳	手柄等缺损	刺伤	较小	锉刀、手锯、螺丝刀、钢丝钳等手柄应安装牢固，没有手柄的不准使用
6. 凝水中和水泵装复	手拉葫芦	滑链	起重伤害	较小	使用前应作无负荷起落试验一次
		手拉链有裂纹、链轮转动卡涩、吊钩无防脱保险装置	起重伤害	较小	（1）使用前检查手拉链是否有裂纹、链轮转动是否卡涩、吊钩是否无防脱保险装置，以确保完好，起吊后及时锁链； （2）检查合格证在有效期内
		手拉葫芦超载荷使用	起重伤害	较小	使用手拉葫芦时工作负荷不准超过铭牌规定
	撬杠	支撑物不可靠	砸伤	较小	应保证支撑物可靠
		被撬物倾斜或滚落	砸伤	较小	撬动过程中应采取防止被撬物倾斜或滚落
	大锤、手锤	锤把上有油污	物体打击	较小	锤把上不可有油污
		戴手套抡大锤	物体打击	较小	打锤人不得戴手套
	扳手	使用扳手不当或用力过猛致伤	其他伤害	较小	（1）用合适扳手，平稳用力； （2）安全防护装置齐全有效，佩戴手套
	转动的叶轮	未采取防转动措施	机械伤害	较小	转动设备检修时应采取防转动措施
	吊具、起吊物	吊点不牢固、吊点位置不正确	起重伤害	较小	（1）吊钩要挂在物品的重心上，当被吊物件起吊后有可能摆动或转动时，应采用绳牵引方法，防止物件摆动伤人或碰坏设备； （2）选择牢固可靠、满足载荷的吊点
		绑扎不牢固	起重伤害	较小	（1）起重前必须将物件牢固、稳妥地绑住； （2）吊拉时两根钢丝绳之间的夹角一般不得大于90°； （3）使用单吊索起吊重物挂钩时应打挂钩结，使用吊环时螺栓必须拧到底
		斜拉	起重伤害	较小	禁止使吊钩斜着拖吊重物
		吊装作业区域无专人监护	起重伤害	较小	吊装作业区周边必须设置警戒区域，并设专人监护
	润滑油	加油过程中润滑油泄漏	工作环境污染	较小	现场准备擦拭用的棉丝及清理油污所用的沙子、桶，加油时使用检查完好的油壶油漏斗，防止洒落
7. 试运	转动的水泵	肢体部位或饰品衣物、用具接触转动部位	机械伤害	较小	（1）衣服和袖口应扣好，不得戴围巾领带，长发必须盘在安全帽内； （2）不准将用具、工器具接触设备的转动部位
		转动部件飞出	机械伤害	较小	试运行时，无关人员远离，工作人员站在轴向位置
		断裂、超速、零部件脱落	物体打击	较小	检查设备的运行状态，保持设备的振动、温度、运行电流等参数符合标准，如发现参数超标及时处理
8. 检修工作结束	施工废料	施工废料未清理	环境污染	较小	废料及时清理，做到工完、料尽、场地清

10.13 凝水电热水箱检修

作业步骤	危害辨识	危害描述	产生后果	风险等级	防 范 措 施
1. 作业环境评估	噪声	噪声超标	噪声聋	较小	进入噪声区域时正确佩戴合格的耳塞
	照明	现场照明不充足	其他伤害	较小	增加临时照明
	孔洞	盖板缺损	高处坠落	重大	工作场所的孔、洞必须覆以与地面齐平的坚固盖板或做好隔离措施
2. 安全措施正确执行	高温热水	检修的系统隔离不彻底	灼烫伤、触电	较小	（1）开工前与运行人员共同确认检修的设备已可靠与运行中的系统隔绝，隔离措施正确完备； （2）确认电加热棒的电源线已拆除
		需检修的系统内介质未放尽	灼烫伤	较小	检修工作开始前检查系统内高温热水确已放尽，压力为零，温度适可后方可开始工作
3. 准备工作及现场布置	脚手架	脚手架未验收、检查	高处坠落	重大	（1）脚手架搭设结束后，必须履行脚手架验收手续，委托人及搭建人双方在脚手架验收合格证上签字； （2）每日使用脚手架前，使用人检查脚手架合格并在脚手架验收合格证背面签名后方可使用
	安全带	未正确使用安全带	高处坠落	重大	（1）安全带检验合格证应在有效期内； （2）使用前检查安全带部件完好无损坏； （3）正确使用双钩安全带，移动中严禁脱钩； （4）安全带应挂在牢固的构件上，高挂低用
	手提切割机、角磨机	电源线、电源插头破损、防护罩破损缺失松动	触电、机械伤害	较小	（1）检查电源线、电源插头完好无破损、防护罩完好无破损且牢固； （2）检验合格证在有效期内； （3）使用手提切割机、角磨机时戴好防护面罩
	大锤、手锤	锤头与木柄的连接不牢固、锤头破损、木柄未使用整根硬质木料	物体打击	较小	锤头与木柄的连接应用金属楔栓固定，楔子长度不得大于安装孔深的 2/3，锤头完好无损，木柄使用整根硬质木料
	临时电源及电源线	电源线悬挂高度不够	触电	较小	临时电源线架设高度室内不低于 2.5m
		电源线、插头、插座破损	触电	较小	（1）检查电源线外绝缘良好，无破损； （2）检查电源盘合格证在有效期； （3）检查电源插头插座，确保完好； （4）不准将电源线缠绕在护栏、管道和脚手架上
		未安装漏电保护器	触电	较小	（1）检查电源盘合格证在有效期； （2）分级配置漏电保护器，工作前试漏电保护器，确保正确动作
		检修电源箱外壳未接地	触电	较小	（1）检查电源盘合格证在有效期； （2）检查电源箱外壳接地良好
	行灯	行灯电源线、电源插头破损	触电	较小	（1）检查行灯电源线、电源插头完好无破损； （2）行灯的电源线应采用橡套软电缆
		使用行灯电压等级不符	触电	较小	在凝水电热水箱内使用的行灯，其电压不得超过12V
		行灯防护罩缺失	触电	较小	行灯应有保护罩
	电焊机	电焊机电源线、电源插头、电焊钳破损	机械伤害、触电	较小	检查电焊机电源线、电源插头、电焊钳完好无破损
		电焊机外壳不接地	触电	较小	电焊机金属外壳应有明显的可靠接地
		电焊机、焊钳与电缆线连接不牢固	触电	较小	电焊机、焊钳与电缆线连接牢固，接地端头不外露

作业步骤	危害辨识	危害描述	产生后果	风险等级	防 范 措 施
3. 准备工作及现场布置	通风机	防护罩缺损	机械伤害	较小	（1）风机转动部分必须装设防护装置，并标明旋转方向； （2）对缺损的防护罩应及时装复或修复； （3）通风机应为防爆型风机
4. 凝水电热水箱解体	人孔门	人孔未设置临时围栏、警告标志	高处坠落	重大	（1）在检修工作中人孔打开后，必须设有牢固的临时围栏，并设有明显的警告标志； （2）工作停止时应将人孔临时进行封闭
	大锤、手锤	锤把上有油污未清理	物体打击	较小	清理锤把上油污
		戴手套抡大锤	物体打击	较小	打锤人不得戴手套
	扳手	使用扳手不当或用力过猛致伤	其他伤害	较小	（1）用合适扳手，平稳用力； （2）安全防护装置齐全有效，佩戴手套
	手提切割机	电源线、电源插头破损、防护罩破损缺失松动	触电、机械伤害	较小	（1）检查电源线、电源插头完好无破损、防护罩完好无破损且牢固； （2）检验合格证在有效期内； （3）使用手提切割机时戴好防护面罩
		更换切割片未切断电源	机械伤害	较小	更换切割片前必须切断电源
	高处的工器具及材料	工器具掉落	物体打击	较小	高处作业一律使用工具袋。较大的工具应用绳拴在牢固的构件上，不准随便乱放，以防止从高处坠落发生事故
		工器具及材料上下投掷	物体打击	较小	不准将工具及材料上下投掷，要用绳系牢后往下或往上吊送，以免打伤下方工作人员或击毁脚手架
	脚手架	脚手架未验收、检查	高处坠落	重大	（1）脚手架搭设结束后，必须履行脚手架验收手续，委托人及搭建人双方在脚手架验收合格证上签字； （2）每日使用脚手架前，使用人检查脚手架合格并在脚手架验收合格证背面签名后方可使用
	安全带	未正确使用安全带	高处坠落	较小	（1）安全带检验合格证应在有效期内； （2）使用前检查安全带部件完好无损坏； （3）正确使用双钩安全带，移动中严禁脱钩； （4）安全带应挂在牢固的构件上，高挂低用
5. 凝水电热水箱各部件检修	通风机	肢体部位或饰品衣物、用具接触转动部位	机械伤害	较小	（1）衣服和袖口应扣好，不得戴围巾领带，长发必须盘在安全帽内； （2）不准将用具、工器具接触设备的转动部位
	高温空气	气温超过40℃	中暑	较小	（1）不准在工作环境温度超过40℃的凝水电热水箱内进行作业； （2）必须在凝水电热水箱内工作时，需有良好的通风条件，根据工作人员的身体情况，轮流工作与休息，并应为工作人员提供足够的饮水、清凉饮料及防暑药品； （3）专人监护，遇有不适立即从凝水电热水箱内撤出
	行灯	将行灯变压器带入凝水电热水箱内	触电	较小	禁止将行灯变压器带入凝水电热水箱内
	角磨机	未正确使用防护罩、防护眼镜	机械伤害	较小	正确佩戴防护罩、防护眼镜
		手提电动工具的导线或转动部分	触电	较小	禁止手提电动工具的导线或转动部分
		使用砂轮片破损的角磨机	物体打击	较小	使用前检查角磨机砂轮片完好无缺损
		更换砂轮片未切断电源	机械伤害	较小	更换砂轮片前必须切断电源

作业步骤	危害辨识	危害描述	产生后果	风险等级	防 范 措 施
5. 凝水电热水箱各部件检修	手持电动工具	未使用Ⅱ类手持式电动工具	触电	较小	（1）电源联接器和控制箱等应放在容器外面宽敞、干燥的场所； （2）使用Ⅱ类手持式电动工具，并安装漏电开关，漏电开关工作电流小于15mA，动作时间小于等于0.1s
	高处的工器具及材料	工器具掉落	物体打击	较小	高处作业一律使用工具袋。较大的工具应用绳拴在牢固的构件上，不准随便乱放，以防止从高处坠落发生事故
		工器具及材料上下投掷	物体打击	较小	不准将工具及材料上下投掷，要用绳系牢后往下或往上吊送，以免打伤下方工作人员或击毁脚手架
	粉尘、焊接尘	未正确使用防尘口罩	尘肺病	较小	作业现场时正确佩戴合格的防尘口罩
		通风不良	尘肺病	较小	作业现场应有良好的通风
	二氧化碳	气体浓度超标	窒息	中等	有限空间作业前办理作业审批许可；工作前30min前打开人孔门进行通风直至用气体检测仪检测浓度合格，氧气浓度保持在19.5%～21%范围内
		无人监护	窒息	中等	设专人不间断地监护
	电焊机	未正确使用面罩，电焊手套、白光眼镜等防护用品	灼烫伤	较小	（1）正确使用面罩； （2）戴电焊手套； （3）带白光眼镜； （4）穿电焊服
		金属容器内焊接作业未穿绝缘鞋	触电	较小	在金属容器内焊接作业穿绝缘鞋，铺设绝缘垫
	焊渣	高温焊渣飞溅	灼烫伤、火灾	中等	（1）动火区域采取防止其他人员被飞溅的焊渣烫伤的措施，现场铺设好防火布； （2）电焊人员必须穿好工作服，戴好手套和穿好带鞋盖劳保鞋等
	火种	施焊完毕后，未确认现场是否有遗留火种就离开	火灾	较小	电焊作业时须有灭火器材，施焊完毕后，要留有充分的时间观察，确认无引火点，方可离去
	脚手架	脚手架未验收、检查	高处坠落	重大	（1）脚手架搭设结束后，必须履行脚手架验收手续，委托人及搭建人双方在脚手架验收合格证上签字； （2）每日使用脚手架前，使用人检查脚手架合格并在脚手架验收合格证背面签名后方可使用
	安全带	未正确使用安全带	高处坠落	重大	（1）安全带检验合格证应在有效期内； （2）使用前检查安全带部件完好无损坏； （3）正确使用双钩安全带，移动中严禁脱钩； （4）安全带应挂在牢固的构件上，高挂低用
6. 凝水电热水箱装复	大锤、手锤	锤把上有油污未清理	物体打击	较小	清理锤把上油污
		戴手套抡大锤	物体打击	较小	打锤人不得戴手套
	扳手	使用扳手不当或用力过猛致伤	其他伤害	较小	（1）用合适扳手，平稳用力； （2）安全防护装置齐全有效，佩戴手套
	高处的工器具及材料	工器具掉落	物体打击	较小	高处作业一律使用工具袋。较大的工具应用绳拴在牢固的构件上，不准随便乱放，以防止从高处坠落发生事故
		工器具及材料上下投掷	物体打击	较小	不准将工具及材料上下投掷，要用绳系牢后往下或往上吊送，以免打伤下方工作人员或击毁脚手架

作业步骤	危害辨识	危害描述	产生后果	风险等级	防 范 措 施
6. 凝水电热水箱装复	安全带	未正确使用安全带	高处坠落	重大	（1）安全带检验合格证应在有效期内； （2）使用前检查安全带部件完好无损坏； （3）正确使用双钩安全带，移动中严禁脱钩； （4）安全带应挂在牢固的构件上，高挂低用
	二氧化碳	人员遗留在容器内	窒息	较小	（1）封闭人孔前工作负责人应认真清点工作人员； （2）核对容器进出人登记，确认无人员和工器具遗落，并喊话确认无人
7. 现场清理	施工废料	施工废料未清理	环境污染	较小	废料及时清理，做到工完、料尽、场地清

10.14 凝水罗茨风机检修

作业步骤	危害辨识	危害描述	产生后果	风险等级	防 范 措 施
1. 作业环境评估	噪声	噪声超标	噪声聋	较小	进入噪声区域时正确佩戴合格的耳塞
	转动的风机	未与运行中转动设备进行有效隔离	机械伤害	较小	（1）设置安全隔离围栏并设置警告标志； （2）设置安全检修通道； （3）在运行中转动设备附近工作时应对转动设备进行可靠遮拦，并设专人监护
	孔、洞、坑	盖板缺损	高处坠落	重大	工作场所的孔、洞必须覆以与地面齐平的坚固盖板或做好隔离措施
	照明	现场照明不充足	其他伤害	较小	增加临时照明
2. 确认安全措施正确执行	转动的风机	工作前未采取防转动措施	机械伤害	较小	转动设备检修时应采取防转动措施、确认电机电源线拆除
3. 准备工作及现场布置	撬杠	撬杠强度不够	物体打击	较小	必须保证撬杠强度满足要求
	临时电源及电源线	电源线悬挂高度不够	触电	较小	临时电源线架设高度室内不低于 2.5m
		电源线、插头、插座破损	触电	较小	（1）检查电源线外绝缘良好，无破损； （2）检查电源盘合格证在有效期； （3）检查电源插头插座，确保完好； （4）不准将电源线缠绕在护栏、管道和脚手架上
		未安装漏电保护器	触电	较小	（1）检查电源盘合格证在有效期； （2）分级配置漏电保护器，工作前试漏电保护器，确保正确动作
		检修电源箱外壳未接地	触电	较小	（1）检查电源盘合格证在有效期； （2）检查电源箱外壳接地良好
	大锤、手锤	锤头与木柄的连接不牢固、锤头破损、木柄未使用整根硬质木料	物体打击	较小	锤头与木柄的连接应用金属楔栓固定，楔子长度不得大于安装孔深的 2/3，锤头完好无损，木柄使用整根硬质木料
	吊索具	吊索具损坏或选择不当	起重伤害	较小	（1）作业前，应对吊索具及其配件进行检查，确认完好，方可使用； （2）所选用的吊索具应与被吊工件的外形特点及具体要求相适应，在不具备使用条件的情况下，绝不能对付使用； （3）作业中应防止损坏吊索具及配件，必要时在棱角处应加护角防护； （4）吊具及配件不能超过其额定起重量，起重吊索、吊具不得超过其相应吊挂状态下的最大工作载荷

作业步骤	危害辨识	危害描述	产生后果	风险等级	防 范 措 施
3. 准备工作及现场布置	锉刀、手锯、螺丝刀、钢丝钳	手柄等缺损	刺伤	较小	锉刀、手锯、螺丝刀、钢丝钳等手柄应安装牢固，没有手柄的不准使用
4. 凝水罗茨风机拆除	润滑油	设备内润滑油泄漏	污染环境	较小	（1）发生的跑、冒、滴、漏及溢油，要及时清除处理，油液收集到废油桶中；（2）清理作业时的废油、废布不得随意处置
	撬杠	支持物不可靠	压伤	较小	应保证支持物可靠
		被撬物倾斜或滚落	压伤	较小	撬动过程中应采取防止被撬物倾斜或滚落
	扳手	使用扳手不当或用力过猛致伤	其他伤害	较小	（1）用合适扳手，平稳用力；（2）安全防护装置齐全有效，佩戴手套
	皮带轮	皮带与皮带轮张紧力大	机械伤害	较小	拆卸皮带时通过调整两皮带轮之间的距离拆卸，不得用手直接拆卸皮带，防止夹伤，挤伤
		拆除过程转动	机械伤害	较小	转动设备检修时应采取防转动措施
	手拉葫芦	滑链	起重伤害	较小	使用前应作无负荷起落试验一次
		手拉链有裂纹、链轮转动卡涩、吊钩无防脱保险装置	起重伤害	较小	（1）使用前检查手拉链是否有裂纹、链轮转动是否卡涩、吊钩是否无防脱保险装置，以确保完好，起吊后及时锁链；（2）检查合格证在有效期内
		手拉葫芦超载荷使用	起重伤害	较小	使用手拉葫芦时工作负荷不准超过铭牌规定
	吊具、起吊物	吊点不牢固、吊点位置不正确	起重伤害	较小	（1）吊钩要挂在物品的重心上，当被吊物件起吊后有可能摆动或转动时，应采用绳牵引方法，防止物件摆动伤人或碰坏设备；（2）选择牢固可靠、满足载荷的吊点
		绑扎不牢固	起重伤害	较小	（1）起重前必须将物件牢固、稳妥地绑住；（2）吊拉时两根钢丝绳之间的夹角一般不得大于90°；（3）使用单吊索起吊重物挂钩时应打挂钩结，使用吊环时螺栓必须拧到底
		斜拉	起重伤害	较小	禁止使用吊钩斜着拖吊重物
		吊装作业区域无专人监护	起重伤害	较小	吊装作业区周边必须设置警戒区域，并设专人监护
5. 凝水罗茨风机解体	扳手	使用扳手不当或用力过猛致伤	其他伤害	较小	（1）用合适扳手，平稳用力；（2）安全防护装置齐全有效，佩戴手套
	转动的风叶	未采取防转动措施	机械伤害	较小	转动设备检修时应采取防转动措施
	大锤、手锤	锤把上有油污	物体打击	较小	锤把上不可有油污
		单手抡大锤	物体打击	较小	抡大锤时，周围不得有人，不得单手抡大锤
		戴手套抡大锤	物体打击	较小	打锤人不得戴手套
	手拉葫芦	滑链	起重伤害	较小	使用前应作无负荷起落试验一次
		手拉链有裂纹、链轮转动卡涩、吊钩无防脱保险装置	起重伤害	较小	（1）使用前检查手拉链是否有裂纹、链轮转动是否卡涩、吊钩是否无防脱保险装置，以确保完好，起吊后及时锁链；（2）检查合格证在有效期内
		手拉葫芦超载荷使用	起重伤害	较小	使用手拉葫芦时工作负荷不准超过铭牌规定

续表

作业步骤	危害辨识	危害描述	产生后果	风险等级	防 范 措 施
5. 凝水罗茨风机解体	吊具、起吊物	吊点不牢固、吊点位置不正确	起重伤害	较小	（1）吊钩要挂在物品的重心上，当被吊物件起吊后有可能摆动或转动时，应采用绳牵引方法，防止物件摆动伤人或碰坏设备； （2）选择牢固可靠、满足载荷的吊点
		绑扎不牢固	起重伤害	较小	（1）起重前必须将物件牢固、稳妥地绑住； （2）吊拉时两根钢丝绳之间的夹角一般不得大于90°； （3）使用单吊索起吊重物挂钩时应打挂钩结；使用吊环时螺栓必须拧到底
		斜拉	起重伤害	较小	禁止使用吊钩斜着拖吊重物
		吊装作业区域无专人监护	起重伤害	较小	吊装作业区周边必须设置警戒区域，并设专人监护
6. 凝水罗茨风机部件检修、测量	清洁剂	在工作场所存储	火灾爆炸	较小	（1）禁止在工作场所存储易燃物品，例如汽油、酒精等； （2）领用、暂存时量不能过大，一般不超过500mL
		皮肤接触	化学性灼伤	较小	工作人员佩戴橡胶手套
	临时电源及电源线	电源线悬挂高度不够	触电	较小	临时电源线架设高度室内不低于2.5m
		电源线、插头、插座破损	触电	较小	（1）检查电源线外绝缘良好，无破损； （2）检查电源盘合格证在有效期； （3）检查电源插头插座，确保完好； （4）不准将电源线缠绕在护栏、管道和脚手架上
		未安装漏电保护器	触电	较小	（1）检查电源盘合格证在有效期； （2）分级配置漏电保护器，工作前试漏电保护器，确保正确动作
		检修电源箱外壳未接地	触电	较小	（1）检查电源盘合格证在有效期； （2）检查电源箱外壳接地良好
	角磨机	未正确使用防护罩、防护眼镜	机械伤害	较小	正确佩戴防护罩、防护眼镜
		手提电动工具的导线或转动部分	触电	较小	禁止手提电动工具的导线或转动部分
		角磨机砂轮片破损	物体打击	较小	使用前检查角磨机砂轮片完好无缺损
		更换砂轮片未切断电源	机械伤害	较小	更换砂轮片前必须切断电源
	锉刀、手锯、螺丝刀、钢丝钳	手柄等缺损	刺伤	较小	锉刀、手锯、螺丝刀、钢丝钳等手柄应安装牢固，没有手柄的不准使用
7. 凝水罗茨风机装复	手拉葫芦	滑链	起重伤害	较小	使用前应作无负荷起落试验一次
		手拉链有裂纹、链轮转动卡涩、吊钩无防脱保险装置	起重伤害	较小	（1）使用前检查手拉链是否有裂纹、链轮转动是否卡涩、吊钩是否无防脱保险装置，以确保完好，起吊后及时锁链； （2）检查合格证在有效期内
		手拉葫芦超载荷使用	起重伤害	较小	使用手拉葫芦时工作负荷不准超过铭牌规定
	撬杠	支撑物不可靠	砸伤	较小	应保证支撑物可靠
		被撬物倾斜或滚落	砸伤	较小	撬动过程中应采取防止被撬物倾斜或滚落

作业步骤	危害辨识	危害描述	产生后果	风险等级	防 范 措 施
7. 凝水罗茨风机装复	大锤、手锤	锤把上有油污	物体打击	较小	锤把上不可有油污
		戴手套抡大锤	物体打击	较小	打锤人不得戴手套
	扳手	使用扳手不当或用力过猛致伤	其他伤害	较小	（1）用合适扳手，平稳用力；（2）安全防护装置齐全有效，佩戴手套
	转动的风叶	未采取防转动措施	机械伤害	较小	转动设备检修时应采取防转动措施
	吊具、起吊物	吊点不牢固、吊点位置不正确	起重伤害	较小	（1）吊钩要挂在物品的重心上，当被吊物件起吊后有可能摆动或转动时，应采用绳牵引方法，防止物件摆动伤人或碰坏设备；（2）选择牢固可靠、满足载荷的吊点
		绑扎不牢固	起重伤害	较小	（1）起重前必须将物件牢固、稳妥地绑住；（2）吊拉时两根钢丝绳之间的夹角一般不得大于90°；（3）使用单吊索起吊重物挂钩时应打挂钩结；使用吊环时螺栓必须拧到底
		斜拉	起重伤害	较小	禁止使吊钩斜着拖吊重物
		吊装作业区域无专人监护	起重伤害	较小	吊装作业区周边必须设置警戒区域，并设专人监护
	润滑油	加油过程中润滑油泄漏	工作环境污染	较小	现场准备擦拭用的棉丝及清理油污所用的沙子、桶，加油时使用检查完好的油壶油漏斗，防止洒落
8. 凝水罗茨风机就位	撬杠	支撑物不可靠	压伤	较小	应保证支撑物可靠
		被撬物倾斜或滚落	压伤	较小	撬动过程中应采取防止被撬物倾斜或滚落
	皮带轮	皮带与皮带轮张紧力大	压伤、挤伤	较小	安装皮带时不得用螺丝刀将皮带撬入皮带轮及用手直接安装皮带，防止夹伤，挤伤
		安装过程转动	机械伤害	较小	转动设备检修时应采取防转动措施
	扳手	使用扳手不当或用力过猛致伤	其他伤害	较小	（1）用合适扳手，平稳用力；（2）安全防护装置齐全有效，佩戴手套
	手拉葫芦	滑链	起重伤害	较小	使用前应作无负荷起落试验一次
		手拉链有裂纹、链轮转动卡涩、吊钩无防脱保险装置	起重伤害	较小	（1）使用前检查手拉链是否有裂纹、链轮转动是否卡涩、吊钩是否无防脱保险装置，以确保完好，起吊后及时锁链；（2）检查合格证在有效期内
		手拉葫芦超载荷使用	起重伤害	较小	使用手拉葫芦时工作负荷不准超过铭牌规定
	吊具、起吊物	吊点不牢固、吊点位置不正确	起重伤害	较小	（1）吊钩要挂在物品的重心上，当被吊物件起吊后有可能摆动或转动时，应采用绳牵引方法，防止物件摆动伤人或碰坏设备；（2）选择牢固可靠、满足载荷的吊点
		绑扎不牢固	起重伤害	较小	（1）起重前必须将物件牢固、稳妥地绑住；（2）吊拉时两根钢丝绳之间的夹角一般不得大于90°；（3）使用单吊索起吊重物挂钩时应打挂钩结；使用吊环时螺栓必须拧到底
		斜拉	起重伤害	较小	禁止使吊钩斜着拖吊重物
		吊装作业区域无专人监护	起重伤害	较小	吊装作业区周边必须设置警戒区域，并设专人监护

续表

作业步骤	危害辨识	危害描述	产生后果	风险等级	防 范 措 施
9. 试运	转动的风机	肢体部位或饰品衣物、用具接触转动部位	机械伤害	较小	（1）衣服和袖口应扣好，不得戴围巾领带，长发必须盘在安全帽内； （2）不准将用具、工器具接触设备的转动部位
		转动部件飞出	机械伤害	较小	试运行时，无关人员远离，工作人员站在轴向位置
		断裂、超速、零部件脱落	物体打击	较小	检查设备的运行状态，保持设备的振动、温度、运行电流等参数符合标准，如发现参数超标及时处理
10. 检修工作结束	施工废料	施工废料未清理	环境污染	较小	废料及时清理，做到工完、料尽、场地清

10.15 阳再生塔检修

作业步骤	危害辨识	危害描述	产生后果	风险等级	防 范 措 施
1. 作业环境评估	噪声	噪声超标	噪声聋	较小	进入噪声区域时正确佩戴合格的耳塞
	孔洞	盖板缺损	高处坠落	重大	工作场所的孔、洞必须覆以与地面齐平的坚固盖板或做好隔离措施
	照明	现场照明不充分	其他伤害	较小	增加临时照明
2. 安全措施正确执行	高压介质	检修中系统隔离不彻底	冲击	较小	检修工作开始前到现场检查确认工作票所列安全措施完善和正确执行
		需检修的设备、系统内高压介质排放不净	冲击	较小	检修工作开始前检查设备内高压介质已排放干净后方可开始工作
	酸液	工作前所采取的安全措施不完善	灼烫伤	较小	检查、确认运行人员将检修设备及相关管道可靠地与运行系统已隔断，没有相邻系统内介质流入的可能；并挂"禁止操作，有人工作"标识牌
3. 准备工作及现场布置	脚手架	脚手架未验收、检查	高处坠落	重大	（1）脚手架搭设结束后，必须履行脚手架验收手续，委托人及搭建人双方在脚手架验收合格证上签字； （2）每日使用脚手架前，使用人检查脚手架合格并在脚手架验收合格证背面签名后方可使用
	安全带	未正确使用安全带	高处坠落	重大	（1）安全带检验合格证应在有效期内； （2）使用前检查安全带部件完好无损坏； （3）正确使用双钩安全带，移动中严禁脱钩； （4）安全带应挂在牢固的构件上，高挂低用
	角磨机	电源线、电源插头破损、防护罩破损缺失	机械伤害触电	较小	（1）检查角磨机电源线、电源插头完好无缺损，防护罩、砂轮片完好无缺损； （2）检查合格证在有效期内
	大锤、手锤	锤头与木柄的连接不牢固、锤头破损、木柄未使用整根硬质木料	物体打击	较小	锤头与木柄的连接应用金属楔栓固定，楔子长度不得大于安装孔深的2/3，锤头完好无损，木柄使用整根硬质木料

作业步骤	危害辨识	危害描述	产生后果	风险等级	防 范 措 施
3. 准备工作及现场布置	吊具	吊索具损坏或选择不当	起重伤害	较小	（1）作业前，应对吊索具及其配件进行检查，确认完好，方可使用； （2）所选用的吊索具应与被吊工件的外形特点及具体要求相适应，在不具备使用条件的情况下，绝不能对付使用； （3）作业中应防止损坏吊索具及配件，必要时在棱角处应加护角防护； （4）吊具及配件不能超过其额定起重量，起重吊具、吊索不得超过其相应吊挂状态下的最大工作载荷
	临时电源及电源线	电源线悬挂高度不够	触电	较小	临时电源线架设高度室内不低于 2.5m
		电源线、插头、插座破损	触电	较小	（1）检查电源线外绝缘良好，无破损； （2）检查电源盘合格证在有效期； （3）检查电源插头插座，确保完好； （4）不准将电源线缠绕在护栏、管道和脚手架上
		未安装漏电保护器	触电	较小	（1）检查电源盘合格证在有效期； （2）分级配置漏电保护器，工作前试漏电保护器，确保正确动作
		检修电源箱外壳未接地	触电	较小	（1）检查电源盘合格证在有效期； （2）检查电源箱外壳接地良好
	软梯	不合格的软梯	高处坠落	重大	（1）使用前严格检查； （2）使用的软梯必须检验合格
	行灯	行灯电源线、电源插头破损	触电	较小	（1）检查行灯电源线、电源插头完好无破损； （2）行灯的电源线应采用橡套软电缆
		使用行灯电压等级不符	触电	较小	在金属容器和金属管道内使用的行灯，其电压不得超过 12V
		行灯防护罩缺失	触电	较小	行灯应有保护罩
4. 阳再生塔解体	人孔门	人孔未设置临时围栏、警告标志	高处坠落	重大	（1）在检修工作中人孔打开后，必须设有牢固的临时围栏，并设有明显的警告标志； （2）工作停止时应将人孔临时进行封闭
	大锤、手锤	锤把上有油污未清理	物体打击	较小	清理锤把上油污
		戴手套抡大锤	物体打击	较小	打锤人不得戴手套
	扳手	使用扳手不当或用力过猛致伤	其他伤害	较小	（1）用合适扳手，平稳用力； （2）安全防护装置齐全有效，佩戴手套
	离子交换树脂	清理离子交换树脂时，清理不到位	滑倒	较小	及时清理离子交换树脂，做到随清随洁，防止脚下打滑摔伤
	高处作业人员	放置不妥当的软梯	高处坠落	重大	（1）使用软梯工作前，必须由工作负责人检查确认软梯无缺陷后，方可使用； （2）软梯的架设应指定专人负责或由使用者亲自架设，放置软梯必须保证扒接触到塔体底部； （3）软梯固定在牢靠位置
	二氧化碳	气体浓度超标	窒息	中等	有限空间作业前办理作业审批许可；工作前 30min 前打开人孔门进行通风直至用气体检测仪检测浓度合格，氧气浓度保持在 19.5%～21% 范围内
		无人监护	窒息	中等	设专人不间断地监护

作业步骤	危害辨识	危害描述	产生后果	风险等级	防范措施
4. 阳再生塔解体	行灯	将行灯变压器带入金属容器内	触电	较小	禁止将行灯变压器带入金属容器内
	离子交换树脂	火种或电动工器具操作引燃	火灾	较小	（1）进出密闭容器工作，禁止带火种及使用； （2）进出人员、工器具严格履行登记手续
	高处的工器具及材料	工器具掉落	物体打击	较小	高处作业一律使用工具袋。较大的工具应用绳拴在牢固的构件上，不准随便乱放，以防止从高处坠落发生事故
		工器具及材料上下投掷	物体打击	较小	不准将工具及材料上下投掷，要用绳系牢后往下或往上吊送，以免打伤下方工作人员或击毁脚手架
	脚手架	脚手架未验收、检查	高处坠落	重大	（1）脚手架搭设结束后，必须履行脚手架验收手续，委托人及搭建人双方在脚手架验收合格证上签字； （2）每日使用脚手架前，使用人检查脚手架合格并在脚手架验收合格证背面签名后方可使用
	安全带	未正确使用安全带	高处坠落	重大	（1）安全带检验合格证应在有效期内； （2）使用前检查安全带部件完好无损坏； （3）正确使用双钩安全带，移动中严禁脱钩； （4）安全带应挂在牢固的构件上，高挂低用
5. 阳再生塔各部件检修、检测	二氧化碳	气体浓度超标	窒息	中等	有限空间作业前办理作业审批许可；工作前30min 前打开人孔门进行通风直至用气体检测仪检测浓度合格，氧气浓度保持在 19.5%～21%范围内
		无人监护	窒息	中等	设专人不间断地监护
	行灯	将行灯变压器带入金属容器内	触电	较小	禁止将行灯变压器带入金属容器内
	高处作业人员	每天软梯使用前未检查或多人在软梯上工作	高处坠落	重大	（1）每天使用软梯工作前，必须由工作负责人检查确认软梯无缺陷后，方可使用； （2）在软梯上只准一个人工作；在软梯上工作的人员，衣着必须灵便，并应使用安全带，戴安全帽，带工具袋
	角磨机	未正确使用防护罩、防护眼镜	机械伤害	较小	正确佩戴防护罩、防护眼镜
		手提电动工具的导线或转动部分	触电	较小	禁止手提电动工具的导线或转动部分
		使用砂轮片破损的角磨机	物体打击	较小	使用前检查角磨机砂轮片完好无缺损
		更换砂轮片未切断电源	机械伤害	较小	更换砂轮片前必须切断电源
	手持电动工具	未使用Ⅱ类手持式电动工具	触电	较小	（1）电源联接器和控制箱等应放在容器外面宽敞、干燥的场所； （2）使用Ⅱ类手持式电动工具，并安装漏电开关，漏电开关工作电流小于 15mA，动作时间小于等于 0.1s
	高处的工器具及材料	工器具掉落	物体打击	较小	高处作业一律使用工具袋。较大的工具应用绳拴在牢固的构件上，不准随便乱放，以防止从高处坠落发生事故
		工器具及材料上下投掷	物体打击	较小	不准将工具及材料上下投掷，要用绳系牢后往下或往上吊送，以免打伤下方工作人员或击毁脚手架
	粉尘	未正确使用防尘口罩	尘肺病	较小	打磨时正确佩戴合格的防尘口罩

作业步骤	危害辨识	危害描述	产生后果	风险等级	防 范 措 施
5. 阳再生塔各部件检修、检测	衬胶材料	可燃物存放过多	火灾	中等	（1）阳再生塔内工作要求不得带入过多的防腐材料； （2）严禁防腐材料周围产生任何有火花的作业
	稀释剂	可燃气体浓度超标	火灾	中等	（1）保证阳再生塔内部通风畅通，使用防爆轴流风机强制通风； （2）每隔 2h 用气体检测仪检测可燃物浓度合格
		无人监护	中毒火灾	中等	设专人不间断地监护
	固化剂	固化剂添加过多衬胶材料发热自燃	火灾	中等	（1）灭火器、消防水带等消防器材配备齐全，并专人监护； （2）严格执行衬胶工艺流程要求
	电火花检测仪	碰触电火花检测仪带电体	触电	中等	（1）使用电火花检测仪必须佩带绝缘手套，接地线固定牢固； （2）罐体内要保持干燥后，方可带入； （3）工作结束及时关闭电源，且将带电部分进行放电
	火种	衬胶工作结束后，现场有遗留火种	火灾	中等	衬胶工作结束后全面清理工作区域，做到不留任何火种
	脚手架	脚手架未验收、检查	高处坠落	重大	（1）脚手架搭设结束后，必须履行脚手架验收手续，委托人及搭建人双方在脚手架验收合格证上签字； （2）每日使用脚手架前，使用人检查脚手架合格并在脚手架验收合格证背面签名后方可使用
	安全带	未正确使用安全带	高处坠落	重大	（1）安全带检验合格证应在有效期内； （2）使用前检查安全带部件完好无损坏； （3）正确使用双钩安全带，移动中严禁脱钩； （4）安全带应挂在牢固的构件上，高挂低用
6. 阳再生塔装复	大锤、手锤	锤把上有油污未清理	物体打击	较小	清理锤把上油污
		戴手套抡大锤	物体打击	较小	打锤人不得戴手套
	扳手	使用扳手不当或用力过猛致伤	其他伤害	较小	（1）用合适扳手，平稳用力； （2）安全防护装置齐全有效，佩戴手套
	高处作业人员	每天软梯使用前未检查或多人在软梯上工作	高处坠落	重大	（1）每天使用软梯工作前，必须由工作负责人检查确认软梯无缺陷后，方可使用； （2）在软梯上只准一个人工作；在软梯上工作的人员，衣着必须灵便，并应使用安全带，戴安全帽，带工具袋
	二氧化碳	气体浓度超标	窒息	中等	有限空间作业前办理作业审批许可；工作前 30min 前打开人孔门进行通风直至用气体检测仪检测浓度合格，氧气浓度保持在 19.5%～21% 范围内
		无人监护	窒息	中等	设专人不间断地监护
	行灯	将行灯变压器带入金属容器内	触电	较小	禁止将行灯变压器带入金属容器内
	高处的工器具及材料	工器具掉落	物体打击	较小	高处作业一律使用工具袋。较大的工具应用绳拴在牢固的构件上，不准随便乱放，以防止从高处坠落发生事故
		工器具及材料上下投掷	物体打击	较小	不准将工具及材料上下投掷，要用绳系牢后往下或往上吊送，以免打伤下方工作人员或击毁脚手架

作业步骤	危害辨识	危害描述	产生后果	风险等级	防 范 措 施
6. 阳再生塔装复	脚手架	脚手架未验收、检查	高处坠落	重大	（1）脚手架搭设结束后，必须履行脚手架验收手续，委托人及搭建人双方在脚手架验收合格证上签字； （2）每日使用脚手架前，使用人检查脚手架合格并在脚手架验收合格证背面签名后方可使用
	安全带	未正确使用安全带	高处坠落	重大	（1）安全带检验合格证应在有效期内； （2）使用前检查安全带部件完好无损坏； （3）正确使用双钩安全带，移动中严禁脱钩； （4）安全带应挂在牢固的构件上，高挂低用
	二氧化碳	人员遗留在容器内	窒息	较小	（1）封闭人孔前工作负责人应认真清点工作人员； （2）核对容器进出人登记，确认无人员和工器具遗落，并喊话确认无人
7. 现场清理	施工废料	施工废料未清理	环境污染	较小	废料及时清理，做到工完、料尽、场地清

10.16 分离塔检修

作业步骤	危害辨识	危害描述	产生后果	风险等级	防 范 措 施
1. 作业环境评估	噪声	噪声超标	噪声聋	较小	进入噪声区域时正确佩戴合格的耳塞
	孔洞	盖板缺损	高处坠落	重大	工作场所的孔、洞必须覆以与地面齐平的坚固盖板或做好隔离措施
	照明	现场照明不充分	其他伤害	较小	增加临时照明
2. 安全措施正确执行	高压介质	检修中系统隔离不彻底	冲击	较小	检修工作开始前到现场检查确认工作票所列安全措施完善和正确执行
		需检修的设备、系统内高压介质排放不净	冲击	较小	检修工作开始前检查设备内高压介质确已排放干净后方可开始工作
3. 准备工作及现场布置	脚手架	脚手架未验收、检查	高处坠落	重大	（1）脚手架搭设结束后，必须履行脚手架验收手续，委托人及搭建人双方在脚手架验收合格证上签字； （2）每日使用脚手架前，使用人检查脚手架合格并在脚手架验收合格证背面签名后方可使用
	安全带	未正确使用安全带	高处坠落	重大	（1）安全带检验合格证应在有效期内； （2）使用前检查安全带部件完好无损坏； （3）正确使用双钩安全带，移动中严禁脱钩； （4）安全带应挂在牢固的构件上，高挂低用
	角磨机	电源线、电源插头破损、防护罩破损缺失	机械伤害触电	较小	（1）检查角磨机电源线、电源插头完好无缺损，防护罩、砂轮片完好无缺损； （2）检查合格证在有效期内
	大锤、手锤	锤头与木柄的连接不牢固、锤头破损、木柄未使用整根硬质木料	物体打击	较小	锤头与木柄的连接应用金属楔栓固定，楔子长度不得大于安装孔深的2/3，锤头完好无损，木柄使用整根硬质木料
	临时电源及电源线	电源线悬挂高度不够	触电	较小	临时电源线架设高度室内不低于2.5m
		电源线、插头、插座破损	触电	较小	（1）检查电源线外绝缘良好，无破损； （2）检查电源盘合格证在有效期； （3）检查电源插头插座，确保完好； （4）不准将电源线缠绕在护栏、管道和脚手架上

作业步骤	危害辨识	危害描述	产生后果	风险等级	防 范 措 施
3. 准备工作及现场布置	临时电源及电源线	未安装漏电保护器	触电	较小	(1) 检查电源盘合格证在有效期; (2) 分级配置漏电保护器,工作前试漏电保护器,确保正确动作
		检修电源箱外壳未接地	触电	较小	(1) 检查电源盘合格证在有效期; (2) 检查电源箱外壳接地良好
	软梯	不合格的软梯	高处坠落	重大	(1) 使用前严格检查; (2) 使用的软梯必须检验合格
	行灯	行灯电源线、电源插头破损	触电	较小	(1) 检查行灯电源线、电源插头完好无破损; (2) 行灯的电源线应采用橡套软电缆
		使用行灯电压等级不符	触电	较小	在金属容器和金属管道内使用的行灯,其电压不得超过12V
		行灯防护罩缺失	触电	较小	行灯应有保护罩
4. 分离塔解体	人孔门	人孔未设置临时围栏、警告标志	高处坠落	重大	(1) 在检修工作中人孔打开后,必须设有牢固的临时围栏,并设有明显的警告标志; (2) 工作停止时应将人孔临时进行封闭
	大锤、手锤	锤把上有油污未清理	物体打击	较小	清理锤把上油污
		戴手套抡大锤	物体打击	较小	打锤人不得戴手套
	扳手	使用扳手不当或用力过猛致伤	其他伤害	较小	(1) 用合适扳手,平稳用力; (2) 安全防护装置齐全有效,佩戴手套
	离子交换树脂	清理离子交换树脂时,清理不到位	滑倒	较小	及时清理离子交换树脂,做到随清随洁,防止脚下打滑摔伤
	高处作业人员	放置不妥当的软梯	高处坠落	重大	(1) 使用软梯工作前,必须由工作负责人检查确认软梯无缺陷后,方可使用; (2) 软梯的架设应指定专人负责或由使用者亲自架设,放置软梯必须保证已接触到塔体底部; (3) 软梯固定在牢靠位置
	二氧化碳	气体浓度超标	窒息	中等	有限空间作业前办理作业审批许可;工作前30min 前打开人孔门进行通风直至用气体检测仪检测浓度合格,氧气浓度保持在19.5%~21%范围内
		无人监护	窒息	中等	设专人不间断地监护
	行灯	将行灯变压器带入金属容器内	触电	较小	禁止将行灯变压器带入金属容器内
	离子交换树脂	火种或电动工器具操作引燃	火灾	较小	(1) 进出密闭容器工作,禁止带火种及使用; (2) 进出人员、工器具严格履行登记手续
	高处的工器具及材料	工器具掉落	物体打击	较小	高处作业一律使用工具袋。较大的工具应用绳拴在牢固的构件上,不准随便乱放,以防止从高处坠落发生事故
		工器具及材料上下投掷	物体打击	较小	不准将工具及材料上下投掷,要用绳系牢后往下或往上吊送,以免打伤下方工作人员或击毁脚手架
	脚手架	脚手架未验收、检查	高处坠落	重大	(1) 脚手架搭设结束后,必须履行脚手架验收手续,委托人及搭建人双方在脚手架验收合格证上签字; (2) 每日使用脚手架前,使用人检查脚手架合格并在脚手架验收合格证背面签名后方可使用

作业步骤	危害辨识	危害描述	产生后果	风险等级	防 范 措 施
4. 分离塔解体	安全带	未正确使用安全带	高处坠落	重大	（1）安全带检验合格证应在有效期内； （2）使用前检查安全带各部件完好无损坏； （3）正确使用双钩安全带，移动中严禁脱钩； （4）安全带应挂在牢固的构件上，高挂低用
5. 分离塔各部件检修、检测	二氧化碳	气体浓度超标	窒息	中等	有限空间作业前办理作业审批许可；工作前30min 前打开人孔门进行通风直至用气体检测仪检测浓度合格，氧气浓度保持在 19.5%～21%范围内
		无人监护	窒息	中等	设专人不间断地监护
	行灯	将行灯变压器带入金属容器内	触电	较小	禁止将行灯变压器带入金属容器内
	高处作业人员	每天软梯使用前未检查或多人在软梯上工作	高处坠落	重大	（1）每天使用软梯工作前，必须由工作负责人检查确认软梯无缺陷后，方可使用； （2）在软梯上只准一个人工作；在软梯上工作的人员，衣着必须灵便，并应使用安全带，戴安全帽，带工具袋
	角磨机	未正确使用防护罩、防护眼镜	机械伤害	较小	正确佩戴防护罩、防护镜
		手提电动工具的导线或转动部分	触电	较小	禁止手提电动工具的导线或转动部分
		使用砂轮片破损的角磨机	物体打击	较小	使用前检查角磨机砂轮片完好无缺损
		更换砂轮片未切断电源	机械伤害	较小	更换砂轮片前必须切断电源
	手持电动工具	未使用Ⅱ类手持式电动工具	触电	较小	（1）电源联接器和控制箱等应放在容器外面宽敞、干燥的场所； （2）使用Ⅱ类手持式电动工具，并安装漏电开关，漏电开关工作电流小于 15mA，动作时间小于等于 0.1s
	高处的工器具及材料	工器具掉落	物体打击	较小	高处作业一律使用工具袋。较大的工具应用绳拴在牢固的构件上，不准随便乱放，以防从高处坠落发生事故
		工器具及材料上下投掷	物体打击	较小	不准将工具及材料上下投掷，要用绳系牢后往下或往上吊送，以免打伤下方工作人员或击毁脚手架
	粉尘	未正确使用防尘口罩	尘肺病	较小	打磨时正确佩戴合格的防尘口罩
	衬胶材料	可燃物存放过多	火灾	中等	（1）分离塔内工作要求不得带入过多的防腐材料； （2）严禁防腐材料周围产生任何有火花的作业
	稀释剂	可燃气体浓度超标	火灾	中等	（1）保证分离塔内部通风畅通，使用防爆轴流风机强制通风； （2）每隔2h用气体检测仪检测可燃物浓度合格
		无人监护	中毒火灾	中等	设专人不间断地监护
	固化剂	固化剂添加过多衬胶材料发热自燃	火灾	中等	（1）灭火器、消防水带等消防器材配备齐全，并专人监护； （2）严格执行衬胶工艺流程要求

作业步骤	危害辨识	危害描述	产生后果	风险等级	防 范 措 施
5. 分离塔各部件检修、检测	电火花检测仪	碰触电火花检测仪带电体	触电	中等	（1）使用电火花检测仪必须佩带绝缘手套，接地线固定牢固； （2）罐体内要保持干燥后，方可带入； （3）工作结束及时关闭电源，且将带电部分进行放电
	火种	衬胶工作结束后，现场有遗留火种	火灾	中等	衬胶工作结束后全面清理工作区域，做到不留任何火种
	脚手架	脚手架未验收、检查	高处坠落	重大	（1）脚手架搭设结束后，必须履行脚手架验收手续，委托人及搭建人双方在脚手架验收合格证上签字； （2）每日使用脚手架前，使用人检查脚手架合格并在脚手架验收合格证背面签名后方可使用
	安全带	未正确使用安全带	高处坠落	重大	（1）安全带检验合格证应在有效期内； （2）使用前检查安全带部件完好无损坏； （3）正确使用双钩安全带，移动中严禁脱钩； （4）安全带应挂在牢固的构件上，高挂低用
6. 分离塔装复	大锤、手锤	锤把上有油污未清理	物体打击	较小	清理锤把上油污
		戴手套抡大锤	物体打击	较小	打锤人不得戴手套
	扳手	使用扳手不当或用力过猛致伤	其他伤害	较小	（1）用合适扳手，平稳用力； （2）安全防护装置齐全有效，佩戴手套
	高处作业人员	每天软梯使用前未检查或多人在软梯上工作	高处坠落	重大	（1）每天使用软梯工作前，必须由工作负责人检查确认软梯无缺陷后，方可使用； （2）在软梯上只准一个人工作；在软梯上工作的人员，衣着必须灵便，并应使用安全带，戴安全帽，带工具袋
	二氧化碳	气体浓度超标	窒息	中等	有限空间作业前办理作业审批许可；工作前30min 前打开人孔门进行通风直至用气体检测仪检测浓度合格，氧气浓度保持在 19.5%～21%范围内
		无人监护	窒息	中等	设专人不间断地监护
	行灯	将行灯变压器带入金属容器内	触电	较小	禁止将行灯变压器带入金属容器内
	高处的工器具及材料	工器具掉落	物体打击	较小	高处作业一律使用工具袋。较大的工具应用绳拴在牢固的构件上，不准随便乱放，以防止从高处坠落发生事故
		工器具及材料上下投掷	物体打击	较小	不准将工具及材料上下投掷，要用绳系牢后往下或往上吊送，以免打伤下方工作人员或击毁脚手架
	脚手架	脚手架未验收、检查	高处坠落	重大	（1）脚手架搭设结束后，必须履行脚手架验收手续，委托人及搭建人双方在脚手架验收合格证上签字； （2）每日使用脚手架前，使用人检查脚手架合格并在脚手架验收合格证背面签名后方可使用
	安全带	未正确使用安全带	高处坠落	重大	（1）安全带检验合格证应在有效期内； （2）使用前检查安全带部件完好无损坏； （3）正确使用双钩安全带，移动中严禁脱钩； （4）安全带应挂在牢固的构件上，高挂低用

作业步骤	危害辨识	危害描述	产生后果	风险等级	防 范 措 施
6. 分离塔装复	二氧化碳	人员遗留在容器内	窒息	较小	（1）封闭人孔前工作负责人应认真清点工作人员； （2）核对容器进出人登记，确认无人员和工器具遗落，并喊话确认无人
7. 现场清理	施工废料	施工废料未清理	环境污染	较小	废料及时清理，做到工完、料尽、场地清

10.17 阴再生塔检修

作业步骤	危害辨识	危害描述	产生后果	风险等级	防 范 措 施
1. 作业环境评估	噪声	噪声超标	噪声聋	较小	进入噪声区域时正确佩戴合格的耳塞
	孔洞	盖板缺损	高处坠落	重大	工作场所的孔、洞必须覆以与地面齐平的坚固盖板或做好隔离措施
	照明	现场照明不充分	其他伤害	较小	增加临时照明
2. 安全措施正确执行	高压介质	检修中系统隔离不彻底	冲击	较小	检修工作开始前到现场检查确认工作票所列安全措施完善和正确执行
		需检修的设备、系统内高压介质排放不净	冲击	较小	检修工作开始前检查设备内高压介质确已排放干净后方可开始工作
	碱液	工作前所采取的安全措施不完善	灼烫伤	较小	检查、确认运行人员将检修设备及相关管道可靠地与运行系统已隔断，没有相邻系统内介质流入的可能；并挂"禁止操作，有人工作"标识牌
3. 准备工作及现场布置	脚手架	脚手架未验收、检查	高处坠落	重大	（1）脚手架搭设结束后，必须履行脚手架验收手续，委托人及搭建人双方在脚手架验收合格证上签字； （2）每日使用脚手架前，使用人检查脚手架合格并在脚手架验收合格证背面签名后方可使用
	安全带	未正确使用安全带	高处坠落	重大	（1）安全带检验合格证应在有效期内； （2）使用前检查安全带部件完好无损坏； （3）正确使用双钩安全带，移动中严禁脱钩； （4）安全带应挂在牢固的构件上，高挂低用
	角磨机	电源线、电源插头破损、防护罩破损缺失	机械伤害触电	较小	（1）检查角磨机电源线、电源插头完好无缺损，防护罩、砂轮片完好无缺损； （2）检查合格证在有效期内
	大锤、手锤	锤头与木柄的连接不牢固、锤头破损、木柄未使用整根硬质木料	物体打击	较小	锤头与木柄的连接应用金属楔栓固定，楔子长度不得大于安装孔深的2/3，锤头完好无损，木柄使用整根硬质木料
	吊具	吊索具损坏或选择不当	起重伤害	较小	（1）作业前，应对吊索具及其配件进行检查，确认完好，方可使用； （2）所选用的吊索具应与被吊工件的外形特点及具体要求相适应，在不具备使用条件的情况下，绝不能对付使用； （3）作业中应防止损坏吊索具及配件，必要时在棱角处加护角防护； （4）吊具及配件不能超过其额定起重量，起重吊具、吊索不得超过其相应吊挂状态下的最大工作载荷

作业步骤	危害辨识	危害描述	产生后果	风险等级	防 范 措 施
3．准备工作及现场布置	临时电源及电源线	电源线悬挂高度不够	触电	较小	临时电源线架设高度室内不低于 2.5m
		电源线、插头、插座破损	触电	较小	（1）检查电源线外绝缘良好，无破损； （2）检查电源盘合格证在有效期； （3）检查电源插头插座，确保完好； （4）不准将电源线缠绕在护栏、管道和脚手架上
		未安装漏电保护器	触电	较小	（1）检查电源盘合格证在有效期； （2）分级配置漏电保护器，工作前试漏电保护器，确保正确动作
		检修电源箱外壳未接地	触电	较小	（1）检查电源盘合格证在有效期； （2）检查电源箱外壳接地良好
	软梯	不合格的软梯	高处坠落	中等	（1）使用前严格检查； （2）使用的软梯必须检验合格
	行灯	行灯电源线、电源插头破损	触电	较小	（1）检查行灯电源线、电源插头完好无破损； （2）行灯的电源线应采用橡套软电缆
		使用行灯电压等级不符	触电	较小	在金属容器和金属管道内使用的行灯，其电压不得超过 12V
		行灯防护罩缺失	触电	较小	行灯应有保护罩
4．阴再生塔解体	人孔门	人孔未设置临时围栏、警告标志	高处坠落	较小	（1）在检修工作中人孔打开后，必须设有牢固的临时围栏，并设有明显的警告标志； （2）工作停止时应将人孔临时进行封闭
	大锤、手锤	锤把上有油污未清理	物体打击	较小	清理锤把上油污
		戴手套抡大锤	物体打击	较小	打锤人不得戴手套
	扳手	使用扳手不当或用力过猛致伤	其他伤害	较小	（1）用合适扳手，平稳用力； （2）安全防护装置齐全有效，佩戴手套
	离子交换树脂	清理离子交换树脂时，清理不到位	滑倒	较小	及时清理离子交换树脂，做到随清随洁，防止脚下打滑摔伤
	高处作业人员	放置不妥当的软梯	高处坠落	重大	（1）使用软梯工作前，必须由工作负责人检查确认软梯无缺陷后，方可使用； （2）软梯的架设应指定专人负责或由使用者亲自架设，放置软梯必须保证已接触到塔体底部； （3）软梯固定在牢靠位置
	二氧化碳	气体浓度超标	窒息	中等	有限空间作业前办理作业审批许可；工作前 30min 前打开人孔门进行通风直至用气体检测仪检测浓度合格，氧气浓度保持在 19.5%～21%范围内
		无人监护	窒息	中等	设专人不间断地监护
	行灯	将行灯变压器带入金属容器内	触电	较小	禁止将行灯变压器带入金属容器内
	离子交换树脂	火种或电动工器具操作引燃	火灾	较小	（1）进出密闭容器工作，禁止带火种及使用； （2）进出人员、工器具严格履行登记手续
	高处的工器具及材料	工器具掉落	物体打击	较小	高处作业一律使用工具袋。较大的工具应用绳拴在牢固的构件上，不准随便乱放，以防止从高处坠落发生事故
		工器具及材料上下投掷	物体打击	较小	不准将工具及材料上下投掷，要用绳系牢后往下或往上吊送，以免伤下方工作人员或击毁脚手架

续表

作业步骤	危害辨识	危害描述	产生后果	风险等级	防 范 措 施
4. 阴再生塔解体	脚手架	脚手架未验收、检查	高处坠落	重大	（1）脚手架搭设结束后，必须履行脚手架验收手续，委托人及搭建人双方在脚手架验收合格证上签字； （2）每日使用脚手架前，使用人检查脚手架合格并在脚手架验收合格证背面签名后方可使用
	安全带	未正确使用安全带	高处坠落	重大	（1）安全带检验合格证应在有效期内； （2）使用前检查安全带部件完好无损坏； （3）正确使用双钩安全带，移动中严禁脱钩； （4）安全带应挂在牢固的构件上，高挂低用
5. 阴再生塔各部件检修、检测	二氧化碳	气体浓度超标	窒息	中等	有限空间作业前办理作业审批许可；工作前30min 前打开人孔门进行通风直至用气体检测仪检测浓度合格，氧气浓度保持在 19.5%～21%范围内
		无人监护	窒息	中等	设专人不间断地监护
	行灯	将行灯变压器带入金属容器内	触电	较小	禁止将行灯变压器带入金属容器内
	高处作业人员	每天软梯使用前未检查或多人在软梯上工作	高处坠落	重大	（1）每天使用软梯工作前，必须由工作负责人检查确认软梯无缺陷后，方可使用； （2）在软梯上只准一个人工作；在软梯上工作的人员，衣着必须灵便，并应使用安全带，戴安全帽，带工具袋
	角磨机	未正确使用防护罩、防护眼镜	机械伤害	较小	正确佩戴防护罩、防护眼镜
		手提电动工具的导线或转动部分	触电	较小	禁止手提电动工具的导线或转动部分
		使用砂轮片破损的角磨机	物体打击	较小	使用前检查角磨机砂轮片完好无缺损
		更换砂轮片未切断电源	机械伤害	较小	更换砂轮片前必须切断电源
	手持电动工具	未使用Ⅱ类手持式电动工具	触电	较小	（1）电源联接器和控制箱等应放在容器外面宽敞、干燥的场所； （2）使用Ⅱ类手持式电动工具，并安装漏电开关，漏电开关工作电流小于 15mA，动作时间小于等于 0.1s
	高处的工器具及材料	工器具掉落	物体打击	较小	高处作业一律使用工具袋。较大的工具应用绳拴在牢固的构件上，不准随便乱放，以防止从高处坠落发生事故
		工器具及材料上下投掷	物体打击	较小	不准将工具及材料上下投掷，要用绳系牢后往下或往上吊送，以免打伤下方工作人员或击毁脚手架
	粉尘	未正确使用防尘口罩	尘肺病	较小	打磨时正确佩戴合格的防尘口罩
	衬胶材料	可燃物存放过多	火灾	中等	（1）阴再生塔内工作要求不得带入过多的防腐材料； （2）严禁防腐材料周围产生任何有火花的作业
	稀释剂	可燃气体浓度超标	火灾	中等	（1）保证阴再生塔内部通风畅通，使用防爆轴流风机强制通风； （2）每隔 2h 用气体检测仪检测可燃物浓度合格
		无人监护	中毒火灾	中等	设专人不间断地监护

续表

作业步骤	危害辨识	危害描述	产生后果	风险等级	防 范 措 施
5. 阴再生塔各部件检修、检测	固化剂	固化剂添加过多衬胶材料发热自燃	火灾	中等	(1) 灭火器、消防水带等消防器材配备齐全,并专人监护; (2) 严格执行衬胶工艺流程要求
	电火花检测仪	碰触电火花检测仪带电体	触电	中等	(1) 使用电火花检测仪必须佩带绝缘手套,接地线固定牢固; (2) 罐体内部要保持干燥后,方可带入; (3) 工作结束及时关闭电源,且将带电部分进行放电
	火种	衬胶工作结束后,现场有遗留火种	火灾	中等	衬胶工作结束后全面清理工作区域,做到不留任何火种
	脚手架	脚手架未验收、检查	高处坠落	重大	(1) 脚手架搭设结束后,必须履行脚手架验收手续,委托人及搭建人双方在脚手架验收合格证上签字; (2) 每日使用脚手架前,使用人检查脚手架合格并在脚手架验收合格证背面签名后方可使用
	安全带	未正确使用安全带	高处坠落	重大	(1) 安全带检验合格证应在有效期内; (2) 使用前检查安全带部件完好无损坏; (3) 正确使用双钩安全带,移动中严禁脱钩; (4) 安全带应挂在牢固的构件上,高挂低用
6. 阴再生塔装复	大锤、手锤	锤把上有油污未清理	物体打击	较小	清理锤把上油污
		戴手套抡大锤	物体打击	较小	打锤人不得戴手套
	扳手	使用扳手不当或用力过猛致伤	其他伤害	较小	(1) 用合适扳手,平稳用力; (2) 安全防护装置齐全有效,佩戴手套
	高处作业人员	每天软梯使用前未检查或多人在软梯上工作	高处坠落	重大	(1) 每天使用软梯工作前,必须由工作负责人检查确认软梯无缺陷后,方可使用; (2) 在软梯上只准一个人工作;在软梯上工作的人员,衣着必须灵便,并应使用安全带,戴安全帽,带工具袋
	二氧化碳	气体浓度超标	窒息	中等	有限空间作业前办理作业审批许可;工作前30min 前打开人孔门进行通风直至用气体检测仪检测浓度合格,氧气浓度保持在 19.5%~21%范围内
		无人监护	窒息	中等	设专人不间断地监护
	行灯	将行灯变压器带入金属容器内	触电	较小	禁止将行灯变压器带入金属容器内
	高处的工器具及材料	工器具掉落	物体打击	较小	高处作业一律使用工具袋。较大的工具应用绳拴在牢固的构件上,不准随便乱放,以防止从高处坠落发生事故
		工器具及材料上下投掷	物体打击	较小	不准将工具及材料上下投掷,要用绳系牢后往下或往上吊送,以免打伤下方工作人员或击毁脚手架
	脚手架	脚手架未验收、检查	高处坠落	重大	(1) 脚手架搭设结束后,必须履行脚手架验收手续,委托人及搭建人双方在脚手架验收合格证上签字; (2) 每日使用脚手架前,使用人检查脚手架合格并在脚手架验收合格证背面签名后方可使用
	安全带	未正确使用安全带	高处坠落	重大	(1) 安全带检验合格证应在有效期内; (2) 使用前检查安全带部件完好无损坏; (3) 正确使用双钩安全带,移动中严禁脱钩; (4) 安全带应挂在牢固的构件上,高挂低用

作业步骤	危害辨识	危害描述	产生后果	风险等级	防 范 措 施
6. 阴再生塔装复	二氧化碳	人员遗留在容器内	窒息	较小	（1）封闭人孔前工作负责人应认真清点工作人员； （2）核对容器进出人登记，确认无人员和工器具遗落，并喊话确认无人
7. 现场清理	施工废料	施工废料未清理	环境污染	较小	废料及时清理，做到工完、料尽、场地清

10.18 树脂贮存塔检修

作业步骤	危害辨识	危害描述	产生后果	风险等级	防 范 措 施
1. 作业环境评估	噪声	噪声超标	噪声聋	较小	进入噪声区域时正确佩戴合格的耳塞
	孔洞	盖板缺损	高处坠落	重大	工作场所的孔、洞必须覆以与地面齐平的坚固盖板或做好隔离措施
	照明	现场照明不充分	其他伤害	较小	增加临时照明
2. 安全措施正确执行	高压介质	检修中系统隔离不彻底	冲击	较小	检修工作开始前到现场检查确认工作票所列安全措施完善和正确执行
		需检修的设备、系统内高压介质排放不净	冲击	较小	检修工作开始前检查设备内高压介质确已排放干净后方可开始工作
3. 准备工作及现场布置	脚手架	脚手架未验收、检查	高处坠落	重大	（1）脚手架搭设结束后，必须履行脚手架验收手续，委托人及搭建人双方在脚手架验收合格证上签字； （2）每日使用脚手架前，使用人检查脚手架合格并在脚手架验收合格证背面签名后方可使用
	安全带	未正确使用安全带	高处坠落	重大	（1）安全带检验合格证应在有效期内； （2）使用前检查安全带部件完好无损坏； （3）正确使用双钩安全带，移动中严禁脱钩； （4）安全带应挂在牢固的构件上，高挂低用
	角磨机	电源线、电源插头破损、防护罩破损缺失	机械伤害触电	较小	（1）检查角磨机电源线、电源插头完好无缺损，防护罩、砂轮片完好无缺损； （2）检查合格证在有效期内
	大锤、手锤	锤头与木柄的连接不牢固、锤头破损、木柄未使用整根硬质木料	物体打击	较小	锤头与木柄的连接应用金属楔栓固定，楔子长度不得大于安装孔深的2/3，锤头完好无损，木柄使用整根硬质木料
	临时电源及电源线	电源线悬挂高度不够	触电	较小	临时电源线架设高度室内不低于2.5m
		电源线、插头、插座破损	触电	较小	（1）检查电源线外绝缘良好，无破损； （2）检查电源盘合格证在有效期； （3）检查电源插头插座，确保完好； （4）不准将电源线缠绕在护栏、管道和脚手架上
		未安装漏电保护器	触电	较小	（1）检查电源盘合格证在有效期内； （2）分级配置漏电保护器，工作前试漏电保护器，确保正确动作
		检修电源箱外壳未接地	触电	较小	（1）检查电源盘合格证在有效期内； （2）检查电源箱外壳接地良好
	软梯	不合格的软梯	高处坠落	重大	（1）使用前严格检查； （2）使用的软梯必须检验合格

作业步骤	危害辨识	危害描述	产生后果	风险等级	防 范 措 施
3. 准备工作及现场布置	行灯	行灯电源线、电源插头破损	触电	较小	(1) 检查行灯电源线、电源插头完好无破损； (2) 行灯的电源线应采用橡套软电缆
		使用行灯电压等级不符	触电	较小	在金属容器和金属管道内使用的行灯，其电压不得超过 12V
		行灯防护罩缺失	触电	较小	行灯应有保护罩
4. 树脂贮存塔解体	人孔门	人孔未设置临时围栏、警告标志	高处坠落	重大	(1) 在检修工作中人孔打开后，必须设有牢固的临时围栏，并设有明显的警告标志； (2) 工作停止时应将人孔临时进行封闭
	大锤、手锤	锤把上有油污未清理	物体打击	较小	清理锤把上油污
		戴手套抡大锤	物体打击	较小	打锤人不得戴手套
	扳手	使用扳手不当或用力过猛致伤	其他伤害	较小	(1) 用合适扳手，平稳用力； (2) 安全防护装置齐全有效，佩戴手套
	离子交换树脂	清理离子交换树脂时，清理不到位	滑倒	较小	及时清理离子交换树脂，做到随清随洁，防止脚下打滑摔伤
	高处作业人员	放置不妥当的软梯	高处坠落	重大	(1) 使用软梯工作前，必须由工作负责人检查确认软梯无缺陷后，方可使用； (2) 软梯的架设应指定专人负责或由使用者亲自架设，放置软梯必须保证能接触到塔体底部； (3) 软梯固定在牢靠位置
	二氧化碳	气体浓度超标	窒息	中等	有限空间作业前办理作业审批许可；工作前 30min 前打开人孔门进行通风直至用气体检测仪检测浓度合格，氧气浓度保持在 19.5%～21% 范围内
		无人监护	窒息	中等	设专人不间断地监护
	行灯	将行灯变压器带入金属容器内	触电	较小	禁止将行灯变压器带入金属容器内
	离子交换树脂	火种或电动工器具操作引燃	火灾	较小	(1) 进出密闭容器工作，禁止带火种及使用； (2) 进出人员、工器具严格履行登记手续
	高处的工器具及材料	工器具掉落	物体打击	较小	高处作业一律使用工具袋。较大的工具应用绳拴在牢固的构件上，不准随便乱放，以防止从高处坠落发生事故
		工器具及材料上下投掷	物体打击	较小	不准将工具及材料上下投掷，要用绳系牢后往下或往上吊送，以免打伤下方工作人员或击毁脚手架
	脚手架	脚手架未验收、检查	高处坠落	重大	(1) 脚手架搭设结束后，必须履行脚手架验收手续，委托人及搭建人双方在脚手架验收合格证上签字； (2) 每日使用脚手架前，使用人检查脚手架合格并在脚手架验收合格证背面签名后方可使用
	安全带	未正确使用安全带	高处坠落	重大	(1) 安全带检验合格证应在有效期内； (2) 使用前检查安全带部件完好无损坏； (3) 正确使用双钩安全带，移动中严禁脱钩； (4) 安全带应挂在牢固的构件上，高挂低
5. 树脂贮存塔各部件检修、检测	二氧化碳	气体浓度超标	窒息	中等	有限空间作业前办理作业审批许可；工作前 30min 前打开人孔门进行通风直至用气体检测仪检测浓度合格，氧气浓度保持在 19.5%～21% 范围内
		无人监护	窒息	中等	设专人不间断地监护

续表

作业步骤	危害辨识	危害描述	产生后果	风险等级	防 范 措 施
5. 树脂贮存塔各部件检修、检测	行灯	将行灯变压器带入金属容器内	触电	较小	禁止将行灯变压器带入金属容器内
	高处作业人员	每天软梯使用前未检查或多人在软梯上工作	高处坠落	重大	（1）每天使用软梯工作前，必须由工作负责人检查确认软梯无缺陷后，方可使用； （2）在软梯上只准一个人工作；在软梯上工作的人员，衣着必须灵便，并应使用安全带，戴安全帽，带工具袋
	角磨机	未正确使用防护罩、防护眼镜	机械伤害	较小	正确佩戴防护罩、防护眼镜
		手提电动工具的导线或转动部分	触电	较小	禁止手提电动工具的导线或转动部分
		使用砂轮片破损的角磨机	物体打击	较小	使用前检查角磨机砂轮片完好无缺损
		更换砂轮片未切断电源	机械伤害	较小	更换砂轮片前必须切断电源
	手持电动工具	未使用Ⅱ类手持式电动工具	触电	较小	（1）电源联接器和控制箱等应放在容器外面宽敞、干燥的场所； （2）使用Ⅱ类手持式电动工具，并安装漏电开关，漏电开关工作电流小于15mA，动作时间小于等于0.1s
	高处的工器具及材料	工器具掉落	物体打击	较小	高处作业一律使用工具袋。较大的工具应用绳拴在牢固的构件上，不准随便乱放，以防止从高处坠落发生事故
		工器具及材料上下投掷	物体打击	较小	不准将工具及材料上下投掷，要用绳系牢后往下或往上吊送，以免打伤下方工作人员或击毁脚手架
	粉尘	未正确使用防尘口罩	尘肺病	较小	打磨时正确佩戴合格的防尘口罩
	衬胶材料	可燃物存放过多	火灾	中等	（1）树脂贮存塔内工作要求不得带入过多的防腐材料； （2）严禁防腐材料周围产生任何有火花的作业
	稀释剂	可燃气体浓度超标	火灾	中等	（1）保证树脂贮存塔内部通风畅通，使用防爆轴流风机强制通风； （2）每隔2h用气体检测仪检测可燃物浓度合格
		无人监护	中毒火灾	中等	设专人不间断地监护
	固化剂	固化剂添加过多衬胶材料发热自燃	火灾	中等	（1）灭火器、消防水带等消防器材配备齐全，并专人监护； （2）严格执行衬胶工艺流程要求
	电火花检测仪	碰触电火花检测仪带电体	触电	中等	（1）使用电火花检测仪必须佩带绝缘手套，接地线固定牢固； （2）罐体内部要保持干燥后，方可带入； （3）工作结束及时关闭电源，且将带电部分进行放电
	火种	衬胶工作结束后，现场有遗留火种	火灾	中等	衬胶工作结束后全面清理工作区域，做到不留任何火种
	脚手架	脚手架未验收、检查	高处坠落	重大	（1）脚手架搭设结束后，必须履行脚手架验收手续，委托人及搭建人双方在脚手架验收合格证上签字； （2）每日使用脚手架前，使用人检查脚手架合格并在脚手架验收合格证背面签名后方可使用
	安全带	未正确使用安全带	高处坠落	重大	（1）安全带检验合格证应在有效期内； （2）使用前检查安全带部件完好无损坏； （3）正确使用双钩安全带，移动中严禁脱钩； （4）安全带应挂在牢固的构件上，高挂低用

作业步骤	危害辨识	危害描述	产生后果	风险等级	防 范 措 施
6. 树脂贮存塔装复	大锤、手锤	锤把上有油污未清理	物体打击	较小	清理锤把上油污
		戴手套抡大锤	物体打击	较小	打锤人不得戴手套
	扳手	使用扳手不当或用力过猛致伤	其他伤害	较小	（1）用合适扳手，平稳用力； （2）安全防护装置齐全有效，佩戴手套
	高处作业人员	每天软梯使用前未检查或多人在软梯上工作	高处坠落	重大	（1）每天使用软梯工作前，必须由工作负责人检查确认软梯无缺陷后，方可使用； （2）在软梯上只准一个人工作；在软梯上工作的人员，衣着必须灵便，并应使用安全带，戴安全帽，带工具袋
	二氧化碳	气体浓度超标	窒息	中等	有限空间作业前办理作业审批许可；工作前30min前打开人孔门进行通风直至用气体检测仪检测浓度合格，氧气浓度保持在19.5%~21%范围内
		无人监护	窒息	中等	设专人不间断地监护
	行灯	将行灯变压器带入金属容器内	触电	较小	禁止将行灯变压器带入金属容器内
	高处的工器具及材料	工器具掉落	物体打击	较小	高处作业一律使用工具袋。较大的工具应用绳拴在牢固的构件上，不准随便乱放，以防止从高处坠落发生事故
		工器具及材料上下投掷	物体打击	较小	不准将工具及材料上下投掷，要用绳系牢后往下或往上吊送，以免打伤下方工作人员或击毁脚手架
	脚手架	脚手架未验收、检查	高处坠落	重大	（1）脚手架搭设结束后，必须履行脚手架验收手续，委托人及搭建人双方在脚手架验收合格证上签字； （2）每日使用脚手架前，使用人检查脚手架合格并在脚手架验收合格证背面签名后方可使用
	安全带	未正确使用安全带	高处坠落	重大	（1）安全带检验合格证应在有效期内； （2）使用前检查安全带部件完好无损坏； （3）正确使用双钩安全带，移动中严禁脱钩； （4）安全带应挂在牢固的构件上，高挂低用
	二氧化碳	人员遗留在容器内	窒息	较小	（1）封闭人孔前工作负责人应认真清点工作人员； （2）核对容器进出人登记，确认无人员和工器具遗落，并喊话确认无人
7. 现场清理	施工废料	施工废料未清理	环境污染	较小	废料及时清理，做到工完、料尽、场地清

10.19 凝水再生中和水池检修

作业步骤	危害辨识	危害描述	产生后果	风险等级	防 范 措 施
1. 作业环境评估	噪声	噪声超标	噪声聋	较小	进入噪声区域时正确佩戴合格的耳塞
	照明	现场照明不充足	其他伤害	较小	增加临时照明
	孔洞	盖板缺损	高处坠落	重大	工作场所的孔、洞必须覆以与地面齐平的坚固盖板或做好隔离措施
	酸雾	氯化氢浓度含量高	中毒和窒息	较小	进行通风置换直至满足工作要求

作业步骤	危害辨识	危害描述	产生后果	风险等级	防 范 措 施
2．安全措施正确执行	盐酸、碱液	检修的系统隔离不彻底	灼烫伤	中等	检查、确认运行人员将检修设备及相关管道可靠地与运行系统已隔断，没有相邻系统内介质流入的可能；并挂"禁止操作，有人工作"标识牌
	废水	需检修的设备内介质未放净	淹溺	较小	水池内余水排尽
3．准备工作及现场布置	角磨机	电源线、电源插头破损、防护罩破损缺失松动	触电、机械伤害	较小	（1）检查电源线、电源插头完好无破损、防护罩完好无破损且牢固； （2）检验合格证在有效期内； （3）使用手提切割机、角磨机时戴好防护面罩
	大锤、手锤	锤头与木柄的连接不牢固、锤头破损、木柄未使用整根硬质木料	物体打击	较小	锤头与木柄的连接应用金属楔栓固定，楔子长度不得大于安装孔深的2/3，锤头完好无损，木柄使用整根硬质木料
	临时电源及电源线	电源线悬挂高度不够	触电	较小	临时电源线架设高度室内不低于2.5m
		电源线、插头、插座破损	触电	较小	（1）检查电源线外绝缘良好，无破损； （2）检查电源盘合格证在有效期； （3）检查电源插头插座，确保完好； （4）不准将电源线缠绕在护栏、管道和脚手架上
		未安装漏电保护器	触电	较小	（1）检查电源盘合格证在有效期内； （2）分级配置漏电保护器，工作前试漏电保护器，确保正确动作
		检修电源箱外壳未接地	触电	较小	（1）检查电源盘合格证在有效期内； （2）检查电源箱外壳接地良好
	行灯	行灯电源线、电源插头破损	触电	较小	（1）检查行灯电源线、电源插头完好无破损； （2）行灯的电源线应采用橡套软电缆
		使用行灯电压等级不符	触电	较小	在凝水再生中和水池内使用的行灯，其电压不得超过12V
		行灯防护罩缺失	触电	较小	行灯应有保护罩
	通风机	防护罩缺损	机械伤害	较小	（1）风机转动部分必须装设防护装置，并标明旋转方向； （2）对缺损的防护罩应及时装复或修复； （3）通风机应为防爆型风机
4．凝水再生中和水池检查	人孔门	人孔未设置临时围栏、警告标志	高处坠落	重大	（1）在检修工作中人孔打开后，必须设有牢固的临时围栏，并设有明显的警告标志； （2）工作停止时应将人孔临时进行封闭
	大锤、手锤	锤把上有油污未清理	物体打击	较小	清理锤把上油污
		戴手套抡大锤	物体打击	较小	打锤人不得戴手套
	扳手	使用扳手不当或用力过猛致伤	其他伤害	较小	（1）用合适扳手，平稳用力； （2）安全防护装置齐全有效，佩戴手套
	手提切割机	电源线、电源插头破损、防护罩破损缺失松动	触电、机械伤害	较小	（1）检查电源线、电源插头完好无破损、防护罩完好无破损且牢固； （2）检验合格证在有效期内； （3）使用手提切割机时戴好防护面罩
		更换切割片未切断电源	机械伤害	较小	更换切割片前必须切断电源
	废水	冲洗液未排净	灼烫伤	较小	充、排水结束后，检查凝水再生中和水池内冲洗水排放干净
	通风机	肢体部位或饰品衣物、用具接触转动部位	机械伤害	较小	（1）衣服和袖口应扣好，不得戴围巾领带，长发必须盘在安全帽内； （2）不准将用具、工器具接触设备的转动部位

作业步骤	危害辨识	危害描述	产生后果	风险等级	防 范 措 施
5. 凝水再生中和水池修理	有毒、有害气体	未及时通风、检测	窒息	中等	（1）有限空间作业前办理作业审批许可； （2）打开所有通风口进行通风置换； （3）保证水池内部通风畅通，必要时使用防爆轴流风机强制通风； （4）测量氧气浓度应保持在19.5%～21%； （5）严禁向水池内部输送氧气； （6）设专人不间断地监护
		未设置逃生通道	窒息	中等	设置逃生通道，并保持通道畅通
	高处作业人员	使用不合格或未放置不妥当的临时爬梯或直梯	高处坠落	重大	放置爬梯必须保证已接触在水池底部，爬梯上部用绳索固定在凝水再生中和水池体外部
	高温空气	气温超过40℃	中暑	较小	（1）不准在工作环境温度超过40℃的凝水再生中和水池内进行作业； （2）必须在凝水再生中和水池内工作时，需通风并应为工作人员提供足够的饮水、清凉饮料及防暑药品； （3）专人监护，遇有不适立即从凝水再生中和水池内撤出
	行灯	将行灯变压器带入凝水再生中和水池内	触电	较小	禁止将行灯变压器带入凝水再生中和水池内
	角磨机	未正确使用防护罩、防护眼镜	机械伤害	较小	正确佩戴防护罩、防护眼镜
		手提电动工具的导线或转动部分	触电	较小	禁止手提电动工具的导线或转动部分
		使用砂轮片破损的角磨机	物体打击	较小	使用前检查角磨机砂轮片完好无缺损
		更换砂轮片未切断电源	机械伤害	较小	更换砂轮片前必须切断电源
	手持电动工具	未使用Ⅱ类手持式电动工具	触电	较小	（1）电源联接器和控制箱等应放在水池外面宽敞、干燥的场所； （2）使用Ⅱ类手持式电动工具，并安装漏电开关，漏电开关工作电流小于15mA，动作时间小于等于0.1s
	高处的工器具及材料	工器具掉落	物体打击	较小	高处作业一律使用工具袋。较大的工具应用绳拴在牢固的构件上，不准随便乱放，以防止从高处坠落发生事故
		工器具及材料上下投掷	物体打击	较小	不准将工具及材料上下投掷，要用绳系牢后往下或往上吊送，以免打伤下方工作人员或击毁脚手架
	粉尘	未正确使用防尘口罩	尘肺病	较小	打磨时正确佩戴合格的防尘口罩
	防腐材料	可燃物存放过多	火灾	中等	（1）凝水再生中和水池内工作要求不得带入过多的防腐材料； （2）严禁防腐材料周围产生任何有火花的作业
	稀释剂	可燃气体浓度超标	火灾	中等	（1）保证凝水再生中和水池内部通风畅通，使用防爆轴流风机强制通风； （2）每隔2h用气体检测仪检测可燃物浓度合格
		无人监护	中毒、火灾	中等	设专人不间断地监护
	固化剂	固化剂添加过多防腐材料发热自燃	火灾	中等	（1）灭火器、消防水带等消防器材配备齐全，并专人监护； （2）严格执行防腐工艺流程要求

续表

作业步骤	危害辨识	危害描述	产生后果	风险等级	防 范 措 施
5. 凝水再生中和水池修理	火种	防腐工作结束后,现场有遗留火种	火灾	中等	防腐工作结束后全面清理工作区域,做到不留任何火种
	脚手架	脚手架未验收、检查	高处坠落	重大	(1) 脚手架搭设结束后,必须履行脚手架验收手续,委托人及搭建人双方在脚手架验收合格证上签字; (2) 每日使用脚手架前,使用人检查脚手架合格并在脚手架验收合格证背面签名后方可使用
	安全带	未正确使用安全带	高处坠落	重大	(1) 安全带检验合格证应在有效期内; (2) 使用前检查安全带部件完好无损坏; (3) 正确使用双钩安全带,移动中严禁脱钩; (4) 安全带应挂在牢固的构件上,高挂低用
6. 凝水再生中和水池装复	大锤、手锤	锤把上有油污未清理	物体打击	较小	清理锤把上油污
		戴手套抡大锤	物体打击	较小	打锤人不得戴手套
	扳手	使用扳手不当或用力过猛致伤	其他伤害	较小	(1) 用合适扳手,平稳用力; (2) 安全防护装置齐全有效,佩戴手套
	有毒、有害气体	气体浓度超标	中毒、窒息	中等	(1) 有限空间作业前办理作业审批许可; (2) 打开所有通风口进行通风置换; (3) 保证水池内部通风畅通,必要时使用防爆轴流风机强制通风; (4) 测量氧气浓度应保持在 19.5%～21%; (5) 严禁向水池内部输送氧气; (6) 设专人不间断地监护
		无人监护	中毒、窒息	中等	设置逃生通道,并保持通道畅通
	高温空气	气温超过 40℃	中暑	较小	(1) 不准在工作环境温度超过 40℃的凝水再生中和水池内进行作业; (2) 必须在凝水再生中和水池内工作时,需通风并应为工作人员提供足够的饮水、清凉饮料及防暑药品; (3) 专人监护,遇有不适立即从凝水再生中和水池内撤出
	行灯	将行灯变压器带入金属水池内	触电	较小	禁止将行灯变压器带入凝水再生中和水池器内
	有毒、有害气体	人员遗留在水池内	窒息	较小	(1) 封闭人孔前工作负责人应认真清点工作人员; (2) 核对水池进出人登记,确认无人员和工器具遗落,并喊话确认无人
7. 现场清理	施工废料	施工废料未清理	环境污染	较小	废料及时清理,做到工完、料尽、场地清

10.20 凝水再生回收水池检修

作业步骤	危害辨识	危害描述	产生后果	风险等级	防 范 措 施
1. 作业环境评估	噪声	噪声超标	噪声聋	较小	进入噪声区域时正确佩戴合格的耳塞
	照明	现场照明不充足	其他伤害	较小	增加临时照明
	酸雾	氯化氢浓度含量高	中毒和窒息	较小	进行通风置换直至满足工作要求
	孔洞	盖板缺损	高处坠落	重大	工作场所的孔、洞必须覆以与地面齐平的坚固盖板或做好隔离措施

续表

作业步骤	危害辨识	危害描述	产生后果	风险等级	防 范 措 施
2. 安全措施正确执行	废水	检修的系统隔离不彻底	淹溺	中等	检查、确认运行人员将检修设备及相关管道可靠地与运行系统已隔断，没有相邻系统内介质流入的可能；并挂"禁止操作，有人工作"标识牌
		需检修的设备内介质未放净	淹溺	较小	水池内余水排尽
3. 准备工作及现场布置	角磨机	电源线、电源插头破损、防护罩破损缺失松动	触电、机械伤害	较小	（1）检查电源线、电源插头完好无破损、防护罩完好无破损且牢固；（2）检验合格证在有效期内；（3）使用手提切割机、角磨机时戴好防护面罩
	大锤、手锤	锤头与木柄的连接不牢固、锤头破损、木柄未使用整根硬质木料	物体打击	较小	锤头与木柄的连接应用金属楔栓固定，楔子长度不得大于安装孔深的2/3，锤头完好无损，木柄使用整根硬质木料
	临时电源及电源线	电源线悬挂高度不够	触电	较小	临时电源线架设高度室内不低于2.5m
		电源线、插头、插座破损	触电	较小	（1）检查电源线外绝缘良好，无破损；（2）检查电源盘合格证在有效期；（3）检查电源插头插座，确保完好；（4）不准将电源线缠绕在护栏、管道和脚手架上
		未安装漏电保护器	触电	较小	（1）检查电源盘合格证在有效期；（2）分级配置漏电保护器，工作前试漏电保护器，确保正确动作
		检修电源箱外壳未接地	触电	较小	（1）检查电源盘合格证在有效期；（2）检查电源箱外壳接地良好
	行灯	行灯电源线、电源插头破损	触电	较小	（1）检查行灯电源线、电源插头完好无破损；（2）行灯的电源线应采用橡套软电缆
		使用行灯电压等级不符	触电	较小	在凝水再生回收水池内使用的行灯，其电压不得超过12V
		行灯防护罩缺失	触电	较小	行灯应有保护罩
	通风机	防护罩缺损	机械伤害	较小	（1）风机转动部分必须装设防护装置，并标明旋转方向；（2）对缺损的防护罩应及时装复或修复；（3）通风机应为防爆型风机
4. 凝水再生回收水池检查	人孔门	人孔未设置临时围栏、警告标志	高处坠落	重大	（1）在检修工作中人孔打开后，必须设有牢固的临时围栏，并设有明显的警告标志；（2）工作停止时应将人孔临时进行封闭
	大锤、手锤	锤把上有油污未清理	物体打击	较小	清理锤把上油污
		戴手套抡大锤	物体打击	较小	打锤人不得戴手套
	扳手	使用扳手不当或用力过猛致伤	其他伤害	较小	（1）用合适扳手，平稳用力；（2）安全防护装置齐全有效，佩戴手套
	手提切割机	电源线、电源插头破损、防护罩破损缺失松动	触电、机械伤害	较小	（1）检查电源线、电源插头完好无破损、防护罩完好无破损且牢固；（2）检验合格证在有效期内；（3）使用手提切割机时戴好防护面罩
		更换切割片未切断电源	机械伤害	较小	更换切割片前必须切断电源
	废水	冲洗液未排净	窒息	较小	充、排水结束后，检查凝水再生回收水池内冲洗水排放干净
	通风机	肢体部位或饰品衣物、用具接触转动部位	机械伤害	较小	（1）衣服和袖口应扣好，不得戴围巾领带，长发必须盘在安全帽内；（2）不准将用具、工器具接触设备的转动部位

作业步骤	危害辨识	危害描述	产生后果	风险等级	防 范 措 施
5. 凝水再生回收水池修理	空气	未及时通风、检测	窒息	中等	（1）有限空间作业前办理作业审批许可； （2）打开所有通风口进行通风置换； （3）保证水池内部通风畅通，必要时使用防爆轴流风机强制通风； （4）测量氧气浓度应保持在 19.5%～21%； （5）严禁向水池内部输送氧气； （6）设专人不间断地监护
		未设置逃生通道	窒息	中等	设置逃生通道，并保持通道畅通
	高处作业人员	使用不合格或未放置妥当的临时爬梯或直梯	高处坠落	重大	放置爬梯必须保证已接触在容器底部，爬梯上部用绳索固定在凝水再生回收水池体外部
	电火花检测仪	碰触电火花检测仪带电体	触电	中等	（1）使用电火花检测仪必须佩带绝缘手套，接地线固定牢固； （2）凝水再生回收水池体内部要保持干燥后，方可带入； （3）工作结束及时关闭电源，且将带电部分进行放电
	高温空气	气温超过 40℃	中暑	较小	（1）不准在工作环境温度超过 40℃的凝水再生回收水池内进行作业； （2）必须在凝水再生回收水池内工作时，需通风并应为工作人员提供足够的饮水、清凉饮料及防暑药品； （3）专人监护，遇有不适立即从凝水再生回收水池内撤出
	行灯	将行灯变压器带入凝水再生回收水池内	触电	较小	禁止将行灯变压器带入凝水再生回收水池内
	角磨机	未正确使用防护罩、防护眼镜	机械伤害	较小	正确佩戴防护罩、防护眼镜
		手提电动工具的导线或转动部分	触电	较小	禁止手提电动工具的导线或转动部分
		使用砂轮片破损的角磨机	物体打击	较小	使用前检查角磨机砂轮片完好无缺损
		更换砂轮片未切断电源	机械伤害	较小	更换砂轮片前必须切断电源
	手持电动工具	未使用Ⅱ类手持式电动工具	触电	较小	（1）电源联接器和控制箱等应放在容器外面宽敞、干燥的场所； （2）使用Ⅱ类手持式电动工具，并安装漏电开关，漏电开关工作电流小于 15mA，动作时间小于等于 0.1s
	高处的工器具及材料	工器具掉落	物体打击	较小	高处作业一律使用工具袋。较大的工具应用绳拴在牢固的构件上，不准随便乱放，以防止从高处坠落发生事故
		工器具及材料上下投掷	物体打击	较小	不准将工具及材料上下投掷，要用绳系牢后往下或往上吊送，以免打伤下方工作人员或击毁脚手架
	粉尘	未正确使用防尘口罩	尘肺病	较小	打磨时正确佩戴合格的防尘口罩
	防腐材料	可燃物存放过多	火灾	中等	（1）凝水再生回收水池内工作要求不得带入过多的防腐材料； （2）严禁防腐材料周围产生任何有火花的作业
	稀释剂	可燃气体浓度超标	火灾	中等	（1）保证凝水再生回收水池内部通风畅通，使用防爆轴流风机强制通风； （2）每隔 2h 用气体检测仪检测可燃物浓度合格
		无人监护	中毒火灾	中等	设专人不间断地监护

作业步骤	危害辨识	危害描述	产生后果	风险等级	防 范 措 施
5. 凝水再生回收水池修理	固化剂	固化剂添加过多防腐材料发热自燃	火灾	中等	(1) 灭火器、消防水带等消防器材配备齐全，并专人监护； (2) 严格执行防腐工艺流程要求
	电火花检测仪	碰触电火花检测仪带电体	触电	中等	(1) 使用电火花检测仪必须佩带绝缘手套，接地线固定牢固； (2) 凝水再生回收水池体内部要保持干燥后，方可带入； (3) 工作结束及时关闭电源，且将带电部分进行放电
	火种	防腐工作结束后，现场有遗留火种	火灾	中等	防腐工作结束后全面清理工作区域，做到不留任何火种
	脚手架	脚手架未验收、检查	高处坠落	重大	(1) 脚手架搭设结束后，必须履行脚手架验收手续，委托人及搭建人双方在脚手架验收合格证上签字； (2) 每日使用脚手架前，使用人检查脚手架合格并在脚手架验收合格证背面签名后方可使用
	安全带	未正确使用安全带	高处坠落	重大	(1) 安全带检验合格证应在有效期内； (2) 使用前检查安全带部件完好无损坏； (3) 正确使用双钩安全带，移动中严禁脱钩； (4) 安全带应挂在牢固的构件上，高挂低用
6. 凝水再生回收水池装复	大锤、手锤	锤把上有油污未清理	物体打击	较小	清理锤把上油污
		戴手套抡大锤	物体打击	较小	打锤人不得戴手套
	扳手	使用扳手不当或用力过猛致伤	其他伤害	较小	(1) 用合适扳手，平稳用力； (2) 安全防护装置齐全有效，佩戴手套
	二氧化碳	气体浓度超标	窒息	中等	有限空间作业前办理作业审批许可；工作前30min 前打开人孔门进行通风直至用气体检测仪检测浓度合格，氧气浓度保持在 19.5%～21%范围内
		无人监护	窒息	中等	设专人不间断地监护
	高温空气	气温超过 40℃	中暑	较小	(1) 不准在工作环境温度超过 40℃的凝水再生回收水池内进行作业； (2) 必须在凝水再生回收水池内工作时，需通风并应为工作人员提供足够的饮水、清凉饮料及防暑药品； (3) 专人监护，遇有不适立即从凝水再生回收水池内撤出
	行灯	将行灯变压器带入金属容器内	触电	较小	禁止将行灯变压器带入凝水再生回收水池器内
	二氧化碳	人员遗留在容器内	窒息	较小	(1) 封闭人孔前工作负责人应认真清点工作人员； (2) 核对容器进出人登记，确认无人员和工器具遗落，并喊话确认无人
7. 现场清理	施工废料	施工废料未清理	环境污染	较小	废料及时清理，做到工完、料尽、场地清

10.21 凝水再生中和水泵检修

作业步骤	危害辨识	危害描述	产生后果	风险等级	防 范 措 施
1. 作业环境评估	噪声	噪声超标	噪声聋	较小	进入噪声区域时正确佩戴合格的耳塞
	转动的水泵	未与运行中转动设备进行有效隔离	机械伤害	较小	（1）设置安全隔离围栏并设置警告标志；（2）设置安全检修通道；（3）在运行中转动设备附近工作时应对转动设备进行可靠遮拦，并设专人监护
	孔、洞、坑	盖板缺损	高处坠落	重大	工作场所的孔、洞必须覆以与地面齐平的坚固盖板或做好隔离措施
	照明	现场照明不充足	其他伤害	较小	增加临时照明
	酸雾	氯化氢浓度含量高	中毒和窒息	较小	进行通风置换直至满足工作要求
2. 确认安全措施正确执行	再生中和废水	检修中系统隔离不彻底	冲击	较小	检修工作开始前到现场检查确认工作票所列安全措施完善和正确执行
		需检修的设备、系统内高压介质排放不净	冲击	较小	检修工作开始前检查设备内高压介质确已排放干净后方可开始工作
	盐酸、碱液	检修的系统隔离不彻底	灼烫伤	中等	检查、确认运行人员将检修设备及相关管道可靠地与运行系统已隔断，没有相邻系统内介质流入的可能；并挂"禁止操作，有人工作"标识牌
	转动的水泵	工作前未采取防转动措施	机械伤害	较小	转动设备检修时应采取防转动措施、确认电机电源线拆除
3. 准备工作及现场布置	撬杠	撬杠强度不够	物体打击	较小	必须保证撬杠强度满足要求
	临时电源及电源线	电源线悬挂高度不够	触电	较小	临时电源线架设高度室内不低于 2.5m
		电源线、插头、插座破损	触电	较小	（1）检查电源线外绝缘良好，无破损；（2）检查电源盘合格证在有效期；（3）检查电源插头插座，确保完好；（4）不准将电源线缠绕在护栏、管道和脚手架上
		未安装漏电保护器	触电	较小	（1）检查电源盘合格证在有效期；（2）分级配置漏电保护器，工作前试漏电保护器，确保正确动作
		检修电源箱外壳未接地	触电	较小	（1）检查电源盘合格证在有效期；（2）检查电源箱外壳接地良好
	大锤、手锤	锤头与木柄的连接不牢固、锤头破损、木柄未使用整根硬质木料	物体打击	较小	锤头与木柄的连接应用金属楔栓固定，楔子长度不得大于安装孔深的2/3，锤头完好无损，木柄使用整根硬质木料
	吊索具	吊索具损坏或选择不当	起重伤害	较小	（1）作业前，应对吊索具及其配件进行检查，确认完好，方可使用；（2）所选用的吊索具应与被吊工件的外形特点及具体要求相适应，在不具备使用条件的情况下，绝不能对付使用；（3）作业中应防止损坏吊索具及配件，必要时在棱角处应加护角防护；（4）吊具及配件不能超过其额定起重量，起重吊索、吊具不得超过其相应吊挂状态下的最大工作载荷
	锉刀、手锯、螺丝刀、钢丝钳	手柄等缺损	刺伤	较小	锉刀、手锯、螺丝刀、钢丝钳等手柄应安装牢固，没有手柄的不准使用

续表

作业步骤	危害辨识	危害描述	产生后果	风险等级	防 范 措 施
4. 凝水再生中和水泵解体	转动的叶轮	未采取防转动措施	机械伤害	较小	转动设备检修时应采取防转动措施
	撬杠	支撑物不可靠	压伤	较小	应保证支撑物可靠
		被撬物倾斜或滚落	压伤	较小	撬动过程中应采取防止被撬物倾斜或滚落
	扳手	使用扳手不当或用力过猛致伤	其他伤害	较小	(1) 用合适扳手,平稳用力; (2) 安全防护装置齐全有效,佩戴手套
	大锤、手锤	锤把上有油污	物体打击	较小	锤把上不可有油污
		单手抡大锤	物体打击	较小	抡大锤时,周围不得有人,不得单手抡大锤
		戴手套抡大锤	物体打击	较小	打锤人不得戴手套
	手拉葫芦	滑链	起重伤害	较小	使用前应作无负荷起落试验一次
		手拉链有裂纹、链轮转动卡涩、吊钩无防脱保险装置	起重伤害	较小	(1) 使用前检查手拉链是否有裂纹、链轮转动是否卡涩、吊钩是否无防脱保险装置,以确保完好,起吊后及时锁链; (2) 检查合格证在有效期内
		手拉葫芦超载荷使用	起重伤害	较小	使用手拉葫芦时工作负荷不准超过铭牌规定
	吊具、起吊物	吊点不牢固、吊点位置不正确	起重伤害	较小	(1) 吊钩要挂在物品的重心上,当被吊物件起吊后有可能摆动或转动时,应采用绳牵引方法,防止物件摆动伤人或碰坏设备; (2) 选择牢固可靠、满足载荷的吊点
		绑扎不牢固	起重伤害	较小	(1) 起重前必须将物件牢固、稳妥地绑住; (2) 吊拉时两根钢丝绳之间的夹角一般不得大于90°; (3) 使用单吊索起重物挂钩时应打挂钩结,使用吊环时螺栓必须拧到底
		斜拉	起重伤害	较小	禁止使吊钩斜着拖吊重物
		吊装作业区域无专人监护	起重伤害	较小	吊装作业区周边必须设置警戒区域,并设专人监护
5. 凝水再生中和水泵部件检修、测量	清洁剂	在工作场所存储	火灾爆炸	较小	(1) 禁止在工作场所存储易燃物品,例如汽油、酒精等; (2) 领用、暂存时量不能过大,一般不超过500mL
		皮肤接触	化学性灼伤	较小	工作人员佩戴橡胶手套
	临时电源及电源线	电源线悬挂高度不够	触电	较小	临时电源线架设高度室内不低于2.5m
		电源线、插头、插座破损	触电	较小	(1) 检查电源线外绝缘良好,无破损; (2) 检查电源盘合格证在有效期; (3) 检查电源插头插座,确保完好; (4) 不准将电源线缠绕在护栏、管道和脚手架上
		未安装漏电保护器	触电	较小	(1) 检查电源盘合格证在有效期; (2) 分级配置漏电保护器,工作前试漏电保护器,确保正确动作
		检修电源箱外壳未接地	触电	较小	(1) 检查电源盘合格证在有效期; (2) 检查电源箱外壳接地良好

续表

作业步骤	危害辨识	危害描述	产生后果	风险等级	防 范 措 施
5. 凝水再生中和水泵部件检修、测量	角磨机	未正确使用防护罩、防护眼镜	机械伤害	较小	正确佩戴防护罩、防护眼镜
		手提电动工具的导线或转动部分	触电	较小	禁止手提电动工具的导线或转动部分
		角磨机砂轮片破损	物体打击	较小	使用前检查角磨机砂轮片完好无缺损
		更换砂轮片未切断电源	机械伤害	较小	更换砂轮片前必须切断电源
	锉刀、手锯、螺丝刀、钢丝钳	手柄等缺损	刺伤	较小	锉刀、手锯、螺丝刀、钢丝钳等手柄应安装牢固,没有手柄的不准使用
6. 凝水再生中和水泵装复	手拉葫芦	滑链	起重伤害	较小	使用前应作无负荷起落试验一次
		手拉链有裂纹、链轮转动卡涩、吊钩无防脱保险装置	起重伤害	较小	(1) 使用前检查手拉链是否有裂纹、链轮转动是否卡涩、吊钩是否无防脱保险装置,以确保完好,起吊后及时锁链; (2) 检查合格证在有效期内
		手拉葫芦超载荷使用	起重伤害	较小	使用手拉葫芦时工作负荷不准超过铭牌规定
	撬杠	支撑物不可靠	砸伤	较小	应保证支撑物可靠
		被撬物倾斜或滚落	砸伤	较小	撬动过程中应采取防止被撬物倾斜或滚落
	大锤、手锤	锤把上有油污	物体打击	较小	锤把上不可有油污
		戴手套抡大锤	物体打击	较小	打锤人不得戴手套
	扳手	使用扳手不当或用力过猛致伤	其他伤害	较小	(1) 用合适扳手,平稳用力; (2) 安全防护装置齐全有效,佩戴手套
	吊具、起吊物	吊点不牢固、吊点位置不正确	起重伤害	较小	(1) 吊钩要挂在物品的重心上,当被吊物件起吊后有可能摆动或转动时,应采用绳牵引方法,防止物件摆动伤人或碰坏设备; (2) 选择牢固可靠、满足载荷的吊点
		绑扎不牢固	起重伤害	较小	(1) 起重前必须将物件牢固、稳妥地绑住; (2) 吊拉时两根钢丝绳之间的夹角一般不得大于90°; (3) 使用单吊索起吊重物挂钩时应打挂钩结,使用吊环时螺栓必须拧到底
		斜拉	起重伤害	较小	禁止使用吊钩斜着拖吊重物
		吊装作业区域无专人监护	起重伤害	较小	吊装作业区周边必须设置警戒区域,并设专人监护
	转动的叶轮	未采取防转动措施	机械伤害	较小	转动设备检修时应采取防转动措施
7. 试运	转动的水泵	肢体部位或饰品衣物、用具接触转动部位	机械伤害	较小	(1) 衣服和袖口应扣好,不得戴围巾领带,长发必须盘在安全帽内; (2) 不准将用具、工器具接触设备的转动部位
		转动部件飞出	机械伤害	较小	试运行时,无关人员远离,工作人员站在轴向位置
		断裂、超速、零部件脱落	物体打击	较小	检查设备的运行状态,保持设备的振动、温度、运行电流等参数符合标准,如发现参数超标及时处理
8. 检修工作结束	施工废料	施工废料未清理	环境污染	较小	废料及时清理,做到工完、料尽、场地清

10.22 凝水再生回收水泵检修

作业步骤	危害辨识	危害描述	产生后果	风险等级	防 范 措 施
1. 作业环境评估	噪声	噪声超标	噪声聋	较小	进入噪声区域时正确佩戴合格的耳塞
	转动的水泵	未与运行中转动设备进行有效隔离	机械伤害	较小	（1）设置安全隔离围栏并设置警告标志； （2）设置安全检修通道； （3）在运行中转动设备附近工作时应对转动设备进行可靠遮拦，并设专人监护
	孔、洞、坑	盖板缺损	高处坠落	重大	工作场所的孔、洞必须覆以与地面齐平的坚固盖板或做好隔离措施
	照明	现场照明不充足	其他伤害	较小	增加临时照明
	酸雾	氯化氢浓度含量高	中毒和窒息	较小	进行通风置换直至满足工作要求
2. 确认安全措施正确执行	高压介质水	检修中系统隔离不彻底	冲击	较小	检修工作开始前到现场检查确认工作票所列安全措施完善和正确执行
		需检修的设备、系统内高压介质排放不净	冲击	较小	检修工作开始前检查设备内高压介质确已排放干净后方可开始工作
	转动的水泵	工作前未采取防转动措施	机械伤害	较小	转动设备检修时应采取防转动措施、确认电机电源线拆除
3. 准备工作及现场布置	撬杠	撬杠强度不够	物体打击	较小	必须保证撬杠强度满足要求
	临时电源及电源线	电源线悬挂高度不够	触电	较小	临时电源线架设高度室内不低于2.5m
		电源线、插头、插座破损	触电	较小	（1）检查电源线外绝缘良好，无破损； （2）检查电源盘合格证在有效期； （3）检查电源插头插座，确保完好； （4）不准将电源线缠绕在护栏、管道和脚手架上
		未安装漏电保护器	触电	较小	（1）检查电源盘合格证在有效期； （2）分级配置漏电保护器，工作前试漏电保护器，确保正确动作
		检修电源箱外壳未接地	触电	较小	（1）检查电源盘合格证在有效期； （2）检查电源箱外壳接地良好
	大锤、手锤	锤头与木柄的连接不牢固、锤头破损、木柄未使用整根硬质木料	物体打击	较小	锤头与木柄的连接应用金属楔栓固定，楔子长度不得大于安装孔深的2/3，锤头完好无损，木柄使用整根硬质木料
	吊索具	吊索具损坏或选择不当	起重伤害	较小	（1）作业前，应对吊索具及其配件进行检查，确认完好，方可使用； （2）所选用的吊索具应与被吊工件的外形特点及具体要求相适应，在不具备使用条件的情况下，绝能不对付使用； （3）作业中应防止损坏吊索具及配件，必要时在棱角处应加护角防护； （4）吊具及配件不能超过其额定起重量，起重吊索、吊具不得超过其相应吊挂状态下的最大工作载荷
	锉刀、手锯、螺丝刀、钢丝钳	手柄等缺损	刺伤	较小	锉刀、手锯、螺丝刀、钢丝钳等手柄应安装牢固，没有手柄的不准使用

作业步骤	危害辨识	危害描述	产生后果	风险等级	防 范 措 施
4. 凝水再生回收水泵解体	润滑油	设备内润滑油泄漏	污染环境	较小	（1）发生的跑、冒、滴、漏及溢油，要及时清除处理，油液收集到废油桶中； （2）清理作业时的废油、废布不得随意处置
	撬杠	支撑物不可靠	压伤	较小	应保证支撑物可靠
		被撬物倾斜或滚落	压伤	较小	撬动过程中应采取防止被撬物倾斜或滚落
	扳手	使用扳手不当或用力过猛致伤	其他伤害	较小	（1）用合适扳手，平稳用力； （2）安全防护装置齐全有效，佩戴手套
	转动的叶轮	未采取防转动措施	机械伤害	较小	转动设备检修时应采取防转动措施
	大锤、手锤	锤把上有油污	物体打击	较小	锤把上不可有油污
		单手抡大锤	物体打击	较小	抡大锤时，周围不得有人，不得单手抡大锤
		戴手套抡大锤	物体打击	较小	打锤人不得戴手套
	手拉葫芦	滑链	起重伤害	较小	使用前应作无负荷起落试验一次
		手拉链有裂纹、链轮转动卡涩、吊钩无防脱保险装置	起重伤害	较小	（1）使用前检查手拉链是否有裂纹、链轮转动是否卡涩、吊钩是否无防脱保险装置，以确保完好，起吊后及时锁链； （2）检查合格证在有效期内
		手拉葫芦超载荷使用	起重伤害	较小	使用手拉葫芦时工作负荷不准超过铭牌规定
	吊具、起吊物	吊点不牢固、吊点位置不正确	起重伤害	较小	（1）吊钩要挂在物品的重心上，当被吊物件起吊后有可能摆动或转动时，应采用绳牵引方法，防止物件摆动伤人或碰坏设备； （2）选择牢固可靠、满足载荷的吊点
		绑扎不牢固	起重伤害	较小	（1）起重前必须将物件牢固、稳妥地绑住； （2）吊拉时两根钢丝绳之间的夹角一般不得大于90°； （3）使用单吊索起吊重物挂钩时应打挂钩结，使用吊环时螺栓必须拧到底
		斜拉	起重伤害	较小	禁止使用吊钩斜着拖吊重物
		吊装作业区域无专人监护	起重伤害	较小	吊装作业区周边必须设置警戒区域，并设专人监护
5. 凝水再生回收水泵部件检修、测量	清洁剂	在工作场所存储	火灾爆炸	较小	（1）禁止在工作场所存储易燃物品，例如汽油、酒精等； （2）领用、暂存时量不能过大，一般不超过500mL
		皮肤接触	化学性灼伤	较小	工作人员佩戴橡胶手套
	临时电源及电源线	电源线悬挂高度不够	触电	较小	临时电源线架设高度室内不低于2.5m
		电源线、插头、插座破损	触电	较小	（1）检查电源线外绝缘良好，无破损； （2）检查电源盘合格证在有效期； （3）检查电源插头插座，确保完好； （4）不准将电源线缠绕在护栏、管道和脚手架上
		未安装漏电保护器	触电	较小	（1）检查电源盘合格证在有效期； （2）分级配置漏电保护器，工作前试漏电保护器，确保正确动作
		检修电源箱外壳未接地	触电	较小	（1）检查电源盘合格证在有效期； （2）检查电源箱外壳接地良好

续表

作业步骤	危害辨识	危害描述	产生后果	风险等级	防 范 措 施
5. 凝水再生回收水泵部件检修、测量	角磨机	未正确使用防护罩、防护眼镜	机械伤害	较小	正确佩戴防护罩、防护眼镜
		手提电动工具的导线或转动部分	触电	较小	禁止手提电动工具的导线或转动部分
		角磨机砂轮片破损	物体打击	较小	使用前检查角磨机砂轮片完好无缺损
		更换砂轮片未切断电源	机械伤害	较小	更换砂轮片前必须切断电源
	锉刀、手锯、螺丝刀、钢丝钳	手柄等缺损	刺伤	较小	锉刀、手锯、螺丝刀、钢丝钳等手柄应安装牢固,没有手柄的不准使用
6. 凝水再生回收水泵装复	手拉葫芦	滑链	起重伤害	较小	使用前应作无负荷起落试验一次
		手拉链有裂纹、链轮转动卡涩、吊钩无防脱保险装置	起重伤害	较小	(1) 使用前检查手拉链是否有裂纹、链轮转动是否卡涩、吊钩是否无防脱保险装置,以确保完好,起吊后及时锁链;(2) 检查合格证在有效期内
		手拉葫芦超载荷使用	起重伤害	较小	使用手拉葫芦时工作负荷不准超过铭牌规定
	撬杠	支撑物不可靠	砸伤	较小	应保证支撑物可靠
		被撬物倾斜或滚落	砸伤	较小	撬动过程中应采取防止被撬物倾斜或滚落
	大锤、手锤	锤把上有油污	物体打击	较小	锤把上不可有油污
		戴手套抡大锤	物体打击	较小	打锤人不得戴手套
	扳手	使用扳手不当或用力过猛致伤	其他伤害	较小	(1) 用合适扳手,平稳用力;(2) 安全防护装置齐全有效,佩戴手套
	转动的叶轮	未采取防转动措施	机械伤害	较小	转动设备检修时应采取防转动措施
	吊具、起吊物	吊点不牢固、吊点位置不正确	起重伤害	较小	(1) 吊钩要挂在物品的重心上,当被吊物件起吊后有可能摆动或转动时,应采用绳牵引方法,防止物件摆动伤人或碰坏设备;(2) 选择牢固可靠、满足载荷的吊点
		绑扎不牢固	起重伤害	较小	(1) 起重前必须将物件牢固、稳妥地绑住;(2) 吊拉时两根钢丝绳之间的夹角一般不得大于90°;(3) 使用单吊索起吊重物挂钩时应打挂钩结,使用吊环时螺栓必须拧到底
		斜拉	起重伤害	较小	禁止使吊钩斜着拖吊重物
		吊装作业区域无专人监护	起重伤害	较小	吊装作业区周边必须设置警戒区域,并设专人监护
	润滑油	加油过程中润滑油泄漏	工作环境污染	较小	现场准备擦拭用的棉丝及清理油污所用的沙子、桶,加油时使用检查完好的油壶油漏斗,防止洒落
7. 试运	转动的水泵	肢体部位或饰品衣物、用具接触转动部位	机械伤害	较小	(1) 衣服和袖口应扣好,不得戴围巾领带,长发必须盘在安全帽内;(2) 不准将用具、工器具接触设备的转动部位
		转动部件飞出	机械伤害	较小	试运行时,无关人员远离,工作人员站在轴向位置
		断裂、超速、零部件脱落	物体打击	较小	检查设备的运行状态,保持设备的振动、温度、运行电流等参数符合标准,如发现参数超标及时处理
8. 检修工作结束	施工废料	施工废料未清理	环境污染	较小	废料及时清理,做到工完、料尽、场地清

10.23 凝水酸贮存罐检修

作业步骤	危害辨识	危害描述	产生后果	风险等级	防 范 措 施
1. 作业环境评估	噪声	噪声超标	噪声聋	较小	进入噪声区域时正确佩戴合格的耳塞
	孔洞	盖板缺损	高处坠落	较小	工作场所的孔、洞必须覆以与地面齐平的坚固盖板或做好隔离措施
	照明	现场照明不充分	其他伤害	较小	增加临时照明
	酸雾	氯化氢浓度含量高	中毒和窒息	较小	进行通风置换直至满足工作要求
2. 安全措施正确执行	冲洗水	检修中系统隔离不彻底	冲击	较小	检修工作开始前到现场检查确认工作票所列安全措施完善和正确执行
	盐酸	工作前所采取的安全措施不完善	灼烫伤	较小	(1) 开工前确认现场安全措施、隔离措施正确完备; (2) 待酸贮存罐内酸液放尽后方可开始工作
3. 准备工作及现场布置	脚手架	脚手架未验收、检查	高处坠落	重大	(1) 脚手架搭设结束后,必须履行脚手架验收手续,委托人及搭建人双方在脚手架验收合格证上签字; (2) 每日使用脚手架前,使用人检查脚手架合格并在脚手架验收合格证背面签名后方可使用
	盐酸	接触到盐酸	灼烫伤	较小	(1) 作业现场准备好冲洗水,同时检查作业现场喷淋装置和洗眼装置完好; (2) 作业现场准备好急救药品
	安全带	未正确使用安全带	高处坠落	重大	(1) 安全带检验合格证应在有效期内; (2) 使用前检查安全带部件完好无损坏; (3) 正确使用双钩安全带,移动中严禁脱钩; (4) 安全带应挂在牢固的构件上,高挂低用
	手提切割机、角磨机	电源线、电源插头破损、防护罩破损缺失松动	触电、机械伤害	较小	(1) 检查电源线、电源插头完好无破损、防护罩完好无破损且牢固; (2) 检验合格证在有效期内; (3) 使用手提切割机、角磨机时戴好防护面罩
	大锤、手锤	锤头与木柄的连接不牢固、锤头破损、木柄未使用整根硬质木料	物体打击	较小	锤头与木柄的连接应用金属楔栓固定,楔子长度不得大于安装孔深的2/3,锤头完好无损,木柄使用整根硬质木料
	临时电源及电源线	电源线悬挂高度不够	触电	较小	临时电源线架设高度室内不低于2.5m
		电源线、插头、插座破损	触电	较小	(1) 检查电源线外绝缘良好,无破损; (2) 检查电源盘合格证在有效期; (3) 检查电源插头插座,确保完好; (4) 不准将电源线缠绕在护栏、管道和脚手架上
		未安装漏电保护器	触电	较小	(1) 检查电源盘合格证在有效期; (2) 分级配置漏电保护器,工作前试漏电保护器,确保正确动作
		检修电源箱外壳未接地	触电	较小	(1) 检查电源盘合格证在有效期; (2) 检查电源箱外壳接地良好
	行灯	行灯电源线、电源插头破损	触电	较小	(1) 检查行灯电源线、电源插头完好无破损; (2) 行灯的电源线应采用橡套软电缆
		使用行灯电压等级不符	触电	较小	在酸贮存罐内使用的行灯,其电压不得超过12V
		行灯防护罩缺失	触电	较小	行灯应有保护罩

续表

作业步骤	危害辨识	危害描述	产生后果	风险等级	防 范 措 施
3. 准备工作及现场布置	通风机	防护罩缺损	机械伤害	较小	（1）风机转动部分必须装设防护装置，并标明旋转方向； （2）对缺损的防护罩应及时装复或修复； （3）通风机应为防爆型风机
4. 凝水酸贮存罐解体	酸雾	作业时未正确使用防护用品	灼烫伤	中等	（1）从事酸作业人员必须穿专用防护工作服（防酸服）和戴专用的手套（耐酸手套），并根据工作需要戴口罩、橡胶手套及防护眼镜，穿橡胶围裙及长筒胶靴（裤脚应放在靴外）； （2）进入酸气较大的场所进行紧急抢修时，应佩戴套头式防毒面具
	人孔门	人孔未设置临时围栏、警告标志	高处坠落	重大	（1）在检修工作中人孔打开后，必须设有牢固的临时围栏，并设有明显的警告标志； （2）工作停止时应将人孔临时进行封闭
	大锤、手锤	锤把上有油污未清理	物体打击	较小	清理锤把上油污
		戴手套抡大锤	物体打击	较小	打锤人不得戴手套
	扳手	使用扳手不当或用力过猛致伤	其他伤害	较小	（1）用合适扳手，平稳用力； （2）安全防护装置齐全有效，佩戴手套
	手提切割机	电源线、电源插头破损、防护罩破损缺失松动	触电、机械伤害	较小	（1）检查电源线、电源插头完好无破损、防护罩完好无破损且牢固； （2）检验合格证在有效期内； （3）使用手提切割机时戴好防护面罩
		更换切割片未切断电源	机械伤害	较小	更换切割片前必须切断电源
	盐酸	接触酸罐冲洗排放水	灼烫伤	较小	排水过程远离排水口
		冲洗液未排净	灼烫伤	较小	充、排水结束后，检查罐内冲洗水排放干净
	高处的工器具及材料	工器具掉落	物体打击	较小	高处作业一律使用工具袋。较大的工具应用绳拴在牢固的构件上，不准随便乱放，以防止从高处坠落发生事故
		工器具及材料上下投掷	物体打击	较小	不准将工具及材料上下投掷，要用绳系牢后往下或往上吊送，以免打伤下方工作人员或击毁脚手架
	脚手架	脚手架未验收、检查	高处坠落	重大	（1）脚手架搭设结束后，必须履行脚手架验收手续，委托人及搭建人双方在脚手架验收合格证上签字； （2）每日使用脚手架前，使用人检查脚手架合格并在脚手架验收合格证背面签名后方可使用
	安全带	未正确使用安全带	高处坠落	重大	（1）安全带检验合格证应在有效期内； （2）使用前检查安全带部件完好无损坏； （3）正确使用双钩安全带，移动中严禁脱钩； （4）安全带应挂在牢固的构件上，高挂低用
5. 凝水酸贮存罐检查、清理、修整	通风机	肢体部位或饰品衣物、用具接触转动部位	机械伤害	较小	（1）衣服和袖口应扣好，不得戴围巾领带，长发必须盘在安全帽内； （2）不准将用具、工器具接触设备的转动部位
	酸雾	氯化氢浓度含量高	灼烫伤	中等	（1）有限空间作业前办理作业审批许可； （2）工作前进行通风； （3）有害气体浓度满足现场施工要求，测量氧气浓度应保持在 19.5%～21%； （4）严禁向凝水酸贮存罐内部输送氧气； （5）设专人不间断地监护

续表

作业步骤	危害辨识	危害描述	产生后果	风险等级	防 范 措 施
5. 凝水酸贮存罐检查、清理、修整	高处作业人员	使用不合格或未放置不妥当的临时爬梯或直梯	高处坠落	重大	放置爬梯必须保证已接触在凝水酸贮存罐底部，爬梯上部用绳索固定在罐体外部
	电火花检测仪	碰触电火花检测仪带电体	触电	中等	（1）使用电火花检测仪必须佩带绝缘手套，接地线固定牢固； （2）罐体内部要保持干燥后，方可带入； （3）工作结束及时关闭电源，且将带电部分进行放电
	高温空气	气温超过40℃	中暑	较小	（1）不准在工作环境温度超过40℃的酸贮存罐内进行作业； （2）必须在酸贮存罐内工作时，需通风并应为工作人员提供足够的饮水、清凉饮料及防暑药品； （3）专人监护，遇有不适立即从酸贮存罐内撤出
	行灯	将行灯变压器带入酸贮存罐内	触电	较小	禁止将行灯变压器带入酸贮存罐内
	角磨机	未正确使用防护罩、防护眼镜	机械伤害	较小	正确佩戴防护罩、防护眼镜
		手提电动工具的导线或转动部分	触电	较小	禁止手提电动工具的导线或转动部分
		使用砂轮片破损的角磨机	物体打击	较小	使用前检查角磨机砂轮片完好无缺损
		更换砂轮片未切断电源	机械伤害	较小	更换砂轮片前必须切断电源
	手持电动工具	未使用Ⅱ类手持式电动工具	触电	较小	（1）电源联接器和控制箱等应放在凝水酸贮存罐外面宽敞、干燥的场所； （2）使用Ⅱ类手持式电动工具，并安装漏电开关，漏电开关工作电流小于15mA，动作时间小于等于0.1s
	高处的工器具及材料	工器具掉落	物体打击	较小	高处作业一律使用工具袋。较大的工具应用绳拴在牢固的构件上，不准随便乱放，以防止从高处坠落发生事故
		工器具及材料上下投掷	物体打击	较小	不准将工具及材料上下投掷，要用绳系牢后往下或往上吊送，以免打伤下方工作人员或击毁脚手架
	粉尘	未正确使用防尘口罩	尘肺病	较小	打磨时正确佩戴合格的防尘口罩
	衬胶材料	可燃物存放过多	火灾	中等	（1）酸贮存罐内工作要求不得带入过多的防腐材料； （2）严禁防腐材料周围产生任何有火花的作业
	稀释剂	可燃气体浓度超标	火灾	中等	（1）保证酸贮存罐内部通风畅通，使用防爆轴流风机强制通风； （2）每隔2h用气体检测仪检测可燃物浓度合格
		无人监护	中毒火灾	中等	设专人不间断地监护
	固化剂	固化剂添加过多衬胶材料发热自燃	火灾	中等	（1）灭火器、消防水带等消防器材配备齐全，并专人监护； （2）严格执行衬胶工艺流程要求
	火种	衬胶工作结束后，现场有遗留火种	火灾	中等	衬胶工作结束后全面清理工作区域，做到不留任何火种

续表

作业步骤	危害辨识	危害描述	产生后果	风险等级	防 范 措 施
5. 凝水酸贮存罐检查、清理、修整	脚手架	脚手架未验收、检查	高处坠落	重大	(1) 脚手架搭设结束后，必须履行脚手架验收手续，委托人及搭建人双方在脚手架验收合格证上签字； (2) 每日使用脚手架前，使用人检查脚手架合格并在脚手架验收合格证背面签名后方可使用
	安全带	未正确使用安全带	高处坠落	重大	(1) 安全带检验合格证应在有效期内； (2) 使用前检查安全带部件完好无损坏； (3) 正确使用双钩安全带，移动中严禁脱钩； (4) 安全带应挂在牢固的构件上，高挂低用
6. 凝水酸贮存罐回装	大锤、手锤	锤把上有油污未清理	物体打击	较小	清理锤把上油污
		戴手套抡大锤	物体打击	较小	打锤人不得戴手套
	扳手	使用扳手不当或用力过猛致伤	其他伤害	较小	(1) 用合适扳手，平稳用力； (2) 安全防护装置齐全有效，佩戴手套
	二氧化碳	气体浓度超标	窒息	中等	有限空间作业前办理作业审批许可；工作前30min 前打开人孔门进行通风直至用气体检测仪检测浓度合格，氧气浓度保持在 19.5%～21%范围内
		无人监护	窒息	中等	设专人不间断地监护
	高温空气	气温超过 40℃	中暑	较小	(1) 不准在工作环境温度超过 40℃的酸贮存罐内进行作业； (2) 必须在酸贮存罐内工作时，需通风并应为工作人员提供足够的饮水、清凉饮料及防暑药品； (3) 专人监护，遇有不适立即从酸贮存罐内撤出
	行灯	将行灯变压器带入金属凝水酸贮存罐内	触电	较小	禁止将行灯变压器带入酸贮存罐器内
	高处的工器具及材料	工器具掉落	物体打击	较小	高处作业一律使用工具袋。较大的工具应用绳拴在牢固的构件上，不准随便乱放，以防止从高处坠落发生事故
		工器具及材料上下投掷	物体打击	较小	不准将工具及材料上下投掷，要用绳系牢后往下或往上吊送，以免打伤下方工作人员或击毁脚手架
	脚手架	脚手架未验收、检查	高处坠落	重大	(1) 脚手架搭设结束后，必须履行脚手架验收手续，委托人及搭建人双方在脚手架验收合格证上签字； (2) 每日使用脚手架前，使用人检查脚手架合格并在脚手架验收合格证背面签名后方可使用
	安全带	未正确使用安全带	高处坠落	重大	(1) 安全带检验合格证应在有效期内； (2) 使用前检查安全带部件完好无损坏； (3) 正确使用双钩安全带，移动中严禁脱钩； (4) 安全带应挂在牢固的构件上，高挂低用
	二氧化碳	人员遗留在凝水酸贮存罐内	窒息	较小	(1) 封闭人孔前工作负责人应认真清点工作人员； (2) 核对凝水酸贮存罐进出人登记，确认无人员和工器具遗落，并喊话确认无人
7. 现场清理	施工废料	施工废料未清理	环境污染	较小	废料及时清理，做到工完、料尽、场地清

10.24 凝水碱贮存罐检修

作业步骤	危害辨识	危害描述	产生后果	风险等级	防 范 措 施
1. 作业环境评估	噪声	噪声超标	噪声聋	较小	进入噪声区域时正确佩戴合格的耳塞
	孔洞	盖板缺损	高处坠落	重大	工作场所的孔、洞必须覆以与地面齐平的坚固盖板或做好隔离措施
	照明	现场照明不充分	其他伤害	较小	增加临时照明
	酸雾	浓度含量高	中毒和窒息	较小	进行通风置换直至满足工作要求
2. 安全措施正确执行	冲洗水	检修中系统隔离不彻底	冲击	较小	检修工作开始前到现场检查确认工作票所列安全措施完善和正确执行
	碱液	工作前所采取的安全措施不完善	灼烫伤	较小	(1) 开工前确认现场安全措施、隔离措施正确完备; (2) 待碱贮存罐内碱液放尽后方可开始工作
3. 准备工作及现场布置	脚手架	脚手架未验收、检查	高处坠落	重大	(1) 脚手架搭设结束后,必须履行脚手架验收手续,委托人及搭建人双方在脚手架验收合格证上签字; (2) 每日使用脚手架前,使用人检查脚手架合格并在脚手架验收合格证背面签名后方可使用
	碱液	接触到碱液	灼烫伤	较小	(1) 作业现场准备好冲洗水,同时检查作业现场喷淋装置和洗眼装置完好; (2) 作业现场准备好急救药品
	安全带	未正确使用安全带	高处坠落	重大	(1) 安全带检验合格证应在有效期内; (2) 使用前检查安全带部件完好无损坏; (3) 正确使用双钩安全带,移动中严禁脱钩; (4) 安全带应挂在牢固的构件上,高挂低用
	手提切割机、角磨机	电源线、电源插头破损、防护罩破损缺失松动	触电、机械伤害	较小	(1) 检查电源线、电源插头完好无破损、防护罩完好无破损且牢固; (2) 检验合格证在有效期内; (3) 使用手提切割机、角磨机时戴好防护面罩
	大锤、手锤	锤头与木柄的连接不牢固、锤头破损、木柄未使用整根硬质木料	物体打击	较小	锤头与木柄的连接应用金属楔栓固定,楔子长度不得大于安装孔深的2/3,锤头完好无损,木柄使用整根硬质木料
	临时电源及电源线	电源线悬挂高度不够	触电	较小	临时电源线架设高度室内不低于2.5m
		电源线、插头、插座破损	触电	较小	(1) 检查电源线外绝缘良好,无破损; (2) 检查电源盘合格证在有效期; (3) 检查电源插头插座,确保完好; (4) 不准将电源线缠绕在护栏、管道和脚手架上
		未安装漏电保护器	触电	较小	(1) 检查电源盘合格证在有效期; (2) 分级配置漏电保护器,工作前试漏电保护器,确保正确动作
		检修电源箱外壳未接地	触电	较小	(1) 检查电源盘合格证在有效期; (2) 检查电源箱外壳接地良好
	行灯	行灯电源线、电源插头破损	触电	较小	(1) 检查行灯电源线、电源插头完好无破损; (2) 行灯的电源线应采用橡套软电缆
		使用行灯电压等级不符	触电	较小	在碱贮存罐内使用的行灯,其电压不得超过12V
		行灯防护罩缺失	触电	较小	行灯应有保护罩

作业步骤	危害辨识	危害描述	产生后果	风险等级	防 范 措 施
3. 准备工作及现场布置	通风机	防护罩缺损	机械伤害	较小	（1）风机转动部分必须装设防护装置，并标明旋转方向； （2）对缺损的防护罩应及时装复或修复； （3）通风机应为防爆型风机
4. 凝水碱贮存罐解体	碱液	作业时未正确使用防护用品	灼烫伤	中等	（1）从事碱作业人员必须穿专用防护工作服（防酸、碱服）和戴专用的手套（耐酸、碱手套），并根据工作需要戴口罩、橡胶手套及防护眼镜，穿橡胶围裙及长筒胶靴（裤脚应放在靴外）； （2）进行紧急抢修时，应佩戴套头式防毒面具
	人孔门	人孔未设置临时围栏、警告标志	高处坠落	重大	（1）在检修工作中人孔打开后，必须设有牢固的临时围栏，并设有明显的警告标志； （2）工作停止时应将人孔临时进行封闭
	大锤、手锤	锤把上有油污未清理	物体打击	较小	清理锤把上油污
		戴手套抡大锤	物体打击	较小	打锤人不得戴手套
	扳手	使用扳手不当或用力过猛致伤	其他伤害	较小	（1）用合适扳手，平稳用力； （2）安全防护装置齐全有效，佩戴手套
	手提切割机	电源线、电源插头破损、防护罩破损缺失松动	触电、机械伤害	较小	（1）检查电源线、电源插头完好无破损、防护罩完好无破损且牢固； （2）检验合格证在有效期内； （3）使用手提切割机时戴好防护面罩
		更换切割片未切断电源	机械伤害	较小	更换切割片前必须切断电源
	碱罐冲洗液	接触碱罐冲洗排放水	灼烫伤	较小	排水过程远离排水口
		冲洗液未排净	灼烫伤	较小	充、排水结束后，检查罐内冲洗水排放干净
	高处的工器具及材料	工器具掉落	物体打击	较小	高处作业一律使用工具袋。较大的工具应用绳拴在牢固的构件上，不准随便乱放，以防止从高处坠落发生事故
		工器具及材料上下投掷	物体打击	较小	不准将工具及材料上下投掷，要用绳系牢后往下或往上吊送，以免打伤下方工作人员或击毁脚手架
	脚手架	脚手架未验收、检查	高处坠落	重大	（1）脚手架搭设结束后，必须履行脚手架验收手续，委托人及搭建人双方在脚手架验收合格证上签字； （2）每日使用脚手架前，使用人检查脚手架合格并在脚手架验收合格证背面签名后方可使用
	安全带	未正确使用安全带	高处坠落	重大	（1）安全带检验合格证应在有效期内； （2）使用前检查安全带部件完好无损坏； （3）正确使用双钩安全带，移动中严禁脱钩； （4）安全带应挂在牢固的构件上，高挂低用
5. 凝水碱贮存罐检查、清理、修整	通风机	肢体部位或饰品衣物、用具接触转动部位	机械伤害	较小	（1）衣服和袖口应扣好，不得戴围巾领带，长发必须盘在安全帽内； （2）不准将用具、工器具接触设备的转动部位
	有害气体	气体浓度超标	中毒、窒息	中等	（1）有限空间作业前办理作业审批许可； （2）工作前进行通风； （3）有害气体浓度满足现场施工要求，测量氧气浓度应保持在19.5%～21%； （4）严禁向贮存罐内部输送氧气； （5）设专人不间断地监护
		无人监护	窒息	中等	设专人不间断地监护

作业步骤	危害辨识	危害描述	产生后果	风险等级	防 范 措 施
5. 凝水碱贮存罐检查、清理、修整	高处作业人员	使用不合格或未放置不妥当的临时爬梯或直梯	高处坠落	重大	放置爬梯必须保证已接触在容器底部,爬梯上部用绳索固定在罐体外部
	电火花检测仪	碰触电火花检测仪带电体	触电	中等	(1) 使用电火花检测仪必须佩带绝缘手套,接地线固定牢固; (2) 罐体内部要保持干燥后,方可带入; (3) 工作结束及时关闭电源,且将带电部分进行放电
	高温空气	气温超过 40℃	中暑	较小	(1) 不准在工作环境温度超过 40℃的罐体内进行作业; (2) 必须在高温床体内工作时,需通风并应为工作人员提供足够的饮水、清凉饮料及防暑药品; (3) 专人监护,遇有不适立即从高温床体内撤出
	行灯	将行灯变压器带入金属容器内	触电	较小	禁止将行灯变压器带入碱贮存罐内
	角磨机	未正确使用防护罩、防护眼镜	机械伤害	较小	正确佩戴防护罩、防护眼镜
		手提电动工具的导线或转动部分	触电	较小	禁止手提电动工具的导线或转动部分
		使用砂轮片破损的角磨机	物体打击	较小	使用前检查角磨机砂轮片完好无缺损
		更换砂轮片未切断电源	机械伤害	较小	更换砂轮片前必须切断电源
	手持电动工具	未使用Ⅱ类手持式电动工具	触电	较小	(1) 电源联接器和控制箱等应放在容器外面宽敞、干燥的场所; (2) 使用Ⅱ类手持式电动工具,并安装漏电开关,漏电开关工作电流小于15mA,动作时间小于等于 0.1s
	高处的工器具及材料	工器具掉落	物体打击	较小	高处作业一律使用工具袋。较大的工具应用绳拴在牢固的构件上,不准随便乱放,以防止从高处坠落发生事故
		工器具及材料上下投掷	物体打击	较小	不准将工具及材料上下投掷,要用绳系牢后往下或往上吊送,以免打伤下方工作人员或击毁脚手架
	粉尘	未正确使用防尘口罩	尘肺病	较小	打磨时正确佩戴合格的防尘口罩
	衬胶材料	可燃物存放过多	火灾	中等	(1) 碱贮存罐内工作要求不得带入过多的防腐材料; (2) 严禁防腐材料周围产生任何有火花的作业
	稀释剂	可燃气体浓度超标	火灾	中等	(1) 保证碱贮存罐内部通风畅通,使用防爆轴流风机强制通风; (2) 每隔2h用气体检测仪检测可燃物浓度合格
		无人监护	中毒火灾	中等	设专人不间断地监护
	固化剂	固化剂添加过多衬胶材料发热自燃	火灾	中等	(1) 灭火器、消防水带等消防器材配备齐全,并专人监护; (2) 严格执行衬胶工艺流程要求
	火种	衬胶工作结束后,现场有遗留火种	火灾	中等	衬胶工作结束后全面清理工作区域,做到不留任何火种

作业步骤	危害辨识	危害描述	产生后果	风险等级	防 范 措 施
5. 凝水碱贮存罐检查、清理、修整	脚手架	脚手架未验收、检查	高处坠落	重大	(1) 脚手架搭设结束后，必须履行脚手架验收手续，委托人及搭建人双方在脚手架验收合格证上签字； (2) 每日使用脚手架前，使用人检查脚手架合格并在脚手架验收合格证背面签名后方可使用
	安全带	未正确使用安全带	高处坠落	重大	(1) 安全带检验合格证应在有效期内； (2) 使用前检查安全带部件完好无损坏； (3) 正确使用双钩安全带，移动中严禁脱钩； (4) 安全带应挂在牢固的构件上，高挂低用
6. 凝水碱贮存罐回装	大锤、手锤	锤把上有油污未清理	物体打击	较小	清理锤把上油污
		戴手套抡大锤	物体打击	较小	打锤人不得戴手套
	扳手	使用扳手不当或用力过猛致伤	其他伤害	较小	(1) 用合适扳手，平稳用力； (2) 安全防护装置齐全有效，佩戴手套
	有害气体	气体浓度超标	中毒、窒息	中等	(1) 有限空间作业前办理作业审批许可； (2) 工作前进行通风； (3) 有害气体浓度满足现场施工要求，测量氧气浓度应保持在 19.5%~21%； (4) 严禁向贮存罐内部输送氧气； (5) 设专人不间断地监护
		无人监护	窒息	中等	设专人不间断地监护
	高温空气	气温超过 40℃	中暑	较小	(1) 不准在工作环境温度超过 40℃ 的罐体内进行作业； (2) 必须在高温床体内工作时，需通风并应为工作人员提供足够的饮水、清凉饮料及防暑药品； (3) 专人监护，遇有不适立即从碱贮存罐内撤出
	行灯	将行灯变压器带入金属容器内	触电	较小	禁止将行灯变压器带入碱贮存罐内
	高处的工器具及材料	工器具掉落	物体打击	较小	高处作业一律使用工具袋。较大的工具应用绳拴在牢固的构件上，不准随便乱放，以防止从高处坠落发生事故
		工器具及材料上下投掷	物体打击	较小	不准将工具及材料上下投掷，要用绳系牢后往下或往上吊送，以免打伤下方工作人员或击毁脚手架
	脚手架	脚手架未验收、检查	高处坠落	重大	(1) 脚手架搭设结束后，必须履行脚手架验收手续，委托人及搭建人双方在脚手架验收合格证上签字； (2) 每日使用脚手架前，使用人检查脚手架合格并在脚手架验收合格证背面签名后方可使用
	安全带	未正确使用安全带	高处坠落	重大	(1) 安全带检验合格证应在有效期内； (2) 使用前检查安全带部件完好无损坏； (3) 正确使用双钩安全带，移动中严禁脱钩； (4) 安全带应挂在牢固的构件上，高挂低用
	二氧化碳	人员遗留在容器内	窒息	较小	(1) 封闭人孔前工作负责人应认真清点工作人员； (2) 核对容器进出人登记，确认无人员和工器具遗落，并喊话确认无人
7. 现场清理	施工废料	施工废料未清理	环境污染	较小	废料及时清理，做到工完、料尽、场地清

10.25 凝水酸计量泵检修

作业步骤	危害辨识	危害描述	产生后果	风险等级	防 范 措 施
1. 作业环境评估	噪声	噪声超标	噪声聋	较小	进入噪声区域时正确佩戴合格的耳塞
	酸雾	氯化氢浓度含量高	中毒和窒息	较小	进行通风置换直至满足工作要求
	孔洞	盖板缺损	高处坠落	重大	工作场所的孔、洞必须覆以与地面齐平的坚固盖板或做好隔离措施
	照明	现场照明不充足	其他伤害	较小	增加临时照明
2. 确认安全措施正确执行	盐酸	检修中系统隔离不彻底	灼烫伤	较小	检修工作开始前到现场检查确认工作票所列安全措施完善和正确执行
		需检修的设备、系统内盐酸排放不净	灼烫伤	较小	检修工作开始前检查设备内盐酸确已排放干净，充分冲洗干净后方可开始工作
	转动的计量泵	工作前未采取防转动措施	机械伤害	较小	转动设备检修时应采取防转动措施、确认电机电源线拆除
3. 准备工作及现场布置	撬杠	撬杠强度不够	物体打击	较小	必须保证撬杠强度满足要求
	盐酸	接触到盐酸	灼烫伤	较小	（1）作业现场准备好冲洗水，同时检查作业现场喷淋装置和洗眼装置完好； （2）作业现场准备好急救药品
	临时电源及电源线	电源线悬挂高度不够	触电	较小	临时电源线架设高度室内不低于2.5m
		电源线、插头、插座破损	触电	较小	（1）检查电源线外绝缘良好，无破损； （2）检查电源盘合格证在有效期； （3）检查电源插头插座，确保完好； （4）不准将电源线缠绕在护栏、管道和脚手架上
		未安装漏电保护器	触电	较小	（1）检查电源盘合格证在有效期； （2）分级配置漏电保护器，工作前试漏电保护器，确保正确动作
		检修电源箱外壳未接地	触电	较小	（1）检查电源盘合格证在有效期； （2）检查电源箱外壳接地良好
	手锤	锤头与木柄的连接不牢固、锤头破损、木柄未使用整根硬质木料	物体打击	较小	锤头与木柄的连接应用金属楔栓固定，楔子长度不得大于安装孔深的2/3，锤头完好无损，木柄使用整根硬质木料
	角磨机	电源线、电源插头破损、防护罩破损缺失	机械伤害触电	较小	（1）检查角磨机电源线、电源插头完好无缺损，防护罩、砂轮片完好无缺损； （2）检查合格证在有效期内
	轴承加热器	电源线、电源插头破损	机械伤害触电	较小	（1）检查轴承加热器电源线、电源插头完好无缺损； （2）检查合格证在有效期内
	锉刀、手锯、螺丝刀、钢丝钳	手柄等缺损	刺伤	较小	锉刀、手锯、螺丝刀、钢丝钳等手柄应安装牢固，没有手柄的不准使用
4. 凝水酸计量泵解体	盐酸	接触冲洗排放盐酸	灼伤	中等	排液过程远离排水口
		冲洗液未排净	灼伤	中等	充、排水结束后，检查设备内冲洗水排放干净
		工作人员直接接触到盐酸	中毒	中等	进行盐酸设备的检修工作，工作人员应穿防酸碱工作服、穿戴好耐酸碱手套、防护眼镜或面罩、口罩、耐酸碱防化靴

续表

作业步骤	危害辨识	危害描述	产生后果	风险等级	防 范 措 施
4. 凝水酸计量泵解体	润滑油	设备内润滑油泄漏	污染环境	较小	（1）发生的跑、冒、滴、漏及溢油，要及时清除处理，油液收集到废油桶中； （2）清理作业时的废油、废布不得随意处置
	撬杠	支撑物不可靠	压伤	较小	应保证支撑物可靠
		被撬物倾斜或滚落	压伤	较小	撬动过程中应采取防止被撬物倾斜或滚落
	扳手	使用扳手不当或用力过猛致伤	其他伤害	较小	（1）用合适扳手，平稳用力； （2）安全防护装置齐全有效，佩戴手套
	大锤、手锤	锤把上有油污	物体打击	较小	锤把上不可有油污
		单手抡大锤	物体打击	较小	抡大锤时，周围不得有人，不得单手抡大锤
		戴手套抡大锤	物体打击	较小	打锤人不得戴手套
	转动的蜗轮、蜗杆	未采取防转动措施	机械伤害	较小	转动设备检修时应采取防转动措施
5. 凝水酸计量泵部件检修、测量	清洁剂	在工作场所存储	火灾爆炸	较小	（1）禁止在工作场所存储易燃物品，例如汽油、酒精等； （2）领用、暂存时量不能过大，一般不超过500mL
		皮肤接触	化学性灼伤	较小	工作人员佩戴橡胶手套
	临时电源及电源线	电源线悬挂高度不够	触电	较小	临时电源线架设高度室内不低于2.5m
		电源线、插头、插座破损	触电	较小	（1）检查电源线外绝缘良好，无破损； （2）检查电源盘合格证在有效期； （3）检查电源插头插座，确保完好； （4）不准将电源线缠绕在护栏、管道和脚手架上
		未安装漏电保护器	触电	较小	（1）检查电源盘合格证在有效期； （2）分级配置漏电保护器，工作前试漏电保护器，确保正确动作
		检修电源箱外壳未接地	触电	较小	（1）检查电源盘合格证在有效期； （2）检查电源箱外壳接地良好
	角磨机	未正确使用防护罩、防护眼镜	机械伤害	较小	正确佩戴防护罩、防护眼镜
		手提电动工具的导线或转动部分	触电	较小	禁止手提电动工具的导线或转动部分
		角磨机砂轮片破损	物体打击	较小	使用前检查角磨机砂轮片完好无缺损
		更换砂轮片未切断电源	机械伤害	较小	更换砂轮片前必须切断电源
	锉刀、手锯、螺丝刀、钢丝钳	手柄等缺损	刺伤	较小	锉刀、手锯、螺丝刀、钢丝钳等手柄应安装牢固，没有手柄的不准使用
6. 凝水酸计量泵装复	扳手	使用扳手不当或用力过猛致伤	其他伤害	较小	（1）用合适扳手，平稳用力； （2）安全防护装置齐全有效，佩戴手套
	轴承加热器	未采取防烫伤措施	灼烫伤	较小	操作人员必须使用隔热手套
	撬杠	支撑物不可靠	砸伤	较小	应保证支撑物可靠
		被撬物倾斜或滚落	砸伤	较小	撬动过程中应采取防止被撬物倾斜或滚落

续表

作业步骤	危害辨识	危害描述	产生后果	风险等级	防 范 措 施
6.凝水酸计量泵装复	大锤、手锤	锤把上有油污	物体打击	较小	锤把上不可有油污
		戴手套抡大锤	物体打击	较小	打锤人不得戴手套
	转动的蜗轮、蜗杆	未采取防转动措施	机械伤害	较小	转动设备检修时应采取防转动措施
	润滑油	加油过程中润滑油泄漏	工作环境污染	较小	现场准备擦拭用的棉丝及清理油污所用的沙子、桶,加油时使用检查完好的油壶油漏斗,防止洒落
7.试运	转动的计量泵	肢体部位或饰品衣物、用具接触转动部位	机械伤害	较小	(1) 衣服和袖口应扣好,不得戴围巾领带,长发必须盘在安全帽内; (2) 不准将用具、工器具接触设备的转动部位
		转动部件飞出	机械伤害	较小	试运行时,无关人员远离,工作人员站在轴向位置
		断裂、超速、零部件脱落	物体打击	较小	检查设备的运行状态,保持设备的振动、温度、运行电流等参数符合标准,如发现参数超标及时处理
	润滑油	操作中发生的跑、冒、滴、漏及溢油	滑倒	较小	发现有漏油现象立即处理
8.检修工作结束	润滑油	工作结束后,废品乱扔	火灾环境污染	较小	不准将油污、油泥、废油等(包括沾油棉纱、布、手套、纸等)倒入下水道排放或随地倾倒,应收集放于指定的地点,妥善处理,以防污染环境及发生火灾
	施工废料	施工废料未清理	环境污染	较小	废料及时清理,做到工完、料尽、场地清

10.26 凝水碱计量泵检修

作业步骤	危害辨识	危害描述	产生后果	风险等级	防 范 措 施
1.作业环境评估	噪声	噪声超标	噪声聋	较小	进入噪声区域时正确佩戴合格的耳塞
	酸雾	氯化氢浓度含量高	中毒和窒息	较小	进行通风置换直至满足工作要求
	孔洞	盖板缺损	高处坠落	重大	工作场所的孔、洞必须覆以与地面齐平的坚固盖板或做好隔离措施
	照明	现场照明不充足	其他伤害	较小	增加临时照明
2.确认安全措施正确执行	碱液	检修中系统隔离不彻底	灼烫伤	较小	检修工作开始前到现场检查确认工作票所列安全措施完善和正确执行
		需检修的设备、系统内碱液排放不净	灼烫伤	较小	检修工作开始前检查设备内碱液确已排放干净,充分冲洗干净后方可开始工作
	转动的计量泵	工作前未采取防转动措施	机械伤害	较小	转动设备检修时应采取防转动措施、确认电机电源线拆除
3.准备工作及现场布置	撬杠	撬杠强度不够	物体打击	较小	必须保证撬杠强度满足要求
	碱液	接触到盐酸	灼烫伤	较小	(1) 作业现场准备好冲洗水,同时检查作业现场喷淋装置和洗眼装置完好; (2) 作业现场准备好急救药品
	临时电源及电源线	电源线悬挂高度不够	触电	较小	临时电源线架设高度室内不低于2.5m

续表

作业步骤	危害辨识	危害描述	产生后果	风险等级	防 范 措 施
3. 准备工作及现场布置	临时电源及电源线	电源线、插头、插座破损	触电	较小	（1）检查电源线外绝缘良好，无破损； （2）检查电源盘合格证在有效期； （3）检查电源插头插座，确保完好； （4）不准将电源线缠绕在护栏、管道和脚手架上
		未安装漏电保护器	触电	较小	（1）检查电源盘合格证在有效期； （2）分级配置漏电保护器，工作前试漏电保护器，确保正确动作
		检修电源箱外壳未接地	触电	较小	（1）检查电源盘合格证在有效期； （2）检查电源箱外壳接地良好
	大锤、手锤	锤头与木柄的连接不牢固、锤头破损、木柄未使用整根硬质木料	物体打击	较小	锤头与木柄的连接应用金属楔栓固定，楔子长度不得大于安装孔深的2/3，锤头完好无损，木柄使用整根硬质木料
	角磨机	电源线、电源插头破损、防护罩破损缺失	机械伤害触电	较小	（1）检查角磨机电源线、电源插头完好无缺损，防护罩、砂轮片完好无缺损； （2）检查合格证在有效期内
	轴承加热器	电源线、电源插头破损	机械伤害触电	较小	（1）检查轴承加热器电源线、电源插头完好无缺损； （2）检查合格证在有效期内
	锉刀、手锯、螺丝刀、钢丝钳	手柄等缺损	刺伤	较小	锉刀、手锯、螺丝刀、钢丝钳等手柄应安装牢固，没有手柄的不准使用
4. 凝水碱计量泵解体	碱液	接触冲洗排放碱液	灼伤	中等	排液过程远离排水口
		冲洗液未排净	灼伤	中等	充、排水结束后，检查设备内冲洗水排放干净
		工作人员直接接触到碱液	中毒	中等	进行接触碱设备的检修工作，工作人员应穿防酸碱工作服，穿戴好耐酸碱手套、防护眼镜或面罩、口罩、耐酸碱防化靴
	润滑油	设备内润滑油泄漏	污染环境	较小	（1）发生的跑、冒、滴、漏及溢油，要及时清除处理，油液收集到废油桶中； （2）清理作业时的废油、废布不得随意处置
	撬杠	支撑物不可靠	压伤	较小	应保证支撑物可靠
		被撬物倾斜或滚落	压伤	较小	撬动过程中应采取防止被撬物倾斜或滚落
	扳手	使用扳手不当或用力过猛致伤	其他伤害	较小	（1）用合适扳手，平稳用力； （2）安全防护装置齐全有效，佩戴手套
	大锤、手锤	锤把上有油污	物体打击	较小	锤把上不可有油污
		单手抡大锤	物体打击	较小	抡大锤时，周围不得有人，不得单手抡大锤
		戴手套抡大锤	物体打击	较小	打锤人不得戴手套
	转动的蜗轮、蜗杆	未采取防转动措施	机械伤害	较小	转动设备检修时应采取防转动措施
5. 凝水碱计量泵部件检修、测量	清洁剂	在工作场所存储	火灾爆炸	较小	（1）禁止在工作场所存储易燃物品，例如汽油、酒精等； （2）领用、暂存时量不能过大，一般不超过500mL
		皮肤接触	化学性灼伤	较小	工作人员佩戴橡胶手套

作业步骤	危害辨识	危害描述	产生后果	风险等级	防 范 措 施
5. 凝水碱计量泵部件检修、测量	临时电源及电源线	电源线悬挂高度不够	触电	较小	临时电源线架设高度室内不低于 2.5m
		电源线、插头、插座破损	触电	较小	（1）检查电源线外绝缘良好，无破损； （2）检查电源盘合格证在有效期； （3）检查电源插头插座，确保完好； （4）不准将电源线缠绕在护栏、管道和脚手架上
		未安装漏电保护器	触电	较小	（1）检查电源盘合格证在有效期； （2）分级配置漏电保护器，工作前试漏电保护器，确保正确动作
		检修电源箱外壳未接地	触电	较小	（1）检查电源盘合格证在有效期； （2）检查电源箱外壳接地良好
	角磨机	未正确使用防护罩、防护眼镜	机械伤害	较小	正确佩戴防护罩、防护眼镜
		手提电动工具的导线或转动部分	触电	较小	禁止手提电动工具的导线或转动部分
		角磨机砂轮片破损	物体打击	较小	使用前检查角磨机砂轮片完好无缺损
		更换砂轮片未切断电源	机械伤害	较小	更换砂轮片前必须切断电源
	锉刀、手锯、螺丝刀、钢丝钳	手柄等缺损	刺伤	较小	锉刀、手锯、螺丝刀、钢丝钳等手柄应安装牢固，没有手柄的不准使用
6. 凝水碱计量泵装复	扳手	使用扳手不当或用力过猛致伤	其他伤害	较小	（1）用合适扳手，平稳用力； （2）安全防护装置齐全有效，佩戴手套
	轴承加热器	未采取防烫伤措施	灼烫伤	较小	操作人员必须使用隔热手套
	撬杠	支撑物不可靠	砸伤	较小	应保证支撑物可靠
		被撬物倾斜或滚落	砸伤	较小	撬动过程中应采取防止被撬物倾斜或滚落
	大锤、手锤	锤把上有油污	物体打击	较小	锤把上不可有油污
		戴手套抡大锤	物体打击	较小	打锤人不得戴手套
	转动的蜗轮、蜗杆	未采取防转动措施	机械伤害	较小	转动设备检修时应采取防转动措施
	润滑油	加油过程中润滑油泄漏	工作环境污染	较小	现场准备擦拭用的棉丝及清理油污所用的沙子、桶，加油时使用检查完好的油壶油漏斗，防止洒落
7. 试运	转动的计量泵	肢体部位或饰品衣物、用具接触转动部位	机械伤害	较小	（1）衣服和袖口应扣好，不得戴围巾领带，长发必须盘在安全帽内； （2）不准将用具、工器具接触设备的转动部位
		转动部件飞出	机械伤害	较小	试运行时，无关人员远离，工作人员站在轴向位置
		断裂、超速、零部件脱落	物体打击	较小	检查设备的运行状态，保持设备的振动、温度、运行电流等参数符合标准，如发现参数超标及时处理
	润滑油	操作中发生的跑、冒、滴、漏及溢油	滑倒	较小	发现有漏油现象立即处理

作业步骤	危害辨识	危害描述	产生后果	风险等级	防 范 措 施
8．检修工作结束	润滑油	工作结束后，废品乱扔	火灾环境污染	较小	不准将油污、油泥、废油等（包括沾油棉纱、布、手套、纸等）倒入下水道排放或随地倾倒，应收集放于指定的地点，妥善处理，以防污染环境及发生火灾
	施工废料	施工废料未清理	环境污染	较小	废料及时清理，做到工完、料尽、场地清

10.27 凝结水加氨装置检修

作业步骤	危害辨识	危害描述	产生后果	风险等级	防 范 措 施
1．作业环境评估	噪声	噪声超标	噪声聋	较小	进入噪声区域时正确佩戴合格的耳塞
	氨	加药间空气中氨含量高	中毒窒息	较小	打开室内风机进行通风置换直至满足工作要求
	孔洞	盖板缺损	高处坠落	重大	工作场所的孔、洞必须覆以与地面齐平的坚固盖板或做好隔离措施
	照明	现场照明不充足	其他伤害	较小	增加临时照明
2．确认安全措施正确执行	高压介质	检修中系统隔离不彻底	冲击	较小	检修工作开始前到现场检查确认工作票所列安全措施完善和正确执行
		需检修的设备、系统内高压介质排放不净	冲击	较小	检修工作开始前检查设备内高压介质确已排放干净，充分冲洗干净后方可开始工作
	转动的计量泵	工作前未采取防转动措施	机械伤害	较小	转动设备检修时应采取防转动措施,确认电机电源线拆除
3．准备工作及现场布置	撬杠	撬杠强度不够	物体打击	较小	必须保证撬杠强度满足要求
	氨水	接触到氨水	灼烫伤	较小	（1）作业现场准备好冲洗水，同时检查作业现场喷淋装置和洗眼装置完好；（2）作业现场准备好急救药品
	轴承加热器	电源线、电源插头破损	机械伤害触电	较小	（1）检查轴承加热器电源线、电源插头完好无缺损；（2）检查合格证在有效期内
	临时电源及电源线	电源线悬挂高度不够	触电	较小	临时电源线架设高度室内不低于2.5m
		电源线、插头、插座破损	触电	较小	（1）检查电源线外绝缘良好，无破损；（2）检查电源盘合格证在有效期；（3）检查电源插头插座，确保完好；（4）不准将电源线缠绕在护栏、管道和脚手架上
		未安装漏电保护器	触电	较小	（1）检查电源盘合格证在有效期；（2）分级配置漏电保护器，工作前试漏电保护器，确保正确动作
		检修电源箱外壳未接地	触电	较小	（1）检查电源盘合格证在有效期；（2）检查电源箱外壳接地良好
	手锤	锤头与木柄的连接不牢固、锤头破损、木柄未使用整根硬质木料	物体打击	较小	锤头与木柄的连接应用金属楔栓固定，楔子长度不得大于安装孔深的2/3，锤头完好无损，木柄使用整根硬质木料
	角磨机	电源线、电源插头破损、防护罩破损缺失	机械伤害触电	较小	（1）检查角磨机电源线、电源插头完好无缺损，防护罩、砂轮片完好无缺损；（2）检查合格证在有效期内

作业步骤	危害辨识	危害描述	产生后果	风险等级	防 范 措 施
3. 准备工作及现场布置	锉刀、手锯、螺丝刀、钢丝钳	手柄等缺损	刺伤	较小	锉刀、手锯、螺丝刀、钢丝钳等手柄应安装牢固，没有手柄的不准使用
4. 加氨装置计量泵解体	氨水	接触冲洗排放氨水	灼伤	中等	排液过程远离排水口
		冲洗液未排净	灼伤	中等	充、排水结束后，检查设备内冲洗水排放干净
		工作人员直接接触到氨水	中毒	中等	进行氨水设备的检修工作，工作人员应穿防酸碱工作服，戴手套、防护眼镜、口罩
	润滑油	设备内润滑油泄漏	污染环境	较小	（1）发生的跑、冒、滴、漏及溢油，要及时清除处理，油液收集到废油桶中； （2）清理作业时的废油、废布不得随意处置
	撬杠	支撑物不可靠	压伤	较小	应保证支撑物可靠
		被撬物倾斜或滚落	压伤	较小	撬动过程中应采取防止被撬物倾斜或滚落
	扳手	使用扳手不当或用力过猛致伤	其他伤害	较小	（1）用合适扳手，平稳用力； （2）安全防护装置齐全有效，佩戴手套
	大锤、手锤	锤把上有油污	物体打击	较小	锤把上不可有油污
		单手抡大锤	物体打击	较小	抡大锤时，周围不得有人，不得单手抡大锤
		戴手套抡大锤	物体打击	较小	打锤人不得戴手套
	转动的蜗轮、蜗杆	未采取防转动措施	机械伤害	较小	转动设备检修时应采取防转动措施
5. 加氨装置计量泵部件检修、测量	清洁剂	在工作场所存储	火灾爆炸	较小	（1）禁止在工作场所存储易燃物品，例如汽油、酒精等； （2）领用、暂存时量不能过大，一般不超过500mL
		皮肤接触	化学性灼伤	较小	工作人员佩戴橡胶手套
	临时电源及电源线	电源线悬挂高度不够	触电	较小	临时电源线架设高度室内不低于2.5m
		电源线、插头、插座破损	触电	较小	（1）检查电源线外绝缘良好，无破损； （2）检查电源盘合格证在有效期； （3）检查电源插头插座，确保完好； （4）不准将电源线缠绕在护栏、管道和脚手架上
		未安装漏电保护器	触电	较小	（1）检查电源盘合格证在有效期； （2）分级配置漏电保护器，工作前试漏电保护器，确保正确动作
		检修电源箱外壳未接地	触电	较小	（1）检查电源盘合格证在有效期； （2）检查电源箱外壳接地良好
	角磨机	未正确使用防护罩、防护眼镜	机械伤害	较小	正确佩戴防护罩、防护眼镜
		手提电动工具的导线或转动部分	触电	较小	禁止手提电动工具的导线或转动部分
		角磨机砂轮片破损	物体打击	较小	使用前检查角磨机砂轮片完好无缺损
		更换砂轮片未切断电源	机械伤害	较小	更换砂轮片前必须切断电源
	锉刀、手锯、螺丝刀、钢丝钳	手柄等缺损	刺伤	较小	锉刀、手锯、螺丝刀、钢丝钳等手柄应安装牢固，没有手柄的不准使用

作业步骤	危害辨识	危害描述	产生后果	风险等级	防 范 措 施
6. 加氨装置计量泵装复	扳手	使用扳手不当或用力过猛致伤	其他伤害	较小	(1) 用合适扳手，平稳用力； (2) 安全防护装置齐全有效，佩戴手套
	轴承加热器	未采取防烫伤措施	灼烫伤	较小	操作人员必须使用隔热手套
	撬杠	支撑物不可靠	砸伤	较小	应保证支撑物可靠
		被撬物倾斜或滚落	砸伤	较小	撬动过程中应采取防止被撬物倾斜或滚落
	大锤、手锤	锤把上有油污	物体打击	较小	锤把上不可有油污
		戴手套抡大锤	物体打击	较小	打锤人不得戴手套
	转动的蜗轮、蜗杆	未采取防转动措施	机械伤害	较小	转动设备检修时应采取防转动措施
	润滑油	加油过程中润滑油泄漏	工作环境污染	较小	现场准备擦拭用的棉丝及清理油污所用的沙子、桶，加油时使用检查完好的油壶油漏斗，防止洒落
7. 试运	转动的计量泵	肢体部位或饰品衣物、用具接触转动部位	机械伤害	较小	(1) 衣服和袖口应扣好，不得戴围巾领带，长发必须盘在安全帽内； (2) 不准将用具、工器具接触设备的转动部位
		转动部件飞出	机械伤害	较小	试运行时，无关人员远离，工作人员站在轴向位置
		断裂、超速、零部件脱落	物体打击	较小	检查设备的运行状态，保持设备的振动、温度、运行电流等参数符合标准，如发现参数超标及时处理
	润滑油	操作中发生的跑、冒、滴、漏及溢油	滑倒	较小	发现有漏油现象立即处理
8. 现场清理	润滑油	工作结束后，废品乱扔	火灾环境污染	较小	不准将油污、油泥、废油等（包括沾油棉纱、布、手套、纸等）倒入下水道排放或随地倾倒，应收集放于指定的地点，妥善处理，以防污染环境及发生火灾
	施工废料	施工废料未清理	环境污染	较小	废料及时清理，做到工完、料尽、场地清

10.28 凝结水、给水加氧装置检修

作业步骤	危害辨识	危害描述	产生后果	风险等级	防 范 措 施
1. 作业环境评估	噪声	噪声超标	噪声聋	较小	进入噪声区域时正确佩戴合格的耳塞
	照明	现场照明不充足	其他伤害	较小	增加临时照明，使用防爆型照明器具
	氧气	氧气浓度含量高	中毒和窒息	较小	(1) 进行通风置换直至满足工作要求； (2) 检测作业环境氧气浓度符合工作要求
2. 安全措施正确执行	氧气	检修的系统隔离不彻底	其他伤害	较小	开工前与运行人员共同确认检修的设备已可靠与运行中的系统隔断，检查隔绝门关闭上锁，并挂"禁止操作，有人工作"标识牌
		需检修的系统内介质未放尽	其他伤害	较小	检修工作开始前检查系统内氧气确已放尽，压力为零，检修中应保证系统与大气可靠相通
3. 准备工作及现场布置	脚手架	脚手架未验收、检查	高处坠落	重大	(1) 脚手架搭设结束后，必须履行脚手架验收手续，委托人及搭建人双方在脚手架验收合格证上签字； (2) 每日使用脚手架前，使用人检查脚手架合格并在脚手架验收合格证背面签名后方可使用

作业步骤	危害辨识	危害描述	产生后果	风险等级	防 范 措 施
3. 准备工作及现场布置	安全带	未正确使用安全带	高处坠落	重大	(1) 安全带检验合格证应在有效期内; (2) 使用前检查安全带部件完好无损坏; (3) 正确使用双钩安全带,移动中严禁脱钩; (4) 安全带应挂在牢固的构件上,高挂低用
	扳手	未使用铜制工器具	爆炸	较小	(1) 使用铜制的工具,以防产生火花; (2) 必须使用钢制工具时,应涂上黄油
	油脂和油类	油脂和油类与氧气接触	燃烧	较小	(1) 油脂和油类不应与氧气接触,以防油剧烈氧化而燃烧; (2) 检修人员应该穿脱脂工作服,戴干净没有油脂及油类污染的手套; (3) 氧气管道检修严禁油脂污染,阀门、法兰、螺栓、垫片禁止接触油脂及油类
	手提切割机、角磨机	电源线、电源插头破损、防护罩破损缺失松动	触电、机械伤害	较小	(1) 检查电源线、电源插头完好无破损、防护罩完好无破损且牢固; (2) 检验合格证在有效期内; (3) 使用手提切割机、角磨机时戴好防护面罩
	大锤、手锤	锤头与手柄柄的连接不牢固、锤头破损	物体打击	较小	锤头与手柄连接牢固,锤头完好无损,在氧气管道上检修时要使用防爆锤
	临时电源及电源线	电源线悬挂高度不够	触电	较小	临时电源线架设高度室内不低于2.5m
		电源线、插头、插座破损	触电	较小	(1) 检查电源线外绝缘良好,无破损; (2) 检查电源盘合格证在有效期; (3) 检查电源插头插座,确保完好; (4) 不准将电源线缠绕在护栏、管道和脚手架上
		未安装漏电保护器	触电	较小	(1) 检查电源盘合格证在有效期; (2) 分级配置漏电保护器,工作前试漏电保护器,确保正确动作
		检修电源箱外壳未接地	触电	较小	(1) 检查电源盘合格证在有效期; (2) 检查电源箱外壳接地良好
	电焊机	电焊机电源线、电源插头、电焊钳破损	机械伤害、触电	较小	检查电焊机电源线、电源插头、电焊钳完好无破损
		电焊机外壳不接地	触电	较小	电焊机金属外壳应有明显的可靠接地
		电焊机、焊钳与电缆线连接不牢固	触电	较小	电焊机、焊钳与电缆线连接牢固,接地端头不外露
	通风机	防护罩缺损	机械伤害	较小	(1) 风机转动部分必须装设防护装置,并标明旋转方向; (2) 对缺损的防护罩应及时装复或修复; (3) 通风机应为防爆型风机
4. 凝结水、给水加氧装置解体	扳手	使用扳手不当或用力过猛致伤	其他伤害	较小	(1) 用合适扳手,平稳用力; (2) 安全防护装置齐全有效,佩戴手套
	氮气	未通风	窒息	较小	(1) 打开通风口进行通风; (2) 检测氧气浓度保持在19.5%~21%范围内
		未设置逃生通道	窒息	较小	设置逃生通道,并保持通道畅通
		无人监护	窒息、其他伤害	较小	设专人不间断地监护
	大锤、手锤	锤把上有油污未清理	物体打击	较小	清理锤把上油污
		戴手套抡大锤	物体打击	较小	打锤人不得戴手套

作业步骤	危害辨识	危害描述	产生后果	风险等级	防 范 措 施
4．凝结水、给水加氧装置解体	手提切割机	电源线、电源插头破损、防护罩破损缺失松动	触电、机械伤害	较小	（1）检查电源线、电源插头完好无破损、防护罩完好无破损且牢固； （2）检验合格证在有效期内； （3）使用手提切割机时戴好防护面罩
		更换切割片未切断电源	机械伤害	较小	更换切割片前必须切断电源
	高处的工器具及材料	工器具掉落	物体打击	较小	高处作业一律使用工具袋。较大的工具应用绳拴在牢固的构件上，不准随便乱放，以防止从高处坠落发生事故
		工器具及材料上下投掷	物体打击	较小	不准将工具及材料上下投掷，要用绳系牢后往下或往上吊送，以免打伤下方工作人员或击毁脚手架
	脚手架	脚手架未验收、检查	高处坠落	重大	（1）脚手架搭设结束后，必须履行脚手架验收手续，委托人及搭建人双方在脚手架验收合格证上签字； （2）每日使用脚手架前，使用人检查脚手架合格并在脚手架验收合格证背面签名后方可使用
	安全带	未正确使用安全带	高处坠落	重大	（1）安全带检验合格证应在有效期内； （2）使用前检查安全带部件完好无损坏； （3）正确使用双钩安全带，移动中严禁脱钩； （4）安全带应挂在牢固的构件上，高挂低用
5．凝结水、给水加氧装置各部件检修	通风机	肢体部位或饰品衣物、用具接触转动部位	机械伤害	较小	（1）衣服和袖口应扣好，不得戴围巾领带，长发必须盘在安全帽内； （2）不准将用具、工器具接触设备的转动部位
	高温空气	气温超过40℃	中暑	较小	（1）不准在工作环境温度超过40℃的凝结水、给水加氧装置内进行作业； （2）必须在凝结水、给水加氧装置内工作时，需有良好的通风条件，根据工作人员的身体情况，轮流工作与休息，并应为工作人员提供足够的饮水、清凉饮料及防暑药品； （3）专人监护，遇有不适立即从凝结水、给水加氧装置内撤出
	行灯	将行灯变压器带入凝结水、给水加氧装置内	触电	较小	禁止将行灯变压器带入凝结水、给水加氧装置内
	角磨机	未正确使用防护罩、防护眼镜	机械伤害	较小	正确佩戴防护罩、防护眼镜
		手提电动工具的导线或转动部分	触电	较小	禁止手提电动工具的导线或转动部分
		使用砂轮片破损的角磨机	物体打击	较小	使用前检查角磨机砂轮片完好无缺损
		更换砂轮片未切断电源	机械伤害	较小	更换砂轮片前必须切断电源
	手持电动工具	未使用Ⅱ类手持式电动工具	触电	较小	（1）电源联接器和控制箱等应放在容器外面宽敞、干燥的场所； （2）使用Ⅱ类手持式电动工具，并安装漏电开关，漏电开关工作电流小于15mA，动作时间小于等于0.1s
	高处的工器具及材料	工器具掉落	物体打击	较小	高处作业一律使用工具袋。较大的工具应用绳拴在牢固的构件上，不准随便乱放，以防止从高处坠落发生事故
		工器具及材料上下投掷	物体打击	较小	不准将工具及材料上下投掷，要用绳系牢后往下或往上吊送，以免打伤下方工作人员或击毁脚手架

续表

作业步骤	危害辨识	危害描述	产生后果	风险等级	防 范 措 施
5．凝结水、给水加氧装置各部件检修	粉尘、焊接尘	未正确使用防尘口罩	尘肺病	较小	作业现场时正确佩戴合格的防尘口罩
		通风不良	尘肺病	较小	作业现场应有良好的通风
	电焊机	未正确使用面罩，电焊手套、白光眼镜等防护用品	灼烫伤	较小	（1）正确使用面罩； （2）戴电焊手套； （3）带白光眼镜； （4）穿电焊服
	焊渣	高温焊渣飞溅	灼烫伤、火灾	中等	（1）动火区域采取防止其他人员被飞溅焊渣烫伤的措施，现场铺好防火布； （2）电焊人员必须穿好工作服，戴好手套和穿好带鞋盖劳保鞋等
	火种	施焊完毕后，未确认现场是否有遗留火种就离开	火灾	较小	电焊作业时须有灭火器材，施焊完毕后，要留有充分的时间观察，确认无引火点，方可离去
	脚手架	脚手架未验收、检查	高处坠落	重大	（1）脚手架搭设结束后，必须履行脚手架验收手续，委托人及搭建人双方在脚手架验收合格证上签字； （2）每日使用脚手架前，使用人检查脚手架合格并在脚手架验收合格证背面签名后方可使用
	安全带	未正确使用安全带	高处坠落	重大	（1）安全带检验合格证应在有效期内； （2）使用前检查安全带部件完好无损坏； （3）正确使用双钩安全带，移动中严禁脱钩； （4）安全带应挂在牢固的构件上，高挂低用
6．凝结水、给水加氧装置装复	大锤、手锤	锤把上有油污未清理	物体打击	较小	清理锤把上油污
		戴手套抡大锤	物体打击	较小	打锤人不得戴手套
	扳手	使用扳手不当或用力过猛致伤	其他伤害	较小	（1）用合适扳手，平稳用力； （2）安全防护装置齐全有效，佩戴手套
	氮气	未通风	窒息	较小	（1）打开通风口进行通风； （2）检测氧气浓度保持在19.5%～21%范围内
		未设置逃生通道	窒息	较小	设置逃生通道，并保持通道畅通
		无人监护	窒息、其他伤害	较小	设专人不间断地监护
	高处的工器具及材料	工器具掉落	物体打击	较小	高处作业一律使用工具袋。较大的工具应用绳拴在牢固的构件上，不准随便乱放，以防止从高处坠落发生事故
		工器具及材料上下投掷	物体打击	较小	不准将工具及材料上下投掷，要用绳系牢后往下或往上吊送，以免打伤下方工作人员或击毁脚手架
	安全带	未正确使用安全带	高处坠落	重大	（1）安全带检验合格证应在有效期内； （2）使用前检查安全带部件完好无损坏； （3）正确使用双钩安全带，移动中严禁脱钩； （4）安全带应挂在牢固的构件上，高挂低用
	脚手架	脚手架未验收、检查	高处坠落	重大	（1）脚手架搭设结束后，必须履行脚手架验收手续，委托人及搭建人双方在脚手架验收合格证上签字； （2）每日使用脚手架前，使用人检查脚手架合格并在脚手架验收合格证背面签名后方可使用
7．现场清理	施工废料	施工废料未清理	环境污染	较小	废料及时清理，做到工完、料尽、场地清

10.29 反应沉淀池检修

作业步骤	危害辨识	危害描述	产生后果	风险等级	防 范 措 施
1. 作业环境评估	噪声	噪声超标	噪声聋	较小	进入噪声区域时正确佩戴合格的耳塞
	照明	现场照明不充足	其他伤害	较小	增加临时照明
	孔洞	盖板缺损	高处坠落	重大	工作场所的孔、洞必须覆以与地面齐平的坚固盖板或做好隔离措施
	高空设备设施	防护栏缺损	高处坠落	重大	检查防护栏完好无损，如因工作需要拆除的栏杆，要做好临时护栏及悬挂警示标识
2. 安全措施正确执行	过滤水	检修中系统隔离不彻底	淹溺	较小	检修工作开始前到现场检查确认工作票所列安全措施完善和正确执行
		需检修的系统内介质未放净	淹溺	较小	检修工作开始前检查系统内介质确已放净，检修中应保证系统与大气可靠连通
3. 准备工作及现场布置	脚手架	脚手架未验收、检查	高处坠落	重大	（1）脚手架搭设结束后，必须履行脚手架验收手续，委托人及搭建人双方在脚手架验收合格证上签字； （2）每日使用脚手架前，使用人检查脚手架合格并在脚手架验收合格证背面签名后方可使用
	安全带	未正确使用安全带	高处坠落	重大	（1）安全带检验合格证应在有效期内； （2）使用前检查安全带部件完好无损坏； （3）正确使用双钩安全带，移动中严禁脱钩； （4）安全带应挂在牢固的构件上，高挂低用
	手提切割机、角磨机	电源线、电源插头破损、防护罩破损缺失松动	触电、机械伤害	较小	（1）检查电源线、电源插头完好无破损、防护罩完好无破损且牢固； （2）检验合格证在有效期内； （3）使用手提切割机、角磨机时戴好防护面罩
	大锤、手锤	锤头与木柄的连接不牢固、锤头破损、木柄未使用整根硬质木料	物体打击	较小	锤头与木柄的连接应用金属楔栓固定，楔子长度不得大于安装孔深的2/3，锤头完好无损，木柄使用整根硬质木料
	临时电源及电源线	电源线悬挂高度不够	触电	较小	临时电源线架设高度室内不低于2.5m
		电源线、插头、插座破损	触电	较小	（1）检查电源线外绝缘良好，无破损； （2）检查电源盘合格证在有效期； （3）检查电源插头插座，确保完好； （4）不准将电源线缠绕在护栏、管道和脚手架上
		未安装漏电保护器	触电	较小	（1）检查电源盘合格证在有效期； （2）分级配置漏电保护器，工作前试漏电保护器，确保正确动作
		检修电源箱外壳未接地	触电	较小	（1）检查电源盘合格证在有效期； （2）检查电源箱外壳接地良好
	行灯	行灯电源线、电源插头破损	触电	较小	（1）检查行灯电源线、电源插头完好无破损； （2）行灯的电源线应采用橡套软电缆
		使用行灯电压等级不符	触电	较小	在反应沉淀池内使用的行灯，其电压不得超过12V
		行灯防护罩缺失	触电	较小	行灯应有保护罩
	通风机	防护罩缺损	机械伤害	较小	（1）风机转动部分必须装设防护装置，并标明旋转方向； （2）对缺损的防护罩应及时装复或修复； （3）通风机应为防爆型风机

作业步骤	危害辨识	危害描述	产生后果	风险等级	防 范 措 施
4. 反应沉淀池解体	人孔门	人孔未设置临时围栏、警告标志	高处坠落	重大	（1）在检修工作中人孔打开后，必须设有牢固的临时围栏，并设有明显的警告标志； （2）工作停止时应将人孔临时进行封闭
	大锤、手锤	锤把上有油污未清理	物体打击	较小	清理锤把上油污
		戴手套抡大锤	物体打击	较小	打锤人不得戴手套
	扳手	使用扳手不当或用力过猛致伤	其他伤害	较小	（1）用合适扳手，平稳用力； （2）安全防护装置齐全有效，佩戴手套
	手提切割机	电源线、电源插头破损、防护罩破损缺失松动	触电、机械伤害	较小	（1）检查电源线、电源插头完好无破损、防护罩完好无破损且牢固； （2）检验合格证在有效期内； （3）使用手提切割机时戴好防护面罩
		更换切割片未切断电源	机械伤害	较小	更换切割片前必须切断电源
	高处的工器具及材料	工器具掉落	物体打击	较小	高处作业一律使用工具袋。较大的工具应用绳拴在牢固的构件上，不准随便乱放，以防止从高处坠落发生事故
		工器具及材料上下投掷	物体打击	较小	不准将工具及材料上下投掷，要用绳系牢后往下或往上吊送，以免打伤下方工作人员或击毁脚手架
	脚手架	脚手架未验收、检查	高处坠落	重大	（1）脚手架搭设结束后，必须履行脚手架验收手续，委托人及搭建人双方在脚手架验收合格证上签字； （2）每日使用脚手架前，使用人检查脚手架合格并在脚手架验收合格证背面签名后方可使用
	二氧化碳	气体浓度超标	窒息	中等	有限空间作业前办理作业审批许可；工作前30min 前打开人孔门进行通风直至用气体检测仪检测浓度合格，氧气浓度保持在 19.5%～21%范围内
		无人监护	窒息	中等	设专人不间断地监护
	安全带	未正确使用安全带	高处坠落	重大	（1）安全带检验合格证应在有效期内； （2）使用前检查安全带部件完好无损坏； （3）正确使用双钩安全带，移动中严禁脱钩； （4）安全带应挂在牢固的构件上，高挂低用
5. 反应沉淀池检查、修理	通风机	肢体部位或饰品衣物、用具接触转动部位	机械伤害	较小	（1）衣服和袖口应扣好，不得戴围巾领带，长发必须盘在安全帽内； （2）不准将用具、工器具接触设备的转动部位
	高处作业人员	使用不合格或未放置不妥当的临时爬梯或直梯	高处坠落	重大	放置爬梯必须保证已接触在容器底部，爬梯上部用绳索固定在罐体外部
	二氧化碳	气体浓度超标	窒息	中等	有限空间作业前办理作业审批许可；工作前30min 前打开人孔门进行通风直至用气体检测仪检测浓度合格，氧气浓度保持在 19.5%～21%范围内
		无人监护	窒息	中等	设专人不间断地监护
	高温空气	气温超过40℃	中暑	较小	（1）不准在工作环境温度超过 40℃的反应沉淀池内进行作业； （2）必须在反应沉淀池内工作时，需通风并应为工作人员提供足够的饮水、清凉饮料及防暑药品； （3）专人监护，遇有不适立即从反应沉淀池内撤出

续表

作业步骤	危害辨识	危害描述	产生后果	风险等级	防 范 措 施
5. 反应沉淀池检查、修理	行灯	将行灯变压器带入反应沉淀池内	触电	较小	禁止将行灯变压器带入反应沉淀池内
	角磨机	未正确使用防护罩、防护眼镜	机械伤害	较小	正确佩戴防护罩、防护眼镜
		手提电动工具的导线或转动部分	触电	较小	禁止手提电动工具的导线或转动部分
		使用砂轮片破损的角磨机	物体打击	较小	使用前检查角磨机砂轮片完好无缺损
		更换砂轮片未切断电源	机械伤害	较小	更换砂轮片前必须切断电源
	手持电动工具	未使用Ⅱ类手持式电动工具	触电	较小	（1）电源联接器和控制箱等应放在容器外面宽敞、干燥的场所； （2）使用Ⅱ类手持式电动工具，并安装漏电开关，漏电开关工作电流小于 15mA，动作时间小于等于 0.1s
	高处的工器具及材料	工器具掉落	物体打击	较小	高处作业一律使用工具袋。较大的工具应用绳拴在牢固的构件上，不准随便乱放，以防止从高处坠落发生事故
		工器具及材料上下投掷	物体打击	较小	不准将工具及材料上下投掷，要用绳系牢后往下或往上吊送，以免打伤下方工作人员或击毁脚手架
	粉尘	未正确使用防尘口罩	尘肺病	较小	打磨时正确佩戴合格的防尘口罩
	电焊机	电焊线缠绕在身上	触电	较小	工作前将电焊线布置好，在人员通道上架空 2m 高，地面敷设做好防护措施
		未正确使用面罩、电焊手套、白光眼镜等防护用具	辐射损伤	较小	（1）正确使用面罩； （2）戴电焊手套； （3）戴白光眼镜； （4）穿电焊服
		利用金属结构、管道、轨道或其他金属搭接起来作为导线使用	触电	较小	不准利用金属结构、管道、轨道或其他金属搭接起来作为导线使用
		准备移动消防器材不合格	火灾	较小	电焊作业现场必须准备合格的、充足的灭火器等移动消防器材
	火种	电焊工作结束后，现场有遗留火种	火灾	较小	电焊工作结束后全面清理工作区域，做到不留任何火种
	脚手架	脚手架未验收、检查	高处坠落	重大	（1）脚手架搭设结束后，必须履行脚手架验收手续，委托人及搭建人双方在脚手架验收合格证上签字； （2）每日使用脚手架前，使用人检查脚手架合格并在脚手架验收合格证背面签名后方可使用
	安全带	未正确使用安全带	高处坠落	重大	（1）安全带检验合格证应在有效期内； （2）使用前检查安全带部件完好无损坏； （3）正确使用双钩安全带，移动中严禁脱钩； （4）安全带应挂在牢固的构件上，高挂低用
6. 反应沉淀池装复	大锤、手锤	锤把上有油污未清理	物体打击	较小	清理锤把上油污
		戴手套抡大锤	物体打击	较小	打锤人不得戴手套
	扳手	使用扳手不当或用力过猛致伤	其他伤害	较小	（1）用合适扳手，平稳用力； （2）安全防护装置齐全有效，佩戴手套

作业步骤	危害辨识	危害描述	产生后果	风险等级	防 范 措 施
6. 反应沉淀池装复	二氧化碳	气体浓度超标	窒息	中等	有限空间作业前办理作业审批许可；工作前30min 前打开人孔门进行通风直至用气体检测仪检测浓度合格，氧气浓度保持在 19.5%~21%范围内
		无人监护	窒息	中等	设专人不间断地监护
	高温空气	气温超过 40℃	中暑	较小	（1）不准在工作环境温度超过 40℃的反应沉淀池内进行作业； （2）必须在反应沉淀池内工作时，需通风并应为工作人员提供足够的饮水、清凉饮料及防暑药品； （3）专人监护，遇有不适立即从反应沉淀池内撤出
	行灯	将行灯变压器带入金属容器内	触电	较小	禁止将行灯变压器带入反应沉淀池器内
	高处的工器具及材料	工器具掉落	物体打击	较小	高处作业一律使用工具袋。较大的工具应用绳拴在牢固的构件上，不准随便乱放，以防止从高处坠落发生事故
		工器具及材料上下投掷	物体打击	较小	不准将工具及材料上下投掷，要用绳系牢后往下或往上吊送，以免打伤下方工作人员或击毁脚手架
	防腐漆	可燃物存放过多	火灾	中等	（1）反应沉淀池内工作不得带入过多的防腐漆； （2）严禁防腐漆周围产生任何有火花的作业
	安全带	未正确使用安全带	高处坠落	重大	（1）安全带检验合格证应在有效期内； （2）使用前检查安全带部件完好无损坏； （3）正确使用双钩安全带，移动中严禁脱钩； （4）安全带应挂在牢固的构件上，高挂低用
	二氧化碳	人员遗留在容器内	窒息	较小	（1）封闭人孔前工作负责人应认真清点工作人员； （2）核对容器进出人登记，确认无人员和工器具遗落，并喊话确认无人
7. 检修工作结束	施工废料	施工废料未清理	环境污染	较小	废料及时清理，做到工完、料尽、场地清

10.30 重力式空气擦洗滤池检修

作业步骤	危害辨识	危害描述	产生后果	风险等级	防 范 措 施
1. 作业环境评估	噪声	噪声超标	噪声聋	较小	进入噪声区域时正确佩戴合格的耳塞
	照明	现场照明不充足	其他伤害	较小	增加临时照明
	孔洞	盖板缺损	高处坠落	重大	工作场所的孔、洞必须覆以与地面齐平的坚固盖板或做好隔离措施
2. 安全措施正确执行	高压过滤水	检修中系统隔离不彻底	冲击	较小	检修工作开始前到现场检查确认工作票所列安全措施完善和正确执行
		需检修的设备、系统内高压介质排放不净	冲击	较小	检修工作开始前检查设备内高压介质确已排放干净后方可开始工作
3. 准备工作及现场布置	脚手架	脚手架未验收、检查	高处坠落	重大	（1）脚手架搭设结束后，必须履行脚手架验收手续，委托人及搭建人双方在脚手架验收合格证上签字； （2）每日使用脚手架前，使用人检查脚手架合格并在脚手架验收合格证背面签名后方可使用

作业步骤	危害辨识	危害描述	产生后果	风险等级	防范措施
3. 准备工作及现场布置	安全带	未正确使用安全带	高处坠落	重大	(1) 安全带检验合格证应在有效期内; (2) 使用前检查安全带部件完好无损坏; (3) 正确使用双钩安全带,移动中严禁脱钩; (4) 安全带应挂在牢固的构件上,高挂低用
	手提切割机、角磨机	电源线、电源插头破损、防护罩破损缺失松动	触电、机械伤害	较小	(1) 检查电源线、电源插头完好无破损、防护罩完好无破损且牢固; (2) 检验合格证在有效期内; (3) 使用手提切割机、角磨机时戴好防护面罩
	大锤、手锤	锤头与木柄的连接不牢固、锤头破损、木柄未使用整根硬质木料	物体打击	较小	锤头与木柄的连接应用金属楔栓固定,楔子长度不得大于安装孔深的2/3,锤头完好无损,木柄使用整根硬质木料
	临时电源及电源线	电源线悬挂高度不够	触电	较小	临时电源线架设高度室内不低于2.5m
		电源线、插头、插座破损	触电	较小	(1) 检查电源线外绝缘良好,无破损; (2) 检查电源盘合格证在有效期; (3) 检查电源插头插座,确保完好; (4) 不准将电源线缠绕在护栏、管道和脚手架上
		未安装漏电保护器	触电	较小	(1) 检查电源盘合格证在有效期; (2) 分级配置漏电保护器,工作前试漏电保护器,确保正确动作
		检修电源箱外壳未接地	触电	较小	(1) 检查电源盘合格证在有效期; (2) 检查电源箱外壳接地良好
	行灯	行灯电源线、电源插头破损	触电	较小	(1) 检查行灯电源线、电源插头完好无破损; (2) 行灯的电源线应采用橡套软电缆
		使用行灯电压等级不符	触电	较小	在重力式空气擦洗滤池内使用的行灯,其电压不得超过12V
		行灯防护罩缺失	触电	较小	行灯应有保护罩
	通风机	防护罩缺损	机械伤害	较小	(1) 风机转动部分必须装设防护装置,并标明旋转方向; (2) 对缺损的防护罩应及时装复或修复; (3) 通风机应为防爆型风机
4. 重力式空气擦洗滤池解体	人孔门	人孔未设置临时围栏、警告标志	高处坠落	重大	(1) 在检修工作中人孔打开后,必须设有牢固的临时围栏,并设有明显的警告标志; (2) 工作停止时应将人孔临时进行封闭
	大锤、手锤	锤把上有油污未清理	物体打击	较小	清理锤把上油污
		戴手套抡大锤	物体打击	较小	打锤人不得戴手套
	扳手	使用扳手不当或用力过猛致伤	其他伤害	较小	(1) 用合适扳手,平稳用力; (2) 安全防护装置齐全有效,佩戴手套
	手提切割机	电源线、电源插头破损、防护罩破损缺失松动	触电、机械伤害	较小	(1) 检查电源线、电源插头完好无破损、防护罩完好无破损且牢固; (2) 检验合格证在有效期内; (3) 使用手提切割机时戴好防护面罩
		更换切割片未切断电源	机械伤害	较小	更换切割片前必须切断电源
	高处的工器具及材料	工器具掉落	物体打击	较小	高处作业一律使用工具袋。较大的工具应用绳拴在牢固的构件上,不准随便乱放,以防止从高处坠落发生事故
		工器具及材料上下投掷	物体打击	较小	不准将工具及材料上下投掷,要用绳系牢后往下或往上吊送,以免打伤下方工作人员或击毁脚手架

续表

作业步骤	危害辨识	危害描述	产生后果	风险等级	防 范 措 施
4. 重力式空气擦洗滤池解体	脚手架	脚手架未验收、检查	高处坠落	重大	（1）脚手架搭设结束后，必须履行脚手架验收手续，委托人及搭建人双方在脚手架验收合格证上签字； （2）每日使用脚手架前，使用人检查脚手架合格并在脚手架验收合格证背面签名后方可使用
	二氧化碳	气体浓度超标	窒息	中等	有限空间作业前办理作业审批许可；工作前30min 前打开人孔门进行通风直至用气体检测仪检测浓度合格，氧气浓度保持在 19.5%～21%范围内
		无人监护	窒息	中等	设专人不间断地监护
	安全带	未正确使用安全带	高处坠落	重大	（1）安全带检验合格证应在有效期内； （2）使用前检查安全带部件完好无损坏； （3）正确使用双钩安全带，移动中严禁脱钩； （4）安全带应挂在牢固的构件上，高挂低用
5. 重力式空气擦洗滤池检查、修理	通风机	肢体部位或饰品衣物、用具接触转动部位	机械伤害	较小	（1）衣服及袖口应扣好，不得戴围巾领带，长发必须盘在安全帽内； （2）不准将用具、工器具接触设备的转动部位
	高处作业人员	使用不合格或未放置不妥当的临时爬梯或直梯	高处坠落	重大	放置爬梯必须保证已接触在容器底部，爬梯上部用绳索固定在罐体外部
	CO2	气体浓度超标	窒息	中等	有限空间作业前办理作业审批许可；工作前30min 前打开人孔门进行通风直至用气体检测仪检测浓度合格，氧气浓度保持在 19.5%～21%范围内
		无人监护	窒息	中等	设专人不间断地监护
	高温空气	气温超过 40℃	中暑	较小	（1）不准在工作环境温度超过 40℃的重力式空气擦洗滤池内进行作业； （2）必须在重力式空气擦洗滤池内工作时，需通风并应为工作人员提供足够的饮水、清凉饮料及防暑药品； （3）专人监护，遇有不适立即从重力式空气擦洗滤池内撤出
	行灯	将行灯变压器带入重力式空气擦洗滤池内	触电	较小	禁止将行灯变压器带入重力式空气擦洗滤池内
	角磨机	未正确使用防护罩、防护眼镜	机械伤害	较小	正确佩戴防护罩、防护眼镜
		手提电动工具的导线或转动部分	触电	较小	禁止手提电动工具的导线或转动部分
		使用砂轮片破损的角磨机	物体打击	较小	使用前检查角磨机砂轮片完好无缺损
		更换砂轮片未切断电源	机械伤害	较小	更换砂轮片前必须切断电源
	手持电动工具	未使用Ⅱ类手持式电动工具	触电	较小	（1）电源联接器和控制箱等应放在容器外面宽敞、干燥的场所； （2）使用Ⅱ类手持式电动工具，并安装漏电开关，漏电开关工作电流小于 15mA，动作时间小于等于 0.1s
	高处的工器具及材料	工器具掉落	物体打击	较小	高处作业一律使用工具袋。较大的工具应用绳拴在牢固的构件上，不准随便乱放，以防止从高处坠落发生事故
		工器具及材料上下投掷	物体打击	较小	不准将工具及材料上下投掷，要用绳系牢后往下或往上吊送，以免打伤下方工作人员或击毁脚手架

作业步骤	危害辨识	危害描述	产生后果	风险等级	防 范 措 施
5. 重力式空气擦洗滤池检查、修理	粉尘	未正确使用防尘口罩	尘肺病	较小	打磨时正确佩戴合格的防尘口罩
	电焊机	电焊线缠绕在身上	触电	较小	工作前将电焊线布置好,在人员通道上架空 2m 高,地面敷设做好防护措施
		未正确使用面罩、电焊手套、白光眼镜等防护用具	辐射损伤	较小	(1) 正确使用面罩; (2) 戴电焊手套; (3) 戴白光眼镜; (4) 穿电焊服
		利用金属结构、管道、轨道或其他金属搭接起来作为导线使用	触电	较小	不准利用金属结构、管道、轨道或其他金属搭接起来作为导线使用
		准备移动消防器材不合格	火灾	较小	电焊作业现场必须准备合格的、充足的灭火器等移动消防器材
	火种	电焊工作结束后,现场有遗留火种	火灾	较小	电焊工作结束后全面清理工作区域,做到不留任何火种
	脚手架	脚手架未验收、检查	高处坠落	重大	(1) 脚手架搭设结束后,必须履行脚手架验收手续,委托人及搭建人双方在脚手架验收合格证上签字; (2) 每日使用脚手架前,使用人检查脚手架合格并在脚手架验收合格证背面签名后方可使用
	安全带	未正确使用安全带	高处坠落	重大	(1) 安全带检验合格证应在有效期内; (2) 使用前检查安全带部件完好无损坏; (3) 正确使用双钩安全带,移动中严禁脱钩; (4) 安全带应挂在牢固的构件上,高挂低用
6. 重力式空气擦洗滤池装复	大锤、手锤	锤把上有油污未清理	物体打击	较小	清理锤把上油污
		戴手套抡大锤	物体打击	较小	打锤人不得戴手套
	扳手	使用扳手不当或用力过猛致伤	其他伤害	较小	(1) 用合适扳手,平稳用力; (2) 安全防护装置齐全有效,佩戴手套
	二氧化碳	气体浓度超标	窒息	中等	有限空间作业前办理作业审批许可;工作前 30min 前打开人孔门进行通风直至用气体检测仪检测浓度合格,氧气浓度保持在 19.5%~21%范围内
		无人监护	窒息	中等	设专人不间断地监护
	高温空气	气温超过 40℃	中暑	较小	(1) 不准在工作环境温度超过 40℃的重力式空气擦洗滤池内进行作业; (2) 必须在重力式空气擦洗滤池内工作时,需通风并应为工作人员提供足够的饮水、清凉饮料及防暑药品; (3) 专人监护,遇有不适立即从重力式空气擦洗滤池内撤出
	行灯	将行灯变压器带入金属容器内	触电	较小	禁止将行灯变压器带入重力式空气擦洗滤池器内
	高处的工器具及材料	工器具掉落	物体打击	较小	高处作业一律使用工具袋。较大的工具应用绳拴在牢固的构件上,不准随便乱放,以防止从高处坠落发生事故
		工器具及材料上下投掷	物体打击	较小	不准将工具及材料上下投掷,要用绳系牢后往下或往上吊送,以免打伤下方工作人员或击毁脚手架

作业步骤	危害辨识	危害描述	产生后果	风险等级	防 范 措 施
6. 重力式空气擦洗滤池装复	安全带	未正确使用安全带	高处坠落	重大	（1）安全带检验合格证应在有效期内； （2）使用前检查安全带部件完好无损坏； （3）正确使用双钩安全带，移动中严禁脱钩； （4）安全带应挂在牢固的构件上，高挂低用
	二氧化碳	人员遗留在容器内	窒息	较小	（1）封闭人孔前工作负责人应认真清点工作人员； （2）核对容器进出人登记，确认无人员和工器具遗落，并喊话确认无人
7. 现场清理	施工废料	施工废料未清理	环境污染	较小	废料及时清理，做到工完、料尽、场地清

10.31 升压泵检修

作业步骤	危害辨识	危害描述	产生后果	风险等级	防 范 措 施
1. 作业环境评估	噪声	噪声超标	噪声聋	较小	进入噪声区域时正确佩戴合格的耳塞
	转动的水泵	未与运行中转动设备进行有效隔离	机械伤害	较小	（1）设置安全隔离围栏并设置警告标志； （2）设置安全检修通道； （3）在运行中转动设备附近工作时应对转动设备进行可靠遮拦，并设专人监护
	孔、洞、坑	盖板缺损	高处坠落	重大	工作场所的孔、洞必须覆以与地面齐平的坚固盖板或做好隔离措施
	照明	现场照明不充足	其他伤害	较小	增加临时照明
2. 确认安全措施正确执行	高压介质水	检修中系统隔离不彻底	冲击	较小	检修工作开始前到现场检查确认工作票所列安全措施完善和正确执行
		需检修的设备、系统内高压介质排放不净	冲击	较小	检修工作开始前检查设备内高压介质确已排放干净后方可开始工作
	转动的水泵	工作前未采取防转动措施	机械伤害	较小	转动设备检修时应采取防转动措施、确认电机电源线拆除
3. 准备工作及现场布置	撬杠	撬杠强度不够	物体打击	较小	必须保证撬杠强度满足要求
	临时电源及电源线	电源线悬挂高度不够	触电	较小	临时电源线架设高度室内不低于 2.5m
		电源线、插头、插座破损	触电	较小	（1）检查电源线外绝缘良好，无破损； （2）检查电源盘合格证在有效期； （3）检查电源插头插座，确保完好； （4）不准将电源线缠绕在护栏、管道和脚手架上
		未安装漏电保护器	触电	较小	（1）检查电源盘合格证在有效期； （2）分级配置漏电保护器，工作前试漏电保护器，确保正确动作
		检修电源箱外壳未接地	触电	较小	（1）检查电源盘合格证在有效期； （2）检查电源箱外壳接地良好
	大锤、手锤	锤头与木柄的连接不牢固、锤头破损、木柄未使用整根硬质木料	物体打击	较小	锤头与木柄的连接应用金属楔栓固定，楔子长度不得大于安装孔深的2/3，锤头完好无损，木柄使用整根硬质木料

续表

作业步骤	危害辨识	危害描述	产生后果	风险等级	防 范 措 施
3.准备工作及现场布置	起重机	制动器失灵	起重伤害	较小	（1）起重机作业开始前必须进行空载试验，确保制动系统安全可靠，如发现制动系统异常，必须立即处理，否则禁止进行作业； （2）起重作业区域设置硬隔离，设围栏，并悬挂警告牌，严禁无关人员出入
	吊索具	吊索具损坏或选择不当	起重伤害	较小	（1）作业前，应对吊索具及其配件进行检查，确认完好，方可使用； （2）所选用的吊索具应与被吊工件的外形特点及具体要求相适应，在不具备使用条件的情况下，绝不能对付使用； （3）作业中应防止损坏吊索具及配件，必要时在棱角处应加护角防护； （4）吊具及配件不能超过其额定起重量，起重吊索、吊具不得超过其相应吊挂状态下的最大工作载荷
	锉刀、手锯、螺丝刀、钢丝钳	手柄等缺损	刺伤	较小	锉刀、手锯、螺丝刀、钢丝钳等手柄应安装牢固，没有手柄的不准使用
4.升压泵解体	撬杠	支撑物不可靠	压伤	较小	应保证支撑物可靠
		被撬物倾斜或滚落	压伤	较小	撬动过程中应采取防止被撬物倾斜或滚落
	扳手	使用扳手不当或用力过猛致伤	其他伤害	较小	（1）用合适扳手，平稳用力； （2）安全防护装置齐全有效，佩戴手套
	转动的叶轮	未采取防转动措施	机械伤害	较小	转动设备检修时应采取防转动措施
	大锤、手锤	锤把上有油污	物体打击	较小	锤把上不可有油污
		单手抡大锤	物体打击	较小	抡大锤时，周围不得有人，不得单手抡大锤
		戴手套抡大锤	物体打击	较小	打锤人不得戴手套
	起重机	运转中变换方向未按规定操作	起重伤害	较小	起重机传动装置在运转中变换方向时，应经过停止稳定后再开始逆向运转，不准直接变更运转方向
		在起吊大的或不规则的构件时，未在构件上系以牢固的拉绳	起重伤害	较小	起重机在起吊大的或不规则的构件时，应在构件上系以牢固的拉绳，使其不摇摆不旋转
		起重机超载荷使用	起重伤害	较小	起重机的工作负荷不准超过铭牌规定
	吊具、起吊物	吊点不牢固、吊点位置不正确	起重伤害	较小	（1）吊钩要挂在物品的重心上，当被吊物件起吊后有可能摆动或转动时，应采用绳牵引方法，防止物件摆动伤人或碰坏设备； （2）选择牢固可靠、满足载荷的吊点
		绑扎不牢固	起重伤害	较小	（1）起重前必须将物件牢固、稳妥地绑住； （2）吊拉时两根钢丝绳之间的夹角一般不得大于90°； （3）使用单吊索起吊重物挂钩时应打挂钩结，使用吊环时螺栓必须拧到底
		斜拉	起重伤害	较小	禁止使用吊钩斜着拖吊重物
		吊装作业区域无专人监护	起重伤害	较小	吊装作业区周边必须设置警戒区域，并设专人监护

作业步骤	危害辨识	危害描述	产生后果	风险等级	防 范 措 施
5. 升压泵部件检修、测量	清洁剂	在工作场所存储	火灾爆炸	较小	（1）禁止在工作场所存储易燃物品，例如汽油、酒精等； （2）领用、暂存时量不能过大，一般不超过500mL
		皮肤接触	化学性灼伤	较小	工作人员佩戴橡胶手套
	临时电源及电源线	电源线悬挂高度不够	触电	较小	临时电源线架设高度室内不低于2.5m
		电源线、插头、插座破损	触电	较小	（1）检查电源线外绝缘良好，无破损； （2）检查电源盘合格证在有效期； （3）检查电源插头插座，确保完好； （4）不准将电源线缠绕在护栏、管道和脚手架上
		未安装漏电保护器	触电	较小	（1）检查电源盘合格证在有效期； （2）分级配置漏电保护器，工作前试漏电保护器，确保正确动作
		检修电源箱外壳未接地	触电	较小	（1）检查电源盘合格证在有效期； （2）检查电源箱外壳接地良好
	角磨机	未正确使用防护罩、防护眼镜	机械伤害	较小	正确佩戴防护罩、防护眼镜
		手提电动工具的导线或转动部分	触电	较小	禁止手提电动工具的导线或转动部分
		角磨机砂轮片破损	物体打击	较小	使用前检查角磨机砂轮片完好无缺损
		更换砂轮片未切断电源	机械伤害	较小	更换砂轮片前必须切断电源
	锉刀、手锯、螺丝刀、钢丝钳	手柄等缺损	刺伤	较小	锉刀、手锯、螺丝刀、钢丝钳等手柄应安装牢固，没有手柄的不准使用
6. 升压泵装复	起重机	运转中变换方向未按规定操作	起重伤害	较小	起重机传动装置在运转中变换方向时，应经过停止稳定后再开始逆向运转，不准直接变更运转方向
		在起吊大的或不规则的构件时，未在构件上系以牢固的拉绳	起重伤害	较小	起重机在起吊大的或不规则的构件时，应在构件上系以牢固的拉绳，使其不摇摆不旋转
		起重机超载荷使用	起重伤害	较小	起重机的工作负荷不准超过铭牌规定
	撬杠	支撑物不可靠	砸伤	较小	应保证支撑物可靠
		被撬物倾斜或滚落	砸伤	较小	撬动过程中应采取防止被撬物倾斜或滚落
	大锤、手锤	锤把上有油污	物体打击	较小	锤把上不可有油污
		戴手套抡大锤	物体打击	较小	打锤人不得戴手套
	扳手	使用扳手不当或用力过猛致伤	其他伤害	较小	（1）用合适扳手，平稳用力； （2）安全防护装置齐全有效，佩戴手套
	吊具、起吊物	吊点不牢固、吊点位置不正确	起重伤害	较小	（1）吊钩要挂在物品的重心上，当被吊物件起吊后有可能摆动或转动时，应采用绳牵引方法，防止物件摆动伤人或碰坏设备； （2）选择牢固可靠、满足载荷的吊点

续表

作业步骤	危害辨识	危害描述	产生后果	风险等级	防 范 措 施
6. 升压泵装复	吊具、起吊物	绑扎不牢固	起重伤害	较小	(1) 起重前必须将物件牢固、稳妥地绑住; (2) 吊拉时两根钢丝绳之间的夹角一般不得大于 90°; (3) 使用单吊索起吊重物挂钩时应打挂钩结,使用吊环时螺栓必须拧到底
		斜拉	起重伤害	较小	禁止使吊钩斜着拖吊重物
		吊装作业区域无专人监护	起重伤害	较小	吊装作业区周边必须设置警戒区域,并设专人监护
	转动的叶轮	未采取防转动措施	机械伤害	较小	转动设备检修时应采取防转动措施
7. 试运	转动的水泵	肢体部位或饰品衣物、用具接触转动部位	机械伤害	较小	(1) 衣服和袖口应扣好,不得戴围巾领带,长发必须盘在安全帽内; (2) 不准将用具、工器具接触设备的转动部位
		转动部件飞出	机械伤害	较小	试运行时,无关人员远离,工作人员站在轴向位置
		断裂、超速、零部件脱落	物体打击	较小	检查设备的运行状态,保持设备的振动、温度、运行电流等参数符合标准,如发现参数超标及时处理
8. 检修工作结束	施工废料	施工废料未清理	环境污染	较小	废料及时清理,做到工完、料尽、场地清

10.32 工业水泵检修

作业步骤	危害辨识	危害描述	产生后果	风险等级	防 范 措 施
1. 作业环境评估	噪声	噪声超标	噪声聋	较小	进入噪声区域时正确佩戴合格的耳塞
	转动的水泵	未与运行中转动设备进行有效隔离	机械伤害	较小	(1) 设置安全隔离围栏并设置警告标志; (2) 设置安全检修通道; (3) 在运行中转动设备附近工作时应对转动设备进行可靠遮拦,并设专人监护
	孔、洞、坑	盖板缺损	高处坠落	重大	工作场所的孔、洞必须覆以与地面齐平的坚固盖板或做好隔离措施
	照明	现场照明不充足	其他伤害	较小	增加临时照明
2. 确认安全措施正确执行	高压水	检修中系统隔离不彻底	冲击	较小	检修工作开始前到现场检查确认工作票所列安全措施完善和正确执行
		需检修的设备、系统内高压水排放不净	冲击	较小	检修工作开始前检查设备内高压水确已排放干净后方可开始工作
	转动的水泵	工作前未采取防转动措施	机械伤害	较小	转动设备检修时应采取防转动措施、确认电机电源线拆除
3. 准备工作及现场布置	撬杠	撬杠强度不够	物体打击	较小	必须保证撬杠强度满足要求
	轴承加热器	电源线、电源插头破损	机械伤害触电	较小	(1) 检查轴承加热器电源线、电源插头完好无缺损; (2) 检查合格证在有效期内
	临时电源及电源线	电源线悬挂高度不够	触电	较小	临时电源线架设高度室内不低于 2.5m

作业步骤	危害辨识	危害描述	产生后果	风险等级	防 范 措 施
3. 准备工作及现场布置	临时电源及电源线	电源线、插头、插座破损	触电	较小	（1）检查电源线外绝缘良好，无破损； （2）检查电源盘合格证在有效期； （3）检查电源插头插座，确保完好； （4）不准将电源线缠绕在护栏、管道和脚手架上
		未安装漏电保护器	触电	较小	（1）检查电源盘合格证在有效期； （2）分级配置漏电保护器，工作前试漏电保护器，确保正确动作
		检修电源箱外壳未接地	触电	较小	（1）检查电源盘合格证在有效期； （2）检查电源箱外壳接地良好
	电动葫芦	钢丝绳磨损严重、吊钩无防脱保险装置、卸扣横销转动卡涩、制动器失灵、限位器失效、控制手柄破损	起重伤害	较小	（1）检查电动葫芦检验合格证在有效期内； （2）使用前应作无负荷起落试验一次，检查刹车及传动装置应良好无缺陷
	大锤、手锤	锤头与木柄的连接不牢固、锤头破损、木柄未使用整根硬质木料	物体打击	较小	锤头与木柄的连接应用金属楔栓固定，楔子长度不得大于安装孔深的2/3，锤头完好无损，木柄使用整根硬质木料
	吊索具	吊索具损坏或选择不当	起重伤害	较小	（1）作业前，应对吊索具及其配件进行检查，确认完好，方可使用； （2）所选用的吊索具应与被吊工件的外形特点及具体要求相适应，在不具备使用条件的情况下，绝不能对付使用； （3）作业中应防止损坏吊索具及配件，必要时在棱角处应加护角防护； （4）吊具及配件不能超过其额定起重量，起重吊索、吊具不得超过其相应吊挂状态下的最大工作载荷
	锉刀、手锯、螺丝刀、钢丝钳	手柄等缺损	刺伤	较小	锉刀、手锯、螺丝刀、钢丝钳等手柄应安装牢固，没有手柄的不准使用
4. 工业水泵解体	润滑油	设备内润滑油泄漏	污染环境	较小	（1）发生的跑、冒、滴、漏及溢油，要及时清除处理，油液收集到废油桶中； （2）清理作业时的废油、废布不得随意处置
	撬杠	支撑物不可靠	压伤	较小	应保证支撑物可靠
		被撬物倾斜或滚落	压伤	较小	撬动过程中应采取防止被撬物倾斜或滚落
	扳手	使用扳手不当或用力过猛致伤	其他伤害	较小	（1）用合适扳手，平稳用力； （2）安全防护装置齐全有效，佩戴手套
	转动的叶轮	未采取防转动措施	机械伤害	较小	转动设备检修时应采取防转动措施
	电动葫芦	运转中变换方向未按规定操作	起重伤害	较小	电动葫芦在运转中变换方向时，应经过停止稳定后再开始逆向运转，不准直接变更运转方向。运转速度不宜变换过大，加速或减速应逐渐进行
		电动葫芦超载荷使用	起重伤害	较小	使用电动葫芦时工作负荷不准超过铭牌规定
	大锤、手锤	锤把上有油污	物体打击	较小	锤把上不可有油污
		单手抡大锤	物体打击	较小	抡大锤时，周围不得有人，不得单手抡大锤
		戴手套抡大锤	物体打击	较小	打锤人不得戴手套

续表

作业步骤	危害辨识	危害描述	产生后果	风险等级	防 范 措 施
4．工业水泵解体	吊具、起吊物	吊点不牢固、吊点位置不正确	起重伤害	较小	（1）吊钩要挂在物品的重心上，当被吊物件起吊后有可能摆动或转动时，应采用绳牵引方法，防止物件摆动伤人或碰坏设备； （2）选择牢固可靠、满足载荷的吊点
		绑扎不牢固	起重伤害	较小	（1）起重前必须将物件牢固、稳妥地绑住； （2）吊拉时两根钢丝绳之间的夹角一般不得大于90°； （3）使用单吊索起吊重物挂钩时应打挂钩结，使用吊环时螺栓必须拧到底
		斜拉	起重伤害	较小	禁止使吊钩斜着拖吊重物
		吊装作业区域无专人监护	起重伤害	较小	吊装作业区周边必须设置警戒区域，并设专人监护
5．工业水泵各部件检修、测量	清洁剂	在工作场所存储	火灾爆炸	较小	（1）禁止在工作场所存储易燃物品，例如汽油、酒精等； （2）领用、暂存时量不能过大，一般不超过500mL
		皮肤接触	化学性灼伤	较小	工作人员佩戴橡胶手套
	临时电源及电源线	电源线悬挂高度不够	触电	较小	临时电源线架设高度室内不低于2.5m
		电源线、插头、插座破损	触电	较小	（1）检查电源线外绝缘良好，无破损； （2）检查电源盘合格证在有效期； （3）检查电源插头插座，确保完好； （4）不准将电源线缠绕在护栏、管道和脚手架上
		未安装漏电保护器	触电	较小	（1）检查电源盘合格证在有效期； （2）分级配置漏电保护器，工作前试漏电保护器，确保正确动作
		检修电源箱外壳未接地	触电	较小	（1）检查电源盘合格证在有效期； （2）检查电源箱外壳接地良好
	角磨机	未正确使用防护罩、防护眼镜	机械伤害	较小	正确佩戴防护罩、防护眼镜
		手提电动工具的导线或转动部分	触电	较小	禁止手提电动工具的导线或转动部分
		角磨机砂轮片破损	物体打击	较小	使用前检查角磨机砂轮片完好无缺损
		更换砂轮片未切断电源	机械伤害	较小	更换砂轮片前必须切断电源
	锉刀、手锯、螺丝刀、钢丝钳	手柄等缺损	刺伤	较小	锉刀、手锯、螺丝刀、钢丝钳等手柄应安装牢固，没有手柄的不准使用
6．工业水泵装复	电动葫芦	运转中变换方向未按规定操作	起重伤害	较小	电动葫芦在运转中变换方向时，应经过停止稳定后再开始逆向运转，不准直接变更运转方向。运转速度不宜变换过大，加速或减速应逐渐进行
		电动葫芦超载荷使用	起重伤害	较小	使用电动葫芦时工作负荷不准超过铭牌规定
	撬杠	支撑物不可靠	砸伤	较小	应保证支撑物可靠
		被撬物倾斜或滚落	砸伤	较小	撬动过程中应采取防止被撬物倾斜或滚落
	大锤、手锤	锤把上有油污	物体打击	较小	锤把上不可有油污
		戴手套抢大锤	物体打击	较小	打锤人不得戴手套

作业步骤	危害辨识	危害描述	产生后果	风险等级	防 范 措 施
6. 工业水泵装复	扳手	使用扳手不当或用力过猛致伤	其他伤害	较小	（1）用合适扳手，平稳用力； （2）安全防护装置齐全有效，佩戴手套
	轴承加热器	未采取防烫伤措施	灼烫伤	较小	操作人员必须使用隔热手套
	转动的叶轮	未采取防转动措施	机械伤害	较小	转动设备检修时应采取防转动措施
	吊具、起吊物	吊点不牢固、吊点位置不正确	起重伤害	较小	（1）吊钩要挂在物品的重心上，当被吊物件起吊后有可能摆动或转动时，应采用绳牵引方法，防止物件摆动伤人或碰坏设备； （2）选择牢固可靠、满足载荷的吊点
		绑扎不牢固	起重伤害	较小	（1）起重前必须将物件牢固、稳妥地绑住； （2）吊拉时两根钢丝绳之间的夹角一般不得大于90°； （3）使用单吊索起吊重物挂钩时应打挂钩结，使用吊环时螺栓必须拧到底
		斜拉	起重伤害	较小	禁止使用吊钩斜着拖吊重物
		吊装作业区域无专人监护	起重伤害	较小	吊装作业区周边必须设置警戒区域，并设专人监护
	泵联轴器	用手指直接检查校正联轴器销孔	机械伤害	较小	不准用手指直接检查校正联轴器销孔
	润滑油	加油过程中润滑油泄漏	工作环境污染	较小	现场准备擦拭用的棉丝及清理油污所用的沙子、桶，加油时使用检查完好的油壶油漏斗，防止洒落
7. 试运	转动的水泵	肢体部位或饰品衣物、用具接触转动部位	机械伤害	较小	（1）衣服和袖口应扣好，不得戴围巾领带，长发必须盘在安全帽内； （2）不准将用具、工器具接触设备的转动部位
		转动部件飞出	机械伤害	较小	试运行时，无关人员远离，工作人员站在轴向位置
		断裂、超速、零部件脱落	物体打击	较小	检查设备的运行状态，保持设备的振动、温度、运行电流等参数符合标准，如发现参数超标及时处理
8. 检修工作结束	施工废料	施工废料未清理	环境污染	较小	废料及时清理，做到工完、料尽、场地清

10.33 工业回用水泵检修

作业步骤	危害辨识	危害描述	产生后果	风险等级	防 范 措 施
1. 作业环境评估	噪声	噪声超标	噪声聋	较小	进入噪声区域时正确佩戴合格的耳塞
	转动的水泵	未与运行中转动设备进行有效隔离	机械伤害	较小	（1）设置安全隔离围栏并设置警告标志； （2）设置安全检修通道； （3）在运行中转动设备附近工作时应对转动设备进行可靠遮拦，并设专人监护
	孔、洞、坑	盖板缺损	高处坠落	重大	工作场所的孔、洞必须覆以与地面齐平的坚固盖板或做好隔离措施
	照明	现场照明不充足	其他伤害	较小	增加临时照明
2. 确认安全措施正确执行	高压水	检修中系统隔离不彻底	冲击	较小	检修工作开始前到现场检查确认工作票所列安全措施完善和正确执行
		需检修的设备、系统内高压水排放不净	冲击	较小	检修工作开始前检查设备内高压水确已排放干净后方可开始工作
	转动的水泵	工作前未采取防转动措施	机械伤害	较小	转动设备检修时应采取防转动措施、确认电机电源线拆除

作业步骤	危害辨识	危害描述	产生后果	风险等级	防　范　措　施
3. 准备工作及现场布置	撬杠	撬杠强度不够	物体打击	较小	必须保证撬杠强度满足要求
	轴承加热器	电源线、电源插头破损	机械伤害触电	较小	（1）检查轴承加热器电源线、电源插头完好无缺损； （2）检查合格证在有效期内
	临时电源及电源线	电源线悬挂高度不够	触电	较小	临时电源线架设高度室内不低于2.5m
		电源线、插头、插座破损	触电	较小	（1）检查电源线外绝缘良好，无破损； （2）检查电源盘合格证在有效期； （3）检查电源插头插座，确保完好； （4）不准将电源线缠绕在护栏、管道和脚手架上
		未安装漏电保护器	触电	较小	（1）检查电源盘合格证在有效期； （2）分级配置漏电保护器，工作前试漏电保护器，确保正确动作
		检修电源箱外壳未接地	触电	较小	（1）检查电源盘合格证在有效期； （2）检查电源箱外壳接地良好
	电动葫芦	钢丝绳磨损严重、吊钩无防脱保险装置、卸扣横销转动卡涩、制动器失灵、限位器失效、控制手柄破损	起重伤害	较小	（1）检查电动葫芦检验合格证在有效期内； （2）使用前应作无负荷起落试验一次，检查刹车及传动装置应良好无缺陷
	大锤、手锤	锤头与木柄的连接不牢固、锤头破损、木柄未使用整根硬质木料	物体打击	较小	锤头与木柄的连接应用金属楔栓固定，楔子长度不得大于安装孔深的2/3，锤头完好无损，木柄使用整根硬质木料
	吊索具	吊索具损坏或选择不当	起重伤害	较小	（1）作业前，应对吊索具及其配件进行检查，确认完好，方可使用； （2）所选用的吊索具应与被吊工件的外形特点及具体要求相适应，在不具备使用条件的情况下，绝能对付使用； （3）作业中应防止损坏吊索具及配件，必要时在棱角处应加护角防护； （4）吊具及配件不能超过其额定起重量，起重吊索、吊具不得超过其相应吊挂状态下的最大工作载荷
	锉刀、手锯、螺丝刀、钢丝钳	手柄等缺损	刺伤	较小	锉刀、手锯、螺丝刀、钢丝钳等手柄应安装牢固，没有手柄的不准使用
4. 工业回用水泵解体	润滑油	设备内润滑油泄漏	污染环境	较小	（1）发生的跑、冒、滴、漏及溢油，要及时清除处理，油液收集到废油桶中； （2）清理作业时的废油、废布不得随意处置
	撬杠	支撑物不可靠	压伤	较小	应保证支撑物可靠
		被撬物倾斜或滚落	压伤	较小	撬动过程中应采取防止被撬物倾斜或滚落
	扳手	使用扳手不当或用力过猛致伤	其他伤害	较小	（1）用合适扳手，平稳用力； （2）安全防护装置齐全有效，佩戴手套
	转动的叶轮	未采取防转动措施	机械伤害	较小	转动设备检修时应采取防转动措施
	电动葫芦	运转中变换方向未按规定操作	起重伤害	较小	电动葫芦在运转中变换方向时，应经过停止稳定后再开始逆向运转，不准直接变更运转方向。运转速度不宜变换过大，加速或减速应逐渐进行
		电动葫芦超载荷使用	起重伤害	较小	使用电动葫芦时工作负荷不准超过铭牌规定

作业步骤	危害辨识	危害描述	产生后果	风险等级	防 范 措 施
4. 工业回用水泵解体	大锤、手锤	锤把上有油污	物体打击	较小	锤把上不可有油污
		单手抡大锤	物体打击	较小	抡大锤时，周围不得有人，不得单手抡大锤
		戴手套抡大锤	物体打击	较小	打锤人不得戴手套
	吊具、起吊物	吊点不牢固、吊点位置不正确	起重伤害	较小	（1）吊钩要挂在物品的重心上，当被吊物件起吊后有可能摆动或转动时，应采用绳牵引方法，防止物件摆动伤人或碰坏设备； （2）选择牢固可靠、满足载荷的吊点
		绑扎不牢固	起重伤害	较小	（1）起重前必须将物件牢固、稳妥地绑住； （2）吊拉时两根钢丝绳之间的夹角一般不得大于90°； （3）使用单吊索起吊重物挂钩时应打挂钩结，使用吊环时螺栓必须拧到底
		斜拉	起重伤害	较小	禁止使用吊钩斜着拖吊重物
		吊装作业区域无专人监护	起重伤害	较小	吊装作业区周边必须设置警戒区域，并设专人监护
5. 工业回用水泵各部件检修、测量	清洁剂	在工作场所存储	火灾爆炸	较小	（1）禁止在工作场所存储易燃物品，例如汽油、酒精等； （2）领用、暂存时量不能过大，一般不超过500mL
		皮肤接触	化学性灼伤	较小	工作人员佩戴橡胶手套
	临时电源及电源线	电源线悬挂高度不够	触电	较小	临时电源线架设高度室内不低于2.5m
		电源线、插头、插座破损	触电	较小	（1）检查电源线外绝缘良好，无破损； （2）检查电源盘合格证在有效期； （3）检查电源插头插座，确保完好； （4）不准将电源线缠绕在护栏、管道和脚手架上
		未安装漏电保护器	触电	较小	（1）检查电源盘合格证在有效期； （2）分级配置漏电保护器，工作前试漏电保护器，确保正确动作
		检修电源箱外壳未接地	触电	较小	（1）检查电源盘合格证在有效期； （2）检查电源箱外壳接地良好
	角磨机	未正确使用防护罩、防护眼镜	机械伤害	较小	正确佩戴防护罩、防护眼镜
		手提电动工具的导线或转动部分	触电	较小	禁止手提电动工具的导线或转动部分
		角磨机砂轮片破损	物体打击	较小	使用前检查角磨机砂轮片完好无缺损
		更换砂轮片未切断电源	机械伤害	较小	更换砂轮片前必须切断电源
	锉刀、手锯、螺丝刀、钢丝钳	手柄等缺损	刺伤	较小	锉刀、手锯、螺丝刀、钢丝钳等手柄应安装牢固，没有手柄的不准使用
6. 工业回用水泵装复	电动葫芦	运转中变换方向未按规定操作	起重伤害	较小	电动葫芦在运转中变换方向时，应经过停止稳定后再开始逆向运转，不准直接变更运转方向。运转速度不宜变换过大，加速或减速应逐渐进行
		电动葫芦超载荷使用	起重伤害	较小	使用电动葫芦时工作负荷不准超过铭牌规定
	撬杠	支撑物不可靠	砸伤	较小	应保证支撑物可靠
		被撬物倾斜或滚落	砸伤	较小	撬动过程中应采取防止被撬物倾斜或滚落

作业步骤	危害辨识	危害描述	产生后果	风险等级	防 范 措 施
6. 工业回用水泵装复	大锤、手锤	锤把上有油污	物体打击	较小	锤把上不可有油污
		戴手套抡大锤	物体打击	较小	打锤人不得戴手套
	扳手	使用扳手不当或用力过猛致伤	其他伤害	较小	（1）用合适扳手，平稳用力； （2）安全防护装置齐全有效，佩戴手套
	轴承加热器	未采取防烫伤措施	灼烫伤	较小	操作人员必须使用隔热手套
	转动的叶轮	未采取防转动措施	机械伤害	较小	转动设备检修时应采取防转动措施
	吊具、起吊物	吊点不牢固、吊点位置不正确	起重伤害	较小	（1）吊钩要挂在物品的重心上，当被吊物件起吊后有可能摆动或转动时，应采用绳牵引方法，防止物件摆动伤人或碰坏设备； （2）选择牢固可靠、满足载荷的吊点
		绑扎不牢固	起重伤害	较小	（1）起重前必须将物件牢固、稳妥地绑住； （2）吊拉时两根钢丝绳之间的夹角一般不得大于90°； （3）使用单吊索起重物挂钩时应打挂钩结，使用吊环时螺栓必须拧到底
		斜拉	起重伤害	较小	禁止使吊钩斜着拖吊重物
		吊装作业区域无专人监护	起重伤害	较小	吊装作业区周边必须设置警戒区域，并设专人监护
	泵联轴器	用手指直接检查校正联轴器销孔	机械伤害	较小	不准用手指直接检查校正联轴器销孔
	润滑油	加油过程中润滑油泄漏	工作环境污染	较小	现场准备擦拭用的棉丝及清理油污所用的沙子、桶，加油时使用检查完好的油壶油漏斗，防止洒落
7. 试运	转动的水泵	肢体部位或饰品衣物、用具接触转动部位	机械伤害	较小	（1）衣服和袖口应扣好，不得戴围巾领带，长发必须盘在安全帽内； （2）不准将用具、工器具接触设备的转动部位
		转动部件飞出	机械伤害	较小	试运行时，无关人员远离，工作人员站在轴向位置
		断裂、超速、零部件脱落	物体打击	较小	检查设备的运行状态，保持设备的振动、温度、运行电流等参数符合标准，如发现参数超标及时处理
8. 检修工作结束	施工废料	施工废料未清理	环境污染	较小	废料及时清理，做到工完、料尽、场地清

10.34 反洗水泵检修

作业步骤	危害辨识	危害描述	产生后果	风险等级	防 范 措 施
1. 作业环境评估	噪声	噪声超标	噪声聋	较小	进入噪声区域时正确佩戴合格的耳塞
	转动的水泵	未与运行中转动设备进行有效隔离	机械伤害	较小	（1）设置安全隔离围栏并设置警告标志； （2）设置安全检修通道； （3）在运行中转动设备附近工作时应对转动设备进行可靠遮拦，并设专人监护
	孔、洞、坑	盖板缺损	高处坠落	较小	工作场所的孔、洞必须覆以与地面齐平的坚固盖板或做好隔离措施
	照明	现场照明不充足	其他伤害	较小	增加临时照明

作业步骤	危害辨识	危害描述	产生后果	风险等级	防 范 措 施
2. 确认安全措施正确执行	高压水	检修中系统隔离不彻底	冲击	较小	检修工作开始前到现场检查确认工作票所列安全措施完善和正确执行
		需检修的设备、系统内高压水排放不净	冲击	较小	检修工作开始前检查设备内高压水确已排放干净后方可开始工作
	转动的水泵	工作前未采取防转动措施	机械伤害	较小	转动设备检修时应采取防转动措施、确认电机电源线拆除
3. 准备工作及现场布置	撬杠	撬杠强度不够	物体打击	较小	必须保证撬杠强度满足要求
	轴承加热器	电源线、电源插头破损	机械伤害 触电	较小	（1）检查轴承加热器电源线、电源插头完好无缺损； （2）检查合格证在有效期内
	临时电源及电源线	电源线悬挂高度不够	触电	较小	临时电源线架设高度室内不低于 2.5m
		电源线、插头、插座破损	触电	较小	（1）检查电源线外绝缘良好，无破损； （2）检查电源盘合格证在有效期； （3）检查电源插头插座，确保完好； （4）不准将电源线缠绕在护栏、管道和脚手架上
		未安装漏电保护器	触电	较小	（1）检查电源盘合格证在有效期； （2）分级配置漏电保护器，工作前试漏电保护器，确保正确动作
		检修电源箱外壳未接地	触电	较小	（1）检查电源盘合格证在有效期； （2）检查电源箱外壳接地良好
	电动葫芦	钢丝绳磨损严重、吊钩无防脱保险装置、卸扣横销转动卡涩、制动器失灵、限位器失效、控制手柄破损	起重伤害	较小	（1）检查电动葫芦检验合格证在有效期内； （2）使用前应作无负荷起落试验一次，检查刹车及传动装置应良好无缺陷
	大锤、手锤	锤头与木柄的连接不牢固、锤头破损、木柄未使用整根硬质木料	物体打击	较小	锤头与木柄的连接应用金属楔栓固定，楔子长度不得大于安装孔深的 2/3，锤头完好无损，木柄使用整根硬质木料
	吊索具	吊索具损坏或选择不当	起重伤害	较小	（1）作业前，应对吊索具及其配件进行检查，确认完好，方可使用； （2）所选用的吊索具应与被吊工件的外形特点及具体要求相适应，在不具备使用条件的情况下，绝不能对付使用； （3）作业中应防止损坏吊索具及配件，必要时在棱角处应加护角防护； （4）吊具及配件不能超过其额定起重量，起重吊索、吊具不得超过其相应吊挂状态下的最大工作载荷
	锉刀、手锯、螺丝刀、钢丝钳	手柄等缺损	刺伤	较小	锉刀、手锯、螺丝刀、钢丝钳等手柄应安装牢固，没有手柄的不准使用
4. 反洗水泵解体	润滑油	设备内润滑油泄漏	污染环境	较小	（1）发生的跑、冒、滴、漏及溢油，要及时清除处理，油液收集到废油桶中； （2）清理作业时的废油、废布不得随意处置
	撬杠	支撑物不可靠	压伤	较小	应保证支撑物可靠
		被撬物倾斜或滚落	压伤	较小	撬动过程中应采取防止被撬物倾斜或滚落

续表

作业步骤	危害辨识	危害描述	产生后果	风险等级	防 范 措 施
4. 反洗水泵解体	扳手	使用扳手不当或用力过猛致伤	其他伤害	较小	（1）用合适扳手，平稳用力； （2）安全防护装置齐全有效，佩戴手套
	转动的叶轮	未采取防转动措施	机械伤害	较小	转动设备检修时应采取防转动措施
	电动葫芦	运转中变换方向未按规定操作	起重伤害	较小	电动葫芦在运转中变换方向时，应经过停止稳定后再开始逆向运转，不准直接变更运转方向。运转速度不宜变换过大，加速或减速应逐渐进行
		电动葫芦超载荷使用	起重伤害	较小	使用电动葫芦时工作负荷不准超过铭牌规定
	大锤、手锤	锤把上有油污	物体打击	较小	锤把上不可有油污
		单手抡大锤	物体打击	较小	抡大锤时，周围不得有人，不得单手抡大锤
		戴手套抡大锤	物体打击	较小	打锤人不得戴手套
	吊具、起吊物	吊点不牢固、吊点位置不正确	起重伤害	较小	（1）吊钩要挂在物品的重心上，当被吊物件起吊后有可能摆动或转动时，应采用绳牵引方法，防止物件摆动伤人或碰坏设备； （2）选择牢固可靠、满足载荷的吊点
		绑扎不牢固	起重伤害	较小	（1）起重前必须将物件牢固、稳妥地绑住； （2）吊拉时两根钢丝绳之间的夹角一般不得大于90°； （3）使用单吊索起吊重物挂钩时应打挂钩结，使用吊环时螺栓必须拧到底
		斜拉	起重伤害	较小	禁止使用吊钩斜着拖吊重物
		吊装作业区域无专人监护	起重伤害	较小	吊装作业区周边必须设置警戒区域，并设专人监护
5. 反洗水泵各部件检修、测量	清洁剂	在工作场所存储	火灾爆炸	较小	（1）禁止在工作场所存储易燃物品，例如汽油、酒精等； （2）领用、暂存时量不能过大，一般不超过500mL
		皮肤接触	化学性灼伤	较小	工作人员佩戴橡胶手套
	临时电源及电源线	电源线悬挂高度不够	触电	较小	临时电源线架设高度室内不低于2.5m
		电源线、插头、插座破损	触电	较小	（1）检查电源线外绝缘良好，无破损； （2）检查电源盘合格证在有效期； （3）检查电源插头插座，确保完好； （4）不准将电源线缠绕在护栏、管道和脚手架上
		未安装漏电保护器	触电	较小	（1）检查电源盘合格证在有效期； （2）分级配置漏电保护器，工作前试漏电保护器，确保正确动作
		检修电源箱外壳未接地	触电	较小	（1）检查电源盘合格证在有效期； （2）检查电源箱外壳接地良好
	角磨机	未正确使用防护罩、防护眼镜	机械伤害	较小	正确佩戴防护罩、防护眼镜
		手提电动工具的导线或转动部分	触电	较小	禁止手提电动工具的导线或转动部分
		角磨机砂轮片破损	物体打击	较小	使用前检查角磨机砂轮片完好无缺损
		更换砂轮片未切断电源	机械伤害	较小	更换砂轮片前必须切断电源

续表

作业步骤	危害辨识	危害描述	产生后果	风险等级	防 范 措 施
5. 反洗水泵各部件检修、测量	锉刀、手锯、螺丝刀、钢丝钳	手柄等缺损	刺伤	较小	锉刀、手锯、螺丝刀、钢丝钳等手柄应安装牢固，没有手柄的不准使用
6. 反洗水泵装复	电动葫芦	运转中变换方向未按规定操作	起重伤害	较小	电动葫芦在运转中变换方向时，应经过停止稳定后再开始逆向运转，不准直接变更运转方向。运转速度不宜变换过大，加速或减速应逐渐进行
		电动葫芦超载荷使用	起重伤害	较小	使用电动葫芦时工作负荷不准超过铭牌规定
	撬杠	支撑物不可靠	砸伤	较小	应保证支撑物可靠
		被撬物倾斜或滚落	砸伤	较小	撬动过程中应采取防止被撬物倾斜或滚落
	大锤、手锤	锤把上有油污	物体打击	较小	锤把上不可有油污
		戴手套抡大锤	物体打击	较小	打锤人不得戴手套
	扳手	使用扳手不当或用力过猛致伤	其他伤害	较小	（1）用合适扳手，平稳用力；（2）安全防护装置齐全有效，佩戴手套
	轴承加热器	未采取防烫伤措施	灼烫伤	较小	操作人员必须使用隔热手套
	转动的叶轮	未采取防转动措施	机械伤害	较小	转动设备检修时应采取防转动措施
	吊具、起吊物	吊点不牢固、吊点位置不正确	起重伤害	较小	（1）吊钩要挂在物品的重心上，当被吊物件起吊后有可能摆动或转动时，应采用绳牵引方法，防止物件摆动伤人或碰坏设备；（2）选择牢固可靠、满足载荷的吊点
		绑扎不牢固	起重伤害	较小	（1）起重前必须将物件牢固、稳妥地绑住；（2）吊拉时两根钢丝绳之间的夹角一般不得大于90°；（3）使用单吊索起吊重物挂钩时应打挂钩结，使用吊环时螺栓必须拧到底
		斜拉	起重伤害	较小	禁止使用吊钩斜着拖吊重物
		吊装作业区域无专人监护	起重伤害	较小	吊装作业区周边必须设置警戒区域，并设专人监护
	泵联轴器	用手指直接检查校正联轴器销孔	机械伤害	较小	不准用手指直接检查校正联轴器销孔
	润滑油	加油过程中润滑油泄漏	工作环境污染	较小	现场准备擦拭用的棉丝及清理油污所用的沙子、桶，加油时使用检查完好的油壶油漏斗，防止洒落
7. 试运	转动的水泵	肢体部位或饰品衣物、用具接触转动部位	机械伤害	较小	（1）衣服及袖口应扣好，不得戴围巾领带，长发必须盘在安全帽内；（2）不准将用具、工器具接触设备的转动部位
		转动部件飞出	机械伤害	较小	试运行时，无关人员远离，工作人员站在轴向位置
		断裂、超速、零部件脱落	物体打击	较小	检查设备的运行状态，保持设备的振动、温度、运行电流等参数符合标准，如发现参数超标及时处理
8. 检修工作结束	施工废料	施工废料未清理	环境污染	较小	废料及时清理，做到工完、料尽、场地清

10.35 清水泵检修

作业步骤	危害辨识	危害描述	产生后果	风险等级	防 范 措 施
1. 作业环境评估	噪声	噪声超标	噪声聋	较小	进入噪声区域时正确佩戴合格的耳塞
	转动的水泵	未与运行中转动设备进行有效隔离	机械伤害	较小	（1）设置安全隔离围栏并设置警告标志；（2）设置安全检修通道；（3）在运行中转动设备附近工作时应对转动设备进行可靠遮拦，并设专人监护
	孔洞	盖板缺损	高处坠落	重大	工作场所的孔、洞必须覆以与地面齐平的坚固盖板或做好隔离措施
	照明	现场照明不充足	其他伤害	较小	增加临时照明
2. 确认安全措施正确执行	高压水	检修中系统隔离不彻底	冲击	较小	检修工作开始前到现场检查确认工作票所列安全措施完善和正确执行
		需检修的设备、系统内高压水排放不净	冲击	较小	检修工作开始前检查设备内高压水确已排放干净后方可开始工作
	转动的水泵	工作前未采取防转动措施	机械伤害	较小	转动设备检修时应采取防转动措施、确认电机电源线拆除
3. 准备工作及现场布置	撬杠	撬杠强度不够	物体打击	较小	必须保证撬杠强度满足要求
	轴承加热器	电源线、电源插头破损	机械伤害 触电	较小	（1）检查轴承加热器电源线、电源插头完好无缺损；（2）检查合格证在有效期内
	临时电源及电源线	电源线悬挂高度不够	触电	较小	临时电源线架设高度室内不低于 2.5m
		电源线、插头、插座破损	触电	较小	（1）检查电源线外绝缘良好，无破损；（2）检查电源盘合格证在有效期；（3）检查电源插头插座，确保完好；（4）不准将电源线缠绕在护栏、管道和脚手架上
		未安装漏电保护器	触电	较小	（1）检查电源盘合格证在有效期；（2）分级配置漏电保护器，工作前试漏电保护器，确保正确动作
		检修电源箱外壳未接地	触电	较小	（1）检查电源盘合格证在有效期；（2）检查电源箱外壳接地良好
	电动葫芦	钢丝绳磨损严重、吊钩无防脱保险装置、卸扣横销转动卡涩、制动器失灵、限位器失效、控制手柄破损	起重伤害	较小	（1）检查电动葫芦检验合格证在有效期内；（2）使用前应作无负荷起落试验一次，检查刹车及传动装置应良好无缺陷
	大锤、手锤	锤头与木柄的连接不牢固、锤头破损、木柄未使用整根硬质木料	物体打击	较小	锤头与木柄的连接应用金属楔栓固定，楔子长度不得大于安装孔深的 2/3，锤头完好无损，木柄使用整根硬质木料
	吊索具	吊索具损坏或选择不当	起重伤害	较小	（1）作业前，应对吊索具及其配件进行检查，确认完好，方可使用；（2）所选用的吊索具应与被吊工件的外形特点及具体要求相适应，在不具备使用条件的情况下，绝能不对付使用；（3）作业中应防止损坏吊索具及配件，必要时在棱角处应加护角防护；（4）吊具及配件不能超过其额定起重量，起重吊索、吊具不得超过其相应吊挂状态下的最大工作载荷

作业步骤	危害辨识	危害描述	产生后果	风险等级	防　范　措　施
3. 准备工作及现场布置	锉刀、手锯、螺丝刀、钢丝钳	手柄等缺损	刺伤	较小	锉刀、手锯、螺丝刀、钢丝钳等手柄应安装牢固，没有手柄的不准使用
4. 清水泵解体	润滑油	设备内润滑油泄漏	污染环境	较小	（1）发生的跑、冒、滴、漏及溢油，要及时清除处理，油液收集到废油桶中； （2）清理作业时的废油、废布不得随意处置
	撬杠	支撑物不可靠	压伤	较小	应保证支撑物可靠
		被撬物倾斜或滚落	压伤	较小	撬动过程中应采取防止被撬物倾斜或滚落
	扳手	使用扳手不当或用力过猛致伤	其他伤害	较小	（1）用合适扳手，平稳用力； （2）安全防护装置齐全有效，佩戴手套
	转动的叶轮	未采取防转动措施	机械伤害	较小	转动设备检修时应采取防转动措施
	电动葫芦	运转中变换方向未按规定操作	起重伤害	较小	电动葫芦在运转中变换方向时，应经过停止稳定后再开始逆向运转，不准直接变更运转方向。运转速度不宜变换过大，加速或减速应逐渐进行
		电动葫芦超载荷使用	起重伤害	较小	使用电动葫芦时工作负荷不准超过铭牌规定
	大锤、手锤	锤把上有油污	物体打击	较小	锤把上不可有油污
		单手抡大锤	物体打击	较小	抡大锤时，周围不得有人，不得单手抡大锤
		戴手套抡大锤	物体打击	较小	打锤人不得戴手套
	吊具、起吊物	吊点不牢固、吊点位置不正确	起重伤害	较小	（1）吊钩要挂在物品的重心上，当被吊物件起吊后有可能摆动或转动时，应采用绳牵引方法，防止物件摆动伤人或碰坏设备； （2）选择牢固可靠、满足载荷的吊点
		绑扎不牢固	起重伤害	较小	（1）起重前必须将物件牢固、稳妥地绑住； （2）吊拉时两根钢丝绳之间的夹角一般不得大于90°； （3）使用单吊索起吊重物挂钩时应打挂钩结，使用吊环时螺栓必须拧到底
		斜拉	起重伤害	较小	禁止使吊钩斜着拖吊重物
		吊装作业区域无专人监护	起重伤害	较小	吊装作业区周边必须设置警戒区域，并设专人监护
5. 清水泵各部件检修、测量	清洁剂	在工作场所存储	火灾爆炸	较小	（1）禁止在工作场所存储易燃物品，例如汽油、酒精等； （2）领用、暂存时量不能过大，一般不超过500mL
		皮肤接触	化学性灼伤	较小	工作人员佩戴橡胶手套
	临时电源及电源线	电源线悬挂高度不够	触电	较小	临时电源线架设高度室内不低于2.5m
		电源线、插头、插座破损	触电	较小	（1）检查电源线外绝缘良好，无破损； （2）检查电源盘合格证在有效期； （3）检查电源插头插座，确保完好； （4）不准将电源线缠绕在护栏、管道和脚手架上
		未安装漏电保护器	触电	较小	（1）检查电源盘合格证在有效期； （2）分级配置漏电保护器，工作前试漏电保护器，确保正确动作

续表

作业步骤	危害辨识	危害描述	产生后果	风险等级	防 范 措 施
5. 清水泵各部件检修、测量	临时电源及电源线	检修电源箱外壳未接地	触电	较小	（1）检查电源盘合格证在有效期； （2）检查电源箱外壳接地良好
	角磨机	未正确使用防护罩、防护眼镜	机械伤害	较小	正确佩戴防护罩、防护眼镜
		手提电动工具的导线或转动部分	触电	较小	禁止手提电动工具的导线或转动部分
		角磨机砂轮片破损	物体打击	较小	使用前检查角磨机砂轮片完好无缺损
		更换砂轮片未切断电源	机械伤害	较小	更换砂轮片前必须切断电源
	锉刀、手锯、螺丝刀、钢丝钳	手柄等缺损	刺伤	较小	锉刀、手锯、螺丝刀、钢丝钳等手柄应安装牢固，没有手柄的不准使用
6. 清水泵装复	电动葫芦	运转中变换方向未按规定操作	起重伤害	较小	电动葫芦在运转中变换方向时，应经过停止稳定后再开始逆向运转，不准直接变更运转方向。运转速度不宜变换过大，加速或减速应逐渐进行
		电动葫芦超载荷使用	起重伤害	较小	使用电动葫芦时工作负荷不准超过铭牌规定
	撬杠	支撑物不可靠	砸伤	较小	应保证支撑物可靠
		被撬物倾斜或滚落	砸伤	较小	撬动过程中应采取防止被撬物倾斜或滚落
	大锤、手锤	锤把上有油污	物体打击	较小	锤把上不可有油污
		戴手套抡大锤	物体打击	较小	打锤人不得戴手套
	扳手	使用扳手不当或用力过猛致伤	其他伤害	较小	（1）用合适扳手，平稳用力； （2）安全防护装置齐全有效，佩戴手套
	轴承加热器	未采取防烫伤措施	灼烫伤	较小	操作人员必须使用隔热手套
	转动的叶轮	未采取防转动措施	机械伤害	较小	转动设备检修时应采取防转动措施
	吊具、起吊物	吊点不牢固、吊点位置不正确	起重伤害	较小	（1）吊钩要挂在物品的重心上，当被吊物件起吊后有可能摆动或转动时，应采用绳牵引方法，防止物件摆动伤人或碰坏设备； （2）选择牢固可靠、满足载荷的吊点
		绑扎不牢固	起重伤害	较小	（1）起重前必须将物件牢固、稳妥地绑住； （2）吊拉时两根钢丝绳之间的夹角一般不得大于90°； （3）使用单吊索起吊重物挂钩时应打挂钩结，使用吊环时螺栓必须拧到底
		斜拉	起重伤害	较小	禁止使用吊钩斜着拖吊重物
		吊装作业区域无专人监护	起重伤害	较小	吊装作业区周边必须设置警戒区域，并设专人监护
	泵联轴器	用手指直接检查校正联轴器销孔	机械伤害	较小	不准用手指直接检查校正联轴器销孔
	润滑油	加油过程中润滑油泄漏	工作环境污染	较小	现场准备擦拭用的棉丝及清理油污所用的沙子、桶，加油时使用检查完好的油壶油漏斗，防止洒落

作业步骤	危害辨识	危害描述	产生后果	风险等级	防 范 措 施
7. 试运	转动的水泵	肢体部位或饰品衣物、用具接触转动部位	机械伤害	较小	（1）衣服和袖口应扣好，不得戴围巾领带，长发必须盘在安全帽内； （2）不准将用具、工器具接触设备的转动部位
		转动部件飞出	机械伤害	较小	试运行时，无关人员远离，工作人员站在轴向位置
		断裂、超速、零部件脱落	物体打击	较小	检查设备的运行状态，保持设备的振动、温度、运行电流等参数符合标准，如发现参数超标及时处理
8. 检修工作结束	施工废料	施工废料未清理	环境污染	较小	废料及时清理，做到工完、料尽、场地清

10.36 消防水泵检修

作业步骤	危害辨识	危害描述	产生后果	风险等级	防 范 措 施
1. 作业环境评估	噪声	噪声超标	噪声聋	较小	进入噪声区域时正确佩戴合格的耳塞
	转动的水泵	未与运行中转动设备进行有效隔离	机械伤害	较小	（1）设置安全隔离围栏并设置警告标志； （2）设置安全检修通道； （3）在运行中转动设备附近工作时应对转动设备进行可靠遮拦，并设专人监护
	孔洞	盖板缺损	高处坠落	重大	工作场所的孔、洞必须覆以与地面齐平的坚固盖板或做好隔离措施
	照明	现场照明不充足	其他伤害	较小	增加临时照明
2. 确认安全措施正确执行	高压水	检修中系统隔离不彻底	冲击	较小	检修工作开始前到现场检查确认工作票所列安全措施完善和正确执行
		需检修的设备、系统内高压水排放不净	冲击	较小	检修工作开始前检查设备内高压水确已排放干净后方可开始工作
	转动的水泵	工作前未采取防转动措施	机械伤害	较小	转动设备检修时应采取防转动措施、确认电机电源线拆除
3. 准备工作及现场布置	撬杠	撬杠强度不够	物体打击	较小	必须保证撬杠强度满足要求
	轴承加热器	电源线、电源插头破损	机械伤害触电	较小	（1）检查轴承加热器电源线、电源插头完好无缺损； （2）检查合格证在有效期内
	临时电源及电源线	电源线悬挂高度不够	触电	较小	临时电源线架设高度室内不低于2.5m
		电源线、插头、插座破损	触电	较小	（1）检查电源线外绝缘良好，无破损； （2）检查电源盘合格证在有效期； （3）检查电源插头插座，确保完好； （4）不准将电源线缠绕在护栏、管道和脚手架上
		未安装漏电保护器	触电	较小	（1）检查电源盘合格证在有效期； （2）分级配置漏电保护器，工作前试漏电保护器，确保正确动作
		检修电源箱外壳未接地	触电	较小	（1）检查电源盘合格证在有效期； （2）检查电源箱外壳接地良好

续表

作业步骤	危害辨识	危害描述	产生后果	风险等级	防 范 措 施
3. 准备工作及现场布置	电动葫芦	钢丝绳磨损严重、吊钩无防脱保险装置、卸扣横销转动卡涩、制动器失灵、限位器失效、控制手柄破损	起重伤害	较小	(1) 检查电动葫芦检验合格证在有效期内; (2) 使用前应作一次无负荷起落试验一次,检查刹车及传动装置应良好无缺陷
	大锤、手锤	锤头与木柄的连接不牢固、锤头破损、木柄未使用整根硬质木料	物体打击	较小	锤头与木柄的连接应用金属楔栓固定,楔子长度不得大于安装孔深的2/3,锤头完好无损,木柄使用整根硬质木料
	吊索具	吊索具损坏或选择不当	起重伤害	较小	(1) 作业前,应对吊索具及其配件进行检查,确认完好,方可使用; (2) 所选用的吊索具应与被吊工件的外形特点及具体要求相适应,在不具备使用条件的情况下,绝能对付使用; (3) 作业中应防止损坏吊索具及配件,必要时在棱角处应加护角防护; (4) 吊具及配件不能超过其额定起重量,起重吊索、吊具不得超过其相应吊挂状态下的最大工作载荷
	锉刀、手锯、螺丝刀、钢丝钳	手柄等缺损	刺伤	较小	锉刀、手锯、螺丝刀、钢丝钳等手柄应安装牢固,没有手柄的不准使用
4. 消防水泵解体	润滑油脂	设备内润滑油脂泄漏	污染环境	较小	(1) 发生的跑、冒、滴、漏,要及时清除处理,油脂收集到废油脂桶中; (2) 清理作业时的废油脂、废布不得随意处置
	撬杠	支撑物不可靠	压伤	较小	应保证支撑物可靠
		被撬物倾斜或滚落	压伤	较小	撬动过程中应采取防止被撬物倾斜或滚落
	扳手	使用扳手不当或用力过猛致伤	其他伤害	较小	(1) 用合适扳手,平稳用力; (2) 安全防护装置齐全有效,佩戴手套
	转动的叶轮	未采取防转动措施	机械伤害	较小	转动设备检修时应采取防转动措施
	电动葫芦	运转中变换方向未按规定操作	起重伤害	较小	电动葫芦在运转中变换方向时,应经过停止稳定后再开始逆向运转,不准直接变更运转方向。运转速度不宜变换过大,加速或减速应逐渐进行
		电动葫芦超载荷使用	起重伤害	较小	使用电动葫芦时工作负荷不准超过铭牌规定
	大锤、手锤	锤把上有油污	物体打击	较小	锤把上不可有油污
		单手抡大锤	物体打击	较小	抡大锤时,周围不得有人,不得单手抡大锤
		戴手套抡大锤	物体打击	较小	打锤人不得戴手套
	吊具、起吊物	吊点不牢固、吊点位置不正确	起重伤害	较小	(1) 吊钩要挂在物品的重心上,当被吊物件起吊后有可能摆动或转动时,应采用绳牵引方法,防止物件摆动伤人或碰坏设备; (2) 选择牢固可靠、满足载荷的吊点
		绑扎不牢固	起重伤害	较小	(1) 起重前必须将物件牢固、稳妥地绑住; (2) 吊拉时两根钢丝绳之间的夹角一般不得大于90°; (3) 使用单吊索起吊重物挂钩时应打挂钩结,使用吊环时螺栓必须拧到底
		斜拉	起重伤害	较小	禁止使用吊钩斜着拖吊重物
		吊装作业区域无专人监护	起重伤害	较小	吊装作业区周边必须设置警戒区域,并设专人监护

作业步骤	危害辨识	危害描述	产生后果	风险等级	防 范 措 施
5. 消防水泵各部件检修、测量	清洁剂	在工作场所存储	火灾爆炸	较小	（1）禁止在工作场所存储易燃物品，例如汽油、酒精等； （2）领用、暂存时量不能过大，一般不超过500mL
		皮肤接触	化学性灼伤	较小	工作人员佩戴橡胶手套
	临时电源及电源线	电源线悬挂高度不够	触电	较小	临时电源线架设高度室内不低于2.5m
		电源线、插头、插座破损	触电	较小	（1）检查电源线外绝缘良好，无破损； （2）检查电源盘合格证在有效期； （3）检查电源插头插座，确保完好； （4）不准将电源线缠绕在护栏、管道和脚手架上
		未安装漏电保护器	触电	较小	（1）检查电源盘合格证在有效期； （2）分级配置漏电保护器，工作前试漏电保护器，确保正确动作
		检修电源箱外壳未接地	触电	较小	（1）检查电源盘合格证在有效期； （2）检查电源箱外壳接地良好
	角磨机	未正确使用防护罩、防护眼镜	机械伤害	较小	正确佩戴防护罩、防护眼镜
		手提电动工具的导线或转动部分	触电	较小	禁止手提电动工具的导线或转动部分
		角磨机砂轮片破损	物体打击	较小	使用前检查角磨机砂轮片完好无缺损
		更换砂轮片未切断电源	机械伤害	较小	更换砂轮片前必须切断电源
	锉刀、手锯、螺丝刀、钢丝钳	手柄等缺损	刺伤	较小	锉刀、手锯、螺丝刀、钢丝钳等手柄应安装牢固，没有手柄的不准使用
6. 消防水泵装复	电动葫芦	运转中变换方向未按规定操作	起重伤害	较小	电动葫芦在运转中变换方向时，应经过停止稳定后再开始逆向运转，不准直接变更运转方向。运转速度不宜变换过大，加速或减速应逐渐进行
		电动葫芦超载荷使用	起重伤害	较小	使用电动葫芦时工作负荷不准超过铭牌规定
	撬杠	支撑物不可靠	砸伤	较小	应保证支撑物可靠
		被撬物倾斜或滚落	砸伤	较小	撬动过程中应采取防止被撬物倾斜或滚落
	大锤、手锤	锤把上有油污	物体打击	较小	锤把上不可有油污
		戴手套抡大锤	物体打击	较小	打锤人不得戴手套
	扳手	使用扳手不当或用力过猛致伤	其他伤害	较小	（1）用合适扳手，平稳用力； （2）安全防护装置齐全有效，佩戴手套
	轴承加热器	未采取防烫伤措施	灼烫伤	较小	操作人员必须使用隔热手套
	转动的叶轮	未采取防转动措施	机械伤害	较小	转动设备检修时应采取防转动措施
	吊具、起吊物	吊点不牢固、吊点位置不正确	起重伤害	较小	（1）吊钩要挂在物品的重心上，当被吊物件起吊后有可能摆动或转动时，应采用绳牵引方法，防止物件摆动伤人或碰坏设备； （2）选择牢固可靠、满足载荷的吊点

作业步骤	危害辨识	危害描述	产生后果	风险等级	防 范 措 施
6. 消防水泵装复	吊具、起吊物	绑扎不牢固	起重伤害	较小	（1）起重前必须将物件牢固、稳妥地绑住； （2）吊拉时两根钢丝绳之间的夹角一般不得大于90°； （3）使用单吊索起吊重物挂钩时应打挂钩结，使用吊环时螺栓必须拧到底
		斜拉	起重伤害	较小	禁止使吊钩斜着拖吊重物
		吊装作业区域无专人监护	起重伤害	较小	吊装作业区周边必须设置警戒区域，并设专人监护
	泵联轴器	用手指直接检查校正联轴器销孔	机械伤害	较小	不准用手指直接检查校正联轴器销孔
	润滑油脂	加油过程中润滑油脂泄漏	工作环境污染	较小	现场准备擦拭用的棉布及清理油污所用的桶，加油脂时，防止洒落
7. 试运	转动的水泵	肢体部位或饰品衣物、用具接触转动部位	机械伤害	较小	（1）衣服和袖口应扣好，不得戴围巾领带，长发必须盘在安全帽内； （2）不准将用具、工器具接触设备的转动部位
		转动部件飞出	机械伤害	较小	试运行时，无关人员远离，工作人员站在轴向位置
		断裂、超速、零部件脱落	物体打击	较小	检查设备的运行状态，保持设备的振动、温度、运行电流等参数符合标准，如发现参数超标及时处理
8. 检修工作结束	施工废料	施工废料未清理	环境污染	较小	废料及时清理，做到工完、料尽、场地清

10.37 消防稳压泵检修

作业步骤	危害辨识	危害描述	产生后果	风险等级	防 范 措 施
1. 作业环境评估	噪声	噪声超标	噪声聋	较小	进入噪声区域时正确佩戴合格的耳塞
	转动的水泵	未与运行中转动设备进行有效隔离	机械伤害	较小	（1）设置安全隔离围栏并设置警告标志； （2）设置安全检修通道； （3）在运行中转动设备附近工作时应对转动设备进行可靠遮拦，并设专人监护
	孔、洞、坑	盖板缺损	高处坠落	重大	工作场所的孔、洞必须覆以与地面齐平的坚固盖板或做好隔离措施
	照明	现场照明不充足	其他伤害	较小	增加临时照明
2. 确认安全措施正确执行	高压水	检修中系统隔离不彻底	冲击	较小	检修工作开始前到现场检查确认工作票所列安全措施完善和正确执行
		需检修的设备、系统内高压水排放不净	冲击	较小	检修工作开始前检查设备内高压水确已排放干净后方可开始工作
	转动的水泵	工作前未采取防转动措施	机械伤害	较小	转动设备检修时应采取防转动措施、确认电机电源线拆除
3. 准备工作及现场布置	撬杠	撬杠强度不够	物体打击	较小	必须保证撬杠强度满足要求
	临时电源及电源线	电源线悬挂高度不够	触电	较小	临时电源线架设高度室内不低于2.5m
		电源线、插头、插座破损	触电	较小	（1）检查电源线外绝缘良好，无破损； （2）检查电源盘合格证在有效期； （3）检查电源插头插座，确保完好； （4）不准将电源线缠绕在护栏、管道和脚手架上

续表

作业步骤	危害辨识	危害描述	产生后果	风险等级	防 范 措 施
3. 准备工作及现场布置	临时电源及电源线	未安装漏电保护器	触电	较小	（1）检查电源盘合格证在有效期； （2）分级配置漏电保护器，工作前试漏电保护器，确保正确动作
		检修电源箱外壳未接地	触电	较小	（1）检查电源盘合格证在有效期； （2）检查电源箱外壳接地良好
	电动葫芦	钢丝绳磨损严重、吊钩无防脱保险装置、卸扣横销转动卡涩、制动器失灵、限位器失效、控制手柄破损	起重伤害	较小	（1）检查电动葫芦检验合格证在有效期内； （2）使用前应作无负荷起落试验一次，检查刹车及传动装置应良好无缺陷
	大锤、手锤	锤头与木柄的连接不牢固、锤头破损、木柄未使用整根硬质木料	物体打击	较小	锤头与木柄的连接应用金属楔栓固定，楔子长度不得大于安装孔深的2/3，锤头完好无损，木柄使用整根硬质木料
	吊索具	吊索具损坏或选择不当	起重伤害	较小	（1）作业前，应对吊索具及其配件进行检查，确认完好，方可使用； （2）所选用的吊索具应与被吊工件的外形特点及具体要求相适应，在不具备使用条件的情况下，绝不能对付使用； （3）作业中应防止损坏吊索具及配件，必要时在棱角处应加护角防护； （4）吊具及配件不能超过其额定起重量，起重吊索、吊具不得超过其相应吊挂状态下的最大工作载荷
	锉刀、手锯、螺丝刀、钢丝钳	手柄等缺损	刺伤	较小	锉刀、手锯、螺丝刀、钢丝钳等手柄应安装牢固，没有手柄的不准使用
4. 消防稳压泵解体	扳手	使用扳手不当或用力过猛致伤	其他伤害	较小	（1）用合适扳手，平稳用力； （2）安全防护装置齐全有效，佩戴手套
	撬杠	支撑物不可靠	压伤	较小	应保证支撑物可靠
		被撬物倾斜或滚落	压伤	较小	撬动过程中应采取防止被撬物倾斜或滚落
	转动的叶轮	未采取防转动措施	机械伤害	较小	转动设备检修时应采取防转动措施
	电动葫芦	运转中变换方向未按规定操作	起重伤害	较小	电动葫芦在运转中变换方向时，应经过停止稳定后再开始逆向运转，不准直接变更运转方向。运转速度不宜变换过大，加速或减速应逐渐进行
		电动葫芦超载荷使用	起重伤害	较小	使用电动葫芦时工作负荷不准超过铭牌规定
	大锤、手锤	锤把上有油污	物体打击	较小	锤把上不可有油污
		单手抡大锤	物体打击	较小	抡大锤时，周围不得有人，不得单手抡大锤
		戴手套抡大锤	物体打击	较小	打锤人不得戴手套
	吊具、起吊物	吊点不牢固、吊点位置不正确	起重伤害	较小	（1）吊钩要挂在物品的重心上，当被吊物件起吊后有可能摆动或转动时，应采用绳牵引方法，防止物件摆动伤人或碰坏设备； （2）选择牢固可靠、满足载荷的吊点
		绑扎不牢固	起重伤害	较小	（1）起重前必须将物件牢固、稳妥地绑住； （2）吊拉时两根钢丝绳之间的夹角一般不得大于90°； （3）使用单吊索起吊重物挂钩时应打挂钩结，使用吊环时螺栓必须拧到底

续表

作业步骤	危害辨识	危害描述	产生后果	风险等级	防 范 措 施
4. 消防稳压泵解体	吊具、起吊物	斜拉	起重伤害	较小	禁止使吊钩斜着拖吊重物
		吊装作业区域无专人监护	起重伤害	较小	吊装作业区周边必须设置警戒区域，并设专人监护
5. 消防稳压泵各部件检修、测量	清洁剂	在工作场所存储	火灾爆炸	较小	（1）禁止在工作场所存储易燃物品，例如汽油、酒精等； （2）领用、暂存时量不能过大，一般不超过500mL
		皮肤接触	化学性灼伤	较小	工作人员佩戴橡胶手套
	临时电源及电源线	电源线悬挂高度不够	触电	较小	临时电源线架设高度室内不低于2.5m
		电源线、插头、插座破损	触电	较小	（1）检查电源线外绝缘良好，无破损； （2）检查电源盘合格证在有效期； （3）检查电源插头插座，确保完好； （4）不准将电源线缠绕在护栏、管道和脚手架上
		未安装漏电保护器	触电	较小	（1）检查电源盘合格证在有效期； （2）分级配置漏电保护器，工作前试漏电保护器，确保正确动作
		检修电源箱外壳未接地	触电	较小	（1）检查电源盘合格证在有效期； （2）检查电源箱外壳接地良好
	角磨机	未正确使用防护罩、防护眼镜	机械伤害	较小	正确佩戴防护罩、防护眼镜
		手提电动工具的导线或转动部分	触电	较小	禁止手提电动工具的导线或转动部分
		角磨机砂轮片破损	物体打击	较小	使用前检查角磨机砂轮片完好无缺损
		更换砂轮片未切断电源	机械伤害	较小	更换砂轮片前必须切断电源
	锉刀、手锯、螺丝刀、钢丝钳	手柄等缺损	刺伤	较小	锉刀、手锯、螺丝刀、钢丝钳等手柄应安装牢固，没有手柄的不准使用
6. 消防稳压泵装复	电动葫芦	运转中变换方向未按规定操作	起重伤害	较小	电动葫芦在运转中变换方向时，应经过停止稳定后再开始逆向运转，不准直接变更运转方向。运转速度不宜变换过大，加速或减速应逐渐进行
		电动葫芦超载荷使用	起重伤害	较小	使用电动葫芦时工作负荷不准超过铭牌规定
	撬杠	支撑物不可靠	砸伤	较小	应保证支撑物可靠
		被撬物倾斜或滚落	砸伤	较小	撬动过程中应采取防止被撬物倾斜或滚落
	大锤、手锤	锤把上有油污	物体打击	较小	锤把上不可有油污
		戴手套抢大锤	物体打击	较小	打锤人不得戴手套
	扳手	使用扳手不当或用力过猛致伤	其他伤害	较小	（1）用合适扳手，平稳用力； （2）安全防护装置齐全有效，佩戴手套
	吊具、起吊物	吊点不牢固、吊点位置不正确	起重伤害	较小	（1）吊钩要挂在物品的重心上，当被吊物件起吊后有可能摆动或转动时，应采用绳牵引方法，防止物件摆动伤人或碰坏设备； （2）选择牢固可靠、满足载荷的吊点

作业步骤	危害辨识	危害描述	产生后果	风险等级	防 范 措 施
6. 消防稳压泵装复	吊具、起吊物	绑扎不牢固	起重伤害	较小	（1）起重前必须将物件牢固、稳妥地绑住； （2）吊拉时两根钢丝绳之间的夹角一般不得大于90°； （3）使用单吊索起吊重物挂钩时应打挂钩结，使用吊环时螺栓必须拧到底
		斜拉	起重伤害	较小	禁止使用吊钩斜着拖吊重物
		吊装作业区域无专人监护	起重伤害	较小	吊装作业区周边必须设置警戒区域，并设专人监护
	转动的叶轮	未采取防转动措施	机械伤害	较小	转动设备检修时应采取防转动措施
7. 试运	转动的水泵	肢体部位或饰品衣物、用具接触转动部位	机械伤害	较小	（1）衣服和袖口应扣好，不得戴围巾领带，长发必须盘在安全帽内； （2）不准将用具、工器具接触设备的转动部位
		转动部件飞出	机械伤害	较小	试运行时，无关人员远离，工作人员站在轴向位置
		断裂、超速、零部件脱落	物体打击	较小	检查设备的运行状态，保持设备的振动、温度、运行电流等参数符合标准，如发现参数超标及时处理
8. 检修工作结束	施工废料	施工废料未清理	环境污染	较小	废料及时清理，做到工完、料尽、场地清

10.38 活性炭过滤器检修

作业步骤	危害辨识	危害描述	产生后果	风险等级	防 范 措 施
1. 作业环境评估	噪声	噪声超标	噪声聋	较小	进入噪声区域时正确佩戴合格的耳塞
	孔洞	盖板缺损	高处坠落	重大	工作场所的孔、洞必须覆以与地面齐平的坚固盖板或做好隔离措施
	照明	现场照明不充分	其他伤害	较小	增加临时照明
2. 安全措施正确执行	高压介质	检修中系统隔离不彻底	冲击	较小	检修工作开始前到现场检查确认工作票所列安全措施完善和正确执行
		需检修的设备、系统内高压介质排放不净	冲击	较小	检修工作开始前检查设备内高压介质确已排放干净后方可开始工作
3. 准备工作及现场布置	脚手架	脚手架未验收、检查	高处坠落	重大	（1）脚手架搭设结束后，必须履行脚手架验收手续，委托人及搭建人双方在脚手架验收合格证上签字； （2）每日使用脚手架前，使用人检查脚手架合格并在脚手架验收合格证背面签名后方可使用
	安全带	未正确使用安全带	高处坠落	重大	（1）安全带检验合格证应在有效期内； （2）使用前检查安全带部件完好无损坏； （3）正确使用双钩安全带，移动中严禁脱钩； （4）安全带应挂在牢固的构件上，高挂低用
	角磨机	电源线、电源插头破损、防护罩破损缺失	机械伤害触电	较小	（1）检查角磨机电源线、电源插头完好无缺损，防护罩、砂轮片完好无缺损； （2）检查合格证在有效期内
	大锤、手锤	锤头与木柄的连接不牢固、锤头破损、木柄未用整根硬质木料	物体打击	较小	锤头与木柄的连接应用金属楔栓固定，楔子长度不得大于安装孔深的2/3，锤头完好无损，木柄使用整根硬质木料

作业步骤	危害辨识	危害描述	产生后果	风险等级	防 范 措 施
3. 准备工作及现场布置	吊具	吊索具损坏或选择不当	起重伤害	较小	（1）作业前，应对吊索具及其配件进行检查，确认完好，方可使用； （2）所选用的吊索具应与被吊工件的外形特点及具体要求相适应，在不具备使用条件的情况下，绝不能对付使用； （3）吊具及配件不能超过其额定起重量，起重吊具、吊索不得超过其相应吊挂状态下的最大工作载荷
	电动葫芦	钢丝绳磨损严重、吊钩无防脱保险装置、卸扣横销转动卡涩、制动器失灵、限位器失效、控制手柄破损	起重伤害	较小	（1）检查电动葫芦检验合格证在有效期内； （2）使用前应作无负荷起落试验一次，检查刹车及传动装置应良好无缺陷
	临时电源及电源线	电源线悬挂高度不够	触电	较小	临时电源线架设高度室内不低于 2.5m
		电源线、插头、插座破损	触电	较小	（1）检查电源线外绝缘良好，无破损； （2）检查电源盘合格证在有效期； （3）检查电源插头插座，确保完好； （4）不准将电源线缠绕在护栏、管道和脚手架上
		未安装漏电保护器	触电	较小	（1）检查电源盘合格证在有效期； （2）分级配置漏电保护器，工作前试漏电保护器，确保正确动作
		检修电源箱外壳未接地	触电	较小	（1）检查电源盘合格证在有效期； （2）检查电源箱外壳接地良好
	软梯	不合格的软梯	高处坠落	重大	（1）使用前严格检查； （2）使用的软梯必须检验合格
	行灯	行灯电源线、电源插头破损	触电	较小	（1）检查行灯电源线、电源插头完好无破损； （2）行灯的电源线应采用橡套软电缆
		使用行灯电压等级不符	触电	较小	在金属容器和金属管道内使用的行灯，其电压不得超过 12V
		行灯防护罩缺失	触电	较小	行灯应有保护罩
4. 活性炭过滤器解体	人孔门	人孔未设置临时围栏、警告标志	高处坠落	重大	（1）在检修工作中人孔打开后，必须设有牢固的临时围栏，并设有明显的警告标志； （2）工作停止时应将人孔临时进行封闭
	大锤、手锤	锤把上有油污未清理	物体打击	较小	清理锤把上油污
		戴手套抡大锤	物体打击	较小	打锤人不得戴手套
	扳手	使用扳手不当或用力过猛致伤	其他伤害	较小	（1）用合适扳手，平稳用力； （2）安全防护装置齐全有效，佩戴手套
	活性炭	清理活性炭时，清理不到位	滑倒	较小	及时清理活性炭，做到随清随洁，防止脚下打滑摔伤
	高处作业人员	放置不妥当的软梯	高处坠落	重大	（1）使用软梯工作前，必须由工作负责人检查确认软梯无缺陷后，方可使用； （2）软梯的架设应指定专人负责或由使用者亲自架设，放置软梯必须保证已接触到塔体底部； （3）软梯固定在牢靠位置
	二氧化碳	气体浓度超标	窒息	中等	有限空间作业前办理作业审批许可；工作前 30min 前打开人孔门进行通风直至用气体检测仪检测浓度合格，氧气浓度保持在 19.5%～21% 范围内
		无人监护	窒息	中等	设专人不间断地监护

作业步骤	危害辨识	危害描述	产生后果	风险等级	防 范 措 施
4. 活性炭过滤器解体	行灯	将行灯变压器带入金属容器内	触电	较小	禁止将行灯变压器带入金属容器内
	电动葫芦	运转中变换方向未按规定操作	起重伤害	较小	电动葫芦在运转中变换方向时，应经过停止稳定后再开始逆向运转，不准直接变更运转方向。运转速度不宜变换过大，加速或减速应逐渐进行
		电动葫芦超载荷使用	起重伤害	较小	使用电动葫芦时工作负荷不准超过铭牌规定
	火种	火种或电动工器具操作引燃	火灾	较小	（1）进出密闭容器工作，禁止带火种及使用； （2）进出人员、工器具严格履行登记手续
	高处的工器具及材料	工器具掉落	物体打击	较小	高处作业一律使用工具袋。较大的工具应用绳拴在牢固的构件上，不准随便乱放，以防止从高处坠落发生事故
		工器具及材料上下投掷	物体打击	较小	不准将工具及材料上下投掷，要用绳系牢后往下或往上吊送，以免打伤下方工作人员或击毁脚手架
	脚手架	脚手架未验收、检查	高处坠落	重大	（1）脚手架搭设结束后，必须履行脚手架验收手续，委托人及搭建人双方在脚手架验收合格证上签字； （2）每日使用脚手架前，使用人检查脚手架合格并在脚手架验收合格证背面签名后方可使用
	安全带	未正确使用安全带	高处坠落	重大	（1）安全带检验合格证应在有效期内； （2）使用前检查安全带部件完好无损坏； （3）正确使用双钩安全带，移动中严禁脱钩； （4）安全带应挂在牢固的构件上，高挂低用
5. 活性炭过滤器各部件检修	二氧化碳	气体浓度超标	窒息	中等	有限空间作业前办理作业审批许可；工作前30min 前打开人孔门进行通风直至用气体检测仪检测浓度合格，氧气浓度保持在 19.5%～21%范围内
		无人监护	窒息	中等	设专人不间断地监护
	行灯	将行灯变压器带入金属容器内	触电	较小	禁止将行灯变压器带入金属容器内
	高处作业人员	每天软梯使用前未检查或多人在软梯上工作	高处坠落	重大	（1）每天使用软梯工作前，必须由工作负责人检查确认软梯无缺陷后，方可使用； （2）在软梯上只准一个人工作。在软梯上工作的人员，衣着必须灵便，并应使用安全带，戴安全帽，带工具袋
		未正确使用防护罩、防护眼镜	机械伤害	较小	正确佩戴防护罩、防护眼镜
	角磨机	手提电动工具的导线或转动部分	触电	较小	禁止手提电动工具的导线或转动部分
		使用砂轮片破损的角磨机	物体打击	较小	使用前检查角磨机砂轮片完好无缺损
		更换砂轮片未切断电源	机械伤害	较小	更换砂轮片前必须切断电源
	手持电动工具	未使用Ⅱ类手持式电动工具	触电	较小	（1）电源连接器和控制箱等应放在容器外面宽敞、干燥的场所； （2）使用Ⅱ类手持式电动工具，并安装漏电开关，漏电开关工作电流小于 15mA，动作时间小于等于 0.1s

续表

作业步骤	危害辨识	危害描述	产生后果	风险等级	防 范 措 施
5. 活性炭过滤器各部件检修	高处的工器具及材料	工器具掉落	物体打击	较小	高处作业一律使用工具袋。较大的工具应用绳拴在牢固的构件上，不准随便乱放，以防止从高处坠落发生事故
		工器具及材料上下投掷	物体打击	较小	不准将工具及材料上下投掷，要用绳系牢后往下或往上吊送，以免打伤下方工作人员或击毁脚手架
	粉尘	未正确使用防尘口罩	尘肺病	较小	打磨时正确佩戴合格的防尘口罩
	衬胶材料	可燃物存放过多	火灾	中等	（1）活性炭过滤器内工作要求不得带入过多的防腐材料；（2）严禁防腐材料周围产生任何有火花的作业
	稀释剂	可燃气体浓度超标	火灾	中等	（1）保证活性炭过滤器内部通风畅通，使用防爆轴流风机强制通风；（2）每隔2h用气体检测仪检测可燃物浓度合格
		无人监护	中毒火灾	中等	设专人不间断地监护
	固化剂	固化剂添加过多衬胶材料发热自燃	火灾	中等	（1）灭火器、消防水带等消防器材配备齐全，并专人监护；（2）严格执行衬胶工艺流程要求
	电火花检测仪	碰触电火花检测仪带电体	触电	中等	（1）使用电火花检测仪必须佩带绝缘手套，接地线固定牢固；（2）活性炭过滤器内部要保持干燥后，方可带入；（3）工作结束及时关闭电源，且将带电部分进行放电
	火种	衬胶工作结束后，现场有遗留火种	火灾	中等	衬胶工作结束后全面清理工作区域，做到不留任何火种
	脚手架	脚手架未验收、检查	高处坠落	重大	（1）脚手架搭设结束后，必须履行脚手架验收手续，委托人及搭建人双方在脚手架验收合格证上签字；（2）每日使用脚手架前，使用人检查脚手架合格并在脚手架验收合格证背面签名后方可使用
	安全带	未正确使用安全带	高处坠落	重大	（1）安全带检验合格证应在有效期内；（2）使用前检查安全带部件完好无损坏；（3）正确使用双钩安全带，移动中严禁脱钩；（4）安全带应挂在牢固的构件上，高挂低用
6. 活性炭过滤器装复	大锤、手锤	锤把上有油污未清理	物体打击	较小	清理锤把上油污
		戴手套抡大锤	物体打击	较小	打锤人不得戴手套
	电动葫芦	运转中变换方向未按规定操作	起重伤害	较小	电动葫芦在运转中变换方向时，应经过停止稳定后再开始逆向运转，不准直接变更运转方向。运转速度不宜变换过大，加速或减速应逐渐进行
		电动葫芦超载荷使用	起重伤害	较小	使用电动葫芦时工作负荷不准超过铭牌规定
	吊具、起吊物	吊点不牢固、吊点位置不正确	起重伤害	较小	（1）吊钩要挂在物品的重心上，当被吊物件起吊后有可能摆动或转动时，应采用绳牵引方法，防止物件摆动伤人或碰坏设备；（2）选择牢固可靠、满足载荷的吊点
		绑扎不牢固	起重伤害	较小	（1）起重前必须将物件牢固、稳妥地绑住；（2）吊拉时两根钢丝绳之间的夹角一般不得大于90°；（3）使用单吊索起吊重物挂钩时应打挂钩结，使用吊环时螺栓必须拧到底

作业步骤	危害辨识	危害描述	产生后果	风险等级	防 范 措 施
6. 活性炭过滤器装复	吊具、起吊物	斜拉	起重伤害	较小	禁止使吊钩斜着拖吊重物
		吊装作业区域无专人监护	起重伤害	较小	吊装作业区周边必须设置警戒区域，并设专人监护
	扳手	使用扳手不当或用力过猛致伤	其他伤害	较小	（1）用合适扳手，平稳用力； （2）安全防护装置齐全有效，佩戴手套
	高处作业人员	每天软梯使用前未检查或多人在软梯上工作	高处坠落	重大	（1）每天使用软梯工作前，必须由工作负责人检查确认软梯无缺陷后，方可使用； （2）在软梯上只准一个人工作，在软梯上工作的人员，衣着必须灵便，并应使用安全带，戴安全帽，带工具袋
	二氧化碳	气体浓度超标	窒息	中等	有限空间作业前办理作业审批许可；工作前30min 前打开人孔门进行通风直至用气体检测仪检测浓度合格，氧气浓度保持在 19.5%～21%范围内
		无人监护	窒息	中等	设专人不间断地监护
	行灯	将行灯变压器带入金属容器内	触电	较小	禁止将行灯变压器带入金属容器内
	高处的工器具及材料	工器具掉落	物体打击	较小	高处作业一律使用工具袋。较大的工具应用绳拴在牢固的构件上，不准随便乱放，以防止从高处坠落发生事故
		工器具及材料上下投掷	物体打击	较小	不准将工具及材料上下投掷，要用绳系牢后往下或往上吊送，以免打伤下方工作人员或击毁脚手架
	脚手架	脚手架未验收、检查	高处坠落	重大	（1）脚手架搭设结束后，必须履行脚手架验收手续，委托人及搭建人双方在脚手架验收合格证上签字； （2）每日使用脚手架前，使用人检查脚手架合格并在脚手架验收合格证背面签名后方可使用
	安全带	未正确使用安全带	高处坠落	重大	（1）安全带检验合格证应在有效期内； （2）使用前检查安全带部件完好无损坏； （3）正确使用双钩安全带，移动中严禁脱钩； （4）安全带应挂在牢固的构件上，高挂低用
	活性炭	装复活性炭时，活性炭撒落	滑倒	较小	及时清理撒落的活性炭，做到随清随洁，防止脚下打滑摔伤
	二氧化碳	人员遗留在容器内	窒息	较小	（1）封闭人孔前工作负责人应认真清点工作人员； （2）核对容器进出人登记，确认无人员和工器具遗落，并喊话确认无人
7. 现场清理	施工废料	施工废料未清理	环境污染	较小	废料及时清理，做到工完、料尽、场地清

10.39 多介质过滤器检修

作业步骤	危害辨识	危害描述	产生后果	风险等级	防 范 措 施
1. 作业环境评估	噪声	噪声超标	噪声聋	较小	进入噪声区域时正确佩戴合格的耳塞
	孔洞	盖板缺损	高处坠落	重大	工作场所的孔、洞必须覆以与地面齐平的坚固盖板或做好隔离措施
	照明	现场照明不充分	其他伤害	较小	增加临时照明

作业步骤	危害辨识	危害描述	产生后果	风险等级	防 范 措 施
2. 安全措施正确执行	高压介质	检修中系统隔离不彻底	冲击	较小	检修工作开始前到现场检查确认工作票所列安全措施完善和正确执行
		需检修的设备、系统内高压介质排放不净	冲击	较小	检修工作开始前检查设备内高压介质确已排放干净后方可开始工作
3. 准备工作及现场布置	脚手架	脚手架未验收、检查	高处坠落	重大	（1）脚手架搭设结束后，必须履行脚手架验收手续，委托人及搭建人双方在脚手架验收合格证上签字； （2）每日使用脚手架前，使用人检查脚手架合格并在脚手架验收合格证背面签名后方可使用
	安全带	未正确使用安全带	高处坠落	重大	（1）安全带检验合格证应在有效期内； （2）使用前检查安全带部件完好无损坏； （3）正确使用双钩安全带，移动中严禁脱钩； （4）安全带应挂在牢固的构件上，高挂低用
	角磨机	电源线、电源插头破损、防护罩破损缺失	机械伤害触电	较小	（1）检查角磨机电源线、电源插头完好无缺损，防护罩、砂轮片完好无缺损； （2）检查合格证在有效期内
	大锤、手锤	锤头与木柄的连接不牢固、锤头破损、木柄未使用整根硬质木料	物体打击	较小	锤头与木柄的连接应用金属楔栓固定，楔子长度不得大于安装孔深的2/3，锤头完好无损，木柄使用整根硬质木料
	吊具	吊索具损坏或选择不当	起重伤害	较小	（1）作业前，应对吊索具及其配件进行检查，确认完好，方可使用； （2）所选用的吊索具应与被吊工件的外形特点及具体要求相适应，在不具备使用条件的情况下，绝不能对付使用； （3）吊具及配件不能超过其额定起重量，起重吊具、吊索不得超过其相应吊挂状态下的最大工作载荷
	电动葫芦	钢丝绳磨损严重、吊钩无防脱保险装置、卸扣横销转动卡涩、制动器失灵、限位器失效、控制手柄破损	起重伤害	较小	（1）检查电动葫芦检验合格证在有效期内； （2）使用前应作无负荷起落试验一次，检查刹车及传动装置应良好无缺陷
	临时电源及电源线	电源线悬挂高度不够	触电	较小	临时电源线架设高度室内不低于2.5m
		电源线、插头、插座破损	触电	较小	（1）检查电源线外绝缘良好，无破损； （2）检查电源盘合格证在有效期； （3）检查电源插头插座，确保完好； （4）不准将电源线缠绕在护栏、管道和脚手架上
		未安装漏电保护器	触电	较小	（1）检查电源盘合格证在有效期； （2）分级配置漏电保护器，工作前试漏电保护器，确保正确动作
		检修电源箱外壳未接地	触电	较小	（1）检查电源盘合格证在有效期； （2）检查电源箱外壳接地良好
	软梯	不合格的软梯	高处坠落	重大	（1）使用前严格检查； （2）使用的软梯必须检验合格
	行灯	行灯电源线、电源插头破损	触电	较小	（1）检查行灯电源线、电源插头完好无破损； （2）行灯的电源线应采用橡套软电缆
		使用行灯电压等级不符	触电	较小	在金属容器和金属管道内使用的行灯，其电压不得超过12V
		行灯防护罩缺失	触电	较小	行灯应有保护罩

作业步骤	危害辨识	危害描述	产生后果	风险等级	防 范 措 施
4. 多介质过滤器解体	人孔门	人孔未设置临时围栏、警告标志	高处坠落	重大	（1）在检修工作中人孔打开后，必须设有牢固的临时围栏，并设有明显的警告标志； （2）工作停止时应将人孔临时进行封闭
	大锤、手锤	锤把上有油污未清理	物体打击	较小	清理锤把上油污
		戴手套抡大锤	物体打击	较小	打锤人不得戴手套
	扳手	使用扳手不当或用力过猛致伤	其他伤害	较小	（1）用合适扳手，平稳用力； （2）安全防护装置齐全有效，佩戴手套
	无烟煤及石英砂滤料	无烟煤及石英砂滤料清理不到位	滑倒	较小	及时清理无烟煤及石英砂滤料，做到随清随洁，防止脚下打滑摔伤
	高处作业人员	放置不妥当的软梯	高处坠落	重大	（1）使用软梯工作前，必须由工作负责人检查确认软梯无缺陷后，方可使用； （2）软梯的架设应指定专人负责或由使用者亲自架设，放置软梯必须保证已接触到塔体底部； （3）软梯固定在牢靠位置
	二氧化碳	气体浓度超标	窒息	中等	有限空间作业前办理作业审批许可；工作前30min 前打开人孔门进行通风直至用气体检测仪检测浓度合格，氧气浓度保持在 19.5%～21%范围内
		无人监护	窒息	中等	设专人不间断地监护
	行灯	将行灯变压器带入金属容器内	触电	较小	禁止将行灯变压器带入金属容器内
	电动葫芦	运转中变换方向未按规定操作	起重伤害	较小	电动葫芦在运转中变换方向时，应经过停止稳定后再开始逆向运转，不准直接变更运转方向。运转速度不宜变换过大，加速或减速应逐渐进行
		电动葫芦超载荷使用	起重伤害	较小	使用电动葫芦时工作负荷不准超过铭牌规定
	火种	火种或电动工器具操作引燃	火灾	较小	（1）进出密闭容器工作，禁止带火种及使用； （2）进出人员、工器具严格履行登记手续
	高处的工器具及材料	工器具掉落	物体打击	较小	高处作业一律使用工具袋。较大的工具应用绳拴在牢固的构件上，不准随便乱放，以防止从高处坠落发生事故
		工器具及材料上下投掷	物体打击	较小	不准将工具及材料上下投掷，要用绳系牢后往上或往下吊送，以免打伤下方工作人员或击毁脚手架
	脚手架	脚手架未验收、检查	高处坠落	重大	（1）脚手架搭设结束后，必须履行脚手架验收手续，委托人及搭建人双方在脚手架验收合格证上签字； （2）每日使用脚手架前，使用人检查脚手架合格并在脚手架验收合格证背面签名后方可使用
	安全带	未正确使用安全带	高处坠落	重大	（1）安全带检验合格证应在有效期内； （2）使用前检查安全带部件完好无损坏； （3）正确使用双钩安全带，移动中严禁脱钩； （4）安全带应挂在牢固的构件上，高挂低用
5. 多介质过滤器各部件检修	二氧化碳	气体浓度超标	窒息	中等	有限空间作业前办理作业审批许可；工作前30min 前打开人孔门进行通风直至用气体检测仪检测浓度合格，氧气浓度保持在 19.5%～21%范围内
		无人监护	窒息	中等	设专人不间断地监护

作业步骤	危害辨识	危害描述	产生后果	风险等级	防 范 措 施
5. 多介质过滤器各部件检修	行灯	将行灯变压器带入金属容器内	触电	较小	禁止将行灯变压器带入金属容器内
	高处作业人员	每天软梯使用前未检查或多人在软梯上工作	高处坠落	重大	(1) 每天使用软梯工作前,必须由工作负责人检查确认软梯无缺陷后,方可使用; (2) 在软梯上只准一个人工作。在软梯上工作的人员,衣着必须灵便,并应使用安全带,戴安全帽,带工具袋
	角磨机	未正确使用防护罩、防护眼镜	机械伤害	较小	正确佩戴防护罩、防护眼镜
		手提电动工具的导线或转动部分	触电	较小	禁止手提电动工具的导线或转动部分
		使用砂轮片破损的角磨机	物体打击	较小	使用前检查角磨机砂轮片完好无缺损
		更换砂轮片未切断电源	机械伤害	较小	更换砂轮片前必须切断电源
	手持电动工具	未使用Ⅱ类手持式电动工具	触电	较小	(1) 电源联接器和控制箱等应放在容器外面宽敞、干燥的场所; (2) 使用Ⅱ类手持式电动工具,并安装漏电开关,漏电开关工作电流小于 15mA,动作时间小于等于 0.1s
	高处的工器具及材料	工器具掉落	物体打击	较小	高处作业一律使用工具袋。较大的工具应用绳拴在牢固的构件上,不准随便乱放,以防止从高处坠落发生事故
		工器具及材料上下投掷	物体打击	较小	不准将工具及材料上下投掷,要用绳系牢后往下或往上吊送,以免打伤下方工作人员或击毁脚手架
	粉尘	未正确使用防尘口罩	尘肺病	较小	打磨时正确佩戴合格的防尘口罩
	衬胶材料	可燃物存放过多	火灾	中等	(1) 多介质过滤器内工作要求不得带入过多的防腐材料; (2) 严禁防腐材料周围产生任何有火花的作业
	稀释剂	可燃气体浓度超标	火灾	中等	(1) 保证多介质过滤器内部通风畅通,使用防爆轴流风机强制通风; (2) 每隔 2h 用气体检测仪检测可燃物浓度合格
		无人监护	中毒火灾	中等	设专人不间断地监护
	固化剂	固化剂添加过多衬胶材料发热自燃	火灾	中等	(1) 灭火器、消防水带等消防器材配备齐全,并专人监护; (2) 严格执行衬胶工艺流程要求
	电火花检测仪	碰触电火花检测仪带电体	触电	中等	(1) 使用电火花检测仪必须佩带绝缘手套,接地线固定牢固; (2) 多介质过滤器内部要保持干燥后,方可带入; (3) 工作结束及时关闭电源,且将带电部分进行放电
	火种	衬胶工作结束后,现场有遗留火种	火灾	中等	衬胶工作结束后全面清理工作区域,做到不留任何火种
	脚手架	脚手架未验收、检查	高处坠落	重大	(1) 脚手架搭设结束后,必须履行脚手架验收手续,委托人及搭建人双方在脚手架验收合格证上签字; (2) 每日使用脚手架前,使用人检查脚手架合格并在脚手架验收合格证背面签名后方可使用

作业步骤	危害辨识	危害描述	产生后果	风险等级	防 范 措 施
5. 多介质过滤器各部件检修	安全带	未正确使用安全带	高处坠落	重大	（1）安全带检验合格证应在有效期内； （2）使用前检查安全带部件完好无损坏； （3）正确使用双钩安全带，移动中严禁脱钩； （4）安全带应挂在牢固的构件上，高挂低用
6. 多介质过滤器装复	大锤、手锤	锤把上有油污未清理	物体打击	较小	清理锤把上油污
		戴手套抡大锤	物体打击	较小	打锤人不得戴手套
	电动葫芦	运转中变换方向未按规定操作	起重伤害	较小	电动葫芦在运转中变换方向时，应经过停止稳定后再开始逆向运转，不准直接变更运转方向。运转速度不宜变换过大，加速或减速应逐渐进行
		电动葫芦超载荷使用	起重伤害	较小	使用电动葫芦时工作负荷不准超过铭牌规定
	吊具、起吊物	吊点不牢固、吊点位置不正确	起重伤害	较小	（1）吊钩要挂在物品的重心上，当被吊物件起吊后有可能摆动或转动时，应采用绳牵引方法，防止物件摆动伤人或碰坏设备； （2）选择牢固可靠、满足载荷的吊点
		绑扎不牢固	起重伤害	较小	（1）起重前必须将物件牢固、稳妥地绑住； （2）吊拉时两根钢丝绳之间的夹角一般不得大于90°； （3）使用单吊索起吊重物挂钩时应打挂钩结，使用吊环时螺栓必须拧到底
		斜拉	起重伤害	较小	禁止使吊钩斜着拖吊重物
		吊装作业区域无专人监护	起重伤害	较小	吊装作业区周边必须设置警戒区域，并设专人监护
	扳手	使用扳手不当或用力过猛致伤	其他伤害	较小	（1）用合适扳手，平稳用力； （2）安全防护装置齐全有效，佩戴手套
	高处作业人员	每天软梯使用前未检查或多人在软梯上工作	高处坠落	重大	（1）每天使用软梯工作前，必须由工作负责人检查确认软梯无缺陷后，方可使用； （2）在软梯上只准一个人工作。在软梯上工作的人员，衣着必须灵便，并应使用安全带，戴安全帽，带工具袋
	二氧化碳	气体浓度超标	窒息	中等	有限空间作业前办理作业审批许可；工作前30min 前打开人孔门进行通风直至用气体检测仪检测浓度合格，氧气浓度保持在 19.5%～21%范围内
		无人监护	窒息	中等	设专人不间断地监护
	行灯	将行灯变压器带入金属容器内	触电	较小	禁止将行灯变压器带入金属容器内
	高处的工器具及材料	工器具掉落	物体打击	较小	高处作业一律使用工具袋。较大的工具应用绳拴在牢固的构件上，不准随便乱放，以防止从高处坠落发生事故
		工器具及材料上下投掷	物体打击	较小	不准将工具及材料上下投掷，要用绳系牢后往下或往上吊送，以免打伤下方工作人员或击毁脚手架
	脚手架	脚手架未验收、检查	高处坠落	重大	（1）脚手架搭设结束后，必须履行脚手架验收手续，委托人及搭建人双方在脚手架验收合格证上签字； （2）每日使用脚手架前，使用人检查脚手架合格并在脚手架验收合格证背面签名后方可使用

作业步骤	危害辨识	危害描述	产生后果	风险等级	防 范 措 施
6. 多介质过滤器装复	安全带	未正确使用安全带	高处坠落	重大	（1）安全带检验合格证应在有效期内； （2）使用前检查安全带部件完好无损坏； （3）正确使用双钩安全带，移动中严禁脱钩； （4）安全带应挂在牢固的构件上，高挂低用
	无烟煤及石英砂滤料	装复无烟煤及石英砂滤料时，无烟煤及石英砂滤料撒落	滑倒	较小	及时清理撒落的无烟煤及石英砂滤料，做到随清随洁，防止脚下打滑摔伤
	二氧化碳	人员遗留在容器内	窒息	较小	（1）封闭人孔前工作负责人应认真清点工作人员； （2）核对容器进出人登记，确认无人员和工器具遗落，并喊话确认无人
7. 现场清理	施工废料	施工废料未清理	环境污染	较小	废料及时清理，做到工完、料尽、场地清

10.40 阳床检修

作业步骤	危害辨识	危害描述	产生后果	风险等级	防 范 措 施
1. 作业环境评估	噪声	噪声超标	噪声聋	较小	进入噪声区域时正确佩戴合格的耳塞
	孔洞	盖板缺损	高处坠落	重大	工作场所的孔、洞必须覆以与地面齐平的坚固盖板或做好隔离措施
	照明	现场照明不充分	其他伤害	较小	增加临时照明
2. 安全措施正确执行	高压介质	检修中系统隔离不彻底	冲击	较小	检修工作开始前到现场检查确认工作票所列安全措施完善和正确执行
		需检修的设备、系统内高压介质排放不净	冲击	较小	检修工作开始前检查设备内高压介质确已排放干净后方可开始工作
	酸液	工作前所采取的安全措施不完善	灼烫伤	较小	检查、确认运行人员将检修设备及相关管道可靠地与运行系统已隔断，没有相邻系统介质流入的可能；并挂"禁止操作，有人工作"标识牌
3. 准备工作及现场布置	脚手架	脚手架未验收、检查	高处坠落	重大	（1）脚手架搭设结束后，必须履行脚手架验收手续，委托人及搭建人双方在脚手架验收合格证上签字； （2）每日使用脚手架前，使用人检查脚手架合格并在脚手架验收合格证背面签名后方可使用
	安全带	未正确使用安全带	高处坠落	重大	（1）安全带检验合格证应在有效期内； （2）使用前检查安全带部件完好无损坏； （3）正确使用双钩安全带，移动中严禁脱钩； （4）安全带应挂在牢固的构件上，高挂低用
	角磨机	电源线、电源插头破损、防护罩破损缺失	机械伤害触电	较小	（1）检查角磨机电源线、电源插头完好无缺损，防护罩、砂轮片完好无缺损； （2）检查合格证在有效期内
	大锤、手锤	锤头与木柄的连接不牢固、锤头破损、木柄未使用整根硬质木料	物体打击	较小	锤头与木柄的连接应用金属楔栓固定，楔子长度不得大于安装孔深的2/3，锤头完好无损，木柄使用整根硬质木料
	临时电源及电源线	电源线悬挂高度不够	触电	较小	临时电源线架设高度室内不低于2.5m
		电源线、插头、插座破损	触电	较小	（1）检查电源线外绝缘良好，无破损； （2）检查电源盘合格证在有效期； （3）检查电源插头插座，确保完好； （4）不准将电源线缠绕在护栏、管道和脚手架上

作业步骤	危害辨识	危害描述	产生后果	风险等级	防 范 措 施
3. 准备工作及现场布置	临时电源及电源线	未安装漏电保护器	触电	较小	（1）检查电源盘合格证在有效期； （2）分级配置漏电保护器，工作前试漏电保护器，确保正确动作
		检修电源箱外壳未接地	触电	较小	（1）检查电源盘合格证在有效期； （2）检查电源箱外壳接地良好
	行灯	行灯电源线、电源插头破损	触电	较小	（1）检查行灯电源线、电源插头完好无破损； （2）行灯的电源线应采用橡套软电缆
		使用行灯电压等级不符	触电	较小	在金属容器和金属管道内使用的行灯，其电压不得超过 12V
		行灯防护罩缺失	触电	较小	行灯应有保护罩
4. 阳床解体	人孔门	人孔未设置临时围栏、警告标志	高处坠落	重大	（1）在检修工作中人孔打开后，必须设有牢固的临时围栏，并设有明显的警告标志； （2）工作停止时应将人孔临时进行封闭
	大锤、手锤	锤把上有油污未清理	物体打击	较小	清理锤把上油污
		戴手套抡大锤	物体打击	较小	打锤人不得戴手套
	扳手	使用扳手不当或用力过猛致伤	其他伤害	较小	（1）用合适扳手，平稳用力； （2）安全防护装置齐全有效，佩戴手套
	离子交换树脂	清理离子交换树脂时，清理不到位	滑倒	较小	及时清理离子交换树脂，做到随清随洁，防止脚下打滑摔伤
	高处作业人员	放置不妥当的软梯	高处坠落	重大	（1）使用软梯工作前，必须由工作负责人检查确认软梯无缺陷后，方可使用； （2）软梯的架设应指定专人负责或由使用者亲自架设，放置软梯必须保证已接触到塔体底部； （3）软梯固定在牢靠位置
	二氧化碳	气体浓度超标	窒息	中等	有限空间作业前办理作业审批许可；工作前 30min 前打开人孔门进行通风直至用气体检测仪检测浓度合格，氧气浓度保持在 19.5%～21%范围内
		无人监护	窒息	中等	设专人不间断地监护
	行灯	将行灯变压器带入金属容器内	触电	较小	禁止将行灯变压器带入金属容器内
	离子交换树脂	火种或电动工器具操作引燃	火灾	较小	（1）进出密闭容器工作，禁止带火种及使用； （2）进出人员、工器具严格履行登记手续
	高处的工器具及材料	工器具掉落	物体打击	较小	高处作业一律使用工具袋。较大的工具应用绳拴在牢固的构件上，不准随便乱放，以防止从高处坠落发生事故
		工器具及材料上下投掷	物体打击	较小	不准将工具及材料上下投掷，要用绳系牢后往下或往上吊送，以免打伤下方工作人员或击毁脚手架
	脚手架	脚手架未验收、检查	高处坠落	重大	（1）脚手架搭设结束后，必须履行脚手架验收手续，委托人及搭建人双方在脚手架验收合格证上签字； （2）每日使用脚手架前，使用人检查脚手架合格并在脚手架验收合格证背面签名后方可使用
	安全带	未正确使用安全带	高处坠落	重大	（1）安全带检验合格证应在有效期内； （2）使用前检查安全带部件完好无损坏； （3）正确使用双钩安全带，移动中严禁脱钩； （4）安全带应挂在牢固的构件上，高挂低用

续表

作业步骤	危害辨识	危害描述	产生后果	风险等级	防 范 措 施
5. 阳床各部件检修、检测	二氧化碳	气体浓度超标	窒息	中等	有限空间作业前办理作业审批许可；工作前30min 前打开人孔门进行通风直至用气体检测仪检测浓度合格，氧气浓度保持在19.5%～21%范围内
		无人监护	窒息	中等	设专人不间断地监护
	行灯	将行灯变压器带入金属容器内	触电	较小	禁止将行灯变压器带入金属容器内
	角磨机	未正确使用防护罩、防护眼镜	机械伤害	较小	正确佩戴防护罩、防护眼镜
		手提电动工具的导线或转动部分	触电	较小	禁止手提电动工具的导线或转动部分
		使用砂轮片破损的角磨机	物体打击	较小	使用前检查角磨机砂轮片完好无缺损
		更换砂轮片未切断电源	机械伤害	较小	更换砂轮片前必须切断电源
	手持电动工具	未使用Ⅱ类手持式电动工具	触电	较小	（1）电源联接器和控制箱等应放在容器外面宽敞、干燥的场所；（2）使用Ⅱ类手持式电动工具，并安装漏电开关，漏电开关工作电流小于15mA，动作时间小于等于0.1s
	高处的工器具及材料	工器具掉落	物体打击	较小	高处作业一律使用工具袋。较大的工具应用绳拴在牢固的构件上，不准随便乱放，以防止从高处坠落发生事故
		工器具及材料上下投掷	物体打击	较小	不准将工具及材料上下投掷，要用绳系牢后往下或往上吊送，以免打伤下方工作人员或击毁脚手架
	粉尘	未正确使用防尘口罩	尘肺病	较小	打磨时正确佩戴合格的防尘口罩
	衬胶材料	可燃物存放过多	火灾	中等	（1）阳床内工作要求不得带入过多的防腐材料；（2）严禁防腐材料周围产生任何有火花的作业
	稀释剂	可燃气体浓度超标	火灾	中等	（1）保证阳床内部通风畅通，使用防爆轴流风机强制通风；（2）每隔2h用气体检测仪检测可燃物浓度合格
		无人监护	中毒火灾	中等	设专人不间断地监护
	固化剂	固化剂添加过多衬胶材料发热自燃	火灾	中等	（1）灭火器、消防水带等消防器材配备齐全，并专人监护；（2）严格执行衬胶工艺流程要求
	电火花检测仪	碰触电火花检测仪带电体	触电	中等	（1）使用电火花检测仪必须佩带绝缘手套，接地线固定牢固；（2）罐体内部要保持干燥后，方可带入；（3）工作结束及时关闭电源，且将带电部分进行放电
	火种	衬胶工作结束后，现场有遗留火种	火灾	中等	衬胶工作结束后全面清理工作区域，做到不留任何火种
	脚手架	脚手架未验收、检查	高处坠落	重大	（1）脚手架搭设结束后，必须履行脚手架验收手续，委托人及搭建人双方在脚手架验收合格证上签字；（2）每日使用脚手架前，使用人检查脚手架合格并在脚手架验收合格证背面签名后方可使用

续表

作业步骤	危害辨识	危害描述	产生后果	风险等级	防 范 措 施
5. 阳床各部件检修、检测	安全带	未正确使用安全带	高处坠落	重大	（1）安全带检验合格证应在有效期内； （2）使用前检查安全带部件完好无损坏； （3）正确使用双钩安全带，移动中严禁脱钩； （4）安全带应挂在牢固的构件上，高挂低用
6. 阳床装复	大锤、手锤	锤把上有油污未清理	物体打击	较小	清理锤把上油污
		戴手套抡大锤	物体打击	较小	打锤人不得戴手套
	扳手	使用扳手不当或用力过猛致伤	其他伤害	较小	（1）用合适扳手，平稳用力； （2）安全防护装置齐全有效，佩戴手套
	二氧化碳	气体浓度超标	窒息	中等	有限空间作业前办理作业审批许可；工作前30min前打开人孔门进行通风直至用气体检测仪检测浓度合格，氧气浓度保持在19.5%～21%范围内
		无人监护	窒息	中等	设专人不间断地监护
	行灯	将行灯变压器带入金属容器内	触电	较小	禁止将行灯变压器带入金属容器内
	高处的工器具及材料	工器具掉落	物体打击	较小	高处作业一律使用工具袋。较大的工具应用绳拴在牢固的构件上，不准随便乱放，以防止从高处坠落发生事故
		工器具及材料上下投掷	物体打击	较小	不准将工具及材料上下投掷，要用绳系牢后往下或往上吊送，以免打伤下方工作人员或击毁脚手架
	脚手架	脚手架未验收、检查	高处坠落	重大	（1）脚手架搭设结束后，必须履行脚手架验收手续，委托人及搭建人双方在脚手架验收合格证上签字； （2）每日使用脚手架前，使用人检查脚手架合格并在脚手架验收合格证背面签名后可使用
	安全带	未正确使用安全带	高处坠落	重大	（1）安全带检验合格证应在有效期内； （2）使用前检查安全带部件完好无损坏； （3）正确使用双钩安全带，移动中严禁脱钩； （4）安全带应挂在牢固的构件上，高挂低用
	二氧化碳	人员遗留在容器内	窒息	较小	（1）封闭人孔前工作负责人应认真清点工作人员； （2）核对容器进出人登记，确认无人员和工器具遗落，并喊话确认无人
7. 现场清理	施工废料	施工废料未清理	环境污染	较小	废料及时清理，做到工完、料尽、场地清

10.41　阴床检修

作业步骤	危害辨识	危害描述	产生后果	风险等级	防 范 措 施
1. 作业环境评估	噪声	噪声超标	噪声聋	较小	进入噪声区域时正确佩戴合格的耳塞
	孔洞	盖板缺损	高处坠落	较小	工作场所的孔、洞必须覆以与地面齐平的坚固盖板或做好隔离措施
	照明	现场照明不充分	其他伤害	较小	增加临时照明
2. 安全措施正确执行	高压介质	检修中系统隔离不彻底	冲击	较小	检修工作开始前到现场检查确认工作票所列安全措施完善和正确执行
		需检修的设备、系统内高压介质排放不净	冲击	较小	检修工作开始前检查设备内高压介质已排放干净后方可开始工作

作业步骤	危害辨识	危害描述	产生后果	风险等级	防 范 措 施
2. 安全措施正确执行	碱液	工作前所采取的安全措施不完善	灼烫伤	较小	检查、确认运行人员将检修设备及相关管道可靠地与运行系统已隔断，没有相邻系统内介质流入的可能；并挂"禁止操作，有人工作"标识牌
3. 准备工作及现场布置	脚手架	脚手架未验收、检查	高处坠落	重大	（1）脚手架搭设结束后，必须履行脚手架验收手续，委托人及搭建人双方在脚手架验收合格证上签字； （2）每日使用脚手架前，使用人检查脚手架合格并在脚手架验收合格证背面签名后方可使用
	安全带	未正确使用安全带	高处坠落	重大	（1）安全带检验合格证应在有效期内； （2）使用前检查安全带部件完好无损坏； （3）正确使用双钩安全带，移动中严禁脱钩； （4）安全带应挂在牢固的构件上，高挂低用
	角磨机	电源线、电源插头破损、防护罩破损缺失	机械伤害触电	较小	（1）检查角磨机电源线、电源插头完好无缺损，防护罩、砂轮片完好无缺损； （2）检查合格证在有效期内
	大锤、手锤	锤头与木柄的连接不牢固、锤头破损、木柄未使用整根硬质木料	物体打击	较小	锤头与木柄的连接应用金属楔栓固定，楔子长度不得大于安装孔深的 2/3，锤头完好无损，木柄使用整根硬质木料
	临时电源及电源线	电源线悬挂高度不够	触电	较小	临时电源线架设高度室内不低于 2.5m
		电源线、插头、插座破损	触电	较小	（1）检查电源线外绝缘良好，无破损； （2）检查电源盘合格证在有效期； （3）检查电源插头插座，确保完好； （4）不准将电源线缠绕在护栏、管道和脚手架上
		未安装漏电保护器	触电	较小	（1）检查电源盘合格证在有效期； （2）分级配置漏电保护器，工作前试漏电保护器，确保正确动作
		检修电源箱外壳未接地	触电	较小	（1）检查电源盘合格证在有效期； （2）检查电源箱外壳接地良好
	行灯	行灯电源线、电源插头破损	触电	较小	（1）检查行灯电源线、电源插头完好无破损； （2）行灯的电源线应采用橡套软电缆
		使用行灯电压等级不符	触电	较小	在金属容器和金属管道内使用的行灯，其电压不得超过 12V
		行灯防护罩缺失	触电	较小	行灯应有保护罩
4. 阴床解体	人孔门	人孔未设置临时围栏、警告标志	高处坠落	重大	（1）在检修工作中人孔打开后，必须设有牢固的临时围栏，并设有明显的警告标志； （2）工作停止时应将人孔临时进行封闭
	大锤、手锤	锤把上有油污未清理	物体打击	较小	清理锤把上油污
		戴手套抡大锤	物体打击	较小	打锤人不得戴手套
	扳手	使用扳手不当或用力过猛致伤	其他伤害	较小	（1）用合适扳手，平稳用力； （2）安全防护装置齐全有效，佩戴手套
	离子交换树脂	离子交换树脂清理不到位	滑倒	较小	及时清理离子交换树脂，做到随清随洁，防止脚下打滑摔伤
	二氧化碳	气体浓度超标	窒息	中等	有限空间作业前办理作业审批许可；工作前30min 前打开人孔门进行通风直至用气体检测仪检测浓度合格，氧气浓度保持在 19.5%～21%范围内
		无人监护	窒息	中等	设专人不间断地监护

作业步骤	危害辨识	危害描述	产生后果	风险等级	防 范 措 施
4. 阴床解体	行灯	将行灯变压器带入金属容器内	触电	较小	禁止将行灯变压器带入金属容器内
	离子交换树脂	火种或电动工器具操作引燃	火灾	较小	（1）进出密闭容器工作，禁止带火种及使用； （2）进出人员、工器具严格履行登记手续
	高处的工器具及材料	工器具掉落	物体打击	较小	高处作业一律使用工具袋。较大的工具应用绳拴在牢固的构件上，不准随便乱放，以防止从高处坠落发生事故
		工器具及材料上下投掷	物体打击	较小	不准将工具及材料上下投掷，要用绳系牢后往下或往上吊送，以免打伤下方工作人员或击毁脚手架
	脚手架	脚手架未验收、检查	高处坠落	重大	（1）脚手架搭设结束后，必须履行脚手架验收手续，委托人及搭建人双方在脚手架验收合格证上签字； （2）每日使用脚手架前，使用人检查脚手架合格并在脚手架验收合格证背面签名后方可使用
	安全带	未正确使用安全带	高处坠落	重大	（1）安全带检验合格证应在有效期内； （2）使用前检查安全带部件完好无损坏； （3）正确使用双钩安全带，移动中严禁脱钩； （4）安全带应挂在牢固的构件上，高挂低用
5. 阴床各部件检修、检测	二氧化碳	气体浓度超标	窒息	中等	有限空间作业前办理作业审批许可；工作前30min前打开人孔门进行通风直至用气体检测仪检测浓度合格，氧气浓度保持在 19.5%～21%范围内
		无人监护	窒息	中等	设专人不间断地监护
	行灯	将行灯变压器带入金属容器内	触电	较小	禁止将行灯变压器带入金属容器内
	角磨机	未正确使用防护罩、防护眼镜	机械伤害	较小	正确佩戴防护罩、防护眼镜
		手提电动工具的导线或转动部分	触电	较小	禁止手提电动工具的导线或转动部分
		使用砂轮片破损的角磨机	物体打击	较小	使用前检查角磨机砂轮片完好无缺损
		更换砂轮片未切断电源	机械伤害	较小	更换砂轮片前必须切断电源
	手持电动工具	未使用Ⅱ类手持式电动工具	触电	较小	（1）电源联接器和控制箱等应放在容器外面宽敞、干燥的场所； （2）使用Ⅱ类手持式电动工具，并安装漏电开关，漏电开关工作电流小于 15mA，动作时间小于等于 0.1s
	高处的工器具及材料	工器具掉落	物体打击	较小	高处作业一律使用工具袋。较大的工具应用绳拴在牢固的构件上，不准随便乱放，以防止从高处坠落发生事故
		工器具及材料上下投掷	物体打击	较小	不准将工具及材料上下投掷，要用绳系牢后往下或往上吊送，以免打伤下方工作人员或击毁脚手架
	粉尘	未正确使用防尘口罩	尘肺病	较小	打磨时正确佩戴合格的防尘口罩
	衬胶材料	可燃物存放过多	火灾	中等	（1）阴床内工作要求不得带入过多的防腐材料； （2）严禁防腐材料周围产生任何有火花的作业

作业步骤	危害辨识	危害描述	产生后果	风险等级	防 范 措 施
5. 阴床各部件检修、检测	稀释剂	可燃气体浓度超标	火灾	中等	（1）保证阴床内部通风畅通，使用防爆轴流风机强制通风； （2）每隔2h用气体检测仪检测可燃物浓度合格
		无人监护	中毒火灾	中等	设专人不间断地监护
	固化剂	固化剂添加过多衬胶材料发热自燃	火灾	中等	（1）灭火器、消防水带等消防器材配备齐全，并专人监护； （2）严格执行衬胶工艺流程要求
	电火花检测仪	碰触电火花检测仪带电体	触电	中等	（1）使用电火花检测仪必须佩带绝缘手套，接地线固定牢固； （2）罐体内部要保持干燥后，方可带入； （3）工作结束及时关闭电源，且将带电部分进行放电
	火种	衬胶工作结束后，现场有遗留火种	火灾	中等	衬胶工作结束后全面清理工作区域，做到不留任何火种
	脚手架	脚手架未验收、检查	高处坠落	重大	（1）脚手架搭设结束后，必须履行脚手架验收手续，委托人及搭建人双方在脚手架验收合格证上签字； （2）每日使用脚手架前，使用人检查脚手架合格并在脚手架验收合格证背面签名后方可使用
	安全带	未正确使用安全带	高处坠落	重大	（1）安全带检验合格证应在有效期内； （2）使用前检查安全带部件完好无损坏； （3）正确使用双钩安全带，移动中严禁脱钩； （4）安全带应挂在牢固的构件上，高挂低用
6. 阴床装复	大锤、手锤	锤把上有油污未清理	物体打击	较小	清理锤把上油污
		戴手套抡大锤	物体打击	较小	打锤人不得戴手套
	扳手	使用扳手不当或用力过猛致伤	其他伤害	较小	（1）用合适扳手，平稳用力； （2）安全防护装置齐全有效，佩戴手套
	高处作业人员	每天软梯使用前未检查或多人在软梯上工作	高处坠落	重大	（1）每天使用软梯工作前，必须由工作负责人检查确认软梯无缺陷后，方可使用； （2）在软梯上只准一个人工作。在软梯上工作的人员，衣着必须灵便，并应使用安全带，戴安全帽，带工具袋
	二氧化碳	气体浓度超标	窒息	中等	有限空间作业前办理作业审批许可；工作前30min前打开人孔门进行通风直至用气体检测仪检测浓度合格，氧气浓度保持在 19.5%～21%范围内
		无人监护	窒息	中等	设专人不间断地监护
	行灯	将行灯变压器带入金属容器内	触电	较小	禁止将行灯变压器带入金属容器内
	高处的工器具及材料	工器具掉落	物体打击	较小	高处作业一律使用工具袋。较大的工具应用绳拴在牢固的构件上，不准随便乱放，以防止从高处坠落发生事故
		工器具及材料上下投掷	物体打击	较小	不准将工具及材料上下投掷，要用绳系牢后往下或往上吊送，以免打伤下方工作人员或击毁脚手架
	脚手架	脚手架未验收、检查	高处坠落	重大	（1）脚手架搭设结束后，必须履行脚手架验收手续，委托人及搭建人双方在脚手架验收合格证上签字； （2）每日使用脚手架前，使用人检查脚手架合格并在脚手架验收合格证背面签名后方可使用

续表

作业步骤	危害辨识	危害描述	产生后果	风险等级	防 范 措 施
6. 阴床装复	安全带	未正确使用安全带	高处坠落	重大	(1) 安全带检验合格证应在有效期内; (2) 使用前检查安全带部件完好无损坏; (3) 正确使用双钩安全带,移动中严禁脱钩; (4) 安全带应挂在牢固的构件上,高挂低用
	二氧化碳	人员遗留在容器内	窒息	较小	(1) 封闭人孔前工作负责人应认真清点工作人员; (2) 核对容器进出人登记,确认无人员和工器具遗落,并喊话确认无人
7. 现场清理	施工废料	施工废料未清理	环境污染	较小	废料及时清理,做到工完、料尽、场地清

10.42 混合离子交换器检修

作业步骤	危害辨识	危害描述	产生后果	风险等级	防 范 措 施
1. 作业环境评估	噪声	噪声超标	噪声聋	较小	进入噪声区域时正确佩戴合格的耳塞
	孔洞	盖板缺损	高处坠落	重大	工作场所的孔、洞必须覆以与地面齐平的坚固盖板或做好隔离措施
	照明	现场照明不充分	其他伤害	较小	增加临时照明
2. 安全措施正确执行	高压介质	检修中系统隔离不彻底	冲击	较小	检修工作开始前到现场检查确认工作票所列安全措施完善和正确执行
		需检修的设备、系统内高压介质排放不净	冲击	较小	检修工作开始前检查设备内高压介质确已排放干净后方可开始工作
	酸液、碱液	工作前所采取的安全措施不完善	灼烫伤	较小	检查、确认运行人员将检修设备及相关管道可靠地与运行系统相隔断,没有相邻系统内介质流入的可能;并挂"禁止操作,有人工作"标识牌
3. 准备工作及现场布置	脚手架	脚手架未验收、检查	高处坠落	重大	(1) 脚手架搭设结束后,必须履行脚手架验收手续,委托人及搭建人双方在脚手架验收合格证上签字; (2) 每日使用脚手架前,使用人检查脚手架合格并在脚手架验收合格证背面签名后方可使用
	安全带	未正确使用安全带	高处坠落	重大	(1) 安全带检验合格证应在有效期内; (2) 使用前检查安全带部件完好无损坏; (3) 正确使用双钩安全带,移动中严禁脱钩; (4) 安全带应挂在牢固的构件上,高挂低用
	角磨机	电源线、电源插头破损、防护罩破损缺失	机械伤害 触电	较小	(1) 检查角磨机电源线、电源插头完好无缺损,防护罩、砂轮片完好无缺损; (2) 检查合格证在有效期内
	大锤、手锤	锤头与木柄的连接不牢固、锤头破损、木柄未使用整根硬质木料	物体打击	较小	锤头与木柄的连接应用金属楔栓固定,楔子长度不得大于安装孔深的2/3,锤头完好无损,木柄使用整根硬质木料
	临时电源及电源线	电源线悬挂高度不够	触电	较小	临时电源线架设高度室内不低于2.5m
		电源线、插头、插座破损	触电	较小	(1) 检查电源线外绝缘良好,无破损; (2) 检查电源盘合格证在有效期; (3) 检查电源插头插座,确保完好; (4) 不准将电源线缠绕在护栏、管道和脚手架上

作业步骤	危害辨识	危害描述	产生后果	风险等级	防范措施
3. 准备工作及现场布置	临时电源及电源线	未安装漏电保护器	触电	较小	（1）检查电源盘合格证在有效期； （2）分级配置漏电保护器，工作前试漏电保护器，确保正确动作
		检修电源箱外壳未接地	触电	较小	（1）检查电源盘合格证在有效期； （2）检查电源箱外壳接地良好
	行灯	行灯电源线、电源插头破损	触电	较小	（1）检查行灯电源线、电源插头完好无破损； （2）行灯的电源线应采用橡套软电缆
		使用行灯电压等级不符	触电	较小	在金属容器和金属管道内使用的行灯，其电压不得超过 12V
		行灯防护罩缺失	触电	较小	行灯应有保护罩
4. 混合离子交换器解体	人孔门	人孔未设置临时围栏、警告标志	高处坠落	较小	（1）在检修工作中人孔打开后，必须设有牢固的临时围栏，并设有明显的警告标志； （2）工作停止时应将人孔临时进行封闭
	大锤、手锤	锤把上有油污未清理	物体打击	较小	清理锤把上油污
		戴手套抡大锤	物体打击	较小	打锤人不得戴手套
	扳手	使用扳手不当或用力过猛致伤	其他伤害	较小	（1）用合适扳手，平稳用力； （2）安全防护装置齐全有效，佩戴手套
	离子交换树脂	离子交换树脂清理不到位	滑倒	较小	及时清理离子交换树脂，做到随清随洁，防止脚下打滑摔伤
	高处作业人员	放置不妥当的软梯	高处坠落	重大	（1）使用软梯工作前，必须由工作负责人检查确认软梯无缺陷后，方可使用； （2）软梯的架设应指定专人负责或由使用者亲自架设，放置软梯必须保证已接触到塔体底部； （3）软梯固定在牢靠位置
	二氧化碳	气体浓度超标	窒息	中等	有限空间作业前办理作业审批许可；工作前30min 前打开人孔门进行通风直至用气体检测仪检测浓度合格，氧气浓度保持在 19.5%～21%范围内
		无人监护	窒息	中等	设专人不间断地监护
	行灯	将行灯变压器带入金属容器内	触电	较小	禁止将行灯变压器带入金属容器内
	离子交换树脂	火种或电动工器具操作引燃	火灾	较小	（1）进出密闭容器工作，禁止带火种及使用； （2）进出人员、工器具严格履行登记手续
	高处的工器具及材料	工器具掉落	物体打击	较小	高处作业一律使用工具袋。较大的工具应用绳拴在牢固的构件上，不准随便乱放，以防止从高处坠落发生事故
		工器具及材料上下投掷	物体打击	较小	不准将工具及材料上下投掷，要用绳系牢后往下或往上吊送，以免打伤下方工作人员或击毁脚手架
	脚手架	脚手架未验收、检查	高处坠落	重大	（1）脚手架搭设结束后，必须履行脚手架验收手续，委托人及搭建人双方在脚手架验收合格证上签字； （2）每日使用脚手架前，使用人检查脚手架合格并在脚手架验收合格证背面签名后方可使用
	安全带	未正确使用安全带	高处坠落	重大	（1）安全带检验合格证应在有效期内； （2）使用前检查安全带部件完好无损坏； （3）正确使用双钩安全带，移动中严禁脱钩； （4）安全带应挂在牢固的构件上，高挂低

作业步骤	危害辨识	危害描述	产生后果	风险等级	防 范 措 施
5. 混合离子交换器各部件检修、检测	二氧化碳	气体浓度超标	窒息	中等	有限空间作业前办理作业审批许可；工作前30min 前打开人孔门进行通风直至用气体检测仪检测浓度合格，氧气浓度保持在 19.5%～21%范围内
		无人监护	窒息	中等	设专人不间断地监护
	行灯	将行灯变压器带入金属容器内	触电	较小	禁止将行灯变压器带入金属容器内
	角磨机	未正确使用防护罩、防护眼镜	机械伤害	较小	正确佩戴防护罩、防护眼镜
		手提电动工具的导线或转动部分	触电	较小	禁止手提电动工具的导线或转动部分
		使用砂轮片破损的角磨机	物体打击	较小	使用前检查角磨机砂轮片完好无缺损
		更换砂轮片未切断电源	机械伤害	较小	更换砂轮片前必须切断电源
	手持电动工具	未使用Ⅱ类手持式电动工具	触电	较小	（1）电源联接器和控制箱等应放在容器外面宽敞、干燥的场所；（2）使用Ⅱ类手持式电动工具，并安装漏电开关，漏电开关工作电流小于 15mA，动作时间小于等于 0.1s
	高处的工器具及材料	工器具掉落	物体打击	较小	高处作业一律使用工具袋。较大的工具应用绳拴在牢固的构件上，不准随便乱放，以防止从高处坠落发生事故
		工器具及材料上下投掷	物体打击	较小	不准将工具及材料上下投掷，要用绳系牢后往下或往上吊送，以免打伤下方工作人员或击毁脚手架
	粉尘	未正确使用防尘口罩	尘肺病	较小	打磨时正确佩戴合格的防尘口罩
	衬胶材料	可燃物存放过多	火灾	中等	（1）混合离子交换器内工作要求不得带入过多的防腐材料；（2）严禁防腐材料周围产生任何有火花的作业
	稀释剂	可燃气体浓度超标	火灾	中等	（1）保证混合离子交换器内部通风畅通，使用防爆轴流风机强制通风；（2）每隔2h用气体检测仪检测可燃物浓度合格
		无人监护	中毒火灾	中等	设专人不间断地监护
	固化剂	固化剂添加过多衬胶材料发热自燃	火灾	中等	（1）灭火器、消防水带等消防器材配备齐全，并专人监护；（2）严格执行衬胶工艺流程要求
	电火花检测仪	碰触电火花检测仪带电体	触电	中等	（1）使用电火花检测仪必须佩带绝缘手套，接地线固定牢固；（2）罐体内部要保持干燥后，方可带入；（3）工作结束及时关闭电源，且将带电部分进行放电
	火种	衬胶工作结束后，现场有遗留火种	火灾	中等	衬胶工作结束后全面清理工作区域，做到不留任何火种
	脚手架	脚手架未验收、检查	高处坠落	重大	（1）脚手架搭设结束后，必须履行脚手架验收手续，委托人及搭建人双方在脚手架验收合格证上签字；（2）每日使用脚手架，使用人检查脚手架合格并在脚手架验收合格证背面签名后方可使用

续表

作业步骤	危害辨识	危害描述	产生后果	风险等级	防 范 措 施
5. 混合离子交换器各部件检修、检测	安全带	未正确使用安全带	高处坠落	重大	(1) 安全带检验合格证应在有效期内; (2) 使用前检查安全带部件完好无损坏; (3) 正确使用双钩安全带,移动中严禁脱钩; (4) 安全带应挂在牢固的构件上,高挂低用
6. 混合离子交换器装复	大锤、手锤	锤把上有油污未清理	物体打击	较小	清理锤把上油污
		戴手套抡大锤	物体打击	较小	打锤人不得戴手套
	扳手	使用扳手不当或用力过猛致伤	其他伤害	较小	(1) 用合适扳手,平稳用力; (2) 安全防护装置齐全有效,佩戴手套
	二氧化碳	气体浓度超标	窒息	中等	有限空间作业前办理作业审批许可;工作前30min 前打开人孔门进行通风直至用气体检测仪检测浓度合格,氧气浓度保持在 19.5%～21%范围内
		无人监护	窒息	中等	设专人不间断地监护
	行灯	将行灯变压器带入金属容器内	触电	较小	禁止将行灯变压器带入金属容器内
	高处的工器具及材料	工器具掉落	物体打击	较小	高处作业一律使用工具袋。较大的工具应用绳拴在牢固的构件上,不准随便乱放,以防止从高处坠落发生事故
		工器具及材料上下投掷	物体打击	较小	不准将工具及材料上下投掷,要用绳系牢后往下或往上吊送,以免打伤下方工作人员或击毁脚手架
	脚手架	脚手架未验收、检查	高处坠落	重大	(1) 脚手架搭设结束后,必须履行脚手架验收手续,委托人及搭建人双方在脚手架验收合格证上签字; (2) 每日使用脚手架前,使用人检查脚手架合格并在脚手架验收合格证背面签名后方可使用
	安全带	未正确使用安全带	高处坠落	重大	(1) 安全带检验合格证应在有效期内; (2) 使用前检查安全带部件完好无损坏; (3) 正确使用双钩安全带,移动中严禁脱钩; (4) 安全带应挂在牢固的构件上,高挂低用
	二氧化碳	人员遗留在容器内	窒息	较小	(1) 封闭人孔前工作负责人应认真清点工作人员; (2) 核对容器进出人登记,确认无人员和工器具遗落,并喊话确认无人
7. 现场清理	施工废料	施工废料未清理	环境污染	较小	废料及时清理,做到工完、料尽、场地清

10.43 反渗透装置检修

作业步骤	危害辨识	危害描述	产生后果	风险等级	防 范 措 施
1. 作业环境评估	噪声	噪声超标	噪声聋	较小	进入噪声区域时正确佩戴合格的耳塞
	转动的泵	未与运行中转动设备进行有效隔离	冲击	较小	(1) 设置安全隔离围栏并设置警告标志; (2) 设置安全检修通道; (3) 在运行中转动设备附近工作时应对转动设备进行可靠遮拦,并设专人监护
	高压水	临近设备法兰等位置高压水呲出伤人	灼烫伤	较小	(1) 对可能存在喷出的位置进行隔离; (2) 做好个人防护
	照明	现场照明不充分	其他伤害	较小	增加临时照明

作业步骤	危害辨识	危害描述	产生后果	风险等级	防 范 措 施
2. 安全措施正确执行	高压水介质	检修中系统隔离不彻底	冲击	较小	检修工作开始前到现场检查确认工作票所列安全措施完善和正确执行
		需检修的设备、系统内高压介质排放不净	冲击	较小	检修工作开始前检查设备内高压介质确已排放干净后方可开始工作
3. 准备工作及现场布置	脚手架	脚手架未验收、检查	高处坠落	重大	(1) 脚手架搭设结束后，必须履行脚手架验收手续，委托人及搭建人双方在脚手架验收合格证上签字； (2) 每日使用脚手架前，使用人检查脚手架合格并在脚手架验收合格证背面签名后方可使用
	绳索	绳索拉伸力不够	物体打击	较小	选用结实牢靠的绳索
	凿子	凿子缺损	物体打击	较小	(1) 工作前应对凿子外观检查，不准使用不完整工器具； (2) 凿子被敲击部分有伤痕不平整、沾有油污等，不准使用
	安全带	未正确使用安全带	高处坠落	重大	(1) 安全带检验合格证应在有效期内； (2) 使用前检查安全带部件完好无损坏； (3) 正确使用双钩安全带，移动中严禁脱钩； (4) 安全带应挂在牢固的构件上，高挂低用
	锉刀、手锯、螺丝刀、钢丝钳	手柄等缺损	刺伤	较小	锉刀、手锯、螺丝刀、钢丝钳等手柄应安装牢固，没有手柄的不准使用
	大锤、手锤	锤头与木柄的连接不牢固、锤头破损、木柄未使用整根硬质木料	物体打击	较小	锤头与木柄的连接应用金属楔栓固定，楔子长度不得大于安装孔深的2/3，锤头完好无损，木柄使用整根硬质木料
	临时电源及电源线	电源线悬挂高度不够	触电	较小	临时电源线架设高度室内不低于2.5m
		电源线、插头、插座破损	触电	较小	(1) 检查电源线外绝缘良好，无破损； (2) 检查电源盘合格证在有效期； (3) 检查电源插头插座，确保完好； (4) 不准将电源线缠绕在护栏、管道和脚手架上
		未安装漏电保护器	触电	较小	(1) 检查电源盘合格证在有效期； (2) 分级配置漏电保护器，工作前试漏电保护器，确保正确动作
		检修电源箱外壳未接地	触电	较小	(1) 检查电源盘合格证在有效期； (2) 检查电源箱外壳接地良好
4. 反渗透膜拆卸	绳索	绳索拉伸力不够断裂	物体打击	较小	选用结实牢靠的绳索
	支撑环组件	拆除支撑环及管端组件时瞬时随绳索弹出	物体打击	较小	拆开固定螺栓并拆下支撑环时用力均匀增加，不得采用蛮力
	反渗透膜元件	反渗透膜元件抽出压力容器时滑落	砸伤	较小	抽出膜元件后要轻拿轻放，防止撞击损伤及人员碰伤
		反渗透膜元件抽出压力容器后随意码放	砸伤	较小	膜元件抽出后要放置码于合适位置且需码放整齐，防止倒塌
	高处的工器具及材料	工器具掉落	物体打击	较小	高处作业一律使用工具袋。较大的工具应用绳拴在牢固的构件上，不准随便乱放，以防止从高处坠落发生事故
		工器具及材料上下投掷	物体打击	较小	不准将工具及材料上下投掷，要用绳系牢后往下或往上吊送，以免打伤下方工作人员或击毁脚手架

作业步骤	危害辨识	危害描述	产生后果	风险等级	防范措施
4. 反渗透膜拆卸	脚手架	脚手架未验收、检查	高处坠落	重大	(1) 脚手架搭设结束后，必须履行脚手架验收手续，委托人及搭建人双方在脚手架验收合格证上签字； (2) 每日使用脚手架前，使用人检查脚手架合格并在脚手架验收合格证背面签名后方可使用
	安全带	未正确使用安全带	高处坠落	重大	(1) 安全带检验合格证应在有效期内； (2) 使用前检查安全带部件完好无损坏； (3) 正确使用双钩安全带，移动中严禁脱钩； (4) 安全带应挂在牢固的构件上，高挂低用
	撬杠	支撑物不可靠	砸伤	较小	应保证支撑物可靠
		被撬物倾斜或滚落	砸伤	较小	撬动过程中应采取防止被撬物倾斜或滚落
		撬杠强度不够	砸伤	较小	必须保证撬杠强度满足要求
	大锤、手锤	单手抡大锤	物体打击	较小	抡大锤时，周围不得有人，不得单手抡大锤
		戴手套抡大锤	物体打击	较小	打锤人不得戴手套
5. 反渗透装置清理、检查	反渗透膜元件	反渗透膜元件清理时随意码放	砸伤	较小	膜元件清理时要放置码于合适位置且需码放整齐，防止倒塌
	高处的工器具及材料	工器具掉落	物体打击	较小	高处作业一律使用工具袋。较大的工具应用绳拴在牢固的构件上，不准随便乱放，以防止从高处坠落发生事故
		工器具及材料上下投掷	物体打击	较小	不准将工具及材料上下投掷，要用绳系牢后往下或往上吊送，以免打伤下方工作人员或击毁脚手架
	脚手架	脚手架未验收、检查	高处坠落	重大	(1) 脚手架搭设结束后，必须履行脚手架验收手续，委托人及搭建人双方在脚手架验收合格证上签字； (2) 每日使用脚手架前，使用人检查脚手架合格并在脚手架验收合格证背面签名后方可使用
	安全带	未正确使用安全带	高处坠落	重大	(1) 安全带检验合格证应在有效期内； (2) 使用前检查安全带部件完好无损坏； (3) 正确使用双钩安全带，移动中严禁脱钩； (4) 安全带应挂在牢固的构件上，高挂低用
	反渗透膜壳	清理膜壳内部，余液洒落	滑倒	较小	现场余液及时清理干净
6. 反渗透膜安装	反渗透膜元件	反渗透膜元件安装时滑落	砸伤	较小	安装膜元件后要轻拿轻放，防止撞击损伤及人员碰伤
	高处的工器具及材料	工器具掉落	物体打击	较小	高处作业一律使用工具袋。较大的工具应用绳拴在牢固的构件上，不准随便乱放，以防止从高处坠落发生事故
		工器具及材料上下投掷	物体打击	较小	不准将工具及材料上下投掷，要用绳系牢后往下或往上吊送，以免打伤下方工作人员或击毁脚手架
	脚手架	脚手架未验收、检查	高处坠落	重大	(1) 脚手架搭设结束后，必须履行脚手架验收手续，委托人及搭建人双方在脚手架验收合格证上签字； (2) 每日使用脚手架前，使用人检查脚手架合格并在脚手架验收合格证背面签名后方可使用
	安全带	未正确使用安全带	高处坠落	重大	(1) 安全带检验合格证应在有效期内； (2) 使用前检查安全带部件完好无损坏； (3) 正确使用双钩安全带，移动中严禁脱钩； (4) 安全带应挂在牢固的构件上，高挂低用

续表

作业步骤	危害辨识	危害描述	产生后果	风险等级	防 范 措 施
6. 反渗透膜安装	润滑剂	操作中发生的跑、冒、滴、漏	工作环境污染	较小	不准将润滑剂等（包括沾有润滑剂的棉纱、布、手套、纸等）倒入下水道排放或随地倾倒，应收集放于指定的地点，妥善处理，以防污染环境
	大锤、手锤	单手抡大锤	物体打击	较小	抡大锤时，周围不得有人，不得单手抡大锤
	支撑环组件	安装支撑环时瞬时弹出	物体打击	较小	装复支撑环安装固定螺栓时用力均匀增加，不得采用蛮力
7. 现场清理	施工废料	施工废料未清理	环境污染	较小	废料及时清理，做到工完、料尽、场地清

10.44 单级离心泵检修

作业步骤	危害辨识	危害描述	产生后果	风险等级	防 范 措 施
1. 作业环境评估	噪声	噪声超标	噪声聋	较小	进入噪声区域时正确佩戴合格的耳塞
	转动的水泵	未与运行中转动设备进行有效隔离	机械伤害	较小	（1）设置安全隔离围栏并设置警告标志；（2）设置安全检修通道；（3）在运行中转动设备附近工作时应对转动设备进行可靠遮拦，并设专人监护
	孔、洞、坑	盖板缺损	高处坠落	重大	工作场所的孔、洞必须覆以与地面齐平的坚固盖板或做好隔离措施
	照明	现场照明不充足	其他伤害	较小	增加临时照明
2. 确认安全措施正确执行	高压介质水	检修中系统隔离不彻底	冲击	较小	检修工作开始前到现场检查确认工作票所列安全措施完善和正确执行
		需检修的设备、系统内高压介质排放不净	冲击	较小	检修工作开始前检查设备内高压介质确已排放干净后方可开始工作
	转动的水泵	工作前未采取防转动措施	机械伤害	较小	转动设备检修时应采取防转动措施、确认电机电源线拆除
3. 准备工作及现场布置	撬杠	撬杠强度不够	物体打击	较小	必须保证撬杠强度满足要求
	轴承加热器	电源线、电源插头破损	机械伤害触电	较小	（1）检查轴承加热器电源线、电源插头完好无缺损；（2）检查合格证在有效期内
	临时电源及电源线	电源线悬挂高度不够	触电	较小	临时电源线架设高度室内不低于2.5m
		电源线、插头、插座破损	触电	较小	（1）检查电源线外绝缘良好，无破损；（2）检查电源盘合格证在有效期；（3）检查电源插头插座，确保完好；（4）不准将电源线缠绕在护栏、管道和脚手架上
		未安装漏电保护器	触电	较小	（1）检查电源盘合格证在有效期；（2）分级配置漏电保护器，工作前试漏电保护器，确保正确动作
		检修电源箱外壳未接地	触电	较小	（1）检查电源盘合格证在有效期；（2）检查电源箱外壳接地良好
	大锤、手锤	锤头与木柄的连接不牢固、锤头破损、木柄未使用整根硬质木料	物体打击	较小	锤头与木柄的连接应用金属楔栓固定，楔子长度不得大于安装孔深的2/3，锤头完好无损，木柄使用整根硬质木料

作业步骤	危害辨识	危害描述	产生后果	风险等级	防 范 措 施
3. 准备工作及现场布置	吊索具	吊索具损坏或选择不当	起重伤害	较小	（1）作业前，应对吊索具及其配件进行检查，确认完好，方可使用； （2）所选用的吊索具应与被吊工件的外形特点及具体要求相适应，在不具备使用条件的情况下，绝不能对付使用； （3）作业中应防止损坏吊索具及配件，必要时在棱角处应加护角防护； （4）吊具及配件不能超过其额定起重量，起重吊索、吊具不得超过其相应吊挂状态下的最大工作载荷
	锉刀、手锯、螺丝刀、钢丝钳	手柄等缺损	刺伤	较小	锉刀、手锯、螺丝刀、钢丝钳等手柄应安装牢固，没有手柄的不准使用
4. 单级离心泵解体	润滑油	设备内润滑油泄漏	污染环境	较小	（1）发生的跑、冒、滴、漏及溢油，要及时清除处理，油液收集到废油桶中； （2）清理作业时的废油、废布不得随意处置
	撬杠	支撑物不可靠	压伤	较小	应保证支撑物可靠
		被撬物倾斜或滚落	压伤	较小	撬动过程中应采取防止被撬物倾斜或滚落
	扳手	使用扳手不当或用力过猛致伤	其他伤害	较小	（1）用合适扳手，平稳用力； （2）安全防护装置齐全有效，佩戴手套
	大锤、手锤	锤把上有油污	物体打击	较小	锤把上不可有油污
		单手抡大锤	物体打击	较小	抡大锤时，周围不得有人，不得单手抡大锤
		戴手套抡大锤	物体打击	较小	打锤人不得戴手套
	转动的叶轮	未采取防转动措施	机械伤害	较小	转动设备检修时应采取防转动措施
	手拉葫芦	滑链	起重伤害	较小	使用前应作无负荷起落试验一次
		手拉链有裂纹、链轮转动卡涩、吊钩无防脱保险装置	起重伤害	较小	（1）使用前检查手拉链是否有裂纹、链轮转动是否卡涩、吊钩是否无防脱保险装置，以确保完好，起吊后及时锁链； （2）检查合格证在有效期内
		手拉葫芦超载荷使用	起重伤害	较小	使用手拉葫芦时工作负荷不准超过铭牌规定
	吊具、起吊物	吊点不牢固、吊点位置不正确	起重伤害	较小	（1）吊钩要挂在物品的重心上，当被吊物件起吊后有可能摆动或转动时，应采用绳牵引方法，防止物件摆动伤人或碰坏设备； （2）选择牢固可靠、满足载荷的吊点
		绑扎不牢固	起重伤害	较小	（1）起重前必须将物件牢固、稳妥地绑住； （2）吊拉时两根钢丝绳之间的夹角一般不得大于90°； （3）使用单吊索起吊重物挂钩时应打挂钩结，使用吊环时螺栓必须拧到底
		斜拉	起重伤害	较小	禁止使吊钩斜着拖吊重物
		吊装作业区域无专人监护	起重伤害	较小	吊装作业区周边必须设置警戒区域，并设专人监护

作业步骤	危害辨识	危害描述	产生后果	风险等级	防 范 措 施
5. 单级离心泵部件检修、测量	清洁剂	在工作场所存储	火灾爆炸	较小	（1）禁止在工作场所存储易燃物品，例如汽油、酒精等； （2）领用、暂存时量不能过大，一般不超过500mL
		皮肤接触	化学性灼伤	较小	工作人员佩戴橡胶手套
	临时电源及电源线	电源线悬挂高度不够	触电	较小	临时电源线架设高度室内不低于2.5m
		电源线、插头、插座破损	触电	较小	（1）检查电源线外绝缘良好，无破损； （2）检查电源盘合格证在有效期； （3）检查电源插头插座，确保完好； （4）不准将电源线缠绕在护栏、管道和脚手架上
		未安装漏电保护器	触电	较小	（1）检查电源盘合格证在有效期； （2）分级配置漏电保护器，工作前试漏电保护器，确保正确动作
		检修电源箱外壳未接地	触电	较小	（1）检查电源盘合格证在有效期； （2）检查电源箱外壳接地良好
	角磨机	未正确使用防护罩、防护眼镜	机械伤害	较小	正确佩戴防护罩、防护眼镜
		手提电动工具的导线或转动部分	触电	较小	禁止手提电动工具的导线或转动部分
		角磨机砂轮片破损	物体打击	较小	使用前检查角磨机砂轮片完好无缺损
		更换砂轮片未切断电源	机械伤害	较小	更换砂轮片前必须切断电源
	锉刀、手锯、螺丝刀、钢丝钳	手柄等缺损	刺伤	较小	锉刀、手锯、螺丝刀、钢丝钳等手柄应安装牢固，没有手柄的不准使用
6. 单级离心泵装复	手拉葫芦	滑链	起重伤害	较小	使用前应作无负荷起落试验一次
		手拉链有裂纹、链轮转动卡涩、吊钩无防脱保险装置	起重伤害	较小	（1）使用前检查手拉链是否有裂纹、链轮转动是否卡涩、吊钩是否无防脱保险装置，以确保完好，起吊及时锁链； （2）检查合格证在有效期内
		手拉葫芦超载荷使用	起重伤害	较小	使用手拉葫芦时工作负荷不准超过铭牌规定
	撬杠	支撑物不可靠	砸伤	较小	应保证支撑物可靠
		被撬物倾斜或滚落	砸伤	较小	撬动过程中应采取防止被撬物倾斜或滚落
	大锤、手锤	锤把上有油污	物体打击	较小	锤把上不可有油污
		戴手套抡大锤	物体打击	较小	打锤人不得戴手套
	扳手	使用扳手不当或用力过猛致伤	其他伤害	较小	（1）用合适扳手，平稳用力； （2）安全防护装置齐全有效，佩戴手套
	轴承加热器	未采取防烫伤措施	灼烫伤	较小	操作人员必须使用隔热手套
	转动的叶轮	未采取防转动措施	机械伤害	较小	转动设备检修时应采取防转动措施

作业步骤	危害辨识	危害描述	产生后果	风险等级	防 范 措 施
6. 单级离心泵装复	吊具、起吊物	吊点不牢固、吊点位置不正确	起重伤害	较小	（1）吊钩要挂在物品的重心上，当被吊物件起吊后有可能摆动或转动时，应采用绳牵引方法，防止物件摆动伤人或碰坏设备； （2）选择牢固可靠、满足载荷的吊点
		绑扎不牢固	起重伤害	较小	（1）起重前必须将物件牢固、稳妥地绑住； （2）吊拉时两根钢丝绳之间的夹角一般不得大于90°； （3）使用单吊索起吊重物挂钩时应打挂钩结，使用吊环时螺栓必须拧到底
		斜拉	起重伤害	较小	禁止使吊钩斜着拖吊重物
		吊装作业区域无专人监护	起重伤害	较小	吊装作业区周边必须设置警戒区域，并设专人监护
	润滑油	加油过程中润滑油泄漏	工作环境污染	较小	现场准备擦拭用的棉丝及清理油污所用的沙子、桶，加油时使用检查完好的油壶油漏斗，防止洒落
7. 试运	转动的水泵	肢体部位或饰品衣物、用具接触转动部位	机械伤害	较小	（1）衣服和袖口应扣好，不得戴围巾领带，长发必须盘在安全帽内； （2）不准将用具、工器具接触设备的转动部位
		转动部件飞出	机械伤害	较小	试运行时，无关人员远离，工作人员站在轴向位置
		断裂、超速、零部件脱落	物体打击	较小	检查设备的运行状态，保持设备的振动、温度、运行电流等参数符合标准，如发现参数超标及时处理
8. 检修工作结束	施工废料	施工废料未清理	环境污染	较小	废料及时清理，做到工完、料尽、场地清

10.45 超滤装置检修

作业步骤	危害辨识	危害描述	产生后果	风险等级	防 范 措 施
1. 作业环境评估	噪声	噪声超标	噪声聋	较小	进入噪声区域时正确佩戴合格的耳塞
	转动的泵	未与运行中转动设备进行有效隔离	冲击	较小	（1）设置安全隔离围栏并设置警告标志； （2）设置安全检修通道； （3）在运行中转动设备附近工作时应对转动设备进行可靠遮拦，并设专人监护
	高压水	临近设备法兰等位置高压水喷出伤人	灼烫伤	较小	（1）对可能存在喷出的位置进行隔离； （2）做好个人防护
	照明	现场照明不充分	其他伤害	较小	增加临时照明
2. 安全措施正确执行	高压水介质	检修中系统隔离不彻底	冲击	较小	检修工作开始前到现场检查确认工作票所列安全措施完善和正确执行
		需检修的设备、系统内高压介质排放不净	冲击	较小	检修工作开始前检查设备内高压介质确已排放干净后方可开始工作
3. 准备工作及现场布置	脚手架	脚手架未验收、检查	高处坠落	重大	（1）脚手架搭设结束后，必须履行脚手架验收手续，委托人及搭建人双方在脚手架验收合格证上签字； （2）每日使用脚手架前，使用人检查脚手架合格并在脚手架验收合格证背面签名后方可使用
	绳索	绳索拉伸力不够	物体打击	较小	选用结实牢靠的绳索

作业步骤	危害辨识	危害描述	产生后果	风险等级	防范措施
3. 准备工作及现场布置	凿子	凿子缺损	物体打击	较小	（1）工作前应对凿子外观检查，不准使用不完整工器具； （2）凿子被敲击部分有伤痕不平整、沾有油污等，不准使用
	安全带	未正确使用安全带	高处坠落	重大	（1）安全带检验合格证应在有效期内； （2）使用前检查安全带部件完好无损坏； （3）正确使用双钩安全带，移动中严禁脱钩； （4）安全带应挂在牢固的构件上，高挂低用
	锉刀、手锯、螺丝刀、钢丝钳	手柄等缺损	刺伤	较小	锉刀、手锯、螺丝刀、钢丝钳等手柄应安装牢固，没有手柄的不准使用
	大锤、手锤	锤头与木柄的连接不牢固、锤头破损、木柄未使用整根硬质木料	物体打击	较小	锤头与木柄的连接应用金属楔栓固定，楔子长度不得大于安装孔深的2/3，锤头完好无损，木柄使用整根硬质木料
	临时电源及电源线	电源线悬挂高度不够	触电	较小	临时电源线架设高度室内不低于2.5m
		电源线、插头、插座破损	触电	较小	（1）检查电源线外绝缘良好，无破损； （2）检查电源盘合格证在有效期； （3）检查电源插头插座，确保完好； （4）不准将电源线缠绕在护栏、管道和脚手架上
		未安装漏电保护器	触电	较小	（1）检查电源盘合格证在有效期； （2）分级配置漏电保护器，工作前试漏电保护器，确保正确动作
		检修电源箱外壳未接地	触电	较小	（1）检查电源盘合格证在有效期； （2）检查电源箱外壳接地良好
4. 超滤膜拆卸	安全带	未正确使用安全带	高处坠落	重大	（1）安全带检验合格证应在有效期内； （2）使用前检查安全带部件完好无损坏； （3）正确使用双钩安全带，移动中严禁脱钩； （4）安全带应挂在牢固的构件上，高挂低用
	超滤膜元件	超滤膜元件抽出压力容器时滑落	砸伤	较小	抽出膜元件后要轻拿轻放，防止撞击损伤及人员碰伤
		超滤膜元件抽出压力容器后随意码放	砸伤	较小	膜元件抽出后要放置码于合适位置且需码放整齐，防止倒塌
	高处的工器具及材料	工器具掉落	物体打击	较小	高处作业一律使用工具袋。较大的工具应用绳拴在牢固的构件上，不准随便乱放，以防止从高处坠落发生事故
		工器具及材料上下投掷	物体打击	较小	不准将工具及材料上下投掷，要用绳系牢后往下或往上吊送，以免打伤下方工作人员或击毁脚手架
	脚手架	脚手架未验收、检查	高处坠落	重大	（1）脚手架搭设结束后，必须履行脚手架验收手续，委托人及搭建人双方在脚手架验收合格证上签字； （2）每日使用脚手架前，使用人检查脚手架合格并在脚手架验收合格证背面签名后方可使用
	扳手	使用扳手不当或用力过猛致伤	其他伤害	较小	（1）用合适扳手，平稳用力； （2）安全防护装置齐全有效，佩戴手套

作业步骤	危害辨识	危害描述	产生后果	风险等级	防 范 措 施
4．超滤膜拆卸	撬杠	支撑物不可靠	砸伤	较小	应保证支撑物可靠
		被撬物倾斜或滚落	砸伤	较小	撬动过程中应采取防止被撬物倾斜或滚落
		撬杠强度不够	砸伤	较小	必须保证撬杠强度满足要求
	大锤、手锤	单手抡大锤	物体打击	较小	抡大锤时，周围不得有人，不得单手抡大锤
		戴手套抡大锤	物体打击	较小	打锤人不得戴手套
5．超滤装置清理、检查	超滤膜元件	超滤膜元件清理时随意码放	砸伤	较小	膜元件清理时要放置码于合适位置且需码放整齐，防止倒塌
	高处的工器具及材料	工器具掉落	物体打击	较小	高处作业一律使用工具袋。较大的工具应用绳拴在牢固的构件上，不准随便乱放，以防止从高处坠落发生事故
		工器具及材料上下投掷	物体打击	较小	不准将工具及材料上下投掷，要用绳系牢后往下或往上吊送，以免打伤下方工作人员或击毁脚手架
	脚手架	脚手架未验收、检查	高处坠落	重大	（1）脚手架搭设结束后，必须履行脚手架验收手续，委托人及搭建人双方在脚手架验收合格证上签字； （2）每日使用脚手架前，使用人检查脚手架合格并在脚手架验收合格证背面签名后方可使用
	安全带	未正确使用安全带	高处坠落	重大	（1）安全带检验合格证应在有效期内； （2）使用前检查安全带部件完好无损坏； （3）正确使用双钩安全带，移动中严禁脱钩； （4）安全带应挂在牢固的构件上，高挂低用
	胶水	作业时未正确使用防护用品	中毒、窒息	较小	使用时注意通风，避免过多吸入化学物质，戴防护口罩、橡胶手套
	超滤膜壳	清理膜壳内部，余液洒落	滑倒	较小	现场余液及时清理干净
6．超滤膜安装	超滤膜元件	超滤膜元件安装时滑落	砸伤	较小	安装膜元件后要轻拿轻放，防止撞击损伤及人员碰伤
	高处的工器具及材料	工器具掉落	物体打击	较小	高处作业一律使用工具袋。较大的工具应用绳拴在牢固的构件上，不准随便乱放，以防止从高处坠落发生事故
		工器具及材料上下投掷	物体打击	较小	不准将工具及材料上下投掷，要用绳系牢后往下或往上吊送，以免打伤下方工作人员或击毁脚手架
	脚手架	脚手架未验收、检查	高处坠落	重大	（1）脚手架搭设结束后，必须履行脚手架验收手续，委托人及搭建人双方在脚手架验收合格证上签字； （2）每日使用脚手架前，使用人检查脚手架合格并在脚手架验收合格证背面签名后方可使用
	安全带	未正确使用安全带	高处坠落	重大	（1）安全带检验合格证应在有效期内； （2）使用前检查安全带部件完好无损坏； （3）正确使用双钩安全带，移动中严禁脱钩； （4）安全带应挂在牢固的构件上，高挂低用
	润滑剂	操作中发生的跑、冒、滴、漏	工作环境污染	较小	不准将润滑剂等（包括沾油棉纱、布、手套、纸等）倒入下水道排放或随地倾倒，应收集放于指定的地点，妥善处理，以防污染环境

作业步骤	危害辨识	危害描述	产生后果	风险等级	防 范 措 施
6. 超滤膜安装	大锤、手锤	单手抡大锤	物体打击	较小	抡大锤时，周围不得有人，不得单手抡大锤
	扳手	使用扳手不当或用力过猛致伤	其他伤害	较小	（1）用合适扳手，平稳用力； （2）安全防护装置齐全有效，佩戴手套
7. 现场清理	施工废料	施工废料未清理	环境污染	较小	废料及时清理，做到工完、料尽、场地清

10.46　一级反渗透装置检修

作业步骤	危害辨识	危害描述	产生后果	风险等级	防 范 措 施
1. 作业环境评估	噪声	噪声超标	噪声聋	较小	进入噪声区域时正确佩戴合格的耳塞
	转动的泵	未与运行中转动设备进行有效隔离	冲击	较小	（1）设置安全隔离围栏并设置警告标志； （2）设置安全检修通道； （3）在运行中转动设备附近工作时应对转动设备进行可靠遮拦，并设专人监护
	高压水	临近设备法兰等位置高压水喷出伤人	灼烫伤	较小	（1）对可能存在喷出的位置进行隔离； （2）做好个人防护
	照明	现场照明不充分	其他伤害	较小	增加临时照明
2. 安全措施正确执行	高压水介质	检修中系统隔离不彻底	冲击	较小	检修工作开始前到现场检查确认工作票所列安全措施完善和正确执行
		需检修的设备、系统内高压介质排放不净	冲击	较小	检修工作开始前检查设备内高压介质确已排放干净后方可开始工作
3. 准备工作及现场布置	脚手架	脚手架未验收、检查	高处坠落	重大	（1）脚手架搭设结束后，必须履行脚手架验收手续，委托人及搭建人双方在脚手架验收合格证上签字； （2）每日使用脚手架前，使用人检查脚手架合格并在脚手架验收合格证背面签名后方可使用
	绳索	绳索拉伸力不够	物体打击	较小	选用结实牢靠的绳索
	凿子	凿子缺损	物体打击	较小	（1）工作前应对凿子外观检查，不准使用不完整工器具； （2）凿子被敲击部分有伤痕不平整、沾有油污等，不准使用
	安全带	未正确使用安全带	高处坠落	重大	（1）安全带检验合格证应在有效期内； （2）使用前检查安全带部件完好无损坏； （3）正确使用双钩安全带，移动中严禁脱钩； （4）安全带应挂在牢固的构件上，高挂低用
	锉刀、手锯、螺丝刀、钢丝钳	手柄等缺损	刺伤	较小	锉刀、手锯、螺丝刀、钢丝钳等手柄应安装牢固，没有手柄的不准使用
	大锤、手锤	锤头与木柄的连接不牢固、锤头破损、木柄未使用整根硬质木料	物体打击	较小	锤头与木柄的连接应用金属楔栓固定,楔子长度不得大于安装孔深的2/3，锤头完好无损，木柄使用整根硬质木料
	临时电源及电源线	电源线悬挂高度不够	触电	较小	临时电源线架设高度室内不低于2.5m
		电源线、插头、插座破损	触电	较小	（1）检查电源线外绝缘良好，无破损； （2）检查电源盘合格证在有效期； （3）检查电源插头插座，确保完好； （4）不准将电源线缠绕在护栏、管道和脚手架上

续表

作业步骤	危害辨识	危害描述	产生后果	风险等级	防 范 措 施
3. 准备工作及现场布置	临时电源及电源线	未安装漏电保护器	触电	较小	（1）检查电源盘合格证在有效期； （2）分级配置漏电保护器，工作前试漏电保护器，确保正确动作
		检修电源箱外壳未接地	触电	较小	（1）检查电源盘合格证在有效期； （2）检查电源箱外壳接地良好
4. 一级反渗透膜拆卸	绳索	绳索拉伸力不够断裂	物体打击	较小	选用结实牢靠的绳索
	支撑环组件	拆除支撑环及管端组件时瞬时随绳索弹出	物体打击	较小	拆开固定螺栓并拆下支撑环时用力均匀增加，不得采用蛮力
	反渗透膜元件	反渗透膜元件抽出压力容器时滑落	砸伤	较小	抽出膜元件后要轻拿轻放，防止撞击损伤及人员碰伤
		反渗透膜元件抽出压力容器后随意码放	砸伤	较小	膜元件抽出后要放置码于合适位置且需码放整齐，防止倒塌
	高处的工器具及材料	工器具掉落	物体打击	较小	高处作业一律使用工具袋。较大的工具应用绳拴在牢固的构件上，不准随便乱放，以防止从高处坠落发生事故
		工器具及材料上下投掷	物体打击	较小	不准将工具及材料上下投掷，要用绳系牢后往下或往上吊送，以免打伤下方工作人员或击毁脚手架
	脚手架	脚手架未验收、检查	高处坠落	重大	（1）脚手架搭设结束后，必须履行脚手架验收手续，委托人及搭建人双方在脚手架验收合格证上签字； （2）每日使用脚手架前，使用人检查脚手架合格并在脚手架验收合格证背面签名后方可使用
	安全带	未正确使用安全带	高处坠落	重大	（1）安全带检验合格证应在有效期内； （2）使用前检查安全带部件完好无损坏； （3）正确使用双钩安全带，移动中严禁脱钩； （4）安全带应挂在牢固的构件上，高挂低用
	撬杠	支撑物不可靠	砸伤	较小	应保证支撑物可靠
		被撬物倾斜或滚落	砸伤	较小	撬动过程中应采取防止被撬物倾斜或滚落
		撬杠强度不够	砸伤	较小	必须保证撬杠强度满足要求
	大锤、手锤	单手抡大锤	物体打击	较小	抡大锤时，周围不得有人，不得单手抡大锤
		戴手套抡大锤	物体打击	较小	打锤人不得戴手套
5. 一级反渗透装置清理、检查	反渗透膜元件	反渗透膜元件清理时随意码放	砸伤	较小	膜元件清理时要放置码于合适位置且需码放整齐，防止倒塌
	高处的工器具及材料	工器具掉落	物体打击	较小	高处作业一律使用工具袋。较大的工具应用绳拴在牢固的构件上，不准随便乱放，以防止从高处坠落发生事故
		工器具及材料上下投掷	物体打击	较小	不准将工具及材料上下投掷，要用绳系牢后往下或往上吊送，以免打伤下方工作人员或击毁脚手架
	脚手架	脚手架未验收、检查	高处坠落	重大	（1）脚手架搭设结束后，必须履行脚手架验收手续，委托人及搭建人双方在脚手架验收合格证上签字； （2）每日使用脚手架前，使用人检查脚手架合格并在脚手架验收合格证背面签名后方可使用

续表

作业步骤	危害辨识	危害描述	产生后果	风险等级	防 范 措 施
5. 一级反渗透装置清理、检查	安全带	未正确使用安全带	高处坠落	重大	（1）安全带检验合格证应在有效期内； （2）使用前检查安全带部件完好无损坏； （3）正确使用双钩安全带，移动中严禁脱钩； （4）安全带应挂在牢固的构件上，高挂低用
	反渗透膜壳	清理膜壳内部，余液洒落	滑倒	较小	现场余液及时清理干净
6. 反渗透膜安装	反渗透膜元件	反渗透膜元件安装时滑落	砸伤	较小	安装膜元件后要轻拿轻放，防止撞击损伤及人员碰伤
	高处的工器具及材料	工器具掉落	物体打击	较小	高处作业一律使用工具袋。较大的工具应用绳拴在牢固的构件上，不准随便乱放，以防止从高处坠落发生事故
		工器具及材料上下投掷	物体打击	较小	不准将工具及材料上下投掷，要用绳系牢后往下或往上吊送，以免打伤下方工作人员或击毁脚手架
	脚手架	脚手架未验收、检查	高处坠落	重大	（1）脚手架搭设结束后，必须履行脚手架验收手续，委托人及搭建人双方在脚手架验收合格证上签字； （2）每日使用脚手架前，使用人检查脚手架合格并在脚手架验收合格证背面签名后方可使用
	安全带	未正确使用安全带	高处坠落	重大	（1）安全带检验合格证应在有效期内； （2）使用前检查安全带部件完好无损坏； （3）正确使用双钩安全带，移动中严禁脱钩； （4）安全带应挂在牢固的构件上，高挂低用
	润滑剂	操作中发生的跑、冒、滴、漏	工作环境污染	较小	不准将润滑剂等（包括沾有润滑剂的棉纱、布、手套、纸等）倒入下水道排放或随地倾倒，应收集放于指定的地点，妥善处理，以防污染环境
	大锤、手锤	单手抡大锤	物体打击	较小	抡大锤时，周围不得有人，不得单手抡大锤
	支撑环组件	安装支撑环时瞬时弹出	物体打击	较小	装复支撑环安装固定螺栓时用力均匀增加，不得采用蛮力
7. 现场清理	施工废料	施工废料未清理	环境污染	较小	废料及时清理，做到工完、料尽、场地清

10.47 二级反渗透装置检修

作业步骤	危害辨识	危害描述	产生后果	风险等级	防 范 措 施
1. 作业环境评估	噪声	噪声超标	噪声聋	较小	进入噪声区域时正确佩戴合格的耳塞
	转动的泵	未与运行中转动设备进行有效隔离	冲击	较小	（1）设置安全隔离围栏并设置警告标志； （2）设置安全检修通道； （3）在运行中转动设备附近工作时应对转动设备进行可靠遮拦，并设专人监护
	高压水	临近设备法兰等位置高压水呲出伤人	灼烫伤	较小	（1）对可能存在喷出的位置进行隔离； （2）做好个人防护
	照明	现场照明不充分	其他伤害	较小	增加临时照明
2. 安全措施正确执行	高压水介质	检修中系统隔离不彻底	冲击	较小	检修工作开始前到现场检查确认工作票所列安全措施完善和正确执行
		需检修的设备、系统内高压介质排放不净	冲击	较小	检修工作开始前检查设备内高压介质确已排放干净后方可开始工作

作业步骤	危害辨识	危害描述	产生后果	风险等级	防 范 措 施
3. 准备工作及现场布置	脚手架	脚手架未验收、检查	高处坠落	重大	（1）脚手架搭设结束后，必须履行脚手架验收手续，委托人及搭建人双方在脚手架验收合格证上签字； （2）每日使用脚手架前，使用人检查脚手架合格并在脚手架验收合格证背面签名后方可使用
	绳索	绳索拉伸力不够	物体打击	较小	选用结实牢靠的绳索
	凿子	凿子缺损	物体打击	较小	（1）工作前应对凿子外观检查，不准使用不完整工器具； （2）凿子被敲击部分有伤痕不平整、沾有油污等，不准使用
	安全带	未正确使用安全带	高处坠落	重大	（1）安全带检验合格证应在有效期内； （2）使用前检查安全带部件完好无损坏； （3）正确使用双钩安全带，移动中严禁脱钩； （4）安全带应挂在牢固的构件上，高挂低用
	锉刀、手锯、螺丝刀、钢丝钳	手柄等缺损	刺伤	较小	锉刀、手锯、螺丝刀、钢丝钳等手柄应安装牢固，没有手柄的不准使用
	大锤、手锤	锤头与木柄的连接不牢固、锤头破损、木柄未使用整根硬质木料	物体打击	较小	锤头与木柄的连接应用金属楔栓固定，楔子长度不得大于安装孔深的2/3，锤头完好无损，木柄使用整根硬质木料
	临时电源及电源线	电源线悬挂高度不够	触电	较小	临时电源线架设高度室内不低于2.5m
		电源线、插头、插座破损	触电	较小	（1）检查电源线外绝缘良好，无破损； （2）检查电源盘合格证在有效期； （3）检查电源插头插座，确保完好； （4）不准将电源线缠绕在护栏、管道和脚手架上
		未安装漏电保护器	触电	较小	（1）检查电源盘合格证在有效期； （2）分级配置漏电保护器，工作前试漏电保护器，确保正确动作
		检修电源箱外壳未接地	触电	较小	（1）检查电源盘合格证在有效期； （2）检查电源箱外壳接地良好
4. 二级反渗透膜拆卸	绳索	绳索拉伸力不够断裂	物体打击	较小	选用结实牢靠的绳索
	支撑环组件	拆除支撑环及管端组件时瞬时随绳索弹出	物体打击	较小	拆开固定螺栓并拆下支撑环时用力均匀增加，不得采用蛮力
	反渗透膜元件	反渗透膜元件抽出压力容器时滑落	砸伤	较小	抽出膜元件后要轻拿轻放，防止撞击损伤及人员碰伤
		反渗透膜元件抽出压力容器后随意码放	砸伤	较小	膜元件抽出后要放置码于合适位置且需码放整齐，防止倒塌
	高处的工器具及材料	工器具掉落	物体打击	较小	高处作业一律使用工具袋。较大的工具应用绳拴在牢固的构件上，不准随便乱放，以防止从高处坠落发生事故
		工器具及材料上下投掷	物体打击	较小	不准将工具及材料上下投掷，要用绳系牢后往下或往上吊送，以免打伤下方工作人员或击毁脚手架
	脚手架	脚手架未验收、检查	高处坠落	重大	（1）脚手架搭设结束后，必须履行脚手架验收手续，委托人及搭建人双方在脚手架验收合格证上签字； （2）每日使用脚手架前，使用人检查脚手架合格并在脚手架验收合格证背面签名后方可使用

作业步骤	危害辨识	危害描述	产生后果	风险等级	防 范 措 施
4. 二级反渗透膜拆卸	安全带	未正确使用安全带	高处坠落	重大	（1）安全带检验合格证应在有效期内； （2）使用前检查安全带部件完好无损坏； （3）正确使用双钩安全带，移动中严禁脱钩； （4）安全带应挂在牢固的构件上，高挂低用
	撬杠	支撑物不可靠	砸伤	较小	应保证支撑物可靠
		被撬物倾斜或滚落	砸伤	较小	撬动过程中应采取防止被撬物倾斜或滚落
		撬杠强度不够	砸伤	较小	必须保证撬杠强度满足要求
	大锤、手锤	单手抡大锤	物体打击	较小	抡大锤时，周围不得有人，不得单手抡大锤
		戴手套抡大锤	物体打击	较小	打锤人不得戴手套
5. 二级反渗透装置清理、检查	反渗透膜元件	反渗透膜元件清理时随意码放	砸伤	较小	膜元件清理时要放置码于合适位置且需码放整齐，防止倒塌
	高处的工器具及材料	工器具掉落	物体打击	较小	高处作业一律使用工具袋。较大的工具应用绳拴在牢固的构件上，不准随便乱放，以防止从高处坠落发生事故
		工器具及材料上下投掷	物体打击	较小	不准将工具及材料上下投掷，要用绳系牢后往下或往上吊送，以免打伤下方工作人员或击毁脚手架
	脚手架	脚手架未验收、检查	高处坠落	重大	（1）脚手架搭设结束后，必须履行脚手架验收手续，委托人及搭建人双方在脚手架验收合格证上签字； （2）每日使用脚手架前，使用人检查脚手架合格并在脚手架验收合格证背面签名后方可使用
	安全带	未正确使用安全带	高处坠落	重大	（1）安全带检验合格证应在有效期内； （2）使用前检查安全带部件完好无损坏； （3）正确使用双钩安全带，移动中严禁脱钩； （4）安全带应挂在牢固的构件上，高挂低用
	反渗透膜壳	清理膜壳内部，余液洒落	滑倒	较小	现场余液及时清理干净
6. 反渗透膜安装	反渗透膜元件	反渗透膜元件安装时滑落	砸伤	较小	安装膜元件后要轻拿轻放，防止撞击损伤及人员碰伤
	高处的工器具及材料	工器具掉落	物体打击	较小	高处作业一律使用工具袋。较大的工具应用绳拴在牢固的构件上，不准随便乱放，以防止从高处坠落发生事故
		工器具及材料上下投掷	物体打击	较小	不准将工具及材料上下投掷，要用绳系牢后往下或往上吊送，以免打伤下方工作人员或击毁脚手架
	脚手架	脚手架未验收、检查	高处坠落	重大	（1）脚手架搭设结束后，必须履行脚手架验收手续，委托人及搭建人双方在脚手架验收合格证上签字； （2）每日使用脚手架前，使用人检查脚手架合格并在脚手架验收合格证背面签名后方可使用
	安全带	未正确使用安全带	高处坠落	重大	（1）安全带检验合格证应在有效期内； （2）使用前检查安全带部件完好无损坏； （3）正确使用双钩安全带，移动中严禁脱钩； （4）安全带应挂在牢固的构件上，高挂低用
	润滑剂	操作中发生的跑、冒、滴、漏	工作环境污染	较小	不准将润滑剂等（包括沾有润滑剂的棉纱、布、手套、纸等）倒入下水道排放或随地倾倒，应收集放于指定的地点，妥善处理，以防污染环境

作业步骤	危害辨识	危害描述	产生后果	风险等级	防 范 措 施
6. 反渗透膜安装	大锤、手锤	单手抡大锤	物体打击	较小	抡大锤时，周围不得有人，不得单手抡大锤
	支撑环组件	安装支撑环时瞬时弹出	物体打击	较小	装复支撑环安装固定螺栓时用力均匀增加，不得采用蛮力
7. 现场清理	施工废料	施工废料未清理	环境污染	较小	废料及时清理，做到工完、料尽、场地清

10.48　EDI 装置检修

作业步骤	危害辨识	危害描述	产生后果	风险等级	防 范 措 施
1. 作业环境评估	噪声	噪声超标	噪声聋	较小	进入噪声区域时正确佩戴合格的耳塞
	转动的泵	未与运行中转动设备进行有效隔离	冲击	较小	（1）设置安全隔离围栏并设置警告标志；（2）设置安全检修通道；（3）在运行中转动设备附近工作时应对转动设备进行可靠遮拦，并设专人监护
	高压水	临近设备法兰等位置高压水喷出伤人	灼烫伤	较小	（1）对可能存在喷出的位置进行隔离；（2）做好个人防护
	照明	现场照明不充分	其他伤害	较小	增加临时照明
2. 安全措施正确执行	高压水介质	检修中系统隔离不彻底	冲击	较小	检修工作开始前到现场检查确认工作票所列安全措施完善和正确执行
		需检修的设备、系统内高压介质排放不净	冲击	较小	检修工作开始前检查设备内高压介质确已排放干净后方可开始工作
3. 准备工作及现场布置	脚手架	脚手架未验收、检查	高处坠落	重大	（1）脚手架搭设结束后，必须履行脚手架验收手续，委托人及搭建人双方在脚手架验收合格证上签字；（2）每日使用脚手架前，使用人检查脚手架合格并在脚手架验收合格证背面签名后方可使用
	绳索	绳索拉伸力不够	物体打击	较小	选用结实牢靠的绳索
	凿子	凿子缺损	物体打击	较小	（1）工作前应对凿子外观检查，不准使用不完整工器具；（2）凿子被敲击部分有伤痕不平整、沾有油污等，不准使用
	角磨机	电源线、电源插头破损、防护罩破损缺失松动	机械伤害触电	较小	（1）检查电源线、电源插头完好无破损、防护罩完好无破损且牢固；（2）检查合格证在有效期内
	安全带	未正确使用安全带	高处坠落	重大	（1）安全带检验合格证应在有效期内；（2）使用前检查安全带部件完好无损坏；（3）正确使用双钩安全带，移动中严禁脱钩；（4）安全带应挂在牢固的构件上，高挂低用
	锉刀、手锯、螺丝刀、钢丝钳	手柄等缺损	刺伤	较小	锉刀、手锯、螺丝刀、钢丝钳等手柄应安装牢固，没有手柄的不准使用
	大锤、手锤	锤头与木柄的连接不牢固、锤头破损、木柄未使用整根硬质木料	物体打击	较小	锤头与木柄的连接应用金属楔栓固定，楔子长度不得大于安装孔深的2/3，锤头完好无损，木柄使用整根硬质木料

作业步骤	危害辨识	危害描述	产生后果	风险等级	防 范 措 施
3. 准备工作及现场布置	临时电源及电源线	电源线悬挂高度不够	触电	较小	临时电源线架设高度室内不低于 2.5m
		电源线、插头、插座破损	触电	较小	（1）检查电源线外绝缘良好，无破损； （2）检查电源盘合格证在有效期； （3）检查电源插头插座，确保完好； （4）不准将电源线缠绕在护栏、管道和脚手架上
		未安装漏电保护器	触电	较小	（1）检查电源盘合格证在有效期； （2）分级配置漏电保护器，工作前试漏电保护器，确保正确动作
		检修电源箱外壳未接地	触电	较小	（1）检查电源盘合格证在有效期； （2）检查电源箱外壳接地良好
4. EDI 装置模块拆卸	行车	制动器失灵	起重伤害	较小	起吊 EDI 装置模块时进行试吊，检查行车制动器灵活有效，无遛钩情况
	EDI 装置模块	EDI 装置模块取出时滑落	砸伤	较小	抽出膜模块后要轻拿轻放，防止撞击损伤及人员碰伤
		EDI 装置模块拆卸后随意码放	砸伤	较小	膜模块拆卸后要放置码于合适位置且需码放整齐，防止倒塌
	高处的工器具及材料	工器具掉落	物体打击	较小	高处作业一律使用工具袋。较大的工具应用绳拴在牢固的构件上，不准随便乱放，以防止从高处坠落发生事故
		工器具及材料上下投掷	物体打击	较小	不准将工具及材料上下投掷，要用绳系牢后往下或往上吊送，以免打伤下方工作人员或击毁脚手架
	钢丝绳	吊索具损坏或选择不当	起重伤害	较小	（1）作业前，应对吊索具及其配件进行检查，确认完好，方可使用； （2）所选用的吊索具应与被吊工件的外形特点及具体要求相适应，在不具备使用条件的情况下，绝不能对付使用； （3）作业中应防止损坏吊索具及配件，必要时在棱角处应加护角防护； （4）吊具及配件不能超过其额定起重量，起重吊索、吊具不得超过其相应吊挂状态下的最大工作载荷
	起吊的 EDI 装置模块	管道法兰螺栓未拆除	起重伤害	较小	起吊前工作负责人仔细检查与起吊模块连接的管道均已脱开
		吊点不牢固、吊点位置不正确	起重伤害	较小	（1）吊钩要挂在物品的重心上，当被吊物件起吊后有可能摆动或转动时，应采用绳牵引方法，防止物件摆动伤人或碰坏设备； （2）选择牢固可靠、满足载荷的吊点； （3）选择正确的吊点，保证吊起时钢丝绳受力角度符合要求
		在起吊重物下逗留和行走	起重伤害	较小	（1）任何人不准在起吊重物下逗留和行走； （2）吊装区域设置隔离区
	脚手架	脚手架未验收、检查	高处坠落	重大	（1）脚手架搭设结束后，必须履行脚手架验收手续，委托人及搭建人双方在脚手架验收合格证上签字； （2）每日使用脚手架前，使用人检查脚手架合格并在脚手架验收合格证背面签名后方可使用

续表

作业步骤	危害辨识	危害描述	产生后果	风险等级	防 范 措 施
4. EDI 装置模块拆卸	安全带	未正确使用安全带	高处坠落	重大	（1）安全带检验合格证应在有效期内； （2）使用前检查安全带部件完好无损坏； （3）正确使用双钩安全带，移动中严禁脱钩； （4）安全带应挂在牢固的构件上，高挂低用
	撬杠	支撑物不可靠	砸伤	较小	应保证支撑物可靠
		被撬物倾斜或滚落	砸伤	较小	撬动过程中应采取防止被撬物倾斜或滚落
		撬杠强度不够	砸伤	较小	必须保证撬杠强度满足要求
	大锤、手锤	单手抡大锤	物体打击	较小	抡大锤时，周围不得有人，不得单手抡大锤
		戴手套抡大锤	物体打击	较小	打锤人不得戴手套
5. EDI 装置模块清理、检查	EDI 装置模块	EDI 装置模块清理时随意码放	砸伤	较小	膜模块清理时要放置码于合适位置且需码放整齐，防止倒塌
	高处的工器具及材料	工器具掉落	物体打击	较小	高处作业一律使用工具袋。较大的工具应用绳拴在牢固的构件上，不准随便乱放，以防止从高处坠落发生事故
		工器具及材料上下投掷	物体打击	较小	不准将工具及材料上下投掷，要用绳系牢后往下或往上吊送，以免打伤下方工作人员或击毁脚手架
	脚手架	脚手架未验收、检查	高处坠落	重大	（1）脚手架搭设结束后，必须履行脚手架验收手续，委托人及搭建人双方在脚手架验收合格证上签字； （2）每日使用脚手架前，使用人检查脚手架合格并在脚手架验收合格证背面签名后方可使用
	安全带	未正确使用安全带	高处坠落	重大	（1）安全带检验合格证应在有效期内； （2）使用前检查安全带部件完好无损坏； （3）正确使用双钩安全带，移动中严禁脱钩； （4）安全带应挂在牢固的构件上，高挂低用
6. EDI 装置模块安装	EDI 装置模块	EDI 装置模块安装时滑落	砸伤	较小	安装膜模块后要轻拿轻放，防止撞击损伤及人员碰伤
	高处的工器具及材料	工器具掉落	物体打击	较小	高处作业一律使用工具袋。较大的工具应用绳拴在牢固的构件上，不准随便乱放，以防止从高处坠落发生事故
		工器具及材料上下投掷	物体打击	较小	不准将工具及材料上下投掷，要用绳系牢后往下或往上吊送，以免打伤下方工作人员或击毁脚手架
	脚手架	脚手架未验收、检查	高处坠落	重大	（1）脚手架搭设结束后，必须履行脚手架验收手续，委托人及搭建人双方在脚手架验收合格证上签字； （2）每日使用脚手架前，使用人检查脚手架合格并在脚手架验收合格证背面签名后方可使用
	安全带	未正确使用安全带	高处坠落	重大	（1）安全带检验合格证应在有效期内； （2）使用前检查安全带部件完好无损坏； （3）正确使用双钩安全带，移动中严禁脱钩； （4）安全带应挂在牢固的构件上，高挂低用
	行车	制动器失灵	起重伤害	较小	起吊 EDI 装置模块时进行试吊，检查行车制动器灵活有效，无遛钩情况

续表

作业步骤	危害辨识	危害描述	产生后果	风险等级	防　范　措　施
6. EDI装置模块安装	钢丝绳	吊索具损坏或选择不当	起重伤害	较小	（1）作业前，应对吊索具及其配件进行检查，确认完好，方可使用； （2）所选用的吊索具应与被吊工件的外形特点及具体要求相适应，在不具备使用条件的情况下，绝不能对付使用； （3）作业中应防止损坏吊索具及配件，必要时在棱角处应加护角防护； （4）吊具及配件不能超过其额定起重量，起重吊索、吊具不得超过其相应吊挂状态下的最大工作载荷
	起吊的EDI装置模块	吊点不牢固、吊点位置不正确	起重伤害	较小	（1）吊钩要挂在物品的重心上，当被吊物件起吊后有可能摆动或转动时，应采用绳牵引方法，防止物件摆动伤人或碰坏设备； （2）选择牢固可靠、满足载荷的吊点； （3）选择正确的吊点，保证吊起时钢丝绳受力角度符合要求
		吊点不牢固、吊点位置不正确	起重伤害	较小	（1）吊钩要挂在物品的重心上，当被吊物件起吊后有可能摆动或转动时，应采用绳牵引方法，防止物件摆动伤人或碰坏设备； （2）选择牢固可靠、满足载荷的吊点； （3）选择正确的吊点，保证吊起时钢丝绳受力角度符合要求
		在起吊重物下逗留和行走	起重伤害	较小	（1）任何人不准在起吊重物下逗留和行走； （2）吊装区域设置隔离区
	大锤、手锤	单手抡大锤	物体打击	较小	抡大锤时，周围不得有人，不得单手抡大锤
7. 现场清理	施工废料	施工废料未清理	环境污染	较小	废料及时清理，做到工完、料尽、场地清

10.49　自吸泵检修

作业步骤	危害辨识	危害描述	产生后果	风险等级	防　范　措　施
1. 作业环境评估	噪声	噪声超标	噪声聋	较小	进入噪声区域时正确佩戴合格的耳塞
	转动的水泵	未与运行中转动设备进行有效隔离	机械伤害	较小	（1）设置安全隔离围栏并设置警告标志； （2）设置安全检修通道； （3）在运行中转动设备附近工作时应对转动设备进行可靠遮拦，并设专人监护
	孔、洞、坑	盖板缺损	高处坠落	重大	工作场所的孔、洞必须覆以与地面齐平的坚固盖板或做好隔离措施
	照明	现场照明不充足	其他伤害	较小	增加临时照明
2. 确认安全措施正确执行	高压介质水	检修中系统隔离不彻底	冲击	较小	检修工作开始前到现场检查确认工作票所列安全措施完善和正确执行
		需检修的设备、系统内高压介质排放不净	冲击	较小	检修工作开始前检查设备内高压介质确已排放干净后方可开始工作
	转动的水泵	工作前未采取防转动措施	机械伤害	较小	转动设备检修时应采取防转动措施、确认电机电源线拆除

作业步骤	危害辨识	危害描述	产生后果	风险等级	防 范 措 施
3. 准备工作及现场布置	撬杠	撬杠强度不够	物体打击	较小	必须保证撬杠强度满足要求
	轴承加热器	电源线、电源插头破损	机械伤害触电	较小	（1）检查走出加热器电源线、电源插头完好无缺损； （2）检查合格证在有效期内
	临时电源及电源线	电源线悬挂高度不够	触电	较小	临时电源线架设高度室内不低于2.5m
		电源线、插头、插座破损	触电	较小	（1）检查电源线外绝缘良好，无破损； （2）检查电源盘合格证在有效期； （3）检查电源插头插座，确保完好； （4）不准将电源线缠绕在护栏、管道和脚手架上
		未安装漏电保护器	触电	较小	（1）检查电源盘合格证在有效期； （2）分级配置漏电保护器，工作前试漏电保护器，确保正确动作
		检修电源箱外壳未接地	触电	较小	（1）检查电源盘合格证在有效期； （2）检查电源箱外壳接地良好
	大锤、手锤	锤头与木柄的连接不牢固、锤头破损、木柄未使用整根硬质木料	物体打击	较小	锤头与木柄的连接应用金属楔栓固定，楔子长度不得大于安装孔深的2/3，锤头完好无损，木柄使用整根硬质木料
	吊索具	吊索具损坏或选择不当	起重伤害	较小	（1）作业前，应对吊索具及其配件进行检查，确认完好，方可使用； （2）所选用的吊索具应与被吊工件的外形特点及具体要求相适应，在不具备使用条件的情况下，绝能对付使用； （3）作业中应防止损坏吊索具及配件，必要时在棱角处应加护角防护； （4）吊具及配件不能超过其额定起重量，起重吊索、吊具不得超过其相应吊挂状态下的最大工作载荷
	锉刀、手锯、螺丝刀、钢丝钳	手柄等缺损	刺伤	较小	锉刀、手锯、螺丝刀、钢丝钳等手柄应安装牢固，没有手柄的不准使用
4. 自吸泵解体	润滑油	设备内润滑油泄漏	污染环境	较小	（1）发生的跑、冒、滴、漏及溢油，要及时清除处理，油液收集到废油桶中； （2）清理作业时的废油、废布不得随意处置
	撬杠	支撑物不可靠	压伤	较小	应保证支撑物可靠
		被撬物倾斜或滚落	压伤	较小	撬动过程中应采取防止被撬物倾斜或滚落
	扳手	使用扳手不当或用力过猛致伤	其他伤害	较小	（1）用合适扳手，平稳用力； （2）安全防护装置齐全有效，佩戴手套
	转动的叶轮	未采取防转动措施	机械伤害	较小	转动设备检修时应采取防转动措施
	大锤、手锤	锤把上有油污	物体打击	较小	锤把上不可有油污
		单手抡大锤	物体打击	较小	抡大锤时，周围不得有人，不得单手抡大锤
		戴手套抡大锤	物体打击	较小	打锤人不得戴手套

作业步骤	危害辨识	危害描述	产生后果	风险等级	防 范 措 施
4. 自吸泵解体	手拉葫芦	滑链	起重伤害	较小	使用前应作无负荷起落试验一次
		手拉链有裂纹、链轮转动卡涩、吊钩无防脱保险装置	起重伤害	较小	（1）使用前检查手拉链是否有裂纹、链轮转动是否卡涩、吊钩是否无防脱保险装置，以确保完好，起吊后及时锁链； （2）检查合格证在有效期内
		手拉葫芦超载荷使用	起重伤害	较小	使用手拉葫芦时工作负荷不准超过铭牌规定
	吊具、起吊物	吊点不牢固、吊点位置不正确	起重伤害	较小	（1）吊钩要挂在物品的重心上，当被吊物件起吊后有可能摆动或转动时，应采用绳牵引方法，防止物件摆动伤人或碰坏设备； （2）选择牢固可靠、满足载荷的吊点
		绑扎不牢固	起重伤害	较小	（1）起重前必须将物件牢固、稳妥地绑住； （2）吊拉时两根钢丝绳之间的夹角一般不得大于90°； （3）使用单吊索起吊重物挂钩时应打挂钩结，使用吊环时螺栓必须拧到底
		斜拉	起重伤害	较小	禁止使吊钩斜着拖吊重物
		吊装作业区域无专人监护	起重伤害	较小	吊装作业区周边必须设置警戒区域，并设专人监护
5. 自吸泵部件检修、测量	清洁剂	在工作场所存储	火灾爆炸	较小	（1）禁止在工作场所存储易燃物品，例如汽油、酒精等； （2）领用、暂存时量不能过大，一般不超过500mL
		皮肤接触	化学性灼伤	较小	工作人员佩戴橡胶手套
	临时电源及电源线	电源线悬挂高度不够	触电	较小	临时电源线架设高度室内不低于2.5m
		电源线、插头、插座破损	触电	较小	（1）检查电源线外绝缘良好，无破损； （2）检查电源盘合格证在有效期； （3）检查电源插头插座，确保完好； （4）不准将电源线缠绕在护栏、管道和脚手架上
		未安装漏电保护器	触电	较小	（1）检查电源盘合格证在有效期； （2）分级配置漏电保护器，工作前试漏电保护器，确保正确动作
		检修电源箱外壳未接地	触电	较小	（1）检查电源盘合格证在有效期； （2）检查电源箱外壳接地良好
	角磨机	未正确使用防护罩、防护眼镜	机械伤害	较小	正确佩戴防护罩、防护眼镜
		手提电动工具的导线或转动部分	触电	较小	禁止手提电动工具的导线或转动部分
		角磨机砂轮片破损	物体打击	较小	使用前检查角磨机砂轮片完好无缺损
		更换砂轮片未切断电源	机械伤害	较小	更换砂轮片前必须切断电源
	锉刀、手锯、螺丝刀、钢丝钳	手柄等缺损	刺伤	较小	锉刀、手锯、螺丝刀、钢丝钳等手柄应安装牢固，没有手柄的不准使用

作业步骤	危害辨识	危害描述	产生后果	风险等级	防 范 措 施
6. 自吸泵装复	手拉葫芦	滑链	起重伤害	较小	使用前应作无负荷起落试验一次
		手拉链有裂纹、链轮转动卡涩、吊钩无防脱保险装置	起重伤害	较小	(1) 使用前检查手拉链是否有裂纹、链轮转动是否卡涩、吊钩是否无防脱保险装置，以确保完好，起吊后及时锁链； (2) 检查合格证在有效期内
		手拉葫芦超载荷使用	起重伤害	较小	使用手拉葫芦时工作负荷不准超过铭牌规定
	撬杠	支撑物不可靠	砸伤	较小	应保证支撑物可靠
		被撬物倾斜或滚落	砸伤	较小	撬动过程中应采取防止被撬物倾斜或滚落
	大锤、手锤	锤把上有油污	物体打击	较小	锤把上不可有油污
		戴手套抡大锤	物体打击	较小	打锤人不得戴手套
	扳手	使用扳手不当或用力过猛致伤	其他伤害	较小	(1) 用合适扳手，平稳用力； (2) 安全防护装置齐全有效，佩戴手套
	轴承加热器	未采取防烫伤措施	灼烫伤	较小	操作人员必须使用隔热手套
	转动的叶轮	未采取防转动措施	机械伤害	较小	转动设备检修时应采取防转动措施
	吊具、起吊物	吊点不牢固、吊点位置不正确	起重伤害	较小	(1) 吊钩要挂在物品的重心上，当被吊物件起吊后有可能摆动或转动时，应采用绳牵引方法，防止物件摆动伤人或碰坏设备； (2) 选择牢固可靠、满足载荷的吊点
		绑扎不牢固	起重伤害	较小	(1) 起重前必须将物件牢固、稳妥地绑住； (2) 吊拉时两根钢丝绳之间的夹角一般不得大于90°； (3) 使用单吊索起吊重物挂钩时应打挂钩结，使用吊环时螺栓必须拧到底
		斜拉	起重伤害	较小	禁止使用吊钩斜着拖吊重物
		吊装作业区域无专人监护	起重伤害	较小	吊装作业区周边必须设置警戒区域，并设专人监护
	泵联轴器	用手指直接检查校正联轴器销孔	机械伤害	较小	不准用手指直接检查校正联轴器销孔
7. 试运	转动的水泵	肢体部位或饰品衣物、用具接触转动部位	机械伤害	较小	(1) 衣服和袖口应扣好，不得戴围巾领带，长发必须盘在安全帽内； (2) 不准将用具、工器具接触设备的转动部位
		转动部件飞出	机械伤害	较小	试运行时，无关人员远离，工作人员站在轴向位置
		断裂、超速、零部件脱落	物体打击	较小	检查设备的运行状态，保持设备的振动、温度、运行电流等参数符合标准，如发现参数超标及时处理
8. 检修工作结束	施工废料	施工废料未清理	环境污染	较小	废料及时清理，做到工完、料尽、场地清

11 汽轮机检修

11.1 主机高压缸检修

作业步骤	危害辨识	危害描述	产生后果	风险等级	防范措施
1. 作业环境评估	噪声	未佩戴耳塞	噪声聋	较小	进入噪声区域时正确佩戴合格的耳塞
	岩棉、化纤	作业区保温飞扬	尘肺病	较小	作业时佩戴合格防尘口罩
	高温环境	环境温度超过40℃	中暑	较小	(1) 不准在工作环境温度超过40℃时进行作业。(2) 在高温场所工作时，应为工作人员提供足够的饮水、清凉饮料及防暑药品；对温度较高的作业场所必须增加通风设备
	润滑油、EH油	发生的跑、冒、滴、漏及溢油	滑倒、火灾、污染环境	较小	发生的跑、冒、滴、漏及溢油，要及时清除处理
	孔、洞	盖板缺损	高处坠落	重大	工作场所的孔、洞必须覆以与地面齐平的坚固盖板或做好隔离措施
2. 确认安全措施正确执行	高温高压蒸汽	工作前所采取的安全措施不完善	灼烫伤	较小	(1) 开工前确认现场安全措施、隔离措施正确完备；(2) 待管道内介质放尽，压力为零，温度适可后方可开始工作；(3) 人员不能正面对法兰及焊口工作，防止漏点介质体伤人
	转动的汽轮机	盘车未停运，转动设备未进行有效隔离	机械伤害	较小	(1) 设置安全隔离围栏并设置警告标志；(2) 设置安全检修通道；(3) 在运行中转动设备附近工作时应对转动设备进行可靠遮拦，并设专人监护
	润滑油、EH油	工作前所采取的安全措施不完善	火灾、爆炸	较小	(1) 开工前确认现场安全措施、隔离措施正确完备；(2) 待管道内介质放尽，压力为零后方可开始工作
		泄漏	污染环境	较小	放油时排空，放油不出需静置2h后再次打开放油门确认油已排完
		在工作场所存储	火灾	较小	(1) 储存中避免靠近火源和高温；(2) 油桶上要用防火石棉毯覆盖严密
3. 准备工作及现场布置	临时电源、电源线、螺栓加热器及加热棒	电源线悬挂高度不够	触电	较小	临时电源线架设高度室内不低于2.5m
		电源线、插头、插座破损	触电	较小	(1) 检查电源线外绝缘良好，无破损；(2) 检查电源盘合格证在有效期；(3) 检查电源插头插座，确保完好；(4) 不准将电源线缠绕在护栏、管道和脚手架上
		未安装漏电保护器	触电	较小	(1) 检查电源盘合格证在有效期；(2) 分级配置漏电保护器，工作前试漏电保护器，确保正确动作
		检修电源箱外壳未接地	触电	较小	(1) 检查电源盘合格证在有效期；(2) 检查电源箱外壳接地良好

续表

作业步骤	危害辨识	危害描述	产生后果	风险等级	防 范 措 施
3. 准备工作及现场布置	角磨机、切割机	电源线、电源插头破损、防护罩破损缺失	机械伤害、触电	较小	（1）检查电源线、电源插头完好无破损、防护罩完好无破损； （2）检查合格证在有效期内
	电焊机	电焊机电源线、电源插头、电焊钳破损	触电	较小	（1）电焊机电源线、电源插头、电焊钳等焊接设备和工具完好无损； （2）电焊机的裸露导电部分和转动部分以及冷却用的风扇，均应装有保护罩
		焊机外壳不接地	触电	较小	电焊机金属外壳应有明显的可靠接地，且一机一接地
		焊机、焊钳与电缆线连接不牢固	触电、火灾、灼伤	较小	（1）电焊工作所用的导线，必须使用绝缘良好的皮线； （2）电焊机、焊钳与电缆线连接牢固，接地端头不外露； （3）连接到电焊钳上的一端，至少有 5m 为绝缘软导线
		一闸接多台电焊机	触电火灾	较小	电焊机必须装有独立的专用电源开关，其容量应符合要求。焊机超负荷时，应能自动切断电源，禁止多台焊机共用一个电源开关
	氧气、乙炔	减压表失效	爆炸	较小	减压表应经检验合格，并在有效期内
		使用没有防震胶圈和保险帽的气瓶	爆炸	较小	不准使用没有防震胶圈和保险帽的气瓶
		使用中氧气瓶与乙炔气瓶的安全距离不足	爆炸	较小	使用中氧气瓶和乙炔气瓶的距离不得小于 5m
	大锤、手锤	锤头与木柄的连接不牢固、锤头破损、木柄未使用整根硬质木料	物体打击	较小	锤头与木柄的连接应用金属楔栓固定，楔子长度不得大于安装孔深的 2/3，锤头完好无损，木柄使用整根硬质木料
	锉刀、手锯、螺丝刀、钢丝钳、三角刮刀	手柄等缺损	刺伤	较小	锉刀、手锯、螺丝刀、钢丝钳等手柄应安装牢固，没有手柄的不准使用
	行灯	行灯电源线、电源插头破损	触电	较小	（1）检查行灯电源线、电源插头完好无破损； （2）行灯的电源线应采用橡套软电缆
		使用行灯电压等级不符	触电	较小	在金属容器和金属管道内使用的行灯，其电压不得超过 12V
		行灯防护罩缺失	触电	较小	行灯应有保护罩
	手拉葫芦	手拉有裂纹、链轮转动卡涩、吊钩无防脱保险装置	起重伤害	较小	（1）使用前应作无负荷起落试验一次，检查手拉是否有裂纹、链轮转动是否卡涩、吊钩是否无防脱保险装置，以确保完好； （2）检查合格证在有效期内
	孔、洞	盖板打开后未设置临时防护措施	高处坠落	重大	（1）在检修工作中如需将盖板取下，必须设有牢固的临时围栏，并设有明显的警告标志，夜间还应设红灯示警；不准使用麻绳、尼龙绳等软连接代替防护围栏； （2）检修期间需拆除防护栏杆时，必须装设牢固的临时遮拦，并设警告标志；在检修结束时应将栏杆立即装回； （3）临时打的孔、洞，施工结束后，必须恢复原状

作业步骤	危害辨识	危害描述	产生后果	风险等级	防 范 措 施
3. 准备工作及现场布置	缸体保温拆除	保温拆除及清理不彻底	尘肺病	较小	缸体表面保温层全部拆除后并对缸体表面残留保温进行清理干净，作业时佩戴合格防尘口罩
	脚手架搭设	脚手架搭设后未验收	高处坠落	重大	（1）搭设结束后，必须履行脚手架验收手续，填写脚手架验收单，并在脚手架验收单上分级签字； （2）验收合格后应在脚手架上悬挂合格证，方可使用
	行车	行车不合格	起重伤害	较小	（1）由特种设备作业人员检查行车完好； （2）检查行车检验合格证在有效期内
4. 测量气缸与转子前后定位尺寸	转动的汽轮机	盘车未停运，转动设备未进行有效隔离	机械伤害	较小	（1）设置安全隔离围栏并设置警告标志； （2）设置安全检修通道； （3）在运行中转动设备附近工作时应对转动设备进行可靠遮拦，并设专人监护
5. 吊高压缸准备工作	高处作业人员	作业时未正确使用防护用品	高处坠落	重大	高处作业人员必须戴好安全帽、穿好防滑鞋并正确佩戴和使用安全带
		未佩戴使用合格的安全带	高处坠落	重大	（1）安全带使用前进行外观检查合格，检验合格证应在有效期内； （2）在没有脚手架或没有栏杆的脚手架上工作，高度超过 1.5m 时必须使用安全带； （3）安全带的挂钩应挂在结实、牢固的构件上，或专挂安全带的钢丝绳上，不准低挂高用
		擅自改动脚手架架构	高处坠落	重大	工作过程中，不准随意改变脚手架的结构，必要时，必须经过搭设脚手架的技术负责人同意，并再次验收合格后方可使用
		乱拉电源线、电焊线、气带	高处坠落	重大	（1）脚手架上不准乱拉电线； （2）必须安装临时照明线路时，木竹脚手架应采用绝缘子，金属脚手架应另设木横担
		随意码放物品或超载	高处坠落	重大	（1）不准在脚手架和脚手板上聚集人员或放置超过计算荷重的材料； （2）脚手架上的堆置物应摆放整齐和牢固，不准超高摆放； （3）脚手架上的大物件应分散堆放，不得集中堆放； （4）脚手架上的废弃物应及时清理，并用绳子系牢后溜放到地面
		脚手架上作业不规范	高处坠落	重大	（1）上下脚手架应走人行通道或梯子，不准攀登架体； （2）不准站在脚手架的探头上作业； （3）在脚手架工作必须符合载荷规定； （4）不准在脚手架上蹬在木桶、木箱、砖及其他建筑材料等作业； （5）不准在架子上退着行走或跨坐在防护横杆上休息； （6）架子上应保持清洁，随时清理冰雪、杂物等，不准乱堆乱放物料； （7）不得在防护栏杆上拴挂任何重物； （8）作业中需要拆除防护栏杆时，必须采取可靠的临边防护措施
	高处的工器具、零部件	工器具未系防坠绳、零部件未固定及上下抛掷	物体打击	较小	（1）工器具必须使用防坠绳； （2）工器具和零部件应用绳拴在牢固的构件上，不准随便乱放； （3）工器具和零部件不准上下抛掷

371

作业步骤	危害辨识	危害描述	产生后果	风险等级	防 范 措 施
5. 吊高压缸准备工作	大锤、手锤	锤把上有油污	物体打击	较小	锤把上不可有油污
		单手抡大锤	物体打击	较小	抡大锤时，周围不得有人，不得单手抡大锤
		戴手套抡大锤	物体打击	较小	打锤人不得戴手套
	螺栓加热棒	未采取防烫伤措施	灼烫伤	较小	（1）操作人员必须使用隔热手套； （2）使用后加热棒要存放在专用支架上并做好隔离
		未采取防火措施	火灾	较小	（1）使用后加热棒要存放在专用支架上并做好隔离； （2）螺栓加热过程中清理可燃物并严禁使用螺栓松动剂等易燃易爆物品
		未采取防触电措施	触电	较小	（1）操作人与员必须穿绝缘鞋、戴绝缘手套； （2）检查加热设备绝缘良好，工作人员离开现场应切断电源
	高温部件	加热后部件未做防护措施	灼烫伤	较小	（1）加热拆卸的螺帽存放指定位置并隔离； （2）设置安全围栏，并挂"高温部件、禁止靠近"警示标示； （3）工作人员穿戴防高温烫伤隔热服及防护手套
	绊脚物（螺栓）	螺栓未完全拆除	摔伤	较小	各汽缸、轴承室结合面螺栓必须全部拆处，避免绊倒摔伤
6. 断开高压缸与各管道连接	角磨机、切割机	未正确使用防护罩、防护眼镜	机械伤害	较小	正确佩戴防护罩、防护眼镜
		手提电动工具的导线或转动部分	触电	较小	禁止手提电动工具的导线或转动部分
		切割片破损	物体打击	较小	使用前检查切割片完好无缺损
		更换切割片未切断电源	机械伤害	较小	更换切割片前必须切断电源
	氧气、乙炔	减压表失效	爆炸	较小	减压表应经检验合格，并在有效期内
		使用没有防震胶圈和保险帽的气瓶	爆炸	较小	不准使用没有防震胶圈和保险帽的气瓶
		使用中氧气瓶与乙炔气瓶的安全距离不足	爆炸	较小	使用中氧气瓶和乙炔气瓶的距离不得小于5m
	遗留火种	施焊完毕后，未确认是否遗留火种就离开	火灾	较小	电焊作业时须有灭火器材，施焊完毕后，要留有充分的时间观察，确认无引火点，方可离去
7. 高压缸整体吊运	千斤顶	工作人员站在液压千斤顶安全栓或高压软管前面	起重伤害	较小	使用液压千斤顶时，除操作人员外，其他人员尽量远离,工作人员不准站在千斤顶安全栓或高压软管前面
		未采取防止重物下沉的措施	起重伤害	较小	安装千斤顶的位置要坚硬平整，用钢板和垫木垫牢，防止因地面下陷而产生歪斜
		千斤顶超载荷使用	起重伤害	较小	使用千斤顶时工作负荷不准超过千斤顶铭牌规定
		更换垫板时手臂伸入荷重与顶重头或垫板之间	起重伤害	较小	更换垫板时不准将手臂伸入荷重与顶重头或垫板之间
	行车	行车司机注意力不集中	起重伤害	中等	行车司机在工作中应始终注意指挥人员信号,不准进行与行车操作无关的其他工作
		信号装置失灵	起重伤害	较小	发现信号装置失灵立即停止使用，并通知相关人员进行处理

续表

作业步骤	危害辨识	危害描述	产生后果	风险等级	防 范 措 施
7. 高压缸整体吊运	行车	制动器失灵	起重伤害	中等	(1) 检查行车制动器灵活; (2) 安排监护人员在行车顶部监护,发现行车溜钩立即紧固抱闸
	吊具、汽缸大盖	吊点不牢固、吊点位置不正确	起重伤害	较小	(1) 吊钩要挂在物品的重心上,当被吊物件起吊后有可能摆动或转动时,应采用绳牵引方法,防止物件摆动伤人或碰坏设备; (2) 选择牢固可靠、满足载荷的吊点
		吊索具损坏或选择不当	起重伤害	较小	(1) 作业前,应对吊索具及其配件进行检查,确认完好,方可使用; (2) 所选用的吊索具应与被吊工件的外形特点及具体要求相适应,在不具备使用条件的情况下,绝不能对付使用; (3) 作业中应防止损坏吊索具及配件,必要时在棱角处应加护角防护; (4) 吊具及配件不能超过其额定起重量,起重吊索、吊具不得超过其相应吊挂状态下的最大工作载荷
		绑扎不牢固	起重伤害	较小	(1) 起重前必须将物件牢固、稳妥地绑住。 (2) 吊拉时两根钢丝绳之间的夹角一般不得大于90°。 (3) 使用单吊索起吊重物挂钩时应打"挂钩结";使用吊环时螺栓必须拧到底;使用卸扣时,吊索与其连接的一个索扣必须扣在销轴上,一个索扣必须扣在扣顶上,不准两个索扣分别扣在卸扣的扣体两侧上;吊拉捆绑时,重物或设备构件的锐边快口处必须加装衬垫物
		斜拉	起重伤害	较小	禁止使用吊钩斜着拖吊重物
		在起吊重物下逗留和行走	起重伤害	较小	任何人不准在起吊重物下逗留和行走
	重物	超载荷存放	物体打击	较小	(1) 不准放置超过载荷的材料、物件; (2) 大型物件的放置地点必须为荷重区域(例如汽轮机转子必须放置在平台下方设有钢梁的位置上); (3) 严禁将重物放置在孔、洞的盖板或非支撑平面上面
		堆放上重下轻	物体打击	较小	解体部件货架上摆放时,大或重的备件应摆放在下面,小或轻的备件摆放在上面
		物品混放	物体打击	较小	(1) 零散物件应放入箱中摆放; (2) 圆形、不规则物件分类摆放,并做好防滚动滑落措施
		超荷搬运	物体打击	较小	(1) 肩扛物件重量以不超过本人体重为宜; (2) 手搬物件时应量力而行,不得搬运超过自己能力的物件
		长形物件甩动	物体打击	较小	搬运管子、工字铁梁等长形物件时,应注意防止物件甩动打伤他人
	手拉葫芦	滑链	起重伤害	较小	使用前应作无负荷起落试验一次,确认无滑链现象
		手拉葫芦超载荷使用	起重伤害	较小	使用手拉葫芦时工作负荷不准超过铭牌规定

作业步骤	危害辨识	危害描述	产生后果	风险等级	防 范 措 施
7. 高压缸整体吊运	孔、洞	未及时封堵	摔伤	中等	及时对各进、排、抽汽口进行有效封堵，避免人员踩空
	汽缸检修专用盖板	盖板防护装置缺损	高处坠落	较小	应选用合适、牢固的盖板，发现盖板缺失或损坏应及时填补或修复
8. 高压缸返厂检修	运输支架	支架不牢固	物体打击	较小	运输支架要牢固可靠，确保运输过程的安全
9. 高压缸就位	行车	行车司机注意力不集中	起重伤害	中等	行车司机在工作中应始终注意指挥人员信号，不准进行与行车操作无关的其他工作
		信号装置失灵	起重伤害	较小	发现信号装置失灵立即停止使用，并通知相关人员进行处理
		制动器失灵	起重伤害	中等	（1）检查行车制动器灵活；（2）安排维护人员在行车顶部监护，发现行车溜钩立即紧固抱闸
	吊具、汽缸大盖	吊点不牢固、吊点位置不正确	起重伤害	较小	（1）吊钩要挂在物品的重心上，当被吊物件起吊后有可能摆动或转动时，应采用绳牵引方法，防止物件摆动伤人或碰坏设备；（2）选择牢固可靠、满足载荷的吊点
		吊索具损坏或选择不当	起重伤害	较小	（1）作业前，应对吊索具及其配件进行检查，确认完好，方可使用；（2）所选用的吊索具应与被吊工件的外形特点及具体要求相适应，在不具备使用条件的情况下，绝不能对付使用；（3）作业中应防止损坏吊索具及配件，必要时在棱角处应加护角防护；（4）吊具及配件不能超过其额定起重量，起重吊索、吊具不得超过其相应吊挂状态下的最大工作载荷
		绑扎不牢固	起重伤害	较小	（1）起重前必须将物件牢固、稳妥地绑住。（2）吊拉时两根钢丝绳之间的夹角一般不得大于90°。（3）使用单吊索起吊重物挂钩时应打"挂钩结"；使用吊环时螺栓必须拧到底；使用卸扣时，吊索与其连接的一个索扣必须扣在销轴上，一个索扣必须扣在扣顶上，不准两个索扣分别扣在卸扣的扣体两侧上；吊拉捆绑时，重物或设备构件的锐边快口处必须加装衬垫物
		斜拉	起重伤害	较小	禁止使吊钩斜着拖吊重物
		在起吊重物下逗留和行走	起重伤害	较小	任何人不准在起吊重物下逗留和行走
	重物	超载荷存放	物体打击	较小	（1）不准放置超过载荷的材料、物件；（2）大型物件的放置地点必须为荷重区域（例如汽轮机转子必须放置在平台下方设有钢梁的位置上）；（3）严禁将重物置放在孔、洞的盖板或非支撑平面上面
		堆放上重下轻	物体打击	较小	解体部件货架上摆放时，大或重的备件应摆放在下面，小或轻的备件摆放在上面
		物品混放	物体打击	较小	（1）零散物件应放入箱中摆放；（2）圆形、不规则物件分类摆放，并做好防滚动滑落措施

作业步骤	危害辨识	危害描述	产生后果	风险等级	防 范 措 施
9. 高压缸就位	重物	超荷搬运	物体打击	较小	（1）肩扛物件重量以不超过本人体重为宜；（2）手搬物件时应量力而行，不得搬运超过自己能力的物件
		长形物件甩动	物体打击	较小	搬运管子、工字铁梁等长形物件时，应注意防止物件甩动打伤他人
10. 高压缸定位与管道焊接	千斤顶	工作人员站在液压千斤顶安全栓或高压软管前面	起重伤害	较小	使用液压千斤顶时，除操作人员外，其他人员尽量远离，工作人员不准站在千斤顶安全栓或高压软管前面
		未采取防止重物下沉的措施	起重伤害	较小	安装千斤顶的位置要坚硬平整，或用钢板和垫木垫牢，防止因地面下陷而产生歪斜
		千斤顶超载荷使用	起重伤害	较小	使用千斤顶时工作负荷不准超过千斤顶铭牌规定
		更换垫板时手臂伸入荷重与顶重头或垫板之间	起重伤害	较小	更换垫板时不准将手臂伸入荷重与顶重头或垫板之间
	电焊机	电焊线缠绕在身上	触电	较小	工作前将电焊线布置好，在人员通道上架空2m高，地面敷设做好防护措施
		在金属容器内焊接作业未穿绝缘鞋	触电	较小	在金属容器内焊接作业穿绝缘鞋，铺绝缘垫
		未正确使用面罩、电焊手套、白光眼镜等防护用具	辐射损伤	较小	（1）正确使用面罩；（2）戴电焊手套；（3）戴白光眼镜；（4）穿电焊服
		利用厂房的金属结构、管道、轨道或其他金属搭接起来作为导线使用	触电	较小	不准利用厂房的金属结构、管道、轨道或其他金属搭接起来作为导线使用
		准备移动消防器材不合格	火灾	较小	电焊作业现场必须准备合格的、充足的灭火器等移动消防器材
	焊接尘	通风不良	尘肺病	较小	焊接工作场所应有良好的通风
		未正确使用防尘口罩	尘肺病	较小	作业时正确佩戴合格防尘口罩
	焊渣	高温焊渣飞溅	灼烫伤、火灾	较大	（1）动火工作区域周围设置防护屏，防止其他人员被飞溅的焊渣烫伤，地面铺设防火布；（2）火焊人员必须穿戴好工作服戴好手套和带鞋盖劳保鞋等
	遗留火种	施焊完毕后，未确认是否遗留火种就离开	火灾	较大	电焊作业时须有灭火器材，施焊完毕后，要留有充分的时间观察，确认无引火点，方可离去
	角磨机	未正确使用防护罩、防护眼镜	机械伤害	较小	正确佩戴防护罩、防护眼镜
		手提电动工具的导线或转动部分	触电	较小	禁止手提电动工具的导线或转动部分
		切割片破损	物体打击	较小	使用前检查切割片完好无缺损
		更换切割片未切断电源	机械伤害	较小	更换切割片前必须切断电源
11. 检修工作结束	润滑油	工作结束后，废品乱扔	火灾、环境污染	较小	不准将油污、油泥、废油等（包括沾油棉纱、布、手套、纸等）倒入下水道排放或随地倾倒，应收集放于指定的地点，妥善处理，以防污染环境及发生火灾
	检修废料	施工废料未清理	环境污染	较小	废料及时清理，做到工完、料尽、场地清

11.2 主机中压缸检修

作业步骤	危害辨识	危害描述	产生后果	风险等级	防 范 措 施
1. 作业环境评估	噪声	未佩戴耳塞	噪声聋	较小	进入噪声区域时正确佩戴合格的耳塞
	岩棉、化纤	作业区保温飞扬	尘肺病	较小	作业时佩戴合格防尘口罩
	高温环境	环境温度超过40℃	中暑	较小	(1) 不准在工作环境温度超过40℃时进行作业。 (2) 在高温场所工作时，应为工作人员提供足够的饮水、清凉饮料及防暑药品；对温度较高的作业场所必须增加通风设备
	润滑油、EH油	发生的跑、冒、滴、漏及溢油	滑倒、火灾、污染环境	较小	发生的跑、冒、滴、漏及溢油，要及时清除处理
	孔、洞	盖板缺损	高处坠落	重大	工作场所的孔、洞必须覆以与地面齐平的坚固盖板或做好隔离措施
2. 确认安全措施正确执行	高温高压蒸汽	工作前所采取的安全措施不完善	灼烫伤	较小	(1) 开工前确认现场安全措施、隔离措施正确完备； (2) 待管道内介质放尽，压力为零，温度适可后方可开始工作； (3) 人员不能正面对法兰及焊口工作，防止漏点介质伤人
	转动的汽轮机	盘车未停运，转动设备未进行有效隔离	机械伤害	较小	(1) 设置安全隔离围栏并设置警告标志； (2) 设置安全检修通道； (3) 在运行中转动设备附近工作时应对转动设备进行可靠遮拦，并设专人监护
	润滑油、EH油	工作前所采取的安全措施不完善	火灾、爆炸	较小	(1) 开工前确认现场安全措施、隔离措施正确完备； (2) 待管道内介质放尽，压力为零后方可开始工作
		泄漏	污染环境	较小	放油时排空，放油不出需静置2h后再次打开放油门确认油已排完
		在工作场所存储	火灾	较小	(1) 储存中避免靠近火源和高温； (2) 油桶上要用防火石棉毯覆盖严密
3. 准备工作及现场布置	临时电源、电源线、螺栓加热器及加热棒	电源线悬挂高度不够	触电	较小	临时电源线架设高度室内不低于2.5m
		电源线、插头、插座破损	触电	较小	(1) 检查电源线外绝缘良好，无破损； (2) 检查电源盘合格证在有效期； (3) 检查电源插头插座，确保完好； (4) 不准将电源线缠绕在护栏、管道和脚手架上
		未安装漏电保护器	触电	较小	(1) 检查电源盘合格证在有效期； (2) 分级配置漏电保护器，工作前试漏电保护器，确保正确动作
		检修电源箱外壳未接地	触电	较小	(1) 检查电源盘合格证在有效期； (2) 检查电源箱外壳接地良好
	角磨机、切割机	电源线、电源插头破损、防护罩破损缺失	机械伤害、触电	较小	(1) 检查电源线、电源插头完好无破损、防护罩完好无破损； (2) 检查合格证在有效期内
	电焊机	电焊机电源线、电源头、电焊钳破损	触电	较小	(1) 电焊机电源线、电源插头、电焊钳等焊接设备和工具完好无损； (2) 电焊机的裸露导电部分和转动部分以及冷却用的风扇，均应装有保护罩

续表

作业步骤	危害辨识	危害描述	产生后果	风险等级	防 范 措 施
3. 准备工作及现场布置	电焊机	焊机外壳不接地	触电	较小	电焊机金属外壳应有明显的可靠接地,且一机一接地
		焊机、焊钳与电缆线连接不牢固	触电、火灾、灼伤	较小	(1) 电焊工作所用的导线,必须使用绝缘良好的皮线; (2) 电焊机、焊钳与电缆线连接牢固,接地端头不外露; (3) 连接到电焊钳上的一端,至少有 5m 为绝缘软导线
		一闸接多台电焊机	触电火灾	较小	电焊机必须装有独立的专用电源开关,其容量应符合要求。焊机超负荷时,应能自动切断电源,禁止多台焊机共用一个电源开关
	氧气、乙炔	减压表失效	爆炸	较小	减压表应经检验合格,并在有效期内
		使用没有防震胶圈和保险帽的气瓶	爆炸	较小	不准使用没有防震胶圈和保险帽的气瓶
		使用中氧气瓶与乙炔气瓶的安全距离不足	爆炸	较小	使用中氧气瓶和乙炔气瓶的距离不得小于 5m
	大锤、手锤	锤头与木柄的连接不牢固、锤头破损、木柄未使用整根硬质木料	物体打击	较小	锤头与木柄的连接应用金属楔栓固定,楔子长度不得大于安装孔深的2/3,锤头完好无损,木柄使用整根硬质木料
	锉刀、手锯、螺丝刀、钢丝钳、三角刮刀	手柄等缺损	刺伤	较小	锉刀、手锯、螺丝刀、钢丝钳等手柄应安装牢固,没有手柄的不准使用
	行灯	行灯电源线、电源插头破损	触电	较小	(1) 检查行灯电源线、电源插头完好无破损; (2) 行灯的电源线应采用橡套软电缆
		使用行灯电压等级不符	触电	较小	在金属容器和金属管道内使用的行灯,其电压不得超过 12V
		行灯防护罩缺失	触电	较小	行灯应有保护罩
	手拉葫芦	手拉有裂纹、链轮转动卡涩、吊钩无防脱保险装置	起重伤害	较小	(1) 使用前应作无负荷起落试验一次,检查手拉是否有裂纹、链轮转动是否卡涩、吊钩是否无防脱保险装置,以确保完好; (2) 检查合格证在有效期内
	孔、洞	盖板打开后未设置临时防护措施	高处坠落	重大	(1) 在检修工作中如需将盖板取下,必须设有牢固的临时围栏,并设有明显的警告标志,夜间还应设红灯示警;不准使用麻绳、尼龙绳等软连接代替防护栏杆。 (2) 检修期间需拆除防护栏杆时,必须装设牢固的临时遮拦,并设警告标志;在检修结束时应将栏杆立即装回。 (3) 临时打的孔、洞,施工结束后,必须恢复原状
	缸体保温拆除	保温拆除及清理不彻底	尘肺病	较小	缸体表面保温层全部拆除后并对缸体表面残留保温进行清理干净;作业时佩戴合格防尘口罩
	脚手架搭设	脚手架搭设后未验收	高处坠落	重大	(1) 搭设结束后,必须履行脚手架验收手续,填写脚手架验收单,并在脚手架验收单上分级签字; (2) 验收合格后应在脚手架上悬挂合格证,方可使用
	行车	行车不合格	起重伤害	较小	(1) 由特种设备作业人员检查行车完好; (2) 检查行车检验合格证在有效期内

续表

作业步骤	危害辨识	危害描述	产生后果	风险等级	防 范 措 施
4. 解体中压外缸、内缸	高处作业人员	作业时未正确使用防护用品	高处坠落	重大	高处作业人员必须戴好安全帽、穿好防滑鞋并正确佩戴和使用安全带
		未佩戴使用合格的安全带	高处坠落	重大	（1）安全带使用前进行外观检查合格，检验合格证应在有效期内；（2）在没有脚手架或没有栏杆的脚手架上工作，高度超过1.5m时必须使用安全带；（3）安全带的挂钩应挂在结实、牢固的构件上，或专挂安全带的钢丝绳上，不准低挂高用
		擅自改动脚手架架构	高处坠落	重大	工作过程中，不准随意改变脚手架的结构，必要时，必须经过搭设脚手架的技术负责人同意，并再次验收合格后方可使用
		乱拉电源线、电焊线、气带	高处坠落	重大	（1）脚手架上不准乱拉电线；（2）必须安装临时照明线路时，木竹脚手架应采用绝缘子，金属脚手架应另设木横担
		随意码放物品或超载	高处坠落	重大	（1）不准在脚手架和脚手板上聚集人员或放置超过计算荷重的材料；（2）脚手架上的堆置物应摆放整齐和牢固，不准超高摆放；（3）脚手架上的大物件应分散堆放，不得集中堆放；（4）脚手架上的废弃物应及时清理，并用绳子系牢后溜放到地面
		脚手架上作业不规范	高处坠落	重大	（1）上下脚手架应走人行通道或梯子，不准攀登架体；（2）不准站在脚手架的探头上作业；（3）在脚手架工作必须符合载荷规定；（4）不准在脚手架上蹾在木桶、木箱、砖及其他建筑材料等作业；（5）不准在架子上退着行走或跨坐在防护横杆上休息；（6）架子上应保持清洁，随时清理冰雪、杂物等，不准乱堆乱放物料；（7）不得在防护栏杆上拴挂任何重物；（8）作业中需要拆除防护栏杆时，必须采取可靠的临边防护措施
	高处的工器具、零部件	工器具未系防坠绳、零部件未固定及上下抛掷	物体打击	较小	（1）工器具必须使用防坠绳；（2）工器具和零部件应用绳拴在牢固的构件上，不准随便乱放；（3）工器具和零部件不准上下抛掷
	大锤、手锤	锤把上有油污	物体打击	较小	锤把上不可有油污
		单手抡大锤	物体打击	较小	抡大锤时，周围不得有人，不得单手抡大锤
		戴手套抡大锤	物体打击	较小	打锤人不得戴手套
	螺栓加热棒	未采取防烫伤措施	灼烫伤	较小	（1）操作人员必须使用隔热手套；（2）使用后加热棒要存放在专用支架上并做好隔离
		未采取防火措施	火灾	较小	（1）使用后加热棒要存放在专用支架上并做好隔离；（2）螺栓加热过程中清理可燃物并严禁使用螺栓松动剂等易燃易爆物品
		未采取防触电措施	触电	较小	（1）操作人与员必须穿绝缘鞋、戴绝缘手套；（2）检查加热设备绝缘良好，工作人员离开现场应切断电源

作业步骤	危害辨识	危害描述	产生后果	风险等级	防 范 措 施
4．解体中压外缸、内缸	高温部件	加热后部件未做防护措施	灼烫伤	较小	（1）加热拆卸的螺帽存放指定位置并隔离； （2）设置安全围栏，并挂"高温部件、禁止靠近"警示标示； （3）工作人员穿戴防高温烫伤隔热服及防护手套
	千斤顶	工作人员站在液压千斤顶安全栓或高压软管前面	起重伤害	较小	使用液压千斤顶时，除操作人员外，其他人员尽量远离，工作人员不准站在千斤顶安全栓或高压软管前面
		未采取防止重物下沉的措施	起重伤害	较小	安装千斤顶的位置要坚硬平整，或用钢板和垫木垫牢，防止因地面下陷而产生歪斜
		千斤顶超载荷使用	起重伤害	较小	使用千斤顶时工作负荷不准超过千斤顶铭牌规定
		更换垫板时手臂伸入荷重与顶重头或垫板之间	起重伤害	较小	更换垫板时不准将手臂伸入荷重与顶重头或垫板之间
	绊脚物（螺栓）	螺栓未完全拆除	摔伤	较小	各汽缸、轴承室结合面螺栓必须全部拆除，避免绊倒摔伤
	行车	行车司机注意力不集中	起重伤害	中等	行车司机在工作中应始终注意指挥人员信号，不准进行与行车操作无关的其他工作
		信号装置失灵	起重伤害	较小	发现信号装置失灵立即停止使用，并通知相关人员进行处理
		制动器失灵	起重伤害	中等	（1）检查行车制动器灵活； （2）安排维护人员在行车顶部监护，发现行车溜钩立即紧固抱闸
	吊具、汽缸大盖、隔板、隔板套、转子、轴瓦	吊点不牢固、吊点位置不正确	起重伤害	较小	（1）吊钩要挂在物品的重心上，当被吊物件起吊后有可能摆动或转动时，应采用绳牵引方法，防止物件摆动伤人或碰坏设备； （2）选择牢固可靠、满足载荷的吊点
		吊索具损坏或选择不当	起重伤害	较小	（1）作业前，应对吊索具及其配件进行检查，确认完好，方可使用； （2）所选用的吊索具应与被吊工件的外形特点及具体要求相适应，在不具备使用条件的情况下，绝不能对付使用； （3）作业中应防止损坏吊索具及配件，必要时在棱角处应加护角防护； （4）吊具及配件不能超过其额定起重量，起重吊索、吊具不得超过其相应吊挂状态下的最大工作载荷
		绑扎不牢固	起重伤害	较小	（1）起重前必须将物件牢固、稳妥地绑住。 （2）吊拉时两根钢丝绳之间的夹角一般不得大于90°。 （3）使用单吊索起吊重物挂钩时应打挂钩结；使用吊环时螺栓必须拧到底；使用卸扣时，吊索与其连接的一个索扣必须扣在销轴上，一个索扣必须扣在扣顶上，不准两个索扣分别扣在卸扣的扣体两侧上；吊拉捆绑时，重物或设备构件的锐边快口处必须加装衬垫物
		斜拉	起重伤害	较小	禁止使用吊钩斜着拖吊重物
		在起吊重物下逗留和行走	起重伤害	较小	任何人不准在起吊重物下逗留和行走

续表

作业步骤	危害辨识	危害描述	产生后果	风险等级	防 范 措 施
4.解体中压外缸、内缸	重物	超载荷存放	物体打击	较小	（1）不准放置超过载荷的材料、物件； （2）大型物件的放置地点必须为荷重区域（例如汽轮机转子必须放置在平台下方设有钢梁的位置上）； （3）严禁将重物放置在孔、洞的盖板或非支撑平面上面
		堆放上重下轻	物体打击	较小	解体部件货架上摆放时，大或重的备件应摆放在下面，小或轻的备件摆放在上面
		物品混放	物体打击	较小	（1）零散物件应放入箱中摆放； （2）圆形、不规则物件分类摆放，并做好防滚动滑落措施
		超荷搬运	物体打击	较小	（1）肩扛物件重量以不超过本人体重为宜； （2）手搬物件时应量力而行，不得搬运超过自己能力的物件
		长形物件甩动	物体打击	较小	搬运管子、工字铁梁等长形物件时，应注意防止物件甩动打伤他人
	手拉葫芦	滑链	起重伤害	较小	使用前应作无负荷起落试验一次，确认无滑链现象
		手拉葫芦超载荷使用	起重伤害	较小	使用手拉葫芦时工作负荷不准超过铭牌规定
	孔、洞	未及时封堵	摔伤	中等	及时对各进、排、抽汽口进行有效封堵，避免人员踩空
	汽缸检修专用盖板	盖板防护装置缺损	高处坠落	重大	应选用合适、牢固的盖板，发现盖板缺失或损坏应及时填补或修复
5.修前数据测量	孔、洞	未及时封堵	摔伤	中等	及时对各进、排、抽汽口进行有效封堵，避免人员踩空
	撬棒	支撑物不可靠	砸伤	较小	应保证支撑物可靠
		被撬物倾斜或滚落	砸伤	较小	撬动过程中应采取措施防止被撬物倾斜或滚落
	千斤顶	工作人员站在液压千斤顶安全栓或高压软管前面	起重伤害	较小	使用液压千斤顶时，除操作人员外，其他人员尽量远离，工作人员不准站在千斤顶安全栓或高压软管前面
		未采取防止重物下沉的措施	起重伤害	较小	安装千斤顶的位置要坚硬平整，或用钢板和垫木垫牢，防止因地面下陷而产生歪斜
		千斤顶超载荷使用	起重伤害	较小	使用千斤顶时工作负荷不准超过千斤顶铭牌规定
		更换垫板时手臂伸入荷重与顶重头或垫板之间	起重伤害	较小	更换垫板时不准将手臂伸入荷重与顶重头或垫板之间
6.吊出中压转子检修	联轴器销孔	拆除对轮连接螺栓	机械伤害	较小	联轴器对孔时严禁将手指放入销孔内
	行车	行车司机注意力不集中	起重伤害	中等	行车司机在工作中应始终注意指挥人员信号，不准同时进行与行车操作无关的其他工作
		信号装置失灵	起重伤害	较小	发现信号装置失灵立即停止使用，并通知相关人员进行处理
		制动器失灵	起重伤害	中等	（1）检查行车制动器灵活； （2）安排维护人员在行车顶部监护，发现行车溜钩立即紧固抱闸

作业步骤	危害辨识	危害描述	产生后果	风险等级	防 范 措 施
6. 吊出中压转子检修	吊具、起吊转子	吊点不牢固、吊点位置不正确	起重伤害	较小	（1）吊钩要挂在物品的重心上，当被吊物件起吊后有可能摆动或转动时，应采用绳牵引方法，防止物件摆动伤人或碰坏设备；（2）选择牢固可靠、满足载荷的吊点
		吊索具损坏或选择不当	起重伤害	较小	（1）作业前，应对吊索具及其配件进行检查，确认完好，方可使用；（2）所选用的吊索具应与被吊工件的外形特点及具体要求相适应，在不具备使用条件的情况下，绝不能对付使用；（3）作业中应防止损坏吊索具及配件，必要时在棱角处应加护角防护；（4）吊具及配件不能超过其额定起重量，起重吊索、吊具不得超过其相应吊挂状态下的最大工作载荷
		绑扎不牢固	起重伤害	较小	（1）起重前必须将物件牢固、稳妥地绑住。（2）吊拉时两根钢丝绳之间的夹角一般不得大于90°。（3）使用单吊索起吊重物挂钩时应打"挂钩结"；使用吊环时螺栓必须拧到底；使用卸扣时，吊索与其连接的一个索扣必须扣在销轴上，一个索扣必须扣在扣顶上，不准两个索扣分别扣在卸扣的扣体两侧上；吊拉捆绑时，重物或设备构件的锐边快口处必须加装衬垫物
		斜拉	起重伤害	较小	禁止使用吊钩斜着拖吊重物
		在起吊重物下逗留和行走	起重伤害	较小	任何人不准在起吊重物下逗留和行走
	重物	超载荷存放	物体打击	较小	（1）不准放置超过载荷的材料、物件；（2）大型物件的放置地点必须为荷重区域（例如汽轮机转子必须放置在平台下方设有钢梁的位置上）；（3）严禁将重物放置在孔、洞的盖板或非支撑平面上面
		堆放上重下轻	物体打击	较小	解体部件货架上摆放时，大或重的备件应摆放在下面，小或轻的备件摆放在上面
		物品混放	物体打击	较小	（1）零散物件应放入箱中摆放；（2）圆形、不规则物件分类摆放，并做好防滚动滑落措施
		超荷搬运	物体打击	较小	（1）肩扛物件重量以不超过本人体重为宜；（2）手搬物件时应量力而行，不得搬运超过自己能力的物件
		长形物件甩动	物体打击	较小	搬运管子、工字铁梁等长形物件时，应注意防止物件甩动打伤他人
	手拉葫芦	滑链	起重伤害	较小	使用前应作无负荷起落试验一次，确认无滑链现象
		手拉葫芦超载荷使用	起重伤害	较小	使用手拉葫芦时工作负荷不准超过铭牌规定
	孔、洞	未及时封堵	摔伤	中等	及时对各进、排、抽汽口进行有效封堵，避免人员踩空
	汽缸检修专用盖板	盖板防护装置缺损	高处坠落	重大	应选用合适、牢固的盖板，发现盖板缺失或损坏应及时填补或修复

作业步骤	危害辨识	危害描述	产生后果	风险等级	防 范 措 施
7. 隔板、汽缸各部位的清理、检修	角磨机	未正确使用防护罩、防护眼镜	机械伤害	较小	正确佩戴防护罩、防护眼镜
		手提电动工具的导线或转动部分	触电	较小	禁止手提电动工具的导线或转动部分
		角磨机砂轮片破损	物体打击	较小	使用前检查角磨机砂轮片完好无缺损
		更换砂轮片未切断电源	机械伤害	较小	更换砂轮片前必须切断电源
	锉刀、手锯、螺丝刀、钢丝钳	手柄等缺损	刺伤	较小	锉刀、手锯、螺丝刀、钢丝钳等手柄应安装牢固，没有手柄的不准使用
8. 内上缸、外上缸空扣试扣	行车	行车司机注意力不集中	起重伤害	中等	行车司机在工作中应始终注意指挥人员信号，不准同时进行与行车操作无关的其他工作
		信号装置失灵	起重伤害	较小	发现信号装置失灵立即停止使用，并通知相关人员进行处理
		制动器失灵	起重伤害	中等	（1）检查行车制动器灵活； （2）安排维护人员在行车顶部监护，发现行车溜钩立即紧固抱闸
	吊具、起吊上缸	吊点不牢固、吊点位置不正确	起重伤害	较小	（1）吊钩要挂在物品的重心上，当被吊物件起吊后有可能摆动或转动时，应采用绳牵引方法，防止物件摆动伤人或碰坏设备； （2）选择牢固可靠、满足载荷的吊点
		吊索具损坏或选择不当	起重伤害	较小	（1）作业前，应对吊索具及其配件进行检查，确认完好，方可使用； （2）所选用的吊索具应与被吊工件的外形特点及具体要求相适应，在不具备使用条件的情况下，绝不能对付使用； （3）作业中应防止损坏吊索具及配件，必要时在棱角处应加护角防护； （4）吊具及配件不能超过其额定起重量，起重吊索、吊具不得超过其相应吊挂状态下的最大工作载荷
		绑扎不牢固	起重伤害	较小	（1）起重前必须将物件牢固、稳妥地绑住。 （2）吊拉时两根钢丝绳之间的夹角一般不得大于90°。 （3）使用单吊索起吊重物挂钩时应打"挂钩结"；使用吊环时螺栓必须拧到底；使用卸扣时，吊索与其连接的一个索扣必须扣在销轴上，一个索扣必须扣在扣顶上，不准两个索扣分别扣在卸扣的扣体两侧上；吊拉捆绑时，重物或设备构件的锐边快口处必须加装衬垫物
		斜拉	起重伤害	较小	禁止使吊钩斜着拖吊重物
		在起吊重物下逗留和行走	起重伤害	较小	任何人不准在起吊重物下逗留和行走
	手拉葫芦	滑链	起重伤害	较小	使用前应作无负荷起落试验一次，确认无滑链现象
		手拉葫芦超载荷使用	起重伤害	较小	使用手拉葫芦时工作负荷不准超过铭牌规定

作业步骤	危害辨识	危害描述	产生后果	风险等级	防 范 措 施
8. 内上缸、外上缸空扣试扣	角磨机	未正确使用防护罩、防护眼镜	机械伤害	较小	正确佩戴防护罩、防护眼镜
		手提电动工具的导线或转动部分	触电	较小	禁止手提电动工具的导线或转动部分
		角磨机砂轮片破损	物体打击	较小	使用前检查角磨机砂轮片完好无缺损
		更换砂轮片未切断电源	机械伤害	较小	更换砂轮片前必须切断电源
	大锤、手锤	锤把上有油污	物体打击	较小	锤把上不可有油污
		单手抡大锤	物体打击	较小	抡大锤时，周围不得有人，不得单手抡大锤
		戴手套抡大锤	物体打击	较小	打锤人不得戴手套
	锉刀、手锯、螺丝刀、钢丝钳	手柄等缺损	刺伤	较小	锉刀、手锯、螺丝刀、钢丝钳等手柄应安装牢固，没有手柄的不准使用
9. 螺栓、销子的清理检修	角磨机	未正确使用防护罩、防护眼镜	机械伤害	较小	正确佩戴防护罩、防护眼镜
		手提电动工具的导线或转动部分	触电	较小	禁止手提电动工具的导线或转动部分
		角磨机砂轮片破损	物体打击	较小	使用前检查角磨机砂轮片完好无缺损
	锉刀、手锯、螺丝刀、钢丝钳	手柄等缺损	刺伤	较小	锉刀、手锯、螺丝刀、钢丝钳等手柄应安装牢固，没有手柄的不准使用
	清洁剂	在工作场所存储	火灾爆炸	较小	禁止在工作场所存储易燃物品
		皮肤接触	化学性灼伤	较小	工作人员佩戴橡胶手套
10. 汽封、轴封间隙测量调整	孔、洞	未及时封堵	摔伤	中等	及时对各进、排、抽汽口进行有效封堵，避免人员踩空
	千斤顶	工作人员站在液压千斤顶安全栓或高压软管前面	起重伤害	较小	使用液压千斤顶时，除操作人员外，其他人员尽量远离，工作人员不准站在千斤顶安全栓或高压软管前面
		未采取防止重物下沉的措施	起重伤害	较小	安装千斤顶的位置要坚硬平整，或用钢板和垫木垫牢，防止因地面下陷而产生歪斜
		千斤顶超载荷使用	起重伤害	较小	使用千斤顶时工作负荷不准超过千斤顶铭牌规定
		更换垫板时手臂伸入荷重与顶重头或垫板之间	起重伤害	较小	更换垫板时不准将手臂伸入荷重与顶重头或垫板之间
	汽封块、油档	汽封及油档齿齿顶	割伤	较小	工作人员工作时必须戴防护手套，避免汽封齿划伤
	大锤、手锤	锤把上有油污	物体打击	较小	锤把上不可有油污
		单手抡大锤	物体打击	较小	抡大锤时，周围不得有人，不得单手抡大锤
		戴手套抡大锤	物体打击	较小	打锤人不得戴手套
	行车	行车司机注意力不集中	起重伤害	中等	行车司机在工作中应始终注意指挥人员信号，不准同时进行与行车操作无关的其他工作
		信号装置失灵	起重伤害	较小	发现信号装置失灵立即停止使用，并通知相关人员进行处理

作业步骤	危害辨识	危害描述	产生后果	风险等级	防 范 措 施
10. 汽封、轴封间隙测量调整	行车	制动器失灵	起重伤害	中等	（1）检查行车制动器灵活； （2）安排维护人员在行车顶部监护，发现行车溜钩立即紧固抱闸
	吊具、起吊上缸	吊点不牢固、吊点位置不正确	起重伤害	较小	（1）吊钩要挂在物品的重心上，当被吊物件起吊后有可能摆动或转动时，应采用绳牵引方法，防止物件摆动伤人或碰坏设备； （2）选择牢固可靠、满足载荷的吊点
		吊索具损坏或选择不当	起重伤害	较小	（1）作业前，应对吊索具及其配件进行检查，确认完好，方可使用； （2）所选用的吊索具应与被吊工件的外形特点及具体要求相适应，在不具备使用条件的情况下，绝不能对付使用； （3）作业中应防止损坏吊索具及配件，必要时在棱角处应加护角防护； （4）吊具及配件不能超过其额定起重量，起重吊索、吊具不得超过其相应吊挂状态下的最大工作载荷
		绑扎不牢固	起重伤害	较小	（1）起重前必须将物件牢固、稳妥地绑住。 （2）吊拉时两根钢丝绳之间的夹角一般不得大于90°。 （3）使用单吊索起吊重物挂钩时应打"挂钩结"；使用吊环时螺栓必须拧到底；使用卸扣时，吊索与其连接的一个索扣必须扣在销轴上，一个索扣必须扣在扣顶上，不准两个索扣分别扣在卸扣的扣体两侧上；吊拉捆绑时，重物或设备构件的锐边快口处必须加装衬垫物
		斜拉	起重伤害	较小	禁止使用吊钩斜着拖吊重物
		在起吊重物下逗留和行走	起重伤害	较小	任何人不准在起吊重物下逗留和行走
11. 扣缸	行车	行车司机注意力不集中	起重伤害	中等	行车司机在工作中应始终注意指挥人员信号，不准同时进行与行车操作无关的其他工作
		信号装置失灵	起重伤害	较小	发现信号装置失灵立即停止使用，并通知相关人员进行处理
		制动器失灵	起重伤害	中等	（1）检查行车制动器灵活； （2）安排维护人员在行车顶部监护，发现行车留沟立即紧固抱闸
	手拉葫芦	滑链	起重伤害	较小	使用前应作无负荷起落试验一次，确认无滑链现象
		手拉葫芦超载荷使用	起重伤害	较小	使用手拉葫芦时工作负荷不准超过铭牌规定
	吊具、汽缸大盖、隔板、隔板套、转子、轴瓦	吊点不牢固、吊点位置不正确	起重伤害	较小	（1）吊钩要挂在物品的重心上，当被吊物件起吊后有可能摆动或转动时，应采用绳牵引方法，防止物件摆动伤人或碰坏设备； （2）选择牢固可靠、满足载荷的吊点
		吊索具损坏或选择不当	起重伤害	较小	（1）作业前，应对吊索具及其配件进行检查，确认完好，方可使用； （2）所选用的吊索具应与被吊工件的外形特点及具体要求相适应，在不具备使用条件的情况下，绝不能对付使用； （3）作业中应防止损坏吊索具及配件，必要时在棱角处应加护角防护； （4）吊具及配件不能超过其额定起重量，起重吊索、吊具不得超过其相应吊挂状态下的最大工作载荷

续表

作业步骤	危害辨识	危害描述	产生后果	风险等级	防 范 措 施
11. 扣缸	吊具、汽缸大盖、隔板、隔板套、转子、轴瓦	绑扎不牢固	起重伤害	较小	（1）起重前必须将物件牢固、稳妥地绑住。 （2）吊拉时两根钢丝绳之间的夹角一般不得大于90°。 （3）使用单吊索起吊重物挂钩时应打"挂钩结"；使用吊环时螺栓必须拧到底；使用卸扣时，吊索与其连接的一个索扣必须扣在销轴上，一个索扣必须扣在扣顶上，不准两个索扣分别扣在卸扣的扣体两侧上；吊拉捆绑时，重物或设备构件的锐边快口处必须加装衬垫物
		斜拉	起重伤害	较小	禁止使用吊钩斜着拖吊重物
		在起吊重物下逗留和行走	起重伤害	较小	任何人不准在起吊重物下逗留和行走
12. 轴系中心复查	转动的转子	用手指直接检查校正联轴器销孔	机械伤害	较小	不准用手指直接检查校正联轴器销孔
		盘动转子时指挥混乱	机械伤害	较小	（1）盘动转子工作必须由一个负责人指挥，盘动转子前通知附近人员； （2）盘动转子作业时，工作人员应注意离开转子叶片边缘； （3）调整对轮中心时，用行车微吊起转子，禁止在钢丝绳对面作业； （4）严禁踩踏轴颈部位通行轴系，以防滑倒
	汽封块、油挡	汽封及油挡齿齿顶	割伤	较小	工作人员工作时必须戴防护手套，避免汽封齿划伤
	轴瓦	用手直接翻出、校正轴瓦	挫伤、轧伤、压伤	较小	（1）翻瓦检查时，必须把转动的轴瓦固定后方可工作，以防翻转伤人； （2）在轴瓦翻转就位时，不准将手伸入轴瓦洼窝内，以防轴瓦下滑时将手挤伤； （3）严禁从轴承室结合面部位跨越通行以防滑倒，需做固定通行隔离
	不锈钢垫片	调整垫片刃角未处理	割伤	较小	自制垫片刃角必须经打磨圆滑过渡处理
	三角刮刀	手柄等缺损、丢失	轧伤	较小	（1）三角刮刀手柄应安装牢固，没有手柄的不准使用； （2）刮刀要有防护套，避免刃部划伤； （3）清点数量登记领用
	清洁剂	在工作场所存储	火灾爆炸	较小	（1）禁止在工作场所存储易燃物品，例如汽油、酒精等； （2）领用、暂存时量不能过大，一般不超过500mL
		皮肤接触	化学性灼伤	较小	工作人员佩戴橡胶手套
	润滑油、EH油	清理不彻底	摔伤	较小	各轴承室区域润滑油彻底清理，避免工作面光滑造成人员滑倒
13. 恢复中-低对轮	转动的转子	用手指直接检查校正联轴器销孔	机械伤害	较小	不准用手指直接检查校正联轴器销孔
		盘动转子时指挥混乱	机械伤害	较小	（1）盘动转子工作必须由一个负责人指挥，盘动转子前通知附近人员； （2）盘动转子作业时，工作人员应注意离开转子叶片边缘； （3）调整对轮中心时，用行车微吊起转子，禁止在钢丝绳对面作业； （4）严禁踩踏轴颈部位通行轴系，以防滑倒

作业步骤	危害辨识	危害描述	产生后果	风险等级	防 范 措 施
13. 恢复中-低对轮	大锤、手锤	锤把上有油污	物体打击	较小	锤把上不可有油污
		单手抡大锤	物体打击	较小	抡大锤时，周围不得有人，不得单手抡大锤
		戴手套抡大锤	物体打击	较小	打锤人不得戴手套
14. 装复中低压联通管	高处作业人员	作业时未正确使用防护用品	高处坠落	重大	高处作业人员必须戴好安全帽、穿好防滑鞋并正确佩戴和使用安全带
		未使用合格的安全带	高处坠落	重大	（1）安全带使用前进行外观检查合格，检验合格证应在有效期内； （2）在没有脚手架或没有栏杆的脚手架上工作，高度超过1.5m时必须使用安全带； （3）安全带的挂钩应挂在结实、牢固的构件上，或专挂安全带的钢丝绳上，不准低挂高用
		擅自改动脚手架架构	高处坠落	重大	工作过程中，不准随意改变脚手架的结构，必要时，必须经过搭设脚手架的技术负责人同意，并再次验收合格后方可使用
		乱拉电源线、电焊线、气带	高处坠落	较小	（1）脚手架上不准乱拉电线； （2）必须安装临时照明线路时，木竹脚手架应采用绝缘子，金属脚手架应另设木横担
		脚手架上作业不规范	高处坠落	较小	（1）上下脚手架应走人行通道或梯子，不准攀登架体； （2）不准站在脚手架的探头上作业； （3）同一架体上的作业人数一般为2人，必须超过2人的情况下不得超过9人； （4）不准在脚手架上蹬在木桶、木箱、砖及其他建筑材料等作业； （5）不准在架子上退着行走或跨坐在防护横杆上休息； （6）架子上应保持清洁，随时清理冰雪、杂物等，不准乱堆乱放物料； （7）不得在防护栏杆上拴挂任何重物； （8）作业中需要拆除防护栏杆时，必须采取可靠的临边防护措施
	高处的工器具、零部件	工器具未系防坠绳、零部件未固定及上下抛掷	物体打击	较小	（1）工器具必须使用防坠绳； （2）工器具和零部件应用绳拴在牢固的构件上，不准随便乱放； （3）工器具和零部件不准上下抛掷
15. 检修工作结束	润滑油	工作结束后，废品乱扔	火灾、环境污染	较小	不准将油污、油泥、废油等（包括沾油棉纱、布、手套、纸等）倒入下水道排放或随地倾倒，应收集放于指定的地点，妥善处理，以防污染环境及发生火灾
	检修废料	施工废料未清理	环境污染	较小	废料及时清理，做到工完、料尽、场地清

11.3 主机低压缸检修

作业步骤	危害辨识	危害描述	产生后果	风险等级	防 范 措 施
1. 作业环境评估	噪声	未佩戴耳塞	噪声聋	较小	进入噪声区域时正确佩戴合格的耳塞
	岩棉、化纤	作业区保温飞扬	尘肺病	较小	作业时佩戴合格防尘口罩

续表

作业步骤	危害辨识	危害描述	产生后果	风险等级	防 范 措 施
1. 作业环境评估	高温环境	环境温度超过40℃	中暑	较小	（1）不准在工作环境温度超过40℃时进行作业。 （2）在高温场所工作时，应为工作人员提供足够的饮水、清凉饮料及防暑药品；对温度较高的作业场所必须增加通风设备
	润滑油、EH油	发生的跑、冒、滴、漏及溢油	滑倒、火灾、污染环境	较小	发生的跑、冒、滴、漏及溢油，要及时清除处理
	孔、洞	盖板缺损	高处坠落	重大	工作场所的孔、洞必须覆以与地面齐平的坚固盖板或做好隔离措施
2. 确认安全措施正确执行	高温高压蒸汽	工作前所采取的安全措施不完善	灼烫伤	较小	（1）开工前确认现场安全措施、隔离措施正确完备； （2）待管道内介质放尽、压力为零、温度适可后方可开始工作； （3）人员不能正面对法兰及焊口工作，防止漏点介质体伤人
	转动的汽轮机	盘车未停运，转动设备未进行有效隔离	机械伤害	较小	（1）设置安全隔离围栏并设置警告标志； （2）设置安全检修通道； （3）在运行中转动设备附近工作时应对转动设备进行可靠遮拦，并设专人监护
	润滑油、EH油	工作前所采取的安全措施不完善	火灾、爆炸	较小	（1）开工前确认现场安全措施、隔离措施正确完备； （2）待管道内介质放尽，压力为零后方可开始工作
		泄漏	污染环境	较小	放油时排空，放油不出需静置2h后再次打开放油门确认油已排完
		在工作场所存储	火灾	较小	（1）储存中避免靠近火源和高温； （2）油桶上要用防火石棉毯覆盖严密
3. 准备工作及现场布置	临时电源、电源线、螺栓加热器及加热棒	电源线悬挂高度不够	触电	较小	临时电源线架设高度室内不低于2.5m
		电源线、插头、插座破损	触电	较小	（1）检查电源线外绝缘良好，无破损； （2）检查电源盘合格证在有效期； （3）检查电源插头插座，确保完好； （4）不准将电源线缠绕在护栏、管道和脚手架上
		未安装漏电保护器	触电	较小	（1）检查电源盘合格证在有效期； （2）分级配置漏电保护器，工作前试漏电保护器，确保正确动作
		检修电源箱外壳未接地	触电	较小	（1）检查电源盘合格证在有效期； （2）检查电源箱外壳接地良好
	角磨机、切割机	电源线、电源插头破损、防护罩破损缺失	机械伤害、触电	较小	（1）检查电源线、电源插头完好无破损、防护罩完好无破损； （2）检查合格证在有效期内
	电焊机	电焊机电源线、电源插头、电焊钳破损	触电	较小	（1）电焊机电源线、电源插头、电焊钳等焊接设备和工具完好无损； （2）电焊机的裸露导电部分和转动部分以及冷却用的风扇，均应装有保护罩
		焊机外壳不接地	触电	较小	电焊机金属外壳应有明显的可靠接地，且一机一接地

作业步骤	危害辨识	危害描述	产生后果	风险等级	防 范 措 施
3. 准备工作及现场布置	电焊机	焊机、焊钳与电缆线连接不牢固	触电、火灾、灼伤	较小	（1）电焊工作所用的导线，必须使用绝缘良好的皮线； （2）电焊机、焊钳与电缆线连接牢固，接地端头不外露； （3）连接到电焊钳上的一端，至少有 5m 为绝缘软导线
		一闸接多台电焊机	触电火灾	较小	电焊机必须装有独立的专用电源开关，其容量应符合要求；焊机超负荷时，应能自动切断电源，禁止多台焊机共用一个电源开关
	氧气、乙炔	减压表失效	爆炸	较小	减压表应经检验合格，并在有效期内
		使用没有防震胶圈和保险帽的气瓶	爆炸	较小	不准使用没有防震胶圈和保险帽的气瓶
		使用中氧气瓶与乙炔气瓶的安全距离不足	爆炸	较小	使用中氧气瓶和乙炔气瓶的距离不得小于 5m
	大锤、手锤	锤头与木柄的连接不牢固、锤头破损、木柄未使用整根硬质木料	物体打击	较小	锤头与木柄的连接应用金属楔栓固定，楔子长度不得大于安装孔深的 2/3，锤头完好无损，木柄使用整根硬质木料
	锉刀、手锯、螺丝刀、钢丝钳、三角刮刀	手柄等缺损	刺伤	较小	锉刀、手锯、螺丝刀、钢丝钳等手柄应安装牢固，没有手柄的不准使用
	行灯	行灯电源线、电源插头破损	触电	较小	（1）检查行灯电源线、电源插头完好无破损； （2）行灯的电源线应采用橡套软电缆
		使用行灯电压等级不符	触电	较小	在金属容器和金属管道内使用的行灯，其电压不得超过 12V
		行灯防护罩缺失	触电	较小	行灯应有保护罩
	手拉葫芦	手拉有裂纹、链轮转动卡涩、吊钩无防脱保险装置	起重伤害	较小	（1）使用前应作无负荷起落试验一次，检查手拉是否有裂纹、链轮转动是否卡涩、吊钩是否无防脱保险装置，以确保完好； （2）检查合格证在有效期内
	孔、洞	盖板打开后未设置临时防护措施	高处坠落	重大	（1）在检修工作中如需将盖板取下，必须设有牢固的临时围栏，并设有明显的警告标志，夜间还应设红灯示警；不准使用麻绳、尼龙绳等软连接代替防护围栏。 （2）检修期间需拆除防护栏杆时，必须装设牢固的临时遮拦，并设警告标志；在检修结束时应将栏杆立即装回。 （3）临时打的孔、洞，施工结束后，必须恢复原状
	缸体保温拆除	保温拆除及清理不彻底	尘肺病	较小	缸体表面保温层全部拆除后并对缸体表面残留保温进行清理干净；作业时佩戴合格防尘口罩
	脚手架搭设	脚手架搭设后未验收	高处坠落	重大	（1）搭设结束后，必须履行脚手架验收手续，填写脚手架验收单，并在脚手架验收单上分级签字； （2）验收合格后应在脚手架上悬挂合格证，方可使用
	行车	行车不合格	起重伤害	较小	（1）由特种设备作业人员检查行车完好； （2）检查行车检验合格证在有效期内

续表

作业步骤	危害辨识	危害描述	产生后果	风险等级	防 范 措 施
4. 拆卸低压联通管	高处作业人员	作业时未正确使用防护用品	高处坠落	重大	高处作业人员必须戴好安全帽、穿好防滑鞋并正确佩戴和使用安全带
		未佩戴使用合格的安全带	高处坠落	重大	（1）安全带使用前进行外观检查合格，检验合格证应在有效期内； （2）在没有脚手架或没有栏杆的脚手架上工作，高度超过1.5m时必须使用安全带； （3）安全带的挂钩应挂在结实、牢固的构件上，或专挂安全带的钢丝绳上，不准低挂高用
		擅自改动脚手架架构	高处坠落	重大	工作过程中，不准随意改变脚手架的结构，必要时，必须经过搭设脚手架的技术负责人同意，并再次验收合格后方可使用
		乱拉电源线、电焊线、气带	高处坠落	重大	（1）脚手架上不准乱拉电线； （2）必须安装临时照明线路时，木竹脚手架应采用绝缘子，金属脚手架应另设木横担
		随意码放物品或超载	高处坠落	重大	（1）不准在脚手架和脚手板上聚集人员或放置超过计算荷重的材料； （2）脚手架上的堆置物应摆放整齐和牢固，不准超高摆放； （3）脚手架上的大物件应分散堆放，不得集中堆放； （4）脚手架上的废弃物应及时清理，并用绳子系牢后溜放到地面
		脚手架上作业不规范	高处坠落	重大	（1）上下脚手架应走人行通道或梯子，不准攀登架体； （2）不准站在脚手架的探头上作业； （3）在脚手架工作必须符合载荷规定； （4）不准在脚手架上蹬在木桶、木箱、砖及其他建筑材料等作业； （5）不准在架子上退着行走或跨坐在防护横杆上休息； （6）架子上应保持清洁，随时清理冰雪、杂物等，不准乱堆乱放物料； （7）不得在防护栏杆上拴挂任何重物； （8）作业中需要拆除防护栏杆时，必须采取可靠的临边防护措施
	高处的工器具、零部件	工器具未系防坠绳、零部件未固定及上下抛掷	物体打击	较小	（1）工器具必须使用防坠绳； （2）工器具和零部件应用绳拴在牢固的构件上，不准随便乱放； （3）工器具和零部件不准上下抛掷
	大锤、手锤	锤把上有油污	物体打击	较小	锤把上不可有油污
		单手抡大锤	物体打击	较小	抡大锤时，周围不得有人，不得单手抡大锤
		戴手套抡大锤	物体打击	较小	打锤人不得戴手套
	高温部件	加热后部件未做防护措施	灼烫伤	较小	（1）加热拆卸的螺帽存放指定位置并隔离； （2）设置安全围栏，并挂"高温部件、禁止靠近"警示标示； （3）工作人员穿戴防高温烫伤隔热服及防护手套
	保温拆除	保温拆除及清理不彻底	尘肺病	较小	缸体表面保温层全部拆除后并对缸体表面残留保温进行清理干净；作业时佩戴合格防尘口罩
	绊脚物（螺栓）	螺栓未完全拆除	摔伤	较小	各汽缸、轴承室结合面螺栓必须全部拆处，避免绊倒摔伤

续表

作业步骤	危害辨识	危害描述	产生后果	风险等级	防 范 措 施
4. 拆卸低压联通管	行车	行车司机注意力不集中	起重伤害	中等	行车司机在工作中应始终注意指挥人员信号，不准同时进行与行车操作无关的其他工作
		信号装置失灵	起重伤害	较小	发现信号装置失灵立即停止使用，并通知相关人员进行处理
		制动器失灵	起重伤害	中等	（1）检查行车制动器灵活； （2）安排维护人员在行车顶部监护，发现行车溜钩立即紧固抱闸
	吊具、起吊联通管	吊点不牢固、吊点位置不正确	起重伤害	较小	（1）吊钩要挂在物品的重心上，当被吊物件起吊后有可能摆动或转动时，应采用绳牵引方法，防止物件摆动伤人或碰坏设备； （2）选择牢固可靠、满足载荷的吊点
		吊索具损坏或选择不当	起重伤害	较小	（1）作业前，应对吊索具及其配件进行检查，确认完好，方可使用； （2）所选用的吊索具应与被吊工件的外形特点及具体要求相适应，在不具备使用条件的情况下，绝不能对付使用； （3）作业中应防止损坏吊索具及配件，必要时在棱角处应加护角防护； （4）吊具及配件不能超过其额定起重量，起重吊索、吊具不得超过其相应吊挂状态下的最大工作载荷
		绑扎不牢固	起重伤害	较小	（1）起重前必须将物件牢固、稳妥地绑住。 （2）吊拉时两根钢丝绳之间的夹角一般不得大于90°。 （3）使用单吊索起吊重物挂钩时应打"挂钩结"；使用吊环时螺栓必须拧到底；使用卸扣时，吊索与其连接的一个索扣必须扣在销轴上，一个索扣必须扣在扣顶上，不准两个索扣分别扣在卸扣的扣体两侧上；吊拉捆绑时，重物或设备构件的锐边快口处必须加装衬垫物
		斜拉	起重伤害	较小	禁止使吊钩斜着拖吊重物
		在起吊重物下逗留和行走	起重伤害	较小	任何人不准在起吊重物下逗留和行走
	重物	超载荷存放	物体打击	较小	（1）不准放置超过载荷的材料、物件； （2）大型物件的放置地点必须为荷重区域（例如汽轮机转子必须放置在平台下方设有钢梁的位置上）； （3）严禁将重物置在孔、洞的盖板或非支撑平面上面
		堆放上重下轻	物体打击	较小	解体部件货架上摆放时，大或重的备件应摆放在下面，小或轻的备件摆放在上面
		物品混放	物体打击	较小	（1）零散物件应放入箱中摆放； （2）圆形、不规则物件分类摆放，并做好防滚动滑落措施
		超荷搬运	物体打击	较小	（1）肩扛物件重量以不超过本人体重为宜； （2）手搬物件时应量力而行，不得搬运超过自己能力的物件
		长形物件甩动	物体打击	较小	搬运管子、工字铁梁等长形物件时，应注意防止物件甩动打伤他人

续表

作业步骤	危害辨识	危害描述	产生后果	风险等级	防范措施
4. 拆卸低压联通管	手拉葫芦	滑链	起重伤害	较小	使用前应作无负荷起落试验一次，确认无滑链现象
		手拉葫芦超载荷使用	起重伤害	较小	使用手拉葫芦时工作负荷不准超过铭牌规定
	孔、洞	未及时封堵	摔伤	中等	及时对各进、排、抽汽口进行有效封堵，避免人员踩空
5. 解体低压外缸、内缸	大锤、手锤	锤把上有油污	物体打击	较小	锤把上不可有油污
		单手抡大锤	物体打击	较小	抡大锤时，周围不得有人，不得单手抡大锤
		戴手套抡大锤	物体打击	较小	打锤人不得戴手套
	高温部件	加热后部件未做防护措施	灼烫伤	较小	（1）加热拆卸的螺帽存放指定位置并隔离； （2）设置安全围栏，并挂"高温部件、禁止靠近"警示标志； （3）工作人员穿戴防高温烫伤隔热服及防护手套
	绊脚物（螺栓）	螺栓未完全拆除	摔伤	较小	各汽缸、轴承室结合面螺栓必须全部拆除，避免绊倒摔伤
	行车	行车司机注意力不集中	起重伤害	中等	行车司机在工作中应始终注意指挥人员信号，不准同时进行与行车操作无关的其他工作
		信号装置失灵	起重伤害	较小	发现信号装置失灵立即停止使用，并通知相关人员进行处理
		制动器失灵	起重伤害	中等	（1）检查行车制动器灵活； （2）安排维护人员在行车顶部监护，发现行车溜钩立即紧固抱闸
	吊具、起吊外缸、内缸	吊点不牢固、吊点位置不正确	起重伤害	较小	（1）吊钩要挂在物品的重心上，当被吊物件起吊后有可能摆动或转动时，应采用绳牵引方法，防止物件摆动伤人或碰坏设备； （2）选择牢固可靠、满足载荷的吊点
		吊索具损坏或选择不当	起重伤害	较小	（1）作业前，应对吊索具及其配件进行检查，确认完好，方可使用； （2）所选用的吊索具应与被吊工件的外形特点及具体要求相适应，在不具备使用条件的情况下，绝不能对付使用； （3）作业中应防止损坏吊索具及配件，必要时在棱角处应加护角防护； （4）吊具及配件不能超过其额定起重量，起重吊索、吊具不得超过其相应吊挂状态下的最大工作载荷
		绑扎不牢固	起重伤害	较小	（1）起重前必须将物件牢固、稳妥地绑住。 （2）吊拉时两根钢丝绳之间的夹角一般不得大于90°。 （3）使用单吊索起吊重物挂钩时应打"挂钩结"；使用吊环时螺栓必须拧到底；使用卸扣时，吊索与其连接的一个索扣必须扣在销轴上，一个索扣必须扣在扣顶上，不准两个索扣分别扣在卸扣的扣体两侧上；吊拉捆绑时，重物或设备构件的锐边快口处必须加装衬垫物
		斜拉	起重伤害	较小	禁止使用吊钩斜着拖吊重物
		在起吊重物下逗留和行走	起重伤害	较小	任何人不准在起吊重物下逗留和行走

续表

作业步骤	危害辨识	危害描述	产生后果	风险等级	防 范 措 施
5. 解体低压外缸、内缸	重物	超载荷存放	物体打击	较小	（1）不准放置超过载荷的材料、物件； （2）大型物件的放置地点必须为荷重区域（例如汽轮机转子必须放置在平台下方设有钢梁的位置上）； （3）严禁将重物放置在孔、洞的盖板或非支撑平面上面
		堆放上重下轻	物体打击	较小	解体部件货架上摆放时，大或重的备件应摆放在下面，小或轻的备件摆放在上面
		物品混放	物体打击	较小	（1）零散物件应放入箱中摆放； （2）圆形、不规则物件分类摆放，并做好防滚动滑落措施
		超荷搬运	物体打击	较小	（1）肩扛物件重量以不超过本人体重为宜； （2）手搬物件时应量力而行，不得搬运超过自己能力的物件
		长形物件甩动	物体打击	较小	搬运管子、工字铁梁等长形物件时，应注意防止物件甩动打伤他人
	手拉葫芦	滑链	起重伤害	较小	使用前应做无负荷起落试验一次，确认无滑链现象
		手拉葫芦超载荷使用	起重伤害	较小	使用手拉葫芦时工作负荷不准超过铭牌规定
	孔、洞	未及时封堵	摔伤	中等	及时对各进、排、抽汽口进行有效封堵，避免人员踩空
	千斤顶	工作人员站在液压千斤顶安全栓或高压软管前面	起重伤害	较小	使用液压千斤顶时，除操作人员外，其他人员尽量远离，工作人员不准站在千斤顶安全栓或高压软管前面
		未采取防止重物下沉的措施	起重伤害	较小	安装千斤顶的位置要坚硬平整，或用钢板和垫木垫牢，防止因地面下陷而产生歪斜
		千斤顶超载荷使用	起重伤害	较小	使用千斤顶时工作负荷不准超过千斤顶铭牌规定
		更换垫板时手臂伸入荷重与顶重头或垫板之间	起重伤害	较小	更换垫板时不准将手臂伸入荷重与顶重头或垫板之间
6. 修前数据测量	孔、洞	未及时封堵	摔伤	中等	及时对各进、排、抽汽口进行有效封堵，避免人员踩空
	撬棒	支撑物不可靠	砸伤	较小	应保证支撑物可靠
		被撬物倾斜或滚落	砸伤	较小	撬动过程中应采取措施防止被撬物倾斜或滚落
	千斤顶	工作人员站在液压千斤顶安全栓或高压软管前面	起重伤害	较小	使用液压千斤顶时，除操作人员外，其他人员尽量远离，工作人员不准站在千斤顶安全栓或高压软管前面
		未采取防止重物下沉的措施	起重伤害	较小	安装千斤顶的位置要坚硬平整，或用钢板和垫木垫牢，防止因地面下陷而产生歪斜
		千斤顶超载荷使用	起重伤害	较小	使用千斤顶时工作负荷不准超过千斤顶铭牌规定
		更换垫板时手臂伸入荷重与顶重头或垫板之间	起重伤害	较小	更换垫板时不准将手臂伸入荷重与顶重头或垫板之间

作业步骤	危害辨识	危害描述	产生后果	风险等级	防 范 措 施
7. 轴系中心测量、调整、确定油挡洼窝	转动的转子	用手指直接检查校正联轴器销孔	机械伤害	较小	不准用手指直接检查校正联轴器销孔
		盘动转子时指挥混乱	机械伤害	较小	（1）盘动转子工作必须由一个负责人指挥，盘动转子前通知附近人员； （2）盘动转子作业时，工作人员应注意离开转子叶片边缘； （3）调整对轮中心时，用行车微吊起转子，禁止在钢丝绳对面作业； （4）严禁踩踏轴颈部位通行轴系，以防滑倒
	轴瓦	用手直接翻出、校正轴瓦	挫伤轧伤压伤	较小	（1）翻瓦检查时，必须把转动的轴瓦固定后方可工作，以防翻转伤人； （2）在轴瓦翻转就位时，不准将手伸入轴瓦注窝内，以防轴瓦下滑将手挤伤； （3）严禁从轴承室结合面部位跨越通行以防滑倒，需做固定通行隔离
	不锈钢垫片	调整垫片刃角未处理	割伤	较小	自制垫片刃角必须经打磨圆滑过渡处理
	三角刮刀	手柄等缺损、丢失	轧伤	较小	（1）三角刮刀手柄应安装牢固，没有手柄的不准使用； （2）刮刀要有防护套，避免刃部划伤； （3）清点数量登记领用
	清洁剂	在工作场所存储	火灾爆炸	较小	（1）禁止在工作场所存储易燃物品，例如汽油、酒精等； （2）领用、暂存时量不能过大，一般不超过500mL
		皮肤接触	化学性灼伤	较小	工作人员佩戴橡胶手套
	润滑油、EH油	清理不彻底	摔伤	较小	各轴承室区域润滑油彻底清理，避免工作面光滑造成人员滑倒
8. 汽缸、转子、各部件检修	联轴器销孔	拆除对轮连接螺栓	机械伤害	较小	联轴器对孔时严禁将手指放入销孔内
	行车	行车司机注意力不集中	起重伤害	中等	行车司机在工作中应始终注意指挥人员信号，不准同时进行与行车操作无关的其他工作
		信号装置失灵	起重伤害	较小	发现信号装置失灵立即停止使用，并通知相关人员进行处理
		制动器失灵	起重伤害	中等	（1）检查行车制动器灵活； （2）安排维护人员在行车顶部监护，发现行车溜钩立即紧固抱闸
	吊具、起吊转子、汽缸等	吊点不牢固、吊点位置不正确	起重伤害	较小	（1）吊钩要挂在物品的重心上，当被吊物件起吊后有可能摆动或转动时，应采用绳牵引方法，防止物件摆动伤人或碰坏设备； （2）选择牢固可靠、满足载荷的吊点
		吊索具损坏或选择不当	起重伤害	较小	（1）作业前，应对吊索具及其配件进行检查，确认完好，方可使用； （2）所选用的吊索具应与被吊工件的外形特点及具体要求相适应，在不具备使用条件的情况下，绝不能对付使用； （3）作业中应防止损坏吊索具及配件，必要时在棱角处应加护角防护； （4）吊具及配件不能超过其额定起重量，起重吊索、吊具不得超过其相应吊挂状态下的最大工作载荷

作业步骤	危害辨识	危害描述	产生后果	风险等级	防 范 措 施
8.汽缸、转子、各部件检修	吊具、起吊转子、汽缸等	绑扎不牢固	起重伤害	较小	（1）起重前必须将物件牢固、稳妥地绑住。 （2）吊拉时两根钢丝绳之间的夹角一般不得大于90°。 （3）使用单吊索起吊重物挂钩时应打"挂钩结"；使用吊环时螺栓必须拧到底；使用卸扣时，吊索与其连接的一个索扣必须扣在销轴上，一个索扣必须扣在扣顶上，不准两个索扣分别扣在卸扣的扣体两侧上；吊拉捆绑时，重物或设备构件的锐边快口处必须加装衬垫物
		斜拉	起重伤害	较小	禁止使吊钩斜着拖吊重物
		在起吊重物下逗留和行走	起重伤害	较小	任何人不准在起吊重物下逗留和行走
	重物	超载荷存放	物体打击	较小	（1）不准放置超过载荷的材料、物件； （2）大型物件的放置地点必须为荷重区域（例如汽轮机转子必须放置在平台下方设有钢梁的位置上）； （3）严禁将重物放置在孔、洞的盖板或非支撑平面上面
		堆放上重下轻	物体打击	较小	解体部件货架上摆放时，大或重的备件应摆放在下面，小或轻的备件摆放在上面
		物品混放	物体打击	较小	（1）零散物件应放入箱中摆放； （2）圆形、不规则物件分类摆放，并做好防滚动滑落措施
		超荷搬运	物体打击	较小	（1）肩扛物件重量以不超过本人体重为宜； （2）手搬物件时应量力而行，不得搬运超过自己能力的物件
		长形物件甩动	物体打击	较小	搬运管子、工字铁梁等长形物件时，应注意防止物件甩动打伤他人
	手拉葫芦	滑链	起重伤害	较小	使用前应作无负荷起落试验一次，确认无滑链现象
		手拉葫芦超载荷使用	起重伤害	较小	使用手拉葫芦时工作负荷不准超过铭牌规定
	孔、洞	未及时封堵	摔伤	中等	及时对各进、排、抽汽口进行有效封堵，避免人员踩空
	汽缸检修专用盖板	盖板防护装置缺损	高处坠落	重大	应选用合适、牢固的盖板，发现盖板缺失或损坏应及时填补或修复
	角磨机	未正确使用防护罩、防护眼镜	机械伤害	较小	正确佩戴防护罩、防护眼镜
		手提电动工具的导线或转动部分	触电	较小	禁止手提电动工具的导线或转动部分
		角磨机砂轮片破损	物体打击	较小	使用前检查角磨机砂轮片完好无缺损
		更换砂轮片未切断电源	机械伤害	较小	更换砂轮片前必须切断电源
	锉刀、手锯、螺丝刀、钢丝钳	手柄等缺损	刺伤	较小	锉刀、手锯、螺丝刀、钢丝钳等手柄应安装牢固，没有手柄的不准使用

作业步骤	危害辨识	危害描述	产生后果	风险等级	防 范 措 施
8. 汽缸、转子、各部件检修	电焊机	电焊线缠绕在身上	触电	较小	工作前将电焊线布置好，在人员通道上架空 2m 高，地面敷设做好防护措施
		在金属容器内焊接作业未穿绝缘鞋	触电	较小	在金属容器内焊接作业穿绝缘鞋、铺绝缘垫
		未正确使用面罩、电焊手套、白光眼镜等防护用具	辐射损伤	较小	（1）正确使用面罩； （2）戴电焊手套； （3）戴白光眼镜； （4）穿电焊服
		利用厂房的金属结构、管道、轨道或其他金属搭接起来作为导线使用	触电	较小	不准利用厂房的金属结构、管道、轨道或其他金属搭接起来作为导线使用
		准备移动消防器材不合格	火灾	较小	电焊作业现场必须准备合格的、充足的灭火器等移动消防器材
	焊接尘	通风不良	尘肺病	较小	焊接工作场所应有良好的通风
		未正确使用防尘口罩	尘肺病	较小	作业时正确佩戴合格防尘口罩
	焊渣	高温焊渣飞溅	灼烫伤、火灾	较大	（1）动火工作区域周围设置防护屏，防止其他人员被飞溅的焊渣烫伤，地面铺设防火布； （2）火焊人员必须穿戴好工作服戴好手套和带鞋盖劳保鞋等
	遗留火种	施焊完毕后，未确认是否遗留火种就离开	火灾	较大	电焊作业时须有灭火器材，施焊完毕后，要留有充分的时间观察，确认无引火点，方可离去
	汽封块、油挡	汽封及油挡齿齿顶	割伤	较小	工作人员工作时必须戴防护手套，避免汽封齿划伤
9. 内外缸空扣试扣	行车	行车司机注意力不集中	起重伤害	中等	行车司机在工作中应始终注意指挥人员信号，不准同时进行与行车操作无关的其他工作
		信号装置失灵	起重伤害	较小	发现信号装置失灵立即停止使用，并通知相关人员进行处理
		制动器失灵	起重伤害	中等	（1）检查行车制动器灵活； （2）安排维护人员在行车顶部监护，发现行车溜钩立即紧固抱闸
	吊具、起吊上缸	吊点不牢固、吊点位置不正确	起重伤害	较小	（1）吊钩要挂在物品的重心上，当被吊物件起吊后有可能摆动或转动时，应采用绳牵引方法，防止物件摆动伤人或碰坏设备； （2）选择牢固可靠、满足载荷的吊点
		吊索具损坏或选择不当	起重伤害	较小	（1）作业前，应对吊索具及其配件进行检查，确认完好，方可使用； （2）所选用的吊索具应与被吊工件的外形特点及具体要求相适应，在不具备使用条件的情况下，绝不能对付使用； （3）作业中应防止损坏吊索具及配件，必要时在棱角处应加护角防护； （4）吊具及配件不能超过其额定起重量，起重吊索、吊具不得超过其相应吊挂状态下的最大工作载荷

作业步骤	危害辨识	危害描述	产生后果	风险等级	防 范 措 施
9. 内外缸空扣试扣	吊具、起吊上缸	绑扎不牢固	起重伤害	较小	（1）起重前必须将物件牢固、稳妥地绑住。 （2）吊拉时两根钢丝绳之间的夹角一般不得大于90°。 （3）使用单吊索起吊重物挂钩时应打"挂钩结"；使用吊环时螺栓必须拧到底；使用卸扣时，吊索与其连接的一个索扣必须扣在销轴上，一个索扣必须扣在扣顶上，不准两个索扣分别扣在卸扣的扣体两侧上；吊拉捆绑时，重物或设备构件的锐边快口处必须加装衬垫物
		斜拉	起重伤害	较小	禁止使吊钩斜着拖吊重物
		在起吊重物下逗留和行走	起重伤害	较小	任何人不准在起吊重物下逗留和行走
	手拉葫芦	滑链	起重伤害	较小	使用前应作无负荷起落试验一次，确认无滑链现象
		手拉葫芦超载荷使用	起重伤害	较小	使用手拉葫芦时工作负荷不准超过铭牌规定
	角磨机	未正确使用防护罩、防护眼镜	机械伤害	较小	正确佩戴防护罩、防护眼镜
		手提电动工具的导线或转动部分	触电	较小	禁止手提电动工具的导线或转动部分
		角磨机砂轮片破损	物体打击	较小	使用前检查角磨机砂轮片完好无缺损
		更换砂轮片未切断电源	机械伤害	较小	更换砂轮片前必须切断电源
	大锤、手锤	锤把上有油污	物体打击	较小	锤把上不可有油污
		单手抡大锤	物体打击	较小	抡大锤时，周围不得有人，不得单手抡大锤
		戴手套抡大锤	物体打击	较小	打锤人不得戴手套
	锉刀、手锯、螺丝刀、钢丝钳	手柄等缺损	刺伤	较小	锉刀、手锯、螺丝刀、钢丝钳等手柄应安装牢固，没有手柄的不准使用
10. 汽封、轴封间隙测量调整	孔、洞	未及时封堵	摔伤	中等	及时对各进、排、抽汽口进行有效封堵，避免人员踩空
	千斤顶	工作人员站在液压千斤顶安全栓或高压软管前面	起重伤害	较小	使用液压千斤顶时，除操作人员外，其他人员尽量远离，工作人员不准站在千斤顶安全栓或高压软管前面
		未采取防止重物下沉的措施	起重伤害	较小	安装千斤顶的位置要坚硬平整，或用钢板和垫木垫牢，防止因地面下陷而产生歪斜
		千斤顶超载荷使用	起重伤害	较小	使用千斤顶时工作负荷不准超过千斤顶铭牌规定
		更换垫板时手臂伸入荷重与顶重头或垫板之间	起重伤害	较小	更换垫板时不准将手臂伸入荷重与顶重头或垫板之间
	汽封块、油挡	汽封及油挡齿齿顶	割伤	较小	工作人员工作时必须戴防护手套，避免汽封齿划伤
	大锤、手锤	锤把上有油污	物体打击	较小	锤把上不可有油污
		单手抡大锤	物体打击	较小	抡大锤时，周围不得有人，不得单手抡大锤
		戴手套抡大锤	物体打击	较小	打锤人不得戴手套

作业步骤	危害辨识	危害描述	产生后果	风险等级	防 范 措 施
10. 汽封、轴封间隙测量调整	行车	行车司机注意力不集中	起重伤害	中等	行车司机在工作中应始终注意指挥人员信号，不准同时进行与行车操作无关的其他工作
		信号装置失灵	起重伤害	较小	发现信号装置失灵立即停止使用，并通知相关人员进行处理
		制动器失灵	起重伤害	中等	（1）检查行车制动器灵活； （2）安排维护人员在行车顶部监护，发现行车溜钩立即紧固抱闸
	吊具、起吊上缸	吊点不牢固、吊点位置不正确	起重伤害	较小	（1）吊钩要挂在物品的重心上，当被吊物件起吊后有可能摆动或转动时，应采用绳牵引方法，防止物件摆动伤人或碰坏设备； （2）选择牢固可靠、满足载荷的吊点
		吊索具损坏或选择不当	起重伤害	较小	（1）作业前，应对吊索具及其配件进行检查，确认完好，方可使用； （2）所选用的吊索具应与被吊工件的外形特点及具体要求相适应，在不具备使用条件的情况下，绝不能对付使用； （3）作业中应防止损坏吊索具及配件，必要时在棱角处应加护角防护； （4）吊具及配件不能超过其额定起重量，起重吊索、吊具不得超过其相应吊挂状态下的最大工作载荷
		绑扎不牢固	起重伤害	较小	（1）起重前必须将物件牢固、稳妥地绑住。 （2）吊拉时两根钢丝绳之间的夹角一般不得大于90°。 （3）使用单吊索起吊重物挂钩时应打"挂钩结"；使用吊环时螺栓必须拧到底；使用卸扣时，吊索与其连接的一个索扣必须扣在销轴上，一个索扣必须扣在扣顶上，不准两个索扣分别扣在卸扣的扣体两侧上；吊拉捆绑时，重物或设备构件的锐边快口处必须加装衬垫物
		斜拉	起重伤害	较小	禁止使吊钩斜着拖吊重物
		在起吊重物下逗留和行走	起重伤害	较小	任何人不准在起吊重物下逗留和行走
11. 设备组装（扣缸）	行车	行车司机注意力不集中	起重伤害	中等	行车司机在工作中应始终注意指挥人员信号，不准同时进行与行车操作无关的其他工作
		信号装置失灵	起重伤害	较小	发现信号装置失灵立即停止使用，并通知相关人员进行处理
		制动器失灵	起重伤害	中等	（1）检查行车制动器灵活； （2）安排维护人员在行车顶部监护，发现行车溜钩立即紧固抱闸
	手拉葫芦	滑链	起重伤害	较小	使用前应作无负荷起落试验一次，确认无滑链现象
		手拉葫芦超载荷使用	起重伤害	较小	使用手拉葫芦时工作负荷不准超过铭牌规定
	吊具、汽缸大盖、隔板、隔板套、转子、轴瓦	吊点不牢固、吊点位置不正确	起重伤害	较小	（1）吊钩要挂在物品的重心上，当被吊物件起吊后有可能摆动或转动时，应采用绳牵引方法，防止物件摆动伤人或碰坏设备； （2）选择牢固可靠、满足载荷的吊点

作业步骤	危害辨识	危害描述	产生后果	风险等级	防 范 措 施
11．设备组装（扣缸）	吊具、汽缸大盖、隔板、隔板套、转子、轴瓦	吊索具损坏或选择不当	起重伤害	较小	（1）作业前，应对吊索具及其配件进行检查，确认完好，方可使用； （2）所选用的吊索具应与被吊工件的外形特点及具体要求相适应，在不具备使用条件的情况下，绝不能对付使用； （3）作业中应防止损坏吊索具及配件，必要时在棱角处应加护角防护； （4）吊具及配件不能超过其额定起重量，起重吊索、吊具不得超过其相应吊挂状态下的最大工作载荷
		绑扎不牢固	起重伤害	较小	（1）起重前必须将物件牢固、稳妥地绑住。 （2）吊拉时两根钢丝绳之间的夹角一般不得大于90°。 （3）使用单吊索起吊重物挂钩时应打"挂钩结"；使用吊环时螺栓必须拧到底；使用卸扣时，吊索与其连接的一个索扣必须扣在销轴上，一个索扣必须扣在扣顶上，不准两个索扣分别扣在卸扣的扣体两侧上；吊拉捆绑时，重物或设备构件的锐边快口处必须加装衬垫物
		斜拉	起重伤害	较小	禁止使吊钩斜着拖吊重物
		在起吊重物下逗留和行走	起重伤害	较小	任何人不准在起吊重物下逗留和行走
12．低压联通管装复	高处作业人员	作业时未正确使用防护用品	高处坠落	重大	高处作业人员必须戴好安全帽、穿好防滑鞋并正确佩戴和使用安全带
		未使用合格的安全带	高处坠落	重大	（1）安全带使用前进行外观检查合格，检验合格证应在有效期内； （2）在没有脚手架或没有栏杆的脚手架上工作，高度超过1.5m时必须使用安全带； （3）安全带的挂钩应挂在结实、牢固的构件上，或专挂安全带的钢丝绳上，不准低挂高用
		擅自改动脚手架架构	高处坠落	重大	工作过程中，不准随意改变脚手架的结构，必要时，必须经过搭设脚手架的技术负责人同意，并再次验收合格后方可使用
		乱拉电源线、电焊线、气带	高处坠落	重大	（1）脚手架上不准乱拉电线； （2）必须安装临时照明线路时，木竹脚手架应采用绝缘子，金属脚手架应另设木横担
		脚手架上作业不规范	高处坠落	重大	（1）上下脚手架应走人行通道或梯子，不准攀登架体； （2）不准站在脚手架的探头上作业； （3）同一架体上的作业人数一般为2人，必须超过2人的情况下不得超过9人； （4）不准在脚手架上蹬在木桶、木箱、砖及其他建筑材料等作业； （5）不准在架子上退着行走或跨坐在防护横杆上休息； （6）架上应保持清洁，随时清理冰雪、杂物等，不准乱堆乱放物料； （7）不得在防护栏杆上拴挂任何重物； （8）作业中需要拆除防护栏杆时，必须采取可靠的临边防护措施

续表

作业步骤	危害辨识	危害描述	产生后果	风险等级	防　范　措　施
12．低压联通管装复	高处的工器具、零部件	工器具未系防坠绳、零部件未固定及上下抛掷	物体打击	较小	（1）工器具必须使用防坠绳； （2）工器具和零部件应用绳拴在牢固的构件上，不准随便乱放； （3）工器具和零部件不准上下抛掷
	行车	行车司机注意力不集中	起重伤害	中等	行车司机在工作中应始终注意指挥人员信号，不准同时进行与行车操作无关的其他工作
		信号装置失灵	起重伤害	较小	发现信号装置失灵立即停止使用，并通知相关人员进行处理
		制动器失灵	起重伤害	中等	（1）检查行车制动器灵活； （2）安排维护人员在行车顶部监护，发现行车留沟立即紧固抱闸
	手拉葫芦	滑链	起重伤害	较小	使用前应作无负荷起落试验一次，确认无滑链现象
		手拉葫芦超载荷使用	起重伤害	较小	使用手拉葫芦时工作负荷不准超过铭牌规定
	吊具、汽缸大盖、隔板、隔板套、转子、轴瓦	吊点不牢固、吊点位置不正确	起重伤害	较小	（1）吊钩要挂在物品的重心上，当被吊物件起吊后有可能摆动或转动时，应采用绳牵引方法，防止物件摆动伤人或碰坏设备； （2）选择牢固可靠、满足载荷的吊点
		吊索具损坏或选择不当	起重伤害	较小	（1）作业前，应对吊索具及其配件进行检查，确认完好，方可使用； （2）所选用的吊索具应与被吊工件的外形特点及具体要求相适应，在不具备使用条件的情况下，绝不能对付使用； （3）作业中应防止损坏吊索具及配件，必要时在棱角处应加护角防护； （4）吊具及配件不能超过其额定起重量，起重吊索、吊具不得超过其相应吊挂状态下的最大工作载荷
		绑扎不牢固	起重伤害	较小	（1）起重前必须将物件牢固、稳妥地绑住。 （2）吊拉时两根钢丝绳之间的夹角一般不得大于90°。 （3）使用单吊索起吊重物挂钩时应打"挂钩结"；使用吊环时螺栓必须拧到底；使用卸扣时，吊索与其连接的一个索扣必须扣在销轴上，一个索扣必须扣在扣顶上，不准两个索扣分别扣在卸扣的扣体两侧上；吊拉捆绑时，重物或设备构件的锐边快口处必须加装衬垫物
		斜拉	起重伤害	较小	禁止使吊钩斜着拖吊重物
		在起吊重物下逗留和行走	起重伤害	较小	任何人不准在起吊重物下逗留和行走
13．实缸复轴系中心、恢复对轮螺栓	转动的转子	用手指直接检查校正联轴器销孔	机械伤害	较小	不准用手指直接检查校正联轴器销孔
		盘动转子时指挥混乱	机械伤害	较小	（1）盘动转子工作必须由一个负责人指挥，盘动转子前通知附近人员； （2）盘动转子作业时，工作人员应注意离开转子叶片边缘； （3）调整对轮中心，用行车微吊起转子，禁止在钢丝绳对面作业； （4）严禁踩踏轴颈部位通行轴系，以防滑倒
	汽封块、油档	汽封及油档齿齿顶	割伤	较小	工作人员工作时必须戴防护手套；避免汽封齿划伤

续表

作业步骤	危害辨识	危害描述	产生后果	风险等级	防 范 措 施
13. 实缸复轴系中心、恢复对轮螺栓	轴瓦	用手直接翻出、校正轴瓦	挫伤轧伤压伤	较小	（1）翻瓦检查时，必须把转动的轴瓦固定后方可工作，以防翻瓦伤人； （2）在轴瓦翻转就位时，不准将手伸入轴瓦洼窝内，以防轴瓦下滑时将手挤伤； （3）严禁从轴承室结合面部位跨越通行以防滑倒，需做固定通行隔离
	不锈钢垫片	调整垫片刃角未处理	割伤	较小	自制垫片刃角必须经打磨圆滑过渡处理
	三角刮刀	手柄等缺损、丢失	轧伤	较小	（1）三角刮刀手柄应安装牢固，没有手柄的不准使用； （2）刮刀要有防护套，避免刃部划伤； （3）清点数量登记领用
	清洁剂	在工作场所存储	火灾爆炸	较小	（1）禁止在工作场所存储易燃物品，例如汽油、酒精等； （2）领用、暂存时量不能过大，一般不超过500mL
		皮肤接触	化学性灼伤	较小	工作人员佩戴橡胶手套
	润滑油、EH油	清理不彻底	摔伤	较小	各轴承室区域润滑油彻底清理，避免工作面光滑造成人员滑倒
	转动的转子	用手指直接检查校正联轴器销孔	机械伤害	较小	不准用手指直接检查校正联轴器销孔
		盘动转子时指挥混乱	机械伤害	较小	（1）盘动转子工作必须由一个负责人指挥，盘动转子前通知附近人员； （2）盘动转子作业时，工作人员应注意离开转子叶片边缘； （3）调整对轮中心时，用行车微吊起转子，禁止在钢丝绳对面作业； （4）严禁踩踏轴颈部位通行轴系，以防滑倒
	大锤、手锤	锤把上有油污	物体打击	较小	锤把上不可有油污
		单手抡大锤	物体打击	较小	抡大锤时，周围不得有人，不得单手抡大锤
		戴手套抡大锤	物体打击	较小	打锤人不得戴手套
14. 检修工作结束	润滑油	工作结束后，废品乱扔	火灾、环境污染	较小	不准将油污、油泥、废油等（包括沾油棉纱、布、手套、纸等）倒入下水道排放或随地倾倒，应收集放于指定的地点，妥善处理，以防污染环境及发生火灾
	检修废料	施工废料未清理	环境污染	较小	废料及时清理，做到工完、料尽、场地清

11.4 汽轮机径向轴承检修

作业步骤	危害辨识	危害描述	产生后果	风险等级	防 范 措 施
1. 作业环境评估	噪声	未佩戴耳塞	噪声聋	较小	进入噪声区域时正确佩戴合格的耳塞
	岩棉、化纤	作业区保温飞扬	尘肺病	较小	作业时佩戴合格防尘口罩
	孔、洞、	盖板缺损	高处坠落	重大	工作场所的孔、洞必须覆以与地面齐平的坚固盖板或做好隔离措施

作业步骤	危害辨识	危害描述	产生后果	风险等级	防 范 措 施
1. 作业环境评估	润滑油	发生的跑、冒、滴、漏及溢油	滑倒、火灾、污染环境	较小	发生的跑、冒、滴、漏及溢油，要及时清除处理
	高温环境	环境温度超过40℃	中暑	较小	（1）不准在工作环境温度超过40℃时进行作业。 （2）在高温场所工作时，应为工作人员提供足够的饮水、清凉饮料及防暑药品；对温度较高的作业场所必须增加通风设备
2. 确认安全措施正确执行	高温高压蒸汽	工作前所采取的安全措施不完善	灼烫伤	较小	（1）开工前确认现场安全措施、隔离措施正确完备； （2）待管道内介质放尽，压力为零，温度适可后方可开始工作； （3）人员不能正面对法兰及焊口工作，防止漏点介质体伤人
	转动的汽轮机	盘车未停运，转动设备未进行有效隔离	机械伤害	较小	（1）设置安全隔离围栏并设置警告标志； （2）设置安全检修通道； （3）在运行中转动设备附近工作时应对转动设备进行可靠遮拦，并设专人监护
	润滑油	工作前所采取的安全措施不完善	火灾、爆炸	较小	（1）开工前确认现场安全措施、隔离措施正确完备； （2）待管道内介质放尽，压力为零后方可开始工作
		泄漏	污染环境	较小	放油时排空，放油不出需静置2h后再次打开放油门确认油已排完
		在工作场所存储	火灾	较小	（1）储存中避免靠近火源和高温； （2）油桶上要用防火石棉毯覆盖严密
3. 准备工作及现场布置	角磨机、切割机	电源线、电源插头破损、防护罩破损缺失	机械伤害、触电	较小	（1）检查电源线、电源插头完好无破损、防护罩完好无破损； （2）检查合格证在有效期内
	临时电源及电源线	电源线悬挂高度不够	触电	较小	临时电源线架设高度室内不低于2.5m
		电源线、插头、插座破损	触电	较小	（1）检查电源线外绝缘良好，无破损； （2）检查电源盘合格证在有效期； （3）检查电源插头插座，确保完好； （4）不准将电源线缠绕在护栏、管道和脚手架上
		未安装漏电保护器	触电	较小	（1）检查电源盘合格证在有效期； （2）分级配置漏电保护器，工作前试漏电保护器，确保正确动作
		检修电源箱外壳未接地	触电	较小	（1）检查电源盘合格证在有效期； （2）检查电源箱外壳接地良好
	行灯	行灯电源线、电源插头破损	触电	较小	（1）检查行灯电源线、电源插头完好无破损； （2）行灯的电源线应采用橡套软电缆
		使用行灯电压等级不符	触电	较小	在金属容器和金属管道内使用的行灯，其电压不得超过12V
		行灯防护罩缺失	触电	较小	行灯应有保护罩
	手拉葫芦	手拉有裂纹、链轮转动卡涩、吊钩无防脱保险装置	起重伤害	较小	（1）使用前应作无负荷起落试验一次，检查手拉是否有裂纹、链轮转动是否卡涩、吊钩是否无防脱保险装置，以确保完好； （2）检查合格证在有效期内

续表

作业步骤	危害辨识	危害描述	产生后果	风险等级	防 范 措 施
3. 准备工作及现场布置	千斤顶	压力油泄漏	起重伤害	较小	（1）检查千斤顶检验合格证在有效期内； （2）工作前试验油压正常，无渗漏
		千斤顶螺纹齿条磨损	起重伤害	较小	（1）检查千斤顶检验合格证在有效期内； （2）工作前检查千斤顶螺纹齿条是否磨损，以确保设备完好
	大锤、手锤	锤头与木柄的连接不牢固、锤头破损、木柄未使用整根硬质木料	物体打击	较小	锤头与木柄的连接应用金属楔栓固定，楔子长度不得大于安装孔深的2/3，锤头完好无损，木柄使用整根硬质木料
	锉刀、手锯、螺丝刀、钢丝钳、三角刮刀	手柄等缺损	刺伤	较小	锉刀、手锯、螺丝刀、钢丝钳等手柄应安装牢固，没有手柄的不准使用
	行车	行车不合格	起重伤害	较小	（1）由特种设备作业人员检查行车完好； （2）检查行车检验合格证在有效期内
4. 上轴承解体	行车	制动器失灵	起重伤害	较小	（1）检查行车制动器灵活、限位正常； （2）安排维护人员在行车顶部监护，发现行车溜钩立即紧固抱闸、停止使用
	吊具、起吊轴承盖	吊点不牢固、吊点位置不正确	起重伤害	较小	（1）吊钩要挂在物品的重心上，当被吊物件起吊后有可能摆动或转动时，应采用绳牵引方法，防止物件摆动伤人或碰坏设备； （2）选择牢固可靠、满足载荷的吊点
		吊索具损坏或选择不当	起重伤害	较小	（1）作业前，应对吊索具及其配件进行检查，确认完好，方可使用； （2）所选用的吊索具应与被吊工件的外形特点及具体要求相适应，在不具备使用条件的情况下，绝不能使用； （3）作业中应防止损坏吊索具及配件，必要时在棱角处应加护角防护； （4）吊具及配件不能超过其额定起重量，起重吊具、吊索不得超过其相应吊挂状态下的最大工作载荷
		绑扎不牢固	起重伤害	较小	（1）起重前必须将物件牢固、稳妥地绑住。 （2）吊拉时两根钢丝绳之间的夹角一般不得大于90°。 （3）使用单吊索起吊重物挂钩时应打"挂钩结"；使用吊环时螺栓必须拧到底；使用卸扣时，吊索与其连接的一个索扣必须扣在销轴上，一个索扣必须扣在扣顶上，不准两个索扣分别扣在卸扣的扣体两侧上；吊拉捆绑时，重物或设备构件的锐边快口处必须加装衬垫物
		斜拉	起重伤害	较小	禁止使用吊钩斜着拖吊重物
		在起吊重物下逗留和行走	起重伤害	较小	任何人不准在起吊重物下逗留和行走
	撬棍	支撑物不可靠	砸伤	较小	应保证支撑物可靠
		被撬物倾斜或滚落	砸伤	较小	撬动过程中应采取措施防止被撬物倾斜或滚落
	大锤、手锤	锤把上有油污	物体打击	较小	锤把上不可有油污
		单手抡大锤	物体打击	较小	抡大锤时，周围不得有人，不得单手抡大锤
		戴手套抡大锤	物体打击	较小	打锤人不得戴手套

续表

作业步骤	危害辨识	危害描述	产生后果	风险等级	防 范 措 施
4. 上轴承解体	手拉葫芦	滑链	起重伤害	较小	使用前应作无负荷起落试验一次
		手拉葫芦超载荷使用	起重伤害	较小	使用手拉葫芦时工作负荷不准超过铭牌规定
	联轴器销孔	用手直接伸入销孔内盘动联轴器	机械伤害	较小	联轴器对孔时严禁将手指放入销孔内
	润滑油	清理不彻底	摔伤	较小	各检修区域润滑油彻底清理,避免工作面光滑造成人员滑倒
5. 下轴承解体	行车	制动器失灵	起重伤害	较小	(1) 检查行车制动器灵活; (2) 安排维护人员在行车顶部监护,发现行车溜钩立即紧固抱闸
	手拉葫芦	滑链	起重伤害	较小	使用前应作无负荷起落试验一次
		手拉葫芦超载荷使用	起重伤害	较小	使用手拉葫芦时工作负荷不准超过铭牌规定
	吊具、翻下瓦	吊点不牢固、吊点位置不正确	起重伤害	较小	(1) 吊钩要挂在物品的重心上,当被吊物件起吊后有可能摆动或转动时,应采用绳牵引方法,防止物件摆动伤人或碰坏设备; (2) 选择牢固可靠、满足载荷的吊点
		吊索具损坏或选择不当	起重伤害	较小	(1) 作业前,应对吊索具及其配件进行检查,确认完好,方可使用; (2) 所选用的吊索具应与被吊工件的外形特点及具体要求相适应,在不具备使用条件的情况下,绝不能对付使用; (3) 作业中应防止损坏吊索具及配件,必要时在棱角处应加护角防护; (4) 吊具及配件不能超过其额定起重量,起重吊索、吊具不得超过其相应吊挂状态下的最大工作载荷
		绑扎不牢固	起重伤害	较小	(1) 起重前必须将物件牢固、稳妥地绑住。 (2) 吊拉时两根钢丝绳之间的夹角一般不得大于90°。 (3) 使用单吊索起吊重物挂钩时应打"挂钩结";使用吊环时螺栓必须拧到底;使用卸扣时,吊索与其连接的一个索扣必须扣在销轴上,一个索扣必须扣在扣顶上,不准两个索扣分别扣在卸扣的扣体两侧上;吊拉捆绑时,重物或设备构件的锐边快口处必须加装衬垫物
		斜拉	起重伤害	较小	禁止使用吊钩斜着拖吊重物
		在起吊重物下逗留和行走	起重伤害	较小	任何人不准在起吊重物下逗留和行走
	轴瓦	翻瓦时手放入轴瓦洼窝	轧伤压伤	较小	(1) 翻瓦检查时,必须把转动的轴瓦固定后方可工作,以防翻转伤人; (2) 在轴瓦翻转就位时,不准将手伸入轴瓦洼窝内,以防轴瓦下滑时将手挤伤; (3) 严禁从轴承室结合面部位跨越通行以防滑倒,需做固定通行隔离
6. 轴承与轴承座检查	轴瓦	用手直接翻出、校正轴瓦	轧伤压伤	较小	(1) 翻瓦检查时,必须把转动的轴瓦固定后方可工作,以防翻转伤人; (2) 在轴瓦翻转就位时,不准将手伸入轴瓦洼窝内,以防轴瓦下滑时将手挤伤; (3) 严禁从轴承室结合面部位跨越通行以防滑倒,需做固定通行隔离

作业步骤	危害辨识	危害描述	产生后果	风险等级	防 范 措 施
6. 轴承与轴承座检查	不锈钢垫片	调整垫片刃角未处理	割伤	较小	自制垫片刃角必须经打磨圆滑过渡处理
	三角刮刀	手柄等缺损、丢失	划伤	较小	(1) 三角刮刀手柄应安装牢固，没有手柄的不准使用； (2) 刮刀要有防护套，避免刃部划伤； (3) 清点数量登记领用
	清洁剂	在工作场所存储	火灾爆炸	较小	(1) 禁止在工作场所存储易燃物品，例如汽油、酒精等； (2) 领用、暂存时量不能过大，一般不超过500mL
		皮肤接触	灼伤	较小	工作人员佩戴橡胶手套
	润滑油	清理不彻底	摔伤	较小	各轴承室区域润滑油彻底清理，避免工作面光滑造成人员滑倒
7. 下轴承回装就位	行车	制动器失灵	起重伤害	较小	(1) 检查行车制动器灵活； (2) 安排维护人员在行车顶部监护，发现行车溜钩立即紧固抱闸
	手拉葫芦	滑链	起重伤害	较小	使用前应作无负荷起落试验一次
		手拉葫芦超载荷使用	起重伤害	较小	使用手拉葫芦时工作负荷不准超过铭牌规定
	吊具、翻下瓦	吊点不牢固、吊点位置不正确	起重伤害	较小	(1) 吊钩要挂在物品的重心上，当被吊物件起吊后有可能摆动或转动时，应采用绳牵引方法，防止物件摆动伤人或碰坏设备； (2) 选择牢固可靠、满足载荷的吊点
		吊索具损坏或选择不当	起重伤害	较小	(1) 作业前，应对吊索具及其配件进行检查，确认完好，方可使用； (2) 所选用的吊索具应与被吊工件的外形特点及具体要求相适应，在不具备使用条件的情况下，绝能对付使用； (3) 作业中应防止损坏吊索具及配件，必要时在棱角处应加护角防护； (4) 吊具及配件不能超过其额定起重量，起重吊索、吊具不得超过其相应吊挂状态下的最大工作载荷
		绑扎不牢固	起重伤害	较小	(1) 起重前必须将物件牢固、稳妥地绑住。 (2) 吊拉时两根钢丝绳之间的夹角一般不得大于90°。 (3) 使用单吊索起吊重物挂钩时应打"挂钩结"；使用吊环时螺栓必须拧到底；使用卸扣时，吊索与其连接的一个索扣必须扣在销轴上，一个索扣必须扣在扣顶上，不准两个索扣分别扣在卸扣的扣体两侧上；吊拉捆绑时，重物或设备构件的锐边快口处必须加装衬垫物
		斜拉	起重伤害	较小	禁止使吊钩斜着拖吊重物
		在起吊重物下逗留和行走	起重伤害	较小	任何人不准在起吊重物下逗留和行走
	润滑油	清理不彻底	摔伤	较小	各轴承室区域润滑油彻底清理，避免工作面光滑造成人员滑倒

续表

作业步骤	危害辨识	危害描述	产生后果	风险等级	防 范 措 施
8. 轴承相关间隙、液压盘车中心测量调整	不锈钢垫片	调整垫片刃角未处理	割伤	较小	自制垫片刃角必须经打磨圆滑过渡处理
	行车	制动器、限位失灵	起重伤害	较小	检查行车制动器灵活、限位、吊钩和钢丝绳完好无损
	吊具、起吊轴承盖	绑扎不牢固	起重伤害	较小	（1）起重前必须将物件牢固、稳妥地绑住。（2）吊拉时两根钢丝绳之间的夹角一般不得大于90°。（3）使用单吊索起吊重物挂钩时应打"挂钩结"；使用吊环时螺栓必须拧到底；使用卸扣时，吊索与其连接的一个索扣必须扣在销轴上，一个索扣必须扣在扣顶上，不准两个索扣分别扣在卸扣的扣体两侧上；吊拉捆绑时，重物或设备构件的锐边快口处必须加装衬垫物
		斜拉	起重伤害	较小	禁止使吊钩斜着拖吊重物
		高处落物	起重伤害	较小	任何人不准在起吊重物下逗留和行走
	联轴器销孔	用手直接伸入销孔内盘动联轴器	机械伤害	较小	联轴器对孔时严禁将手指放入销孔内
9. 上轴承回装、液压盘车回装	润滑油	清理不彻底	摔伤	较小	各轴承室区域润滑油彻底清理，避免工作面光滑造成人员滑倒
	行车	制动器、限位失灵	起重伤害	较小	检查行车制动器灵活、限位、吊钩和钢丝绳完好无损
	吊具、起吊轴承盖	绑扎不牢固	起重伤害	较小	（1）起重前必须将物件牢固、稳妥地绑住。（2）吊拉时两根钢丝绳之间的夹角一般不得大于90°。（3）使用单吊索起吊重物挂钩时应打"挂钩结"；使用吊环时螺栓必须拧到底；使用卸扣时，吊索与其连接的一个索扣必须扣在销轴上，一个索扣必须扣在扣顶上，不准两个索扣分别扣在卸扣的扣体两侧上；吊拉捆绑时，重物或设备构件的锐边快口处必须加装衬垫物
		斜拉	起重伤害	较小	禁止使吊钩斜着拖吊重物
		高处落物	起重伤害	较小	任何人不准在起吊重物下逗留和行走
	行车吊具、起吊轴承盖	制动器、限位失灵	起重伤害	较小	检查行车制动器灵活、限位、吊钩和钢丝绳完好无损
		绑扎不牢固	起重伤害	较小	（1）起重前必须将物件牢固、稳妥地绑住。（2）吊拉时两根钢丝绳之间的夹角一般不得大于90°。（3）使用单吊索起吊重物挂钩时应打"挂钩结"；使用吊环时螺栓必须拧到底；使用卸扣时，吊索与其连接的一个索扣必须扣在销轴上，一个索扣必须扣在扣顶上，不准两个索扣分别扣在卸扣的扣体两侧上；吊拉捆绑时，重物或设备构件的锐边快口处必须加装衬垫物
10. 检修工作结束	施工废料	施工废料未清理	环境污染	较小	废料及时清理，做到工完、料尽、场地清

11.5 汽轮机径向推力联合轴承检修

作业步骤	危害辨识	危害描述	产生后果	风险等级	防 范 措 施
1. 作业环境评估	噪声	未佩戴耳塞	噪声聋	较小	进入噪声区域时正确佩戴合格的耳塞
	岩棉、化纤	作业区保温飞扬	尘肺病	较小	作业时佩戴合格防尘口罩
	孔、洞	盖板缺损	高处坠落	重大	工作场所的孔、洞必须覆以与地面齐平的坚固盖板或做好隔离措施
	润滑油	发生的跑、冒、滴、漏及溢油	滑倒、火灾、污染环境	较小	发生的跑、冒、滴、漏及溢油，要及时清除处理
	高温环境	环境温度超过40℃	中暑	较小	（1）不准在工作环境温度超过40℃时进行作业。 （2）在高温场所工作时，应为工作人员提供足够的饮水、清凉饮料及防暑药品；对温度较高的作业场所必须增加通风设备
2. 确认安全措施正确执行	高温高压蒸汽	工作前所采取的安全措施不完善	灼烫伤	较小	（1）开工前确认现场安全措施、隔离措施正确完备； （2）待管道内介质放尽，压力为零，温度适可后方可开始工作； （3）人员不能正面对法兰及焊口工作，防止漏点介质体伤人
	转动的汽轮机	盘车未停运，转动设备未进行有效隔离	机械伤害	较小	（1）设置安全隔离围栏并设置警告标志； （2）设置安全检修通道； （3）在运行中转动设备附近工作时应对转动设备进行可靠遮拦，并设专人监护
	润滑油	工作前所采取的安全措施不完善	火灾、爆炸	较小	（1）开工前确认现场安全措施、隔离措施正确完备； （2）待管道内介质放尽，压力为零后方可开始工作
		泄漏	污染环境	较小	放油时排空，放不出需静置2h后再次打开放油门确认油已排完
		在工作场所存储	火灾	较小	（1）储存中避免靠近火源和高温； （2）油桶上要用防火石棉毯覆盖严密
3. 准备工作及现场布置	角磨机、切割机	电源线、电源插头破损、防护罩破损缺失	机械伤害、触电	较小	（1）检查电源线、电源插头完好无破损、防护罩完好无破损； （2）检查合格证在有效期内
	临时电源及电源线	电源线悬挂高度不够	触电	较小	临时电源线架设高度室内不低于2.5m
		电源线、插头、插座破损	触电	较小	（1）检查电源线外绝缘良好，无破损； （2）检查电源盘合格证在有效期； （3）检查电源插头插座，确保完好； （4）不准将电源线缠绕在护栏、管道和脚手架上
		未安装漏电保护器	触电	较小	（1）检查电源盘合格证在有效期内； （2）分级配置漏电保护器，工作前试漏电保护器，确保正确动作
		检修电源箱外壳未接地	触电	较小	（1）检查电源盘合格证在有效期内； （2）检查电源箱外壳接地良好
	行灯	行灯电源线、电源插头破损	触电	较小	（1）检查行灯电源线、电源插头完好无破损； （2）行灯的电源线应采用橡套软电缆
		使用行灯电压等级不符	触电	较小	在金属容器和金属管道内使用的行灯，其电压不得超过12V
		行灯防护罩缺失	触电	较小	行灯应有保护罩

作业步骤	危害辨识	危害描述	产生后果	风险等级	防 范 措 施
3. 准备工作及现场布置	手拉葫芦	手拉有裂纹、链轮转动卡涩、吊钩无防脱保险装置	起重伤害	较小	（1）使用前应作无负荷起落试验一次，检查手拉是否有裂纹、链轮转动是否卡涩、吊钩是否无防脱保险装置，以确保完好； （2）检查合格证在有效期内
	千斤顶	压力油泄漏	起重伤害	较小	（1）检查千斤顶检验合格证在有效期内； （2）工作前试验油压正常，无渗漏
		千斤顶螺纹齿条磨损	起重伤害	较小	（1）检查千斤顶检验合格证在有效期内； （2）工作前检查千斤顶螺纹齿条是否磨损，以确保设备完好
	大锤、手锤	锤头与木柄的连接不牢固、锤头破损、木柄未使用整根硬质木料	物体打击	较小	锤头与木柄的连接应用金属楔栓固定，楔子长度不得大于安装孔深的2/3，锤头完好无损，木柄使用整根硬质木料
	锉刀、手锯、螺丝刀、钢丝钳、三角刮刀	手柄等缺损	刺伤	较小	锉刀、手锯、螺丝刀、钢丝钳等手柄应安装牢固，没有手柄的不准使用
	行车	行车不合格	起重伤害	较小	（1）由特种设备作业人员检查行车完好； （2）检查行车检验合格证在有效期内
4. 吊出上半径向推力轴承	行车	制动器失灵	起重伤害	较小	（1）检查行车制动器灵活、限位正常； （2）安排维护人员在行车顶部监护，发现行车溜钩立即紧固抱闸、停止使用
	吊具、起吊轴承盖	吊点不牢固、吊点位置不正确	起重伤害	较小	（1）吊钩要挂在物品的重心上，当被吊物件起吊后有可能摆动或转动时，应采用绳牵引方法，防止物件摆动伤人或碰坏设备； （2）选择牢固可靠、满足载荷的吊点
		吊索具损坏或选择不当	起重伤害	较小	（1）作业前，应对吊索具及其配件进行检查，确认完好，方可使用； （2）所选用的吊索具应与被吊工件的外形特点及具体要求相适应，在不具备使用条件的情况下，绝不能使用； （3）作业中应防止损坏吊索具及配件，必要时在棱角处应加护角防护； （4）吊具及配件不能超过其额定起重量，起重吊具、吊索不得超过其相应吊挂状态下的最大工作载荷
		绑扎不牢固	起重伤害	较小	（1）起重前必须将物件牢固、稳妥地绑住。 （2）吊拉时两根钢丝绳之间的夹角一般不得大于90°。 （3）使用单吊索起吊重物挂钩时应打"挂钩结"；使用吊环螺栓必须拧到底；使用卸扣时，吊索与其连接的一个索必须扣在销轴上，一个索扣必须扣在扣顶上，不准两个索扣分别扣在卸扣的扣体两侧上；吊拉捆绑时，重物或设备构件的锐边快口处必须加装衬垫物
		斜拉	起重伤害	较小	禁止使用吊钩斜着拖吊重物
		在起吊重物下逗留和行走	起重伤害	较小	任何人不准在起吊重物下逗留和行走
	撬棍	支撑物不可靠	砸伤	较小	应保证支撑物可靠
		被撬物倾斜或滚落	砸伤	较小	撬动过程中应采取措施防止被撬物倾斜或滚落

作业步骤	危害辨识	危害描述	产生后果	风险等级	防 范 措 施
4. 吊出上半径向推力轴承	大锤、手锤	锤把上有油污	物体打击	较小	锤把上不可有油污
		单手抢大锤	物体打击	较小	抢大锤时，周围不得有人，不得单手抢大锤
		戴手套抢大锤	物体打击	较小	打锤人不得戴手套
	手拉葫芦	滑链	起重伤害	较小	使用前应作无负荷起落试验一次
		手拉葫芦超载荷使用	起重伤害	较小	使用手拉葫芦时工作负荷不准超过铭牌规定
	千斤顶	工作人员站在液压千斤顶安全栓或高压软管前面	起重伤害	较小	使用液压千斤顶时，除操作人员外，其他人员尽量远离，工作人员不准站在千斤顶安全栓或高压软管前面
		未采取防止重物下沉的措施	起重伤害	较小	安装千斤顶的位置要坚硬平整，或用钢板和垫木垫牢，防止因地面下陷而产生歪斜
		千斤顶超载荷使用	起重伤害	较小	使用千斤顶时工作负荷不准超过千斤顶铭牌规定
		更换垫板时手臂伸入荷重与顶重头或垫板之间	起重伤害	较小	更换垫板时不准将手臂伸入荷重与顶重头或垫板之间
	润滑油	清理不彻底	摔伤	较小	各检修区域润滑油彻底清理，避免工作面光滑造成人员滑倒
5. 下轴承解体	行车	制动器失灵	起重伤害	较小	(1) 检查行车制动器灵活；(2) 安排维护人员在行车顶部监护，发现行车溜钩立即紧固抱闸
	手拉葫芦	滑链	起重伤害	较小	使用前应作无负荷起落试验一次
		手拉葫芦超载荷使用	起重伤害	较小	使用手拉葫芦时工作负荷不准超过铭牌规定
	吊具、翻下瓦	吊点不牢固、吊点位置不正确	起重伤害	较小	(1) 吊钩要挂在物品的重心上，当被吊物件起吊后有可能摆动或转动时，应采用绳牵引方法，防止物件摆动伤人或碰坏设备；(2) 选择牢固可靠、满足载荷的吊点
		吊索具损坏或选择不当	起重伤害	较小	(1) 作业前，应对吊索具及其配件进行检查，确认完好，方可使用；(2) 所选用的吊索具应与被吊工件的外形特点及具体要求相适应，在不具备使用条件的情况下，绝不能对付使用；(3) 作业中应防止损坏吊索具及配件，必要时在棱角处加护角防护；(4) 吊具及配件不能超过其额定起重量，起重吊索、吊具不得超过其相应吊挂状态下的最大工作载荷
		绑扎不牢固	起重伤害	较小	(1) 起重前必须将物件牢固、稳妥地绑住。(2) 吊拉时两根钢丝绳之间的夹角一般不得大于90°。(3) 使用单吊索起吊重物挂钩时应打"挂钩结"；使用吊环时螺栓必须拧到底；使用卸扣时，吊索与其连接的一个索扣必须扣在销轴上，一个索扣必须扣在扣顶上，不准两个索扣分别扣在卸扣的扣体两侧上；吊拉捆绑时，重物或设备构件的锐边快口处必须加装衬垫物
		斜拉	起重伤害	较小	禁止使用吊钩斜着拖吊重物
		在起吊重物下逗留和行走	起重伤害	较小	任何人不准在起吊重物下逗留和行走

续表

作业步骤	危害辨识	危害描述	产生后果	风险等级	防 范 措 施
5. 下轴承解体	千斤顶	工作人员站在液压千斤顶安全栓或高压软管前面	起重伤害	较小	使用液压千斤顶时，除操作人员外，其他人员尽量远离，工作人员不准站在千斤顶安全栓或高压软管前面
		未采取防止重物下沉的措施	起重伤害	较小	安装千斤顶的位置要坚硬平整，或用钢板和垫木垫牢，防止因地面下陷而产生歪斜
		千斤顶超载荷使用	起重伤害	较小	使用千斤顶时工作负荷不准超过千斤顶铭牌规定
		更换垫板时手臂伸入荷重与顶重头或垫板之间	起重伤害	较小	更换垫板时不准将手臂伸入荷重与顶重头或垫板之间
	撬棍	支撑物不可靠	砸伤	较小	应保证支撑物可靠
		被撬物倾斜或滚落	砸伤	较小	撬动过程中应采取措施防止被撬物倾斜或滚落
	轴瓦	翻瓦时手放入轴瓦洼窝	挫伤轧伤压伤	较小	（1）翻瓦检查时，必须把转动的轴瓦固定后方可工作，以防翻转伤人； （2）在轴瓦翻转就位时，不准将手伸入轴瓦洼窝内，以防轴瓦下滑时将手挤伤； （3）严禁从轴承室结合面部位跨越通行以防滑倒，需做固定通行隔离
6. 推力瓦块与轴承检查	轴瓦	用手直接翻出、校正轴瓦	挫伤轧伤压伤	较小	（1）翻瓦检查时，必须把转动的轴瓦固定后方可工作，以防翻转伤人； （2）在轴瓦翻转就位时，不准将手伸入轴瓦洼窝内，以防轴瓦下滑时将手挤伤； （3）严禁从轴承室结合面部位跨越通行以防滑倒，需做固定通行隔离
	不锈钢垫片	调整垫片刃角未处理	割伤	较小	自制垫片刃角必须经打磨圆滑过渡处理
	三角刮刀	手柄等缺损、丢失	划伤	较小	（1）三角刮刀手柄应安装牢固，没有手柄的不准使用； （2）刮刀要有防护套，避免刃部划伤； （3）清点数量登记领用
	清洁剂	在工作场所存储	火灾爆炸	较小	（1）禁止在工作场所存储易燃物品，例如汽油、酒精等； （2）领用、暂存时量不能过大，一般不超过500mL
		皮肤接触	灼伤	较小	工作人员佩戴橡胶手套
	润滑油	清理不彻底	摔伤	较小	各轴承室区域润滑油彻底清理，避免工作面光滑造成人员滑倒
7. 下轴承回装就位	行车	制动器失灵	起重伤害	较小	（1）检查行车制动器灵活； （2）安排维护人员在行车顶部监护，发现行车溜钩立即紧固抱闸
	手拉葫芦	滑链	起重伤害	较小	使用前应作无负荷起落试验一次
		手拉葫芦超载荷使用	起重伤害	较小	使用手拉葫芦时工作负荷不准超过铭牌规定
	吊具、翻下瓦	吊点不牢固、吊点位置不正确	起重伤害	较小	（1）吊钩要挂在物品的重心上，当被吊物件起吊后有可能摆动或转动时，应采用绳牵引方法，防止物件摆动伤人或碰坏设备； （2）选择牢固可靠、满足载荷的吊点

作业步骤	危害辨识	危害描述	产生后果	风险等级	防 范 措 施
7. 下轴承回装就位	吊具、翻下瓦	吊索具损坏或选择不当	起重伤害	较小	（1）作业前，应对吊索具及其配件进行检查，确认完好，方可使用； （2）所选用的吊索具应与被吊工件的外形特点及具体要求相适应，在不具备使用条件的情况下，绝不能对付使用； （3）作业中应防止损坏吊索具及配件，必要时在棱角处应加护角防护； （4）吊具及配件不能超过其额定起重量，起重吊索、吊具不得超过其相应吊挂状态下的最大工作载荷
		绑扎不牢固	起重伤害	较小	（1）起重前必须将物件牢固、稳妥地绑住。 （2）吊拉时两根钢丝绳之间的夹角一般不得大于90°。 （3）使用单吊索起吊重物挂钩时应打"挂钩结"；使用吊环时螺栓必须拧到底；使用卸扣时，吊索与其连接的一个索扣必须扣在销轴上，一个索扣必须扣在扣顶上，不准两个索扣分别扣在卸扣的扣体两侧上；吊拉捆绑时，重物或设备构件的锐边快口处必须加装衬垫物
		斜拉	起重伤害	较小	禁止使吊钩斜着拖吊重物
		在起吊重物下逗留和行走	起重伤害	较小	任何人不准在起吊重物下逗留和行走
	润滑油	清理不彻底	摔伤	较小	各轴承室区域润滑油彻底清理，避免工作面光滑造成人员滑倒
8. 测量径向推力轴承各间隙	不锈钢垫片	调整垫片刃角未处理	割伤	较小	自制垫片刃角必须经打磨圆滑过渡处理
	行车	制动器、限位失灵	起重伤害	较小	检查行车制动器灵活、限位、吊钩和钢丝绳完好无损
	吊具、起吊轴承盖	绑扎不牢固	起重伤害	较小	（1）起重前必须将物件牢固、稳妥地绑住。 （2）吊拉时两根钢丝绳之间的夹角一般不得大于90°。 （3）使用单吊索起吊重物挂钩时应打"挂钩结"；使用吊环时螺栓必须拧到底；使用卸扣时，吊索与其连接的一个索扣必须扣在销轴上，一个索扣必须扣在扣顶上，不准两个索扣分别扣在卸扣的扣体两侧上；吊拉捆绑时，重物或设备构件的锐边快口处必须加装衬垫物
		斜拉	起重伤害	较小	禁止使吊钩斜着拖吊重物
		高处落物	起重伤害	较小	任何人不准在起吊重物下逗留和行走
	千斤顶	工作人员站在液压千斤顶安全栓或高压软管前面	起重伤害	较小	使用液压千斤顶时，除操作人员外，其他人员尽量远离，工作人员不准站在千斤顶安全栓或高压软管前面
		未采取防止重物下沉的措施	起重伤害	较小	安装千斤顶的位置要坚硬平整，或用钢板和垫木垫牢，防止因地面下陷而产生歪斜
		千斤顶超载荷使用	起重伤害	较小	使用千斤顶时工作负荷不准超过千斤顶铭牌规定
		更换垫板时手臂伸入荷重与顶重头或垫板之间	起重伤害	较小	更换垫板时不准将手臂伸入荷重与顶重头或垫板之间

续表

作业步骤	危害辨识	危害描述	产生后果	风险等级	防 范 措 施
9. 上轴承、轴承盖回装	润滑油	清理不彻底	摔伤	较小	各轴承室区域润滑油彻底清理，避免工作面光滑造成人员滑倒
	行车	制动器、限位失灵	起重伤害	较小	检查行车制动器灵活、限位、吊钩和钢丝绳完好无损
	吊具、起吊轴承盖	绑扎不牢固	起重伤害	较小	（1）起重前必须将物件牢固、稳妥地绑住。（2）吊拉时两根钢丝绳之间的夹角一般不得大于90°。（3）使用单吊索起吊重物挂钩时应打"挂钩结"；使用吊环时螺栓必须拧到底；使用卸扣时，吊索与其连接的一个索扣必须扣在销轴上，一个索扣必须扣在扣顶上，不准两个索扣分别扣在卸扣的扣体两侧上；吊拉捆绑时，重物或设备构件的锐边快口处必须加装衬垫物
		斜拉	起重伤害	较小	禁止使吊钩斜着拖吊重物
	行车吊具、起吊轴承盖	高处落物	起重伤害	较小	任何人不准在起吊重物下逗留和行走
		制动器、限位失灵	起重伤害	较小	检查行车制动器灵活、限位、吊钩和钢丝绳完好无损
		绑扎不牢固	起重伤害	较小	（1）起重前必须将物件牢固、稳妥地绑住。（2）吊拉时两根钢丝绳之间的夹角一般不得大于90°。（3）使用单吊索起吊重物挂钩时应打"挂钩结"；使用吊环时螺栓必须拧到底；使用卸扣时，吊索与其连接的一个索扣必须扣在销轴上，一个索扣必须扣在扣顶上，不准两个索扣分别扣在卸扣的扣体两侧上；吊拉捆绑时，重物或设备构件的锐边快口处必须加装衬垫物
10. 检修工作结束	施工废料	施工废料未清理	环境污染	较小	废料及时清理，做到工完、料尽、场地清

11.6 发电机径向轴承检修

作业步骤	危害辨识	危害描述	产生后果	风险等级	防 范 措 施
1. 作业环境评估	噪声	未佩戴耳塞	噪声聋	较小	进入噪声区域时正确佩戴合格的耳塞
	孔、洞、	盖板缺损	高处坠落	重大	工作场所的孔、洞必须覆以与地面齐平的坚固盖板或做好隔离措施
	氢气	氢气浓度含量超标	火灾、爆炸	较小	（1）现场动火前测量氢气浓度含量符合要求；（2）办理动火许可手续；（3）动火前清理周围易燃物，配备合适的足够的有效的消防器材，完工后检查无火种遗留；（4）安排监护人进行监护
	润滑油	发生的跑、冒、滴、漏及溢油	滑倒、火灾、污染环境	较小	发生的跑、冒、滴、漏及溢油，要及时清除处理
	高温环境	环境温度超过40℃	中暑	较小	（1）不准在工作环境温度超过40℃时进行作业。（2）在高温场所工作时，应为工作人员提供足够的饮水、清凉饮料及防暑药品；对温度较高的作业场所必须增加通风设备

411

作业步骤	危害辨识	危害描述	产生后果	风险等级	防 范 措 施
2. 确认安全措施正确执行	高温高压蒸汽	工作前所采取的安全措施不完善	灼烫伤	较小	(1) 开工前确认现场安全措施、隔离措施正确完备; (2) 待管道内介质放尽,压力为零,温度适可后方可开始工作; (3) 人员不能正面对法兰及焊口工作,防止漏点介质体伤人
	转动的汽轮机	盘车未停运,转动设备未进行有效隔离	机械伤害	较小	(1) 设置安全隔离围栏并设置警告标志; (2) 设置安全检修通道; (3) 在运行中转动设备附近工作时应对转动设备进行可靠遮拦,并设专人监护
	润滑油	工作前所采取的安全措施不完善	火灾、爆炸	较小	(1) 开工前确认现场安全措施、隔离措施正确完备; (2) 待管道内介质放尽,压力为零后方可开始工作
		泄漏	污染环境	较小	放油时排空,放油不出需静置2h后再次打开放油门确认油已排完
		在工作场所存储	火灾	较小	(1) 储存中避免靠近火源和高温; (2) 油桶上要用防火石棉毯覆盖严密
3. 准备工作及现场布置	角磨机、切割机	电源线、电源插头破损、防护罩破损缺失	机械伤害、触电	较小	(1) 检查电源线、电源插头完好无破损、防护罩完好无破损; (2) 检查合格证在有效期内
	临时电源及电源线	电源线悬挂高度不够	触电	较小	临时电源线架设高度室内不低于2.5m
		电源线、插头、插座破损	触电	较小	(1) 检查电源线外绝缘良好,无破损; (2) 检查电源盘合格证在有效期; (3) 检查电源插头插座,确保完好; (4) 不准将电源线缠绕在护栏、管道和脚手架上
		未安装漏电保护器	触电	较小	(1) 检查电源盘合格证在有效期; (2) 分级配置漏电保护器,工作前试漏电保护器,确保正确动作
		检修电源箱外壳未接地	触电	较小	(1) 检查电源盘合格证在有效期; (2) 检查电源箱外壳接地良好
	行灯	行灯电源线、电源插头破损	触电	较小	(1) 检查行灯电源线、电源插头完好无破损; (2) 行灯的电源线应采用橡套软电缆
		使用行灯电压等级不符	触电	较小	在金属容器和金属管道内使用的行灯,其电压不得超过12V
		行灯防护罩缺失	触电	较小	行灯应有保护罩
	手拉葫芦	手拉有裂纹、链轮转动卡涩、吊钩无防脱保险装置	起重伤害	较小	(1) 使用前应作无负荷起落试验一次,检查手拉是否有裂纹、链轮转动是否卡涩、吊钩是否无防脱保险装置,以确保完好; (2) 检查合格证在有效期内
	千斤顶	压力油泄漏	起重伤害	较小	(1) 检查千斤顶检验合格证在有效期内; (2) 工作前试验油压正常,无渗漏
		千斤顶螺纹齿条磨损	起重伤害	较小	(1) 检查千斤顶检验合格证在有效期内; (2) 工作前检查千斤顶螺纹齿条是否磨损,以确保设备完好
	大锤、手锤	锤头与木柄的连接不牢固、锤头破损、木柄未使用整根硬质木料	物体打击	较小	锤头与木柄的连接应用金属楔栓固定,楔子长度不得大于安装孔深的2/3,锤头完好无损,木柄使用整根硬质木料

续表

作业步骤	危害辨识	危害描述	产生后果	风险等级	防 范 措 施
3. 准备工作及现场布置	锉刀、手锯、螺丝刀、钢丝钳、三角刮刀	手柄等缺损	刺伤	较小	锉刀、手锯、螺丝刀、钢丝钳等手柄应安装牢固，没有手柄的不准使用
	行车	行车不合格	起重伤害	较小	(1) 由特种设备作业人员检查行车完好； (2) 检查行车检验合格证在有效期内
4. 上轴承解体	行车	制动器失灵	起重伤害	较小	(1) 检查行车制动器灵活、限位正常； (2) 安排维护人员在行车顶部监护，发现行车溜钩立即紧固抱闸、停止使用
	吊具、起吊迷宫环、人孔门	吊点不牢固、吊点位置不正确	起重伤害	较小	(1) 吊钩要挂在物品的重心上，当被吊物件起吊后有可能摆动或转动时，应采用绳牵引方法，防止物件摆动伤人或碰坏设备； (2) 选择牢固可靠、满足载荷的吊点
		吊索具损坏或选择不当	起重伤害	较小	(1) 作业前，应对吊索具及其配件进行检查，确认完好，方可使用； (2) 所选用的吊索具应与被吊工件的外形特点及具体要求相适应，在不具备使用条件的情况下，绝不能使用； (3) 作业中应防止损坏吊索具及配件，必要时在棱角处应加护角防护； (4) 吊具及配件不能超过其额定起重量，起重吊具、吊索不得超过其相应吊挂状态下的最大工作载荷
		绑扎不牢固	起重伤害	较小	(1) 起重前必须将物件牢固、稳妥地绑住。 (2) 吊拉时两根钢丝绳之间的夹角一般不得大于90°。 (3) 使用单吊索起吊重物挂钩时应打"挂钩结"；使用吊环时螺栓必须拧到底；使用卸扣时，吊索与其连接的一个索扣必须扣在销轴上，一个索扣必须扣在扣顶上，不准两个索扣分别扣在卸扣的扣两侧上；吊拉捆绑时，重物或设备构件的锐边快口处必须加装衬垫物
		斜拉	起重伤害	较小	禁止使用吊钩斜着拖吊重物
		在起吊重物下逗留和行走	起重伤害	较小	任何人不准在起吊重物下逗留和行走
	撬棍	支撑物不可靠	砸伤	较小	应保证支撑物可靠
		被撬物倾斜或滚落	砸伤	较小	撬动过程中应采取措施防止被撬物倾斜或滚落
	大锤、手锤	锤把上有油污	物体打击	较小	锤把上不可有油污
		单手抡大锤	物体打击	较小	抡大锤时，周围不得有人，不得单手抡大锤
		戴手套抡大锤	物体打击	较小	打锤人不得戴手套
	手拉葫芦	滑链	起重伤害	较小	使用前应作无负荷起落试验一次
		手拉葫芦超载荷使用	起重伤害	较小	使用手拉葫芦时工作负荷不准超过铭牌规定
	润滑油	清理不彻底	摔伤	较小	各检修区域润滑油彻底清理，避免工作面光滑造成人员滑倒

作业步骤	危害辨识	危害描述	产生后果	风险等级	防 范 措 施
5. 下轴承解体	行车	制动器失灵	起重伤害	较小	（1）检查行车制动器灵活； （2）安排维护人员在行车顶部监护，发现行车溜钩立即紧固抱闸
	手拉葫芦	滑链	起重伤害	较小	使用前应做无负荷起落试验一次
		手拉葫芦超载荷使用	起重伤害	较小	使用手拉葫芦时工作负荷不准超过铭牌规定
	吊具、翻下瓦	吊点不牢固、吊点位置不正确	起重伤害	较小	（1）吊钩要挂在物品的重心上，当被吊物件起吊后有可能摆动或转动时，应采用绳牵引方法，防止物件摆动伤人或碰坏设备； （2）选择牢固可靠、满足载荷的吊点
		吊索具损坏或选择不当	起重伤害	较小	（1）作业前，应对吊索具及其配件进行检查，确认完好，方可使用； （2）所选用的吊索具应与被吊工件的外形特点及具体要求相适应，在不具备使用条件的情况下，绝不能对付使用； （3）作业中应防止损坏吊索具及配件，必要时在棱角处应加护角防护； （4）吊具及配件不能超过其额定起重量，起重吊索、吊具不得超过其相应吊挂状态下的最大工作载荷
		绑扎不牢固	起重伤害	较小	（1）起重前必须将物件牢固、稳妥地绑住。 （2）吊拉时两根钢丝绳之间的夹角一般不得大于90°。 （3）使用单吊索起吊重物挂钩时应打"挂钩结"；使用吊环时螺栓必须拧到底；使用卸扣时，吊索与其连接的一个索扣必须扣在销轴上，一个索扣必须扣在扣顶上，不准两个索扣分别扣在卸扣的扣体两侧上；吊拉捆绑时，重物或设备构件的锐边快口处必须加装衬垫物
		斜拉	起重伤害	较小	禁止使用吊钩斜着拖吊重物
		在起吊重物下逗留和行走	起重伤害	较小	任何人不准在起吊重物下逗留和行走
	润滑油	清理不彻底	摔伤	较小	各检修区域润滑油彻底清理，避免工作面光滑造成人员滑倒
	轴瓦	翻瓦时手放入轴瓦洼窝	轧伤压伤	较小	（1）翻瓦检查时，必须把转动的轴瓦固定后方可工作，以防翻转伤人； （2）在轴瓦翻转就位时，不准将手伸入轴瓦洼窝内，以防轴瓦下滑时将手挤伤； （3）严禁从轴承室结合面部位跨越通行以防滑倒，需做固定通行隔离
6. 轴承与轴承座检查	轴瓦	用手直接翻出、校正轴瓦	轧伤压伤	较小	（1）翻瓦检查时，必须把转动的轴瓦固定后方可工作，以防翻转伤人； （2）在轴瓦翻转就位时，不准将手伸入轴瓦洼窝内，以防轴瓦下滑时将手挤伤； （3）严禁从轴承室结合面部位跨越通行以防滑倒，需做固定通行隔离
	不锈钢垫片	调整垫片刃角未处理	割伤	较小	自制垫片刃角必须经打磨圆滑过渡处理
	三角刮刀	手柄等缺损、丢失	划伤	较小	（1）三角刮刀手柄应安装牢固，没有手柄的不准使用； （2）刮刀要有防护套，避免刃部划伤； （3）清点数量登记领用

续表

作业步骤	危害辨识	危害描述	产生后果	风险等级	防 范 措 施
6. 轴承与轴承座检查	清洁剂	在工作场所存储	火灾爆炸	较小	（1）禁止在工作场所存储易燃物品，例如汽油、酒精等； （2）领用、暂存时量不能过大，一般不超过500mL
		皮肤接触	灼伤	较小	工作人员佩戴橡胶手套
	润滑油	清理不彻底	摔伤	较小	各轴承室区域润滑油彻底清理，避免工作面光滑造成人员滑倒
7. 下轴瓦、上轴瓦依次回装	行车	制动器失灵	起重伤害	较小	（1）检查行车制动器灵活； （2）安排维护人员在行车顶部监护，发现行车溜钩立即紧固抱闸
	手拉葫芦	滑链	起重伤害	较小	使用前应做无负荷起落试验一次
		手拉葫芦超载荷使用	起重伤害	较小	使用手拉葫芦时工作负荷不准超过铭牌规定
	吊具、翻下瓦	吊点不牢固、吊点位置不正确	起重伤害	较小	（1）吊钩要挂在物品的重心上，当被吊物件起吊后有可能摆动或转动时，应采用绳牵引方法，防止物件摆动伤人或碰坏设备； （2）选择牢固可靠、满足载荷的吊点
		吊索具损坏或选择不当	起重伤害	较小	（1）作业前，应对吊索具及其配件进行检查，确认完好，方可使用； （2）所选用的吊索具应与被吊工件的外形特点及具体要求相适应，在不具备使用条件的情况下，绝不能对付使用； （3）作业中应防止损坏吊索具及配件，必要时在棱角处应加护角防护； （4）吊具及配件不能超过其额定起重量，起重吊索、吊具不得超过其相应吊挂状态下的最大工作载荷
		绑扎不牢固	起重伤害	较小	（1）起重前必须将物件牢固、稳妥地绑住。 （2）吊拉时两根钢丝绳之间的夹角一般不得大于90°。 （3）使用单吊索起吊重物挂钩时应打"挂钩结"；使用吊环时螺栓必须拧到底；使用卸扣时，吊索与其连接的一个索扣必须扣在销轴上，一个索扣必须扣在扣顶上，不准两个索扣分别扣在卸扣的扣体两侧上；吊拉捆绑时，重物或设备构件的锐边快口处必须加装衬垫物
		斜拉	起重伤害	较小	禁止使用吊钩斜着拖吊重物
		在起吊重物下逗留和行走	起重伤害	较小	任何人不准在起吊重物下逗留和行走
	润滑油	清理不彻底	摔伤	较小	各轴承室区域润滑油彻底清理，避免工作面光滑造成人员滑倒
8. 外迷宫环恢复	绝缘垫片	调整垫片刃角未处理	割伤	较小	自制垫片刃角必须经打磨圆滑过渡处理
	行车	制动器、限位失灵	起重伤害	较小	检查行车制动器灵活、限位、吊钩和钢丝绳完好无损
	吊具、起吊迷宫环	绑扎不牢固	起重伤害	较小	（1）起重前必须将物件牢固、稳妥地绑住。 （2）吊拉时两根钢丝绳之间的夹角一般不得大于90°。 （3）使用单吊索起吊重物挂钩时应打"挂钩结"；使用吊环时螺栓必须拧到底；使用卸扣时，吊索与其连接的一个索扣必须扣在销轴上，一个索扣必须扣在扣顶上，不准两个索扣分别扣在卸扣的扣体两侧上；吊拉捆绑时，重物或设备构件的锐边快口处必须加装衬垫物

作业步骤	危害辨识	危害描述	产生后果	风险等级	防 范 措 施
8.外迷宫环恢复	吊具、起吊迷宫环	斜拉	起重伤害	较小	禁止使吊钩斜着拖吊重物
		高处落物	起重伤害	较小	任何人不准在起吊重物下逗留和行走
	润滑油	清理不彻底	摔伤	较小	各轴承室区域润滑油彻底清理,避免工作面光滑造成人员滑倒
9.检修工作结束	施工废料	施工废料未清理	环境污染	较小	废料及时清理,做到工完、料尽、场地清

11.7 发电机密封瓦检修

作业步骤	危害辨识	危害描述	产生后果	风险等级	防 范 措 施
1.作业环境评估	噪声	未佩戴耳塞	噪声聋	较小	进入噪声区域时正确佩戴合格的耳塞
	孔、洞、	盖板缺损	高处坠落	重大	工作场所的孔、洞必须覆以与地面齐平的坚固盖板或做好隔离措施
	狭小空间	不良体位	其他伤害	较小	人员轮流替换作业
	氢气	氢气浓度含量超标	火灾、爆炸	较小	(1)现场动火前测量氢气浓度含量符合要求; (2)办理动火许可手续; (3)动火前清理周围易燃物,配备合适的足够的有效的消防器材,完工后检查无火种遗留; (4)安排监护人进行监护
	润滑油	发生的跑、冒、滴、漏及溢油	滑倒、火灾、污染环境	较小	发生的跑、冒、滴、漏及溢油,要及时清除处理
	高温环境	环境温度超过40℃	中暑	较小	(1)不准在工作环境温度超过40℃时进行作业。 (2)在高温场所工作时,应为工作人员提供足够的饮水、清凉饮料及防暑药品;对温度较高的作业场所必须增加通风设备
2.确认安全措施正确执行	高温高压蒸汽	工作前所采取的安全措施不完善	灼烫伤	较小	(1)开工前确认现场安全措施、隔离措施正确完备; (2)待管道内介质放尽,压力为零,温度适可后方可开始工作; (3)人员不能正面对法兰及焊口工作,防止漏点介质体伤人
	转动的汽轮机	盘车未停运,转动设备未进行有效隔离	机械伤害	较小	(1)设置安全隔离围栏并设置警告标志; (2)设置安全检修通道; (3)在运行中转动设备附近工作时应对转动设备进行可靠遮拦,并设专人监护
	润滑油	工作前所采取的安全措施不完善	火灾、爆炸	较小	(1)开工前确认现场安全措施、隔离措施正确完备; (2)待管道内介质放尽,压力为零后方可开始工作
		泄漏	污染环境	较小	放油时排空,放油不出需静置2h后再次打开放油门确认油已排完
		在工作场所存储	火灾	较小	(1)储存中避免靠近火源和高温; (2)油桶上要用防火石棉毯覆盖严密

作业步骤	危害辨识	危害描述	产生后果	风险等级	防 范 措 施
3. 准备工作及现场布置	角磨机、切割机	电源线、电源插头破损、防护罩破损缺失	机械伤害、触电	较小	（1）检查电源线、电源插头完好无破损、防护罩完好无破损； （2）检查合格证在有效期内
	临时电源及电源线	电源线悬挂高度不够	触电	较小	临时电源线架设高度室内不低于2.5m
		电源线、插头、插座破损	触电	较小	（1）检查电源线外绝缘良好，无破损； （2）检查电源盘合格证在有效期； （3）检查电源插头插座，确保完好； （4）不准将电源线缠绕在护栏、管道和脚手架上
		未安装漏电保护器	触电	较小	（1）检查电源盘合格证在有效期； （2）分级配置漏电保护器，工作前试漏电保护器，确保正确动作
		检修电源箱外壳未接地	触电	较小	（1）检查电源盘合格证在有效期； （2）检查电源箱外壳接地良好
	行灯	行灯电源线、电源插头破损	触电	较小	（1）检查行灯电源线、电源插头完好无破损； （2）行灯的电源线应采用橡套软电缆
		使用行灯电压等级不符	触电	较小	在金属容器和金属管道内使用的行灯，其电压不得超过12V
		行灯防护罩缺失	触电	较小	行灯应有保护罩
	手拉葫芦	手拉有裂纹、链轮转动卡涩、吊钩无防脱保险装置	起重伤害	较小	（1）使用前应作无负荷起落试验一次，检查手拉是否有裂纹、链轮转动是否卡涩、吊钩是否无防脱保险装置，以确保完好； （2）检查合格证在有效期内
	千斤顶	压力油泄漏	起重伤害	较小	（1）检查千斤顶检验合格证在有效期内； （2）工作前试验油压正常，无渗漏
		千斤顶螺纹齿条磨损	起重伤害	较小	（1）检查千斤顶检验合格证在有效期内； （2）工作前检查千斤顶螺纹齿条是否磨损，以确保设备完好
	大锤、手锤	锤头与木柄的连接不牢固、锤头破损、木柄未使用整根硬质木料	物体打击	较小	锤头与木柄的连接应用金属楔栓固定，楔子长度不得大于安装孔深的2/3，锤头完好无损，木柄使用整根硬质木料
	锉刀、手锯、螺丝刀、钢丝钳、三角刮刀	手柄等缺损	刺伤	较小	锉刀、手锯、螺丝刀、钢丝钳等手柄应安装牢固，没有手柄的不准使用
	行车	行车不合格	起重伤害	较小	（1）由特种设备作业人员检查行车完好； （2）检查行车检验合格证在有效期内
4. 拆除调端外迷宫环、密封瓦支座解体	行车	制动器失灵	起重伤害	较小	（1）检查行车制动器灵活、限位正常； （2）安排维护人员在行车顶部监护，发现行车溜钩立即紧固抱闸、停止使用
	吊具、起吊迷宫环、密封瓦支座	吊点不牢固、吊点位置不正确	起重伤害	较小	（1）吊钩要挂在物品的重心上，当被吊物件起吊后有可能摆动或转动时，应采用绳牵引方法，防止物件摆动伤人或碰坏设备； （2）选择牢固可靠、满足载荷的吊点

作业步骤	危害辨识	危害描述	产生后果	风险等级	防 范 措 施
4. 拆除调端外迷宫环、密封瓦支座解体	吊具、起吊迷宫环、密封瓦支座	吊索具损坏或选择不当	起重伤害	较小	（1）作业前，应对吊索具及其配件进行检查，确认完好，方可使用； （2）所选用的吊索具应与被吊工件的外形特点及具体要求相适应，在不具备使用条件的情况下，绝不能使用； （3）作业中应防止损坏吊索具及配件，必要时在棱角处应加护角防护； （4）吊具及配件不能超过其额定起重量，起重吊具、吊索不得超过其相应吊挂状态下的最大工作载荷
		绑扎不牢固	起重伤害	较小	（1）起重前必须将物件牢固、稳妥地绑住。 （2）吊拉时两根钢丝绳之间的夹角一般不得大于90°。 （3）使用单吊索起吊重物挂钩时应打"挂钩结"；使用吊环时螺栓必须拧到底；使用卸扣时，吊索与其连接的一个索扣必须扣在销轴上，一个索扣必须扣在扣顶上，不准两个索扣分别扣在卸扣的扣体两侧上；吊拉捆绑时，重物或设备构件的锐边快口处必须加装衬垫物
		斜拉	起重伤害	较小	禁止使吊钩斜着拖吊重物
		在起吊重物下逗留和行走	起重伤害	较小	任何人不准在起吊重物下逗留和行走
	撬棍	支撑物不可靠	砸伤	较小	应保证支撑物可靠
		被撬物倾斜或滚落	砸伤	较小	撬动过程中应采取措施防止被撬物倾斜或滚落
	大锤、手锤	锤把上有油污	物体打击	较小	锤把上不可有油污
		单手抡大锤	物体打击	较小	抡大锤时，周围不得有人，不得单手抡大锤
		戴手套抡大锤	物体打击	较小	打锤人不得戴手套
	手拉葫芦	滑链	起重伤害	较小	使用前应作无负荷起落试验一次
		手拉葫芦超载荷使用	起重伤害	较小	使用手拉葫芦时工作负荷不准超过铭牌规定
	润滑油	清理不彻底	摔伤	较小	各检修区域润滑油彻底清理，避免工作面光滑造成人员滑倒
5. 密封瓦、密封瓦支座各部件清理	轴瓦	用手直接翻出、校正轴瓦	轧伤压伤	较小	（1）翻瓦检查时，必须把转动的轴瓦固定后方可工作，以防翻转伤人； （2）在轴瓦翻转就位时，不准将手伸入轴瓦洼窝内，以防轴瓦下滑时将手挤伤； （3）严禁从轴承室结合面部位跨越通行以防滑倒，需做固定通行隔离
	绝缘垫片	调整垫片刃角未处理	割伤	较小	自制垫片刃角必须经打磨圆滑过渡处理
	三角刮刀	手柄等缺损、丢失	划伤	较小	（1）三角刮刀手柄应安装牢固，没有手柄的不准使用； （2）刮刀要有防护套，避免刃部划伤； （3）清点数量登记领用
	清洁剂	在工作场所存储	火灾爆炸	较小	（1）禁止在工作场所存储易燃物品，例如汽油、酒精等； （2）领用、暂存时量不能过大，一般不超过500mL
		皮肤接触	灼伤	较小	工作人员佩戴橡胶手套
	润滑油	清理不彻底	摔伤	较小	各轴承室区域润滑油彻底清理，避免工作面光滑成人员滑倒

作业步骤	危害辨识	危害描述	产生后果	风险等级	防 范 措 施
6. 密封瓦支座、密封瓦回装	行车	制动器失灵	起重伤害	较小	（1）检查行车制动器灵活； （2）安排维护人员在行车顶部监护，发现行车溜钩立即紧固抱闸
	手拉葫芦	滑链	起重伤害	较小	使用前应作无负荷起落试验一次
		手拉葫芦超载荷使用	起重伤害	较小	使用手拉葫芦时工作负荷不准超过铭牌规定
	吊具、翻下瓦	吊点不牢固、吊点位置不正确	起重伤害	较小	（1）吊钩要挂在物品的重心上，当被吊物件起吊后有可能摆动或转动时，应采用绳牵引方法，防止物件摆动伤人或碰坏设备； （2）选择牢固可靠、满足载荷的吊点
		吊索具损坏或选择不当	起重伤害	较小	（1）作业前，应对吊索具及其配件进行检查，确认完好，方可使用； （2）所选用的吊索具应与被吊工件的外形特点及具体要求相适应，在不具备使用条件的情况下，绝不能对付使用； （3）作业中应防止损坏吊索具及配件，必要时在棱角处应加护角防护； （4）吊具及配件不能超过其额定起重量，起重吊索、吊具不得超过其相应吊挂状态下的最大工作载荷
		绑扎不牢固	起重伤害	较小	（1）起重前必须将物件牢固、稳妥地绑住。 （2）吊拉时两根钢丝绳之间的夹角一般不得大于90°。 （3）使用单吊索起吊重物挂钩时应打"挂钩结"；使用吊环时螺栓必须到底；使用卸扣时，吊索与其连接的一个索扣必须扣在销轴上，一个索扣必须扣在扣顶上，不准两个索扣分别扣在卸扣的扣体两侧上；吊拉捆绑时，重物或设备构件的锐边快口处必须加装衬垫物
		斜拉	起重伤害	较小	禁止使吊钩斜着拖吊重物
		在起吊重物下逗留和行走	起重伤害	较小	任何人不准在起吊重物下逗留和行走
	润滑油	清理不彻底	摔伤	较小	各轴承室区域润滑油彻底清理，避免工作面光滑造成人员滑倒
7. 检修工作结束	施工废料	施工废料未清理	环境污染	较小	废料及时清理，做到工完、料尽、场地清

11.8 主机高压主汽门检修

作业步骤	危害辨识	危害描述	产生后果	风险等级	防 范 措 施
1. 作业环境评估	噪声	噪声超标	噪声聋	较小	进入噪声区域时正确佩戴合格的耳塞
	岩棉、化纤	作业区保温飞扬	尘肺病	较小	作业时正确佩戴合格防尘口罩
	高温环境	环境温度超过40℃	中暑	较小	（1）不准在工作环境温度超过40℃时进行作业。 （2）在高温场所工作时，应为工作人员提供足够的饮水、清凉饮料及防暑药品；对温度较高的作业场所必须增加通风设备

续表

作业步骤	危害辨识	危害描述	产生后果	风险等级	防 范 措 施
1. 作业环境评估	高温高压蒸汽	高温设备及附属系统内动、静密封点密封失效，或者系统内设备、管道破损	灼烫伤	较小	（1）作业人员必须穿戴好隔热工作服、防护鞋、防护手套等防护用具； （2）专人监护，遇不适立即撤出高温检修区域； （3）高温区域内不得长时间逗留
	孔、洞、坑	盖板缺损	高处坠落	重大	工作场所的孔、洞必须覆以与地面齐平的坚固盖板或做好隔离措施
	氢气	氢气浓度含量超标	火灾、爆炸	较小	（1）现场动火前测量氢气浓度含量符合要求； （2）办理动火许可手续； （3）动火前清理周围易燃物，配备合适的足够的有效的消防器材，完工后检查无火种遗留； （4）安排监护人进行监护
	照明	现场照明不充足	其他伤害	较小	增加临时照明
2. 确认安全措施正确执行	高温高压蒸汽	工作前所采取的安全措施不完善	灼烫伤	较小	（1）开工前确认现场安全措施、隔离措施正确完备； （2）待管道内介质放尽，压力为零，温度适可后方可开始工作； （3）人员不能正面对法兰及焊口工作，防止漏出介质体伤人
3. 准备工作及现场布置	临时电源及电源线	电源线悬挂高度不够	触电	较小	临时电源线架设高度室内不低于 2.5m
		电源线、插头、插座破损	触电	较小	（1）检查电源线外绝缘良好，无破损； （2）检查电源盘合格证在有效期； （3）检查电源插头插座，确保完好； （4）不准将电源线缠绕在护栏、管道和脚手架上
		未安装漏电保护器	触电	较小	（1）检查电源盘合格证在有效期； （2）分级配置漏电保护器，工作前试漏电保护器，确保正确动作
		检修电源箱外壳未接地	触电	较小	（1）检查电源盘合格证在有效期； （2）检查电源箱外壳接地良好
	角磨机、切割机、电磨	电源线、电源插头破损、防护罩破损缺失松动	机械伤害触电	较小	（1）检查电源线、电源插头完好无破损、防护罩完好无破损且牢固； （2）检查合格证在有效期内
	电焊机	电焊机电源线、电源插头、电焊钳破损	触电	较小	（1）电焊机电源线、电源插头、电焊钳等焊接设备和工具完好无损； （2）电焊机的裸露导电部分和转动部分以及冷却用的风扇，均应装有保护罩
		焊机外壳不接地	触电	较小	电焊机金属外壳应有明显的可靠接地，且一机一接地
		焊机、焊钳与电缆线连接不牢固	触电	较小	（1）电焊工作所用的导线，必须使用绝缘良好的皮线； （2）电焊机、焊钳与电缆线连接牢固，接地端头不外露； （3）连接到电焊钳上的一端，至少有 5m 为绝缘软导线
		一闸接多台电焊机	触电、火灾	较小	电焊机必须装有独立的专用电源开关，其容量应符合要求。焊机超负荷时，应能自动切断电源，禁止多台焊机共用一个电源开关

作业步骤	危害辨识	危害描述	产生后果	风险等级	防 范 措 施
3. 准备工作及现场布置	手拉葫芦	手拉有裂纹、链轮转动卡涩、吊钩无防脱保险装置	起重伤害	较小	（1）使用前应作无负荷起落试验一次，检查手拉链是否有裂纹、链轮转动是否卡涩、吊钩是否无防脱保险装置，以确保完好； （2）检查合格证在有效期内
	大锤、手锤	锤头与木柄的连接不牢固、锤头破损、木柄未使用整根硬质木料	物体打击	较小	锤头与木柄的连接应用金属楔栓固定，楔子长度不得大于安装孔深的2/3，锤头完好无损，木柄使用整根硬质木料
	锉刀、手锯、螺丝刀、钢丝钳	手柄等缺损	刺伤	较小	锉刀、手锯、螺丝刀、钢丝钳等手柄应安装牢固，没有手柄的不准使用
	脚手架搭设	脚手架搭设后未验收	高处坠落	重大	（1）搭设结束后，必须履行脚手架验收手续，填写脚手架验收单，并在脚手架验收单上分级签字； （2）验收合格后应在脚手架上悬挂合格证，方可使用
	行车	行车不合格	起重伤害	较小	（1）由特种设备作业人员检查行车完好； （2）检查行车检验合格证在有效期内
4. 高压主汽门解体	高处作业	作业时未正确使用防护用品	高处坠落	重大	高处作业人员必须戴好安全帽、穿好防滑鞋并正确佩戴和使用安全带
		未佩戴使用合格的安全带	高处坠落	重大	（1）安全带检验合格证应在有效期内； （2）使用前检查安全带部件完好无损坏； （3）正确使用双钩安全带，移动中严禁脱钩；安全带应挂在牢固的构件上，高挂抵用
		擅自改动脚手架架构	高处坠落	重大	工作过程中，不准随意改变脚手架的结构，必要时，必须经过搭设脚手架的技术负责人同意，并再次验收合格后方可使用
		乱拉电源线、电焊线、气带	高处坠落	重大	（1）脚手架上不准乱拉电线； （2）必须安装临时照明线路时，木竹脚手架应采用绝缘子，金属脚手架应另设木横担
		随意码放物品或超载	高处坠落	重大	（1）不准在脚手架和脚手板上聚集人员或放置超过计算荷重的材料； （2）脚手架上的堆置物应摆放整齐和牢固，不准超高摆放； （3）脚手架上的大物件应分散堆放，不得集中堆放； （4）脚手架上的废弃物应及时清理，并用绳子系牢后溜放到地面
		脚手架上作业不规范	高处坠落	重大	（1）上下脚手架应走人行通道或梯子，不准攀登架体； （2）不准站在脚手的探头上作业； （3）同一架体上的作业人数一般为2人，必须超过2人的情况下不得超过9人； （4）不准在脚手架上蹲在木桶、木箱、砖及其他建筑材料等作业； （5）不准在架子上退着行走或跨坐在防护横杆上休息； （6）架子上应保持清洁，随时清理冰雪、杂物等，不准乱堆乱放物料； （7）不得在防护栏杆上拴挂任何重物； （8）作业中需要拆除防护栏杆时，必须采取可靠的临边防护措施

作业步骤	危害辨识	危害描述	产生后果	风险等级	防 范 措 施
4. 高压主汽门解体	手提切割机、磨光机、电磨	电源线、电源插头破损、防护罩破损缺失松动	触电、机械伤害	较小	（1）检查电源线、电源插头完好无破损、防护罩完好无破损且牢固； （2）检验合格证在有效期内； （3）使用切割机时戴好防护面罩
	脚手架	脚手架未验收、检查	高处坠落	重大	（1）脚手架搭设结束后，必须履行脚手架验收手续，委托人及搭建人双方在脚手架验收合格证上签字； （2）每日使用脚手架前，使用人检查脚手架合格并在脚手架验收合格证背面签名后方可使用
	安全带	未正确使用安全带	高处坠落	重大	（1）安全带检验合格证应在有效期内； （2）使用前检查安全带部件完好无损坏； （3）正确使用双钩安全带，移动中严禁脱钩； （4）安全带应挂在牢固的构件上，高挂抵用
	高处的工器具、零部件	工器具未系防坠绳、零部件未固定及上下抛掷	物体打击	较小	（1）工器具必须使用防坠绳； （2）工器具和零部件应用绳拴在牢固的构件上，不准随便乱放； （3）工器具和零部件不准上下抛掷
	螺栓加热棒	未采取防烫伤措施	灼烫伤	较小	（1）操作人员必须使用隔热手套； （2）使用后加热棒要存放在专用支架上并做好隔离
		未采取防火措施	火灾	较小	（1）使用后加热棒要存放在专用支架上并做好隔离； （2）螺栓加热过程中清理可燃物并严禁使用螺栓松动剂等易燃易爆物品
		未采取防触电措施	触电	较小	（1）操作人与员必须穿绝缘鞋、戴绝缘手套； （2）检查加热设备绝缘良好，工作人员离开现场应切断电源
	大锤、手锤	锤把上有油污	物体打击	较小	锤把上不可有油污
		单手抡大锤	物体打击	较小	抡大锤时，周围不得有人，不得单手抡大锤
		戴手套抡大锤	物体打击	较小	打锤人不得戴手套
	摆锤	摆锤抓杆上有油污	物体打击	较小	摆锤抓杆上不可有油污
		摆锤失控飞出	物体打击	较小	使用摆锤时，设置隔离区，周围无关人员不得靠近
		摆锤偏离正确方向	物体打击	较小	使用摆锤时，由专人指挥，人员听从口令，统一行动
	锉刀、手锯、螺丝刀、钢丝钳	手柄等缺损	刺伤	较小	锉刀、手锯、螺丝刀、钢丝钳等手柄应安装牢固，没有手柄的不准使用
	撬杠	支撑物不可靠	压伤	较小	应保证支撑物可靠
		被撬物倾斜或滚落	压伤	较小	撬动过程中应采取措施防止被撬物倾斜或滚落
	起重作业	违章操作	起重伤害	较小	（1）起重作业人员持证上岗； （2）起吊作业时专人指挥，现场加强人员监护； （3）现场配备 2 名以上专业的有经验的起重作业人员

作业步骤	危害辨识	危害描述	产生后果	风险等级	防 范 措 施
4. 高压主汽门解体	手拉葫芦	手拉有裂纹、链轮转动卡涩、吊钩无防脱保险装置	起重伤害	较小	（1）使用前应作无负荷起落试验一次，检查手拉是否有裂纹、链轮转动是否卡涩、吊钩是否无防脱保险装置，以确保完好； （2）检查合格证在有效期内
	行车	制动器、限位失灵	起重伤害	较小	安排维护人员在行车顶部监护，发现行车吊钩有溜钩现象时立即紧固抱闸
	吊具、起吊伺服机构、门盖、自密封组件、门杆及门芯	吊点不牢固、吊点位置不正确	起重伤害	较小	（1）吊钩要挂在物件的重心上，当被吊物件起吊后有可能摆动或转动时，应采用绳牵引方法，防止物件摆动伤人或碰坏设备； （2）选择牢固可靠、满足载荷的吊点
		吊索具损坏或选择不当	起重伤害	较小	（1）作业前，应对吊索具及其配件进行检查，确认完好，方可使用； （2）所选用的吊索具应与被吊工件的外形特点及具体要求相适应，在不具备使用条件的情况下，绝不能对付使用； （3）作业中应防止损坏吊索具及配件，必要时在棱角处应加护角防护； （4）吊具及配件不能超过其额定起重量，起重吊索、吊具不得超过其相应吊挂状态下的最大工作载荷
		绑扎不牢固	起重伤害	较小	（1）起重前必须将物件牢固、稳妥地绑住。 （2）吊拉时两根钢丝绳之间的夹角一般不得大于90°。 （3）使用单吊索起吊重物挂钩时应打"挂钩结"；使用吊环时螺栓必须拧到底；使用卸扣时，吊索与其连接的一个索扣必须扣在销轴上，一个索扣必须扣在扣顶上，不准两个索扣分别扣在卸扣的扣体两侧上；吊拉捆绑时，重物或设备构件的锐边快口处必须加装衬垫物
		斜拉	起重伤害	较小	禁止使吊钩斜着拖吊重物
		在起吊重物下逗留和行走	起重伤害	较小	任何人不准在起吊重物下逗留和行走
5. 高压主汽门检修清理	角磨机、电磨	未正确使用防护罩、防护眼镜	机械伤害	较小	正确佩戴防护罩、防护眼镜
		手提电动工具的导线或转动部分	触电	较小	禁止手提电动工具的导线或转动部分
		角磨机砂轮片破损	机械伤害	较小	使用前检查角磨机砂轮片完好无缺损
		更换砂轮片未切断电源	触电	较小	更换砂轮片前必须切断电源
	阀门部件	搬运沉重的部件	压伤	较小	（1）不准超出体力搬运； （2）工作人员相互配合，做好互保
		部件放置不稳定	压伤	较小	部件放置应采取防止部件倾斜或滚落的措施
	清洁剂	在工作场所存储	火灾爆炸	较小	（1）禁止在工作场所存储易燃物品，例如汽油、酒精等； （2）领用、暂存时量不能过大，一般不超过500mL
		皮肤接触	化学性灼伤	较小	工作人员佩戴橡胶手套

作业步骤	危害辨识	危害描述	产生后果	风险等级	防 范 措 施
5. 高压主汽门检修清理	临时电源及电源线	电源线悬挂高度不够	触电	较小	临时电源线架设高度室内不低于2.5m
		电源线、插头、插座破损	触电	较小	（1）检查电源线外绝缘良好，无破损； （2）检查电源盘合格证在有效期； （3）检查电源插头插座，确保完好； （4）不准将电源线缠绕在护栏、管道和脚手架上
		未安装漏电保护器	触电	较小	（1）检查电源盘合格证在有效期； （2）分级配置漏电保护器，工作前试漏电保护器，确保正确动作
		检修电源箱外壳未接地	触电	较小	（1）检查电源盘合格证在有效期； （2）检查电源箱外壳接地良好
6. 高压主汽门回装	高处作业	作业时未正确使用防护用品	高处坠落	重大	高处作业人员必须戴好安全帽、穿好防滑鞋并正确佩戴和使用安全带
		未佩戴使用合格的安全带	高处坠落	重大	（1）安全带检验合格证应在有效期内； （2）使用前检查安全带部件完好无损坏； （3）正确使用双钩安全带，移动中严禁脱钩； （4）安全带应挂在牢固的构件上，高挂低用
		擅自改动脚手架架构	高处坠落	重大	工作过程中，不准随意改变脚手架的结构，必要时，必须经过搭设脚手架的技术负责人同意，并再次验收合格后方可使用
		乱拉电源线、电焊线、气带	高处坠落	重大	（1）脚手架上不准乱拉电线； （2）必须安装临时照明线路时，木竹脚手架应采用绝缘子，金属脚手架应另设木横担
		随意码放物品或超载	高处坠落	重大	（1）不准在脚手架和脚手板上聚集人员或放置超过计算荷重的材料； （2）脚手架上的堆置物应摆放整齐和牢固，不准超高摆放； （3）脚手架上的大物件应分散堆放，不得集中堆放； （4）脚手架上的废弃物应及时清理，并用绳子系牢后溜放到地面
		脚手架上作业不规范	高处坠落	重大	（1）上下脚手架应走人行通道或梯子，不准攀登架体； （2）不准站在脚手架的探头上作业； （3）同一架体上的作业人数一般为2人，必须超过2人的情况下不得超过9人； （4）不准在脚手架上蹬在木桶、木箱、砖及其他建筑材料等作业； （5）不准在架子上退着行走或跨坐在防护横杆上休息； （6）架子上应保持清洁，随时清理冰雪、杂物等，不准乱堆乱放物料； （7）不得在防护栏杆上拴挂任何重物； （8）作业中需要拆除防护栏杆时，必须采取可靠的临边防护措施
	手提切割机、磨光机、电磨	电源线、电源插头破损、防护罩破损缺失松动	触电、机械伤害	较小	（1）检查电源线、电源插头完好无破损、防护罩完好无破损且牢固； （2）检验合格证在有效期内； （3）使用切割机时戴好防护面罩

作业步骤	危害辨识	危害描述	产生后果	风险等级	防 范 措 施
6. 高压主汽门回装	氢气	氢气浓度超标	火灾、爆炸	较小	（1）现场动火前测量氢气浓度符合要求； （2）办理动火许可手续； （3）动火前清理周围易燃物，配备合适的足够的有效的消防器材，完工后检查无火种遗留； （4）安排监护人进行监护
	脚手架	脚手架未验收、检查	高处坠落	重大	（1）脚手架搭设结束后，必须履行脚手架验收手续，委托人及搭建人双方在脚手架验收合格证上签字； （2）每日使用脚手架前，使用人检查脚手架合格并在脚手架验收合格证背面签名后方可使用
	安全带	未正确使用安全带	高处坠落	重大	（1）安全带检验合格证应在有效期内； （2）使用前检查安全带部件完好无损坏； （3）正确使用双钩安全带，移动中严禁脱钩； （4）安全带应挂在牢固的构件上，高挂抵用
	高处的工器具、零部件	工器具未系防坠绳、零部件未固定及上下抛掷	物体打击	较小	（1）工器具必须使用防坠绳； （2）工器具和零部件应用绳拴在牢固的构件上，不准随便乱放； （3）工器具和零部件不准上下抛掷
	螺栓加热棒	未采取防烫伤措施	灼烫伤	较小	（1）操作人员必须使用隔热手套； （2）使用后加热棒要存放在专用支架上并做好隔离
		未采取防火措施	火灾	较小	（1）使用后加热棒要存放在专用支架上并做好隔离； （2）螺栓加热过程中清理可燃物并严禁使用螺栓松动剂等易燃易爆物品
		未采取防触电措施	触电	较小	（1）操作人与员必须穿绝缘鞋、戴绝缘手套； （2）检查加热设备绝缘良好，工作人员离开现场应切断电源
	大锤、手锤	锤把上有油污	物体打击	较小	锤把上不可有油污
		单手抡大锤	物体打击	较小	抡大锤时，周围不得有人，不得单手抡大锤
		戴手套抡大锤	物体打击	较小	打锤人不得戴手套
	锉刀、手锯、螺丝刀、钢丝钳	手柄等缺损	刺伤	较小	锉刀、手锯、螺丝刀、钢丝钳等手柄应安装牢固，没有手柄的不准使用
	撬杠	支撑物不可靠	压伤	较小	应保证支撑物可靠
		被撬物倾斜或滚落	压伤	较小	撬动过程中应采取措施防止被撬物倾斜或滚落
	起重作业	违章操作	起重伤害	较小	（1）起重作业人员持证上岗； （2）起吊作业时专人指挥，现场加强人员监护 （3）现场配备 2 名以上专业的有经验的起重作业人员
	手拉葫芦	手拉有裂纹、链轮转动卡涩、吊钩无防脱保险装置	起重伤害	较小	（1）使用前应作无负荷起落试验一次，检查手拉是否有裂纹、链轮转动是否卡涩、吊钩是否无防脱保险装置，以确保完好； （2）检查合格证在有效期内
	行车	制动器、限位失灵	起重伤害	较小	安排维护人员在行车顶部监护，发现行车吊钩有溜钩现象时立即紧固抱闸

作业步骤	危害辨识	危害描述	产生后果	风险等级	防 范 措 施
6. 高压主汽门回装	吊具、起吊伺服机构、门盖、自密封组件、门杆及门芯	吊点不牢固、吊点位置不正确	起重伤害	较小	（1）吊钩要挂在物件的重心上，当被吊物件起吊后有可能摆动或转动时，应采用绳牵引方法，防止物件摆动伤人或碰坏设备； （2）选择牢固可靠、满足载荷的吊点
		吊索具损坏或选择不当	起重伤害	较小	（1）作业前，应对吊索具及其配件进行检查，确认完好，方可使用； （2）所选用的吊索具应与被吊工件的外形特点及具体要求相适应，在不具备使用条件的情况下，绝不能对付使用； （3）作业中应防止损坏吊索具及配件，必要时在棱角处应加护角防护； （4）吊具及配件不能超过其额定起重量，起重吊索、吊具不得超过其相应吊挂状态下的最大工作载荷
		绑扎不牢固	起重伤害	较小	（1）起重前必须将物件牢固、稳妥地绑住。 （2）吊拉时两根钢丝绳之间的夹角一般不得大于90°。 （3）使用单吊索起吊重物挂钩时应打"挂钩结"；使用吊环时螺栓必须拧到底；使用卸扣时，吊索与其连接的一个索扣必须扣在销轴上，一个索扣必须扣在扣顶上，不准两个索扣分别扣在卸扣的扣体两侧上；吊拉捆绑时，重物或设备构件的锐边快口处必须加装衬垫物
		斜拉	起重伤害	较小	禁止使吊钩斜着拖吊重物
		在起吊重物下逗留和行走	起重伤害	较小	任何人不准在起吊重物下逗留和行走
7. 管路连接	角磨机、切割机	未正确使用防护罩、防护眼镜	机械伤害	较小	正确佩戴防护罩、防护眼镜
		手提电动工具的导线或转动部分	触电	较小	禁止手提电动工具的导线或转动部分
		砂轮片、切割片破损	物体打击	较小	使用前检查砂轮片、切割片完好无缺损
		更换砂轮片、切割片未切断电源	机械伤害	较小	更换砂轮片、切割片前必须切断电源
	可燃物质	未清理动火作业区域可燃物质	火灾	较小	（1）动火现场周围5m以内，严禁堆放易燃易爆物品；不能清除时应用阻燃物品隔离； （2）作业场所配备灭火器
	电焊机	未正确使用面罩、电焊手套、白光眼镜等防护用具	灼烫伤	较小	（1）正确使用面罩； （2）戴电焊手套； （3）戴白光眼镜； （4）穿电焊服
		电焊线缠绕在身上	触电	较小	工作前将电焊线布置好，在人员通道上架空2.5m高，户外4m高，地面敷设做好防护措施
		在金属容器内焊接作业未穿绝缘鞋	触电	较小	在金属容器内焊接作业穿绝缘鞋、铺绝缘垫
		利用厂房的金属结构、管道、轨道或其他金属搭接起来作为导线使用	触电	较小	不准利用厂房的金属结构、管道、轨道或其他金属搭接起来作为导线使用
		边吊边焊	物体打击	较小	禁止在起吊的设备上进行电焊作业
		准备移动消防器材不合格	火灾	较小	电焊作业现场必须准备合格的、充足的灭火器及移动消防器材

作业步骤	危害辨识	危害描述	产生后果	风险等级	防 范 措 施
7. 管路连接	焊接尘	通风不良	尘肺病	较小	焊接工作场所应有良好的通风
		未正确使用防尘口罩	尘肺病	较小	作业时正确佩戴合格防尘口罩
	焊渣	高温焊渣飞溅	灼烫伤、火灾	较小	（1）动火工作区域周围设置防护屏，防止其他人员被飞溅的焊渣烫伤，地面铺设防火布； （2）火焊人员必须穿戴好工作服、手套和带鞋盖劳保鞋等
	遗留火种	施焊完毕后，未确认是否遗留火种就离开	火灾	较小	电焊作业时须有灭火器材，施焊完毕后，要留有充分的时间观察，确认无引火点，方可离去
8. 阀门传动	转动的门杆	阀门行程调整	机械伤害	较小	调整阀门执行机构行程的同时不得用手触摸阀杆和手轮，避免挤伤手指
9. 现场清理	施工废料	施工废料未清理	环境污染	较小	废料及时清理，做到工完、料尽、场地清

11.9 主机高压调门检修

作业步骤	危害辨识	危害描述	产生后果	风险等级	防 范 措 施
1. 作业环境评估	噪声	噪声超标	噪声聋	较小	进入噪声区域时正确佩戴合格的耳塞
	岩棉、化纤	作业区保温飞扬	尘肺病	较小	作业时正确佩戴合格防尘口罩
	高温环境	环境温度超过40℃	中暑	较小	（1）不准在工作环境温度超过40℃时进行作业。 （2）在高温场所工作时，应为工作人员提供足够的饮水、清凉饮料及防暑药品；对温度较高的作业场所必须增加通风设备
	高温高压蒸汽	高温设备及附属系统内动、静密封点密封失效，或者系统内设备、管道破损	灼烫伤	较小	（1）作业人员必须穿戴好隔热工作服、防护鞋、防护手套等防护用具； （2）专人监护，遇有不适立即撤出高温检修区域； （3）高温区域内不得长时间逗留
	孔、洞、坑	盖板缺损	高处坠落	重大	工作场所的孔、洞必须覆以与地面齐平的坚固盖板或做好隔离措施
	氢气	氢气浓度含量超标	火灾、爆炸	较小	（1）现场动火前测量氢气浓度含量符合要求； （2）办理动火许可手续； （3）动火前清理周围易燃物，配备合适的足够的有效的消防器材，完工后检查无火种遗留； （4）安排监护人进行监护
	照明	现场照明不充足	其他伤害	较小	增加临时照明
2. 确认安全措施正确执行	高温高压蒸汽	工作前所采取的安全措施不完善	灼烫伤	较小	（1）开工前确认现场安全措施、隔离措施正确完备； （2）待管道内介质放尽、压力为零、温度适可后方可开始工作； （3）人员不能正面对法兰及焊口工作，防止漏出介质伤人

续表

作业步骤	危害辨识	危害描述	产生后果	风险等级	防 范 措 施
3. 准备工作及现场布置	临时电源及电源线	电源线悬挂高度不够	触电	较小	临时电源线架设高度室内不低于2.5m
		电源线、插头、插座破损	触电	较小	(1) 检查电源线外绝缘良好，无破损； (2) 检查电源盘合格证在有效期； (3) 检查电源插头插座，确保完好； (4) 不准将电源线缠绕在护栏、管道和脚手架上
		未安装漏电保护器	触电	较小	(1) 检查电源盘合格证在有效期； (2) 分级配置漏电保护器，工作前试漏电保护器，确保正确动作
		检修电源箱外壳未接地	触电	较小	(1) 检查电源盘合格证在有效期； (2) 检查电源箱外壳接地良好
	角磨机、切割机、电磨	电源线、电源插头破损、防护罩破损缺失松动	机械伤害触电	较小	(1) 检查电源线、电源插头完好无破损、防护罩完好无破损且牢固； (2) 检查合格证在有效期内
	电焊机	电焊机电源线、电源插头、电焊钳破损	触电	较小	(1) 电焊机电源线、电源插头、电焊钳等焊接设备和工具完好无损； (2) 电焊机的裸露导电部分和转动部分以及冷却用的风扇，均应装有保护罩
		焊机外壳不接地	触电	较小	电焊机金属外壳应有明显的可靠接地，且一机一接地
		焊机、焊钳与电缆线连接不牢固	触电	较小	(1) 电焊工作所用的导线，必须使用绝缘良好的皮线； (2) 电焊机、焊钳与电缆线连接牢固，接地端头不外露； (3) 连接到电焊钳上的一端，至少有5m为绝缘软导线
		一闸接多台电焊机	触电、火灾	较小	电焊机必须装有独立的专用电源开关，其容量应符合要求。焊机超负荷时，应能自动切断电源，禁止多台焊机共用一个电源开关
	手拉葫芦	手拉有裂纹、链轮转动卡涩、吊钩无防脱保险装置	起重伤害	较小	(1) 使用前应作无负荷起落试验一次，检查手拉链是否有裂纹、链轮转动是否卡涩、吊钩是否无防脱保险装置，以确保完好； (2) 检查合格证在有效期内
	大锤、手锤	锤头与木柄的连接不牢固、锤头破损、木柄未使用整根硬质木料	物体打击	较小	锤头与木柄的连接应用金属楔栓固定，楔子长度不得大于安装孔深的2/3，锤头完好无损，木柄使用整根硬质木料
	锉刀、手锯、螺丝刀、钢丝钳	手柄等缺损	刺伤	较小	锉刀、手锯、螺丝刀、钢丝钳等手柄应安装牢固，没有手柄的不准使用
	脚手架搭设	脚手架搭设后未验收	高处坠落	重大	(1) 搭设结束后，必须履行脚手架验收手续，填写脚手架验收单，并在脚手架验收单上分级签字； (2) 验收合格后应在脚手架上悬挂合格证，方可使用
	行车	行车不合格	起重伤害	较小	(1) 由特种设备作业人员检查行车完好； (2) 检查行车检验合格证在有效期内

续表

作业步骤	危害辨识	危害描述	产生后果	风险等级	防 范 措 施
4. 高压调门解体	高处作业	作业时未正确使用防护用品	高处坠落	重大	高处作业人员必须戴好安全帽、穿好防滑鞋并正确佩戴和使用安全带
		未佩戴使用合格的安全带	高处坠落	重大	（1）安全带检验合格证应在有效期内； （2）使用前检查安全带部件完好无损坏； （3）正确使用双钩安全带，移动中严禁脱钩；安全带应挂在牢固的构件上，高挂抵用
		擅自改动脚手架架构	高处坠落	重大	工作过程中，不准随意改变脚手架的结构，必要时，必须经过搭设脚手架的技术负责人同意，并再次验收合格后方可使用
		乱拉电源线、电焊线、气带	高处坠落	重大	（1）脚手架上不准乱拉电线； （2）必须安装临时照明线路时，木竹脚手架应采用绝缘子，金属脚手架应另设木横担
		随意码放物品或超载	高处坠落	重大	（1）不准在脚手架和脚手板上聚集人员或放置超过计算荷重的材料； （2）脚手架上的堆置物应摆放整齐和牢固，不准超高摆放； （3）脚手架上的大物件应分散堆放，不得集中堆放； （4）脚手架上的废弃物应及时清理，并用绳子系牢后溜放到地面
		脚手架上作业不规范	高处坠落	重大	（1）上下脚手架应走人行通道或梯子，不准攀登架体； （2）不准站在脚手架的探头上作业； （3）同一架体上的作业人数一般为 2 人，必须超过 2 人的情况下不得超过 9 人； （4）不准在脚手架上蹲在木桶、木箱、砖及其他建筑材料等作业； （5）不准在架子上退着行走或跨坐在防护横杆上休息； （6）架子上应保持清洁，随时清理冰雪、杂物等，不准乱堆乱放物料； （7）不得在防护栏杆上拴挂任何重物； （8）作业中需要拆除防护栏杆时，必须采取可靠的临边防护措施
	手提切割机、磨光机、电磨	电源线、电源插头破损、防护罩破损缺失松动	触电、机械伤害	较小	（1）检查电源线、电源插头完好无破损、防护罩完好无破损且牢固； （2）检验合格证在有效期内； （3）使用切割机时戴好防护面罩
	脚手架	脚手架未验收、检查	高处坠落	重大	（1）脚手架搭设结束后，必须履行脚手架验收手续，委托人及搭建人双方在脚手架验收合格证上签字； （2）每日使用脚手架前，使用人检查脚手架合格并在脚手架验收合格证背面签名后方可使用
	安全带	未正确使用安全带	高处坠落	重大	（1）安全带检验合格证应在有效期内； （2）使用前检查安全带部件完好无损坏； （3）正确使用双钩安全带，移动中严禁脱钩； （4）安全带应挂在牢固的构件上，高挂抵用
	高处的工器具、零部件	工器具未系防坠绳、零部件未固定及上下抛掷	物体打击	较小	（1）工器具必须使用防坠绳； （2）工器具和零部件应用绳拴在牢固的构件上，不准随便乱放； （3）工器具和零部件不准上下抛掷

作业步骤	危害辨识	危害描述	产生后果	风险等级	防范措施
4. 高压调门解体	螺栓加热棒	未采取防烫伤措施	灼烫伤	较小	（1）操作人员必须使用隔热手套； （2）使用后加热棒要存放在专用支架上并做好隔离
		未采取防火措施	火灾	较小	（1）使用后加热棒要存放在专用支架上并做好隔离； （2）螺栓加热过程中清理可燃物并严禁使用螺栓松动剂等易燃易爆物品
		未采取防触电措施	触电	较小	（1）操作人与员必须穿戴绝缘鞋、绝缘手套； （2）检查加热设备绝缘良好，工作人员离开现场应切断电源
	大锤、手锤	锤把上有油污	物体打击	较小	锤把上不可有油污
		单手抡大锤	物体打击	较小	抡大锤时，周围不得有人，不得单手抡大锤
		戴手套抡大锤	物体打击	较小	打锤人不得戴手套
	锉刀、手锯、螺丝刀、钢丝钳	手柄等缺损	刺伤	较小	锉刀、手锯、螺丝刀、钢丝钳等手柄应安装牢固，没有手柄的不准使用
	撬杠	支撑物不可靠	压伤	较小	应保证支撑物可靠
		被撬物倾斜或滚落	压伤	较小	撬动过程中应采取措施防止被撬物倾斜或滚落
	起重作业	违章操作	起重伤害	较小	（1）起重作业人员持证上岗； （2）起吊作业时专人指挥，现场加强人员监护； （3）现场配备 2 名以上专业的有经验的起重作业人员
	手拉葫芦	手拉有裂纹、链轮转动卡涩、吊钩无防脱保险装置	起重伤害	较小	（1）使用前应作无负荷起落试验一次，检查手拉是否有裂纹、链轮转动是否卡涩、吊钩是否无防脱保险装置，以确保完好； （2）检查合格证在有效期内
	行车	制动器、限位失灵	起重伤害	较小	安排维护人员在行车顶部监护，发现行车吊钩有溜钩现象时立即紧固抱闸
	吊具、起吊伺服机构、门盖、自密封组件、门杆及门芯	吊点不牢固、吊点位置不正确	起重伤害	较小	（1）吊钩要挂在物件的重心上，当被吊物件起吊后有可能摆动或转动时，应采用绳牵引方法，防止物件摆动伤人或碰坏设备； （2）选择牢固可靠、满足载荷的吊点
		吊索具损坏或选择不当	起重伤害	较小	（1）作业前，应对吊索具及其配件进行检查，确认完好，方可使用； （2）所选用的吊索具应与被吊工件的外形特点及具体要求相适应，在不具备使用条件的情况下，绝不能对付使用； （3）作业中应防止损坏吊索具及配件，必要时在棱角处加护角防护； （4）吊具及配件不能超过其额定起重量，起重吊索、吊具不得超过其相应吊挂状态下的最大工作载荷
		绑扎不牢固	起重伤害	较小	（1）起重前必须将物件牢固、稳妥地绑住。 （2）吊拉时两根钢丝绳之间的夹角一般不得大于 90°。 （3）使用单吊索起吊重物挂钩时应打"挂钩结"；使用吊环时螺栓必须拧到底；使用卸扣时，吊索与其连接的一个索扣必须扣在销轴上，一个索扣必须扣在扣顶上，不准两个索扣分别扣在卸扣的扣体两侧上；吊拉捆绑时，重物或设备构件的锐边快口处必须加装衬垫物

续表

作业步骤	危害辨识	危害描述	产生后果	风险等级	防 范 措 施
4. 高压调门解体	吊具、起吊伺服机构、门盖、自密封组件、门杆及门芯	斜拉	起重伤害	较小	禁止使吊钩斜着拖吊重物
		在起吊重物下逗留和行走	起重伤害	较小	任何人不准在起吊重物下逗留和行走
5. 高压调门检修清理	角磨机、电磨	未正确使用防护罩、防护眼镜	机械伤害	较小	正确佩戴防护罩、防护眼镜
		手提电动工具的导线或转动部分	触电	较小	禁止手提电动工具的导线或转动部分
		角磨机砂轮片破损	机械伤害	较小	使用前检查角磨机砂轮片完好无缺损
		更换砂轮片未切断电源	触电	较小	更换砂轮片前必须切断电源
	阀门部件	搬运沉重的部件	压伤	较小	（1）不准超出体力搬运； （2）工作人员相互配合，做好互保
		部件放置不稳定	压伤	较小	部件放置应采取防止部件倾斜或滚落的措施
	清洁剂	在工作场所存储	火灾爆炸	较小	（1）禁止在工作场所存储易燃物品，例如汽油、酒精等； （2）领用、暂存时量不能过大，一般不超过500mL
		皮肤接触	化学性灼伤	较小	工作人员佩戴橡胶手套
	临时电源及电源线	电源线悬挂高度不够	触电	较小	临时电源线架设高度室内不低于2.5m
		电源线、插头、插座破损	触电	较小	（1）检查电源线外绝缘良好，无破损； （2）检查电源盘合格证在有效期； （3）检查电源插头插座，确保完好； （4）不准将电源线缠绕在护栏、管道和脚手架上
		未安装漏电保护器	触电	较小	（1）检查电源盘合格证在有效期； （2）分级配置漏电保护器，工作前试漏电保护器，确保正确动作
		检修电源箱外壳未接地	触电	较小	（1）检查电源盘合格证在有效期； （2）检查电源箱外壳接地良好
6. 高压调门回装	高处作业	作业时未正确使用防护用品	高处坠落	重大	高处作业人员必须戴好安全帽、穿好防滑鞋并正确佩戴和使用安全带
		未佩戴使用合格的安全带	高处坠落	重大	（1）安全带检验合格证应在有效期内； （2）使用前检查安全带部件完好无损坏； （3）正确使用双钩安全带，移动中严禁脱钩；安全带应挂在牢固的构件上，高挂抵用
		擅自改动脚手架架构	高处坠落	重大	工作过程中，不准随意改变脚手架的结构，必要时，必须经过搭设脚手架的技术负责人同意，并再次验收合格后方可使用
		乱拉电源线、电焊线、气带	高处坠落	重大	（1）脚手架上不准乱拉电线； （2）必须安装临时照明线路时，木竹脚手架应采用绝缘子，金属脚手架应另设木横担
		随意码放物品或超载	高处坠落	重大	（1）不准在脚手架和脚手板上聚集人员或放置超过计算荷重的材料； （2）脚手架上的堆置物应摆放整齐和牢固，不准超高摆放； （3）脚手架上的大物件应分散堆放，不得集中堆放； （4）脚手架上的废弃物应及时清理，并用绳子系牢后溜放到地面

作业步骤	危害辨识	危害描述	产生后果	风险等级	防 范 措 施
6.高压调门回装	高处作业	脚手架上作业不规范	高处坠落	重大	（1）上下脚手架应走人行通道或梯子，不准攀登架体； （2）不准站在脚手架的探头上作业； （3）同一架体上的作业人数一般为 2 人，必须超过 2 人的情况下不得超过 9 人； （4）不准在脚手架上蹬在木桶、木箱、砖及其他建筑材料等作业； （5）不准在架子上退着行走或跨坐在防护横杆上休息； （6）架子上应保持清洁，随时清理冰雪、杂物等，不准乱堆乱放物料； （7）不得在防护栏杆上拴挂任何重物； （8）作业中需要拆除防护栏杆时，必须采取可靠的临边防护措施
	手提切割机、磨光机、电磨	电源线、电源插头破损、防护罩破损缺失松动	触电、机械伤害	较小	（1）检查电源线、电源插头完好无破损、防护罩完好无破损且牢固； （2）检验合格证在有效期内； （3）使用切割机时戴好防护面罩
	氢气	氢气浓度含量超标	火灾、爆炸	较小	（1）现场动火前测量氢气浓度含量符合要求； （2）办理动火许可手续； （3）动火前清理周围易燃物，配备合适的足够的有效的消防器材，完工后检查无火种遗留； （4）安排监护人进行监护
	脚手架	脚手架未验收、检查	高处坠落	重大	（1）脚手架搭设结束后，必须履行脚手架验收手续，委托人及搭建人双方在脚手架验收合格证上签字； （2）每日使用脚手架前，使用人检查脚手架合格并在脚手架验收合格证背面签名后方可使用
	安全带	未正确使用安全带	高处坠落	重大	（1）安全带检验合格证应在有效期内； （2）使用前检查安全带部件完好无损坏； （3）正确使用双钩安全带，移动中严禁脱钩； （4）安全带应挂在牢固的构件上，高挂低用
	高处的工器具、零部件	工器具未系防坠绳、零部件未固定及上下抛掷	物体打击	较小	（1）工器具必须使用防坠绳； （2）工器具和零部件应用绳拴在牢固的构件上，不准随便乱放； （3）工器具和零部件不准上下抛掷
	螺栓加热棒	未采取防烫伤措施	灼烫伤	较小	（1）操作人员必须使用隔热手套； （2）使用后加热棒要放在专用支架上并做好隔离
		未采取防火措施	火灾	较小	（1）使用后加热棒要放在专用支架上并做好隔离； （2）螺栓加热过程中清理可燃物并严禁使用螺栓松动剂等易燃易爆物品
		未采取防触电措施	触电	较小	（1）操作人与员必须穿戴绝缘鞋、绝缘手套； （2）检查加热设备绝缘良好，工作人员离开现场应切断电源
	大锤、手锤	锤把上有油污	物体打击	较小	锤把上不可有油污
		单手抡大锤	物体打击	较小	抡大锤时，周围不得有人，不得单手抡大锤
		戴手套抡大锤	物体打击	较小	打锤人不得戴手套

作业步骤	危害辨识	危害描述	产生后果	风险等级	防 范 措 施
6. 高压调门回装	锉刀、手锯、螺丝刀、钢丝钳	手柄等缺损	刺伤	较小	锉刀、手锯、螺丝刀、钢丝钳等手柄应安装牢固，没有手柄的不准使用
	撬杠	支撑物不可靠	压伤	较小	应保证支撑物可靠
		被撬物倾斜或滚落	压伤	较小	撬动过程中应采取措施防止被撬物倾斜或滚落
	起重作业	违章操作	起重伤害	较小	（1）起重作业人员持证上岗；（2）起吊作业时专人指挥，现场加强人员监护；（3）现场配备 2 名以上专业的有经验的起重作业人员
	手拉葫芦	手拉有裂纹、链轮转动卡涩、吊钩无防脱保险装置	起重伤害	较小	（1）使用前应作无负荷起落试验一次，检查手拉是否有裂纹、链轮转动是否卡涩、吊钩是否无防脱保险装置，以确保完好；（2）检查合格证在有效期内
	行车	制动器、限位失灵	起重伤害	较小	安排维护人员在行车顶部监护，发现行车吊钩有溜钩现象时立即紧固抱闸
	吊具、起吊伺服机构、门盖、自密封组件、门杆及门芯	吊点不牢固、吊点位置不正确	起重伤害	较小	（1）吊钩要挂在物件的重心上，当被吊物件起吊后有可能摆动或转动时，应采用绳牵引方法，防止物件摆动伤人或碰坏设备；（2）选择牢固可靠、满足载荷的吊点
		吊索具损坏或选择不当	起重伤害	较小	（1）作业前，应对吊索具及其配件进行检查，确认完好，方可使用；（2）所选用的吊索具应与被吊工件的外形特点及具体要求相适应，在不具备使用条件的情况下，绝不能对付使用；（3）作业中应防止损坏吊索具及配件，必要时在棱角处应加护角防护；（4）吊具及配件不能超过其额定起重量，起重吊索、吊具不得超过其相应吊挂状态下的最大工作载荷
		绑扎不牢固	起重伤害	较小	（1）起重前必须将物件牢固、稳妥地绑住。（2）吊拉时两根钢丝绳之间的夹角一般不得大于90°。（3）使用单吊索起吊重物挂钩时应打"挂钩结"；使用吊环时螺栓必须拧到底；使用卸扣时，吊索与其连接的一个索扣必须扣在销轴上，一个索扣必须扣在扣顶上，不准两个索扣分别扣在卸扣的扣体两侧上；吊拉捆绑时，重物或设备构件的锐边快口处必须加装衬垫物
		斜拉	起重伤害	较小	禁止使吊钩斜着拖吊重物
		在起吊重物下逗留和行走	起重伤害	较小	任何人不准在起吊重物下逗留和行走
7. 管路连接	角磨机、切割机	未正确使用防护罩、防护眼镜	机械伤害	较小	正确佩戴防护罩、防护眼镜
		手提电动工具的导线或转动部分	触电	较小	禁止手提电动工具的导线或转动部分
		砂轮片、切割片破损	物体打击	较小	使用前检查砂轮片、切割片完好无缺损
		更换砂轮片、切割片未切断电源	机械伤害	较小	更换砂轮片、切割片前必须切断电源

作业步骤	危害辨识	危害描述	产生后果	风险等级	防 范 措 施
7. 管路连接	可燃物质	未清理动火作业区域可燃物质	火灾	较小	(1) 动火现场周围 5m 以内，严禁堆放易燃易爆物品。不能清除时应用阻燃物品隔离； (2) 作业场所配备灭火器
	电焊机	未正确使用面罩、电焊手套、白光眼镜等防护用具	灼烫伤	较小	(1) 正确使用面罩； (2) 戴电焊手套； (3) 戴白光眼镜； (4) 穿电焊服
		电焊线缠绕在身上	触电	较小	工作前将电焊线布置好，在人员通道上架空 2.5m 高，户外 4m 高，地面敷设做好防护措施
		在金属容器内焊接作业未穿绝缘鞋	触电	较小	在金属容器内焊接作业穿绝缘鞋、铺绝缘垫
		利用厂房的金属结构、管道、轨道或其他金属搭接起来作为导线使用	触电	较小	不准利用厂房的金属结构、管道、轨道或其他金属搭接起来作为导线使用
		边吊边焊	物体打击	较小	禁止在起吊的设备上进行电焊作业
		准备移动消防器材不合格	火灾	较小	电焊作业现场必须准备合格的、充足的灭火器及移动消防器材
	焊接尘	通风不良	尘肺病	较小	焊接工作场所应有良好的通风
		未正确使用防尘口罩	尘肺病	较小	作业时正确佩戴合格防尘口罩
	焊渣	高温焊渣飞溅	灼烫伤、火灾	较小	(1) 动火工作区域周围设置防护屏，防止其他人员被飞溅的焊渣烫伤，地面铺设防火布； (2) 火焊人员必须穿戴好工作服、手套和带鞋盖劳保鞋等
	遗留火种	施焊完毕后，未确认是否遗留火种就离开	火灾	较小	电焊作业时须有灭火器材，施焊完毕后，要留有充分的时间观察，确认无引火点，方可离去
8. 阀门传动	转动的门杆	阀门行程调整	机械伤害	较小	调整阀门执行机构行程的同时不得用手触摸阀杆和手轮，避免挤伤手指
9. 现场清理	施工废料	施工废料未清理	环境污染	较小	废料及时清理，做到工完、料尽、场地清

11.10 主机再热主汽门检修

作业步骤	危害辨识	危害描述	产生后果	风险等级	防 范 措 施
1. 作业环境评估	噪声	噪声超标	噪声聋	较小	进入噪声区域时正确佩戴合格的耳塞
	岩棉、化纤	作业区保温飞扬	尘肺病	较小	作业时正确佩戴合格防尘口罩
	高温环境	环境温度超过 40℃	中暑	较小	(1) 不准在工作环境温度超过 40℃时进行作业。 (2) 在高温场所工作时，应为工作人员提供足够的饮水、清凉饮料及防暑药品；对温度较高的作业场所必须增加通风设备
	高温高压蒸汽	高温设备及附属系统内动、静密封点密封失效，或者系统内设备、管道破损	灼烫伤	较小	(1) 作业人员必须穿戴好隔热工作服、防护鞋、防护手套等防护用具； (2) 专人监护，遇有不适立即撤出高温检修区域； (3) 高温区域内不得长时间逗留
	孔、洞、坑	盖板缺损	高处坠落	重大	工作场所的孔、洞必须覆以与地面齐平的坚固盖板或做好隔离措施

作业步骤	危害辨识	危害描述	产生后果	风险等级	防 范 措 施
1. 作业环境评估	氢气	氢气浓度含量超标	火灾、爆炸	较小	（1）现场动火前测量氢气浓度含量符合要求； （2）办理动火许可手续； （3）动火前清理周围易燃物，配备合适的足够的有效的消防器材，完工后检查无火种遗留； （4）安排监护人进行监护
	照明	现场照明不充足	其他伤害	较小	增加临时照明
2. 确认安全措施正确执行	高温高压蒸汽	工作前所采取的安全措施不完善	灼烫伤	较小	（1）开工前确认现场安全措施、隔离措施正确完备； （2）待管道内介质放尽，压力为零，温度适可后方可开始工作； （3）人员不能正面对法兰及焊口工作，防止漏出介质体伤人
3. 准备工作及现场布置	临时电源及电源线	电源线悬挂高度不够	触电	较小	临时电源线架设高度室内不低于 2.5m
		电源线、插头、插座破损	触电	较小	（1）检查电源线外绝缘良好，无破损； （2）检查电源盘合格证在有效期； （3）检查电源插头插座，确保完好； （4）不准将电源线缠绕在护栏、管道和脚手架上
		未安装漏电保护器	触电	较小	（1）检查电源盘合格证在有效期； （2）分级配置漏电保护器，工作前试漏电保护器，确保正确动作
		检修电源箱外壳未接地	触电	较小	（1）检查电源盘合格证在有效期； （2）检查电源箱外壳接地良好
	角磨机、切割机、电磨	电源线、电源插头破损、防护罩破损缺失松动	机械伤害触电	较小	（1）检查电源线、电源插头完好无破损、防护罩完好无破损且牢固； （2）检查合格证在有效期内
	电焊机	电焊机电源线、电源插头、电焊钳破损	触电	较小	（1）电焊机电源线、电源插头、电焊钳等焊接设备和工具完好无损； （2）电焊机的裸露导电部分和转动部分以及冷却用的风扇，均应装有保护罩
		焊机外壳不接地	触电	较小	电焊机金属外壳应有明显的可靠接地，且一机一接地
		焊机、焊钳与电缆线连接不牢固	触电	较小	（1）电焊工作所用的导线，必须使用绝缘良好的皮线； （2）电焊机、焊钳与电缆线连接牢固，接地端头不外露； （3）连接到电焊钳上的一端，至少有 5m 为绝缘软导线
		一闸接多台电焊机	触电、火灾	较小	电焊机必须装有独立的专用电源开关，其容量应符合要求。焊机超负荷时，应能自动切断电源，禁止多台焊机共用一个电源开关
	手拉葫芦	手拉有裂纹、链轮转动卡涩、吊钩无防脱保险装置	起重伤害	较小	（1）使用前应作无负荷起落试验一次，检查手拉链是否有裂纹、链轮转动是否卡涩、吊钩是否无防脱保险装置，以确保完好； （2）检查合格证在有效期内
	大锤、手锤	锤头与木柄的连接不牢固、锤头破损、木柄未使用整根硬质木料	物体打击	较小	锤头与木柄的连接应用金属楔栓固定，楔子长度不得大于安装孔深的 2/3，锤头完好无损，木柄使用整根硬质木料

作业步骤	危害辨识	危害描述	产生后果	风险等级	防 范 措 施
3. 准备工作及现场布置	锉刀、手锯、螺丝刀、钢丝钳	手柄等缺损	刺伤	较小	锉刀、手锯、螺丝刀、钢丝钳等手柄应安装牢固，没有手柄的不准使用
	脚手架搭设	脚手架搭设后未验收	高处坠落	较小	（1）搭设结束后，必须履行脚手架验收手续，填写脚手架验收单，并在脚手架验收单上分级签字； （2）验收合格后应在脚手架上悬挂合格证，方可使用
	行车	行车不合格	起重伤害	较小	（1）由特种设备作业人员检查行车完好； （2）检查行车检验合格证在有效期内
4. 再热主汽门解体	高处作业	作业时未正确使用防护用品	高处坠落	重大	高处作业人员必须戴好安全帽、穿好防滑鞋并正确佩戴和使用安全带
		未佩戴使用合格的安全带	高处坠落	重大	（1）安全带检验合格证应在有效期内； （2）使用前检查安全带部件完好无损坏； （3）正确使用双钩安全带，移动中严禁脱钩； （4）安全带应挂在牢固的构件上，高挂抵用
		擅自改动脚手架架构	高处坠落	重大	工作过程中，不准随意改变脚手架的结构，必要时，必须经过搭设脚手架的技术负责人同意，并再次验收合格后方可使用
		乱拉电源线、电焊线、气带	高处坠落	重大	（1）脚手架上不准乱拉电线； （2）必须安装临时照明线路时，木竹脚手架应采用绝缘子，金属脚手架应另设木横担
		随意码放物品或超载	高处坠落	重大	（1）不准在脚手架和脚手板上聚集人员或放置超过计算荷重的材料； （2）脚手架上的堆置物应摆放整齐和牢固，不准超高摆放； （3）脚手架上的大物件应分散堆放，不得集中堆放； （4）脚手架上的废弃物应及时清理，并用绳子系牢后溜放到地面
		脚手架上作业不规范	高处坠落	重大	（1）上下脚手架应走人行通道或梯子，不准攀登架体； （2）不准站在脚手架的探头上作业； （3）同一架体上的作业人数一般为2人，必须超过2人的情况下不得超过9人； （4）不准在脚手架上蹲在木桶、木箱、砖及其他建筑材料等作业； （5）不准在架子上退着行走或跨坐在防护横杆上休息； （6）架子上应保持清洁，随时清理冰雪、杂物等，不准乱堆乱放物料； （7）不得在防护栏杆上拴挂任何重物； （8）作业中需要拆除防护栏杆时，必须采取可靠的临边防护措施
	手提切割机、磨光机、电磨	电源线、电源插头破损、防护罩破损缺失松动	触电、机械伤害	较小	（1）检查电源线、电源插头完好无破损、防护罩完好无破损且牢固； （2）检验合格证在有效期内； （3）使用切割机时戴好防护面罩

作业步骤	危害辨识	危害描述	产生后果	风险等级	防 范 措 施
4. 再热主汽门解体	脚手架	脚手架未验收、检查	高处坠落	重大	（1）脚手架搭设结束后，必须履行脚手架验收手续，委托人及搭建人双方在脚手架验收合格证上签字； （2）每日使用脚手架前，使用人检查脚手架合格并在脚手架验收合格证背面签名后方可使用
	安全带	未正确使用安全带	高处坠落	重大	（1）安全带检验合格证应在有效期内； （2）使用前检查安全带部件完好无损坏； （3）正确使用双钩安全带，移动中严禁脱钩； （4）安全带应挂在牢固的构件上，高挂抵用
	高处的工器具、零部件	工器具未系防坠绳、零部件未固定及上下抛掷	物体打击	较小	（1）工器具必须使用防坠绳； （2）工器具和零部件应用绳拴在牢固的构件上，不准随便乱放； （3）工器具和零部件不准上下抛掷
	螺栓加热棒	未采取防烫伤措施	灼烫伤	较小	（1）操作人员必须使用隔热手套； （2）使用后加热棒要存放在专用支架上并做好隔离
		未采取防火措施	火灾	较小	（1）使用后加热棒要存放在专用支架上并做好隔离； （2）螺栓加热过程中清理可燃物并严禁使用螺栓松动剂等易燃易爆物品
		未采取防触电措施	触电	较小	（1）操作人与员必须穿绝缘鞋、戴绝缘手套； （2）检查加热设备绝缘良好，工作人员离开现场应切断电源
	大锤、手锤	锤把上有油污	物体打击	较小	锤把上不可有油污
		单手抡大锤	物体打击	较小	抡大锤时，周围不得有人，不得单手抡大锤
		戴手套抡大锤	物体打击	较小	打锤人不得戴手套
	锉刀、手锯、螺丝刀、钢丝钳	手柄等缺损	刺伤	较小	锉刀、手锯、螺丝刀、钢丝钳等手柄应安装牢固，没有手柄的不准使用
	撬杠	支撑物不可靠	压伤	较小	应保证支撑物可靠
		被撬物倾斜或滚落	压伤	较小	撬动过程中应采取措施防止被撬物倾斜或滚落
	起重作业	违章操作	起重伤害	较小	（1）起重作业人员持证上岗； （2）起吊作业时专人指挥，现场加强人员监护； （3）现场配备 2 名以上专业的有经验的起重作业人员
	手拉葫芦	手拉有裂纹、链轮转动卡涩、吊钩无防脱保险装置	起重伤害	较小	（1）使用前应作无负荷起落试验一次，检查手拉是否有裂纹、链轮转动是否卡涩、吊钩是否无防脱保险装置，以确保完好； （2）检查合格证在有效期内
	行车	制动器、限位失灵	起重伤害	较小	安排维护人员在行车顶部监护，发现行车吊钩有溜钩现象时立即紧固抱闸
	吊具、起吊伺服机构、门盖、自密封组件、门杆及门芯	吊点不牢固、吊点位置不正确	起重伤害	较小	（1）吊钩要挂在物件的重心上，当被吊物件起吊后有可能摆动或转动时，应采用绳牵引方法，防止物件摆动伤人或碰坏设备； （2）选择牢固可靠、满足载荷的吊点

续表

作业步骤	危害辨识	危害描述	产生后果	风险等级	防 范 措 施
4. 再热主汽门解体	吊具、起吊伺服机构、门盖、自密封组件、门杆及门芯	吊索具损坏或选择不当	起重伤害	较小	（1）作业前，应对吊索具及其配件进行检查，确认完好，方可使用； （2）所选用的吊索具应与被吊工件的外形特点及具体要求相适应，在不具备使用条件的情况下，绝不能对付使用； （3）作业中应防止损坏吊索具及配件，必要时在棱角处应加护角防护； （4）吊具及配件不能超过其额定起重量，起重吊索、吊具不得超过其相应吊挂状态下的最大工作载荷
		绑扎不牢固	起重伤害	较小	（1）起重前必须将物件牢固、稳妥地绑住。 （2）吊拉时两根钢丝绳之间的夹角一般不得大于90°。 （3）使用单吊索起吊重物挂钩时应打"挂钩结"；使用吊环时螺栓必须拧到底；使用卸扣时，吊索与其连接的一个索扣必须扣在销轴上，一个索扣必须扣在扣顶上，不准两个索扣分别扣在卸扣的扣体两侧上；吊拉捆绑时，重物或设备构件的锐边快口处必须加装衬垫物
		斜拉	起重伤害	较小	禁止使吊钩斜着拖吊重物
		在起吊重物下逗留和行走	起重伤害	较小	任何人不准在起吊重物下逗留和行走
5. 再热主汽门检修清理	角磨机、电磨	未正确使用防护罩、防护眼镜	机械伤害	较小	正确佩戴防护罩、防护眼镜
		手提电动工具的导线或转动部分	触电	较小	禁止手提电动工具的导线或转动部分
		角磨机砂轮片破损	机械伤害	较小	使用前检查角磨机砂轮片完好无缺损
		更换砂轮片未切断电源	触电	较小	更换砂轮片前必须切断电源
	阀门部件	搬运沉重的部件	压伤	较小	（1）不准超出体力搬运； （2）工作人员相互配合，做好互保
		部件放置不稳定	压伤	较小	部件放置应采取防止部件倾斜或滚落的措施
	清洁剂	在工作场所存储	火灾爆炸	较小	（1）禁止在工作场所存储易燃物品，例如汽油、酒精等； （2）领用、暂存时量不能过大，一般不超过500mL
		皮肤接触	化学性灼伤	较小	工作人员佩戴橡胶手套
	临时电源及电源线	电源线悬挂高度不够	触电	较小	临时电源线架设高度室内不低于2.5m
		电源线、插头、插座破损	触电	较小	（1）检查电源线外绝缘良好，无破损； （2）检查电源盘合格证在有效期； （3）检查电源插头插座，确保完好； （4）不准将电源线缠绕在护栏、管道和脚手架上
		未安装漏电保护器	触电	较小	（1）检查电源盘合格证在有效期； （2）分级配置漏电保护器，工作前试漏电保护器，确保正确动作
		检修电源箱外壳未接地	触电	较小	（1）检查电源盘合格证在有效期； （2）检查电源箱外壳接地良好

作业步骤	危害辨识	危害描述	产生后果	风险等级	防 范 措 施
6. 再热主汽门回装	高处作业	作业时未正确使用防护用品	高处坠落	重大	高处作业人员必须戴好安全帽、穿好防滑鞋并正确佩戴和使用安全带
		未佩戴使用合格的安全带	高处坠落	重大	(1) 安全带检验合格证应在有效期内; (2) 使用前检查安全带部件完好无损坏; (3) 正确使用双钩安全带,移动中严禁脱钩; (4) 安全带应挂在牢固的构件上,高挂抵用
		擅自改动脚手架架构	高处坠落	重大	工作过程中,不准随意改变脚手架的结构,必要时,必须经搭设脚手架的技术负责人同意,并再次验收合格后方可使用
		乱拉电源线、电焊线、气带	高处坠落	重大	(1) 脚手架上不准乱拉电线; (2) 必须安装临时照明线路时,木竹脚手架应采用绝缘子,金属脚手架应另设木横担
		随意码放物品或超载	高处坠落	重大	(1) 不准在脚手架和脚手板上聚集人员或放置超过计算荷重的材料; (2) 脚手架上的堆置物应摆放整齐和牢固,不准超高摆放; (3) 脚手架上的大物件应分散堆放,不得集中堆放; (4) 脚手架上的废弃物应及时清理,并用绳子系牢后溜放到地面
		脚手架上作业不规范	高处坠落	重大	(1) 上下脚手架应走人行通道或梯子,不准攀登架体; (2) 不准站在脚手架的探头上作业; (3) 同一架体上的作业人数一般为 2 人,必须超过 2 人的情况下不得超过 9 人; (4) 不准在脚手架上蹲在木桶、木箱、砖及其他建筑材料等作业; (5) 不准在架子上退着行走或跨坐在防护横杆上休息; (6) 架子上应保持清洁,随时清理冰雪、杂物等,不准乱堆乱放物料; (7) 不得在防护栏杆上拴挂任何重物; (8) 作业中需要拆除防护栏杆时,必须采取可靠的临边防护措施
	手提切割机、磨光机、电磨	电源线、电源插头破损、防护罩破损缺失松动	触电、机械伤害	较小	(1) 检查电源线、电源插头完好无破损、防护罩完好无破损且牢固; (2) 检验合格证在有效期内; (3) 使用切割机时戴好防护面罩
	氢气	氢气浓度含量超标	火灾、爆炸	较小	(1) 现场动火前测量氢气浓度含量符合要求; (2) 办理动火许可手续; (3) 动火前清理周围易燃物,配备合适的足够的有效的消防器材,完工后检查无火种遗留; (4) 安排监护人进行监护
	脚手架	脚手架未验收、检查	高处坠落	重大	(1) 脚手架搭设结束后,必须履行脚手架验收手续,委托人及搭建人双方在脚手架验收合格证上签字; (2) 每日使用脚手架前,使用人检查脚手架合格并在脚手架验收合格证背面签名后方可使用
	安全带	未正确使用安全带	高处坠落	重大	(1) 安全带检验合格证应在有效期内; (2) 使用前检查安全带部件完好无损坏; (3) 正确使用双钩安全带,移动中严禁脱钩; (4) 安全带应挂在牢固的构件上,高挂抵用

作业步骤	危害辨识	危害描述	产生后果	风险等级	防 范 措 施
6. 再热主汽门回装	高处的工器具、零部件	工器具未系防坠绳，零部件未固定及上下抛掷	物体打击	较小	（1）工器具必须使用防坠绳； （2）工器具和零部件应用绳拴在牢固的构件上，不准随便乱放； （3）工器具和零部件不准上下抛掷
	螺栓加热棒	未采取防烫伤措施	灼烫伤	较小	（1）操作人员必须使用隔热手套； （2）使用后加热棒要存放在专用支架上并做好隔离
		未采取防火措施	火灾	较小	（1）使用后加热棒要存放在专用支架上并做好隔离； （2）螺栓加热过程中清理可燃物并严禁使用螺栓松动剂等易燃易爆物品
		未采取防触电措施	触电	较小	（1）操作人与员必须穿绝缘鞋、戴绝缘手套； （2）检查加热设备绝缘良好，工作人员离开现场应切断电源
	大锤、手锤	锤把上有油污	物体打击	较小	锤把上不可有油污
		单手抡大锤	物体打击	较小	抡大锤时，周围不得有人，不得单手抡大锤
		戴手套抡大锤	物体打击	较小	打锤人不得戴手套
	锉刀、手锯、螺丝刀、钢丝钳	手柄等缺损	刺伤	较小	锉刀、手锯、螺丝刀、钢丝钳等手柄应安装牢固，没有手柄的不准使用
	撬杠	支撑物不可靠	压伤	较小	应保证支撑物可靠
		被撬物倾斜或滚落	压伤	较小	撬动过程中应采取措施防止被撬物倾斜或滚落
	起重作业	违章操作	起重伤害	较小	（1）起重作业人员持证上岗； （2）起吊作业时专人指挥，现场加强人员监护； （3）现场配备2名以上专业的有经验的起重作业人员
	手拉葫芦	手拉有裂纹、链轮转动卡涩、吊钩无防脱保险装置	起重伤害	较小	（1）使用前应作无负荷起落试验一次，检查手拉是否有裂纹、链轮转动是否卡涩、吊钩是否无防脱保险装置，以确保完好； （2）检查合格证在有效期内
	行车	制动器、限位失灵	起重伤害	较小	安排维护人员在行车顶部监护，发现行车吊钩有溜钩现象时立即紧固抱闸
	吊具、起吊伺服机构、门盖、自密封组件、门杆及门芯	吊点不牢固、吊点位置不正确	起重伤害	较小	（1）吊钩要挂在物件的重心上，当被吊物件起吊后有可能摆动或转动时，应采用绳牵引方法，防止物件摆动伤人或碰坏设备； （2）选择牢固可靠、满足载荷的吊点
		吊索具损坏或选择不当	起重伤害	较小	（1）作业前，应对吊索具及其配件进行检查，确认完好，方可使用； （2）所选用的吊索具应与被吊工件的外形特点及具体要求相适应，在不具备使用条件的情况下，绝能对付使用； （3）作业中应防止损坏吊索具及配件，必要时在棱角处应加护角防护； （4）吊具及配件不能超过其额定起重量，起重吊索、吊具不得超过其相应吊挂状态下的最大工作载荷

作业步骤	危害辨识	危害描述	产生后果	风险等级	防 范 措 施
6. 再热主汽门回装	吊具、起吊伺服机构、门盖、自密封组件、门杆及门芯	绑扎不牢固	起重伤害	较小	（1）起重前必须将物件牢固、稳妥地绑住。 （2）吊拉时两根钢丝绳之间的夹角一般不得大于90°。 （3）使用单吊索起吊重物挂钩时应打"挂钩结"；使用吊环时螺栓必须拧到底；使用卸扣时，吊索与其连接的一个索扣必须扣在销轴上，一个索扣必须扣在扣顶上，不准两个索扣分别扣在卸扣的扣体两侧；吊拉捆绑时，重物或设备构件的锐边快口处必须加装衬垫物
		斜拉	起重伤害	较小	禁止使用吊钩斜着拖吊重物
		在起吊重物下逗留和行走	起重伤害	较小	任何人不准在起吊重物下逗留和行走
7. 管路连接	角磨机、切割机	未正确使用防护罩、防护眼镜	机械伤害	较小	正确佩戴防护罩、防护眼镜
		手提电动工具的导线或转动部分	触电	较小	禁止手提电动工具的导线或转动部分
		砂轮片、切割片破损	物体打击	较小	使用前检查砂轮片、切割片完好无缺损
		更换砂轮片、切割片未切断电源	机械伤害	较小	更换砂轮片、切割片前必须切断电源
	可燃物质	未清理动火作业区域可燃物质	火灾	较小	（1）动火现场周围5m以内，严禁堆放易燃易爆物品。不能清除时应用阻燃物品隔离； （2）作业场所配备灭火器
	电焊机	未正确使用面罩、电焊手套、白光眼镜等防护用具	灼烫伤	较小	（1）正确使用面罩； （2）戴电焊手套； （3）戴白光眼镜； （4）穿电焊服
		电焊线缠绕在身上	触电	较小	工作前将电焊线布置好，在人员通道上架空2.5m高，户外4m高，地面敷设做好防护措施
		在金属容器内焊接作业未穿绝缘鞋	触电	较小	在金属容器内焊接作业穿绝缘鞋，铺绝缘垫
		利用厂房的金属结构、管道、轨道或其他金属搭接起来作为导线使用	触电	较小	不准利用厂房的金属结构、管道、轨道或其他金属搭接起来作为导线使用
		边吊边焊	物体打击	较小	禁止在起吊的设备上进行电焊作业
		准备移动消防器材不合格	火灾	较小	电焊作业现场必须准备合格的、充足的灭火器及移动消防器材
	焊接尘	通风不良	尘肺病	较小	焊接工作场所应有良好的通风
		未正确使用防尘口罩	尘肺病	较小	作业时正确佩戴合格防尘口罩
	焊渣	高温焊渣飞溅	灼烫伤、火灾	较小	（1）动火工作区域周围设置防护屏，防止其他人员被飞溅的焊渣烫伤，地面铺设防火布； （2）火焊人员必须穿戴好工作服戴好手套和带鞋盖劳保鞋等
	遗留火种	施焊完毕后，未确认是否遗留火种就离开	火灾	较小	电焊作业时须有灭火器材，施焊完毕后，要留有充分的时间观察，确认无引火点，方可离去
8. 阀门传动	转动的门杆	阀门行程调整	机械伤害	较小	调整阀门执行机构行程的同时不得用手触摸阀杆和手轮，避免挤伤手指
9. 现场清理	施工废料	施工废料未清理	环境污染	较小	废料及时清理，做到工完、料尽、场地清

11.11 主机再热调门检修

作业步骤	危害辨识	危害描述	产生后果	风险等级	防 范 措 施
1. 作业环境评估	噪声	噪声超标	噪声聋	较小	进入噪声区域时正确佩戴合格的耳塞
	岩棉、化纤	作业区保温飞扬	尘肺病	较小	作业时正确佩戴合格防尘口罩
	高温环境	环境温度超过40℃	中暑	较小	（1）不准在工作环境温度超过40℃时进行作业。 （2）在高温场所工作时，应为工作人员提供足够的饮水、清凉饮料及防暑药品；对温度较高的作业场所必须增加通风设备
	高温高压蒸汽	高温设备及附属系统内动、静密封点密封失效，或者系统内设备、管道破损	灼烫伤	较小	（1）作业人员必须穿戴好隔热工作服、防护鞋、防护手套等防护用具； （2）专人监护，遇有不适立即撤出高温检修区域； （3）高温区域内不得长时间逗留
	孔、洞、坑	盖板缺损	高处坠落	重大	工作场所的孔、洞必须覆以与地面齐平的坚固盖板或做好隔离措施
	氢气	氢气浓度含量超标	火灾、爆炸	较小	（1）现场动火前测量氢气浓度含量符合要求； （2）办理动火许可手续； （3）动火前清理周围易燃物，配备合适的足够的有效的消防器材，完工后检查无火种遗留； （4）安排监护人进行监护
	照明	现场照明不充足	其他伤害	较小	增加临时照明
2. 确认安全措施正确执行	高温高压蒸汽	工作前所采取的安全措施不完善	灼烫伤	较小	（1）开工前确认现场安全措施、隔离措施正确完备； （2）待管道内介质放尽，压力为零，温度适可后方可开始工作； （3）人员不能正面对法兰及焊口工作，防止漏出介质体伤人
3. 准备工作及现场布置	临时电源及电源线	电源线悬挂高度不够	触电	较小	临时电源线架设高度室内不低于2.5m
		电源线、插头、插座破损	触电	较小	（1）检查电源线外绝缘良好，无破损； （2）检查电源盘合格证在有效期； （3）检查电源插头插座，确保完好； （4）不准将电源线缠绕在护栏、管道和脚手架上
		未安装漏电保护器	触电	较小	（1）检查电源盘合格证在有效期； （2）分级配置漏电保护器，工作前试漏电保护器，确保正确动作
		检修电源箱外壳未接地	触电	较小	（1）检查电源盘合格证在有效期； （2）检查电源箱外壳接地良好
	角磨机、切割机、电磨	电源线、电源插头破损、防护罩破损缺失松动	机械伤害触电	较小	（1）检查电源线、电源插头完好无破损、防护罩完好无破损且牢固； （2）检查合格证在有效期内
	电焊机	电焊机电源线、电源插头、电焊钳破损	触电	较小	（1）电焊机电源线、电源插头、电焊钳等焊接设备和工具完好无损； （2）电焊机的裸露导电部分和转动部分以及冷却用的风扇，均应装有保护罩
		焊机外壳不接地	触电	较小	电焊机金属外壳应有明显的可靠接地，且一机一接地

作业步骤	危害辨识	危害描述	产生后果	风险等级	防 范 措 施
3.准备工作及现场布置	电焊机	焊机、焊钳与电缆线连接不牢固	触电	较小	（1）电焊工作所用的导线，必须使用绝缘良好的皮线； （2）电焊机、焊钳与电缆线连接牢固，接地端头不外露； （3）连接到电焊钳上的一端,至少有5m为绝缘软导线
		一闸接多台电焊机	触电、火灾	较小	电焊机必须装有独立的专用电源开关，其容量应符合要求。焊机超负荷时，应能自动切断电源，禁止多台焊机共用一个电源开关
	手拉葫芦	手拉有裂纹、链轮转动卡涩、吊钩无防脱保险装置	起重伤害	较小	（1）使用前应作无负荷起落试验一次，检查手拉链是否有裂纹、链轮转动是否卡涩、吊钩是否无防脱保险装置，以确保完好； （2）检查合格证在有效期内
	大锤、手锤	锤头与木柄的连接不牢固、锤头破损、木柄未使用整根硬质木料	物体打击	较小	锤头与木柄的连接应用金属楔栓固定，楔子长度不得大于安装孔深的2/3，锤头完好无损，木柄使用整根硬质木料
	锉刀、手锯、螺丝刀、钢丝钳	手柄等缺损	刺伤	较小	锉刀、手锯、螺丝刀、钢丝钳等手柄应安装牢固，没有手柄的不准使用
	脚手架搭设	脚手架搭设后未验收	高处坠落	重大	（1）搭设结束后，必须履行脚手架验收手续，填写脚手架验收单，并在脚手架验收单上分级签字； （2）验收合格后应在脚手架上悬挂合格证，方可使用
	行车	行车不合格	起重伤害	较小	（1）由特种设备作业人员检查行车完好； （2）检查行车检验合格证在有效期内
4.再热调门解体	高处作业	作业时未正确使用防护用品	高处坠落	重大	高处作业人员必须戴好安全帽、穿好防滑鞋并正确佩戴和使用安全带
		未佩戴使用合格的安全带	高处坠落	重大	（1）安全带检验合格证应在有效期内； （2）使用前检查安全带部件完好无损坏； （3）正确使用双钩安全带，移动中严禁脱钩；安全带应挂在牢固的构件上，高挂抵用
		擅自改动脚手架架构	高处坠落	重大	工作过程中，不准随意改变脚手架的结构，必要时，必须经过搭设脚手架的技术负责人同意，并再次验收合格后方可使用
		乱拉电源线、电焊线、气带	高处坠落	重大	（1）脚手架上不准乱拉电线； （2）必须安装临时照明线路时，木竹脚手架应采用绝缘子，金属脚手架应另设木横担
		随意码放物品或超载	高处坠落	重大	（1）不准在脚手架和脚手板上聚集人员或放置超过计算荷重的材料； （2）脚手架上的堆置物应摆放整齐和牢固，不准超高摆放； （3）脚手架上的大物件应分散堆放，不得集中堆放； （4）脚手架上的废弃物应及时清理，并用绳子系牢后溜放到地面

续表

作业步骤	危害辨识	危害描述	产生后果	风险等级	防 范 措 施
4. 再热调门解体	高处作业	脚手架上作业不规范	高处坠落	重大	（1）上下脚手架应走人行通道或梯子，不准攀登架体； （2）不准站在脚手架的探头上作业； （3）同一架体上的作业人数一般为 2 人，必须超过 2 人的情况下不得超过 9 人； （4）不准在脚手架上蹬在木桶、木箱、砖及其他建筑材料等作业； （5）不准在架子上退着行走或跨坐在防护横杆上休息； （6）架子上应保持清洁，随时清理冰雪、杂物等，不准乱堆乱放物料； （7）不得在防护栏杆上拴挂任何重物； （8）作业中需要拆除防护栏杆时，必须采取可靠的临边防护措施
	氢气	氢气浓度含量超标	火灾、爆炸	较小	（1）现场动火前测量氢气浓度含量符合要求； （2）办理动火许可手续； （3）动火前清理周围易燃物，配备合适的足够的有效的消防器材，完工后检查无火种遗留； （4）安排监护人进行监护
	手提切割机、磨光机、电磨	电源线、电源插头破损、防护罩破损缺失松动	触电、机械伤害	较小	（1）检查电源线、电源插头完好无破损、防护罩完好无破损且牢固； （2）检验合格证在有效期内； （3）使用切割机时戴好防护面罩
	脚手架	脚手架未验收、检查	高处坠落	重大	（1）脚手架搭设结束后，必须履行脚手架验收手续，委托人及搭建人双方在脚手架验收合格证上签字； （2）每日使用脚手架前，使用人检查脚手架合格并在脚手架验收合格证背面签名后方可使用
	安全带	未正确使用安全带	高处坠落	重大	（1）安全带检验合格证应在有效期内； （2）使用前检查安全带部件完好无损坏； （3）正确使用双钩安全带，移动中严禁脱钩； （4）安全带应挂在牢固的构件上，高挂抵用
	高处的工器具、零部件	工器具未系防坠绳、零部件未固定及上下抛掷	物体打击	较小	（1）工器具必须使用防坠绳； （2）工器具和零部件应用绳拴在牢固的构件上，不准随便乱放； （3）工器具和零部件不准上下抛掷
	螺栓加热棒	未采取防烫伤措施	灼烫伤	较小	（1）操作人员必须使用隔热手套； （2）使用后加热棒要存放在专用支架上并做好隔离
		未采取防火措施	火灾	较小	（1）使用后加热棒要存放在专用支架上并做好隔离； （2）螺栓加热过程中清理可燃物并严禁使用螺栓松动剂等易燃易爆物品
		未采取防触电措施	触电	较小	（1）操作人与员必须穿绝缘鞋、戴绝缘手套； （2）检查加热设备绝缘良好，工作人员离开现场应切断电源
	大锤、手锤	锤把上有油污	物体打击	较小	锤把上不可有油污
		单手抡大锤	物体打击	较小	抡大锤时，周围不得有人，不得单手抡大锤
		戴手套抡大锤	物体打击	较小	打锤人不得戴手套

作业步骤	危害辨识	危害描述	产生后果	风险等级	防 范 措 施
4．再热调门解体	锉刀、手锯、螺丝刀、钢丝钳	手柄等缺损	刺伤	较小	锉刀、手锯、螺丝刀、钢丝钳等手柄应安装牢固，没有手柄的不准使用
	撬杠	支撑物不可靠	压伤	较小	应保证支撑物可靠
		被撬物倾斜或滚落	压伤	较小	撬动过程中应采取措施防止被撬物倾斜或滚落
	起重作业	违章操作	起重伤害	较小	（1）起重作业人员持证上岗； （2）起吊作业时专人指挥，现场加强人员监护； （3）现场配备 2 名以上专业的有经验的起重作业人员
	手拉葫芦	手拉有裂纹、链轮转动卡涩、吊钩无防脱保险装置	起重伤害	较小	（1）使用前应作无负荷起落试验一次，检查手拉是否有裂纹、链轮转动是否卡涩、吊钩是否无防脱保险装置，以确保完好； （2）检查合格证在有效期内
	行车	制动器、限位失灵	起重伤害	较小	安排维护人员在行车顶部监护，发现行车吊钩有溜钩现象时立即紧固抱闸
	吊具、起吊伺服机构、门盖、自密封组件、门杆及门芯	吊点不牢固、吊点位置不正确	起重伤害	较小	（1）吊钩要挂在物件的重心上，当被吊物件起吊后有可能摆动或转动时，应采用绳牵引方法，防止物件摆动伤人或碰坏设备； （2）选择牢固可靠、满足载荷的吊点
		吊索具损坏或选择不当	起重伤害	较小	（1）作业前，应对吊索具及其配件进行检查，确认完好，方可使用； （2）所选用的吊索具应与被吊工件的外形特点及具体要求相适应，在不具备使用条件的情况下，绝不能对付使用； （3）作业中应防止损坏吊索具及配件，必要时在棱角处应加护角防护； （4）吊具及配件不能超过其额定起重量，起重吊索、吊具不得超过其相应吊挂状态下的最大工作载荷
		绑扎不牢固	起重伤害	较小	（1）起重前必须将物件牢固、稳妥地绑住。 （2）吊拉时两根钢丝绳之间的夹角一般不得大于90°。 （3）使用单吊索起吊重物挂钩时应打"挂钩结"；使用吊环时螺栓必须拧到底；使用卸扣时，吊索与其连接的一个索扣必须扣在销轴上，一个索扣必须扣在扣顶上，不准两个索扣分别扣在卸扣的扣体两侧上；吊拉捆绑时，重物或设备构件的锐边快口处必须加装衬垫物
		斜拉	起重伤害	较小	禁止使用吊钩斜着拖吊重物
		在起吊重物下逗留和行走	起重伤害	较小	任何人不准在起吊重物下逗留和行走
5．再热调门检修清理	角磨机、电磨	未正确使用防护罩、防护眼镜	机械伤害	较小	正确佩戴防护罩、防护眼镜
		手提电动工具的导线或转动部分	触电	较小	禁止手提电动工具的导线或转动部分
		角磨机砂轮片破损	机械伤害	较小	使用前检查角磨机砂轮片完好无缺损
		更换砂轮片未切断电源	触电	较小	更换砂轮片前必须切断电源

作业步骤	危害辨识	危害描述	产生后果	风险等级	防 范 措 施
5. 再热调门检修清理	阀门部件	搬运沉重的部件	压伤	较小	(1) 不准超出体力搬运; (2) 工作人员相互配合,做好互保
		部件放置不稳定	压伤	较小	部件放置应采取防止部件倾斜或滚落的措施
	清洁剂	在工作场所存储	火灾爆炸	较小	(1) 禁止在工作场所存储易燃物品,例如汽油、酒精等; (2) 领用、暂存时量不能过大,一般不超过500mL
		皮肤接触	化学性灼伤	较小	工作人员佩戴橡胶手套
	临时电源及电源线	电源线悬挂高度不够	触电	较小	临时电源线架设高度室内不低于2.5m
		电源线、插头、插座破损	触电	较小	(1) 检查电源线外绝缘良好,无破损; (2) 检查电源盘合格证在有效期; (3) 检查电源插头插座,确保完好; (4) 不准将电源线缠绕在护栏、管道和脚手架上
		未安装漏电保护器	触电	较小	(1) 检查电源盘合格证在有效期; (2) 分级配置漏电保护器,工作前试漏电保护器,确保正确动作
		检修电源箱外壳未接地	触电	较小	(1) 检查电源盘合格证在有效期; (2) 检查电源箱外壳接地良好
6. 再热调门回装	高处作业	作业时未正确使用防护用品	高处坠落	重大	高处作业人员必须戴好安全帽、穿好防滑鞋并正确佩戴和使用安全带
		未佩戴使用合格的安全带	高处坠落	重大	(1) 安全带检验合格证应在有效期内; (2) 使用前检查安全带部件完好无损坏; (3) 正确使用双钩安全带,移动中严禁脱钩; (4) 安全带应挂在牢固的构件上,高挂抵用
		擅自改动脚手架架构	高处坠落	重大	工作过程中,不准随意改变脚手架的结构,必要时,必须经过搭设脚手架的技术负责人同意,并再次验收合格后方可使用
		乱拉电源线、电焊线、气带	高处坠落	重大	(1) 脚手架上不准乱拉电线; (2) 必须安装临时照明线路时,木竹脚手架应采用绝缘子,金属脚手架应另设木横担
		随意码放物品或超载	高处坠落	重大	(1) 不准在脚手架和脚手板上聚集人员或放置超过计算荷重的材料; (2) 脚手架上的堆置物应摆放整齐和牢固,不准超高摆放; (3) 脚手架上的大物件应分散堆放,不得集中堆放; (4) 脚手架上的废弃物应及时清理,并用绳子系牢后溜放到地面
		脚手架上作业不规范	高处坠落	重大	(1) 上下脚手架应走人行通道或梯子,不准攀登架体; (2) 不准站在脚手架的探头上作业; (3) 同一架体上的作业人数一般为2人,必须超过2人的情况下不得超过9人; (4) 不准在脚手架上蹬在木桶、木箱、砖及其他建筑材料等作业; (5) 不准在架子上退着行走或跨坐在防护横杆上休息; (6) 架子上应保持清洁,随时清理冰雪、杂物等,不准乱堆乱放物料; (7) 不得在防护栏杆上拴挂任何重物; (8) 作业中需要拆除防护栏杆时,必须采取可靠的临边防护措施

作业步骤	危害辨识	危害描述	产生后果	风险等级	防 范 措 施
6. 再热调门回装	手提切割机、磨光机、电磨	电源线、电源插头破损、防护罩破损缺失松动	触电、机械伤害	较小	（1）检查电源线、电源插头完好无破损、防护罩完好无破损且牢固； （2）检验合格证在有效期内； （3）使用切割机时戴好防护面罩
	氢气	氢气浓度含量超标	火灾、爆炸	较小	（1）现场动火前测量氢气浓度含量符合要求； （2）办理动火许可手续； （3）动火前清理周围易燃物，配备合适的足够的有效的消防器材，完工后检查无火种遗留； （4）安排监护人进行监护
	脚手架	脚手架未验收、检查	高处坠落	重大	（1）脚手架搭设结束后，必须履行脚手架验收手续，委托人及搭建人双方在脚手架验收合格证上签字； （2）每日使用脚手架前，使用人检查脚手架合格并在脚手架验收合格证背面签名后方可使用
	安全带	未正确使用安全带	高处坠落	重大	（1）安全带检验合格证应在有效期内； （2）使用前检查安全带部件完好无损坏； （3）正确使用双钩安全带，移动中严禁脱钩； （4）安全带应挂在牢固的构件上，高挂抵用
	高处的工器具、零部件	工器具未系防坠绳、零部件未固定及上下抛掷	物体打击	较小	（1）工器具必须使用防坠绳； （2）工器具和零部件应用绳拴在牢固的构件上，不准随便乱放； （3）工器具和零部件不准上下抛掷
	螺栓加热棒	未采取防烫伤措施	灼烫伤	较小	（1）操作人员必须使用隔热手套； （2）使用后加热棒要存放在专用支架上并做好隔离
		未采取防火措施	火灾	较小	（1）使用后加热棒要存放在专用支架上并做好隔离； （2）螺栓加热过程中清理可燃物并严禁使用螺栓松动剂等易燃易爆物品
		未采取防触电措施	触电	较小	（1）操作人与员必须穿绝缘鞋、戴绝缘手套； （2）检查加热设备绝缘良好，工作人员离开现场应切断电源
	大锤、手锤	锤把上有油污	物体打击	较小	锤把上不可有油污
		单手抡大锤	物体打击	较小	抡大锤时，周围不得有人，不得单手抡大锤
		戴手套抡大锤	物体打击	较小	打锤人不得戴手套
	锉刀、手锯、螺丝刀、钢丝钳	手柄等缺损	刺伤	较小	锉刀、手锯、螺丝刀、钢丝钳等手柄应安装牢固，没有手柄的不准使用
	撬杠	支撑物不可靠	压伤	较小	应保证支撑物可靠
		被撬物倾斜或滚落	压伤	较小	撬动过程中应采取措施防止被撬物倾斜或滚落
	起重作业	违章操作	起重伤害	较小	（1）起重作业人员持证上岗； （2）起吊作业时专人指挥，现场加强人员监护； （3）现场配备 2 名以上专业的有经验的起重作业人员
	手拉葫芦	手拉有裂纹、链轮转动卡涩、吊钩无防脱保险装置	起重伤害	较小	（1）使用前应作无负荷起落试验一次，检查手拉是否有裂纹、链轮转动是否卡涩、吊钩是否无防脱保险装置，以确保完好； （2）检查合格证在有效期内

作业步骤	危害辨识	危害描述	产生后果	风险等级	防 范 措 施
6. 再热调门回装	行车	制动器、限位失灵	起重伤害	较小	安排维护人员在行车顶部监护，发现行车吊钩有溜钩现象时立即紧固抱闸
	吊具、起吊伺服机构、门盖、自密封组件、门杆及门芯	吊点不牢固、吊点位置不正确	起重伤害	较小	（1）吊钩要挂在物件的重心上，当被吊物件起吊后有可能摆动或转动时，应采用绳牵引方法，防止物件摆动伤人或碰坏设备； （2）选择牢固可靠、满足载荷的吊点
		吊索具损坏或选择不当	起重伤害	较小	（1）作业前，应对吊索具及其配件进行检查，确认完好，方可使用； （2）所选用的吊索具应与被吊工件的外形特点及具体要求相适应，在不具备使用条件的情况下，绝不能对付使用； （3）作业中应防止损坏吊索具及配件，必要时在棱角处应加护角防护； （4）吊具及配件不能超过其额定起重量，起重吊索、吊具不得超过其相应吊挂状态下的最大工作载荷
		绑扎不牢固	起重伤害	较小	（1）起重前必须将物件牢固、稳妥地绑住。 （2）吊拉时两根钢丝绳之间的夹角一般不得大于90°。 （3）使用单吊索起吊重物挂钩时应打"挂钩结"；使用吊环时螺栓必须拧到底；使用卸扣时，吊索与其连接的一个索扣必须扣在销轴上，一个索扣必须扣在扣顶上，不准两个索扣分别扣在卸扣的扣体两侧上；吊索捆绑时，重物或设备构件的锐边快口处必须加装衬垫物
		斜拉	起重伤害	较小	禁止使用吊钩斜着拖吊重物
		在起吊重物下逗留和行走	起重伤害	较小	任何人不准在起吊重物下逗留和行走
7. 管路连接	角磨机、切割机	未正确使用防护罩、防护眼镜	机械伤害	较小	正确佩戴防护罩、防护眼镜
		手提电动工具的导线或转动部分	触电	较小	禁止手提电动工具的导线或转动部分
		砂轮片、切割片破损	物体打击	较小	使用前检查砂轮片、切割片完好无缺损
		更换砂轮片、切割片未切断电源	机械伤害	较小	更换砂轮片、切割片前必须切断电源
	可燃物质	未清理动火作业区域可燃物质	火灾	较小	（1）动火现场周围5m以内，严禁堆放易燃易爆物品。不能清除时应用阻燃物品隔离； （2）作业场所配备灭火器
	电焊机	未正确使用面罩、电焊手套、白光眼镜等防护用具	灼烫伤	较小	（1）正确使用面罩； （2）戴电焊手套； （3）戴白光眼镜； （4）穿电焊服
		电焊线缠绕在身上	触电	较小	工作前将电焊线布置好，在人员通道上架空2.5m高，户外4m高，地面敷设做好防护措施
		在金属容器内焊接作业未穿绝缘鞋	触电	较小	在金属容器内焊接作业穿绝缘鞋，铺绝缘垫
		利用厂房的金属结构、管道、轨道或其他金属搭接起来作为导线使用	触电	较小	不准利用厂房的金属结构、管道、轨道或其他金属搭接起来作为导线使用

续表

作业步骤	危害辨识	危害描述	产生后果	风险等级	防 范 措 施
7. 管路连接	电焊机	边吊边焊	物体打击	较小	禁止在起吊的设备上进行电焊作业
		准备移动消防器材不合格	火灾	较小	电焊作业现场必须准备合格的、充足的灭火器及移动消防器材
	焊接尘	通风不良	尘肺病	较小	焊接工作场所应有良好的通风
		未正确使用防尘口罩	尘肺病	较小	作业时正确佩戴合格防尘口罩
	焊渣	高温焊渣飞溅	灼烫伤、火灾	较小	（1）动火工作区域周围设置防护屏，防止其他人员被飞溅的焊渣烫伤，地面铺设防火布；（2）火焊人员必须穿戴好工作服戴好手套和带鞋盖劳保鞋等
	遗留火种	施焊完毕后，未确认是否遗留火种就离开	火灾	较小	电焊作业时须有灭火器材，施焊完毕后，要留有充分的时间观察，确认无引火点，方可离去
8. 阀门传动	转动的门杆	阀门行程调整	机械伤害	较小	调整阀门执行机构行程的同时不得用手触摸阀杆和手轮，避免挤伤手指
9. 现场清理	施工废料	施工废料未清理	环境污染	较小	废料及时清理，做到工完、料尽、场地清

11.12 主机补汽阀检修

作业步骤	危害辨识	危害描述	产生后果	风险等级	防 范 措 施
1. 作业环境评估	噪声	噪声超标	噪声聋	较小	进入噪声区域时正确佩戴合格的耳塞
	岩棉、化纤	作业区保温飞扬	尘肺病	较小	作业时正确佩戴合格防尘口罩
	高温环境	环境温度超过40℃	中暑	较小	（1）不准在工作环境温度超过40℃时进行作业。（2）在高温场所工作时，应为工作人员提供足够的饮水、清凉饮料及防暑药品；对温度较高的作业场所必须增加通风设备
	高温高压蒸汽	高温设备及附属系统内动、静密封点密封失效，或者系统内设备、管道破损	灼烫伤	较小	（1）作业人员必须穿戴好隔热工作服、防护鞋、防护手套等防护用具；（2）专人监护，遇有不适立即撤出高温检修区域；（3）高温区域内不得长时间逗留
	孔、洞、坑	盖板缺损	高处坠落	较小	工作场所的孔、洞必须覆以与地面齐平的坚固盖板或做好隔离措施
	氢气	氢气浓度超标	火灾、爆炸	较小	（1）现场动火前测量氢气浓度符合要求；（2）办理动火许可手续；（3）动火前清理周围易燃物，配备合适的足够的有效的消防器材，完工后检查无火种遗留；（4）安排监护人进行监护
	照明	现场照明不充足	其他伤害	较小	增加临时照明
2. 确认安全措施正确执行	高温高压蒸汽	工作前所采取的安全措施不完善	灼烫伤	较小	（1）开工前确认现场安全措施、隔离措施正确完备；（2）待管道内介质放尽，压力为零，温度适合后方可开始工作；（3）人员不能正面对法兰及焊口工作，防止漏出介质体伤人

作业步骤	危害辨识	危害描述	产生后果	风险等级	防 范 措 施
3. 准备工作及现场布置	临时电源及电源线	电源线悬挂高度不够	触电	较小	临时电源线架设高度室内不低于2.5m
		电源线、插头、插座破损	触电	较小	(1) 检查电源线外绝缘良好，无破损； (2) 检查电源盘合格证在有效期； (3) 检查电源插头插座，确保完好； (4) 不准将电源线缠绕在护栏、管道和脚手架上
		未安装漏电保护器	触电	较小	(1) 检查电源盘合格证在有效期； (2) 分级配置漏电保护器，工作前试漏电保护器，确保正确动作
		检修电源箱外壳未接地	触电	较小	(1) 检查电源盘合格证在有效期； (2) 检查电源箱外壳接地良好
	角磨机、切割机、电磨	电源线、电源插头破损、防护罩破损缺失松动	机械伤害触电	较小	(1) 检查电源线、电源插头完好无破损、防护罩完好无破损且牢固； (2) 检查合格证在有效期内
	电焊机	电焊机电源线、电源插头、电焊钳破损	触电	较小	(1) 电焊机电源线、电源插头、电焊钳等焊接设备和工具完好无损； (2) 电焊机的裸露导电部分和转动部分以及冷却用的风扇，均应装有保护罩
		焊机外壳不接地	触电	较小	电焊机金属外壳应有明显的可靠接地，且一机一接地
		焊机、焊钳与电缆线连接不牢固	触电	较小	(1) 电焊工作所用的导线，必须使用绝缘良好的皮线； (2) 电焊机、焊钳与电缆线连接牢固，接地端头不外露； (3) 连接到电焊钳上的一端，至少有5m为绝缘软导线
		一闸接多台电焊机	触电、火灾	较小	电焊机必须装有独立的专用电源开关，其容量应符合要求。焊机超负荷时，应能自动切断电源，禁止多台焊机共用一个电源开关
	手拉葫芦	手拉有裂纹、链轮转动卡涩、吊钩无防脱保险装置	起重伤害	较小	(1) 使用前应作无负荷起落试验一次，检查手拉链是否有裂纹、链轮转动是否卡涩、吊钩是否无防脱保险装置，以确保完好； (2) 检查合格证在有效期内
	大锤、手锤	锤头与木柄的连接不牢固、锤头破损、木柄未使用整根硬质木料	物体打击	较小	锤头与木柄的连接应用金属楔栓固定，楔子长度不得大于安装孔深的2/3，锤头完好无损，木柄使用整根硬质木料
	锉刀、手锯、螺丝刀、钢丝钳	手柄等缺损	刺伤	较小	锉刀、手锯、螺丝刀、钢丝钳等手柄应安装牢固，没有手柄的不准使用
	脚手架搭设	脚手架搭设后未验收	高处坠落	重大	(1) 搭设结束后，必须履行脚手架验收手续，填写脚手架验收单，并在脚手架验收单上分级签字； (2) 验收合格后应在脚手架上悬挂合格证，方可使用
	行车	行车不合格	起重伤害	较小	(1) 由特种设备作业人员检查行车完好； (2) 检查行车检验合格证在有效期内

作业步骤	危害辨识	危害描述	产生后果	风险等级	防 范 措 施
4. 补汽阀解体	高处作业	作业时未正确使用防护用品	高处坠落	重大	高处作业人员必须戴好安全帽、穿好防滑鞋并正确佩戴和使用安全带
		未佩戴使用合格的安全带	高处坠落	重大	(1) 安全带检验合格证应在有效期内； (2) 使用前检查安全带部件完好无损坏； (3) 正确使用双钩安全带，移动中严禁脱钩；安全带应挂在牢固的构件上，高挂抵用
		擅自改动脚手架架构	高处坠落	重大	工作过程中，不准随意改变脚手架的结构，必要时，必须经过搭设脚手架的技术负责人同意，并再次验收合格后方可使用
		乱拉电源线、电焊线、气带	高处坠落	重大	(1) 脚手架上不准乱拉电线； (2) 必须安装临时照明线路时，木竹脚手架应采用绝缘子，金属脚手架应另设木横担
		随意码放物品或超载	高处坠落	重大	(1) 不准在脚手架和脚手板上聚集人员或放置超过计算荷重的材料； (2) 脚手架上的堆置物应摆放整齐和牢固，不准超高摆放； (3) 脚手架上的大物件应分散堆放，不得集中堆放； (4) 脚手架上的废弃物应及时清理，并用绳子系牢后溜放到地面
		脚手架上作业不规范	高处坠落	重大	(1) 上下脚手架应走人行通道或梯子，不准攀登架体； (2) 不准站在脚手架的探头上作业； (3) 同一架体上的作业人数一般为 2 人，必须超过 2 人的情况下不得超过 9 人； (4) 不准在脚手架上蹬在木桶、木箱、砖及其他建筑材料等作业； (5) 不准在架子上退着行走或跨坐在防护横杆上休息； (6) 架子上应保持清洁，随时清理冰雪、杂物等，不准乱堆乱放物料； (7) 不得在防护栏杆上拴挂任何重物； (8) 作业中需要拆除防护栏杆时，必须采取可靠的临边防护措施
	手提切割机、磨光机、电磨	电源线、电源插头破损、防护罩破损缺失松动	触电、机械伤害	较小	(1) 检查电源线、电源插头完好无破损、防护罩完好无破损且牢固； (2) 检验合格证在有效期内； (3) 使用切割机时戴好防护面罩
	脚手架	脚手架未验收、检查	高处坠落	重大	(1) 脚手架搭设结束后，必须履行脚手架验收手续，委托人及搭建人双方在脚手架验收合格证上签字； (2) 每日使用脚手架前，使用人检查脚手架合格并在脚手架验收合格证背面签名后方可使用
	安全带	未正确使用安全带	高处坠落	重大	(1) 安全带检验合格证应在有效期内； (2) 使用前检查安全带部件完好无损坏； (3) 正确使用双钩安全带，移动中严禁脱钩； (4) 安全带应挂在牢固的构件上，高挂抵用
	高处的工器具、零部件	工器具未系防坠绳、零部件未固定及上下抛掷	物体打击	较小	(1) 工器具必须使用防坠绳； (2) 工器具和零部件应用绳拴在牢固的构件上，不准随便乱放； (3) 工器具和零部件不准上下抛掷

作业步骤	危害辨识	危害描述	产生后果	风险等级	防 范 措 施
4. 补汽阀解体	螺栓加热棒	未采取防烫伤措施	灼烫伤	较小	(1) 操作人员必须使用隔热手套; (2) 使用后加热棒要存放在专用支架上并做好隔离
		未采取防火措施	火灾	较小	(1) 使用后加热棒要存放在专用支架上并做好隔离; (2) 螺栓加热过程中清理可燃物并严禁使用螺栓松动剂等易燃易爆物品
		未采取防触电措施	触电	较小	(1) 操作人与员必须穿绝缘鞋、戴绝缘手套; (2) 检查加热设备绝缘良好,工作人员离开现场应切断电源
	大锤、手锤	锤把上有油污	物体打击	较小	锤把上不可有油污
		单手抡大锤	物体打击	较小	抡大锤时,周围不得有人,不得单手抡大锤
		戴手套抡大锤	物体打击	较小	打锤人不得戴手套
	锉刀、手锯、螺丝刀、钢丝钳	手柄等缺损	刺伤	较小	锉刀、手锯、螺丝刀、钢丝钳等手柄应安装牢固,没有手柄的不准使用
	撬杠	支撑物不可靠	压伤	较小	应保证支撑物可靠
		被撬物倾斜或滚落	压伤	较小	撬动过程中应采取措施防止被撬物倾斜或滚落
	起重作业	违章操作	起重伤害	较小	(1) 起重作业人员持证上岗; (2) 起吊作业时专人指挥,现场加强人员监护; (3) 现场配备 2 名以上专业的有经验的起重作业人员
	手拉葫芦	手拉有裂纹、链轮转动卡涩、吊钩无防脱保险装置	起重伤害	较小	(1) 使用前应作无负荷起落试验一次,检查手拉是否有裂纹、链轮转动是否卡涩、吊钩是否无防脱保险装置,以确保完好; (2) 检查合格证在有效期内
	行车	制动器、限位失灵	起重伤害	较小	安排维护人员在行车顶部监护,发现行车吊钩有溜钩现象时立即紧固抱闸
	吊具、起吊伺服机构、门盖、自密封组件、门杆及门芯	吊点不牢固、吊点位置不正确	起重伤害	较小	(1) 吊钩要挂在物件的重心上,当被吊物件起吊后有可能摆动或转动时,应采用绳牵引方法,防止物件摆动伤人或碰坏设备; (2) 选择牢固可靠、满足载荷的吊点
		吊索具损坏或选择不当	起重伤害	较小	(1) 作业前,应对吊索具及其配件进行检查,确认完好,方可使用; (2) 所选用的吊索具应与被吊工件的外形特点及具体要求相适应,在不具备使用条件的情况下,绝不能对付使用; (3) 作业中应防止损坏吊索具及配件,必要时在棱角处应加护角防护; (4) 吊具及配件不能超过其额定起重量,起重吊索、吊具不得超过其相应吊挂状态下的最大工作载荷

作业步骤	危害辨识	危害描述	产生后果	风险等级	防 范 措 施
4. 补汽阀解体	吊具、起吊伺服机构、门盖、自密封组件、门杆及门芯	绑扎不牢固	起重伤害	较小	（1）起重前必须将物件牢固、稳妥地绑住。 （2）吊拉时两根钢丝绳之间的夹角一般不得大于90°。 （3）使用单吊索起吊重物挂钩时应打"挂钩结"；使用吊环时螺栓必须拧到底；使用卸扣时，吊索与其连接的一个索扣必须扣在销轴上，一个索扣必须扣在扣顶上，不准两个索扣分别扣在卸扣的扣体两侧上；吊拉捆绑时，重物或设备构件的锐边快口处必须加装衬垫物
		斜拉	起重伤害	较小	禁止使吊钩斜着拖吊重物
		在起吊重物下逗留和行走	起重伤害	较小	任何人不准在起吊重物下逗留和行走
5. 补汽阀检修清理	角磨机、电磨	未正确使用防护罩、防护眼镜	机械伤害	较小	正确佩戴防护罩、防护眼镜
		手提电动工具的导线或转动部分	触电	较小	禁止手提电动工具的导线或转动部分
		角磨机砂轮片破损	机械伤害	较小	使用前检查角磨机砂轮片完好无缺损
		更换砂轮片未切断电源	触电	较小	更换砂轮片前必须切断电源
	阀门部件	搬运沉重的部件	压伤	较小	（1）不准超出体力搬运； （2）工作人员相互配合，做好互保
		部件放置不稳定	压伤	较小	部件放置应采取防止部件倾斜或滚落的措施
	清洁剂	在工作场所存储	火灾爆炸	较小	（1）禁止在工作场所存储易燃物品，例如汽油、酒精等； （2）领用、暂存时量不能过大，一般不超过500mL
		皮肤接触	化学性灼伤	较小	工作人员佩戴橡胶手套
	临时电源及电源线	电源线悬挂高度不够	触电	较小	临时电源线架设高度室内不低于2.5m
		电源线、插头、插座破损	触电	较小	（1）检查电源线外绝缘良好，无破损； （2）检查电源盘合格证在有效期； （3）检查电源插头插座，确保完好； （4）不准将电源线缠绕在护栏、管道和脚手架上
		未安装漏电保护器	触电	较小	（1）检查电源盘合格证在有效期； （2）分级配置漏电保护器，工作前试漏电保护器，确保正确动作
		检修电源箱外壳未接地	触电	较小	（1）检查电源盘合格证在有效期； （2）检查电源箱外壳接地良好
6. 补汽阀回装	高处作业	作业时未正确使用防护用品	高处坠落	重大	高处作业人员必须戴好安全帽、穿好防滑鞋并正确佩戴和使用安全带
		未佩戴使用合格的安全带	高处坠落	重大	（1）安全带检验合格证应在有效期内； （2）使用前检查安全带部件完好无损坏； （3）正确使用双钩安全带，移动中严禁脱钩； （4）安全带应挂在牢固的构件上，高挂抵用
		擅自改动脚手架架构	高处坠落	重大	工作过程中，不准随意改变脚手架的结构，必要时，必须经过搭设脚手架的技术负责人同意，并再次验收合格后方可使用

作业步骤	危害辨识	危害描述	产生后果	风险等级	防 范 措 施
6. 补汽阀回装	高处作业	乱拉电源线、电焊线、气带	高处坠落	重大	（1）脚手架上不准乱拉电线； （2）必须安装临时照明线路时，木竹脚手架应采用绝缘子，金属脚手架应另设木横担
		随意码放物品或超载	高处坠落	重大	（1）不准在脚手架和脚手板上聚集人员或放置超过计算荷重的材料； （2）脚手架上的堆置物应摆放整齐和牢固，不准超高摆放； （3）脚手架上的大物件应分散堆放，不得集中堆放； （4）脚手架上的废弃物应及时清理，并用绳子系牢后溜放到地面
		脚手架上作业不规范	高处坠落	重大	（1）上下脚手架应走人行通道或梯子，不准攀登架体； （2）不准站在脚手架的探头上作业； （3）同一架体上的作业人数一般为 2 人，必须超过 2 人的情况下不得超过 9 人； （4）不准在脚手架上蹬在木桶、木箱、砖及其他建筑材料等作业； （5）不准在架子上退着行走或跨坐在防护横杆上休息； （6）架子上应保持清洁，随时清理冰雪、杂物等，不准乱堆乱放物料； （7）不得在防护栏杆上拴挂任何重物； （8）作业中需要拆除防护栏杆时，必须采取可靠的临边防护措施
	手提切割机、磨光机、电磨	电源线、电源插头破损、防护罩破损缺失松动	触电、机械伤害	较小	（1）检查电源线、电源插头完好无破损、防护罩完好无破损且牢固； （2）检验合格证在有效期内； （3）使用切割机时戴好防护面罩
	氢气	氢气浓度超标	火灾、爆炸	较小	（1）现场动火前测量氢气浓度符合要求； （2）办理动火许可手续； （3）动火前清理周围易燃物，配备合适的足够的有效的消防器材，完工后检查无火种遗留； （4）安排监护人进行监护
	脚手架	脚手架未验收、检查	高处坠落	重大	（1）脚手架搭设结束后，必须履行脚手架验收手续，委托人及搭建人双方在脚手架验收合格证上签字； （2）每日使用脚手架前，使用人检查脚手架合格并在脚手架验收合格证背面签名后方可使用
	安全带	未正确使用安全带	高处坠落	重大	（1）安全带检验合格证应在有效期内； （2）使用前检查安全带部件完好无损坏； （3）正确使用双钩安全带，移动中严禁脱钩； （4）安全带应挂在牢固的构件上，高挂抵用
	高处的工器具、零部件	工器具未系防坠绳、零部件未固定及上下抛掷	物体打击	较小	（1）工器具必须使用防坠绳； （2）工器具和零部件应用绳拴在牢固的构件上，不准随便乱放； （3）工器具和零部件不准上下抛掷
	螺栓加热棒	未采取防烫伤措施	灼烫伤	较小	（1）操作人员必须使用隔热手套； （2）使用后加热棒要存放在专用支架上并做好隔离

作业步骤	危害辨识	危害描述	产生后果	风险等级	防 范 措 施
6. 补汽阀回装	螺栓加热棒	未采取防火措施	火灾	较小	（1）使用后加热棒要存放在专用支架上并做好隔离； （2）螺栓加热过程中清理可燃物并严禁使用螺栓松动剂等易燃易爆物品
		未采取防触电措施	触电	较小	（1）操作人与员必须穿绝缘鞋、戴绝缘手套； （2）检查加热设备绝缘良好，工作人员离开现场应切断电源
	大锤、手锤	锤把上有油污	物体打击	较小	锤把上不可有油污
		单手抡大锤	物体打击	较小	抡大锤时，周围不得有人，不得单手抡大锤
		戴手套抡大锤	物体打击	较小	打锤人不得戴手套
	锉刀、手锯、螺丝刀、钢丝钳	手柄等缺损	刺伤	较小	锉刀、手锯、螺丝刀、钢丝钳等手柄应安装牢固，没有手柄的不准使用
	起重作业	违章操作	起重伤害	较小	（1）起重作业人员持证上岗； （2）起吊作业时专人指挥，现场加强人员监护； （3）现场配备 2 名以上专业的有经验的起重作业人员
	手拉葫芦	手拉有裂纹、链轮转动卡涩、吊钩无防脱保险装置	起重伤害	较小	（1）使用前应作无负荷起落试验一次，检查手拉是否有裂纹、链轮转动是否卡涩、吊钩是否无防脱保险装置，以确保完好； （2）检查合格证在有效期内
	行车	制动器、限位失灵	起重伤害	较小	安排维护人员在行车顶部监护，发现行车吊钩有溜钩现象时立即紧固抱闸
	吊具、起吊伺服机构、门盖、自密封组件、门杆及门芯	吊点不牢固、吊点位置不正确	起重伤害	较小	（1）吊钩要挂在物件的重心上，当被吊物件起吊后有可能摆动或转动时，应采用绳牵引方法，防止物件摆动伤人或碰坏设备； （2）选择牢固可靠、满足载荷的吊点
		吊索具损坏或选择不当	起重伤害	较小	（1）作业前，应对吊索具及其配件进行检查，确认完好，方可使用； （2）所选用的吊索具应与被吊工件的外形特点及具体要求相适应，在不具备使用条件的情况下，绝不能对付使用； （3）作业中应防止损坏吊索具及配件，必要时在棱角处应加护角防护； （4）吊具及配件不能超过其额定起重量，起重吊索、吊具不得超过其相应吊挂状态下的最大工作载荷
		绑扎不牢固	起重伤害	较小	（1）起重前必须将物件牢固、稳妥地绑住。 （2）吊拉时两根钢丝绳之间的夹角一般不得大于 90°。 （3）使用单吊索起吊重物挂钩时应打"挂钩结"；使用吊环时螺栓必须拧到底；使用卸扣时，吊索与其连接的一个索扣必须扣在销轴上，一个索扣必须扣在扣顶上，不准两个索扣分别扣在卸扣的扣体两侧上；吊拉捆绑时，重物或设备构件的锐边快口处必须加装衬垫物
		斜拉	起重伤害	较小	禁止使用吊钩斜着拖吊重物
		在起吊重物下逗留和行走	起重伤害	较小	任何人不准在起吊重物下逗留和行走

续表

作业步骤	危害辨识	危害描述	产生后果	风险等级	防 范 措 施
7. 管路连接	角磨机、切割机	未正确使用防护罩、防护眼镜	机械伤害	较小	正确佩戴防护罩、防护眼镜
		手提电动工具的导线或转动部分	触电	较小	禁止手提电动工具的导线或转动部分
		砂轮片、切割片破损	物体打击	较小	使用前检查砂轮片、切割片完好无缺损
		更换砂轮片、切割片未切断电源	机械伤害	较小	更换砂轮片、切割片前必须切断电源
	可燃物质	未清理动火作业区域可燃物质	火灾	较小	（1）动火现场周围 5m 以内，严禁堆放易燃易爆物品。不能清除时应用阻燃物品隔离；（2）作业场所应配备灭火器
	电焊机	未正确使用面罩、电焊手套、白光眼镜等防护用具	灼烫伤	较小	（1）正确使用面罩；（2）戴电焊手套；（3）戴白光眼镜；（4）穿电焊服
		电焊线缠绕在身上	触电	较小	工作前将电焊线布置好，在人员通道上架空 2m 高，户外 4m 高，地面敷设做好防护措施
		在金属容器内焊接作业未穿绝缘鞋	触电	较小	在金属容器内焊接作业穿绝缘鞋，铺绝缘垫
		利用厂房的金属结构、管道、轨道或其他金属搭接起来作为导线使用	触电	较小	不准利用厂房的金属结构、管道、轨道或其他金属搭接起来作为导线使用
		边吊边焊	物体打击	较小	禁止在起吊的设备上进行电焊作业
		准备移动消防器材不合格	火灾	较小	电焊作业现场必须准备合格的、充足的灭火器及移动消防器材
	焊接尘	通风不良	尘肺病	较小	焊接工作场所应有良好的通风
		未正确使用防尘口罩	尘肺病	较小	作业时正确佩戴合格防尘口罩
	焊渣	高温焊渣飞溅	灼烫伤、火灾	较小	（1）动火工作区域周围设置防护屏，防止其他人员被飞溅的焊渣烫伤，地面铺设防火布；（2）火焊人员必须穿戴好工作服戴好手套和带鞋盖劳保鞋等
	遗留火种	施焊完毕后，未确认是否遗留火种就离开	火灾	较小	电焊作业时须有灭火器材，施焊完毕后，要留有充分的时间观察，确认无引火点，方可离去
8. 阀门传动	转动的门杆	阀门行程调整	机械伤害	较小	调整阀门执行机构行程的同时不得用手触摸阀杆和手轮，避免挤伤手指
9. 现场清理	施工废料	施工废料未清理	环境污染	较小	废料及时清理，做到工完、料尽、场地清

11.13 主机 EH 油箱检修

作业步骤	危害辨识	危害描述	产生后果	风险等级	防 范 措 施
1. 作业环境评估	噪声	噪声超标	噪声聋	较小	进入噪声区域时正确佩戴合格的耳塞
	转动的油泵	未与运行中转动设备进行有效隔离	机械伤害	较小	（1）设置安全隔离围栏并设置警告标志；（2）设置安全检修通道；（3）在运行中转动设备附近工作时应对转动设备进行可靠遮拦，并设专人监护

作业步骤	危害辨识	危害描述	产生后果	风险等级	防 范 措 施
1. 作业环境评估	氢气	氢气浓度超标	火灾、爆炸	较小	（1）现场动火前测量氢气浓度符合要求； （2）办理动火许可手续； （3）动火前清理周围易燃物，配备合适的足够的有效的消防器材，完工后检查无火种遗留； （4）安排监护人进行监护
	EH 油	发生的跑、冒、滴、漏及溢油	滑倒、化学性灼伤、火灾、污染环境	较小	（1）发生的跑、冒、滴、漏及溢油，要及时清除处理； （2）清理作业时戴好防护乳胶手套； （3）清理作业时的废油、废布不得随意处置
	孔、洞、坑	盖板缺损	高处坠落	重大	工作场所的孔、洞必须覆以与地面齐平的坚固盖板或做好隔离措施
	照明	现场照明不充足	其他伤害	较小	增加临时照明
2. 确认安全措施正确执行	转动的油泵	工作前未核实设备运转状态和标识	机械伤害	较小	转动设备检修时应采取防转动措施、确认电机电源线拆除
	EH 油	工作前所采取的安全措施不完善	火灾爆炸	较小	（1）开工前确认现场安全措施、隔离措施正确完备； （2）待管道内介质放尽，压力为零，油箱内温度适可后方可开始工作
		泄漏	污染环境	较小	放油时排空，放油不出需静置 2h 后再次打开放油门确认油已排完
		在工作场所存储	火灾	较小	（1）储存中避免靠近火源和高温； （2）油桶上要用防火石棉毯覆盖严密
3. 准备工作及现场布置	转动的油泵	工作前未核实设备运转状态和标识	机械伤害	较小	转动设备检修时应采取防转动措施、确认电机电源线拆除
	临时电源及电源线	电源线悬挂高度不够	触电	较小	临时电源线架设高度室内不低于 2.5m
		电源线、插头、插座破损	触电	较小	（1）检查电源线外绝缘良好，无破损； （2）检查电源盘合格证在有效期； （3）检查电源插头插座，确保完好； （4）不准将电源线缠绕在护栏、管道和脚手架上
		未安装漏电保护器	触电	较小	（1）检查电源盘合格证在有效期； （2）分级配置漏电保护器，工作前试漏电保护器，确保正确动作
		检修电源箱外壳未接地	触电	较小	（1）检查电源盘合格证在有效期； （2）检查电源箱外壳接地良好
	滤油机	电源线、电源插头破损、防护罩破损缺失	机械伤害触电	较小	（1）检查滤油机电源线、电源插头完好无缺损；接地线完好、防护罩完好无缺损； （2）检查合格证在有效期内
		临时油管路连接不牢固	污染环境	较小	尽量减少临时油管路中间连接接头，接头连接牢固并做好防脱措施；必要时接头处加装油盘
	手锤	锤头与木柄的连接不牢固、锤头破损、木柄未使用整根硬质木料	物体打击	较小	锤头与木柄的连接应用金属楔栓固定，楔子长度不得大于安装孔深的 2/3，锤头完好无损，木柄使用整根硬质木料
	锉刀、手锯、螺丝刀、钢丝钳	手柄等缺损	刺伤	较小	锉刀、手锯、螺丝刀、钢丝钳等手柄应安装牢固，没有手柄的不准使用

作业步骤	危害辨识	危害描述	产生后果	风险等级	防 范 措 施
4．主机EH油箱内部检查	EH油	清理不彻底	摔伤	较小	各检修区域EH油彻底清理，避免工作面光滑造成人员滑倒
			化学性灼伤	较小	工作人员佩戴橡胶手套
	油气	未进行通风	窒息	中等	（1）打开所有通风口进行通风置换有害有毒介质； （2）必要时采取强制通风措施
		油气浓度超标	爆炸	较小	（1）测量油气浓度合格； （2）清理时周围暂停动火作业
5．现场清理	EH油	工作结束后，废品乱扔	火灾、环境污染	较小	不准将油污、油泥、废油等（包括沾油棉纱、布、手套、纸等）倒入下水道排放或随地倾倒，应收集放于指定的地点，妥善处理，以防污染环境及发生火灾
	施工废料	施工废料未清理	环境污染	较小	废料及时清理，做到工完、料尽、场地清

11.14 主机 EH 油站主油泵检修

作业步骤	危害辨识	危害描述	产生后果	风险等级	防 范 措 施
1．作业环境评估	噪声	噪声超标	噪声聋	较小	进入噪声区域时正确佩戴合格的耳塞
	转动的油泵	未与运行中转动设备进行有效隔离	机械伤害	较小	（1）设置安全隔离围栏并设置警告标志； （2）设置安全检修通道； （3）在运行中转动设备附近工作时应对转动设备进行可靠遮拦，并设专人监护
	氢气	氢气浓度超标	火灾、爆炸	较小	（1）现场动火前测量氢气浓度符合要求； （2）办理动火许可手续； （3）动火前清理周围易燃物，配备合适的足够的有效的消防器材，完工后检查无火种遗留； （4）安排监护人进行监护
	EH油	发生的跑、冒、滴、漏及溢油	滑倒、化学性灼伤、火灾、污染环境	较小	（1）发生的跑、冒、滴、漏及溢油，要及时清除处理； （2）清理作业时戴好防护乳胶手套； （3）清理作业时的废油、废布不得随意处置
	孔、洞、坑	盖板缺损	高处坠落	重大	工作场所的孔、洞必须覆以与地面齐平的坚固盖板或做好隔离措施
	照明	现场照明不充足	其他伤害	较小	增加临时照明
2．确认安全措施正确执行	转动的油泵	工作前未核实设备运转状态和标识	机械伤害	较小	转动设备检修时应采取防转动措施,确认电机电源线拆除
	EH油	工作前所采取的安全措施不完善	火灾爆炸	较小	（1）开工前确认现场安全措施、隔离措施正确完备； （2）待管道内介质放尽，压力为零，油箱内温度适可后方可开始工作
		泄漏	污染环境	较小	放油时排空，放油不出需静置2h后再次打开放油门确认油已排完
		在工作场所存储	火灾	较小	（1）储存中避免靠近火源和高温； （2）油桶上要用防火石棉毯覆盖严密

作业步骤	危害辨识	危害描述	产生后果	风险等级	防范措施
3．准备工作及现场布置	转动的油泵	工作前未核实设备运转状态和标识	机械伤害	较小	转动设备检修时应采取防转动措施、确认电机电源线拆除
	手拉葫芦	手拉有裂纹、链轮转动卡涩、吊钩无防脱保险装置	起重伤害	较小	（1）使用前应作无负荷起落试验一次，检查手拉链是否有裂纹、链轮转动是否卡涩、吊钩是否无防脱保险装置，以确保完好；（2）检查合格证在有效期内
	手锤	锤头与木柄的连接不牢固、锤头破损、木柄未使用整根硬质木料	物体打击	较小	锤头与木柄的连接应用金属楔栓固定，楔子长度不得大于安装孔深的2/3，锤头完好无损，木柄使用整根硬质木料
	锉刀、手锯、螺丝刀、钢丝钳	手柄等缺损	刺伤	较小	锉刀、手锯、螺丝刀、钢丝钳等手柄应安装牢固，没有手柄的不准使用
4．主机EH油站主油泵检修	EH油	清理不彻底	摔伤	较小	各检修区域EH油彻底清理，避免工作面光滑造成人员滑倒
			化学性灼伤	较小	工作人员佩戴橡胶手套
	手锤	锤头与木柄的连接不牢固、锤头破损、木柄未使用整根硬质木料	物体打击	较小	锤头与木柄的连接应用金属楔栓固定，楔子长度不得大于安装孔深的2/3，锤头完好无损，木柄使用整根硬质木料
	锉刀、手锯、螺丝刀、钢丝钳	手柄等缺损	刺伤	较小	锉刀、手锯、螺丝刀、钢丝钳等手柄应安装牢固，没有手柄的不准使用
	撬杠	支撑物不可靠	压伤	较小	应保证支撑物可靠
		被撬物倾斜或滚落	压伤	较小	撬动过程中应采取措施防止被撬物倾斜或滚落
	手拉葫芦	手拉有裂纹、链轮转动卡涩、吊钩无防脱保险装置	起重伤害	较小	（1）使用前应作无负荷起落试验一次，检查手拉是否有裂纹、链轮转动是否卡涩、吊钩是否无防脱保险装置，以确保完好；（2）检查合格证在有效期内
	吊具、起吊主油泵	吊点不牢固、吊点位置不正确	起重伤害	较小	（1）吊钩要挂在物品的重心上，当被吊物件起吊后有可能摆动或转动时，应采用绳牵引方法，防止物件摆动伤人或碰坏设备；（2）选择牢固可靠、满足载荷的吊点
		吊索具损坏或选择不当	起重伤害	较小	（1）作业前，应对吊索具及其配件进行检查，确认完好，方可使用；（2）所选用的吊索具应与被吊工件的外形特点及具体要求相适应，在不具备使用条件的情况下，绝不能对付使用；（3）作业中应防止损坏吊索具及配件，必要时在棱角处应加护角防护；（4）吊具及配件不能超过其额定起重量，起重吊索、吊具不得超过其相应吊挂状态下的最大工作载荷

检 修 篇

续表

作业步骤	危害辨识	危害描述	产生后果	风险等级	防 范 措 施
4．主机EH油站主油泵检修	吊具、起吊主油泵	绑扎不牢固	起重伤害	较小	（1）起重前必须将物件牢固、稳妥地绑住。 （2）吊拉时两根钢丝绳之间的夹角一般不得大于90°。 （3）使用单吊索起吊重物挂钩时应打"挂钩结"；使用吊环时螺栓必须拧到底；使用卸扣时，吊索与其连接的一个索扣必须扣在销轴上，一个索扣必须扣在扣顶上，不准两个索扣分别扣在卸扣的扣体两侧上；吊拉捆绑时，重物或设备构件的锐边快口处必须加装衬垫物
		斜拉	起重伤害	较小	禁止使用吊钩斜着拖吊重物
		在起吊重物下逗留和行走	起重伤害	较小	任何人不准在起吊重物下逗留和行走
	清洁剂	在工作场所存储	火灾爆炸	较小	（1）禁止在工作场所存储易燃物品，例如汽油、酒精等； （2）领用、暂存时量不能过大，一般不超过500mL
		皮肤接触	化学性灼伤	较小	工作人员佩戴橡胶手套
5．主机EH油站主油泵试转	转动的油泵	防护罩缺损、松动	机械伤害	较小	（1）设备的转动部分必须装设防护罩，并标明旋转方向，露出的轴端必须装设护盖、检查牢固； （2）对转动设备缺损的防护罩应及时装复或修复，装复或修复前在转动设备区域内设置"禁止靠近"安全警示标识； （3）不准擅自拆除设备上的安全防护设施
		肢体部位或饰品衣物、用具（包括防护用品）、工具接触转动部位	机械伤害	较小	（1）衣服和袖口应扣好，不得戴围巾领带，长发必须盘在安全帽内； （2）不准将用具、工器具接触设备的转动部位； （3）不准在转动设备附近长时间停留； （4）不准在靠背轮上、安全罩上或运行中设备的轴承上行走和坐立
		试运行启动时人员站在转机径向位置	机械伤害	较小	转动设备试运行时所有人员应先远离，站在转动机械的轴向位置，并有一人站在事故按钮位置
	EH油	发生的跑、冒、滴、漏及溢油	滑倒、化学性灼伤、火灾、污染环境	较小	（1）发生的跑、冒、滴、漏及溢油，要及时清除处理； （2）清理作业时戴好防护乳胶手套； （3）清理作业时的废油、废布不得随意处置
6．现场清理	EH油	工作结束后，废品乱扔	火灾环境污染	较小	不准将油污、油泥、废油等（包括沾油棉纱、布、手套、纸等）倒入下水道排放或随地倾倒，应收集放于指定的地点，妥善处理，以防污染环境及发生火灾
	施工废料	施工废料未清理	环境污染	较小	废料及时清理，做到工完、料尽、场地清

11.15 主机 EH 油泵出口过滤器检修

作业步骤	危害辨识	危害描述	产生后果	风险等级	防 范 措 施
1．作业环境评估	噪声	噪声超标	噪声聋	较小	进入噪声区域时正确佩戴合格的耳塞
	转动的油泵	未与运行中转动设备进行有效隔离	机械伤害	较小	（1）设置安全隔离围栏并设置警告标志； （2）设置安全检修通道； （3）在运行中转动设备附近工作时应对转动设备进行可靠遮拦，并设专人监护

作业步骤	危害辨识	危害描述	产生后果	风险等级	防 范 措 施
1．作业环境评估	氢气	氢气浓度超标	火灾、爆炸	较小	（1）现场动火前测量氢气浓度符合要求； （2）办理动火许可手续； （3）动火前清理周围易燃物，配备合适的足够的有效的消防器材，完工后检查无火种遗留； （4）安排监护人进行监护
	EH油	发生的跑、冒、滴、漏及溢油	滑倒、化学性灼伤、火灾、污染环境	较小	（1）发生的跑、冒、滴、漏及溢油，要及时清除处理； （2）清理作业时戴好防护乳胶手套； （3）清理作业时的废油、废布不得随意处置
	孔、洞、坑	盖板缺损	高处坠落	重大	工作场所的孔、洞必须覆以与地面齐平的坚固盖板或做好隔离措施
	照明	现场照明不充足	其他伤害	较小	增加临时照明
2．确认安全措施正确执行	转动的油泵	工作前未核实设备运转状态和标识	机械伤害	较小	转动设备检修时应采取防转动措施，确认电机电源线拆除
	EH油	工作前所采取的安全措施不完善	火灾爆炸	较小	（1）开工前确认现场安全措施、隔离措施正确完备； （2）待管道内介质放尽，压力为零后方可开始工作
		泄漏	污染环境	较小	放油时排空，放油不出需静置2h后再次打开放油门确认油已排完
		在工作场所存储	火灾	较小	（1）储存中避免靠近火源和高温； （2）油桶上要用防火石棉毯覆盖严密
3．准备工作及现场布置	转动的油泵	工作前未核实设备运转状态和标识	机械伤害	较小	转动设备检修时应采取防转动措施，确认电机电源线拆除
	手锤	锤头与木柄的连接不牢固、锤头破损、木柄未使用整根硬质木料	物体打击	较小	锤头与木柄的连接应用金属楔栓固定，楔子长度不得大于安装孔深的2/3，锤头完好无损，木柄使用整根硬质木料
	锉刀、手锯、螺丝刀、钢丝钳	手柄等缺损	刺伤	较小	锉刀、手锯、螺丝刀、钢丝钳等手柄应安装牢固，没有手柄的不准使用
4．主机EH油泵出口过滤器检修	EH油	清理不彻底	摔伤	较小	各检修区域EH油彻底清理，避免工作面光滑造成人员滑倒
			化学性灼伤	较小	工作人员佩戴橡胶手套
	手锤	锤头与木柄的连接不牢固、锤头破损、木柄未使用整根硬质木料	物体打击	较小	锤头与木柄的连接应用金属楔栓固定，楔子长度不得大于安装孔深的2/3，锤头完好无损，木柄使用整根硬质木料
	锉刀、手锯、螺丝刀、钢丝钳	手柄等缺损	刺伤	较小	锉刀、手锯、螺丝刀、钢丝钳等手柄应安装牢固，没有手柄的不准使用
5．现场清理	EH油	工作结束后，废品乱扔	火灾环境污染	较小	不准将油污、油泥、废油等（包括沾油棉纱、布、手套、纸等）倒入下水道排放或随地倾倒，应收集放于指定的地点，妥善处理，以防污染环境及发生火灾
	施工废料	施工废料未清理	环境污染	较小	废料及时清理，做到工完、料尽、场地清

11.16 主机 EH 油蓄能器检修

作业步骤	危害辨识	危害描述	产生后果	风险等级	防 范 措 施
1. 作业环境评估	噪声	噪声超标	噪声聋	较小	进入噪声区域时正确佩戴合格的耳塞
	转动的油泵	未与运行中转动设备进行有效隔离	机械伤害	较小	（1）设置安全隔离围栏并设置警告标志；（2）设置安全检修通道；（3）在运行中转动设备附近工作时应对转动设备进行可靠遮拦，并设专人监护
	氢气	氢气浓度超标	火灾、爆炸	较小	（1）现场动火前测量氢气浓度符合要求；（2）办理动火许可手续；（3）动火前清理周围易燃物，配备合适的足够的有效的消防器材，完工后检查无火种遗留；（4）安排监护人进行监护
	EH 油	发生的跑、冒、滴、漏及溢油	滑倒、化学性灼伤、火灾、污染环境	较小	（1）发生的跑、冒、滴、漏及溢油，要及时清除处理；（2）清理作业时戴好防护乳胶手套；（3）清理作业时的废油、废布不得随意处置
	孔、洞、坑	盖板缺损	高处坠落	重大	工作场所的孔、洞必须覆以与地面齐平的坚固盖板或做好隔离措施
	照明	现场照明不充足	其他伤害	较小	增加临时照明
2. 确认安全措施正确执行	转动的油泵	工作前未核实设备运转状态和标识	机械伤害	较小	转动设备检修时应采取防转动措施，确认电机电源线拆除
	EH 油	工作前所采取的安全措施不完善	火灾爆炸	较小	（1）开工前确认现场安全措施、隔离措施正确完备；（2）待管道内介质放尽，压力为零后方可开始工作
		泄漏	污染环境	较小	放油时排空，放油不出需静置2h后再次打开放油门确认油已排完
		在工作场所存储	火灾	较小	（1）储存中避免靠近火源和高温；（2）油桶上要用防火石棉毯覆盖严密
3. 准备工作及现场布置	转动的油泵	工作前未核实设备运转状态和标识	机械伤害	较小	转动设备检修时应采取防转动措施，确认电机电源线拆除
	手锤	锤头与木柄的连接不牢固、锤头破损、木柄未使用整根硬质木料	物体打击	较小	锤头与木柄的连接应用金属楔栓固定，楔子长度不得大于安装孔深的2/3，锤头完好无损，木柄使用整根硬质木料
	锉刀、手锯、螺丝刀、钢丝钳	手柄等缺损	刺伤	较小	锉刀、手锯、螺丝刀、钢丝钳等手柄应安装牢固，没有手柄的不准使用
4. 主机 EH 油泵蓄能器检修	EH 油	清理不彻底	摔伤	较小	各检修区域EH油彻底清理，避免工作面光滑造成人员滑倒
			化学性灼伤	较小	工作人员佩戴橡胶手套
	手锤	锤头与木柄的连接不牢固、锤头破损、木柄未使用整根硬质木料	物体打击	较小	锤头与木柄的连接应用金属楔栓固定，楔子长度不得大于安装孔深的2/3，锤头完好无损，木柄使用整根硬质木料
	锉刀、手锯、螺丝刀、钢丝钳	手柄等缺损	刺伤	较小	锉刀、手锯、螺丝刀、钢丝钳等手柄应安装牢固，没有手柄的不准使用

续表

作业步骤	危害辨识	危害描述	产生后果	风险等级	防 范 措 施
4．主机 EH 油泵蓄能器检修	手拉葫芦	手拉有裂纹、链轮转动卡涩、吊钩无防脱保险装置	起重伤害	较小	（1）使用前应作无负荷起落试验一次，检查手拉是否有裂纹、链轮转动是否卡涩、吊钩是否无防脱保险装置，以确保完好； （2）检查合格证在有效期内
	吊具、起吊蓄能器	吊点不牢固、吊点位置不正确	起重伤害	较小	（1）吊钩要挂在物品的重心上，当被吊物件起吊后有可能摆动或转动时，应采用绳牵引方法，防止物件摆动伤人或碰坏设备； （2）选择牢固可靠、满足载荷的吊点
		绑扎不牢固	起重伤害	较小	（1）起重前必须将物件牢固、稳妥地绑住。 （2）吊拉时两根钢丝绳之间的夹角一般不得大于90°。 （3）使用单吊索起吊重物挂钩时应打"挂钩结"；使用吊环时螺栓必须拧到底；使用卸扣时，吊索与其连接的一个索扣必须扣在销轴上，一个索扣必须扣在扣顶上，不准两个索扣分别扣在卸扣的扣体两侧上；吊拉捆绑时，重物或设备构件的锐边快口处必须加装衬垫物
	清洁剂	在工作场所存储	火灾爆炸	较小	（1）禁止在工作场所存储易燃物品，例如汽油、酒精等； （2）领用、暂存时量不能过大，一般不超过500mL
		皮肤接触	化学性灼伤	较小	工作人员佩戴橡胶手套
5．现场清理	EH 油	工作结束后，废品乱扔	火灾环境污染	较小	不准将油污、油泥、废油等（包括沾油棉纱、布、手套、纸等）倒入下水道排放或随地倾倒，应收集放于指定的地点，妥善处理，以防污染环境及发生火灾
	施工废料	施工废料未清理	环境污染	较小	废料及时清理，做到工完、料尽、场地清

11.17　主机 EH 油循环冷却器检修

作业步骤	危害辨识	危害描述	产生后果	风险等级	防 范 措 施
1．作业环境评估	噪声	噪声超标	噪声聋	较小	进入噪声区域时正确佩戴合格的耳塞
	转动的油泵	未与运行中转动设备进行有效隔离	机械伤害	较小	（1）设置安全隔离围栏并设置警告标志； （2）设置安全检修通道； （3）在运行中转动设备附近工作时应对转动设备进行可靠遮拦，并设专人监护
	氢气	氢气浓度超标	火灾、爆炸	较小	（1）现场动火前测量氢气浓度符合要求； （2）办理动火许可手续； （3）动火前清理周围易燃物，配备合适的足够的有效的消防器材，完工后检查无火种遗留； （4）安排监护人进行监护
	EH 油	发生的跑、冒、滴、漏及溢油	滑倒、化学性灼伤、火灾、污染环境	较小	（1）发生的跑、冒、滴、漏及溢油，要及时清除处理； （2）清理作业时戴好防护乳胶手套； （3）清理作业时的废油、废布不得随意处置
	孔、洞、坑	盖板缺损	高处坠落	重大	工作场所的孔、洞必须覆以与地面齐平的坚固盖板或做好隔离措施
	照明	现场照明不充足	其他伤害	较小	增加临时照明

作业步骤	危害辨识	危害描述	产生后果	风险等级	防 范 措 施
2. 确认安全措施正确执行	转动的设备	工作前未核实设备运转状态和标识	机械伤害	较小	转动设备检修时应采取防转动措施、确认电机电源线拆除
	EH 油	工作前所采取的安全措施不完善	火灾爆炸	较小	(1) 开工前确认现场安全措施、隔离措施正确完备; (2) 待管道内介质放尽,压力为零后方可开始工作
		泄漏	污染环境	较小	放油时排空,放油不出需静置 2h 后再次打开放油门确认油已排完
		在工作场所存储	火灾	较小	(1) 储存中避免靠近火源和高温; (2) 油桶上要用防火石棉毯覆盖严密
3. 准备工作及现场布置	转动的设备	工作前未核实设备运转状态和标识	机械伤害	较小	转动设备检修时应采取防转动措施、确认电机电源线拆除
	手锤	锤头与木柄的连接不牢固、锤头破损、木柄未使用整根硬质木料	物体打击	较小	锤头与木柄的连接应用金属楔栓固定,楔子长度不得大于安装孔深的 2/3,锤头完好无损,木柄使用整根硬质木料
	锉刀、手锯、螺丝刀、钢丝钳	手柄等缺损	刺伤	较小	锉刀、手锯、螺丝刀、钢丝钳等手柄应安装牢固,没有手柄的不准使用
4. 主机EH 油循环冷却器检修	EH 油	清理不彻底	摔伤	较小	各检修区域 EH 油彻底清理,避免工作面光滑造成人员滑倒
			化学性灼伤	较小	工作人员佩戴橡胶手套
	手锤	锤头与木柄的连接不牢固、锤头破损、木柄未使用整根硬质木料	物体打击	较小	锤头与木柄的连接应用金属楔栓固定,楔子长度不得大于安装孔深的 2/3,锤头完好无损,木柄使用整根硬质木料
	锉刀、手锯、螺丝刀、钢丝钳	手柄等缺损	刺伤	较小	锉刀、手锯、螺丝刀、钢丝钳等手柄应安装牢固,没有手柄的不准使用
	撬杠	支撑物不可靠	压伤	较小	应保证支撑物可靠
		被撬物倾斜或滚落	压伤	较小	撬动过程中应采取措施防止被撬物倾斜或滚落
	手拉葫芦	手拉有裂纹、链轮转动卡涩、吊钩无防脱保险装置	起重伤害	较小	(1) 使用前应作无负荷起落试验一次,检查手拉是否有裂纹、链轮转动是否卡涩、吊钩是否无防脱保险装置,以确保完好; (2) 检查合格证在有效期内
	吊具、起吊冷却器	吊点不牢固、吊点位置不正确	起重伤害	较小	(1) 吊钩要挂在物品的重心上,当被吊物件起吊后有可能摆动或转动时,应采用绳牵引方法,防止物件摆动伤人或碰坏设备; (2) 选择牢固可靠、满足载荷的吊点
		绑扎不牢固	起重伤害	较小	(1) 起重前必须将物件牢固、稳妥地绑住。 (2) 吊拉时两根钢丝绳之间的夹角一般不得大于 90°。 (3) 使用单吊索起吊重物挂钩时应打"挂钩结";使用吊环时螺栓必须拧到底;使用卸扣时,吊索与其连接的一个索扣必须扣在销轴上,一个索扣必须扣在扣顶上,不准两个索扣分别扣在卸扣的扣体两侧上;吊拉捆绑时,重物或设备构件的锐边快口处必须加装衬垫物

作业步骤	危害辨识	危害描述	产生后果	风险等级	防 范 措 施
4．主机EH油循环冷却器检修	清洁剂	在工作场所存储	火灾爆炸	较小	（1）禁止在工作场所存储易燃物品，例如汽油、酒精等； （2）领用、暂存时量不能过大，一般不超过500mL
		皮肤接触	化学性灼伤	较小	工作人员佩戴橡胶手套
5．现场清理	EH油	工作结束后，废品乱扔	火灾环境污染	较小	不准将油污、油泥、废油等（包括沾油棉纱、布、手套、纸等）倒入下水道排放或随地倾倒，应收集放于指定的地点，妥善处理，以防污染环境及发生火灾
	施工废料	施工废料未清理	环境污染	较小	废料及时清理，做到工完、料尽、场地清

11.18 主机 EH 油循环冷却过滤器检修

作业步骤	危害辨识	危害描述	产生后果	风险等级	防 范 措 施
1．作业环境评估	噪声	噪声超标	噪声聋	较小	进入噪声区域时正确佩戴合格的耳塞
	转动的油泵	未与运行中转动设备进行有效隔离	机械伤害	较小	（1）设置安全隔离围栏并设置警告标志； （2）设置安全检修通道； （3）在运行中转动设备附近工作时应对转动设备进行可靠遮拦，并设专人监护
	氢气	氢气浓度超标	火灾、爆炸	较小	（1）现场动火前测量氢气浓度符合要求； （2）办理动火许可手续； （3）动火前清理周围易燃物，配备合适的足够的有效的消防器材，完工后检查无火种遗留； （4）安排监护人进行监护
	EH油	发生的跑、冒、滴、漏及溢油	滑倒、化学性灼伤、火灾、污染环境	较小	（1）发生的跑、冒、滴、漏及溢油，要及时清除处理； （2）清理作业时戴好防护乳胶手套； （3）清理作业时的废油、废布不得随意处置
	孔、洞、坑	盖板缺损	高处坠落	重大	工作场所的孔、洞必须覆以与地面齐平的坚固盖板或做好隔离措施
	照明	现场照明不充足	其他伤害	较小	增加临时照明
2．确认安全措施正确执行	转动的油泵	工作前未核实设备运转状态和标识	机械伤害	较小	转动设备检修时应采取防转动措施、确认电机电源线拆除
	EH油	工作前所采取的安全措施不完善	火灾爆炸	较小	（1）开工前确认现场安全措施、隔离措施正确完备； （2）待管道内介质放尽，压力为零后方可开始工作
		泄漏	污染环境	较小	放油时排空，放油不出需静置2h后再次打开放油门确认油已排完
		在工作场所存储	火灾	较小	（1）储存中避免靠近火源和高温； （2）油桶上要用防火石棉毯覆盖严密
3．准备工作及现场布置	转动的油泵	工作前未核实设备运转状态和标识	机械伤害	较小	转动设备检修时应采取防转动措施、确认电机电源线拆除
	手锤	锤头与木柄的连接不牢固、锤头破损、木柄未使用整根硬质木料	物体打击	较小	锤头与木柄的连接应用金属楔栓固定，楔子长度不得大于安装孔深的2/3，锤头完好无损，木柄使用整根硬质木料

作业步骤	危害辨识	危害描述	产生后果	风险等级	防 范 措 施
3．准备工作及现场布置	锉刀、手锯、螺丝刀、钢丝钳	手柄等缺损	刺伤	较小	锉刀、手锯、螺丝刀、钢丝钳等手柄应安装牢固，没有手柄的不准使用
4．主机 EH 油循环冷却过滤器检修	EH 油	清理不彻底	摔伤	较小	各检修区域 EH 油彻底清理，避免工作面光滑造成人员滑倒
			化学性灼伤	较小	工作人员佩戴橡胶手套
	手锤	锤头与木柄的连接不牢固、锤头破损、木柄未使用整根硬质木料	物体打击	较小	锤头与木柄的连接应用金属楔栓固定，楔子长度不得大于安装孔深的 2/3，锤头完好无损，木柄使用整根硬质木料
	锉刀、手锯、螺丝刀、钢丝钳	手柄等缺损	刺伤	较小	锉刀、手锯、螺丝刀、钢丝钳等手柄应安装牢固，没有手柄的不准使用
	清洁剂	在工作场所存储	火灾爆炸	较小	（1）禁止在工作场所存储易燃物品，例如汽油、酒精等；（2）领用、暂存时量不能过大，一般不超过 500mL
		皮肤接触	化学性灼伤	较小	工作人员佩戴橡胶手套
5．现场清理	EH 油	工作结束后，废品乱扔	火灾环境污染	较小	不准将油污、油泥、废油等（包括沾油棉纱、布、手套、纸等）倒入下水道排放或随地倾倒，应收集放于指定的地点，妥善处理，以防污染环境及发生火灾
	施工废料	施工废料未清理	环境污染	较小	废料及时清理，做到工完、料尽、场地清

11.19 主机 EH 油再生过滤器检修

作业步骤	危害辨识	危害描述	产生后果	风险等级	防 范 措 施
1．作业环境评估	噪声	噪声超标	噪声聋	较小	进入噪声区域时正确佩戴合格的耳塞
	转动的油泵	未与运行中转动设备进行有效隔离	机械伤害	较小	（1）设置安全隔离围栏并设置警告标志；（2）设置安全检修通道；（3）在运行中转动设备附近工作时应对转动设备进行可靠遮拦，并设专人监护
	氢气	氢气浓度超标	火灾、爆炸	较小	（1）现场动火前测量氢气浓度符合要求；（2）办理动火许可手续；（3）动火前清理周围易燃物，配备合适的足够的有效的消防器材，完工后检查无火种遗留；（4）安排监护人进行监护
	EH 油	发生的跑、冒、滴、漏及溢油	滑倒、化学性灼伤、火灾、污染环境	较小	（1）发生的跑、冒、滴、漏及溢油，要及时清除处理；（2）清理作业时戴好防护乳胶手套；（3）清理作业时的废油、废布不得随意处置
	孔、洞、坑	盖板缺损	高处坠落	重大	工作场所的孔、洞必须覆以与地面齐平的坚固盖板或做好隔离措施
	照明	现场照明不充足	其他伤害	较小	增加临时照明

续表

作业步骤	危害辨识	危害描述	产生后果	风险等级	防 范 措 施
2．确认安全措施正确执行	转动的油泵	工作前未核实设备运转状态和标识	机械伤害	较小	转动设备检修时应采取防转动措施、确认电机电源线拆除
	EH 油	工作前所采取的安全措施不完善	火灾爆炸	较小	（1）开工前确认现场安全措施、隔离措施正确完备； （2）待管道内介质放尽，压力为零后方可开始工作
		泄漏	污染环境	较小	放油时排空，放油不出需静置 2h 后再次打开放油门确认油已排完
		在工作场所存储	火灾	较小	（1）储存中避免靠近火源和高温； （2）油桶上要用防火石棉毯覆盖严密
3．准备工作及现场布置	转动的油泵	工作前未核实设备运转状态和标识	机械伤害	较小	转动设备检修时应采取防转动措施，确认电机电源线拆除
	手锤	锤头与木柄的连接不牢固、锤头破损、木柄未使用整根硬质木料	物体打击	较小	锤头与木柄的连接应用金属楔栓固定，楔子长度不得大于安装孔深的 2/3，锤头完好无损，木柄使用整根硬质木料
	锉刀、手锯、螺丝刀、钢丝钳	手柄等缺损	刺伤	较小	锉刀、手锯、螺丝刀、钢丝钳等手柄应安装牢固，没有手柄的不准使用
4．主机 EH 油再生过滤器检修	EH 油	清理不彻底	摔伤	较小	各检修区域 EH 油彻底清理，避免工作面光滑造成人员滑倒
			化学性灼伤	较小	工作人员佩戴橡胶手套
	手锤	锤头与木柄的连接不牢固、锤头破损、木柄未使用整根硬质木料	物体打击	较小	锤头与木柄的连接应用金属楔栓固定，楔子长度不得大于安装孔深的 2/3，锤头完好无损，木柄使用整根硬质木料
	锉刀、手锯、螺丝刀、钢丝钳	手柄等缺损	刺伤	较小	锉刀、手锯、螺丝刀、钢丝钳等手柄应安装牢固，没有手柄的不准使用
5．现场清理	EH 油	工作结束后，废品乱扔	火灾环境污染	较小	不准将油污、油泥、废油等（包括沾油棉纱、布、手套、纸等）倒入下水道排放或随地倾倒，应收集放于指定的地点，妥善处理，以防污染环境及发生火灾
	施工废料	施工废料未清理	环境污染	较小	废料及时清理，做到工完、料尽、场地清

11.20 主机 EH 油静态试验

作业步骤	危害辨识	危害描述	产生后果	风险等级	防 范 措 施
1．作业环境评估	噪声	噪声超标	噪声聋	较小	进入噪声区域时正确佩戴合格的耳塞
	转动的油泵	未与运行中转动设备进行有效隔离	机械伤害	较小	（1）设置安全隔离围栏并设置警告标志； （2）设置安全检修通道； （3）在运行中转动设备附近工作时应对转动设备进行可靠遮拦，并设专人监护

467

作业步骤	危害辨识	危害描述	产生后果	风险等级	防 范 措 施
1. 作业环境评估	EH 油	发生的跑、冒、滴、漏及溢油	滑倒、化学性灼伤、火灾、污染环境	较小	(1) 发生的跑、冒、滴、漏及溢油，要及时清除处理； (2) 清理作业时戴好防护乳胶手套； (3) 清理作业时的废油、废布不得随意处置
	孔、洞、坑	盖板缺损	高处坠落	重大	工作场所的孔、洞必须覆以与地面齐平的坚固盖板或做好隔离措施
	照明	现场照明不充足	其他伤害	较小	增加临时照明
2. 确认安全措施正确执行	转动的油泵	工作前未核实设备运转状态和标识	机械伤害	较小	转动设备检修时应采取防转动措施、确认电机电源线拆除
	EH 油	清理不彻底	摔伤	较小	各检修区域 EH 油彻底清理，避免工作面光滑造成人员滑倒
			化学性灼伤	较小	工作人员佩戴橡胶手套
3. 准备工作及现场布置	转动的油泵	工作前未核实设备运转状态和标识	机械伤害	较小	转动设备检修时应采取防转动措施、确认电机电源线拆除
	手锤	锤头与木柄的连接不牢固、锤头破损、木柄未使用整根硬质木料	物体打击	较小	锤头与木柄的连接应用金属楔栓固定，楔子长度不得大于安装孔深的 2/3，锤头完好无损，木柄使用整根硬质木料
	锉刀、手锯、螺丝刀、钢丝钳	手柄等缺损	刺伤	较小	锉刀、手锯、螺丝刀、钢丝钳等手柄应安装牢固，没有手柄的不准使用
4. 主机 EH 油泵静态试验检修	EH 油	清理不彻底	摔伤	较小	各检修区域 EH 油彻底清理，避免工作面光滑造成人员滑倒
			化学性灼伤	较小	工作人员佩戴橡胶手套
	动作中的油动机	试验过程中油动机不断动作	物体打击	较小	(1) 设置安全隔离围栏并设置警告标志； (2) 工作人员与设备保持安全距离
	锉刀、手锯、螺丝刀、钢丝钳	手柄等缺损	刺伤	较小	锉刀、手锯、螺丝刀、钢丝钳等手柄应安装牢固，没有手柄的不准使用
5. 现场清理	EH 油	工作结束后，废品乱扔	火灾环境污染	较小	不准将油污、油泥、废油等（包括沾油棉纱、布、手套、纸等）倒入下水道排放或随地倾倒，应收集放于指定的地点，妥善处理，以防污染环境及发生火灾
	施工废料	施工废料未清理	环境污染	较小	废料及时清理，做到工完、料尽、场地清

11.21 主机润滑油箱检修

作业步骤	危害辨识	危害描述	产生后果	风险等级	防 范 措 施
1. 作业环境评估	噪声	噪声超标	噪声聋	较小	进入噪声区域时正确佩戴合格的耳塞
	转动的油泵	未与运行中转动设备进行有效隔离	机械伤害	较小	(1) 设置安全隔离围栏并设置警告标志； (2) 设置安全检修通道； (3) 在运行中转动设备附近工作时应对转动设备进行可靠遮拦，并设专人监护

续表

作业步骤	危害辨识	危害描述	产生后果	风险等级	防 范 措 施
1. 作业环境评估	润滑油	发生的跑、冒、滴、漏及溢油	滑倒火灾	较小	发生的跑、冒、滴、漏及溢油，要及时清除处理
	高温环境	容器内部温度高于40℃	中暑	中等	（1）工作人员进入容器前，检修工作负责人应检查容器内的温度，不宜超过 40℃，并有良好的通风；容器内温度超过40℃严禁入内。 （2）在高温场所工作时，应为工作人员提供足够的饮水、清凉饮料及防暑药品；对温度较高的作业场所必须增加通风设备
	孔、洞、坑	盖板缺损	高处坠落	重大	工作场所的孔、洞必须覆以与地面齐平的坚固盖板或做好隔离措施
	照明	现场照明不充足	其他伤害	较小	增加临时照明
2. 确认安全措施正确执行	转动的油泵	工作前未核实设备运转状态和标识	机械伤害	较小	转动设备检修时应采取防转动措施、确认电机电源线拆除
	润滑油	工作前所采取的安全措施不完善	火灾爆炸	较小	（1）开工前确认现场安全措施、隔离措施正确完备； （2）待管道内介质放尽，压力为零，油箱内温度适可后方可开始工作
		泄漏	污染环境	较小	放油时排空，放油不出需静置 2h 后再次打开放油门确认油已排完
		在工作场所存储	火灾	较小	（1）储存中避免靠近火源和高温； （2）油桶上要用防火石棉毯覆盖严密
3. 准备工作及现场布置	转动的油泵	工作前未核实设备运转状态和标识	机械伤害	较小	转动设备检修时应采取防转动措施、确认电机电源线拆除
	临时电源及电源线	电源线悬挂高度不够	触电	较小	临时电源线架设高度室内不低于 2.5m
		电源线、插头、插座破损	触电	较小	（1）检查电源线外绝缘良好，无破损； （2）检查电源盘合格证在有效期； （3）检查电源插头插座，确保完好； （4）不准将电源线缠绕在护栏、管道和脚手架上
		未安装漏电保护器	触电	较小	（1）检查电源盘合格证在有效期； （2）分级配置漏电保护器，工作前试漏电保护器，确保正确动作
		检修电源箱外壳未接地	触电	较小	（1）检查电源盘合格证在有效期； （2）检查电源箱外壳接地良好
	行灯	行灯电源线、电源插头破损	触电	较小	（1）检查行灯电源线、电源插头完好无破损； （2）行灯的电源线应采用橡套软电缆
		使用行灯电压等级不符	触电	较小	主油箱使用的行灯，其电压不得超过 12V
		行灯防护罩缺失	触电	较小	行灯应有保护罩
	滤油机	电源线、电源插头破损、防护罩破损缺失	机械伤害触电	较小	（1）检查滤油机电源线、电源插头完好无缺损，接地线完好、防护罩完好无缺损； （2）检查合格证在有效期内
		临时油管路连接不牢固	污染环境	较小	尽量减少临时油管路中间连接接头，接头连接牢固并做好防脱措施；必要时接头处加装油盘
	手锤	锤头与木柄的连接不牢固、锤头破损、木柄未使用整根硬质木料	物体打击	较小	锤头与木柄的连接应用金属楔栓固定，楔子长度不得大于安装孔深的2/3，锤头完好无损，木柄使用整根硬质木料

作业步骤	危害辨识	危害描述	产生后果	风险等级	防 范 措 施
3. 准备工作及现场布置	锉刀、手锯、螺丝刀、钢丝钳	手柄等缺损	刺伤	较小	锉刀、手锯、螺丝刀、钢丝钳等手柄应安装牢固，没有手柄的不准使用
4. 打开人孔门	人孔门	人孔未设置临时围栏、警告标志	高处坠落	重大	（1）在检修工作中人孔打开后，必须设有牢固的临时围栏，并设有明显的警告标志； （2）工作停止时应将人孔临时进行封闭
5. 主机润滑油箱内部检查	润滑油	清理不彻底	摔伤	较小	各检修区域润滑油彻底清理，避免工作面光滑造成人员滑倒
	二氧化碳	气体浓度超标	窒息	中等	有限空间作业前办理作业审批许可，工作前30min 前打开人孔门进行通风直至用气体检测仪检测浓度合格，氧气浓度保持在19.5%～21%范围内
		无人监护	窒息	中等	设专人不间断地监护
	油气	油气浓度超标	爆炸	较小	加强现场通风，测量油气浓度合格
	高温环境	容器内部温度高于40℃	中暑	较小	（1）工作人员进入容器前，检修工作负责人应检查容器内的温度，不宜超过 40℃，并有良好的通风；容器内温度超过40℃严禁入内。 （2）在高温场所工作时，应为工作人员提供足够的饮水、清凉饮料及防暑药品；对温度较高的作业场所必须增加通风设备
	行灯	行灯电源线、电源插头破损	触电	较小	（1）检查行灯电源线、电源插头完好无破损； （2）行灯的电源线应采用橡套软电缆
		使用行灯电压等级不符	触电	较小	主油箱使用的行灯，其电压不得超过 12V
		行灯防护罩缺失	触电	较小	行灯应有保护罩
6. 封闭人孔	二氧化碳	人员遗留在容器内	窒息	较小	封闭人孔前工作负责人应认真清点工作人员
7. 现场清理	润滑油	工作结束后，废品乱扔	火灾环境污染	较小	不准将油污、油泥、废油等（包括沾油棉纱、布、手套、纸等）倒入下水道排放或随地倾倒，应收集放于指定的地点，妥善处理，以防污染环境及发生火灾
	施工废料	施工废料未清理	环境污染	较小	废料及时清理，做到工完、料尽、场地清

11.22 主机交流润滑油泵检修

作业步骤	危害辨识	危害描述	产生后果	风险等级	防 范 措 施
1. 作业环境评估	噪声	噪声超标	噪声聋	较小	进入噪声区域时正确佩戴合格的耳塞
	转动的油泵	未与运行中转动设备进行有效隔离	机械伤害	较小	（1）设置安全隔离围栏并设置警告标志； （2）设置安全检修通道； （3）在运行中转动设备附近工作时应对转动设备进行可靠遮拦，并设专人监护
	润滑油	发生的跑、冒、滴、漏及溢油	滑倒火灾	较小	发生的跑、冒、滴、漏及溢油，要及时清除处理

作业步骤	危害辨识	危害描述	产生后果	风险等级	防 范 措 施
1. 作业环境评估	高温环境	容器内部温度高于40℃	中暑	较小	（1）工作人员进入容器前，检修工作负责人应检查容器内的温度，不宜超过40℃，并有良好的通风；容器内温度超过40℃严禁入内。 （2）在高温场所工作时，应为工作人员提供足够的饮水、清凉饮料及防暑药品；对温度较高的作业场所必须增加通风设备
	孔、洞、坑	盖板缺损	高处坠落	重大	工作场所的孔、洞必须覆以与地面齐平的坚固盖板或做好隔离措施
	照明	现场照明不充足	其他伤害	较小	增加临时照明
2. 确认安全措施正确执行	转动的油泵	工作前未核实设备运转状态和标识	机械伤害	较小	转动设备检修时应采取防转动措施、确认电机电源线拆除
	润滑油	工作前所采取的安全措施不完善	火灾爆炸	较小	（1）开工前确认现场安全措施、隔离措施正确完备； （2）待管道内介质放尽，压力为零后方可开始工作
		泄漏	污染环境	较小	放油时排空，放油不出需静置2h后再次打开放油门确认油已排完
		在工作场所存储	火灾	较小	（1）储存中避免靠近火源和高温； （2）油桶上要用防火石棉毯覆盖严密
3. 准备工作及现场布置	转动的油泵	工作前未核实设备运转状态和标识	机械伤害	较小	转动设备检修时应采取防转动措施、确认电机电源线拆除
	临时电源及电源线	电源线悬挂高度不够	触电	较小	临时电源线架设高度室内不低于2.5m
		电源线、插头、插座破损	触电	较小	（1）检查电源线外绝缘良好，无破损； （2）检查电源盘合格证在有效期； （3）检查电源插头插座，确保完好； （4）不准将电源线缠绕在护栏、管道和脚手架上
		未安装漏电保护器	触电	较小	（1）检查电源盘合格证在有效期； （2）分级配置漏电保护器，工作前试漏电保护器，确保正确动作
		检修电源箱外壳未接地	触电	较小	（1）检查电源盘合格证在有效期； （2）检查电源箱外壳接地良好
	行灯	行灯电源线、电源插头破损	触电	较小	（1）检查行灯电源线、电源插头完好无破损； （2）行灯的电源线应采用橡套软电缆
		使用行灯电压等级不符	触电	较小	主油箱使用的行灯，其电压不得超过12V
		行灯防护罩缺失	触电	较小	行灯应有保护罩
	滤油机	电源线、电源插头破损、防护罩破损缺失	机械伤害 触电	较小	（1）检查滤油机电源线、电源插头完好无缺损；接地线完好、防护罩完好无缺损； （2）检查合格证在有效期内
		临时油管路连接不牢固	污染环境	较小	尽量减少临时油管路中间连接接头，接头连接牢固并做好防脱措施；必要时接头处加装油盘
	手拉葫芦	手拉有裂纹、链轮转动卡涩、吊钩无防脱保险装置	起重伤害	较小	（1）使用前应作无负荷起落试验一次，检查手拉链是否有裂纹、链轮转动是否卡涩、吊钩是否无防脱保险装置，以确保完好； （2）检查合格证在有效期内
	角磨机、轴承加热器	电源线、电源插头破损、防护罩破损缺失	机械伤害 触电	较小	（1）检查电源线、电源插头完好无破损、防护罩完好无破损； （2）检查合格证在有效期内

续表

作业步骤	危害辨识	危害描述	产生后果	风险等级	防 范 措 施
3. 准备工作及现场布置	手锤	锤头与木柄的连接不牢固、锤头破损、木柄未使用整根硬质木料	物体打击	较小	锤头与木柄的连接应用金属楔栓固定,楔子长度不得大于安装孔深的2/3,锤头完好无损,木柄使用整根硬质木料
	锉刀、手锯、螺丝刀、钢丝钳	手柄等缺损	刺伤	较小	锉刀、手锯、螺丝刀、钢丝钳等手柄应安装牢固,没有手柄的不准使用
4. 主机交流润滑油泵检修	润滑油	清理不彻底	摔伤	较小	各检修区域润滑油彻底清理,避免工作面光滑造成人员滑倒
	油气	未进行通风	窒息	中等	(1)打开所有通风口进行通风置换有害有毒介质; (2)必要时采取强制通风措施
		油气浓度超标	爆炸	较大	测量油气浓度合格
		无人监护	中毒窒息火灾	较小	设专人不间断地监护
	高温环境	容器内部温度高于40℃	中暑	中等	(1)工作人员进入容器前,检修工作负责人应检查容器内的温度,不宜超过 40℃,并有良好的通风;容器内温度超过40℃严禁入内。 (2)在高温场所工作时,应为工作人员提供足够的饮水、清凉饮料及防暑药品;对温度较高的作业场所必须增加通风设备
	行灯	行灯电源线、电源插头破损	触电	较小	(1)检查行灯电源线、电源插头完好无破损; (2)行灯的电源线应采用橡套软电缆
		使用行灯电压等级不符	触电	较小	主油箱使用的行灯,其电压不得超过 12V
		行灯防护罩缺失	触电	较小	行灯应有保护罩
	手拉葫芦	手拉有裂纹、链轮转动卡涩、吊钩无防脱保险装置	起重伤害	较小	(1)使用前应作无负荷起落试验一次,检查手拉是否有裂纹、链轮转动是否卡涩、吊钩是否无防脱保险装置,以确保完好; (2)检查合格证在有效期内
	吊具、吊起主油泵	吊点不牢固、吊点位置不正确	起重伤害	较小	(1)吊钩要挂在物品的重心上,当被吊物件起吊后有可能摆动或转动时,应采用绳牵引方法,防止物件摆动伤人或碰坏设备; (2)选择牢固可靠、满足载荷的吊点
		吊索具损坏或选择不当	起重伤害	较小	(1)作业前,应对吊索具及其配件进行检查,确认完好,方可使用; (2)所选用的吊索应与被吊工件的外形特点及具体要求相适应,在不具备使用条件的情况下,绝不能对付使用; (3)作业中应防止损坏吊索具及配件,必要时在棱角处应加护角防护; (4)吊具及配件不能超过其额定起重量,起重吊索、吊具不得超过其相应吊挂状态下的最大工作载荷
		绑扎不牢固	起重伤害	较小	(1)起重前必须将物件牢固、稳妥地绑住。 (2)吊拉时两根钢丝绳之间的夹角一般不得大于90°。 (3)使用单吊索起吊重物挂钩时应打"挂钩结";使用吊环时螺栓必须拧到底;使用卸扣时,吊索与其连接的一个索扣必须扣在销轴上,一个索扣必须扣在扣顶上,不准两个索扣分别扣在卸扣的扣体两侧上;吊拉捆绑时,重物或设备构件的锐边快口处必须加装衬垫物

续表

作业步骤	危害辨识	危害描述	产生后果	风险等级	防 范 措 施
4. 主机交流润滑油泵检修	吊具、起吊主油泵	斜拉	起重伤害	较小	禁止使吊钩斜着拖吊重物
		在起吊重物下逗留和行走	起重伤害	较小	任何人不准在起吊重物下逗留和行走
	孔、洞	封堵不牢固或未封堵	高处坠落	重大	工作场所的孔、洞必须覆以坚固盖板或做好警示隔离措施
	角磨机、轴承加热器	电源线、电源插头破损、防护罩破损缺失	机械伤害触电	较小	（1）检查电源线、电源插头完好无破损、防护罩完好无破损；（2）检查合格证在有效期内
	手锤	锤头与木柄的连接不牢固、锤头破损、木柄未使用整根硬质木料	物体打击	较小	锤头与木柄的连接应用金属楔栓固定,楔子长度不得大于安装孔深的2/3,锤头完好无损,木柄使用整根硬质木料
	锉刀、手锯、螺丝刀、钢丝钳	手柄等缺损	刺伤	较小	锉刀、手锯、螺丝刀、钢丝钳等手柄应安装牢固,没有手柄的不准使用
	撬杠	支撑物不可靠	压伤	较小	应保证支撑物可靠
		被撬物倾斜或滚落	压伤	较小	撬动过程中应采取措施防止被撬物倾斜或滚落
	清洁剂	在工作场所存储	火灾爆炸	较小	（1）禁止在工作场所存储易燃物品,例如汽油、酒精等；（2）领用、暂存时量不能过大,一般不超过500mL
		皮肤接触	化学性灼伤	较小	工作人员佩戴橡胶手套
	轴承加热器	未采取防烫伤措施	灼烫伤	较小	操作人员必须使用隔热手套
		未采取防触电措施	触电	较小	（1）操作人与员必须穿绝缘鞋、戴绝缘手套；（2）检查加热设备绝缘良好,工作人员离开现场应切断电源
5. 主机交流润滑油泵试转	转动的油泵	防护罩缺损、松动	机械伤害	较小	（1）设备的转动部分必须装设防护罩,并标明旋转方向,露出的轴端必须装设护盖、检查牢固；（2）对转动设备缺损的防护罩应及时装复或修复,装复或修复前在转动设备区域内设置"禁止靠近"安全警示标识；（3）不准擅自拆除设备上的安全防护设施
		肢体部位或饰品衣物、用具（包括防护用品）、工具接触转动部位	机械伤害	较小	（1）衣服和袖口应扣好,不得戴围巾领带,长发必须盘在安全帽内；（2）不准将用具、工器具接触设备的转动部位；（3）不准在转动设备附近长时间停留；（4）不准在靠背轮上、安全罩上或运行中设备的轴承上行走和坐立
		试运行启动时人员站在转机径向位置	机械伤害	较小	转动设备试运行时所有人员应先远离,站在转动机械的轴向位置,并有一人站在事故按钮位置
	润滑油	发生的跑、冒、滴、漏及溢油	滑倒、火灾、环境污染	较小	发生的跑、冒、滴、漏及溢油,要及时清除处理
6. 现场清理	润滑油	工作结束后,废品乱扔	火灾环境污染	较小	不准将油污、油泥、废油等（包括沾油棉纱、布、手套、纸等）倒入下水道排放或随地倾倒,应收集放于指定的地点,妥善处理,以防污染环境及发生火灾
	施工废料	施工废料未清理	环境污染	较小	废料及时清理,做到工完、料尽、场地清

11.23　主机润滑油过滤器检修

作业步骤	危害辨识	危害描述	产生后果	风险等级	防　范　措　施
1. 作业环境评估	噪声	噪声超标	噪声聋	较小	进入噪声区域时正确佩戴合格的耳塞
	转动的油泵	未与运行中转动设备进行有效隔离	机械伤害	较小	（1）设置安全隔离围栏并设置警告标志；（2）设置安全检修通道；（3）在运行中转动设备附近工作时应对转动设备进行可靠遮拦，并设专人监护
	润滑油	发生的跑、冒、滴、漏及溢油	滑倒火灾	较小	发生的跑、冒、滴、漏及溢油，要及时清除处理
	孔、洞、坑	盖板缺损	高处坠落	重大	工作场所的孔、洞必须覆以与地面齐平的坚固盖板或做好隔离措施
	照明	现场照明不充足	其他伤害	较小	增加临时照明
2. 确认安全措施正确执行	转动的油泵	工作前未核实设备运转状态和标识	机械伤害	较小	转动设备检修时应采取防转动措施、确认电机电源线拆除
	润滑油	工作前所采取的安全措施不完善	火灾爆炸	较小	（1）开工前确认现场安全措施、隔离措施正确完备；（2）待管道内介质放尽，压力为零后方可开始工作
		泄漏	污染环境	较小	放油时排空，放油不出需静置2h后再次打开放油门确认油已排完
		在工作场所存储	火灾	较小	（1）储存中避免靠近火源和高温；（2）油桶上要用防火石棉毯覆盖严密
3. 准备工作及现场布置	转动的油泵	工作前未核实设备运转状态和标识	机械伤害	较小	转动设备检修时应采取防转动措施、确认电机电源线拆除
	手锤	锤头与木柄的连接不牢固、锤头破损、木柄未使用整根硬质木料	物体打击	较小	锤头与木柄的连接应用金属楔栓固定，楔子长度不得大于安装孔深的2/3，锤头完好无损，木柄使用整根硬质木料
	锉刀、手锯、螺丝刀、钢丝钳	手柄等缺损	刺伤	较小	锉刀、手锯、螺丝刀、钢丝钳等手柄应安装牢固，没有手柄的不准使用
4. 主机润滑油过滤器检修	润滑油	清理不彻底	摔伤	较小	各检修区域润滑油彻底清理，避免工作面光滑造成人员滑倒
	手锤	锤头与木柄的连接不牢固、锤头破损、木柄未使用整根硬质木料	物体打击	较小	锤头与木柄的连接应用金属楔栓固定，楔子长度不得大于安装孔深的2/3，锤头完好无损，木柄使用整根硬质木料
	锉刀、手锯、螺丝刀、钢丝钳	手柄等缺损	刺伤	较小	锉刀、手锯、螺丝刀、钢丝钳等手柄应安装牢固，没有手柄的不准使用
	清洁剂	在工作场所存储	火灾爆炸	较小	（1）禁止在工作场所存储易燃物品，例如汽油、酒精等；（2）领用、暂存时量不能过大，一般不超过500mL
		皮肤接触	化学性灼伤	较小	工作人员佩戴橡胶手套
5. 现场清理	润滑油	工作结束后，废品乱扔	火灾环境污染	较小	不准将油污、油泥、废油等（包括沾油棉纱、布、手套、纸等）倒入下水道排放或随地倾倒，应收集放于指定的地点，妥善处理，以防污染环境及发生火灾
	施工废料	施工废料未清理	环境污染	较小	废料及时清理，做到工完、料尽、场地清

11.24　主机排烟风机检修

作业步骤	危害辨识	危害描述	产生后果	风险等级	防 范 措 施
1. 作业环境评估	噪声	噪声超标	噪声聋	较小	进入噪声区域时正确佩戴合格的耳塞
	转动的风机	未与运行中转动设备进行有效隔离	机械伤害	较小	（1）设置安全隔离围栏并设置警告标志； （2）设置安全检修通道； （3）在运行中转动设备附近工作时应对转动设备进行可靠遮拦，并设专人监护
	润滑油	发生的跑、冒、滴、漏及溢油	滑倒火灾	较小	发生的跑、冒、滴、漏及溢油，要及时清除处理
	孔、洞、坑	盖板缺损	高处坠落	重大	工作场所的孔、洞必须覆以与地面齐平的坚固盖板或做好隔离措施
	照明	现场照明不充足	其他伤害	较小	增加临时照明
2. 确认安全措施正确执行	转动的风机	工作前未核实设备运转状态和标识	机械伤害	较小	转动设备检修时应采取防转动措施、确认电机电源线拆除
	润滑油	工作前所采取的安全措施不完善	火灾爆炸	较小	（1）开工前确认现场安全措施、隔离措施正确完备； （2）待管道内介质放尽，压力为零后方可开始工作
		泄漏	污染环境	较小	放油时排空，放油不出需静置2h后再次打开放油门确认油已排完
		在工作场所存储	火灾	较小	（1）储存中避免靠近火源和高温； （2）油桶上要用防火石棉毯覆盖严密
3. 准备工作及现场布置	转动的风机	工作前未核实设备运转状态和标识	机械伤害	较小	转动设备检修时应采取防转动措施、确认电机电源线拆除
	临时电源及电源线	电源线悬挂高度不够	触电	较小	临时电源线架设高度室内不低于2.5m
		电源线、插头、插座破损	触电	较小	（1）检查电源线外绝缘良好，无破损； （2）检查电源盘合格证在有效期； （3）检查电源插头插座，确保完好； （4）不准将电源线缠绕在护栏、管道和脚手架上
		未安装漏电保护器	触电	较小	（1）检查电源盘合格证在有效期； （2）分级配置漏电保护器，工作前试漏电保护器，确保正确动作
		检修电源箱外壳未接地	触电	较小	（1）检查电源盘合格证在有效期； （2）检查电源箱外壳接地良好
	手拉葫芦	手拉链有裂纹、链轮转动卡涩、吊钩无防脱保险装置	起重伤害	较小	（1）使用前应作无负荷起落试验一次，检查手拉链是否有裂纹、链轮转动是否卡涩、吊钩是否无防脱保险装置，以确保完好； （2）检查合格证在有效期内
	角磨机	电源线、电源插头破损、防护罩破损缺失	机械伤害触电	较小	（1）检查电源线、电源插头完好无破损、防护罩完好无破损； （2）检查合格证在有效期内
	手锤	锤头与木柄的连接不牢固、锤头破损、木柄未使用整根硬质木料	物体打击	较小	锤头与木柄的连接应用金属楔栓固定，楔子长度不得大于安装孔深的2/3，锤头完好无损，木柄使用整根硬质木料
	锉刀、手锯、螺丝刀、钢丝钳	手柄等缺损	刺伤	较小	锉刀、手锯、螺丝刀、钢丝钳等手柄应安装牢固，没有手柄的不准使用

作业步骤	危害辨识	危害描述	产生后果	风险等级	防 范 措 施
4. 主机排烟风机检修	润滑油	清理不彻底	摔伤	较小	各检修区域润滑油彻底清理,避免工作面光滑造成人员滑倒
	手拉葫芦	手拉有裂纹、链轮转动卡涩、吊钩无防脱保险装置	起重伤害	较小	(1) 使用前应作无负荷起落试验一次,检查手拉是否有裂纹、链轮转动是否卡涩、吊钩是否无防脱保险装置,以确保完好; (2) 检查合格证在有效期内
	吊具、起吊主油泵	吊点不牢固、吊点位置不正确	起重伤害	较小	(1) 吊钩要挂在物品的重心上,当被吊物件起吊后有可能摆动或转动时,应采用绳牵引方法,防止物件摆动伤人或碰坏设备; (2) 选择牢固可靠、满足载荷的吊点
		吊索具损坏或选择不当	起重伤害	较小	(1) 作业前,应对吊索具及其配件进行检查,确认完好,方可使用; (2) 所选用的吊索具应与被吊工件的外形特点及具体要求相适应,在不具备使用条件的情况下,绝不能对付使用; (3) 作业中应防止损坏吊索具及配件,必要时在棱角处应加护角防护; (4) 吊具及配件不能超过其额定起重量,起重吊索、吊具不得超过其相应吊挂状态下的最大工作载荷
		绑扎不牢固	起重伤害	较小	(1) 起重前必须将物件牢固、稳妥地绑住。 (2) 吊拉时两根钢丝绳之间的夹角一般不得大于90°。 (3) 使用单吊索起吊重物挂钩时应打"挂钩结";使用吊环时螺栓必须拧到底;使用卸扣时,吊索与其连接的一个索扣必须扣在销轴上,一个索扣必须扣在扣顶上,不准两个索扣分别扣在卸扣的扣体两侧上;吊拉捆绑时,重物或设备构件的锐边快口处必须加装衬垫物
		斜拉	起重伤害	较小	禁止使用吊钩斜着拖吊重物
		在起吊重物下逗留和行走	起重伤害	较小	任何人不准在起吊重物下逗留和行走
	角磨机	电源线、电源插头破损、防护罩破损缺失	机械伤害触电	较小	(1) 检查电源线、电源插头完好无破损、防护罩完好无破损; (2) 检查合格证在有效期内
	手锤	锤头与木柄的连接不牢固、锤头破损、木柄未使用整根硬质木料	物体打击	较小	锤头与木柄的连接应用金属楔栓固定,楔子长度不得大于安装孔深的2/3,锤头完好无损,木柄使用整根硬质木料
	锉刀、手锯、螺丝刀、钢丝钳	手柄等缺损	刺伤	较小	锉刀、手锯、螺丝刀、钢丝钳等手柄应安装牢固,没有手柄的不准使用
	撬杠	支撑物不可靠	压伤	较小	应保证支撑物可靠
		被撬物倾斜或滚落	压伤	较小	撬动过程中应采取措施防止被撬物倾斜或滚落
	清洁剂	在工作场所存储	火灾爆炸	较小	(1) 禁止在工作场所存储易燃物品,例如汽油、酒精等; (2) 领用、暂存时量不能过大,一般不超过500mL
		皮肤接触	化学性灼伤	较小	工作人员佩戴橡胶手套

续表

作业步骤	危害辨识	危害描述	产生后果	风险等级	防 范 措 施
5. 主机排烟风机试转	转动的风机	防护罩缺损、松动	机械伤害	较小	（1）设备的转动部分必须装设防护罩，并标明旋转方向，露出的轴端必须装设护盖、检查牢固； （2）对转动设备缺损的防护罩应及时装复或修复，装复或修复前在转动设备区域内设置"禁止靠近"安全警示标识； （3）不准擅自拆除设备上的安全防护设施
		肢体部位或饰品衣物、用具（包括防护用品）、工具接触转动部位	机械伤害	较小	（1）衣服和袖口应扣好，不得戴围巾领带，长发必须盘在安全帽内； （2）不准将用具、工器具接触设备的转动部位； （3）不准在转动设备附近长时间停留； （4）不准在靠背轮上、安全罩上或运行中设备的轴承上行走和坐立
		试运行启动时人员站在转机径向位置	机械伤害	较小	转动设备试运行时所有人员应先远离,站在转动机械的轴向位置，并有一人站在事故按钮位置
	润滑油	发生的跑、冒、滴、漏及溢油	滑倒、火灾、环境污染	较小	发生的跑、冒、滴、漏及溢油，要及时清除处理
6. 现场清理	润滑油	工作结束后，废品乱扔	火灾环境污染	较小	不准将油污、油泥、废油等（包括沾油棉纱、布、手套、纸等）倒入下水道排放或随地倾倒，应收集放于指定的地点，妥善处理，以防污染环境及发生火灾
	施工废料	施工废料未清理	环境污染	较小	废料及时清理，做到工完、料尽、场地清

11.25 主机密封油真空油箱检修

作业步骤	危害辨识	危害描述	产生后果	风险等级	防 范 措 施
1. 作业环境评估	噪声	噪声超标	噪声聋	较小	进入噪声区域时正确佩戴合格的耳塞
	氢气	氢气浓度超标	火灾、爆炸	较小	（1）现场动火前测量氢气浓度符合要求； （2）办理动火许可手续； （3）动火前清理周围易燃物，配备合适的足够的有效的消防器材，完工后检查无火种遗留； （4）安排监护人进行监护
	转动的油泵	未与运行中转动设备进行有效隔离	机械伤害	较小	（1）设置安全隔离围栏并设置警告标志； （2）设置安全检修通道； （3）在运行中转动设备附近工作时应对转动设备进行可靠遮拦，并设专人监护
	润滑油	发生的跑、冒、滴、漏及溢油	滑倒火灾	较小	发生的跑、冒、滴、漏及溢油，要及时清除处理
	高温环境	容器内部温度高于40℃	中暑	中等	（1）工作人员进入容器前，检修工作负责人应检查容器内的温度，不宜超过40℃，并有良好的通风；容器内温度超过40℃严禁入内； （2）在高温场所工作时，应为工作人员提供足够的饮水、清凉饮料及防暑药品；对温度较高的作业场所必须增加通风设备
	孔、洞、坑	盖板缺损	高处坠落	重大	工作场所的孔、洞必须覆以与地面齐平的坚固盖板或做好隔离措施
	照明	现场照明不充足	其他伤害	较小	增加临时照明

作业步骤	危害辨识	危害描述	产生后果	风险等级	防 范 措 施
2．确认安全措施正确执行	转动的油泵	工作前未核实设备运转状态和标识	机械伤害	较小	转动设备检修时应采取防转动措施、确认电机电源线拆除
	润滑油	工作前所采取的安全措施不完善	火灾爆炸	较小	（1）开工前确认现场安全措施、隔离措施正确完备；（2）待管道内介质放尽，压力为零，油箱内温度适可后方可开始工作
		泄漏	污染环境	较小	放油时排空，放油不出需静置2h后再次打开放油门确认油已排完
		在工作场所存储	火灾	较小	（1）储存中避免靠近火源和高温；（2）油桶上要用防火石棉毯覆盖严密
3．准备工作及现场布置	转动的油泵	工作前未核实设备运转状态和标识	机械伤害	较小	转动设备检修时应采取防转动措施、确认电机电源线拆除
	氢气	氢气浓度超标	火灾、爆炸	较小	（1）现场动火前测量氢气浓度符合要求；（2）办理动火许可手续；（3）动火前清理周围易燃物，配备合适的足够的有效的消防器材，完工后检查无火种遗留；（4）安排监护人进行监护
	临时电源及电源线	电源线悬挂高度不够	触电	较小	临时电源线架设高度室内不低于2.5m
		电源线、插头、插座破损	触电	较小	（1）检查电源线外绝缘良好，无破损；（2）检查电源盘合格证在有效期；（3）检查电源插头插座，确保完好；（4）不准将电源线缠绕在护栏、管道和脚手架上
		未安装漏电保护器	触电	较小	（1）检查电源盘合格证在有效期；（2）分级配置漏电保护器，工作前试漏电保护器，确保正确动作
		检修电源箱外壳未接地	触电	较小	（1）检查电源盘合格证在有效期；（2）检查电源箱外壳接地良好
	行灯	行灯电源线、电源插头破损	触电	较小	（1）检查行灯电源线、电源插头完好无破损；（2）行灯的电源线应采用橡套软电缆
		使用行灯电压等级不符	触电	较小	主油箱使用的行灯，其电压不得超过12V
		行灯防护罩缺失	触电	较小	行灯应有保护罩
	手拉葫芦	手拉有裂纹、链轮转动卡涩、吊钩无防脱保险装置	起重伤害	较小	（1）使用前应作无负荷起落试验一次，检查手拉链是否有裂纹、链轮转动是否卡涩、吊钩是否无防脱保险装置，以确保完好；（2）检查合格证在有效期内
	滤油机	电源线、电源插头破损、防护罩破损缺失	机械伤害触电	较小	（1）检查滤油机电源线、电源插头完好无缺损；接地线完好、防护罩完好无缺损；（2）检查合格证在有效期内
		临时油管路连接不牢固	污染环境	较小	尽量减少临时油管路中间连接接头，接头连接牢固并做好防脱措施；必要时接头处加装油盘
	手锤	锤头与木柄的连接不牢固、锤头破损、木柄未使用整根硬质木料	物体打击	较小	锤头与木柄的连接应用金属楔栓固定，楔子长度不得大于安装孔深的2/3，锤头完好无损，木柄使用整根硬质木料
	锉刀、手锯、螺丝刀、钢丝钳	手柄等缺损	刺伤	较小	锉刀、手锯、螺丝刀、钢丝钳等手柄应安装牢固，没有手柄的不准使用

作业步骤	危害辨识	危害描述	产生后果	风险等级	防范措施
4. 打开人孔门	人孔门	人孔未设置临时围栏、警告标志	高处坠落	重大	（1）在检修工作中人孔打开后，必须设有牢固的临时围栏，并设有明显的警告标志； （2）工作停止时应将人孔临时进行封闭
5. 主机密封油真空油箱内部检查	润滑油	清理不彻底	摔伤	较小	各检修区域润滑油彻底清理，避免工作面光滑造成人员滑倒
	油气	未进行通风	窒息	中等	（1）打开所有通风口进行通风置换有害有毒介质； （2）必要时采取强制通风措施
		油气浓度超标	爆炸	较大	测量油气浓度合格
		无人监护	中毒窒息火灾	较小	设专人不间断地监护
	高温环境	容器内部温度高于40℃	中暑	中等	（1）工作人员进入容器前，检修工作负责人应检查容器内的温度，不宜超过 40℃，并有良好的通风；容器内温度超过40℃严禁入内； （2）在高温场所工作时，应为工作人员提供足够的饮水、清凉饮料和防暑药品；对温度较高的作业场所必须增加通风设备
	行灯	行灯电源线、电源插头破损	触电	较小	（1）检查行灯电源线、电源插头完好无破损； （2）行灯的电源线应采用橡套软电缆
		使用行灯电压等级不符	触电	较小	主油箱使用的行灯，其电压不得超过 12V
		行灯防护罩缺失	触电	较小	行灯应有保护罩
	手拉葫芦	手拉有裂纹、链轮转动卡涩、吊钩无防脱保险装置	起重伤害	较小	（1）使用前应作无负荷起落试验一次，检查手拉是否有裂纹、链轮转动是否卡涩、吊钩是否无防脱保险装置，以确保完好； （2）检查合格证在有效期内
	吊具、起吊密封油真空油箱上盖	吊点不牢固、吊点位置不正确	起重伤害	较小	（1）吊钩要挂在物品的重心上，当被吊物件起吊后有可能摆动或转动时，应采用绳牵引方法，防止物件摆动伤人或碰坏设备； （2）选择牢固可靠、满足载荷的吊点
		吊索具损坏或选择不当	起重伤害	较小	（1）作业前，应对吊索具及其配件进行检查，确认完好，方可使用； （2）所选用的吊索具应与被吊工件的外形特点及具体要求相适应，在不具备使用条件的情况下，绝不能对付使用； （3）作业中应防止损坏吊索具及配件，必要时在棱角处应加护角防护； （4）吊具及配件不能超过其额定起重量，起重吊索、吊具不得超过其相应吊挂状态下的最大工作载荷
		绑扎不牢固	起重伤害	较小	（1）起重前必须将物件牢固、稳妥地绑住。 （2）吊拉时两根钢丝绳之间的夹角一般不得大于90°。 （3）使用单吊索起吊重物挂钩时应打"挂钩结"；使用吊环时螺栓必须拧到底；使用卸扣时，吊索与其连接的一个索扣必须扣在销轴上，一个索扣必须扣在扣顶上，不准两个索扣分别扣在卸扣的扣体两侧上；吊拉捆绑时，重物或设备构件的锐边快口处必须加装衬垫物
		斜拉	起重伤害	较小	禁止使用吊钩斜着拖吊重物
		在起吊重物下逗留和行走	起重伤害	较小	任何人不准在起吊重物下逗留和行走

续表

作业步骤	危害辨识	危害描述	产生后果	风险等级	防 范 措 施
5. 主机密封油真空油箱内部检查	清洁剂	在工作场所存储	火灾爆炸	较小	（1）禁止在工作场所存储易燃物品，例如汽油、酒精等； （2）领用、暂存时量不能过大，一般不超过500mL
		皮肤接触	化学性灼伤	较小	工作人员佩戴橡胶手套
6. 封闭人孔	二氧化碳	人员遗留在容器内	窒息	中等	封闭人孔前工作负责人应认真清点工作人员
7. 现场清理	润滑油	工作结束后，废品乱扔	火灾环境污染	较小	不准将油污、油泥、废油等（包括沾油棉纱、布、手套、纸等）倒入下水道排放或随地倾倒，应收集放于指定的地点，妥善处理，以防污染环境及发生火灾
	施工废料	施工废料未清理	环境污染	较小	废料及时清理，做到工完、料尽、场地清

11.26 主机密封油泵检修

作业步骤	危害辨识	危害描述	产生后果	风险等级	防 范 措 施
1. 作业环境评估	噪声	噪声超标	噪声聋	较小	进入噪声区域时正确佩戴合格的耳塞
	氢气	氢气浓度超标	火灾、爆炸	较小	（1）现场动火前测量氢气浓度符合要求； （2）办理动火许可手续； （3）动火前清理周围易燃物，配备合适的足够的有效的消防器材，完工后检查无火种遗留； （4）安排监护人进行监护
	转动的油泵	未与运行中转动设备进行有效隔离	机械伤害	较小	（1）设置安全隔离围栏并设置警告标志； （2）设置安全检修通道； （3）在运行中转动设备附近工作时应对转动设备进行可靠遮拦，并设专人监护
	润滑油	发生的跑、冒、滴、漏及溢油	滑倒火灾	较小	发生的跑、冒、滴、漏及溢油，要及时清除处理
	孔、洞、坑	盖板缺损	高处坠落	重大	工作场所的孔、洞必须覆以与地面齐平的坚固盖板或做好隔离措施
	照明	现场照明不充足	其他伤害	较小	增加临时照明
2. 确认安全措施正确执行	转动的油泵	工作前未核实设备运转状态和标识	机械伤害	较小	转动设备检修时应采取防转动措施、确认电机电源线拆除
	润滑油	工作前所采取的安全措施不完善	火灾爆炸	较小	（1）开工前确认现场安全措施、隔离措施正确完备； （2）待管道内介质放尽，压力为零后方可开始工作
		泄漏	污染环境	较小	放油时排空，放油不出需静置2h后再次打开放油门确认油已排完
		在工作场所存储	火灾	较小	（1）储存中避免靠近火源和高温； （2）油桶上要用防火石棉毯覆盖严密
3. 准备工作及现场布置	转动的油泵	工作前未核实设备运转状态和标识	机械伤害	较小	转动设备检修时应采取防转动措施、确认电机电源线拆除

作业步骤	危害辨识	危害描述	产生后果	风险等级	防 范 措 施
3. 准备工作及现场布置	临时电源及电源线	电源线悬挂高度不够	触电	较小	临时电源线架设高度室内不低于 2.5m
		电源线、插头、插座破损	触电	较小	(1) 检查电源线外绝缘良好，无破损； (2) 检查电源盘合格证在有效期； (3) 检查电源插头插座，确保完好； (4) 不准将电源线缠绕在护栏、管道和脚手架上
		未安装漏电保护器	触电	较小	(1) 检查电源盘合格证在有效期； (2) 分级配置漏电保护器，工作前试漏电保护器，确保正确动作
		检修电源箱外壳未接地	触电	较小	(1) 检查电源盘合格证在有效期； (2) 检查电源箱外壳接地良好
	手拉葫芦	手拉有裂纹、链轮转动卡涩、吊钩无防脱保险装置	起重伤害	较小	(1) 使用前应作无负荷起落试验一次，检查手拉链是否有裂纹、链轮转动是否卡涩、吊钩是否无防脱保险装置，以确保完好； (2) 检查合格证在有效期内
	角磨机、轴承加热器	电源线、电源插头破损、防护罩破损缺失	机械伤害 触电	较小	(1) 检查电源线、电源插头完好无破损、防护罩完好无破损； (2) 检查合格证在有效期内
	手锤	锤头与木柄的连接不牢固、锤头破损、木柄未使用整根硬质木料	物体打击	较小	锤头与木柄的连接应用金属楔栓固定，楔子长度不得大于安装孔深的 2/3，锤头完好无损，木柄使用整根硬质木料
	锉刀、手锯、螺丝刀、钢丝钳	手柄等缺损	刺伤	较小	锉刀、手锯、螺丝刀、钢丝钳等手柄应安装牢固，没有手柄的不准使用
4. 主机密封油泵检修	润滑油	清理不彻底	摔伤	较小	各检修区域润滑油彻底清理,避免工作面光滑造成人员滑倒
	手拉葫芦	手拉有裂纹、链轮转动卡涩、吊钩无防脱保险装置	起重伤害	较小	(1) 使用前应作无负荷起落试验一次，检查手拉是否有裂纹、链轮转动是否卡涩、吊钩是否无防脱保险装置，以确保完好； (2) 检查合格证在有效期内
	吊具、起吊主油泵	吊点不牢固、吊点位置不正确	起重伤害	较小	(1) 吊钩要挂在物品的重心上，当被吊物件起吊后有可能摆动或转动时，应采用绳牵引方法，防止物件摆动伤人或碰坏设备； (2) 选择牢固可靠、满足载荷的吊点
		吊索具损坏或选择不当	起重伤害	较小	(1) 作业前，应对吊索具及其配件进行检查，确认完好，方可使用； (2) 所选用的吊索具应与被吊工件的外形特点及具体要求相适应，在不具备使用条件的情况下，绝不能对付使用； (3) 作业中应防止损坏吊索具及配件，必要时在棱角处应加护角防护； (4) 吊具及配件不能超过其额定起重量，起重吊索、吊具不得超过其相应吊挂状态下的最大工作载荷

作业步骤	危害辨识	危害描述	产生后果	风险等级	防 范 措 施
4. 主机密封油泵检修	吊具、起吊主油泵	绑扎不牢固	起重伤害	较小	（1）起重前必须将物件牢固、稳妥地绑住。 （2）吊拉时两根钢丝绳之间的夹角一般不得大于90°。 （3）使用单吊索起吊重物挂钩时应打"挂钩结"；使用吊环时螺栓必须拧到底；使用卸扣时，吊索与其连接的一个索扣必须扣在销轴上，一个索扣必须扣在扣顶上，不准两个索扣分别扣在卸扣的扣体两侧上；吊拉捆绑时，重物或设备构件的锐边快口处必须加装衬垫物
		斜拉	起重伤害	较小	禁止使用吊钩斜着拖吊重物
		在起吊重物下逗留和行走	起重伤害	较小	任何人不准在起吊重物下逗留和行走
	角磨机、轴承加热器	电源线、电源插头破损、防护罩破损缺失	机械伤害触电	较小	（1）检查电源线、电源插头完好无破损、防护罩完好无破损； （2）检查合格证在有效期内
	手锤	锤头与木柄的连接不牢固、锤头破损、木柄未使用整根硬质木料	物体打击	较小	锤头与木柄的连接应用金属楔栓固定，楔子长度不得大于安装孔深的2/3，锤头完好无损，木柄使用整根硬质木料
	锉刀、手锯、螺丝刀、钢丝钳	手柄等缺损	刺伤	较小	锉刀、手锯、螺丝刀、钢丝钳等手柄应安装牢固，没有手柄的不准使用
	撬杠	支撑物不可靠	压伤	较小	应保证支撑物可靠
		被撬物倾斜或滚落	压伤	较小	撬动过程中应采取措施防止被撬物倾斜或滚落
	清洁剂	在工作场所存储	火灾爆炸	较小	（1）禁止在工作场所存储易燃物品，例如汽油、酒精等； （2）领用、暂存时量不能过大，一般不超过500mL
		皮肤接触	化学性灼伤	较小	工作人员佩戴橡胶手套
	轴承加热器	未采取防烫伤措施	灼烫伤	较小	操作人员必须使用隔热手套
		未采取防触电措施	触电	较小	（1）操作人与员必须穿绝缘鞋、戴绝缘手套； （2）检查加热设备绝缘良好，工作人员离开现场应切断电源
5. 主机密封油泵试转	转动的油泵	防护罩缺损、松动	机械伤害	较小	（1）设备的转动部分必须装设防护罩，并标明旋转方向，露出的轴端必须装设护盖、检查牢固； （2）对转动设备缺损的防护罩应及时装复或修复，装复或修复前在转动设备区域内设置"禁止靠近"安全警示标识； （3）不准擅自拆除设备上的安全防护设施
		肢体部位或饰品衣物、用具（包括防护用品）、工具接触转动部位	机械伤害	较小	（1）衣服和袖口应扣好，不得戴围巾领带，长发必须盘在安全帽内； （2）不准将用具、工器具接触设备的转动部位； （3）不准在转动设备附近长时间停留； （4）不准在靠背轮上、安全罩上或运行中设备的轴承上行走和坐立
		试运行启动时人员站在转机径向位置	机械伤害	较小	转动设备试运行时所有人员应先远离，站在转动机械的轴向位置，并有一人站在事故按钮位置
	润滑油	发生的跑、冒、滴、漏及溢油	滑倒、火灾、环境污染	较小	发生的跑、冒、滴、漏及溢油，要及时清除处理

作业步骤	危害辨识	危害描述	产生后果	风险等级	防 范 措 施
6. 现场清理	润滑油	工作结束后，废品乱扔	火灾环境污染	较小	不准将油污、油泥、废油等（包括沾油棉纱、布、手套、纸等）倒入下水道排放或随地倾倒，应收集放于指定的地点，妥善处理，以防污染环境及发生火灾
	施工废料	施工废料未清理	环境污染	较小	废料及时清理，做到工完、料尽、场地清

11.27 主机密封油冷油器检修

作业步骤	危害辨识	危害描述	产生后果	风险等级	防 范 措 施
1. 作业环境评估	噪声	噪声超标	噪声聋	较小	进入噪声区域时正确佩戴合格的耳塞
	氢气	氢气浓度超标	火灾、爆炸	较小	（1）现场动火前测量氢气浓度符合要求；（2）办理动火许可手续；（3）动火前清理周围易燃物，配备合适的足够的有效的消防器材，完工后检查无火种遗留；（4）安排监护人进行监护
	转动的油泵	未与运行中转动设备进行有效隔离	机械伤害	较小	（1）设置安全隔离围栏并设置警告标志；（2）设置安全检修通道；（3）在运行中转动设备附近工作时应对转动设备进行可靠遮拦，并设专人监护
	润滑油	发生的跑、冒、滴、漏及溢油	滑倒火灾	较小	发生的跑、冒、滴、漏及溢油，要及时清除处理
	孔、洞、坑	盖板缺损	高处坠落	重大	工作场所的孔、洞必须覆以与地面齐平的坚固盖板或做好隔离措施
	照明	现场照明不充足	其他伤害	较小	增加临时照明
2. 确认安全措施正确执行	转动的油泵	工作前未核实设备运转状态和标识	机械伤害	较小	转动设备检修时应采取防转动措施、确认电机电源线拆除
	润滑油	工作前所采取的安全措施不完善	火灾爆炸	较小	（1）开工前确认现场安全措施、隔离措施正确完备；（2）待管道内介质放尽，压力为零后方可开始工作
		泄漏	污染环境	较小	放油时排空，放油不出需静置2h后再次打开放油门确认油已排完
		在工作场所存储	火灾	较小	（1）储存中避免靠近火源和高温；（2）油桶上要用防火石棉毯覆盖严密
	冷却水	工作前所采取的安全措施不完善、泄漏	污染环境、摔伤	较小	（1）开工前确认现场安全措施、隔离措施正确完备；（2）待管道内介质放尽，压力为零后方可开始工作
3. 准备工作及现场布置	转动的油泵	工作前未核实设备运转状态和标识	机械伤害	较小	转动设备检修时应采取防转动措施，确认电机电源线拆除
	电动打压泵	电源线、电源插头破损、防护罩破损缺失	机械伤害触电	较小	（1）检查电源线、电源插头完好无破损、绝缘良好、防护罩完好无破损；（2）检查合格证在有效期内
	高压冲洗水枪	电源线、电源插头破损	触电	较小	（1）检查电源线、电源插头完好无破损、防护罩完好无破损且牢固；（2）检查合格证在有效期内
		管路破损	机械伤害	较小	检查管路完好无破损

作业步骤	危害辨识	危害描述	产生后果	风险等级	防 范 措 施
3. 准备工作及现场布置	临时电源及电源线	电源线悬挂高度不够	触电	较小	临时电源线架设高度室内不低于2.5m
		电源线、插头、插座破损	触电	较小	（1）检查电源线外绝缘良好，无破损；（2）检查电源盘合格证在有效期；（3）检查电源插头插座，确保完好；（4）不准将电源线缠绕在护栏、管道和脚手架上
		未安装漏电保护器	触电	较小	（1）检查电源盘合格证在有效期；（2）分级配置漏电保护器，工作前试漏电保护器，确保正确动作
		检修电源箱外壳未接地	触电	较小	（1）检查电源盘合格证在有效期；（2）检查电源箱外壳接地良好
	手拉葫芦	手拉有裂纹、链轮转动卡涩、吊钩无防脱保险装置	起重伤害	较小	（1）使用前应作无负荷起落试验一次，检查手拉链是否有裂纹、链轮转动是否卡涩、吊钩是否无防脱保险装置，以确保完好；（2）检查合格证在有效期内
	角磨机	电源线、电源插头破损、防护罩破损缺失	机械伤害触电	较小	（1）检查电源线、电源插头完好无破损、防护罩完好无破损；（2）检查合格证在有效期内
	手锤	锤头与木柄的连接不牢固、锤头破损、木柄未使用整根硬质木料	物体打击	较小	锤头与木柄的连接应用金属楔栓固定，楔子长度不得大于安装孔深的2/3，锤头完好无损，木柄使用整根硬质木料
	锉刀、手锯、螺丝刀、钢丝钳	手柄等缺损	刺伤	较小	锉刀、手锯、螺丝刀、钢丝钳等手柄应安装牢固，没有手柄的不准使用
4. 主机密封油冷油器检修	润滑油	清理不彻底	摔伤	较小	各检修区域润滑油彻底清理，避免工作面光滑造成人员滑倒
	手拉葫芦	手拉有裂纹、链轮转动卡涩、吊钩无防脱保险装置	起重伤害	较小	（1）使用前应作无负荷起落试验一次，检查手拉是否有裂纹、链轮转动是否卡涩、吊钩是否无防脱保险装置，以确保完好；（2）检查合格证在有效期内
	吊具、起吊密封油冷油器	吊点不牢固、吊点位置不正确	起重伤害	较小	（1）吊钩要挂在物品的重心上，当被吊物件起吊后有可能摆动或转动时，应采用绳牵引方法，防止物件摆动伤人或碰坏设备；（2）选择牢固可靠、满足载荷的吊点
		吊索具损坏或选择不当	起重伤害	较小	（1）作业前，应对吊索具及其配件进行检查，确认完好，方可使用；（2）所选用的吊索具应与被吊工件的外形特点及具体要求相适应，在不具备使用条件的情况下，绝不能对付使用；（3）作业中应防止损坏吊索具及配件，必要时在棱角处加护角防护；（4）吊具及配件不能超过其额定起重量，起重吊索、吊具不得超过其相应吊挂状态下的最大工作载荷

作业步骤	危害辨识	危害描述	产生后果	风险等级	防 范 措 施
4. 主机密封油冷油器检修	吊具、起吊密封油冷油器	绑扎不牢固	起重伤害	较小	（1）起重前必须将物件牢固、稳妥地绑住。 （2）吊拉时两根钢丝绳之间的夹角一般不得大于90°。 （3）使用单吊索起吊重物挂钩时应打"挂钩结"；使用吊环时螺栓必须拧到底；使用卸扣时，吊索与其连接的一个索扣必须扣在销轴上，一个索扣必须扣在扣顶上，不准两个索扣分别扣在卸扣的扣体两侧上；吊拉捆绑时，重物或设备构件的锐边快口处必须加装衬垫物
		斜拉	起重伤害	较小	禁止使吊钩斜着拖吊重物
		在起吊重物下逗留和行走	起重伤害	较小	任何人不准在起吊重物下逗留和行走
	高压冲洗水枪	未正确使用高压冲洗设备	机械伤害	较小	（1）作业前检查高压冲洗设备应完好，试运行工作正常，各密封点无泄漏，开关、阀门动作正常； （2）高压冲洗工作应由有熟练操作经验的人员实施，并设专人监护； （3）作业过程中发现高压冲洗设备有泄漏、部件松动、开关动作不正常等异常现象，应立即停止工作，消除设备故障； （4）禁止两套及以上高压冲洗设备在同一作业面上同时工作； （5）作业时高压冲洗操作人员与控制开关操作人员配合协调，按冲洗操作人员指令操作； （6）不准用消防水枪代替高压水冲洗设备进行冲洗工作
	角磨机	电源线、电源插头破损、防护罩破损缺失	机械伤害触电	较小	（1）检查电源线、电源插头完好无破损、防护罩完好无破损； （2）检查合格证在有效期内
	手锤	锤头与木柄的连接不牢固、锤头破损、木柄未使用整根硬质木料	物体打击	较小	锤头与木柄的连接应用金属楔栓固定，楔子长度不得大于安装孔深的2/3，锤头完好无损，木柄使用整根硬质木料
	锉刀、手锯、螺丝刀、钢丝钳	手柄等缺损	刺伤	较小	锉刀、手锯、螺丝刀、钢丝钳等手柄应安装牢固，没有手柄的不准使用
	撬杠	支撑物不可靠	压伤	较小	应保证支撑物可靠
		被撬物倾斜或滚落	压伤	较小	撬动过程中应采取措施防止被撬物倾斜或滚落
	清洁剂	在工作场所存储	火灾爆炸	较小	（1）禁止在工作场所存储易燃物品，例如汽油、酒精等； （2）领用、暂存时量不能过大，一般不超过500mL
		皮肤接触	化学性灼伤	较小	工作人员佩戴橡胶手套
	换热板片	作业时未正确使用防护用品	割伤	较小	清理板片表面及棱角边缘毛刺，避免割伤
5. 主机密封油冷油器压力试验	电动打压泵	打压操作不正确	机械伤害	较小	（1）除操作人员外，其他人员尽量远离，工作人员不准站在安全栓或高压管前面； （2）打压区域进行有效隔离，严禁与工作无关人员进入； （3）严禁超压

作业步骤	危害辨识	危害描述	产生后果	风险等级	防 范 措 施
6. 现场清理	润滑油	工作结束后，废品乱扔	火灾环境污染	较小	不准将油污、油泥、废油等（包括沾油棉纱、布、手套、纸等）倒入下水道排放或随地倾倒，应收集放于指定的地点，妥善处理，以防污染环境及发生火灾
	施工废料	施工废料未清理	环境污染	较小	废料及时清理，做到工完、料尽、场地清

11.28　主机密封油过滤器检修

作业步骤	危害辨识	危害描述	产生后果	风险等级	防 范 措 施
1. 作业环境评估	噪声	噪声超标	噪声聋	较小	进入噪声区域时正确佩戴合格的耳塞
	氢气	氢气浓度超标	火灾、爆炸	较小	（1）现场动火前测量氢气浓度符合要求；（2）办理动火许可手续；（3）动火前清理周围易燃物，配备合适的足够的有效的消防器材，完工后检查无火种遗留；（4）安排监护人进行监护
	转动的油泵	未与运行中转动设备进行有效隔离	机械伤害	较小	（1）设置安全隔离围栏并设置警告标志；（2）设置安全检修通道；（3）在运行中转动设备附近工作时应对转动设备进行可靠遮拦，并设专人监护
	润滑油	发生的跑、冒、滴、漏及溢油	滑倒火灾	较小	发生的跑、冒、滴、漏及溢油，要及时清除处理
	孔、洞、坑	盖板缺损	高处坠落	重大	工作场所的孔、洞必须覆以与地面齐平的坚固盖板或做好隔离措施
	照明	现场照明不充足	其他伤害	较小	增加临时照明
2. 确认安全措施正确执行	转动的油泵	工作前未核实设备运转状态和标识	机械伤害	较小	转动设备检修时采取防转动措施，确认电机电源线拆除
	润滑油	工作前所采取的安全措施不完善	火灾爆炸	较小	（1）开工前确认现场安全措施、隔离措施正确完备；（2）待管道内介质放尽，压力为零后方可开始工作
		泄漏	污染环境	较小	放油时排空，放不出需静置2h后再次打开放油门确认油已排完
		在工作场所存储	火灾	较小	（1）储存中避免靠近火源和高温；（2）油桶上要用防火石棉毯覆盖严密
3. 准备工作及现场布置	转动的油泵	工作前未核实设备运转状态和标识	机械伤害	较小	转动设备检修时采取防转动措施，确认电机电源线拆除
	手锤	锤头与木柄的连接不牢固、锤头破损、木柄未使用整根硬质木料	物体打击	较小	锤头与木柄的连接应用金属楔栓固定，楔子长度不得大于安装孔深的2/3，锤头完好无损，木柄使用整根硬质木料
	锉刀、手锯、螺丝刀、钢丝钳	手柄等缺损	刺伤	较小	锉刀、手锯、螺丝刀、钢丝钳等手柄应安装牢固，没有手柄的不准使用
4. 主机密封油过滤器检修	润滑油	清理不彻底	摔伤	较小	各检修区域润滑油彻底清理，避免工作面光滑造成人员滑倒
	手锤	锤头与木柄的连接不牢固、锤头破损、木柄未使用整根硬质木料	物体打击	较小	锤头与木柄的连接应用金属楔栓固定，楔子长度不得大于安装孔深的2/3，锤头完好无损，木柄使用整根硬质木料

续表

作业步骤	危害辨识	危害描述	产生后果	风险等级	防 范 措 施
4. 主机密封油过滤器检修	锉刀、手锯、螺丝刀、钢丝钳	手柄等缺损	刺伤	较小	锉刀、手锯、螺丝刀、钢丝钳等手柄应安装牢固，没有手柄的不准使用
	清洁剂	在工作场所存储	火灾爆炸	较小	（1）禁止在工作场所存储易燃物品，例如汽油、酒精等； （2）领用、暂存时量不能过大，一般不超过500mL
		皮肤接触	化学性灼伤	较小	工作人员佩戴橡胶手套
5. 现场清理	润滑油	工作结束后，废品乱扔	火灾环境污染	较小	不准将油污、油泥、废油等（包括沾油棉纱、布、手套、纸等）倒入下水道排放或随地倾倒，应收集放于指定的地点，妥善处理，以防污染环境及发生火灾
	施工废料	施工废料未清理	环境污染	较小	废料及时清理，做到工完、料尽、场地清

11.29 发电机定子冷却水泵检修

作业步骤	危害辨识	危害描述	产生后果	风险等级	防 范 措 施
1. 作业环境评估	噪声	噪声超标	噪声聋	较小	进入噪声区域时正确佩戴合格的耳塞
	氢气	氢气浓度超标	火灾、爆炸	较小	（1）现场动火前测量氢气浓度符合要求； （2）办理动火许可手续； （3）动火前清理周围易燃物，配备合适的足够的有效的消防器材，完工后检查无火种遗留； （4）安排监护人进行监护
	转动的水泵	未与运行中转动设备进行有效隔离	机械伤害	较小	（1）设置安全隔离围栏并设置警告标志； （2）设置安全检修通道； （3）在运行中转动设备附近工作时应对转动设备进行可靠遮拦，并设专人监护
	孔、洞、坑	盖板缺损	高处坠落	重大	工作场所的孔、洞必须覆以与地面齐平的坚固盖板或做好隔离措施
	照明	现场照明不充足	其他伤害	较小	增加临时照明
2. 确认安全措施正确执行	压力介质水	工作前所采取的安全措施不完善	冲击	较小	（1）开工前确认现场安全措施、隔离措施正确完备； （2）待管道内介质放尽，压力为零，温度适可后方可开始工作
3. 准备工作及现场布置	转动的水泵	工作前未核实设备运转状态和标识	机械伤害	较小	转动设备检修时应采取防转动措施、确认电机电源线拆除
	临时电源及电源线	电源线悬挂高度不够	触电	较小	临时电源线架设高度室内不低于 2.5m
		电源线、插头、插座破损	触电	较小	（1）检查电源线外绝缘良好，无破损； （2）检查电源盘合格证在有效期； （3）检查电源插头插座，确保完好； （4）不准将电源线缠绕在护栏、管道和脚手架上
		未安装漏电保护器	触电	较小	（1）检查电源盘合格证在有效期； （2）分级配置漏电保护器，工作前试漏电保护器，确保正确动作
		检修电源箱外壳未接地	触电	较小	（1）检查电源盘合格证在有效期； （2）检查电源箱外壳接地良好

作业步骤	危害辨识	危害描述	产生后果	风险等级	防 范 措 施
3. 准备工作及现场布置	手拉葫芦	手拉链有裂纹、链轮转动卡涩、吊钩无防脱保险装置	起重伤害	较小	（1）使用前应作无负荷起落试验一次，检查手拉链是否有裂纹、链轮转动是否卡涩、吊钩是否无防脱保险装置，以确保完好； （2）检查合格证在有效期内
	手锤	锤头与木柄的连接不牢固、锤头破损、木柄未使用整根硬质木料	物体打击	较小	锤头与木柄的连接应用金属楔栓固定，楔子长度不得大于安装孔深的2/3，锤头完好无损，木柄使用整根硬质木料
	锉刀、手锯、螺丝刀、钢丝钳	手柄等缺损	刺伤	较小	锉刀、手锯、螺丝刀、钢丝钳等手柄应安装牢固，没有手柄的不准使用
4. 发电机定子冷却水泵解体	联轴器销孔	用手直接伸入销孔内盘动联轴器	机械伤害	较小	联轴器对孔时严禁将手指放入销孔内
	轴承润滑油	发生漏油	污染环境	较小	（1）发生的跑、冒、滴、漏及溢油，要及时清除处理； （2）清理作业时的废油、废布不得随意处置
	撬杠	支撑物不可靠	压伤	较小	应保证支撑物可靠
		被撬物倾斜或滚落	压伤	较小	撬动过程中应采取措施防止被撬物倾斜或滚落
	钢丝绳	吊索具损坏或选择不当	起重伤害	较小	（1）作业前，应对吊索具及其配件进行检查，确认完好，方可使用； （2）所选用的吊索具应与被吊工件的外形特点及具体要求相适应，在不具备使用条件的情况下，绝不能对付使用； （3）作业中应防止损坏吊索具及配件，必要时在棱角处应加护角防护； （4）吊具及配件不能超过其额定起重量，起重吊索、吊具不得超过其相应吊挂状态下的最大工作载荷
	起吊的电机、泵体	管道法兰螺栓未拆除	起重伤害	较小	起吊前工作负责人仔细检查与起吊设备连接的管道均已脱开
		吊点不牢固、吊点位置不正确	起重伤害	较小	（1）吊钩要挂在物品的重心上，当被吊物件起吊后有可能摆动或转动时，应采用绳牵引方法，防止物件摆动伤人或碰坏设备； （2）选择牢固可靠、满足载荷的吊点； （3）泵体放倒时选择正确的吊点，保证吊起时钢丝绳受力角度符合要求
		在起吊重物下逗留和行走	起重伤害	较小	（1）任何人不准在起吊重物下逗留和行走； （2）吊装区域设置隔离区
	起重作业	违章操作	起重伤害	较小	（1）起重作业人员持证上岗； （2）起吊作业时专人指挥，现场加强人员监护； （3）现场配备2名以上专业的有经验的起重作业人员
5. 发电机定子冷却水泵泵体部件检查修理	清洁剂	在工作场所存储	火灾爆炸	较小	（1）禁止在工作场所存储易燃物品，例如汽油、酒精等； （2）领用、暂存时量不能过大，一般不超过500mL
		皮肤接触	化学性灼伤	较小	工作人员佩戴橡胶手套

续表

作业步骤	危害辨识	危害描述	产生后果	风险等级	防范措施
5. 发电机定子冷却水泵泵体部件检查修理	临时电源及电源线	电源线悬挂高度不够	触电	较小	临时电源线架设高度室内不低于2.5m
		电源线、插头、插座破损	触电	较小	（1）检查电源线外绝缘良好，无破损； （2）检查电源盘合格证在有效期； （3）检查电源插头插座，确保完好； （4）不准将电源线缠绕在护栏、管道和脚手架上
		未安装漏电保护器	触电	较小	（1）检查电源盘合格证在有效期； （2）分级配置漏电保护器，工作前试漏电保护器，确保正确动作
		检修电源箱外壳未接地	触电	较小	（1）检查电源盘合格证在有效期； （2）检查电源箱外壳接地良好
	氢气	氢气浓度超标	火灾、爆炸	较小	（1）现场动火前测量氢气浓度符合要求； （2）办理动火许可手续； （3）动火前清理周围易燃物，配备合适的足够的有效的消防器材，完工后检查无火种遗留； （4）安排监护人进行监护
	角磨机	未正确使用防护罩、防护眼镜	机械伤害	较小	正确佩戴防护罩、防护眼镜
		手提电动工具的导线或转动部分	触电	较小	禁止手提电动工具的导线或转动部分
		角磨机砂轮片破损	物体打击	较小	使用前检查角磨机砂轮片完好无缺损
		更换砂轮片未切断电源	机械伤害	较小	更换砂轮片前必须切断电源
6. 发电机定子冷却水泵组装	联轴器销孔	用手直接伸入销孔内盘动联轴器	机械伤害	较小	联轴器对孔时严禁将手指放入销孔内
	轴承润滑油	发生漏油	污染环境	较小	（1）发生的跑、冒、滴、漏及溢油，要及时清除处理； （2）清理作业时的废油、废布不得随意处置
	撬杠	支撑物不可靠	压伤	较小	应保证支撑物可靠
		被撬物倾斜或滚落	压伤	较小	撬动过程中应采取措施防止被撬物倾斜或滚落
	手拉葫芦	手拉有裂纹、链轮转动卡涩、吊钩无防脱保险装置	起重伤害	较小	（1）使用前应作无负荷起落试验一次，检查手拉链是否有裂纹、链轮转动是否卡涩、吊钩是否无防脱保险装置，以确保完好，起吊后及时锁链； （2）检查合格证在有效期内
		手拉葫芦超载荷使用	起重伤害	较小	使用手拉葫芦时工作负荷不准超过铭牌规定
7. 电机装复及联轴器找中心	靠背轮	盘转子时未统一协调	机械伤害	较小	（1）盘转子时应由专人指挥； （2）手指不得伸入螺栓孔内
8. 现场清理	施工废料	施工废料未清理	环境污染	较小	废料及时清理，做到工完、料尽、场地清

11.30 给水泵汽轮机本体检修

作业步骤	危害辨识	危害描述	产生后果	风险等级	防范措施
1. 作业环境评估	噪声	未佩戴耳塞	噪声聋	较小	进入噪声区域时正确佩戴合格的耳塞
	岩棉、化纤	作业区保温飞扬	尘肺病	较小	作业时佩戴合格防尘口罩

作业步骤	危害辨识	危害描述	产生后果	风险等级	防 范 措 施
1. 作业环境评估	高温环境	环境温度超过 40℃	中暑	较小	（1）不准在工作环境温度超过 40℃时进行露天作业。 （2）在高温场所工作时，应为工作人员提供足够的饮水、清凉饮料及防暑药品。温度较高的作业场所必须增加通风设备
2. 确认安全措施正确执行	高温高压蒸汽	工作前所采取的安全措施不完善	灼烫伤	较小	（1）开工前确认现场安全措施、隔离措施正确完备； （2）待管道内介质放尽，压力为零，温度适可后方可开始工作； （3）人员不能正面对法兰及焊口工作，防止漏点介质体伤人
	转动的汽轮机	盘车未停运，转动设备未进行有效隔离	机械伤害	较小	（1）设置安全隔离围栏并设置警告标志； （2）设置安全检修通道； （3）在运行中转动设备附近工作时应对转动设备进行可靠遮拦，并设专人监护
	润滑油、EH 油	工作前所采取的安全措施不完善	火灾、爆炸	较小	（1）开工前确认现场安全措施、隔离措施正确完备； （2）待管道内介质放尽，压力为零后方可开始工作
		泄漏	污染环境	较小	放油时排空，放油不出需静置 2h 后再次打开放油门确认油已排完
		在工作场所存储	火灾	较小	（1）储存中避免靠近火源和高温； （2）油桶上要用防火石棉毯覆盖严密
3. 准备工作及现场布置	角磨机、切割机	电源线、电源插头破损、防护罩破损缺失	机械伤害、触电	较小	（1）检查电源线、电源插头完好无破损、防护罩完好无破损； （2）检查合格证在有效期内
	通风机	防护罩缺损	机械伤害	较小	（1）风机转动部分必须装设防护装置，并标明旋转方向； （2）对缺损的防护罩应及时装复或修复
	电焊机	电焊机电源线、电源插头、电焊钳破损	触电	较小	（1）电焊机电源线、电源插头、电焊钳等焊接设备和工具完好无损； （2）电焊机的裸露导电部分和转动部分以及冷却用的风扇，均应装有保护罩
		焊机外壳不接地	触电	较小	电焊机金属外壳应有明显的可靠接地,且一机一接地
		焊机、焊钳与电缆线连接不牢固	触电	较小	（1）电焊工作所用的导线，必须使用绝缘良好的皮线； （2）电焊机、焊钳与电缆线连接牢固，接地端头不外露； （3）连接到电焊钳上的一端，至少有 5m 为绝缘软导线
		一闸接多台电焊机	触电火灾	较小	电焊机必须装有独立的专用电源开关,其容量应符合要求。焊机超负荷时,应能自动切断电源,禁止多台焊机共用一个电源开关
	临时电源及电源线	电源线悬挂高度不够	触电	较小	临时电源线架设高度室内不低于 2.5m
		电源线、插头、插座破损	触电	较小	（1）检查电源线外绝缘良好，无破损； （2）检查电源盘合格证在有效期； （3）检查电源插头插座，确保完好； （4）不准将电源线缠绕在护栏、管道和脚手架上

作业步骤	危害辨识	危害描述	产生后果	风险等级	防 范 措 施
3．准备工作及现场布置	临时电源及电源线	未安装漏电保护器	触电	较小	（1）检查电源盘合格证在有效期； （2）分级配置漏电保护器，工作前试漏电保护器，确保正确动作
		检修电源箱外壳未接地	触电	较小	（1）检查电源盘合格证在有效期； （2）检查电源箱外壳接地良好
	氧气、乙炔	减压表失效	爆炸	较小	减压表应经检验合格，并在有效期内
		使用没有防震胶圈和保险帽的气瓶	爆炸	较小	不准使用没有防震胶圈和保险帽的气瓶
		使用中氧气瓶与乙炔气瓶的安全距离不足	爆炸	较小	使用中氧气瓶和乙炔气瓶的距离不得小于 5m
	大锤、手锤	锤头与木柄的连接不牢固、锤头破损、木柄未使用整根硬质木料	物体打击	较小	锤头与木柄的连接应用金属楔栓固定，楔子长度不得大于安装孔深的 2/3，锤头完好无损，木柄使用整根硬质木料
	锉刀、手锯、螺丝刀、钢丝钳、三角刮刀	手柄等缺损	刺伤	较小	锉刀、手锯、螺丝刀、钢丝钳等手柄应安装牢固，没有手柄的不准使用
	行灯	行灯电源线、电源插头破损	触电	较小	（1）检查行灯电源线、电源插头完好无破损； （2）行灯的电源线应采用橡套软电缆
		使用行灯电压等级不符	触电	较小	在金属容器和金属管道内使用的行灯，其电压不得超过 12V
		行灯防护罩缺失	触电	较小	行灯应有保护罩
	手拉葫芦	手拉有裂纹、链轮转动卡涩、吊钩无防脱保险装置	起重伤害	较小	（1）使用前应作无负荷起落试验一次，检查手拉是否有裂纹、链轮转动是否卡涩、吊钩是否无防脱保险装置，以确保完好； （2）检查合格证在有效期内
	孔、洞	盖板打开后未设置临时防护措施	高处坠落	重大	（1）在检修工作中如需将盖板取下，必须设有牢固的临时围栏，并设有明显的警告标志，夜间还应设红灯示警；不准使用麻绳、尼龙绳等软连接代替防护围栏。 （2）检修期间需拆除防护栏杆时，必须装设牢固的临时遮拦，并设警告标志；在检修结束时应将栏杆立即装回。 （3）临时打的孔、洞，施工结束后，必须恢复原状
	缸体保温拆除	保温拆除及清理不彻底	尘肺病	较小	缸体表面保温层全部拆除后并对缸体表面残留保温进行清理干净；作业时佩戴合格防尘口罩
	脚手架搭设	脚手架搭设后未验收	高处坠落	重大	（1）搭设结束后，必须履行脚手架验收手续，填写脚手架验收单，并在脚手架验收单上分级签字； （2）验收合格后应在脚手架上悬挂合格证，方可使用
	行车	行车不合格	起重伤害	较小	（1）由特种设备作业人员检查行车完好； （2）检查行车检验合格证在有效期内

作业步骤	危害辨识	危害描述	产生后果	风险等级	防 范 措 施
4. 拆除电动盘车、小机前后轴承箱、各部螺栓、汽缸、转子、持环各部	大锤、手锤	锤把上有油污	物体打击	较小	锤把上不可有油污
		单手抡大锤	物体打击	较小	抡大锤时,周围不得有人,不得单手抡大锤
		戴手套抡大锤	物体打击	较小	打锤人不得戴手套
	行车	行车司机注意力不集中	起重伤害	中等	行车司机在工作中应始终注意指挥人员信号,不准同时进行与行车操作无关的其他工作
		信号装置失灵	起重伤害	较小	发现信号装置失灵立即停止使用,并通知相关人员进行处理
		制动器失灵	起重伤害	中等	(1) 检查行车制动器灵活; (2) 安排维护人员在行车顶部监护,发现行车溜钩立即紧固抱闸
	撬棍	支撑物不可靠	砸伤	较小	应保证支撑物可靠
		被撬物倾斜或滚落	砸伤	较小	撬动过程中应采取措施防止被撬物倾斜或滚落
	联轴器销孔	拆除对轮连接螺栓	机械伤害	较小	联轴器对孔时严禁将手指放入销孔内
	吊具、汽缸、持环、转子	吊点不牢固、吊点位置不正确	起重伤害	较小	(1) 吊钩要挂在物品的重心上,当被吊物件起吊后有可能摆动或转动时,应采用绳牵引方法,防止物件摆动伤人或碰坏设备; (2) 选择牢固可靠、满足载荷的吊点
		吊索具损坏或选择不当	起重伤害	较小	(1) 作业前,应对吊索具及其配件进行检查,确认完好,方可使用; (2) 所选用的吊索具应与被吊工件的外形特点及具体要求相适应,在不具备使用条件的情况下,绝不能对付使用; (3) 作业中应防止损坏吊索具及配件,必要时在棱角处应加护角防护; (4) 吊具及配件不能超过其额定起重量,起重吊索、吊不得超过其相应吊挂状态下的最大工作载荷
		绑扎不牢固	起重伤害	较小	(1) 起重前必须将物件牢固、稳妥地绑住。 (2) 吊拉时两根钢丝绳之间的夹角一般不得大于90°。 (3) 使用单吊索起吊重物挂钩时应打"挂钩结";使用吊环时螺栓必须拧到底;使用卸扣时,吊索与其连接的一个索扣必须扣在销轴上,一个索扣必须扣在扣顶上,不准两个索扣分别扣在卸扣的扣体两侧上;吊索捆绑时,重物或设备构件的锐边快口处必须加装衬垫物
		斜拉	起重伤害	较小	禁止使吊钩斜着拖吊重物
		在起吊重物下逗留和行走	起重伤害	较小	任何人不准在起吊重物下逗留和行走
	千斤顶	工作人员站在液压千斤顶安全栓或高压软管前面	起重伤害	较小	使用液压千斤顶时,除操作人员外,其他人员尽量远离,工作人员不准站在千斤顶安全栓或高压软管前面
		未采取防止重物下沉的措施	起重伤害	较小	安装千斤顶的位置要坚硬平整,或用钢板和垫木垫牢,防止因地面下陷而产生歪斜
		千斤顶超载荷使用	起重伤害	较小	使用千斤顶时工作负荷不准超过千斤顶铭牌规定
		更换垫板时手臂伸入荷重与顶重头或垫板之间	起重伤害	较小	更换垫板时不准将手臂伸入荷重与顶重头或垫板之间

续表

作业步骤	危害辨识	危害描述	产生后果	风险等级	防 范 措 施
4. 拆除电动盘车、小机前后轴承箱、各部螺栓、汽缸、转子、持环各部	重物	超载荷存放	物体打击	较小	（1）不准放置超过载荷的材料、物件； （2）大型物件的放置地点必须为荷重区域（例如汽轮机转子必须放置在平台下方设有钢梁的位置上）； （3）严禁将重物放置在孔、洞的盖板或非支撑平面上面
5. 内缸、导叶持环、轴封体、轴承检修	重物	堆放上重下轻	物体打击	较小	货架上摆放解体部件时，大或重的备件应摆放在下面，小或轻的备件摆放在上面
		物品混放	物体打击	较小	（1）零散物件应放入箱中摆放； （2）圆形、不规则物件分类摆放，并做好防滚动滑落措施
		超荷搬运	物体打击	较小	（1）肩扛物件重量以不超过本人体重为宜； （2）手搬物件时应量力而行，不得搬运超过自己能力的物件
		长形物件甩动	物体打击	较小	搬运管子、工字铁梁等长形物件时，应注意防止物件甩动打伤他人
	手拉葫芦	滑链	起重伤害	较小	使用前应作无负荷起落试验一次，确认无滑链现象
	孔、洞	未及时封堵	摔伤	中等	及时对各进、排、抽汽口进行有效封堵，避免人员踩空
	锉刀、手锯、螺丝刀、钢丝钳、三角刮刀	手柄等缺损	刺伤	较小	锉刀、手锯、螺丝刀、钢丝钳、三角刮刀等手柄应安装牢固，没有手柄的不准使用
	角磨机	未正确使用防护罩、防护眼镜	机械伤害	较小	正确佩戴防护罩、防护眼镜
		手提电动工具的导线或转动部分	触电	较小	禁止手提电动工具的导线或转动部分
		角磨机砂轮片破损	机械伤害	较小	使用前检查角磨机砂轮片完好无缺损
		更换砂轮片未切断电源	触电	较小	更换砂轮片前必须切断电源
6. 金属检查	核辐射	未设置警示标志	放射性伤害	较小	（1）工作期先做好安全区隔离、悬挂警示牌； （2）告知全员
		进入金属探伤区域	放射性伤害	较小	（1）告知全员； （2）指定专人现场监护，防止非工作人员误入
7. 通流间隙、轴系中心调整	转动的转子	用手指直接检查校正联轴器销孔	机械伤害	较小	不准用手指直接检查校正联轴器销孔
		盘动转子时指挥混乱	机械伤害	较小	（1）盘动转子工作必须由一个负责人指挥，盘动转子前通知附近人员； （2）盘动转子作业时，工作人员应注意离开转子叶片边缘； （3）调整对轮中心时，用行车微吊起转子，禁止在钢丝绳对面作业； （4）严禁踩踏轴颈部位通行轴系，以防滑倒
	汽封块、油挡	汽封及油挡齿齿顶	割伤	较小	工作人员工作时必须戴防护手套，避免汽封齿划伤

作业步骤	危害辨识	危害描述	产生后果	风险等级	防 范 措 施
7. 通流间隙、轴系中心调整	轴瓦	用手直接翻出、校正轴瓦	挫伤轧伤压伤	较小	（1）翻瓦检查时，必须把转动的轴瓦固定后方可工作，以防翻转伤人； （2）在轴瓦翻转就位时，不准将手伸入轴瓦洼窝内，以防轴瓦下滑时将手挤伤； （3）严禁从轴承室结合面部位跨越通行以防滑倒，需做固定通行隔离
	三角刮刀	手柄等缺损、丢失	轧伤	较小	（1）三角刮刀手柄应安装牢固，没有手柄的不准使用； （2）刮刀要有防护套，避免刃部划伤； （3）清点数量登记领用
	清洁剂	在工作场所存储	火灾爆炸	较小	（1）禁止在工作场所存储易燃物品，例如汽油、酒精等； （2）领用、暂存时量不能过大，一般不超过500mL
		皮肤接触	化学性灼伤	较小	工作人员佩戴橡胶手套
	润滑油、EH油	清理不彻底	摔伤	较小	各轴承室区域润滑油彻底清理，避免工作面光滑造成人员滑倒
8. 扣缸	吊具、汽缸、转子、轴瓦、轴承、盘车	吊点不牢固、吊点位置不正确	起重伤害	较小	（1）吊钩要挂在物品的重心上，当被吊物件起吊后有可能摆动或转动时，应采用绳牵引方法，防止物件摆动伤人或碰坏设备； （2）选择牢固可靠、满足载荷的吊点
		吊索具损坏或选择不当	起重伤害	较小	（1）作业前，应对吊索具及其配件进行检查，确认完好，方可使用； （2）所选用的吊索具应与被吊工件的外形特点及具体要求相适应，在不具备使用条件的情况下，绝不能对付使用； （3）作业中应防止损坏吊索具及配件，必要时在棱角处应加护角防护； （4）吊具及配件不能超过其额定起重量，起重吊索、吊具不得超过其相应吊挂状态下的最大工作载荷
		绑扎不牢固	起重伤害	较小	（1）起重前必须将物件牢固、稳妥地绑住。 （2）吊拉时两根钢丝绳之间的夹角一般不得大于90°。 （3）使用单吊索起吊重物挂钩时应打"挂钩结"；使用吊环时螺栓必须拧到底；使用卸扣时，吊索与其连接的一个索扣必须扣在销轴上，一个索扣必须扣在扣顶上，不准两个索扣分别扣在卸扣的扣体两侧上；吊拉捆绑时，重物或设备构件的锐边快口处必须加装衬垫物
		斜拉	起重伤害	较小	禁止使用吊钩斜着拖吊重物
		在起吊重物下逗留和行走	起重伤害	较小	任何人不准在起吊重物下逗留和行走
	行车	行车司机注意力不集中	起重伤害	中等	行车司机在工作中应时刻注意指挥人员信号，不准进行与行车操作无关的其他工作
		信号装置失灵	起重伤害	较小	发现信号装置失灵立即停止使用，并通知相关人员进行处理
		制动器失灵	起重伤害	中等	（1）使用前应做无负荷起落试验一次，检查刹车及传动装置应良好无缺陷； （2）起吊重物稍一离地（或支持物），应再次检查悬吊及捆绑情况，可靠后方可继续起吊

续表

作业步骤	危害辨识	危害描述	产生后果	风险等级	防 范 措 施
9. 检修工作结束	施工废料	施工废料未清理	环境污染	较小	废料及时清理，做到工完、料尽、场地清

11.31　给水泵汽轮机速关阀检修

作业步骤	危害辨识	危害描述	产生后果	风险等级	防 范 措 施
1. 作业环境评估	噪声	未佩戴耳塞	噪声聋	较小	进入噪声区域时正确佩戴合格的耳塞
	岩棉、化纤	作业区保温飞扬	尘肺病	较小	作业时正确佩戴合格防尘口罩
	高温环境	环境温度超过 40℃	中暑	较小	（1）不准在工作环境温度超过 40℃时进行露天作业； （2）在高温场所工作时，应为工作人员提供足够的饮水、清凉饮料及防暑药品；对温度较高的作业场所必须增加通风设备
	高温高压蒸汽	高温设备及附属系统内动、静密封点密封失效，或者系统内设备、管道破损	灼烫伤	较小	（1）作业人员必须穿戴好隔热工作服、防护鞋、防护手套等防护用具； （2）专人监护，遇有不适立即撤出高温检修区域； （3）高温区域内不得长时间逗留
	孔、洞	盖板缺损	高处坠落	重大	工作场所的孔、洞必须覆以与地面齐平的坚固盖板或做好隔离措施
2. 现场安全措施的落实	高温高压蒸汽	工作前所采取的安全措施不完善	灼烫伤	较小	（1）开工前确认现场安全措施、隔离措施正确完备； （2）待管道内介质放尽，压力为零，温度适可后方可开始工作； （3）人员不能正面对法兰及焊口工作，防止漏点介质体伤人
3. 准备工作及现场布置	临时电源及电源线	电源线悬挂高度不够	触电	较小	临时电源线架设高度室内不低于 2.5m
		电源线、插头、插座破损	触电	较小	（1）检查电源线外绝缘良好，无破损； （2）检查电源盘合格证在有效期； （3）检查电源插头插座，确保完好； （4）不准将电源线缠绕在护栏、管道和脚手架上
		未安装漏电保护器	触电	较小	（1）检查电源盘合格证在有效期； （2）分级配置漏电保护器，工作前试漏电保护器，确保正确动作
		检修电源箱外壳未接地	触电	较小	（1）检查电源盘合格证在有效期； （2）检查电源箱外壳接地良好
	角磨机、切割机	电源线、电源插头破损，防护罩破损缺失	机械伤害触电	较小	（1）检查电源线、电源插头完好无破损、防护罩完好无破损； （2）检查合格证在有效期内
	电焊机	电焊机电源线、电源插头、电焊钳破损	触电	较小	（1）电焊机电源线、电源插头、电焊钳等焊接设备和工具完好无损； （2）电焊机的裸露导电部分和转动部分以及冷却用的风扇，均应装有保护罩
		焊机外壳不接地	触电	较小	电焊机金属外壳应有明显的可靠接地，且一机一接地

作业步骤	危害辨识	危害描述	产生后果	风险等级	防 范 措 施
3. 准备工作及现场布置	电焊机	焊机、焊钳与电缆线连接不牢固	触电	较小	（1）电焊工作所用的导线，必须使用绝缘良好的皮线； （2）电焊机、焊钳与电缆线连接牢固，接地端头不外露； （3）连接到电焊钳上的一端，至少有 5m 为绝缘软导线
		一闸接多台电焊机	触电、火灾	较小	电焊机必须装有独立的专用电源开关，其容量应符合要求。焊机超负荷时，应能自动切断电源，禁止多台焊机共用一个电源开关
	大锤、手锤	锤头与木柄的连接不牢固、锤头破损、木柄未使用整根硬质木料	物体打击	较小	锤头与木柄的连接应用金属楔栓固定，楔子长度不得大于安装孔深的 2/3，锤头完好无损，木柄使用整根硬质木料
	锉刀、手锯、螺丝刀、钢丝钳	手柄等缺损	刺伤	较小	锉刀、手锯、螺丝刀、钢丝钳等手柄应安装牢固，没有手柄的不准使用
	手拉葫芦	手拉有裂纹、链轮转动卡涩、吊钩无防脱保险装置	起重伤害	较小	（1）使用前应作无负荷起落试验一次，检查手拉是否有裂纹、链轮转动是否卡涩、吊钩是否无防脱保险装置，以确保完好； （2）检查合格证在有效期内
	脚手架搭设	脚手架搭设后未验收	高处坠落	较小	（1）搭设结束后，必须履行脚手架验收手续，填写脚手架验收单，并在脚手架验收单上分级签字； （2）验收合格后应在脚手架上悬挂合格证，方可使用
	行车	行车不合格	起重伤害	较小	（1）由特种设备作业人员检查行车完好； （2）检查行车检验合格证在有效期内
4. 拆除汽门螺栓	高处作业人员	作业时未正确使用防护用品	高处坠落	重大	高处作业人员必须戴好安全帽、穿好防滑鞋并正确佩戴和使用安全带
		未佩戴使用合格的安全带	高处坠落	重大	（1）安全带使用前进行外观检查合格，检验合格证应在有效期内； （2）在没有脚手架或没有栏杆的脚手架上工作，高度超过 1.5m 时必须使用安全带； （3）安全带的挂钩应挂在结实、牢固的构件上，或专挂安全带的钢丝绳上，不准低挂高用
		擅自改动脚手架架构	高处坠落	重大	工作过程中，不准随意改变脚手架的结构，必要时，必须经过搭设脚手架的技术负责人同意，并再次验收合格后方可使用
		乱拉电源线、电焊线、气带	高处坠落	重大	（1）脚手架上不准乱拉电线； （2）必须安装临时照明线路时，木竹脚手架应采用绝缘子，金属脚手架应另设木横担
		随意码放物品或超载	高处坠落	重大	（1）不准在脚手架和脚手板上聚集人员或放置超过计算荷重的材料； （2）脚手架上的堆置物应摆放整齐和牢固，不准超高摆放； （3）脚手架上的大物件应分散堆放，不得集中堆放； （4）脚手架上的废弃物应及时清理，并用绳子系牢后溜放到地面

作业步骤	危害辨识	危害描述	产生后果	风险等级	防 范 措 施
4. 拆除汽门螺栓	高处作业人员	脚手架上作业不规范	高处坠落	重大	（1）上下脚手架应走人行通道或梯子，不准攀登架体； （2）不准站在脚手架的探头上作业； （3）同一架体上的作业人数一般为 2 人，必须超过 2 人的情况下不得超过 9 人； （4）不准在脚手架上蹲在木桶、木箱、砖及其他建筑材料等作业； （5）不准在架子上退着行走或跨坐在防护横杆上休息； （6）架子上应保持清洁，随时清理冰雪、杂物等，不准乱堆乱放物料； （7）不得在防护栏杆上拴挂任何重物； （8）作业中需要拆除防护栏杆时，必须采取可靠的临边防护措施
	脚手架	脚手架未验收、检查	高处坠落	重大	（1）脚手架搭设结束后，必须履行脚手架验收手续，委托人及搭建人双方在脚手架验收合格证上签字； （2）每日使用脚手架前，使用人检查脚手架合格并在脚手架验收合格证背面签名后方可使用
	大锤、手锤	锤把上有油污	物体打击	较小	锤把上不可有油污
		单手抡大锤	物体打击	较小	抡大锤时，周围不得有人，不得单手抡大锤
		戴手套抡大锤	物体打击	较小	打锤人不得戴手套
	高处的工器具、零部件	工器具未系防坠绳、零部件未固定及上下抛掷	物体打击	较小	（1）工器具必须使用防坠绳； （2）工器具和零部件应用绳拴在牢固的构件上，不准随便乱放； （3）工器具和零部件不准上下抛掷
5. 吊装阀门组件	行车	制动器、限位失灵	起重伤害	较小	安排维护人员在行车顶部监护，发现行车吊钩有溜钩现象时立即紧固抱闸
	吊具、起吊伺服机构、门盖、自密封组件、门杆及门芯	吊点不牢固、吊点位置不正确	起重伤害	较小	（1）吊钩要挂在物品的重心上，当被吊物件起吊后有可能摆动或转动时，应采用绳牵引方法，防止物件摆动伤人或碰坏设备； （2）选择牢固可靠、满足载荷的吊点
		吊索具损坏或选择不当	起重伤害	较小	（1）作业前，应对吊索具及其配件进行检查，确认完好，方可使用； （2）所选用的吊索具应与被吊工件的外形特点及具体要求相适应，在不具备使用条件的情况下，绝不能对付使用； （3）作业中应防止损坏吊索具及配件，必要时在棱角处应加护角防护； （4）吊具及配件不能超过其额定起重量，起重吊索、吊具不得超过其相应吊挂状态下的最大工作载荷
		绑扎不牢固	起重伤害	较小	（1）起重前必须将物件牢固、稳妥地绑住。 （2）吊拉时两根钢丝绳之间的夹角一般不得大于 90°。 （3）使用单吊索起吊重物挂钩时应打"挂钩结"；使用吊环时螺栓必须拧到底；使用卸扣时，吊索与其连接的一个索扣必须扣在销轴上，一个索扣必须扣在扣顶上，不准两个索扣分别扣在卸扣的扣体两侧上；吊拉捆绑时，重物或设备构件的锐边快口处必须加装衬垫物

作业步骤	危害辨识	危害描述	产生后果	风险等级	防 范 措 施
5. 吊装阀门组件	吊具、起吊伺服机构、门盖、自密封组件、门杆及门芯	斜拉	起重伤害	较小	禁止使吊钩斜着拖吊重物
		在起吊重物下逗留和行走	起重伤害	较小	任何人不准在起吊重物下逗留和行走
	手拉葫芦	滑链	起重伤害	较小	使用前应作无负荷起落试验一次，确认无滑链现象
		手拉葫芦超载荷使用	起重伤害	较小	使用手拉葫芦时工作负荷不准超过铭牌规定
6. 打磨	角磨机	未正确使用防护罩、防护眼镜	机械伤害	较小	正确佩戴防护罩、防护眼镜
		手提电动工具的导线或转动部分	触电	较小	禁止手提电动工具的导线或转动部分
		角磨机砂轮片破损	机械伤害	较小	使用前检查角磨机砂轮片完好无缺损
		更换砂轮片未切断电源	触电	较小	更换砂轮片前必须切断电源
7. 金属监督	辐射	未设置警示标志	放射性伤害	较小	（1）工作期先做好安全区隔离、悬挂警示牌； （2）告知全员
		进入金属探伤区域	放射性伤害	较小	（1）告知全员； （2）设置警示围栏，防止人员误入
8. 回装汽门	行车	制动器、限位失灵	起重伤害	较小	安排维护人员在行车顶部监护，发现行车吊钩有溜钩现象时立即紧固抱闸，停止使用
	吊具、起吊伺服机构、门盖、自密封组件、门杆及门芯	吊点不牢固、吊点位置不正确	起重伤害	较小	（1）吊钩要挂在物品的重心上，当被吊物件起吊后有可能摆动或转动时，应采用绳牵引方法，防止物件摆动伤人或碰坏设备； （2）选择牢固可靠、满足载荷的吊点
		吊索具损坏或选择不当	起重伤害	较小	（1）作业前，应对吊索具及其配件进行检查，确认完好，方可使用； （2）所选用的吊索具应与被吊工件的外形特点及具体要求相适应，在不具备使用条件的情况下，绝不能对付使用； （3）作业中应防止损坏吊索具及配件，必要时在棱角处应加护角防护； （4）吊具及配件不能超过其额定起重量，起重吊索、吊具不得超过其相应吊挂状态下的最大工作载荷
		绑扎不牢固	起重伤害	较小	（1）起重前必须将物件牢固、稳妥地绑住。 （2）吊拉时两根钢丝绳之间的夹角一般不得大于90°。 （3）使用单吊索起吊重物挂钩时应打"挂钩结"；使用吊环时螺栓必须拧到底；使用卸扣时，吊索与其连接的一个索扣必须扣在销轴上，一个索扣必须扣在扣顶上，不准两个索扣分别扣在卸扣的扣体两侧上；吊索捆绑时，重物或设备构件的锐边快口处必须加装衬垫物
		斜拉	起重伤害	较小	禁止使吊钩斜着拖吊重物
		在起吊重物下逗留和行走	起重伤害	较小	任何人不准在起吊重物下逗留和行走

作业步骤	危害辨识	危害描述	产生后果	风险等级	防 范 措 施
8. 回装汽门	高处作业人员	作业时未正确使用防护用品	高处坠落	重大	高处作业人员必须戴好安全帽、穿好防滑鞋并正确佩戴和使用安全带
		未佩戴使用合格的安全带	高处坠落	重大	(1) 安全带使用前进行外观检查合格，检验合格证应在有效期内； (2) 在没有脚手架或没有栏杆的脚手架上工作，高度超过1.5m时必须使用安全带； (3) 安全带的挂钩应挂在结实、牢固的构件上，或专挂安全带的钢丝绳上，不准低挂高用
		擅自改动脚手架架构	高处坠落	重大	工作过程中，不准随意改变脚手架的结构，必要时，必须经过搭设脚手架的技术负责人同意，并再次验收合格后方可使用
		乱拉电源线、电焊线、气带	高处坠落	重大	(1) 脚手架上不准乱拉电线； (2) 必须安装临时照明线路时，木竹脚手架应采用绝缘子，金属脚手架应另设木横担
		脚手架上作业不规范	高处坠落	重大	(1) 上下脚手架应走人行通道或梯子，不准攀登架体； (2) 不准站在脚手架的探头上作业； (3) 同一架体上的作业人数一般为2人，必须超过2人的情况下不得超过9人； (4) 不准在脚手架上蹬在木桶、木箱、砖及其他建筑材料等作业； (5) 不准在架子上退着行走或跨坐在防护横杆上休息； (6) 架子上应保持清洁，随时清理冰雪、杂物等，不准乱堆乱放物料； (7) 不得在防护栏杆上拴挂任何重物； (8) 作业中需要拆除防护栏杆时，必须采取可靠的临边防护措施
	脚手架	脚手架未验收、检查	高处坠落	重大	(1) 脚手架搭设结束后，必须履行脚手架验收手续，委托人及搭建人双方在脚手架验收合格证上签字； (2) 每日使用脚手架前，使用人检查脚手架合格并在脚手架验收合格证背面签名后方可使用
	高处的工器具、零部件	工器具未系防坠绳、零部件未固定及上下抛掷	物体打击	较小	(1) 工器具必须使用防坠绳； (2) 工器具和零部件应用绳拴在牢固的构件上，不准随便乱放； (3) 工器具和零部件不准上下抛掷
9. 管路连接	角磨机、切割机	未正确使用防护罩、防护眼镜	机械伤害	较小	正确佩戴防护罩、防护眼镜
		手提电动工具的导线或转动部分	触电	较小	禁止手提电动工具的导线或转动部分
		砂轮片、切割片破损	物体打击	较小	使用前检查砂轮片、切割片完好无缺损
		更换砂轮片、切割片未切断电源	机械伤害	较小	更换砂轮片、切割片前必须切断电源
	可燃物质	未清理动火作业区域可燃物质	火灾	较小	(1) 动火现场周围5m以内，严禁堆放易燃易爆物品。不能清除时应用阻燃物品隔离； (2) 作业场所配备灭火器
	电焊机	未正确使用面罩、电焊手套、白光眼镜等防护用具	灼烫伤	较小	(1) 正确使用面罩； (2) 戴电焊手套； (3) 戴白光眼镜； (4) 穿电焊服

作业步骤	危害辨识	危害描述	产生后果	风险等级	防 范 措 施
9. 管路连接	电焊机	电焊线缠绕在身上	触电	较小	工作前将电焊线布置好，在人员通道上架空2m高，户外4m高，地面敷设做好防护措施
		在金属容器内焊接作业未穿绝缘鞋	触电	较小	在金属容器内焊接作业穿绝缘鞋，铺绝缘垫
		利用厂房的金属结构、管道、轨道或其他金属搭接起来作为导线使用	触电	较小	不准利用厂房的金属结构、管道、轨道或其他金属搭接起来作为导线使用
		边吊边焊	物体打击	较小	禁止在起吊的设备上进行电焊作业
		准备移动消防器材不合格	火灾	较小	电焊作业现场必须准备合格的、充足的灭火器及移动消防器材
	焊接尘	通风不良	尘肺病	较小	焊接工作场所应有良好的通风
		未正确使用防尘口罩	尘肺病	较小	作业时正确佩戴合格防尘口罩
	焊渣	高温焊渣飞溅	灼烫伤、火灾	较小	（1）动火工作区域周围设置防护屏，防止其他人员被飞溅的焊渣烫伤，地面铺设防火布；（2）火焊人员必须穿戴好工作服、手套和带鞋盖劳保鞋等
	遗留火种	施焊完毕后，未确认是否遗留火种就离开	火灾	较小	电焊作业时须有灭火器材，施焊完毕后，要留有充分的时间观察，确认无引火点，方可离去
10. 阀门传动	传动的门杆	阀门行程调整	机械伤害	较小	调整阀门执行机构行程的同时不得用手触摸阀杆和手轮，避免挤伤手指
11. 检修工作结束	检修废料	施工废料未清理	环境污染	较小	废料及时清理，做到工完、料尽、场地清

11.32 给水泵汽轮机高压调节阀检修

作业步骤	危害辨识	危害描述	产生后果	风险等级	防 范 措 施
1. 作业环境评估	噪声	未佩戴耳塞	噪声聋	较小	进入噪声区域时正确佩戴合格的耳塞
	岩棉、化纤	作业区保温飞扬	尘肺病	较小	作业时正确佩戴合格防尘口罩
	高温环境	环境温度超过40℃	中暑	较小	（1）不准在工作环境温度超过40℃时进行露天作业；（2）在高温场所工作时，应为工作人员提供足够的饮水、清凉饮料及防暑药品；对温度较高的作业场所必须增加通风设备
	高温高压蒸汽	高温设备及附属系统内动、静密封点密封失效，或者系统内设备、管道破损	灼烫伤	较小	（1）作业人员必须穿戴好隔热工作服、防护鞋、防护手套等防护用具；（2）专人监护，遇有不适立即撤出高温检修区域；（3）高温区域内不得长时间逗留
	孔、洞	盖板缺损	高处坠落	重大	（1）工作场所的孔、洞必须覆以与地面齐平的坚固盖板或做好隔离措施；（2）格栅板上严禁直接放置工器具及零件，当心落物伤人，用好整理箱

续表

作业步骤	危害辨识	危害描述	产生后果	风险等级	防 范 措 施
2. 现场安全措施的落实	高温高压蒸汽	工作前所采取的安全措施不完善	灼烫伤	较小	（1）开工前确认现场安全措施、隔离措施正确完备； （2）待管道内介质放尽，压力为零，温度适可后方可开始工作； （3）人员不能正面对法兰及焊口工作，防止漏点介质体伤人
3. 准备工作及现场布置	临时电源及电源线	电源线悬挂高度不够	触电	较小	临时电源线架设高度室内不低于2.5m
		电源线、插头、插座破损	触电	较小	（1）检查电源线外绝缘良好，无破损； （2）检查电源盘合格证在有效期； （3）检查电源插头插座，确保完好； （4）不准将电源线缠绕在护栏、管道和脚手架上
		未安装漏电保护器	触电	较小	（1）检查电源盘合格证在有效期； （2）分级配置漏电保护器，工作前试漏电保护器，确保正确动作
		检修电源箱外壳未接地	触电	较小	（1）检查电源盘合格证在有效期； （2）检查电源箱外壳接地良好
	角磨机、切割机	电源线、电源插头破损、防护罩破损缺失	机械伤害触电	较小	（1）检查电源线、电源插头完好无破损、防护罩完好无破损； （2）检查合格证在有效期内
	电焊机	电焊机电源线、电源插头、电焊钳破损	触电	较小	（1）电焊机电源线、电源插头、电焊钳等焊接设备和工具完好无损； （2）电焊机的裸露导电部分和转动部分以及冷却用的风扇，均应装有保护罩
		焊机外壳不接地	触电	较小	电焊机金属外壳应有明显的可靠接地，且一机一接地
		焊机、焊钳与电缆线连接不牢固	触电	较小	（1）电焊工作所用的导线，必须使用绝缘良好的皮线； （2）电焊机、焊钳与电缆线连接牢固，接地端头不外露； （3）连接到电焊钳上的一端，至少有5m为绝缘软导线
		一闸接多台电焊机	触电、火灾	较小	电焊机必须装有独立的专用电源开关，其容量应符合要求。焊机超负荷时，应能自动切断电源，禁止多台焊机共用一个电源开关
	大锤、手锤	锤头与木柄的连接不牢固、锤头破损、木柄未使用整根硬质木料	物体打击	较小	锤头与木柄的连接应用金属楔栓固定，楔子长度不得大于安装孔深的2/3，锤头完好无损，木柄使用整根硬质木料
	锉刀、手锯、螺丝刀、钢丝钳	手柄等缺损	刺伤	较小	锉刀、手锯、螺丝刀、钢丝钳等手柄应安装牢固，没有手柄的不准使用
	手拉葫芦	手拉有裂纹、链轮转动卡涩、吊钩无防脱保险装置	起重伤害	较小	（1）使用前应作无负荷起落试验一次，检查手拉是否有裂纹、链轮转动是否卡涩、吊钩是否无防脱保险装置，以确保完好； （2）检查合格证在有效期内

续表

作业步骤	危害辨识	危害描述	产生后果	风险等级	防 范 措 施
4. 拆除汽门螺栓	大锤、手锤	锤把上有油污	物体打击	较小	锤把上不可有油污
		单手抡大锤	物体打击	较小	抡大锤时，周围不得有人，不得单手抡大锤
		戴手套抡大锤	物体打击	较小	打锤人不得戴手套
5. 吊装阀门组件	吊具、起吊伺服机构、门盖、自密封组件、门杆及门芯	吊点不牢固、吊点位置不正确	起重伤害	较小	（1）吊钩要挂在物品的重心上，当被吊物件起吊后有可能摆动或转动时，应采用绳牵引方法，防止物件摆动伤人或碰坏设备； （2）选择牢固可靠、满足载荷的吊点
		吊索具损坏或选择不当	起重伤害	较小	（1）作业前，应对吊索具及其配件进行检查，确认完好，方可使用； （2）所选用的吊索具应与被吊工件的外形特点及具体要求相适应，在不具备使用条件的情况下，绝不能对付使用； （3）作业中应防止损坏吊索具及配件，必要时在棱角处应加护角防护； （4）吊具及配件不能超过其额定起重量，起重吊索、吊具不得超过其相应吊挂状态下的最大工作载荷
		绑扎不牢固	起重伤害	较小	（1）起重前必须将物件牢固、稳妥地绑住。 （2）吊拉时两根钢丝绳之间的夹角一般不得大于90°。 （3）使用单吊索起吊重物挂钩时应打"挂钩结"；使用吊环时螺栓必须拧到底；使用卸扣时，吊索与其连接的一个索扣必须扣在销轴上，一个索扣必须扣在扣顶上，不准两个索扣分别扣在卸扣的扣体两侧上；吊拉捆绑时，重物或设备构件的锐边快口处必须加装衬垫物
		斜拉	起重伤害	较小	禁止使吊钩斜着拖吊重物
		在起吊重物下逗留和行走	起重伤害	较小	任何人不准在起吊重物下逗留和行走
	手拉葫芦	滑链	起重伤害	较小	使用前应作无负荷起落试验一次，确认无滑链现象
		手拉葫芦超载荷使用	起重伤害	较小	使用手拉葫芦时工作负荷不准超过铭牌规定
6. 打磨	角磨机	未正确使用防护罩、防护眼镜	机械伤害	较小	正确佩戴防护罩、防护眼镜
		手提电动工具的导线或转动部分	触电	较小	禁止手提电动工具的导线或转动部分
		角磨机砂轮片破损	机械伤害	较小	使用前检查角磨机砂轮片完好无缺损
		更换砂轮片未切断电源	触电	较小	更换砂轮片前必须切断电源
7. 金属监督	核辐射	未设置警示标志	放射性伤害	较小	（1）工作期先做好安全区隔离、悬挂警示牌； （2）告知全员
		进入金属探伤区域	放射性伤害	较小	（1）告知全员； （2）设置警示围栏，防止人员误入
8. 回装汽门	吊具、起吊阀体组件	吊点不牢固、吊点位置不正确	起重伤害	较小	（1）吊钩要挂在物品的重心上，当被吊物件起吊后有可能摆动或转动时，应采用绳牵引方法，防止物件摆动伤人或碰坏设备； （2）选择牢固可靠、满足载荷的吊点

续表

作业步骤	危害辨识	危害描述	产生后果	风险等级	防 范 措 施
8. 回装汽门	吊具、起吊阀体组件	吊索具损坏或选择不当	起重伤害	较小	（1）作业前，应对吊索具及其配件进行检查，确认完好，方可使用； （2）所选用的吊索具应与被吊工件的外形特点及具体要求相适应，在不具备使用条件的情况下，绝不能对付使用； （3）作业中应防止损坏吊索具及配件，必要时在棱角处应加护角防护； （4）吊具及配件不能超过其额定起重量，起重吊索、吊具不得超过其相应吊挂状态下的最大工作载荷
		绑扎不牢固	起重伤害	较小	（1）起重前必须将物件牢固、稳妥地绑住。 （2）吊拉时两根钢丝绳之间的夹角一般不得大于90°。 （3）使用单吊索起吊重物挂钩时应打"挂钩结"；使用吊环时螺栓必须拧到底；使用卸扣时，吊索与其连接的一个索扣必须扣在销轴上，一个索扣必须扣在扣顶上，不准两个索扣分别扣在卸扣的扣体两侧上；吊拉捆绑时，重物或设备构件的锐边快口处必须加装衬垫物
		斜拉	起重伤害	较小	禁止使吊钩斜着拖吊重物
		在起吊重物下逗留和行走	起重伤害	较小	任何人不准在起吊重物下逗留和行走
	销子回装	回装销子时夹伤手指	机械伤害	较小	回装销子时，配合默契，严禁用手触摸销子孔，当心夹伤手指
9. 管路连接	角磨机、切割机	未正确使用防护罩、防护眼镜	机械伤害	较小	正确佩戴防护罩、防护眼镜
		手提电动工具的导线或转动部分	触电	较小	禁止手提电动工具的导线或转动部分
		砂轮片、切割片破损	物体打击	较小	使用前检查砂轮片、切割片完好无缺损
		更换砂轮片、切割片未切断电源	机械伤害	较小	更换砂轮片、切割片前必须切断电源
	可燃物质	未清理动火作业区域可燃物质	火灾	较小	（1）动火现场周围3m以内，严禁堆放易燃易爆物品；不能清除时应用阻燃物品隔离； （2）作业场所配备灭火器
	电焊机	未正确使用面罩、电焊手套、白光眼镜等防护用具	灼烫伤	较小	（1）正确使用面罩； （2）戴电焊手套； （3）戴白光眼镜； （4）穿电焊服
		电焊线缠绕在身上	触电	较小	工作前将电焊线布置好，在人员通道上架空2m高，户外4m高，地面敷设做好防护措施
		在金属容器内焊接作业未穿绝缘鞋	触电	较小	在金属容器内焊接作业穿绝缘鞋，铺绝缘垫
		利用厂房的金属结构、管道、轨道或其他金属搭接起来作为导线使用	触电	较小	不准利用厂房的金属结构、管道、轨道或其他金属搭接起来作为导线使用
		边吊边焊	物体打击	较小	禁止在起吊的设备上进行电焊作业
		准备移动消防器材不合格	火灾	较小	电焊作业现场必须准备合格的、充足的灭火器及移动消防器材

续表

作业步骤	危害辨识	危害描述	产生后果	风险等级	防 范 措 施
9. 管路连接	焊接尘	通风不良	尘肺病	较小	焊接工作场所应有良好的通风
		未正确使用防尘口罩	尘肺病	较小	作业时正确佩戴合格防尘口罩
	焊渣	高温焊渣飞溅	灼烫伤、火灾	较小	（1）动火工作区域周围设置防护屏，防止其他人员被飞溅的焊渣烫伤，地面铺设防火布；（2）火焊人员必须穿戴好工作服戴好手套和带鞋盖劳保鞋等
	遗留火种	施焊完毕后，未确认是否遗留火种就离开	火灾	较小	电焊作业时须有灭火器材，施焊完毕后，要留有充分的时间观察，确认无引火点，方可离去
10. 阀门传动	传动的门杆	阀门行程调整	机械伤害	较小	调整阀门执行机构行程的同时不得用手触摸阀杆和手轮，避免挤伤手指
11. 检修工作结束	检修废料	施工废料未清理	环境污染	较小	废料及时清理，做到工完、料尽、场地清

11.33 给水泵汽轮机低压调节阀检修

作业步骤	危害辨识	危害描述	产生后果	风险等级	防 范 措 施
1. 作业环境评估	噪声	未佩戴耳塞	噪声聋	较小	进入噪声区域时正确佩戴合格的耳塞
	岩棉、化纤	作业区保温飞扬	尘肺病	较小	作业时正确佩戴合格防尘口罩
	高温环境	环境温度超过40℃	中暑	较小	（1）不准在工作环境温度超过40℃时进行露天作业；（2）在高温场所工作时，应为工作人员提供足够的饮水、清凉饮料及防暑药品；对温度较高的作业场所必须增加通风设备
	高温高压蒸汽	高温设备及附属系统内动、静密封点密封失效，或者系统内设备、管道破损	灼烫伤	较小	（1）作业人员必须穿戴好隔热工作服、防护鞋、防护手套、等防护用具；（2）专人监护，遇有不适立即撤出高温检修区域；（3）高温区域内不得长时间逗留
	孔、洞	盖板缺损	高处坠落	重大	工作场所的孔、洞必须覆以与地面齐平的坚固盖板或做好隔离措施
2. 现场安全措施的落实	高温高压蒸汽	工作前所采取的安全措施不完善	灼烫伤	较小	（1）开工前确认现场安全措施、隔离措施正确完备；（2）待管道内介质放尽，压力为零，温度适可后方可开始工作；（3）人员不能正面对法兰及焊口工作，防止漏点介质体伤人
3. 准备工作及现场布置	临时电源及电源线	电源线悬挂高度不够	触电	较小	临时电源线架设高度室内不低于2.5m
		电源线、插头、插座破损	触电	较小	（1）检查电源线外绝缘良好，无破损；（2）检查电源盘合格证在有效期；（3）检查电源插头插座，确保完好；（4）不准将电源线缠绕在护栏、管道和脚手架上
		未安装漏电保护器	触电	较小	（1）检查电源盘合格证在有效期；（2）分级配置漏电保护器，工作前试漏电保护器，确保正确动作
		检修电源箱外壳未接地	触电	较小	（1）检查电源盘合格证在有效期；（2）检查电源箱外壳接地良好

作业步骤	危害辨识	危害描述	产生后果	风险等级	防 范 措 施
3. 准备工作及现场布置	角磨机、切割机	电源线、电源插头破损、防护罩破损缺失	机械伤害触电	较小	（1）检查电源线、电源插头完好无破损、防护罩完好无破损； （2）检查合格证在有效期内
	电焊机	电焊机电源线、电源插头、电焊钳破损	触电	较小	（1）电焊机电源线、电源插头、电焊钳等焊接设备和工具完好无损； （2）电焊机的裸露导电部分和转动部分以及冷却用的风扇，均应装有保护罩
		焊机外壳不接地	触电	较小	电焊机金属外壳应有明显的可靠接地，且一机一接地
		焊机、焊钳与电缆线连接不牢固	触电	较小	（1）电焊工作所用的导线，必须使用绝缘良好的皮线； （2）电焊机、焊钳与电缆线连接牢固，接地端头不外露； （3）连接到电焊钳上的一端，至少有 5m 为绝缘软导线
		一闸接多台电焊机	触电、火灾	较小	电焊机必须装有独立的专用电源开关，其容量应符合要求。焊机超负荷时，应能自动切断电源，禁止多焊机共用一个电源开关
	大锤、手锤	锤头与木柄的连接不牢固、锤头破损、木柄未使用整根硬质木料	物体打击	较小	锤头与木柄的连接应用金属楔栓固定，楔子长度不得大于安装孔深的 2/3，锤头完好无损，木柄使用整根硬质木料
	锉刀、手锯、螺丝刀、钢丝钳	手柄等缺损	刺伤	较小	锉刀、手锯、螺丝刀、钢丝钳等手柄应安装牢固，没有手柄的不准使用
	手拉葫芦	手拉有裂纹、链轮转动卡涩、吊钩无防脱保险装置	起重伤害	较小	（1）使用前应作无负荷起落试验一次，检查手拉是否有裂纹、链轮转动是否卡涩、吊钩是否无防脱保险装置，以确保完好； （2）检查合格证在有效期内
	脚手架搭设	脚手架搭设后未验收	高处坠落	较小	（1）搭设结束后，必须履行脚手架验收手续，填写脚手架验收单，并在脚手架验收单上分级签字； （2）验收合格后应在脚手架上悬挂合格证，方可使用
	行车	行车不合格	起重伤害	较小	（1）由特种设备作业人员检查行车完好； （2）检查行车检验合格证在有效期内
4. 拆除汽门螺栓	高处作业人员	作业时未正确使用防护用品	高处坠落	重大	高处作业人员必须戴好安全帽、穿好防滑鞋并正确佩戴和使用安全带
		未佩戴使用合格的安全带	高处坠落	重大	（1）安全带使用前进行外观检查合格，检验合格证应在有效期内； （2）在没有脚手架或没有栏杆的脚手架上工作，高度超过 1.5m 时必须使用安全带； （3）安全带的挂钩应挂在结实、牢固的构件上，或专挂安全带的钢丝绳上，不准低挂高用
		擅自改动脚手架架构	高处坠落	重大	工作过程中，不准随意改变脚手架的结构，必要时，必须经过搭设脚手架的技术负责人同意，并再次验收合格后方可使用
		乱拉电源线、电焊线、气带	高处坠落	重大	（1）脚手架上不准乱拉电线； （2）必须安装临时照明线路时，木竹脚手架应采用绝缘子，金属脚手架应另设木横担

作业步骤	危害辨识	危害描述	产生后果	风险等级	防　范　措　施
4. 拆除汽门螺栓	高处作业人员	随意码放物品或超载	高处坠落	重大	(1) 不准在脚手架和脚手板上聚集人员或放置超过计算荷重的材料； (2) 脚手架上的堆置物应摆放整齐和牢固，不准超高摆放； (3) 脚手架上的大物件应分散堆放，不得集中堆放； (4) 脚手架上的废弃物应及时清理，并用绳子系牢后溜放到地面
		脚手架上作业不规范	高处坠落	重大	(1) 上下脚手架应走人行通道或梯子，不准攀登架体； (2) 不准站在脚手架的探头上作业； (3) 同一架体上的作业人数一般为 2 人，必须超过 2 人的情况下不得超过 9 人； (4) 不准在脚手架上蹬在木桶、木箱、砖及其他建筑材料等作业； (5) 不准在架子上退着行走或跨坐在防护横杆上休息； (6) 架子上应保持清洁，随时清理冰雪、杂物等，不准乱堆乱放物料； (7) 不得在防护栏杆上拴挂任何重物； (8) 作业中需要拆除防护栏杆时，必须采取可靠的临边防护措施
	脚手架	脚手架未验收、检查	高处坠落	重大	(1) 脚手架搭设结束后，必须履行脚手架验收手续，委托人及搭建人双方在脚手架验收合格证上签字； (2) 每日使用脚手架前，使用人检查脚手架合格并在脚手架验收合格证背面签名后方可使用
	大锤、手锤	锤把上有油污	物体打击	较小	锤把上不可有油污
		单手抡大锤	物体打击	较小	抡大锤时，周围不得有人，不得单手抡大锤
		戴手套抡大锤	物体打击	较小	打锤人不得戴手套
	高处的工器具、零部件	工器具未系防坠绳、零部件未固定及上下抛掷	物体打击	较小	(1) 工器具必须使用防坠绳； (2) 工器具和零部件应用绳拴在牢固的构件上，不准随便乱放； (3) 工器具和零部件不准上下抛掷
5. 吊装阀门组件	行车	制动器、限位失灵	起重伤害	较小	安排维护人员在行车顶部监护，发现行车吊钩有溜钩现象时立即紧固抱闸
	吊具、起吊伺服机构、门盖、自密封组件、门杆及门芯	吊点不牢固、吊点位置不正确	起重伤害	较小	(1) 吊钩要挂在物品的重心上，当被吊物件起吊后有可能摆动或转动时，应采用绳牵引方法，防止物件摆动伤人或碰坏设备； (2) 选择牢固可靠、满足载荷的吊点
		吊索具损坏或选择不当	起重伤害	较小	(1) 作业前，应对吊索具及其配件进行检查，确认完好，方可使用； (2) 所选用的吊索具应与被吊工件的外形特点及具体要求相适应，在不具备使用条件的情况下，绝不能对付使用； (3) 作业中应防止损坏吊索具及配件，必要时在棱角处应加护角防护； (4) 吊具及配件不能超过其额定起重量，起重吊索、吊具不得超过其相应吊挂状态下的最大工作载荷

作业步骤	危害辨识	危害描述	产生后果	风险等级	防 范 措 施
5.吊装阀门组件	吊具、起吊伺服机构、门盖、自密封组件、门杆及门芯	绑扎不牢固	起重伤害	较小	（1）起重前必须将物件牢固、稳妥地绑住。 （2）吊拉时两根钢丝绳之间的夹角一般不得大于90°。 （3）使用单吊索起吊重物挂钩时应打"挂钩结"；使用吊环时螺栓必须拧到底；使用卸扣时，吊索与其连接的一个索扣必须扣在销轴上，一个索扣必须扣在扣顶上，不准两个索扣分别扣在卸扣的扣体两侧上；吊拉捆绑时，重物或设备构件的锐边快口处必须加装衬垫物
		斜拉	起重伤害	较小	禁止使吊钩斜着拖吊重物
		在起吊重物下逗留和行走	起重伤害	较小	任何人不准在起吊重物下逗留和行走
	手拉葫芦	滑链	起重伤害	较小	使用前应作无负荷起落试验一次，确认无滑链现象
		手拉葫芦超载荷使用	起重伤害	较小	使用手拉葫芦时工作负荷不准超过铭牌规定
6.打磨	角磨机	未正确使用防护面罩、防护眼镜	机械伤害	较小	正确佩戴防护面罩、防护眼镜
		手提电动工具的导线或转动部分	触电	较小	禁止手提电动工具的导线或转动部分
		角磨机砂轮片破损	机械伤害	较小	使用前检查角磨机砂轮片完好无缺损
		更换砂轮片未切断电源	触电	较小	更换砂轮片前必须切断电源
7.金属监督	核辐射	未设置警示标志	放射性伤害	较小	（1）工作期先做好安全区隔离、悬挂警示牌； （2）告知全员
		进入金属探伤区域	放射性伤害	较小	（1）告知全员； （2）设置警示围栏，防止人员误入
8.回装汽门	行车	制动器、限位失灵	起重伤害	较小	安排维护人员在行车顶部监护，发现行车吊钩有溜钩现象时立即紧固抱闸，停止使用
	吊具、起吊伺服机构、门盖、自密封组件、门杆及门芯	吊点不牢固、吊点位置不正确	起重伤害	较小	（1）吊钩要挂在物品的重心上，当被吊物件起吊后有可能摆动或转动时，应采用绳牵引方法，防止物件摆动伤人或碰坏设备； （2）选择牢固可靠、满足载荷的吊点
		吊索具损坏或选择不当	起重伤害	较小	（1）作业前，应对吊索具及其配件进行检查，确认完好，方可使用； （2）所选用的吊索具应与被吊工件的外形特点及具体要求相适应，在不具备使用条件的情况下，绝不能对付使用； （3）作业中应防止损坏吊索具及配件，必要时在棱角处应加护角防护； （4）吊具及配件不能超过其额定起重量，起重吊索、吊具不得超过其相应吊挂状态下的最大工作载荷

作业步骤	危害辨识	危害描述	产生后果	风险等级	防 范 措 施
8. 回装汽门	吊具、起吊伺服机构、门盖、自密封组件、门杆及门芯	绑扎不牢固	起重伤害	较小	(1) 起重前必须将物件牢固、稳妥地绑住。 (2) 吊拉时两根钢丝绳之间的夹角一般不得大于90°。 (3) 使用单吊索起吊重物挂钩时应打"挂钩结";使用吊环时螺栓必须拧到底;使用卸扣时,吊索与其连接的一个索扣必须扣在销轴上,一个索扣必须扣在扣顶上,不准两个索扣分别扣在卸扣的扣体两侧上;吊拉捆绑时,重物或设备构件的锐边快口处必须加装衬垫物
		斜拉	起重伤害	较小	禁止使吊钩斜着拖吊重物
		在起吊重物下逗留和行走	起重伤害	较小	任何人不准在起吊重物下逗留和行走
	高处作业人员	作业时未正确使用防护用品	高处坠落	重大	高处作业人员必须戴好安全帽、穿好防滑鞋并正确佩戴和使用安全带
		未佩戴使用合格的安全带	高处坠落	重大	(1) 安全带使用前进行外观检查合格,检验合格证应在有效期内; (2) 在没有脚手架或没有栏杆的脚手架上工作,高度超过1.5m时必须使用安全带; (3) 安全带的挂钩应挂在结实、牢固的构件上,或专挂安全带的钢丝绳上,不准低挂高用
		擅自改动脚手架架构	高处坠落	重大	工作过程中,不准随意改变脚手架的结构,必要时,必须经过搭设脚手架的技术负责人同意,并再次验收合格后方可使用
		乱拉电源线、电焊线、气带	高处坠落	重大	(1) 脚手架上不准乱拉电线; (2) 必须安装临时照明线路时,木竹脚手架应采用绝缘子,金属脚手架应另设木横担
		脚手架上作业不规范	高处坠落	重大	(1) 上下脚手架应走人行通道或梯子,不准攀登架体; (2) 不准站在脚手架的探头上作业; (3) 同一架体上的作业人数一般为2人,必须超过2人的情况下不得超过9人; (4) 不准在脚手架上蹬在木桶、木箱、砖及其他建筑材料等作业; (5) 不准在架子上退着行走或跨坐在防护横杆上休息; (6) 架子上应保持清洁,随时清理冰雪、杂物等,不准乱堆乱放物料; (7) 不得在防护栏杆上拴挂任何重物; (8) 作业中需要拆除防护栏杆时,必须采取可靠的临边防护措施
	脚手架	脚手架未验收、检查	高处坠落	重大	(1) 脚手架搭设结束后,必须履行脚手架验收手续,委托人及搭建人双方在脚手架验收合格证上签字; (2) 每日使用脚手架前,使用人检查脚手架合格并在脚手架验收合格证背面签名后方可使用
9. 管路连接	角磨机、切割机	未正确使用防护罩、防护眼镜	机械伤害	较小	正确佩戴防护罩、防护眼镜
		手提电动工具的导线或转动部分	触电	较小	禁止手提电动工具的导线或转动部分
		砂轮片、切割片破损	物体打击	较小	使用前检查砂轮片、切割片完好无缺损
		更换砂轮片、切割片未切断电源	机械伤害	较小	更换砂轮片、切割片前必须切断电源

续表

作业步骤	危害辨识	危害描述	产生后果	风险等级	防 范 措 施
9. 管路连接	可燃物质	未清理动火作业区域可燃物质	火灾	较小	（1）动火现场周围 3m 以内，严禁堆放易燃易爆物品。不能清除时应用阻燃物品隔离； （2）作业场所配备灭火器
	电焊机	未正确使用面罩、电焊手套、白光眼镜等防护用具	灼烫伤	较小	（1）正确使用面罩； （2）戴电焊手套； （3）戴白光眼镜； （4）穿电焊服
		电焊线缠绕在身上	触电	较小	工作前将电焊线布置好，在人员通道上架空 2m 高，户外 4m 高，地面敷设做好防护措施
		在金属容器内焊接作业未穿绝缘鞋	触电	较小	在金属容器内焊接作业穿绝缘鞋，铺绝缘垫
		利用厂房的金属结构、管道、轨道或其他金属搭接起来作为导线使用	触电	较小	不准利用厂房的金属结构、管道、轨道或其他金属搭接起来作为导线使用
		边吊边焊	物体打击	较小	禁止在起吊的设备上进行电焊作业
		准备移动消防器材不合格	火灾	较小	电焊作业现场必须准备合格的、充足的灭火器及移动消防器材
	焊接尘	通风不良	尘肺病	较小	焊接工作场所应有良好的通风
		未正确使用防尘口罩	尘肺病	较小	作业时正确佩戴合格防尘口罩
	焊渣	高温焊渣飞溅	灼烫伤、火灾	较小	（1）动火工作区域周围设置防护屏，防止其他人员被飞溅的焊渣烫伤，地面铺设防火布； （2）火焊人员必须穿戴好工作服戴好手套和带鞋盖劳保鞋等
	遗留火种	施焊完毕后，未确认是否遗留火种就离开	火灾	较小	电焊作业时须有灭火器材，施焊完毕后，要留有充分的时间观察，确认无引火点，方可离去
10. 阀门传动	传动的门杆	阀门行程调整	机械伤害	较小	调整阀门执行机构行程的同时不得用手触摸阀杆和手轮，避免挤伤手指
11. 检修工作结束	检修废料	施工废料未清理	环境污染	较小	废料及时清理，做到工完、料尽、场地清

11.34 给水泵汽轮机速关阀油动机检修

作业步骤	危害辨识	危害描述	产生后果	风险等级	防 范 措 施
1. 作业环境评估	噪声	未佩戴耳塞	噪声聋	较小	进入噪声区域时正确佩戴合格的耳塞
	润滑油	发生的跑、冒、滴、漏及溢油	滑倒、火灾、环境污染、灼烧	较小	发生的跑、冒、滴、漏及溢油，要及时清除处理；使用防护用品；废油不能随意丢弃
	孔、洞	盖板缺损	高处坠落	重大	（1）工作场所的孔、洞必须覆以与地面齐平的坚固盖板； （2）发现洞口盖板缺失、损坏或未盖好时，必须立即填补、修复盖板并及时盖好
	高温环境	环境温度超过 40°	中暑		（1）工作环境温度超过 40°停止工作 （2）现场准备足够饮用水，清凉饮料及防暑药品；对温度较高的作业场所必须增加通风设备
	岩棉	作业区保温飞扬	尘肺病		作业时佩戴合格口罩
	高处作业	未采取防坠落措施或措施不完善	高处落物	较小	（1）脚手架上工作时，工器具和拆下的零件放在整理箱里； （2）避免交叉作业

续表

作业步骤	危害辨识	危害描述	产生后果	风险等级	防 范 措 施
2. 现场安全措施的落实	润滑油	工作前所采取的安全措施不完善	火灾	较小	（1）开工前确认现场安全措施、隔离措施正确完备； （2）待管道内介质放尽，压力为零方可开始工作
		泄漏	污染环境	较小	放油时排空，放油不出需静置2h后再次打开放油门确认油已排完
3. 准备工作及现场布置	大锤	锤头与木柄的连接不牢固、锤头破损、木柄未使用整根硬质木料	物体打击	较小	锤头与木柄的连接应用金属楔栓固定，楔子长度不得大于安装孔深的2/3，锤头完好无损，木柄使用整根硬质木料
	锉刀、手锯、螺丝刀、钢丝钳	手柄等缺损	刺伤	较小	锉刀、手锯、螺丝刀、钢丝钳等手柄应安装牢固，没有手柄的不准使用
	手拉葫芦	手拉有裂纹、链轮转动卡涩、吊钩无防脱保险装置	起重伤害	较小	（1）使用前应作无负荷起落试验一次，检查手拉是否有裂纹、链轮转动是否卡涩、吊钩是否无防脱保险装置，以确保完好； （2）检查合格证在有效期内
	行车	行车不合格	起重伤害	较小	（1）由特种设备作业人员检查行车完好； （2）检查行车检验合格证在有效期内
	脚手架搭设	脚手架搭设后未验收	高处坠落	重大	（1）搭设结束后，必须履行脚手架验收手续，填写脚手架验收单，并在脚手架验收单上分级签字； （2）验收合格后应在脚手架上悬挂合格证，方可使用
4. 拆除油动机连接螺栓	高处作业人员	未正确使用安全带	高处坠落	重大	安全带的挂钩应挂在结实、牢固的构件上，或专挂安全带的钢丝绳上，安全带要高挂低用
		弹簧弹出伤人	机械伤害	较小	松弹簧长杆螺丝时，注意力度及弹簧状态，避免螺杆单侧受力
	脚手架	脚手架未验收、检查	高处坠落	重大	（1）脚手架搭设结束后，必须履行脚手架验收手续，委托人及搭建人双方在脚手架验收合格证上签字； （2）每日使用脚手架前，使用人检查脚手架合格并在脚手架验收合格证背面签名后方可使用
	高处的工器具、零部件	工器具未系防坠绳、零部件未固定及上下抛掷	物体打击	较小	（1）工器具必须使用防坠绳； （2）工器具和零部件应用绳拴在牢固的构件上，不准随便乱放； （3）工器具和零部件不准上下抛掷
	大锤	锤把上有油污	物体打击	较小	锤把上不可有油污
		单手抡大锤	物体打击	较小	抡大锤时，周围不得有人，不得单手抡大锤
		戴手套抡大锤	物体打击	较小	打锤人不得戴手套
	脚手架	拆下的物料乱堆乱放	高处坠落、物体打击	重大	拆下的物料不得在脚手板上乱堆乱放，应使用整理箱并及时清运
5. 吊装油动机组件	行车	制动器失灵	起重伤害	重大	安排维护人员在行车顶部监护，发现行车吊钩有溜钩现象时立即紧固抱闸
	吊具、起吊油动机	吊点不牢固、吊点位置不正确	起重伤害	较小	（1）吊钩要挂在物品的重心上，当被吊物件起吊后有可能摆动或转动时，应采用绳牵引方法，防止物件摆动伤人或碰坏设备； （2）选择牢固可靠、满足载荷的吊点

续表

作业步骤	危害辨识	危害描述	产生后果	风险等级	防 范 措 施
5. 吊装油动机组件	吊具、起吊油动机	绑扎不牢固	起重伤害	较小	（1）起重前必须将物件牢固、稳妥地绑住。 （2）吊拉时两根钢丝绳之间的夹角一般不得大于90°。 （3）使用单吊索起重物挂钩时应打"挂钩结"；使用吊环时螺栓必须拧到底；使用卸扣时，吊索与其连接的一个索扣必须扣在销轴上，一个索扣必须扣在扣顶上，不准两个索扣分别扣在卸扣的扣体两侧上；吊拉捆绑时，重物或设备构件的锐边快口处必须加装衬垫物
	手拉葫芦	滑链	起重伤害	较小	使用前应作无负荷起落试验一次，确认无滑链现象
		手拉葫芦超载荷使用	起重伤害	较小	使用手拉葫芦时工作负荷不准超过铭牌规定
6. 零部件清理、检查	清洁剂	在工作场所存储	火灾爆炸	较小	（1）禁止在工作场所存储易燃物品，例如汽油、酒精等； （2）领用、暂存时量不能过大，一般不超过500mL
		皮肤接触	化学性灼伤	较小	工作人员佩戴橡胶手套
7. 回装油动机汽门	行车	制动器失灵	起重伤害	较小	安排维护人员在行车顶部监护，发现行车吊钩有溜钩现象时立即紧固抱闸
	高处作业人员	未正确使用安全带	高处坠落	重大	安全带的挂钩应挂在结实、牢固的构件上，或专挂安全带的钢丝绳上，安全带要高挂低用
		弹簧弹出伤人	机械伤害	较小	紧弹簧长杆螺丝时，注意力度及弹簧状态，避免螺杆单侧受力
	脚手架	脚手架未验收、检查	高处坠落	重大	（1）脚手架搭设结束后，必须履行脚手架验收手续，委托人及搭建人双方在脚手架验收合格证上签字； （2）每日使用脚手架前，使用人检查脚手架合格并在脚手架验收合格证背面签名后方可使用；
	高处的工器具、零部件	工器具未系防坠绳、零部件未固定及上下抛掷	物体打击	较小	（1）工器具必须使用防坠绳； （2）工器具和零部件应用绳拴在牢固的构件上，不准随便乱放； （3）工器具和零部件不准上下抛掷
	吊具、起吊油动机	吊点不牢固、吊点位置不正确	起重伤害	较小	（1）吊钩要挂在物品的重心上，当被吊物件起吊后有可能摆动或转动时，应采用绳牵引方法，防止物件摆动伤人或碰坏设备； （2）选择牢固可靠、满足载荷的吊点
		绑扎不牢固	起重伤害	较小	（1）起重前必须将物件牢固、稳妥地绑住。 （2）吊拉时两根钢丝绳之间的夹角一般不得大于90°。 （3）使用单吊索起重物挂钩时应打"挂钩结"；使用吊环时螺栓必须拧到底；使用卸扣时，吊索与其连接的一个索扣必须扣在销轴上，一个索扣必须扣在扣顶上，不准两个索扣分别扣在卸扣的扣体两侧上；吊拉捆绑时，重物或设备构件的锐边快口处必须加装衬垫物
8. 检修工作结束	检修废料	施工废料未清理	环境污染	较小	废料及时清理，做到工完、料尽、场地清

11.35 给水泵汽轮机高压调节油动机检修

作业步骤	危害辨识	危害描述	产生后果	风险等级	防 范 措 施
1. 作业环境评估	噪声	未佩戴耳塞	噪声聋	较小	进入噪声区域时正确佩戴合格的耳塞
	润滑油	发生的跑、冒、滴、漏及溢油	滑倒、火灾、环境污染、灼烧	较小	发生的跑、冒、滴、漏及溢油,要及时清除处理;使用防护用品;废油不能随意丢弃
	孔、洞	盖板缺损	高处坠落	重大	(1)工作场所的孔、洞必须覆以与地面齐平的坚固盖板; (2)发现洞口盖板缺失、损坏或未盖好时,必须立即填补、修复盖板并及时盖好; (3)格栅板上必须铺满木屑板,用好整理箱,当心细长类工器具(如撬棒、螺丝刀等)及零件从格栅板的孔洞中掉落伤人
	高温环境	环境温度超过40°	中暑		(1)工作环境温度超过40°停止工作; (2)现场准备足够饮用水,清凉饮料及防暑药品;对温度较高的作业场所必须增加通风设备
	岩棉	作业区保温飞扬	尘肺病		作业时佩戴合格防尘口罩
2. 现场安全措施的落实	润滑油	工作前所采取的安全措施不完善	火灾	较小	(1)开工前确认现场安全措施、隔离措施正确完备; (2)待管道内介质放尽,压力为零方可开始工作
		泄漏	污染环境	较小	放油时排空,放油不出需静置2h后再次打开放油门确认油已排完
3. 准备工作及现场布置	大锤	锤头与木柄的连接不牢固、锤头破损、木柄未使用整根硬质木料	物体打击	较小	锤头与木柄的连接应用金属楔栓固定,楔子长度不得大于安装孔深的2/3,锤头完好无损,木柄使用整根硬质木料
	锉刀、手锯、螺丝刀、钢丝钳	手柄等缺损	刺伤	较小	锉刀、手锯、螺丝刀、钢丝钳等手柄应安装牢固,没有手柄的不准使用
	手拉葫芦	手拉有裂纹、链轮转动卡涩、吊钩无防脱保险装置	起重伤害	较小	(1)使用前应作无负荷起落试验一次,检查手拉是否有裂纹、链轮转动是否卡涩、吊钩是否无防脱保险装置,以确保完好; (2)检查合格证在有效期内
4. 拆除油动机组件	大锤	锤把上有油污	物体打击	较小	锤把上不可有油污
		单手抡大锤	物体打击	较小	抡大锤时,周围不得有人,不得单手抡大锤
		戴手套抡大锤	物体打击	较小	打锤人不得戴手套
	销子拆除	拆除销子时夹伤手指	机械伤害	较小	拆除销子时,两人配合默契,严禁用手触摸销子孔,当心夹伤手指
5. 吊装油动机组件	吊具、起吊油动机	吊点不牢固、吊点位置不正确	起重伤害	较小	(1)吊钩要挂在物品的重心上,当被吊物件起吊后有可能摆动或转动时,应采用绳牵引方法,防止物件摆动伤人或碰坏设备; (2)选择牢固可靠、满足载荷的吊点
		绑扎不牢固	起重伤害	较小	(1)起重前必须将物件牢固、稳妥地绑住。 (2)吊拉时两根钢丝绳之间的夹角一般不得大于90°。 (3)使用单吊索起吊重物挂钩时应打"挂钩结";使用吊环时螺栓必须拧到底;使用卸扣时,吊索与其连接的一个索扣必须扣在销轴上,一个索扣必须扣在扣顶上,不准两个索扣分别扣在卸扣的扣体两侧上;吊拉捆绑时,重物或设备构件的锐边快口处必须加装衬垫物

作业步骤	危害辨识	危害描述	产生后果	风险等级	防 范 措 施
5. 吊装油动机组件	手拉葫芦	滑链	起重伤害	较小	使用前应作无负荷起落试验一次，确认无滑链现象
		手拉葫芦超载荷使用	起重伤害	较小	使用手拉葫芦时工作负荷不准超过铭牌规定
6. 零部件清理、检查	清洁剂	在工作场所存储	火灾爆炸	较小	（1）禁止在工作场所存储易燃物品，例如汽油、酒精等； （2）领用、暂存时量不能过大，一般不超过500mL
		皮肤接触	化学性灼伤	较小	工作人员佩戴橡胶手套
7. 回装油动机汽门	吊具、起吊油动机	吊点不牢固、吊点位置不正确	起重伤害	较小	（1）吊钩要挂在物品的重心上，当被吊物件起吊后有可能摆动或转动时，应采用绳牵引方法，防止物件摆动伤人或碰坏设备； （2）选择牢固可靠、满足载荷的吊点
		绑扎不牢固	起重伤害	较小	（1）起重前必须将物件牢固、稳妥地绑住。 （2）吊拉时两根钢丝绳之间的夹角一般不得大于90°。 （3）使用单吊索起吊重物挂钩时应打"挂钩结"；使用吊环时螺栓必须拧到底；使用卸扣时，吊索与其连接的一个索扣必须扣在销轴上，一个索扣必须扣在扣顶上，不准两个索扣分别扣在卸扣的扣体两侧上；吊拉捆绑时，重物或设备构件的锐边快口处必须加装衬垫物
	销子回装	回装销子时夹伤手指	机械伤害	较小	回装销子时，两人配合默契，严禁用手触摸销子孔，当心夹伤手指
8. 检修工作结束	检修废料	施工废料未清理	环境污染	较小	废料及时清理，做到工完、料尽、场地清

11.36 给水泵汽轮机低压调节油动机检修

作业步骤	危害辨识	危害描述	产生后果	风险等级	防 范 措 施
1. 作业环境评估	噪声	未佩戴耳塞	噪声聋	较小	进入噪声区域时正确佩戴合格的耳塞
	润滑油	发生的跑、冒、滴、漏及溢油	滑倒、火灾、环境污染、灼烧	较小	发生的跑、冒、滴、漏及溢油，要及时清除处理；使用防护用品；废油不能随意丢弃
	孔、洞	盖板缺损及平台防护栏杆不全	高处落物	重大	（1）工作场所的孔、洞必须覆以与地面齐平的坚固盖板； （2）发现洞口盖板缺失、损坏或未盖好时，必须立即填补、修复盖板并及时盖好
	高温环境	环境温度超过40℃	中暑	较小	（1）工作环境温度超过40℃停止工作； （2）现场准备足够饮用水，清凉饮料及防暑药品；对温度较高的作业场所必须增加通风设备
	岩棉	作业区保温飞扬	尘肺病	较小	作业时佩戴合格防尘口罩
	高处作业	未采取防坠落措施或措施不完善	高处落物	重大	（1）脚手架上工作时，工器具和拆下的零件放在整理箱里； （2）避免交叉作业

作业步骤	危害辨识	危害描述	产生后果	风险等级	防范措施
2. 现场安全措施的落实	润滑油	工作前所采取的安全措施不完善	火灾	较小	（1）开工前确认现场安全措施、隔离措施正确完备； （2）待管道内介质放尽，压力为零方可开始工作
		泄漏	污染环境	较小	放油时排空，放油不出需静置2h后再次打开放油门确认油已排完
3. 准备工作及现场布置	大锤	锤头与木柄的连接不牢固、锤头破损、木柄未使用整根硬质木料	物体打击	较小	锤头与木柄的连接应用金属楔栓固定，楔子长度不得大于安装孔深的2/3，锤头完好无损，木柄使用整根硬质木料
	锉刀、手锯、螺丝刀、钢丝钳	手柄等缺损	刺伤	较小	锉刀、手锯、螺丝刀、钢丝钳等手柄应安装牢固，没有手柄的不准使用
	手拉葫芦	手拉有裂纹、链轮转动卡涩、吊钩无防脱保险装置	起重伤害	较小	（1）使用前应作无负荷起落试验一次，检查手拉是否有裂纹、链轮转动是否卡涩、吊钩是否无防脱保险装置，以确保完好； （2）检查合格证在有效期内
	行车	行车不合格	起重伤害	较小	（1）由特种设备作业人员检查行车完好； （2）检查行车检验合格证在有效期内
	脚手架搭设	脚手架搭设后未验收	高处坠落	重大	（1）搭设结束后，必须履行脚手架验收手续，填写脚手架验收单，并在脚手架验收单上分级签字； （2）验收合格后应在脚手架上悬挂合格证，方可使用
4. 拆除油动机组件	高处作业人员	未正确使用安全带	高处坠落	重大	安全带的挂钩应挂在结实、牢固的构件上，或专挂安全带的钢丝绳上，安全带要高挂低用
		拆除销子时夹伤手指	机械伤害	较小	拆除销子时，两人配合默契，严禁用手触摸销子孔，当心夹伤手指
	脚手架	脚手架未验收、检查	高处坠落	重大	（1）脚手架搭设结束后，必须履行脚手架验收手续，委托人及搭建人双方在脚手架验收合格证上签字； （2）每日使用脚手架前，使用人检查脚手架合格并在脚手架验收合格证背面签名后方可使用
		拆下的物料乱堆乱放	高处坠落、物体打击	重大	拆下的物料不得在脚手板上乱堆乱放，应使用整理箱并及时清运
	高处的工器具、零部件	工器具未系防坠绳、零部件未固定及上下抛掷	物体打击	较小	（1）工器具必须使用防坠绳； （2）工器具和零部件应用绳拴在牢固的构件上，不准随便乱放； （3）工器具和零部件不准上下抛掷
	大锤	锤把上有油污	物体打击	较小	锤把上不可有油污
		单手抡大锤	物体打击	较小	抡大锤时，周围不得有人，不得单手抡大锤
		戴手套抡大锤	物体打击	较小	打锤人不得戴手套
5. 吊装油动机组件	行车	制动器失灵	起重伤害	较小	安排维护人员在行车顶部监护，发现行车吊钩有溜钩现象时立即紧固抱闸
	吊具、起吊油动机	吊点不牢固、吊点位置不正确	起重伤害	较小	（1）吊钩要挂在物品的重心上，当被吊物件起吊后有可能摆动或转动时，应采用绳牵引方法，防止物件摆动伤人或碰坏设备； （2）选择牢固可靠、满足载荷的吊点

作业步骤	危害辨识	危害描述	产生后果	风险等级	防 范 措 施
5. 吊装油动机组件	吊具、起吊油动机	绑扎不牢固	起重伤害	较小	（1）起重前必须将物件牢固、稳妥地绑住。 （2）吊拉时两根钢丝绳之间的夹角一般不得大于90°。 （3）使用单吊索起重物挂钩时应打"挂钩结"；使用吊环时螺栓必须拧到底；使用卸扣时，吊索与其连接的一个索扣必须扣在销轴上，一个索扣必须扣在扣顶上，不准两个索扣分别扣在卸扣的扣体两侧上；吊拉捆绑时，重物或设备构件的锐边快口处必须加装衬垫物
	手拉葫芦	滑链	起重伤害	较小	使用前应作无负荷起落试验一次，确认无滑链现象
		手拉葫芦超载荷使用	起重伤害	较小	使用手拉葫芦时工作负荷不准超过铭牌规定
6. 零部件清理、检查	清洁剂	在工作场所存储	火灾爆炸	较小	（1）禁止在工作场所存储易燃物品，例如酒精等； （2）领用、暂存时量不能过大，一般不超过500mL
		皮肤接触	化学性灼伤	较小	工作人员佩戴橡胶手套
7. 回装油动机汽门	行车	制动器失灵	起重伤害	较小	安排维护人员在行车顶部监护，发现行车吊钩有溜钩现象时立即紧固抱闸
	高处作业人员	未正确使用安全带	高处坠落	重大	安全带的挂钩应挂在结实、牢固的构件上，或专挂安全带的钢丝绳上，安全带要高挂低用
		回装销子时夹伤手指	机械伤害	较小	回装销子时，两人配合默契，严禁用手触摸销子孔，当心夹伤手指
	脚手架	脚手架未验收、检查	高处坠落	重大	（1）脚手架搭设结束后，必须履行脚手架验收手续，委托人及搭建人双方在脚手架验收合格证上签字； （2）每日使用脚手架前，使用人检查脚手架合格并在脚手架验收合格证背面签名后方可使用
		拆下的物料乱堆乱放	高处坠落、物体打击	重大	拆下的物料不得在脚手板上乱堆乱放,应使用整理箱并及时清运
	高处的工器具、零部件	工器具未系防坠绳、零部件未固定及上下抛掷	物体打击	较小	（1）工器具必须使用防坠绳； （2）工器具和零部件应用绳拴在牢固的构件上，不准随便乱放； （3）工器具和零部件不准上下抛掷
	吊具、起吊油动机	吊点不牢固、吊点位置不正确	起重伤害	较小	（1）吊钩要挂在物品的重心上，当被吊物件起吊后有可能摆动或转动时，应采用绳牵引方法，防止物件摆动伤人或碰坏设备； （2）选择牢固可靠、满足载荷的吊点
		绑扎不牢固	起重伤害	较小	（1）起重前必须将物件牢固、稳妥地绑住。 （2）吊拉时两根钢丝绳之间的夹角一般不得大于90°。 （3）使用单吊索起重物挂钩时应打"挂钩结"；使用吊环时螺栓必须拧到底；使用卸扣时，吊索与其连接的一个索扣必须扣在销轴上，一个索扣必须扣在扣顶上，不准两个索扣分别扣在卸扣的扣体两侧上；吊拉捆绑时，重物或设备构件的锐边快口处必须加装衬垫物
8. 检修工作结束	检修废料	施工废料未清理	环境污染	较小	废料及时清理，做到工完、料尽、场地清

11.37　给水泵汽轮机油箱检修

作业步骤	危害辨识	危害描述	产生后果	风险等级	防 范 措 施
1. 作业环境评估	噪声	未佩戴耳塞	噪声聋	较小	进入噪声区域时正确佩戴合格的耳塞
	照明	现场照明不充足	其他伤害	较小	增加临时照明
	孔、洞	盖板缺损	高处坠落	重大	工作场所的孔、洞必须覆以与地面齐平的坚固盖板或做好隔离措施
	润滑油	发生的跑、冒、滴、漏及溢油	滑倒火灾	较小	发生的跑、冒、滴、漏及溢油，要及时清除处理
	高温环境	容器内部温度高于40℃	中暑	中等	（1）工作人员进入容器前，检修工作负责人应检查容器内的温度，不宜超过40℃，并有良好的通风；容器内温度超过40℃严禁入内； （2）在高温场所工作时，应为工作人员提供足够的饮水、清凉饮料及防暑药品；对温度较高的作业场所必须增加通风设备
2. 确认安全措施正确执行	转动的油泵	工作前未核实设备运转状态和标识	机械伤害	较小	转动设备检修时应采取防转动措施、确认电机电源线拆除
	润滑油	工作前所采取的安全措施不完善	火灾爆炸	较小	（1）开工前确认现场安全措施、隔离措施正确完备； （2）待管道内介质放尽，压力为零，油箱内温度适可后方可开始工作
		泄漏	污染环境	较小	放油时排空，放油不出需静置2h后再次打开放油门确认油已排完
		在工作场所存储	火灾	较小	（1）储存中避免靠近火源和高温； （2）油桶上要用防火石棉毯覆盖严密
3. 准备工作及现场布置	角磨机	电源线、电源插头破损、防护罩破损缺失松动	机械伤害触电	较小	（1）检查电源线、电源插头完好无破损、防护罩完好无破损且牢固； （2）检查合格证在有效期内
	临时电源及电源线	电源线悬挂高度不够	触电	较小	临时电源线架设高度室内不低于2.5m
		电源线、插头、插座破损	触电	较小	（1）检查电源线外绝缘良好，无破损； （2）检查电源盘合格证在有效期； （3）检查电源插头插座，确保完好； （4）不准将电源线缠绕在护栏、管道和脚手架上
		未安装漏电保护器	触电	较小	（1）检查电源盘合格证在有效期； （2）分级配置漏电保护器，工作前试漏电保护器，确保正确动作
		检修电源箱外壳未接地	触电	较小	（1）检查电源盘合格证在有效期； （2）检查电源箱外壳接地良好
	行灯	行灯电源线、电源插头破损	触电	较小	（1）检查行灯电源线、电源插头完好无破损； （2）行灯的电源线应采用橡套软电缆
		使用行灯电压等级不符	触电	较小	主油箱使用的行灯，其电压不得超过12V
		行灯防护罩缺失	触电	较小	行灯应有保护罩
	电焊机	电焊机电源线、电源插头、电焊钳破损	触电	较小	（1）电焊机电源线、电源插头、电焊钳等焊接设备和工具完好无损； （2）电焊机的裸露导电部分和转动部分以及冷却用的风扇，均应装有保护罩
		焊机外壳不接地	触电	较小	电焊机金属外壳应有明显的可靠接地，且一机一接地

续表

作业步骤	危害辨识	危害描述	产生后果	风险等级	防 范 措 施
3. 准备工作及现场布置	电焊机	焊机、焊钳与电缆线连接不牢固	触电	较小	（1）电焊工作所用的导线，必须使用绝缘良好的皮线； （2）电焊机、焊钳与电缆线连接牢固，接地端头不外露； （3）连接到电焊钳上的一端，至少有 5m 为绝缘软导线
		一闸接多台电焊机	触电火灾	较小	电焊机必须装有独立的专用电源开关，其容量应符合要求。焊机超负荷时，应能自动切断电源，禁止多台焊机共用一个电源开关
	滤油机	电源线、电源插头破损、防护罩破损缺失	机械伤害触电	较小	（1）检查滤油机电源线、电源插头完好无缺损；接地线完好、防护罩完好无缺损； （2）检查合格证在有效期内
		临时油管路连接不牢固	污染环境	较小	尽量减少临时油管路中间连接接头，接头连接牢固并做好防脱措施；必要时接头处加装油盘
	铜质手锤	锤头与木柄的连接不牢固、锤头破损、木柄未使用整根硬质木料	物体打击	较小	锤头与木柄的连接应用金属楔栓固定，楔子长度不得大于安装孔深的 2/3，锤头完好无损，木柄使用整根硬质木料
	氧气、乙炔	氧气瓶、乙炔气瓶的放置与动火点的安全距离不足	爆炸	中等	氧气、乙炔瓶距离大 8m，且氧气、乙炔瓶离动火点距离大于 10m，且固定牢固
		装有气体的气瓶与电线相接触	爆炸	中等	不准气瓶与电线相接触
		氧气表、乙炔表失效	爆炸	较小	（1）氧气表、乙炔表应经检验合格，并在有效期内； （2）使用前应进行检查，确保其完好、有效； （3）乙炔表加装回火器
		乙炔软管未吹扫或吹扫不正确	爆炸	较小	（1）在连接橡胶软管前，应先将软管吹净，并确定管中无水后，才许使用； （2）不准用氧气吹乙炔气管
		氧气软管、乙炔软管放置不正确	爆炸	较小	（1）乙炔和氧气软管在工作中应防止沾上油脂或触及金属溶液； （2）不准把乙炔及氧气软管放在高温管道和电线上； （3）不应将重的或热的物体压在软管上； （4）不准把软管放在运输道上； （5）不准把软管和电焊用的导线敷设在一起
4. 打开人孔门	人孔门	人孔未设置临时围栏、警告标志	高处坠落	重大	（1）在检修工作中人孔打开后，必须设有牢固的临时围栏，并设有明显的警告标志； （2）工作停止时应将人孔临时进行封闭
5. 油箱内部检查	润滑油	清理不彻底	摔伤	较小	各检修区域润滑油彻底清理，避免工作面光滑造成人员滑倒
	油气	未进行通风	窒息	中等	（1）打开所有通风口进行通风置换有害有毒介质； （2）必要时采取强制通风措施
		无人监护	窒息	中等	设专人不间断地监护
		油气浓度超标	爆炸	较小	（1）测量油气浓度合格； （2）清理时周围暂停动火作业
	高温环境	容器内部温度高于 40℃	中暑	较小	工作人员在容器内工作的人员应根据身体情况，轮流工作与休息

作业步骤	危害辨识	危害描述	产生后果	风险等级	防范措施
5. 油箱内部检查	行灯	将行灯变压器带入金属容器内	触电	较小	禁止将行灯变压器带入金属容器内
		使用行灯电压等级不符	触电	较小	在金属容器和金属管道内使用的行灯,其电压不得超过12V
6. 设备、管道检修	交流电	未穿戴绝缘鞋、戴绝缘手套	触电	较小	作业时正确佩戴绝缘鞋、绝缘手套
		未使用安全电压	触电	较小	使用临时电源时必须使用安全电压,电源联接器和控制箱等应放在容器外面宽敞、干燥场所
	角磨机	未正确使用防护罩、防护眼镜	机械伤害	较小	正确佩戴防护罩、防护眼镜
		手提电动工具的导线或转动部分	触电	较小	禁止手提电动工具的导线或转动部分
		角磨机砂轮片破损	物体打击	较小	使用前检查角磨机砂轮片完好无缺损
		更换砂轮片未切断电源	机械伤害	较小	更换砂轮片前必须切断电源
	手锤	锤把上有油污	物体打击	较小	锤把上不可有油污
		戴手套抡手锤	物体打击	较小	打锤人不得戴手套
	易燃物质	未清理动火作业区域可燃物质	火灾	较小	(1) 动火现场周围8m以内,严禁堆放易燃易爆物品。不能清除时应用阻燃物品隔离; (2) 作业场所配备灭火器
	油气	油气浓度超标	火灾、爆炸	较小	(1) 现场动火前测量可燃气体浓度符合要求; (2) 办理动火许可手续; (3) 动火前清理周围易燃物,配备合适的足够的有效的消防器材,完工后检查无火种遗留; (4) 安排监护人进行监护
	电焊机	电焊线缠绕在身上	触电	较小	工作前将电焊线布置好,在人员通道上架空2m高,地面敷设做好防护措施
		在金属容器内焊接作业未穿绝缘鞋	触电	较小	在金属容器内焊接作业穿绝缘鞋,铺绝缘垫
		未正确使用面罩、电焊手套、白光眼镜等防护用具	辐射损伤	较小	(1) 正确使用面罩; (2) 戴电焊手套; (3) 戴白光眼镜; (4) 穿电焊服
		利用厂房的金属结构、管道、轨道或其他金属搭接起来作为导线使用	触电	较小	不准利用厂房的金属结构、管道、轨道或其他金属搭接起来作为导线使用
		准备移动消防器材不合格	火灾	较小	电焊作业现场必须准备合格的、充足的灭火器等移动消防器材
	焊接尘	通风不良	尘肺病	较小	焊接工作场所应有良好的通风
		未正确使用防尘口罩	尘肺病	较小	作业时正确佩戴合格防尘口罩
	焊渣	高温焊渣飞溅	灼烫伤、火灾	较大	(1) 动火工作区域周围设置防护屏,防止其他人员被飞溅的焊渣烫伤,地面铺设防火布; (2) 火焊人员必须穿戴好工作服戴好手套和带鞋盖劳保鞋等
	遗留火种	施焊完毕后,未确认是否遗留火种就离开	火灾	较大	电焊作业时须有灭火器材,施焊完毕后,要留有充分的时间观察,确认无引火点,方可离去

续表

作业步骤	危害辨识	危害描述	产生后果	风险等级	防 范 措 施
7. 封闭人孔	二氧化碳	人员遗留在容器内	窒息	中等	封闭人孔前工作负责人应认真清点工作人员
8. 油循环	滤油机	电源接取不正确	触电	较小	滤油机电源必须由电气专业人员接取
	润滑油	发生的跑、冒、滴、漏及溢油	火灾环境污染	较小	专人监护、巡检，杜绝储油器溢油，对在投油和加临时滤网操作中发生的跑、冒、滴、漏及溢油，要及时处理和清除
9. 检修工作结束	润滑油	工作结束后，废品乱扔	火灾环境污染	较小	不准将油污、油泥、废油等（包括沾油棉纱、布、手套、纸等）倒入下水道排放或随地倾倒，应收集放于指定的地点，妥善处理，以防污染环境及发生火灾
	检修废料	施工废料未清理	环境污染	较小	废料及时清理，做到工完、料尽、场地清

11.38 给水泵汽轮机主油泵检修

作业步骤	危害辨识	危害描述	产生后果	风险等级	防 范 措 施
1. 作业环境评估	噪声	未佩戴耳塞	噪声聋	较小	进入噪声区域时正确佩戴合格的耳塞
	转动的油泵	未与运行中转动设备进行有效隔离	机械伤害	较小	（1）设置安全隔离围栏并设置警告标志；（2）设置安全检修通道；（3）在运行中转动设备附近工作时应对转动设备进行可靠遮拦，并设专人监护
	润滑油	发生的跑、冒、滴、漏及溢油	滑倒、化学性灼伤、火灾、污染环境、灼烧	较小	（1）发生的跑、冒、滴、漏及溢油，要及时清除处理，当心滑跌；（2）清理作业时戴好防护乳胶手套；（3）清理作业时的废油、废布不得随意处置
	孔、洞	盖板缺损	高处坠落	重大	工作场所的孔、洞必须覆以与地面齐平的坚固盖板或做好隔离措施
	照明	照度不足	高处坠落	重大	增加临时照明
	临边作业	护栏缺损	高处坠落	重大	工作前对护栏完整性进行检查
2. 确认安全措施正确执行	转动的油泵	未与运行中转动设备进行有效隔离	机械伤害	较小	（1）设置安全隔离围栏并设置警告标识；（2）设置安全检修通道
	压力介质油	工作前所采取的安全措施不完善	其他伤害（冲击）	中等	（1）开工前与运行人员共同确认检修的设备已可靠与运行中的系统隔断，检查油泵进、出口门，挂"禁止操作，有人工作"标识牌；（2）待管道内介质放尽，压力为零，温度适可后方可开始工作
3. 准备工作及现场布置	转动的油泵	工作前未核实设备运转状态和标识	机械伤害	较小	转动设备检修时应采取防转动措施、确认电机电源线拆除
	角磨机	电源线、电源插头破损、防护罩破损缺失松动	机械伤害触电	较小	（1）检查电源线、电源插头完好无破损、防护罩完好无破损且牢固；（2）检查合格证在有效期内
	手拉葫芦	手拉有裂纹、链轮转动卡涩、吊钩无防脱保险装置	起重伤害	较小	（1）使用前应作无负荷起落试验一次，检查手拉是否有裂纹、链轮转动是否卡涩、吊钩是否无防脱保险装置，以确保完好；（2）检查合格证在有效期内
	手锤	锤头与木柄的连接不牢固、锤头破损、木柄未使用整根硬质木料	物体打击	较小	锤头与木柄的连接应用金属楔栓固定，楔子长度不得大于安装孔深的2/3，锤头完好无损，木柄使用整根硬质木料

作业步骤	危害辨识	危害描述	产生后果	风险等级	防 范 措 施
3.准备工作及现场布置	锉刀、手锯、螺丝刀、钢丝钳	手柄等缺损	刺伤	较小	锉刀、手锯、螺丝刀、钢丝钳等手柄应安装牢固，没有手柄的不准使用
	临时电源及电源线	电源线悬挂高度不够	触电	较小	临时电源线架设高度室内不低于2.5m
		电源线、插头、插座破损	触电	较小	（1）检查电源线外绝缘良好，无破损； （2）检查电源盘合格证在有效期； （3）检查电源插头插座，确保完好； （4）不准将电源线缠绕在护栏、管道和脚手架上
		未安装漏电保护器	触电	较小	（1）检查电源盘合格证在有效期； （2）分级配置漏电保护器，工作前试漏电保护器，确保正确动作
		检修电源箱外壳未接地	触电	较小	（1）检查电源盘合格证在有效期； （2）检查电源箱外壳接地良好
4.油泵解体	联轴器解体	用手直接伸入联轴器间隙	机械伤害	较小	联轴器解体时严禁将手指放入间隙内
	手拉葫芦	滑链	起重伤害	较小	使用前应作无负荷起落试验一次
		手拉葫芦超载荷使用	起重伤害	较小	使用手拉葫芦时工作负荷不准超过铭牌规定
	吊具、起吊泵体	吊点不牢固、吊点位置不正确	起重伤害	较小	（1）吊钩要挂在物品的重心上，当被吊物件起吊后有可能摆动或转动时，应采用绳牵引方法，防止物件摆动伤人或碰坏设备； （2）选择牢固可靠、满足载荷的吊点
		吊索具损坏或选择不当	起重伤害	较小	（1）作业前，应对吊索具及其配件进行检查，确认完好，方可使用； （2）所选用的吊索具应与被吊工件的外形特点及具体要求相适应，在不具备使用条件的情况下，绝不能对付使用； （3）作业中应防止损坏吊索具及配件，必要时在棱角处加护角防护； （4）吊具及配件不能超过其额定起重量，起重吊索、吊具不得超过其相应吊挂状态下的最大工作载荷
		绑扎不牢固	起重伤害	较小	（1）起重前必须将物件牢固、稳妥地绑住。 （2）吊拉时两根钢丝绳之间的夹角一般不得大于90°。 （3）使用单吊索起吊重物挂钩时应打"挂钩结"；使用吊环时螺栓必须拧到底；使用卸扣时，吊索与其连接的一个索扣必须扣在销轴上，一个索扣必须扣在扣顶上，不准两个索扣分别扣在卸扣的扣体两侧上；吊拉捆绑时，重物或设备构件的锐边快口处必须加装衬垫物
		斜拉	起重伤害	较小	禁止使用吊钩斜着拖吊重物
		在起吊重物下逗留和行走	起重伤害	较小	任何人不准在起吊重物下逗留和行走
		临边作业	高处坠落	较小	人员在邮箱顶部工作时戴好安全带
	手锤	锤把上有油污	物体打击	较小	锤把上不可有油污
		戴手套抡手锤	物体打击	较小	打锤人不得戴手套

续表

作业步骤	危害辨识	危害描述	产生后果	风险等级	防 范 措 施
5. 零部件清理、检查测量及修整	清洁剂	在工作场所存储	火灾爆炸	较小	（1）禁止在工作场所存储易燃物品，例如酒精等； （2）领用、暂存时量不能过大，一般不超过500mL
		皮肤接触	化学性灼伤	较小	工作人员佩戴橡胶手套
	角磨机	未正确使用防护罩、防护眼镜	机械伤害	较小	正确佩戴防护罩、防护眼镜
		手提电动工具的导线或转动部分	触电	较小	禁止手提电动工具的导线或转动部分
		角磨机砂轮片破损	物体打击	较小	使用前检查角磨机砂轮片完好无缺损
		更换砂轮片未切断电源	机械伤害	较小	更换砂轮片前必须切断电源
6. 油泵回装	撬杠	支撑物不可靠	压伤	较小	应保证支撑物可靠
		被撬物倾斜或滚落	压伤	较小	撬动过程中应采取措施防止被撬物倾斜或滚落
	手拉葫芦	滑链	起重伤害	较小	使用前应作无负荷起落试验一次
		手拉葫芦超载荷使用	起重伤害	较小	使用手拉葫芦时工作负荷不准超过铭牌规定
	吊具、起吊泵体	吊点不牢固、吊点位置不正确	起重伤害	较小	（1）吊钩要挂在物品的重心上，当被吊物件起吊后有可能摆动或转动时，应采用绳牵引方法，防止物件摆动伤人或碰坏设备； （2）选择牢固可靠、满足载荷的吊点
		绑扎不牢固	起重伤害	较小	（1）起重前必须将物件牢固、稳妥地绑住。 （2）吊拉时两根钢丝绳之间的夹角一般不得大于90°。 （3）使用单吊索起吊重物挂钩时应打"挂钩结"；使用吊环时螺栓必须拧到底；使用卸扣时，吊索与其连接的一个索扣必须扣在销轴上，一个索扣必须扣在扣顶上，不准两个索扣分别扣在卸扣的扣体两侧上；吊拉捆绑时，重物或设备构件的锐边快口处必须加装衬垫物
		临边作业	高处坠落	重大	人员在油箱顶部工作时戴好安全带
7. 油泵试运	转动的油泵	防护罩缺损不牢固	机械伤害	较小	（1）设备的转动部分必须装设防护罩，并标明旋转方向，露出的轴端必须装设护盖； （2）对转动设备缺损的防护罩应及时装复或修复，装复或修复前在转动设备区域内设置"禁止靠近"安全警示标识； （3）不准擅自拆除设备上的安全防护设施； （4）防护罩固定牢固
		肢体部位或饰品衣物、用具（包括防护用品）、工具接触转动部位	机械伤害	较小	（1）衣服和袖口应扣好，不得戴围巾领带，长发必须盘在安全帽内； （2）不准将用具、工器具接触设备的转动部位； （3）不准在转动设备附近长时间停留； （4）不准在靠背轮上、安全防护罩上或运行中设备的轴承上行走和坐立
		试运行启动时人员站在转机径向位置	机械伤害	较小	转动设备试运行时所有人员应先远离，站在转动机械的轴向位置，并有一人站在事故按钮位置
8. 检修工作结束	检修废料	施工废料未清理	环境污染	较小	废料及时清理，做到工完、料尽、场地清，废油等不得随意丢弃

11.39 给水泵汽轮机调速油滤网检修

作业步骤	危害辨识	危害描述	产生后果	风险等级	防 范 措 施
1. 作业环境评估	噪声	未佩戴耳塞	噪声聋	较小	进入噪声区域时正确佩戴合格的耳塞
	润滑油	发生的跑、冒、滴、漏及溢油	滑倒、火灾、环境污染、灼烧	较小	发生的跑、冒、滴、漏及溢油，要及时清除处理；使用防护用品；废油不能随意丢弃
	照明	现场照明不充足	其他伤害	较小	增加临时照明
2. 确认安全措施正确执行	转动的油泵	工作前未核实设备运转状态和标识	机械伤害	较小	转动设备检修时应采取防转动措施、确认电动机电源线拆除
	润滑油	工作前所采取的安全措施不完善	火灾、爆炸	较大	开工前与运行人员共同确认检修的设备已可靠与运行中的系统隔断，检查交、直流油泵电源已断开（送油泵电源已断开），挂"禁止操作，有人工作"标识牌
		泄漏	污染环境	较小	放油时排空，放油不出需静置 2h 后再次打开放油门确认油已排完
		在工作场所存储	火灾	中等	（1）储存中避免靠近火源和高温；（2）油桶上要用防火石棉毯覆盖严密
3. 准备工作及现场布置	手锤、螺丝刀	手柄等缺损	刺伤	较小	手锤、螺丝刀等手柄应安装牢固，没有手柄的不准使用
4. 滤网拆除	手指挤压	支撑物不可靠	压伤	较小	应保证支撑物可靠
		被撬物倾斜或滚落	压伤	较小	撬动过程中应采取措施防止被撬物倾斜或滚落
5. 清洗、检查	润滑油	清理不彻底	摔伤	较小	各检修区域润滑油彻底清理，避免工作面光滑造成人员滑倒
	照明	现场照明不充足	其他伤害	较小	增加临时照明
	清洁剂	在工作场所存储	火灾爆炸	较小	（1）禁止在工作场所存储易燃物品，例如汽油、酒精等；（2）领用、暂存时量不能过大，一般不超过500mL
		皮肤接触	化学性灼伤	较小	工作人员佩戴橡胶手套
6. 滤网回装	手指挤压	支撑物不可靠	压伤	较小	应保证支撑物可靠
		物体倾斜或滚落	压伤	较小	回装过程中应采取防止滤网倾斜或滚落
		校准螺丝孔时夹伤手指	压伤	较小	禁止用手指触摸校准螺丝孔
7. 检修工作结束	润滑油	工作结束后，废品乱扔	火灾环境污染	较小	不准将油污、油泥、废油等（包括沾油棉纱、布、手套、纸等）倒入下水道排放或随地倾倒，应收集放于指定的地点，妥善处理，以防污染环境及发生火灾
	检修废料	施工废料未清理	环境污染	较小	废料及时清理，做到工完、料尽、场地清

11.40 给水泵汽轮机润滑油滤网检修

作业步骤	危害辨识	危害描述	产生后果	风险等级	防 范 措 施
1. 作业环境评估	噪声	未佩戴耳塞	噪声聋	较小	进入噪声区域时正确佩戴合格的耳塞
	润滑油	发生的跑、冒、滴、漏及溢油	滑倒火灾	较小	发生的跑、冒、滴、漏及溢油，要及时清除处理

续表

作业步骤	危害辨识	危害描述	产生后果	风险等级	防 范 措 施
1. 作业环境评估	润滑油	工作前所采取的安全措施不完善	火灾爆炸	较小	（1）开工前确认现场安全措施、隔离措施正确完备； （2）待管道内介质放尽，压力为零，油箱内温度适可后方可开始工作
		泄漏	污染环境	较小	放油时排空，确认油已排完
		在工作场所存储	火灾	较小	（1）储存中避免靠近火源和高温； （2）油桶上要用防火石棉毯覆盖严密
	照明	现场照明不充足	其他伤害	较小	增加临时照明
	高处作业	未采取防坠落措施或措施不完善	高处落物	较小	（1）脚手架上工作时，工器具和拆下的零件放在整理箱里； （2）避免交叉作业
2. 确认安全措施正确执行	转动的油泵	工作前未核实设备运转状态和标识	机械伤害	较小	转动设备检修时应采取防转动措施、确认电动机电源线拆除
	润滑油	工作前所采取的安全措施不完善	火灾、爆炸	较大	开工前与运行人员共同确认检修的设备已可靠与运行中的系统隔断，检查交、直流油泵电源已断开（送油泵电源已断开），挂"禁止操作，有人工作"标识牌
		泄漏	污染环境	较小	放油时排空，放油不出需静置 2h 后再次打开放油门确认油已排完
		在工作场所存储	火灾	较小	（1）储存中避免靠近火源和高温； （2）油桶上要用防火石棉毯覆盖严密
3. 准备工作及现场布置	手锤、螺丝刀	手柄等缺损	刺伤	较小	手锤、螺丝刀等手柄应安装牢固，没有手柄的不准使用
	脚手架搭设	脚手架搭设后未验收	高处坠落	较小	（1）搭设结束后，必须履行脚手架验收手续，填写脚手架验收单，并在脚手架验收单上分级签字； （2）验收合格后应在脚手架上悬挂合格证，方可使用
4. 滤网拆除	手指挤压	支撑物不可靠	压伤	较小	应保证支撑物可靠
		被撬物倾斜或滚落	压伤	较小	撬动过程中应采取措施防止被撬物倾斜或滚落
	脚手架	脚手架未验收、检查	高处坠落	重大	（1）脚手架搭设结束后，必须履行脚手架验收手续，委托人及搭建人双方在脚手架验收合格证上签字； （2）每日使用脚手架前，使用人检查脚手架合格并在脚手架验收合格证背面签名后方可使用
	高处作业人员	未正确使用安全带	高处坠落	重大	安全带的挂钩应挂在结实、牢固的构件上，或专挂安全带的钢丝绳上，安全带要高挂低用
	高处的工器具、零部件	工器具未系防坠绳、零部件未固定及上下抛掷	物体打击	较小	（1）工器具必须使用防坠绳； （2）工器具和零部件应用绳拴在牢固的构件上，不准随便乱放； （3）工器具和零部件不准上下抛掷

作业步骤	危害辨识	危害描述	产生后果	风险等级	防 范 措 施
5. 清洗、检查	润滑油	清理不彻底	摔伤	较小	各检修区域润滑油彻底清理,避免工作面光滑造成人员滑倒
	照明	现场照明不充足	其他伤害	较小	增加临时照明
	清洁剂	在工作场所存储	火灾爆炸	较小	(1) 禁止在工作场所存储易燃物品,例如汽油、酒精等; (2) 领用、暂存时量不能过大,一般不超过500mL
		皮肤接触	化学性灼伤	较小	工作人员佩戴橡胶手套
6. 滤网回装	手指挤压	支撑物不可靠	压伤	较小	应保证支撑物可靠
		物体倾斜或滚落	压伤	较小	回装过程中应采取措施防止滤网倾斜或滚落
		校准螺丝孔时夹伤手指	压伤	较小	禁止用手指触摸校准螺丝孔
	高处作业人员	未正确使用安全带	高处坠落	重大	安全带的挂钩应挂在结实、牢固的构件上,或专挂安全带的钢丝绳上,安全带要高挂低用
	脚手架	脚手架未验收、检查	高处坠落	重大	(1) 脚手架搭设结束后,必须履行脚手架验收手续,委托人及搭建人双方在脚手架验收合格证上签字; (2) 每日使用脚手架前,使用人检查脚手架合格并在脚手架验收合格证背面签名后方可使用
	高处的工器具、零部件	工器具未系防坠绳、零部件未固定及上下抛掷	物体打击	较小	(1) 工器具必须使用防坠绳; (2) 工器具和零部件应用绳拴在牢固的构件上,不准随便乱放; (3) 工器具和零部件不准上下抛掷
7. 检修工作结束	润滑油	工作结束后,废品乱扔	火灾环境污染	较小	不准将油污、油泥、废油等(包括沾油棉纱、布、手套、纸等)倒入下水道排放或随地倾倒,应收集放于指定的地点,妥善处理,以防污染环境及发生火灾
	检修废料	施工废料未清理	环境污染	较小	废料及时清理,做到工完、料尽、场地清

11.41 给水泵汽轮机排烟风机检修

作业步骤	危害辨识	危害描述	产生后果	风险等级	防 范 措 施
1. 作业环境评估	噪声	未佩戴耳塞	噪声聋	较小	进入噪声区域时正确佩戴合格的耳塞
	转动的电机	防护罩缺损	机械伤害	较小	做好临时防护措施
	孔、洞	盖板缺损及平台防护栏杆不全	高处坠落	重大	工作场所的孔、洞必须覆以与地面齐平的坚固盖板或做好隔离措施,及时检查及补全缺失防护栏
	润滑油	发生的跑、冒、滴、漏及溢油	滑倒、火灾、环境污染、灼烧	较小	发生的跑、冒、滴、漏及溢油,要及时清除处理;使用防护用品;废油不能随意丢弃
2. 确认安全措施正确执行	转动的风机	安全措施不完善或安全措施未正确执行	机械伤害	较小	转动设备检修时应确认电机电源线拆除
		未采取防转动措施	机械伤害	较小	转动设备检修时应采取防转动措施
3. 准备工作及现场布置	手锤	锤头与木柄的连接不牢固、锤头破损、木柄未使用整根硬质木料	物体打击	较小	锤头与木柄的连接应用金属楔栓固定,楔子长度不得大于安装孔深的2/3,锤头完好无损,木柄使用整根硬质木料

作业步骤	危害辨识	危害描述	产生后果	风险等级	防范措施
3. 准备工作及现场布置	手拉葫芦	手拉有裂纹、链轮转动卡涩、吊钩无防脱保险装置	起重伤害	较小	（1）使用前应作无负荷起落试验一次，检查手拉是否有裂纹、链轮转动是否无卡涩、吊钩是否无防脱保险装置，以确保完好； （2）检查合格证在有效期内
	锉刀、手锯、螺丝刀、钢丝钳	手柄等缺损	刺伤	较小	锉刀、手锯、螺丝刀、钢丝钳等手柄应安装牢固，没有手柄的不准使用
	临时电源及电源线	电源线悬挂高度不够	触电	较小	临时电源线架设高度室内不低于 2.5m
		电源线、插头、插座破损	触电	较小	（1）检查电源线外绝缘良好，无破损； （2）检查电源盘合格证在有效期； （3）检查电源插头插座，确保完好； （4）不准将电源线缠绕在护栏、管道和脚手架上
		未安装漏电保护器	触电	较小	（1）检查电源盘合格证在有效期； （2）分级配置漏电保护器，工作前试漏电保护器，确保正确动作
		检修电源箱外壳未接地	触电	较小	（1）检查电源盘合格证在有效期； （2）检查电源箱外壳接地良好
4. 风机组件拆除	手锤	锤把上有油污	物体打击	较小	锤把上不可有油污
		戴手套抡锤	物体打击	较小	打锤人不得戴手套
	手拉葫芦	滑链	起重伤害	较小	使用前应作无负荷起落试验一次，确认无滑链现象
		手拉葫芦超载荷使用	起重伤害	较小	使用手拉葫芦时工作负荷不准超过铭牌规定
5. 排烟风机回装	手拉葫芦	滑链	起重伤害	较小	使用前应作无负荷起落试验一次，确认无滑链现象
		手拉葫芦超载荷使用	起重伤害	较小	使用手拉葫芦时工作负荷不准超过铭牌规定
	手锤	锤把上有油污	物体打击	较小	锤把上不可有油污
		戴手套抡锤	物体打击	较小	打锤人不得戴手套
6. 设备试运	转动的风机	肢体部位或饰品衣物、用具（包括防护用品）、工具接触转动部位	机械伤害	较小	（1）衣服和袖口应扣好，不得戴围巾领带，长发必须盘在安全帽内； （2）不准将用具、工器具接触设备的转动部位； （3）不准在转动设备附近长时间停留； （4）不准在靠背轮上、安全罩上或运行中设备的轴承上行走和坐立
7. 检修工作结束	施工废料	施工废料未清理	环境污染	较小	废料及时清理，做到工完、料尽、场地清

11.42 给水泵汽轮机油系统蓄能器检修

作业步骤	危害辨识	危害描述	产生后果	风险等级	防范措施
1. 作业环境评估	噪声	未佩戴耳塞	噪声聋	较小	进入噪声区域时正确佩戴合格的耳塞
	润滑油	发生的跑、冒、滴、漏及溢油	滑倒、火灾、环境污染、灼烧	较小	发生的跑、冒、滴、漏及溢油，要及时清除处理；使用防护用品；废油不能随意丢弃

作业步骤	危害辨识	危害描述	产生后果	风险等级	防 范 措 施
1. 作业环境评估	孔、洞	盖板缺损	高处坠落	重大	（1）工作场所的孔、洞必须覆以与地面齐平的坚固盖板； （2）发现洞口盖板缺失、损坏或未盖好时，必须立即填补、修复盖板并及时盖好
	照明	现场照明不充足	其他伤害	较小	增加临时照明
2. 现场安全措施的落实	润滑油	工作前所采取的安全措施不完善	环境污染滑倒、火灾、环境污染、灼烧	较小	（1）开工前确认现场安全措施、隔离措施正确完备； （2）待管道内介质放尽，压力为零，温度适可后方可开始工作；使用防护用品；废油不能随意丢弃
3. 准备工作及现场布置	转动的油泵	工作前未核实设备运转状态和标识	机械伤害	较小	转动设备检修时应采取防转动措施、确认电机电源线拆除
	手锤	锤头与木柄的连接不牢固、锤头破损、木柄未使用整根硬质木料	物体打击	较小	锤头与木柄的连接应用金属楔栓固定，楔子长度不得大于安装孔深的2/3，锤头完好无损，木柄使用整根硬质木料
	锉刀、手锯、螺丝刀、钢丝钳	手柄等缺损	刺伤	较小	锉刀、手锯、螺丝刀、钢丝钳等手柄应安装牢固，没有手柄的不准使用
	手拉葫芦	手拉有裂纹、链轮转动卡涩、吊钩无防脱保险装置	起重伤害	较小	（1）使用前应作无负荷起落试验一次，检查手拉是否有裂纹、链轮转动是否卡涩、吊钩是否无防脱保险装置，以确保完好； （2）检查合格证在有效期内
	行车	行车不合格	起重伤害	较小	（1）由特种设备作业人员检查行车完好； （2）检查行车检验合格证在有效期内
4. 吊装蓄能器组件	手锤	锤把上有油污	物体打击	较小	锤把上不可有油污
		戴手套抡手锤	物体打击	较小	打锤人不得戴手套
	吊具、起吊蓄能器	吊点不牢固、吊点位置不正确	起重伤害	较小	（1）吊钩要挂在物品的重心上，当被吊物件起吊后有可能摆动或转动时，应采用绳牵引方法，防止物件摆动伤人或碰坏设备； （2）选择牢固可靠、满足载荷的吊点
		绑扎不牢固	起重伤害	较小	（1）起重前必须将物件牢固、稳妥地绑住。 （2）吊拉时两根钢丝绳之间的夹角一般不得大于90°。 （3）使用单吊索起吊重物挂钩时应打"挂钩结"；使用吊环时螺栓必须拧到底；使用卸扣时，吊索与其连接的一个索扣必须扣在销轴上，一个索扣必须扣在扣顶上，不准两个索扣分别扣在卸扣的扣体两侧上；吊拉捆绑时，重物或设备构件的锐边快口处必须加装衬垫物
	行车	制动器失灵	起重伤害	较小	（1）使用前应做无负荷起落试验一次，检查刹车及传动装置应良好无缺陷； （2）起吊重物稍一离地（或支持物），应再次检查悬吊及捆绑情况，可靠后方可继续起吊
	手拉葫芦	滑链	起重伤害	较小	使用前应作无负荷起落试验一次，确认无滑链现象
		手拉葫芦超载荷使用	起重伤害	较小	使用手拉葫芦时工作负荷不准超过铭牌规定

作业步骤	危害辨识	危害描述	产生后果	风险等级	防 范 措 施
5. 零部件清理、检查	清洁剂	在工作场所存储	火灾爆炸	较小	（1）禁止在工作场所存储易燃物品，例如酒精等； （2）领用、暂存时量不能过大，一般不超过500mL
		皮肤接触	化学性灼伤	较小	工作人员佩戴橡胶手套
6. 回装蓄能器组件	吊具、起吊蓄能器	吊点不牢固、吊点位置不正确	起重伤害	较小	（1）吊钩要挂在物品的重心上，当被吊物件起吊后有可能摆动或转动时，应采用绳牵引方法，防止物件摆动伤人或碰坏设备； （2）选择牢固可靠、满足载荷的吊点
		绑扎不牢固	起重伤害	较小	（1）起重前必须将物件牢固、稳妥地绑住。 （2）吊拉时两根钢丝绳之间的夹角一般不得大于90°。 （3）使用单吊索起吊重物挂钩时应打"挂钩结"；使用吊环时螺栓必须拧到底；使用卸扣时，吊索与其连接的一个索扣必须扣在销轴上，一个索扣必须扣在扣顶上，不准两个索扣分别扣在卸扣的扣体两侧上；吊拉捆绑时，重物或设备构件的锐边快口处必须加装衬垫物
	手拉葫芦	滑链	起重伤害	较小	使用前应作无负荷起落试验一次，确认无滑链现象
		手拉葫芦超载荷使用	起重伤害	较小	使用手拉葫芦时工作负荷不准超过铭牌规定
	行车	制动器失灵	起重伤害	较小	（1）使用前应做无负荷起落试验一次，检查刹车及传动装置应良好无缺陷； （2）起吊重物稍一离地（或支持物），应再次检查悬吊及捆绑情况，可靠后方可继续起吊
7. 压力整定	润滑油	操作中发生的跑、冒、滴、漏及溢油	滑倒、火灾、环境污染、灼烧	较小	操作中发生的跑、冒、滴、漏及溢油，要及时清除处理；使用防护用品；废油不能随意丢弃
	高压气瓶	操作中发生高压气泄漏，气管破裂	机械伤害	较小	（1）高压气瓶及充氮专用工具在使用前应进行检查（气管有无破损、压力表量程是否符合要求、是否经过检验等）； （2）充氮工序是否符合检修规程，确保压力管内无压力（打开放气阀泄压）方可拆除整定装置； （3）整定时人员不得站在接口侧面，带好防护面罩
8. 检修工作结束	检修废料	施工废料未清理	环境污染	较小	废料及时清理，做到工完、料尽、场地清
	高压气瓶	现场遗留气瓶	机械伤害	较小	使用后的高压气瓶及时收回危险品仓库，统一保管

11.43 给水泵汽轮机静态试验

作业步骤	危害辨识	危害描述	产生后果	风险等级	防 范 措 施
1. 作业环境评估	噪声	未佩戴耳塞	噪声聋	较小	进入噪声区域时正确佩戴合格的耳塞
	润滑油	发生的跑、冒、滴、漏及溢油	滑倒、火灾、环境污染、灼烧	较小	发生的跑、冒、滴、漏及溢油，要及时清除处理；使用防护用品；废油不能随意丢弃

作业步骤	危害辨识	危害描述	产生后果	风险等级	防 范 措 施
1. 作业环境评估	孔、洞	盖板缺损及平台防护栏杆不全	高处落物	重大	（1）工作场所的孔、洞必须覆以与地面齐平的坚固盖板； （2）发现洞口盖板缺失、损坏或未盖好时，必须立即填补、修复盖板并及时盖好
	高温环境	环境温度超过 40℃	中暑	较小	（1）工作环境温度超过 40℃停止工作； （2）现场准备足够饮用水，清凉饮料及防暑药品；对温度较高的作业场所必须增加通风设备
	岩棉	作业区保温飞扬	尘肺病	较小	作业时佩戴合格防尘口罩
	高处作业	未采取防坠落措施或措施不完善	高处落物	较小	（1）脚手架上工作时，工器具和拆下的零件放在整理箱里； （2）避免交叉作业
2. 现场安全措施的落实	润滑油	工作前所采取的安全措施不完善	火灾	较小	（1）开工前确认现场安全措施、隔离措施正确完备； （2）待管道内介质放尽，压力为零方可开始工作
		泄漏	污染环境	较小	放油时排空，放油不出需静置 2h 后再次打开放油门确认油已排完
3. 准备工作及现场布置	大、小锤	锤头与木柄的连接不牢固、锤头破损、木柄未使用整根硬质木料	物体打击	较小	锤头与木柄的连接应用金属楔栓固定，楔子长度不得大于安装孔深的 2/3，锤头完好无损，木柄使用整根硬质木料
	锉刀、手锯、螺丝刀、钢丝钳	手柄等缺损	刺伤	较小	锉刀、手锯、螺丝刀、钢丝钳等手柄应安装牢固，没有手柄的不准使用
	脚手架搭设	脚手架搭设后未验收	高处坠落	重大	（1）搭设结束后，必须履行脚手架验收手续，填写脚手架验收单，并在脚手架验收单上分级签字； （2）验收合格后应在脚手架上悬挂合格证，方可使用
4. 静态试验	高处作业人员	未正确使用安全带	高处坠落	重大	安全带的挂钩应挂在结实、牢固的构件上，或专挂安全带的钢丝绳上，安全带要高挂低用
	高处的工器具、零部件	工器具未系防坠绳、零部件未固定及上下抛掷	物体打击	较小	（1）工器具必须使用防坠绳； （2）工器具和零部件应用绳拴在牢固的构件上，不准随便乱放； （3）工器具和零部件不准上下抛掷
	脚手架	脚手架未验收、检查	高处坠落	重大	（1）脚手架搭设结束后，必须履行脚手架验收手续，委托人及搭建人双方在脚手架验收合格证上签字； （2）每日使用脚手架前，使用人检查脚手架合格并在脚手架验收合格证背面签名后方可使用
		工器具乱堆乱放	高处坠落、物体打击	重大	工器具不得在脚手板上乱堆乱放，应使用整理箱
	保安系统动作	压伤	机械伤害	较小	保护动作试验时人员注意站位，当心汽门关闭夹伤
	压力油管泄漏	操作中发生跑、冒、滴、漏及溢油	污染环境	较小	操作中发生跑、冒、滴、漏及溢油时要及时清除处理
5. 检修工作结束	检修废料	施工废料未清理	环境污染	较小	废料及时清理，做到工完、料尽、场地清

11.44 主蒸汽暖管电动门检修

作业步骤	危害辨识	危害描述	产生后果	风险等级	防 范 措 施
1. 作业环境评估	噪声	未佩戴耳塞	噪声聋	较小	进入噪声区域时正确佩戴合格的耳塞
	岩棉、化纤	作业区保温飞扬	尘肺病	较小	作业时正确佩戴合格防尘口罩
	氢气	氢气浓度超标	火灾、爆炸	较小	（1）现场动火前测量氢气浓度符合要求； （2）办理动火许可手续； （3）动火前清理周围易燃物，配备合适的足够的有效的消防器材，完工后检查无火种遗留； （4）安排监护人进行监护
	高温环境	环境温度超过 40℃	中暑	较小	（1）不准在工作环境温度超过 40℃时进行露天作业； （2）在高温场所工作时，应为工作人员提供足够的饮水、清凉饮料及防暑药品；对温度较高的作业场所必须增加通风设备
	高温高压蒸汽	高温设备及附属系统内动、静密封点密封失效，或者系统内设备、管道破损	灼烫伤	较小	（1）作业人员必须穿戴好隔热工作服、防护鞋、防护手套等防护用具； （2）专人监护，遇有不适立即撤出高温检修区域； （3）高温区域内不得长时间逗留
	孔、洞	盖板缺损	高处坠落	重大	工作场所的孔、洞必须覆以与地面齐平的坚固盖板或做好隔离措施
	照明	现场照明不充足	其他伤害	较小	增加临时照明
2. 现场安全措施的落实	高温高压蒸汽	工作前所采取的安全措施不完善	灼烫伤	较小	（1）开工前确认现场安全措施、隔离措施正确完备； （2）待管道内介质放尽，压力为零，温度适可后方可开始工作； （3）人员不能正面对法兰及焊口工作，防止漏点介质体伤人
3. 准备工作及现场布置	临时电源及电源线	电源线悬挂高度不够	触电	较小	临时电源线架设高度室内不低于 2.5m
		电源线、插头、插座破损	触电	较小	（1）检查电源线外绝缘良好，无破损； （2）检查电源盘合格证在有效期； （3）检查电源插头插座，确保完好； （4）不准将电源线缠绕在护栏、管道和脚手架上
		未安装漏电保护器	触电	较小	（1）检查电源盘合格证在有效期； （2）分级配置漏电保护器，工作前试漏电保护器，确保正确动作
		检修电源箱外壳未接地	触电	较小	（1）检查电源盘合格证在有效期； （2）检查电源箱外壳接地良好
	角磨机、阀门研磨机	电源线、电源插头破损、防护罩破损缺失、松动	机械伤害触电	较小	（1）检查电源线、电源插头完好无破损、防护罩完好无破损、牢固； （2）检查合格证在有效期内
	大锤、手锤	锤头与木柄的连接不牢固、锤头破损、木柄未使用整根硬质木料	物体打击	较小	锤头与木柄的连接应用金属楔栓固定，楔子长度不得大于安装孔深的 2/3，锤头完好无损，木柄使用整根硬质木料
	锉刀、手锯、螺丝刀、钢丝钳	手柄等缺损	刺伤	较小	锉刀、手锯、螺丝刀、钢丝钳等手柄应安装牢固，没有手柄的不准使用

529

作业步骤	危害辨识	危害描述	产生后果	风险等级	防 范 措 施
3. 准备工作及现场布置	手拉葫芦	手拉有裂纹、链轮转动卡涩、吊钩无防脱保险装置	起重伤害	较小	（1）使用前应作无负荷起落试验一次，检查手拉是否有裂纹、链轮转动是否卡涩、吊钩是否无防脱保险装置，以确保完好； （2）检查合格证在有效期内
4. 拆除阀门螺栓	大锤、手锤	锤把上有油污	物体打击	较小	锤把上不可有油污
		单手抡大锤	物体打击	较小	抡大锤时，周围不得有人，不得单手抡大锤
		戴手套抡大锤	物体打击	较小	打锤人不得戴手套
5. 吊装阀门组件	吊具、起吊伺服机构、门盖、门杆及门芯	吊点不牢固、吊点位置不正确	起重伤害	较小	（1）吊钩要挂在物品的重心上，当被吊物件起吊后有可能摆动或转动时，应采用绳牵引方法，防止物件摆动伤人或碰坏设备； （2）选择牢固可靠、满足载荷的吊点
		吊索具损坏或选择不当	起重伤害	较小	（1）作业前，应对吊索具及其配件进行检查，确认完好，方可使用； （2）所选用的吊索具应与被吊工件的外形特点及具体要求相适应，在不具备使用条件的情况下，绝不能对付使用； （3）作业中应防止损坏吊索具及配件，必要时在棱角处应加护角防护； （4）吊具及配件不能超过其额定起重量，起重吊索、吊具不得超过其相应吊挂状态下的最大工作载荷
		绑扎不牢固	起重伤害	较小	（1）起重前必须将物件牢固、稳妥地绑住。 （2）吊拉时两根钢丝绳之间的夹角一般不得大于90°。 （3）使用单吊索起吊重物挂钩时应打"挂钩结"；使用吊环时螺栓必须拧到底；使用卸扣时，吊索与其连接的一个索扣必须扣在销轴上，一个索扣必须扣在扣顶上，不准两个索扣分别扣在卸扣的扣体两侧上；吊拉捆绑时，重物或设备构件的锐边快口处必须加装衬垫物
		斜拉	起重伤害	较小	禁止使用吊钩斜着拖吊重物
		在起吊重物下逗留和行走	起重伤害	较小	任何人不准在起吊重物下逗留和行走
	手拉葫芦	滑链	起重伤害	较小	使用前应作无负荷起落试验一次，确认无滑链现象
		手拉葫芦超载荷使用	起重伤害	较小	使用手拉葫芦时工作负荷不准超过铭牌规定
6. 打磨打磨及阀门研磨	氢气	氢气浓度超标	火灾、爆炸	较小	（1）现场动火前测量氢气浓度符合要求； （2）办理动火许可手续； （3）动火前清理周围易燃物，配备合适的足够的有效的消防器材，完工后检查无火种遗留； （4）安排监护人进行监护
	角磨机	未正确使用防护罩、防护眼镜	机械伤害	较小	正确佩戴防护罩、防护眼镜
		手提电动工具的导线或转动部分	触电	较小	禁止手提电动工具的导线或转动部分
		角磨机砂轮片破损	机械伤害	较小	使用前检查角磨机砂轮片完好无缺损
		更换砂轮片未切断电源	触电	较小	更换砂轮片前必须切断电源
	阀门研磨机	旋转的研磨盘	机械伤害	较小	研磨机架设稳固，旋转部分禁止靠近，全程专人操作及监护

续表

作业步骤	危害辨识	危害描述	产生后果	风险等级	防范措施
7. 阀门回装	手拉葫芦	滑链	起重伤害	较小	使用前应作无负荷起落试验一次，确认无滑链现象
		手拉葫芦超载荷使用	起重伤害	较小	使用手拉葫芦时工作负荷不准超过铭牌规定
	吊具、起吊伺服机构、门盖、门杆、门芯及螺栓	吊点不牢固、吊点位置不正确	起重伤害	较小	（1）吊钩要挂在物品的重心上，当被吊物件起吊后有可能摆动或转动时，应采用绳牵引方法，防止物件摆动伤人或碰坏设备；（2）选择牢固可靠、满足载荷的吊点
		绑扎不牢固	起重伤害	较小	（1）起重前必须将物件牢固、稳妥地绑住。（2）吊拉时两根钢丝绳之间的夹角一般不得大于90°。（3）使用单吊索起吊重物挂钩时应打"挂钩结"；使用吊环时螺栓必须拧到底；使用卸扣时，吊索与其连接的一个索扣必须扣在销轴上，一个索扣必须扣在扣顶上，不准两个索扣分别扣在卸扣的扣体两侧上；吊拉捆绑时，重物或设备构件的锐边快口处必须加装衬垫物
		斜拉	起重伤害	较小	禁止使吊钩斜着拖吊重物
		在起吊重物下逗留和行走	起重伤害	较小	任何人不准在起吊重物下逗留和行走
8. 检修工作结束	检修废料	施工废料未清理	环境污染	较小	废料及时清理，做到工完、料尽、场地清

11.45 主蒸汽暖管调整门检修

作业步骤	危害辨识	危害描述	产生后果	风险等级	防范措施
1. 作业环境评估	噪声	未佩戴耳塞	噪声聋	较小	进入噪声区域时正确佩戴合格的耳塞
	岩棉、化纤	作业区保温飞扬	尘肺病	较小	作业时正确佩戴合格防尘口罩
	氢气	氢气浓度超标	火灾、爆炸	较小	（1）现场动火前测量氢气浓度符合要求；（2）办理动火许可手续；（3）动火前清理周围易燃物，配备合适的足够的有效的消防器材，完工后检查无火种遗留；（4）安排监护人进行监护
	高温环境	环境温度超过40℃	中暑	较小	（1）不准在工作环境温度超过40℃时进行露天作业；（2）在高温场所工作时，应为工作人员提供足够的饮水、清凉饮料及防暑药品；对温度较高的作业场所必须增加通风设备
	高温高压蒸汽	高温设备及附属系统内动、静密封点密封失效，或者系统内设备、管道破损	灼烫伤	较小	（1）作业人员必须穿戴好隔热工作服、防护鞋、防护手套等防护用具；（2）专人监护，遇有不适立即撤出高温检修区域；（3）高温区域内不得长时间逗留
	孔、洞	盖板缺损	高处坠落	重大	工作场所的孔、洞必须覆以与地面齐平的坚固盖板或做好隔离措施
	照明	现场照明不充足	其他伤害	较小	增加临时照明

作业步骤	危害辨识	危害描述	产生后果	风险等级	防 范 措 施
2. 现场安全措施的落实	高温高压蒸汽	工作前所采取的安全措施不完善	灼烫伤	较小	（1）开工前确认现场安全措施、隔离措施正确完备； （2）待管道内介质放尽，压力为零，温度适可后方可开始工作； （3）人员不能正面对法兰及焊口工作，防止漏点介质体伤人
3. 准备工作及现场布置	临时电源及电源线	电源线悬挂高度不够	触电	较小	临时电源线架设高度室内不低于2.5m
		电源线、插头、插座破损	触电	较小	（1）检查电源线外绝缘良好，无破损； （2）检查电源盘合格证在有效期； （3）检查电源插头插座，确保完好； （4）不准将电源线缠绕在护栏、管道和脚手架上
		未安装漏电保护器	触电	较小	（1）检查电源盘合格证在有效期； （2）分级配置漏电保护器，工作前试漏电保护器，确保正确动作
		检修电源箱外壳未接地	触电	较小	（1）检查电源盘合格证在有效期； （2）检查电源箱外壳接地良好
	角磨机、阀门研磨机	电源线、电源插头破损、防护罩破损缺失、松动	机械伤害触电	较小	（1）检查电源线、电源插头完好无破损、防护罩完好无破损、牢固； （2）检查合格证在有效期内
	大锤、手锤	锤头与木柄的连接不牢固、锤头破损、木柄未使用整根硬质木料	物体打击	较小	锤头与木柄的连接应用金属楔栓固定,楔子长度不得大于安装孔深的2/3,锤头完好无损,木柄使用整根硬质木料
	锉刀、手锯、螺丝刀、钢丝钳	手柄等缺损	刺伤	较小	锉刀、手锯、螺丝刀、钢丝钳等手柄应安装牢固,没有手柄的不准使用
	手拉葫芦	手拉有裂纹、链轮转动卡涩、吊钩无防脱保险装置	起重伤害	较小	（1）使用前应作无负荷起落试验一次,检查手拉是否有裂纹、链轮转动是否卡涩、吊钩是否无防脱保险装置,以确保完好； （2）检查合格证在有效期内
4. 拆除阀门螺栓	大锤、手锤	锤把上有油污	物体打击	较小	锤把上不可有油污
		单手抡大锤	物体打击	较小	抡大锤时,周围不得有人,不得单手抡大锤
		戴手套抡大锤	物体打击	较小	打锤人不得戴手套
5. 吊装阀门组件	吊具、起吊伺服机构、门盖、门杆及门芯	吊点不牢固、吊点位置不正确	起重伤害	较小	（1）吊钩要挂在物品的重心上,当被吊物件起吊后有可能摆动或转动时,应采用绳牵引方法,防止物件摆动伤人或碰坏设备； （2）选择牢固可靠、满足载荷的吊点
		吊索具损坏或选择不当	起重伤害	较小	（1）作业前,应对吊索具及其配件进行检查,确认完好,方可使用； （2）所选用的吊索具应与被吊工件的外形特点及具体要求相适应,在不具备使用条件的情况下,绝不能对付使用； （3）作业中应防止损坏吊索具及配件,必要时在棱角处应加护角防护； （4）吊具及配件不能超过其额定起重量,起重吊索、吊具不得超过其相应吊挂状态下的最大工作载荷

续表

作业步骤	危害辨识	危害描述	产生后果	风险等级	防 范 措 施
5. 吊装阀门组件	吊具、起吊伺服机构、门盖、门杆及门芯	绑扎不牢固	起重伤害	较小	（1）起重前必须将物件牢固、稳妥地绑住。 （2）吊拉时两根钢丝绳之间的夹角一般不得大于90°。 （3）使用单吊索起吊重物挂钩时应打"挂钩结"；使用吊环时螺栓必须拧到底；使用卸扣时，吊索与其连接的一个索扣必须扣在销轴上，一个索扣必须扣在扣顶上，不准两个索扣分别扣在卸扣的扣体两侧上；吊拉捆绑时，重物或设备构件的锐边快口处必须加装衬垫物
		斜拉	起重伤害	较小	禁止使用吊钩斜着拖吊重物
		在起吊重物下逗留和行走	起重伤害	较小	任何人不准在起吊重物下逗留和行走
	手拉葫芦	滑链	起重伤害	较小	使用前应作无负荷起落试验一次，确认无滑链现象
		手拉葫芦超载荷使用	起重伤害	较小	使用手拉葫芦时工作负荷不准超过铭牌规定
6. 打磨打磨及阀门研磨	氢气	氢气浓度超标	火灾、爆炸	较小	（1）现场动火前测量氢气浓度符合要求； （2）办理动火许可手续； （3）动火前清理周围易燃物，配备合适的足够的有效的消防器材，完工后检查无火种遗留； （4）安排监护人进行监护
	角磨机	未正确使用防护罩、防护眼镜	机械伤害	较小	正确佩戴防护罩、防护眼镜
		手提电动工具的导线或转动部分	触电	较小	禁止手提电动工具的导线或转动部分
		角磨机砂轮片破损	机械伤害	较小	使用前检查角磨机砂轮片完好无缺损
		更换砂轮片未切断电源	触电	较小	更换砂轮片前必须切断电源
	阀门研磨机	旋转的研磨盘	机械伤害	较小	研磨机架设稳固，旋转部分禁止靠近，全程专人操作及监护
7. 阀门回装	手拉葫芦	滑链	起重伤害	较小	使用前应作无负荷起落试验一次，确认无滑链现象
		手拉葫芦超载荷使用	起重伤害	较小	使用手拉葫芦时工作负荷不准超过铭牌规定
	吊具、起吊伺服机构、门盖、门杆、门芯及螺栓	吊点不牢固、吊点位置不正确	起重伤害	较小	（1）吊钩要挂在物品的重心上，当被吊物件起吊后有可能摆动或转动时，应采用绳牵引方法，防止物件摆动伤人或碰坏设备； （2）选择牢固可靠、满足载荷的吊点
		绑扎不牢固	起重伤害	较小	（1）起重前必须将物件牢固、稳妥地绑住。 （2）吊拉时两根钢丝绳之间的夹角一般不得大于90°。 （3）使用单吊索起吊重物挂钩时应打"挂钩结"；使用吊环时螺栓必须拧到底；使用卸扣时，吊索与其连接的一个索扣必须扣在销轴上，一个索扣必须扣在扣顶上，不准两个索扣分别扣在卸扣的扣体两侧上；吊拉捆绑时，重物或设备构件的锐边快口处必须加装衬垫物
		斜拉	起重伤害	较小	禁止使用吊钩斜着拖吊重物
		在起吊重物下逗留和行走	起重伤害	较小	任何人不准在起吊重物下逗留和行走
8. 检修工作结束	检修废料	施工废料未清理	环境污染	较小	废料及时清理，做到工完、料尽、场地清

11.46　主蒸汽暖管减温水隔绝门检修

作业步骤	危害辨识	危害描述	产生后果	风险等级	防 范 措 施
1. 作业环境评估	噪声	未佩戴耳塞	噪声聋	较小	进入噪声区域时正确佩戴合格的耳塞
	岩棉、化纤	作业区保温飞扬	尘肺病	较小	作业时正确佩戴合格防尘口罩
	氢气	氢气浓度超标	火灾、爆炸	较小	（1）现场动火前测量氢气浓度符合要求；（2）办理动火许可手续；（3）动火前清理周围易燃物，配备合适的足够的有效的消防器材，完工后检查无火种遗留；（4）安排监护人进行监护
	高温环境	环境温度超过40℃	中暑	较小	（1）不准在工作环境温度超过40℃时进行露天作业；（2）在高温场所工作时，应为工作人员提供足够的饮水、清凉饮料及防暑药品。对温度较高的作业场所必须增加通风设备
	高温高压蒸汽	高温设备及附属系统内动、静密封点密封失效，或者系统内设备、管道破损	灼烫伤	较小	（1）作业人员必须穿戴好隔热工作服、防护鞋、防护手套等防护用具；（2）专人监护，遇有不适立即撤出高温检修区域；（3）高温区域内不得长时间逗留
	孔、洞	盖板缺损	高处坠落	重大	工作场所的孔、洞必须覆以与地面齐平的坚固盖板或做好隔离措施
	照明	现场照明不充足	其他伤害	较小	增加临时照明
2. 现场安全措施的落实	高温高压蒸汽	工作前所采取的安全措施不完善	灼烫伤	较小	（1）开工前确认现场安全措施、隔离措施正确完备；（2）待管道内介质放尽，压力为零，温度适可后方可开始工作；（3）人员不能正面对法兰及焊口工作，防止漏点介质体伤人
3. 准备工作及现场布置	临时电源及电源线	电源线悬挂高度不够	触电	较小	临时电源线架设高度室内不低于2.5m
		电源线、插头、插座破损	触电	较小	（1）检查电源线外绝缘良好，无破损；（2）检查电源盘合格证在有效期；（3）检查电源插头插座，确保完好；（4）不准将电源线缠绕在护栏、管道和脚手架上
		未安装漏电保护器	触电	较小	（1）检查电源盘合格证在有效期；（2）分级配置漏电保护器，工作前试漏电保护器，确保正确动作
		检修电源箱外壳未接地	触电	较小	（1）检查电源盘合格证在有效期；（2）检查电源箱外壳接地良好
	角磨机、阀门研磨机	电源线、电源插头破损、防护罩破损缺失、松动	机械伤害触电	较小	（1）检查电源线、电源插头完好无破损、防护罩完好无破损、牢固；（2）检查合格证在有效期内
	大锤、手锤	锤头与木柄的连接不牢固、锤头破损、木柄未使用整根硬质木料	物体打击	较小	锤头与木柄的连接应用金属楔栓固定，楔子长度不得大于安装孔深的2/3，锤头完好无损，木柄使用整根硬质木料
	锉刀、手锯、螺丝刀、钢丝钳	手柄等缺损	刺伤	较小	锉刀、手锯、螺丝刀、钢丝钳等手柄应安装牢固，没有手柄的不准使用

续表

作业步骤	危害辨识	危害描述	产生后果	风险等级	防 范 措 施
3. 准备工作及现场布置	手拉葫芦	手拉有裂纹、链轮转动卡涩、吊钩无防脱保险装置	起重伤害	较小	(1) 使用前应作无负荷起落试验一次，检查手拉是否有裂纹、链轮转动是否卡涩、吊钩是否无防脱保险装置，以确保完好； (2) 检查合格证在有效期内
4. 拆除阀门螺栓	大锤、手锤	锤把上有油污	物体打击	较小	锤把上不可有油污
		单手抡大锤	物体打击	较小	抡大锤时，周围不得有人，不得单手抡大锤
		戴手套抡大锤	物体打击	较小	打锤人不得戴手套
5. 吊装阀门组件	吊具、起吊伺服机构、门盖、门杆及门芯	吊点不牢固、吊点位置不正确	起重伤害	较小	(1) 吊钩要挂在物品的重心上，当被吊物件起吊后有可能摆动或转动时，应采用绳牵引方法，防止物件摆动伤人或碰坏设备； (2) 选择牢固可靠、满足载荷的吊点
		吊索具损坏或选择不当	起重伤害	较小	(1) 作业前，应对吊索具及其配件进行检查，确认完好，方可使用； (2) 所选用的吊索具应与被吊工件的外形特点及具体要求相适应，在不具备使用条件的情况下，绝不能对付使用； (3) 作业中应防止损坏吊索具及配件，必要时在棱角处应加护角防护； (4) 吊具及配件不能超过其额定起重量，起重吊索、吊具不得超过其相应吊挂状态下的最大工作载荷
		绑扎不牢固	起重伤害	较小	(1) 起重前必须将物件牢固、稳妥地绑住。 (2) 吊拉时两根钢丝绳之间的夹角一般不得大于90°。 (3) 使用单吊索起吊重物挂钩时应打"挂钩结"；使用吊环时螺栓必须拧到底；使用卸扣时，吊索与其连接的一个索扣必须扣在销轴上，一个索扣必须扣在扣顶上，不准两个索扣分别扣在卸扣的扣体两侧上；吊拉捆绑时，重物或设备构件的锐边快口处必须加装衬垫物
		斜拉	起重伤害	较小	禁止使吊钩斜着拖吊重物
		在起吊重物下逗留和行走	起重伤害	较小	任何人不准在起吊重物下逗留和行走
	手拉葫芦	滑链	起重伤害	较小	使用前应作无负荷起落试验一次，确认无滑链现象
		手拉葫芦超载荷使用	起重伤害	较小	使用手拉葫芦时工作负荷不准超过铭牌规定
6. 打磨打磨及阀门研磨	氢气	氢气浓度超标	火灾、爆炸	较小	(1) 现场动火前测量氢气浓度符合要求； (2) 办理动火许可手续； (3) 动火前清理周围易燃物，配备合适的足够的有效的消防器材，完工后检查无火种遗留； (4) 安排监护人进行监护
	角磨机	未正确使用防护罩、防护眼镜	机械伤害	较小	正确佩戴防护罩、防护眼镜
		手提电动工具的导线或转动部分	触电	较小	禁止手提电动工具的导线或转动部分
		角磨机砂轮片破损	机械伤害	较小	使用前检查角磨机砂轮片完好无缺损
		更换砂轮片未切断电源	触电	较小	更换砂轮片前必须切断电源
	阀门研磨机	旋转的研磨盘	机械伤害	较小	研磨机架设稳固，旋转部分禁止靠近，全程专人操作及监护

作业步骤	危害辨识	危害描述	产生后果	风险等级	防 范 措 施
7. 阀门回装	手拉葫芦	滑链	起重伤害	较小	使用前应作无负荷起落试验一次,确认无滑链现象
		手拉葫芦超载荷使用	起重伤害	较小	使用手拉葫芦时工作负荷不准超过铭牌规定
	吊具、起吊伺服机构、门盖、门杆、门芯及螺栓	吊点不牢固、吊点位置不正确	起重伤害	较小	(1) 吊钩要挂在物品的重心上,当被吊物件起吊后有可能摆动或转动时,应采用绳牵引方法,防止物件摆动伤人或碰坏设备; (2) 选择牢固可靠、满足载荷的吊点
		绑扎不牢固	起重伤害	较小	(1) 起重前必须将物件牢固、稳妥地绑住。 (2) 吊拉时两根钢丝绳之间的夹角一般不得大于90°。 (3) 使用单吊索起吊重物挂钩时应打"挂钩结";使用吊环时螺栓必须拧到底;使用卸扣时,吊索与其连接的一个索扣必须扣在销轴上,一个索扣必须扣在扣顶上,不准两个索扣分别扣在卸扣的扣体两侧上;吊拉捆绑时,重物或设备构件的锐边快口处必须加装衬垫物
		斜拉	起重伤害	较小	禁止使用吊钩斜着拖吊重物
		在起吊重物下逗留和行走	起重伤害	较小	任何人不准在起吊重物下逗留和行走
8. 检修工作结束	检修废料	施工废料未清理	环境污染	较小	废料及时清理,做到工完、料尽、场地清

11.47 低压旁路阀检修

作业步骤	危害辨识	危害描述	产生后果	风险等级	防 范 措 施
1. 作业环境评估	噪声	未佩戴耳塞	噪声聋	较小	进入噪声区域时正确佩戴合格的耳塞
	高温环境	环境温度超过40℃	中暑	较小	(1) 不准在工作环境温度超过40℃时进行露天作业; (2) 在高温场所工作时,应为工作人员提供足够的饮水、清凉饮料及防暑药品;对温度较高的作业场所必须增加通风设备
	氢气	氢气浓度超标	火灾、爆炸	较小	(1) 现场动火前测量氢气浓度符合要求; (2) 办理动火许可手续; (3) 动火前清理周围易燃物,配备合适的足够的有效的消防器材,完工后检查无火种遗留; (4) 安排监护人进行监护
	高温高压介质水	高温设备及附属系统内动、静密封点密封失效,或者系统内设备、管道破损	灼烫伤	中等	(1) 作业人员必须穿戴好隔热工作服、防护鞋、防护手套等防护用具; (2) 专人监护,遇有不适立即撤出高温检修区域; (3) 高温区域内不得长时间逗留
	岩棉、化纤	作业区保温飞扬	尘肺病	较小	作业时正确佩戴合格防尘口罩
2. 现场安全措施的落实	高温高压介质水	工作前所采取的安全措施不完善	灼烫	中等	(1) 开工前确认现场安全措施、隔离措施正确完备; (2) 待管道内介质放尽,压力为零,温度适可后方可开始工作

续表

作业步骤	危害辨识	危害描述	产生后果	风险等级	防范措施
3. 准备工作及现场布置	临时电源及电源线	电源线悬挂高度不够	触电	较小	临时电源线架设高度室内不低于2.5m
		电源线、插头、插座破损	触电	较小	（1）检查电源线外绝缘良好，无破损； （2）检查电源盘合格证在有效期； （3）检查电源插头插座，确保完好； （4）不准将电源线缠绕在护栏、管道和脚手架上
		未安装漏电保护器	触电	较小	（1）检查电源盘合格证在有效期； （2）分级配置漏电保护器，工作前试漏电保护器，确保正确动作
		检修电源箱外壳未接地	触电	较小	（1）检查电源盘合格证在有效期； （2）检查电源箱外壳接地良好
	角磨机、阀门研磨机	电源线、电源插头破损、防护罩破损缺失	机械伤害 触电	较小	（1）检查电源线、电源插头完好无破损、防护罩完好无破损； （2）检查合格证在有效期内
	锉刀、手锯、螺丝刀、钢丝钳	手柄等缺损	刺伤	较小	锉刀、手锯、螺丝刀、钢丝钳等手柄应安装牢固，没有手柄的不准使用
	大锤、手锤	锤头与木柄的连接不牢固、锤头破损、木柄未使用整根硬质木料	物体打击	较小	锤头与木柄的连接应用金属楔栓固定，楔子长度不得大于安装孔深的2/3，锤头完好无损，木柄使用整根硬质木料
	手拉葫芦	手拉有裂纹、链轮转动卡涩、吊钩无防脱保险装置	起重伤害	较小	（1）使用前应作无负荷起落试验一次，检查手拉是否有裂纹、链轮转动是否卡涩、吊钩是否无防脱保险装置，以确保完好； （2）检查合格证在有效期内
	千斤顶	压力油泄漏	起重伤害	较小	（1）检查千斤顶检验合格证在有效期内； （2）工作前试验油压正常，无渗漏
		千斤顶螺纹齿条磨损	起重伤害	较小	（1）检查千斤顶检验合格证在有效期内； （2）工作前检查千斤顶螺纹齿条是否磨损，以确保设备完好
4. 拆除螺栓、自密封组件	高处作业人员	作业时未正确使用防护用品	高处坠落	重大	高处作业人员必须戴好安全帽、穿好防滑鞋并正确佩戴和使用安全带
		未佩戴使用合格的安全带	高处坠落	重大	（1）安全带使用前进行外观检查合格，检验合格证应在有效期内； （2）在没有脚手架或没有栏杆的脚手架上工作，高度超过1.5m时必须使用安全带； （3）安全带的挂钩应挂在结实、牢固的构件上，或专挂安全带的钢丝绳上，不准低挂高用
		擅自改动脚手架架构	高处坠落	重大	工作过程中，不准随意改变脚手架的结构，必要时，必须经过搭设脚手架的技术负责人同意，并再次验收合格后方可使用
		乱拉电源线、电焊线、气带	高处坠落	重大	（1）脚手架上不准乱拉电线； （2）必须安装临时照明线路时，木竹脚手架应采用绝缘子，金属脚手架应另设木横担
		随意码放物品或超载	高处坠落	重大	（1）不准在脚手架和脚手板上聚集人员或放置超过计算荷重的材料； （2）脚手架上的堆置物应摆放整齐和牢固，不准超高摆放； （3）脚手架上的大物件应分散堆放，不得集中堆放； （4）脚手架上的废弃物应及时清理，并用绳子系牢后溜放到地面

作业步骤	危害辨识	危害描述	产生后果	风险等级	防 范 措 施
4. 拆除螺栓、自密封组件	高处作业人员	脚手架上作业不规范	高处坠落	重大	（1）上下脚手架应走人行通道或梯子，不准攀登架体； （2）不准站在脚手架的探头上作业； （3）同一架体上的作业人数一般为2人，必须超过2人的情况下不得超过9人； （4）不准在脚手架上蹲在木桶、木箱、砖及其他建筑材料等作业； （5）不准在架子上退着行走或跨坐在防护横杆上休息； （6）架子上应保持清洁，随时清理冰雪、杂物等，不准乱堆乱放物料； （7）不得在防护栏杆上拴挂任何重物； （8）作业中需要拆除防护栏杆时，必须采取可靠的临边防护措施
	高处的工器具、零部件	工器具未系防坠绳、零部件未固定及上下抛掷	物体打击	较小	（1）工器具必须使用防坠绳； （2）工器具和零部件应用绳拴在牢固的构件上，不准随便乱放； （3）工器具和零部件不准上下抛掷
	千斤顶	工作人员站在液压千斤顶安全栓或高压软管前面	起重伤害	较小	使用液压千斤顶时，除操作人员外，其他人员尽量远离，工作人员不准站在千斤顶安全栓或高压软管前面
		未采取防止重物下沉的措施	起重伤害	较小	安装千斤顶的位置要坚硬平整，或用钢板和垫木垫牢，防止因地面下陷而产生歪斜
		千斤顶超载荷使用	起重伤害	较小	使用千斤顶时工作负荷不准超过千斤顶铭牌规定
		更换垫板时手臂伸入荷重与顶重头或垫板之间	起重伤害	较小	更换垫板时不准将手臂伸入荷重与顶重头或垫板之间
	大锤、手锤	锤把上有油污	物体打击	较小	锤把上不可有油污
		单手抡大锤	物体打击	较小	抡大锤时，周围不得有人，不得单手抡大锤
		戴手套抡大锤	物体打击	较小	打锤人不得戴手套
5. 吊装液压机构、门盖、自密封组件、阀杆、阀芯、阀座等阀门组件	手拉葫芦	滑链	起重伤害	较小	使用前应作无负荷起落试验一次，确认无滑链现象
		手拉葫芦超载荷使用	起重伤害	较小	使用手拉葫芦时工作负荷不准超过铭牌规定
	氢气	氢气浓度超标	火灾、爆炸	较小	（1）现场动火前测量氢气浓度符合要求； （2）办理动火许可手续； （3）动火前清理周围易燃物，配备合适的足够的有效的消防器材，完工后检查无火种遗留； （4）安排监护人进行监护
	吊具、起吊装伺服机构、门盖、自密封组件、门杆及门芯阀门组件	吊点不牢固、吊点位置不正确	起重伤害	较小	（1）吊钩要挂在物品的重心上，当被吊物件起吊后有可能摆动或转动时，应采用绳牵引方法，防止物件摆动伤人或碰坏设备； （2）选择牢固可靠、满足载荷的吊点
		吊索具损坏或选择不当	起重伤害	较小	（1）作业前，应对吊索具及其配件进行检查，确认完好，方可使用； （2）所选用的吊索具应与被吊工件的外形特点及具体要求相适应，在不具备使用条件的情况下，绝不能对付使用； （3）作业中应防止损坏吊索具及配件，必要时在棱角处应加护角防护； （4）吊具及配件不能超过其额定起重量，起重吊索、吊具不得超过其相应吊挂状态下的最大工作载荷

作业步骤	危害辨识	危害描述	产生后果	风险等级	防 范 措 施
5. 吊装液压机构、门盖、自密封组件、阀杆、阀芯、阀座等阀门组件	吊具、起吊装伺服机构、门盖、自密封组件、门杆及门芯阀门组件	绑扎不牢固	起重伤害	较小	（1）起重前必须将物件牢固、稳妥地绑住。 （2）吊拉时两根钢丝绳之间的夹角一般不得大于90°。 （3）使用单吊索起吊重物挂钩时应打"挂钩结"；使用吊环时螺栓必须拧到底；使用卸扣时，吊索与其连接的一个索扣必须扣在销轴上，一个索扣必须扣在扣顶上，不准两个索扣分别扣在卸扣的扣体两侧上；吊拉捆绑时，重物或设备构件的锐边快口处必须加装衬垫物
		斜拉	起重伤害	较小	禁止使吊钩斜着拖吊重物
		在起吊重物下逗留和行走	起重伤害	较小	任何人不准在起吊重物下逗留和行走
6. 打磨及阀门研磨	角磨机、阀门研磨机	未正确使用防护罩、防护眼镜	机械伤害	较小	正确佩戴防护罩、防护眼镜
		手提电动工具的导线或转动部分	触电	较小	禁止手提电动工具的导线或转动部分
		角磨机砂轮片破损	机械伤害	较小	使用前检查角磨机砂轮片完好无缺损
		更换砂轮及研磨片时未切断电源	触电	较小	更换砂轮片、研磨片前必须切断电源
	阀门研磨机	旋转的研磨盘	机械伤害	较小	研磨机架设稳固，旋转部分禁止靠近，全程专人操作及监护
7. 阀门回装	高处作业人员	作业时未正确使用防护用品	高处坠落	重大	高处作业人员必须戴好安全帽、穿好防滑鞋并正确佩戴和使用安全带
		未佩戴使用合格的安全带	高处坠落	重大	（1）安全带使用前进行外观检查合格，检验合格证应在有效期内； （2）在没有脚手架或没有栏杆的脚手架上工作，高度超过1.5m时必须使用安全带； （3）安全带的挂钩应挂在结实、牢固的构件上，或专挂安全带的钢丝绳上，不准低挂高用
		擅自改动脚手架架构	高处坠落	重大	工作过程中，不准随意改变脚手架的结构，必要时，必须经过搭设脚手架的技术负责人同意，并再次验收合格后方可使用
		乱拉电源线、电焊线、气带	高处坠落	重大	（1）脚手架上不准乱拉电线； （2）必须安装临时照明线路时，木竹脚手架应采用绝缘子，金属脚手架应另设木横担
		脚手架上作业不规范	高处坠落	重大	（1）上下脚手架应走人行通道或梯子，不准攀登架体； （2）不准站在脚手架的探头上作业； （3）同一架体上的作业人数一般为2人，必须超过2人的情况下不得超过9人； （4）不准在脚手架上蹬在木桶、木箱、砖及其他建筑材料等作业； （5）不准在架子上退着行走或跨坐在防护横杆上休息； （6）架子上应保持清洁，随时清理冰雪、杂物等，不准乱堆乱放物料； （7）不得在防护栏杆上拴挂任何重物； （8）作业中需要拆除防护栏杆时，必须采取可靠的临边防护措施

作业步骤	危害辨识	危害描述	产生后果	风险等级	防 范 措 施
7. 阀门回装	高处的工器具、零部件	工器具未系防坠绳、零部件未固定及上下抛掷	物体打击	较小	（1）工器具必须使用防坠绳； （2）工器具和零部件应用绳拴在牢固的构件上，不准随便乱放； （3）工器具和零部件不准上下抛掷
	手拉葫芦	滑链	起重伤害	较小	使用前应作无负荷起落试验一次，确认无滑链现象
		手拉葫芦超载荷使用	起重伤害	较小	使用手拉葫芦时工作负荷不准超过铭牌规定
	吊装液压机构、门盖、自密封组件、阀杆、阀芯、阀座等阀门组件	吊点不牢固、吊点位置不正确	起重伤害	较小	（1）吊钩要挂在物品的重心上，当被吊物件起吊后有可能摆动或转动时，应采用绳牵引方法，防止物件摆动伤人或碰坏设备； （2）选择牢固可靠、满足载荷的吊点
		吊索具损坏或选择不当	起重伤害	较小	（1）作业前，应对吊索具及其配件进行检查，确认完好，方可使用； （2）所选用的吊索具应与被吊工件的外形特点及具体要求相适应，在不具备使用条件的情况下，绝不能对付使用； （3）作业中应防止损坏吊索具及配件，必要时在棱角处应加护角防护； （4）吊具及配件不能超过其额定起重量，起重吊索、吊具不得超过其相应吊挂状态下的最大工作载荷
		绑扎不牢固	起重伤害	较小	（1）起重前必须将物件牢固、稳妥地绑住。 （2）吊拉时两根钢丝绳之间的夹角一般不得大于90°。 （3）使用单吊索起吊重物挂钩时应打"挂钩结"；使用吊环时螺栓必须拧到底；使用卸扣时，吊索与其连接的一个索扣必须扣在销轴上，一个索扣必须扣在扣顶上，不准两个索扣分别扣在卸扣的扣体两侧上；吊拉捆绑时，重物或设备构件的锐边快口处必须加装衬垫物
		斜拉	起重伤害	较小	禁止使用吊钩斜着拖吊重物
		在起吊重物下逗留和行走	起重伤害	较小	任何人不准在起吊重物下逗留和行走
8. 阀门传动	液压油缸	执行机构漏电、漏油	触电漏油	较小	（1）阀门传动前送电调试检查电动执行机构绝缘及接地装置良好； （2）液压油接头做好保护
	转动的门杆	阀门行程调整	机械伤害	较小	调整阀门执行机构行程的同时不得用手触摸阀杆和手轮，避免挤伤手指
9. 检修工作结束	施工废料	施工废料未清理	环境污染	较小	废料及时清理，做到工完、料尽、场地清

11.48 低压旁路系统液压油站检修

作业步骤	危害辨识	危害描述	产生后果	风险等级	防 范 措 施
1. 作业环境评估	噪声	未佩戴耳塞	噪声聋	较小	进入噪声区域时正确佩戴合格的耳塞
	转动的油泵	未与运行中转动设备进行有效隔离	机械伤害	较小	（1）设置安全隔离围栏并设置警告标志； （2）设置安全检修通道； （3）在运行中转动设备附近工作时应对转动设备进行可靠遮拦，并设专人监护

续表

作业步骤	危害辨识	危害描述	产生后果	风险等级	防 范 措 施
1. 作业环境评估	氢气	氢气浓度超标	火灾、爆炸	较小	(1) 现场动火前测量氢气浓度符合要求; (2) 办理动火许可手续; (3) 动火前清理周围易燃物,配备合适的足够的有效的消防器材,完工后检查无火种遗留; (4) 安排监护人进行监护
	格栅板	未铺垫	高处落物	较小	工作场所必须铺设足够的木板或橡胶板,防止物品从格栅板掉落
	润滑油	发生的跑、冒、滴、漏及溢油	滑倒火灾	较小	发生的跑、冒、滴、漏及溢油,要及时清除处理
2. 确认安全措施正确执行	转动的油泵	工作前未核实设备运转状态和标识	机械伤害	较小	转动设备检修时应采取防转动措施、确认电机电源线拆除
	润滑油	工作前所采取的安全措施不完善	火灾爆炸	较小	(1) 开工前确认现场安全措施、隔离措施正确完备; (2) 待管道内介质放尽,压力为零后方可开始工作
		泄漏	污染环境	较小	确认油已排完
		在工作场所存储	火灾	较小	(1) 储存中避免靠近火源和高温; (2) 油桶上要用防火石棉毯覆盖严密
3. 准备工作及现场布置	角磨机	电源线、电源插头破损、防护罩破损缺失松动	机械伤害触电	较小	(1) 检查电源线、电源插头完好无破损、防护罩完好无破损且牢固; (2) 检查合格证在有效期内
	临时电源及电源线	电源线悬挂高度不够	触电	较小	临时电源线架设高度室内不低于 2.5m
		电源线、插头、插座破损	触电	较小	(1) 检查电源线外绝缘良好,无破损; (2) 检查电源盘合格证在有效期; (3) 检查电源插头插座,确保完好; (4) 不准将电源线缠绕在护栏、管道和脚手架上
		未安装漏电保护器	触电	较小	(1) 检查电源盘合格证在有效期; (2) 分级配置漏电保护器,工作前试漏电保护器,确保正确动作
		检修电源箱外壳未接地	触电	较小	(1) 检查电源盘合格证在有效期; (2) 检查电源箱外壳接地良好
	滤油机	电源线、电源插头破损、防护罩破损缺失	机械伤害触电	较小	(1) 检查滤油机电源线、电源插头完好无缺损;接地线完好、防护罩完好无缺损; (2) 检查合格证在有效期内
		临时油管路连接不牢固	污染环境	较小	尽量减少临时油管路中间连接接头,接头连接牢固并做好防脱措施;必要时接头处加装油盘
	手锤	锤头与木柄的连接不牢固、锤头破损、木柄未使用整根硬质木料	物体打击	较小	锤头与木柄的连接应用金属楔栓固定,楔子长度不得大于安装孔深的2/3,锤头完好无损,木柄使用整根硬质木料
4. 设备、管道检修	交流电	未穿戴绝缘鞋、戴绝缘手套	触电	较小	作业时正确穿戴绝缘鞋、绝缘手套
	角磨机	未正确使用防护罩、防护眼镜	机械伤害	较小	正确佩戴防护罩、防护眼镜
		手提电动工具的导线或转动部分	触电	较小	禁止手提电动工具的导线或转动部分
		角磨机砂轮片破损	物体打击	较小	使用前检查角磨机砂轮片完好无缺损
		更换砂轮片未切断电源	机械伤害	较小	更换砂轮片前必须切断电源

作业步骤	危害辨识	危害描述	产生后果	风险等级	防 范 措 施
4. 设备、管道检修	氢气	氢气浓度超标	火灾、爆炸	较小	（1）现场动火前测量氢气浓度符合要求； （2）办理动火许可手续； （3）动火前清理周围易燃物，配备合适的足够的有效的消防器材，完工后检查无火种遗留； （4）安排监护人进行监护
	手锤	锤把上有油污	物体打击	较小	锤把上不可有油污
		戴手套抡手锤	物体打击	较小	打锤人不得戴手套
	易燃物质	未清理动火作业区域可燃物质	火灾	较小	（1）动火现场周围5m以内，严禁堆放易燃易爆物品，不能清除时应用阻燃物品隔离； （2）作业场所配备灭火器
5. 油循环	滤油机	电源接取不正确	触电	较小	滤油机电源必须由电气专业人员接取
	润滑油	发生的跑、冒、滴、漏及溢油	火灾环境污染	较小	专人监护、巡检，杜绝储油器溢油，对在投油和加临时滤网操作中发生的跑、冒、滴、漏及溢油，要及时处理和清除
6. 检修工作结束	润滑油	工作结束后，废品乱扔	火灾环境污染	较小	不准将油污、油泥、废油等（包括沾油棉纱、布、手套、纸等）倒入下水道排放或随地倾倒，应收集放于指定的地点，妥善处理，以防污染环境及发生火灾
	检修废料	施工废料未清理	环境污染	较小	废料及时清理，做到工完、料尽、场地清

11.49 抽气控逆止阀检修

作业步骤	危害辨识	危害描述	产生后果	风险等级	防 范 措 施
1. 作业环境评估	噪声	未佩戴耳塞	噪声聋	较小	进入噪声区域时正确佩戴合格的耳塞
	岩棉、化纤	作业区保温飞扬	尘肺病	较小	作业时正确佩戴合格防尘口罩
	高温环境	环境温度超过40℃	中暑	较小	（1）不准在工作环境温度超过40℃时进行露天作业； （2）在高温场所工作时；应为工作人员提供足够的饮水、清凉饮料及防暑药品；对温度较高的作业场所必须增加通风设备
	高温高压蒸汽	高温设备及附属系统内动、静密封点密封失效，或者系统内设备、管道破损	灼烫伤	较小	（1）作业人员必须穿戴好隔热工作服、防护鞋、防护手套等防护用具； （2）专人监护，遇有不适立即撤出高温检修区域； （3）高温区域内不得长时间逗留
	孔、洞	盖板缺损	高处坠落	重大	工作场所的孔、洞必须覆以与地面齐平的坚固盖板或做好隔离措施
	照明	现场照明不充足	其他伤害	较小	增加临时照明
2. 现场安全措施的落实	高温高压蒸汽	工作前所采取的安全措施不完善	灼烫伤	较小	（1）开工前确认现场安全措施、隔离措施正确完备； （2）待管道内介质放尽，压力为零，温度适可后方可开始工作； （3）人员不能正面对法兰及焊口工作，防止漏点介质体伤人

作业步骤	危害辨识	危害描述	产生后果	风险等级	防 范 措 施
3. 准备工作及现场布置	临时电源及电源线	电源线悬挂高度不够	触电	较小	临时电源线架设高度室内不低于2.5m
		电源线、插头、插座破损	触电	较小	(1) 检查电源线外绝缘良好，无破损； (2) 检查电源盘合格证在有效期； (3) 检查电源插头插座，确保完好； (4) 不准将电源线缠绕在护栏、管道和脚手架上
		未安装漏电保护器	触电	较小	(1) 检查电源盘合格证在有效期； (2) 分级配置漏电保护器，工作前试漏电保护器，确保正确动作
		检修电源箱外壳未接地	触电	较小	(1) 检查电源盘合格证在有效期； (2) 检查电源箱外壳接地良好
	角磨机、阀门研磨机	电源线、电源插头破损、防护罩破损缺失、松动	机械伤害触电	较小	(1) 检查电源线、电源插头完好无破损、防护罩完好无破损、牢固； (2) 检查合格证在有效期内
	大锤、手锤	锤头与木柄的连接不牢固、锤头破损、木柄未使用整根硬质木料	物体打击	较小	锤头与木柄的连接应用金属楔栓固定,楔子长度不得大于安装孔深的2/3,锤头完好无损,木柄使用整根硬质木料
	锉刀、手锯、螺丝刀、钢丝钳	手柄等缺损	刺伤	较小	锉刀、手锯、螺丝刀、钢丝钳等手柄应安装牢固,没有手柄的不准使用
	手拉葫芦	手拉有裂纹、链轮转动卡涩、吊钩无防脱保险装置	起重伤害	较小	(1) 使用前应作无负荷起落试验一次，检查手拉是否有裂纹、链轮转动是否卡涩、吊钩是否无防脱保险装置，以确保完好； (2) 检查合格证在有效期内
4. 拆除阀门螺栓	大锤、手锤	锤把上有油污	物体打击	较小	锤把上不可有油污
		单手抡大锤	物体打击	较小	抡大锤时，周围不得有人，不得单手抡大锤
		戴手套抡大锤	物体打击	较小	打锤人不得戴手套
	高处的工器具、零部件	格栅板未铺垫	物体打击	较小	格栅板上铺垫完好，防止物品掉落
5. 吊装阀门组件	吊具、起吊伺服机构、门盖、门杆及门芯	吊点不牢固、吊点位置不正确	起重伤害	较小	(1) 吊钩要挂在物品的重心上，当被吊物件起吊后有可能摆动或转动时，应采用绳牵引方法，防止物件摆动伤人或碰坏设备； (2) 选择牢固可靠、满足载荷的吊点
		吊索具损坏或选择不当	起重伤害	较小	(1) 作业前，应对吊索具及其配件进行检查，确认完好，方可使用； (2) 所选用的吊索具应与被吊工件的外形特点及具体要求相适应，在不具备使用条件的情况下，绝不能对付使用； (3) 作业中应防止损坏吊索具及配件，必要时在棱角处应加护角防护； (4) 吊具及配件不能超过其额定起重量，起重吊索、吊具不得超过其相应吊挂状态下的最大工作载荷

作业步骤	危害辨识	危害描述	产生后果	风险等级	防 范 措 施
5. 吊装阀门组件	吊具、起吊伺服机构、门盖、门杆及门芯	绑扎不牢固	起重伤害	较小	（1）起重前必须将物件牢固、稳妥地绑住。 （2）吊拉时两根钢丝绳之间的夹角一般不得大于90°。 （3）使用单吊索起吊重物挂钩时应打"挂钩结"；使用吊环时螺栓必须拧到底；使用卸扣时，吊索与其连接的一个索扣必须扣在销轴上，一个索扣必须扣在扣顶上，不准两个索扣分别扣在卸扣的扣体两侧上；吊拉捆绑时，重物或设备构件的锐边快口处必须加装衬垫物
		斜拉	起重伤害	较小	禁止使吊钩斜着拖吊重物
		在起吊重物下逗留和行走	起重伤害	较小	任何人不准在起吊重物下逗留和行走
	手拉葫芦	滑链	起重伤害	较小	使用前应作无负荷起落试验一次，确认无滑链现象
		手拉葫芦超载荷使用	起重伤害	较小	使用手拉葫芦时工作负荷不准超过铭牌规定
6. 打磨打磨及阀门研磨	角磨机	未正确使用防护罩、防护眼镜	机械伤害	较小	正确佩戴防护罩、防护眼镜
		手提电动工具的导线或转动部分	触电	较小	禁止手提电动工具的导线或转动部分
		角磨机砂轮片破损	机械伤害	较小	使用前检查角磨机砂轮片完好无缺损
		更换砂轮片未切断电源	触电	较小	更换砂轮片前必须切断电源
	阀门研磨机	旋转的研磨盘	机械伤害	较小	研磨机架设稳固，旋转部分禁止靠近，全程专人操作及监护
7. 阀门回装	手拉葫芦	滑链	起重伤害	较小	使用前应作无负荷起落试验一次，确认无滑链现象
		手拉葫芦超载荷使用	起重伤害	较小	使用手拉葫芦时工作负荷不准超过铭牌规定
	吊具、起吊伺服机构、门盖、门杆、门芯及螺栓	吊点不牢固、吊点位置不正确	起重伤害	较小	（1）吊钩要挂在物品的重心上，当被吊物件起吊后有可能摆动或转动时，应采用绳牵引方法，防止物件摆动伤人或碰坏设备； （2）选择牢固可靠、满足载荷的吊点
		绑扎不牢固	起重伤害	较小	（1）起重前必须将物件牢固、稳妥地绑住。 （2）吊拉时两根钢丝绳之间的夹角一般不得大于90°。 （3）使用单吊索起吊重物挂钩时应打"挂钩结"；使用吊环时螺栓必须拧到底；使用卸扣时，吊索与其连接的一个索扣必须扣在销轴上，一个索扣必须扣在扣顶上，不准两个索扣分别扣在卸扣的扣体两侧上；吊拉捆绑时，重物或设备构件的锐边快口处必须加装衬垫物
		斜拉	起重伤害	较小	禁止使吊钩斜着拖吊重物
		在起吊重物下逗留和行走	起重伤害	较小	任何人不准在起吊重物下逗留和行走
	高处的工器具、零部件	格栅板未铺垫	物体打击	较小	格栅板上铺垫完好，防止物品掉落
8. 检修工作结束	检修废料	施工废料未清理	环境污染	较小	废料及时清理，做到工完、料尽、场地清

11.50 抽逆止阀检修

作业步骤	危害辨识	危害描述	产生后果	风险等级	防 范 措 施
1. 作业环境评估	噪声	未佩戴耳塞	噪声聋	较小	进入噪声区域时正确佩戴合格的耳塞
	岩棉、化纤	作业区保温飞扬	尘肺病	较小	作业时正确佩戴合格防尘口罩
	高温环境	环境温度超过40℃	中暑	较小	(1) 不准在工作环境温度超过40℃时进行露天作业; (2) 在高温场所工作时,应为工作人员提供足够的饮水、清凉饮料及防暑药品;对温度较高的作业场所必须增加通风设备
	高温高压蒸汽	高温设备及附属系统内动、静密封点密封失效,或者系统内设备、管道破损	灼烫伤	较小	(1) 作业人员必须穿戴好隔热工作服、防护鞋、防护手套、等防护用具; (2) 专人监护,遇有不适立即撤出高温检修区域; (3) 高温区域内不得长时间逗留
	孔、洞	盖板缺损	高处坠落	重大	工作场所的孔、洞必须覆以与地面齐平的坚固盖板或做好隔离措施
	照明	现场照明不充足	其他伤害	较小	增加临时照明
2. 现场安全措施的落实	高温高压蒸汽	工作前所采取的安全措施不完善	灼烫伤	较小	(1) 开工前确认现场安全措施、隔离措施正确完备; (2) 待管道内介质放尽,压力为零,温度适可后方可开始工作; (3) 人员不能正面对法兰及焊口工作,防止漏点介质体伤人
3. 准备工作及现场布置	临时电源及电源线	电源线悬挂高度不够	触电	较小	临时电源线架设高度室内不低于2.5m
		电源线、插头、插座破损	触电	较小	(1) 检查电源线外绝缘良好,无破损; (2) 检查电源盘合格证在有效期; (3) 检查电源插头插座,确保完好; (4) 不准将电源线缠绕在护栏、管道和脚手架上
		未安装漏电保护器	触电	较小	(1) 检查电源盘合格证在有效期; (2) 分级配置漏电保护器,工作前试漏电保护器,确保正确动作
		检修电源箱外壳未接地	触电	较小	(1) 检查电源盘合格证在有效期; (2) 检查电源箱外壳接地良好
	角磨机、阀门研磨机	电源线、电源插头破损、防护罩破损缺失、松动	机械伤害触电	较小	(1) 检查电源线、电源插头完好无破损、防护罩完好无破损、牢固; (2) 检查合格证在有效期内
	大锤、手锤	锤头与木柄的连接不牢固、锤头破损、木柄未使用整根硬质木料	物体打击	较小	锤头与木柄的连接应用金属楔栓固定,楔子长度不得大于安装孔深的2/3,锤头完好无损,木柄使用整根硬质木料
	锉刀、手锯、螺丝刀、钢丝钳	手柄等缺损	刺伤	较小	锉刀、手锯、螺丝刀、钢丝钳等手柄应安装牢固,没有手柄的不准使用
	手拉葫芦	手拉有裂纹、链轮转动卡涩、吊钩无防脱保险装置	起重伤害	较小	(1) 使用前应作无负荷起落试验一次,检查手拉是否有裂纹、链轮转动是否卡涩、吊钩是否无防脱保险装置,以确保完好; (2) 检查合格证在有效期内

续表

作业步骤	危害辨识	危害描述	产生后果	风险等级	防 范 措 施
4. 拆除阀门螺栓	大锤、手锤	锤把上有油污	物体打击	较小	锤把上不可有油污
		单手抡大锤	物体打击	较小	抡大锤时，周围不得有人，不得单手抡大锤
		戴手套抡大锤	物体打击	较小	打锤人不得戴手套
	高处作业人员	未佩戴使用合格的安全带	高处坠落	重大	（1）安全带使用前进行外观检查合格，检验合格证应在有效期内； （2）在没有脚手架或没有栏杆的脚手架上工作，高度超过1.5m时必须使用安全带； （3）安全带的挂钩应挂在结实、牢固的构件上，或专挂安全带的钢丝绳上，不准低挂高用
	临边作业人员	坐靠在临边防护栏上	高处坠落	重大	不准人员坐靠在临边防护栏杆上
	高处的工器具、零部件	工器具未系防坠绳、零部件未固定及上下抛掷	物体打击	较小	（1）工器具必须使用防坠绳； （2）工器具和零部件应用绳拴在牢固的构件上，不准随便乱放； （3）工器具和零部件不准上下抛掷
5. 吊装阀门组件	吊具、起吊伺服机构、门盖、门杆及门芯	吊点不牢固、吊点位置不正确	起重伤害	较小	（1）吊钩要挂在物品的重心上，当被吊物件起吊后有可能摆动或转动时，应采用绳牵引方法，防止物件摆动伤人或碰坏设备； （2）选择牢固可靠、满足载荷的吊点
		吊索具损坏或选择不当	起重伤害	较小	（1）作业前，应对吊索具及其配件进行检查，确认完好，方可使用； （2）所选用的吊索具应与被吊工件的外形特点及具体要求相适应，在不具备使用条件的情况下，绝不能对付使用； （3）作业中应防止损坏吊索具及配件，必要时在棱角处应加护角防护； （4）吊具及配件不能超过其额定起重量，起重吊索、吊具不得超过其相应吊挂状态下的最大工作载荷
		绑扎不牢固	起重伤害	较小	（1）起重前必须将物件牢固、稳妥地绑住。 （2）吊拉时两根钢丝绳之间的夹角一般不得大于90°。 （3）使用单吊索起吊重物挂钩时应打"挂钩结"；使用吊环时螺栓必须拧到底；使用卸扣时，吊索与其连接的一个索扣必须扣在销轴上，一个索扣必须扣在扣顶上，不准两个索扣分别扣在卸扣的扣体两侧上；吊索捆绑时，重物或设备构件的锐边快口处必须加装衬垫物
		斜拉	起重伤害	较小	禁止使吊钩斜着拖吊重物
		在起吊重物下逗留和行走	起重伤害	较小	任何人不准在起吊重物下逗留和行走
	手拉葫芦	滑链	起重伤害	较小	使用前应作无负荷起落试验一次，确认无滑链现象
		手拉葫芦超载荷使用	起重伤害	较小	使用手拉葫芦时工作负荷不准超过铭牌规定
6. 打磨打磨及阀门研磨	角磨机	未正确使用防护罩、防护眼镜	机械伤害	较小	正确佩戴防护罩、防护眼镜
		手提电动工具的导线或转动部分	触电	较小	禁止手提电动工具的导线或转动部分
		角磨机砂轮片破损	机械伤害	较小	使用前检查角磨机砂轮片完好无缺损
		更换砂轮片未切断电源	触电	较小	更换砂轮片前必须切断电源
	阀门研磨机	旋转的研磨盘	机械伤害	较小	研磨机架设稳固，旋转部分禁止靠近，全程专人操作及监护

续表

作业步骤	危害辨识	危害描述	产生后果	风险等级	防 范 措 施
7. 阀门回装	手拉葫芦	滑链	起重伤害	较小	使用前应做无负荷起落试验一次，确认无滑链现象
		手拉葫芦超载荷使用	起重伤害	较小	使用手拉葫芦时工作负荷不准超过铭牌规定
	吊具、起吊伺服机构、门盖、门杆、门芯及螺栓	吊点不牢固、吊点位置不正确	起重伤害	较小	（1）吊钩要挂在物品的重心上，当被吊物件起吊后有可能摆动或转动时，应采用绳牵引方法，防止物件摆动伤人或碰坏设备； （2）选择牢固可靠、满足载荷的吊点
		绑扎不牢固	起重伤害	较小	（1）起重前必须将物件牢固、稳妥地绑住。 （2）吊拉时两根钢丝绳之间的夹角一般不得大于90°。 （3）使用单吊索起吊重物挂钩时应打"挂钩结"；使用吊环时螺栓必须拧到底；使用卸扣时，吊索与其连接的一个索扣必须扣在销轴上，一个索扣必须扣在扣顶上，不准两个索扣分别扣在卸扣的扣体两侧上；吊拉捆绑时，重物或设备构件的锐边快口处必须加装衬垫物
		斜拉	起重伤害	较小	禁止使用吊钩斜着拖吊重物
		在起吊重物下逗留和行走	起重伤害	较小	任何人不准在起吊重物下逗留和行走
	高处作业人员	未佩戴使用合格的安全带	高处坠落	重大	（1）安全带使用前进行外观检查合格，检验合格证应在有效期内； （2）在没有脚手架或没有栏杆的脚手架上工作，高度超过1.5m时必须使用安全带； （3）安全带的挂钩应挂在结实、牢固的构件上，或专挂安全带的钢丝绳上，不准低挂高用
	临边作业人员	坐靠在临边防护栏上	高处坠落	重大	不准人员坐靠在临边防护栏杆上
	高处的工器具、零部件	工器具未系防坠绳、零部件未固定及上下抛掷	物体打击	较小	（1）工器具必须使用防坠绳； （2）工器具和零部件应用绳拴在牢固的构件上，不准随便乱放； （3）工器具和零部件不准上下抛掷
8. 检修工作结束	检修废料	施工废料未清理	环境污染	较小	废料及时清理，做到工完、料尽、场地清

11.51 凝汽器检修

作业步骤	危害辨识	危害描述	产生后果	风险等级	防 范 措 施
1. 作业环境评估	噪声	未佩戴耳塞	噪声聋	较小	进入噪声区域时正确佩戴合格的耳塞
	孔、洞	盖板缺损	高处坠落	重大	工作场所的孔、洞必须覆以与地面齐平的坚固盖板或做好隔离措施
	氢气	氢气浓度超标	火灾、爆炸	较小	（1）现场动火前测量氢气浓度符合要求； （2）办理动火许可手续； （3）动火前清理周围易燃物，配备合适的足够的有效的消防器材，完工后检查无火种遗留； （4）安排监护人进行监护
	高温潮湿环境	环境温度、湿度高	中暑	较小	（1）工作环境温度、湿度较高时注意人员情况，安排轮流工作并做好监护； （2）在高温场所工作时，应为工作人员提供足够的饮水、清凉饮料及防暑药品；对温度较高的作业场所必须增加通风设备

作业步骤	危害辨识	危害描述	产生后果	风险等级	防 范 措 施
2. 确认安全措施正确执行	介质水	工作前所采取的安全措施不完善	淹溺	较小	（1）开工前确认现场安全措施、隔离措施正确完备； （2）待管道内介质放尽，压力为零，后方可开始工作
3. 准备工作及现场布置	角磨机	电焊机电源线、电源插头、电焊钳等设备和工具破损	触电	较小	（1）电焊机电源线、电源插头、电焊钳等焊接设备和工具完好无损； （2）电焊机的裸露导电部分和转动部分以及冷却用的风扇均应装有保护罩
	通风机	防护罩缺损	机械伤害	较小	（1）风机转动部分必须装设防护装置，并标明旋转方向； （2）对缺损的防护罩应及时装复或修复
	电焊机	电焊机电源线、电源插头、电焊钳破损	触电	较小	（1）电焊机电源线、电源插头、电焊钳等焊接设备和工具完好无损； （2）电焊机的裸露导电部分和转动部分以及冷却用的风扇均应装有保护罩
		焊机外壳不接地	触电	较小	电焊机金属外壳应有明显的可靠接地，且一机一接地
		焊机、焊钳与电缆线连接不牢固	触电	较小	（1）电焊工作所用的导线，必须使用绝缘良好的皮线； （2）电焊机、焊钳与电缆线连接牢固，接地端头不外露； （3）连接到电焊钳上的一端，至少有 5m 为绝缘软导线
		一闸接多台电焊机	触电火灾	较小	电焊机必须装有独立的专用电源开关，其容量应符合要求。焊机超负荷时，应能自动切断电源，禁止多台焊机共用一个电源开关
	行灯	行灯电源线、电源插头破损	触电	较小	（1）检查行灯电源线、电源插头完好无破损； （2）行灯的电源线应采用橡套软电缆
		使用行灯电压等级不符	触电	较小	在金属容器和金属管道内使用的行灯，其电压不得超过 12V
		行灯防护罩缺失	触电	较小	行灯应有保护罩
	临时电源及电源线	电源线悬挂高度不够	触电	较小	临时电源线架设高度室内不低于 2.5m
		电源线、插头、插座破损	触电	较小	（1）检查电源线外绝缘良好，无破损； （2）检查电源盘合格证在有效期； （3）检查电源插头插座，确保完好； （4）不准将电源线缠绕在护栏、管道和脚手架上
		未安装漏电保护器	触电	较小	（1）检查电源盘合格证在有效期； （2）分级配置漏电保护器，工作前试漏电保护器，确保正确动作
		检修电源箱外壳未接地	触电	较小	（1）检查电源盘合格证在有效期； （2）检查电源箱外壳接地良好
	手锤	锤头与木柄的连接不牢固、锤头破损、木柄未使用整根硬质木料	物体打击	较小	锤头与木柄的连接应用金属楔栓固定，楔子长度不得大于安装孔深的 2/3，锤头完好无损，木柄使用整根硬质木料

作业步骤	危害辨识	危害描述	产生后果	风险等级	防 范 措 施
4. 打开人孔门	高处作业人员	未正确使用安全带	高处坠落	重大	安全带的挂钩应挂在结实、牢固的构件上，或专挂安全带的钢丝绳上，安全带要高挂低用
	高处的工器具、零部件	工器具未系防坠绳、零部件未固定及上下抛掷	物体打击	较小	（1）工器具必须使用防坠绳； （2）工器具和零部件应用绳拴在牢固的构件上，不准随便乱放； （3）工器具和零部件不准上下抛掷
	孔、洞	人孔未设置临时围栏、警告标志	高处坠落	重大	（1）在检修工作中人孔打开后，必须设有牢固的临时围栏，并设有明显的警告标志； （2）工作停止时应将人孔临时进行封闭
5. 凝汽器内部检查	二氧化碳	气体浓度超标	窒息	中等	有限空间作业前办理作业审批许可，工作前30min 前打开人孔门进行通风直至用气体检测仪检测浓度合格，氧气浓度保持在 19.5%～21%范围内
		无人监护	窒息	中等	设专人不间断地监护
	通风机	肢体部位或饰品衣物、用具接触转动部位	机械伤害	较小	（1）衣服和袖口应扣好，不得戴围巾领带，长发必须盘在安全帽内； （2）不准将用具、工器具接触设备的转动部位
	交流电	个人防护用品未正确使用	触电	较小	作业时正确佩戴绝缘鞋、绝缘手套
		未使用Ⅱ类手持式电动工具	触电	较小	（1）工作时使用Ⅱ类手持式电动工具，并安装漏电开关，漏电开关动作电流小于 15mA，动作时间小于等于 0.1s； （2）使用临时电源时电源联接器和控制箱等应放在容器外面宽敞、干燥场所
	行灯	将行灯变压器带入金属容器内	触电	较小	禁止将行灯变压器带入金属容器内
		使用行灯电压等级不符	触电	较小	在金属容器和金属管道内使用的行灯，其电压不得超过 12V
	高温环境	容器内部温度高于40℃	中暑	较小	工作人员在容器内工作的人员应根据身体情况，轮流工作与休息
	角磨机	未正确使用防护罩、防护眼镜	机械伤害	较小	正确佩戴防护罩、防护眼镜
		手提电动工具的导线或转动部分	触电	较小	禁止手提电动工具的导线或转动部分
		角磨机砂轮片破损	机械伤害	较小	使用前检查角磨机砂轮片完好无缺损
		更换砂轮片未切断电源	触电	较小	更换砂轮片前必须切断电源
	可燃物质	未清理动火作业区域可燃物质	火灾	较小	（1）动火现场周围5m 以内，严禁堆放易燃易爆物品。不能清除时应用阻燃物品隔离； （2）作业场所配备灭火器
	电焊机	未正确使用面罩、电焊手套、白光眼镜等防护用具	灼烫伤	较小	（1）正确使用面罩； （2）戴电焊手套； （3）戴白光眼镜； （4）穿电焊服
		电焊线缠绕在身上	触电	较小	工作前将电焊线布置好，在人员通道上架空 2m高，户外 4m 高，地面敷设做好防护措施

续表

作业步骤	危害辨识	危害描述	产生后果	风险等级	防 范 措 施
5. 凝汽器内部检查	电焊机	在金属容器内焊接作业未穿绝缘鞋	触电	较小	在金属容器内焊接作业穿绝缘鞋，铺绝缘垫
		利用厂房的金属结构、管道、轨道或其他金属搭接起来作为导线使用	触电	较小	不准利用厂房的金属结构、管道、轨道或其他金属搭接起来作为导线使用
		准备移动消防器材不合格	火灾	较小	电焊作业现场必须准备合格的、充足的灭火器及移动消防器材
	焊接尘	通风不良	尘肺病	较小	焊接工作场所应有良好的通风
		未正确使用防尘口罩	尘肺病	较小	作业时正确佩戴合格防尘口罩
	焊渣	高温焊渣飞溅	灼烫伤、火灾	较小	（1）动火工作区域周围设置防护屏，防止其他人员被飞溅的焊渣烫伤，地面铺设防火布；（2）火焊人员必须穿戴好工作服戴好手套和带鞋盖劳保鞋等
	遗留火种	施焊完毕后，未确认是否遗留火种就离开	火灾	较小	电焊作业时须有灭火器材，施焊完毕后，要留有充分的时间观察，确认无引火点，方可离去
6. 封闭人孔	二氧化碳	人员遗留在容器内	窒息	较小	封闭人孔前工作负责人应认真清点工作人员
7. 检修工作结束	施工废料	施工废料未清理	环境污染	较小	废料及时清理，做到工完、料尽、场地清

11.52 凝汽器胶球清洗装置胶球输送泵检修

作业步骤	危害辨识	危害描述	产生后果	风险等级	防 范 措 施
1. 作业环境评估	噪声	未佩戴耳塞	噪声聋	较小	进入噪声区域时正确佩戴合格的耳塞
	氢气	氢气浓度超标	火灾、爆炸	较小	（1）现场动火前测量氢气浓度符合要求；（2）办理动火许可手续；（3）动火前清理周围易燃物，配备合适的足够的有效的消防器材，完工后检查无火种遗留；（4）安排监护人进行监护
	转动的泵	未与运行中转动设备进行有效隔离	机械伤害	较小	（1）设置安全隔离围栏并设置警告标志；（2）设置安全检修通道；（3）在运行中转动设备附近工作时应对转动设备进行可靠遮拦，并设专人监护
2. 确认安全措施正确执行	高压介质水	检修中系统隔离不彻底	冲击	较小	检修工作开始前到现场检查确认工作票所列安全措施完善和正确执行
3. 准备工作及现场布置	转动的泵	工作前未核实设备运转状态和标识	机械伤害	较小	转动设备检修时应采取防转动措施、确认电机电源线拆除
	角磨机、轴承加热器	电源线、电源插头破损、防护罩破损缺失	机械伤害触电	较小	（1）检查电源线、电源插头完好无破损、防护罩完好无破损；（2）检查合格证在有效期内
	手锤	锤头与木柄的连接不牢固、锤头破损、木柄未使用整根硬质木料	物体打击	较小	锤头与木柄的连接应用金属楔栓固定，楔子长度不得大于安装孔深的2/3，锤头完好无损，木柄使用整根硬质木料
	锉刀、手锯、螺丝刀、钢丝钳	手柄等缺损	刺伤	较小	锉刀、手锯、螺丝刀、钢丝钳等手柄应安装牢固，没有手柄的不准使用

续表

作业步骤	危害辨识	危害描述	产生后果	风险等级	防 范 措 施
4. 泵解体	联轴器销孔	用手直接伸入销孔内盘动联轴器	机械伤害	较小	联轴器对孔时严禁将手指放入销孔内
	轴承拆除	加热轴承	烫伤、火灾	较小	操作人员必须使用隔热手套
	手锤	锤把上有油污	物体打击	较小	锤把上不可有油污
		戴手套抡手锤	物体打击	较小	打锤人不得戴手套
5. 零部件清理、检查测量及修整	清洁剂	在工作场所存储	火灾爆炸	较小	（1）禁止在工作场所存储易燃物品，例如汽油、酒精等； （2）领用、暂存时量不能过大，一般不超过500mL
		皮肤接触	化学性灼伤	较小	工作人员佩戴橡胶手套
6. 轴承回装	氢气	氢气浓度超标	火灾、爆炸	较小	（1）现场动火前测量氢气浓度符合要求； （2）办理动火许可手续； （3）动火前清理周围易燃物，配备合适的足够的有效的消防器材，完工后检查无火种遗留； （4）安排监护人进行监护
	轴承加热器	未采取防烫伤措施	灼烫伤	较小	操作人员必须使用隔热手套
		未采取防触电措施	触电	较小	（1）操作人与员必须穿绝缘鞋、戴绝缘手套； （2）检查加热设备绝缘良好，工作人员离开现场应切断电源
7. 泵回装	撬杠	支撑物不可靠	压伤	较小	应保证支撑物可靠
		被撬物倾斜或滚落	压伤	较小	撬动过程中应采取措施防止被撬物倾斜或滚落
8. 泵试运	转动的泵	防护罩缺损、松动	机械伤害	较小	（1）设备的转动部分必须装设防护罩，并标明旋转方向，露出的轴端必须装设护盖、检查牢固； （2）对转动设备缺损的防护罩应及时装复或修复，装复或修复前在转动设备区域内设置"禁止靠近"安全警示标识； （3）不准擅自拆除设备上的安全防护设施
		肢体部位或饰品衣物、用具（包括防护用品）、工具接触转动部位	机械伤害	较小	（1）衣服和袖口应扣好，不得戴围巾领带，长发必须盘在安全帽内； （2）不准将用具、工器具接触设备的转动部位； （3）不准在转动设备附近长时间停留； （4）不准在靠背轮上、安全罩上或运行中设备的轴承上行走和坐立
		试运行启动时人员站在转机径向位置	机械伤害	较小	转动设备试运行时所有人员应先远离，站在转动机械的轴向位置，并有一人站在事故按钮位置
9. 检修工作结束	检修废料	施工废料未清理	环境污染	较小	废料及时清理，做到工完、料尽、场地清

11.53 凝汽器胶球清洗装置收球网检修

作业步骤	危害辨识	危害描述	产生后果	风险等级	防 范 措 施
1. 作业环境评估	噪声	未佩戴耳塞	噪声聋	较小	进入噪声区域时正确佩戴合格的耳塞
	氢气	氢气浓度超标	火灾、爆炸	较小	（1）现场动火前测量氢气浓度符合要求； （2）办理动火许可手续； （3）动火前清理周围易燃物，配备合适的足够的有效的消防器材，完工后检查无火种遗留； （4）安排监护人进行监护

续表

作业步骤	危害辨识	危害描述	产生后果	风险等级	防 范 措 施
1. 作业环境评估	格栅板	未铺垫	高处落物	较小	工作场所必须铺设足够的木板或橡胶板,防止物品从格栅板掉落
	高温潮湿环境	环境温度、湿度较大	中暑	较小	(1)工作环境温度、湿度较高时注意人员情况,安排轮流工作并做好监护; (2)在高温场所工作时,应为工作人员提供足够的饮水、清凉饮料及防暑药品,对温度较高的作业场所必须增加通风设备
2. 确认安全措施正确执行	介质水	工作前所采取的安全措施不完善	淹溺	较小	(1)开工前确认现场安全措施、隔离措施正确完备; (2)待管道内介质放尽,压力为零后方可开始工作
3. 准备工作及现场布置	角磨机	电焊机电源线、电源插头、电焊钳等设备和工具破损	触电	较小	(1)电焊机电源线、电源插头、电焊钳等焊接设备和工具完好无损; (2)电焊机的裸露导电部分和转动部分以及冷却用的风扇,均应装有保护罩
	通风机	防护罩缺损	机械伤害	较小	(1)风机转动部分必须装设防护装置,并标明旋转方向; (2)对缺损的防护罩应及时装复或修复
	电焊机	电焊机电源线、电源插头、电焊钳破损	触电	较小	(1)电焊机电源线、电源插头、电焊钳等焊接设备和工具完好无损; (2)电焊机的裸露导电部分和转动部分以及冷却用的风扇,均应装有保护罩
		焊机外壳不接地	触电	较小	电焊机金属外壳应有明显的可靠接地,且一机一接地
		焊机、焊钳与电缆线连接不牢固	触电	较小	(1)电焊工作所用的导线,必须使用绝缘良好的皮线; (2)电焊机、焊钳与电缆线连接牢固,接地端头不外露; (3)连接到电焊钳上的一端,至少有5m为绝缘软导线
		一闸接多台电焊机	触电火灾	较小	电焊机必须装有独立的专用电源开关,其容量应符合要求。焊机超负荷时,应能自动切断电源,禁止多台焊机共用一个电源开关
	行灯	行灯电源线、电源插头破损	触电	较小	(1)检查行灯电源线、电源插头完好无破损; (2)行灯的电源线应采用橡套软电缆
		使用行灯电压等级不符	触电	较小	在金属容器和金属管道内使用的行灯,其电压不得超过12V
		行灯防护罩缺失	触电	较小	行灯应有保护罩
	临时电源及电源线	电源线悬挂高度不够	触电	较小	临时电源线架设高度室内不低于2.5m
		电源线、插头、插座破损	触电	较小	(1)检查电源线外绝缘良好,无破损; (2)检查电源盘合格证在有效期; (3)检查电源插头插座,确保完好; (4)不准将电源线缠绕在护栏、管道和脚手架上
		未安装漏电保护器	触电	较小	(1)检查电源盘合格证在有效期; (2)分级配置漏电保护器,工作前试漏电保护器,确保正确动作
		检修电源箱外壳未接地	触电	较小	(1)检查电源盘合格证在有效期; (2)检查电源箱外壳接地良好

续表

作业步骤	危害辨识	危害描述	产生后果	风险等级	防范措施
3. 准备工作及现场布置	手锤	锤头与木柄的连接不牢固、锤头破损、木柄未使用整根硬质木料	物体打击	较小	锤头与木柄的连接应用金属楔栓固定,楔子长度不得大于安装孔深的2/3,锤头完好无损,木柄使用整根硬质木料
4. 打开人孔门	高处作业人员	未正确使用安全带	高处坠落	较小	安全带的挂钩应挂在结实、牢固的构件上,或专挂安全带的钢丝绳上,安全带要高挂低用
	高处的工器具、零部件	工器具未系防坠绳、零部件未固定及上下抛掷	物体打击	较小	(1) 工器具必须使用防坠绳; (2) 工器具和零部件应用绳拴在牢固的构件上,不准随便乱放; (3) 工器具和零部件不准上下抛掷
	孔、洞	人孔未设置临时围栏、警告标志	高处坠落	重大	(1) 在检修工作中人孔打开后,必须设有牢固的临时围栏,并设有明显的警告标志; (2) 工作停止时应将人孔临时进行封闭
5. 收球网内部检查	二氧化碳	气体浓度超标	窒息	中等	有限空间作业前办理作业审批许可,工作前30min 前打开人孔门进行通风直至用气体检测仪检测浓度合格,氧气浓度保持在19.5%~21%范围内
		无人监护	窒息	中等	设专人不间断地监护
	通风机	肢体部位或饰品衣物、用具接触转动部位	机械伤害	较小	(1) 衣服和袖口应扣好,不得戴围巾领带,长发必须盘在安全帽内; (2) 不准将用具、工器具接触设备的转动部位
	交流电	个人防护用品未正确使用	触电	较小	作业时正确佩戴绝缘鞋、绝缘手套
		未使用Ⅱ类手持式电动工具	触电	较小	(1) 工作时使用Ⅱ类手持式电动工具,并安装漏电开关,漏电开关动作电流小于15mA,动作时间小于等于0.1s; (2) 使用临时电源时电源联接器和控制箱等应放在容器外面宽敞、干燥场所
	行灯	将行灯变压器带入金属容器内	触电	较小	禁止将行灯变压器带入金属容器内
		使用行灯电压等级不符	触电	较小	在金属容器和金属管道内使用的行灯,其电压不得超过12V
	高温环境	容器内部温度高于40℃	中暑	较小	工作人员在容器内工作的人员应根据身体情况,轮流工作与休息
	氢气	氢气浓度超标	火灾、爆炸	较小	(1) 现场动火前测量氢气浓度符合要求; (2) 办理动火许可手续; (3) 动火前清理周围易燃物,配备合适的足够的有效的消防器材,完工后检查无火种遗留; (4) 安排监护人进行监护
	角磨机	未正确使用防护罩、防护眼镜	机械伤害	较小	正确佩戴防护罩、防护眼镜
		手提电动工具的导线或转动部分	触电	较小	禁止手提电动工具的导线或转动部分
		角磨机砂轮片破损	机械伤害	较小	使用前检查角磨机砂轮片完好无缺损
		更换砂轮片未切断电源	触电	较小	更换砂轮片前必须切断电源
	可燃物质	未清理动火作业区域可燃物质	火灾	较小	(1) 动火现场周围5m 以内,严禁堆放易燃易爆物品。不能清除时应用阻燃物品隔离; (2) 作业场所配备灭火器

作业步骤	危害辨识	危害描述	产生后果	风险等级	防 范 措 施
5. 收球网内部检查	电焊机	未正确使用面罩、电焊手套、白光眼镜等防护用具	灼烫伤	较小	（1）正确使用面罩； （2）戴电焊手套； （3）戴白光眼镜； （4）穿电焊服
		电焊线缠绕在身上	触电	较小	工作前将电焊线布置好，在人员通道上架空 2m 高，户外 4m 高，地面敷设做好防护措施
		在金属容器内焊接作业未穿绝缘鞋	触电	较小	在金属容器内焊接作业穿绝缘鞋，铺绝缘垫
		利用厂房的金属结构、管道、轨道或其他金属搭接起来作为导线使用	触电	较小	不准利用厂房的金属结构、管道、轨道或其他金属搭接起来作为导线使用
		准备移动消防器材不合格	火灾	较小	电焊作业现场必须准备合格的、充足的灭火器及移动消防器材
	焊接尘	通风不良	尘肺病	较小	焊接工作场所应有良好的通风
		未正确使用防尘口罩	尘肺病	较小	作业时正确佩戴合格防尘口罩
	焊渣	高温焊渣飞溅	灼烫伤、火灾	较小	（1）动火工作区域周围设置防护屏，防止其他人员被飞溅的焊渣烫伤，地面铺设防火布； （2）火焊人员必须穿戴好工作服戴好手套和带鞋盖劳保鞋等
	遗留火种	施焊完毕后，未确认是否遗留火种就离开	火灾	较小	电焊作业时须有灭火器材，施焊完毕后，要留有充分的时间观察，确认无引火点，方可离去
6. 封闭人孔	二氧化碳	人员遗留在容器内	窒息	中等	封闭人孔前工作负责人应认真清点工作人员
7. 检修工作结束	施工废料	施工废料未清理	环境污染	较小	废料及时清理，做到工完、料尽、场地清

11.54 凝汽器胶球清洗装置装球室检修

作业步骤	危害辨识	危害描述	产生后果	风险等级	防 范 措 施
1. 作业环境评估	噪声	未佩戴耳塞	噪声聋	较小	进入噪声区域时正确佩戴合格的耳塞
	氢气	氢气浓度超标	火灾、爆炸	较小	（1）现场动火前测量氢气浓度符合要求； （2）办理动火许可手续； （3）动火前清理周围易燃物，配备合适的足够的有效的消防器材，完工后检查无火种遗留； （4）安排监护人进行监护
	高温环境	环境温度超过 40℃	中暑	较小	（1）工作环境温度超过 40℃时工作人员轮流休息。 （2）在高温场所工作时，应为工作人员提供足够的饮水、清凉饮料及防暑药品；对温度较高的作业场所必须增加通风设备
2. 确认安全措施正确执行	介质水	工作前所采取的安全措施不完善	其他	较小	（1）开工前确认现场安全措施、隔离措施正确完备； （2）待容器内介质放尽，压力为零后方可开始工作
3. 准备工作及现场布置	角磨机	电焊机电源线、电源插头、电焊钳等设备和工具破损	触电	较小	（1）电焊机电源线、电源插头、电焊钳等焊接设备和工具完好无损； （2）电焊机的裸露导电部分和转动部分以及冷却用的风扇，均应装有保护罩

续表

作业步骤	危害辨识	危害描述	产生后果	风险等级	防　范　措　施
3．准备工作及现场布置	临时电源及电源线	电源线悬挂高度不够	触电	较小	临时电源线架设高度室内不低于2.5m
		电源线、插头、插座破损	触电	较小	（1）检查电源线外绝缘良好，无破损； （2）检查电源盘合格证在有效期； （3）检查电源插头插座，确保完好； （4）不准将电源线缠绕在护栏、管道和脚手架上
		未安装漏电保护器	触电	较小	（1）检查电源盘合格证在有效期； （2）分级配置漏电保护器，工作前试漏电保护器，确保正确动作
		检修电源箱外壳未接地	触电	较小	（1）检查电源盘合格证在有效期； （2）检查电源箱外壳接地良好
	手锤	锤头与木柄的连接不牢固、锤头破损、木柄未使用整根硬质木料	物体打击	较小	锤头与木柄的连接应用金属楔栓固定，楔子长度不得大于安装孔深的2/3，锤头完好无损，木柄使用整根硬质木料
4．内部检查	高温环境	温度高于40℃	中暑	较小	工作人员应根据身体情况，轮流工作与休息
	交流电	个人防护用品未正确使用	触电	较小	作业时正确佩戴绝缘鞋、绝缘手套
		未使用Ⅱ类手持式电动工具	触电	较小	（1）工作时使用Ⅱ类手持式电动工具，并安装漏电开关，漏电开关动作电流小于15mA，动作时间小于等于0.1s； （2）使用临时电源时电源联接器和控制箱等应放在容器外面宽敞、干燥场所
	氢气	氢气浓度超标	火灾、爆炸	较小	（1）现场动火前测量氢气浓度符合要求； （2）办理动火许可手续； （3）动火前清理周围易燃物，配备合适的足够的有效的消防器材，完工后检查无火种遗留； （4）安排监护人进行监护
	角磨机	未正确使用防护罩、防护眼镜	机械伤害	较小	正确佩戴防护罩、防护眼镜
		手提电动工具的导线或转动部分	触电	较小	禁止手提电动工具的导线或转动部分
		角磨机砂轮片破损	机械伤害	较小	使用前检查角磨机砂轮片完好无缺损
		更换砂轮片未切断电源	触电	较小	更换砂轮片前必须切断电源
5．检修工作结束	施工废料	施工废料未清理	环境污染	较小	废料及时清理，做到工完、料尽、场地清

11.55　凝汽器汽侧真空泵检修

作业步骤	危害辨识	危害描述	产生后果	风险等级	防　范　措　施
1．作业环境评估	噪声	未佩戴耳塞	噪声聋	较小	进入噪声区域时正确佩戴合格的耳塞
	氢气	氢气浓度超标	火灾、爆炸	较小	（1）现场动火前测量氢气浓度符合要求； （2）办理动火许可手续； （3）动火前清理周围易燃物，配备合适的足够的有效的消防器材，完工后检查无火种遗留； （4）安排监护人进行监护
	转动的水泵	未与运行中转动设备进行有效隔离	机械伤害	较小	（1）设置安全隔离围栏并设置警告标志； （2）设置安全检修通道； （3）在运行中转动设备附近工作时应对转动设备进行可靠遮拦，并设专人监护
	照明	现场照明不充足	其他伤害	较小	增加临时照明

续表

作业步骤	危害辨识	危害描述	产生后果	风险等级	防 范 措 施
2. 确认安全措施正确执行	润滑油	发生的跑、冒、滴、漏及溢油	滑倒火灾	较小	发生的跑、冒、滴、漏及溢油，要及时清除处理
	高压介质水	工作前所采取的安全措施不完善	冲击	较小	（1）开工前确认现场安全措施、隔离措施正确完备； （2）待管道内介质放尽，压力为零，温度适可后方可开始工作
3. 准备工作及现场布置	转动的水泵	工作前未核实设备运转状态和标识	机械伤害	较小	转动设备检修时应采取防转动措施、确认电机电源线拆除
	临时电源及电源线	电源线悬挂高度不够	触电	较小	临时电源线架设高度室内不低于2.5m
		电源线、插头、插座破损	触电	较小	（1）检查电源线外绝缘良好，无破损； （2）检查电源盘合格证在有效期； （3）检查电源插头插座，确保完好； （4）不准将电源线缠绕
		未安装漏电保护器	触电	较小	（1）检查电源盘合格证在有效期； （2）分级配置漏电保护器，工作前试漏电保护器，确保正确动作
		检修电源箱外壳未接地	触电	较小	（1）检查电源盘合格证在有效期； （2）检查电源箱外壳接地良好
	角磨机	电源线、电源插头破损、防护罩破损缺失松动	机械伤害触电	较小	（1）检查电源线、电源插头完好无破损、防护罩完好无破损且牢固； （2）检查合格证在有效期内
	大锤、手锤	锤头与木柄的连接不牢固、锤头破损、木柄未使用整根硬质木料	物体打击	较小	锤头与木柄的连接应用金属楔栓固定,楔子长度不得大于安装孔深的2/3，锤头完好无损，木柄使用整根硬质木料
	手拉葫芦	手拉有裂纹、链轮转动卡涩、吊钩无防脱保险装置	起重伤害	较小	（1）使用前应做无负荷起落试验一次，检查手拉是否有裂纹、链轮转动是否卡涩、吊钩是否无防脱保险装置，以确保完好； （2）检查合格证在有效期内
	锉刀、手锯、螺丝刀、钢丝钳、三角刮刀	手柄等缺损	刺伤	较小	锉刀、手锯、螺丝刀、钢丝钳、三角刮刀等手柄应安装牢固，没有手柄的不准使用
	行车	行车不合格	起重伤害	较小	（1）由特种设备作业人员检查行车完好； （2）检查行车检验合格证在有效期内
4. 将真空泵从底座拆除	联轴器齿轮	用手直接伸入齿轮槽盘动联轴器	机械伤害	较小	联轴器对孔时严禁将手指放入齿轮槽内
	叉车	装载物固定不牢	车辆伤害	较小	对容易滚动和超出车辆货架的物件采取捆绑措施，使其固定牢固
	液压拉紧装置	操作不正确	机械伤害	较小	（1）使用液压工具时，除操作人员外，其他人员尽量远离，不允许站在轴向位置，工作人员不准站在安全栓或高压软管前面； （2）严禁超压使用、超行程
5. 真空泵解体	行车	制动器失灵	起重伤害	较小	检查行车制动器灵活、限位正常
	吊具、起吊泵端盖及转子	吊点不牢固、吊点位置不正确	起重伤害	较小	（1）吊钩要挂在物品的重心上，当被吊物件起吊后有可能摆动或转动时，应采用绳牵引方法，防止物件摆动伤人或碰坏设备； （2）选择牢固可靠、满足载荷的吊点

作业步骤	危害辨识	危害描述	产生后果	风险等级	防 范 措 施
5. 真空泵解体	吊具、起吊泵端盖及转子	吊索具损坏或选择不当	起重伤害	较小	（1）作业前，应对吊索具及其配件进行检查，确认完好，方可使用； （2）所选用的吊索具应与被吊工件的外形特点及具体要求相适应，在不具备使用条件的情况下，绝不能使用； （3）作业中应防止损坏吊索具及配件，必要时在棱角处应加护角防护； （4）吊具及配件不能超过其额定起重量，起重吊具、吊索不得超过其相应吊挂状态下的最大工作载荷
		绑扎不牢固	起重伤害	较小	（1）起重前必须将物件牢固、稳妥地绑住。 （2）吊拉时两根钢丝绳之间的夹角一般不得大于90°。 （3）使用单吊索起吊重物挂钩时应打"挂钩结"；使用吊环时螺栓必须拧到底；使用卸扣时，吊索与其连接的一个索扣必须扣在销轴上，一个索扣必须扣在扣顶上，不准两个索扣分别扣在卸扣的扣体两侧上；吊拉捆绑时，重物或设备构件的锐边快口处必须加装衬垫物
		斜拉	起重伤害	较小	禁止使用吊钩斜着拖吊重物
		在起吊重物下逗留和行走	起重伤害	较小	任何人不准在起吊重物下逗留和行走
	撬棍	支撑物不可靠	砸伤	较小	应保证支撑物可靠
		被撬物倾斜或滚落	砸伤	较小	撬动过程中应采取措施防止被撬物倾斜或滚落
	大锤、手锤	锤把上有油污	物体打击	较小	锤把上不可有油污
		单手抡大锤	物体打击	较小	抡大锤时，周围不得有人，不得单手抡大锤
		戴手套抡大锤	物体打击	较小	打锤人不得戴手套
	手拉葫芦	滑链	起重伤害	较小	使用前应做无负荷起落试验一次
		手拉葫芦超载荷使用	起重伤害	较小	使用手拉葫芦时工作负荷不准超过铭牌规定
6. 各部件清理、检查测量及修整	清洁剂	在工作场所存储	火灾爆炸	较小	（1）禁止在工作场所存储易燃物品，例如汽油、酒精等； （2）领用、暂存时量不能过大，一般不超过500mL
		皮肤接触	灼伤	较小	工作人员佩戴橡胶手套
	角磨机	未正确使用防护罩、防护眼镜	机械伤害	较小	正确佩戴防护罩、防护眼镜
		手提电动工具的导线或转动部分	触电	较小	禁止手提电动工具的导线或转动部分
		角磨机砂轮片破损	物体打击	较小	使用前检查角磨机砂轮片完好无缺损
		更换砂轮片未切断电源	机械伤害	较小	更换砂轮片前必须切断电源
7. 真空泵回装	行车	制动器、限位失灵	起重伤害	较小	检查行车制动器灵活，限位、吊钩和钢丝绳完好无损
	手拉葫芦	滑链	起重伤害	较小	使用前应做无负荷起落试验一次
		手拉葫芦超载荷使用	起重伤害	较小	使用手拉葫芦时工作负荷不准超过铭牌规定

作业步骤	危害辨识	危害描述	产生后果	风险等级	防 范 措 施
7. 真空泵回装	吊具、起吊泵端盖及转子	绑扎不牢固	起重伤害	较小	（1）起重前必须将物件牢固、稳妥地绑住。 （2）吊拉时两根钢丝绳之间的夹角一般不得大于90°。 （3）使用单吊索起吊重物挂钩时应打"挂钩结"；使用吊环时螺栓必须拧到底；使用卸扣时，吊索与其连接的一个索扣必须扣在销轴上，一个索扣必须扣在扣顶上，不准两个索扣分别扣在卸扣的扣体两侧上；吊拉捆绑时，重物或设备构件的锐边快口处必须加装衬垫物
		斜拉	起重伤害	较小	禁止使吊钩斜着拖吊重物
		高处落物	起重伤害	较小	任何人不准在起吊重物下逗留和行走
8、叶轮与配气盘间隙测量与调整	撬棍	支撑物不可靠	砸伤	较小	应保证支撑物可靠
		被撬物倾斜或滚落	砸伤	较小	撬动过程中应采取措施防止被撬物倾斜或滚落
	不锈钢垫片	调整垫片刃角未处理	割伤	较小	自制垫片刃角必须经打磨圆滑过渡处理
9. 真空泵就位及中心调整	行车	制动器失灵	起重伤害	较小	检查行车制动器灵活、限位正常
	吊具、起吊泵端盖及转子	吊点不牢固、吊点位置不正确	起重伤害	较小	（1）吊钩要挂在物品的重心上，当被吊物件起吊后有可能摆动或转动时，应采用绳牵引方法，防止物件摆动伤人或碰坏设备； （2）选择牢固可靠、满足载荷的吊点
		吊索具损坏或选择不当	起重伤害	较小	（1）作业前，应对吊索具及其配件进行检查，确认完好，方可使用； （2）所选用的吊索具应与被吊工件的外形特点及具体要求相适应，在不具备使用条件的情况下，绝不能使用； （3）作业中应防止损坏吊索具及配件，必要时在棱角处应加护角防护； （4）吊具及配件不能超过其额定起重量，起重吊具、吊索不得超过其相应吊挂状态下的最大工作载荷
		绑扎不牢固	起重伤害	较小	（1）起重前必须将物件牢固、稳妥地绑住。 （2）吊拉时两根钢丝绳之间的夹角一般不得大于90°。 （3）使用单吊索起吊重物挂钩时应打"挂钩结"；使用吊环时螺栓必须拧到底；使用卸扣时，吊索与其连接的一个索扣必须扣在销轴上，一个索扣必须扣在扣顶上，不准两个索扣分别扣在卸扣的扣体两侧上；吊拉捆绑时，重物或设备构件的锐边快口处必须加装衬垫物
		斜拉	起重伤害	较小	禁止使吊钩斜着拖吊重物
		在起吊重物下逗留和行走	起重伤害	较小	任何人不准在起吊重物下逗留和行走
	撬棍	支撑物不可靠	砸伤	较小	应保证支撑物可靠
		被撬物倾斜或滚落	砸伤	较小	撬动过程中应采取措施防止被撬物倾斜或滚落
	手拉葫芦	滑链	起重伤害	较小	使用前应做无负荷起落试验一次
		手拉葫芦超载荷使用	起重伤害	较小	使用手拉葫芦时工作负荷不准超过铭牌规定

作业步骤	危害辨识	危害描述	产生后果	风险等级	防 范 措 施
9. 真空泵就位及中心调整	联轴器齿轮	用手直接伸入齿轮槽盘动联轴器	机械伤害	较小	联轴器对孔时严禁将手指放入齿轮槽内
	叉车	装载物固定不牢	车辆伤害	较小	对容易滚动和超出车辆货架的物件采取捆绑措施,使其固定牢固
10. 试运	转动的水泵	防护罩缺损不牢固	机械伤害	较小	(1) 设备的转动部分必须装设防护罩,并标明旋转方向,露出的轴端必须装设护盖; (2) 对转动设备缺损的防护罩应及时装复或修复,装复或修复前在转动设备区域内设置"禁止靠近"安全警示标识; (3) 不准擅自拆除设备上的安全防护设施; (4) 防护罩固定牢固
		肢体部位或饰品衣物、用具(包括防护用品)、工具接触转动部位	机械伤害	较小	(1) 衣服和袖口应扣好,不得戴围巾领带,长发必须盘在安全帽内; (2) 不准将用具、工器具接触设备的转动部位; (3) 不准在转动设备附近长时间停留; (4) 不准在靠背轮上、安全防护罩上或运行中设备的轴承上行走和坐立
		试运行启动时人员站在转机径向位置	机械伤害	较小	转动设备试运行时所有人员应先远离,站在转动机械的轴向位置,并有一人站在事故按钮位置
11. 检修工作结束	施工废料	施工废料未清理	环境污染	较小	废料及时清理,做到工完、料尽、场地清;现场安全措施恢复正常

11.56 凝汽器侧循进门检修

作业步骤	危害辨识	危害描述	产生后果	风险等级	防 范 措 施
1. 作业环境评估	噪声	未佩戴耳塞	噪声聋	较小	进入噪声区域时正确佩戴合格的耳塞
	氢气	氢气浓度超标	火灾、爆炸	较小	(1) 现场动火前测量氢气浓度符合要求; (2) 办理动火许可手续; (3) 动火前清理周围易燃物,配备合适的足够的有效的消防器材,完工后检查无火种遗留; (4) 安排监护人进行监护
	岩棉、化纤	作业区保温飞扬	尘肺病	较小	作业时正确佩戴合格防尘口罩
	照明	现场照明不充足	其他伤害	较小	增加临时照明
2. 现场安全措施的落实	介质水	工作前所采取的安全措施不完善	其他伤害	较小	(1) 开工前确认现场安全措施、隔离措施正确完备; (2) 待管道内介质放尽,压力为零后方可开始工作; (3) 人员不能正面对法兰及焊口工作,防止漏点介质体伤人
3. 准备工作及现场布置	临时电源及电源线	电源线悬挂高度不够	触电	较小	临时电源线架设高度室内不低于2.5m
		电源线、插头、插座破损	触电	较小	(1) 检查电源线外绝缘良好,无破损; (2) 检查电源盘合格证在有效期; (3) 检查电源插头插座,确保完好; (4) 不准将电源线缠绕在护栏、管道和脚手架上

作业步骤	危害辨识	危害描述	产生后果	风险等级	防 范 措 施
3. 准备工作及现场布置	临时电源及电源线	未安装漏电保护器	触电	较小	（1）检查电源盘合格证在有效期； （2）分级配置漏电保护器，工作前试漏电保护器，确保正确动作
		检修电源箱外壳未接地	触电	较小	（1）检查电源盘合格证在有效期； （2）检查电源箱外壳接地良好
	角磨机	电源线、电源插头破损、防护罩破损缺失、松动	机械伤害触电	较小	（1）检查电源线、电源插头完好无破损、防护罩完好无破损、牢固； （2）检查合格证在有效期内
	大锤、手锤	锤头与木柄的连接不牢固、锤头破损、木柄未使用整根硬质木料	物体打击	较小	锤头与木柄的连接应用金属楔栓固定，楔子长度不得大于安装孔深的2/3，锤头完好无损，木柄使用整根硬质木料
	锉刀、手锯、螺丝刀、钢丝钳	手柄等缺损	刺伤	较小	锉刀、手锯、螺丝刀、钢丝钳等手柄应安装牢固，没有手柄的不准使用
	手拉葫芦	手拉有裂纹、链轮转动卡涩、吊钩无防脱保险装置	起重伤害	较小	（1）使用前应做无负荷起落试验一次，检查手拉是否有裂纹、链轮转动是否卡涩、吊钩是否无防脱保险装置，以确保完好； （2）检查合格证在有效期内
4. 拆除阀门螺栓	大锤、手锤	锤把上有油污	物体打击	较小	锤把上不可有油污
		单手抡大锤	物体打击	较小	抡大锤时，周围不得有人，不得单手抡大锤
		戴手套抡大锤	物体打击	较小	打锤人不得戴手套
	高处作业人员	未佩戴使用合格的安全带	高处坠落	重大	（1）安全带使用前进行外观检查合格，检验合格证应在有效期内； （2）在没有脚手架或没有栏杆的脚手架上工作，高度超过1.5m时必须使用安全带； （3）安全带的挂钩应挂在结实、牢固的构件上，或专挂安全带的钢丝绳上，不准低挂高用
	临边作业人员	坐靠在临边防护栏上	高处坠落	重大	不准人员坐靠在临边防护栏杆上
	高处的工器具、零部件	工器具未系防坠绳、零部件未固定及上下抛掷	物体打击	较小	（1）工器具必须使用防坠绳； （2）工器具和零部件应用绳拴在牢固的构件上，不准随便乱放； （3）工器具和零部件不准上下抛掷
5. 吊装阀门组件	吊具、起吊伺服机构、门盖、门杆及门芯	吊点不牢固、吊点位置不正确	起重伤害	较小	（1）吊钩要挂在物品的重心上，当被吊物件起吊后有可能摆动或转动时，应采用绳牵引方法，防止物件摆动伤人或碰坏设备； （2）选择牢固可靠、满足载荷的吊点
		吊索具损坏或选择不当	起重伤害	较小	（1）作业前，应对吊索具及其配件进行检查，确认完好，方可使用； （2）所选用的吊索具应与被吊工件的外形特点及具体要求相适应，在不具备使用条件的情况下，绝能对付使用； （3）作业中应防止损坏吊索具及配件，必要时在棱角处应加护角防护； （4）吊具及配件不能超过其额定起重量，起重吊索、吊具不得超过其相应吊挂状态下的最大工作载荷

续表

作业步骤	危害辨识	危害描述	产生后果	风险等级	防 范 措 施
5. 吊装阀门组件	吊具、起吊伺服机构、门盖、门杆及门芯	绑扎不牢固	起重伤害	较小	（1）起重前必须将物件牢固、稳妥地绑住。 （2）吊拉时两根钢丝绳之间的夹角一般不得大于90°。 （3）使用单吊索起吊重物挂钩时应打"挂钩结"；使用吊环时螺栓必须拧到底；使用卸扣时，吊索与其连接的一个索扣必须扣在销轴上，一个索扣必须扣在扣顶上，不准两个索扣分别扣在卸扣的扣体两侧上；吊拉捆绑时，重物或设备构件的锐边快口处必须加装衬垫物
		斜拉	起重伤害	较小	禁止使吊钩斜着拖吊重物
		在起吊重物下逗留和行走	起重伤害	较小	任何人不准在起吊重物下逗留和行走
	手拉葫芦	滑链	起重伤害	较小	使用前应做无负荷起落试验一次，确认无滑链现象
		手拉葫芦超载荷使用	起重伤害	较小	使用手拉葫芦时工作负荷不准超过铭牌规定
	盖板	盖板打开后无围栏	高处坠落	重大	盖板打开后搭设硬质临时围栏，挂好警示标识牌，吊装完成后及时恢复盖板
6. 打磨	氢气	氢气浓度超标	火灾、爆炸	较小	（1）现场动火前测量氢气浓度符合要求； （2）办理动火许可手续； （3）动火前清理周围易燃物，配备合适的足够的有效的消防器材，完工后检查无火种遗留； （4）安排监护人进行监护
	角磨机	未正确使用防护罩、防护眼镜	机械伤害	较小	正确佩戴防护罩、防护眼镜
		手提电动工具的导线或转动部分	触电	较小	禁止手提电动工具的导线或转动部分
		角磨机砂轮片破损	机械伤害	较小	使用前检查角磨机砂轮片完好无缺损
		更换砂轮片未切断电源	触电	较小	更换砂轮片前必须切断电源
7. 阀门回装	手拉葫芦	滑链	起重伤害	较小	使用前应做无负荷起落试验一次，确认无滑链现象
		手拉葫芦超载荷使用	起重伤害	较小	使用手拉葫芦时工作负荷不准超过铭牌规定
	吊具、起吊伺服机构、门盖、门杆、门芯及螺栓	吊点不牢固、吊点位置不正确	起重伤害	较小	（1）吊钩要挂在物品的重心上，当被吊物件起吊后有可能摆动或转动时，应采用绳牵引方法，防止物件摆动伤人或碰坏设备； （2）选择牢固可靠、满足载荷的吊点
		绑扎不牢固	起重伤害	较小	（1）起重前必须将物件牢固、稳妥地绑住。 （2）吊拉时两根钢丝绳之间的夹角一般不得大于90°。 （3）使用单吊索起吊重物挂钩时应打"挂钩结"；使用吊环时螺栓必须拧到底；使用卸扣时，吊索与其连接的一个索扣必须扣在销轴上，一个索扣必须扣在扣顶上，不准两个索扣分别扣在卸扣的扣体两侧上；吊拉捆绑时，重物或设备构件的锐边快口处必须加装衬垫物
		斜拉	起重伤害	较小	禁止使吊钩斜着拖吊重物
		在起吊重物下逗留和行走	起重伤害	较小	任何人不准在起吊重物下逗留和行走

续表

作业步骤	危害辨识	危害描述	产生后果	风险等级	防 范 措 施
7. 阀门回装	高处作业人员	未佩戴使用合格的安全带	高处坠落	重大	（1）安全带使用前进行外观检查合格，检验合格证应在有效期内； （2）在没有脚手架或没有栏杆的脚手架上工作，高度超过1.5m时必须使用安全带； （3）安全带的挂钩应挂在结实、牢固的构件上，或专挂安全带的钢丝绳上，不准低挂高用
	临边作业人员	坐靠在临边防护栏上	高处坠落	重大	不准人员坐靠在临边防护栏杆上
	高处的工器具、零部件	工器具未系防坠绳、零部件未固定及上下抛掷	物体打击	较小	（1）工器具必须使用防坠绳； （2）工器具和零部件应用绳拴在牢固的构件上，不准随便乱放； （3）工器具和零部件不准上下抛掷
8. 检修工作结束	检修废料	施工废料未清理	环境污染	较小	废料及时清理，做到工完、料尽、场地清

11.57 凝结水泵检修

作业步骤	危害辨识	危害描述	产生后果	风险等级	防 范 措 施
1. 作业环境评估	噪声	未佩戴耳塞	噪声聋	较小	进入噪声区域时正确佩戴合格的耳塞
	转动的水泵	未与运行中转动设备进行有效隔离	机械伤害	较小	（1）设置安全隔离围栏并设置警告标志； （2）设置安全检修通道； （3）在运行中转动设备附近工作时应对转动设备进行可靠遮拦，并设专人监护
	氢气	氢气浓度超标	火灾、爆炸	较小	（1）现场动火前测量氢气浓度符合要求； （2）办理动火许可手续； （3）动火前清理周围易燃物，配备合适的足够的有效的消防器材，完工后检查无火种遗留； （4）安排监护人进行监护
	孔、洞、坑	盖板缺损	高处坠落	重大	工作场所的孔、洞必须覆以与地面齐平的坚固盖板或做好隔离措施
	照明	现场照明不充足	其他伤害	较小	增加临时照明
2. 确认安全措施正确执行	压力介质水	工作前所采取的安全措施不完善	冲击	较小	（1）开工前确认现场安全措施、隔离措施正确完备； （2）待管道内介质放尽，压力为零，温度适可后方可开始工作
	转动的水泵	未与运行中转动设备进行有效隔离	机械伤害	较小	（1）设置安全隔离围栏并设置警告标识； （2）设置安全检修通道
3. 准备工作及现场布置	转动的水泵	工作前未核实设备运转状态和标识	机械伤害	较小	转动设备检修时应采取防转动措施、确认电机电源线拆除
	临时电源及电源线	电源线悬挂高度不够	触电	较小	临时电源线架设高度室内不低于2.5m
		电源线、插头、插座破损	触电	较小	（1）检查电源线外绝缘良好，无破损； （2）检查电源盘合格证在有效期； （3）检查电源插头插座，确保完好； （4）不准将电源线缠绕在护栏、管道和脚手架上

作业步骤	危害辨识	危害描述	产生后果	风险等级	防范措施
3. 准备工作及现场布置	临时电源及电源线	未安装漏电保护器	触电	较小	（1）检查电源盘合格证在有效期； （2）分级配置漏电保护器，工作前试漏电保护器，确保正确动作
		检修电源箱外壳未接地	触电	较小	（1）检查电源盘合格证在有效期； （2）检查电源箱外壳接地良好
	脚手架搭设	脚手架搭设后未验收	高处坠落	较小	（1）搭设结束后，必须履行脚手架验收手续，填写脚手架验收单，并在脚手架验收单上分级签字； （2）验收合格后应在脚手架上悬挂合格证，方可使用
	角磨机	电源线、电源插头破损、防护罩破损缺失松动	机械伤害触电	较小	（1）检查电源线、电源插头完好无破损、防护罩完好无破损且牢固； （2）检查合格证在有效期内
	潜水泵	潜水泵电源线、电源插头破损；金属外壳无接地线；防护罩	触电	较小	（1）使用前由电气专业人员进行绝缘检查并接线； （2）接取的电源要有可靠的漏电保护装置； （3）使用前必须经试运完好方可使用； （4）前池内有人工作时必须切断所有潜水泵的总电源，禁止检修工作与抽水工作同时进行
	手拉葫芦	手拉有裂纹、链轮转动卡涩、吊钩无防脱保险装置	起重伤害	较小	（1）使用前应做无负荷起落试验一次，检查手拉是否有裂纹、链轮转动是否卡涩、吊钩是否无防脱保险装置，以确保完好； （2）检查合格证在有效期内
	大锤、手锤	锤头与木柄的连接不牢固、锤头破损、木柄未使用整根硬质木料	物体打击	较小	锤头与木柄的连接应用金属楔栓固定，楔子长度不得大于安装孔深的2/3，锤头完好无损，木柄使用整根硬质木料
	锉刀、手锯、螺丝刀、钢丝钳	手柄等缺损	刺伤	较小	锉刀、手锯、螺丝刀、钢丝钳等手柄应安装牢固，没有手柄的不准使用
	行车	行车不合格	起重伤害	较小	（1）由特种设备作业人员检查行车完好； （2）检查行车检验合格证在有效期内
4. 联轴器拆除	脚手架	脚手架搭设后未验收	高处坠落	重大	（1）搭设结束后，必须履行脚手架验收手续，填写脚手架验收单，并在脚手架验收单上分级签字； （2）验收合格后应在脚手架上悬挂合格证，方可使用
	高处作业人员	作业时未正确使用防护用品	高处坠落	重大	高处作业人员必须戴好安全帽、穿好防滑鞋并正确佩戴和使用安全带
		未佩戴使用合格的安全带	高处坠落	重大	（1）安全带使用前进行外观检查合格，检验合格证应在有效期内； （2）在没有脚手架或没有栏杆的脚手架上工作，高度超过1.5m时必须使用安全带； （3）安全带的挂钩应挂在结实、牢固的构件上，或专挂安全带的钢丝绳上，不准低挂高用
		擅自改动脚手架架构	高处坠落	重大	工作过程中，不准随意改变脚手架的结构，必要时，必须经过搭设脚手架的技术负责人同意，并再次验收合格后方可使用
		乱拉电源线、电焊线、气带	高处坠落	重大	（1）脚手架上不准乱拉电线； （2）必须安装临时照明线路时，木竹脚手架应采用绝缘子，金属脚手架应另设木横担

作业步骤	危害辨识	危害描述	产生后果	风险等级	防 范 措 施
4. 联轴器拆除	高处作业人员	随意码放物品或超载	高处坠落	重大	（1）不准在脚手架和脚手板上聚集人员或放置超过计算荷重的材料； （2）脚手架上的堆置物应摆放整齐和牢固，不准超高摆放； （3）脚手架上的大物件应分散堆放，不得集中堆放； （4）脚手架上的废弃物应及时清理，并用绳子系牢后溜放到地面
		脚手架上作业不规范	高处坠落	重大	（1）上下脚手架应走人行通道或梯子，不准攀登架体； （2）不准站在脚手架的探头上作业； （3）同一架体上的作业人数一般为2人，必须超过2人的情况下不得超过9人； （4）不准在脚手架上蹲在木桶、木箱、砖及其他建筑材料等作业； （5）不准在架子上退着行走或跨坐在防护横杆上休息； （6）架子上应保持清洁，随时清理冰雪、杂物等，不准乱堆乱放物料； （7）不得在防护栏杆上拴挂任何重物； （8）作业中需要拆除防护栏杆时，必须采取可靠的临边防护措施
5. 凝结水泵解体	行车	制动器失灵	起重伤害	中等	（1）检查行车制动器灵活； （2）安排维护人员在行车顶部监护，发现行车溜钩立即紧固抱闸
	撬杠	支撑物不可靠	压伤	较小	应保证支撑物可靠
		被撬物倾斜或滚落	压伤	较小	撬动过程中应采取措施防止被撬物倾斜或滚落
	大锤、手锤	锤把上有油污	物体打击	较小	锤把上不可有油污
		单手抡大锤	物体打击	较小	抡大锤时，周围不得有人，不得单手抡大锤
		戴手套抡大锤	物体打击	较小	打锤人不得戴手套
	手拉葫芦	滑链	起重伤害	较小	使用前应作无负荷起落试验一次
		手拉葫芦超载荷使用	起重伤害	较小	使用手拉葫芦时工作负荷不准超过铭牌规定
	吊具、起吊泵体、各级轮段、转子	吊点不牢固、吊点位置不正确	起重伤害	中等	（1）吊钩要挂在物品的重心上，当被吊物件起吊后有可能摆动或转动时，应采用绳牵引方法，防止物件摆动伤人或碰坏设备； （2）选择牢固可靠、满足载荷的吊点
		吊索具损坏或选择不当	起重伤害	中等	（1）作业前，应对吊索具及其配件进行检查，确认完好，方可使用； （2）所选用的吊索具应与被吊工件的外形特点及具体要求相适应，在不具备使用条件的情况下，绝不能对付使用； （3）作业中应防止损坏吊索具及配件，必要时在棱角处应加护角防护； （4）吊具及配件不能超过其额定起重量，起重吊索、吊具不得超过其相应吊挂状态下的最大工作载荷

作业步骤	危害辨识	危害描述	产生后果	风险等级	防　范　措　施
5. 凝结水泵解体	吊具、起吊泵体、各级轮段、转子	绑扎不牢固	起重伤害	中等	（1）起重前必须将物件牢固、稳妥地绑住。 （2）吊拉时两根钢丝绳之间的夹角一般不得大于90°。 （3）使用单吊索起吊重物挂钩时应打"挂钩结"；使用吊环时螺栓必须拧到底；使用卸扣时，吊索与其连接的一个索扣必须扣在销轴上，一个索扣必须扣在扣顶上，不准两个索扣分别扣在卸扣的扣体两侧上；吊拉捆绑时，重物或设备构件的锐边快口处必须加装衬垫物
		斜拉	起重伤害	中等	禁止使用吊钩斜着拖吊重物
		在起吊重物下逗留和行走	起重伤害	中等	任何人不准在起吊重物下逗留和行走
6. 零部件清理、检查测量及修整	清洁剂	在工作场所存储	火灾爆炸	较小	（1）禁止在工作场所存储易燃物品，例如汽油、酒精等； （2）领用、暂存时量不能过大，一般不超过500mL
		皮肤接触	化学性灼伤	较小	工作人员佩戴橡胶手套
	角磨机	未正确使用防护罩、防护眼镜	机械伤害	较小	正确佩戴防护罩、防护眼镜
		手提电动工具的导线或转动部分	触电	较小	禁止手提电动工具的导线或转动部分
		角磨机砂轮片破损	物体打击	较小	使用前检查角磨机砂轮片完好无缺损
		更换砂轮片未切断电源	机械伤害	较小	更换砂轮片前必须切断电源
7. 冷却器打压查漏	高压介质水	打压操作不正确	机械伤害	较小	（1）除操作人员外，其他人员尽量远离，工作人员不准站在安全栓或高压软管前面； （2）严禁超压
8. 轴瓦检查	三角刮刀	手柄等缺损、丢失	轧伤	较小	（1）三角刮刀手柄应安装牢固，没有手柄的不准使用； （2）刮刀要有防护套，避免刃部划伤； （3）清点数量登记领用
9. 凝结水泵筒体检查	通风机	肢体部位或饰品衣服、用具接触转动部位	机械伤害	较小	（1）衣服和袖口应扣好，不得戴围巾领带，长发必须盘在安全帽内； （2）不准将用具、工器具接触设备的转动部位
	空气	氧气浓度不符合标准	窒息	中等	（1）打开所有通风口进行通风置换有害有毒介质； （2）必要时采取强制通风措施； （3）检测氧气浓度保持在19.5%～21%范围内； （4）人员进出应登记
		未设置逃生通道	窒息	中等	设置逃生通道，并保持通道畅通
		无人监护	窒息、机械伤害	中等	设专人不间断监护
	行灯	将行灯变压器带入筒体内	触电	中等	禁止将行灯变压器带入金属容器内
		使用行灯电压等级不符	触电	较小	在金属容器和金属管道内使用的行灯，其电压不得超过12V
	交流电	未穿戴绝缘鞋、戴绝缘手套	触电	较小	作业时正确佩戴绝缘鞋、绝缘手套
		未使用安全电压	触电	较小	使用临时电源时必须使用安全电压，电源连接器和控制箱等应放在容器外面宽敞、干燥场所

作业步骤	危害辨识	危害描述	产生后果	风险等级	防 范 措 施
9. 凝结水泵筒体检查	角磨机	未正确使用防护罩、防护眼镜	机械伤害	较小	正确佩戴防护罩、防护眼镜
		手提电动工具的导线或转动部分	触电	较小	禁止手提电动工具的导线或转动部分
		角磨机砂轮片破损	物体打击	较小	使用前检查角磨机砂轮片完好无缺损
		更换砂轮片未切断电源	机械伤害	较小	更换砂轮片前必须切断电源
	氢气	氢气浓度超标	火灾、爆炸	较小	（1）现场动火前测量氢气浓度符合要求； （2）办理动火许可手续； （3）动火前清理周围易燃物，配备合适的足够的有效的消防器材，完工后检查无火种遗留； （4）安排监护人进行监护
	电焊机	在金属容器内焊接作业未穿绝缘鞋	触电	较小	在金属容器内焊接作业穿绝缘鞋，铺绝缘垫
		未正确使用面罩、电焊手套、白光眼镜等防护用具	其他伤害（灼烫伤）	较小	（1）正确使用面罩； （2）戴电焊手套； （3）戴白光眼镜； （4）穿电焊服
	焊接尘	通风不良	尘肺病	较小	焊接工作场所应有良好的通风
		未正确佩戴防尘口罩	尘肺病	较小	作业时正确佩戴合格的防尘口罩
	焊渣	高温焊渣飞溅	灼烫伤、火灾	较小	（1）动火工作区域周围设置防护屏，防止其他人员被飞溅的焊渣烫伤； （2）火焊人员必须穿好工作服，戴好手套和穿好带鞋盖劳保鞋等
	火种	施焊完毕后，未确认是否遗留火种就离开	火灾	较小	电焊作业时须有灭火器材，施焊完毕后，要留有充分的时间观察，确认无引火点，方可离去
10. 水泵回装	手拉葫芦	滑链	起重伤害	较小	使用前应做无负荷起落试验一次
		手拉葫芦超载荷使用	起重伤害	较小	使用手拉葫芦时工作负荷不准超过铭牌规定
	行车	制动器失灵	起重伤害	较小	检查行车制动器灵活、吊钩和钢丝绳完好无损
	撬杠	支撑物不可靠	砸伤	较小	应保证支撑物可靠
		被撬物倾斜或滚落	砸伤	较小	撬动过程中应采取措施防止被撬物倾斜或滚落
	大锤、手锤	锤把上有油污	物体打击	较小	锤把上不可有油污
		单手抡大锤	物体打击	较小	抡大锤时，周围不得有人，不得单手抡大锤
		戴手套抡大锤	物体打击	较小	打锤人不得戴手套
	吊具、起吊泵体、各级轮段、转子	绑扎不牢固	起重伤害	较小	（1）起重前必须将物件牢固、稳妥地绑住。 （2）吊拉时两根钢丝绳之间的夹角一般不得大于90°。 （3）使用单吊索起吊重物挂钩时应打"挂钩结"；使用吊环时螺栓必须拧到底；使用卸扣时，吊索与其连接的一个索扣必须扣在销轴上，一个索扣必须扣在扣顶上，不准两个索扣分别扣在卸扣的扣体两侧上；吊拉捆绑时，重物或设备构件的锐边快口处必须加装衬垫物
		斜拉	起重伤害	较小	禁止使吊钩斜着拖吊重物
		在起吊重物下逗留和行走	起重伤害	较小	任何人不准在起吊重物下逗留和行走

作业步骤	危害辨识	危害描述	产生后果	风险等级	防 范 措 施
11. 水泵试运	转动的水泵	防护罩缺损不牢固	机械伤害	较小	（1）设备的转动部分必须装设防护罩，并标明旋转方向，露出的轴端必须装设护盖； （2）对转动设备缺损的防护罩应及时装复或修复，装复或修复前在转动设备区域内设置"禁止靠近"安全警示标识； （3）不准擅自拆除设备上的安全防护设施； （4）防护罩固定牢固
		肢体部位或饰品衣物、用具（包括防护用品）、工具接触转动部位	机械伤害	较小	（1）衣服和袖口应扣好，不得戴围巾领带，长发必须盘在安全帽内； （2）不准将用具、工器具接触设备的转动部位； （3）不准在转动设备附近长时间停留； （4）不准在靠背轮上、安全防护罩上或运行中设备的轴承上行走和坐立
		试运行启动时人员站在转机径向位置	机械伤害	较小	转动设备试运行时所有人员应先远离，站在转动机械的轴向位置，并有一人站在事故按钮位置
12. 检修工作结束	施工废料	施工废料未清理	环境污染	较小	废料及时清理，做到工完、料尽、场地清

11.58 凝结水泵进口蝶阀检修

作业步骤	危害辨识	危害描述	产生后果	风险等级	防 范 措 施
1. 作业环境评估	噪声	未佩戴耳塞	噪声聋	较小	进入噪声区域时正确佩戴合格的耳塞
	氢气	氢气浓度超标	火灾、爆炸	较小	（1）现场动火前测量氢气浓度符合要求； （2）办理动火许可手续； （3）动火前清理周围易燃物，配备合适的足够的有效的消防器材，完工后检查无火种遗留； （4）安排监护人进行监护
	照明	现场照明不充足	其他伤害	较小	增加临时照明
2. 确认安全措施正确执行	高温高压介质	工作前所采取的安全措施不完善	灼烫伤	较小	（1）开工前确认现场安全措施、隔离措施正确完备； （2）待管道内介质放尽，压力为零，温度适可后方可开始工作； （3）人员不能正面对法兰及焊口工作，防止漏点介质体伤人
3. 准备工作及现场布置	临时电源及电源线	电源线悬挂高度不够	触电	较小	临时电源线架设高度室内不低于2.5m
		电源线、插头、插座破损	触电	较小	（1）检查电源线外绝缘良好，无破损； （2）检查电源盘合格证在有效期； （3）检查电源插头插座，确保完好； （4）不准将电源线缠绕在护栏、管道和脚手架上
		未安装漏电保护器	触电	较小	（1）检查电源盘合格证在有效期； （2）分级配置漏电保护器，工作前试漏电保护器，确保正确动作
		检修电源箱外壳未接地	触电	较小	（1）检查电源盘合格证在有效期； （2）检查电源箱外壳接地良好
	角磨机	电源线、电源插头破损、防护罩破损缺失松动	机械伤害触电	较小	（1）检查电源线、电源插头完好无破损、防护罩完好无破损且牢固； （2）检查合格证在有效期内

作业步骤	危害辨识	危害描述	产生后果	风险等级	防 范 措 施
3. 准备工作及现场布置	手拉葫芦	手拉有裂纹、链轮转动卡涩、吊钩无防脱保险装置	起重伤害	较小	（1）使用前应做无负荷起落试验一次，检查手拉是否有裂纹、链轮转动是否卡涩、吊钩是否无防脱保险装置，以确保完好； （2）检查合格证在有效期内
	电动葫芦	钢丝绳磨损严重、吊钩无防脱保险装置、卸扣横销转动卡涩、控制手柄破损	起重伤害	较小	（1）由特种设备作业人员或操作人员检查电动葫芦的钢丝绳磨损情况，吊钩防脱保险装置是否牢固、齐全，制动器、导绳器和限位器的有效性，控制手柄的外观，吊钩放至最低位置时，滚筒上至少剩有 5 圈绳索。 （2）检查电动葫芦检验合格证在有效期内
	千斤顶	压力油泄漏	起重伤害	较小	（1）检查千斤顶检验合格证在有效期内； （2）工作前试验油压正常，无渗漏
		千斤顶螺纹齿条磨损	起重伤害	较小	（1）检查千斤顶检验合格证在有效期内； （2）工作前检查千斤顶螺纹齿条是否磨损，以确保设备完好
	大锤、手锤	锤头与木柄的连接不牢固、锤头破损、木柄未使用整根硬质木料	物体打击	较小	锤头与木柄的连接应用金属楔栓固定，楔子长度不得大于安装孔深的 2/3，锤头完好无损，木柄使用整根硬质木料
	锉刀、手锯、螺丝刀、钢丝钳	手柄等缺损	刺伤	较小	锉刀、手锯、螺丝刀、钢丝钳等手柄应安装牢固，没有手柄的不准使用
4. 阀门执行机构拆除	手拉葫芦	滑链	起重伤害	较小	使用前应做无负荷起落试验一次
		手拉葫芦超载荷使用	起重伤害	较小	使用手拉葫芦时工作负荷不准超过铭牌规定
	电动葫芦	制动器失灵、限位器失效	起重伤害	较小	使用前应做无负荷起落试验一次，检查刹车、限位装置及传动装置应良好无缺陷
	高处作业人员	作业时未正确使用防护用品	高处坠落	重大	高处作业人员必须戴好安全帽、穿好防滑鞋并正确佩戴和使用安全带
		未佩戴使用合格的安全带	高处坠落	重大	（1）安全带使用前进行外观检查合格，检验合格证应在有效期内； （2）在没有脚手架或没有栏杆的脚手架上工作，高度超过 1.5m 时必须使用安全带； （3）安全带的挂钩应挂在结实、牢固的构件上，或专挂安全带的钢丝绳上，不准低挂高用
		擅自改动脚手架架构	高处坠落	重大	工作过程中，不准随意改变脚手架的结构，必要时，必须经过搭设脚手架的技术负责人同意，并再次验收合格后方可使用
		乱拉电源线、电焊线、气带	高处坠落	重大	（1）脚手架上不准乱拉电线； （2）必须安装临时照明线路时，木竹脚手架应采用绝缘子，金属脚手架应另设木横担
		随意码放物品或超载	高处坠落	重大	（1）不准在脚手架和脚手板上聚集人员或放置超过计算荷重的材料； （2）脚手架上的堆置物应摆放整齐和牢固，不准超高摆放； （3）脚手架上的大物件应分散堆放，不得集中堆放； （4）脚手架上的废弃物应及时清理，并用绳子系牢后溜放到地面

作业步骤	危害辨识	危害描述	产生后果	风险等级	防 范 措 施
4. 阀门执行机构拆除	高处作业人员	脚手架上作业不规范	高处坠落	重大	（1）上下脚手架应走人行通道或梯子，不准攀登架体； （2）不准站在脚手架的探头上作业； （3）同一架体上的作业人数一般为 2 人，必须超过 2 人的情况下不得超过 9 人； （4）不准在脚手架上蹲在木桶、木箱、砖及其他建筑材料等作业； （5）不准在架子上退着走或跨坐在防护横杆上休息； （6）架子上应保持清洁，随时清理冰雪、杂物等，不准乱堆乱放物料； （7）不得在防护栏杆上拴挂任何重物； （8）作业中需要拆除防护栏杆时，必须采取可靠的临边防护措施
	脚手架搭设	脚手架搭设后未验收	高处坠落	重大	（1）搭设结束后，必须履行脚手架验收手续，填写脚手架验收单，并在脚手架验收单上分级签字； （2）验收合格后应在脚手架上悬挂合格证，方可使用
	高处的工器具、零部件	工器具未系防坠绳、零部件未固定及上下抛掷	物体打击	较小	（1）工器具必须使用防坠绳； （2）工器具和零部件应用绳拴在牢固的构件上，不准随便乱放； （3）工器具和零部件不准上下抛掷
	千斤顶	工作人员站在液压千斤顶安全栓或高压软管前面	起重伤害	较小	使用液压千斤顶时，除操作人员外，其他人员尽量远离，工作人员禁止站在千斤顶安全栓或高压软管前面
		更换垫板时手臂伸入荷重与顶重头或垫板之间	起重伤害	较小	更换垫垫板时禁止将手臂伸入荷重与顶重头或垫板之间
		千斤顶超载荷使用	起重伤害	较小	使用千斤顶时工作负荷不准超过千斤顶铭牌规定
	大锤、手锤	锤把上有油污	物体打击	较小	锤把上不可有油污
		单手抡大锤	物体打击	较小	抡大锤时，周围不得有人，不得单手抡大锤
		戴手套抡大锤	物体打击	较小	打锤人不得戴手套
	吊具、起吊电动装置	吊点不牢固、吊点位置不正确	起重伤害	较小	（1）吊钩要挂在物品的重心上，当被吊物件起吊后有可能摆动或转动时，应采用绳牵引方法，防止物件摆动伤人或碰坏设备； （2）选用牢固可靠、满足载荷的吊点
		吊索具损坏或选择不当	起重伤害	较小	（1）作业前，应对吊索具及其配件进行检查，确认完好，方可使用； （2）所选用的吊索具应与被吊工件的外形特点及具体要求相适应，在不具备使用条件的情况下，绝不能对付使用； （3）作业中应防止损坏吊索具及配件，必要时在棱角处应加护角防护； （4）吊具及配件不能超过其额定起重量，起重吊索、吊具不得超过其相应吊挂状态下的最大工作载荷

作业步骤	危害辨识	危害描述	产生后果	风险等级	防 范 措 施
4. 阀门执行机构拆除	吊具、起吊电动装置	绑扎不牢固	起重伤害	较小	（1）起重前必须将物件牢固、稳妥地绑住。 （2）吊拉时两根钢丝绳之间的夹角一般不得大于90°。 （3）使用单吊索起吊重物挂钩时应打"挂钩结"；使用吊环时螺栓必须拧到底；使用卸扣时，吊索与其连接的一个索扣必须扣在销轴上，一个索扣必须扣在扣顶上，不准两个索扣分别扣在卸扣的扣体两侧上；吊拉捆绑时，重物或设备构件的锐边快口处必须加装衬垫物
		斜拉	起重伤害	较小	禁止使吊钩斜着拖吊重物
		在起吊重物下逗留和行走	起重伤害	较小	任何人不准在起吊重物下逗留和行走
5. 阀门拆除	手拉葫芦	滑链	起重伤害	较小	使用前应做无负荷起落试验一次,确认无滑链现象
		手拉葫芦超载荷使用	起重伤害	较小	使用手拉葫芦时工作负荷不准超过铭牌规定
	电动葫芦	钢丝绳磨损严重、吊钩无防脱保险装置、卸扣横销转动卡涩、控制手柄破损	起重伤害	较小	（1）由特种设备作业人员或操作人员检查电动葫芦的钢丝绳磨损情况,吊钩防脱保险装置是否牢固、齐全,制动器、导绳器和限位器的有效性,控制手柄的外观；吊钩放至最低位置时,滚筒上至少剩有5圈绳索。 （2）检查电动葫芦检验合格证在有效期内
	行车	制动器失灵	起重伤害	较小	安排维护人员在行车顶部监护,发现行车吊钩有溜钩现象时立即紧固抱闸
	吊具、起吊	吊点不牢固、吊点位置不正确	起重伤害	较小	（1）吊钩要挂在物品的重心上,当被吊物件起吊后有可能摆动或转动时,应采用绳牵引方法,防止物件摆动伤人或碰坏设备； （2）选择牢固可靠、满足载荷的吊点
6. 阀门密封圈更换	角磨机	未正确使用防护罩、防护眼镜	机械伤害	较小	正确佩戴防护罩、防护眼镜
		手提电动工具的导线或转动部分	触电	较小	禁止手提电动工具的导线或转动部分
		角磨机砂轮片破损	机械伤害	较小	使用前检查角磨机砂轮片完好无缺损
		更换砂轮片未切断电源	触电	较小	更换砂轮片前必须切断电源
	撬杠	支撑物不可靠	砸伤	较小	应保证支撑物可靠
		被撬物倾斜或滚落	砸伤	较小	撬动过程中应采取措施防止被撬物倾斜或滚落
	大锤、手锤	锤把上有油污	物体打击	较小	锤把上不可有油污
		单手抡大锤	物体打击	较小	抡大锤时,周围不得有人,不得单手抡大锤
		戴手套抡大锤	物体打击	较小	打锤人不得戴手套
7. 清理、检查	清洁剂	在工作场所存储	火灾爆炸	较小	（1）禁止在工作场所存储易燃物品,例如汽油、酒精等； （2）领用、暂存时量不能过大,一般不超过500mL
		皮肤接触	化学性灼伤	较小	工作人员佩戴乳胶手套
	锉刀、手锯、螺丝刀、钢丝钳	手柄等缺损	刺伤	较小	锉刀、手锯、螺丝刀、钢丝钳等手柄应安装牢固,没有手柄的不准使用

作业步骤	危害辨识	危害描述	产生后果	风险等级	防　范　措　施
8．蝶阀回装	行车	制动器失灵	起重伤害	较小	安排维护人员在行车顶部监护,发现行车吊钩有溜钩现象时立即紧固抱闸
	吊具、起吊	吊点不牢固、吊点位置不正确	起重伤害	较小	(1) 吊钩要挂在物品的重心上,当被吊物件起吊后有可能摆动或转动时,应采绳牵引方法,防止物件摆动伤人或碰坏设备; (2) 选择牢固可靠、满足载荷的吊点
	手拉葫芦	滑链	起重伤害	较小	使用前应做无负荷起落试验一次,确认无滑链现象
		手拉葫芦超载荷使用	起重伤害	较小	使用手拉葫芦时工作负荷不准超过铭牌规定
	电动葫芦	钢丝绳磨损严重、吊钩无防脱保险装置、卸扣横销转动卡涩、控制手柄破损	起重伤害	较小	(1) 由特种设备作业人员或操作人员检查电动葫芦的钢丝绳磨损情况,吊钩防脱保险装置是否牢固、齐全,制动器、导绳器和限位器的有效性,控制手柄的外观;吊钩放至最低位置时,滚筒上至少剩有 5 圈绳索。 (2) 检查电动葫芦检验合格证在有效期内
9．阀门执行机构回装调试	380V电源	执行机构漏电	触电	较小	阀门传动前送电调试检查电动执行机构绝缘及接地装置良好
	门杆	阀门行程调整	机械伤害	较小	调整阀门电动执行机构行程的同时不得用手触摸阀杆和手轮,避免挤伤手指
10．检修工作结束	施工废料	施工废料未清理	环境污染	较小	废料及时清理,做到工完、料尽、场地清

11.59　凝结水泵进口滤网检修

作业步骤	危害辨识	危害描述	产生后果	风险等级	防　范　措　施
1．作业环境评估	噪声	未佩戴耳塞	噪声聋	较小	进入噪声区域时正确佩戴合格的耳塞
	氢气	氢气浓度超标	火灾、爆炸	较小	(1) 现场动火前测量氢气浓度符合要求; (2) 办理动火许可手续; (3) 动火前清理周围易燃物,配备合适的足够的有效的消防器材,完工后检查无火种遗留; (4) 安排监护人进行监护
	转动的水泵	未与运行中转动设备进行有效隔离	机械伤害	较小	(1) 设置安全隔离围栏并设置警告标志; (2) 设置安全检修通道; (3) 在运行中转动设备附近工作时应对转动设备进行可靠遮拦,并设专人监护
	孔、洞	盖板缺损	高处坠落	重大	工作场所的孔、洞必须覆以与地面齐平的坚固盖板或做好隔离措施
	照明	现场照明不充足	其他伤害	较小	增加临时照明
2．确认安全措施正确执行	压力介质水	安全措施不完善或安全措施未正确执行	冲击	较小	(1) 开工前确认现场安全措施、隔离措施正确完备; (2) 待管道内介质放尽,压力为零,温度适可后方可开始工作
3．准备工作及现场布置	临时电源及电源线	电源线悬挂高度不够	触电	较小	临时电源线架设高度室内不低于2.5m
		电源线、插头、插座破损	触电	较小	(1) 检查电源线外绝缘良好,无破损; (2) 检查电源盘合格证在有效期; (3) 检查电源插头插座,确保完好; (4) 不准将电源线缠绕在护栏、管道和脚手架上

作业步骤	危害辨识	危害描述	产生后果	风险等级	防 范 措 施
3. 准备工作及现场布置	临时电源及电源线	未安装漏电保护器	触电	较小	（1）检查电源盘合格证在有效期； （2）分级配置漏电保护器，工作前试漏电保护器，确保正确动作
		检修电源箱外壳未接地	触电	较小	（1）检查电源盘合格证在有效期； （2）检查电源箱外壳接地良好
	脚手架搭设	脚手架搭设后未验收	高处坠落	重大	（1）搭设结束后，必须履行脚手架验收手续，填写脚手架验收单，并在脚手架验收单上分级签字； （2）验收合格后应在脚手架上悬挂合格证，方可使用
	手拉葫芦	手拉有裂纹、链轮转动卡涩、吊钩无防脱保险装置	起重伤害	较小	（1）使用前应做无负荷起落试验一次，检查手拉是否有裂纹、链轮转动是否卡涩、吊钩是否无防脱保险装置，以确保完好； （2）检查合格证在有效期内
	大锤、手锤	锤头与木柄的连接不牢固、锤头破损、木柄未使用整根硬质木料	物体打击	较小	锤头与木柄的连接应用金属楔栓固定，楔子长度不得大于安装孔深的2/3，锤头完好无损，木柄使用整根硬质木料
	锉刀、钢丝钳	手柄等缺损	刺伤	较小	锉刀、钢丝钳等手柄应安装牢固，没有手柄的不准使用
4. 滤网解体	手拉葫芦	滑链	起重伤害	较小	使用前应做无负荷起落试验一次
		手拉葫芦超载荷使用	起重伤害	较小	使用手拉葫芦时工作负荷不准超过铭牌规定
	大锤、手锤	锤把上有油污	物体打击	较小	锤把上不可有油污
		单手抡大锤	物体打击	较小	抡大锤时，周围不得有人，不得单手抡大锤
		戴手套抡大锤	物体打击	较小	打锤人不得戴手套
	脚手架搭设	脚手架搭设后未验收	高处坠落	重大	（1）搭设结束后，必须履行脚手架验收手续，填写脚手架验收单，并在脚手架验收单上分级签字； （2）验收合格后应在脚手架上悬挂合格证，方可使用
	高处作业人员	作业时未正确使用防护用品	高处坠落	重大	高处作业人员必须戴好安全帽、穿好防滑鞋并正确佩戴和使用安全带
		未佩戴使用合格的安全带	高处坠落	重大	（1）安全带使用前进行外观检查合格，检验合格证应在有效期内； （2）在没有脚手架或没有栏杆的脚手架上工作，高度超过1.5m时必须使用安全带； （3）安全带的挂钩应挂在结实、牢固的构件上，或专挂安全带的钢丝绳上，不准低挂高用
		擅自改动脚手架架构	高处坠落	重大	工作过程中，不准随意改变脚手架的结构，必要时，必须经过搭设脚手架的技术负责人同意，并再次验收合格后方可使用
		乱拉电源线、电焊线、气带	高处坠落	重大	（1）脚手架上不准乱拉电线； （2）必须安装临时照明线路时，木竹脚手架应采用绝缘子，金属脚手架应另设木横担
		随意码放物品或超载	高处坠落	重大	（1）不准在脚手架和脚手板上聚集人员或放置超过计算荷重的材料； （2）脚手架上的堆置物应摆放整齐和牢固，不准超高摆放； （3）脚手架上的大物件应分散堆放，不得集中堆放； （4）脚手架上的废弃物应及时清理，并用绳子系牢后溜放到地面

作业步骤	危害辨识	危害描述	产生后果	风险等级	防范措施
4. 滤网解体	高处作业人员	脚手架上作业不规范	高处坠落	重大	（1）上下脚手架应走人行通道或梯子，不准攀登架体； （2）不准站在脚手架的探头上作业； （3）同一架体上的作业人数一般为 2 人，必须超过 2 人的情况下不得超过 9 人； （4）不准在脚手架上蹲在木桶、木箱、砖及其他建筑材料等作业； （5）不准在架子上退着行走或跨坐在防护横杆上休息； （6）架子上应保持清洁，随时清理冰雪、杂物等，不准乱堆乱放物料； （7）不得在防护栏杆上拴挂任何重物； （8）作业中需要拆除防护栏杆时，必须采取可靠的临边防护措施
	吊具、起吊滤网盖	吊点不牢固、吊点位置不正确	起重伤害	较小	（1）吊钩要挂在物品的重心上，当被吊物件起吊后有可能摆动或转动时，应采用绳牵引方法，防止物件摆动伤人或碰坏设备； （2）选择牢固可靠、满足载荷的吊点
		吊索具损坏或选择不当	起重伤害	较小	（1）作业前，应对吊索具及其配件进行检查，确认完好，方可使用； （2）所选用的吊索具应与被吊工件的外形特点及具体要求相适应，在不具备使用条件的情况下，绝不能对付使用； （3）作业中应防止损坏吊索具及配件，必要时在棱角处应加护角防护； （4）吊具及配件不能超过其额定起重量，起重吊索、吊具不得超过其相应吊挂状态下的最大工作载荷
		绑扎不牢固	起重伤害	较小	（1）起重前必须将物件牢固、稳妥地绑住。 （2）吊拉时两根钢丝绳之间的夹角一般不得大于90°。 （3）使用单吊索起重物挂钩时应打"挂钩结"；使用吊环时螺栓必须拧到底；使用卸扣时，吊索与其连接的一个索扣必须扣在销轴上，一个索扣必须扣在扣顶上，不准两个索扣分别扣在卸扣的扣体两侧上；吊拉捆绑时，重或设备构件的锐边快口处必须加装衬垫物
		斜拉	起重伤害	较小	禁止使吊钩斜着拖吊重物
		在起吊重物下逗留和行走	起重伤害	较小	任何人不准在起吊重物下逗留和行走
5. 滤网检修清理	清洁剂	在工作场所存储	火灾爆炸	较小	（1）禁止在工作场所存储易燃物品，例如汽油、酒精等； （2）领用、暂存时量不能过大，一般不超过500mL
		皮肤接触	化学性灼伤	较小	工作人员佩戴橡胶手套
	破损的网布	手部划伤	割伤	较小	工作人员佩戴好手套
6. 滤网组装	手拉葫芦	滑链	起重伤害	较小	使用前应做无负荷起落试验一次
		手拉葫芦超载荷使用	起重伤害	较小	使用手拉葫芦时工作负荷不准超过铭牌规定

作业步骤	危害辨识	危害描述	产生后果	风险等级	防 范 措 施
6. 滤网组装	大锤、手锤	锤把上有油污	物体打击	较小	锤把上不可有油污
		单手抢大锤	物体打击	较小	抢大锤时，周围不得有人，不得单手抢大锤
		戴手套抢大锤	物体打击	较小	打锤人不得戴手套
	吊具、起吊滤网盖	绑扎不牢固	起重伤害	较小	（1）起重前必须将物件牢固、稳妥地绑住。 （2）吊拉时两根钢丝绳之间的夹角一般不得大于90°。 （3）使用单吊索起吊重物挂钩时应打"挂钩结"；使用吊环时螺栓必须拧到底；使用卸扣时，吊索与其连接的一个索扣必须扣在销轴上，一个索扣必须扣在扣顶上，不准两个索扣分别扣在卸扣的扣体两侧上；吊拉捆绑时，重物或设备构件的锐边快口处必须加装衬垫物
		斜拉	起重伤害	较小	禁止使用吊钩斜着拖吊重物
		在起吊重物下逗留和行走	起重伤害	较小	任何人不准在起吊重物下逗留和行走
7. 检修工作结束	施工废料	施工废料未清理	环境污染	较小	废料及时清理，做到工完、料尽、场地清

11.60　凝结水泵坑排污泵检修

作业步骤	危害辨识	危害描述	产生后果	风险等级	防 范 措 施
1. 作业环境评估	噪声	未佩戴耳塞	噪声聋	较小	进入噪声区域时正确佩戴合格的耳塞
	孔、洞、坑	盖板缺损	高处坠落	重大	工作场所的孔、洞必须覆以与地面齐平的坚固盖板或做好隔离措施
	氢气	氢气浓度超标	火灾、爆炸	较小	（1）现场动火前测量氢气浓度符合要求； （2）办理动火许可手续； （3）动火前清理周围易燃物，配备合适的足够的有效的消防器材，完工后检查无火种遗留； （4）安排监护人进行监护
	转动的水泵	未与运行中转动设备进行有效隔离	机械伤害	较小	（1）设置安全隔离围栏并设置警告标志； （2）设置安全检修通道； （3）在运行中转动设备附近工作时应对转动设备进行可靠遮拦，并设专人监护
	照明	现场照明不充足	其他伤害	较小	增加临时照明
2. 确认安全措施正确执行	压力介质水	工作前所采取的安全措施不完善	冲击	较小	（1）开工前确认现场安全措施、隔离措施正确完备； （2）待管道内介质放尽，压力为零，温度适可后方可开始工作
3. 准备工作及现场布置	转动的水泵	工作前未核实设备运转状态和标识	机械伤害	较小	转动设备检修时应采取防转动措施、确认电机电源线拆除
	角磨机	电源线、电源插头破损、防护罩破损缺失松动	机械伤害触电	较小	（1）检查电源线、电源插头完好无破损、防护罩完好无破损且牢固； （2）检查合格证在有效期内
	临时电源及电源线	电源线悬挂高度不够	触电	较小	临时电源线架设高度室内不低于2.5m
		电源线、插头、插座破损	触电	较小	（1）检查电源线外绝缘良好，无破损； （2）检查电源盘合格证在有效期； （3）检查电源插头插座，确保完好； （4）不准将电源线缠绕在护栏、管道和脚手架上

作业步骤	危害辨识	危害描述	产生后果	风险等级	防范措施
3. 准备工作及现场布置	临时电源及电源线	未安装漏电保护器	触电	较小	（1）检查电源盘合格证在有效期； （2）分级配置漏电保护器，工作前试漏电保护器，确保正确动作
		检修电源箱外壳未接地	触电	较小	（1）检查电源盘合格证在有效期； （2）检查电源箱外壳接地良好
	潜水泵	潜水泵电源线、电源插头破损；金属外壳无接地线；防护罩	触电	较小	（1）使用前由电气专业人员进行绝缘检查并接线； （2）接取的电源要有可靠的漏电保护装置； （3）使用前必须经试运完好方可使用； （4）前池内有人工作时必须切断所有潜水泵的总电源，禁止检修工作与抽水工作同时进行
	手拉葫芦	手拉有裂纹、链轮转动卡涩、吊钩无防脱保险装置	起重伤害	较小	（1）使用前应做无负荷起落试验一次，检查手拉是否有裂纹、链轮转动是否卡涩、吊钩是否无防脱保险装置，以确保完好； （2）检查合格证在有效期内
	大锤、手锤	锤头与木柄的连接不牢固、锤头破损、木柄未使用整根硬质木料	物体打击	较小	锤头与木柄的连接应用金属楔栓固定，楔子长度不得大于安装孔深的2/3，锤头完好无损，木柄使用整根硬质木料
	锉刀、手锯、螺丝刀、钢丝钳	手柄等缺损	刺伤	较小	锉刀、手锯、螺丝刀、钢丝钳等手柄应安装牢固，没有手柄的不准使用
	行车	行车不合格	起重伤害	较小	（1）由特种设备作业人员检查行车完好； （2）检查行车检验合格证在有效期内
4. 凝泵坑排污泵解体	行车	制动器失灵	起重伤害	较小	（1）检查行车制动器灵活； （2）安排维护人员在行车顶部监护，发现行车溜钩立即紧固抱闸
	撬杠	支撑物不可靠	压伤	较小	应保证支撑物可靠
		被撬物倾斜或滚落	压伤	较小	撬动过程中应采取措施防止被撬物倾斜或滚落
	大锤、手锤	锤把上有油污	物体打击	较小	锤把上不可有油污
		单手抡大锤	物体打击	较小	抡大锤时，周围不得有人，不得单手抡大锤
		戴手套抡大锤	物体打击	较小	打锤人不得戴手套
	手拉葫芦	滑链	起重伤害	较小	使用前应做无负荷起落试验一次
		手拉葫芦超载荷使用	起重伤害	较小	使用手拉葫芦时工作负荷不准超过铭牌规定
	吊具、起吊泵体、各级轮段、转子	吊点不牢固、吊点位置不正确	起重伤害	较小	（1）吊钩要挂在物品的重心上，当被吊物件起吊后有可能摆动或转动时，应采用绳牵引方法，防止物件摆动伤人或碰坏设备； （2）选择牢固可靠、满足载荷的吊点
		吊索具损坏或选择不当	起重伤害	较小	（1）作业前，应对吊索具及其配件进行检查，确认完好，方可使用； （2）所选用的吊索具应与被吊工件的外形特点及具体要求相适应，在不具备使用条件的情况下，绝不能对付使用； （3）作业中应防止损坏吊索具及配件，必要时在棱角处应加护角防护； （4）吊具及配件不能超过其额定起重量，起重吊索、吊具不得超过其相应吊挂状态下的最大工作载荷

作业步骤	危害辨识	危害描述	产生后果	风险等级	防 范 措 施
4. 凝泵坑排污泵解体	吊具、起吊泵体、各级轮段、转子	绑扎不牢固	起重伤害	较小	（1）起重前必须将物件牢固、稳妥地绑住。 （2）吊拉时两根钢丝绳之间的夹角一般不得大于90°。 （3）使用单吊索起吊重物挂钩时应打"挂钩结"；使用吊环时螺栓必须拧到底；使用卸扣时，吊索与其连接的一个索扣必须扣在销轴上，一个索扣必须扣在扣顶上，不准两个索扣分别扣在卸扣的扣体两侧上；吊拉捆绑时，重物或设备构件的锐边快口处必须加装衬垫物
		斜拉	起重伤害	较小	禁止使用吊钩斜着拖吊重物
		在起吊重物下逗留和行走	起重伤害	较小	任何人不准在起吊重物下逗留和行走
5. 凝泵坑排污泵检修清理	清洁剂	在工作场所存储	火灾爆炸	较小	（1）禁止在工作场所存储易燃物品，例如汽油、酒精等； （2）领用、暂存时量不能过大，一般不超过500mL
		皮肤接触	化学性灼伤	较小	工作人员佩戴橡胶手套
	角磨机	未正确使用防护罩、防护眼镜	机械伤害	较小	正确佩戴防护罩、防护眼镜
		手提电动工具的导线或转动部分	触电	较小	禁止手提电动工具的导线或转动部分
		角磨机砂轮片破损	物体打击	较小	使用前检查角磨机砂轮片完好无缺损
		更换砂轮片未切断电源	机械伤害	较小	更换砂轮片前必须切断电源
	氢气	氢气浓度超标	火灾、爆炸	较小	（1）现场动火前测量氢气浓度符合要求； （2）办理动火许可手续； （3）动火前清理周围易燃物，配备合适的足够的有效的消防器材，完工后检查无火种遗留； （4）安排监护人进行监护
6. 凝泵坑排污泵组装	手拉葫芦	滑链	起重伤害	较小	使用前应做无负荷起落试验一次
		手拉葫芦超载荷使用	起重伤害	较小	使用手拉葫芦时工作负荷不准超过铭牌规定
	行车	制动器失灵	起重伤害	较小	检查行车制动器灵活、吊钩和钢丝绳完好无损
	撬杠	支撑物不可靠	砸伤	较小	应保证支撑物可靠
		被撬物倾斜或滚落	砸伤	较小	撬动过程中应采取措施防止被撬物倾斜或滚落
	大锤、手锤	锤把上有油污	物体打击	较小	锤把上不可有油污
		单手抡大锤	物体打击	较小	抡大锤时，周围不得有人，不得单手抡大锤
		戴手套抡大锤	物体打击	较小	打锤人不得戴手套
	吊具、起吊泵体、各级轮段、转子	绑扎不牢固	起重伤害	较小	（1）起重前必须将物件牢固、稳妥地绑住。 （2）吊拉时两根钢丝绳之间的夹角一般不得大于90°。 （3）使用单吊索起吊重物挂钩时应打"挂钩结"；使用吊环时螺栓必须拧到底；使用卸扣时，吊索与其连接的一个索扣必须扣在销轴上，一个索扣必须扣在扣顶上，不准两个索扣分别扣在卸扣的扣体两侧上；吊拉捆绑时，重物或设备构件的锐边快口处必须加装衬垫物
		斜拉	起重伤害	较小	禁止使用吊钩斜着拖吊重物
		在起吊重物下逗留和行走	起重伤害	较小	任何人不准在起吊重物下逗留和行走

作业步骤	危害辨识	危害描述	产生后果	风险等级	防 范 措 施
7. 水泵试运	转动的水泵	防护罩缺损不牢固	机械伤害	较小	（1）设备的转动部分必须装设防护罩，并标明旋转方向，露出的轴端必须装设护盖； （2）对转动设备缺损的防护罩应及时装复或修复，装复或修复前在转动设备区域内设置"禁止靠近"安全警示标识； （3）不准擅自拆除设备上的安全防护设施； （4）防护罩固定牢固
		肢体部位或饰品衣物、用具（包括防护用品）、工具接触转动部位	机械伤害	较小	（1）衣服和袖口应扣好，不得戴围巾领带，长发必须盘在安全帽内； （2）不准将用具、工器具接触设备的转动部位； （3）不准在转动设备附近长时间停留； （4）不准在靠背轮上、安全防护罩上或运行中设备的轴承上行走和坐立
		试运行启动时人员站在转机径向位置	机械伤害	较小	转动设备试运行时所有人员应先远离，站在转动机械的轴向位置，并有一人站在事故按钮位置
8. 检修工作结束	施工废料	施工废料未清理	环境污染	较小	废料及时清理，做到工完、料尽、场地清

11.61 低压加热器检修

作业步骤	危害辨识	危害描述	产生后果	风险等级	防 范 措 施
1. 作业环境评估	噪声	未佩戴耳塞	噪声聋	较小	进入噪声区域时正确佩戴合格的耳塞
	格栅板	未铺垫	高处落物	较小	工作场所必须铺设足够的木板或橡胶板，防止物品从格栅板掉落
	氢气	氢气浓度超标	火灾、爆炸	较小	（1）现场动火前测量氢气浓度符合要求； （2）办理动火许可手续； （3）动火前清理周围易燃物，配备合适的足够的有效的消防器材，完工后检查无火种遗留； （4）安排监护人进行监护
	高温环境	环境温度超过40℃	中暑	较小	（1）工作环境温度超过40℃时工作人员轮流休息； （2）在高温场所工作时，应为工作人员提供足够的饮水、清凉饮料及防暑药品；对温度较高的作业场所必须增加通风设备
	照明	现场照明不充足	其他伤害	较小	增加临时照明
2. 确认安全措施正确执行	高温水	工作前所采取的安全措施不完善	灼烫伤	较小	（1）开工前确认现场安全措施、隔离措施正确完备； （2）待容器内介质放尽，压力为零，温度适可后方可开始工作； （3）人员不能正面对法兰及焊口工作，防止漏点介质体伤人
3. 准备工作及现场布置	角磨机	电焊机电源线、电源插头、电焊钳等设备和工具破损	触电	较小	（1）电焊机电源线、电源插头、电焊钳等焊接设备和工具完好无损； （2）电焊机的裸露导电部分和转动部分以及冷却用的风扇，均应装有保护罩
	通风机	防护罩缺损	机械伤害	较小	（1）风机转动部分必须装设防护装置，并标明旋转方向； （2）对缺损的防护罩应及时装复或修复

作业步骤	危害辨识	危害描述	产生后果	风险等级	防 范 措 施
3. 准备工作及现场布置	电焊机	电焊机电源线、电源插头、电焊钳破损	触电	较小	（1）电焊机电源线、电源插头、电焊钳等焊接设备和工具完好无损； （2）电焊机的裸露导电部分和转动部分以及冷却用的风扇，均应装有保护罩
		焊机外壳不接地	触电	较小	电焊机金属外壳应有明显的可靠接地，且一机一接地
		焊机、焊钳与电缆线连接不牢固	触电	较小	（1）电焊工作所用的导线，必须使用绝缘良好的皮线； （2）电焊机、焊钳与电缆线连接牢固，接地端头不外露； （3）连接到电焊钳上的一端，至少有 5m 为绝缘软导线
		一闸接多台电焊机	触电火灾	较小	电焊机必须装有独立的专用电源开关，其容量应符合要求。焊机超负荷时，应能自动切断电源，禁止多台焊机共用一个电源开关
	行灯	行灯电源线、电源插头破损	触电	较小	（1）检查行灯电源线、电源插头完好无破损； （2）行灯的电源线应采用橡套软电缆
		使用行灯电压等级不符	触电	较小	在金属容器和金属管道内使用的行灯，其电压不得超过 12V
		行灯防护罩缺失	触电	较小	行灯应有保护罩
	临时电源及电源线	电源线悬挂高度不够	触电	较小	临时电源线架设高度室内不低于 2.5m
		电源线、插头、插座破损	触电	较小	（1）检查电源线外绝缘良好，无破损； （2）检查电源盘合格证在有效期； （3）检查电源插头插座，确保完好； （4）不准将电源线缠绕在护栏、管道和脚手架上
		未安装漏电保护器	触电	较小	（1）检查电源盘合格证在有效期； （2）分级配置漏电保护器，工作前试漏电保护器，确保正确动作
		检修电源箱外壳未接地	触电	较小	（1）检查电源盘合格证在有效期； （2）检查电源箱外壳接地良好
	手锤	锤头与木柄的连接不牢固、锤头破损、木柄未使用整根硬质木料	物体打击	较小	锤头与木柄的连接应用金属楔栓固定，楔子长度不得大于安装孔深的 2/3，锤头完好无损，木柄使用整根硬质木料
4. 打开人孔门	高处作业人员	未正确使用安全带	高处坠落	重大	安全带的挂钩应挂在结实、牢固的构件上，或专挂安全带的钢丝绳上，安全带要高挂低用
	高处的工器具、零部件	工器具未系防坠绳、零部件未固定及上下抛掷	物体打击	较小	（1）工器具必须使用防坠绳； （2）工器具和零部件应用绳拴在牢固的构件上，不准随便乱放； （3）工器具和零部件不准上下抛掷
	孔、洞	人孔未设置临时围栏、警告标志	高处坠落	重大	（1）在检修工作中人孔打开后，必须设有牢固的临时围栏，并设有明显的警告标志； （2）工作停止时应将人孔临时进行封闭
5. 低压加热器内部检查	二氧化碳	气体浓度超标	窒息	中等	有限空间作业前办理作业审批许可，工作前30min 前打开人孔门进行通风直至用气体检测仪检测浓度合格，氧气浓度保持在 19.5%~21%范围内
		无人监护	窒息	中等	设专人不间断地监护

作业步骤	危害辨识	危害描述	产生后果	风险等级	防 范 措 施
5. 低压加热器内部检查	氢气	氢气浓度超标	火灾、爆炸	较小	（1）现场动火前测量氢气浓度符合要求； （2）办理动火许可手续； （3）动火前清理周围易燃物，配备合适的足够的有效的消防器材，完工后检查无火种遗留； （4）安排监护人进行监护
	通风机	肢体部位或饰品衣物、用具接触转动部位	机械伤害	较小	（1）衣服和袖口应扣好，不得戴围巾领带，长发必须盘在安全帽内； （2）不准将用具、工器具接触设备的转动部位
	交流电	个人防护用品未正确使用	触电	较小	作业时正确佩戴绝缘鞋、绝缘手套
		未使用Ⅱ类手持式电动工具	触电	较小	（1）工作时使用Ⅱ类手持式电动工具，并安装漏电开关，漏电开关动作电流小于15mA，动作时间小于等于0.1s （2）使用临时电源时电源联接器和控制箱等应放在容器外面宽敞、干燥场所
	行灯	将行灯变压器带入金属容器内	触电	较小	禁止将行灯变压器带入金属容器内
		使用行灯电压等级不符	触电	较小	在金属容器和金属管道内使用的行灯，其电压不得超过12V
	高温环境	容器内部温度高于40℃	中暑	较小	工作人员在容器内工作的人员应根据身体情况，轮流工作与休息
	角磨机	未正确使用防护罩、防护眼镜	机械伤害	较小	正确佩戴防护罩、防护眼镜
		手提电动工具的导线或转动部分	触电	较小	禁止手提电动工具的导线或转动部分
		角磨机砂轮片破损	机械伤害	较小	使用前检查角磨机砂轮片完好无缺损
		更换砂轮片未切断电源	触电	较小	更换砂轮片前必须切断电源
	可燃物质	未清理动火作业区域可燃物质	火灾	较小	（1）动火现场周围5m以内，严禁堆放易燃易爆物品。不能清除时应用阻燃物品隔离； （2）作业场所配备灭火器
	电焊机	未正确使用面罩、电焊手套、白光眼镜等防护用具	灼烫伤	较小	（1）正确使用面罩； （2）戴电焊手套； （3）戴白光眼镜； （4）穿电焊服
		电焊线缠绕在身上	触电	较小	工作前将电焊线布置好，在人员通道上架空2.5m高，户外4m高，地面敷设做好防护措施
		在金属容器内焊接作业未穿绝缘鞋	触电	较小	在金属容器内焊接作业穿绝缘鞋，铺绝缘垫
		利用厂房的金属结构、管道、轨道或其他金属搭接起来作为导线使用	触电	较小	不准利用厂房的金属结构、管道、轨道或其他金属搭接起来作为导线使用
		准备移动消防器材不合格	火灾	较小	电焊作业现场必须准备合格的、充足的灭火器及移动消防器材
	焊接尘	通风不良	尘肺病	较小	焊接工作场所应有良好的通风
		未正确使用防尘口罩	尘肺病	较小	作业时正确佩戴合格防尘口罩

作业步骤	危害辨识	危害描述	产生后果	风险等级	防 范 措 施
5. 低压加热器内部检查	焊渣	高温焊渣飞溅	灼烫伤、火灾	较小	（1）动火工作区域周围设置防护屏，防止其他人员被飞溅的焊渣烫伤，地面铺设防火布； （2）火焊人员必须穿戴好工作服、手套和带鞋盖劳保鞋等
	遗留火种	施焊完毕后，未确认是否遗留火种就离开	火灾	较小	电焊作业时须有灭火器材，施焊完毕后，要留有充分的时间观察，确认无引火点，方可离去
6. 封闭人孔	二氧化碳	人员遗留在容器内	窒息	较小	封闭人孔前工作负责人应认真清点工作人员
7. 检修工作结束	施工废料	施工废料未清理	环境污染	较小	废料及时清理，做到工完、料尽、场地清

11.62 低压加热器检修

作业步骤	危害辨识	危害描述	产生后果	风险等级	防 范 措 施
1. 作业环境评估	噪声	未佩戴耳塞	噪声聋	较小	进入噪声区域时正确佩戴合格的耳塞
	格栅板	未铺垫	高处落物	较小	工作场所必须铺设足够的木板或橡胶板，防止物品从格栅板掉落
	氢气	氢气浓度超标	火灾、爆炸	较小	（1）现场动火前测量氢气浓度符合要求； （2）办理动火许可手续； （3）动火前清理周围易燃物，配备合适的足够的有效的消防器材，完工后检查无火种遗留； （4）安排监护人进行监护
	高温环境	环境温度超过40℃	中暑	较小	（1）工作环境温度超过40℃时工作人员轮流休息； （2）在高温场所工作时，应为工作人员提供足够的饮水、清凉饮料及防暑药品；对温度较高的作业场所必须增加通风设备
	照明	现场照明不充足	其他伤害	较小	增加临时照明
2. 确认安全措施正确执行	高温水	工作前所采取的安全措施不完善	灼烫伤	较小	（1）开工前确认现场安全措施、隔离措施正确完备； （2）待容器内介质放尽，压力为零，温度适可后方可开始工作； （3）人员不能正面对法兰及焊口工作，防止漏点介质体伤人
3. 准备工作及现场布置	角磨机	电焊机电源线、电源插头、电焊钳等焊接设备和工具破损	触电	较小	（1）电焊机电源线、电源插头、电焊钳等焊接设备和工具完好无损； （2）电焊机的裸露导电部分和转动部分以及冷却用的风扇，均应装有保护罩
	通风机	防护罩缺损	机械伤害	较小	（1）风机转动部分必须装设防护装置，并标明旋转方向； （2）对缺损的防护罩应及时装复或修复
	电焊机	电焊机电源线、电源插头、电焊钳破损	触电	较小	（1）电焊机电源线、电源插头、电焊钳等焊接设备和工具完好无损； （2）电焊机的裸露导电部分和转动部分以及冷却用的风扇，均应装有保护罩
		焊机外壳不接地	触电	较小	电焊机金属外壳应有明显的可靠接地，且一机一接地

作业步骤	危害辨识	危害描述	产生后果	风险等级	防 范 措 施
3. 准备工作及现场布置	电焊机	焊机、焊钳与电缆线连接不牢固	触电	较小	（1）电焊工作所用的导线，必须使用绝缘良好的皮线； （2）电焊机、焊钳与电缆线连接牢固，接地端头不外露； （3）连接到电焊钳上的一端，至少有 5m 为绝缘软导线
		一闸接多台电焊机	触电火灾	较小	电焊机必须装有独立的专用电源开关，其容量应符合要求。焊机超负荷时，应能自动切断电源，禁止多台焊机共用一个电源开关
	行灯	行灯电源线、电源插头破损	触电	较小	（1）检查行灯电源线、电源插头完好无破损； （2）行灯的电源线应采用橡套软电缆
		使用行灯电压等级不符	触电	较小	在金属容器和金属管道内使用的行灯，其电压不得超过 12V
		行灯防护罩缺失	触电	较小	行灯应有保护罩
	临时电源及电源线	电源线悬挂高度不够	触电	较小	临时电源线架设高度室内不低于 2.5m
		电源线、插头、插座破损	触电	较小	（1）检查电源线外绝缘良好，无破损； （2）检查电源盘合格证在有效期； （3）检查电源插头插座，确保完好； （4）不准将电源线缠绕在护栏、管道和脚手架上
		未安装漏电保护器	触电	较小	（1）检查电源盘合格证在有效期； （2）分级配置漏电保护器，工作前试漏电保护器，确保正确动作
		检修电源箱外壳未接地	触电	较小	（1）检查电源盘合格证在有效期； （2）检查电源箱外壳接地良好
	手锤	锤头与木柄的连接不牢固、锤头破损、木柄未使用整根硬质木料	物体打击	较小	锤头与木柄的连接应用金属楔栓固定，楔子长度不得大于安装孔深的 2/3，锤头完好无损，木柄使用整根硬质木料
4. 打开人孔门	高处作业人员	未正确使用安全带	高处坠落	重大	安全带的挂钩应挂在结实、牢固的构件上，或专挂安全带的钢丝绳上，安全带要高挂低用
	高处的工器具、零部件	工器具未系防坠绳、零部件未固定及上下抛掷	物体打击	较小	（1）工器具必须使用防坠绳； （2）工器具和零部件应用绳拴在牢固的构件上，不准随便乱放； （3）工器具和零部件不准上下抛掷
	孔、洞	人孔未设置临时围栏、警告标志	高处坠落	重大	（1）在检修工作中人孔打开后，必须设有牢固的临时围栏，并设有明显的警告标志； （2）工作停止时应将人孔临时进行封闭
5. 低压加热器内部检查	二氧化碳	气体浓度超标	窒息	中等	有限空间作业前办理作业审批许可，工作前 30min 前打开人孔门进行通风直至用气体检测仪检测浓度合格，氧气浓度保持在 19.5%～21%范围内
		无人监护	窒息	中等	设专人不间断地监护
	氢气	氢气浓度超标	火灾、爆炸	较小	（1）现场动火前测量氢气浓度符合要求； （2）办理动火许可手续； （3）动火前清理周围易燃物，配备合适的足够的有效的消防器材，完工后检查无火种遗留； （4）安排监护人进行监护

续表

作业步骤	危害辨识	危害描述	产生后果	风险等级	防 范 措 施
5. 低压加热器内部检查	通风机	肢体部位或饰品衣物、用具接触转动部位	机械伤害	较小	（1）衣服和袖口应扣好，不得戴围巾领带，长发必须盘在安全帽内； （2）不准将用具、工器具接触设备的转动部位
	交流电	个人防护用品未正确使用	触电	较小	作业时正确佩戴绝缘鞋、绝缘手套
		未使用Ⅱ类手持式电动工具	触电	较小	（1）工作时使用Ⅱ类手持式电动工具，并安装漏电开关，漏电开关动作电流小于15mA，动作时间小于等于0.1s； （2）使用临时电源时电源联接器和控制箱等应放在容器外面宽敞、干燥场所
	行灯	将行灯变压器带入金属容器内	触电	较小	禁止将行灯变压器带入金属容器内
		使用行灯电压等级不符	触电	较小	在金属容器和金属管道内使用的行灯，其电压不得超过12V
	高温环境	容器内部温度高于40℃	中暑	较小	工作人员在容器内工作的人员应根据身体情况，轮流工作与休息
	角磨机	未正确使用防护罩、防护眼镜	机械伤害	较小	正确佩戴防护罩、防护眼镜
		手提电动工具的导线或转动部分	触电	较小	禁止手提电动工具的导线或转动部分
		角磨机砂轮片破损	机械伤害	较小	使用前检查角磨机砂轮片完好无缺损
		更换砂轮片未切断电源	触电	较小	更换砂轮片前必须切断电源
	可燃物质	未清理动火作业区域可燃物质	火灾	较小	（1）动火现场周围5m以内，严禁堆放易燃易爆物品，不能清除时应用阻燃物品隔离； （2）作业场所配备灭火器
	电焊机	未正确使用面罩、电焊手套、白光眼镜等防护用具	灼烫伤	较小	（1）正确使用面罩； （2）戴电焊手套； （3）戴白光眼镜； （4）穿电焊服
		电焊线缠绕在身上	触电	较小	工作前将电焊线布置好，在人员通道上架空2.5m高，户外4m高，地面敷设做好防护措施
		在金属容器内焊接作业未穿绝缘鞋	触电	较小	在金属容器内焊接作业穿绝缘鞋，铺绝缘垫
		利用厂房的金属结构、管道、轨道或其他金属搭接起来作为导线使用	触电	较小	不准利用厂房的金属结构、管道、轨道或其他金属搭接起来作为导线使用
		准备移动消防器材不合格	火灾	较小	电焊作业现场必须准备合格的、充足的灭火器及移动消防器材
	焊接尘	通风不良	尘肺病	较小	焊接工作场所应有良好的通风
		未正确使用防尘口罩	尘肺病	较小	作业时正确佩戴合格防尘口罩
	焊渣	高温焊渣飞溅	灼烫伤、火灾	较小	（1）动火工作区域周围设置防护屏，防止其他人员被飞溅的焊渣烫伤，地面铺设防火布； （2）火焊人员必须穿戴好工作服戴好手套和带鞋盖劳保鞋等
	遗留火种	施焊完毕后，未确认是否遗留火种就离开	火灾	较小	电焊作业时须有灭火器材，施焊完毕后，要留有充分的时间观察，确认无引火点，方可离去

续表

作业步骤	危害辨识	危害描述	产生后果	风险等级	防 范 措 施
6. 封闭人孔	二氧化碳	人员遗留在容器内	窒息	较小	封闭人孔前工作负责人应认真清点工作人员
7. 检修工作结束	施工废料	施工废料未清理	环境污染	较小	废料及时清理，做到工完、料尽、场地清

11.63 低压加热器疏水泵检修

作业步骤	危害辨识	危害描述	产生后果	风险等级	防 范 措 施
1. 作业环境评估	噪声	噪声超标	噪声聋	较小	进入噪声区域时正确佩戴合格的耳塞
	转动的水泵	未与运行中转动设备进行有效隔离	机械伤害	较小	（1）设置安全隔离围栏并设置警告标志；（2）设置安全检修通道；（3）在运行中转动设备附近工作时应对转动设备进行可靠遮拦，并设专人监护
	照明	现场照明不充足	其他伤害	较小	增加临时照明
2. 确认安全措施正确执行	压力介质水	工作前所采取的安全措施不完善	冲击	较小	（1）开工前确认现场安全措施、隔离措施正确完备；（2）待管道内介质放尽，压力为零，温度适可后方可开始工作
3. 准备工作及现场布置	转动的水泵	工作前未核实设备运转状态和标识	机械伤害	较小	转动设备检修时应采取防转动措施，确认电机电源线拆除
	大锤、手锤	锤头与木柄的连接不牢固、锤头破损、木柄未使用整根硬质木料	物体打击	较小	锤头与木柄的连接应用金属楔栓固定，楔子长度不得大于安装孔深的2/3，锤头完好无损，木柄使用整根硬质木料
	锉刀、手锯、螺丝刀、钢丝钳	手柄等缺损	刺伤	较小	锉刀、手锯、螺丝刀、钢丝钳等手柄应安装牢固，没有手柄的不准使用
	电动葫芦	电动葫芦不合格	起重伤害	较小	（1）由特种设备作业人员检查行车完好；（2）检查行车检验合格证在有效期内
4. 拆卸	联轴器销孔	用手直接伸入销孔内盘动联轴器	机械伤害	较小	联轴器对孔时严禁将手指放入销孔内
	轴承润滑油	发生漏油	污染环境	较小	（1）发生的跑、冒、滴、漏及溢油，要及时清除处理；（2）清理作业时的废油、废布不得随意处置
	手提切割机	电源线、电源插头破损、防护罩破损缺失松动	触电、机械伤害	较小	（1）检查电源线、电源插头完好无破损、防护罩完好无破损且牢固；（2）检验合格证在有效期内；（3）使用切割机时戴好防护面罩
	行车	制动器失灵	起重伤害	较小	起吊泵体时进行试吊，检查行车制动器灵活有效，无溜钩情况
	钢丝绳	吊索具损坏或选择不当	起重伤害	较小	（1）作业前，应对吊索具及其配件进行检查，确认完好，方可使用；（2）所选用的吊索具应与被吊工件的外形特点及具体要求相适应，在不具备使用条件的情况下，绝不能对付使用；（3）作业中应防止损坏吊索具及配件，必要时在棱角处应加护角防护；（4）吊具及配件不能超过其额定起重量，起重吊索、吊具不得超过其相应吊挂状态下的最大工作载荷

作业步骤	危害辨识	危害描述	产生后果	风险等级	防 范 措 施
4. 拆卸	起吊的电机、泵体	管道法兰螺栓未拆除	起重伤害	较小	起吊前工作负责人仔细检查与起吊设备连接的管道均已脱开
		吊点不牢固、吊点位置不正确	起重伤害	较小	（1）吊钩要挂在物品的重心上，当被吊物件起吊后有可能摆动或转动时，应采用绳牵引方法，防止物件摆动伤人或碰坏设备； （2）选择牢固可靠、满足载荷的吊点； （3）泵体放倒时选择正确的吊点，保证吊起时钢丝绳受力角度符合要求
		在起吊重物下逗留和行走	起重伤害	较小	（1）任何人不准在起吊重物下逗留和行走； （2）吊装区域设置隔离区
	起重作业人员	违章操作	起重伤害	较小	（1）起重作业人员持证上岗； （2）起吊作业时专人指挥，现场加强人员监护； （3）现场配备 2 名以上专业的有经验的起重作业人员
5. 泵体解体	靠背轮	拆卸时掉落	物体打击	较小	拆除靠背轮时配合好
	撬杠	支撑物不可靠	压伤	较小	应保证支撑物可靠
		被撬物倾斜或滚落	压伤	较小	撬动过程中应采取措施防止被撬物倾斜或滚落
	大锤、手锤	锤把上有油污	物体打击	较小	锤把上不可有油污
		单手抡大锤	物体打击	较小	抡大锤时，周围不得有人，不得单手抡大锤
		戴手套抡大锤	物体打击	较小	打锤人不得戴手套
	手拉葫芦	手拉有裂纹、链轮转动卡涩、吊钩无防脱保险装置	起重伤害	较小	（1）使用前应做无负荷起落试验一次，检查手拉链是否有裂纹、链轮转动是否卡涩、吊钩是否无防脱保险装置，以确保完好，起吊后及时锁链； （2）检查合格证在有效期内
		手拉葫芦超载荷使用	起重伤害	较小	使用手拉葫芦时工作负荷不准超过铭牌规定
	吊具、起吊各部接管、转子、各级导流壳体	吊点不牢固、吊点位置不正确	起重伤害	较小	（1）吊钩要挂在物品的重心上，当被吊物件起吊后有可能摆动或转动时，应采用绳牵引方法，防止物件摆动伤人或碰坏设备； （2）选择牢固可靠、满足载荷的吊点
		吊索具损坏或选择不当	起重伤害	较小	（1）作业前，应对吊索具及其配件进行检查，确认完好，方可使用； （2）所选用的吊索具应与被吊工件的外形特点及具体要求相适应，在不具备使用条件的情况下，绝不能对付使用； （3）作业中应防止损坏吊索具及配件，必要时在棱角处应加护角防护； （4）吊具及配件不能超过其额定起重量，起重吊索、吊具不得超过其相应吊挂状态下的最大工作载荷
		绑扎不牢固	起重伤害	较小	（1）起重前必须将物件牢固、稳妥地绑住。 （2）吊拉时两根钢丝绳之间的夹角一般不得大于90°。 （3）使用单吊索起吊重物挂钩时应打"挂钩结"；使用吊环时螺栓必须拧到底；使用卸扣时，吊索与其连接的一个索扣必须扣在销轴上，一个索扣必须扣在扣顶上，不准两个索扣分别扣在卸扣的扣体两侧上；吊拉捆绑时，重物或设备构件的锐边快口处必须加装衬垫物

作业步骤	危害辨识	危害描述	产生后果	风险等级	防 范 措 施
5. 泵体解体	吊具、起吊各部接管、转子、各级导流壳体	斜拉	起重伤害	较小	禁止使吊钩斜着拖吊重物
		在起吊重物下逗留和行走	起重伤害	较小	任何人不准在起吊重物下逗留和行走
6. 部件检查修理	清洁剂	在工作场所存储	火灾爆炸	较小	(1) 禁止在工作场所存储易燃物品，例如汽油、酒精等； (2) 领用、暂存时量不能过大，一般不超过500mL
		皮肤接触	化学性灼伤	较小	工作人员佩戴橡胶手套
	临时电源及电源线	电源线悬挂高度不够	触电	较小	临时电源线架设高度室内不低于2.5m
		电源线、插头、插座破损	触电	较小	(1) 检查电源线外绝缘良好，无破损； (2) 检查电源盘合格证在有效期； (3) 检查电源插头插座，确保完好； (4) 不准将电源线缠绕在护栏、管道和脚手架上
		未安装漏电保护器	触电	较小	(1) 检查电源盘合格证在有效期； (2) 分级配置漏电保护器，工作前试漏电保护器，确保正确动作
		检修电源箱外壳未接地	触电	较小	(1) 检查电源盘合格证在有效期； (2) 检查电源箱外壳接地良好
	角磨机	未正确使用防护罩、防护眼镜	机械伤害	较小	正确佩戴防护罩、防护眼镜
		手提电动工具的导线或转动部分	触电	较小	禁止手提电动工具的导线或转动部分
		角磨机砂轮片破损	物体打击	较小	使用前检查角磨机砂轮片完好无缺损
		更换砂轮片未切断电源	机械伤害	较小	更换砂轮片前必须切断电源
	油漆	人员未做好个人防护	中毒	较小	正确佩戴口罩或呼吸面罩
		在现场储存	火灾	较小	(1) 当天完工后及时清除，禁止在工作场所存储； (2) 油漆时周围不得进行动火作业
	手拉葫芦	手拉有裂纹、链轮转动卡涩、吊钩无防脱保险装置	起重伤害	较小	(1) 使用前应做无负荷起落试验一次，检查手拉链是否有裂纹、链轮转动是否卡涩、吊钩是否无防脱保险装置，以确保完好，起吊后及时锁链； (2) 检查合格证在有效期内
		手拉葫芦超载荷使用	起重伤害	较小	使用手拉葫芦时工作负荷不准超过铭牌规定
	行车	制动器失灵	起重伤害	较小	检查行车制动器灵活、吊钩和钢丝绳完好无损
7. 泵体部分组装、电机就位	手拉葫芦	手拉有裂纹、链轮转动卡涩、吊钩无防脱保险装置	起重伤害	较小	(1) 使用前应作无负荷起落试验一次，检查手拉链是否有裂纹、链轮转动是否卡涩、吊钩是否无防脱保险装置，以确保完好，起吊后及时锁链； (2) 检查合格证在有效期内
		手拉葫芦超载荷使用	起重伤害	较小	使用手拉葫芦时工作负荷不准超过铭牌规定
	行车	制动器失灵	起重伤害	较小	起吊泵体时进行试吊，检查行车制动器灵活有效，无溜钩情况
	撬杠	支撑物不可靠	砸伤	较小	应保证支撑物可靠
		被撬物倾斜或滚落	砸伤	较小	撬动过程中应采取措施防止被撬物倾斜或滚落

作业步骤	危害辨识	危害描述	产生后果	风险等级	防 范 措 施
7. 泵体部分组装、电机就位	大锤、手锤	锤把上有油污	物体打击	较小	锤把上不可有油污
		单手抡大锤	物体打击	较小	抡大锤时，周围不得有人，不得单手抡大锤
		戴手套抡大锤	物体打击	较小	打锤人不得戴手套
	起吊泵体	吊点不牢固、吊点位置不正确	起重伤害	较小	（1）吊钩要挂在物品的重心上，当被吊物件起吊后有可能摆动或转动时，应采用绳牵引方法，防止物件摆动伤人或碰坏设备； （2）选择牢固可靠、满足载荷的吊点
		吊索具损坏或选择不当	起重伤害	较小	（1）作业前，应对吊索具及其配件进行检查，确认完好，方可使用； （2）所选用的吊索具应与被吊工件的外形特点及具体要求相适应，在不具备使用条件的情况下，绝不能对付使用； （3）作业中应防止损坏吊索具及配件，必要时在棱角处应加护角防护； （4）吊具及配件不能超过其额定起重量，起重吊索、吊具不得超过其相应吊挂状态下的最大工作载荷
		绑扎不牢固	起重伤害	较小	（1）起重前必须将物件牢固、稳妥地绑住。 （2）吊拉时两根钢丝绳之间的夹角一般不得大于90°。 （3）使用单吊索起吊重物挂钩时应打"挂钩结"；使用吊环时螺栓必须拧到底；使用卸扣时，吊索与其连接的一个索扣必须扣在销轴上，一个索扣必须扣在扣顶上，不准两个索扣分别扣在卸扣的扣体两侧上；吊拉捆绑时，重物或设备构件的锐边快口处必须加装衬垫物
		斜拉	起重伤害	较小	禁止使用吊钩斜着拖吊重物
		在起吊重物下逗留和行走	起重伤害	较小	任何人不准在起吊重物下逗留和行走
		手拉葫芦超载荷使用	起重伤害	较小	使用手拉葫芦时工作负荷不准超过铭牌规定
8. 联轴器找中心	靠背轮	盘转子时未统一协调	机械伤害	较小	（1）盘转子时应由专人指挥； （2）手指不得伸入螺栓孔内
9. 现场清理	施工废料	施工废料未清理	环境污染	较小	废料及时清理，做到工完、料尽、场地清

11.64　除氧器检修

作业步骤	危害辨识	危害描述	产生后果	风险等级	防 范 措 施
1. 作业环境评估	噪声	未佩戴耳塞	噪声聋	较小	进入噪声区域时正确佩戴合格的耳塞
	孔、洞	盖板缺损	高处坠落	重大	工作场所的孔、洞必须覆以与地面齐平的坚固盖板或做好隔离措施
	氢气	氢气浓度超标	火灾、爆炸	较小	（1）现场动火前测量氢气浓度符合要求； （2）办理动火许可手续； （3）动火前清理周围易燃物，配备合适的足够的有效的消防器材，完工后检查无火种遗留； （4）安排监护人进行监护

续表

作业步骤	危害辨识	危害描述	产生后果	风险等级	防 范 措 施
1. 作业环境评估	高温环境	环境温度超过 40℃	中暑	较小	（1）不准在工作环境温度超过 40℃时进行露天作业； （2）在高温场所工作时，应为工作人员提供足够的饮水、清凉饮料及防暑药品，对温度较高的作业场所必须增加通风设备
2. 确认安全措施正确执行	高温高压蒸汽	工作前所采取的安全措施不完善	灼烫伤	较小	（1）开工前确认现场安全措施、隔离措施正确完备； （2）待管道内介质放尽，压力为零，温度适可后方可开始工作； （3）人员不能正面对法兰及焊口工作，防止漏点介质体伤人
3. 准备工作及现场布置	角磨机	电焊机电源线、电源插头、电焊钳等设备和工具破损	触电	较小	（1）电焊机电源线、电源插头、电焊钳等焊接设备和工具完好无损； （2）电焊机的裸露导电部分和转动部分以及冷却用的风扇，均应装有保护罩
	通风机	防护罩缺损	机械伤害	较小	（1）风机转动部分必须装设防护装置，并标明旋转方向； （2）对缺损的防护罩应及时装复或修复
	电焊机	电焊机电源线、电源插头、电焊钳破损	触电	较小	（1）电焊机电源线、电源插头、电焊钳等焊接设备和工具完好无损； （2）电焊机的裸露导电部分和转动部分以及冷却用的风扇，均应装有保护罩
		焊机外壳不接地	触电	较小	电焊机金属外壳应有明显的可靠接地，且一机一接地
		焊机、焊钳与电缆线连接不牢固	触电	较小	（1）电焊工作所用的导线，必须使用绝缘良好的皮线； （2）电焊机、焊钳与电缆线连接牢固，接地端头不外露； （3）连接到电焊钳上的一端，至少有 5m 为绝缘软导线
		一闸接多台电焊机	触电火灾	较小	电焊机必须装有独立的专用电源开关，其容量应符合要求。焊机超负荷时，应能自动切断电源，禁止多台焊机共用一个电源开关
	行灯	行灯电源线、电源插头破损	触电	较小	（1）检查行灯电源线、电源插头完好无破损； （2）行灯的电源线应采用橡套软电缆
		使用行灯电压等级不符	触电	较小	在金属容器和金属管道内使用的行灯，其电压不得超过 12V
		行灯防护罩缺失	触电	较小	行灯应有保护罩
	临时电源及电源线	电源线悬挂高度不够	触电	较小	临时电源线架设高度室内不低于 2.5m
		电源线、插头、插座破损	触电	较小	（1）检查电源线外绝缘良好，无破损； （2）检查电源盘合格证在有效期； （3）检查电源插头插座，确保完好； （4）不准将电源线缠绕在护栏、管道和脚手架上
		未安装漏电保护器	触电	较小	（1）检查电源盘合格证在有效期； （2）分级配置漏电保护器，工作前试漏电保护器，确保正确动作
		检修电源箱外壳未接地	触电	较小	（1）检查电源盘合格证在有效期； （2）检查电源箱外壳接地良好

续表

作业步骤	危害辨识	危害描述	产生后果	风险等级	防 范 措 施
3. 准备工作及现场布置	手锤	锤头与木柄的连接不牢固、锤头破损、木柄未使用整根硬质木料	物体打击	较小	锤头与木柄的连接应用金属楔栓固定,楔子长度不得大于安装孔深的2/3,锤头完好无损,木柄使用整根硬质木料
4. 打开人孔门	高处作业人员	未正确使用安全带	高处坠落	重大	安全带的挂钩应挂在结实、牢固的构件上,或专挂安全带的钢丝绳上,安全带要高挂低用
	氢气	氢气浓度超标	火灾、爆炸	较小	(1) 现场动火前测量氢气浓度符合要求; (2) 办理动火许可手续; (3) 动火前清理周围易燃物,配备合适的足够的有效的消防器材,完工后检查无火种遗留; (4) 安排监护人进行监护
	角磨机	未正确使用防护罩、防护眼镜	机械伤害	较小	正确佩戴防护罩、防护眼镜
		手提电动工具的导线或转动部分	触电	较小	禁止手提电动工具的导线或转动部分
		角磨机砂轮片破损	机械伤害	较小	使用前检查角磨机砂轮片完好无缺损
		更换砂轮片未切断电源	触电	较小	更换砂轮片前必须切断电源
	高处的工器具、零部件	工器具未系防坠绳、零部件未固定及上下抛掷	物体打击	较小	(1) 工器具必须使用防坠绳; (2) 工器具和零部件应用绳拴在牢固的构件上,不准随便乱放; (3) 工器具和零部件不准上下抛掷
	孔、洞	人孔未设置临时围栏、警告标志	高处坠落	重大	(1) 在检修工作中人孔打开后,必须设有牢固的临时围栏,并设有明显的警告标志; (2) 工作停止时应将人孔临时进行封闭
5. 除氧器内部检查	二氧化碳	气体浓度超标	窒息	中等	有限空间作业前办理作业审批许可,工作前30min 前打开人孔门进行通风直至用气体检测仪检测浓度合格,氧气浓度保持在19.5%~21%范围内
		无人监护	窒息	中等	设专人不间断地监护
	通风机	肢体部位或饰品衣物、用具接触转动部位	机械伤害	较小	(1) 衣服和袖口应扣好,不得戴围巾领带,长发必须盘在安全帽内; (2) 不准将用具、工器具接触设备的转动部位
	交流电	个人防护用品未正确使用	触电	较小	作业时正确佩戴绝缘鞋、绝缘手套
		未使用Ⅱ类手持式电动工具	触电	较小	(1) 工作时使用Ⅱ类手持式电动工具,并安装漏电开关,漏电开关动作电流小于15mA,动作时间小于等于0.1s; (2) 使用临时电源时电源联接器和控制箱等应放在容器外面宽敞、干燥场所
	行灯	将行灯变压器带入金属容器内	触电	较小	禁止将行灯变压器带入金属容器内
		使用行灯电压等级不符	触电	较小	在金属容器和金属管道内使用的行灯,其电压不得超过12V
	高温环境	容器内部温度高于40℃	中暑	较小	工作人员在容器内工作的人员应根据身体情况,轮流工作与休息

续表

作业步骤	危害辨识	危害描述	产生后果	风险等级	防 范 措 施
5. 除氧器内部检查	角磨机	未正确使用防护罩、防护眼镜	机械伤害	较小	正确佩戴防护罩、防护眼镜
		手提电动工具的导线或转动部分	触电	较小	禁止手提电动工具的导线或转动部分
		角磨机砂轮片破损	机械伤害	较小	使用前检查角磨机砂轮片完好无缺损
		更换砂轮片未切断电源	触电	较小	更换砂轮片前必须切断电源
	可燃物质	未清理动火作业区域可燃物质	火灾	较小	（1）动火现场周围 5m 以内，严禁堆放易燃易爆物品，不能清除时应用阻燃物品隔离；（2）作业场所配备灭火器
	电焊机	未正确使用面罩、电焊手套、白光眼镜等防护用具	灼烫伤	较小	（1）正确使用面罩；（2）戴电焊手套；（3）戴白光眼镜；（4）穿电焊服
		电焊线缠绕在身上	触电	较小	工作前将电焊线布置好，在人员通道上架空 2.5m 高，户外 4m 高，地面敷设做好防护措施
		在金属容器内焊接作业未穿绝缘鞋	触电	较小	在金属容器内焊接作业穿绝缘鞋，铺绝缘垫
		利用厂房的金属结构、管道、轨道或其他金属搭接起来作为导线使用	触电	较小	不准利用厂房的金属结构、管道、轨道或其他金属搭接起来作为导线使用
		准备移动消防器材不合格	火灾	较小	电焊作业现场必须准备合格的、充足的灭火器及移动消防器材
	焊接尘	通风不良	尘肺病	较小	焊接工作场所应有良好的通风
		未正确使用防尘口罩	尘肺病	较小	作业时正确佩戴合格防尘口罩
	焊渣	高温焊渣飞溅	灼烫伤、火灾	较小	（1）动火工作区域周围设置防护屏，防止其他人员被飞溅的焊渣烫伤，地面铺设防火布；（2）火焊人员必须穿戴好工作服戴好手套和带鞋盖劳保鞋等
	遗留火种	施焊完毕后，未确认是否遗留火种就离开	火灾	较小	电焊作业时须有灭火器材，施焊完毕后，要留有充分的时间观察，确认无引火点，方可离去
6. 金属检查	辐射	未设置警示标志	放射性伤害	较小	（1）工作期先做好安全区隔离、悬挂警示牌；（2）告知全员
		进入金属探伤区域	放射性伤害	较小	（1）告知全员；（2）指定专人现场监护，防止非工作人员误入
7. 封闭人孔	二氧化碳	人员遗留在容器内	窒息	较小	封闭人孔前工作负责人应认真清点工作人员
8. 检修工作结束	施工废料	施工废料未清理	环境污染	较小	废料及时清理，做到工完、料尽、场地清

11.65 给水前置泵检修

作业步骤	危害辨识	危害描述	产生后果	风险等级	防 范 措 施
1. 作业环境评估	噪声	未佩戴耳塞	噪声聋	较小	进入噪声区域时正确佩戴合格的耳塞
	转动的水泵	未与运行中转动设备进行有效隔离	机械伤害	较小	（1）设置安全隔离围栏并设置警告标志；（2）设置安全检修通道；（3）在运行中转动设备附近工作时应对转动设备进行可靠遮拦，并设专人监护
	照明	现场照明不充足	其他伤害	较小	增加临时照明

檢 修 篇

续表

作业步骤	危害辨识	危害描述	产生后果	风险等级	防 范 措 施
2. 确认安全措施正确执行	润滑油	发生的跑、冒、滴、漏及溢油	滑倒火灾	较小	发生的跑、冒、滴、漏及溢油，要及时清除处理
	高压介质水	工作前所采取的安全措施不完善	冲击	较小	（1）开工前确认现场安全措施、隔离措施正确完备； （2）待管道内介质放尽，压力为零，温度适可后方可开始工作
3. 准备工作及现场布置	转动的水泵	工作前未核实设备运转状态和标识	机械伤害	较小	转动设备检修时应采取防转动措施、确认电机电源线拆除
	临时电源及电源线	电源线悬挂高度不够	触电	较小	临时电源线架设高度室内不低于2.5m
		电源线、插头、插座破损	触电	较小	（1）检查电源线外绝缘良好，无破损； （2）检查电源盘合格证在有效期； （3）检查电源插头插座，确保完好； （4）不准将电源线缠绕
		未安装漏电保护器	触电	较小	（1）检查电源盘合格证在有效期； （2）分级配置漏电保护器，工作前试漏电保护器，确保正确动作
		检修电源箱外壳未接地	触电	较小	（1）检查电源盘合格证在有效期； （2）检查电源箱外壳接地良好
	角磨机	电源线、电源插头破损、防护罩破损缺失松动	机械伤害触电	较小	（1）检查电源线、电源插头完好无破损、防护罩完好无破损且牢固； （2）检查合格证在有效期内
	大锤、手锤	锤头与木柄的连接不牢固、锤头破损、木柄未使用整根硬质木料	物体打击	较小	锤头与木柄的连接应用金属楔栓固定，楔子长度不得大于安装孔深的2/3，锤头完好无损，木柄使用整根硬质木料
	手拉葫芦	手拉有裂纹、链轮转动卡涩、吊钩无防脱保险装置	起重伤害	较小	（1）使用前应做无负荷起落试验一次，检查手拉是否有裂纹、链轮转动是否卡涩、吊钩是否无防脱保险装置，以确保完好； （2）检查合格证在有效期内
	锉刀、手锯、螺丝刀、钢丝钳、三角刮刀	手柄等缺损	刺伤	较小	锉刀、手锯、螺丝刀、钢丝钳、三角刮刀等手柄应安装牢固，没有手柄的不准使用
	氧气、乙炔	减压表失效	爆炸	较小	减压表应经检验合格，并在有效期内
		使用没有防震胶圈和保险帽的气瓶	爆炸	较小	不准使用没有防震胶圈和保险帽的气瓶
		使用中氧气瓶与乙炔气瓶的安全距离不足	爆炸	较小	使用中氧气瓶和乙炔气瓶的距离不得小于5m
4. 前置泵解体	联轴器销孔	拆除对轮连接螺栓	机械伤害	较小	联轴器对孔时严禁将手指放入销孔内
	液压拉紧装置	操作不正确	机械伤害	较小	（1）使用液压工具时，除操作人员外，其他人员尽量远离，不允许站在轴向位置，工作人员不准站在安全栓或高压软管前面； （2）严禁超压使用、超行程
	吊具、起吊盖及转子	吊点不牢固、吊点位置不正确	起重伤害	较小	（1）吊钩要挂在物品的重心上，当被吊物件起吊后有可能摆动或转动时，应采用绳牵引方法，防止物件摆动伤人或碰坏设备； （2）选择牢固可靠、满足载荷的吊点

590

作业步骤	危害辨识	危害描述	产生后果	风险等级	防 范 措 施
4. 前置泵解体	吊具、起吊盖及转子	吊索具损坏或选择不当	起重伤害	较小	（1）作业前，应对吊索具及其配件进行检查，确认完好，方可使用； （2）所选用的吊索具应与被吊工件的外形特点及具体要求相适应，在不具备使用条件的情况下，绝不能使用； （3）作业中应防止损坏吊索具及配件，必要时在棱角处应加护角防护； （4）吊具及配件不能超过其额定起重量，起重吊具、吊索不得超过其相应吊挂状态下的最大工作载荷
		绑扎不牢固	起重伤害	较小	（1）起重前必须将物件牢固、稳妥地绑住。 （2）吊拉时两根钢丝绳之间的夹角一般不得大于90°。 （3）使用单吊索起吊重物挂钩时应打"挂钩结"；使用吊环时螺栓必须拧到底；使用卸扣时，吊索与其连接的一个索扣必须扣在销轴上，一个索扣必须扣在扣顶上，不准两个索扣分别扣在卸扣的扣体两侧上；吊拉捆绑时，重物或设备构件的锐边快口处必须加装衬垫物
		斜拉	起重伤害	较小	禁止使吊钩斜着拖吊重物
		在起吊重物下逗留和行走	起重伤害	较小	任何人不准在起吊重物下逗留和行走
	撬棍	支撑物不可靠	砸伤	较小	应保证支撑物可靠
		被撬物倾斜或滚落	砸伤	较小	撬动过程中应采取措施防止被撬物倾斜或滚落
	大锤、手锤	锤把上有油污	物体打击	较小	锤把上不可有油污
		单手抡大锤	物体打击	较小	抡大锤时，周围不得有人，不得单手抡大锤
		戴手套抡大锤	物体打击	较小	打锤人不得戴手套
	手拉葫芦	滑链	起重伤害	较小	使用前应做无负荷起落试验一次
		手拉葫芦超载荷使用	起重伤害	较小	使用手拉葫芦时工作负荷不准超过铭牌规定
	可燃物质	未清理动火作业区域可燃物质	火灾	较小	（1）动火现场周围5m以内，严禁堆放易燃易爆物品，不能清除时应用阻燃物品隔离； （2）作业场所配备灭火器
	氧气、乙炔	橡胶软管破损	火灾爆炸	较小	（1）乙炔橡胶软管发生脱落、破裂时，停止供气，需更换合格的橡胶软管后再用； （2）漏气容器要妥善处理，修复、检验后再用
		气瓶阀门漏气	火灾爆炸	较小	如发现气瓶上的阀门缺陷时停止工作
		使用没有回火阀的溶解乙炔瓶	爆炸	较小	不准使用没有回火阀的溶解乙炔瓶
	热辐射	气焊气割火焰高温	烧伤烫伤	较小	（1）穿帆布工作服，戴工作帽，上衣不准扎在裤子里，口袋须有遮盖，裤脚不得挽起，脚面有鞋罩； （2）气割火炬不准对着周围工作人员
5. 各部件清理、检查测量及修整	清洁剂	在工作场所存储	火灾爆炸	较小	（1）禁止在工作场所存储易燃物品，例如汽油、酒精等； （2）领用、暂存时量不能过大，一般不超过500mL
		皮肤接触	灼伤	较小	工作人员佩戴橡胶手套

作业步骤	危害辨识	危害描述	产生后果	风险等级	防　范　措　施
5. 各部件清理、检查测量及修整	角磨机	未正确使用防护罩、防护眼镜	机械伤害	较小	正确佩戴防护罩、防护眼镜
		手提电动工具的导线或转动部分	触电	较小	禁止手提电动工具的导线或转动部分
		角磨机砂轮片破损	物体打击	较小	使用前检查角磨机砂轮片完好无缺损
		更换砂轮片未切断电源	机械伤害	较小	更换砂轮片前必须切断电源
6. 前置泵轴瓦检查	轴瓦	用手直接翻出、校正轴瓦	挫伤轧伤压伤	较小	(1) 翻瓦检查时，必须把转动的轴瓦固定后方可工作，以防翻转伤人； (2) 在轴瓦翻转就位时，不准将手伸入轴瓦洼窝内，以防轴瓦下滑时将手挤伤； (3) 严禁从轴承室结合面部位跨越通行以防滑倒，需做固定通行隔离
	不锈钢垫片	调整垫片刃角未处理	割伤	较小	自制垫片刃角必须经打磨圆滑过渡处理
	三角刮刀	手柄等缺损、丢失	划伤	较小	(1) 三角刮刀手柄应安装牢固，没有手柄的不准使用； (2) 刮刀要有防护套，避免刃部划伤； (3) 清点数量登记领用
	润滑油	清理不彻底	摔伤	较小	各轴承室区域润滑油彻底清理，避免工作面光滑造成人员滑倒
7. 前置泵回装	轴承加热器	电源线、电源插头破损	机械伤害触电	较小	(1) 检查电源线、电源插头完好无破损、防护罩完好无破损； (2) 检查合格证在有效期内
	手拉葫芦	滑链	起重伤害	较小	使用前应做无负荷起落试验一次
		手拉葫芦超载荷使用	起重伤害	较小	使用手拉葫芦时工作负荷不准超过铭牌规定
	吊具、起吊泵端盖及转子	绑扎不牢固	起重伤害	较小	(1) 起重前必须将物件牢固、稳妥地绑住。 (2) 吊拉时两根钢丝绳之间的夹角一般不得大于90°。 (3) 使用单吊索起吊重物挂钩时应打"挂钩结"；使用吊环时螺栓必须拧到底；使用卸扣时，吊索与其连接的一个索扣必须扣在销轴上，一个索扣必须扣在扣顶上，不准两个索扣分别扣在卸扣的扣体两侧上；吊拉捆绑时，重物或设备构件的锐边快口处必须加装衬垫物
		斜拉	起重伤害	较小	禁止使用吊钩斜着拖吊重物
		高处落物	起重伤害	较小	任何人不准在起吊重物下逗留和行走
8. 前置泵中心调整	联轴器销孔	用手直接伸入销孔内盘动联轴器	机械伤害	较小	联轴器对孔时严禁将手指放入销孔内
	吊具	吊点不牢固、吊点位置不正确	起重伤害	较小	(1) 吊钩要挂在物品的重心上，当被吊物件起吊后有可能摆动或转动时，应采用绳牵引方法，防止物件摆动伤人或碰坏设备； (2) 选择牢固可靠、满足载荷的吊点

作业步骤	危害辨识	危害描述	产生后果	风险等级	防 范 措 施
8. 前置泵中心调整	吊具	吊索具损坏或选择不当	起重伤害	较小	（1）作业前，应对吊索具及其配件进行检查，确认完好，方可使用； （2）所选用的吊索具应与被吊工件的外形特点及具体要求相适应，在不具备使用条件的情况下，决不能使用； （3）作业中应防止损坏吊索具及配件，必要时在棱角处应加护角防护； （4）吊具及配件不能超过其额定起重量，起重吊具、吊索不得超过其相应吊挂状态下的最大工作载荷
		绑扎不牢固	起重伤害	较小	（1）起重前必须将物件牢固、稳妥地绑住。 （2）吊拉时两根钢丝绳之间的夹角一般不得大于90°。 （3）使用单吊索起吊重物挂钩时应打"挂钩结"；使用吊环时螺栓必须拧到底；使用卸扣时，吊索与其连接的一个索扣必须扣在销轴上，一个索扣必须扣在扣顶上，不准两个索扣分别扣在卸扣的扣体两侧上；吊拉捆绑时，重物或设备构件的锐边快口处必须加装衬垫物
		斜拉	起重伤害	较小	禁止使用吊钩斜着拖吊重物
		在起吊重物下逗留和行走	起重伤害	较小	任何人不准在起吊重物下逗留和行走
	撬棍	支撑物不可靠	砸伤	较小	应保证支撑物可靠
		被撬物倾斜或滚落	砸伤	较小	撬动过程中应采取措施防止被撬物倾斜或滚落
	手拉葫芦	滑链	起重伤害	较小	使用前应做无负荷起落试验一次
		手拉葫芦超载荷使用	起重伤害	较小	使用手拉葫芦时工作负荷不准超过铭牌规定
9. 试运	转动的水泵	防护罩缺损不牢固	机械伤害	较小	（1）设备的转动部分必须装设防护罩，并标明旋转方向，露出的轴端必须装设护盖； （2）对转动设备缺损的防护罩应及时装复或修复，装复或修复前在转动设备区域内设置"禁止靠近"安全警示标识； （3）不准擅自拆除设备上的安全防护设施； （4）防护罩固定牢固
		肢体部位或饰品衣物、用具（包括防护用品）、工具接触转动部位	机械伤害	较小	（1）衣服和袖口应扣好，不得戴围巾领带，长发必须盘在安全帽内； （2）不准将用具、工器具接触设备的转动部位； （3）不准在转动设备附近长时间停留； （4）不准在靠背轮上、安全防护罩上或运行中设备的轴承上行走和坐立
		试运行启动时人员站在转机径向位置	机械伤害	较小	转动设备试运行时所有人员应先远离，站在转动机械的轴向位置，并有一人站在事故按钮位置
10. 检修工作结束	施工废料	施工废料未清理	环境污染	较小	废料及时清理，做到工完、料尽、场地清；现场安全措施恢复正常

11.66 前置泵进口滤网检修

作业步骤	危害辨识	危害描述	产生后果	风险等级	防 范 措 施
1. 作业环境评估	噪声	未佩戴耳塞	噪声聋	较小	进入噪声区域时正确佩戴合格的耳塞
	转动的水泵	未与运行中转动设备进行有效隔离	机械伤害	较小	（1）设置安全隔离围栏并设置警告标志； （2）设置安全检修通道； （3）在运行中转动设备附近工作时应对转动设备进行可靠遮拦，并设专人监护

作业步骤	危害辨识	危害描述	产生后果	风险等级	防 范 措 施
1. 作业环境评估	孔、洞	盖板缺损	高处坠落	重大	工作场所的孔、洞必须覆以与地面齐平的坚固盖板或做好隔离措施
	照明	现场照明不充足	其他伤害	较小	增加临时照明
2. 确认安全措施正确执行	压力介质水	安全措施不完善或安全措施未正确执行	冲击	较小	（1）开工前确认现场安全措施、隔离措施正确完备； （2）待管道内介质放尽，压力为零，温度适可后方可开始工作
3. 准备工作及现场布置	临时电源及电源线	电源线悬挂高度不够	触电	较小	临时电源线架设高度室内不低于2.5m
		电源线、插头、插座破损	触电	较小	（1）检查电源线外绝缘良好，无破损； （2）检查电源盘合格证在有效期； （3）检查电源插头插座，确保完好； （4）不准将电源线缠绕在护栏、管道和脚手架上
		未安装漏电保护器	触电	较小	（1）检查电源盘合格证在有效期； （2）分级配置漏电保护器，工作前试漏电保护器，确保正确动作
		检修电源箱外壳未接地	触电	较小	（1）检查电源盘合格证在有效期； （2）检查电源箱外壳接地良好
	脚手架搭设	脚手架搭设后未验收	高处坠落	重大	（1）搭设结束后，必须履行脚手架验收手续，填写脚手架验收单，并在脚手架验收单上分级签字； （2）验收合格后应在脚手架上悬挂合格证，方可使用
	手拉葫芦	手拉有裂纹、链轮转动卡涩、吊钩无防脱保险装置	起重伤害	较小	（1）使用前应做无负荷起落试验一次，检查手拉是否有裂纹、链轮转动是否卡涩、吊钩是否无防脱保险装置，以确保完好； （2）检查合格证在有效期内
	大锤、手锤	锤头与木柄的连接不牢固、锤头破损、木柄未使用整根硬质木料	物体打击	较小	锤头与木柄的连接应用金属楔栓固定，楔子长度不得大于安装孔深的2/3，锤头完好无损，木柄使用整根硬质木料
	锉刀、钢丝钳	手柄等缺损	刺伤	较小	锉刀、钢丝钳等手柄应安装牢固，没有手柄的不准使用
4. 滤网解体	手拉葫芦	滑链	起重伤害	较小	使用前应做无负荷起落试验一次
		手拉葫芦超载荷使用	起重伤害	较小	使用手拉葫芦时工作负荷不准超过铭牌规定
	大锤、手锤	锤把上有油污	物体打击	较小	锤把上不可有油污
		单手抢大锤	物体打击	较小	抢大锤时，周围不得有人，不得单手抢大锤
		戴手套抢大锤	物体打击	较小	打锤人不得戴手套
	脚手架	脚手架未验收、检查	高处坠落	重大	（1）脚手架搭设结束后，必须履行脚手架验收手续，委托人及搭建人双方在脚手架验收合格证上签字； （2）每日使用脚手架前，使用人检查脚手架合格并在脚手架验收合格证背面签名后方可使用
	高处作业人员	作业时未正确使用防护用品	高处坠落	重大	高处作业人员必须戴好安全帽、穿好防滑鞋并正确佩戴和使用安全带
		未佩戴使用合格的安全带	高处坠落	重大	（1）安全带使用前进行外观检查合格，检验合格证应在有效期内； （2）在没有脚手架或没有栏杆的脚手架上工作，高度超过1.5m时必须使用安全带； （3）安全带的挂钩应挂在结实、牢固的构件上，或专挂安全带的钢丝绳上，不准低挂高用

续表

作业步骤	危害辨识	危害描述	产生后果	风险等级	防 范 措 施
4. 滤网解体	高处作业人员	擅自改动脚手架架构	高处坠落	重大	工作过程中，不准随意改变脚手架的结构，必要时，必须经过搭设脚手架的技术负责人同意，并再次验收合格后方可使用
		乱拉电源线、电焊线、气带	高处坠落	重大	（1）脚手架上不准乱拉电线； （2）必须安装临时照明线路时，木竹脚手架应采用绝缘子，金属脚手架另设木横担
		随意码放物品或超载	高处坠落	重大	（1）不准在脚手架和脚手板上聚集人员或放置超过计算荷重的材料； （2）脚手架上的堆置物应摆放整齐和牢固，不准超高摆放； （3）脚手架上的大物件应分散堆放，不得集中堆放； （4）脚手架上的废弃物应及时清理，并用绳子系牢后溜放到地面
		脚手架上作业不规范	高处坠落	重大	（1）上下脚手架应走人行通道或梯子，不准攀登架体； （2）不准站在脚手架的探头上作业； （3）同一架体上的作业人数一般为 2 人，必须超过 2 人的情况下不得超过 9 人； （4）不准在脚手架上蹬在木桶、木箱、砖及其他建筑材料等作业； （5）不准在架子上退着行走或跨坐在防护横杆上休息； （6）架子上应保持清洁，随时清理冰雪、杂物等，不准乱堆乱放物料； （7）不得在防护栏杆上拴挂任何重物； （8）作业中需要拆除防护栏杆时，必须采取可靠的临边防护措施
	吊具、起吊滤网盖	吊点不牢固、吊点位置不正确	起重伤害	较小	（1）吊钩要挂在物品的重心上，当被吊物件起吊后有可能摆动或转动时，应采用绳牵引方法，防止物件摆动伤人或碰坏设备； （2）选择牢固可靠、满足载荷的吊点
		吊索具损坏或选择不当	起重伤害	较小	（1）作业前，应对吊索具及其配件进行检查，确认完好，方可使用； （2）所选用的吊索具应与被吊工件的外形特点及具体要求相适应，在不具备使用条件的情况下，绝不能对付使用； （3）作业中应防止损坏吊索具及配件，必要时在棱角处应加护角防护； （4）吊具及配件不能超过其额定起重量，起重吊索、吊具不得超过其相应吊挂状态下的最大工作载荷
		绑扎不牢固	起重伤害	较小	（1）起重前必须将物件牢固、稳妥地绑住。 （2）吊拉时两根钢丝绳之间的夹角一般不得大于 90°。 （3）使用单吊索起吊重物挂钩时应打"挂钩结"；使用吊环时螺栓必须拧到底；使用卸扣时，吊索与其连接的一个索扣必须扣在销轴上，一个索扣必须扣在扣顶上，不准两个索扣分别扣在卸扣的扣体两侧上；吊拉捆绑时，重物或设备构件的锐边快口处必须加装衬垫物
		斜拉	起重伤害	较小	禁止使用吊钩斜着拖吊重物
		在起吊重物下逗留和行走	起重伤害	较小	任何人不准在起吊重物下逗留和行走

作业步骤	危害辨识	危害描述	产生后果	风险等级	防 范 措 施
5. 滤网检修清理	清洁剂	在工作场所存储	火灾爆炸	较小	（1）禁止在工作场所存储易燃物品，例如汽油、酒精等； （2）领用、暂存时量不能过大，一般不超过500mL
		皮肤接触	化学性灼伤	较小	工作人员佩戴橡胶手套
	破损的网布	手部划伤	割伤	较小	工作人员佩戴好手套
6. 滤网组装	脚手架	脚手架未验收、检查	高处坠落	重大	（1）脚手架搭设结束后，必须履行脚手架验收手续，委托人及搭建人双方在脚手架验收合格证上签字； （2）每日使用脚手架前，使用人检查脚手架合格并在脚手架验收合格证背面签名后方可使用
	高处作业人员	作业时未正确使用防护用品	高处坠落	重大	高处作业人员必须戴好安全帽、穿好防滑鞋并正确佩戴和使用安全带
		未佩戴使用合格的安全带	高处坠落	重大	（1）安全带使用前进行外观检查合格，检验合格证应在有效期内； （2）在没有脚手架或没有栏杆的脚手架上工作，高度超过1.5m时必须使用安全带； （3）安全带的挂钩应挂在结实、牢固的构件上，或专挂安全带的钢丝绳上，不准低挂高用
		擅自改动脚手架架构	高处坠落	重大	工作过程中，不准随意改变脚手架的结构，必要时，必须经过搭设脚手架的技术负责人同意，并再次验收合格后方可使用
		乱拉电源线、电焊线、气带	高处坠落	重大	（1）脚手架上不准乱拉电线； （2）必须安装临时照明线路时，木竹脚手架应采用绝缘子，金属脚手架应另设木横担
		随意码放物品或超载	高处坠落	重大	（1）不准在脚手架和脚手板上聚集人员或放置超过计算荷重的材料； （2）脚手架上的堆置物应摆放整齐和牢固，不准超高摆放； （3）脚手架上的大物件应分散堆放，不得集中堆放； （4）脚手架上的废弃物应及时清理，并用绳子系牢后溜放到地面
		脚手架上作业不规范	高处坠落	重大	（1）上下脚手架应走人行通道或梯子，不准攀登架体； （2）不准站在脚手架的探头上作业； （3）同一架体上的作业人数一般为2人，必须超过2人的情况下不得超过9人； （4）不准在脚手架上蹲在木桶、木箱、砖及其他建筑材料等作业； （5）不准在架子上退着行走或跨坐在防护横杆上休息； （6）架子上应保持清洁，随时清理冰雪、杂物等，不准乱堆乱放物料； （7）不得在防护栏杆上拴挂任何重物； （8）作业中需要拆除防护栏杆时，必须采取可靠的临边防护措施
	手拉葫芦	滑链	起重伤害	较小	使用前应做无负荷起落试验一次
		手拉葫芦超载荷使用	起重伤害	较小	使用手拉葫芦时工作负荷不准超过铭牌规定

作业步骤	危害辨识	危害描述	产生后果	风险等级	防 范 措 施
6.滤网组装	大锤、手锤	锤把上有油污	物体打击	较小	锤把上不可有油污
		单手抡大锤	物体打击	较小	抡大锤时,周围不得有人,不得单手抡大锤
		戴手套抡大锤	物体打击	较小	打锤人不得戴手套
	吊具、起吊滤网盖	绑扎不牢固	起重伤害	较小	(1)起重前必须将物件牢固、稳妥地绑住。 (2)吊拉时两根钢丝绳之间的夹角一般不得大于90°。 (3)使用单吊索起吊重物挂钩时应打"挂钩结";使用吊环时螺栓必须拧到底;使用卸扣时,吊索与其连接的一个索扣必须扣在销轴上,一个索扣必须扣在扣顶上,不准两个索扣分别扣在卸扣的扣体两侧上;吊拉捆绑时,重物或设备构件的锐边快口处必须加装衬垫物
		斜拉	起重伤害	较小	禁止使用吊钩斜着拖吊重物
		在起吊重物下逗留和行走	起重伤害	较小	任何人不准在起吊重物下逗留和行走
7.检修工作结束	施工废料	施工废料未清理	环境污染	较小	废料及时清理,做到工完、料尽、场地清

11.67　前置泵磁性过滤器检修

作业步骤	危害辨识	危害描述	产生后果	风险等级	防 范 措 施
1.作业环境评估	噪声	未佩戴耳塞	噪声聋	较小	进入噪声区域时正确佩戴合格的耳塞
	转动的水泵	未与运行中转动设备进行有效隔离	机械伤害	较小	(1)设置安全隔离围栏并设置警告标志; (2)设置安全检修通道; (3)在运行中转动设备附近工作时应对转动设备进行可靠遮拦,并设专人监护
	照明	现场照明不充足	其他伤害	较小	增加临时照明
2.确认安全措施正确执行	压力介质水	安全措施不完善或安全措施未正确执行	冲击	较小	(1)开工前确认现场安全措施、隔离措施正确完备; (2)待管道内介质放尽,压力为零,温度适可后方可开始工作
3.准备工作及现场布置	临时电源及电源线	电源线悬挂高度不够	触电	较小	临时电源线架设高度室内不低于2.5m
		电源线、插头、插座破损	触电	较小	(1)检查电源线外绝缘良好,无破损; (2)检查电源盘合格证在有效期; (3)检查电源插头插座,确保完好; (4)不准将电源线缠绕在护栏、管道和脚手架上
		未安装漏电保护器	触电	较小	(1)检查电源盘合格证在有效期; (2)分级配置漏电保护器,工作前试漏电保护器,确保正确动作
		检修电源箱外壳未接地	触电	较小	(1)检查电源盘合格证在有效期; (2)检查电源箱外壳接地良好
	大锤、手锤	锤头与木柄的连接不牢固、锤头破损、木柄未使用整根硬质木料	物体打击	较小	锤头与木柄的连接应用金属楔栓固定,楔子长度不得大于安装孔深的2/3,锤头完好无损,木柄使用整根硬质木料

作业步骤	危害辨识	危害描述	产生后果	风险等级	防 范 措 施
3．准备工作及现场布置	锉刀、钢丝钳	手柄等缺损	刺伤	较小	锉刀、钢丝钳等手柄应安装牢固，没有手柄的不准使用
	角磨机	角磨机电源线、电源插头破损、防护罩破损缺失	机械伤害触电	较小	（1）检查角磨机电源线、电源插头完好无破损、防护罩完好无破损； （2）检查合格证在有效期内
4．滤网解体	大锤、手锤	锤把上有油污	物体打击	较小	锤把上不可有油污
		单手抡大锤	物体打击	较小	抡大锤时，周围不得有人，不得单手抡大锤
		戴手套抡大锤	物体打击	较小	打锤人不得戴手套
5．滤网检修清理	清洁剂	在工作场所存储	火灾爆炸	较小	（1）禁止在工作场所存储易燃物品，例如汽油、酒精等； （2）领用、暂存时量不能过大，一般不超过500mL
		皮肤接触	化学性灼伤	较小	工作人员佩戴橡胶手套
	角磨机	未正确使用防护罩、防护眼镜	机械伤害	较小	正确佩戴防护罩、防护眼镜
		手提电动工具的导线或转动部分	触电	较小	禁止手提电动工具的导线或转动部分
		角磨机砂轮片破损	物体打击	较小	使用前检查角磨机砂轮片完好无缺损
		更换砂轮片未切断电源	机械伤害	较小	更换砂轮片前必须切断电源
	破损的网布	手部划伤	割伤	较小	工作人员佩戴好手套
6．滤网组装	大锤、手锤	锤把上有油污	物体打击	较小	锤把上不可有油污
		单手抡大锤	物体打击	较小	抡大锤时，周围不得有人，不得单手抡大锤
		戴手套抡大锤	物体打击	较小	打锤人不得戴手套
7．检修工作结束	施工废料	施工废料未清理	环境污染	较小	废料及时清理，做到工完、料尽、场地清

11.68 前置泵密封水冷却器检修

作业步骤	危害辨识	危害描述	产生后果	风险等级	防 范 措 施
1．作业环境评估	噪声	未佩戴耳塞	噪声聋	较小	进入噪声区域时正确佩戴合格的耳塞
	转动的水泵	未与运行中转动设备进行有效隔离	机械伤害	较小	（1）设置安全隔离围栏并设置警告标志； （2）设置安全检修通道； （3）在运行中转动设备附近工作时应对转动设备进行可靠遮拦，并设专人监护
	照明	现场照明不充足	其他伤害	较小	增加临时照明
2．确认安全措施正确执行	冷却水	工作前所采取的安全措施不完善、泄漏	污染环境、摔伤	较小	（1）开工前确认现场安全措施、隔离措施正确完备； （2）待管道内介质放尽，压力为零，回油温度适可后方可开始工作
3．准备工作及现场布置	临时电源及电源线	电源线悬挂高度不够	触电	较小	临时电源线架设高度室内不低于2.5m
		电源线、插头、插座破损	触电	较小	（1）检查电源线外绝缘良好，无破损； （2）检查电源盘合格证在有效期； （3）检查电源插头插座，确保完好； （4）不准将电源线缠绕在护栏、管道和脚手架上

续表

作业步骤	危害辨识	危害描述	产生后果	风险等级	防 范 措 施
3. 准备工作及现场布置	临时电源及电源线	未安装漏电保护器	触电	较小	（1）检查电源盘合格证在有效期； （2）分级配置漏电保护器，工作前试漏电保护器，确保正确动作
		检修电源箱外壳未接地	触电	较小	（1）检查电源盘合格证在有效期； （2）检查电源箱外壳接地良好
	敲击扳手	扳手缺损	砸伤	较小	（1）工作前应对敲击扳手外观检查，不准使用不完整器具； （2）扳手敲击部分有伤痕不平整、沾有油污等，不准使用
	手拉葫芦	手拉有裂纹、链轮转动卡涩、吊钩无防脱保险装置	起重伤害	较小	（1）使用前应做无负荷起落试验一次，检查手拉是否有裂纹、链轮转动是否卡涩、吊钩是否无防脱保险装置，以确保完好； （2）检查合格证在有效期内
	大锤、手锤	锤头与木柄的连接不牢固、锤头破损、木柄未使用整根硬质木料	物体打击	较小	锤头与木柄的连接应用金属楔栓固定，楔子长度不得大于安装孔深的2/3，锤头完好无损，木柄使用整根硬质木料
	锉刀、钢丝钳	手柄等缺损	刺伤	较小	锉刀、钢丝钳等手柄应安装牢固，没有手柄的不准使用
4. 冷却器解体	手拉葫芦	滑链	起重伤害	较小	使用前应作无负荷起落试验一次
		手拉葫芦超载荷使用	起重伤害	较小	使用手拉葫芦时工作负荷不准超过铭牌规定
	敲击扳手	手扶敲击扳手	砸伤	较小	使用敲击扳手不准用手自己扶持在敲击扳手上
	撬杠	支撑物不可靠	压伤	较小	应保证支撑物可靠
		被撬物倾斜或滚落	压伤	较小	撬动过程中应采取措施防止被撬物倾斜或滚落
	大锤、手锤	锤把上有油污	物体打击	较小	锤把上不可有油污
		单手抡大锤	物体打击	较小	抡大锤时，周围不得有人，不得单手抡大锤
		戴手套抡大锤	物体打击	较小	打锤人不得戴手套
	吊具、起吊冷却器等	吊点不牢固、吊点位置不正确	起重伤害	较小	（1）吊钩要挂在物品的重心上，当被吊物件起吊后有可能摆动或转动时，应采用绳牵引方法，防止物件摆动伤人或碰坏设备； （2）选择牢固可靠、满足载荷的吊点
		吊索具损坏或选择不当	起重伤害	较小	（1）作业前，应对吊索具及其配件进行检查，确认完好，方可使用； （2）所选用的吊索具应与被吊工件的外形特点及具体要求相适应，在不具备使用条件的情况下，绝不能对付使用； （3）作业中应防止损坏吊索具及配件，必要时在棱角处应加护角防护； （4）吊具及配件不能超过其额定起重量，起重吊索、吊具不得超过其相应吊挂状态下的最大工作载荷
		绑扎不牢固	起重伤害	较小	（1）起重前必须将物件牢固、稳妥地绑住。 （2）吊拉时两根钢丝绳之间的夹角一般不得大于90°。 （3）使用单吊索起吊重物挂钩时应打"挂钩结"；使用吊环时螺栓必须拧到底；使用卸扣时，吊索与其连接的一个索扣必须扣在销轴上，一个索扣必须扣在扣顶上，不准两个索扣分别扣在卸扣的扣体两侧上；吊拉捆绑时，重物或设备构件的锐边快口处必须加装衬垫物

作业步骤	危害辨识	危害描述	产生后果	风险等级	防 范 措 施
4. 冷却器解体	吊具、起吊冷却器等	斜拉	起重伤害	较小	禁止使吊钩斜着拖吊重物
		在起吊重物下逗留和行走	起重伤害	较小	任何人不准在起吊重物下逗留和行走
5. 阀门检修清理	清洁剂	在工作场所存储	火灾爆炸	较小	（1）禁止在工作场所存储易燃物品，例如汽油、酒精等； （2）领用、暂存时量不能过大，一般不超过500mL
		皮肤接触	化学性灼伤	较小	工作人员佩戴橡胶手套
6. 冷却器回装	手拉葫芦	滑链	起重伤害	较小	使用前应作无负荷起落试验一次
		手拉葫芦超载荷使用	起重伤害	较小	使用手拉葫芦时工作负荷不准超过铭牌规定
	撬杠	支撑物不可靠	砸伤	较小	应保证支撑物可靠
		被撬物倾斜或滚落	砸伤	较小	撬动过程中应采取措施防止被撬物倾斜或滚落
	大锤、手锤	锤把上有油污	物体打击	较小	锤把上不可有油污
		单手抡大锤	物体打击	较小	抡大锤时，周围不得有人，不得单手抡大锤
		戴手套抡大锤	物体打击	较小	打锤人不得戴手套
	敲击扳手	手扶敲击扳手	砸伤	较小	使用敲击扳手不准用手自己持在敲击扳手上
	吊具、起吊阀门	绑扎不牢固	起重伤害	较小	（1）起重前必须将物件牢固、稳妥地绑住。 （2）吊拉时两根钢丝绳之间的夹角一般不得大于90°。 （3）使用单吊索起吊重物挂钩时应打"挂钩结"；使用吊环时螺栓必须拧到底；使用卸扣时，吊索与其连接的一个索扣必须扣在销轴上，一个索扣必须扣在扣顶上，不准两个索扣分别扣在卸扣的扣体两侧上；吊拉捆绑时，重物或设备构件的锐边快口处必须加装衬垫物
		斜拉	起重伤害	较小	禁止使吊钩斜着拖吊重物
		在起吊重物下逗留和行走	起重伤害	较小	任何人不准在起吊重物下逗留和行走
7. 冷却器压力试验	电动打压泵	打压操作不正确	机械伤害	较小	（1）除操作人员外，其他人员尽量远离，工作人员不准站在安全栓或高压管前面； （2）打压区域进行有效隔离，严禁与工作无关人员进入； （3）严禁超压
8. 检修工作结束	施工废料	施工废料未清理	环境污染	较小	废料及时清理，做到工完、料尽、场地清

11.69 给水泵检修

作业步骤	危害辨识	危害描述	产生后果	风险等级	防 范 措 施
1. 作业环境评估	噪声	未佩戴耳塞	噪声聋	较小	进入噪声区域时正确佩戴合格的耳塞
	转动的水泵	未与运行中转动设备进行有效隔离	机械伤害	较小	（1）设置安全隔离围栏并设置警告标志； （2）设置安全检修通道； （3）在运行中转动设备附近工作时应对转动设备进行可靠遮拦，并设专人监护

续表

作业步骤	危害辨识	危害描述	产生后果	风险等级	防 范 措 施
1. 作业环境评估	氢气	氢气浓度超标	火灾、爆炸	较小	（1）现场动火前测量氢气浓度符合要求； （2）办理动火许可手续； （3）动火前清理周围易燃物，配备合适的足够的有效的消防器材，完工后检查无火种遗留； （4）安排监护人进行监护
	孔、洞	盖板缺损	高处坠落	重大	工作场所的孔、洞必须覆以与地面齐平的坚固盖板或做好隔离措施
	照明	现场照明不充足	其他伤害	较小	增加临时照明
2. 确认安全措施正确执行	润滑油	发生的跑、冒、滴、漏及溢油	滑倒火灾	较小	发生的跑、冒、滴、漏及溢油，要及时清除处理
	高压介质水	工作前所采取的安全措施不完善	冲击	较小	（1）开工前确认现场安全措施、隔离措施正确完备； （2）待管道内介质放尽，压力为零，温度适可后方可开始工作
3. 准备工作及现场布置	转动的水泵	工作前未核实设备运转状态和标识	机械伤害	较小	转动设备检修时应采取防转动措施、确认电机电源线拆除
	临时电源及电源线	电源线悬挂高度不够	触电	较小	临时电源线架设高度室内不低于 2.5m
		电源线、插头、插座破损	触电	较小	（1）检查电源线外绝缘良好，无破损； （2）检查电源盘合格证在有效期； （3）检查电源插头插座，确保完好； （4）不准将电源线缠绕
		未安装漏电保护器	触电	较小	（1）检查电源盘合格证在有效期； （2）分级配置漏电保护器，工作前试漏电保护器，确保正确动作
		检修电源箱外壳未接地	触电	较小	（1）检查电源盘合格证在有效期； （2）检查电源箱外壳接地良好
	角磨机	电源线、电源插头破损、防护罩破损缺失松动	机械伤害触电	较小	（1）检查电源线、电源插头完好无破损、防护罩完好无破损且牢固； （2）检查合格证在有效期内
	大锤、手锤	锤头与木柄的连接不牢固、锤头破损、木柄未使用整根硬质木料	物体打击	较小	锤头与木柄的连接应用金属楔栓固定，楔子长度不得大于安装孔深的2/3，锤头完好无损，木柄使用整根硬质木料
	手拉葫芦	手拉有裂纹、链轮转动卡涩、吊钩无防脱保险装置	起重伤害	较小	（1）使用前应作无负荷起落试验一次，检查手拉是否有裂纹、链轮转动是否卡涩、吊钩是否无防脱保险装置，以确保完好； （2）检查合格证在有效期内
	锉刀、手锯、螺丝刀、钢丝钳、三角刮刀	手柄等缺损	刺伤	较小	锉刀、手锯、螺丝刀、钢丝钳、三角刮刀等手柄应安装牢固，没有手柄的不准使用
	行车	行车不合格	起重伤害	较小	（1）由特种设备作业人员检查行车完好； （2）检查行车检验合格证在有效期内
4. 给水泵联轴器、端盖拆、装	联轴器销孔	用手直接伸入销孔内盘动联轴器	机械伤害	较小	联轴器对孔时严禁将手指放入销孔内
	液压拉紧装置	操作不正确	机械伤害	较小	（1）使用液压工具时，除操作人员外，其他人员尽量远离，不允许站在轴向位置，工作人员不准站在安全栓或高压软管前面； （2）严禁超压使用、超行程

作业步骤	危害辨识	危害描述	产生后果	风险等级	防 范 措 施
5. 给水泵抽芯包	行车	制动器失灵	起重伤害	中等	(1) 检查行车制动器灵活、限位正常; (2) 安排维护人员在行车顶部监护,发现行车溜钩立即紧固抱闸、停止使用
	吊具、起吊泵芯包	吊点不牢固、吊点位置不正确	起重伤害	中等	(1) 吊钩要挂在物品的重心上,当被吊物件起吊后有可能摆动或转动时,应采用绳牵引方法,防止物件摆动伤人或碰坏设备; (2) 选择牢固可靠、满足载荷的吊点
		吊索具损坏或选择不当	起重伤害	中等	(1) 作业前,应对吊索具及其配件进行检查,确认完好,方可使用; (2) 所选用的吊索具应与被吊工件的外形特点及具体要求相适应,在不具备使用条件的情况下,决不能使用; (3) 作业中应防止损坏吊索具及配件,必要时在棱角处应加护角防护; (4) 吊具及配件不能超过其额定起重量,起重吊具、吊索不得超过其相应吊挂状态下的最大工作载荷
		绑扎不牢固	起重伤害	中等	(1) 起重前必须将物件牢固、稳妥地绑住。 (2) 吊拉时两根钢丝绳之间的夹角一般不得大于90°。 (3) 使用单吊索起重物挂钩时应打"挂钩结";使用吊环时螺栓必须拧到底;使用卸扣时,吊索与其连接的一个索扣必须扣在销轴上,一个索扣必须扣在扣顶上,不准两个索扣分别扣在卸扣的扣体两侧上;吊拉捆绑时,重物或设备构件的锐边快口处必须加装衬垫物
		斜拉	起重伤害	中等	禁止使用吊钩斜着拖吊重物
		在起吊重物下逗留和行走	起重伤害	中等	任何人不准在起吊重物下逗留和行走
	撬棍	支撑物不可靠	砸伤	较小	应保证支撑物可靠
		被撬物倾斜或滚落	砸伤	较小	撬动过程中应采取措施防止被撬物倾斜或滚落
	大锤、手锤	锤把上有油污	物体打击	较小	锤把上不可有油污
		单手抡大锤	物体打击	较小	抡大锤时,周围不得有人,不得单手抡大锤
		戴手套抡大锤	物体打击	较小	打锤人不得戴手套
	手拉葫芦	滑链	起重伤害	较小	使用前应作无负荷起落试验一次
		手拉葫芦超载荷使用	起重伤害	较小	使用手拉葫芦时工作负荷不准超过铭牌规定
6. 给水泵轴瓦检查	轴瓦	用手直接翻出、校正轴瓦	轧伤压伤	较小	(1) 翻瓦检查时,必须把转动的轴瓦固定后方可工作,以防翻转伤人; (2) 在轴瓦翻转就位时,不准将手伸入轴瓦洼窝内,以防轴瓦下滑时将手挤伤; (3) 严禁从轴承室结合面部位跨越通行以防滑倒,需做固定通行隔离
	不锈钢垫片	调整垫片刃角未处理	割伤	较小	自制垫片刃角必须经打磨圆滑过渡处理
	三角刮刀	手柄等缺损、丢失	划伤	较小	(1) 三角刮刀手柄应安装牢固,没有手柄的不准使用; (2) 刮刀要有防护套,避免刃部划伤 (3) 清点数量登记领用
	润滑油	清理不彻底	摔伤	较小	各轴承室区域润滑油彻底清理,避免工作面光滑造成人员滑倒

续表

作业步骤	危害辨识	危害描述	产生后果	风险等级	防 范 措 施
7. 零部件清理、检查测量及修整	清洁剂	在工作场所存储	火灾爆炸	较小	（1）禁止在工作场所存储易燃物品，例如汽油、酒精等； （2）领用、暂存时量不能过大，一般不超过500mL
		皮肤接触	灼伤	较小	工作人员佩戴橡胶手套
	角磨机	未正确使用防护罩、防护眼镜	机械伤害	较小	正确佩戴防护罩、防护眼镜
		手提电动工具的导线或转动部分	触电	较小	禁止手提电动工具的导线或转动部分
		角磨机砂轮片破损	物体打击	较小	使用前检查角磨机砂轮片完好无缺损
		更换砂轮片未切断电源	机械伤害	较小	更换砂轮片前必须切断电源
8. 给水泵回装	行车	制动器、限位失灵	起重伤害	中等	检查行车制动器灵活，限位、吊钩和钢丝绳完好无损
	手拉葫芦	滑链	起重伤害	较小	使用前应作无负荷起落试验一次
		手拉葫芦超载荷使用	起重伤害	较小	使用手拉葫芦时工作负荷不准超过铭牌规定
	吊具、起吊泵芯包、端盖	绑扎不牢固	起重伤害	中等	（1）起重前必须将物件牢固、稳妥地绑住。 （2）吊拉时两根钢丝绳之间的夹角一般不得大于90°。 （3）使用单吊索起吊重物挂钩时应打"挂钩结"；使用吊环时螺栓必须拧到底；使用卸扣时，吊索与其连接的一个索扣必须扣在销轴上，一个索扣必须扣在扣顶上，不准两个索扣分别扣在卸扣的扣体两侧上；吊拉捆绑时，重物或设备构件的锐边快口处必须加装衬垫物
		斜拉	起重伤害	中等	禁止使用吊钩斜着拖吊重物
		高处落物	起重伤害	中等	任何人不准在起吊重物下逗留和行走
	不锈钢垫片	自制垫片刃角未处理	割伤	较小	自制垫片刃角必须经打磨圆滑过渡处理
9. 试运	转动的水泵	防护罩缺损不牢固	机械伤害	较小	（1）设备的转动部分必须装设防护罩，并标明旋转方向，露出的轴端必须装设护盖； （2）对转动设备缺损的防护罩应及时装复或修复，装复或修复前在转动设备区域内设置"禁止靠近"安全警示标识； （3）不准擅自拆除设备上的安全防护设施； （4）防护罩固定牢固
		肢体部位或饰品衣物、用具（包括防护用品）、工具接触转动部位	机械伤害	较小	（1）衣服和袖口应扣好，不得戴围巾领带，长发必须盘在安全帽内； （2）不准将用具、工器具接触设备的转动部位； （3）不准在转动设备附近长时间停留； （4）不准在靠背轮上、安全防护罩上或运行中设备的轴承上行走和坐立
		试运行启动时人员站在转机径向位置	机械伤害	较小	转动设备试运行时所有人员应先远离，站在转动机械的轴向位置，并有一人站在事故按钮位置
10. 检修工作结束	施工废料	施工废料未清理	环境污染	较小	废料及时清理，做到工完、料尽、场地清；现场安全措施恢复正常

11.70 给水泵密封水滤网检修

作业步骤	危害辨识	危害描述	产生后果	风险等级	防 范 措 施
1. 作业环境评估	噪声	未佩戴耳塞	噪声聋	较小	进入噪声区域时正确佩戴合格的耳塞
	氢气	氢气浓度超标	火灾、爆炸	较小	（1）现场动火前测量氢气浓度符合要求；（2）办理动火许可手续；（3）动火前清理周围易燃物，配备合适的足够的有效的消防器材，完工后检查无火种遗留；（4）安排监护人进行监护
	转动的水泵	未与运行中转动设备进行有效隔离	机械伤害	较小	（1）设置安全隔离围栏并设置警告标志；（2）设置安全检修通道；（3）在运行中转动设备附近工作时应对转动设备进行可靠遮拦，并设专人监护
	照明	现场照明不充足	其他伤害	较小	增加临时照明
2. 确认安全措施正确执行	压力介质水	安全措施不完善或安全措施未正确执行	冲击	较小	（1）开工前确认现场安全措施、隔离措施正确完备；（2）待管道内介质放尽，压力为零，温度适可后方可开始工作
3. 准备工作及现场布置	临时电源及电源线	电源线悬挂高度不够	触电	较小	临时电源线架设高度室内不低于2.5m
		电源线、插头、插座破损	触电	较小	（1）检查电源线外绝缘良好，无破损；（2）检查电源盘合格证在有效期；（3）检查电源插头插座，确保完好；（4）不准将电源线缠绕在护栏、管道和脚手架上
		未安装漏电保护器	触电	较小	（1）检查电源盘合格证在有效期；（2）分级配置漏电保护器，工作前试漏电保护器，确保正确动作
		检修电源箱外壳未接地	触电	较小	（1）检查电源盘合格证在有效期；（2）检查电源箱外壳接地良好
	大锤、手锤	锤头与木柄的连接不牢固、锤头破损、木柄未使用整根硬质木料	物体打击	较小	锤头与木柄的连接应用金属楔栓固定，楔子长度不得大于安装孔深的2/3，锤头完好无损，木柄使用整根硬质木料
	锉刀、钢丝钳	手柄等缺损	刺伤	较小	锉刀、钢丝钳等手柄应安装牢固，没有手柄的不准使用
	角磨机	角磨机电源线、电源插头破损、防护罩破损缺失	机械伤害触电	较小	（1）检查角磨机电源线、电源插头完好无破损、防护罩完好无破损；（2）检查合格证在有效期内
4. 滤网解体	大锤、手锤	锤把上有油污	物体打击	较小	锤把上不可有油污
		单手抡大锤	物体打击	较小	抡大锤时，周围不得有人，不得单手抡大锤
		戴手套抡大锤	物体打击	较小	打锤人不得戴手套
5. 滤网检修清理	清洁剂	在工作场所存储	火灾爆炸	较小	（1）禁止在工作场所存储易燃物品，例如汽油、酒精等；（2）领用、暂存时量不能过大，一般不超过500mL
		皮肤接触	化学性灼伤	较小	工作人员佩戴橡胶手套
	角磨机	未正确使用防护罩、防护眼镜	机械伤害	较小	正确佩戴防护罩、防护眼镜
		手提电动工具的导线或转动部分	触电	较小	禁止手提电动工具的导线或转动部分

续表

作业步骤	危害辨识	危害描述	产生后果	风险等级	防 范 措 施
5. 滤网检修清理	角磨机	角磨机砂轮片破损	物体打击	较小	使用前检查角磨机砂轮片完好无缺损
		更换砂轮片未切断电源	机械伤害	较小	更换砂轮片前必须切断电源
	破损的网布	手部划伤	割伤	较小	工作人员佩戴好手套
6. 滤网组装	大锤、手锤	锤把上有油污	物体打击	较小	锤把上不可有油污
		单手抡大锤	物体打击	较小	抡大锤时，周围不得有人，不得单手抡大锤
		戴手套抡大锤	物体打击	较小	打锤人不得戴手套
7. 检修工作结束	施工废料	施工废料未清理	环境污染	较小	废料及时清理，做到工完、料尽、场地清

11.71 汽泵出口闸阀检修

作业步骤	危害辨识	危害描述	产生后果	风险等级	防 范 措 施
1. 作业环境评估	噪声	未佩戴耳塞	噪声聋	较小	进入噪声区域时正确佩戴合格的耳塞
	高温环境	环境温度超过40℃	中暑	较小	（1）不准在工作环境温度超过40℃时进行露天作业； （2）在高温场所工作时，应为工作人员提供足够的饮水、清凉饮料及防暑药品，对温度较高的作业场所必须增加通风设备
	岩棉、化纤	作业区保温飞扬	尘肺病	较小	作业时正确佩戴合格防尘口罩
	高温高压介质	高温设备及附属系统内动、静密封点密封失效，或者系统内设备、管道破损	灼烫伤	较小	（1）作业人员必须穿戴好隔热工作服、防护鞋、防护手套、等防护用具； （2）专人监护，遇有不适立即撤出高温检修区域； （3）高温区域内不得长时间逗留
	照明	现场照明不充足	其他伤害	较小	增加临时照明
2. 确认安全措施正确执行	高温高压介质	工作前所采取的安全措施不完善	灼烫伤	较小	（1）开工前确认现场安全措施、隔离措施正确完备； （2）待管道内介质放尽，压力为零，温度适可后方可开始工作； （3）人员不能正面对法兰及焊口工作，防止漏点介质伤人
3. 准备工作及现场布置	临时电源及电源线	电源线悬挂高度不够	触电	较小	临时电源线架设高度室内不低于2.5m
		电源线、插头、插座破损	触电	较小	（1）检查电源线外绝缘良好，无破损； （2）检查电源盘合格证在有效期； （3）检查电源插头插座，确保完好； （4）不准将电源线缠绕在护栏、管道和脚手架上
		未安装漏电保护器	触电	较小	（1）检查电源盘合格证在有效期； （2）分级配置漏电保护器，工作前试漏电保护器，确保正确动作
		检修电源箱外壳未接地	触电	较小	（1）检查电源盘合格证在有效期； （2）检查电源箱外壳接地良好
	角磨机	电源线、电源插头破损、防护罩破损缺失松动	机械伤害触电	较小	（1）检查电源线、电源插头完好无破损、防护罩完好无破损且牢固； （2）检查合格证在有效期内

作业步骤	危害辨识	危害描述	产生后果	风险等级	防 范 措 施
3.准备工作及现场布置	行车	制动器失灵	起重伤害	较小	(1) 检查行车制动器灵活; (2) 安排维护人员在行车顶部监护,发现行车溜钩立即紧固抱闸
	手拉葫芦	手拉有裂纹、链轮转动卡涩、吊钩无防脱保险装置	起重伤害	较小	(1) 使用前应作无负荷起落试验一次,检查手拉是否有裂纹、链轮转动是否卡涩、吊钩是否无防脱保险装置,以确保完好; (2) 检查合格证在有效期内
	大锤、手锤	锤头与木柄的连接不牢固、锤头破损、木柄未使用整根硬质木料	物体打击	较小	锤头与木柄的连接应用金属楔栓固定,楔子长度不得大于安装孔深的2/3,锤头完好无损,木柄使用整根硬质木料
	锉刀、手锯、螺丝刀、钢丝钳	手柄等缺损	刺伤	较小	锉刀、手锯、螺丝刀、钢丝钳等手柄应安装牢固,没有手柄的不准使用
4.闸阀解体	手拉葫芦	滑链	起重伤害	较小	使用前应作无负荷起落试验一次
		手拉葫芦超载荷使用	起重伤害	较小	使用手拉葫芦时工作负荷不准超过铭牌规定
	行车	制动器失灵	起重伤害	较小	(1) 检查行车制动器灵活; (2) 安排维护人员在行车顶部监护,发现行车溜钩立即紧固抱闸
	撬杠	支撑物不可靠	压伤	较小	应保证支撑物可靠
		被撬物倾斜或滚落	压伤	较小	撬动过程中应采取措施防止被撬物倾斜或滚落
	大锤、手锤	锤把上有油污	物体打击	较小	锤把上不可有油污
		单手抡大锤	物体打击	较小	抡大锤时,周围不得有人,不得单手抡大锤
		戴手套抡大锤	物体打击	较小	打锤人不得戴手套
	角磨机	未正确使用防护罩、防护眼镜	机械伤害	较小	正确佩戴防护罩、防护眼镜
		手提电动工具的导线或转动部分	触电	较小	禁止手提电动工具的导线或转动部分
		角磨机砂轮片破损	物体打击	较小	使用前检查角磨机砂轮片完好无缺损
		更换砂轮片未切断电源	机械伤害	较小	更换砂轮片前必须切断电源
	吊具、起吊阀盖、阀座等	吊点不牢固、吊点位置不正确	起重伤害	较小	(1) 吊钩要挂在物品的重心上,当被吊物件起吊后有可能摆动或转动时,应采用绳牵引方法,防止物件摆动伤人或碰坏设备; (2) 选择牢固可靠、满足载荷的吊点
		吊索具损坏或选择不当	起重伤害	较小	(1) 作业前,应对吊索具及其配件进行检查,确认完好,方可使用; (2) 所选用的吊索具应与被吊工件的外形特点及具体要求相适应,在不具备使用条件的情况下,绝不能对付使用; (3) 作业中应防止损坏吊索具及配件,必要时在棱角处应加护角防护; (4) 吊具及配件不能超过其额定起重量,起重吊索、吊具不得超过其相应吊挂状态下的最大工作载荷

作业步骤	危害辨识	危害描述	产生后果	风险等级	防 范 措 施
4. 闸阀解体	吊具、起吊阀盖、阀座等	绑扎不牢固	起重伤害	较小	（1）起重前必须将物件牢固、稳妥地绑住。 （2）吊拉时两根钢丝绳之间的夹角一般不得大于90°。 （3）使用单吊索起吊重物挂钩时应打"挂钩结"；使用吊环时螺栓必须拧到底；使用卸扣时，吊索与其连接的一个索扣必须扣在销轴上，一个索扣必须扣在扣顶上，不准两个索扣分别扣在卸扣的扣体两侧上；吊拉捆绑时，重物或设备构件的锐边快口处必须加装衬垫物
		斜拉	起重伤害	较小	禁止使用吊钩斜着拖吊重物
		在起吊重物下逗留和行走	起重伤害	较小	任何人不准在起吊重物下逗留和行走
5. 阀门检修清理	清洁剂	在工作场所存储	火灾爆炸	较小	（1）禁止在工作场所存储易燃物品，例如汽油、酒精等； （2）领用、暂存时量不能过大，一般不超过500mL
		皮肤接触	化学性灼伤	较小	工作人员佩戴橡胶手套
	角磨机	未正确使用防护罩、防护眼镜	机械伤害	较小	正确佩戴防护罩、防护眼镜
		手提电动工具的导线或转动部分	触电	较小	禁止手提电动工具的导线或转动部分
		角磨机砂轮片破损	物体打击	较小	使用前检查角磨机砂轮片完好无缺损
		更换砂轮片未切断电源	机械伤害	较小	更换砂轮片前必须切断电源
6. 阀门装复	手拉葫芦	滑链	起重伤害	较小	使用前应作无负荷起落试验一次
		手拉葫芦超载荷使用	起重伤害	较小	使用手拉葫芦时工作负荷不准超过铭牌规定
	撬杠	支撑物不可靠	砸伤	较小	应保证支撑物可靠
		被撬物倾斜或滚落	砸伤	较小	撬动过程中应采取措施防止被撬物倾斜或滚落
	大锤、手锤	锤把上有油污	物体打击	较小	锤把上不可有油污
		单手抡大锤	物体打击	较小	抡大锤时，周围不得有人，不得单手抡大锤
		戴手套抡大锤	物体打击	较小	打锤人不得戴手套
	行车	制动器失灵	起重伤害	较小	（1）检查行车制动器灵活； （2）安排维护人员在行车顶部监护，发现行车溜钩立即紧固抱闸
	吊具、起吊阀门	绑扎不牢固	起重伤害	较小	（1）起重前必须将物件牢固、稳妥地绑住。 （2）吊拉时两根钢丝绳之间的夹角一般不得大于90°。 （3）使用单吊索起吊重物挂钩时应打"挂钩结"；使用吊环时螺栓必须拧到底；使用卸扣时，吊索与其连接的一个索扣必须扣在销轴上，一个索扣必须扣在扣顶上，不准两个索扣分别扣在卸扣的扣体两侧上；吊拉捆绑时，重物或设备构件的锐边快口处必须加装衬垫物
		斜拉	起重伤害	较小	禁止使用吊钩斜着拖吊重物
		在起吊重物下逗留和行走	起重伤害	较小	任何人不准在起吊重物下逗留和行走
7. 检修工作结束	施工废料	施工废料未清理	环境污染	较小	废料及时清理，做到工完、料尽、场地清

11.72 给水泵最小流量阀检修

作业步骤	危害辨识	危害描述	产生后果	风险等级	防 范 措 施
1. 作业环境评估	噪声	未佩戴耳塞	噪声聋	较小	进入噪声区域时正确佩戴合格的耳塞
	高温环境	环境温度超过40℃	中暑	较小	（1）不准在工作环境温度超过40℃时进行露天作业； （2）在高温场所工作时，应为工作人员提供足够的饮水、清凉饮料及防暑药品，对温度较高的作业场所必须增加通风设备
	高温高压介质	高温设备及附属系统内动、静密封点密封失效，或者系统内设备、管道破损	灼烫伤	较小	（1）作业人员必须穿戴好隔热工作服、防护鞋、防护手套、等防护用具； （2）专人监护，遇有不适立即撤出高温检修区域； （3）高温区域内不得长时间逗留
	照明	现场照明不充足	其他伤害	较小	增加临时照明
2. 确认安全措施正确执行	高温高压介质	工作前所采取的安全措施不完善	灼烫伤	较小	（1）开工前确认现场安全措施、隔离措施正确完备； （2）待管道内介质放尽，压力为零，温度适可后方可开始工作； （3）人员不能正面对法兰及焊口工作，防止漏点介质体伤人
3. 准备工作及现场布置	临时电源及电源线	电源线悬挂高度不够	触电	较小	临时电源线架设高度室内不低于2.5m
		电源线、插头、插座破损	触电	较小	（1）检查电源线外绝缘良好，无破损； （2）检查电源盘合格证在有效期； （3）检查电源插头插座，确保完好； （4）不准将电源线缠绕在护栏、管道和脚手架上
		未安装漏电保护器	触电	较小	（1）检查电源盘合格证在有效期； （2）分级配置漏电保护器，工作前试漏电保护器，确保正确动作
		检修电源箱外壳未接地	触电	较小	（1）检查电源盘合格证在有效期； （2）检查电源箱外壳接地良好
	角磨机	电源线、电源插头破损、防护罩破损缺失松动	机械伤害触电	较小	（1）检查电源线、电源插头完好无破损、防护罩完好无破损且牢固； （2）检查合格证在有效期内
	手拉葫芦	手拉有裂纹、链轮转动卡涩、吊钩无防脱保险装置	起重伤害	较小	（1）使用前应作无负荷起落试验一次，检查手拉是否有裂纹、链轮转动是否卡涩、吊钩是否无防脱保险装置，以确保完好； （2）检查合格证在有效期内
	电动葫芦	钢丝绳磨损严重、吊钩无防脱保险装置、卸扣横销转动卡涩、控制手柄破损	起重伤害	较小	（1）由特种设备作业人员或操作人员检查电动葫芦的钢丝绳磨损情况，吊钩防脱保险装置是否牢固、齐全，制动器、导绳器和限位器的有效性和控制手柄的外观；吊钩放至最低位置时，滚筒上至少剩有5圈绳索。 （2）检查电动葫芦检验合格证在有效期内
	千斤顶	压力油泄漏	起重伤害	较小	（1）检查千斤顶检验合格证在有效期内； （2）工作前试验油压正常，无渗漏
		千斤顶螺纹齿条磨损	起重伤害	较小	（1）检查千斤顶检验合格证在有效期内； （2）工作前检查千斤顶螺纹齿条是否磨损，以确保设备完好

续表

作业步骤	危害辨识	危害描述	产生后果	风险等级	防 范 措 施
3. 准备工作及现场布置	大锤、手锤	锤头与木柄的连接不牢固、锤头破损、木柄未使用整根硬质木料	物体打击	较小	锤头与木柄的连接应用金属楔栓固定,楔子长度不得大于安装孔深的2/3,锤头完好无损,木柄使用整根硬质木料
	锉刀、手锯、螺丝刀、钢丝钳	手柄等缺损	刺伤	较小	锉刀、手锯、螺丝刀、钢丝钳等手柄应安装牢固,没有手柄的不准使用
4. 阀门执行机构拆除	手拉葫芦	滑链	起重伤害	较小	使用前应作无负荷起落试验一次
		手拉葫芦超载荷使用	起重伤害	较小	使用手拉葫芦时工作负荷不准超过铭牌规定
	电动葫芦	制动器失灵、限位器失效	起重伤害	较小	使用前应作无负荷起落试验一次,检查刹车、限位装置及传动装置应良好无缺陷
	高处的工器具、零部件	工器具未系防坠绳、零部件未固定及上下抛掷	物体打击	较小	(1) 工器具必须使用防坠绳; (2) 工器具和零部件应用绳拴在牢固的构件上,不准随便乱放; (3) 工器具和零部件不准上下抛掷
	千斤顶	工作人员站在液压千斤顶安全栓或高压软管前面	起重伤害	较小	使用液压千斤顶时,除操作人员外,其他人员尽量远离,工作人员禁止站在千斤顶安全栓或高压软管前面
		更换垫板时手臂伸入荷重与顶重头或垫板之间	起重伤害	较小	更换垫板时禁止将手臂伸入荷重与顶重头或垫板之间
		千斤顶超载荷使用	起重伤害	较小	使用千斤顶时工作负荷不准超过千斤顶铭牌规定
	大锤、手锤	锤把上有油污	物体打击	较小	锤把上不可有油污
		单手抡大锤	物体打击	较小	抡大锤时,周围不得有人,不得单手抡大锤
		戴手套抡大锤	物体打击	较小	打锤人不得戴手套
	吊具、起吊电动装置	吊点不牢固、吊点位置不正确	起重伤害	较小	(1) 吊钩要挂在物品的重心上,当被吊物件起吊后有可能摆动或转动时,应采用绳牵引方法,防止物件摆动伤人或碰坏设备; (2) 选择牢固可靠、满足载荷的吊点
		吊索具损坏或选择不当	起重伤害	较小	(1) 作业前,应对吊索具及其配件进行检查,确认完好,方可使用; (2) 所选用的吊索具应与被吊工件的外形特点及具体要求相适应,在不具备使用条件的情况下,绝不能对付使用; (3) 作业中应防止损坏吊索具及配件,必要时在棱角处应加护角防护; (4) 吊具及配件不能超过其额定起重量,起重吊索、吊具不得超过其相应吊挂状态下的最大工作载荷
		绑扎不牢固	起重伤害	较小	(1) 起重前必须将物件牢固、稳妥地绑住。 (2) 吊拉时两根钢丝绳之间的夹角一般不得大于90°。 (3) 使用单吊索起吊重物挂钩时应打"挂钩结";使用吊环时螺栓必须拧到底;使用卸扣时,吊索与其连接的一个索扣必须扣在销轴上,一个索扣必须扣在扣顶上,不准两个索扣分别扣在卸扣的扣体两侧上;吊拉捆绑时,重物或设备构件的锐边快口处必须加装衬垫物

作业步骤	危害辨识	危害描述	产生后果	风险等级	防 范 措 施
4. 阀门执行机构拆除	吊具、起吊电动装置	斜拉	起重伤害	较小	禁止使吊钩斜着拖吊重物
		在起吊重物下逗留和行走	起重伤害	较小	任何人不准在起吊重物下逗留和行走
5. 阀门拆除	手拉葫芦	滑链	起重伤害	较小	使用前应作无负荷起落试验一次,确认无滑链现象
		手拉葫芦超载荷使用	起重伤害	较小	使用手拉葫芦时工作负荷不准超过铭牌规定
	电动葫芦	钢丝绳磨损严重、吊钩无防脱保险装置、卸扣横销转动卡涩、控制手柄破损	起重伤害	较小	(1) 由特种设备作业人员或操作人员检查电动葫芦的钢丝绳磨损情况,吊钩防脱保险装置是否牢固、齐全,制动器、导绳器和限位器的有效性和控制手柄的外观;吊钩放至最低位置时,滚筒上至少剩有 5 圈绳索。 (2) 检查电动葫芦检验合格证在有效期内
	行车	制动器失灵	起重伤害	较小	安排维护人员在行车顶部监护,发现行车吊钩有溜钩现象时立即紧固抱闸
	吊具、起吊	吊点不牢固、吊点位置不正确	起重伤害	较小	(1) 吊钩要挂在物品的重心上,当被吊物件起吊后有可能摆动或转动时,应采用绳牵引方法,防止物件摆动伤人或碰坏设备; (2) 选择牢固可靠、满足载荷的吊点
6. 阀门密封圈更换	角磨机	未正确使用防护罩、防护眼镜	机械伤害	较小	正确佩戴防护罩、防护眼镜
		手提电动工具的导线或转动部分	触电	较小	禁止手提电动工具的导线或转动部分
		角磨机砂轮片破损	机械伤害	较小	使用前检查角磨机砂轮片完好无缺损
		更换砂轮片未切断电源	触电	较小	更换砂轮片前必须切断电源
	撬杠	支撑物不可靠	砸伤	较小	应保证支撑物可靠
		被撬物倾斜或滚落	砸伤	较小	撬动过程中应采取措施防止被撬物倾斜或滚落
	大锤、手锤	锤把上有油污	物体打击	较小	锤把上不可有油污
		单手抡大锤	物体打击	较小	抡大锤时,周围不得有人,不得单手抡大锤
		戴手套抡大锤	物体打击	较小	打锤人不得戴手套
7. 清理、检查	清洁剂	在工作场所存储	火灾爆炸	较小	(1) 禁止在工作场所存储易燃物品,例如汽油、酒精等; (2) 领用、暂存时量不能过大,一般不超过 500mL
		皮肤接触	化学性灼伤	较小	工作人员佩戴乳胶手套
	锉刀、手锯、螺丝刀、钢丝钳	手柄等缺损	刺伤	较小	锉刀、手锯、螺丝刀、钢丝钳等手柄应安装牢固,没有手柄的不准使用
8. 蝶阀回装	行车	制动器失灵	起重伤害	较小	安排维护人员在行车顶部监护,发现行车吊钩有溜钩现象时立即紧固抱闸
	吊具、起吊	吊点不牢固、吊点位置不正确	起重伤害	较小	(1) 吊钩要挂在物品的重心上,当被吊物件起吊后有可能摆动或转动时,应采用绳牵引方法,防止物件摆动伤人或碰坏设备; (2) 选择牢固可靠、满足载荷的吊点

作业步骤	危害辨识	危害描述	产生后果	风险等级	防 范 措 施
8. 蝶阀回装	手拉葫芦	滑链	起重伤害	较小	使用前应作无负荷起落试验一次，确认无滑链现象
		手拉葫芦超载荷使用	起重伤害	较小	使用手拉葫芦时工作负荷不准超过铭牌规定
	电动葫芦	钢丝绳磨损严重、吊钩无防脱保险装置、卸扣横销转动卡涩、控制手柄破损	起重伤害	较小	（1）由特种设备作业人员或操作人员检查电动葫芦的钢丝绳磨损情况，吊钩防脱保险装置是否牢固、齐全，制动器、导绳器和限位器的有效性和控制手柄的外观；吊钩放至最低位置时，滚筒上至少剩有5圈绳索； （2）检查电动葫芦检验合格证在有效期内
9. 阀门执行机构回装调试	380V电源	执行机构漏电	触电	较小	阀门传动前送电调试检查电动执行机构绝缘及接地装置良好
	门杆	阀门行程调整	机械伤害	较小	调整阀门电动执行机构行程的同时不得用手触摸阀杆和手轮，避免挤伤手指
10. 检修工作结束	施工废料	施工废料未清理	环境污染	较小	废料及时清理，做到工完、料尽、场地清

11.73 高压加热器检修

作业步骤	危害辨识	危害描述	产生后果	风险等级	防 范 措 施
1. 作业环境评估	噪声	未佩戴耳塞	噪声聋	较小	进入噪声区域时正确佩戴合格的耳塞
	氢气	氢气浓度超标	火灾、爆炸	较小	（1）现场动火前测量氢气浓度符合要求； （2）办理动火许可手续； （3）动火前清理周围易燃物，配备合适的足够的有效的消防器材，完工后检查无火种遗留； （4）安排监护人进行监护
	孔、洞	盖板缺损	高处坠落	重大	工作场所的孔、洞必须覆以与地面齐平的坚固盖板或做好隔离措施
	高温环境	环境温度超过40℃	中暑	较小	（1）不准在工作环境温度超过40℃时进行露天作业； （2）在高温场所工作时，应为工作人员提供足够的饮水、清凉饮料及防暑药品；对温度较高的作业场所必须增加通风设备
2. 确认安全措施正确执行	高温高压蒸汽	工作前所采取的安全措施不完善	灼烫伤	较小	（1）开工前确认现场安全措施、隔离措施正确完备； （2）待管道内介质放尽，压力为零，温度适可后方可开始工作； （3）人员不能正面对法兰及焊口工作，防止漏点介质体伤人
3. 准备工作及现场布置	临时电源及电源线	电源线悬挂高度不够	触电	较小	临时电源线架设高度室内不低于2.5m
		电源线、插头、插座破损	触电	较小	（1）检查电源线外绝缘良好，无破损； （2）检查电源盘合格证在有效期； （3）检查电源插头插座，确保完好； （4）不准将电源线缠绕在护栏、管道和脚手架上
		未安装漏电保护器	触电	较小	（1）检查电源盘合格证在有效期； （2）分级配置漏电保护器，工作前试漏电保护器，确保正确动作

续表

作业步骤	危害辨识	危害描述	产生后果	风险等级	防 范 措 施
3. 准备工作及现场布置	临时电源及电源线	检修电源箱外壳未接地	触电	较小	(1) 检查电源盘合格证在有效期; (2) 检查电源箱外壳接地良好
	通风机	防护罩缺损	机械伤害	较小	(1) 风机转动部分必须装设防护装置,并标明旋转方向; (2) 对缺损的防护罩应及时装复或修复
	手拉葫芦	手拉有裂纹、链轮转动卡涩、吊钩无防脱保险装置	起重伤害	较小	(1) 使用前应作无负荷起落试验一次,检查手拉链是否有裂纹、链轮转动是否卡涩、吊钩是否无防脱保险装置,以确保完好; (2) 检查合格证在有效期内
	角磨机	电源线、电源插头破损、防护罩破损缺失	机械伤害 触电	较小	(1) 检查电源线、电源插头完好无破损、防护罩完好无破损; (2) 检查合格证在有效期内
	电焊机	电焊机电源线、电源插头、电焊钳破损	触电	较小	(1) 电焊机电源线、电源插头、电焊钳等焊接设备和工具完好无损; (2) 电焊机的裸露导电部分和转动部分以及冷却用的风扇,均应装有保护罩
		焊机外壳不接地	触电	较小	电焊机金属外壳应有明显的可靠接地,且一机一接地
		焊机、焊钳与电缆线连接不牢固	触电	较小	(1) 电焊工作所用的导线,必须使用绝缘良好的皮线; (2) 电焊机、焊钳与电缆线连接牢固,接地端头不外露; (3) 连接到电焊钳上的一端,至少有5m为绝缘软导线
		一闸接多台电焊机	触电 火灾	较小	电焊机必须装有独立的专用电源开关,其容量应符合要求。焊机超负荷时,应能自动切断电源,禁止多台焊机共用一个电源开关
	大锤、手锤	锤头与木柄的连接不牢固、锤头破损、木柄未使用整根硬质木料	物体打击	较小	锤头与木柄的连接应用金属楔栓固定,楔子长度不得大于安装孔深的2/3,锤头完好无损,木柄使用整根硬质木料
	锉刀、手锯、螺丝刀、钢丝钳	手柄等缺损	刺伤	较小	锉刀、手锯、螺丝刀、钢丝钳等手柄应安装牢固,没有手柄的不准使用
	行灯	行灯电源线、电源插头破损	触电	较小	(1) 检查行灯电源线、电源插头完好无破损; (2) 行灯的电源线应采用橡套软电缆
		使用行灯电压等级不符	触电	较小	在金属容器和金属管道内使用的行灯,其电压不得超过12V
		行灯防护罩缺失	触电	较小	行灯应有保护罩
4. 打开人孔门	孔、洞	人孔未设置临时围栏、警告标志	高处坠落	较小	(1) 在检修工作中人孔打开后,必须设有牢固的临时围栏,并设有明显的警告标志; (2) 工作停止时应将人孔临时进行封闭; (3) 核对容器进出登记,确认无人员和工器具遗落
	手拉葫芦	手拉有裂纹、链轮转动卡涩、吊钩无防脱保险装置	起重伤害	较小	(1) 使用前应作无负荷起落试验一次,检查手拉链是否有裂纹、链轮转动是否卡涩、吊钩是否无防脱保险装置,以确保完好; (2) 检查合格证在有效期内

续表

作业步骤	危害辨识	危害描述	产生后果	风险等级	防 范 措 施
4. 打开人孔门	大锤、手锤	锤把上有油污	物体打击	较小	锤把上不可有油污
		单手抡大锤	物体打击	较小	抡大锤时，周围不得有人，不得单手抡大锤
		戴手套抡大锤	物体打击	较小	打锤人不得戴手套
5. 高压加热器内部检查	高温环境	加热器内部温度高于40℃	中暑	中等	工作人员在容器内工作的人员应根据身体情况，轮流工作与休息
		未进行强制通风	窒息	中等	（1）打开所有通风口进行通风置换有害有毒介质；（2）检测有毒有害介质浓度
	二氧化碳	气体浓度超标	窒息	中等	有限空间作业前办理作业审批许可，工作前30min 前打开人孔门进行通风直至用气体检测仪检测浓度合格，氧气浓度保持在 19.5%～21%范围内
		无人监护	窒息	中等	设专人不间断地监护
	通风机	肢体部位或饰品衣物、用具接触转动部位	机械伤害	较小	（1）衣服和袖口应扣好，不得戴围巾领带，长发必须盘在安全帽内；（2）不准将用具、工器具接触设备的转动部位
	行灯	将行灯变压器带入金属容器内	触电	较小	禁止将行灯变压器带入金属容器内
		使用行灯电压等级不符	触电	较小	在金属容器和金属管道内使用的行灯，其电压不得超过 12V
	氢气	氢气浓度超标	火灾、爆炸	较小	（1）现场动火前测量氢气浓度符合要求；（2）办理动火许可手续；（3）动火前清理周围易燃物，配备合适的足够的有效的消防器材，完工后检查无火种遗留；（4）安排监护人进行监护
	角磨机	未正确使用防护罩、防护眼镜	机械伤害	较小	正确佩戴防护罩、防护眼镜
		手提电动工具的导线或转动部分	触电	较小	禁止手提电动工具的导线或转动部分
		角磨机砂轮片破损	物体打击	较小	使用前检查角磨机砂轮片完好无缺损
		更换砂轮片未切断电源	机械伤害	较小	更换砂轮片前必须切断电源
	可燃物质	未清理动火作业区域可燃物质	火灾	较小	（1）动火现场周围 5m 以内，严禁堆放易燃易爆物品不能清除时应用阻燃物品隔离；（2）作业场所配备灭火器
	电焊机	未正确使用面罩、电焊手套、白光眼镜等防护用具	灼烫伤	较小	（1）正确使用面罩；（2）戴电焊手套；（3）戴白光眼镜；（4）穿电焊服
		电焊线缠绕在身上	触电	较小	工作前将电焊线布置好，在人员通道上架空2.5m 高，地面敷设做好防护措施
		在金属容器内焊接作业未穿绝缘鞋	触电	较小	在金属容器内焊接作业穿绝缘鞋，铺绝缘垫
		利用厂房的金属结构、管道、轨道或其他金属搭接起来作为导线使用	触电	较小	不准利用厂房的金属结构、管道、轨道或其他金属搭接起来作为导线使用
		未准备移动消防器材或消防水未投备用	火灾	较小	电焊作业时，须准备灭火器等移动消防器材

作业步骤	危害辨识	危害描述	产生后果	风险等级	防 范 措 施
5. 高压加热器内部检查	焊接尘	通风不良	尘肺病	较小	焊接工作场所应有良好的通风
		未正确使用防尘口罩	尘肺病	较小	作业时正确佩戴合格防尘口罩
	焊渣	高温焊渣飞溅	灼烫伤、火灾	较小	（1）动火工作区域周围设置防护屏，防止其他人员被飞溅的焊渣烫伤，地面铺设防火布；（2）火焊人员必须穿戴好工作服戴好手套和带鞋盖劳保鞋等
	遗留火种	施焊完毕后，未确认是否遗留火种就离开	火灾	较小	电焊作业时须有灭火器材，施焊完毕后，要留有充分的时间观察，确认无引火点，方可离去
6. 封闭人孔	二氧化碳	遗留人员在容器内	窒息	较小	封闭人孔前工作负责人应认真清点工作人员
	大锤、手锤	锤把上有油污	物体打击	较小	锤把上不可有油污
		单手抡大锤	物体打击	较小	抡大锤时，周围不得有人，不得单手抡大锤
		戴手套抡大锤	物体打击	较小	打锤人不得戴手套
7. 检修工作结束	检修废料	施工废料未清理	环境污染	较小	废料及时清理，做到工完、料尽、场地清

11.74　高压加热器给水进口三通阀检修

作业步骤	危害辨识	危害描述	产生后果	风险等级	防 范 措 施
1. 作业环境评估	噪声	未佩戴耳塞	噪声聋	较小	进入噪声区域时正确佩戴合格的耳塞
	高温环境	环境温度超过40℃	中暑	较小	（1）不准在工作环境温度超过40℃时进行露天作业；（2）在高温场所工作时，应为工作人员提供足够的饮水、清凉饮料及防暑药品；对温度较高的作业场所必须增加通风设备
	高温高压介质水	高温设备及附属系统内动、静密封点密封失效，或者系统内设备、管道破损	灼烫伤	较小	（1）作业人员必须穿戴好隔热工作服、防护鞋、防护手套、等防护用具；（2）专人监护，遇有不适立即撤出高温检修区域；（3）高温区域内不得长时间逗留
	孔、洞	盖板缺损	高处坠落	重大	工作场所的孔、洞必须覆以与地面齐平的坚固盖板或做好隔离措施
2. 现场安全措施的落实	高温高压介质水	工作前所采取的安全措施不完善	灼烫	中等	（1）开工前确认现场安全措施、隔离措施正确完备；（2）待管道内介质放尽，压力为零，温度适可后方可开始工作
3. 准备工作及现场布置	临时电源及电源线	电源线悬挂高度不够	触电	较小	临时电源线架设高度室内不低于2.5m
		电源线、插头、插座破损	触电	较小	（1）检查电源线外绝缘良好，无破损；（2）检查电源盘合格证在有效期；（3）检查电源插头插座，确保完好；（4）不准将电源线缠绕在护栏、管道和脚手架上
		未安装漏电保护器	触电	较小	（1）检查电源盘合格证在有效期；（2）分级配置漏电保护器，工作前试漏电保护器，确保正确动作
		检修电源箱外壳未接地	触电	较小	（1）检查电源盘合格证在有效期；（2）检查电源箱外壳接地良好

续表

作业步骤	危害辨识	危害描述	产生后果	风险等级	防 范 措 施
3. 准备工作及现场布置	角磨机、阀门研磨机	电源线、电源插头破损、防护罩破损缺失	机械伤害触电	较小	（1）检查电源线、电源插头完好无破损、防护罩完好无破损； （2）检查合格证在有效期内
	锉刀、手锯、螺丝刀、钢丝钳	手柄等缺损	刺伤	较小	锉刀、手锯、螺丝刀、钢丝钳等手柄应安装牢固，没有手柄的不准使用
	大锤、手锤	锤头与木柄的连接不牢固、锤头破损、木柄未使用整根硬质木料	物体打击	较小	锤头与木柄的连接应用金属楔栓固定，楔子长度不得大于安装孔深的2/3，锤头完好无损，木柄使用整根硬质木料
	手拉葫芦	手拉有裂纹、链轮转动卡涩、吊钩无防脱保险装置	起重伤害	较小	（1）使用前应作无负荷起落试验一次，检查手拉是否有裂纹、链轮转动是否卡涩、吊钩是否无防脱保险装置，以确保完好； （2）检查合格证在有效期内
	千斤顶	压力油泄漏	起重伤害	较小	（1）检查千斤顶检验合格证在有效期内； （2）工作前试验油压正常，无渗漏
		千斤顶螺纹齿条磨损	起重伤害	较小	（1）检查千斤顶检验合格证在有效期内； （2）工作前检查千斤顶螺纹齿条是否磨损，以确保设备完好
4. 拆除自密封组件	高处作业人员	作业时未正确使用防护用品	高处坠落	重大	高处作业人员必须戴好安全帽、穿好防滑鞋并正确佩戴和使用安全带
		未佩戴使用合格的安全带	高处坠落	重大	（1）安全带使用前进行外观检查合格，检验合格证应在有效期内； （2）在没有脚手架或没有栏杆的脚手架上工作，高度超过1.5m时必须使用安全带； （3）安全带的挂钩应挂在结实、牢固的构件上，或专挂安全带的钢丝绳上，不准低挂高用
		擅自改动脚手架架构	高处坠落	重大	工作过程中，不准随意改变脚手架的结构，必要时，必须经过搭设脚手架的技术负责人同意，并再次验收合格后方可使用
		乱拉电源线、电焊线、气带	高处坠落	重大	（1）脚手架上不准乱拉电线； （2）必须安装临时照明线路时，木竹脚手架应采用绝缘子，金属脚手架应另设木横担
		随意码放物品或超载	高处坠落	重大	（1）不准在脚手架和脚手板上聚集人员或放置超过计算荷重的材料； （2）脚手架上的堆置物应摆放整齐和牢固，不准超高摆放； （3）脚手架上的大物件应分散堆放，不得集中堆放； （4）脚手架上的废弃物应及时清理，并用绳子系牢后溜放到地面
		脚手架上作业不规范	高处坠落	重大	（1）上下脚手架应走人行通道或梯子，不准攀登架体； （2）不准站在脚手架的探头上作业； （3）同一架体上的作业人数一般为2人，必须超过2人的情况下不得超过9人； （4）不准在脚手架上蹬在木桶、木箱、砖及其他建筑材料等作业； （5）不准在架子上退着行走或跨坐在防护横杆上休息； （6）架子上应保持清洁，随时清理冰雪、杂物等，不准乱堆乱放物料； （7）不得在防护栏杆上拴挂任何重物； （8）作业中需要拆除防护栏杆时，必须采取可靠的临边防护措施

续表

作业步骤	危害辨识	危害描述	产生后果	风险等级	防 范 措 施
4. 拆除自密封组件	脚手架搭设	脚手架搭设后未验收	高处坠落	重大	（1）搭设结束后，必须履行脚手架验收手续，填写脚手架验收单，并在脚手架验收单上分级签字； （2）验收合格后应在脚手架上悬挂合格证，方可使用
	高处的工器具、零部件	工器具未系防坠绳、零部件未固定及上下抛掷	物体打击	较小	（1）工器具必须使用防坠绳； （2）工器具和零部件应用绳拴在牢固的构件上，不准随便乱放； （3）工器具和零部件不准上下抛掷
	千斤顶	工作人员站在液压千斤顶安全栓或高压软管前面	起重伤害	较小	使用液压千斤顶时，除操作人员外，其他人员尽量远离，工作人员不准站在千斤顶安全栓或高压软管前面
		未采取防止重物下沉的措施	起重伤害	较小	安装千斤顶的位置要坚硬平整，或用钢板和垫木垫牢，防止因地面下陷而产生歪斜
		千斤顶超载荷使用	起重伤害	较小	使用千斤顶时工作负荷不准超过千斤顶铭牌规定
		更换垫板时手臂伸入荷重与顶重头或垫板之间	起重伤害	较小	更换垫板时不准将手臂伸入荷重与顶重头或垫板之间
	大锤、手锤	锤把上有油污	物体打击	较小	锤把上不可有油污
		单手抡大锤	物体打击	较小	抡大锤时，周围不得有人，不得单手抡大锤
		戴手套抡大锤	物体打击	较小	打锤人不得戴手套
5. 吊装伺服机构、门盖、自密封组件、门杆及门芯阀门组件	手拉葫芦	滑链	起重伤害	较小	使用前应作无负荷起落试验一次，确认无滑链现象
		手拉葫芦超载荷使用	起重伤害	较小	使用手拉葫芦时工作负荷不准超过铭牌规定
	吊具、起吊装伺服机构、门盖、自密封组件、门杆及门芯阀门组件	吊点不牢固、吊点位置不正确	起重伤害	较小	（1）吊钩要挂在物品的重心上，当被吊物件起吊后有可能摆动或转动时，应采用绳牵引方法，防止物件摆动伤人或碰坏设备； （2）选择牢固可靠、满足载荷的吊点
		吊索具损坏或选择不当	起重伤害	较小	（1）作业前，应对吊索具及其配件进行检查，确认完好，方可使用； （2）所选用的吊索具应与被吊工件的外形特点及具体要求相适应，在不具备使用条件的情况下，绝不能对付使用； （3）作业中应防止损坏吊索具及配件，必要时在棱角处应加护角防护； （4）吊具及配件不能超过其额定起重量，起重吊索、吊具不得超过其相应吊挂状态下的最大工作载荷
		绑扎不牢固	起重伤害	较小	（1）起重前必须将物件牢固、稳妥地绑住。 （2）吊拉时两根钢丝绳之间的夹角一般不得大于90°。 （3）使用单吊索起吊重物挂钩时应打"挂钩结"；使用吊环时螺栓必须拧到底；使用卸扣时，吊索与其连接的一个索扣必须扣在销轴上，一个索扣必须扣在扣顶上，不准两个索扣分别扣在卸扣的扣体两侧上；吊拉捆绑时，重物或设备构件的锐边快口处必须加装衬垫物
		斜拉	起重伤害	较小	禁止使吊钩斜着拖吊重物
		在起吊重物下逗留和行走	起重伤害	较小	任何人不准在起吊重物下逗留和行走

续表

作业步骤	危害辨识	危害描述	产生后果	风险等级	防 范 措 施
6. 打磨及阀门研磨	角磨机、阀门研磨机	未正确使用防护罩、防护眼镜	机械伤害	较小	正确佩戴防护罩、防护眼镜
		手提电动工具的导线或转动部分	触电	较小	禁止手提电动工具的导线或转动部分
		角磨机砂轮片破损	机械伤害	较小	使用前检查角磨机砂轮片完好无缺损
		更换砂轮及研磨片时未切断电源	触电	较小	更换砂轮片、研磨片前必须切断电源
	阀门研磨机	旋转的研磨盘	机械伤害	较小	研磨机架设稳固，旋转部分禁止靠近，全程专人操作及监护
7. 金属监督	辐射	未设置警示标志	放射性伤害	较小	（1）工作期先做好安全区隔离、悬挂警示牌； （2）告知全员
		进入金属探伤区域	放射性伤害	较小	（1）告知全员； （2）设置警示围栏，防止人员误入
8. 阀门回装	高处作业人员	作业时未正确使用防护用品	高处坠落	重大	高处作业人员必须戴好安全帽、穿好防滑鞋并正确佩戴和使用安全带
		未佩戴使用合格的安全带	高处坠落	重大	（1）安全带使用前进行外观检查合格，检验合格证应在有效期内； （2）在没有脚手架或没有栏杆的脚手架上工作，高度超过 1.5m 时必须使用安全带； （3）安全带的挂钩应挂在结实、牢固的构件上，或专挂安全带的钢丝绳上，不准低挂高用
		擅自改动脚手架架构	高处坠落	重大	工作过程中，不准随意改变脚手架的结构，必要时，必须经过搭设脚手架的技术负责人同意，并再次验收合格后方可使用
		乱拉电源线、电焊线、气带	高处坠落	重大	（1）脚手架上不准乱拉电线； （2）必须安装临时照明线路时，木竹脚手架应采用绝缘子，金属脚手架应另设木横担
		脚手架上作业不规范	高处坠落	重大	（1）上下脚手架应走人行通道或梯子，不准攀登架体； （2）不准站在脚手架的探头上作业； （3）同一架体上的作业人数一般为 2 人，必须超过 2 人的情况下不得超过 9 人； （4）不准在脚手架上蹬在木桶、木箱、砖及其他建筑材料等作业； （5）不准在架子上退着行走或跨坐在防护横杆上休息； （6）架子上应保持清洁，随时清理冰雪、杂物等，不准乱堆乱放物料； （7）不得在防护栏杆上拴挂任何重物； （8）作业中需要拆除防护栏杆时，必须采取可靠的临边防护措施
	高处的工器具、零部件	工器具未系防坠绳、零部件未固定及上下抛掷	物体打击	较小	（1）工器具必须使用防坠绳； （2）工器具和零部件应用绳拴在牢固的构件上，不准随便乱放； （3）工器具和零部件不准上下抛掷

作业步骤	危害辨识	危害描述	产生后果	风险等级	防 范 措 施
8．阀门回装	手拉葫芦	滑链	起重伤害	较小	使用前应作无负荷起落试验一次，确认无滑链现象
		手拉葫芦超载荷使用	起重伤害	较小	使用手拉葫芦时工作负荷不准超过铭牌规定
	吊具、起吊装伺服机构、门盖、自密封组件、门杆及门芯阀门组件	吊点不牢固、吊点位置不正确	起重伤害	较小	（1）吊钩要挂在物品的重心上，当被吊物件起吊后有可能摆动或转动时，应采用绳牵引方法，防止物件摆动伤人或碰坏设备； （2）选择牢固可靠、满足载荷的吊点
		吊索具损坏或选择不当	起重伤害	较小	（1）作业前，应对吊索具及其配件进行检查，确认完好，方可使用； （2）所选用的吊索具应与被吊工件的外形特点及具体要求相适应，在不具备使用条件的情况下，绝能对付使用； （3）作业中应防止损坏吊索具及配件，必要时在棱角处应加护角防护； （4）吊具及配件不能超过其额定起重量，起重吊索、吊具不得超过其相应吊挂状态下的最大工作载荷
		绑扎不牢固	起重伤害	较小	（1）起重前必须将物件牢固、稳妥地绑住。 （2）吊拉时两根钢丝绳之间的夹角一般不得大于90°。 （3）使用单吊索起吊重物挂钩时应打"挂钩结"；使用吊环时螺栓必须拧到底；使用卸扣时，吊索与其连接的一个索扣必须扣在销轴上，一个索扣必须扣在扣顶上，不准两个索扣分别扣在卸扣的扣体两侧上；吊索捆绑时，重物或设备构件的锐边快口处必须加装衬垫物
		斜拉	起重伤害	较小	禁止使吊钩斜着拖吊重物
		在起吊重物下逗留和行走	起重伤害	较小	任何人不准在起吊重物下逗留和行走
9．阀门传动	380V电源	执行机构漏电	触电	较小	阀门传动前送电调试检查电动执行机构绝缘及接地装置良好
	转动的门杆	阀门行程调整	机械伤害	较小	调整阀门执行机构行程的同时不得用手触摸阀杆和手轮，避免挤伤手指
10．检修工作结束	施工废料	施工废料未清理	环境污染	较小	废料及时清理，做到工完、料尽、场地清

11.75　高压加热器给水出口三通阀检修

作业步骤	危害辨识	危害描述	产生后果	风险等级	防 范 措 施
1．作业环境评估	噪声	未佩戴耳塞	噪声聋	较小	进入噪声区域时正确佩戴合格的耳塞
	高温环境	环境温度超过40℃	中暑	较小	（1）不准在工作环境温度超过40℃时进行露天作业； （2）在高温场所工作时，应为工作人员提供足够的饮水、清凉饮料及防暑药品，对温度较高的作业场所必须增加通风设备
	高温高压介质水	高温设备及附属系统内动、静密封点密封失效，或者系统内设备、管道破损	灼烫伤	较小	（1）作业人员必须穿戴好隔热工作服、防护鞋、防护手套等防护用具； （2）专人监护，遇有不适即撤出高温检修区域； （3）高温区域内不得长时间逗留
	孔、洞	盖板缺损	高处坠落	重大	工作场所的孔、洞必须覆以与地面齐平的坚固盖板或做好隔离措施

续表

作业步骤	危害辨识	危害描述	产生后果	风险等级	防 范 措 施
2. 现场安全措施的落实	高温高压介质水	工作前所采取的安全措施不完善	灼烫	较小	（1）开工前确认现场安全措施、隔离措施正确完备； （2）待管道内介质放尽，压力为零，温度适可后方可开始工作
3. 准备工作及现场布置	临时电源及电源线	电源线悬挂高度不够	触电	较小	临时电源线架设高度室内不低于2.5m
		电源线、插头、插座破损	触电	较小	（1）检查电源线外绝缘良好，无破损； （2）检查电源盘合格证在有效期； （3）检查电源插头插座，确保完好； （4）不准将电源线缠绕在护栏、管道和脚手架上
		未安装漏电保护器	触电	较小	（1）检查电源盘合格证在有效期； （2）分级配置漏电保护器，工作前试漏电保护器，确保正确动作
		检修电源箱外壳未接地	触电	较小	（1）检查电源盘合格证在有效期； （2）检查电源箱外壳接地良好
	角磨机、阀门研磨机	电源线、电源插头破损、防护罩破损缺失	机械伤害触电	较小	（1）检查电源线、电源插头完好无破损、防护罩完好无破损； （2）检查合格证在有效期内
	锉刀、手锯、螺丝刀、钢丝钳	手柄等缺损	刺伤	较小	锉刀、手锯、螺丝刀、钢丝钳等手柄应安装牢固，没有手柄的不准使用
	大锤、手锤	锤头与木柄的连接不牢固、锤头破损、木柄未使用整根硬质木料	物体打击	较小	锤头与木柄的连接应用金属楔栓固定，楔子长度不得大于安装孔深的2/3，锤头完好无损，木柄使用整根硬质木料
	手拉葫芦	手拉有裂纹、链轮转动卡涩、吊钩无防脱保险装置	起重伤害	较小	（1）使用前应作无负荷起落试验一次，检查手拉是否有裂纹、链轮转动是否卡涩、吊钩是否无防脱保险装置，以确保完好； （2）检查合格证在有效期内
	千斤顶	压力油泄漏	起重伤害	较小	（1）检查千斤顶检验合格证在有效期内； （2）工作前试验油压正常，无渗漏
		千斤顶螺纹齿条磨损	起重伤害	较小	（1）检查千斤顶检验合格证在有效期内； （2）工作前检查千斤顶螺纹齿条是否磨损，以确保设备完好
4. 拆除自密封组件	高处作业人员	作业时未正确使用防护用品	高处坠落	重大	高处作业人员必须戴好安全帽、穿好防滑鞋并正确佩戴和使用安全带
		未佩戴使用合格的安全带	高处坠落	重大	（1）安全带使用前进行外观检查合格，检验合格证应在有效期内； （2）在没有脚手架或没有栏杆的脚手架上工作，高度超过1.5m时必须使用安全带； （3）安全带的挂钩应挂在结实、牢固的构件上，或专挂安全带的钢丝绳上，不准低挂高用
		擅自改动脚手架架构	高处坠落	重大	工作过程中，不准随意改变脚手架的结构，必要时，必须经过搭设脚手架的技术负责人同意，并再次验收合格后方可使用
		乱拉电源线、电焊线、气带	高处坠落	重大	（1）脚手架上不准乱拉电线； （2）必须安装临时照明线路时，木竹脚手架应采用绝缘子，金属脚手架应另设木横担

作业步骤	危害辨识	危害描述	产生后果	风险等级	防 范 措 施
4. 拆除自密封组件	高处作业人员	随意码放物品或超载	高处坠落	重大	(1) 不准在脚手架和脚手板上聚集人员或放置超过计算荷重的材料; (2) 脚手架上的堆置物应摆放整齐和牢固,不准超高摆放; (3) 脚手架上的大物件应分散堆放,不得集中堆放; (4) 脚手架上的废弃物应及时清理,并用绳子系牢后溜放到地面
		脚手架上作业不规范	高处坠落	重大	(1) 上下脚手架应走人行通道或梯子,不准攀登架体; (2) 不准站在脚手架的探头上作业; (3) 同一架体上的作业人数一般为 2 人,必须超过 2 人的情况下不得超过 9 人; (4) 不准在脚手架上蹲在木桶、木箱、砖及其他建筑材料等作业; (5) 不准在架子上退着行走或跨坐在防护横杆上休息; (6) 架子上应保持清洁,随时清理冰雪、杂物等,不准乱堆乱放物料; (7) 不得在防护栏杆上拴挂任何重物; (8) 作业中需要拆除防护栏杆时,必须采取可靠的临边防护措施
	脚手架搭设	脚手架搭设后未验收	高处坠落	重大	(1) 搭设结束后,必须履行脚手架验收手续,填写脚手架验收单,并在脚手架验收单上分级签字; (2) 验收合格后应在脚手架上悬挂合格证,方可使用
	高处的工器具、零部件	工器具未系防坠绳、零部件未固定及上下抛掷	物体打击	较小	(1) 工器具必须使用防坠绳; (2) 工器具和零部件应用绳拴在牢固的构件上,不准随便乱放; (3) 工器具和零部件不准上下抛掷
	千斤顶	工作人员站在液压千斤顶安全栓或高压软管前面	起重伤害	较小	使用液压千斤顶时,除操作人员外,其他人员尽量远离,工作人员不准站在千斤顶安全栓或高压软管前面
		未采取防止重物下沉的措施	起重伤害	较小	安装千斤顶的位置要坚硬平整,或用钢板和垫木垫牢,防止因地面下陷而产生歪斜
		千斤顶超载荷使用	起重伤害	较小	使用千斤顶时工作负荷不准超过千斤顶铭牌规定
		更换垫板时手臂伸入荷重与顶重头或垫板之间	起重伤害	较小	更换垫板时不准将手臂伸入荷重与顶重头或垫板之间
	大锤、手锤	锤把上有油污	物体打击	较小	锤把上不可有油污
		单手抡大锤	物体打击	较小	抡大锤时,周围不得有人,不得单手抡大锤
		戴手套抡大锤	物体打击	较小	打锤人不得戴手套
5. 吊装伺服机构、门盖、自密封组件、门杆及门芯阀门组件	手拉葫芦	滑链	起重伤害	较小	使用前应作无负荷起落试验一次,确认无滑链现象
		手拉葫芦超载荷使用	起重伤害	较小	使用手拉葫芦时工作负荷不准超过铭牌规定
	吊具、起吊装伺服机构、门盖、自密封组件、门杆及门芯阀门组件	吊点不牢固、吊点位置不正确	起重伤害	较小	(1) 吊钩要挂在物品的重心上,当被吊物件起吊后有可能摆动或转动时,应采用绳牵引方法,防止物件摆动伤人或碰坏设备; (2) 选择牢固可靠、满足载荷的吊点

作业步骤	危害辨识	危害描述	产生后果	风险等级	防范措施
5. 吊装伺服机构、门盖、自密封组件、门杆及门芯阀门组件	吊具、起吊装伺服机构、门盖、自密封组件、门杆及门芯阀门组件	吊索具损坏或选择不当	起重伤害	较小	（1）作业前，应对吊索具及其配件进行检查，确认完好，方可使用； （2）所选用的吊索具应与被吊工件的外形特点及具体要求相适应，在不具备使用条件的情况下，绝不能对付使用； （3）作业中应防止损坏吊索具及配件，必要时在棱角处应加护角防护； （4）吊具及配件不能超过其额定起重量，起重吊索、吊具不得超过其相应吊挂状态下的最大工作载荷
		绑扎不牢固	起重伤害	较小	（1）起重前必须将物件牢固、稳妥地绑住。 （2）吊拉时两根钢丝绳之间的夹角一般不得大于90°。 （3）使用单吊索起吊重物挂钩时应打"挂钩结"；使用吊环时螺栓必须拧到底；使用卸扣时，吊索与其连接的一个索扣必须扣在销轴上，一个索扣必须扣在顶上，不准两个索扣分别扣在卸扣的扣体两侧上；吊拉捆绑时，重物或设备构件的锐边快口处必须加装衬垫物
		斜拉	起重伤害	较小	禁止使用吊钩斜着拖吊重物
		在起吊重物下逗留和行走	起重伤害	较小	任何人不准在起吊重物下逗留和行走
6. 打磨及阀门研磨	角磨机、阀门研磨机	未正确使用防护罩、防护眼镜	机械伤害	较小	正确佩戴防护罩、防护眼镜
		手提电动工具的导线或转动部分	触电	较小	禁止手提电动工具的导线或转动部分
		角磨机砂轮片破损	机械伤害	较小	使用前检查角磨机砂轮片完好无缺损
		更换砂轮及研磨片时未切断电源	触电	较小	更换砂轮片、研磨片前必须切断电源
	阀门研磨机	旋转的研磨盘	机械伤害	较小	研磨机架设稳固，旋转部分禁止靠近，全程专人操作及监护
7. 金属监督	辐射	未设置警示标志	放射性伤害	较小	（1）工作期先做好安全区隔离、悬挂警示牌； （2）告知全员
		进入金属探伤区域	放射性伤害	较小	（1）告知全员； （2）设置警示围栏，防止人员误入
8. 阀门回装	高处作业人员	作业时未正确使用防护用品	高处坠落	重大	高处作业人员必须戴好安全帽、穿好防滑鞋并正确佩戴和使用安全带
		未佩戴使用合格的安全带	高处坠落	重大	（1）安全带使用前进行外观检查合格，检验合格证应在有效期内； （2）在没有脚手架或没有栏杆的脚手架上工作，高度超过1.5m时必须使用安全带； （3）安全带的挂钩应挂在结实、牢固的构件上，或专挂安全带的钢丝绳上，不准低挂高用
		擅自改动脚手架架构	高处坠落	重大	工作过程中，不准随意改变脚手架的结构，必要时，必须经过搭设脚手架的技术负责人同意，并再次验收合格后方可使用
		乱拉电源线、电焊线、气带	高处坠落	重大	（1）脚手架上不准乱拉电线； （2）必须安装临时照明线路时，木竹脚手架应采用绝缘子，金属脚手架应另设木横担

作业步骤	危害辨识	危害描述	产生后果	风险等级	防 范 措 施
8. 阀门回装	高处作业人员	脚手架上作业不规范	高处坠落	重大	（1）上下脚手架应走人行通道或梯子，不准攀登架体； （2）不准站在脚手架的探头上作业； （3）同一架体上的作业人数一般为 2 人，必须超过 2 人的情况下不得超过 9 人； （4）不准在脚手架上蹬在木桶、木箱、砖及其他建筑材料等作业； （5）不准在架子上退着行走或跨坐在防护横杆上休息； （6）架子上应保持清洁，随时清理冰雪、杂物等，不准乱堆乱放物料； （7）不得在防护栏杆上拴挂任何重物； （8）作业中需要拆除防护栏杆时，必须采取可靠的临边防护措施
	高处的工器具、零部件	工器具未系防坠绳、零部件未固定及上下抛掷	物体打击	较小	（1）工器具必须使用防坠绳； （2）工器具和零部件应用绳拴在牢固的构件上，不准随便乱放； （3）工器具和零部件不准上下抛掷
	手拉葫芦	滑链	起重伤害	较小	使用前应作无负荷起落试验一次，确认无滑链现象
		手拉葫芦超载荷使用	起重伤害	较小	使用手拉葫芦时工作负荷不准超过铭牌规定
	吊具、起吊装伺服机构、门盖、自密封组件、门杆及门芯阀门组件	吊点不牢固、吊点位置不正确	起重伤害	较小	（1）吊钩要挂在物品的重心上，当被吊物件起吊后有可能摆动或转动时，应采用绳牵引方法，防止物件摆动伤人或碰坏设备； （2）选择牢固可靠、满足载荷的吊点
		吊索具损坏或选择不当	起重伤害	较小	（1）作业前，应对吊索具及其配件进行检查，确认完好，方可使用； （2）所选用的吊索具应与被吊工件的外形特点及具体要求相适应，在不具备使用条件的情况下，绝不能对付使用； （3）作业中应防止损坏吊索具及配件，必要时在棱角处应加护角防护； （4）吊具及配件不能超过其额定起重量，起重吊索、吊具不得超过其相应吊挂状态下的最大工作载荷
		绑扎不牢固	起重伤害	较小	（1）起重前必须将物件牢固、稳妥地绑住。 （2）吊拉时两根钢丝绳之间的夹角一般不得大于 90°。 （3）使用单吊索起吊重物挂钩时应打"挂钩结"；使用吊环时螺栓必须拧到底；使用卸扣时，吊索与其连接的一个索扣必须扣在销轴上，一个索扣必须扣在扣顶上，不准两个索扣分别扣在卸扣的扣体两侧上；吊拉捆绑时，重物或设备构件的锐边快口处必须加装衬垫物
		斜拉	起重伤害	较小	禁止使吊钩斜着拖吊重物
		在起吊重物下逗留和行走	起重伤害	较小	任何人不准在起吊重物下逗留和行走
9. 阀门传动	380V电源	执行机构漏电	触电	较小	阀门传动前送电调试检查电动执行机构绝缘及接地装置良好
	转动的门杆	阀门行程调整	机械伤害	较小	调整阀门执行机构行程的同时不得用手触摸阀杆和手轮，避免挤伤手指
10. 检修工作结束	施工废料	施工废料未清理	环境污染	较小	废料及时清理，做到工完、料尽、场地清

11.76 高压加热器急疏调阀前隔离门检修

作业步骤	危害辨识	危害描述	产生后果	风险等级	防 范 措 施
1. 作业环境评估	噪声	未佩戴耳塞	噪声聋	较小	进入噪声区域时正确佩戴合格的耳塞
	高温环境	环境温度超过 40℃	中暑	较小	(1) 不准在工作环境温度超过 40℃时进行露天作业; (2) 在高温场所工作时,应为工作人员提供足够的饮水、清凉饮料及防暑药品;对温度较高的作业场所必须增加通风设备
	岩棉、化纤	作业区保温飞扬	尘肺病	较小	作业时正确佩戴合格防尘口罩
	高温高压介质	高温设备及附属系统内动、静密封点密封失效,或者系统内设备、管道破损	灼烫伤	较小	(1) 作业人员必须穿戴好隔热工作服、防护鞋、防护手套等防护用具; (2) 专人监护,遇有不适立即撤出高温检修区域; (3) 高温区域内不得长时间逗留
	孔、洞	盖板缺损	高处坠落	重大	工作场所的孔、洞必须覆以与地面齐平的坚固盖板或做好隔离措施
	照明	现场照明不充足	其他伤害	较小	增加临时照明
2. 确认安全措施正确执行	高温高压介质	工作前所采取的安全措施不完善	灼烫伤	较小	(1) 开工前确认现场安全措施、隔离措施正确完备; (2) 待管道内介质放尽,压力为零,温度适可后方可开始工作; (3) 人员不能正面对法兰及焊口工作,防止漏点介质体伤人
3. 准备工作及现场布置	临时电源及电源线	电源线悬挂高度不够	触电	较小	临时电源线架设高度室内不低于 2.5m
		电源线、插头、插座破损	触电	较小	(1) 检查电源线外绝缘良好,无破损; (2) 检查电源盘合格证在有效期; (3) 检查电源插头插座,确保完好; (4) 不准将电源线缠绕在护栏、管道和脚手架上
		未安装漏电保护器	触电	较小	(1) 检查电源盘合格证在有效期; (2) 分级配置漏电保护器,工作前试漏电保护器,确保正确动作
		检修电源箱外壳未接地	触电	较小	(1) 检查电源盘合格证在有效期; (2) 检查电源箱外壳接地良好
	角磨机	电源线、电源插头破损、防护罩破损缺失松动	机械伤害触电	较小	(1) 检查电源线、电源插头完好无破损、防护罩完好无破损且牢固; (2) 检查合格证在有效期内
	手拉葫芦	手拉有裂纹、链轮转动卡涩、吊钩无防脱保险装置	起重伤害	较小	(1) 使用前应做无负荷起落试验一次,检查手拉是否有裂纹、链轮转动是否卡涩、吊钩是否无防脱保险装置,以确保完好; (2) 检查合格证在有效期内
	大锤、手锤	锤头与木柄的连接不牢固、锤头破损、木柄未使用整根硬质木料	物体打击	较小	锤头与木柄的连接应用金属楔栓固定,楔子长度不得大于安装孔深的 2/3,锤头完好无损,木柄使用整根硬质木料
	锉刀、手锯、螺丝刀、钢丝钳	手柄等缺损	刺伤	较小	锉刀、手锯、螺丝刀、钢丝钳等手柄应安装牢固,没有手柄的不准使用

续表

作业步骤	危害辨识	危害描述	产生后果	风险等级	防范措施
3. 准备工作及现场布置	电焊机	电焊机电源线、电源插头、电焊钳破损	触电	较小	（1）电焊机电源线、电源插头、电焊钳等焊接设备和工具完好无损；（2）电焊机的裸露导电部分和转动部分以及冷却用的风扇，均应装有保护罩
		焊机外壳不接地	触电	较小	电焊机金属外壳应有明显的可靠接地，且一机一接地
		焊机、焊钳与电缆线连接不牢固	触电	较小	（1）电焊工作所用的导线，必须使用绝缘良好的皮线；（2）电焊机、焊钳与电缆线连接牢固，接地端头不外露；（3）连接到电焊钳上的一端，至少有5m为绝缘软导线
4. 阀门解体	手拉葫芦	滑链	起重伤害	较小	使用前应做无负荷起落试验一次
		手拉葫芦超载荷使用	起重伤害	较小	使用手拉葫芦时工作负荷不准超过铭牌规定
	撬杠	支撑物不可靠	压伤	较小	应保证支撑物可靠
		被撬物倾斜或滚落	压伤	较小	撬动过程中应采取措施防止被撬物倾斜或滚落
	大锤、手锤	锤把上有油污	物体打击	较小	锤把上不可有油污
		单手抡大锤	物体打击	较小	抡大锤时，周围不得有人，不得单手抡大锤
		戴手套抡大锤	物体打击	较小	打锤人不得戴手套
	角磨机	未正确使用防护罩、防护眼镜	机械伤害	较小	正确佩戴防护罩、防护眼镜
		手提电动工具的导线或转动部分	触电	较小	禁止手提电动工具的导线或转动部分
		角磨机砂轮片破损	物体打击	较小	使用前检查角磨机砂轮片完好无缺损
		更换砂轮片未切断电源	机械伤害	较小	更换砂轮片前必须切断电源
	吊具、起吊阀盖、阀座等	吊点不牢固、吊点位置不正确	起重伤害	较小	（1）吊钩要挂在物品的重心上，当被吊物件起吊后有可能摆动或转动时，应采用绳牵引方法，防止物件摆动伤人或碰坏设备；（2）选择牢固可靠、满足载荷的吊点
		吊索具损坏或选择不当	起重伤害	较小	（1）作业前，应对吊索具及其配件进行检查，确认完好，方可使用；（2）所选用的吊索具应与被吊工件的外形特点及具体要求相适应，在不具备使用条件的情况下，绝不能对付使用；（3）作业中应防止损坏吊索具及配件，必要时在棱角处应加护角防护；（4）吊具及配件不能超过其额定起重量，起重吊索、吊具不得超过其相应吊挂状态下的最大工作载荷
		绑扎不牢固	起重伤害	较小	（1）起重前必须将物件牢固、稳妥地绑住。（2）吊拉时两根钢丝绳之间的夹角一般不得大于90°。（3）使用单吊索起吊重物挂钩时应打"挂钩结"；使用吊环时螺栓必须拧到底；使用卸扣时，吊索与其连接的一个索扣必须扣在销轴上，一个索扣必须扣在扣顶上，不准两个索扣分别扣在卸扣的扣体两侧上；吊拉捆绑时，重物或设备构件的锐边快口处必须加装衬垫物

续表

作业步骤	危害辨识	危害描述	产生后果	风险等级	防范措施
4. 阀门解体	吊具、起吊阀盖、阀座等	斜拉	起重伤害	较小	禁止使吊钩斜着拖吊重物
		在起吊重物下逗留和行走	起重伤害	较小	任何人不准在起吊重物下逗留和行走
5. 阀门检修清理	清洁剂	在工作场所存储	火灾爆炸	较小	（1）禁止在工作场所存储易燃物品，例如汽油、酒精等； （2）领用、暂存时量不能过大，一般不超过500mL
		皮肤接触	化学性灼伤	较小	工作人员佩戴橡胶手套
	角磨机	未正确使用防护罩、防护眼镜	机械伤害	较小	正确佩戴防护罩、防护眼镜
		手提电动工具的导线或转动部分	触电	较小	禁止手提电动工具的导线或转动部分
		角磨机砂轮片破损	物体打击	较小	使用前检查角磨机砂轮片完好无缺损
		更换砂轮片未切断电源	机械伤害	较小	更换砂轮片前必须切断电源
6. 阀门装复	手拉葫芦	滑链	起重伤害	较小	使用前应做无负荷起落试验一次
		手拉葫芦超载荷使用	起重伤害	较小	使用手拉葫芦时工作负荷不准超过铭牌规定
	撬杠	支撑物不可靠	砸伤	较小	应保证支撑物可靠
		被撬物倾斜或滚落	砸伤	较小	撬动过程中应采取措施防止被撬物倾斜或滚落
	大锤、手锤	锤把上有油污	物体打击	较小	锤把上不可有油污
		单手抡大锤	物体打击	较小	抡大锤时，周围不得有人，不得单手抡大锤
		戴手套抡大锤	物体打击	较小	打锤人不得戴手套
	电焊机	电焊线缠绕在身上	触电	较小	工作前将电焊线布置好，在人员通道上架空2.5m高，地面敷设做好防护措施
		在金属容器内焊接作业未穿绝缘鞋	触电	较小	在金属容器内焊接作业穿绝缘鞋，铺绝缘垫
		未正确使用面罩、电焊手套、白光眼镜等防护用具	辐射损伤	较小	（1）正确使用面罩； （2）戴电焊手套； （3）戴白光眼镜； （4）穿电焊服
		利用厂房的金属结构、管道、轨道或其他金属搭接起来作为导线使用	触电	较小	不准利用厂房的金属结构、管道、轨道或其他金属搭接起来作为导线使用
		准备移动消防器材不合格	火灾	较小	电焊作业现场必须准备合格的、充足的灭火器等移动消防器材
	焊接尘	通风不良	尘肺病	较小	焊接工作场所应有良好的通风
		未正确使用防尘口罩	尘肺病	较小	作业时正确佩戴合格防尘口罩
	焊渣	高温焊渣飞溅	灼烫伤、火灾	较大	（1）动火工作区域周围设置防护屏，防止其他人员被飞溅的焊渣烫伤，地面铺设防火布； （2）火焊人员必须穿戴好工作服戴好手套和带鞋盖劳保鞋等
	遗留火种	施焊完毕后，未确认是否遗留火种就离开	火灾	较大	电焊作业时须有灭火器材，施焊完毕后，要留有充分的时间观察，确认无引火点，方可离去

作业步骤	危害辨识	危害描述	产生后果	风险等级	防 范 措 施
6. 阀门装复	吊具、起吊阀门	绑扎不牢固	起重伤害	较小	（1）起重前必须将物件牢固、稳妥地绑住。 （2）吊拉时两根钢丝绳之间的夹角一般不得大于90°。 （3）使用单吊索起吊重物挂钩时应打"挂钩结"；使用吊环时螺栓必须拧到底；使用卸扣时，吊索与其连接的一个索扣必须扣在销轴上，一个索扣必须扣在扣顶上，不准两个索扣分别扣在卸扣的扣体两侧上；吊索捆绑时，重物或设备构件的锐边快口处必须加装衬垫物
		斜拉	起重伤害	较小	禁止使吊钩斜着拖吊重物
		在起吊重物下逗留和行走	起重伤害	较小	任何人不准在起吊重物下逗留和行走
7. 检修工作结束	施工废料	施工废料未清理	环境污染	较小	废料及时清理，做到工完、料尽、场地清

11.77 高压加热器急疏调节阀检修

作业步骤	危害辨识	危害描述	产生后果	风险等级	防 范 措 施
1. 作业环境评估	噪声	未佩戴耳塞	噪声聋	较小	进入噪声区域时正确佩戴合格的耳塞
	高温环境	环境温度超过40℃	中暑	较小	（1）不准在工作环境温度超过40℃时进行露天作业； （2）在高温场所工作时，应为工作人员提供足够的饮水、清凉饮料及防暑药品；对温度较高的作业场所必须增加通风设备
	孔、洞	盖板缺损	高处坠落	重大	工作场所的孔、洞必须覆以与地面齐平的坚固盖板或做好隔离措施
	照明	现场照明不充足	其他伤害	较小	增加临时照明
2. 确认安全措施正确执行	压力介质水	工作前所采取的安全措施不完善	冲击	较小	（1）开工前确认现场安全措施、隔离措施正确完备； （2）待管道内介质放尽，压力为零，温度适可后方可开始工作
3. 准备工作及现场布置	临时电源及电源线	电源线悬挂高度不够	触电	较小	临时电源线架设高度室内不低于2.5m
		电源线、插头、插座破损	触电	较小	（1）检查电源线外绝缘良好，无破损； （2）检查电源盘合格证在有效期； （3）检查电源插头插座，确保完好； （4）不准将电源线缠绕在护栏、管道和脚手架上
		未安装漏电保护器	触电	较小	（1）检查电源盘合格证在有效期； （2）分级配置漏电保护器，工作前试漏电保护器，确保正确动作
		检修电源箱外壳未接地	触电	较小	（1）检查电源盘合格证在有效期； （2）检查电源箱外壳接地良好
	角磨机	电源线、电源插头破损、防护罩破损缺失松动	机械伤害触电	较小	（1）检查电源线、电源插头完好无破损、防护罩完好无破损且牢固； （2）检查合格证在有效期内
	手拉葫芦	手拉有裂纹、链轮转动卡涩、吊钩无防脱保险装置	起重伤害	较小	（1）使用前应作无负荷起落试验一次，检查手拉是否有裂纹、链轮转动是否卡涩、吊钩是否无防脱保险装置，以确保完好； （2）检查合格证在有效期内

作业步骤	危害辨识	危害描述	产生后果	风险等级	防 范 措 施
3. 准备工作及现场布置	大锤、手锤	锤头与木柄的连接不牢固、锤头破损、木柄未使用整根硬质木料	物体打击	较小	锤头与木柄的连接应用金属楔栓固定,楔子长度不得大于安装孔深的2/3,锤头完好无损,木柄使用整根硬质木料
	锉刀、手锯、螺丝刀、钢丝钳	手柄等缺损	刺伤	较小	锉刀、手锯、螺丝刀、钢丝钳等手柄应安装牢固,没有手柄的不准使用
4. 调节阀解体	手拉葫芦	滑链	起重伤害	较小	使用前应做无负荷起落试验一次
		手拉葫芦超载荷使用	起重伤害	较小	使用手拉葫芦时工作负荷不准超过铭牌规定
	撬杠	支撑物不可靠	压伤	较小	应保证支撑物可靠
		被撬物倾斜或滚落	压伤	较小	撬动过程中应采取措施防止被撬物倾斜或滚落
	大锤、手锤	锤把上有油污	物体打击	较小	锤把上不可有油污
		单手抡大锤	物体打击	较小	抡大锤时,周围不得有人,不得单手抡大锤
		戴手套抡大锤	物体打击	较小	打锤人不得戴手套
	吊具、起吊阀盖、阀座等	吊点不牢固、吊点位置不正确	起重伤害	较小	(1)吊钩要挂在物品的重心上,当被吊物件起吊后有可能摆动或转动时,应采用绳牵引方法,防止物件摆动伤人或碰坏设备; (2)选择牢固可靠、满足载荷的吊点
		吊索具损坏或选择不当	起重伤害	较小	(1)作业前,应对吊索具及其配件进行检查,确认完好,方可使用; (2)所选用的吊索具应与被吊工件的外形特点及具体要求相适应,在不具备使用条件的情况下,绝不能对付使用; (3)作业中应防止损坏吊索具及配件,必要时在棱角处应加护角防护; (4)吊具及配件不能超过其额定起重量,起重吊索、吊不得超过其相应吊挂状态下的最大工作载荷
		绑扎不牢固	起重伤害	较小	(1)起重前必须将物件牢固、稳妥地绑住。 (2)吊拉时两根钢丝绳之间的夹角一般不得大于90°。 (3)使用单吊索起吊重物挂钩时应打"挂钩结";使用吊环螺栓必须拧到底;使用卸扣时,吊索与其连接的一个索扣必须扣在销轴上,一个索扣必须扣在扣顶上,不准两个索扣分别扣在卸扣的扣体两侧上;吊拉捆绑时,重物或设备构件的锐边快口处必须加装衬垫物
		斜拉	起重伤害	较小	禁止使用吊钩斜着拖吊重物
		在起吊重物下逗留和行走	起重伤害	较小	任何人不准在起吊重物下逗留和行走
5. 阀门检修清理	清洁剂	在工作场所存储	火灾爆炸	较小	(1)禁止在工作场所存储易燃物品,例如汽油、酒精等; (2)领用、暂存时量不能过大,一般不超过500mL
		皮肤接触	化学性灼伤	较小	工作人员佩戴橡胶手套
	角磨机	未正确使用防护罩、防护眼镜	机械伤害	较小	正确佩戴防护罩、防护眼镜

续表

作业步骤	危害辨识	危害描述	产生后果	风险等级	防 范 措 施
5. 阀门检修清理	角磨机	手提电动工具的导线或转动部分	触电	较小	禁止手提电动工具的导线或转动部分
		角磨机砂轮片破损	物体打击	较小	使用前检查角磨机砂轮片完好无缺损
		更换砂轮片未切断电源	机械伤害	较小	更换砂轮片前必须切断电源
6. 阀门装复	手拉葫芦	滑链	起重伤害	较小	使用前应做无负荷起落试验一次
		手拉葫芦超载荷使用	起重伤害	较小	使用手拉葫芦时工作负荷不准超过铭牌规定
	撬杠	支撑物不可靠	砸伤	较小	应保证支撑物可靠
		被撬物倾斜或滚落	砸伤	较小	撬动过程中应采取措施防止被撬物倾斜或滚落
	大锤、手锤	锤把上有油污	物体打击	较小	锤把上不可有油污
		单手抡大锤	物体打击	较小	抡大锤时，周围不得有人，不得单手抡大锤
		戴手套抡大锤	物体打击	较小	打锤人不得戴手套
	吊具、起吊阀门	绑扎不牢固	起重伤害	较小	（1）起重前必须将物件牢固、稳妥地绑住。（2）吊拉时两根钢丝绳之间的夹角一般不得大于90°。（3）使用单吊索起吊重物挂钩时应打"挂钩结"；使用吊环时螺栓必须拧到底；使用卸扣时，吊索与其连接的一个索扣必须扣在销轴上，一个索扣必须扣在扣顶上，不准两个索扣分别扣在卸扣的扣体两侧上；吊拉捆绑时，重物或设备构件的锐边快口处必须加装衬垫物
		斜拉	起重伤害	较小	禁止使用吊钩斜着拖吊重物
		在起吊重物下逗留和行走	起重伤害	较小	任何人不准在起吊重物下逗留和行走
7. 检修工作结束	施工废料	施工废料未清理	环境污染	较小	废料及时清理，做到工完、料尽、场地清

11.78 循环水泵检修

作业步骤	危害辨识	危害描述	产生后果	风险等级	防 范 措 施
1. 作业环境评估	噪声	未佩戴耳塞	噪声聋	较小	进入噪声区域时正确佩戴合格的耳塞
	转动的水泵	未与运行中转动设备进行有效隔离	机械伤害	较小	（1）设置安全隔离围栏并设置警告标志；（2）设置安全检修通道；（3）在运行中转动设备附近工作时应对转动设备进行可靠遮拦，并设专人监护
	孔、洞	盖板缺损	高处坠落	重大	工作场所的孔、洞必须覆以与地面齐平的坚固盖板或做好隔离措施
	照明	现场照明不充足	其他伤害	较小	增加临时照明
2. 确认安全措施正确执行	压力介质水	安全措施不完善或安全措施未正确执行	冲击	较小	（1）开工前确认现场安全措施、隔离措施正确完备；（2）待管道内介质放尽，压力为零，温度适可后方可开始工作
		前池闸板渗漏	淹溺	较小	（1）准备满足现场需要的潜水泵；（2）每天开工前检查前池水位或定时专人检查开启潜水泵进行排水

作业步骤	危害辨识	危害描述	产生后果	风险等级	防 范 措 施
3. 准备工作及现场布置	转动的水泵	工作前未核实设备运转状态和标识	机械伤害	较小	转动设备检修时应采取防转动措施、确认电机电源线拆除
	临时电源及电源线	电源线悬挂高度不够	触电	较小	临时电源线架设高度室内不低于2.5m
		电源线、插头、插座破损	触电	较小	(1) 检查电源线外绝缘良好，无破损； (2) 检查电源盘合格证在有效期； (3) 检查电源插头插座，确保完好； (4) 不准将电源线缠绕在护栏、管道和脚手架上
		未安装漏电保护器	触电	较小	(1) 检查电源盘合格证在有效期； (2) 分级配置漏电保护器，工作前试漏电保护器，确保正确动作
		检修电源箱外壳未接地	触电	较小	(1) 检查电源盘合格证在有效期； (2) 检查电源箱外壳接地良好
	角磨机、切割机	电源线、电源插头破损，防护罩破损缺失松动	机械伤害触电	较小	(1) 检查电源线、电源插头完好无破损，防护罩完好无破损且牢固； (2) 检查合格证在有效期内
	潜水泵	潜水泵电源线、电源接头破损，金属外壳无接地线	触电	较小	(1) 使用前由电气专业人员进行绝缘检查并接线； (2) 接取的电源要有可靠的漏电保护装置； (3) 使用前必须经试运完好方可使用； (4) 前池内有人工作时必须切断所有潜水泵的总电源，禁止检修工作与抽水工作同时进行
	手拉葫芦	手拉有裂纹、链轮转动卡涩、吊钩无防脱保险装置	起重伤害	较小	(1) 使用前应做无负荷起落试验一次，检查手拉是否有裂纹、链轮转动是否卡涩、吊钩是否无防脱保险装置，以确保完好； (2) 检查合格证在有效期内
	大锤、手锤	锤头与木柄的连接不牢固、锤头破损、木柄未使用整根硬质木料	物体打击	较小	锤头与木柄的连接应用金属楔栓固定，楔子长度不得大于安装孔深的2/3，锤头完好无损，木柄使用整根硬质木料
	锉刀、手锯、螺丝刀、钢丝钳	手柄等缺损	刺伤	较小	锉刀、手锯、螺丝刀、钢丝钳等手柄应安装牢固，没有手柄的不准使用
	行车	行车不合格	起重伤害	较小	(1) 由特种设备作业人员检查行车完好； (2) 检查行车检验合格证在有效期内
4. 水泵解体	联轴器销孔	拆除对轮连接螺栓	机械伤害	较小	联轴器对孔时严禁将手指放入销孔内
	脚手架	脚手架未验收、检查	高处坠落	重大	(1) 脚手架搭设结束后，必须履行脚手架验收手续，委托人及搭建人双方在脚手架验收合格证上签字； (2) 每日使用脚手架前，使用人检查脚手架合格并在脚手架验收合格证背面签名后方可使用
	安全带	未正确使用安全带	高处坠落	重大	(1) 安全带检验合格证应在有效期内； (2) 使用前检查安全带部件完好无损坏； (3) 正确使用双钩安全带，移动中严禁脱钩； (4) 安全带应挂在牢固的构件上，高挂抵用
	撬杠	支撑物不可靠	压伤	较小	应保证支撑物可靠
		被撬物倾斜或滚落	压伤	较小	撬动过程中应采取措施防止被撬物倾斜或滚落

续表

作业步骤	危害辨识	危害描述	产生后果	风险等级	防 范 措 施
4．水泵解体	大锤、手锤	锤把上有油污	物体打击	较小	锤把上不可有油污
		单手抡大锤	物体打击	较小	抡大锤时，周围不得有人，不得单手抡大锤
		戴手套抡大锤	物体打击	较小	打锤人不得戴手套
	手拉葫芦	滑链	起重伤害	较小	使用前应做无负荷起落试验一次
		手拉葫芦超载荷使用	起重伤害	较小	使用手拉葫芦时工作负荷不准超过铭牌规定
	行车	制动器失灵	起重伤害	较小	（1）检查行车制动器灵活； （2）安排维护人员在行车顶部监护，发现行车溜钩立即紧固抱闸
	吊具、起吊泵、端盖、转子	吊点不牢固、吊点位置不正确	起重伤害	较小	（1）吊钩要挂在物品的重心上，当被吊物件起吊后有可能摆动或转动时，应采用绳牵引方法，防止物件摆动伤人或碰坏设备； （2）选择牢固可靠、满足载荷的吊点
		吊索具损坏或选择不当	起重伤害	较小	（1）作业前，应对吊索具及其配件进行检查，确认完好，方可使用； （2）所选用的吊索具应与被吊工件的外形特点及具体要求相适应，在不具备使用条件的情况下，绝不能对付使用； （3）作业中应防止损坏吊索具及配件，必要时在棱角处应加护角防护； （4）吊具及配件不能超过其额定起重量，起重吊索、吊具不得超过其相应吊挂状态下的最大工作载荷
		违章操作	起重伤害	较小	（1）起重作业人员持证上岗； （2）起吊作业时专人指挥，现场加强人员监护； （3）现场配备 2 名以上专业的有经验的起重作业人员
		绑扎不牢固	起重伤害	较小	（1）起重前必须将物件牢固、稳妥地绑住。 （2）吊拉时两根钢丝绳之间的夹角一般不得大于 90°。 （3）使用单吊索起吊重物挂钩时应打"挂钩结"；使用吊环时螺栓必须拧到底；使用卸扣时，吊索与其连接的一个索扣必须扣在销轴上，一个索扣必须扣在扣顶上，不准两个索扣分别扣在卸扣的扣体两侧上；吊拉捆绑时，重物或设备构件的锐边快口处必须加装衬垫物
		斜拉	起重伤害	较小	禁止使吊钩斜着拖吊重物
		在起吊重物下逗留和行走	起重伤害	较小	任何人不准在起吊重物下逗留和行走
	氧气、乙炔	氧气瓶、乙炔气瓶的放置与运行油管道的安全距离不足	爆炸	较小	氧气瓶、乙炔气瓶的放置应与运行油管道保持足够的安全距离，并采取可靠的安全措施
		氧气瓶、乙炔气瓶放置不正确	爆炸	较小	安放在露天的氧气瓶、乙炔气瓶，应用帐篷或轻便的板棚遮护，以免受到阳光曝晒
		装有气体的气瓶与电线相接触	爆炸	较小	不准装有气体的气瓶与电线相接触
		氧气表、乙炔表失效	爆炸	较小	（1）氧气表、乙炔表应经检验合格，并在有效期内； （2）使用前应进行检查，确保其完好、有效

作业步骤	危害辨识	危害描述	产生后果	风险等级	防 范 措 施
4. 水泵解体	氧气、乙炔	乙炔软管未吹扫或吹扫不正确	爆炸	较小	(1) 在连接橡胶软管前，应先将软管吹净，并确定管中无水后，才许使用； (2) 不准用氧气吹乙炔气管
	集水井、井下临时及电源线	人员进入未戴好安全带、未挂防坠器	高处坠落	重大	(1) 正确使用安全带； (2) 深度超过 5m 应设置防坠器； (3) 安排专人监护
		氧气含量不符合要求	中毒窒息	中等	(1) 有限空间作业办理许可手续； (2) 严格执行先通风再检测后作业的作业要求； (3) 安排专人监护，出入井内做好人员、工具记录
		闸板渗水水位升较大	淹溺	中等	加强人员监护，保持联络，及时抽水，
		电源线悬挂高度不够	触电	中等	(1) 临时电源线架设高度室内不低于 2.5m； (2) 井内电源线悬挂固定，防止掉落井下积水中
		电源线、插头、插座破损	触电	中等	(1) 检查电源线外绝缘良好，无破损； (2) 检查电源盘合格证在有效期； (3) 检查电源插头插座，确保完好； (4) 不准将电源线缠绕在护栏、管道和脚手架上
		未安装漏电保护器	触电	中等	(1) 检查电源盘合格证在有效期； (2) 分级配置漏电保护器，工作前试漏电保护器，确保正确动作
		检修电源箱外壳未接地	触电	中等	(1) 检查电源盘合格证在有效期； (2) 检查电源箱外壳接地良好
	梯子	梯子倒塌	人员伤害	较小	(1) 梯子使用前进行检查 (2) 使用时，人员扶好梯子
5. 零部件清理、检查、测量及修整	清洁剂	在工作场所存储	火灾、爆炸	较小	(1) 禁止在工作场所储易燃物品，例如汽油、酒精等； (2) 领用、暂存时量不能过大，一般不超过 500mL
		皮肤接触	化学性灼伤	较小	工作人员佩戴橡胶手套
	角磨机、切割机、砂轮机	未正确使用防护罩、防护眼镜	机械伤害	较小	正确佩戴防护罩、防护眼镜
		手提电动工具的导线或转动部分	触电	较小	禁止手提电动工具的导线或转动部分
		角磨机砂轮片破损	物体打击	较小	使用前检查角磨机砂轮片完好无缺损
		更换砂轮片未切断电源	机械伤害	较小	更换砂轮片前必须切断电源
6. 水泵回装	手拉葫芦	滑链	起重伤害	较小	使用前应作无负荷起落试验一次
		手拉葫芦超载荷使用	起重伤害	较小	使用手拉葫芦时工作负荷不准超过铭牌规定
	撬杠	支撑物不可靠	压伤	较小	应保证支撑物可靠
		被撬物倾斜或滚落	压伤	较小	撬动过程中应采取措施防止被撬物倾斜或滚落
	大锤、手锤	锤把上有油污	物体打击	较小	锤把上不可有油污
		单手抡大锤	物体打击	较小	抡大锤时，周围不得有人，不得单手抡大锤
		戴手套抡大锤	物体打击	较小	打锤人不得戴手套

作业步骤	危害辨识	危害描述	产生后果	风险等级	防 范 措 施
6.水泵回装	行车	制动器失灵	起重伤害	较小	（1）检查行车制动器灵活； （2）安排维护人员在行车顶部监护，发现行车溜钩立即紧固抱闸
	吊具、起吊泵轴瓦、端盖、转子	绑扎不牢固	起重伤害	较小	（1）起重前必须将物件牢固、稳妥地绑住。 （2）吊拉时两根钢丝绳之间的夹角一般不得大于90°。 （3）使用单吊索起吊重物挂钩时应打"挂钩结"；使用吊环时螺栓必须拧到底；使用卸扣时，吊索与其连接的一个索扣必须扣在销轴上，一个索扣必须扣在扣顶上，不准两个索扣分别扣在卸扣的扣体两侧上；吊拉捆绑时，重物或设备构件的锐边快口处必须加装衬垫物
		斜拉	起重伤害	较小	禁止使用吊钩斜着拖吊重物
		在起吊重物下逗留和行走	起重伤害	较小	任何人不准在起吊重物下逗留和行走
	靠背轮	盘转子时未统一协调	机械伤害	较小	（1）盘转子时应由专人指挥； （2）手指不得伸入螺栓孔内
7.水泵试运	转动的水泵	防护罩缺损不牢固	机械伤害	较小	（1）设备的转动部分必须装设防护罩，并标明旋转方向，露出的轴端必须装设护盖； （2）对转动设备缺损的防护罩应及时装复或修复，装复或修复前在转动设备区域内设置"禁止靠近"安全警示标识； （3）不准擅自拆除设备上的安全防护设施； （4）防护罩固定牢固
		肢体部位或饰品衣物、用具（包括防护用品）、工具接触转动部位	机械伤害	较小	（1）衣服和袖口应扣好，不得戴围巾领带，长发必须盘在安全帽内； （2）不准将用具、工器具接触设备的转动部位； （3）不准在转动设备附近长时间停留； （4）不准在靠背轮上、安全防护罩上或运行中设备的轴承上行走和坐立
		试运行启动时人员站在转机径向位置	机械伤害	较小	转动设备试运行时所有人员应先远离，站在转动机械的轴向位置，并有一人站在事故按钮位置
8.检修工作结束	施工废料	施工废料未清理	环境污染	较小	废料及时清理，做到工完、料尽、场地清

11.79 循环水泵出口蝶阀检修

作业步骤	危害辨识	危害描述	产生后果	风险等级	防 范 措 施
1.作业环境评估	噪声	未佩戴耳塞	噪声聋	较小	进入噪声区域时正确佩戴合格的耳塞
	照明	现场照明不充足	其他伤害	较小	增加临时照明
	孔、洞	盖板缺损	高处坠落	较小	工作场所的孔、洞必须覆以与地面齐平的坚固盖板或做好隔离措施； 格栅板上严禁直接放置工器具及零件,当心落物伤人,用好整理箱
2.现场安全措施的落实	压力介质水	安全措施不完善或安全措施未正确执行	冲击	较小	（1）开工前确认现场安全措施、隔离措施正确完备； （2）待管道内介质放尽，压力为零，温度适可后方可开始工作
	蝶阀油站	蝶阀误动作	机械伤害	较大	开工前确认现场安全措施、隔离措施正确完备

作业步骤	危害辨识	危害描述	产生后果	风险等级	防 范 措 施
3. 准备工作及现场布置	脚手架搭设	脚手架搭设后未验收	高处坠落	重大	（1）搭设结束后，必须履行脚手架验收手续，填写脚手架验收单，并在脚手架验收单上分级签字； （2）验收合格后应在脚手架上悬挂合格证，方可使用
	临时电源及电源线	电源线悬挂高度不够	触电	较小	临时电源线架设高度室内不低于 2.5m
		电源线、插头、插座破损	触电	较小	（1）检查电源线外绝缘良好，无破损； （2）检查电源盘合格证在有效期； （3）检查电源插头插座，确保完好； （4）不准将电源线缠绕在护栏、管道和脚手架上
		未安装漏电保护器	触电	较小	（1）检查电源盘合格证在有效期； （2）分级配置漏电保护器，工作前试漏电保护器，确保正确动作
		检修电源箱外壳未接地	触电	较小	（1）检查电源盘合格证在有效期； （2）检查电源箱外壳接地良好
	角磨机	电源线、电源插头破损、防护罩破损缺失	机械伤害触电	较小	（1）检查电源线、电源插头完好无破损、防护罩完好无破损； （2）检查合格证在有效期内
	大锤	锤头与木柄的连接不牢固、锤头破损、木柄未使用整根硬质木料	物体打击	较小	锤头与木柄的连接应用金属楔栓固定，楔子长度不得大于安装孔深的2/3，锤头完好无损，木柄使用整根硬质木料
	锉刀、手锯、螺丝刀、钢丝钳	手柄等缺损	刺伤	较小	锉刀、手锯、螺丝刀、钢丝钳等手柄应安装牢固，没有手柄的不准使用
	千斤顶	压力油泄漏	起重伤害	较小	（1）检查千斤顶检验合格证在有效期内； （2）工作前试验油压正常，无渗漏
		千斤顶螺纹齿条磨损	起重伤害	较小	（1）检查千斤顶检验合格证在有效期内； （2）工作前检查千斤顶螺纹齿条是否磨损，以确保设备完好
	撬杠	撬杠强度不够	其他伤害（砸伤）	较小	必须保证撬杠强度满足要求
	手拉葫芦	手拉有裂纹、链轮转动卡涩、吊钩无防脱保险装置	起重伤害	较小	（1）使用前应作无负荷起落试验一次，检查手拉是否有裂纹、链轮转动是否卡涩、吊钩是否无防脱保险装置，以确保完好； （2）检查合格证在有效期内
	行车	行车不合格	起重伤害	较小	（1）由特种设备作业人员检查行车完好； （2）检查行车检验合格证在有效期内
	通风机	防护罩缺损	机械伤害	较小	（1）风机转动部分必须装设防护装置，并标明旋转方向； （2）对缺损的防护罩应及时装复或修复
	行灯	行灯电源线、电源插头破损	触电	较小	（1）检查行灯电源线、电源插头完好无破损； （2）行灯的电源线应采用橡胶护套铜芯软电缆
		外壳未接地	触电	较小	行灯变压器金属外壳应有明显可靠接地
		行灯防护罩缺失	火灾爆炸	较小	行灯应有防护罩
		行灯的手柄破损	触电	较小	行灯的手柄应绝缘良好且耐热、防潮

作业步骤	危害辨识	危害描述	产生后果	风险等级	防 范 措 施
4. 打开人孔门	孔、洞	人孔未设置临时围栏、警告标识	高处坠落	重大	（1）在检修工作中人孔打开后，必须设有牢固的临时围栏，并设有明显的警告标识； （2）工作间断时应将人孔临时进行封闭； （3）人员进出登记
5. 阀门检查	高处的工器具、零部件	工器具未系防坠绳、零部件未固定及上下抛掷	物体打击	较小	（1）工器具必须使用防坠绳； （2）工器具和零部件应用绳拴在牢固的构件上，不准随便乱放； （3）工器具和零部件不准上下抛掷
	高处作业人员	未正确使用安全带	高处坠落	重大	安全带的挂钩应挂在结实、牢固的构件上，或专挂安全带的钢丝绳上，安全带要高挂低用
		水下爬梯缺损	高处坠落	重大	作业前系好安全绳检查水下爬梯完好无损，用好防坠器及安全绳
		人员有高处禁忌症	高处坠落	重大	（1）从事高处作业的人员必须身体健康； （2）患有精神病、癫痫病以及经医师鉴定患有高血压、心脏病等不宜从事高处作业病症的人员，不准参加高处作业，凡发现工作人员精神不振时，禁止登高作业
		工器具未系防坠绳及零部件未固定	物体打击	较小	（1）工器具必须使用防坠绳； （2）工器具和零部件应用绳拴在牢固的构件上，不准随便乱放
		未佩戴使用合格的安全带	高处坠落	重大	安全带使用前进行外观检查合格，检验合格证应在有效期内
	有限空间	未进行通风	窒息	中等	（1）打开所有通风口进行通风置换有害有毒介质； （2）必要时采取强制通风措施； （3）检测氧气浓度保持在19.5%～21%范围内； （4）人员进出应登记
		无人监护	窒息、其他伤害	中等	设专人不间断地监护
		未设置逃生通道	窒息	中等	设置逃生通道，并保持通道畅通
		有害有毒气体浓度超标	爆炸	中等	测量有害有毒气体浓度合格，测量氧气浓度保持在19.5%～21%范围内
	千斤顶	工作人员站在液压千斤顶安全栓或高压软管前面	起重伤害	较小	使用液压千斤顶时，除操作人员外，其他人员尽量远离，工作人员禁止站在千斤顶安全栓或高压软管前面
		更换垫板时手臂伸入荷重与顶重头或垫板之间	起重伤害	较小	更换垫垫板时禁止将手臂伸入荷重与顶重头或垫板之间
		千斤顶超载荷使用	起重伤害	较小	使用千斤顶时工作负荷不准超过千斤顶铭牌规定
	大锤	锤把上有油污	物体打击	较小	锤把上不可有油污
		单手抡大锤	物体打击	较小	抡大锤时，周围不得有人，不得单手抡大锤
		戴手套抡大锤	物体打击	较小	打锤人不得戴手套
	手拉葫芦	滑链	起重伤害	较小	使用前应作无负荷起落试验一次，确认无滑链现象
		手拉葫芦超载荷使用	起重伤害	较小	使用手拉葫芦时工作负荷不准超过铭牌规定
	行车	行车不合格	起重伤害	较小	（1）由特种设备作业人员检查行车完好； （2）检查行车检验合格证在有效期内

续表

作业步骤	危害辨识	危害描述	产生后果	风险等级	防 范 措 施
5. 阀门检查	通风机	肢体部位或饰品衣物、用具接触转动部位	机械伤害	较小	（1）衣服和袖口应扣好，不得戴围巾领带，长发必须盘在安全帽内； （2）不准将用具、工器具接触设备的转动部位
	行灯	行灯电源线、电源插头破损	触电	较小	（1）检查行灯电源线、电源插头完好无破损； （2）行灯的电源线应采用橡套软电缆
	吊具、起吊电动装置	吊点不牢固、吊点位置不正确	起重伤害	较小	（1）吊钩要挂在物品的重心上，当被吊物件起吊后有可能摆动或转动时，应采用绳牵引方法，防止物件摆动伤人或碰坏设备； （2）选择牢固可靠、满足载荷的吊点
		绑扎不牢固	起重伤害	较小	（1）起重前必须将物件牢固、稳妥地绑住。 （2）吊拉时两根钢丝绳之间的夹角一般不得大于90°。 （3）使用单吊索起吊重物挂钩时应打"挂钩结"；使用吊环时螺栓必须拧到底；使用卸扣时，吊索与其连接的一个索扣必须扣在销轴上，一个索扣必须扣在扣顶上，不准两个索扣分别扣在卸扣的扣体两侧上；吊拉捆绑时，重物或设备构件的锐边快口处必须加装衬垫物
		斜拉	起重伤害	较小	禁止使吊钩斜着拖吊重物
		在起吊重物下逗留和行走	起重伤害	较小	任何人不准在起吊重物下逗留和行走
6. 阀门拆除	行车	制动器失灵	起重伤害	较小	安排维护人员在行车顶部监护，发现行车吊钩有溜钩现象时立即紧固抱闸
	吊具、起吊	吊点不牢固、吊点位置不正确	起重伤害	较小	（1）吊钩要挂在物品的重心上，当被吊物件起吊后有可能摆动或转动时，应采用绳牵引方法，防止物件摆动伤人或碰坏设备； （2）选择牢固可靠、满足载荷的吊点
	手拉葫芦	滑链	起重伤害	较小	使用前应做无负荷起落试验一次，确认无滑链现象
		手拉葫芦超载荷使用	起重伤害	较小	使用手拉葫芦时工作负荷不准超过铭牌规定
7. 更换阀门密封圈	撬杠	支撑物不可靠	砸伤	较小	应保证支撑物可靠
		被撬物倾斜或滚落	砸伤	较小	撬动过程中应采取措施防止被撬物倾斜或滚落
	手锤	锤把上有油污	物体打击	较小	锤把上不可有油污
		戴手套抡手锤	物体打击	较小	打锤人不得戴手套
	千斤顶	工作人员站在液压千斤顶安全栓或高压软管前面	起重伤害	较小	使用液压千斤顶时，除操作人员外，其他人员尽量远离，工作人员禁止站在千斤顶安全栓或高压软管前面
		更换垫板时手臂伸入荷重与顶重头或垫板之间	起重伤害	较小	更换垫垫板时禁止将手臂伸入荷重与顶重头或垫板之间
		千斤顶超载荷使用	起重伤害	较小	使用千斤顶时工作负荷不准超过千斤顶铭牌规定
	角磨机	未正确使用防护罩、防护眼镜	机械伤害	较小	正确佩戴防护罩、防护眼镜
		手提电动工具的导线或转动部分	触电	较小	禁止手提电动工具的导线或转动部分
		角磨机砂轮片破损	机械伤害	较小	使用前检查角磨机砂轮片完好无缺损
		更换砂轮片未切断电源	触电	较小	更换砂轮片前必须切断电源

续表

作业步骤	危害辨识	危害描述	产生后果	风险等级	防 范 措 施
8. 清理、检查	清洁剂	在工作场所存储	火灾爆炸	较小	（1）禁止在工作场所存储易燃物品，例如汽油、酒精等； （2）领用、暂存时量不能过大，一般不超过500mL
		皮肤接触	化学性灼伤	较小	工作人员佩戴乳胶手套
	锉刀、手锯、螺丝刀、钢丝钳	手柄等缺损	刺伤	较小	锉刀、手锯、螺丝刀、钢丝钳等手柄应安装牢固，没有手柄的不准使用
9. 蝶阀回装	行车	制动器失灵	起重伤害	较小	安排维护人员在行车顶部监护，发现行车吊钩有溜钩现象时立即紧固抱闸
	吊具、起吊	吊点不牢固、吊点位置不正确	起重伤害	较小	（1）吊钩要挂在物品的重心上，当被吊物件起吊后有可能摆动或转动时，应采用绳牵引方法，防止物件摆动伤人或碰坏设备； （2）选择牢固可靠、满足载荷的吊点
	高处的工器具、零部件	工器具未系防坠绳、零部件未固定及上下抛掷	物体打击	较小	（1）工器具必须使用防坠绳； （2）工器具和零部件应用绳拴在牢固的构件上，不准随便乱放； （3）工器具和零部件不准上下抛掷
	高处作业人员	未正确使用安全带	高处坠落	重大	安全带的挂钩应挂在结实、牢固的构件上，或专挂安全带的钢丝绳上，安全带要高挂低用
	手拉葫芦	滑链	起重伤害	较小	使用前应作无负荷起落试验一次，确认无滑链现象
		手拉葫芦超载荷使用	起重伤害	较小	使用手拉葫芦时工作负荷不准超过铭牌规定
10. 封闭人孔门	空气	人员遗留在容器内	中毒、窒息	较小	核对容器进出人登记，确认无人员遗落，并喊话确认无人
11. 检修工作结束	检修废料	施工废料未清理	环境污染	较小	废料及时清理，做到工完、料尽、场地清

11.80 循环水泵冷却水泵检修

作业步骤	危害辨识	危害描述	产生后果	风险等级	防 范 措 施
1. 作业环境评估	噪声	未佩戴耳塞	噪声聋	较小	进入噪声区域时正确佩戴合格的耳塞
	转动的水泵	未与运行中转动设备进行有效隔离	机械伤害	较小	（1）设置安全隔离围栏并设置警告标志； （2）设置安全检修通道； （3）在运行中转动设备附近工作时应对转动设备进行可靠遮拦，并设专人监护
	照明	现场照明不充足	其他伤害	较小	增加临时照明
2. 确认安全措施正确执行	高压介质水	工作前所采取的安全措施不完善	冲击	较小	（1）开工前确认现场安全措施、隔离措施正确完备； （2）待管道内介质放尽，压力为零，温度适可后方可开始工作
3. 准备工作及现场布置	转动的水泵	工作前未核实设备运转状态和标识	机械伤害	较小	转动设备检修时应采取防转动措施、确认电机电源线拆除
	临时电源及电源线	电源线悬挂高度不够	触电	较小	临时电源线架设高度室内不低于2.5m

作业步骤	危害辨识	危害描述	产生后果	风险等级	防 范 措 施
3. 准备工作及现场布置	临时电源及电源线	电源线、插头、插座破损	触电	较小	（1）检查电源线外绝缘良好，无破损； （2）检查电源盘合格证在有效期； （3）检查电源插头插座，确保完好； （4）不准将电源线缠绕
		未安装漏电保护器	触电	较小	（1）检查电源盘合格证在有效期； （2）分级配置漏电保护器，工作前试漏电保护器，确保正确动作
		检修电源箱外壳未接地	触电	较小	（1）检查电源盘合格证在有效期； （2）检查电源箱外壳接地良好
	角磨机	电源线、电源插头破损，防护罩破损缺失松动	机械伤害触电	较小	（1）检查电源线、电源插头完好无破损，防护罩完好无破损且牢固； （2）检查合格证在有效期内
	大锤、手锤	锤头与木柄的连接不牢固、锤头破损、木柄未使用整根硬质木料	物体打击	较小	锤头与木柄的连接应用金属楔栓固定，楔子长度不得大于安装孔深的2/3，锤头完好无损，木柄使用整根硬质木料
	手拉葫芦	手拉有裂纹、链轮转动卡涩、吊钩无防脱保险装置	起重伤害	较小	（1）使用前应作无负荷起落试验一次，检查手拉是否有裂纹、链轮转动是否卡涩、吊钩是否无防脱保险装置，以确保完好； （2）检查合格证在有效期内
	锉刀、手锯、螺丝刀、钢丝钳	手柄等缺损	刺伤	较小	锉刀、手锯、螺丝刀、钢丝钳等手柄应安装牢固，没有手柄的不准使用
4. 水泵解体	吊具、起吊电机	吊点不牢固、吊点位置不正确	起重伤害	较小	（1）吊钩要挂在物品的重心上，当被吊物件起吊后有可能摆动或转动时，应采用绳牵引方法，防止物件摆动伤人或碰坏设备； （2）选择牢固可靠、满足载荷的吊点
		吊索具损坏或选择不当	起重伤害	较小	（1）作业前，应对吊索具及其配件进行检查，确认完好，方可使用； （2）所选用的吊索具应与被吊工件的外形特点及具体要求相适应，在不具备使用条件的情况下，绝不能使用； （3）作业中应防止损坏吊索具及配件，必要时在棱角处应加护角防护； （4）吊具及配件不能超过其额定起重量，起重吊具、吊索不得超过其相应吊挂状态下的最大工作载荷
		绑扎不牢固	起重伤害	较小	（1）起重前必须将物件牢固、稳妥地绑住。 （2）吊拉时两根钢丝绳之间的夹角一般不得大于90°。 （3）使用单吊索起吊重物挂钩时应打"挂钩结"；使用吊环时螺栓必须拧到底；使用卸扣时，吊索与其连接的一个索扣必须扣在销轴上，一个索扣必须扣在扣顶上，不准两个索扣分别扣在卸扣的扣体两侧上；吊拉捆绑时，重物或设备构件的锐边快口处必须加装衬垫物
		斜拉	起重伤害	较小	禁止使吊钩斜着拖吊重物
		在起吊重物下逗留和行走	起重伤害	较小	任何人不准在起吊重物下逗留和行走
	撬棍	支撑物不可靠	砸伤	较小	应保证支撑物可靠
		被撬物倾斜或滚落	砸伤	较小	撬动过程中应采取措施防止被撬物倾斜或滚落

作业步骤	危害辨识	危害描述	产生后果	风险等级	防 范 措 施
4．水泵解体	大锤、手锤	锤把上有油污	物体打击	较小	锤把上不可有油污
		单手抡大锤	物体打击	较小	抡大锤时，周围不得有人，不得单手抡大锤
		戴手套抡大锤	物体打击	较小	打锤人不得戴手套
	手拉葫芦	滑链	起重伤害	较小	使用前应作无负荷起落试验一次
		手拉葫芦超载荷使用	起重伤害	较小	使用手拉葫芦时工作负荷不准超过铭牌规定
5．零部件清理、检查测量及修整	清洁剂	在工作场所存储	火灾爆炸	较小	（1）禁止在工作场所存储易燃物品，例如汽油、酒精等； （2）领用、暂存时量不能过大，一般不超过500mL
		皮肤接触	灼伤	较小	工作人员佩戴橡胶手套
	角磨机	未正确使用防护面罩、防护眼镜	机械伤害	较小	正确佩戴防护面罩、防护眼镜
		手提电动工具的导线或转动部分	触电	较小	禁止手提电动工具的导线或转动部分
		角磨机砂轮片破损	物体打击	较小	使用前检查角磨机砂轮片完好无缺损
		更换砂轮片未切断电源	机械伤害	较小	更换砂轮片前必须切断电源
6．水泵回装	手拉葫芦	滑链	起重伤害	较小	使用前应做无负荷起落试验一次
		手拉葫芦超载荷使用	起重伤害	较小	使用手拉葫芦时工作负荷不准超过铭牌规定
	吊具	绑扎不牢固	起重伤害	较小	（1）起重前必须将物件牢固、稳妥地绑住。 （2）吊拉时两根钢丝绳之间的夹角一般不得大于90°。 （3）使用单吊索起吊重物挂钩时应打"挂钩结"；使用吊环时螺栓必须拧到底；使用卸扣时，吊索与其连接的一个索扣必须扣在销轴上，一个索扣必须扣在扣顶上，不准两个索扣分别扣在卸扣的扣体两侧上；吊拉捆绑时，重物或设备构件的锐边快口处必须加装衬垫物
		斜拉	起重伤害	较小	禁止使用吊钩斜着拖吊重物
		高处落物	起重伤害	较小	任何人不准在起吊重物下逗留和行走
7．试运	转动的水泵	防护罩缺损不牢固	机械伤害	较小	（1）设备的转动部分必须装设防护罩，并标明旋转方向，露出的轴端必须装设护盖； （2）对转动设备缺损的防护罩应及时装复或修复，装复或修复前在转动设备区域内设置"禁止靠近"安全警示标识； （3）不准擅自拆除设备上的安全防护设施； （4）防护罩固定牢固
		肢体部位或饰品衣物、用具（包括防护用品）、工具接触转动部位	机械伤害	较小	（1）衣服和袖口应扣好，不得戴围巾领带，长发必须盘在安全帽内； （2）不准将用具、工器具接触设备的转动部位； （3）不准在转动设备附近长时间停留； （4）不准在靠背轮上、安全防护罩上或运行中设备的轴承上行走和坐立
		试运行启动时人员站在转机径向位置	机械伤害	较小	转动设备试运行时所有人员应先远离，站在转动机械的轴向位置，并有一人站在事故按钮位置
8．检修工作结束	施工废料	施工废料未清理	环境污染	较小	废料及时清理，做到工完、料尽、场地清；现场安全措施恢复正常

11.81 旋转滤网冲洗水泵检修

作业步骤	危害辨识	危害描述	产生后果	风险等级	防 范 措 施
1. 作业环境评估	噪声	未佩戴耳塞	噪声聋	较小	进入噪声区域时正确佩戴合格的耳塞
	转动的水泵	未与运行中转动设备进行有效隔离	机械伤害	较小	（1）设置安全隔离围栏并设置警告标志；（2）设置安全检修通道；（3）在运行中转动设备附近工作时应对转动设备进行可靠遮拦，并设专人监护
	照明	现场照明不充足	其他伤害	较小	增加临时照明
2. 确认安全措施正确执行	高压介质水	工作前所采取的安全措施不完善	冲击	较小	（1）开工前确认现场安全措施、隔离措施正确完备；（2）待管道内介质放尽，压力为零，温度适可后方可开始工作
3. 准备工作及现场布置	转动的水泵	工作前未核实设备运转状态和标识	机械伤害	较小	转动设备检修时应采取防转动措施、确认电机电源线拆除
	临时电源及电源线	电源线悬挂高度不够	触电	较小	临时电源线架设高度室内不低于2.5m
		电源线、插头、插座破损	触电	较小	（1）检查电源线外绝缘良好，无破损；（2）检查电源盘合格证在有效期；（3）检查电源插头插座，确保完好；（4）不准将电源线缠绕
		未安装漏电保护器	触电	较小	（1）检查电源盘合格证在有效期；（2）分级配置漏电保护器，工作前试漏电保护器，确保正确动作
		检修电源箱外壳未接地	触电	较小	（1）检查电源盘合格证在有效期；（2）检查电源箱外壳接地良好
	角磨机	电源线、电源插头破损，防护罩破损缺失松动	机械伤害触电	较小	（1）检查电源线、电源插头完好无破损，防护罩完好无破损且牢固；（2）检查合格证在有效期内
	大锤、手锤	锤头与木柄的连接不牢固、锤头破损、木柄未使用整根硬质木料	物体打击	较小	锤头与木柄的连接应用金属楔栓固定,楔子长度不得大于安装孔深的2/3，锤头完好无损，木柄使用整根硬质木料
	手拉葫芦	手拉有裂纹、链轮转动卡涩、吊钩无防脱保险装置	起重伤害	较小	（1）使用前应作无负荷起落试验一次，检查手拉是否有裂纹、链轮转动是否卡涩、吊钩是否无防脱保险装置，以确保完好；（2）检查合格证在有效期内
	锉刀、手锯、螺丝刀、钢丝钳	手柄等缺损	刺伤	较小	锉刀、手锯、螺丝刀、钢丝钳等手柄应安装牢固，没有手柄的不准使用
4. 水泵解体	吊具、起吊	吊点不牢固、吊点位置不正确	起重伤害	较小	（1）吊钩要挂在物品的重心上，当被吊物件起吊后有可能摆动或转动时，应采用绳牵引方法，防止物件摆动伤人或碰坏设备；（2）选择牢固可靠、满足载荷的吊点
		吊索具损坏或选择不当	起重伤害	较小	（1）作业前，应对吊索具及其配件进行检查，确认完好，方可使用；（2）所选用的吊索具应与被吊工件的外形特点及具体要求相适应，在不具备使用条件的情况下，绝不能使用；（3）作业中应防止损坏吊索具及配件，必要时在棱角处应加护角防护；（4）吊具及配件不能超过其额定起重量，起重吊具、吊索不得超过其相应吊挂状态下的最大工作载荷

作业步骤	危害辨识	危害描述	产生后果	风险等级	防 范 措 施
4. 水泵解体	吊具、起吊	绑扎不牢固	起重伤害	较小	（1）起重前必须将物件牢固、稳妥地绑住。 （2）吊拉时两根钢丝绳之间的夹角一般不得大于90°。 （3）使用单吊索起吊重物挂钩时应打"挂钩结"；使用吊环时螺栓必须拧到底；使用卸扣时，吊索与其连接的一个索扣必须扣在销轴上，一个索扣必须扣在扣顶上，不准两个索扣分别扣在卸扣的扣体两侧上；吊拉捆绑时，重物或设备构件的锐边快口处必须加装衬垫物
		斜拉	起重伤害	较小	禁止使吊钩斜着拖吊重物
		在起吊重物下逗留和行走	起重伤害	较小	任何人不准在起吊重物下逗留和行走
	撬棍	支撑物不可靠	砸伤	较小	应保证支撑物可靠
		被撬物倾斜或滚落	砸伤	较小	撬动过程中应采取措施防止被撬物倾斜或滚落
	大锤、手锤	锤把上有油污	物体打击	较小	锤把上不可有油污
		单手抡大锤	物体打击	较小	抡大锤时，周围不得有人，不得单手抡大锤
		戴手套抡大锤	物体打击	较小	打锤人不得戴手套
	手拉葫芦	滑链	起重伤害	较小	使用前应做无负荷起落试验一次
		手拉葫芦超载荷使用	起重伤害	较小	使用手拉葫芦时工作负荷不准超过铭牌规定
5. 零部件清理、检查测量及修整	清洁剂	在工作场所存储	火灾爆炸	较小	（1）禁止在工作场所存储易燃物品，例如汽油、酒精等； （2）领用、暂存时量不能过大，一般不超过500mL
		皮肤接触	灼伤	较小	工作人员佩戴橡胶手套
	角磨机	未正确使用防护罩、防护眼镜	机械伤害	较小	正确佩戴防护罩、防护眼镜
		手提电动工具的导线或转动部分	触电	较小	禁止手提电动工具的导线或转动部分
		角磨机砂轮片破损	物体打击	较小	使用前检查角磨机砂轮片完好无缺损
		更换砂轮片未切断电源	机械伤害	较小	更换砂轮片前必须切断电源
6. 水泵回装	手拉葫芦	滑链	起重伤害	较小	使用前应作无负荷起落试验一次
		手拉葫芦超载荷使用	起重伤害	较小	使用手拉葫芦时工作负荷不准超过铭牌规定
	吊具	绑扎不牢固	起重伤害	较小	（1）起重前必须将物件牢固、稳妥地绑住。 （2）吊拉时两根钢丝绳之间的夹角一般不得大于90°。 （3）使用单吊索起吊重物挂钩时应打"挂钩结"；使用吊环时螺栓必须拧到底；使用卸扣时，吊索与其连接的一个索扣必须扣在销轴上，一个索扣必须扣在扣顶上，不准两个索扣分别扣在卸扣的扣体两侧上；吊拉捆绑时，重物或设备构件的锐边快口处必须加装衬垫物
		斜拉	起重伤害	较小	禁止使吊钩斜着拖吊重物
		高处落物	起重伤害	较小	任何人不准在起吊重物下逗留和行走

续表

作业步骤	危害辨识	危害描述	产生后果	风险等级	防 范 措 施
7. 试运	转动的水泵	防护罩缺损不牢固	机械伤害	较小	（1）设备的转动部分必须装设防护罩，并标明旋转方向，露出的轴端必须装设护盖； （2）对转动设备缺损的防护罩应及时装复或修复，装复或修复前在转动设备区域内设置"禁止靠近"安全警示标识； （3）不准擅自拆除设备上的安全防护设施； （4）防护罩固定牢固
		肢体部位或饰品衣物、用具（包括防护用品）、工具接触转动部位	机械伤害	较小	（1）衣服和袖口应扣好，不得戴围巾领带，长发必须盘在安全帽内； （2）不准将用具、工器具接触设备的转动部位； （3）不准在转动设备附近长时间停留； （4）不准在靠背轮上、安全防护罩上或运行中设备的轴承上行走和坐立
		试运行启动时人员站在转机径向位置	机械伤害	较小	转动设备试运行时所有人员应先远离，站在转动机械的轴向位置，并有一人站在事故按钮位置
8. 检修工作结束	施工废料	施工废料未清理	环境污染	较小	废料及时清理，做到工完、料尽、场地清，现场安全措施恢复正常

11.82 旋转滤网检修

作业步骤	危害辨识	危害描述	产生后果	风险等级	防 范 措 施
1. 作业环境评估	噪声	噪声超标	噪声聋	较小	进入噪声区域时正确佩戴合格的耳塞
	转动的减速机	未与运行中转动设备进行有效隔离	机械伤害	较小	（1）设置安全隔离围栏并设置警告标志； （2）设置安全检修通道； （3）在运行中转动设备附近工作时应对转动设备进行可靠遮拦，并设专人监护
	孔、洞、坑	盖板缺损	高处坠落	重大	工作场所的孔、洞必须覆以与地面齐平的坚固盖板或做好隔离措施
	照明	现场照明不充足	其他伤害	较小	增加临时照明
2. 确认安全措施正确执行	断电	设备误动，触电危险	机械伤害	较小	（1）开工前确认现场安全措施、隔离措施正确完备； （2）保证电源断开，挂禁止操作牌
3. 准备工作及现场布置	转动的减速机	工作前未核实设备运转状态和标识	机械伤害	较小	转动设备检修时应采取防转动措施、确认电机电源线拆除
	临时电源及电源线	电源线悬挂高度不够	触电	较小	临时电源线架设高度室内不低于2.5m
		电源线、插头、插座破损	触电	较小	（1）检查电源线外绝缘良好，无破损； （2）检查电源盘合格证在有效期； （3）检查电源插头插座，确保完好； （4）不准将电源线缠绕在护栏、管道和脚手架上
		未安装漏电保护器	触电	较小	（1）检查电源盘合格证在有效期； （2）分级配置漏电保护器，工作前试漏电保护器，确保正确动作
		检修电源箱外壳未接地	触电	较小	（1）检查电源盘合格证在有效期； （2）检查电源箱外壳接地良好
	角磨机	电源线、电源插头破损，防护罩破损缺失松动	机械伤害触电	较小	（1）检查电源线、电源插头完好无破损，防护罩完好无破损且牢固； （2）检查合格证在有效期内

作业步骤	危害辨识	危害描述	产生后果	风险等级	防 范 措 施
3．准备工作及现场布置	潜水泵	潜水泵电源线、电源插头破损；金属外壳无接地线	触电	较小	（1）使用前由电气专业人员进行绝缘检查并接线； （2）接取的电源要有可靠的漏电保护装置； （3）使用前必须经试运完好方可使用； （4）前池内有人工作时必须切断所有潜水泵的总电源，禁止检修工作与抽水工作同时进行
	大锤、手锤	锤头与木柄的连接不牢固、锤头破损、木柄未使用整根硬质木料	物体打击	较小	锤头与木柄的连接应用金属楔栓固定，楔子长度不得大于安装孔深的2/3，锤头完好无损，木柄使用整根硬质木料
	锉刀、手锯、螺丝刀、钢丝钳	手柄等缺损	刺伤	较小	锉刀、手锯、螺丝刀、钢丝钳等手柄应安装牢固，没有手柄的不准使用
	行车	行车不合格	起重伤害	较小	（1）由特种设备作业人员检查行车完好； （2）检查行车检验合格证在有效期内
4．旋转滤网解体检修	手提切割机	电源线、电源插头破损、防护罩破损缺失松动	触电、机械伤害	较小	（1）检查电源线、电源插头完好无破损、防护罩完好无破损且牢固； （2）检验合格证在有效期内； （3）使用切割机时戴好防护面罩
	脚手架	脚手架未验收、检查	高处坠落	重大	（1）脚手架搭设结束后，必须履行脚手架验收手续，委托人及搭建人双方在脚手架验收合格证上签字； （2）每日使用脚手架前，使用人检查脚手架合格并在脚手架验收合格证背面签名后方可使用
	安全带	未正确使用安全带	高处坠落	重大	（1）安全带检验合格证应在有效期内； （2）使用前检查安全带部件完好无损坏； （3）正确使用双钩安全带，移动中严禁脱钩； （4）安全带应挂在牢固的构件上，高挂抵用
	集水井、井下临时电源及电源线	人员进入未戴好安全带、未挂防坠器	高处坠落	重大	（1）正确使用安全带； （2）深度超过5米应设置防坠器； （3）安排专人监护
		氧气含量不符合要求	中毒窒息	中等	（1）有限空间作业办理许可手续； （2）严格执行先通风再检测后作业的作业要求； （3）安排专人监护，进出井内做好人员、工具记录
		闸板渗水水位升高	淹溺	中等	加强人员监护，保持联络，及时抽水，
		电源线悬挂高度不够	触电	中等	（1）临时电源线架设高度室内不低于2.5m； （2）井内电源线悬挂固定，防止掉落井下积水中
		电源线、插头、插座破损	触电	中等	（1）检查电源线外绝缘良好，无破损； （2）检查电源盘合格证在有效期； （3）检查电源插头插座，确保完好； （4）不准将电源线缠绕在护栏、管道和脚手架上
		未安装漏电保护器	触电	中等	（1）检查电源盘合格证在有效期； （2）分级配置漏电保护器，工作前试漏电保护器，确保正确动作
		检修电源箱外壳未接地	触电	中等	（1）检查电源盘合格证在有效期； （2）检查电源箱外壳接地良好

续表

作业步骤	危害辨识	危害描述	产生后果	风险等级	防范措施
4. 旋转滤网解体检修	行车	制动器失灵	起重伤害	较小	起吊泵体时进行试吊，检查行车制动器灵活有效，无溜钩情况
	钢丝绳	吊索具损坏或选择不当	起重伤害	较小	（1）作业前，应对吊索具及其配件进行检查，确认完好，方可使用； （2）所选用的吊索具应与被吊工件的外形特点及具体要求相适应，在不具备使用条件的情况下，绝不能对付使用； （3）作业中应防止损坏吊索具及配件，必要时在棱角处应加护角防护； （4）吊具及配件不能超过其额定起重量，起重吊索、吊具不得超过其相应吊挂状态下的最大工作载荷
	起重作业人员	违章操作	起重伤害	较小	（1）起重作业人员持证上岗； （2）起吊作业时专人指挥，现场加强人员监护； （3）现场配备 2 名以上专业的有经验的起重作业人员
	坑洞	坑洞敞口未封堵	高处坠落	重大	坑洞用专用木盖盖好
5. 旋转滤网回装	脚手架	脚手架未验收、检查	高处坠落	重大	（1）脚手架搭设结束后，必须履行脚手架验收手续，委托人及搭建人双方在脚手架验收合格证上签字； （2）每日使用脚手架前，使用人检查脚手架合格并在脚手架验收合格证背面签名后方可使用
	安全带	未正确使用安全带	高处坠落	重大	（1）安全带检验合格证应在有效期内； （2）使用前检查安全带部件完好无损坏； （3）正确使用双钩安全带，移动中严禁脱钩； （4）安全带应挂在牢固的构件上，高挂抵用
	链条	用手直接触摸销子孔	机械伤害	较小	用撬棒校正螺丝孔
	行车	制动器失灵	起重伤害	较小	起吊泵体时进行试吊，检查行车制动器灵活有效，无溜钩情况
6. 旋转滤网试运行	人员站位	工作前未指定指挥人员，未核实设备运转状态	起重伤害	较小	旋转滤网试运行时，专人指挥，确认电机运转方向正确；注意人员站位
7. 现场清理	施工废料	施工废料未清理	环境污染	较小	废料及时清理，做到工完、料尽、场地清

11.83 闭式水泵检修

作业步骤	危害辨识	危害描述	产生后果	风险等级	防范措施
1. 作业环境评估	噪声	未佩戴耳塞	噪声聋	较小	进入噪声区域时正确佩戴合格的耳塞
	转动的水泵	未与运行中转动设备进行有效隔离	机械伤害	较小	（1）设置安全隔离围栏并设置警告标志； （2）设置安全检修通道； （3）在运行中转动设备附近工作时应对转动设备进行可靠遮拦，并设专人监护
	照明	现场照明不充足	其他伤害	较小	增加临时照明
2. 确认安全措施正确执行	高压介质水	工作前所采取的安全措施不完善	冲击	较小	（1）开工前确认现场安全措施、隔离措施正确完备； （2）待管道内介质放尽，压力为零，温度适可后方可开始工作

作业步骤	危害辨识	危害描述	产生后果	风险等级	防 范 措 施
3. 准备工作及现场布置	转动的水泵	工作前未核实设备运转状态和标识	机械伤害	较小	转动设备检修时应采取防转动措施,确认电机电源线拆除
	临时电源及电源线	电源线悬挂高度不够	触电	较小	临时电源线架设高度室内不低于 2.5m
		电源线、插头、插座破损	触电	较小	(1) 检查电源线外绝缘良好,无破损; (2) 检查电源盘合格证在有效期; (3) 检查电源插头插座,确保完好; (4) 不准将电源线缠绕
		未安装漏电保护器	触电	较小	(1) 检查电源盘合格证在有效期; (2) 分级配置漏电保护器,工作前试漏电保护器,确保正确动作
		检修电源箱外壳未接地	触电	较小	(1) 检查电源盘合格证在有效期; (2) 检查电源箱外壳接地良好
	角磨机	电源线、电源插头破损,防护罩破损缺失松动	机械伤害触电	较小	(1) 检查电源线、电源插头完好无破损,防护罩完好无破损且牢固; (2) 检查合格证在有效期内
	大锤、手锤	锤头与木柄的连接不牢固、锤头破损、木柄未使用整根硬质木料	物体打击	较小	锤头与木柄的连接应用金属楔栓固定,楔子长度不得大于安装孔深的 2/3,锤头完好无损,木柄使用整根硬质木料
	手拉葫芦	手拉有裂纹、链轮转动卡涩、吊钩无防脱保险装置	起重伤害	较小	(1) 使用前应作无负荷起落试验一次,检查手拉是否有裂纹、链轮转动是否卡涩、吊钩是否无防脱保险装置,以确保完好; (2) 检查合格证在有效期内
	锉刀、手锯、螺丝刀、钢丝钳	手柄等缺损	刺伤	较小	锉刀、手锯、螺丝刀、钢丝钳等手柄应安装牢固,没有手柄的不准使用
	电动葫芦	钢丝绳磨损严重、吊钩无防脱保险装置、卸扣横销转动卡涩、控制手柄破损	起重伤害	较小	(1) 由特种设备作业人员或操作人员检查电动葫芦的钢丝绳磨损情况,吊钩防脱保险装置是否牢固、齐全,制动器、导绳器和限位器的有效性和控制手柄的外观;吊钩放至最低位置时,滚筒上至少剩有 5 圈绳索。 (2) 检查电动葫芦检验合格证在有效期内
4. 水泵解体	电动葫芦	制动器失灵、限位器失效	起重伤害	较小	使用前应作无负荷起落试验一次,检查刹车、限位装置及传动装置应良好无缺陷
	吊具、起吊泵盖及转子	吊点不牢固、吊点位置不正确	起重伤害	较小	(1) 吊钩要挂在物品的重心上,当被吊物件起吊后有可能摆动或转动时,应采用绳牵引方法,防止物件摆动伤人或碰坏设备。 (2) 选择牢固可靠、满足载荷的吊点
		吊索具损坏或选择不当	起重伤害	较小	(1) 作业前,应对吊索具及其配件进行检查,确认完好,方可使用; (2) 所选用的吊索具应与被吊工件的外形特点及具体要求相适应,在不具备使用条件的情况下,绝能不使用; (3) 作业中应防止损坏吊索具及配件,必要时在棱角处应加护角防护; (4) 吊具及配件不能超过其额定起重量,起重吊具、吊索不得超过其相应吊挂状态下的最大工作载荷

作业步骤	危害辨识	危害描述	产生后果	风险等级	防 范 措 施
4．水泵解体	吊具、起吊泵盖及转子	绑扎不牢固	起重伤害	较小	（1）起重前必须将物件牢固、稳妥地绑住。 （2）吊拉时两根钢丝绳之间的夹角一般不得大于90°。 （3）使用单吊索起吊重物挂钩时应打"挂钩结"；使用吊环时螺栓必须拧到底；使用卸扣时，吊索与其连接的一个索扣必须扣在销轴上，一个索扣必须扣在扣顶上，不准两个索扣分别扣在卸扣的扣体两侧上；吊拉捆绑时，重物或设备构件的锐边快口处必须加装衬垫物
		斜拉	起重伤害	较小	禁止使用吊钩斜着拖吊重物
		在起吊重物下逗留和行走	起重伤害	较小	任何人不准在起吊重物下逗留和行走
	液压拉马	操作不正确	机械伤害	较小	（1）使用液压工具时，除操作人员外，其他人员尽量远离，工作人员不准站在安全栓或高压软管前面； （2）严禁超压使用
	撬棍	支撑物不可靠	砸伤	较小	应保证支撑物可靠
		被撬物倾斜或滚落	砸伤	较小	撬动过程中应采取措施防止被撬物倾斜或滚落
	大锤、手锤	锤把上有油污	物体打击	较小	锤把上不可有油污
		单手抡大锤	物体打击	较小	抡大锤时，周围不得有人，不得单手抡大锤
		戴手套抡大锤	物体打击	较小	打锤人不得戴手套
	氧气、乙炔	橡胶软管破损	火灾爆炸	较小	（1）乙炔橡胶软管发生脱落、破裂时，停止供气，需更换合格的橡胶软管后再用； （2）漏气容器要妥善处理，修复、检验后再用
		气瓶阀门漏气	火灾爆炸	较小	如发现气瓶上的阀门缺陷时停止工作
		使用没有回火阀的溶解乙炔瓶	爆炸	较小	不准使用没有回火阀的溶解乙炔瓶
	手拉葫芦	滑链	起重伤害	较小	使用前应作无负荷起落试验一次
		手拉葫芦超载荷使用	起重伤害	较小	使用手拉葫芦时工作负荷不准超过铭牌规定
5．零部件清理、检查测量及修整	清洁剂	在工作场所存储	火灾爆炸	较小	（1）禁止在工作场所存储易燃物品，例如汽油、酒精等； （2）领用、暂存时量不能过大，一般不超过500mL
		皮肤接触	灼伤	较小	工作人员佩戴橡胶手套
	角磨机	未正确使用防护罩、防护眼镜	机械伤害	较小	正确佩戴防护罩、防护眼镜
		手提电动工具的导线或转动部分	触电	较小	禁止手提电动工具的导线或转动部分
		角磨机砂轮片破损	物体打击	较小	使用前检查角磨机砂轮片完好无缺损
		更换砂轮片未切断电源	机械伤害	较小	更换砂轮片前必须切断电源
6．水泵回装	电动葫芦	制动器失灵、限位器失效	起重伤害	较小	使用前应作无负荷起落试验一次，检查刹车、限位装置及传动装置应良好无缺陷
	手拉葫芦	滑链	起重伤害	较小	使用前应作无负荷起落试验一次
		手拉葫芦超载荷使用	起重伤害	较小	使用手拉葫芦时工作负荷不准超过铭牌规定

作业步骤	危害辨识	危害描述	产生后果	风险等级	防 范 措 施
6. 水泵回装	吊具	绑扎不牢固	起重伤害	较小	（1）起重前必须将物件牢固、稳妥地绑住。 （2）吊拉时两根钢丝绳之间的夹角一般不得大于90°。 （3）使用单吊索起吊重物挂钩时应打"挂钩结"；使用吊环时螺栓必须拧到底；使用卸扣时，吊索与其连接的一个索扣必须扣在销轴上，一个索扣必须扣在扣顶上，不准两个索扣分别扣在卸扣的扣体两侧上；吊拉捆绑时，重物或设备构件的锐边快口处必须加装衬垫物
		斜拉	起重伤害	较小	禁止使吊钩斜着拖吊重物
		高处落物	起重伤害	较小	任何人不准在起吊重物下逗留和行走
	氧气、乙炔	橡胶软管破损	火灾爆炸	较小	（1）乙炔橡胶软管发生脱落、破裂时，停止供气，需更换合格的橡胶软管后再用； （2）漏气容器要妥善处理，修复、检验后再用
		气瓶阀门漏气	火灾爆炸	较小	如发现气瓶上的阀门缺陷时停止工作
		使用没有回火阀的溶解乙炔瓶	爆炸	较小	不准使用没有回火阀的溶解乙炔瓶
	不锈钢垫片	自制垫片刃角未处理	割伤	较小	自制垫片刃角必须经打磨圆滑过渡处理
7. 试运	转动的水泵	防护罩缺损不牢固	机械伤害	较小	（1）设备的转动部分必须装设防护罩，并标明旋转方向，露出的轴端必须装设护盖； （2）对转动设备缺损的防护罩应及时装复或修复，装复或修复前在转动设备区域内设置"禁止靠近"安全警示标识； （3）不准擅自拆除设备上的安全防护设施； （4）防护罩固定牢固
		肢体部位或饰品衣物、用具（包括防护用品）、工具接触转动部位	机械伤害	较小	（1）衣服和袖口应扣好，不得戴围巾领带，长发必须盘在安全帽内； （2）不准将用具、工器具接触设备的转动部位； （3）不准在转动设备附近长时间停留； （4）不准在靠背轮上、安全防护罩上或运行中设备的轴承上行走和坐立
		试运行启动时人员站在转机径向位置	机械伤害	较小	转动设备试运行时所有人员应先远离，站在转动机械的轴向位置，并有一人站在事故按钮位置
8. 检修工作结束	施工废料	施工废料未清理	环境污染	较小	废料及时清理，做到工完、料尽、场地清；现场安全措施恢复正常

11.84 闭式循环冷却水泵进口滤网检修

作业步骤	危害辨识	危害描述	产生后果	风险等级	防 范 措 施
1. 作业环境评估	噪声	未佩戴耳塞	噪声聋	较小	进入噪声区域时正确佩戴合格的耳塞
	照明	现场照明不充足	其他伤害	较小	增加临时照明
2. 确认安全措施正确执行	压力介质水	安全措施不完善或安全措施未正确执行	冲击	较小	（1）开工前确认现场安全措施、隔离措施正确完备； （2）待管道内介质放尽，压力为零，温度适可后方可开始工作
3. 准备工作及现场布置	转动的水泵	工作前未核实设备运转状态和标识	机械伤害	较小	转动设备检修时应采取防转动措施、确认电机电源线拆除
	临时电源及电源线	电源线悬挂高度不够	触电	较小	临时电源线架设高度室内不低于2.5m

续表

作业步骤	危害辨识	危害描述	产生后果	风险等级	防 范 措 施
3. 准备工作及现场布置	临时电源及电源线	电源线、插头、插座破损	触电	较小	（1）检查电源线外绝缘良好，无破损； （2）检查电源盘合格证在有效期； （3）检查电源插头插座，确保完好； （4）不准将电源线缠绕在护栏、管道和脚手架上
		未安装漏电保护器	触电	较小	（1）检查电源盘合格证在有效期； （2）分级配置漏电保护器，工作前试漏电保护器，确保正确动作
		检修电源箱外壳未接地	触电	较小	（1）检查电源盘合格证在有效期； （2）检查电源箱外壳接地良好
	角磨机、切割机	电源线、电源插头破损，防护罩松动破损缺失松动	机械伤害触电	较小	（1）检查电源线、电源插头完好无破损、防护罩完好无破损且牢固； （2）检查合格证在有效期内
	手拉葫芦	手拉有裂纹、链轮转动卡涩、吊钩无防脱保险装置	起重伤害	较小	（1）使用前应作无负荷起落试验一次，检查手拉是否有裂纹、链轮转动是否卡涩、吊钩是否无防脱保险装置，以确保完好； （2）检查合格证在有效期内
	大锤、手锤	锤头与木柄的连接不牢固、锤头破损、木柄未使用整根硬质木料	物体打击	较小	锤头与木柄的连接应用金属楔栓固定，楔子长度不得大于安装孔深的2/3，锤头完好无损，木柄使用整根硬质木料
	锉刀、手锯、螺丝刀、钢丝钳	手柄等缺损	刺伤	较小	锉刀、手锯、螺丝刀、钢丝钳等手柄应安装牢固，没有手柄的不准使用
4. 滤网拆除	撬杠	支撑物不可靠	压伤	较小	应保证支撑物可靠
		被撬物倾斜或滚落	压伤	较小	撬动过程中应采取措施防止被撬物倾斜或滚落
	手拉葫芦	手拉有裂纹、链轮转动卡涩、吊钩无防脱保险装置	起重伤害	较小	（1）使用前应作无负荷起落试验一次，检查手拉是否有裂纹、链轮转动是否卡涩、吊钩是否无防脱保险装置，以确保完好； （2）检查合格证在有效期内
	大锤、手锤	锤把上有油污	物体打击	较小	锤把上不可有油污
		单手抡大锤	物体打击	较小	抡大锤时，周围不得有人，不得单手抡大锤
		戴手套抡大锤	物体打击	较小	打锤人不得戴手套
5. 清洗、检查	照明	现场照明不充足	其他伤害	较小	增加临时照明
6. 滤网回装	撬杠	支撑物不可靠	压伤	较小	应保证支撑物可靠
		物体倾斜或滚落	压伤	较小	回装过程中应采取措施防止滤网倾斜或滚落
		用手指校正螺丝孔	挤伤	较小	严禁将手指放入螺丝孔内
	手拉葫芦	手拉有裂纹、链轮转动卡涩、吊钩无防脱保险装置	起重伤害	较小	（1）使用前应作无负荷起落试验一次，检查手拉是否有裂纹、链轮转动是否卡涩、吊钩是否无防脱保险装置，以确保完好； （2）检查合格证在有效期内
	大锤、手锤	锤把上有油污	物体打击	较小	锤把上不可有油污
		单手抡大锤	物体打击	较小	抡大锤时，周围不得有人，不得单手抡大锤
		戴手套抡大锤	物体打击	较小	打锤人不得戴手套
7. 检修工作结束	检修废料	施工废料未清理	环境污染	较小	废料及时清理，做到工完、料尽、场地清

11.85 闭式循环冷却水泵进口蝶阀检修

作业步骤	危害辨识	危害描述	产生后果	风险等级	防 范 措 施
1. 作业环境评估	噪声	未佩戴耳塞	噪声聋	较小	进入噪声区域时正确佩戴合格的耳塞
	照明	现场照明不充足	其他伤害	较小	增加临时照明
2. 现场安全措施的落实	高压介质水	工作前所采取的安全措施不完善	冲击	较小	(1) 开工前确认现场安全措施、隔离措施正确完备； (2) 待管道内介质放尽，压力为零，温度适可后方可开始工作
3. 准备工作及现场布置	脚手架	脚手架搭设后未验收	高处坠落、物体打击	中等	(1) 搭设结束后，必须履行脚手架验收手续，填写脚手架验收单，并在脚手架验收单上分级签字； (2) 验收合格后应在脚手架上悬挂合格证，方可使用
	临时电源及电源线	电源线悬挂高度不够	触电	较小	临时电源线架设高度室内不低于 2.5m
		电源线、插头、插座破损	触电	较小	(1) 检查电源线外绝缘良好，无破损； (2) 检查电源盘合格证在有效期； (3) 检查电源插头插座，确保完好； (4) 不准将电源线缠绕在护栏、管道和脚手架上
		未安装漏电保护器	触电	较小	(1) 检查电源盘合格证在有效期； (2) 分级配置漏电保护器，工作前试漏电保护器，确保正确动作
		检修电源箱外壳未接地	触电	较小	(1) 检查电源盘合格证在有效期； (2) 检查电源箱外壳接地良好
	角磨机	电源线、电源插头破损，防护罩破损缺失	机械伤害触电	较小	(1) 检查电源线、电源插头完好无破损，防护罩完好无破损； (2) 检查合格证在有效期内
	大锤	锤头与木柄的连接不牢固、锤头破损、木柄未使用整根硬质木料	物体打击	较小	锤头与木柄的连接应用金属楔栓固定，楔子长度不得大于安装孔深的 2/3，锤头完好无损，木柄使用整根硬质木料
	锉刀、手锯、螺丝刀、钢丝钳	手柄等缺损	刺伤	较小	锉刀、手锯、螺丝刀、钢丝钳等手柄应安装牢固，没有手柄的不准使用
	千斤顶	压力油泄漏	起重伤害	较小	(1) 检查千斤顶检验合格证在有效期内； (2) 工作前试验油压正常，无渗漏
		千斤顶螺纹齿条磨损	起重伤害	较小	(1) 检查千斤顶检验合格证在有效期内； (2) 工作前检查千斤顶螺纹齿条是否磨损，以确保设备完好
	手拉葫芦	手拉有裂纹、链轮转动卡涩、吊钩无防脱保险装置	起重伤害	较小	(1) 使用前应作无负荷起落试验一次，检查手拉是否有裂纹、链轮转动是否卡涩、吊钩是否无防脱保险装置，以确保完好； (2) 检查合格证在有效期内
	电动葫芦	钢丝绳磨损严重、吊钩无防脱保险装置、卸扣横销转动卡涩、控制手柄破损	起重伤害	较小	(1) 由特种设备作业人员或操作人员检查电动葫芦的钢丝绳磨损情况，吊钩防脱保险装置是否牢固、齐全，制动器、导绳器和限位器的有效性和控制手柄的外观；吊钩放至最低位置时，滚筒上至少剩有 5 圈绳索。 (2) 检查电动葫芦检验合格证在有效期内

作业步骤	危害辨识	危害描述	产生后果	风险等级	防 范 措 施
4. 阀门执行机构拆除	千斤顶	工作人员站在液压千斤顶安全栓或高压软管前面	起重伤害	较小	使用液压千斤顶时,除操作人员外,其他人员尽量远离,工作人员禁止站在千斤顶安全栓或高压软管前面
		更换垫板时手臂伸入荷重与顶重头或垫板之间	起重伤害	较小	更换垫板时禁止将手臂伸入荷重与顶重头或垫板之间
		千斤顶超载荷使用	起重伤害	较小	使用千斤顶时工作负荷不准超过千斤顶铭牌规定
	大锤	锤把上有油污	物体打击	较小	锤把上不可有油污
		单手抡大锤	物体打击	较小	抡大锤时,周围不得有人,不得单手抡大锤
		戴手套抡大锤	物体打击	较小	打锤人不得戴手套
	手拉葫芦	滑链	起重伤害	较小	使用前应作无负荷起落试验一次,确认无滑链现象
		手拉葫芦超载荷使用	起重伤害	较小	使用手拉葫芦时工作负荷不准超过铭牌规定
	电动葫芦	制动器失灵、限位器失效	起重伤害	较小	使用前应作无负荷起落试验一次,检查刹车、限位装置及传动装置应良好无缺陷
	吊具、起吊电动装置	吊点不牢固、吊点位置不正确	起重伤害	较小	(1)吊钩要挂在物品的重心上,当被吊物件起吊后有可能摆动或转动时,应采用绳牵引方法,防止物件摆动伤人或碰坏设备; (2)选择牢固可靠、满足载荷的吊点
		绑扎不牢固	起重伤害	较小	(1)起重前必须将物件牢固、稳妥地绑住。 (2)吊拉时两根钢丝绳之间的夹角一般不得大于90°。 (3)使用单吊索起吊重物挂钩时应打"挂钩结";使用吊环时螺栓必须拧到底;使用卸扣时,吊索与其连接的一个索扣必须扣在销轴上,一个索扣必须扣在扣顶上,不准两个索扣分别扣在卸扣的扣体两侧上;吊拉捆绑时,重物或设备构件的锐边快口处必须加装衬垫物
		斜拉	起重伤害	较小	禁止使吊钩斜着拖吊重物
		在起吊重物下逗留和行走	起重伤害	较小	任何人不准在起吊重物下逗留和行走
	高处作业人员	未正确使用安全带	高处坠落	重大	安全带的挂钩应挂在结实、牢固的构件上,或专挂安全带的钢丝绳上,安全带要高挂低用
	高处的工器具、零部件	工器具未系防坠绳、零部件未固定及上下抛掷	物体打击	较小	(1)工器具必须使用防坠绳; (2)工器具和零部件应用绳拴在牢固的构件上,不准随便乱放; (3)工器具和零部件不准上下抛掷
5. 阀门拆除	电动葫芦	制动器失灵、限位器失效	起重伤害	较小	使用前应作无负荷起落试验一次,检查刹车、限位装置及传动装置应良好无缺陷
	吊具、起吊	吊点不牢固、吊点位置不正确	起重伤害	较小	(1)吊钩要挂在物品的重心上,当被吊物件起吊后有可能摆动或转动时,应采用绳牵引方法,防止物件摆动伤人或碰坏设备; (2)选择牢固可靠、满足载荷的吊点
	手拉葫芦	滑链	起重伤害	较小	使用前应作无负荷起落试验一次,确认无滑链现象
		手拉葫芦超载荷使用	起重伤害	较小	使用手拉葫芦时工作负荷不准超过铭牌规定

作业步骤	危害辨识	危害描述	产生后果	风险等级	防 范 措 施
5. 阀门拆除	高处作业人员	未正确使用安全带	高处坠落	重大	安全带的挂钩应挂在结实、牢固的构件上，或专挂安全带的钢丝绳上，安全带要高挂低用
	高处的工器具、零部件	工器具未系防坠绳、零部件未固定及上下抛掷	物体打击	较小	（1）工器具必须使用防坠绳；（2）工器具和零部件应用绳拴在牢固的构件上，不准随便乱放；（3）工器具和零部件不准上下抛掷
6. 更换阀门密封圈	撬杠	支撑物不可靠	砸伤	较小	应保证支撑物可靠
		被撬物倾斜或滚落	砸伤	较小	撬动过程中应采取措施防止被撬物倾斜或滚落
	手锤	锤把上有油污	物体打击	较小	锤把上不可有油污
		戴手套抡手锤	物体打击	较小	打锤人不得戴手套
	角磨机	未正确使用防护罩、防护眼镜	机械伤害	较小	正确佩戴防护罩、防护眼镜
		手提电动工具的导线或转动部分	触电	较小	禁止手提电动工具的导线或转动部分
		角磨机砂轮片破损	机械伤害	较小	使用前检查角磨机砂轮片完好无缺损
		更换砂轮片未切断电源	触电	较小	更换砂轮片前必须切断电源
7. 清理、检查	清洁剂	在工作场所存储	火灾爆炸	较小	（1）禁止在工作场所存储易燃物品，例如汽油、酒精等；（2）领用、暂存时量不能过大，一般不超过500mL
		皮肤接触	化学性灼伤	较小	工作人员佩戴乳胶手套
	锉刀、手锯、螺丝刀、钢丝钳	手柄等缺损	刺伤	较小	锉刀、手锯、螺丝刀、钢丝钳等手柄应安装牢固，没有手柄的不准使用
8. 蝶阀回装	电动葫芦	制动器失灵、限位器失效	起重伤害	较小	使用前应作无负荷起落试验一次，检查刹车、限位装置及传动装置应良好无缺陷
	吊具、起吊	吊点不牢固、吊点位置不正确	起重伤害	较小	（1）吊钩要挂在物品的重心上，当被吊物件起吊后有可能摆动或转动时，应采用绳牵引方法，防止物件摆动伤人或碰坏设备；（2）选择牢固可靠、满足载荷的吊点
	手拉葫芦	滑链	起重伤害	较小	使用前应作无负荷起落试验一次，确认无滑链现象
		手拉葫芦超载荷使用	起重伤害	较小	使用手拉葫芦时工作负荷不准超过铭牌规定
	高处作业人员	未正确使用安全带	高处坠落	重大	安全带的挂钩应挂在结实、牢固的构件上，或专挂安全带的钢丝绳上，安全带要高挂低用
	高处的工器具、零部件	工器具未系防坠绳、零部件未固定及上下抛掷	物体打击	较小	（1）工器具必须使用防坠绳；（2）工器具和零部件应用绳拴在牢固的构件上，不准随便乱放；（3）工器具和零部件不准上下抛掷
9. 阀门执行机构回装调试	380V电源	执行机构漏电	触电	较小	阀门传动前送电调试检查电动执行机构绝缘及接地装置良好
	门杆	阀门行程调整	机械伤害	较小	调整阀门电动执行机构行程的同时不得用手触摸阀杆和手轮，避免挤伤手指
10. 检修工作结束	检修废料	施工废料未清理	环境污染	较小	废料及时清理，做到工完、料尽、场地清

11.86 闭式循环冷却水泵出口蝶阀检修

作业步骤	危害辨识	危害描述	产生后果	风险等级	防 范 措 施
1. 作业环境评估	噪声	未佩戴耳塞	噪声聋	较小	进入噪声区域时正确佩戴合格的耳塞
	照明	现场照明不充足	其他伤害	较小	增加临时照明
2. 现场安全措施的落实	高压介质水	工作前所采取的安全措施不完善	冲击	较小	（1）开工前确认现场安全措施、隔离措施正确完备； （2）待管道内介质放尽，压力为零，温度适可后方可开始工作
3. 准备工作及现场布置	临时电源及电源线	电源线悬挂高度不够	触电	较小	临时电源线架设高度室内不低于2.5m
		电源线、插头、插座破损	触电	较小	（1）检查电源线外绝缘良好，无破损； （2）检查电源盘合格证在有效期； （3）检查电源插头插座，确保完好； （4）不准将电源线缠绕在护栏、管道和脚手架上
		未安装漏电保护器	触电	较小	（1）检查电源盘合格证在有效期； （2）分级配置漏电保护器，工作前试漏电保护器，确保正确动作
		检修电源箱外壳未接地	触电	较小	（1）检查电源盘合格证在有效期； （2）检查电源箱外壳接地良好
	角磨机	电源线、电源插头破损、防护罩破损缺失	机械伤害触电	较小	（1）检查电源线、电源插头完好无破损、防护罩完好无破损； （2）检查合格证在有效期内
	大锤	锤头与木柄的连接不牢固、锤头破损、木柄未使用整根硬质木料	物体打击	较小	锤头与木柄的连接应用金属楔栓固定，楔子长度不得大于安装孔深的2/3，锤头完好无损，木柄使用整根硬质木料
	锉刀、手锯、螺丝刀、钢丝钳	手柄等缺损	刺伤	较小	锉刀、手锯、螺丝刀、钢丝钳等手柄应安装牢固，没有手柄的不准使用
	千斤顶	压力油泄漏	起重伤害	较小	（1）检查千斤顶检验合格证在有效期内； （2）工作前试验油压正常，无渗漏
		千斤顶螺纹齿条磨损	起重伤害	较小	（1）检查千斤顶检验合格证在有效期内； （2）工作前检查千斤顶螺纹齿条是否磨损，以确保设备完好
	手拉葫芦	手拉有裂纹、链轮转动卡涩、吊钩无防脱保险装置	起重伤害	较小	（1）使用前应作无负荷起落试验一次，检查手拉是否有裂纹、链轮转动是否卡涩、吊钩是否无防脱保险装置，以确保完好； （2）检查合格证在有效期内
	电动葫芦	钢丝绳磨损严重、吊钩无防脱保险装置、卸扣横销转动卡涩、控制手柄破损	起重伤害	较小	（1）由特种设备作业人员或操作人员检查电动葫芦的钢丝绳磨损情况，吊钩防脱保险装置是否牢固、齐全，制动器、导绳器和限位器的有效性和控制手柄的外观；吊钩放至最低位置时，滚筒上至少剩有5圈绳索。 （2）检查电动葫芦检验合格证在有效期内
4. 阀门执行机构拆除	千斤顶	工作人员站在液压千斤顶安全栓或高压软管前面	起重伤害	较小	使用液压千斤顶时，除操作人员外，其他人员尽量远离，工作人员禁止站在千斤顶安全栓或高压软管前面
		更换垫板时手臂伸入荷重与顶重头或垫板之间	起重伤害	较小	更换垫板时禁止将手臂伸入荷重与顶重头或垫板之间
		千斤顶超载荷使用	起重伤害	较小	使用千斤顶时工作负荷不准超过千斤顶铭牌规定

作业步骤	危害辨识	危害描述	产生后果	风险等级	防 范 措 施
4. 阀门执行机构拆除	大锤	锤把上有油污	物体打击	较小	锤把上不可有油污
		单手抡大锤	物体打击	较小	抡大锤时，周围不得有人，不得单手抡大锤
		戴手套抡大锤	物体打击	较小	打锤人不得戴手套
	手拉葫芦	滑链	起重伤害	较小	使用前应作无负荷起落试验一次，确认无滑链现象
		手拉葫芦超载荷使用	起重伤害	较小	使用手拉葫芦时工作负荷不准超过铭牌规定
	电动葫芦	制动器失灵、限位器失效	起重伤害	较小	使用前应作无负荷起落试验一次，检查刹车、限位装置及传动装置应良好无缺陷
	吊具、起吊电动装置	吊点不牢固、吊点位置不正确	起重伤害	较小	（1）吊钩要挂在物品的重心上，当被吊物件起吊后有可能摆动或转动时，应采用绳牵引方法，防止物件摆动伤人或碰坏设备； （2）选择牢固可靠、满足载荷的吊点
		绑扎不牢固	起重伤害	较小	（1）起重前必须将物件牢固、稳妥地绑住。 （2）吊拉时两根钢丝绳之间的夹角一般不得大于90°。 （3）使用单吊索起吊重物挂钩时应打"挂钩结"；使用吊环时螺栓必须拧到底；使用卸扣时，吊索与其连接的一个索扣必须扣在销轴上，一个索扣必须扣在扣顶上，不准两个索扣分别扣在卸扣的扣体两侧上；吊拉捆绑时，重物或设备构件的锐边快口处必须加装衬垫物
		斜拉	起重伤害	较小	禁止使吊钩斜着拖吊重物
		在起吊重物下逗留和行走	起重伤害	较小	任何人不准在起吊重物下逗留和行走
5. 阀门拆除	电动葫芦	制动器失灵、限位器失效	起重伤害	较小	使用前应作无负荷起落试验一次，检查刹车、限位装置及传动装置应良好无缺陷
	吊具、起吊	吊点不牢固、吊点位置不正确	起重伤害	较小	（1）吊钩要挂在物品的重心上，当被吊物件起吊后有可能摆动或转动时，应采用绳牵引方法，防止物件摆动伤人或碰坏设备； （2）选择牢固可靠、满足载荷的吊点
	手拉葫芦	滑链	起重伤害	较小	使用前应作无负荷起落试验一次，确认无滑链现象
		手拉葫芦超载荷使用	起重伤害	较小	使用手拉葫芦时工作负荷不准超过铭牌规定
6. 更换阀门密封圈	撬杠	支撑物不可靠	砸伤	较小	应保证支撑物可靠
		被撬物倾斜或滚落	砸伤	较小	撬动过程中应采取措施防止被撬物倾斜或滚落
	手锤	锤把上有油污	物体打击	较小	锤把上不可有油污
		戴手套抡手锤	物体打击	较小	打锤人不得戴手套
	角磨机	未正确使用防护罩、防护眼镜	机械伤害	较小	正确佩戴防护罩、防护眼镜
		手提电动工具的导线或转动部分	触电	较小	禁止手提电动工具的导线或转动部分
		角磨机砂轮片破损	机械伤害	较小	使用前检查角磨机砂轮片完好无缺损
		更换砂轮片未切断电源	触电	较小	更换砂轮片前必须切断电源

续表

作业步骤	危害辨识	危害描述	产生后果	风险等级	防 范 措 施
7. 清理、检查	清洁剂	在工作场所存储	火灾爆炸	较小	（1）禁止在工作场所存储易燃物品，例如汽油、酒精等； （2）领用、暂存时量不能过大，一般不超过500mL
		皮肤接触	化学性灼伤	较小	工作人员佩戴乳胶手套
	锉刀、手锯、螺丝刀、钢丝钳	手柄等缺损	刺伤	较小	锉刀、手锯、螺丝刀、钢丝钳等手柄应安装牢固，没有手柄的不准使用
8. 蝶阀回装	电动葫芦	制动器失灵、限位器失效	起重伤害	较小	使用前应作无负荷起落试验一次，检查刹车、限位装置及传动装置应良好无缺陷
	吊具、起吊	吊点不牢固、吊点位置不正确	起重伤害	较小	（1）吊钩要挂在物品的重心上，当被吊物件起吊后有可能摆动或转动时，应采用绳牵引方法，防止物件摆动伤人或碰坏设备； （2）选择牢固可靠、满足载荷的吊点
	手拉葫芦	滑链	起重伤害	较小	使用前应作无负荷起落试验一次，确认无滑链现象
		手拉葫芦超载荷使用	起重伤害	较小	使用手拉葫芦时工作负荷不准超过铭牌规定
9. 阀门执行机构回装调试	380V电源	执行机构漏电	触电	较小	阀门传动前送电调试检查电动执行机构绝缘及接地装置良好
	门杆	阀门行程调整	机械伤害	较小	调整阀门电动执行机构行程的同时不得用手触摸阀杆和手轮，避免挤伤手指
10. 检修工作结束	检修废料	施工废料未清理	环境污染	较小	废料及时清理，做到工完、料尽、场地清

11.87 闭式循环冷却水泵出口逆止阀检修

作业步骤	危害辨识	危害描述	产生后果	风险等级	防 范 措 施
1. 作业环境评估	噪声	未佩戴耳塞	噪声聋	较小	进入噪声区域时正确佩戴合格的耳塞
	照明	现场照明不充足	其他伤害	较小	增加临时照明
2. 现场安全措施的落实	压力介质水	安全措施不完善或安全措施未正确执行	冲击	较小	（1）开工前确认现场安全措施、隔离措施正确完备； （2）待管道内介质放尽，压力为零，温度适可后方可开始工作
	压力介质气	安全措施不完善或安全措施未正确执行	冲击	较小	（1）开工前确认现场安全措施、隔离措施正确完备； （2）待管道内介质放尽，压力为零，温度适可后方可开始工作
3. 准备工作及现场布置	临时电源及电源线	电源线悬挂高度不够	触电	较小	临时电源线架设高度室内不低于2.5m
		电源线、插头、插座破损	触电	较小	（1）检查电源线外绝缘良好，无破损； （2）检查电源盘合格证在有效期； （3）检查电源插头插座，确保完好； （4）不准将电源线缠绕在护栏、管道和脚手架上
		未安装漏电保护器	触电	较小	（1）检查电源盘合格证在有效期； （2）分级配置漏电保护器，工作前试漏电保护器，确保正确动作

作业步骤	危害辨识	危害描述	产生后果	风险等级	防 范 措 施
3．准备工作及现场布置	临时电源及电源线	检修电源箱外壳未接地	触电	较小	（1）检查电源盘合格证在有效期； （2）检查电源箱外壳接地良好
	角磨机	电源线、电源插头破损，防护罩破损缺失、松动	机械伤害 触电	较小	（1）检查电源线、电源插头完好无破损，防护罩完好无破损、牢固； （2）检查合格证在有效期内
	大锤、手锤	锤头与木柄的连接不牢固、锤头破损、木柄未使用整根硬质木料	物体打击	较小	锤头与木柄的连接应用金属楔栓固定，楔子长度不得大于安装孔深的2/3，锤头完好无损，木柄使用整根硬质木料
	锉刀、手锯、螺丝刀、钢丝钳	手柄等缺损	刺伤	较小	锉刀、手锯、螺丝刀、钢丝钳等手柄应安装牢固，没有手柄的不准使用
	手拉葫芦	手拉有裂纹、链轮转动卡涩、吊钩无防脱保险装置	起重伤害	较小	（1）使用前应作无负荷起落试验一次，检查手拉是否有裂纹、链轮转动是否卡涩、吊钩是否无防脱保险装置，以确保完好； （2）检查合格证在有效期内
	电动葫芦	钢丝绳磨损严重、吊钩无防脱保险装置、卸扣横销转动卡涩、控制手柄破损	起重伤害	较小	（1）由特种设备作业人员或操作人员检查电动葫芦的钢丝绳磨损情况，吊钩防脱保险装置是否牢固、齐全，制动器、导绳器和限位器的有效性和控制手柄的外观；吊钩放至最低位置时，滚筒上至少剩有5圈绳索。 （2）检查电动葫芦检验合格证在有效期内
4．拆除逆止门螺栓	大锤、手锤	锤把上有油污	物体打击	较小	锤把上不可有油污
		单手抡大锤	物体打击	较小	抡大锤时，周围不得有人，不得单手抡大锤
		戴手套抡大锤	物体打击	较小	打锤人不得戴手套
5．吊装逆止门组件	吊具、起吊逆止门	吊点不牢固、吊点位置不正确	起重伤害	较小	（1）吊钩要挂在物品的重心上，当被吊物件起吊后有可能摆动或转动时，应采用绳牵引方法，防止物件摆动伤人或碰坏设备； （2）选择牢固可靠、满足载荷的吊点
		吊索具损坏或选择不当	起重伤害	较小	（1）作业前，应对吊索具及其配件进行检查，确认完好，方可使用； （2）所选用的吊索具应与被吊工件的外形特点及具体要求相适应，在不具备使用条件的情况下，绝不能对付使用； （3）作业中应防止损坏吊索具及配件，必要时在棱角处应加护角防护； （4）吊具及配件不能超过其额定起重量，起重吊索、吊具不得超过其相应吊挂状态下的最大工作载荷
		绑扎不牢固	起重伤害	较小	（1）起重前必须将物件牢固、稳妥地绑住。 （2）吊拉时两根钢丝绳之间的夹角一般不得大于90°。 （3）使用单吊索起吊重物挂钩时应打"挂钩结"；使用吊环时螺栓必须拧到底；使用卸扣时，吊索与其连接的一个索扣必须扣在销轴上，一个索扣必须扣在扣顶上，不准两个索扣分别扣在卸扣的扣体两侧上；吊拉捆绑时，重物或设备构件的锐边快口处必须加装衬垫物
		斜拉	起重伤害	较小	禁止使吊钩斜着拖吊重物
		在起吊重物下逗留和行走	起重伤害	较小	任何人不准在起吊重物下逗留和行走

作业步骤	危害辨识	危害描述	产生后果	风险等级	防 范 措 施
5. 吊装逆止门组件	手拉葫芦	滑链	起重伤害	较小	使用前应作无负荷起落试验一次，确认无滑链现象
		手拉葫芦超载荷使用	起重伤害	较小	使用手拉葫芦时工作负荷不准超过铭牌规定
	电动葫芦	制动器失灵、限位器失效	起重伤害	较小	使用前应作无负荷起落试验一次，检查刹车、限位装置及传动装置应良好无缺陷
6. 打磨及逆止门清理	角磨机	未正确使用防护罩、防护眼镜	机械伤害	较小	正确佩戴防护罩、防护眼镜
		手提电动工具的导线或转动部分	触电	较小	禁止手提电动工具的导线或转动部分
		角磨机砂轮片破损	机械伤害	较小	使用前检查角磨机砂轮片完好无缺损
		更换砂轮片未切断电源	触电	较小	更换砂轮片前必须切断电源
7. 逆止门回装	手拉葫芦	滑链	起重伤害	较小	使用前应作无负荷起落试验一次，确认无滑链现象
		手拉葫芦超载荷使用	起重伤害	较小	使用手拉葫芦时工作负荷不准超过铭牌规定
	吊具、起吊逆止门	吊点不牢固、吊点位置不正确	起重伤害	较小	（1）吊钩要挂在物品的重心上，当被吊物件起吊后有可能摆动或转动时，应采用绳牵引方法，防止物件摆动伤人或碰坏设备；（2）选择牢固可靠、满足载荷的吊点
		绑扎不牢固	起重伤害	较小	（1）起重前必须将物件牢固、稳妥地绑住。（2）吊拉时两根钢丝绳之间的夹角一般不得大于90°。（3）使用单吊索起吊重物挂钩时应打"挂钩结"；使用吊环时螺栓必须拧到底；使用卸扣时，吊索与其连接的一个索扣必须扣在销轴上，一个索扣必须扣在扣顶上，不准两个索扣分别扣在卸扣的扣体两侧上；吊拉捆绑时，重物或设备构件的锐边快口处必须加装衬垫物
		斜拉	起重伤害	较小	禁止使用吊钩斜着拖吊重物
		在起吊重物下逗留和行走	起重伤害	较小	任何人不准在起吊重物下逗留和行走
	电动葫芦	制动器失灵、限位器失效	起重伤害	较小	使用前应作无负荷起落试验一次，检查刹车、限位装置及传动装置应良好无缺陷
8. 检修工作结束	检修废料	施工废料未清理	环境污染	较小	废料及时清理，做到工完、料尽、场地清

11.88 闭式水热交换器检修

作业步骤	危害辨识	危害描述	产生后果	风险等级	防 范 措 施
1. 作业环境评估	噪声	未佩戴耳塞	噪声聋	较小	进入噪声区域时正确佩戴合格的耳塞
	高温环境	环境温度超过40℃	中暑	较小	（1）工作环境温度超过40℃时工作人员轮流休息；（2）在高温场所工作时，应为工作人员提供足够的饮水、清凉饮料及防暑药品；对温度较高的作业场所必须增加通风设备
2. 确认安全措施正确执行	介质水	工作前所采取的安全措施不完善	其他	较小	（1）开工前确认现场安全措施、隔离措施正确完备；（2）待容器内介质放尽，压力为零后方可开始工作

作业步骤	危害辨识	危害描述	产生后果	风险等级	防 范 措 施
3. 准备工作及现场布置	角磨机	电焊机电源线、电源插头、电焊钳等设备和工具破损	触电	较小	（1）电焊机电源线、电源插头、电焊钳等焊接设备和工具完好无损； （2）电焊机的裸露导电部分和转动部分以及冷却用的风扇，均应装有保护罩
	通风机	防护罩缺损	机械伤害	较小	（1）风机转动部分必须装设防护装置，并标明旋转方向； （2）对缺损的防护罩应及时装复或修复
	行灯	行灯电源线、电源插头破损	触电	较小	（1）检查行灯电源线、电源插头完好无破损； （2）行灯的电源线应采用橡套软电缆
		使用行灯电压等级不符	触电	较小	在金属容器和金属管道内使用的行灯，其电压不得超过12V
		行灯防护罩缺失	触电	较小	行灯应有保护罩
	临时电源及电源线	电源线悬挂高度不够	触电	较小	临时电源线架设高度室内不低于2.5m
		电源线、插头、插座破损	触电	较小	（1）检查电源线外绝缘良好，无破损； （2）检查电源盘合格证在有效期； （3）检查电源插头插座，确保完好； （4）不准将电源线缠绕在护栏、管道和脚手架上
		未安装漏电保护器	触电	较小	（1）检查电源盘合格证在有效期； （2）分级配置漏电保护器，工作前试漏电保护器，确保正确动作
		检修电源箱外壳未接地	触电	较小	（1）检查电源盘合格证在有效期； （2）检查电源箱外壳接地良好
	手锤	锤头与木柄的连接不牢固、锤头破损、木柄未使用整根硬质木料	物体打击	较小	锤头与木柄的连接应用金属楔栓固定，楔子长度不得大于安装孔深的2/3，锤头完好无损，木柄使用整根硬质木料
4. 闭冷器内部检查	二氧化碳	气体浓度超标	窒息	中等	有限空间作业前办理作业审批许可，工作前30min前打开人孔门进行通风直至用气体检测仪检测浓度合格，氧气浓度保持在19.5%～21%范围内
		无人监护	窒息	中等	设专人不间断地监护
	通风机	肢体部位或饰品衣物、用具接触转动部位	机械伤害	较小	（1）衣服和袖口应扣好，不得戴围巾领带，长发必须盘在安全帽内； （2）不准将用具、工器具接触设备的转动部位
	交流电	个人防护用品未正确使用	触电	较小	作业时正确佩戴绝缘鞋、绝缘手套
		未使用Ⅱ类手持式电动工具	触电	较小	（1）工作时使用Ⅱ类手持式电动工具，并安装漏电开关，漏电开关动作电流小于15mA，动作时间小于等于0.1s； （2）使用临时电源时电源联接器和控制箱等应放在容器外面宽敞、干燥场所
	行灯	将行灯变压器带入金属容器内	触电	较小	禁止将行灯变压器带入金属容器内
		使用行灯电压等级不符	触电	较小	在金属容器和金属管道内使用的行灯，其电压不得超过12V
	高温环境	容器内部温度高于40℃	中暑	较小	工作人员在容器内工作的人员应根据身体情况，轮流工作与休息
	角磨机	未正确使用防护罩、防护眼镜	机械伤害	较小	正确佩戴防护罩、防护眼镜

作业步骤	危害辨识	危害描述	产生后果	风险等级	防 范 措 施
4. 闭冷器内部检查	角磨机	手提电动工具的导线或转动部分	触电	较小	禁止手提电动工具的导线或转动部分
		角磨机砂轮片破损	机械伤害	较小	使用前检查角磨机砂轮片完好无缺损
		更换砂轮片未切断电源	触电	较小	更换砂轮片前必须切断电源
5. 封闭人孔	二氧化碳	人员遗留在容器内	窒息	较小	封闭人孔前工作负责人应认真清点工作人员
6. 检修工作结束	施工废料	施工废料未清理	环境污染	较小	废料及时清理，做到工完、料尽、场地清

11.89 闭冷水箱检修

作业步骤	危害辨识	危害描述	产生后果	风险等级	防 范 措 施
1. 作业环境评估	噪声	噪声超标	噪声聋	较小	进入噪声区域时正确佩戴合格的耳塞
	氢气	氢气浓度超标	火灾、爆炸	较小	（1）现场动火前测量氢气浓度符合要求； （2）办理动火许可手续； （3）动火前清理周围易燃物，配备合适的足够的有效的消防器材，完工后检查无火种遗留； （4）安排监护人进行监护
	孔、洞、坑	盖板缺损	高处坠落	重大	工作场所的孔、洞必须覆以与地面齐平的坚固盖板或做好隔离措施
	高温环境	容器内部温度高于40℃	中暑	较小	（1）工作人员进入容器前，检修工作负责人应检查容器内的温度，不宜超过40℃，并有良好的通风；容器内温度超过40℃严禁入内； （2）在高温场所工作时，应为工作人员提供足够的饮水、清凉饮料及防暑药品；对温度较高的作业场所必须增加通风设备
	照明	现场照明不充足	其他伤害	较小	增加临时照明
2. 确认安全措施正确执行	压力介质水	工作前所采取的安全措施不完善	冲击	较小	（1）开工前确认现场安全措施、隔离措施正确完备； （2）待管道内介质放尽，压力为零，温度适可后方可开始工作
3. 准备工作及现场布置	角磨机	电源线、电源插头破损、防护罩破损缺失松动	机械伤害触电	较小	（1）检查电源线、电源插头完好无破损、防护罩完好无破损且牢固； （2）检查合格证在有效期内
	临时电源及电源线	电源线悬挂高度不够	触电	较小	临时电源线架设高度室内不低于2.5m
		电源线、插头、插座破损	触电	较小	（1）检查电源线外绝缘良好，无破损； （2）检查电源盘合格证在有效期； （3）检查电源插头插座，确保完好； （4）不准将电源线缠绕在护栏、管道和脚手架上
		未安装漏电保护器	触电	较小	（1）检查电源盘合格证在有效期； （2）分级配置漏电保护器，工作前试漏电保护器，确保正确动作
		检修电源箱外壳未接地	触电	较小	（1）检查电源盘合格证在有效期； （2）检查电源箱外壳接地良好
	行灯	行灯电源线、电源插头破损	触电	较小	（1）检查行灯电源线、电源插头完好无破损； （2）行灯的电源线应采用橡套软电缆

作业步骤	危害辨识	危害描述	产生后果	风险等级	防 范 措 施
3．准备工作及现场布置	行灯	使用行灯电压等级不符	触电	较小	闭冷水箱使用的行灯，其电压不得超过12V
		行灯防护罩缺失	触电	较小	行灯应有保护罩
	手锤	锤头与木柄的连接不牢固、锤头破损、木柄未使用整根硬质木料	物体打击	较小	锤头与木柄的连接应用金属楔栓固定，楔子长度不得大于安装孔深的2/3，锤头完好无损，木柄使用整根硬质木料
	锉刀、手锯、螺丝刀、钢丝钳	手柄等缺损	刺伤	较小	锉刀、手锯、螺丝刀、钢丝钳等手柄应安装牢固，没有手柄的不准使用
4．打开人孔门	人孔门	人孔未设置临时围栏、警告标志	高处坠落	较小	（1）在检修工作中人孔打开后，必须设有牢固的临时围栏，并设有明显的警告标志；（2）工作停止时应将人孔临时进行封闭
5．闭冷水箱清理、检修	积水	清理不彻底	摔伤	较小	容器内部积水彻底清理，避免工作面光滑造成人员滑倒
	二氧化碳	气体浓度超标	窒息	中等	有限空间作业前办理作业审批许可，工作前30min前打开人孔门进行通风直至用气体检测仪检测浓度合格，氧气浓度保持在19.5%～21%范围内
		无人监护	窒息	中等	设专人不间断地监护
	高温环境	容器内部温度高于40℃	中暑	较小	（1）工作人员进入容器前，检修工作负责人应检查容器内的温度，不宜超过40℃，并有良好的通风；容器内温度超过40℃严禁入内。（2）在高温场所工作时，应为工作人员提供足够的饮水、清凉饮料及防暑药品；对温度较高的作业场所必须增加通风设备
	防腐材料	可燃物存放过多	火灾	中等	（1）凝补水箱内工作要求不得带入过多的防腐材料；（2）严禁防腐材料周围产生任何有火花的作业
	稀释剂	可燃气体浓度超标	火灾	中等	（1）保证凝补水箱内部通风畅通，使用防爆轴流风机强制通风；每隔2h用气体检测仪检测可燃物浓度合格
		无人监护	中毒火灾	中等	设专人不间断地监护
	固化剂	固化剂添加过多防腐材料发热自燃	火灾	中等	（1）灭火器、消防水带等消防器材配备齐全，并专人监护；（2）严格执行防腐工艺流程要求
	行灯	行灯电源线、电源插头破损	触电	较小	（1）检查行灯电源线、电源插头完好无破损；（2）行灯的电源线应采用橡套软电缆
		使用行灯电压等级不符	触电	较小	闭冷水箱使用的行灯，其电压不得超过12V
		行灯防护罩缺失	触电	较小	行灯应有保护罩
6．封闭人孔门	二氧化碳	人员遗留在容器内	窒息	较小	封闭人孔前工作负责人应认真清点工作人员
7．现场清理	施工废料	施工废料未清理	环境污染	较小	废料及时清理，做到工完、料尽、场地清

11.90 凝补水至闭式水箱补水旁路门检修

作业步骤	危害辨识	危害描述	产生后果	风险等级	防 范 措 施
1. 作业环境评估	噪声	噪声超标	噪声聋	较小	进入噪声区域时正确佩戴合格的耳塞
	氢气	氢气浓度超标	火灾、爆炸	较小	（1）现场动火前测量氢气浓度符合要求； （2）办理动火许可手续； （3）动火前清理周围易燃物，配备合适的足够的有效的消防器材，完工后检查无火种遗留； （4）安排监护人进行监护
	孔、洞、坑	盖板缺损	高处坠落	重大	工作场所的孔、洞必须覆以与地面齐平的坚固盖板或做好隔离措施
	照明	现场照明不充足	其他伤害	较小	增加临时照明
2. 确认安全措施正确执行	压力介质水	工作前所采取的安全措施不完善	冲击	较小	（1）开工前确认现场安全措施、隔离措施正确完备； （2）待管道内介质放尽，压力为零，温度适可后方可开始工作
3. 准备工作及现场布置	手锤	锤头与木柄的连接不牢固、锤头破损、木柄未使用整根硬质木料	物体打击	较小	锤头与木柄的连接应用金属楔栓固定，楔子长度不得大于安装孔深的2/3，锤头完好无损，木柄使用整根硬质木料
	锉刀、手锯、螺丝刀、钢丝钳	手柄等缺损	刺伤	较小	锉刀、手锯、螺丝刀、钢丝钳等手柄应安装牢固，没有手柄的不准使用
4. 凝补水至闭式水箱补水旁路门解体	撬杠	支撑物不可靠	压伤	较小	应保证支撑物可靠
		被撬物倾斜或滚落	压伤	较小	撬动过程中应采取措施防止被撬物倾斜或滚落
	手锤	锤把上有油污	物体打击	较小	锤把上不可有油污
		戴手套抡锤	物体打击	较小	打锤人不得戴手套
5. 凝补水至闭式水箱补水旁路门检修清理	设备棱角	设备棱角锋利	划伤	较小	工作人员戴好防护手套
	清洁剂	在工作场所存储	火灾爆炸	较小	（1）禁止在工作场所存储易燃物品，例如汽油、酒精等； （2）领用、暂存时量不能过大，一般不超过500mL
		皮肤接触	化学性灼伤	较小	工作人员佩戴橡胶手套
6. 凝补水至闭式水箱补水旁路门回装	撬杠	支撑物不可靠	压伤	较小	应保证支撑物可靠
		被撬物倾斜或滚落	压伤	较小	撬动过程中应采取措施防止被撬物倾斜或滚落
	手锤	锤把上有油污	物体打击	较小	锤把上不可有油污
		戴手套抡锤	物体打击	较小	打锤人不得戴手套
7. 现场清理	施工废料	施工废料未清理	环境污染	较小	废料及时清理，做到工完、料尽、场地清

11.91 电动滤水器检修

作业步骤	危害辨识	危害描述	产生后果	风险等级	防 范 措 施
1. 作业环境评估	噪声	未佩戴耳塞	噪声聋	较小	进入噪声区域时正确佩戴合格的耳塞
	氢气	氢气浓度超标	火灾、爆炸	较小	（1）现场动火前测量氢气浓度符合要求； （2）办理动火许可手续； （3）动火前清理周围易燃物，配备合适的足够的有效的消防器材，完工后检查无火种遗留； （4）安排监护人进行监护
	照明	现场照明不充足	其他伤害	较小	增加临时照明

作业步骤	危害辨识	危害描述	产生后果	风险等级	防 范 措 施
2．确认安全措施正确执行	压力介质水	安全措施不完善或安全措施未正确执行	冲击	较小	（1）开工前确认现场安全措施、隔离措施正确完备； （2）待管道内介质放尽，压力为零，温度适可后方可开始工作
3．准备工作及现场布置	转动的旋转机构	工作前未核实设备运转状态和标识	机械伤害	较小	转动设备检修时应采取防转动措施，确认电机电源线拆除
	临时电源及电源线	电源线悬挂高度不够	触电	较小	临时电源线架设高度室内不低于 2.5m
		电源线、插头、插座破损	触电	较小	（1）检查电源线外绝缘良好，无破损； （2）检查电源盘合格证在有效期； （3）检查电源插头插座，确保完好； （4）不准将电源线缠绕在护栏、管道和脚手架上
		未安装漏电保护器	触电	较小	（1）检查电源盘合格证在有效期； （2）分级配置漏电保护器，工作前试漏电保护器，确保正确动作
		检修电源箱外壳未接地	触电	较小	（1）检查电源盘合格证在有效期； （2）检查电源箱外壳接地良好
	角磨机	电源线、电源插头破损，防护罩破损缺失	机械伤害触电	较小	（1）检查电源线、电源插头完好无破损，防护罩完好无破损； （2）检查合格证在有效期内
	手拉葫芦	手拉有裂纹、链轮转动卡涩、吊钩无防脱保险装置	起重伤害	较小	（1）使用前应作无负荷起落试验一次，检查手拉是否有裂纹、链轮转动是否卡涩、吊钩是否无防脱保险装置，以确保完好； （2）检查合格证在有效期内
	大锤、手锤	锤头与木柄的连接不牢固、锤头破损、木柄未使用整根硬质木料	物体打击	较小	锤头与木柄的连接应用金属楔栓固定，楔子长度不得大于安装孔深的 2/3，锤头完好无损，木柄使用整根硬质木料
	锉刀、手锯、螺丝刀、钢丝钳	手柄等缺损	刺伤	较小	锉刀、手锯、螺丝刀、钢丝钳等手柄应安装牢固，没有手柄的不准使用
	空气	缺氧、呼吸不畅	窒息	较小	强制通风
4．滤水器解体	撬杠	支撑物不可靠	压伤	较小	应保证支撑物可靠
		被撬物倾斜或滚落	压伤	较小	撬动过程中应采取措施防止被撬物倾斜或滚落
	大锤、手锤	锤把上有油污	物体打击	较小	锤把上不可有油污
		单手抡大锤	物体打击	较小	抡大锤时，周围不得有人，不得单手抡大锤
		戴手套抡大锤	物体打击	较小	打锤人不得戴手套
	手拉葫芦	滑链	起重伤害	较小	使用前应作无负荷起落试验一次，确认无滑链现象
		手拉葫芦超载荷使用	起重伤害	较小	使用手拉葫芦时工作负荷不准超过铭牌规定
	吊具、起吊端盖、滤网	吊点不牢固、吊点位置不正确	起重伤害	较小	（1）吊钩要挂在物品的重心上，当被吊物件起吊后有可能摆动或转动时，应采用绳牵引方法，防止物件摆动伤人或碰坏设备； （2）选择牢固可靠、满足载荷的吊点
		绑扎不牢固	起重伤害	较小	（1）起重前必须将物件牢固、稳妥地绑住。 （2）吊拉时两根钢丝绳之间的夹角一般不得大于 90°。

660

作业步骤	危害辨识	危害描述	产生后果	风险等级	防 范 措 施
4. 滤水器解体	吊具、起吊端盖、滤网	绑扎不牢固	起重伤害	较小	（3）使用单吊索起吊重物挂钩时应打"挂钩结"；使用吊环时螺栓必须拧到底；使用卸扣时，吊索与其连接的一个索扣必须扣在销轴上，一个索扣必须扣在扣顶上，不准两个索扣分别扣在卸扣的扣体两侧上；吊拉捆绑时，重物或设备构件的锐边快口处必须加装衬垫物
		在起吊重物下逗留和行走	起重伤害	较小	任何人不准在起吊重物下逗留和行走
5. 内部清理、零部件检查	氢气	氢气浓度超标	火灾、爆炸	较小	（1）现场动火前测量氢气浓度符合要求；（2）办理动火许可手续；（3）动火前清理周围易燃物，配备合适的足够的有效的消防器材，完工后检查无火种遗留；（4）安排监护人进行监护
	角磨机	未正确使用防护罩、防护眼镜	机械伤害	较小	正确佩戴防护罩、防护眼镜
		手提电动工具的导线或转动部分	触电	较小	禁止手提电动工具的导线或转动部分
		角磨机砂轮片破损	机械伤害	较小	使用前检查角磨机砂轮片完好无缺损
		更换砂轮片未切断电源	触电	较小	更换砂轮片前必须切断电源
	毛刺、异物	肢体部位接触硬物	刺伤	较小	使用防护用品，戴口罩，通风
6. 滤水器回装	手拉葫芦	手拉有裂纹、链轮转动卡涩、吊钩无防脱保险装置	起重伤害	较小	使用前应作无负荷起落试验一次，检查手拉是否有裂纹、链轮转动是否卡涩、吊钩是否无防脱保险装置，以确保完好
		手拉葫芦超载荷使用	起重伤害	较小	使用手拉葫芦时工作负荷不准超过铭牌规定
	撬杠	支撑物不可靠	压伤	较小	应保证支撑物可靠
		被撬物倾斜或滚落	压伤	较小	撬动过程中应采取措施防止被撬物倾斜或滚落
	大锤、手锤	锤把上有油污	物体打击	较小	锤把上不可有油污
		单手抡大锤	物体打击	较小	抡大锤时，周围不得有人，不得单手抡大锤
		戴手套抡大锤	物体打击	较小	打锤人不得戴手套
	吊具、起吊端盖、滤网	吊点不牢固、吊点位置不正确	起重伤害	较小	（1）吊钩要挂在物品的重心上，当被吊物件起吊后有可能摆动或转动时，应采用绳牵引方法，防止物件摆动伤人或碰坏设备；（2）选择牢固可靠、满足载荷的吊点
		绑扎不牢固	起重伤害	较小	（1）起重前必须将物件牢固、稳妥地绑住。（2）吊拉时两根钢丝绳之间的夹角一般不得大于90°。（3）使用单吊索起吊重物挂钩时应打"挂钩结"；使用吊环时螺栓必须拧到底；使用卸扣时，吊索与其连接的一个索扣必须扣在销轴上，一个索扣必须扣在扣顶上，不准两个索扣分别扣在卸扣的扣体两侧上；吊拉捆绑时，重物或设备构件的锐边快口处必须加装衬垫物
		在起吊重物下逗留和行走	起重伤害	较小	任何人不准在起吊重物下逗留和行走

作业步骤	危害辨识	危害描述	产生后果	风险等级	防 范 措 施
7. 试运	转动的电机	防护罩缺损	机械伤害	较小	（1）设备的转动部分必须装设防护罩，并标明旋转方向，露出的轴端必须装设护盖； （2）对转动设备缺损的防护罩应及时装复或修复，装复或修复前在转动设备区域内设置"禁止靠近"安全警示标识； （3）不准擅自拆除设备上的安全防护设施
		肢体部位或饰品衣物、用具（包括防护用品）、工具接触转动部位	机械伤害	较小	（1）衣服和袖口应扣好，不得戴围巾领带，长发必须盘在安全帽内； （2）不准将用具、工器具接触设备的转动部位； （3）不准在转动设备附近长时间停留； （4）不准在靠背轮上、安全罩上或运行中设备的轴承上行走和坐立
		试运行起动时人员站在转机径向位置	机械伤害	较小	转动设备试运行时所有人员应先远离，站在转动机械的轴向位置，并有一人站在事故按钮位置
8. 检修工作结束	施工废料	施工废料未清理	环境污染	较小	废料及时清理，做到工完、料尽、场地清

11.92 电动滤水器放水门检修

作业步骤	危害辨识	危害描述	产生后果	风险等级	防 范 措 施
1. 作业环境评估	噪声	未佩戴耳塞	噪声聋	较小	进入噪声区域时正确佩戴合格的耳塞
	氢气	氢气浓度超标	火灾、爆炸	较小	（1）现场动火前测量氢气浓度符合要求； （2）办理动火许可手续； （3）动火前清理周围易燃物，配备合适的足够的有效的消防器材，完工后检查无火种遗留； （4）安排监护人进行监护
	照明	现场照明不充足	其他伤害	较小	增加临时照明
2. 现场安全措施的落实	介质水	工作前所采取的安全措施不完善	其他伤害	较小	（1）开工前确认现场安全措施、隔离措施正确完备； （2）待管道内介质放尽，压力为零后方可开始工作； （3）人员不能正面对法兰及焊口工作，防止漏点介质伤人
3. 准备工作及现场布置	临时电源及电源线	电源线悬挂高度不够	触电	较小	临时电源线架设高度室内不低于2.5m
		电源线、插头、插座破损	触电	较小	（1）检查电源线外绝缘良好，无破损； （2）检查电源盘合格证在有效期； （3）检查电源插头插座，确保完好； （4）不准将电源线缠绕在护栏、管道和脚手架上
		未安装漏电保护器	触电	较小	（1）检查电源盘合格证在有效期； （2）分级配置漏电保护器，工作前试漏电保护器，确保正确动作
		检修电源箱外壳未接地	触电	较小	（1）检查电源盘合格证在有效期； （2）检查电源箱外壳接地良好
	角磨机、阀门研磨机	电源线、电源插头破损，防护罩破损缺失、松动	机械伤害触电	较小	（1）检查电源线、电源插头完好无破损，防护罩完好无破损、牢固； （2）检查合格证在有效期内
	手锤	锤头与木柄的连接不牢固、锤头破损、木柄未使用整根硬质木料	物体打击	较小	锤头与木柄的连接应用金属楔栓固定，楔子长度不得大于安装孔深的2/3，锤头完好无损，木柄使用整根硬质木料

作业步骤	危害辨识	危害描述	产生后果	风险等级	防 范 措 施
3. 准备工作及现场布置	锉刀、手锯、螺丝刀、钢丝钳	手柄等缺损	刺伤	较小	锉刀、手锯、螺丝刀、钢丝钳等手柄应安装牢固，没有手柄的不准使用
4. 拆除阀门螺栓	手锤	锤把上有油污	物体打击	较小	锤把上不可有油污
5. 吊装阀门组件	吊具、起吊伺服机构、门盖、门杆及门芯	吊点不牢固、吊点位置不正确	起重伤害	较小	（1）吊钩要挂在物品的重心上，当被吊物件起吊后有可能摆动或转动时，应采用绳牵引方法，防止物件摆动伤人或碰坏设备； （2）选择牢固可靠、满足载荷的吊点
		吊索具损坏或选择不当	起重伤害	较小	（1）作业前，应对吊索具及其配件进行检查，确认完好，方可使用； （2）所选用的吊索具应与被吊工件的外形特点及具体要求相适应，在不具备使用条件的情况下，绝不能对付使用； （3）作业中应防止损坏吊索具及配件，必要时在棱角处应加护角防护； （4）吊具及配件不能超过其额定起重量，起重吊索、吊具不得超过其相应吊挂状态下的最大工作载荷
		绑扎不牢固	起重伤害	较小	（1）起重前必须将物件牢固、稳妥地绑住。 （2）吊拉时两根钢丝绳之间的夹角一般不得大于90°。 （3）使用单吊索起吊重物挂钩时应打"挂钩结"；使用吊环时螺栓必须拧到底；使用卸扣时，吊索与其连接的一个索扣必须扣在销轴上，一个索扣必须扣在扣顶上，不准两个索扣分别扣在卸扣的扣体两侧；吊拉捆绑时，重物或设备构件的锐边快口处必须加装衬垫物
		斜拉	起重伤害	较小	禁止使用吊钩斜着拖吊重物
		在起吊重物下逗留和行走	起重伤害	较小	任何人不准在起吊重物下逗留和行走
	手拉葫芦	滑链	起重伤害	较小	使用前应作无负荷起落试验一次，确认无滑链现象
		手拉葫芦超载荷使用	起重伤害	较小	使用手拉葫芦时工作负荷不准超过铭牌规定
6. 打磨及阀门研磨	氢气	氢气浓度超标	火灾、爆炸	较小	（1）现场动火前测量氢气浓度符合要求； （2）办理动火许可手续； （3）动火前清理周围易燃物，配备合适的足够的有效的消防器材，完工后检查无火种遗留； （4）安排监护人进行监护
	角磨机	未正确使用防护罩、防护眼镜	机械伤害	较小	正确佩戴防护罩、防护眼镜
		手提电动工具的导线或转动部分	触电	较小	禁止手提电动工具的导线或转动部分
		角磨机砂轮片破损	机械伤害	较小	使用前检查角磨机砂轮片完好无缺损
		更换砂轮片未切断电源	触电	较小	更换砂轮片前必须切断电源
	阀门研磨机	旋转的研磨盘	机械伤害	较小	研磨机架设稳固，旋转部分禁止靠近，全程专人操作及监护

续表

作业步骤	危害辨识	危害描述	产生后果	风险等级	防 范 措 施
7．阀门回装	手拉葫芦	滑链	起重伤害	较小	使用前应作无负荷起落试验一次，确认无滑链现象
		手拉葫芦超载荷使用	起重伤害	较小	使用手拉葫芦时工作负荷不准超过铭牌规定
	吊具、起吊伺服机构、门盖、门杆、门芯及螺栓	吊点不牢固、吊点位置不正确	起重伤害	较小	（1）吊钩要挂在物品的重心上，当被吊物件起吊后有可能摆动或转动时，应采用绳牵引方法，防止物件摆动伤人或碰坏设备； （2）选择牢固可靠、满足载荷的吊点
		绑扎不牢固	起重伤害	较小	（1）起重前必须将物件牢固、稳妥地绑住。 （2）吊拉时两根钢丝绳之间的夹角一般不得大于90°。 （3）使用单吊索起吊重物挂钩时应打"挂钩结"；使用吊环时螺栓必须拧到底；使用卸扣时，吊索与其连接的一个索扣必须扣在销轴上，一个索扣必须扣在扣顶上，不准两个索扣分别扣在卸扣的扣体两侧上；吊拉捆绑时，重物或设备构件的锐边快口处必须加装衬垫物
		斜拉	起重伤害	较小	禁止使用吊钩斜着拖吊重物
		在起吊重物下逗留和行走	起重伤害	较小	任何人不准在起吊重物下逗留和行走
8．检修工作结束	检修废料	施工废料未清理	环境污染	较小	废料及时清理，做到工完、料尽、场地清

11.93 清洁水疏水泵检修

作业步骤	危害辨识	危害描述	产生后果	风险等级	防 范 措 施
1．作业环境评估	噪声	未佩戴耳塞	噪声聋	较小	进入噪声区域时正确佩戴合格的耳塞
	转动的泵	未与运行中转动设备进行有效隔离	机械伤害	较小	（1）设置安全隔离围栏并设置警告标志； （2）设置安全检修通道； （3）在运行中转动设备附近工作时应对转动设备进行可靠遮拦，并设专人监护
	照明	现场照明不充足	其他伤害	较小	增加临时照明
2．确认安全措施正确执行	高温水	工作前所采取的安全措施不完善	灼烫伤	较小	（1）开工前确认现场安全措施、隔离措施正确完备； （2）待管道内介质放尽，压力为零，温度适可后方可开始工作； （3）人员不能正面对法兰及焊口工作，防止漏点介质伤人
3．准备工作及现场布置	转动的泵	工作前未核实设备运转状态和标识	机械伤害	较小	转动设备检修时应采取防转动措施、确认电机电源线拆除
	角磨机、轴承加热器	电源线、电源插头破损，防护罩破损缺失	机械伤害触电	较小	（1）检查电源线、电源插头完好无破损，防护罩完好无破损； （2）检查合格证在有效期内
	手拉葫芦	手拉有裂纹、链轮转动卡涩、吊钩无防脱保险装置	起重伤害	较小	（1）使用前应作无负荷起落试验一次，检查手拉是否有裂纹、链轮转动是否卡涩、吊钩是否无防脱保险装置，以确保完好； （2）检查合格证在有效期内
	手锤	锤头与木柄的连接不牢固、锤头破损、木柄未使用整根硬质木料	物体打击	较小	锤头与木柄的连接应用金属楔栓固定，楔子长度不得大于安装孔深的2/3，锤头完好无损，木柄使用整根硬质木料

续表

作业步骤	危害辨识	危害描述	产生后果	风险等级	防 范 措 施
3. 准备工作及现场布置	锉刀、手锯、螺丝刀、钢丝钳	手柄等缺损	刺伤	较小	锉刀、手锯、螺丝刀、钢丝钳等手柄应安装牢固，没有手柄的不准使用
	临时电源及电源线	电源线悬挂高度不够	触电	较小	临时电源线架设高度室内不低于 2.5m
		电源线、插头、插座破损	触电	较小	（1）检查电源线外绝缘良好，无破损；（2）检查电源盘合格证在有效期；（3）检查电源插头插座，确保完好；（4）不准将电源线缠绕在护栏、管道和脚手架上
		未安装漏电保护器	触电	较小	（1）检查电源盘合格证在有效期；（2）分级配置漏电保护器，工作前试漏电保护器，确保正确动作
		检修电源箱外壳未接地	触电	较小	（1）检查电源盘合格证在有效期；（2）检查电源箱外壳接地良好
4. 泵解体	联轴器销孔	用手直接伸入销孔内盘动联轴器	机械伤害	较小	联轴器对孔时严禁将手指放入销孔内
	手拉葫芦	滑链	起重伤害	较小	使用前应作无负荷起落试验一次
		手拉葫芦超载荷使用	起重伤害	较小	使用手拉葫芦时工作负荷不准超过铭牌规定
	吊具、起吊泵体、转子	吊点不牢固、吊点位置不正确	起重伤害	较小	（1）吊钩要挂在物品的重心上，当被吊物件起吊后有可能摆动或转动时，应采用绳牵引方法，防止物件摆动伤人或碰坏设备；（2）选择牢固可靠、满足载荷的吊点
		吊索具损坏或选择不当	起重伤害	较小	（1）作业前，应对吊索具及其配件进行检查，确认完好，方可使用；（2）所选用的吊索具应与被吊工件的外形特点及具体要求相适应，在不具备使用条件的情况下，绝不能对付使用；（3）作业中应防止损坏吊索具及配件，必要时在棱角处应加护角防护；（4）吊具及配件不能超过其额定起重量，起重吊索、吊具不得超过其相应吊挂状态下的最大工作载荷
		绑扎不牢固	起重伤害	较小	（1）起重前必须将物件牢固、稳妥地绑住。（2）吊拉时两根钢丝绳之间的夹角一般不得大于90°。（3）使用单吊索起吊重物挂钩时应打"挂钩结"；使用吊环螺栓必须拧到底；使用卸扣时，吊索与其连接的一个索扣必须扣在销轴上，一个索扣必须扣在扣顶上，不准两个索扣分别扣在卸扣的扣体两侧上；吊拉捆绑时，重物或设备构件的锐边快口处必须加装衬垫物
		斜拉	起重伤害	较小	禁止使吊钩斜着拖吊重物
		在起吊重物下逗留和行走	起重伤害	较小	任何人不准在起吊重物下逗留和行走
	轴承拆除	加热轴承	烫伤、火灾	较小	操作人员必须使用隔热手套
	手锤	锤把上有油污	物体打击	较小	锤把上不可有油污
		戴手套抡手锤	物体打击	较小	打锤人不得戴手套

665

作业步骤	危害辨识	危害描述	产生后果	风险等级	防 范 措 施
5．零部件清理、检查测量及修整	清洁剂	在工作场所存储	火灾爆炸	较小	（1）禁止在工作场所储易燃物品，例如汽油、酒精等； （2）领用、暂存时量不能过大，一般不超过500mL
		皮肤接触	化学性灼伤	较小	工作人员佩戴橡胶手套
	角磨机	未正确使用防护罩、防护眼镜	机械伤害	较小	正确佩戴防护罩、防护眼镜
		手提电动工具的导线或转动部分	触电	较小	禁止手提电动工具的导线或转动部分
		角磨机砂轮片破损	物体打击	较小	使用前检查角磨机砂轮片完好无缺损
		更换砂轮片未切断电源	机械伤害	较小	更换砂轮片前必须切断电源
6．轴承回装	轴承加热器	未采取防烫伤措施	灼烫伤	较小	操作人员必须使用隔热手套
		未采取防触电措施	触电	较小	（1）操作人与员必须穿绝缘鞋、戴绝缘手套； （2）检查加热设备绝缘良好，工作人员离开现场应切断电源
7．泵回装	撬杠	支撑物不可靠	压伤	较小	应保证支撑物可靠
		被撬物倾斜或滚落	压伤	较小	撬动过程中应采取措施防止被撬物倾斜或滚落
	手拉葫芦	滑链	起重伤害	较小	使用前应作无负荷起落试验一次
		手拉葫芦超载荷使用	起重伤害	较小	使用手拉葫芦时工作负荷不准超过铭牌规定
	吊具、起吊泵体、转子	吊点不牢固、吊点位置不正确	起重伤害	较小	（1）吊钩要挂在物品的重心上，当被吊物件起吊后有可能摆动或转动时，应采用绳牵引方法，防止物件摆动伤人或碰坏设备； （2）选择牢固可靠、满足载荷的吊点
		绑扎不牢固	起重伤害	较小	（1）起重前必须将物件牢固、稳妥地绑住。 （2）吊拉时两根钢丝绳之间的夹角一般不得大于90°。 （3）使用单吊索起吊重物挂钩时应打"挂钩结"；使用吊环时螺栓必须拧到底；使用卸扣时，吊索与其连接的一个索扣必须扣在销轴上，一个索扣必须扣在扣顶上，不准两个索扣分别扣在卸扣的扣体两侧上；吊拉捆绑时，重物或设备构件的锐边快口处必须加装衬垫物
8．泵试运	转动的泵	防护罩缺损、松动	机械伤害	较小	（1）设备的转动部分必须装设防护罩，并标明旋转方向，露出的轴端必须装设护盖、检查牢固； （2）对转动设备缺损的防护罩应及时装复或修复，装复或修复前在转动设备区域内设置"禁止靠近"安全警示标识； （3）不准擅自拆除设备上的安全防护设施
		肢体部位或饰品衣物、用具（包括防护用品）、工具接触转动部位	机械伤害	较小	（1）衣服和袖口应扣好，不得戴围巾领带，长发必须盘在安全帽内； （2）不准将用具、工器具接触设备的转动部位； （3）不准在转动设备附近长时间停留； （4）不准在靠背轮上、安全罩上或运行中设备的轴承上行走和坐立
		试运行启动时人员站在转机径向位置	机械伤害	较小	转动设备试运行时所有人员应先远离，站在转动机械的轴向位置，并有一人站在事故按钮位置
9．检修工作结束	检修废料	施工废料未清理	环境污染	较小	废料及时清理，做到工完、料尽、场地清

11.94 清洁水疏水泵排污泵检修

作业步骤	危害辨识	危害描述	产生后果	风险等级	防 范 措 施
1. 作业环境评估	噪声	未佩戴耳塞	噪声聋	较小	进入噪声区域时正确佩戴合格的耳塞
	转动的泵	未与运行中转动设备进行有效隔离	机械伤害	较小	（1）设置安全隔离围栏并设置警告标志；（2）设置安全检修通道；（3）在运行中转动设备附近工作时应对转动设备进行可靠遮拦，并设专人监护
	照明	现场照明不充足	其他伤害	较小	增加临时照明
2. 确认安全措施正确执行	高压介质水	检修中系统隔离不彻底	冲击	较小	检修工作开始前到现场检查确认工作票所列安全措施完善和正确执行
3. 准备工作及现场布置	转动的泵	工作前未核实设备运转状态和标识	机械伤害	较小	转动设备检修时应采取防转动措施、确认电机电源线拆除
	手拉葫芦	手拉有裂纹、链轮转动卡涩、吊钩无防脱保险装置	起重伤害	较小	（1）使用前应作无负荷起落试验一次，检查手拉是否有裂纹、链轮转动是否卡涩、吊钩是否无防脱保险装置，以确保完好；（2）检查合格证在有效期内
	手锤	锤头与木柄的连接不牢固、锤头破损、木柄未使用整根硬质木料	物体打击	较小	锤头与木柄的连接应用金属楔栓固定，楔子长度不得大于安装孔深的2/3，锤头完好无损，木柄使用整根硬质木料
	锉刀、手锯、螺丝刀、钢丝钳	手柄等缺损	刺伤	较小	锉刀、手锯、螺丝刀、钢丝钳等手柄应安装牢固，没有手柄的不准使用
4. 泵解体	手拉葫芦	滑链	起重伤害	较小	使用前应作无负荷起落试验一次
		手拉葫芦超载荷使用	起重伤害	较小	使用手拉葫芦时工作负荷不准超过铭牌规定
	吊具、起吊泵体、转子	吊点不牢固、吊点位置不正确	起重伤害	较小	（1）吊钩要挂在物品的重心上，当被吊物件起吊后有可能摆动或转动时，应采用绳牵引方法，防止物件摆动伤人或碰坏设备；（2）选择牢固可靠、满足载荷的吊点
		吊索具损坏或选择不当	起重伤害	较小	（1）作业前，应对吊索具及其配件进行检查，确认完好，方可使用；（2）所选用的吊索具应与被吊工件的外形特点及具体要求相适应，在不具备使用条件的情况下，绝不能对付使用；（3）作业中应防止损坏吊索具及配件，必要时在棱角处应加护角防护；（4）吊具及配件不能超过其额定起重量，起重吊索、吊具不得超过其相应吊挂状态下的最大工作载荷
		绑扎不牢固	起重伤害	较小	（1）起重前必须将物件牢固、稳妥地绑住。（2）吊拉时两根钢丝绳之间的夹角一般不得大于90°。（3）使用单吊索起吊重物挂钩时应打"挂钩结"；使用吊环时螺栓必须拧到底；使用卸扣时，吊索与其连接的一个索扣必须扣在销轴上，一个索扣必须扣在吊顶上，不准两个索扣分别扣在卸扣的扣体两侧上；吊拉捆绑时，重物或设备构件的锐边快口处必须加装衬垫物
		斜拉	起重伤害	较小	禁止使吊钩斜着拖吊重物
		在起吊重物下逗留和行走	起重伤害	较小	任何人不准在起吊重物下逗留和行走

作业步骤	危害辨识	危害描述	产生后果	风险等级	防 范 措 施
4. 泵解体	轴承拆除	加热轴承	烫伤、火灾	较小	操作人员必须使用隔热手套
	手锤	锤把上有油污	物体打击	较小	锤把上不可有油污
		戴手套抡手锤	物体打击	较小	打锤人不得戴手套
5. 清理、检查测量及修整	清洁剂	在工作场所存储	火灾爆炸	较小	（1）禁止在工作场所存储易燃物品，例如汽油、酒精等； （2）领用、暂存时量不能过大，一般不超过500mL
		皮肤接触	化学性灼伤	较小	工作人员佩戴橡胶手套
	角磨机	未正确使用防护罩、防护眼镜	机械伤害	较小	正确佩戴防护罩、防护眼镜
		手提电动工具的导线或转动部分	触电	较小	禁止手提电动工具的导线或转动部分
		角磨机砂轮片破损	物体打击	较小	使用前检查角磨机砂轮片完好无缺损
		更换砂轮片未切断电源	机械伤害	较小	更换砂轮片前必须切断电源
6. 泵回装	撬杠	支撑物不可靠	压伤	较小	应保证支撑物可靠
	手拉葫芦	滑链	起重伤害	较小	使用前应作无负荷起落试验一次
		手拉葫芦超载荷使用	起重伤害	较小	使用手拉葫芦时工作负荷不准超过铭牌规定
	吊具、起吊泵体、转子	吊点不牢固、吊点位置不正确	起重伤害	较小	（1）吊钩要挂在物品的重心上，当被吊物件起吊后有可能摆动或转动时，应采用绳牵引方法，防止物件摆动伤人或碰坏设备； （2）选择牢固可靠、满足载荷的吊点
		绑扎不牢固	起重伤害	较小	（1）起重前必须将物件牢固、稳妥地绑住。 （2）吊拉时两根钢丝绳之间的夹角一般不得大于90°。 （3）使用单吊索起吊重物挂钩时应打"挂钩结"；使用吊环时螺栓必须拧到底；使用卸扣时，吊索与其连接的一个索扣必须扣在销轴上，一个索扣必须扣在扣顶上，不准两个索扣分别扣在卸扣的扣体两侧上；吊拉捆绑时，重物或设备构件的锐边快口处必须加装衬垫物
7. 泵试运	转动的泵	防护罩缺损、松动	机械伤害	较小	（1）设备的转动部分必须装设防护罩，并标明旋转方向，露出的轴端必须装设护盖、检查牢固； （2）对转动设备缺损的防护罩应及时装复或修复，装复或修复前在转动设备区域内设置"禁止靠近"安全警示标识； （3）不准擅自拆除设备上的安全防护设施
		肢体部位或饰品衣物、用具（包括防护用品）、工具接触转动部位	机械伤害	较小	（1）衣服和袖口应扣好，不得戴围巾领带，长发必须盘在安全帽内； （2）不准将用具、工器具接触设备的转动部位； （3）不准在转动设备附近长时间停留； （4）不准在靠背轮上、安全罩上或运行中设备的轴承上行走和坐立
		试运行启动时人员站在转机径向位置	机械伤害	较小	转动设备试运行时所有人员应先远离，站在转动机械的轴向位置，并有一人站在事故按钮位置
8. 检修工作结束	检修废料	施工废料未清理	环境污染	较小	废料及时清理，做到工完、料尽、场地清

11.95 吸风机小机本体检修

作业步骤	危害辨识	危害描述	产生后果	风险等级	防 范 措 施
1. 作业环境评估	噪声	未佩戴耳塞	噪声聋	较小	进入噪声区域时正确佩戴合格的耳塞
	岩棉、化纤	作业区保温飞扬	尘肺病	较小	作业时佩戴合格防尘口罩
	高温环境	环境温度超过40℃	中暑	较小	（1）不准在工作环境温度超过40℃时进行露天作业； （2）在高温场所工作时，应为工作人员提供足够的饮水、清凉饮料及防暑药品；对温度较高的作业场所必须增加通风设备
2. 确认安全措施正确执行	高温高压蒸汽	工作前所采取的安全措施不完善	灼烫伤	较小	（1）开工前确认现场安全措施、隔离措施正确完备； （2）待管道内介质放尽，压力为零，温度适可后方可开始工作； （3）人员不能正面对法兰及焊口工作，防止漏点介质体伤人
	转动的汽轮机	盘车未停运，转动设备未进行有效隔离	机械伤害	较小	（1）设置安全隔离围栏并设置警告标志； （2）设置安全检修通道； （3）在运行中转动设备附近工作时应对转动设备进行可靠遮拦，并设专人监护
	润滑油、EH油	工作前所采取的安全措施不完善	火灾、爆炸	较小	（1）开工前确认现场安全措施、隔离措施正确完备； （2）待管道内介质放尽，压力为零后方可开始工作
		泄漏	污染环境	较小	放油时排空，放油不出需静置2h后再次打开放油门确认油已排完
		在工作场所存储	火灾	较小	（1）储存中避免靠近火源和高温； （2）油桶上要用防火石棉毯覆盖严密
3. 准备工作及现场布置	角磨机、切割机	电源线、电源插头破损，防护罩破损缺失	机械伤害、触电	较小	（1）检查电源线、电源插头完好无破损，防护罩完好无破损； （2）检查合格证在有效期内
	通风机	防护罩缺损	机械伤害	较小	（1）风机转动部分必须装设防护装置，并标明旋转方向； （2）对缺损的防护罩应及时装复或修复
	电焊机	电焊机电源线、电源插头、电焊钳破损	触电	较小	（1）电焊机电源线、电源插头、电焊钳等焊接设备和工具完好无损； （2）电焊机的裸露导电部分和转动部分以及冷却用的风扇，均应装有保护罩
		焊机外壳不接地	触电	较小	电焊机金属外壳应有明显的可靠接地，且一机一接地
		焊机、焊钳与电缆线连接不牢固	触电	较小	（1）电焊工作所用的导线，必须使用绝缘良好的皮线； （2）电焊机、焊钳与电缆线连接牢固，接地端头不外露； （3）连接到电焊钳上的一端，至少有 5m 为绝缘软导线
		一闸接多台电焊机	触电火灾	较小	电焊机必须装有独立的专用电源开关，其容量应符合要求。焊机超负荷时，应能自动切断电源，禁止多台焊机共用一个电源开关

作业步骤	危害辨识	危害描述	产生后果	风险等级	防 范 措 施
3.准备工作及现场布置	临时电源及电源线	电源线悬挂高度不够	触电	较小	临时电源线架设高度室内不低于2.5m
		电源线、插头、插座破损	触电	较小	（1）检查电源线外绝缘良好，无破损；（2）检查电源盘合格证在有效期；（3）检查电源插头插座，确保完好；（4）不准将电源线缠绕在护栏、管道和脚手架上
		未安装漏电保护器	触电	较小	（1）检查电源盘合格证在有效期；（2）分级配置漏电保护器，工作前试漏电保护器，确保正确动作
		检修电源箱外壳未接地	触电	较小	（1）检查电源盘合格证在有效期；（2）检查电源箱外壳接地良好
	氧气、乙炔	减压表失效	爆炸	较小	减压表应经检验合格，并在有效期内
		使用没有防震胶圈和保险帽的气瓶	爆炸	较小	不准使用没有防震胶圈和保险帽的气瓶
		使用中氧气瓶与乙炔气瓶的安全距离不足	爆炸	较小	使用中氧气瓶和乙炔气瓶的距离不得小于5m
	大锤、手锤	锤头与木柄的连接不牢固、锤头破损、木柄未使用整根硬质木料	物体打击	较小	锤头与木柄的连接应用金属楔栓固定，楔子长度不得大于安装孔深的2/3，锤头完好无损，木柄使用整根硬质木料
	锉刀、手锯、螺丝刀、钢丝钳、三角刮刀	手柄等缺损	刺伤	较小	锉刀、手锯、螺丝刀、钢丝钳等手柄应安装牢固，没有手柄的不准使用
	行灯	行灯电源线、电源插头破损	触电	较小	（1）检查行灯电源线、电源插头完好无破损；（2）行灯的电源线应采用橡套软电缆
		使用行灯电压等级不符	触电	较小	在金属容器和金属管道内使用的行灯，其电压不得超过12V
		行灯防护罩缺失	触电	较小	行灯应有保护罩
	手拉葫芦	手拉有裂纹、链轮转动卡涩、吊钩无防脱保险装置	起重伤害	较小	（1）使用前应作无负荷起落试验一次，检查手拉是否有裂纹、链轮转动是否卡涩、吊钩是否无防脱保险装置，以确保完好；（2）检查合格证在有效期内
	孔、洞	盖板打开后未设置临时防护措施	高处坠落	重大	（1）在检修工作中如需将盖板取下，必须设有牢固的临时围栏，并设有明显的警告标志，夜间还应设红灯示警；不准使用麻绳、尼龙绳等软连接代替防护围栏。（2）检修期间需拆除防护栏杆时，必须装设牢固的临时遮拦，并设警告标志；在检修结束时应将栏杆立即装回。（3）临时打的孔、洞，施工结束后，必须恢复原状
	缸体保温拆除	保温拆除及清理不彻底	尘肺病	较小	缸体表面保温层全部拆除后对缸体表面残留保温进行清理干净；作业时佩戴合格防尘口罩
	脚手架搭设	脚手架搭设后未验收	高处坠落	重大	（1）搭设结束后，必须履行脚手架验收手续，填写脚手架验收单，并在脚手架验收单上分级签字；（2）验收合格后应在脚手架上悬挂合格证，方可使用

作业步骤	危害辨识	危害描述	产生后果	风险等级	防 范 措 施
3．准备工作及现场布置	行车	行车不合格	起重伤害	较小	（1）由特种设备作业人员检查行车完好； （2）检查行车检验合格证在有效期内
4．拆除电动盘车、小机前后轴承箱、各部螺栓、汽缸、转子、持环各部	大锤、手锤	锤把上有油污	物体打击	较小	锤把上不可有油污
		单手抡大锤	物体打击	较小	抡大锤时，周围不得有人，不得单手抡大锤
		戴手套抡大锤	物体打击	较小	打锤人不得戴手套
	行车	行车司机注意力不集中	起重伤害	中等	行车司机在工作中应始终注意指挥人员信号，不准进行与行车操作无关的其他工作
		信号装置失灵	起重伤害	较小	发现信号装置失灵立即停止使用，并通知相关人员进行处理
		制动器失灵	起重伤害	中等	（1）检查行车制动器灵活； （2）安排维护人员在行车顶部监护，发现行车溜钩立即紧固抱闸
	撬棍	支撑物不可靠	砸伤	较小	应保证支撑物可靠
		被撬物倾斜或滚落	砸伤	较小	撬动过程中应采取措施防止被撬物倾斜或滚落
	联轴器销孔	拆除对轮连接螺栓	机械伤害	较小	联轴器对孔时严禁将手指放入销孔内
	吊具、汽缸、持环、转子	吊点不牢固、吊点位置不正确	起重伤害	较小	（1）吊钩要挂在物品的重心上，当被吊物件起吊后有可能摆动或转动时，应采用绳牵引方法，防止物件摆动伤人或碰坏设备； （2）选择牢固可靠、满足载荷的吊点
		吊索具损坏或选择不当	起重伤害	较小	（1）作业前，应对吊索具及其配件进行检查，确认完好，方可使用； （2）所选用的吊索具应与被吊工件的外形特点及具体要求相适应，在不具备使用条件的情况下，绝不能对付使用； （3）作业中应防止损坏吊索具及配件，必要时在棱角处应加护角防护； （4）吊具及配件不能超过其额定起重量，起重吊索、吊具不得超过其相应吊挂状态下的最大工作载荷
		绑扎不牢固	起重伤害	较小	（1）起重前必须将物件牢固、稳妥地绑住。 （2）吊拉时两根钢丝绳之间的夹角一般不得大于90°。 （3）使用单吊索起重物挂钩时应打"挂钩结"；使用吊环时螺栓必须拧到底；使用卸扣时，吊索与其连接的一个索扣必须扣在销轴上，一个索扣必须扣在扣顶上，不准两个索扣分别扣在卸扣的扣体两侧上；吊拉捆绑时，重物或设备构件的锐边快口处必须加装衬垫物
		斜拉	起重伤害	较小	禁止使用吊钩斜着拖吊重物
		在起吊重物下逗留和行走	起重伤害	较小	任何人不准在起吊重物下逗留和行走
	千斤顶	工作人员站在液压千斤顶安全栓或高压软管前面	起重伤害	较小	使用液压千斤顶时，除操作人员外，其他人员尽量远离，工作人员不准站在千斤顶安全栓或高压软管前面
		未采取防止重物下沉的措施	起重伤害	较小	安装千斤顶的位置要坚硬平整，或用钢板和垫木垫牢，防止因地面下陷而产生歪斜

作业步骤	危害辨识	危害描述	产生后果	风险等级	防 范 措 施
4．拆除电动盘车、小机前后轴承箱、各部螺栓、汽缸、转子、持环各部	千斤顶	千斤顶超载荷使用	起重伤害	较小	使用千斤顶时工作负荷不准超过千斤顶铭牌规定
		更换垫板时手臂伸入荷重与顶重头或垫板之间	起重伤害	较小	更换垫板时不准将手臂伸入荷重与顶重头或垫板之间
	重物	超载荷存放	物体打击	较小	（1）不准放置超过载荷的材料、物件；（2）大型物件的放置地点必须为荷重区域（例如汽轮机转子必须置于平台下方设有钢梁的位置上）；（3）严禁将重物置在孔、洞的盖板或非支撑平面上面
		堆放上重下轻	物体打击	较小	解体部件货架上摆放时，大或重的备件应摆放在下面，小或轻的备件摆放在上面
		物品混放	物体打击	较小	（1）零散物件应放入箱中摆放；（2）圆形、不规则物件分类摆放，并做好防滚动滑落措施
		超荷搬运	物体打击	较小	（1）肩扛物件重量以不超过本人体重为宜；（2）手搬物件时应量力而行，不得搬运超过自己能力的物件
		长形物件甩动	物体打击	较小	搬运管子、工字铁梁等长形物件时，应注意防止物件甩动打伤他人
	手拉葫芦	滑链	起重伤害	较小	使用前应作无负荷起落试验一次，确认无滑链现象
	孔、洞	未及时封堵	摔伤	中等	及时对各进、排、抽汽口进行有效封堵，避免人员踩空
5．内缸、导叶持环、轴封体、轴承检修	锉刀、手锯、螺丝刀、钢丝钳、三角刮刀	手柄等缺损	刺伤	较小	锉刀、手锯、螺丝刀、钢丝钳、三角刮刀等手柄应安装牢固，没有手柄的不准使用
	角磨机	未正确使用防护罩、防护眼镜	机械伤害	较小	正确佩戴防护罩、防护眼镜
		手提电动工具的导线或转动部分	触电	较小	禁止手提电动工具的导线或转动部分
		角磨机砂轮片破损	机械伤害	较小	使用前检查角磨机砂轮片完好无缺损
		更换砂轮片未切断电源	触电	较小	更换砂轮片前必须切断电源
6．金属检查	核辐射	未设置警示标志	放射性伤害	较小	（1）工作期先做好安全区隔离、悬挂警示牌；（2）告知全员
		进入金属探伤区域	放射性伤害	较小	（1）告知全员；（2）指定专人现场监护，防止非工作人员误入
7．通流间隙、轴系中心调整	转动的转子	用手指直接检查校正联轴器销孔	机械伤害	较小	不准用手指直接检查校正联轴器销孔
		盘动转子时指挥混乱	机械伤害	较小	（1）盘动转子工作必须由一个负责人指挥，盘动转子前通知附近人员；（2）盘动转子作业时，工作人员应注意离开转子叶片边缘；（3）调整对轮中心时，用行车微吊起转子，禁止在钢丝绳对面作业；（4）严禁踩踏轴颈部位通行轴系，以防滑倒

作业步骤	危害辨识	危害描述	产生后果	风险等级	防 范 措 施
7. 通流间隙、轴系中心调整	汽封块、油档	汽封及油档齿齿顶	割伤	较小	工作人员工作时必须戴防护手套，避免汽封齿划伤
	轴瓦	用手直接翻出、校正轴瓦	挫伤轧伤压伤	较小	（1）翻瓦检查时，必须把转动的轴瓦固定后方可工作，以防翻转伤人； （2）在轴瓦翻转就位时，不准将手伸入轴瓦洼窝内，以防轴瓦下滑时将手挤伤； （3）严禁从轴承室结合面部位跨越通行以防滑倒，需做固定通行隔离
	三角刮刀	手柄等缺损、丢失	轧伤	较小	（1）三角刮刀手柄应安装牢固，没有手柄的不准使用； （2）刮刀要有防护套，避免刃部划伤； （3）清点数量登记领用
	清洁剂	在工作场所存储	火灾爆炸	较小	（1）禁止在工作场所存储易燃物品，例如汽油、酒精等； （2）领用、暂存时量不能过大，一般不超过500mL
		皮肤接触	化学性灼伤	较小	工作人员佩戴橡胶手套
	润滑油、EH油	清理不彻底	摔伤	较小	各轴承室区域润滑油彻底清理，避免工作面光滑造成人员滑倒
8. 扣缸	吊具、汽缸、转子、轴瓦、轴承、盘车	吊点不牢固、吊点位置不正确	起重伤害	较小	（1）吊钩要挂在物品的重心上，当被吊物件起吊后有可能摆动或转动时，应采用绳牵引方法，防止物件摆动伤人或碰坏设备； （2）选择牢固可靠、满足载荷的吊点
		吊索具损坏或选择不当	起重伤害	较小	（1）作业前，应对吊索具及其配件进行检查，确认完好，方可使用； （2）所选用的吊索具应与被吊工件的外形特点及具体要求相适应，在不具备使用条件的情况下，绝不能对付使用； （3）作业中应防止损坏吊索具及配件，必要时在棱角处应加护角防护； （4）吊具及配件不能超过其额定起重量，起重吊索、吊具不得超过其相应吊挂状态下的最大工作载荷
		绑扎不牢固	起重伤害	较小	（1）起重前必须将物件牢固、稳妥地绑住。 （2）吊拉时两根钢丝绳之间的夹角一般不得大于90°。 （3）使用单吊索起吊重物挂钩时应打"挂钩结"；使用吊环时螺栓必须拧到底；使用卸扣时，吊索与其连接的一个索扣必须扣在销轴上，一个索扣必须扣在扣顶上，不准两个索扣分别扣在卸扣的扣体两侧；吊拉捆绑时，重物或设备构件的锐边快口处必须加装衬垫物
		斜拉	起重伤害	较小	禁止使吊钩斜着拖吊重物
		在起吊重物下逗留和行走	起重伤害	较小	任何人不准在起吊重物下逗留和行走
	行车	行车司机注意力不集中	起重伤害	中等	行车司机在工作中应时刻注意指挥人员信号，不准进行与行车操作无关的其他工作
		信号装置失灵	起重伤害	较小	发现信号装置失灵立即停止使用，并通知相关人员进行处理

作业步骤	危害辨识	危害描述	产生后果	风险等级	防 范 措 施
8. 扣缸	行车	制动器失灵	起重伤害	中等	（1）使用前应做无负荷起落试验一次，检查刹车及传动装置应良好无缺陷； （2）起吊重物稍一离地（或支持物），应再次检查悬吊及捆绑情况，可靠后方可继续起吊
9. 检修工作结束	施工废料	施工废料未清理	环境污染	较小	废料及时清理，做到工完、料尽、场地清